全国计算机技术与软件专业技术资格(水平)考试指定用书

系统分析师教程

张友生　主　编
全国计算机专业技术资格考试办公室　组　编

清华大学出版社
北　京

内 容 简 介

本书由全国计算机专业技术资格考试办公室组织编写，是系统分析师考试的指定教材。本书围绕系统分析师的工作职责和任务而展开，对系统分析师所必须掌握的理论基础和应用技术做了详细的介绍，重在培养系统分析师所必须具备的专业技能。

本书内容既符合系统分析师考试总体纲领性的要求，也是系统分析师职业生涯所必需的知识与技能体系。准备参加考试的人员可通过阅读本书掌握考试大纲规定的知识，把握考试重点和难点。

本书可作为系统分析师的工作手册，也可作为系统分析与设计技术的培训和辅导教材，还可以作为计算机专业教师的教学参考用书。

本书扉页为防伪页，封面贴有清华大学出版社防伪标签，无上述标识者不得销售。
版权所有，侵权必究。举报：010-62782989，beiqinquan@tup.tsinghua.edu.cn。

图书在版编目(CIP)数据

系统分析师教程/张友生主编. —北京：清华大学出版社，2010.2（2023.12 重印）
（全国计算机技术与软件专业技术资格（水平）考试指定用书）
ISBN 978-7-302-21974-3

I. ①系… II. ①张… III. ①软件工程-系统分析-工程技术人员-资格考核-自学参考资料 IV. ①TP311.5

中国版本图书馆 CIP 数据核字（2010）第 013196 号

责任编辑：柴文强　赵晓宁
责任校对：徐俊伟
责任印制：宋　林

出版发行：清华大学出版社
　　　　　网　　址：https://www.tup.com.cn, https://www.wqxuetang.com
　　　　　地　　址：北京清华大学学研大厦 A 座　　邮　编：100084
　　　　　社 总 机：010-83470000　　邮　购：010-62786544
　　　　　投稿与读者服务：010-62776969, c-service@tup.tsinghua.edu.cn
　　　　　质 量 反 馈：010-62772015, zhiliang@tup.tsinghua.edu.cn
印 装 者：三河市龙大印装有限公司
经　　销：全国新华书店
开　　本：185mm×230mm　印 张：51.75　防伪页：1　字　数：1191 千字
版　　次：2010 年 2 月第 1 版　　　　　　　　　　印　次：2023 年 12 月第18次印刷
定　　价：130.00 元

产品编号：036359-04

序 言

软件产业是信息产业的核心之一,是经济社会发展的基础性、先导性和战略性产业,在推进信息化与工业化融合、促进发展方式转变和产业结构升级、维护国家安全等方面有着重要作用。党中央、国务院高度重视软件产业发展,先后出台了 18 号文件、47 号文件等一系列政策措施,营造了良好的发展环境。近年来,我国软件产业进入快速发展期。2007 年销售收入达到 5834 亿元,出口 102.4 亿美元,软件从业人数达 148 万人。全国共认定软件企业超过 1.8 万家,登记备案软件产品超过 5 万个。软件技术创新取得突破,国产操作系统、数据库、中间件等基础软件相继推出并得到了较好的应用。软件与信息服务外包蓬勃发展,软件正版化工作顺利推进。

随着软件产业的快速发展,软件人才需求日益迫切。为适应产业发展需求、规范软件专业人员技术资格,20 余年前全国计算机软件考试创办,率先执行了以考代评政策。近年来,考试作了很多积极的探索,进行了一系列改革,考试名称、考试内容、专业类别、职业岗位也作了相应的变化。目前,考试名称已调整为计算机技术与软件专业技术资格(水平)考试,涉及 5 个专业类别、3 个级别层次共 27 个职业岗位,采取水平考试的形式,执行资格考试政策,并扩展到高级资格,取得了良好效果。20 余年来,累计报考人数近 200 万,影响力不断扩大。程序员、软件设计师、系统分析师、网络工程师、数据库系统工程师的考试标准已与日本相应考试级别实现互认,程序员和软件设计师的考试标准与韩国实现互认。通过考试,一大批软件人才脱颖而出,为加快培育软件人才队伍、推动软件产业健康发展起到了重要作用。

最近,工业和信息化部电子教育与考试中心组织了一批具有较高理论水平和丰富实践经验的专家编写了这套全国计算机技术与软件专业技术资格(水平)考试教材和辅导用书。按照考试大纲的要求,教材和辅导用书全面介绍相关知识与技术,帮助考生学习备考,将为软件考试的规范和完善起到积极作用。

我相信,通过社会各界共同努力,全国计算机技术与软件专业技术资格(水平)考试将更加规范、科学,培养出更多专业技术人才,为加快发展信息产业、推动信息化与工业化融合做出积极贡献。

工业和信息化部副部长

前　言

在信息系统建设中，系统分析师起着十分重要的作用。系统分析师是用户和开发人员之间的桥梁，并为管理人员提供控制开发的手段。系统分析师的知识水平和工作能力直接决定了信息系统建设的成败。一名合格的系统分析师不但应具备坚实的信息技术知识，掌握计算机技术的发展方向，而且还必须具备管理科学的知识；不但要具备较强的系统观点和逻辑分析能力，能够从复杂的事物中抽象出系统模型，而且还要具备较好的口头和书面表达能力，较强的组织能力，善于与人共事；不但要具备扎实的理论基础，还要具备丰富的项目实践经验。

通过全国计算机技术与软件专业技术资格（水平）考试，广泛调动了专业技术人员工作和学习的积极性，为选拔高素质的专业技术人员起到了积极的促进和推动作用。为了培养更多的系统分析与设计专业人才，帮助广大考生顺利通过系统分析师考试，全国计算机专业技术资格考试办公室组织有关专家，在清华大学出版社的大力支持下，编写和出版了本书，作为系统分析师考试的指定教材。

本书围绕系统分析师的工作职责和任务而展开，对系统分析师所必须掌握的理论基础和应用技术做了详尽的介绍，重在培养系统分析师所必须具备的专业技能和分析方法。本书内容既是对系统分析师考试的总体纲领性的要求，也是系统分析师职业生涯所必需的知识与技能体系。准备参加考试的人员可通过阅读本书掌握考试大纲规定的知识，把握考试重点和难点。

本书由全国计算机专业技术资格考试办公室组织编写，由张友生主编。全书共分为20章。第1章由刘兴编写，第2、6、7、9~12、19、20章由张友生编写，第3章由钟经伟编写，第4章由胡钊源编写，第5章由王勇编写，第8章由刘现军编写，第13章由刘伟编写，第14章由殷建民编写，第15章由施游编写，第16章由戎橄、陈世帝、施游、黄建新、尹晶海、黄少华编写，第17章由高新岩编写，第18章由桂阳编写，陈建忠参与了19.1节的编写工作。

本书参考和引用了许多高水平的资料和书籍（详见参考文献列表），在此，编者对这些参考文献的作者表示真诚的感谢。

特别要感谢吴小军、杨红蕾、方海光、徐锋、温昱、漆英、马映冰、田俊国、李炳森和刘寅虓等顾问，在本书的写作过程中，编者就有关技术和实践问题曾多次与他们进行讨论，得到了顾问们的无私帮助。而且，编者还就某些章节的内容，请一些顾问进行了审核和修改。

感谢全国计算机专业技术资格考试办公室的谭志彬老师，他在本书的策划、写作大纲的确定、写作内容的审核等方面做了大量的工作；感谢清华大学出版社的老师们，他们在本书的编辑和出版等方面，付出了辛勤的劳动和智慧，给予了编者很多的支持和帮助。

　　由于编者水平有限，且本书涉及的知识点较多，书中肯定有不妥和错误之处。编者诚恳地期望各位专家和读者不吝指教和帮助，对此，编者将深为感激。

张友生

2009 年 8 月

目 录

第1章 绪论 ··· 1
  1.1 信息与信息系统 ··· 1
    1.1.1 信息的基本概念 ·· 1
    1.1.2 系统及相关理论 ·· 3
    1.1.3 系统工程方法论 ·· 6
    1.1.4 信息系统工程 ·· 9
  1.2 系统分析师 ·· 10
    1.2.1 系统分析师的角色定位 ·· 11
    1.2.2 系统分析师的任务 ·· 13
    1.2.3 系统分析师的知识体系 ·· 15

第2章 经济管理与应用数学 ·· 19
  2.1 会计常识 ·· 19
  2.2 会计报表 ·· 21
    2.2.1 资产负债表 ·· 21
    2.2.2 利润表与利润分配表 ·· 22
  2.3 现代企业组织结构 ·· 23
    2.3.1 企业组织结构模式 ·· 23
    2.3.2 企业组织结构设计 ·· 26
  2.4 业绩评价 ·· 27
    2.4.1 成本中心的业绩评价 ·· 27
    2.4.2 利润中心的业绩评价 ·· 28
    2.4.3 投资中心的业绩评价 ·· 29
  2.5 企业文化管理 ··· 30
    2.5.1 企业文化的内容 ··· 31
    2.5.2 企业文化管理的作用 ·· 32
  2.6 IT审计相关常识 ·· 33
    2.6.1 IT审计概述 ·· 33
    2.6.2 IT审计程序 ·· 35
    2.6.3 IT审计的方法与工具 ·· 37
    2.6.4 IT审计的重点环节 ·· 38

- 2.7 概率统计应用 ... 39
  - 2.7.1 古典概率应用 ... 39
  - 2.7.2 随机变量及其分布 ... 43
  - 2.7.3 随机变量的数字特征 ... 44
  - 2.7.4 常用分布 ... 46
  - 2.7.5 常用统计分析方法 ... 49
- 2.8 图论应用 ... 53
  - 2.8.1 最小生成树 ... 53
  - 2.8.2 最短路径 ... 55
  - 2.8.3 网络与最大流量 ... 57
- 2.9 组合分析 ... 60
  - 2.9.1 排列和组合 ... 61
  - 2.9.2 抽屉原理和容斥原理 ... 63
- 2.10 算法的选择与应用 ... 65
  - 2.10.1 非数值算法 ... 65
  - 2.10.2 数值算法 ... 68
- 2.11 运筹方法 ... 73
  - 2.11.1 网络计划技术 ... 73
  - 2.11.2 线性规划 ... 79
  - 2.11.3 决策论 ... 82
  - 2.11.4 对策论 ... 87
  - 2.11.5 排队论 ... 90
  - 2.11.6 存贮论 ... 93
- 2.12 数学建模 ... 95

第3章 操作系统基本原理 ... 97
- 3.1 操作系统概述 ... 97
  - 3.1.1 操作系统的类型 ... 98
  - 3.1.2 操作系统的结构 ... 99
- 3.2 进程管理 ... 101
  - 3.2.1 进程的状态 ... 101
  - 3.2.2 信号量与PV操作 ... 103
  - 3.2.3 死锁问题 ... 105
  - 3.2.4 线程管理 ... 108
- 3.3 内存管理 ... 111
  - 3.3.1 地址变换 ... 111

  3.3.2 分区存储管理 112
  3.3.3 段页式存储管理 114
  3.3.4 虚拟存储管理 116
 3.4 文件系统 119
  3.4.1 文件的组织结构 119
  3.4.2 存储空间管理 121
  3.4.3 分布式文件系统 122

第4章 数据通信与计算机网络 124
 4.1 数据通信基础知识 124
  4.1.1 信道特性 124
  4.1.2 数据传输技术 127
  4.1.3 数据编码与调制 128
 4.2 网络体系结构与协议 131
  4.2.1 网络互联模型 131
  4.2.2 常见的网络协议 133
  4.2.3 网络地址与分配 135
 4.3 局域网与广域网 138
  4.3.1 局域网基础知识 138
  4.3.2 以太网技术 139
  4.3.3 无线局域网 141
  4.3.4 广域网技术 143
  4.3.5 网络接入技术 145
 4.4 网络互连与常用设备 147
 4.5 网络工程 149
  4.5.1 网络规划 149
  4.5.2 网络设计 151
  4.5.3 网络实施 153

第5章 数据库系统 154
 5.1 数据库模式 154
 5.2 数据模型 156
  5.2.1 数据模型的分类 156
  5.2.2 关系模型 157
  5.2.3 规范化理论 160
 5.3 数据库访问接口 164
 5.4 数据库的控制功能 165

　　　　5.4.1　并发控制 ··· 165
　　　　5.4.2　数据库性能优化 ··· 168
　　　　5.4.3　数据库的完整性 ··· 170
　　　　5.4.4　数据库的安全性 ··· 172
　　　　5.4.5　备份与恢复技术 ··· 174
　　　　5.4.6　数据中心的建设 ··· 177
　　5.5　数据库设计与建模 ·· 178
　　　　5.5.1　数据库设计阶段 ··· 179
　　　　5.5.2　实体联系模型 ··· 180
　　5.6　分布式数据库系统 ·· 183
　　　　5.6.1　分布式数据库概述 ·· 183
　　　　5.6.2　数据分片 ··· 185
　　　　5.6.3　分布式数据库查询优化 ··· 186
　　5.7　数据仓库技术 ·· 190
　　　　5.7.1　联机分析处理 ··· 190
　　　　5.7.2　数据仓库概述 ··· 192
　　　　5.7.3　数据仓库的设计方法 ··· 194
　　5.8　数据挖掘技术 ·· 195
　　　　5.8.1　数据挖掘概述 ··· 195
　　　　5.8.2　常用技术与方法 ··· 197
　　　　5.8.3　数据挖掘技术的应用 ··· 200
第6章　系统配置与性能评价 ·· 202
　　6.1　计算机系统层次结构 ··· 202
　　　　6.1.1　计算机硬件的组成 ·· 202
　　　　6.1.2　计算机软件的分类 ·· 204
　　　　6.1.3　计算机系统结构的分类 ··· 205
　　6.2　存储器系统 ··· 207
　　　　6.2.1　主存储器 ··· 208
　　　　6.2.2　辅助存储器 ·· 209
　　　　6.2.3　Cache 存储器 ··· 213
　　　　6.2.4　网络存储技术 ··· 217
　　　　6.2.5　虚拟存储技术 ··· 220
　　6.3　输入输出系统 ·· 222
　　　　6.3.1　输入输出方式 ··· 222
　　　　6.3.2　总线 ·· 225

         6.3.3 接口 227
    6.4 指令系统 230
         6.4.1 基本指令系统 230
         6.4.2 复杂指令系统 232
         6.4.3 精简指令系统 233
    6.5 流水线技术 236
         6.5.1 流水线工作原理 236
         6.5.2 流水线的性能分析 238
         6.5.3 局部相关与全局相关 241
    6.6 多处理机系统 244
         6.6.1 多处理机系统概述 244
         6.6.2 海量并行处理结构 246
         6.6.3 对称多处理机结构 247
         6.6.4 互连网络 248
    6.7 系统性能设计 250
         6.7.1 系统性能指标 251
         6.7.2 系统性能调整 253
    6.8 系统性能评估 256
         6.8.1 评估方法体系 256
         6.8.2 经典评估方法 257
         6.8.3 基准程序法 259

第 7 章 企业信息化战略与实施 262
    7.1 企业信息化概述 262
    7.2 企业信息化规划 264
         7.2.1 信息化规划的内容 264
         7.2.2 信息化规划与企业战略规划 266
    7.3 信息系统开发方法 268
         7.3.1 结构化方法 268
         7.3.2 面向对象方法 270
         7.3.3 面向服务方法 274
         7.3.4 原型化方法 277
    7.4 信息系统战略规划方法 279
         7.4.1 企业系统规划法 279
         7.4.2 关键成功因素法 285
         7.4.3 战略集合转化法 286

- 7.4.4 战略数据规划法 ·················· 287
- 7.4.5 信息工程方法 ···················· 290
- 7.4.6 战略栅格法 ······················ 292
- 7.4.7 价值链分析法 ···················· 293
- 7.4.8 战略一致性模型 ·················· 294
- 7.5 企业资源规划和实施 ···················· 296
  - 7.5.1 ERP 概述 ························ 296
  - 7.5.2 ERP 的开发方法 ················· 298
  - 7.5.3 ERP 的实施 ······················ 300
- 7.6 信息资源管理 ·························· 302
  - 7.6.1 信息资源管理概述 ················ 302
  - 7.6.2 规范与标准 ······················ 304
  - 7.6.3 信息资源规划 ···················· 306
  - 7.6.4 信息资源网建设 ·················· 307
- 7.7 企业信息系统 ·························· 309
  - 7.7.1 客户关系管理 ···················· 309
  - 7.7.2 供应链管理 ······················ 311
  - 7.7.3 产品数据管理 ···················· 313
  - 7.7.4 产品生命周期管理 ················ 315
  - 7.7.5 知识管理 ························ 316
  - 7.7.6 商业智能 ························ 318
  - 7.7.7 企业门户 ························ 319
  - 7.7.8 电子商务 ························ 321
  - 7.7.9 决策支持系统 ···················· 323
- 7.8 电子政务 ······························ 325
  - 7.8.1 政府职能 ························ 325
  - 7.8.2 电子政务的模式 ·················· 327
  - 7.8.3 电子政务的实施 ·················· 328
- 7.9 业务流程重组 ·························· 331
  - 7.9.1 BPR 概述 ························ 331
  - 7.9.2 BPR 的实施 ······················ 332
  - 7.9.3 基于 BPR 的信息系统规划 ········· 334
- 7.10 企业应用集成 ························· 335
  - 7.10.1 传统企业应用集成 ··············· 335
  - 7.10.2 事件驱动的企业应用集成 ········· 338

7.11	首席信息官	340

第8章 软件工程 … 342

- 8.1 软件生命周期 … 342
- 8.2 软件开发方法 … 345
  - 8.2.1 形式化方法 … 345
  - 8.2.2 逆向工程 … 347
- 8.3 软件开发模型 … 348
  - 8.3.1 软件开发模型概述 … 348
  - 8.3.2 快速应用开发 … 351
  - 8.3.3 统一过程 … 352
  - 8.3.4 敏捷方法 … 355
- 8.4 软件开发环境与工具 … 357
  - 8.4.1 软件开发环境 … 357
  - 8.4.2 软件开发工具 … 359
- 8.5 软件过程管理 … 360
  - 8.5.1 软件能力成熟度模型 … 360
  - 8.5.2 软件过程评估 … 363

第9章 系统规划 … 366

- 9.1 系统规划概述 … 366
- 9.2 项目的提出与选择 … 368
  - 9.2.1 项目的立项目标和动机 … 368
  - 9.2.2 项目立项的价值判断 … 369
  - 9.2.3 项目的选择和确定 … 370
- 9.3 初步调查 … 372
- 9.4 可行性研究 … 373
  - 9.4.1 可行性评价准则 … 374
  - 9.4.2 可行性研究的步骤 … 376
  - 9.4.3 可行性研究报告 … 377
- 9.5 成本效益分析技术 … 379
  - 9.5.1 成本和收益 … 379
  - 9.5.2 净现值分析 … 382
  - 9.5.3 投资回收期与投资回报率 … 385
- 9.6 系统方案 … 386
  - 9.6.1 候选方案的可行性评价 … 386
  - 9.6.2 系统建议方案报告 … 388

第 10 章　系统分析 ··· 389
10.1　系统分析概述 ·· 389
10.2　详细调查 ·· 390
10.2.1　详细调查的原则 ·· 391
10.2.2　详细调查的内容 ·· 392
10.2.3　详细调查的方法 ·· 393
10.3　现有系统分析 ·· 395
10.4　组织结构分析 ·· 396
10.4.1　组织结构图 ·· 396
10.4.2　组织结构调查 ··· 397
10.5　系统功能分析 ·· 398
10.6　业务流程分析 ·· 399
10.6.1　业务流程分析概述 ·· 400
10.6.2　业务流程图 ·· 401
10.6.3　业务活动图示 ··· 403
10.6.4　业务流程建模 ··· 405
10.7　数据与数据流程分析 ·· 412
10.7.1　数据汇总分析 ··· 412
10.7.2　数据属性分析 ··· 412
10.7.3　数据流程分析 ··· 414
10.8　系统需求规格说明 ··· 414

第 11 章　软件需求工程 ··· 417
11.1　软件需求概述 ·· 417
11.2　需求获取 ·· 418
11.2.1　用户访谈 ··· 419
11.2.2　问卷调查 ··· 420
11.2.3　采样 ·· 422
11.2.4　情节串联板 ·· 423
11.2.5　联合需求计划 ··· 425
11.2.6　需求记录技术 ··· 426
11.3　需求分析 ·· 429
11.3.1　需求分析的任务 ·· 429
11.3.2　需求分析的方法 ·· 430
11.4　结构化分析方法 ··· 431
11.4.1　数据流图 ··· 432

11.4.2 状态转换图 ………………………………………………………………………… 434
11.4.3 数据字典 …………………………………………………………………………… 435
11.5 面向对象分析方法 ……………………………………………………………………… 437
11.5.1 统一建模语言 ……………………………………………………………………… 437
11.5.2 用例模型 …………………………………………………………………………… 440
11.5.3 分析模型 …………………………………………………………………………… 447
11.6 需求定义 ………………………………………………………………………………… 451
11.6.1 需求定义的方法 …………………………………………………………………… 451
11.6.2 软件需求规格说明书 ……………………………………………………………… 453
11.7 需求验证 ………………………………………………………………………………… 454
11.7.1 需求评审 …………………………………………………………………………… 454
11.7.2 需求测试 …………………………………………………………………………… 457
11.8 需求管理 ………………………………………………………………………………… 459
11.8.1 需求变更管理 ……………………………………………………………………… 459
11.8.3 需求风险管理 ……………………………………………………………………… 461
11.8.4 需求跟踪 …………………………………………………………………………… 463

第 12 章 软件架构设计 …………………………………………………………………………… 466
12.1 构件与软件复用 ………………………………………………………………………… 466
12.1.1 主流构件标准 ……………………………………………………………………… 467
12.1.2 构件获取与管理 …………………………………………………………………… 469
12.1.3 构件复用的方法 …………………………………………………………………… 470
12.2 软件架构概述 …………………………………………………………………………… 472
12.3 软件架构建模 …………………………………………………………………………… 475
12.4 软件架构风格 …………………………………………………………………………… 477
12.4.1 经典架构风格 ……………………………………………………………………… 477
12.4.2 层次架构风格 ……………………………………………………………………… 479
12.4.3 富互联网应用 ……………………………………………………………………… 484
12.5 面向服务的架构 ………………………………………………………………………… 487
12.5.1 SOA 概述 …………………………………………………………………………… 487
12.5.2 SOA 的关键技术 …………………………………………………………………… 489
12.5.3 SOA 的实现方法 …………………………………………………………………… 491
12.6 软件架构评估 …………………………………………………………………………… 495
12.6.1 架构评估概述 ……………………………………………………………………… 495
12.6.2 ATAM 评估方法 …………………………………………………………………… 497
12.6.3 SAAM 评估方法 …………………………………………………………………… 499

12.7 软件产品线 ... 501
12.7.1 产品线的过程模型 ... 501
12.7.2 产品线的建立方式 ... 504

第13章 系统设计 ... 507
13.1 系统设计概述 ... 507
13.2 处理流程设计 ... 510
13.2.1 流程设计概述 ... 510
13.2.2 工作流管理系统 ... 512
13.2.3 流程设计工具 ... 514
13.3 结构化设计 ... 519
13.3.1 模块结构 ... 519
13.3.2 系统结构图 ... 523
13.4 面向对象设计 ... 527
13.4.1 设计软件类 ... 527
13.4.2 对象持久化与数据库 ... 528
13.4.3 面向对象设计的原则 ... 529
13.5 设计模式 ... 532
13.5.1 设计模式概述 ... 533
13.5.2 设计模式分类 ... 534

第14章 系统实现与测试 ... 538
14.1 系统实现概述 ... 538
14.1.1 程序设计方法 ... 538
14.1.2 程序设计语言与风格 ... 539
14.2 软件测试概述 ... 540
14.2.1 测试自动化 ... 541
14.2.2 软件调试 ... 543
14.3 软件测试方法 ... 544
14.3.1 静态测试 ... 544
14.3.2 白盒测试 ... 546
14.3.3 黑盒测试 ... 548
14.4 测试的类型 ... 551
14.4.1 单元测试 ... 551
14.4.2 集成测试 ... 553
14.4.3 系统测试 ... 555
14.4.4 其他测试类型 ... 556

14.5　面向对象系统的测试 557
　　　　14.5.1　面向对象系统的测试策略 557
　　　　14.5.2　面向对象系统的单元测试 559
　　　　14.5.3　面向对象系统的集成测试 559
　　14.6　软件测试的组织 561
第15章　系统运行与维护 564
　　15.1　遗留系统的处理策略 564
　　　　15.1.1　评价方法 564
　　　　15.1.2　演化策略 567
　　15.2　系统转换与交接 568
　　　　15.2.1　新旧系统的转换策略 568
　　　　15.2.2　数据转换和迁移 570
　　15.3　系统的扩展和集成 573
　　15.4　系统运行管理 574
　　　　15.4.1　系统成本管理 574
　　　　15.4.2　系统用户管理 575
　　　　15.4.3　网络资源管理 577
　　　　15.4.4　软件资源管理 578
　　15.5　系统故障管理 579
　　　　15.5.1　故障监视 579
　　　　15.5.2　故障调查 580
　　　　15.5.3　故障支持和恢复处理 581
　　15.6　软件维护 582
　　　　15.6.1　软件维护概述 582
　　　　15.6.2　软件维护的影响因素 583
　　　　15.6.3　软件维护成本 585
　　　　15.6.4　软件维护管理 586
　　15.8　系统监理与评价 588
　　　　15.8.1　工程监理 589
　　　　15.8.2　系统评价 590
第16章　新技术应用 592
　　16.1　中间件技术 592
　　　　16.1.1　中间件概述 592
　　　　16.1.2　主要的中间件 595
　　　　16.1.3　中间件与构件的关系 599

16.2　J2EE 与.NET 平台 ·· 600
　　16.2.1　J2EE 核心技术 ·· 601
　　16.2.2　Java 企业应用框架 ··· 603
　　16.2.3　.NET 平台概述 ·· 606
　　16.2.4　比较分析 ·· 607
16.3　虚拟计算 ··· 610
　　16.3.1　P2P 计算 ·· 610
　　16.3.2　云计算 ·· 616
　　16.3.3　软件即服务 ·· 618
　　16.3.4　网格计算 ·· 621
　　16.3.5　普适计算 ·· 623
16.4　片上系统 ··· 625
　　16.4.1　SoC 设计 ·· 626
　　16.4.2　SoC 验证 ·· 628
16.5　多核技术 ··· 630
　　16.5.1　多核与多线程 ·· 630
　　16.5.2　多核编程 ·· 631
16.6　面向方面的编程 ·· 632
　　16.6.1　AOP 概述 ·· 632
　　16.6.2　AOP 关键技术 ·· 635

第 17 章　嵌入式系统分析与设计 ··· 638
17.1　嵌入式系统概述 ·· 638
17.2　嵌入式数据库系统 ·· 640
17.3　嵌入式实时操作系统 ·· 643
　　17.3.1　嵌入式操作系统概述 ·· 643
　　17.3.2　多任务调度算法 ·· 646
　　17.3.3　优先级反转 ·· 650
17.4　嵌入式系统开发 ·· 653
　　17.4.1　开发平台 ·· 654
　　17.4.2　开发流程 ·· 655
　　17.4.3　软硬件协同设计 ·· 657
　　17.4.4　系统分析与设计 ·· 660
　　17.4.5　低功耗设计 ·· 663

第 18 章　系统安全性分析与设计 ··· 666
18.1　信息系统安全体系 ·· 666

18.2 数据安全与保密 ... 669
18.2.1 数据加密技术 ... 669
18.2.2 认证技术 ... 670
18.2.3 密钥管理体制 ... 673
18.3 通信与网络安全技术 ... 675
18.3.1 防火墙 ... 675
18.3.2 虚拟专用网 ... 680
18.3.3 安全协议 ... 681
18.3.4 单点登录技术 ... 683
18.4 病毒防治与防闯入 ... 685
18.4.1 病毒防护技术 ... 685
18.4.2 入侵检测技术 ... 687
18.4.3 入侵防护技术 ... 689
18.4.4 网络攻击及预防 ... 690
18.4.5 计算机犯罪与防范 ... 693
18.5 系统访问控制技术 ... 694
18.5.1 访问控制概述 ... 694
18.5.2 访问控制模型 ... 696
18.5.3 访问控制分类 ... 697
18.6 容灾与业务持续 ... 699
18.6.1 灾难恢复技术 ... 699
18.6.2 灾难恢复规划 ... 700
18.6.3 业务持续性规划 ... 702
18.7 安全管理措施 ... 704
18.7.1 安全管理的内容 ... 705
18.7.2 安全审计 ... 706
18.7.3 私有信息保护 ... 707
第19章 系统可靠性分析与设计 ... 709
19.1 系统可靠性概述 ... 709
19.1.1 系统故障模型 ... 709
19.1.2 系统可靠性指标 ... 711
19.1.3 系统可靠性模型 ... 711
19.2 系统可靠性分析 ... 713
19.3 冗余技术 ... 715
19.3.1 冗余技术的分类 ... 716

19.3.2 冗余系统 …………………………………………………… 717
19.4 软件容错技术 ……………………………………………………… 718
　　19.4.1 N版本程序设计 …………………………………………… 719
　　19.4.2 恢复块方法 ………………………………………………… 720
　　19.4.3 防卫式程序设计 …………………………………………… 721
19.5 双机容错技术 ……………………………………………………… 722
19.6 集群技术 …………………………………………………………… 724
　　19.6.1 集群技术概述 ……………………………………………… 724
　　19.6.2 高性能计算集群 …………………………………………… 726
　　19.6.3 负载均衡集群 ……………………………………………… 728
　　19.6.4 高可用性集群 ……………………………………………… 729
　　19.6.5 负载均衡技术 ……………………………………………… 731
　　19.6.6 进程迁移技术 ……………………………………………… 734

第20章 项目管理 ………………………………………………………… 737
20.1 项目开发计划 ……………………………………………………… 737
　　20.1.1 项目开发计划概述 ………………………………………… 737
　　20.1.2 项目开发计划的编制 ……………………………………… 740
20.2 范围管理 …………………………………………………………… 741
　　20.2.1 范围计划的编制 …………………………………………… 742
　　20.2.2 创建工作分解结构 ………………………………………… 743
　　20.2.3 范围确认和控制 …………………………………………… 744
20.3 进度管理 …………………………………………………………… 746
　　20.3.1 活动排序 …………………………………………………… 746
　　20.3.2 活动资源估算 ……………………………………………… 749
　　20.3.3 活动历时估算 ……………………………………………… 750
　　20.3.4 进度控制 …………………………………………………… 754
20.4 成本管理 …………………………………………………………… 756
　　20.4.1 成本估算 …………………………………………………… 756
　　20.4.2 成本预算 …………………………………………………… 757
　　20.4.3 成本控制 …………………………………………………… 759
20.5 软件配置管理 ……………………………………………………… 762
　　20.5.1 配置管理概述 ……………………………………………… 762
　　20.5.2 配置标识 …………………………………………………… 764
　　20.5.3 变更控制 …………………………………………………… 766
　　20.5.4 版本控制 …………………………………………………… 768

20.5.5　配置审核 ······ 769
　　20.5.6　配置状态报告 ······ 770
20.6　质量管理 ······ 772
　　20.6.1　软件质量模型 ······ 772
　　20.6.2　质量管理计划 ······ 774
　　20.6.3　质量保证与质量控制 ······ 776
20.7　人力资源管理 ······ 778
　　20.7.1　人力资源计划编制 ······ 778
　　20.7.2　组建项目团队 ······ 780
　　20.7.3　项目团队建设 ······ 781
　　20.7.4　管理项目团队 ······ 784
　　20.7.5　沟通管理 ······ 785
20.8　风险管理 ······ 787
　　20.8.1　风险管理的概念 ······ 788
　　20.8.2　风险的主要类型 ······ 789
　　20.8.3　风险管理的过程 ······ 790
20.9　信息（文档）管理 ······ 793
　　20.9.1　软件文档概述 ······ 793
　　20.9.2　软件文档标准 ······ 796
　　20.9.3　数据需求说明 ······ 798
　　20.9.4　软件测试计划 ······ 798
　　20.9.5　软件测试报告 ······ 800
　　20.9.6　技术报告 ······ 800
　　20.9.7　项目开发总结报告 ······ 802

参考文献 ······ 804

第1章 绪　　论

工业化不仅造就了高速发展的生产力,更重要的是造就了一支规模宏大的人才队伍,其主要力量是工程师。信息化是一场比工业化更加深刻和更加广泛的社会变革,它要求在产品或服务的生产过程中实现管理流程、组织机构、生产技能和生产工具的变革。在这场变革中,一定要造就一支规模更为宏大的人才队伍,其核心力量是系统分析师。这是因为,作为信息化主体的计算机信息系统工程是一项复杂的社会和技术工程,无论是内容、规模、深度和广度,还是技术、工具、业务和流程,都在不断地发展和创新。

在信息系统建设中,系统分析师起着十分重要的作用,他们的知识水平和工作能力决定了系统的成败。系统分析师是中国软件产业的脊梁,是各行业信息化的精英。有了他们,信息化这只大船就能乘风破浪,驶向光辉的未来。

1.1 信息与信息系统

信息是一种客观事物,它与材料、能源一样,都是社会的基础资源。但是,理性认识信息却只有几十年的历史。1948年,美国科学家香农（C. E. Shannon）在对通信理论深入研究的基础上,提出了信息的概念,创立了信息理论。此后,人们对信息的研究迅速增加,形成了一个新的学科——信息论。至今,信息论已发展成为一个内涵非常丰富的学科,与控制论和系统论并称为现代科学的"三论"。计算机技术和网络技术的迅速发展和普及,更加提高了"三论"在现代科学技术中的地位。同时,信息论为计算机技术和网络技术的发展提供了方向上的指导,为信息化提供了较好的理论支撑。

1.1.1 信息的基本概念

香农认为,信息是不确定性的减少。由此可知,信息就是确定性的增加。香农不但给出了信息的定义,还给出了信息的定量描述,并确定了信息量的单位为比特（bit）。一比特的信息量,在变异度为2的最简单情况下,就是能消除非此即彼的不确定性所需要的信息量。这里的"变异度"是指事物的变化状态空间为2,例如,大和小、高和低、快和慢等。

香农将热力学中的"熵"引入信息论。在热力学中,熵是系统无序程度的度量,而信息与熵正好相反,信息是系统有序程度的度量,表现为负熵,计算公式如下:

$$H(x) = -\sum P(x_i) \mathrm{lb} P(x_i)$$

式中 x_i 代表 n 个状态中的第 i 个状态，$P(x_i)$ 代表出现第 i 个状态的概率，$H(x)$ 代表用以消除系统不确定性所需的信息量，即以比特为单位的负熵。

1．信息的特征

香农关于信息的定义揭示了信息的本质，同时，人们通过深入研究，发现信息还具有很多其他的特征，列举如下：

（1）客观性。信息是客观事物在人脑中的反映，而反映的对象则有主观和客观的区别，因此，信息可分为主观信息（例如，决策、指令和计划等）和客观信息（例如，国际形势、经济发展和一年四季等）。主观信息必然要转化成客观信息，例如，决策和计划等主观信息要转化成实际行动。因此，信息具有客观性。

（2）普遍性。物质决定精神，物质的普遍性决定了信息的普遍存在。

（3）无限性。客观世界是无限的，反映客观世界的信息自然也是无限的。无限性可分为两个层次，一是无限的事物产生无限的信息，即信息的总量是无限的；二是每个具体事物或有限个事物的集合所能产生的信息也可以是无限的。

（4）动态性。信息是随着时间的变化而变化的。

（5）相对性。不同的认识主体从同一事物中获取的信息及信息量可能是不同的。

（6）依附性。信息的依附性可以从两个方面来理解，一方面，信息是客观世界的反映，任何信息必然由客观事物所产生，不存在无源的信息；另一方面，任何信息都要依附于一定的载体而存在，需要有物质的承担者，信息不能完全脱离物质而独立存在。

（7）变换性。信息通过处理可以实现变换或转换，使其形式和内容发生变化，以适应特定的需要。

（8）传递性。信息在时间上的传递就是存储，在空间上的传递就是转移或扩散。

（9）层次性。客观世界是分层次的，反映它的信息也是分层次的。

（10）系统性。信息可以表示为一种集合，不同类别的信息可以形成不同的整体。因此，可以形成与现实世界相对应的信息系统。

（11）转化性。信息的产生不能没有物质，信息的传递不能没有能量，但有效地使用信息，可以将信息转化为物质或能量。

另外，根据各行业信息的不同，信息还可以具有安全性和及时性等特性，而且，信息应用的场合不同，其侧重面也不一样。例如，对于金融信息而言，其最重要的特性是安全性；而对于市场信息而言，其最重要的特性是及时性。

2．信息的功能

信息在人类认识世界和改造世界的过程中，与物质、能源一样，发挥着十分重要的作用。其主要功能如下：

（1）为认识世界提供依据。人们认识世界，首先要获取认识对象的有关信息，并通过对这些信息的加工获得有关知识，从而形成正确的认识。

（2）为改造世界提供指导。人们认识世界的目的是改造世界，而改造世界就必须有正确的观念作指导。这些观念包括活动的计划、环境分析、结果的预测和发展变化的对策等,这些都离不开信息的指导。

(3) 为有序的建立提供保证。人们所有活动的目的都是使得客观世界变得更加有序。这种有序至少要包括两种情况,一是使得本来有序的客观世界得到改善,变得更加有序;二是打破原来的有序,建立一种新的有序。无论哪种情况,都需要有信息的保证。

(4) 为资源开发提供条件。人类社会的生存和发展要建立在资源之上,所有这些资源可分为两类,即有形资源和无形资源。有形资源包括物质和能量,物质供给材料、能量供给动力,它们是人类发展的基础;无形资源主要是信息资源,信息供给智力,是人类发展的精神力量。无论是开发有形资源还是无形资源,都需要信息。

(5) 为知识的生产提供材料。生产是人类生存和发展的基础和前提,既包括物质产品的生产,也包括精神产品的生产,其中知识的生产是精神产品生产的主要内容,而信息则为知识的生产提供材料。

3. 两个相关概念

与信息相关的概念主要有两个,分别是数据和知识。

(1) 信息与数据。信息是经过加工后的数据,数据是信息生成的材料,是信息的存在形式和状态,即信息是被解释或被理解的数据。例如,有一条数据库记录"张啸杰,男,19,大二,……",其中,"张啸杰"、"男"、"19"和"大二"等都是数据,但它们组合起来是关系数据库中的一条记录,四者之间是有逻辑关系的,从谓词演算的角度来看,就容易理解为"一个名叫张啸杰的男生,他今年19岁,上大学二年级"。至此,四者就成为信息了。

(2) 信息与知识。知识是经过加工的信息。例如,有两条数据库记录,分别为"张啸杰,湖南永州"和"李国杰,湖南邵阳",其语义为"张啸杰是湖南永州人"和"李国杰是湖南邵阳人",这是信息。如果得出"张啸杰和李国杰是湖南同乡"就是知识了。

1.1.2 系统及相关理论

系统是由相互联系、相互依赖、相互作用的事物或过程组成的具有整体功能和综合行为的统一体。在日常生活中,经常使用"系统"的概念,例如,经济领域中的商业系统和金融系统,自然界中的水利系统和生态系统等。从数学角度来看,系统是一个集合,是由许多相互作用、相互依存的事物(集合元素),为了达到某个目标组成的集合。研究系统的一般理论和方法,称为系统论。系统是系统论的主要研究对象,而要研究系统,首先应该认识系统的特性。

1. 系统的特性

系统的总体特性是系统整体上的属性,系统的这些特性通常是很难提前预测的,只有当所有子系统和元素被整合形成完全的系统之后才能表现出来。系统的特性可以从整体性、层次性、目的性、稳定性、突变性、自组织性、相似性、相关性和环境适应性等方面表现出来。

（1）整体性。系统是一个整体，元素是为了达到一定的目的，按照一定的原则，有序地排列起来组成系统，从而产生出系统的特定功能。

（2）层次性。系统是由多个元素组成的，系统和元素是相对的概念。元素是相对于它所处的系统而言的，系统是从它包含元素的角度来看的，如果研究问题的角度变一变，系统就成为更高一级系统的元素，也称为子系统。

（3）目的性。任何一个系统都有一定的目的或目标。

（4）稳定性。在外界作用下的开放系统有一定的自我稳定能力，能够在一定范围内进行自我调节，从而保持和恢复原来的有序状态，以及原有的结构和功能。

（5）突变性。突变性是指系统通过失稳，从一种状态进入另一种状态的一种剧烈变化过程，它是系统质变的一种基本形式。

（6）自组织性。开放系统在系统内外因素的作用下，自发组织起来，使系统从无序到有序，从低级有序到高级有序。

（7）相似性。系统具有同构和同态的性质，体现在系统结构、存在方式和演化过程具有共同性。系统具有相似性，根本原因在于世界的物质统一性。

（8）相关性。元素是可分的和相互联系的，组成系统的元素必须有明确的边界，可以与别的元素区分开来。另外，元素之间是相互联系的，不是哲学上所说的普遍联系那种联系，而是实实在在的、具体的联系。

（9）环境适应性。系统总处在一定环境中，与环境发生相互作用。系统和环境之间总是在发生着一定的物质和能量交换。

2. 系统论的任务

系统论的任务不仅在于认识系统的特点和规律，更重要的还在于利用这些特点和规律去控制、管理、改造或创造系统，使得系统的存在、发展更符合人们的需要。也就是说，研究系统的目的在于调整系统结构，协调各元素的关系，使系统达到优化目标。

（1）改变人类的思维方式。系统论的出现，使人类的思维方式发生了深刻的变化。以往研究问题，一般是将事物分解成若干部分，抽象出最简单的因素，然后再以部分的性质去说明复杂事物。这是传统的分析方法，这种方法的着眼点在局部或元素，遵循的是单项因果决定论，虽然这是数百年来在特定范围内行之有效、人们最熟悉的思维方法，但是它不能如实地说明事物的整体性，不能反映事物之间的联系和相互作用，它只适应认识较为简单的事物，而不胜任于对复杂问题的研究。在现代科学的整体化和高度综合化发展的趋势下，在人类面临许多规模巨大、关系复杂、参数众多的复杂问题面前，就显得无能为力了。而系统分析方法能够站在较高的层次上认识问题，从而做到高屋建瓴、综观全局，为解决复杂问题提供了有效的思维方式。所以系统论，连同控制论、信息论等其他科学一起，为人类认识世界提供新的思路和新的方法，从而促进各门科学的发展。

（2）提供科学的理论和方法。系统论反映了现代科学发展的趋势和现代社会化大生产的特点，以及现代社会生活的复杂性，所以它的理论和方法能够得到广泛的应用。系统论不仅为现代科学的发展提供了理论和方法，而且也为解决现代社会中的政治、经济、军事、科学和文化等领域的各种复杂问题提供了方法论的基础，系统观念已经渗透到每个领域。

（3）形成统一的系统科学体系。当前，系统论发展的趋势和方向是朝着建立统一的系统科学体系的目标前进。一般系统论创始人贝塔朗菲（L. Bertalanffy），将他的系统论分为两个部分，分别是狭义系统论和广义系统论。狭义系统论着重对系统本身进行分析与研究，广义系统论则是对一类相关的系统科学原理进行分析与研究，其中包括系统科学、系统技术和系统哲学三方面的内容。

3．系统理论

系统理论是 20 世纪人类取得的最伟大的科学成就之一，它为人们提供了一套崭新的科学思维方式，同时，还为人们提供了优化的工作方法和定量的数学工具。由于研究的视角不同，研究者背景不同等原因，系统论还没有形成一个统一的理论体系，还是处在不停的演变和发展过程中，综合各种研究成果，大致包括以下 8 个基本原理：

（1）系统的整体性原理。系统是由多个元素组成的，而且这些元素之间按一定的方式相互联系、相互作用产生了系统的整体性。凡系统都有整体的形态、整体的结构、整体的边界、整体的特性、整体的行为、整体的功能、整体的空间占有和时间展开。

（2）系统的整体突变原理（非加和原理）。系统是由若干元素按一定方式相互联系形成的有机整体，从而产生出它的元素和元素的总和所没有的新性质。这种性质只能在系统中表现，不等于各个元素的性质和功能的简单相加。

（3）系统的层次性原理。由于系统组成元素在数量和质量以及结合方式等方面存在差异，使得系统组织在地位与作用、结构与功能上表现出等级秩序，形成具有质的差异的系统等级。

（4）系统的开放性原理（开放系统）。系统总是从普遍联系的客观世界中相对地划分出来的，与外部世界有着密切的联系，既有元素与外部的直接联系，也有系统整体与外部的联系，系统具有不断与外界环境交换物质、能量、信息的性质和功能。

（5）系统的目的性原理。系统与环境的相互作用中，在一定范围内其发展变化不受或少受条件变化的影响，坚持表现出某种趋向预先确定的状态的特性。

（6）系统环境互塑共生原理。系统对环境有两种相反的作用和输出，一种是积极的、有利的，称之为功能；另一种是消极的、不利的，称之为污染。环境对系统也有两种相反的作用和输入，一种是积极的、有利于系统发展的资源，另一种是消极的、不利于系统发展的压力。

（7）系统的秩序原理。系统的形成和发展全过程中都存在有序和无序两种形态特征，有序性是系统内部和内外之间有规则、确定的相互联系，无序性是系统内部和内外之间无规则、不确定的关系。

（8）系统的生命周期原理（演化原理）。系统有一个从产生到发展，直至最终消亡的不断演化过程。当具备一定条件后，一个系统从内外不分到内外有别，系统在与环境相互作用过程中不断发展，最终因为内外因素的作用，导致系统发生病变、消亡。

4．信息系统

简单地说，信息系统就是输入数据，通过加工处理，产生信息的系统。面向管理是信息系统的显著特点，以计算机为基础的信息系统可以定义为，结合管理理论和方法，应用信息技术解决管理问题，为管理决策提供支持的系统。管理模型、信息处理模型和系统实现条件三者的结合，产生信息系统，如图1-1所示。

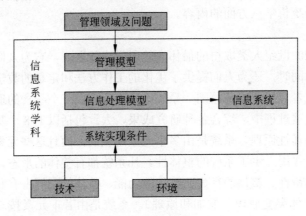

图1-1 信息系统

管理模型指系统服务对象领域的专门知识，以及分析和处理该领域问题的模型，也称为对象的处理模型；信息处理模型指系统处理信息的结构和方法。管理模型中的理论和分析方法，在信息处理模型中转化为信息获取、存储、传输、加工和使用的规则；系统实现条件指可供应用的计算机技术和通信技术、从事对象领域工作的人员，以及对这些资源的控制与融合。

1.1.3 系统工程方法论

系统工程是从整体出发合理开发、设计、实施和运用系统科学的工程技术。它根据总体协调的需要，综合应用自然科学和社会科学中有关的思想、理论和方法，利用计算机作为工具，对系统的结构、元素、信息和反馈等进行分析，以达到最优规划、最优设计、最优管理和最优控制的目的。

系统工程方法论是指运用系统工程研究问题的一套程序化的工作方法和策略，也可以理解成为了达到预期目标，运用系统工程思想和技术解决问题的工作程序或步骤。系统工程方法论是在综合应用运筹学、控制论、信息论、管理科学、心理学、经济学和计算机科学等有关学科的理论和方法的基础上形成的科学思想和方法，是用于解决复杂系统问题的一套工作步骤、方法、工具和技术。

在长期的发展过程中,系统工程专家在从事系统工程的研究和应用中,逐渐形成了具有各自专业特点的工作方法和步骤,它们是系统工程方法论的真正基础。在各种系统工程方法论中,最具代表性的是霍尔(A. D. Hall)的三维结构方法体系和切克兰德(P. B. Checkland)的软系统方法论。

1. 霍尔三维结构

霍尔三维结构也称为霍尔系统工程,是为解决大型复杂系统的规划、组织和管理问题提供的一种统一的思想方法,将系统工程整个活动过程分为前后紧密衔接的7个阶段和7个步骤,同时还考虑了为完成这些阶段和步骤所需要的各种专业知识和技能。这样,就形成了由时间维、逻辑维和知识维所组成的三维空间结构,如图1-2所示。

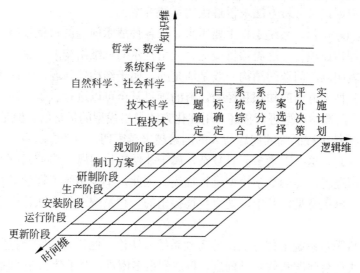

图1-2 霍尔三维结构

(1)逻辑维。逻辑维即解决问题的逻辑过程。运用系统工程方法解决某一大型工程项目时,一般可分为问题确定、目标确定、系统综合、系统分析、方案选择、评价决策和实施计划7个步骤。问题确定步骤通过全面收集有关资料和数据,弄清问题的历史、现状及发展趋势;目标确定步骤提出解决问题所要达到的目标,制订评价方案的标准和指标,以便对方案进行评价;系统综合步骤按照问题的性质和预期目标,形成一组可供选择的系统方案;系统分析步骤对可能入选的方案进一步说明其性质和特点,以及与整个系统的相互关系。为了对众多备选方案进行分析比较,往往要通过构造模型,将这些方案与系统的评价目标联系起来。方案选择步骤也就是系统优化阶段,即在一定的限制条件下,选择最优方案或确定方案的优劣顺序;评价决策步骤由决策者根据全面要求,最后确定一个或几个方案来试行;实施计划步骤将最后选定方案付诸实施。

（2）时间维。时间维即是工作进程。对于一个具体的工作项目，从系统规划起一直到更新为止，全部过程可分为规划阶段、制订方案、研制阶段、生产阶段、安装阶段、运行阶段和更新阶段。

（3）知识维。知识维即是专业科学知识。系统工程除了要求为完成上述各步骤、各阶段所需的某些共性知识外，还需要其他学科的知识和各种专业技术，霍尔将这些知识分为工程、医药、建筑、商业、法律、管理、社会科学和艺术等。各类系统工程，都需要使用相应的专业基础知识。

2．软系统方法论

霍尔三维结构方法论的特点是强调明确目标，认为对任何系统的分析都必须满足其目标的需求，其核心内容是模型化和最优化。霍尔认为，现实问题都可以归结为工程问题，从而可以应用定量分析方法求得最优的系统方案。

在 20 世纪 60 年代，系统工程主要用来寻求各种战术问题的最优策略，或用来组织与管理大型工程建设项目。这类项目最适合应用霍尔的三维结构方法论，因为工程项目的任务一般比较明确，问题的结构一般是清楚的，属于结构化问题。这时可以充分运用自然科学和工程技术方面的知识和经验，有的项目甚至可以进行试验。属于这类性质的问题，都可以应用数学模型进行描述，用优化方法求出模型的最优解。但是，从 20 世纪 70 年代开始，系统工程面临的问题与人的因素越来越密切，与社会、政治、经济和生态等因素纠缠在一起。这些因素多而且复杂，属于非结构化问题。这类问题本身的定义并不清楚，难以用逻辑严谨的数学模型进行描述。因此，不少系统工程学者对霍尔三维结构方法论提出了修正意见，其中，切克兰德提出的一种系统工程方法论，受到了系统工程学界的重视。

切克兰德将霍尔系统工程方法论称为硬系统方法论，他认为，完全按照解决工程问题的思路来解决社会问题和软科学问题，将遇到很多困难，至于什么是"最优"，由于人们的立场、利益各异，判断价值观不同，很难简单地取得一致的看法；因此，"可行"和"满意"的概念逐渐代替了"最优"的概念。还有一些问题只有通过概念模型或意识模型的讨论和分析后，才使得人们对问题的实质有进一步的认识，经过不断磋商，再经过不断的反馈，逐步弄清问题，得出满意的可行解。切克兰德根据以上思路提出他的方法论，并称它为软系统方法论。软系统方法论主要按照以下 5 个步骤来分析问题：

（1）问题现状说明。说明现状的目的是为了改善现状，弄清问题本身的基本定义。

（2）理清问题的关联因素。搞清楚与改善有关的各种因素及其相互关系。

（3）建立概念模型。运用系统的观点和系统思想描述系统活动的现状，可用结构模型或流程图来表达。

（4）比较。根据数学模型的理论和方法，改进所建的概念模型，然后将概念模型和现状进行比较，逐步得出满意的可行解。

（5）实施。对改善问题予以实施。

软系统方法论的核心不是最优化，而是进行比较，强调找出可行、满意的结果。比较的过程要组织讨论，听取各方面有关人员的意见，为了寻求可行、满意的结果，不断地进行多次反馈。因此，它是一个学习的过程。

1.1.4 信息系统工程

信息系统工程是以系统工程的方法来实现信息系统建设的过程，它是用系统工程的原理、方法来指导信息系统建设与管理的一门工程技术学科。信息系统工程是系统工程的一个分支学科，因此，系统工程的原理、方法、技术和过程都适用于它。同时，信息系统与一般的系统相比，又有其自身的专业特征，这就决定了信息系统工程在研究方法上具有整体性，在技术应用上具有综合性，在工程管理上具有科学性。

1. 信息系统的生命周期

信息系统与其他事物一样，也要经历产生、发展、成熟和消亡的过程。信息系统从产生到消亡的整个过程称为信息系统的生命周期。一般来说，信息系统的生命周期可分为5个阶段，分别是系统规划、系统分析、系统设计、系统实现、系统运行与评价。

（1）系统规划。信息系统规划是系统建设的起始阶段，其作用是指明信息系统在企业经营战略中的作用和地位，指导信息系统的开发。一个比较完整的系统规划，应当包括信息系统的开发目标、总体架构、组织结构和管理流程、实施计划和技术规范等。有关系统规划的知识，将在第9章中详细介绍。

（2）系统分析。系统分析阶段的目标是为系统设计阶段提供系统的逻辑模型，主要任务是在可行性分析和总体规划的基础上，对现有系统进行进一步的详细调查，并整理成规范的文档资料；对企业的组织结构、业务流程和经营管理，以及信息需求与处理的现状和问题进行分析，为系统设计提供依据。有关系统分析的知识，将在第10章和第11章中详细介绍。

（3）系统设计。系统设计是信息系统开发过程的另一个重要阶段。在这一阶段中，要根据系统分析的结果，设计出信息系统的实施方案，从而为程序员提供清晰而完整的物理设计说明。有关系统设计的知识，将在第12章和第13章中详细介绍。

（4）系统实现。系统实现阶段的任务是将设计文档变成能在计算机上运行的软件系统。有关系统实现的知识，将在第14章中详细介绍。

（5）系统运行与评价。系统投入运行后，需要经常进行维护和评价，记录系统运行的情况，根据一定的规格对系统进行必要的修改，评价系统的工作质量和经济效益。有关系统运行与维护的知识，将在第15章中详细介绍。

2. 信息系统建设的原则

在信息系统建设过程中，必须要遵守一系列原则，这是系统成功的必要条件。

（1）高层管理人员介入原则。信息系统建设是为企业战略目标服务的，真正能够理解企业战略目标的人必然是那些企业高层管理人员，而那些身处某一部门的管理人员和技术人员是无法准确理解的。因此,信息系统建设必须有企业高层管理人员的介入。当然,这里的"介入"有着其特定的含义,既可以是直接参加,也可以是决策或指导,还可以是在经济和人事等方面的支持。高层管理人员介入原则在现阶段已经逐步具体化,那就是 CIO 的出现。深度介入信息系统建设,是 CIO 的职责之所在。

(2) 用户参与开发原则。用户参与开发原则主要包括三方面的含义。首先,用户是有确定的范围的,信息系统的使用者是核心用户,用户单位的领导是辅助用户或是外围用户;其次,用户(特别是核心用户)不应只参与某一阶段的开发,而应当是参与开发的全过程,即用户应当参与从信息系统规划和设计阶段,直到系统运行的整个过程;最后,用户应当深度参与系统开发。用户以什么身份参与开发是一个很重要的问题。一般说来,参与开发的用户人员,既要以甲方代表身份出现,又应成为真正的系统开发人员,与其他开发人员融为一体。

(3) 自顶向下规划原则。在信息系统开发的过程中,经常会出现信息不一致的问题,这种现象的存在对于信息系统来说往往是致命的。实践表明,信息的不一致主要是因为缺乏总体规划所导致的。因此,坚持自顶向下规划原则,对于信息系统建设来说是至关重要的,它的一个主要目标是达到信息的一致性。

(4) 工程化原则。在 20 世纪 70 年代,出现了世界范围内的软件危机。所谓软件危机,是指软件编制好以后,谁也无法保证它能够正确地运行,也就是软件的质量成了问题。经过探索,人们认识到,没有按照工程化原则进行软件开发是软件危机发生的根本原因。此后,发展了软件工程学科,在一定程度上解决了软件危机问题。信息系统也经历了与软件开发大致相同的经历。在信息系统发展的初期,人们也像软件开发初期一样,只要做出来就行,根本不管实现的过程。这时的信息系统,大都成了少数开发者的"专利",系统可维护性和可扩展性都非常差。后来,系统工程等工程化方法被引入到信息系统开发过程之中,才使得问题得到一定程度的解决。

另外,对于信息系统的开发,人们还从不同的角度提出了一系列原则,例如,创新性原则、整体性原则、发展性原则、经济性原则和先进性原则等。在实际的信息系统建设中,需要根据企业的实际情况,将这些原则具体落实。

1.2 系统分析师

信息系统的开发是一项复杂的系统工程,这是因为一个信息系统的建立,往往要投入大量的人力、物力和财力,同时需要大量的时间。在开发过程中,需要将系统中的各构成要素、组织结构、信息交换和反馈控制等有机地组织起来,以求得最佳的系统方案;信息系统的开发是一种创造性工作,这是因为任何一个信息系统的开发没有一成不变的规则可以遵循。一个成功的信息系统的开发,取决于很多因素,例如,具体的业务情况和环境、计算机技术的发展水平和开发人员的素质,以及开发人员之间的默契配合等。

因此，一个信息系统的成功建设，是团队共同创造的结果。而在这个团队中，核心人物就是系统分析师。

1.2.1 系统分析师的角色定位

当前，信息系统的建设已呈现出诸多新的特点，随着全球化和信息化的发展，企业的竞争环境变得极其复杂和多变。在这种形势下，信息系统与企业的主营业务不但紧密结合，而且互相渗透，其发展的结果是业务系统与信息系统融合在一起，成为一个系统，即业务信息系统。另一方面，随着 Internet 的普及和深度应用，特别是企业内联网和外联网的发展成熟，以及虚拟企业、电子商务、企业智能的应用，都对企业的信息系统建设提出了更高和更新的要求。在企业信息化进程中，特别是大型、复杂的信息系统建设，要求有一支训练有素、经验丰富、能适应形势的系统开发队伍，而这支队伍的领军人物就是系统分析师。系统分析师的水平将影响企业信息化，特别是信息系统开发和运行的质量，甚至关乎其成败。当然，在一支完善的信息系统开发队伍中，除了系统分析师外，还需要有业务专家、技术专家和其他辅助人员。

1．信息化的人才结构

在企业信息化建设中，人才是起决定作用的因素，而人才又是可以分成不同层次、不同类型的，可以从纵、横两种不同的角度分析企业信息化的人才结构。

从横的角度分析企业信息化的人才结构，可以分成两种类型，分别是信息技术（Information Technology，IT）人员和非 IT 人员。IT 人员是一个不断扩展的群体，主要包括首席信息官（Chief Information Officer，CIO）、系统分析师、软件工程师、硬件工程师、通信工程师和数据工程师，以及系统操作员、网络维护员和数据管理员等。非 IT 人员是除 IT 人员之外的所有人员。需要说明的是，CIO 和系统分析师既属于 IT 人员，又属于非 IT 人员，即企业管理人员。

从纵的角度分析企业信息化的人才结构，可以分成三个层次，这是一个可分为上层、中层和下层的金字塔形结构。最上层是决策层，位于塔尖上的人员是 CEO、CFO 和 CIO 等高层领导成员；中层是管理业务层，其组成人员主要有中层经理、系统分析师、经济师和会计师，以及计算机软硬件工程师、通信工程师和数据工程师等；下层是操作层，其人数最多，主要包括计算机和通信操作人员、维护人员和数据处理人员，以及分布在企业计划、财务、劳资等部门和基层单位的业务人员。

2．系统分析师的角色

系统分析师在企业信息化和信息系统建设中处于重要地位，根据需要的不同，他们可能身兼多种角色。一名优秀的系统分析师既要是 IT 专家，又要是管理业务专家。

（1）IT 专家。系统分析师首要的角色应是 IT 专家。信息系统具有极大的复杂性，仅从技术的角度来看，会用到复杂的软件、硬件、通信和网络技术；同时，由于 IT 产品和技术的更新换代速度极快，为保证信息系统开发成功并健康地运行，企业必须从应用的角度认识问题，对市场上层出不穷的新产品和新技术有正确的评估与选择。这种评估与选择不仅决定了系统成本的高低，更重要的是决定了系统性能的好坏。由于系统分析师是信息系统建设的领军人物，因此，谙练信息技术，成为 IT 领域某一个或几个方面的专家，是对系统分析师的基本要求。

（2）管理业务专家。企业信息系统的建设是一个极为复杂的管理系统工程，它的成功不仅取决于信息技术的科学、合理应用，更为重要的是它还要涉及企业的各项管理业务、员工素质、领导的认识能力和决策能力，以及其他的方方面面的因素。因此，系统分析师要有丰富的管理业务方面的知识和经验，才能领导好信息系统的建设工作，也就是说，在成为 IT 专家的同时，还要成为管理业务专家。

（3）IT 人员和非 IT 人员的沟通者。从 IT 角度来看，IT 人员和非 IT 人员之间存在着无形的隔阂。很多信息系统建设项目的失败，就是因为这种隔阂所造成的。由于系统分析师既是 IT 专家，又是管理业务专家，因此，他们可以作为 IT 人员和非 IT 人员的沟通桥梁。

（4）对外谈判者。现代社会的一个最大特点就是社会分工越来越细，专业化程度越来越高。现在已很少有企业可以单凭自己的组织队伍开发本企业的信息系统了，较普遍的做法是将开发工作委托给专业的开发组织，或在条件具备时直接购买商品化软件。这样，既可保证质量，又能降低成本，还可避免背上人员的包袱。但是，这样一来，就有一个如何与专业开发组织"讨价还价"的问题。此时，企业与专业组织在利益上处于对立地位，且二者在信息上又处于不对称地位，特别是在企业领导不懂信息技术的情况下，很可能使企业处于被动地位。这时，正是系统分析师发挥作用的时候，因为他们代表企业利益，同时又是 IT 专家，由他们与专业组织"过招"，就会得心应手。由系统分析师担任对外部专业组织的谈判代表，是比较恰当的选择。

（5）信息系统运行的指导者。信息系统的价值在于它的运行，只有能够健康、平稳、安全地运行的信息系统才是好的信息系统，而要做到这些，就必须做好系统的运行管理、评价和维护，以及系统升级、功能扩展和再工程。系统运行管理牵涉技术、业务和人员，以及制度与规范建设等方面。所有这些问题都应是系统分析师所特别关注和思考的，也就是说，系统分析师应当成为信息系统运行的指导者，从纲领和细节两个方面指导信息系统按要求正常运行。

（6）信息系统建设项目的技术负责人。从建设单位的角度而言，企业信息化是"一把手工程"，也就是说，整个信息系统建设项目的负责人应由企业高层领导担任，而项目的技术负责人应该是系统分析师；从承建单位的角度而言，开发项目的负责人应由信息系统项目管理师担任，由系统分析师担任技术经理或研发经理。因为信息系统建设项目往往比较多地涉及具体技术问题和业务问题，这些问题的解决对整个项目的成败起着关键作用。

3. 系统分析师的素质要求

由系统分析师的角色定位可知，系统分析师应具有特殊的素质，这些素质可以归纳为以下几点：

（1）具有深入观察问题的能力、逻辑思维能力和归纳能力，善于透过现象认识问题的本质，善于从纷繁杂乱的事物中抽取出核心要素，既能"从树木中见森林"，也能"从森林中见树木"。

（2）具有丰富的开发实践经验，具有丰富的想象力和创造力，敢于接受新鲜事物，善于从经验的积累中进行创新，能够灵活运用系统科学的方法解决问题。

（3）具有较强的学习能力，熟练掌握系统开发的基本原理，精通信息系统开发的各种方法和技术，熟悉信息系统开发的各种环境和工具。

（4）具有很强的谈判和协商能力，以及人际交往能力，善于将自己对系统开发的认识介绍给用户，并说服用户接受自己的主张。

（5）具有很强的组织和管理能力，能在大型系统的开发中担任技术负责人角色，对工程师和程序员进行指导，确保项目成功。

（6）具有与他人合作共事的能力，能带领开发团队的所有成员，齐心协力、共同完成各自所承担的任务。

（7）具有一定的远见和前瞻能力。由于用户的业务环境不断变化，用户的需求也在不断变化，计算机软硬件技术的发展日新月异，因此，要求所开发的信息系统必须具有较强的适应快速变化环境的能力。

总之，系统分析师应是一类有很强的事业心和使命感，并且能从实际出发解决具体问题，具有务实精神的杰出复合型人才。

4. CIO 是系统分析师的代表

世界上许多系统都是金字塔型的层次结构，例如，在军队里，最下面是成千上万的士兵，中间是各级长官，最上面则是将军。在工程技术人员队伍中也有同样的结构，最下面也是最多的是技术员和描图员等，中间是专业工程师或设计师，最上面则是总工程师或总设计师。同时，许多"运筹于帷幄之中，决胜于千里之外"的将军，都是从士兵成长起来的；那些知识渊博、经验丰富的总工程师和总设计师往往出身于普通的技术员。

同样道理，系统分析师也应当处于一个金字塔结构之中。系统分析师是一个群体，他们处于金字塔的中上层。从信息化的角度来看，最上层是企业的 CIO，而且，CIO 本身也应该是系统分析师，就像总工程师本身是工程师，总会计师本身是会计师一样。因此，CIO 是系统分析师的典型代表。

1.2.2 系统分析师的任务

由系统分析师的角色定位和素质要求可以看出，他们在企业信息化的整个过程中，以及在信息系统开发的各个阶段，都担负着重要的任务，在信息系统工程中常处于重要的地位。

1. 信息化战略管理中的任务

系统分析师在信息化战略管理中，担负着重要任务，主要体现在以下几个方面：

（1）深入理解企业的发展战略目标和业务发展方向，并在此基础上，明确企业战略对信息化的需求。

（2）对企业内外部信息化环境、企业所处行业的信息化水平，以及企业信息化现状进行分析和评估。

（3）与企业高层领导和管理人员一起设计和确定企业信息系统建设的长期目标，还要对目标进行必要的分解。

（4）能够主持制定企业信息化战略规划。

2. 信息化基础建设中的任务

系统分析师在企业信息化基础建设中担负着重要任务，主要体现在以下几个方面：

（1）对计算机系统的发展概况、系统配置和性能有较为清楚的了解，要对计算机系统的投资和成本等有较为清楚、准确的估算，对系统性能/价格比有恰当的把握。

（2）对计算机网络技术有较好的了解和把握，从企业的实际出发，对企业计算机网络基础建设提出科学、合理的分析与论证，对企业的局域网、内联网、外联网和 Internet 建设作出可行性分析报告，提出科学、合理的建设方案。

（3）负责信息系统安全制度和规范的制订，指导系统安全地运行和管理，协调和处理系统安全的有关问题，负责就系统安全的情况和问题进行分析与论证，并向有关部门或领导报告工作。

（4）能够设计出信息系统的评价体系，包括评价指标、评价方法、评价程序、评价主体和客体，以及评价结果的使用等。

（5）能够主持制订信息化管理制度，对信息化管理制度的适用性进行动态分析，并做出相应调整。

（6）能够审定企业信息化各种标准规范，制订企业信息化标准规范体系，协调和处理企业信息化标准规范实施中的重大问题。

3. 信息系统建设中的任务

信息系统建设是信息化的主要内容，系统分析师在系统开发的各个阶段都担负着重要任务。

（1）系统规划阶段。在理清企业内、外部现状和环境的基础上，开展信息系统建设的可行性研究工作；根据企业所处的环境和所具备的条件，按照所确定的目标，制订开发策略；编写可行性研究报告，参与或主持制订信息系统开发计划。

（2）系统分析阶段。在充分了解业务需求的情况下，建立企业的业务模型，并与企业决策者和业务人员进行交流，达到共识；主持系统分析工作，在深入理解企业的发展战略和企业信息化总体规划的基础上，完成信息系统的需求分析，构建出系统的逻辑模型，为系统设计奠定基础。

（3）系统设计阶段。与系统架构设计师配合，设计好系统架构；指导系统设计师和工程师进行系统设计工作，负责对相关问题进行解释；对信息系统开发人员的组织机构建立和人员安排，以及对相关人员的有针对性的培训等提出意见和建议。

（4）系统实施阶段。对按总体设计方案进行的软硬件和网络配置给以指导、协调、检查、验收和评价；组织并指导应用软件的开发、数据库的建设、基础数据的分析和处理等工作；组织或指导用户培训；指导系统开发实施的进度、成本和质量等的控制；对系统实施过程中出现的问题及时汇总分析，对重大问题，特别是方案的修改等提出建议或意见；对系统实施效果进行评价。

（5）系统运行与维护阶段。主持制订运行和维护的规章制度，包括系统运行、软硬件维护和数据维护等管理制度；对系统运行和维护的日常工作进行检查和指导，并指导或协助运行人员解决运行中出现的业务和技术等问题；从技术和经济两方面综合评价信息系统的运行效果；负责制订信息系统调整、升级和功能扩展的方案。

4. 企业流程管理中的任务

信息化特别是信息系统的建设和运行，对企业流程必然产生深刻的影响，这是由流程的性质所决定的，因为流程是企业行为的重复模式，对企业来说，流程是企业内部与价值创造相关的经营活动。由此决定了系统分析师在企业流程中担负着特殊且重要的任务，主要体现在以下三个方面：

（1）在信息化过程中，要特别关注企业流程，研究和分析有关企业流程的问题。

（2）在信息系统建设过程中，要关注系统与流程的互相影响，将企业流程改进或重组作为信息系统修正、功能扩展和升级的主要影响因素。

（3）关注并熟悉、研究和评价市场上流行的流程分析工具，当条件具备时，可选用适当的流程分析软件，辅助企业进行流程管理。

5. 信息资源开发利用中的任务

信息资源是企业中的重要资源，信息资源管理在支持企业参与市场竞争中处于重要的战略地位。系统分析师是信息资源管理的领导力量，其主要任务如下：

（1）对所在企业的信息资源作深入的调查研究和分析论证，在被授权的条件下，指导或领导制订企业信息资源开发利用规划和实施方案。

（2）负责制订组织的信息资源管理基础标准，组织制订信息资源管理制度，建立信息获取、生成、处理和使用的责任和协调机制。

（3）指导或领导信息资源开发利用工作，并将它纳入信息系统的建设之中。

（4）指导、检查和评估日常的信息资源管理工作，对出现的问题提出解决的方案和建议。

1.2.3 系统分析师的知识体系

系统分析师属于复合型人才，知识体系是由其担任的角色和工作任务决定的。首先，系统分析师必须非常熟悉信息系统的建设，这要求有相当多的信息技术，即技术知识与技能；其次，系统分析师需要与各种各样的人交互，这些交互需要具备很多良好的素质和技能，可以归纳为经营管理知识与技能；再次，系统分析师需要熟悉为之工作的行业，这要求具备较多的业务领域知识，即业务知识与技能；最后，也是最重要的，系统分析师必须具备高尚的人格和道德修养。

1．技术知识与技能

系统分析师作为 IT 专家，应具有丰富的专业技术知识和技能，包括计算机系统、计算机科学与技术、计算机网络、系统安全、信息系统工程、数学及相关学科、经济管理等方面的知识。

（1）计算机系统知识。系统分析师应对现代计算机系统的发展概况、系统配置和系统性能有较清楚的了解，掌握有关的知识和技术。

（2）计算机科学与技术知识。计算机科学与技术学科中的各分支学科，包括数据结构、操作系统、编译原理和算法设计，以及程序语言、软件工程、数据库、人工智能等，都是系统分析师应该掌握的专业知识。

（3）计算机网络知识。系统分析师应熟练掌握通信技术、局域网技术、广域网技术、Internet 与 Intranet、网络规划与设计、网络配置与管理等方面的知识。

（4）系统安全知识。系统分析师应熟练掌握通信与网络安全、安全管理的实施、应用和系统开发安全、安全架构和模型、计算机操作安全、业务安全、系统灾难的恢复、信息安全机制等方面的知识。

（5）信息系统工程知识。系统分析师要掌握系统论、控制论和信息论的知识，能熟练运用系统工程的原理和方法，指导信息系统建设与管理。

（6）数学及相关学科知识。系统分析师要掌握微积分、线性代数、概率论、统计学、离散数学和运筹学等与信息系统工程关系最为密切的数学及相关学科知识。

（7）经济管理知识。系统分析师要掌握财务会计知识、管理会计知识和技术经济学知识，并将这些知识应用到信息系统建设中。

2．经营管理知识与技能

在现实生活中，经营是运营、运作之意，管理是指通过决策、计划、组织、领导、控制和创新等职能的发挥来分配、协调一切可以调用的资源，以实现单独的个人无法实现的目标。在经营和管理方面，系统分析师需要具有以下知识：

（1）人际沟通知识。系统分析师应该能够有效地和他人沟通，包括口头沟通和书面沟通。在信息系统开发过程中，决定系统成败的一个最大决定因素，往往是沟通技能而不是技术技能。人际沟通知识可以通过学习获取，多数大学开设了这方面的课程，例如，商务写作和技术写作、商务发言和技术讨论等。

（2）人际关系知识。由于系统分析师需要与系统开发中的其他人员交互，因此，需要良好的处理人际关系的能力，使得系统分析师能够很好地和其他人员协调开展工作。

这方面的知识,可以通过人际关系交流培训的课程,例如,团队合作、领导艺术、管理变化和冲突等来获得,有些大学也开设了类似的选修课。

(3) 项目管理知识。系统分析师作为信息系统项目中的技术负责人,必须熟悉信息系统项目管理知识,包括项目管理的理论、方法和相关工具。

(4) 企业管理知识。系统分析师要对企业战略管理、知识管理和日常运作管理有较深入的了解和较深刻的认识,以便制订企业信息化战略,建立企业业务模型,进行企业业务流程改进或重组。

(5) 市场营销知识。根据工作性质不同,系统分析师有时候需要担任谈判者的角色,有时候需要从事"售前"的工作,这需要系统分析师具有市场营销方面的知识。

3. 业务知识与技能

系统分析师的业务知识情况极为复杂,它与系统分析师的个人专业出身和职业经历,以及供职单位的业务特点和岗位职责等有关。例如,如果某系统分析师供职于保险公司,则他就应当掌握一定的保险业务知识。

对于供职于 IT 企业的系统分析师而言,每次承接的项目可能面临不同的行业,因此,需要系统分析师具有很强的学习能力,能够快速熟识用户业务领域的专业知识,由外行迅速转变为"业内人士"。

4. 人文修养

系统分析师是国家信息化建设和软件产业发展的骨干力量,他们不仅应具有优秀的业务能力,还应有良好的人文修养。人文修养是指人所具备的高尚的道德品质、健康的生活态度,以及坚韧的意志和宽广的胸怀的形成、发展和提升过程,是人生阅历、生活经验、道德情操和人文知识的积淀、内化的结果。一个人的人文修养,是思想境界升华和科学文化滋养的综合发展过程,是知和行的统一。

(1) 人格与道德规范。系统分析师经常会接触到一些秘密和敏感信息,他们分析与设计的产品通常也属于系统所有者的财产,这些工作特性需要系统分析师具有优秀的人格和道德规范。

(2) 遵守法律法规。市场经济是法制经济,信息化建设必然要走上法制的轨道。随着形势的发展,国家和各级政府部门必将不断出台有关信息化建设的法律、法规、制度和政策。作为一名合格的系统分析师,一定要熟练掌握信息系统开发和应用相关的法律法规,并在实际工作中运用。

(3) 诚信道德修养。在现代社会中,诚信已经变成一种无形资本,即信用资本。系统分析师经常代表所在单位与客户单位和用户联系,在与客户交互的过程中,一定要守时、守信。否则,将使所在单位失去信用,从而失去客户,也使自己难以立足。

(4) 职业道德修养。职业道德是与人们的职业活动紧密联系的,符合职业要求的道德准则、道德情操与道德品质的总和,它被用来调节在职业活动中人与人之间的关系。对于系统分析师来说,加强职业道德的修养特别重要,因为系统分析师作为高级工程师,负责对企业众多工程师的指导和管理工作，系统分析师的思想和行为会对其他人员产生很大的影响。

（5）健康的心理素质。系统分析师要养成良好的性格和习惯，例如，性格应该开朗、胸襟豁达，易于与各方人士相处；应该有坚毅的意志，能经受挫折和暂时的失败；应该既有主见，不优柔寡断，又能果断行事，遇事沉着、冷静，不冲动，不盲从；要既有灵活性和应变能力，又不失原则、不固执等。

第 2 章　经济管理与应用数学

数学是一种严谨、缜密的科学，学习应用数学知识，可以培养系统分析师的抽象思维能力和逻辑推理能力，在从事系统分析工作时思路清晰，在复杂、紊乱的现象中把握住事物的本质，根据已知和未知事物之间的联系推断事物发展趋势和可能的结果；可以培养系统分析师科学、严谨的工作态度和作风，提高系统分析师的职业素养。

经济学以节约成本、扩大产出、优化资源配置为目标，管理学以激励人的积极性、提高组织效率为目标，它们为经营决策提供一种系统而又有逻辑的分析方法。学习经济管理知识，一方面可以使系统分析师在实际工作中具有理性的思维方式和经济头脑，另一方面可以提高系统分析师参与企业决策或项目决策方面的能力。

2.1　会计常识

会计是指记录、分类、汇总、计量和报告发生在企业经济活动中的财务数据的行为，包括以下 4 个过程：

（1）以原始凭证记录企业各项经济活动中发生的财务数据。

（2）以会计科目对原始凭证进行分类和汇总。

（3）以会计政策与会计估计对一定会计期间的经营成果、财务状况及现金流量加以计量。

（4）以财务报告的形式报告相应的计量结果。

对于上市公司来说，担当会计责任的是董事会。向投资者公开披露财务报告是上市公司的法定义务，也是上市公司会计工作的一项重要内容。

1. 会计功用

会计功用可以分为一般功用和在证券市场上的功用。

会计的一般功用是指合法、公允、一贯地记录与反映企业各项经济活动。其中，"合法"是指依法履行会计责任与审计责任；"公允"是指确保财务报告的编制与列报满足充分公平竞争前提下的真实性要求；"一贯"是指在企业持续经营期间内一个会计期间与下一个会计期间保持会计行为的前后一致性。

会计是证券市场的价值衡量工具，具体表现在以下 4 个方面：

（1）公司股票、债券发行（包括股票的首次公开发行和以配股、增发新股、可转换债券等形式进行的再融资）以公开披露财务报告为前提条件，发行价格以公司财务报告体现的投资价值为依据。

（2）上市公司利润分配、股权转让、资产及债务重组等重大财务活动以财务报告提供的合法、公允、一贯的财务数据为依据。

（3）二级市场股票交易价格以上市公司的公允价值为基础，投资者所面对的市场波动实际上是股价受供求关系左右围绕公允价值展开的上下波动。当股价过度背离上市公司公允价值的时候，无论是过高，还是过低，都会向公允价值回归。

（4）价值、账面价值、交易价值、市场价值，或者股票投资价值，从会计的角度来说，它们的本质都应当是公允价值。

因此，作为证券市场最基本的价值衡量工具，会计应当为证券发行人与投资者、债权人记录与反映上市公司的公允价值。

2. 会计计价

会计计价是指确定一项资产的价值。广义的会计计价包括资产发生额的原始计价与报告期末（即资产负债表日）对资产发生额的调整计价；狭义的会计计价是指报告期末对资产的计价，后者可能是延续资产发生额的原始计价，也可能是对资产发生额的调整计价。

会计计价是非常重要的会计基础。如果企业的资产计价不真实、不公允，就无法正确反映盈利能力与偿债能力，也不能让投资者对企业的公允价值作出正确判断。

（1）历史成本计价。历史成本计价是指报告期末无须对资产发生额的原始计价进行调整，延续资产发生额的原始计价。采用历史成本计价时，一项原始计价为100万元的资产，无论到报告期末是否发生减值，报表反映的资产价值依然是100万元。

历史成本计价的缺点在于，一旦现行成本（或重置成本、市价）较历史成本下跌，或者资产的实际价值因不能为企业今后带来经济利益流入而丧失，财务报告便存在虚假陈述的嫌疑。例如，成本为100万元的短期投资，到报告期末，尽管市价已经下跌到80万元，依然以100万元计价并反映在资产负债表中短期投资项下，则无法体现短期投资实际价值。

（2）公允价值计价。公允价值是指在充分公平交易的前提下，熟悉情况的双方自愿进行资产交换成债务清偿的金额。对于发生额原始计价为公允价值的资产来说，公允价值计价是指报告期末根据实际变动情况对资产发生额的原始计价进行调整，以调整后的计价确定资产的价值。鉴于会计核算应当遵循谨慎原则，对原始计价的增值一般不作调整，而只对原始计价的减值进行调整。

在这种情况下，一项资产的公允价值计价可以是现行成本（或重置成本、市价），即按照现在或当前（报告期末）购买同一或类似资产所需支付的现金金额计价；也可以是可变现价值，即按照现在市场价值和正常方式变卖资产所能得到的现金金额计价。例如，成本为100万元的短期投资，如果报告期末市价下跌到80万元，则应当相应调整为80万元，市价低于成本的金额应当确认为费用，在利润表内计减当期利润。

公允价值计价也适用于收益与费用的确认。公允价值计价是确保上市公司财务报告公允列报的基础，也是防范证券市场泡沫化的基础与保护中小投资者利益的基础。

2.2 会计报表

会计报表是综合反映企业资产、负债和所有者权益的情况及一定时期的经营成果和现金流量的书面文件，是会计人员根据日常会计核算资料归集、加工、汇总而形成的结果，是会计核算工作的总结。会计报表是传递会计信息的主要形式。由于账簿登记的资料是分散的，不能概括地全面反映企业的财务状况和经营成果，也不便于及时、全面地分析和检查财务计划或预算的完成情况，不利于考核企业经营管理的好坏。为了使会计信息的使用者能够一目了然地了解企业在一定时期的经营成果和一段时期的财务状况，以便于其进行预测和决策，就需要对分散在账簿中的会计信息资料进行汇总整理，形成一整套反映企业财务状况和经营成果的指标体系，这就需要编制会计报表。

2.2.1 资产负债表

资产负债表又称为财务状况表，它是反映企业在特定的日期财务状况的报表，是一种静态报表，反映的只是企业的财务状况（企业快照）。资产负债表是在一定日期全部资产、负债和所有者权益信息的会计报表，它表明企业在某一特定日期所拥有的经济资源、所承担的经济义务和企业所有者对净资产的要求权。

1．资产负债表的格式

资产负债表是一张平衡表，分为"资产"和"负债+所有者权益"两部分。前者反映企业的各类财产、物资、债权和权利，一般按变现先后顺序表示；后者包括负债和股东权益两项，其中负债表示企业所应支付的所有债务，股东权益表示企业的净值，即在偿清各种债务之后，企业股东所拥有的资产价值。三者的关系可以用下列公式表示：

$$资产 = 负债+股东权益$$

资产负债表列报的数据全部为时点数，即截止报告期末的数据。其大致的格式如表2-1所示（实际的资产负债表包含许多项目，还包括表头、表尾）。

表 2-1 资产负债表格式

流动资产	现金	他人资本	流动负债	应付账款
	应收账款			短期借款
	存货			暂收款
	短期投资		固定负债	长期借款
	其他资产			各项准备
固定资产	有形固定资产	自有资本		实收资本（注册资本）
	无形固定资产			保留盈余
	投资			资本公积金
	递延资产			
总资产			负债与资本	

2. 资产负债表日后发生的事项

资产负债表的报出日（会计报表被批准报出日）滞后于资产负债表日（报头所载注日），期间所发生的事项，如果与资产负债表日存在的状况有关，则称为资产负债表日后发生的事项。可分为调整事项和非调整事项。调整事项如证据确凿，可对有关数据进行调整，如还没有确凿证据证明其能够实现的，应在会计报表附注中予以说明；非调整事项是指不影响资产负债表日存在的情况的事项，例如，自然灾害导致的财产损失、外汇汇率变动等。对非调整事项应在会计报表的附注中加以披露。

2.2.2 利润表与利润分配表

利润表又称为损益表或收益表，它是用来反映企业在一定会计期间内经营成果的报表（企业经营成果的总结）。在利润表中，通过反映企业在一定的会计期间内的所有收入（包括营业收入、投资收入、营业外收入等），并按收入与费用配比原则计算企业在该会计期间的利润或亏损。

1. 利润表的格式

利润表的格式分为单步式和多步式。单步式利润表是将所有收入和费用分别相加，再将两个加总数相减得出净利润，实际上是将"收入−费用=利润"这一会计等式予以表格化；多步式利润表是将收入、费用项目加以分类，在从营业收入到净利润的计算过程中，经过营业毛利润、营业净利润、利润总额等几次中间性计算的利润表。目前，会计制度要求使用多步式利润表，其示例如表 2-2 所示。

表 2-2 多步式利润表的格式

编制单位：　　　　　　编制日期：　　　　　　　　　　　　单位：元

项目	本月数	本年累计数
一、营业收入	A	
减：营业成本	A1	
营业税金	A2	
二、营业毛利润	B=A−A1−A2	
减：销售费用	B1	
管理费用	B2	
财务费用	B3	
三、营业净利润	C=B−B1−B2−B3	
加：投资净收益	C1	
营业外收入	C2	
减：营业外支出	C3	
非常净损失	C4	
四、利润总额	D=C+C1+C2−C3−C4	
加：以前年度损益调整	D1	
减：所得税	D2	
五、净利润	E=D+D1−D2	

2. 利润分配表

利润分配表是反映企业在一定期间内对实现利润进行分配或对造成亏损进行弥补的会计报表。利润分配表可以和利润表编在一起,也可以单独编制。一般来说,利润分配表一年编制一次,其格式示例如表 2-3 所示。

表 2-3 利润分配表的格式

编制单位:　　　　　　　　　20XX 年度　　　　　　　　　　　　　　　　单位:元

项　目	本 年 实 际	上 年 实 际
一、净利润	E （源于利润表）	
加:年初未分配利润	E1	
减:单项留用的利润	E2	
二、可供分配的利润	F=E+E1–E2	
加:盈余公积补亏	F1	
减:提取盈余公积金	F2	
应付利润	F3	
转作奖金的利润	F4	
三、未分配利润	G=F+F1–F2–F3–F4	

2.3 现代企业组织结构

企业组织结构是企业组织内部各个构成要素相互作用的联系方式或形式,以求有效、合理地把成员组织起来,为实现共同目标而协同努力。组织结构是企业资源和权力分配的载体,它在人的能动行为下,通过信息传递,承载着企业的业务流动,推动或者阻碍企业使命的进程。由于组织结构在企业中的基础地位和关键作用,企业所有战略意义上的变革,都必须首先在组织结构上开始。

2.3.1 企业组织结构模式

现代企业组织结构理论可以分为两个阶段。第一阶段从亚当·斯密的分工理论开始,至 20 世纪 80 年代,这一阶段强调高度分工,组织结构也越来越庞大,组织形式从直线制开始,一直到事业部制,可以统称为传统的层次型结构;第二阶段自 20 世纪 90 年代始,这一阶段强调简化组织结构,减少管理层次,使组织结构扁平化。组织结构的扁平化就是通过减少管理层次、裁减冗余人员来建立一种紧凑的扁平组织结构,使组织变得灵活、敏捷,提高组织效率和效能。扁平化组织形式主要有矩阵制、团队型组织、网络型组织(虚拟企业)等。

1. U 型结构

U 型结构(直线职能制结构)是一种按职能划分部门的纵向一体化的职能结构,其特点是企业内部按职能（例如，销售、开发等）划分成若干部门，各部门独立性很小，均由企业高层领导直接进行管理，即企业实行集中控制和统一指挥。U型结构保持了直线制的集中统一指挥的优点，并吸收了职能制发挥专业管理职能作用的长处。适用于市场稳定、产品品种少、需求价格弹性较大的环境。U型结构的缺点在于，高层领导由于陷入了日常开发和经营活动，缺乏精力考虑长远的战略发展，且行政机构越来越庞大，各部门协调越来越困难，造成信息和管理成本上升。

2．M型结构

M型结构（事业部制结构）的基本特征是，战略决策和经营决策分离。根据业务按产品、服务、客户、地区等设立半自主性的经营事业部，公司的战略决策和经营决策由不同的部门和人员负责，使高层领导从繁重的日常经营业务中解脱出来，集中精力致力于企业的长期经营决策，并监督、协调各事业部的活动和评价各部门的绩效。

与U型结构相比较，M型结构具有治理方面的优势，且适合现代企业经营发展的要求。M型结构是一种多单位的企业体制，但各个单位不是独立的法人实体，仍然是企业的内部经营机构。

超级事业部制结构是在M型结构基础上建立的，目的是对多个事业部进行相对集中管理，即分成几个"大组"，便于协调和控制，但它的出现并未改变M型结构的基本形态。

3．矩阵制结构

在组织结构上，把既有按职能划分的垂直领导系统，又有按产品（项目）划分的横向领导关系的结构，称为矩阵制结构（二维结构，项目型结构）。矩阵制结构是为了改进U型结构横向联系差，缺乏弹性的缺点而形成的一种组织形式。它把按职能划分的部门与按项目划分的小组结合起来组成矩阵，使小组成员接受小组和职能部门的双重领导。它的特点表现在围绕某项专门任务成立跨职能部门的专门机构上，这种组织结构形式是固定的，人员却是变动的，任务完成后就可以离开。

与U型结构相比较，矩阵制结构机动、灵活，可随项目的开发与结束进行组织或解散。由于这种结构是根据项目组织的，任务清楚，目的明确，各方面有专长的人都是有备而来，克服了U型结构中各部门互相脱节的现象。矩阵制结构适用于一些重大攻关项目，企业可用来完成涉及面广的、临时性的、复杂的重大工程项目或管理改革任务。特别适用于以开发与实验为主的单位，例如科学研究，尤其是应用性研究单位等。

多维结构（立体结构）是在矩阵制结构的基础上构建产品利润中心、地区利润中心和专业成本中心的三维立体结构。若再加时间维可构成四维立体结构。虽然它的细分结构比较复杂，但每个结构层面仍然是二维结构，而且多维结构未改变矩阵制结构的基本特征，多重领导和各部门配合，只是增加了组织系统的多重性。因此，其基础结构形式仍然是矩阵制，或者说它只是矩阵制结构的扩展形式。

4. H型结构

H型结构是一种多个法人实体集合的母子体制，母子之间主要靠产权纽带来连接。H型结构较多地出现在由横向合并而形成的企业中，这种结构使合并后的各子公司保持了较大的独立性。子公司可分布在完全不同的行业，而总公司则通过各种委员会和职能部门来协调和控制子公司的目标和行为。这种结构的企业往往独立性过强，缺乏必要的战略联系和协调，因此，企业整体资源战略运用存在一定难度。

5. 模拟分权结构

模拟分权是一种介于U型结构和M型结构之间的结构形式，其优点除了调动各开发单位的积极性外，就是解决企业规模过大不易管理的问题。高层管理人员将部分权力分给开发单位，减少了自己的行政事务，从而把精力集中到战略问题上来。其缺点是，不易为模拟的开发单位明确任务，造成考核上的困难；各开发单位领导人不易了解企业的全貌，在信息沟通和决策权力方面也存在着明显的缺陷。

6. 团队型结构

团队型结构中以自我管理团队（Self-Managed Team，SMT）作为基本的构成单位。所谓自我管理团队，是以响应特定的顾客需求为目的，掌握必要的资源和能力，在组织平台的支持下，实施自主管理的单元。在市场需求驱动的新型组织中，SMT是其基本构成单位，这种组织的形态必将是扁平的。

SMT使组织内部的相互依赖性降到了最低程度。团队型结构的基本特征是：工作团队做出大部分决策，选拔团队领导人，团队领导人是"负责人"而非"老板"；信息沟通是通过人与人之间直接进行的，没有中间环节；团队将自主确定并承担相应的责任；由团队来确定并贯彻其培训计划的大部分内容。

在基于速度和解决方案提供的竞争中，SMT只能拿捏相对有限的资源。为满足顾客渴求，有效的减少成本、降低风险、缩短开发时间，SMT必须大量依赖与其他团队或外部组织广泛的横向合作；SMT能够独立完成价值增值的一个或多个环节，更为其在组织内部或组织间与其他团队实现多方合作奠定了基础。

7. 网络型结构

网络型组织（虚拟企业）是由多个独立的个人、部门和企业为了共同的任务而组成的联合体，它的运行不靠传统的层级控制，而是在定义成员角色和各自任务的基础上通过密集的多边联系、互利和交互式的合作来完成共同追求的目标。

在网络型结构中，企业各部门都是网络上的一个节点，每个部门都可以直接与其他部门进行信息和知识的交流与共享，各部门是平行对等的关系，而不是以往通过等级制度渗透的组织形式。密集的多边联系和充分的合作是网络型组织最主要的特点，而这正是其与传统企业组织形式的最大区别所在。这种组织结构在形式上具有网络型特点，即联系的平等性、多重性和多样性。

根据组织成员的身份特征以及相互关系的不同，网络型组织可以分为4种基本类型：

内部网络、垂直网络、市场间网络和机会网络。内部网络通过减少管理层级，使得信息在企业高层管理人员和普通员工之间更加快捷地流动，通过打破部门间的界限（但这并不意味着部门分工的消失），使得信息和知识在水平方向上更快地传播；垂直网络是在特定行业中由位于价值链不同环节的企业共同组成的企业间网络型组织；市场间网络是指由处于不同行业的企业所组成的网络，这些企业之间发生着业务往来，在一定程度上相互依存；机会网络是围绕顾客组织的企业群，这个群体的核心是一个专门从事市场信息搜集、整理与分类的企业，它在广大消费者和生产企业之间架设了一座沟通的平台。

2.3.2 企业组织结构设计

2.3.1 节介绍了多种企业组织结构模式，不同的企业可以具有不同的组织结构，同一个企业在不同的发展阶段也可以具有不同的组织结构。在设计组织结构时，必须平衡考虑权力配置、业绩评估和激励系统的设立，否则就会失去平衡，组织的目标也不会实现。组织设计要考虑的主要问题是：幅度与层次、部门划分与职责确定、专业化与分工、指挥链、权力的配置等。具体来说，要遵循以下 8 项原则。

（1）任务目标原则。每个组织者有自己的目标（企业存在的理由），目标又分解成子目标（任务），组织结构设计要服从和覆盖这些任务和目标，尤其是价值链上的目标，不能出现缺位现象，应体现一切设计为目标服务的宗旨。

（2）分工协作原则。组织（企业）是一个系统，各子系统（部门）有自己的功能，这就是分工，各子系统之间又有联系，以便实现"1+1>2"，这就是协作。即企业部门之间应该是分工协作的关系。

（3）统一指挥原则。企业作为一个整体，必须有统一的战略部署，要在企业的总体发展战略指导下工作。企业所有部门要按照董事会的方针进行工作，在总经理和总裁的统一指挥下工作。统一指挥原则应包含两个方面：一是本部门的工作应服从企业的整体部署；二是企业应具有从上到下的、统一的、流畅的指挥链。

（4）合理管理幅度原则。每个部门、每位领导人都要有合理的管理幅度。管理幅度太大，无暇顾及；管理幅度太小，可能没有完全发挥作用。管理幅度的大小因企业所在行业和企业人员素质的不同而异。另外，所处的企业管理层次对管理幅度有不同的要求，例如，处于管理高层则幅度小。

（5）责权对等原则。设置的部门或单位应该拥有相应的权力，以便完成自己的职责。如果没有对等的权力，则根本无法决策、无法获得相应的资源，当然就不能完成相应的职责。

（6）集权和分权原则。在整个组织结构设计中，权力的集中与分散应该适度。集权和分权控制在合适的水平上，既不影响工作效率，又不影响积极性。这一原则对组织结构类型的确定有重大影响。

（7）执行部门与监督部门分设原则。执行部门和监督部门分设，也就是通常所说的不能既当裁判员又当运动员。例如,财务部负责日常财务管理、成本核算,审计部专门监督财务部。

(8)协调有效原则。这一原则强调了协调和效率,一旦出现效率低下,则应作相应调整。例如,应考虑各部门的权力分配是否平衡、监督和被监督部门是否协调、上下级之间的沟通渠道是否缺乏效率等。

2.4 业绩评价

对企业各级主管人员的业绩评价,应以其对企业完成目标和计划中的贡献、履行职责中的成绩为依据。他们所主管的部门和单位有不同的职能,按其责任和控制范围的大小,这些责任单位可分为成本中心、利润中心和投资中心,其中投资中心处于最高层次。

2.4.1 成本中心的业绩评价

一个责任中心,如果不形成或者不考核其收入,而着重考核其所发生的成本和费用,则称其为成本中心。成本中心的职责,是用一定的成本去完成规定的具体任务。

成本中心往往是没有收入的。例如软件研发部门,它的产品或半成品并不由自己销售,没有销售职能,没有货币收入。有的成本中心可能有少量收入,但不成为主要的考核内容。例如,软件测试部门可能会承担个别的测试外包项目,但这不是它的主要职能,不是考核该部门的主要内容。一个成本中心可以由若干个更小的成本中心所组成,任何发生成本的责任领域,都可以确定为成本中心,大的成本中心可能是一个分公司,小的成本中心可能是一两个人组成的单位。

1. 成本中心的分类

成本中心有两种类型,分别是标准成本中心和费用中心。

标准成本中心是所开发的产品稳定而明确,并且已经知道单位产品所需要的投入资源的责任中心。

费用中心适用于那些产出物不能用财务指标来衡量,或者投入与产出之间没有密切关系的单位。这些单位包括一般行政管理部门,如会计、人事、劳资、计划等;研发部门,如技术改造、新产品研发等;以及某些销售部门,如广告、宣传等。对于费用中心,唯一可以准确计量的是实际费用,无法通过投入和产出的比较来评价其效果和效率,从而限制无效费用的支出,因此,有人称之为"无限制的费用中心"。

2. 标准成本中心的考核指标

一般来说,标准成本中心的考核指标是既定产品质量和数量条件下的标准成本。标准成本中心不需要作出价格决策、产量决策或产品结构决策,这些决策由上级管理部门作出,或授权给销售部门作出。标准成本中心的设备和技术决策,通常由职能管理部门作出,而不是由成本中心的管理人员自己决定。

要注意的是，如果标准成本中心的产品没有达到规定的质量，或没有按计划开发，则会对其他部门产生不利影响。因此，标准成本中心必须按规定的质量、时间标准来进行开发。这个要求是"硬性"的，很少有伸缩余地。完不成上述要求，成本中心要受到批评甚至惩罚。

3. 费用中心的考核指标

确定费用中心的考核指标是一件困难的工作。由于缺少度量其产出的标准，以及投入和产出之间的关系不密切，运用传统的财务技术来评估这些中心的业绩非常困难。费用中心的业绩涉及预算、工作质量和服务水平。工作质量和服务水平的量化很困难，并且与费用支出关系密切。这正是费用中心与标准成本中心的主要区别。标准成本中心的产品质量有一定的量化方法，如果能以低于预算水平的实际成本开发出相同的产品，则说明该中心业绩良好；而对于费用中心则不然，一个费用中心的支出没有超过预算，可能该中心的工作质量和服务水平低于计划的要求。

通常，使用费用预算来评价费用中心的成本控制业绩。由于很难依据一个费用中心的工作质量和服务水平来确定预算数额，各企业所采用的方法也不一样。

（1）考察同行业类似职能的支出水平。例如，有的企业根据销售收入的一定百分比来制订研发费用预算。尽管很难解释为什么研发费用与销售额具有某种因果关系，但是百分比法还是使人们能够在同行业之间进行比较。

（2）零基准预算法。详细分析支出的必要性及其取得的效果，确定预算标准。

（3）依据历史经验来编制费用预算。这种方法虽然简单，但缺点也十分明显。管理人员为在将来获得较多的预算，倾向于把能花的钱全部花掉。越是勤俭度日的管理人员，将越容易面临严峻的预算压力。

从根本上来讲，决定费用中心预算水平有赖于专家（有经验的专业人员）的判断。上级主管人员应信任费用中心的经理，并与他们密切配合，通过协商确定适当的预算水平。在考核预算完成情况时，要利用专家对该费用中心的工作质量和服务水平做出有根据的判断，才能对费用中心的控制业绩作出客观评价。

2.4.2 利润中心的业绩评价

一个责任中心，如果能同时控制开发和销售，既要对成本负责又要对收入负责，但没有责任或没有权力决定该中心资产投资的水平，因而可以根据其利润的多少来评价该中心的业绩，那么，就称其为利润中心。

1. 利润中心的分类

利润中心也有两种类型。一种是自然的利润中心，它直接向企业外部销售产品，在市场上进行购销业务。例如，在事业部制的组织结构中，每个事业部均有销售、开发、采购的职能，有很大的独立性，这些事业部就是自然的利润中心；另一种是人为的利润中心，它主要在企业内部按照内部转移价格出售产品。例如，在基于产品线开发的企业中，可以分为资源开发、应用开发、资源管理、业务等几个部门，资源开发部门的产品（构件）主要在企业内部转移，他们只有少量对外销售，或者全部对外销售是由专门的业务部门完成，则资源开发部门可视为人为的利润中心。

2．利润中心的考核指标

利润中心的考核指标主要是利润。但是，也应当看到，任何一个单独的业绩衡量指标都不能够反映出某个部门的所有经济效果，利润指标也是如此。因此，尽管利润指标具有综合性，利润计算具有强制性和较好的规范化程度，但仍然需要一些非货币的衡量方法作为补充，包括生产率、市场地位、产品质量、员工态度、社会责任、短期目标和长期目标的平衡等。

3．部门利润的计算

在计量利润中心的利润时，需要解决两个问题：第一，选择一个利润指标，包括如何分配成本到该中心；第二，为在利润中心之间转移的产品（或劳务）规定价格。

分散经营的部门之间相互提供产品时，需要制订一个内部转移价格。转移价格对于提供产品的部门来说表示收入，对于使用这些产品的购买部门来说则表示成本。因此，转移价格会影响到这两个部门的获利水平，使得部门经理非常关心转移价格的制订，并经常引起争论。

制订转移价格的目的有两个，第一，防止成本转移带来的部门间责任转嫁，使每个利润中心都能作为单独的部门进行业绩评价；第二，作为一种价格引导下级部门采取明智的决策，开发部门据此确定提供产品的数量，购买部门据此确定所需要的产品数量。但是，这两个目的往往有矛盾。能够满足评价部门业绩的转移价格，可能引导部门经理采取并非对企业最理想的决策；而能够正确引导部门经理的转移价格，可能使某个部门获利水平很高而另一个部门亏损。很难找到理想的转移价格来兼顾业绩评价和制订决策，而只能根据企业的具体情况选择基本满意的解决办法。

2.4.3 投资中心的业绩评价

投资中心是指某些分散经营的单位或部门，其经理所拥有的自主权不仅包括制订价格、确定产品和开发方法等短期经营决策权，而且还包括投资规模和投资类型等投资决策权。投资中心的经理不仅能控制除企业分摊管理费用外的全部成本和收入，而且能控制占用的资产，因此，不仅要衡量其利润，而且要衡量其资产并把利润与其所占用的资产联系起来。

评价投资中心业绩的指标通常有两种：投资报酬率和剩余收益。

1．投资报酬率

投资报酬率（Return On Investment，ROI）又称为投资回报率，是部门边际贡献与该部门所拥有的资产额（或投资额）的比率，其中部门边际贡献又称为部门毛利，反映投资中心为整个企业实际作出的贡献。例如，假设某个部门的资产额为 2 万元，部门边际贡献为 0.4 万元，那么，投资报酬率为 20%。

投资报酬率是根据现有的会计资料计算的，比较客观，可用于部门之间，以及不同行业之间的比较。用它来评价每个部门的业绩，促使其提高本部门的投资报酬率，有助于提高整个企业的投资报酬率。

投资报酬率指标的不足也是十分明显的，部门经理会放弃高于资本成本而低于目前部门投资报酬率的机会，或者减少现有的投资报酬率较低但高于资金成本的某些资产，使部门的业绩获得较好评价，但却伤害了企业整体的利益。例如，在前面的例子中，假设企业资金成本为 15%。部门经理面临一个投资报酬率为 17%的投资机会，投资额为 1 万元，每年部门边际贡献为 0.17 万元，尽管对整个企业来说，由于投资报酬率高于资本成本，应当利用这个投资机会，但是，它却使这个部门的投资报酬率由过去的 20%下降到 19%。

因此，从引导部门经理采取与企业总体利益一致的决策来看，投资报酬率并不是一个很好的指标。

2．剩余收益

为了克服由于使用投资报酬率来衡量部门业绩带来的问题，许多企业采用绝对数指标来实现利润与投资之间的联系，这就是剩余收益（Residual Income，RI）。其计算公式如下：

剩余收益 = 部门边际贡献−部门资产应计报酬 = 部门边际贡献−部门资产×资本成本

剩余收益的主要优点是可以使业绩评价与企业的目标协调一致，引导部门经理采纳高于企业资本成本的决策。

继续前面的例子，根据前面的资料计算：

未投资新项目前部门剩余收益 = 0.4−2×15% = 0.1 万元

投资新项目后部门剩余收益 = (0.4+0.17)−(2+1)×15% = 0.12 万元

部门经理会采纳增资的方案而放弃减资的方案，这与企业的总目标是一致的。

剩余收益是绝对数指标，不便于不同部门之间的比较。规模大的部门容易获得较大的剩余收益，而它们的投资报酬率并不一定很高。在这里，再次体会到引导决策与评价业绩之间的矛盾。因此，许多企业在使用这一方法时，事先建立与每个部门资产结构相适应的剩余收益预算，然后通过实际与预算的对比来评价部门业绩。

2.5 企业文化管理

企业文化（Corporate Culture）也称为组织文化（Organizational Culture），是企业在运营实践中，逐步形成的，为全体员工所认同并遵守的、带有本组织特点的使命、愿景、宗旨、精神、价值观和经营理念，以及这些理念在运营实践、管理制度、员工行为方式与企业对外形象的体现的总和。企业文化有三大结构要素：企业物质文化要素、企业制度文化要素和企业精神文化要素。

2.5.1 企业文化的内容

企业文化是企业的灵魂，是推动企业发展的不竭动力。它包含着非常丰富的内容，其核心是企业的精神和价值观。这里的价值观不是泛指企业管理中的各种文化现象，而是企业或企业中的员工在从事开发与经营中所持有的价值观念。

企业文化是一个由核心层、中间层和外围层构成的多层次的生态系统，根据内容大致可以分为理念层、制度层、行为层、物质层，企业文化的各个层面是和谐统一、相互渗透的。根据企业文化的定义，其内容是十分广泛的，但其中最主要的应包括如下几点：

（1）经营哲学。经营哲学也称企业哲学，是企业特有的从事生产经营和管理活动的方法论原则，它是指导企业行为的基础。企业在激烈的市场竞争环境中，面临着各种矛盾和多种选择，要求企业有一个科学的方法论来指导，有一套逻辑思维的程序来决定自己的行为，这就是经营哲学。

（2）价值观念。企业的价值观是指企业职工对企业存在的意义、经营目的、经营宗旨的价值评价和为之追求的整体化、个性化的群体意识，是企业全体职工共同的价值准则。只有在共同的价值准则基础上才能产生企业正确的价值目标，有了正确的价值目标才会有奋力追求价值目标的行为，企业才有希望。

（3）企业精神。企业精神是指企业基于自身特定的性质、任务、宗旨、时代要求和发展方向，并经过精心培养而形成的企业成员群体的精神风貌。企业精神要通过企业全体职工有意识的实践活动体现出来。因此，它又是企业职工观念意识和进取心理的外化。企业精神是企业文化的核心，在整个企业文化中起着支配的地位。企业精神以价值观念为基础，以价值目标为动力，对企业经营哲学、管理制度、道德风尚、团体意识和企业形象起着决定性的作用。

（4）企业道德。企业道德是指调整本企业与其他企业之间、企业与顾客之间、企业内部职工之间关系的行为规范的总和。它是从伦理关系的角度，以善与恶、公与私、荣与辱、诚实与虚伪等道德范畴为标准来评价和规范企业。

（5）团体意识。团体意识是指组织成员的集体观念，是企业内部凝聚力形成的重要心理因素。企业团体意识的形成使企业的每个职工把自己的工作和行为都看成是实现企业目标的一个组成部分，使他们对自己作为企业的成员而感到自豪，对企业的成就产生荣誉感，从而把企业看成是自己利益的共同体和归属。

（6）企业形象。企业形象是企业通过外部特征和经营实力表现出来的，被消费者和公众所认同的企业总体印象。由外部特征表现出来的企业的形象称表层形象，例如，徽标、广告、商标、营业环境等，这些都给人以直观的感觉，容易形成印象；通过经营实力表现出来的形象称深层形象，它是企业内部要素的集中体现，例如，人员素质、开发能力、管理水平、资本实力、产品质量等。表层形象是以深层形象为基础,没有深层形象这个基础,表层形象就是虚假的,也不能长久地保持。

(7) 企业制度。企业制度是在开发、经营实践活动中所形成的,对人的行为带有强制性,并能保障一定权利的各种规定。从企业文化的层次结构看,企业制度属中间层次,它是精神文化的表现形式,是物质文化实现的保证。

2.5.2 企业文化管理的作用

企业无论大小,进行企业文化建设和管理都是必要的,因为这是企业自身发展的需要,是管理制度实施的需要,也是人才竞争和市场竞争的需要。总的来说,实施企业文化管理,有利于增强企业核心竞争力。

1. 企业文化具有导向功能

所谓导向功能,就是通过它对企业的领导者和职工起引导作用。企业文化的导向功能主要体现在以下两个方面:

(1) 经营哲学和价值观念的指导。经营哲学决定了企业经营的思维方式和处理问题的法则,这些方式和法则指导经营者进行正确的决策,指导员工采用科学的方法从事生产经营活动。企业共同的价值观念规定了企业的价值取向,使员工对事物的评判形成共识,有着共同的价值目标,为价值目标去行动。

(2) 企业目标的指引。企业目标代表企业发展的方向,没有正确的目标就等于迷失了方向。完美的企业文化会从实际出发,以科学的态度去制订企业的发展目标,这种目标一定具有可行性和科学性,员工在这一目标的指导下从事开发和经营活动。

2. 企业文化的约束功能

企业文化的约束功能主要是通过完善管理制度和道德规范来实现的。企业制度是企业内部的法规,所有人员必须遵守和执行,从而形成约束力;道德规范是从伦理关系的角度来约束所有人员的行为。如果人们违背了道德规范的要求,就会受到舆论的谴责,心理上会感到内疚。

3. 企业文化的凝聚功能

企业文化以人为本,尊重人的感情,从而在企业中造成了一种团结友爱、相互信任的和睦气氛,强化了团体意识,使员工之间形成强大的凝聚力和向心力。共同的价值观念形成了共同的目标和理想,员工把企业看成是一个命运共同体,把本职工作看成是实现共同目标的重要组成部分,整个企业步调一致,形成统一的整体。

4. 企业文化的激励功能

共同的价值观念使每个员工都感到自己存在和行为的价值,自我价值的实现是人的最高精神需求的一种满足,这种满足必将形成强大的激励。在以人为本的企业文化氛围中,领导与员工、员工与员工之间互相关心,互相支持。特别是领导对员工的关心,员工会感到受人尊重,自然会振奋精神,努力工作。另外,企业精神和企业形象对员工有着极大的鼓舞作用,特别是企业文化建设取得成功,在社会上产生影响时,员工会产生强烈的荣誉感和自豪感,他们会加倍努力,用自己的实际行动去维护企业的荣誉和形象。

5. 企业文化的调适功能

调适就是调整和适应。企业各部门之间、员工之间,由于各种原因难免会产生一些矛盾,解决这些矛盾需要各自进行自我调节;企业与环境、与顾客、与企业、与国家、与社会之间都会存在不协调、不适应之处,这也需要进行调整和适应。企业哲学和企业道德规范使经营者和普通员工能科学地处理这些矛盾,自觉地约束自己。

6. 企业文化的辐射功能

文化力不止在企业起作用,它也能通过各种渠道对社会产生影响。文化力辐射的渠道很多,主要包括传播媒体、公共关系活动等。

最后,要说明的是,企业文化管理的作用需要在企业具有良好的获利能力的前提下才能够发挥。运用企业文化管理需要在企业相适应的阶段才会奏效。在创业阶段,企业应该关心的关键问题是企业的产品,尤其是产品的质量,这样可以让企业活下来;在发展阶段,企业应该在销售网络、技术服务、品牌建设方面努力,这样可以让企业有空间发展;而到了企业成长阶段,文化管理才可以摆上日程,因为这个时期企业应该在凝聚力、价值认同方面做出努力,这样才能够保证持续经营。

2.6 IT 审计相关常识

IT 审计(信息系统审计)是为了信息系统的安全、可靠与有效,由独立于审计对象的 IT 审计师,以第三方的客观立场对以计算机为核心的信息系统进行综合的检查与评价,向 IT 审计对象的最高领导层,提出问题与建议的一连串的活动。IT 审计所关注的内容不单纯是对电子数据的处理,更不仅仅是财务信息,而是对企业整个信息系统的可靠性、安全性进行了解和评价,是一项通过审查与评价信息系统的规划、分析、设计、实现、运行和维护等一系列活动,以确定信息系统运行是否安全、可靠、有效,信息系统得出的数据是否可靠、准确,以及数据是否能有效存储的过程。

2.6.1 IT 审计概述

IT 审计的任务在于站在客观公正的角度上,收集审计信息,生成审计报告,通过审计报告促成信息系统生命周期活动和成果物的改善。实施 IT 审计能够强化 IT 投资效果,提高信息系统的安全性,能够客观评价信息系统及信息系统开发,从社会经济和企业、国家信息化投资、安全等方面都具有极大的意义。

1. IT 审计的主要内容

国际 IT 审计协会规定的 IT 审计的主要内容如下:

(1) IT 审计程序。依据 IT 审计标准、准则和最佳实务等提供 IT 审计服务,以帮助组织确保其信息技术和运营系统得到保护并受控。

（2）IT治理。确保组织拥有适当的结构、政策、工作职责、运营管理机制和监督实务，以达到公司治理中对IT方面的要求。

（3）系统和基础建设生命周期管理。系统的开发、采购、测试、实施、维护和配置、使用，与基础框架，确保实现组织的目标。

（4）IT服务的交付与支持。IT服务管理实务可确保提供所要求的等级、类别的服务，来满足组织的目标。

（5）信息资产的保护。通过适当的安全体系（例如，安全政策、标准和控制等），保证信息资产的机密性、完整性和有效性。

（6）灾难恢复和业务连续性计划。一旦连续的业务被中断或破坏，灾难恢复计划确保灾难对业务影响最小化的同时，及时恢复被中断的IT服务。

2．IT审计计划

IT审计的实施需要制订相应的计划，明确IT审计的任务、采用的方法和预期应当达到的效果。该计划在提交经营层确认后得以实施。审计计划可分为两种类型：基本计划和详细计划（分期计划）。

基本计划是一个审计年度内相关IT审计活动的计划，确认年度内IT审计的各项任务及其大致时间安排。基本计划需要提交经营层批准。它是整个IT审计年度活动的指引方针，内容包括审计对象、审计场所、审计原则和日程安排等。

详细计划针对具体项目（系统）或任务，得到IT审计部门领导的许可即可，详细计划需要告知被审计对象。详细计划的内容包括审计对象、目的、审计流程、审计要点、审计时间、相关人员和审计报告提交事项等内容。

3．IT审计师

IT审计师是IT审计项目的主角，其任务是站在独立的第三方的立场上，对信息系统的有效性、安全性、稳定性进行审计，对系统的安全措施、紧急对策、灾难备份与恢复计划、机密数据的保护、系统设计、开发与维护的有效性以及系统的运行效率等各种相关项目进行检查、评估并形成报告。IT审计师通过检测和评估，应该能够及早的找出阻碍系统有效运行的因素，预防故障的发生，使信息系统得到进一步的完善和健全。如果信息系统发生故障，IT审计师应该在第一时间提出应对措施，并找到恢复运行以及控制、降低系统损失的解决方案。

为了有效地实施IT审计，作为一个IT审计师，应具备待审计对象所要求的业务知识和丰富的信息系统开发经验。IT审计师必须具备全面的计算机软硬件知识，对计算机网络和信息系统的安全性具有高度而非凡的敏感意识，而且对财务会计和企业内部控制具有深刻的理解能力，要熟悉公司治理、经济、审计、计算机、内部控制、网络技术等，既是审计专家，又是信息系统专家，以对计算机信息系统及软硬件的技术性审计来保证

IT 审计质量的可靠性。

为达到 IT 审计的目的，IT 审计师必须拥有适当的权限。包括查阅机密数据的权限，进入企业内相关场所的权限，以及对相关人员提出询问和质疑的权限，等等。由于 IT 审计师拥有较大的权限，因此，必须防范 IT 审计师本人所带来的风险。一方面，IT 审计师必须严格遵守职业道德，坚持公正、客观的立场，并遵守保密的义务；另一方面，IT 审计师的权限与制约必须形成明确的规章制度，并使之成为具有法律约束力的条文。这两方面对于防范 IT 审计师所带来的风险，保护企业的合法利益非常重要。

2.6.2 IT 审计程序

由于 IT 审计对象的独特性，IT 审计在实施流程上和财务审计也有所不同。IT 审计的生命周期和信息系统的生命周期是相互对应的。信息系统的生命周期可以分为总体规划阶段、系统分析阶段、系统设计阶段、系统实现阶段、系统运行和维护阶段，与此相对应，IT 审计的生命周期会包括系统规划阶段的审计、系统分析阶段的审计、系统设计阶段的审计、系统实现阶段的审计、系统运行和维护阶段的审计。当然，根据具体被审计的信息系统的特点和实际实施情况，IT 审计师应该灵活地加以判断。

此外，应该清楚地认识到，在信息系统的整个生命周期中，项目管理规范、方法和执行情况对于信息系统的建设和运行起着非常重要的作用。因此，对于 IT 审计来说，这方面的审计是必不可少的。

从审计学的角度来看，一个完整的审计流程（审计程序）是指审计人员在具体的审计过程中所采取的所有的行动和步骤，包括从接受审计项目开始，到审计工作结束的全部过程。IT 审计过程与一般审计过程一样，分为准备阶段、实施阶段和报告阶段，如图 2-1 所示。准备阶段和报告阶段所涉及的技术和方法与财务审计所运用的技术和方法区别不大，而实施阶段所涉及的技术和方法则具有信息技术的特色。

1. 准备阶段

准备阶段主要是初步调查被审计单位信息系统的基本情况，并拟定合理的计划。一般包括以下主要工作：

（1）调查、了解被审计单位信息系统的基本情况。

（2）初步评价被审单位信息系统的内部控制及外部控制。

（3）确定审计重要性和审计范围。

（4）分析审计风险。

（5）制订审计方案，编制审计计划。

在审计准备阶段，除了对时间、人员、工作步骤和任务分配等方面做出安排外，还要合理确定符合性测试、实质性测试的时间和范围，以及测试的审计方法和测试数据。

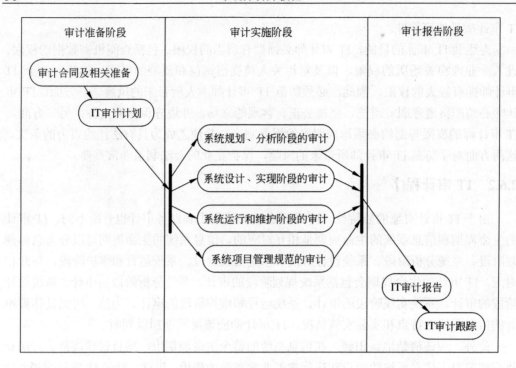

图 2-1　IT 审计的生命周期

2．实施阶段

实施阶段是 IT 审计工作的核心。在实施阶段，针对被审计的信息系统，IT 审计师所开展的工作可以分为三个层次，即了解、描述和测试。由于 IT 审计是事后审计（也可以是事中审计），因此，在审计实施阶段，信息系统规划与分析、设计与实现、运行与维护阶段的 IT 审计，以及对项目管理规范的审计这几个关键步骤之间并没有明确的先后次序。

在实施阶段所采取的具体审计方法与系统建设的质量控制方法是类似的，例如，对于系统分析的审计，需要审核是否已细致分析企业组织结构、是否确定用户功能和性能需求、是否确定用户的数据需求等。

3．报告阶段

报告阶段是实质性的整个 IT 审计工作的结束，主要工作有：

（1）整理、评价执行审计业务过程中收集到的证据。

（2）复核审计底稿，完成二级复核。传统审计的三级复核制度对 IT 审计同样适用，它是保证审计质量、降低审计风险的重要措施。一级复核是由 IT 审计项目组长在审计过程进行中对工作底稿的复核，这层复核主要是评价已完成的审计工作、所获得的工作底稿编制人员形成的结论；二级复核是在外勤工作结束时，由审计部门领导对工作底稿进行的重点复核。

（3）评价审计结果，形成审计意见，完成三级复核，编制审计报告。三级复核由审计部门的主任进行，主要复核所采用审计程序的恰当性、审计工作底稿的充分性、审计过程中是否存在重大遗漏、审计工作是否符合事务所的质量要求等。

审计报告是审计工作的最终成果，审计报告首先应有审计人员对被审计系统的安全性、可靠性、稳定性、有效性的意见，同时提出改进建议。被审计单位对审计结论如有异议，可提出复审要求，审计部门可组织复审。当被审计单位的信息系统有了新的改进时，还需要组织后续审计。

2.6.3 IT审计的方法与工具

IT审计的方法包括一般方法（手工方法）和应用计算机审计的方法。一般方法主要用于对信息系统的了解和描述，包括面谈法、系统文档审阅法、观察法、计算机系统文字描述法、表格描述法、图形描述法等；应用计算机的方法一般用于对信息系统的控制测试，包括测试数据法、平行模拟法、在线连续审计技术（通过嵌入审计模块实现）、综合测试法、受控处理法和受控再处理法等。应用计算机技术的审计方法主要是指计算机辅助审计技术与工具的运用,但不能把计算机辅助审计技术与工具的使用过程与IT审计等同起来。在IT审计的过程中，仍然需要运用大量的手工审计技术。

在IT审计的实施过程中，IT审计师应该根据审计目的和实际情况，灵活运用各种审计策略，并采用高效、灵活的辅助工具。

1．面谈、问卷调查和系统评审会

与信息系统的相关人员进行面谈，是IT审计师了解系统各方面特点的最直接和最简便的方法。IT审计师在面谈之前要做好充分的准备，明确面谈的目标，选择合适的面谈对象。IT审计师应该拥有良好的沟通技巧。在面谈过程中，要注意消除面谈对象的抵触情绪，提高被访问者对面谈目标的兴趣和责任感，以获取客观、真实、全面、翔实的信息。

问卷调查也是获取信息的一种常用手段。相对面谈而言，问卷调查可以在更节省的时间内获得更广泛的信息。问卷调查同时还能作为审计证据收集的工具。IT审计师通过对问卷回复信息的分析和比较，可以提取对信息系统的较全面的评估意见。IT审计师必须精心设计问卷的格式和内容，以便回答者能够清晰、正确地理解问题的含义。此外，问卷的发放对象、发放时间、发放方式，以及问卷的收集、分析等，都应该仔细考虑，以发挥调查问卷的最大作用。

系统评审会是重要的审计证据来源。系统评审会可分为技术评审和管理评审两大类。技术评审是从技术角度进行的审查，是保证各阶段工作质量的重要措施。管理评审是从管理的角度，对信息系统的建设成本、项目进度等加以审查，达到有效管理和控制的目的。

2. 计算机辅助审计技术和工具

对于以计算机为核心的信息系统，如果只采用常规的审计方法，显然无法完成对复杂、强大的信息系统的审计任务。因此，要完成全面的审计证据的收集、实现 IT 审计的自动化，在审计中采用计算机辅助审计技术和工具是十分必要的。例如，集成测试、快照/扩展记录、系统控制审计评审文件、连续与中断模拟等。其中，集成测试是用综合测试的方法对系统进行评估；快照/扩展记录方法可以对运行中的信息系统的变化状态进行跟踪；系统控制审计评审文件和连续与中断模拟技术主要应用于从信息系统的开发环境中选择事物进行处理，得到审计结论。

3. 通用审计软件包

通用审计软件包是用于 IT 审计的工具软件，它包含一些必要的数据提取、分析等功能。一般是由专业的软件公司开发并维护的，使用起来相对简单，能有效降低 IT 审计师的工作量。但是，审计软件一般是通用的，往往会在实际的 IT 审计过程中遇到局限。因此，IT 审计师不能完全依赖于审计软件。

4. 测试用例法

测试用例法是最常用的 IT 审计策略，其原理是根据信息系统的特点，设计有针对性的测试用例和测试程序，对系统的数据处理和功能进行测试，分析其处理结果，判断它的有效性；或者模拟用户操作，检测被审计系统的有效性和稳定性。测试用例法和系统建设阶段的测试方法有所类似。但是，IT 审计阶段的测试用例法主要是针对已经投入运行的系统所进行的测试和分析，因此，在审计过程中，应该注意避免对系统的正常运行产生影响。

5. 源代码和文档分析

对系统的源代码、项目文档进行深入分析，找到其中的遗漏和瑕疵，这也是一种常用的 IT 审计方法。

2.6.4 IT 审计的重点环节

IT 审计应关注的重点环节主要有数据环节、内部控制环节和数据传输转移环节。

1. 数据环节

在审计中，必须使用一种方法能够向前、向后追踪数据的来源和去向，以便使审计师选择一些数据对其进行详细检查，确认数据是否符合一般的审计目标。对数据的分析可以采用计算机辅助审计技术，按照特定的标准对数据进行汇总、分类、排序、比较和选择，并进行各种运算。

2. 内部控制环节

内部控制是指组织经营管理者为了维护财产、物资的安全和完整，保证信息的真实可靠，保证经营管理活动的经济性、效率性和效果性，以及各项法律和规范的遵守，而对经营管理活动进行调整、检查和制约所形成的内部管理机制，是组织为实现管理目标而形成的自律系统。信息系统的内部控制主要分为应用控制、一般控制和管理控制三个方面。在审计过程中，要对被审计单位内部控制制度进行评价。为了对系统的内部控制制度进行评价，审计师必须验证内部控制系统是否存在，并能提供令人满意的证据，证明它正在有效地发挥作用。

在信息系统中，应检查以下方面来证明内部控制制度的有效性：

（1）控制系统资源的存取。包括物理资源（例如，终端、服务器等）和逻辑资源（例如，软件、系统文件、数据等）。

（2）控制系统资源的使用。用户应该只能对授权给他们的那些资源进行操作。

（3）建立按用户职能分配资源的制度。把重要的任务功能按用户或用户组进行分离，以减少无意的误操作、滥用系统资源和对数据的非授权修改。

（4）记录系统的使用情况。按时间顺序建立一个使用记录，记录内容应包括例外事例和与安全有关的事件是由谁触发的，信息的创建、修改和删除是由谁完成的。

（5）确认处理过程的准确性。所有处理过程都要按照预定的算法准确完成。

（6）管理人员对信息系统的修改。应该保证信息系统的所有修改都是经过授权、有文档记录、经过彻底（独立地）测试的，确认最后以一种有控制的方式投入使用。

（7）保护信息系统免遭病毒和黑客的攻击。必须建立一套有效的控制措施，检测病毒和网络攻击，防止病毒感染信息系统，防止黑客的攻击。

3．数据传输转移环节

在企业信息系统中，有些数据需要在多个系统之间相互转移，在此过程中可能会出现一些问题，尤其是在需要手工重新录入时。因此，在检查这一环节时，一定要保证输出的数据是经过批准、完整和精确的，保证输出的数据在约定时间内准确地发送给指定的接收者，保证流入的数据是完整、准确和真实可靠的。

2.7 概率统计应用

概率论与数理统计作为一门学科，主要是研究现实生活中的数据和客观世界中的随机现象，它通过对数据收集、整理、描述和分析，以及对事件发生可能性的刻画，来帮助人们作出合理的判断和预测。通过学习概率论与数理统计，可以培养系统分析师以随机观点来理解丰富多彩的现实世界，形成数学思考和分析的意识，提高解决问题的能力。

2.7.1 古典概率应用

人们在客观世界中所观察到的现象大致可以分为两类，一类是在一定条件下必然发生，这类现象是可以事前预言的，其结果是确定的，称为确定性现象或必然现象；另一类是在一定条件下可能发生也可能不发生，这类现象在观察之前无法预知它的准确结果，称为随机现象。

1. 事件

可以在相同的条件下重复进行，并且每次试验的结果是事先不可预知的试验称作随机试验。在随机试验中，可能发生也可能不发生的事件称为随机事件，简称事件。随机试验中每一个可能的试验结果称为样本点，样本点的全体称为样本空间，常用 Ω 表示。

必然发生的事件称为必然事件，必然事件应包含所有的样本点，因而为 Ω；不可能发生的事件称为不可能事件，不可能事件不包含任何样本点，记作 ϕ（空集）。

如果事件 A 发生必然导致事件 B 发生，则称 A 是 B 的子事件，或称事件 B 包含事件 A，记作 $A \subseteq B$；如果 $A \subseteq B$ 且 $B \subseteq A$，即 A 与 B 同时发生或同时不发生，则称 A 等于 B，记作 $A = B$。

（1）和事件。如果 $A_1, A_2, \cdots, A_n$ 都是事件，则事件"$A_1, A_2, \cdots, A_n$ 中至少有一个发生"称作 $A_1, A_2, \cdots, A_n$ 的和事件（或事件、并事件），记作 $\bigcup\limits_{i=1}^{n} A_i$。和事件具有以下定律：

① $A \cup B = B \cup A$
② $A \cup (B \cup C) = (A \cup B) \cup C$
③ $A \cup A = A$
④ $A \cup \Omega = \Omega$
⑤ $A \cup \phi = A$
⑥ 如果 $A \subseteq B$，则 $A \cup B = B$

（2）积事件。如果 $A_1, A_2, \cdots, A_n$ 都是事件，则事件"$A_1, A_2, \cdots, A_n$ 同时发生"称作 $A_1, A_2, \cdots, A_n$ 的积事件（与事件、交事件），记作 $\bigcap\limits_{i=1}^{n} A_i$。积事件具有以下定律：

① $A \cap B = B \cap A$
② $A \cap (B \cap C) = (A \cap B) \cap C$
③ $A \cap A = A$
④ $A \cap \Omega = A$
⑤ $A \cap \phi = \phi$
⑥ 如果 $A \subseteq B$，则 $A \cap B = A$

（3）差事件。如果 A, B 是两个事件，则事件"A 发生且 B 不发生"称作 A 与 B 的差事件，记作 $A - B$。差事件具有以下定律：

① $A - A = \phi$
② $A - \phi = A$
③ $A - \Omega = \phi$
④ $A \cap (B - C) = (A \cap B) - (A \cap C)$
⑤ $A - (B \cup C) = (A - B) \cap (A - C)$
⑥ $A \cap (B - A) = \phi$
⑦ $A \cup (B - A) = A \cup B$

（4）逆事件。如果 Ω 是样本空间，A 是一个事件，则 $\Omega - A$ 称作 A 的逆事件或对立事件，记作 $\overline{A}$。$\overline{A}$ 发生当且仅当 A 不发生。逆事件具有以下定律：

① $\overline{\overline{A}} = A$
② $\overline{A \cup B} = \overline{A} \cap \overline{B}$
③ $\overline{A \cap B} = \overline{A} \cup \overline{B}$
④ $A - B = A \cap \overline{B} = A - (A \cap B)$
⑤ $A \cup (\overline{A} \cap B) = A \cup B$
⑥ $A \cap (\overline{A} \cup B) = A \cap B$

（5）互斥事件。如果 A, B 是两个事件，且 A 与 B 不可能同时发生，则称 A 与 B 为互斥事件，也称互不相容事件。逆事件一定是互斥事件，但互斥事件不一定互为逆事件。

2．概率

在不变的条件下，重复做 n 次试验，设 n 次试验中事件 A 发生 m 次。如果当 n 很大时，频率 $\dfrac{m}{n}$ 稳定地在某一数值 p 的附近摆动，而且随着 n 的增大，这种摆动的幅度越小，则称数值 p 为事件 A 的概率，记作 $P(A) = p$。

（1）概率的基本性质

① $P(\phi) = 0$，$P(\Omega) = 1$。

注意：概率为 0 的事件不一定是不可能事件，概率为 1 的事件也不一定是必然事件。

② 对于任何事件 A，$0 \leqslant P(A) \leqslant 1$。

③ $P(\overline{A}) = 1 - P(A)$。

④ $P(A - B) = P(A) - P(AB)$。

⑤ 当 $B \subseteq A$ 时，则 $P(A - B) = P(A) - P(B)$。

（2）条件概率和事件的独立性

如果 A, B 是两个事件，且 $P(A) > 0$，称

$$P(B|A) = \frac{P(AB)}{P(A)}$$

为事件 A 发生的条件下事件 B 的条件概率。

如果 $P(AB) = P(A)P(B)$，则称 A 与 B 相互独立。

容易推出，A 与 B 相互独立当且仅当 $P(B|A) = P(B)$。也就是说，A 与 B 相互独立意味着 B 发生的概率与 A 是否发生无关。同样，A 发生的概率与 B 是否发生也无关。

对于 n 个事件 $A_1, A_2, \cdots, A_n$，如果对任意的 $1 \leqslant k \leqslant n$ 和 $1 \leqslant i_1 < i_2 < \cdots < i_k \leqslant n$，都有

$$P(A_{i_1} A_{i_2} \cdots A_{i_k}) = P(A_{i_1}) P(A_{i_2}) \cdots P(A_{i_k})$$

则称这 n 个事件 $A_1, A_2, \cdots, A_n$ 相互独立。

【例 2-1】 根据张工的经验，在系统开发中，用户提出界面修改的需求出现得比较频繁。在他参与的 3 个不同行业的系统开发中，"用户提出界面修改"出现的概率相等，若已知"用户提出界面修改"至少出现一次的概率为 19/27，求"用户提出界面修改"在一个系统开发中出现的概率。

【解】 令 A 表示事件"用户提出界面修改"，"3 个不同行业的系统开发"可以看作是 3 次独立试验。设事件 A 在一次试验中出现的概率为 p，$A_i (i = 1, 2, 3)$ 表示"事件 A 在第 i 次试验中出现"这一事件，则 $P(A_i) = p$。注意到事件"A 至少出现一次"的逆事件是"A 一次也不出现"，即 $\overline{A_1} \cdot \overline{A_2} \cdot \overline{A_3}$。根据题意和互逆事件的概率性质，有：

$$P(\overline{A_1} \cdot \overline{A_2} \cdot \overline{A_3}) = 1 - \frac{19}{27} = \frac{8}{27}$$

又因为 A_i 相互独立，所以

$$P(\overline{A_1} \cdot \overline{A_2} \cdot \overline{A_3}) = P(\overline{A_1}) P(\overline{A_2}) P(\overline{A_3}) = (1 - p)^3$$

因此，
$$(1-p)^3 = \frac{8}{27}$$

解得 $p = \frac{1}{3}$。

(3) 加法公式

① $P(A \cup B) = P(A) + P(B) - P(AB)$

② $P(A \cup B \cup C) = P(A) + P(B) + P(C) - P(AB) - P(AC) - P(BC) + P(ABC)$

(4) 乘法公式

设 $P(A) > 0$，则
$$P(AB) = P(A)P(B|A)$$

设 $P(A_1 A_2 \cdots A_{n-1}) > 0$，则
$$P(A_1 A_2 \cdots A_n) = P(A_1)P(A_2|A_1)P(A_3|A_1 A_2) \cdots P(A_n|A_1 A_2 \cdots A_{n-1})$$

【例 2-2】 袋中放有 a（$a \geq 3$）个红球和 b 个白球，求连取三球（无放回）均为红球的概率。

【解】设 A_i（$i=1,2,3$）表示事件"第 i 次取的是红球"，根据乘法公式
$$P(A_1 A_2 A_3) = P(A_1)P(A_2|A_1)P(A_3|A_1 A_2) = \frac{a}{a+b} \times \frac{a-1}{a+b-1} \times \frac{a-2}{a+b-2}$$

(5) 全概率公式

如果 n 个事件 $B_1, B_2, \cdots, B_n$ 两两互斥，且 $\bigcup_{i=1}^{n} B_i = \Omega$，则称这 n 个事件是一个完全事件组。设 $B_1, B_2, \cdots, B_n$ 是一个完全事件组，且 $P(B_i) > 0 (1 \leq i \leq n)$，则
$$P(A) = \sum_{i=1}^{n} P(B_i)P(A|B_i)$$

【例 2-3】 设一仓库中有 10 箱同种规格的产品，其中由甲、乙、丙三厂生产的分别有 5 箱、3 箱、2 箱，三厂产品的废品率依次为 0.1、0.2、0.3。从这 10 箱产品中任取一箱，再从这箱中任取一件产品，求取得的正品概率。

【解】令 A 表示事件"取得的产品为正品"，B_1, B_2, B_3 分别表示事件"任取一件产品是甲、乙、丙厂生产的"。显然，B_1, B_2, B_3 是一个完全事件组。根据全概率公式
$$P(A) = \sum_{i=1}^{3} P(B_i)P(A|B_i) = \frac{5}{10} \cdot \frac{9}{10} + \frac{3}{10} \cdot \frac{8}{10} + \frac{2}{10} \cdot \frac{7}{10} = 0.83$$

(6) 贝叶斯（Bayes）公式

如果 $B_1, B_2, \cdots, B_n$ 是一个完全事件组，且 $P(B_i) > 0 (1 \leq i \leq n)$。又设 $P(A) > 0$，则对每一个 $k = 1, 2, \cdots, n$，有
$$P(B_k|A) = \frac{P(B_k)P(A|B_k)}{P(A)}$$

【例 2-4】 某公司的员工中有 40%是男性,80%的男性员工和 70%的女性员工都通过了程序员考试,并且有 1 人进入了全国前 50 名,请问,此员工是男性的概率是多少?

【解】 令 A 表示事件"该员工通过了程序员考试",B 表示事件"该员工是男性"。显然,$B, \overline{B}$ 是一个完全事件组。根据全概率公式,

$$P(A) = P(B)P(A|B) + P(\overline{B})P(A|\overline{B}) = 0.4 \times 0.8 + 0.6 \times 0.7 = 0.74$$

再根据贝叶斯公式

$$P(B|A) = \frac{P(B)P(A|B)}{P(A)} = \frac{0.4 \times 0.8}{0.74} = \frac{16}{37}$$

(7) 伯努利二项概率公式

在相同的条件下,将同一试验重复做 n 次,且这 n 次试验是相互独立的,每次试验的结果只有两种可能,这样的 n 次试验称作伯努利(Bernoulli)概型。

在伯努利概型中,如果事件 A 在每次试验中发生的概率为 p,则在 n 次试验中事件 A 恰好发生 $k(0 \leqslant k \leqslant n)$ 次的概率为

$$P_n(k) = C_n^k p^k (1-p)^{n-k}$$

2.7.2 随机变量及其分布

2.7.1 节讨论了随机事件的概率,但是,一种随机现象含有的随机事件不止一个,为了全面刻画随机现象,揭示随机现象的统计规律,需要引入随机变量的概念。

设随机试验的样本空间为 Ω,若对每一个可能的样本点 $\omega \in \Omega$,都有唯一的实数 $\xi(\omega)$ 与之对应,则称 $\xi(\omega)$ 是一个随机变量,简记为 ξ。随机变量是随机现象的度量化表示。

给定随机变量 ξ,它的取值不超过实数 x 的事件的概率 $P(\xi \leqslant x)$ 可以看作 x 的函数,称作 ξ 的概率分布函数,记作 $F(x)$。即

$$F(x) = P(\xi \leqslant x) \quad -\infty < x < +\infty$$

分布函数具有下述性质:

① $0 \leqslant F(x) \leqslant 1 \quad -\infty < x < \infty$ ② $\lim\limits_{x \to -\infty} F(x) = 0$,$\lim\limits_{x \to \infty} F(x) = 1$

③ 若 $x_1 < x_2$,则 $F(x_1) < F(x_2)$ ④ $F(x+0) = F(x)$

⑤ $P(a < \xi \leqslant b) = F(b) - F(a)$ ⑥ $P(\xi = a) = F(a) - F(a-0)$

1. 离散型随机变量

如果随机变量 ξ 只能取有限个或可数个数值 $x_1, x_2, \cdots, x_n, \cdots$,则称 ξ 为离散型随机变量,而

$$p_k = P(\xi = x_k) \quad k = 1, 2, \cdots, n, \cdots$$

称为 ξ 的概率分布。离散型随机变量具有下述性质:

$$p_k \geqslant 0 , \quad \sum_k p_k = 1 \quad k = 1, 2, \cdots, n, \cdots$$

2. 连续型随机变量

如果存在非负可积函数 $p(x)$，使得随机变量 ξ 的分布函数 $F(x)$ 能够表示为

$$F(x) = \int_{-\infty}^{x} p(t) \mathrm{d}t \qquad -\infty < x < \infty$$

则称 ξ 为连续型随机变量，而 $p(x)$ 称为 ξ 的分布密度函数。连续型随机变量具有下述性质：

（1） $p(x) \geq 0$，$-\infty < x < \infty$； $\int_{-\infty}^{\infty} p(x) \mathrm{d}x = 1$。

（2）分布函数 $F(x)$ 在 $(-\infty, \infty)$ 上连续。

（3）若 $p(x)$ 在 x 处连续，则 $F'(x) = p(x)$。

3. 二维离散型随机变量

如果二维随机变量 (ξ, η) 只能取有限对或可数对数值 $(x_i, y_j), i, j = 1, 2, \cdots$，则称 (ξ, η) 为二维离散型随机变量，而

$$p_{ij} = P(\xi = x_i, \eta = y_j) \qquad i, j = 1, 2, \cdots$$

称为 (ξ, η) 的概率分布，或称 ξ 和 η 的联合概率分布。

当 (ξ, η) 为二维离散型随机变量时，ξ 和 η 都是离散型随机变量。关于 ξ 的概率分布为

$$p_i = P(\xi = x_i) = \sum_j p_{ij} \qquad i = 1, 2, \cdots$$

关于 η 的概率分布为

$$p_j = P(\eta = x_j) = \sum_i p_{ij} \qquad j = 1, 2, \cdots$$

二维离散型随机变量具有下述性质：

$$p_{ij} \geq 0, \quad \sum_i \sum_j p_{ij} = 1 \qquad i, j = 1, 2, \cdots$$

4. 二维连续型随机变量

如果存在非负可积函数 $p(x, y)$，使得二维随机变量 (ξ, η) 的分布函数 $F(x, y)$ 能够表示为

$$F(x, y) = \int_{-\infty}^{y} \int_{-\infty}^{x} p(u, v) \mathrm{d}u \mathrm{d}v \qquad -\infty < x, y < \infty$$

则称 (ξ, η) 为二维连续型随机变量，而 $p(x, y)$ 称为 (ξ, η) 的概率密度函数，或称 ξ 和 η 的联合概率密度函数。

二维连续型随机变量具有下述性质：

$$p(x, y) \geq 0 \quad -\infty < x, y < \infty; \quad \int_{-\infty}^{\infty} \int_{-\infty}^{\infty} p(x, y) \mathrm{d}x \mathrm{d}y = 1$$

2.7.3 随机变量的数字特征

分布函数可以完整地描述随机变量的统计规律，但在实际问题中，要求出分布函数

并非易事。在许多常见的分布中都有一些参数，参数确定则分布函数随之确定。所谓数字特征，是指与随机变量分布相关的一些特征数，它们能够反映这些分布在某些方面的重要特性，并且决定这些分布中的参数。

1．数学期望

设离散型随机变量 ξ 的概率分布为

$$p_k = P(\xi = x_k) \qquad k = 1, 2, \cdots, n, \cdots$$

如果级数 $\sum_k x_k p_k$ 绝对收敛，则称该级数为 ξ 的数学期望（均值），记作 $E\xi$。即

$$E\xi = \sum_k x_k p_k$$

设连续型随机变量 ξ 的密度函数为 $p(x)$，如果积分 $\int_{-\infty}^{\infty} xp(x)\mathrm{d}x$ 绝对收敛，则称该积分为 ξ 的数学期望。即

$$E\xi = \int_{-\infty}^{\infty} xp(x)\mathrm{d}x$$

数学期望反映了随机变量的取值中心，具有如下性质：

(1) $E(C) = C$，其中 C 是常数。
(2) $E(k\xi) = kE(\xi)$，其中 k 是常数。
(3) $E(\xi + \eta) = E\xi + E\eta$。
(4) 若 ξ, η 相互独立，则 $E(\xi\eta) = E\xi \cdot E\eta$。
(5) $|E(\xi\eta)|^2 \leqslant E(\xi^2) \, E(\eta^2)$。

2．方差

如果随机变量 $(\xi - E\xi)^2$ 的数学期望存在，则称它为 ξ 的方差，记作 $D\xi$。$D\xi$ 的平方根称为 ξ 的均方差（标准差），记作 $\sigma = \sqrt{D\xi}$。

如果 ξ 是离散型随机变量，则

$$D\xi = \sum_k (x_k - E\xi)^2 p_k$$

如果 ξ 是连续型随机变量，则

$$D\xi = \int_{-\infty}^{\infty} (x - E\xi)^2 p(x)\mathrm{d}x$$

方差反映了随机变量取值分散的程度。方差越小，取值越集中；方差越大，取值越分散。方差具有以下性质：

(1) $D\xi \geqslant 0$。
(2) $D(C) = 0$，其中 C 是常数。
(3) $D(k\xi) = k^2 D\xi$，其中 k 是常数。
(4) 若 ξ, η 相互独立，则 $D(\xi \pm \eta) = D\xi + D\eta$。
(5) $D\xi = 0$ 的充分必要条件是 $P(\xi = C) = 1$，其中 C 是常数。

(6) $D\xi = E(\xi^2) - (E\xi)^2$。

2.7.4 常用分布

为了便于查询，本节把常用的分布及相关数字特征进行归类，包括离散型的分布和连续型的分布。

1．0-1 分布

0-1 分布也称为伯努利分布。在实际问题中，凡是只考虑两个可能结果的随机试验，例如，抛掷一枚硬币观察正反面、测试某系统的质量指标是否合格、新生婴儿的性别登记等，都可以用 0-1 分布来描述。

0-1 分布的概率分布函数为：

$$p_k = P(\xi = k) = \begin{cases} 1-p, & k=0 \\ p, & k=1 \end{cases}$$

其中 $0 < p < 1$。

0-1 分布的数学期望为：

$$E\xi = \sum_k x_k p_k = p$$

0-1 分布的方差为：

$$D\xi = \sum_k (x_k - E\xi)^2 p_k = p(1-p)$$

2．二项分布

如果在 n 次重复试验中，每次试验的结果只有两种可能：A 和 $\overline{A}$，且 $P(\overline{A}) = 1 - P(A)$，则称这 n 次重复试验为 n 重伯努利试验。假设在每次试验中，事件 A 发生的概率为 p，则 n 次试验中 A 发生的次数可用服从二项分布 $B(n, p)$ 的随机变量来描述。

二项分布的概率分布函数为：

$$p_k = P(\xi = k) = C_n^k p^k (1-p)^{n-k} \quad k = 0, 1, \cdots, n$$

其中 n 是正整数，$0 < p < 1$。

二项分布的数学期望为：

$$E\xi = \sum_k x_k p_k = np$$

二项分布方差为：

$$D\xi = \sum_k (x_k - E\xi)^2 p_k = np(1-p)$$

显然，当 $n=1$ 时，参数为 p 的二项分布便成为 0-1 分布。

【例 2-5】 设某一机器加工一种产品的次品率为 0.1。检验员每天检验 4 次，每次随机地抽取 5 件产品进行检验。如果发现多于 1 件次品，就要调整机器。求一天中调整机器次数的概率分布及数学期望。

【解】令随机变量 ξ 表示取出 5 件产品中的次品数，则 ξ 服从二项分布 $B(5,0.1)$。次品数大于 1，即需要调整机器的概率为

$$p = P\{\xi>1\} = 1 - P\{\xi=0\} - P(\xi=1) = 1 - (1-0.1)^5 - C_5^1 \times 0.1 \times (1-0.1)^4 = 0.082$$

令随机变量 η 表示机器需要调整（也就是 4 次检验中发现次品数大于 1）的次数，则 η 服从二项分布 $B(4,0.082)$，即

$$P\{\eta=k\} = C_4^k \times 0.082^k \times (1-0.082)^{4-k} \quad (k=0,1,2,3,4)$$

因此，$E\eta = 4 \times 0.082 = 0.328$。

3．几何分布

设独立重复中每次试验"成功"的概率均为 p。如果某次试验"成功"，就不再继续试验，则试验次数可用服从几何分布 $G(p)$ 的随机变量来表示。

几何分布的概率分布函数为：

$$p_k = P(\xi=k) = p(1-p)^{k-1} \quad k=0,1,2,\cdots$$

其中 $0<p<1$。

几何分布的数学期望为：

$$E\xi = \sum_k x_k p_k = \frac{1}{p}$$

几何分布的方差为：

$$D\xi = \sum_k (x_k - E\xi)^2 p_k = \frac{1-p}{p^2}$$

【例 2-6】对某一目标进行射击，直至击中为止。如果每次射击命中率为 1/10，求射击次数的数学期望和方差。

【解】设随机变量 ξ 表示射击次数，则 $\xi=k$ 代表事件"前 $k-1$ 次未中而第 k 次命中"。因此，$P(\xi=k) = 0.1 \times (1-0.1)^k$（$k=1,2,\cdots$），即随机变量 ξ 服从几何分布 $G(0.1)$。所以，$E\xi = \dfrac{1}{0.1} = 10$，$D\xi = \dfrac{1-0.1}{0.1^2} = 90$。

4．泊松分布

泊松（Poisson）分布可作为描述大量试验中稀有事件出现次数的概率分布的数学模型。例如，数字通信中的误码数、大批量产品中不合格品数、原子蜕变放射出的粒子数都可用服从泊松分布的随机变量来表示。

泊松分布的概率分布函数为：

$$p_k = P(\xi=k) = \frac{\lambda^k}{k!} e^{-\lambda} \quad k=0,1,2,\cdots$$

其中 $\lambda>0$。

泊松分布的数学期望为：

$$E\xi = \sum_k x_k p_k = \lambda$$

泊松分布的方差为:

$$D\xi = \sum_k (x_k - E\xi)^2 p_k = \lambda$$

泊松分布的一个重要特征是: 期望值和方差相等。可以根据这个特征来对一个分布是否适合泊松分布进行初步识别。

5. 均匀分布

当随机试验的结果在$[a, b]$均匀分布时,可用服从均匀分布$\mu(a,b)$的随机变量来描述。在实际问题中,公共汽车站乘客的候车时间、近似计算中的舍入误差等都服从均匀分布。

均匀分布的密度函数为:

$$p(x) = \begin{cases} 1/(b-a), & a \leqslant x \leqslant b \\ 0, & x < a \text{ 或 } x > b \end{cases}$$

其中$-\infty < a < b < \infty$。

均匀分布的数学期望为:

$$E\xi = \int_{-\infty}^{\infty} xp(x)\mathrm{d}x = \frac{a+b}{2}$$

均匀分布的方差为:

$$D\xi = \int_{-\infty}^{\infty} (x - E\xi)^2 p(x)\mathrm{d}x = \frac{(b-a)^2}{12}$$

【例 2-7】 假设某种分子在某种环境下以匀速直线运动完成每一次迁移。每次迁移的距离S与时间T是两个独立的随机变量,S均匀分布在区间$0<S<1$(μm),T均匀分布在区间$1<T<2$(μs),则这种分子每次迁移的平均速度是多少?

【解】 要解答本题,首先要理解这是两个独立的均匀分布的随机变量,计算随机变量S/T的期望值。而随机变量S与T互相独立,S在(0, 1)中均匀分布,T在(1, 2)中均匀分布。为此,考查二维随机变量(S, T),它的分布密度函数应是:

$$f(S, T) = \begin{cases} 1, & 0 < S < 1 \text{ 且 } 1 < T < 2 \\ 0, & \text{其他} \end{cases}$$

S/T的期望值为:

$$\int_0^1 \int_1^2 \frac{Sf(S,T)}{T}\mathrm{d}S\mathrm{d}T = \int_0^1 S\mathrm{d}S \times \int_1^2 \frac{1}{T}\mathrm{d}T = \frac{\ln 2}{2}$$

6. 标准正态分布

正态分布是概率论中最重要的一种分布。例如,测试的误差、一批产品的质量指标、项目的进度等都服从或近似服从正态分布。一般来说,如果影响某一数量指标的随机因素很多,而每个因素相互独立且所起的作用都不太大,则可认为这个指标服从正态分布。

正态分布有多种类型，其中 $\mu=0,\sigma=1$ 的正态分布 $N(0,1)$ 称作标准正态分布，它的密度函数为：

$$\phi(x)=\frac{1}{\sqrt{2\pi}}\mathrm{e}^{-\frac{x^2}{2}} \quad -\infty<x<\infty$$

标准正态分布的数学期望为：

$$E\xi=\int_{-\infty}^{\infty}xp(x)\mathrm{d}x=0$$

标准正态分布的方差为：

$$D\xi=\int_{-\infty}^{\infty}(x-E\xi)^2 p(x)\mathrm{d}x=1$$

2.7.5 常用统计分析方法

数理统计以概率论为理论基础，收集、整理试验或观察得到的数据，将获得的数据进行分析和推理，从而对研究对象的客观规律作出合理的估计和判断。

研究某个问题，它的对象的所有可能观测结果称为总体（或母体），记作 X。总体中抽取一部分样品 $X_1,X_2,\cdots,X_n$，称为总体的一个样本（或子样）。数理统计就是应用概率论的理论，通过样本来了解和判断总体的统计特性的科学方法。

1．常用的统计量

设 $X_1,X_2,\cdots,X_n$ 是从总体 X 中取出的一个样本。不含总体分布中任何未知数的样本的函数称为统计量，下面为常用的一些统计量：

（1）样本均值。也就是样本观察值的平均值，计算公式如下：

$$\overline{X}=\frac{1}{n}\sum_{i=1}^{n}X_i$$

（2）样本方差。样本方差等于构成样本的随机变量对离散中心 $\overline{X}$ 之方差的平方和，计算公式如下（第 1 个公式称为修正样本方差）：

$$S^2=\frac{1}{n-1}\sum_{i=1}^{n}(X_i-\overline{X})^2,\quad B^2=\frac{1}{n}\sum_{i=1}^{n}(X_i-\overline{X})^2$$

（3）样本标准差。样本标准差等于样本方差开平方，计算公式如下（第 1 个公式称为修正样本标准差）：

$$S=\sqrt{\frac{1}{n-1}\sum_{i=1}^{n}(X_i-\overline{X})^2},\quad B=\sqrt{\frac{1}{n}\sum_{i=1}^{n}(X_i-\overline{X})^2}$$

（4）样本 k 阶原点矩。计算公式如下：

$$A_k=\frac{1}{n}\sum_{i=1}^{n}X_i^k,\quad k=1,2,\cdots,n$$

（5）样本 k 阶中心矩。计算公式如下：

$$B_k = \frac{1}{n}\sum_{i=1}^{n}(X_i - \overline{X})^k, \quad k = 1, 2, \cdots, n$$

（6）次序统计量。设样本 $X_1, X_2, \cdots, X_n$ 的观测值为 $x_1, x_2, \cdots, x_n$，现将观测值按由小到大的顺序重新排列得到 $x_{(1)} \leqslant x_{(2)} \leqslant \cdots \leqslant x_{(n)}$，记取值为 $x_{(k)}$ 的样本分量为 $X_{(k)}$，则 $X_{(1)}, X_{(2)}, \cdots, X_{(n)}$ 称为样本 $X_1, X_2, \cdots, X_n$ 的次序统计量。

2．参数估计

统计推断的基本问题大致可以分为两类，一类是估计问题，另一类是假设检验问题。对于参数估计问题，根据样本所提供的信息，对总体分布中含有的未知常数（称其为参数）进行估计，也就是从样本出发构造一些统计量作为总体某些参数的估计量。当取得一个样本值时，就以相应的统计量的值作为总体参数的估计值。最常估计的参数是总体的数学期望和方差。

根据实际问题的需要，参数估计的形式又可分为点估计和区间估计。

（1）点估计。估计值是一个数，表现为实数轴上的一个点，故这种做法通常又称为参数的点估计或定值估计。一般情况下，不区分估计量与估计值，统称为估计。点估计给人们一个明确的数量概念，比较直观，容易理解和接受，在实际估计中经常被采用。进行参数的点估计和构造估计量有直接的关系，同一个参数，同一组样本值，采用不同的估计量得到的估计值是不同的。因此，如何构造估计量是至关重要的，常用方法有矩估计法和极大似然估计法。矩估计法是用样本矩作为相应的总体矩的估计，从而得到总体分布参数估计的一种估计方法。在运用矩估计法时，并不一定需要事先知道总体的分布，另外，一个参数的矩估计量也不一定是唯一的；极大似然估计法是参数估计的一个最重要的方法，它建立在极大似然原理的基础上。极大似然原理的直观描述是：一个随机试验如有若干个可能的结果 A，B，C，$\cdots$。若在一次试验中，结果 A 出现，则一般认为试验条件对 A 出现有利，也即 A 出现的概率很大。

（2）区间估计。用数轴上的一个数据区间（a，b）表示总体参数的可能范围。区间估计是从点估计值和抽样标准出发，按给定的概率值建立包含待估计参数的区间，其中这个给定的概率值称为置信度或置信水平，这个建立起来的包含待估计函数的区间称为置信区间。置信区间是在某一置信水平下，样本统计值与总体参数值间的误差范围。置信区间越大，置信水平就越高。划定置信区间的两个数值分别称为置信下限（a）和置信上限（b）。

3．假设检验

假设检验是根据原资料作出一个总体指标是否等于某一个数值，某一随机变量是否服从某种概率分布的假设，然后利用样本资料采用一定的统计方法计算出有关检验的统计量，依据一定的概率原则来判断估计数值与总体数值（或者估计分布与实际分布）是否存在显著差异，是否应当接受原假设选择的一种检验方法。

假设检验主要强调的是根据样本的信息对总体分布是否具有指定的特征进行合理的判断,是接受还是拒绝。一般地,将关于总体的未知分布所作的各种论断称为统计假设,简称为假设。针对总体分布的未知参数作出的假设称为参数假设,针对总体的分布作出的假设称为非参数假设。通常所说的假设检验主要是针对参数假设检验而言的。常用的假设检验方法有 U 检验法、t 检验法、χ^2 检验法、F 检验法等。

用样本指标估计总体指标,其结论有的完全可靠,有的只有不同程度的可靠性,需要进一步加以检验和证实。这里必须明确,进行检验的目的不是怀疑样本指标本身是否计算正确,而是为了分析样本指标和总体指标之间是否存在显著差异。从这个意义上,假设检验又称为显著性检验。

4. 回归分析

回归分析是处理两个及两个以上变量之间相关关系的一种基本方法。在现实世界中,变量之间的关系可以分为两类,一类是变量之间有确定性关系,也就是函数关系;另一类是变量之间有一定的关系,由于错综复杂的原因或者不可避免的误差等原因,这种关系无法用定性的模型描述。实际上,即使是具有确定关系的变量之间由于试验误差、测量误差等随机因素的影响,其表现形式也会具有某种程度的不确定性。

根据研究目的,常把具有相关关系的变量区分为因变量和自变量,这时因变量被看作是随机变量,而自变量可能是随机变量,也可能是可以人为控制或测量的非随机变量(一般变量)。回归分析按照涉及的自变量的多少,可分为一元回归分析和多元回归分析;按照自变量和因变量之间的关系类型,可分为线性回归分析和非线性回归分析。如果在回归分析中,只包括一个自变量和一个因变量,且二者的关系可用一条直线近似表示,这种回归分析称为一元线性回归分析;如果回归分析中包括两个或两个以上的自变量,且因变量和自变量之间是线性关系,则称为多元线性回归分析。

回归分析的主要内容为:

(1)从一组数据出发确定某些变量之间的定量关系式,即建立数学模型并估计其中的未知参数。估计参数的常用方法是最小二乘法。有关数学建模的方法,将在 2.12 节中介绍。

(2)对这些关系式的可信程度进行检验。

(3)在许多自变量共同影响着一个因变量的关系中,判断哪个(或哪些)自变量的影响是显著的,哪些自变量的影响是不显著的,将影响显著的自变量选入模型中,而剔除影响不显著的变量,通常用逐步回归、向前回归和向后回归等方法。

(4)利用所求的关系式对某一生产过程进行预测或控制。

5. 方差分析

一个复杂的事物,其中往往有许多因素互相制约又互相依存。方差分析的目的是通过数据分析找出对该事物有显著影响的因素,各因素之间的交互作用,以及显著影响因素的最佳水平等。方差分析是在可比较的数组中,把数据间的总的"变差"按各指定的变差来源进行分解的一种技术。对变差的度量，采用离差平方和。方差分析方法就是从总离差平方和分解出可追溯到指定来源的部分离差平方和，这是一个很重要的思想。

方差分析的基本思想是，通过分析不同来源的变异对总变异的贡献大小，从而确定可控因素对研究结果影响力的大小。经过方差分析，若拒绝了检验假设，只能说明多个样本总体均值不相等或不全相等。若要得到各组样本均值之间更详细的信息，应在方差分析的基础上进行多个样本均值的两两比较。

方差分析主要用于均值差别的假设检验、分离各有关因素并估计其对总变异的作用、分析因素间的交互作用、方差齐性检验。应用方差分析对数据进行统计推断之前应注意其使用条件，包括：

（1）可比性。如果数据中各组数本身不具可比性，则不适用方差分析。

（2）正态性。即偏态分布数据不适用方差分析。对偏态分布的数据应考虑用对数变换、平方根变换、倒数变换、平方根反正弦变换等变换方法，把它转换为正态或接近正态后再进行方差分析。

（3）方差齐性。若各方差之间在给定显著性水平没有显著性差异，则称为方差齐性，也称为等方差性、同方差性或方差一致性。如果数据中各组数之间的方差不齐，则不适用方差分析。

根据数据设计类型的不同，有以下两类方差分析的方法，它们的基本步骤相同，只是变异的分解方式不同。

（1）单因素方差分析。用于完全随机设计的多个样本均值间的比较，其统计推断是推断各样本所代表的各总体均值是否相等。完全随机设计不考虑个体差异的影响，仅涉及一个处理因素，但可以有两个或多个水平，所以也称为单因素试验设计。在试验中按随机化原则将受试对象随机分配到一个处理因素的多个水平中去，然后观察各组的试验效应；在观察研究（调查）中按某个研究因素的不同水平分组，比较该因素的效应。

（2）双因素方差分析。在实际问题的研究中，有时需要考虑两个因素对试验结果的影响，就属于双因素方差分析的内容。双因素方差分析是对影响因素进行检验，究竟是一个因素在起作用，还是两个因素都起作用，或是两个因素的影响都不显著。双因素方差分析有两种类型，一个是无交互作用的双因素方差分析，它假定因素 A 和因素 B 的效应之间是相互独立的，不存在相互关系；另一个是有交互作用的双因素方差分析，它假定因素 A 和因素 B 的结合会产生出一种新的效应。

6．正交试验法

在开发和科研中，为了研制新产品，改进开发技术，需要做许多的多因素试验。在方差分析中，对于一个或两个因素的试验，可以对不同因素的所有可能的水平组合做试验，这叫做全面试验。当因素较多时，虽然理论上仍可采用方差分析，但是，在实际中有时会遇到试验次数太多的问题，设计全面的试验往往耗时、费力，从而很难做到。因此，如何设计多因素试验方案，选择合理的试验设计方法，使之既能减少试验次数，又能收到较好的效果,是需要解决的问题。正交试验法就是研究与处理多因素试验的一种有效方法。

正交试验法利用正交表来对试验进行整体设计、综合比较、统计分析,实现通过少数的试验次数找到较好的生产条件,以达到最高生产工艺效果。在正交表中,每一列中不同的数字出现的次数相等,任意两列中数字的排列方式齐全而且均衡。这充分体现了正交表的两大优越性,即"均衡分散,整齐可比"。通俗的说,每个因素的每个水平与另一个因素各水平各碰一次,这就是正交性。因此,正交表能够在因素变化范围内均衡抽样,使每次试验都具有较强的代表性。由于正交表具备均衡分散的特点,保证了全面试验的某些要求,这些试验往往能够较好或更好地达到试验的目的。

2.8 图论应用

在现实世界中,有很多现象、事物、状态都可以用图形来描述,许多学科都以图论作为工具来研究和解决问题。例如,在软件开发中,各项任务之间怎么衔接,才能使开发工作完成得既快又好。在信息系统建设中,将庞大而复杂的信息系统工程和管理问题用图来描述,可以解决很多工程设计和管理决策的最优化问题,例如,完成工程任务的时间最少、费用最省等。

2.8.1 最小生成树

在连通的带权图的所有生成树中,权值和最小的那棵生成树(包含图中所有顶点的树),称作最小生成树。求带权连通无向图的最小生成树的算法有普里姆(Prim)算法和克鲁斯卡尔(Kruskal)算法。

1. 普里姆算法

设已知 $G=(V, E)$ 是一个带权连通无向图,顶点 $V=\{0, 1, 2, \cdots, n-1\}$。设 U 是构造生成树过程中已被考虑在生成树上的顶点的集合。初始时,U 只包含一个出发顶点。设 T 是构造生成树过程中已被考虑在生成树上的边的集合,初始时 T 为空。如果边 (i, j) 具有最小代价,且 $i \in U$,$j \in V-U$,那么最小代价生成树应包含边 (i, j)。把 j 加到 U 中,把 (i, j) 加到 T 中。重复上述过程,直到 U 等于 V 为止。这时,T 即为要求的最小代价生成树的边的集合。

普里姆算法的特点是,当前形成的集合 T 始终是一棵树。因为每次添加的边是使树中的权尽可能小,因此,这是一种贪心的策略。普里姆算法的时间复杂度为 $O(n^2)$,与图中边数无关,适合于稠密图(边数远远大于顶点数的图)。

2. 克鲁斯卡尔算法

设 T 的初始状态只有 n 个顶点而无边的森林 $T=(V, \phi)$,按边长递增的顺序选择 E 中的 $n-1$ 安全边 (u, v) 并加入 T,生成最小生成树。所谓安全边是指两个端点分别是

森林 T 里两棵树中的顶点的边。加入安全边,可将森林中的两棵树连接成一棵更大的树,因为每一次添加到 T 中的边均是当前权值最小的安全边,这能保证最终的 T 是一棵最小生成树。

克鲁斯卡尔算法的特点是当前形成的集合 T 除最后的结果外,始终是一个森林。克鲁斯卡尔算法的时间复杂度为 $O(e\log_2 e)$,与图中顶点数无关,较适合于稀疏图(边数远远小于顶点数的图)。

【例 2-8】图 2-2 是某地区的通信线路图,假设其中标注的数字代表通信线路的长度(单位为 km),现在要求至少要架设多长的线路,才能保持 6 个城市的通信连通。

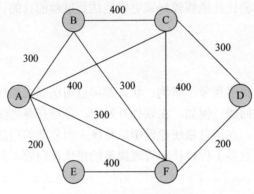

图 2-2 由线路相接的城市

【解】作为一个例子,下面使用克鲁斯卡尔算法来解答,如图 2-3 所示。

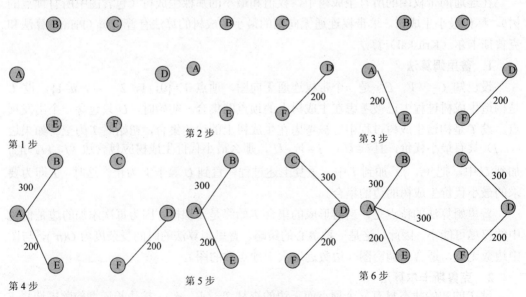

图 2-3 求解的过程

到了第 5 步，就有了多种选择，即可以选择 AF，也可以选择 BF，因为其路程都是 300km。图 2-3 给出的第 6 步是选择 AF 的结果。还有一种结果，就是在第 4 步时，不是选择 AB，而是选择 AF 或者 BF，则结果如图 2-4 所示。

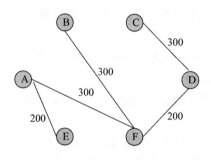

图 2-4 另外一种结果

从第 6 步的结果可以计算出，至少要架设的线路长度为 200×2+300×3=1300 km。作为一个练习，建议读者使用普里姆算法解答本题，看能得到什么样的结果。

通过这个例子可以发现，一个给定的图的最小生成树不一定是唯一的，但不管有多少棵最小生成树，其权值之和是相等的。

2.8.2 最短路径

带权图的最短路径问题即求两个顶点间长度最短的路径。其中路径长度不是指路径上边数的总和，而是指路径上各边的权值总和。路径长度的具体含义取决于边上权值所代表的意义。

1. 单源最短路径

已知有向带权图 $G=(V, E)$，找出从某个源点 $s \in V$ 到 V 中其余各顶点的最短路径，称为单源最短路径。

目前，求单源最短路径主要使用迪杰斯特拉（Dijkstra）提出的一种按路径长度递增次序产生各顶点最短路径的算法。若按长度递增的次序生成从源点 s 到其他顶点的最短路径，则当前正在生成的最短路径上除终点以外，其余顶点的最短路径均已生成（将源点的最短路径看作是已生成的源点到其自身的长度为 0 的路径）。

迪杰斯特拉算法的基本思想是：设 S 为最短距离已确定的顶点集（看作红点集），$V-S$ 是最短距离尚未确定的顶点集（看作蓝点集）。

（1）初始化：初始化时，只有源点 s 的最短距离是已知的（$SD(s)=0$），故红点集 $S=\{s\}$，蓝点集为空。

（2）重复以下工作，按路径长度递增次序产生各顶点最短路径：在当前蓝点集中选择一个最短距离最小的蓝点来扩充红点集，以保证算法按路径长度递增的次序产生各顶点的最短路径。当蓝点集中仅剩下最短距离为∞的蓝点，或者所有蓝点已扩充到红点集时，s 到所有顶点的最短路径就求出来了。

需要注意的是：

（1）若从源点到蓝点的路径不存在，则可假设该蓝点的最短路径是一条长度为无穷大的虚拟路径。

（2）从源点 s 到终点 t 的最短路径简称为 t 的最短路径；s 到 t 的最短路径长度简称为 t 的最短距离，并记为 $SD(t)$。

根据按长度递增次序产生最短路径的思想，当前最短距离最小的蓝点 k 的最短路径是：

源点，红点 1，红点 2，…，红点 n，蓝点 k

距离为：源点到红点 n 的最短距离+<红点 n，蓝点 k>的边长

为求解方便，可设置一个向量 $D[0..n–1]$，对于每个蓝点 $v \in V-S$，用 $D[v]$ 记录从源点 s 到达 v 且除 v 外中间不经过任何蓝点（若有中间点，则必为红点）的"最短"路径长度（简称估计距离）。若 k 是蓝点集中估计距离最小的顶点，则 k 的估计距离就是最短距离，即若 $D[k]=\min\{D[i] | i \in V-S\}$，则 $D[k]=SD(k)$。

初始时，每个蓝点 v 的 $D[c]$ 值应为权 $w<s, v>$，且从 s 到 v 的路径上没有中间点，因为该路径仅含一条边 $<s, v>$。

将 k 扩充到红点后，剩余蓝点集的估计距离可能由于增加了新红点 k 而减小，此时必须调整相应蓝点的估计距离。对于任意的蓝点 j，若 k 由蓝变红后使 $D[j]$ 变小，则必定是由于存在一条从 s 到 j 且包含新红点 k 的更短路径：$P=<s, …, k, j>$。且 $D[j]$ 减小的新路径 P 只可能是由于路径 $<s, …, k>$ 和边 $<k, j>$ 组成。所以，当 length$(P)=D[k]+w<k, j>$ 小于 $D[j]$ 时，应该用 P 的长度来修改 $D[j]$ 的值。

【例 2-9】 如图 2-5 所示，有一批货物要从城市 s 发送到城市 t，线条上的数字代表通过这条路的费用（单位为万元）。那么，运送这批货物，至少需要花费多少元？

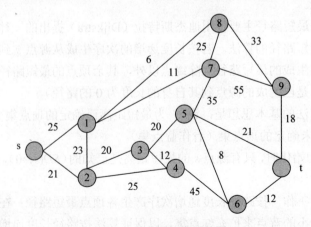

图 2-5 待求最少费用的图

【解】这是一个求最短路径的问题，求解过程如表 2-4 所示。

表 2-4 求最短路径的过程

红 点 集	D[1]	D[2]	D[3]	D[4]	D[5]	D[6]	D[7]	D[8]	D[9]	D[t]
{s}	25	21	∞	∞	∞	∞	∞	∞	∞	∞
{s,2}	25		41	46	∞	∞	∞	∞	∞	∞
{s,2,1}			41	46	∞	∞	36	31	∞	∞
{s,2,1,8}			41	46	∞	∞	36		64	∞
{s,2,1,8,7}			41	46	71	∞			64	∞
{s,2,1,8,7,3}				46	61	∞			64	∞
{s,2,1,8,7,3,4}					61	91			64	∞
{s,2,1,8,7,3,4,5}						69			64	82
{s,2,1,8,7,3,4,5,9}						69				82
{s,2,1,8,7,3,4,5,9,6}										81
{s,2,1,8,7,3,4,5,9,6,t}										

因此，从 s 到 t 的最短路径长度为 81 万元，路径为 s→②→③→⑤→⑥→t。

2．每一对顶点之间的最短路径

对图中每对顶点 u 和 v，找出 u 到 v 的最短路径问题。在实际应用中，这一问题可用每个顶点作为源点调用一次单源最短路径问题的迪杰斯特拉算法予以解决。但在理论算法上，更常用的是弗洛伊德（Folyd）提出的求每一对顶点之间的最短路径的算法。限于篇幅，本书不再介绍。

2.8.3 网络与最大流量

许多应用包含了流量问题。例如，公路系统中有车辆流，控制系统中有信息流，网络系统中有数据流，金融系统中有现金流等。在实际应用中，很多时候需要寻求最大流量问题。

最大流量问题是一个特殊的线性规划问题，有关线性规划的知识，请学习 2.11.2 节。为了便于读者理解和解答相关问题，本节不介绍有关网络与最大流量的理论知识，而是通过一个实际例子，来说明最大流量问题的基本概念和解答方法。

【例 2-10】 图 2-6 标出了某地区的运输网，各节点之间的运输能力如表 2-5 所示。

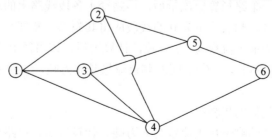

图 2-6 某地区的运输网

表 2-5 各节点之间的运输能力（单位：万吨/小时）

	①	②	③	④	⑤	⑥
①		6	10	10		
②	6				7	
③	10				14	
④	10	4	1			5
⑤		7	14			21
⑥				5	21	

那么，从节点①到节点⑥的最大运输能力（流量）可以达到多少万吨/小时？

【解】为了便于计算，把表 2-5 中的数据标记到图 2-6 上，形成图 2-7。

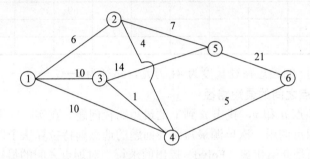

图 2-7 新的运输网

在运输网络的实际问题中，可以看出，对于流有两个明显的要求，一是每条边（弧）上的流量不能超过该边的最大通过能力（即边的容量），二是中间节点的流量为 0。因为对于每个节点，运出这个节点的产品总量与运进这个节点的产品总量之差，是这个节点的净输出量，简称为这个节点的流量。由于中间节点只起到转运作用，所以中间节点的流量为 0。另外，起始点的净流出量和终点的净流入量必须相等，也是这个方案的总运输量。

在本题中，从节点①到节点⑥可以同时沿多条路径运输，总的最大流量应是各条路径上的最大流量之和，每条路径上的最大流量应是其各段流量的最小值。

解题时，每找出一条路径算出流量后，该路径上各段线路上的流量应扣除已经算过的流量，形成剩余流量。剩余流量为 0 的线段应将其删除（断开）。这种做法比较简单。例如，路径①③⑤⑥的最大流量为 10 万吨，计算过后，该路径上各段流量应都减少 10 万吨。从而①③之间将断开，③⑤之间的剩余流量是 4 万吨，⑤⑥之间的剩余流量为 11 万吨，如图 2-8 所示。

同理，依次执行类似的步骤：

（1）路径①②⑤⑥的剩余最大流量为 6 万吨。计算过后，该路径上各段流量应都减少 6 万吨。从而①②之间将断开，②⑤之间的剩余流量是 1 万吨，⑤⑥之间的剩余流量为 5 万吨，如图 2-9 所示。

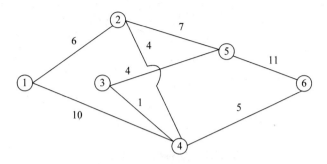

图 2-8　①③断开后的运输网

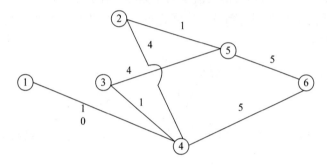

图 2-9　①②断开后的运输网

（2）路径①④⑥的剩余最大流量为 5 万吨。计算过后，该路径上各段流量应都减少 5 万吨。从而④⑥之间将断开，①④之间的剩余流量是 5 万吨，如图 2-10 所示。

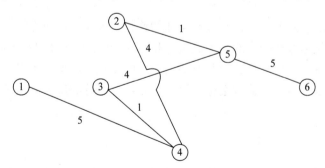

图 2-10　④⑥断开后的运输网

（3）路径①④③⑤⑥的剩余最大流量为 1 万吨。计算过后，该路径上各段流量应都减少 1 万吨。从而④③之间将断开，①④之间的剩余流量是 4 万吨，③⑤之间的剩余流量为 3 万吨，⑤⑥之间的剩余流量为 4 万吨，如图 2-11 所示。

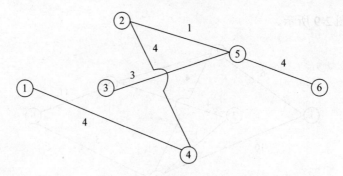

图 2-11 ④③断开后的运输网

（4）路径①④②⑤⑥的剩余最大流量为 1 万吨。计算过后，该路径上各段流量应都减少 1 万吨。从而②⑤之间将断开，①④之间、④②之间、⑤⑥之间的剩余流量都是 3 万吨，如图 2-12 所示。

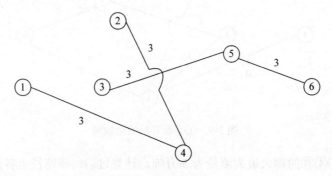

图 2-12 ②⑤断开后的运输网

至此，从节点①到节点⑥已经没有可通的路径，因此，从节点①到节点⑥的最大流量应该是所有可能运输路径上的最大流量之和，即 10+6+5+1+1=23 万吨。

按照习惯，每次应尽量先找出具有最大流量的路径。理论上可以证明，虽然寻找各种路径的办法可以不同，运输方案也可以有很多种，但总的最大流量是唯一确定的。

2.9 组合分析

组合分析是离散数学中的一个重要组成部分，它研究的对象是排列和组合问题。在排列合组合问题中，充分体现了分类、回溯的数学思想。它应用性强，具有思维抽象、分类复杂、问题交错、易出现重复和遗漏，以及不易发现错误等特征。通过学习组合分析，可以使系统分析师理解并掌握处理排列和组合问题的基本策略，提高分析和解决问题的能力，培养探索和创新意识。

2.9.1 排列和组合

组合分析的研究对象是排列和组合问题,而这些问题的研究都是以计数基本原理为前提的。

1. 计数原理基础

基本的计数原理主要包括乘法原理和加法原理。

(1) 乘法原理。假设把一件事分成 m 个步骤来完成,做第一步有 n_1 种不同的处理方法,做第二步有 n_2 种不同的处理方法,……,做第 m 步有 n_m 种不同的处理方法,则完成这件事共有 $n_1 \times n_2 \times \cdots \times n_m$ 种不同的方法。

(2) 加法原理。假设做一件事有 m 类办法,而在第一类办法中又有 n_1 种不同的处理方法,在第二类办法中有 n_2 种不同的处理方法,……,在第 m 类办法中有 n_m 种不同的处理方法,则完成这件事共有 $n_1+n_2+\cdots+n_m$ 种不同的处理方法。

【例 2-11】假设某程序语言对合法的标识符有如下规定:标识符可由两个字符组成,其中第 1 个字符需为英文字母,第 2 个字符可由英文字母或数字构成;或者标识符也可以只有一个字符,即由一个英文字母组成。请问合法的标识符数目最多有多少个?

【解】先考虑标识符由两个字符组成的情况:第 1 个字符为英文字母,则有 26 种可能,第 2 个字符为英文字母或数字,则有 26+10=36 种可能性。根据乘法原理,共有 26×36=936 种可能。

接下来考虑只有一个英文字母构成的标识符的情况,则只有 26 种可能。根据加法原理,合法的标识符总数可为 936+26=962 个。

2. 排列

设 S 为具有 n 个不同元素的 n 元集,从 S 中选取 r 个元素且考虑其顺序称为 "S 的一个 r 排列",不同排列的总数记为 P_n^r,有时也用 $P(n,r)$ 表示。如果 $r=n$,则称这个排列为 S 的全排列。从排列的定义可知,如果两个排列相同,不仅这两个排列的元素必须完全相同,而且排列的顺序也必须完全相同。有关排列的计算公式如下:

$$P_n^r=n(n-1)(n-2)\cdots(n-r+1)=\frac{n!}{(n-r)!}, \quad (r \leqslant n)$$

$P_n^n=n!=n(n-1)(n-2)\cdots 2 \cdot 1$ (规定:0!=1)

【例 2-12】在某数据通信编码体系中,假设只使用 A,B,C,D,E 进行编码。

(1) 有多少种不同的编码?

(2) 如果规定 A 不能作为第一个字符,有多少种不同的编码?

(3) 如果规定 A 必须排在中间,则有多少种不同的编码?

(4) 如果规定 A,B 必须相邻,则有多少种不同的编码?

(5) 如果规定 C,D 不相邻,则有多少种不同的编码?

(6) 如果规定 D, E 不能出现在首个字符和最后字符,则有多少种不同的编码?

(7) 如果规定 A 不能作为第一个字符,B 不能作为最后一个字符,则有多少种不同的编码?

【解】(1) 这是一个全排列的问题,共有 P_5^5=120 种编码。

(2) A 不能作为第一个字符,可以这样考虑,让 A 排在除第一个位置外的其他 4 个位置的任意地方,有 P_4^1 种排法;然后剩下的让其他 4 个字符排列,有 P_4^4 种排法,所以一共有 $P_4^1 \times P_4^4$=96 种编码。本小题还可以这样去解,A 不能作为第一个字符,那么,把 5 个字母排列的方法总数,减去 A 在第一个字符的情况,共有 $P_5^5 - P_4^4$=96 种编码。

(3) 由于 A 的位置已确定,其余 4 个字母可任意排列,有 P_4^4=24 种编码。

(4) 因为 A, B 必须相邻,可视 A, B 在一起(为一个元素)与其他 3 个字母进行排列,有 P_4^4 种排法,而 A, B 又有 P_2^2 种排法(即 AB 和 BA),因此,共有 $P_2^2 \times P_4^4$=48 种编码。

(5) 除 C, D 外的其余 3 个字母有 P_3^3 种排法,要使 C, D 不相邻,只有排在这 3 个字母的排列的空档位置,有 P_4^2 种排法,所以共有 $P_3^3 \times P_4^2$=72 种编码。本小题还可以通过总的排法减去相邻的排法来求解,即 $P_5^5 - P_2^2 \times P_4^4$=72 种编码。

(6) D, E 不能出现在首个字符和最后字符,则这两个位置可从其余 3 个字母中选 2 个字母来排,有 P_3^2 种排法,剩下的字母有 P_3^3 种排法,共有 $P_3^2 \times P_3^3$=36 种编码。

(7) A 作为第一个字符,有 P_4^4 种排法;B 作为最后一个字符,有 P_4^4 种排法。但两种情况都包含了"A 作为第一个字符,B 作为最后一个字符"的情况,有 P_3^3 种排法。因此,共有 $P_5^5 - 2 \times P_4^4 + P_3^3$=78 种编码。

3. 组合

设 S 为具有 n 个不同元素的 n 元集,从 S 中选取 r 个元素(不考虑其顺序)称为"S 的一个 r 组合",不同组合的总数记为 C_n^r,有时也用 $C(n,r)$ 或 $\binom{n}{r}$ 表示。

从排列和组合的定义可知,排列与元素的顺序有关,组合与顺序无关。如果两个组合中的元素完全相同,不管元素的顺序如何,都是相同的组合;只有当两个组合中的元素不完全相同时,才是不同的组合。有关组合的计算公式如下:

$$C_n^r = \frac{P_n^r}{r!} = \frac{n!}{(n-r)!r!}, \quad (r \leq n)$$

$$C_n^r = C_n^{n-r}, \quad (r \leq n) \quad (规定\ C_n^0 = 1,\ 显然\ C_n^n = 1)$$

$$C_{n+1}^r = C_n^r + C_n^{r-1}, \quad (r \leq n)$$

$$C_n^0 + C_n^1 + \cdots + C_n^n = 2^n$$

【例 2-13】在信息系统监理中,检验产品质量时,通常是进行抽样检查,也就是从产品中抽出一部分进行检验。现从 100 件产品中任意抽出 3 件：

（1）共有多少种不同的抽法？

（2）如果 100 件产品中有 2 件次品，抽出的 3 件中恰好 1 件是次品的抽法有多少种？

（3）如果 100 件产品中有 2 件次品，抽出的 3 件中至少有 1 件是次品的抽法有多少种？

【解】（1）共有 $C_{100}^3 = \dfrac{100 \times 99 \times 98}{3 \times 2 \times 1} = 161\,700$ 种。

（2）从 2 件次品中抽出 1 件次品的抽法有 C_2^1 种，从 98 件合格产品中抽出 2 件合格品的抽法有 C_{98}^2 种。因此，抽出的 3 件产品中恰好有 1 件是次品的抽法的种数是 $C_2^1 \times C_{98}^2 = 2 \times 4753 = 9506$ 种。

（3）从 100 件产品中抽出 3 件，共有 C_{100}^3 种抽法，其中抽出的 3 件都是合格品的抽法有 C_{98}^3 种。因此，抽出的 3 件产品中至少有 1 件是次品的抽法的种数有 $C_{100}^3 - C_{98}^3 = 161\,700 - 152\,096 = 9604$ 种。本小题的求解过程也可以这么来考虑，从 100 件产品中抽出 1 件是次品的抽法有 $C_2^1 \times C_{98}^2$ 种，而抽出的 3 件产品中有 2 件次品的情况也可推出其抽法有 $C_2^2 \times C_{98}^1$ 种，因此，至少有 1 件是次品的抽法共有 $C_2^1 \times C_{98}^2 + C_2^2 \times C_{98}^1 = 9506 + 98 = 9604$ 种。

2.9.2 抽屉原理和容斥原理

抽屉原理又称鸽巢原理，它是组合数学的一个基本原理，最先是由德国数学家狄利克雷（Dirichlet）明确地提出来的，因此，也称为狄利克雷原理。13 个人中至少有 2 个人是在同一个月过生日；把 10 个程序员安排到 3 个项目组中，则至少有一个项目组中有 4 个程序员。这些都是抽屉原理在生活和工作中的简单应用。

在计数时，必须注意无一重复，无一遗漏。为了使重叠部分不被重复计算，人们研究出一种新的计数方法，这种方法的基本思想是：先不考虑重叠的情况，把包含于某内容中的所有对象的数目先计算出来，然后再把计数时重复计算的数目排除出去，使得计算的结果既无遗漏又无重复，这种计数的方法称为容斥原理。

1．抽屉原理

抽屉原理有多种不同形式的定义：

（1）简单形式：若 $n+1$ 个物体被放进 n 个抽屉中，则至少有一个抽屉中有 2 个或 2 个以上的物体。

（2）推广形式：设 k 和 n 都是任意的正整数。若至少有 $k \times n+1$ 个物体被放进 n 个抽屉中，则至少有一个抽屉中有至少 $k+1$ 个物体。

（3）强形式：设有 $p_1+p_2+\cdots+p_n-n+1$ 个物体，有标号分别为 1，2，…，n 的抽屉，则存在至少一个标号为 j 的抽屉至少有 p_j 个物体，$j=1$，2，…，n。

根据抽屉原理的定义，可以得出一些基本的结论：

（1）若 m 个物体被放进 n 个抽屉中，则至少有一个抽屉中有不少于 $\left\lfloor \dfrac{m-1}{n} \right\rfloor + 1$ 个物体。

（2）若 $n \times (m-1)+1$ 个物体被放进 n 个抽屉，则至少有一个抽屉中有 m 个物体。

应用抽屉原理解题的步骤如下：

（1）分析题意。分清什么是"物体"，什么是"抽屉"。

（2）制造抽屉。这是关键的一步，根据题目条件和结论，结合有关的数学知识，抓住最基本的数量关系，设计和确定解决问题所需的抽屉及其个数，为使用抽屉铺平道路。

（3）运用抽屉原理。观察题目的假设条件，结合第（2）步，恰当应用各个原则或综合运用几个原则，以解决问题。

【例 2-14】 某公司的构件库中共有 3 类构件，分别是界面构件、算法构件、数据处理构件。该公司的测试部门共有 50 名测试人员，在构件测试的过程中，规定每个人至少测试 1 类构件，至多测试 2 类构件，问至少有几名测试人员所测试的构件种类是一致的？

【解】 根据题目条件，所有测试人员测试构件的配组方式共有 6 种，分别是{界面}、{算法}、{数据}、{界面, 算法}、{界面, 数据}、{算法, 数据}。用这 6 种配组方式制造 6 个抽屉，将 50 个测试人员看作是要放进抽屉的物体。根据抽屉原理的结论（1），这里 $n=6$，$m=50$，即至少有 9 名测试人员所测试的构件种类是完全一致的。

2. 容斥原理

在容斥原理中，要用到著名的德摩根（De Morgan）定理。因此，先介绍德摩根定理。

德摩根定理：设 $A_1, A_2, \cdots, A_n$ 是集合 U 的子集，则

（1）$\overline{A_1 \cup A_2 \cup \cdots \cup A_n} = \overline{A_1} \cap \overline{A_2} \cap \cdots \cap \overline{A_n}$

（2）$\overline{A_1 \cap A_2 \cap \cdots \cap A_n} = \overline{A_1} \cup \overline{A_2} \cup \cdots \cup \overline{A_n}$

容斥原理的两个基本公式如下：

（1）设 $A_1, A_2, \cdots, A_n$ 是有限集合，且都是集合 U 的子集，则

$$|A_1 \cup A_2 \cup \cdots \cup A_n| = \sum_{i=1}^{n}|A_i| - \sum_{i=1}^{n}\sum_{j>i}|A_i \cap A_j| + \sum_{i=1}^{n}\sum_{j>i}\sum_{k>j}|A_i \cap A_j \cap A_k| - \cdots + (-1)^{n-1}|A_1 \cap A_2 \cap \cdots \cap A_n|$$

（2）设 $A_1, A_2, \cdots, A_n$ 是有限集合，且都是集合 U 的子集，N 为集合 U 的元素个数，则

$$|\overline{A_1} \cap \overline{A_2} \cap \cdots \cap \overline{A_n}| = N - |A_1 \cup A_2 \cup \cdots \cup A_n| = N - \sum_{i=1}^{n}|A_i| + \sum_{i=1}^{n}\sum_{j>i}|A_i \cap A_j| - \sum_{i=1}^{n}\sum_{j>i}\sum_{k>j}|A_i \cap A_j \cap A_k| + \cdots + (-1)^n|A_1 \cap A_2 \cap \cdots \cap A_n|$$

显然，$|A \cup B| = |A| + |B| - |A \cap B|$，
$|A \cup B \cup C| = |A| + |B| + |C| - |A \cap B| - |A \cap C| - |B \cap C| + |A \cap B \cap C|$

【例 2-15】某企业有 350 个员工，张工在获取该企业电子商务系统的需求时，针对其中一个核心小模块设计了调查表，调查表中有 3 个选项（分别记为 M，P，C），并规定在这 3 个选项中可以多选。张工在收集调查表后发现，选择 M，P，C 的分别有 170，130 和 120 人；同时选择 M 和 P 的有 45 人，同时选择 M 和 C 的有 20 人，同时选择 P 和 C 的有 22 人；还有 3 人同时选择了 M，P，C。请问该调查表的反馈率是多少？

【解】调查问卷是一种典型的需求获取方法，要使用好该方法，首先要设计好调查表，对调查表的问题进行精心研究和设计，然后就是要提高调查表的反馈率。根据题意，可以得出如下一组基本数据：

$|M|=170$，$|P|=130$，$|C|=120$，$|M \cap P|=45$，$|M \cap C|=20$，$|P \cap C|=22$，$|M \cap P \cap C|=3$

根据容斥原理，$|M \cup P \cup C| = |M| + |P| + |C| - (|M \cap P| + |M \cap C| + |P \cap C|) + |M \cap P \cap C|$ = 170+130+120−45−20−22+3=336 人。也就是说，一共有 336 人反馈了调查表，因为该企业有 350 名员工，所以调查表的反馈率为(336/350)×100%=96%。

2.10 算法的选择与应用

简单地说，算法就是为解决某个问题而设计的步骤和方法。从程序设计的角度看，算法由有限条可以执行的、有确定结果的指令组成，这些指令正确地描述了要完成的任务和它们被执行的顺序。所谓"有限"，是指计算机按照算法顺序执行指令可以在有限步结束。当然，"结束"并不等于一定可以得到问题的解。实际上，在许多情况下，问题可能是无解的。

在程序设计中，算法可以体现设计者的个人特色。解决同一个问题，不同的人会有不同的算法，甚至同一个人也可能写出不同的算法，但算法有优劣之分。衡量算法优劣的标准有两个层次，其一是算法的正确性、可靠性和易理解性，其二为执行算法所需的时间和空间。后者也被称为算法的效率，算法的复杂性主要指的就是算法的效率。当然，执行时间最少、所需存储空间最小的算法，肯定是最优算法，但"鱼"与"熊掌"往往不可兼得。在实际工作中，可根据计算机速度与主存储器（通常简称为"内存"或"主存"）状况综合考虑，采用"以时间换空间"或"以空间换时间"的策略。

2.10.1 非数值算法

算法可以分为数值算法和非数值算法。数值算法用于解决一般数学解析方法难以解决的问题，例如，求超越方程的根、求定积分、解微分方程等；非数值算法用于对非数值信息进行查找、排序等。

1. 查找算法

查找是指根据给定的某个值,在表中(假设有 n 个记录)确定一关键字等于给定值的记录或数据元素,如果表中存在这样的记录,则称查找是成功的;如果表中不存在关键字等于给定值的记录,则称为查找不成功。

(1)顺序查找。从表中的第 1 个记录开始,逐个进行记录关键字与给定值的比较。这种方法比较简单,适用于任何表结构,其缺点是查找效率比较低。查找成功时,平均查找长度为 $(n+1)/2$;查找不成功时,平均查找长度为 $n+1$。

(2)折半查找。也称为二分法查找,首先确定待查记录所在的范围(区间),与中间元素进行比较,然后再逐步缩小范围直到找到或查找不到该记录为止。这种方法只适用于对有序表的查找,查找效率较高,平均查找长度为 $\log_2(n+1)-1$,查找成功时和给定值进行比较的关键字个数最多不超过 $\lfloor \log_2 n \rfloor +1$。

(3)分块查找。首先确定要查找的关键字所在的数据块号,一般可采用顺序查找或折半查找方法;然后再在已确定的数据块内进行顺序查找。在进行分块查找时,必须先将数据元素组织成索引表和顺序表,索引表按关键字排序,顺序表(表本身)分块排序。

(4)哈希(Hash)查找。通过计算数据元素的存储地址进行查找的一种方法,首先用给定的哈希函数构造哈希表,然后根据选择的冲突处理方法解决地址冲突,再在哈希表的基础上执行哈希查找。哈希查找的效率与装填因子有关,装填因子=哈希表中填入的记录数/哈希表的长度。装填因子越小,发生冲突的可能性也就越小,反之亦然。

2. 排序算法

排序是数据处理中经常使用的一种重要运算。设 $\{R_1,R_2,...,R_n\}$ 是由 n 个记录组成的序列,按照记录中某些数据项的值按递增或递减的次序,重新排列记录文件的过程,称为排序。排序中参照的数据项称为排序码。

由于待排序的记录数量不同,使得排序过程中涉及的存储器不同,可将排序方法分为两大类:一类是内部排序,指的是待排序记录存放在计算机随机存储器中进行的排序过程;另一类是外部排序,指的是待排序记录的数量很大,以致内存一次不能容纳全部记录,在排序过程中尚需对外存进行访问的排序过程。

(1)插入排序。每一步都将一个待排序记录按其排序码的大小插入到前面已排好序的序列的适当位置上,直到全部记录插完为止。如果在已排好序的序列中找插入位置时用顺序查找方法,则称为直接插入排序;如果在已排好序的序列中找插入位置时用折半查找方法,则称为折半插入排序。直接插入排序的比较次数为 $O(n^2)$,移动次数也为 $O(n^2)$,平均时间复杂度和最坏情况下的时间复杂度均为 $O(n^2)$;折半插入排序的比较次数为 $O(n\log_2 n)$,移动次数仍为 $O(n^2)$,平均时间复杂度和最坏情况下的时间复杂度均为 $O(n^2)$。

(2)简单选择排序。反复从还未排好序的记录中选出排序码最小(或最大)的记录,顺序地放在已排序的记录序列的最后,直到全部排完。选择排序的比较次数为 $O(n^2)$,移动次数也为 $O(n^2)$,平均时间复杂度和最坏情况下的时间复杂度均为 $O(n^2)$。

(3)冒泡排序。将待排序的记录顺次两两比较,若为逆序则进行交换。将序列照此方法从头到尾处理一遍,称作一趟冒泡。一趟冒泡的效果是将排序码最大(或最小)的记录交换到了最后的位置,即该记录的排序最终位置。若某一趟冒泡过程中没有发生任何交换,则排序过程结束。冒泡排序的比较次数为 $O(n^2)$,移动次数也为 $O(n^2)$,平均时间复杂度和最坏情况下的时间复杂度均为 $O(n^2)$。

(4)快速排序。又称为分区交换排序,是对冒泡排序的一种改进。其基本方法是:在待排序序列中任取一个记录,以它为基准用交换的办法将所有的记录分成两部分,排序码比它小的在一个部分,排序码比它大的在另一个部分。再分别对两个部分实施上述过程,一直重复到排序完成。快速排序的平均时间复杂度为 $O(n\log_2 n)$,在最坏情况下的时间复杂度同为 $O(n^2)$。

(5)希尔排序。又称为缩小步长法,是对插入排序的一种改进。使用插入排序法,如果原来的顺序好,排序效率就高。但在插入排序中,每插入一个记录,有序序列的长度仅增加 1,且对插入下一个记录没有提供任何帮助。希尔排序法的基本思路是,将插入排序按某种规则分为若干趟进行,使后一趟的插入排序可以充分利用前一趟的排序结果。希尔排序的分析是一个复杂的问题,因为它的时间是所取增量序列的函数,这涉及一些数学上尚未解决的问题。

(6)堆排序。堆排序是一种树形选择排序,是对选择排序的有效改进。所谓堆,就是一个数值序列 $(k_1, k_2, \cdots, k_n)$,它具有如下特性:

$$\begin{cases} k_i \leqslant k_{2i} \\ k_i \leqslant k_{2i+1} \end{cases}, \text{或者} \begin{cases} k_i \geqslant k_{2i} \\ k_i \geqslant k_{2i+1} \end{cases} \quad (i = 1, 2, \cdots, \lfloor \frac{n}{2} \rfloor)$$

如果把堆看作是一棵完全二叉树节点的层次序列,则此完全二叉树任一结点的值都小于或等于它的两个子结点的值。显然,具有此特性的完全二叉树的任何一棵子树都对应一个堆。堆排序的基本思想是:对一组待排序的记录,首先将其排序码按堆的定义排成一个序列(称为建堆),这就找到了排序码最小(最大)的记录。将此记录取出,用其余的记录再建堆,便得到排序码次最小(次最大)的记录。如此反复进行,直到将全部记录排好序为止。堆排序平均时间复杂度和最坏情况下的时间复杂度均为 $O(n\log_2 n)$。

(7)归并排序。归并排序是指将两个或两个以上的有序子序列合并成一个新的有序序列的过程。其基本思想是:归并时只要比较各子序列的第一个记录的排序码,最小的一个就是排序后的第一个记录。取出这个记录,继续比较各子序列的第一个记录,便可找出排序后的第二个记录。如此继续下去,只要经过一遍扫描,就得结果。归并排序平均时间复杂度和最坏情况下的时间复杂度均为 $O(n\log_2 n)$。

(8)外排序。排序过程中,内存只存储文件的一部分记录,整个排序过程需进行多次内外存间的交换。外排序多使用归并排序法，一般分两步进行。第一步，建立外排序所用的内存缓冲区，并根据其大小将输入文件划分为若干段，用某种有效的内排序方法，对各段进行排序。这些经过排序的段叫做初始归并段，当它们生成后就被写到外存中去；第二步，对第一步形成的归并段用某种归并方法进行一趟趟的归并，使文件中的有序段越来越长，直到整个文件成为一个有序段为止。

2.10.2 数值算法

数值计算的过程首先需要建立科研和工程设计中所提出的实际问题的数学模型，再用数值方法来求解相应数学问题，并以某种计算机能理解的语言来描述相应算法，上机运算并求出计算结果，最后还要验证结果的正确性。

数值计算方法是研究运用计算机去求解各种数学问题的算法及相关问题，它已经成为当今数学科学的重要内容和组成部分，称为计算数学。计算数学的学习不同于一般的理论数学，需要借助计算工具，复杂的、运算量较大的问题还得借助于计算机求解。

1. 误差分析

从求解实际问题到最后得出解答是一个逐步近似的过程。每一步都可能，甚至必然产生误差，因此，有必要对求解过程可能产生的误差进行分析，并在分析中对解的正确性进行估计和判断。

（1）模型误差。用数学方法解决一个具体的实际问题，首先要建立数学模型，这就要对实际问题进行抽象、简化，因而数学模型本身总含有误差，这种误差叫做模型误差。

（2）观测误差。在数学模型中通常包含各种各样的参变量，如温度、长度、电压等，这些参数往往都是通过观测得到的，因此也带来了误差，这种误差叫做观测误差。

（3）截断误差。当数学模型不能得到精确解时，通常要建立一套行之有效的数值方法求它的近似解，近似解与准确解之间的误差就称为截断误差或方法误差。

（4）舍入误差。由于在计算机中浮点数只能表示实数的近似值，因此，用计算机进行实际计算时每一步都可能有误差，这种误差称为舍入误差。

（5）过失误差。由于人为的原因所造成的误差。例如，抄写公式出错、程序编制出错、输入错误等。

（6）绝对误差。设 x^* 为准确值 x 的一个近似值，则 $x-x^*$ 称为绝对误差。通常无法知道准确值，也不能算出误差的准确值，只能根据测量或计算估计出误差的绝对值不超过某个正数 a，则称 a 为绝对误差限。有了绝对误差限，就可知道 x 的范围，即落在 $[x-a, x+a]$ 区间内。

（7）相对误差。绝对误差是误差度量的一种标准，但不能完全刻画出近似数的精确程度。例如，甲程序员每百行代码出现 1 个错误，乙程序员每千行代码出现 1 个错误，他们的错误都是 1 个，但显然乙要准确些。通常，把绝对误差与准确值的比值 $(x-x^*)/x$ 称为相对误差。相对误差可正可负，它的绝对值的上界叫做相对误差限。

2．穷举搜索法

穷举搜索法也称为逐一验证法，是对可能是解的众多候选解按某种顺序逐一枚举和检验，从而找出那些符合要求的候选解。穷举搜索法简单易行，当变量个数不多且每个变量取值个数也不多的情况下，使用这种方法是非常有效的。对于复杂问题，如果找不到更好的算法，计算机的速度和容量又允许，也可以使用穷举搜索法。

穷举搜索法的要点在于"穷举"，即必须列出所有可能的候选解，并用逻辑表达式表达清楚，特别应注意边界条件和组合条件。当候选解可能取无限个值时，不能使用穷举搜索法。当候选解取值虽为有限但取值空间非常大时，虽然从理论上也可以用穷举搜索法，但考虑到计算机硬件条件的限制，可能不得不将方法优化或采用别的办法。

在实际工作中，有些问题的候选解空间虽为无限，但允许一定误差，在没有其他更好办法的情况下，也可采用化"无限"为"有限"的办法，使用穷举搜索法找出最近似的解。例如，某个问题的解空间为[0，1]，如果允许的解误差为 0.01%，则无限解空间[0，1]就变成了有限解空间 {0.0000，0.0001，0.0002，…，0.9999，1.0000}，这时，就可以使用穷举搜索法。

3．迭代法

迭代法是用于求方程或方程组近似根的一种常用算法。其基本思想是：从某个点出发，通过某种方式求出下一个点，此点应该离方程（组）的解更近一步，当两者之差接近到可以接受的精度范围时，就认为找到了问题的解。迭代法又分为精确迭代和近似迭代，二分法和牛顿迭代法都属于近似迭代法。

迭代算法是用计算机解决问题的一种基本方法。它利用计算机运算速度快、适合做重复性操作的特点，让计算机对一组指令（或一定步骤）进行重复执行，在每次执行这组指令（或这些步骤）时，都从变量的原值推出它的一个新值。利用迭代算法解决问题，需要做好以下三个方面的工作：确定迭代变量、建立迭代关系式、对迭代过程进行控制。

4．递推法

递推法是利用问题本身所具有的一种递推关系求解问题的一种方法。递推法的关键是找出递推关系式，并确定初值。递推法是一种简单有效的方法，一般用此方法编写的程序执行效率很高。递推算法分为顺推和逆推两种。顺推法是从已知条件出发，逐步推算出要解决的问题；逆推法从已知问题的结果出发，用迭代表达式逐步推算出问题开始的条件，即顺推法的逆过程。

与递归法相比，递推法免除了数据进栈和出栈的过程。也就是说，不需要函数不断地向边界值靠拢，而直接从边界出发，直到求出函数值。由此可见，递推的效率要高一些，在可能的情况下应尽量使用递推。

5．递归法

递归法可以看作是递推法的扩展和延伸。用递归法写出的程序简单易懂，但与递推法相比，往往效率不高，因为每一次递归函数调用都要压栈占用内存，而计算机的内存是有限的。与递推法一样，递归法的关键是找出递归关系式，并确定初值。应当注意，递归关系式并不一定是一个数学表达式，也可以用自然语言或形式语言描述，只要将递归关系表达清楚即可。初值也不一定是数值，它只是代表一种已知的或容易确定的基本元素，有时甚至代表一种已知的算法。

程序设计中的递归分为定义递归和过程递归。定义递归是指在数据结构或函数的定义中使用了递归；过程递归是指在程序执行过程中使用了递归。程序执行过程中有时只在满足某种条件的情况下才能执行递归，这种递归被称为有条件递归；有些递归并不以直接的形式表现出来，而是通过"第二者"、"第三者"（另外的数据结构或函数）以间接形式表现出来，这种递归称为间接递归。

设计递归时要注意，应确保每次递归后都朝既定目标更近了一步，而且经过有限步就能达到目标。考虑到计算机的速度和容量，这有限步的步数也要根据实际情况加以限制。

6. 分治法

分治法的基本思想是"分而治之"，就是把一个复杂的问题分成两个或更多的相同或相似的子问题，再把子问题分成更小的子问题，……，直到最后子问题可以简单地直接求解，原问题的解即子问题解的合并。这个技巧是很多高效算法的基础，例如，快速排序、归并排序、傅立叶变换等都使用了这个方法。

分治法需要把大问题分解成许多小问题，而小问题若仍不够小还得不到解时，需要再分解成更小的问题，因此，分治法经常需要与递归法结合使用。

分治法所能解决的问题一般具有几个特征：

（1）该问题的规模缩小到一定的程度就可以容易地解决；

（2）该问题可以分解为若干个规模较小的相同问题，即该问题具有最优子结构性质；

（3）利用该问题分解出的子问题的解可以合并为该问题的解；

（4）该问题所分解出的各个子问题是相互独立的，即子问题之间不包含公共的子子问题。

第一条特征是绝大多数问题都可以满足的，因为问题的计算复杂性一般是随着问题规模的增加而增加；第二条特征是应用分治法的前提，它也是大多数问题可以满足的，此特征反映了递归思想的应用；第三条特征是关键，能否利用分治法完全取决于问题是否具有第三条特征，如果具备了第一条和第二条特征，而不具备第三条特征，则可以考虑用贪心法或动态规划法；第四条特征涉及到分治法的效率，如果各子问题是不独立的，则分治法要做许多不必要的工作，重复地解公共的子子问题，此时虽然可用分治法，但一般用动态规划法更好。

分治法在每一层递归上都有3个步骤：

（1）分解：将原问题分解为若干个规模较小、相互独立、与原问题形式相同的子问题；

（2）解决：若子问题规模较小而容易被解决则直接解，否则，递归地解各个子问题；
（3）合并：将各个子问题的解合并为原问题的解。

7．回溯法

回溯法又称为试探法，基本思路是：在用某种方法找出解的过程中，若中间项结果满足所解问题的条件，则一直沿这个方向搜索下去，直到无路可走或无结果，则开始回溯，改变其前一项的方向（或值）继续搜索。若其上一项的方向（或值）都已经测试过，还无路可走或无结果，则再继续回溯到更前一项，改变其方向（或值）继续搜索。若找到了一个符合条件的解，则停止或输出这个结果；否则，继续回溯下去，直到回溯到问题的开始处（不能再回溯），此时已经找到了全部的解。如果仍没有找到符合条件的解，则表示此问题无解。

用回溯法求解问题的一般步骤如下：
（1）针对所给问题，定义问题的解空间；
（2）确定易于搜索的解空间结构；
（3）以深度优先方式搜索解空间，并在搜索过程中用剪枝函数避免无效搜索。

8．贪心法

贪心法是一种不追求最优解，只希望得到较为满意解的方法。贪心法一般可以快速得到满意的解，因为它省去了为找最优解要穷尽所有可能而必须耗费的大量时间。贪心法常以当前情况为基础作最优选择，而不考虑各种可能的整体情况，所以，贪心法不要回溯。

贪心法与动态规划法的不同之处在于，它对每个子问题的解决方案都做出选择，不能回溯。动态规划法则会保存以前的运算结果，并根据以前的结果对当前进行选择，有回溯功能。

贪心法在有最优子结构的问题中尤为有效。最优子结构的意思是局部最优解能决定全局最优解。简单地说，问题能够分解成子问题来解决，子问题的最优解能递推到最终问题的最优解。贪心法可以解决一些最优性问题，例如，求图中的最小生成树、哈夫曼编码等。对于计算机内存管理、磁盘管理或作业管理，有时为了减少计算量，也采用贪心法。一旦一个问题可以通过贪心法来解决，那么贪心法一般是解决这个问题的最好办法。由于贪心法的高效性，以及它所求得的解比较接近最优结果，因此，贪心法也可以用作辅助算法，或者直接解决一些要求结果不特别精确的问题。

使用贪心法求解问题的一般步骤如下：
（1）从问题的某个初始解出发；
（2）采用循环语句，当可以向求解目标前进一步时，就根据局部最优策略，得到一个部分解，缩小问题的范围和规模；
（3）将所有部分解综合起来，得到问题最终解。

9. 动态规划法

某些复杂问题不能简单分解成几个小问题,然后在小问题解的基础上简单综合得到问题的解,这样费时费力,重复度高,问题求解耗时会按问题规模呈幂级数增加。动态规划法的基本思想是:引入一个数组,把所有子问题的解存在其中,问题的最后解将从这个序列中得到,往往是选取概率最大的、得分最高的子问题的解综合得到问题的最后解。

动态规划法是系统分析中的一种常用方法,是解决多阶段决策过程问题的一种最优化方法。所谓多阶段决策过程,就是把研究问题分成若干个相互联系的阶段,每个阶段都作出决策,从而使整个过程达到最优化。许多实际问题利用动态规划法处理,常比线性规划法更为有效,特别是对于那些离散型问题。

动态规划的实质是分治思想和解决冗余,因此,动态规划是一种将问题实例分解为更小的、相似的子问题,并存储子问题的解而避免计算重复的子问题,以解决最优化问题的算法策略。由此可知,动态规划法与分治法和贪心法类似,它们都是将问题实例归纳为更小的、相似的子问题,并通过求解子问题产生一个全局最优解。其中贪心法的当前选择可能要依赖已经作出的所有选择,但不依赖于有待于做出的选择和子问题。因此,贪心法自顶向下,一步一步地作出贪心选择;而分治法中的各个子问题是独立的(即不包含公共的子子问题),因此,一旦递归地求出各子问题的解后,便可自下而上地将子问题的解合并成问题的解。但不足的是,如果当前选择可能要依赖子问题的解时,则难以通过局部的贪心策略达到全局最优解;如果各子问题是不独立的,则分治法要做许多不必要的工作,重复地解公共的子问题。

设计一个标准的动态规划算法,通常可按以下两个步骤进行:

(1) 划分阶段:按照问题的时间或空间特征,把问题分为若干个阶段。这若干个阶段一定要是有序的或者是可排序的(即无后向性),否则问题就无法用动态规划法求解。

(2) 选择状态:将问题发展到各个阶段时所处于的各种客观情况用不同的状态表示出来。状态的选择要满足无后效性,即无论当前取哪个解,对后面的子问题都没有影响。

10. 随机模拟

模拟又称为仿真,它的基本思想是:构造一个试验模型,这个模型与待研究系统的主要性能十分近似。模拟是一种定量过程,先为过程设计一个模型,然后再组织一系列的反复试验,以预测该过程全部时间里所发生的情况。

在下列情况下,可以使用模拟:

(1) 由于难以观察到实际环境,模拟可能是唯一可以利用的方法。

(2) 不可能求出一个数学解。

(3) 实际观察一个系统的成本可能太高。

(4) 不可能有足够的时间来广泛地操作该系统。

(5) 对一个系统的观察可能破坏性太大。

系统模拟过程是建立模型并通过模型的运行,对模型进行检验和修正,使模型不断趋于完善的过程。进行模拟的步骤包括确定问题、收集资料、制订模型、建立模型的计算程序、鉴定和证实模型、设计模型试验、进行模拟操作和分析模拟结果。

模拟的作用主要体现在以下几个方面：

（1）能对高度复杂的内部交互作用的系统进行研究和试验。

（2）能设想各种不同方案，观察这些方案对系统的结构和行为的影响。

（3）能反映变量间的相互关系，说明哪些变量更重要，如何影响其他变量和整个系统。

（4）能研究不同时期相互间的动态联系，反映系统行为随时间变化而变化的情况。

（5）能检验模型的假设，改进模型的结构。

模拟的局限性主要表现在以下几个方面：

（1）模拟是不精确的。它选择的方案，可能遗漏掉最优方案。另外，模拟能产生一种估算答案的方法，但不能得出答案本身。

（2）并非所有的问题都可用模拟的方法来估算。它的运用范围只限于能考察的情况，一旦出现不能模拟的特殊情况时，就会发生困难。

（3）当模拟的规模很大时，较难取得资料和模拟细节。

（4）一个良好的模型成本高、费时间，工作复杂。

2.11 运筹方法

运筹学是近代应用数学的一个分支，主要是将生产、管理等事件中出现的一些带有普遍性的运筹问题加以提炼，然后利用数学方法进行解决。前者提供模型，后者提供理论和方法。运筹学可以根据问题的要求，通过数学上的分析、运算，得出各种各样的结果，最后提出综合性的合理安排，以达到最好的效果。

运筹学作为一门用来解决实际问题的学科，在处理千差万别的各种问题时，一般有以下几个步骤：确定目标、制订方案、建立模型、制订解法。

2.11.1 网络计划技术

用网络分析的方法编制的计划称为网络计划，它是一种编制大型工程项目进度计划的有效方法。计划借助于网络表示各项工作与所需要的时间，以及各项工作的相互关系。通过网络分析研究工程费用与工期的关系，并找出在编制计划及计划执行过程中的关键路径，这种方法称为关键路径法（Critical Path Method，CPM）。还有一种方法，也是应用网络分析方法与网络计划，但它注重于对各项工作安排的评价和审查，这种方法称为计划评审技术（Program Evaluation and Review Technique，PERT）。

1. 关键路径

在现代管理中，人们常用有向图来描述和分析一项工程的计划和实施过程，一项工程常被分为多个小的子工程,这些子工程被称为活动。在有向图中,若以顶点表示活动,弧表示活动之间的先后关系,这样的图简称为 AOV(Activity On Vertex)网;若以顶点表示事件,弧表示活动,权表示完成该活动所需的时间(称为活动历时或持续时间),这样的图称为 AOE(Activity On Edge)网。例如,图 2-13 表示一个具有 10 个活动的某个工程的 AOE 网。图中有 7 个顶点,分别表示事件 1~7,其中 1 表示工程开始状态,7 表示工程结束状态。

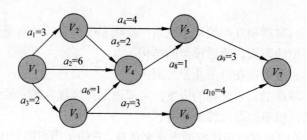

图 2-13 AOE 网络的例子

因 AOE 网中的某些活动可以并行地进行,所以完成工程的最少时间是从开始顶点到结束顶点的最长路径长度,称从开始顶点到结束顶点的最长路径为关键路径(临界路径),关键路径上的活动为关键活动。

为了找出给定的 AOE 网络的关键活动,从而找出关键路径,先定义几个重要的量:

(1)$V_e(j)$、$V_l(j)$:顶点 j 事件最早、最迟发生时间。

(2)$e(i)$、$l(i)$:活动 i 最早、最迟开始时间。

从源点 V_1 到某顶点 V_j 的最长路径长度,称为事件 V_j 的最早发生时间,记作 $V_e(j)$。$V_e(j)$ 也是以 V_j 为起点的出边 $<V_j,V_k>$ 所表示的活动 a_i 的最早开始时间 $e(i)$。

在不推迟整个工程完成的前提下,一个事件 V_j 允许的最迟发生时间,记作 $V_l(j)$。显然,$l(i)=V_l(j)-(a_i$ 所需时间),其中 j 为 a_i 活动的终点。满足条件 $l(i)=e(i)$ 的活动为关键活动,关键活动所组成的路径称为关键路径。

求顶点 V_j 的 $V_e(j)$ 和 $V_l(j)$ 可按以下两步来做:

(1)由源点开始向汇点递推

$$\begin{cases} V_e(1) = 0 \\ V_e(j) = \text{Max}\{V_e(i) + d(i,j)\}, <V_i, V_j> \in E_1, 2 \leqslant j \leqslant n \end{cases}$$

其中,E_1 是网络中以 V_j 为终点的入边集合。

(2)由终点(汇点)开始向源点递推

$$\begin{cases} V_l(n) = V_e(n) \\ V_l(j) = \text{Min}\{V_l(k) - d(j,k)\}, <V_j, V_k> \in E_2, 2 \leqslant j \leqslant n-1 \end{cases}$$

其中,E_2 是网络中以 V_j 为起点的出边集合。

要求一个 AOE 网的关键路径,一般需要根据以上变量列出一张表格,逐个检查。例如,求图 2-13 所示的 AOE 网的关键路径的表格如表 2-6 所示。

表 2-6 求关键路径的过程

V_j	$V_e(j)$	$V_l(j)$	a_i	$e(i)$	$l(i)$	$l(i)-e(i)$
V_1	0	0	$a_1(3)$	0	0	0
V_2	3	3	$a_2(6)$	0	0	0
V_3	2	3	$a_3(2)$	0	1	1
V_4	6	6	$a_4(4)$	3	3	0
V_5	7	7	$a_5(2)$	3	4	1
V_6	5	6	$a_6(1)$	2	5	3
V_7	10	10	$a_7(3)$	2	3	1
			$a_8(1)$	6	6	0
			$a_9(3)$	7	7	0
			$a_{10}(4)$	5	6	1

因此,图 2-13 的关键活动为 a_1,a_2,a_4,a_8 和 a_9,其对应的关键路径有两条,分别为 $V_1 \to V_2 \to V_5 \to V_7$ 和 $V_1 \to V_4 \to V_5 \to V_7$,长度都是 10。

2.网络优化

在得到了关键路径后,就相当于得到了项目的计算工期,得到了一个初始的计划方案。但通常还要对初始方案进行调整和完善。根据计划的要求,综合考虑进度、资源、费用等目标,即进行网络优化,确定最优的计划方案。

(1)时间优化。根据对计划进度的要求,缩短工程完成时间。既可以采取技术措施,缩短工程完工时间,也可以采取组织措施,充分利用非关键活动的总时差(最迟开始时间–最早开始时间),合理调配技术力量及人、财、物等资源,缩短关键活动的持续时间。还可以通过改变工作之间的逻辑关系,采用并行的方式来缩短工期。

(2)时间-资源优化。在编制网络计划、安排工程进度的同时,就要考虑尽量合理地利用现有资源,并缩短工程周期。但是,由于一项工程所包含的活动繁多,涉及到的资源利用情况比较复杂,往往不可能在编制网络计划时,一次性把进度和资源利用都能够作出统筹合理的安排,而是需要进行几次综合平衡之后,才能得到在时间进度及资源利用等方面都比较合理的计划方案。具体的要求和做法是:优先安排关键活动所需要的资源;利用非关键活动的总时差,错开各活动的开始时间,拉平资源需要量的高峰;在确实受到资源限制,或者在考虑综合经济效益的条件下,也可以适当地推迟工程完工时间。

(3)时间-费用优化。在编制网络计划过程中,研究如何使得工程完工时间短、费用少;或者在保证既定工程完工时间的条件下,所需要的费用最少;或者在限制费用的条件下,工程完工时间最短。这就是时间-费用优化所要研究和解决的问题。为完成一项工程,所需要的费用可分为直接费用和间接费用。同时,项目有不可压缩的最短时间,也称为极限时间,它是指为了缩短各活动的持续时间而采取一切可能的技术和组织措施后,可能达到的最短的工作时间和完成项目的最短时间。在进行时间-费用优化时,需要计算活动的直接费用变动率(简称为直接费用率):

直接费用率 =(极限时间的活动直接费用–正常时间的活动直接费用)/(正常时间–极限时间)。

3. 综合实例

下面通过一个综合实例,帮助读者理解本节的知识。

【例2-16】 假设某信息系统开发工程合同工期为25个月,承建单位编制的网络计划图如图2-14所示。

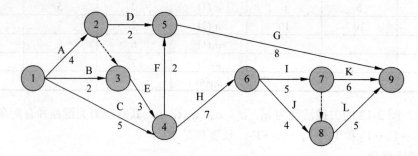

图2-14 某工程网络计划图

(1)该网络计划能否满足合同工期要求?为确保工程按期完工,哪些工作应作为重点对象?

(2)当该计划执行7个月后,经监理工程师检查发现,工作C和D已完成,而E将拖后2个月。当计划执行到第7个月后,工作E的实际进度是否影响总工期?如果实际进度确定影响到总工期,为保证总工期不延长对原进度计划的调整方案有哪些?

(3)如果承建单位提出采用压缩某些工作持续时间,对原计划进行调整以保证工期不延长,各工作的直接费用率及极限时间如表2-7所示。在不改变各工作逻辑关系的前提下,原进度计划的最优调整方案是什么?此时直接费用将增加多少万元?

表2-7 直接费用率与极限时间

工程过程	F	G	H	I	J	K	L
直接费用率	-	10.0	6.0	4.5	3.5	4.0	4.5
极限时间(月)	2	6	5	3	1	4	3

【解】 一般利用所给出的图形找出关键路径和计算工期,从而确定重点工作。

(1)在图2-14中,有2条虚线弧,它表示虚活动,即不需要任何资源(时间、费用等),只表示逻辑关系的活动。从图2-14中可以看出,关键路径为A→E→H→I→K,长度为25,也就是说,项目的计算工期为25个月,正好等于合同工期,因此,该网络计划能满足合同工期要求。为了确保工程按期完工，A，E，H，I，K 工作应作为重点控制对象，因为它们为关键工作。

（2）分析拖延工作是否在关键路径上，拖延的时间是否超过工作的总时差来衡量与判断是否影响工期。因为工作 E 为关键工作，其总时差为 0。所以，E 拖延 2 个月将影响总工期 2 个月。由于工作 E 拖延了两个月，使总工期延长了 2 个月，为了保证总工期不延长，对原计划的调整方法有两种，一是改变某些工作之间的逻辑关系，二是缩短某些工作的持续时间。

（3）要调整计划，使之不延长时间，则需要调整关键路径上的工作，即 A，E，H，I，K。但题目已经告诉我们，是从第 7 个月开始，这时 A 已经完成了。因此，只能选择 E，H，I，K。从表 2-7 中可以看出，E 是不可以压缩的。所以，只能压缩 H，I，K。

再看表 2-7，压缩直接费用率最小的为工作 K，K 原计划时间为 6 个月，极限时间为 4 个月，可以压缩 2 个月，正好可以满足要求。但是要注意，如果 K 压缩 2 个月，则会引起关键路径的变化。图 2-15 是 K 压缩 1 个月后的计划图。

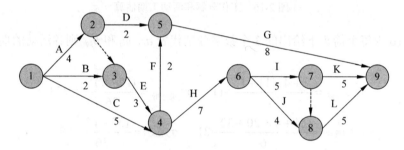

图 2-15　K 压缩 1 个月后网络计划图

从图 2-15 中可以看出，这时关键路径有 2 条，分别是 A→E→H→I→K 和 A→E→H→I→L。因此，需要把 I 压缩 1 个月，费用为 4.5 万元。

综上所述，应该压缩 K，I 各 1 个月，增加费用为 4.0+4.5=8.5 万元。

4．计划评审技术

PERT 的理论基础是假设项目持续时间和整个项目完成时间是随机的，且服从某种概率分布。PERT 可以估算整个项目在某段时间内完成的概率。由于 PERT 和 CPM 在项目的进度计划中应用非常广，因此，下面将通过一个项目实例对此技术加以介绍。

PERT 对项目各个活动的完成时间按三种不同情况进行估算：

（1）乐观时间：在任何事情都很顺利的情况下，完成某项工作的时间。

（2）最可能时间：在正常情况下，完成某项工作的时间。

（3）悲观时间：在最不利的情况下，完成某项工作的时间。

PERT 认为以上 3 个估算值服从 β 分布，因此，可算出每个活动的期望 t_i：

$$t_i = \frac{a_i + 4m_i + b_i}{6}$$

其中，a_i 表示第 i 项活动的乐观时间，m_i 表示第 i 项活动的最可能时间，b_i 表示第 i 项活动的悲观时间。通常把这种估算方法称为三点估算法。

根据 β 分布的方差计算方法，第 i 项活动的持续时间方差为：

$$\sigma_i^2 = \frac{(b_i - a_i)^2}{36}$$

例如，某 IT 在线教育平台系统的建设可分解为需求分析、设计编码、测试、安装部署等 4 个活动，各个活动顺次进行，没有时间上的重叠，活动的完成时间估算如图 2-16 所示。

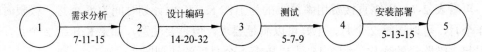

图 2-16　工作分解和活动工期估算

图 2-16 中每个箭头下给出的 3 个数字分别代表 a_i、m_i 和 b_i。则各活动的期望工期和方差为：

$$t_{需求分析} = \frac{7 + 4 \times 11 + 15}{6} = 11 \quad \sigma_{需求分析}^2 = \frac{(15 - 7)^2}{36} = 1.778$$

$$t_{设置编码} = \frac{14 + 4 \times 20 + 32}{6} = 21 \quad \sigma_{设置编码}^2 = \frac{(32 - 14)^2}{36} = 9$$

$$t_{测试} = \frac{5 + 4 \times 7 + 9}{6} = 7 \quad \sigma_{测试}^2 = \frac{(9 - 5)^2}{36} = 0.445$$

$$t_{安装布署} = \frac{5 + 4 \times 13 + 15}{6} = 12 \quad \sigma_{安装布署}^2 = \left(\frac{15 - 5}{6}\right)^2 = 2.778$$

$$T = \sum t_i = 11 + 21 + 7 + 12 = 51$$

PERT 认为整个项目的完成时间是各个活动完成时间之和，且服从正态分布。整个项目完成时间 t 的数学期望 T 和方差 σ^2 分别等于：

$$\sigma^2 = \sum \sigma_i^2 = 1.778 + 9 + 0.445 + 2.778 = 14.001$$

标准差为：

$$\sigma = \sqrt{\sigma^2} = \sqrt{14.001} = 3.742$$

据此，可以得出正态分布曲线，如图 2-17 所示。因为图 2-17 是正态曲线，根据正态分布规律，在 $\pm\sigma$ 范围内，即在 47.258～54.742 天之间完成的概率为 68.26%；在 $\pm2\sigma$ 范围内，即在 43.561～58.484 天完成的概率为 95.43%；在 $\pm3\sigma$ 范围内，即 39.774～62.226 天完成的概率为 99.73%。如果客户要求在 39 天内完成，则可完成的概率几乎为 0，也就是说，项目有不可压缩的最小周期，这是客观规律。

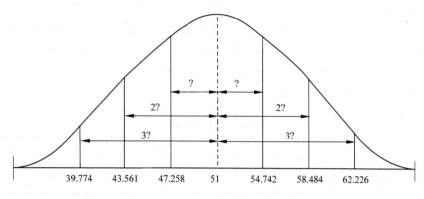

图 2-17　项目的工期正态分布图

通过查标准正态分布表，可得到整个项目在某段时间内完成的概率。例如，如果客户要求在 60 天内完成，那么可能完成的概率为：

$$P\{t \leqslant 60\} = \phi\left(\frac{60-T}{\sigma}\right) = \phi\left(\frac{60-51}{3.742}\right) = 0.992$$

如果客户要求再提前 7 天，则完成的概率为：

$$P\{t \leqslant 53\} = \phi\left(\frac{53-T}{\sigma}\right) = \phi\left(\frac{53-51}{3.742}\right) = 0.7019$$

实际上，大型项目的工期估算和进度控制非常复杂，往往需要将 CPM 和 PERT 结合使用，用 CPM 求出关键路径，再对关键路径上的各个活动用 PERT 估算完成期望和方差，最后得出项目在某一时间段内完成的概率。PERT 还告诉我们，任何项目都有不可压缩的最小周期，这是客观规律，千万不能不顾客观规律而对用户盲目承诺，否则，必然会受到客观规律的惩罚。

2.11.2　线性规划

线性规划是研究在有限的资源条件下，如何有效地使用这些资源达到预定目标的数学方法。用数学的语言来说，也就是在一组约束条件下寻找目标函数的极值问题。

求极大值（或极小值）的模型表达如下：

$$\begin{cases} a_{11}x_1 + a_{12}x_2 + \ldots + a_{1n}x_n \leqslant b_1 \\ a_{21}x_1 + a_{22}x_2 + \ldots + a_{2n}x_n \leqslant b_2 \\ \vdots \\ a_{m1}x_1 + a_{m2}x_2 + \ldots + a_{mn}x_n \leqslant b_n \end{cases}, \quad x_i \geqslant 0, \quad 1 \leqslant i \leqslant n$$

在上述条件下,求解 $x_1, x_2, \cdots, x_n$,使满足下列表达式的 z 取极大值(或极小值):
$$z = c_1x_1 + c_2x_2 + \cdots + c_nx_n$$

1. 图解法

解线性规划问题的方法有很多,最常用的有图解法和单纯形法。图解法简单直观,有助于了解线性规划问题求解的基本原理,下面,通过一个例子来说明图解法的应用。

【例 2-17】 某工厂在计划期内要安排生产 I、II 两种产品,已知生产单位产品所需的设备台时及 A,B 两种原料的消耗,如表 2-8 所示。

表 2-8 产品及原料表

	I	II	总　　数
设　　备	1	2	8 台时
原材料 A	4	0	16kg
原材料 B	0	4	12kg

该工厂每生产一件产品 I 可获利 2 元,每生产一件产品 II 可获利 3 元,问应该如何安排计划使该工厂获利最多?

【解】 该问题可用以下数学模型来描述,设 x_1, x_2 分别表示在计划期内产品 I、II 的产量,因为设备的有效台时是 8,这是一个限制产量的条件,所以在确定产品 I、II 的产量时,要考虑不超过设备的有效台时数,即可用不等式表示为
$$x_1 + 2x_2 \leq 8$$

同理,因原料 A,B 的限量,可以得到以下不等式
$$4x_1 \leq 16$$
$$4x_2 \leq 12$$

该工厂的目标是在不超过所有资源限制的条件下,如何确定产量 x_1, x_2,以得到最大的利润。若用 z 表示利润,这时 $z = 2x_1 + 3x_2$。综上所述,该计划问题可用数学模型表示为:

目标函数:
$$\max z = 2x_1 + 3x_2$$

满足约束条件:
$$x_1 + 2x_2 \leq 8$$
$$4x_1 \leq 16$$
$$4x_2 \leq 12$$
$$x_1, x_2 \geq 0$$

在以 x_1, x_2 为坐标轴的直角坐标系中,非负条件 $x_1, x_2 \geq 0$ 是指第一象限。上述每个约束条件都代表一个半平面。例如,约束条件 $x_1 + 2x_2 \leq 8$ 代表以直线 $x_1 + 2x_2 = 8$ 为边界的左下方的半平面。若同时满足 $x_1, x_2 \geq 0$,$x_1 + 2x_2 \leq 8$,$4x_1 \leq 16$ 和 $4x_2 \leq 12$ 的约束条

件的点，必然落在由这三个半平面相交组成的区域内，如图 2-18 中的阴影部分所示。阴影区域中的每一个点（包括边界点）都是这个线性规划问题的解（称可行解），因而此区域是本题的线性规划问题的解的集合，称它为可行域。

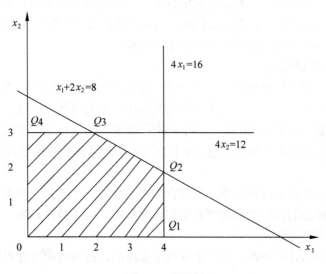

图 2-18　图解法

再分析目标函数 $z = 2x_1 + 3x_2$，在坐标平面上，它可表示以 z 为参数，$-2/3$ 为斜率的一族平行线：

$$x_2 = -(\frac{2}{3})x_1 + \frac{z}{3}$$

位于同一直线上的点，具有相同的目标函数值，因此称它为等值线。当 z 值由小变大时，直线沿其法线方向向右上方移动。当移动到 Q_2 点时，使 z 值在可行域边界上实现最大化，这就得到了本题的最优解 Q_2，Q_2 点的坐标为（4，2）。经过计算，可以得出 $z=14$。

这说明该厂的最优生产计划方案是：生产 4 件产品 I，2 件产品 II，可得最大利润为 14 元。

2．关于解的讨论

在上述例题中，得到的最优解是唯一的，但对一般线性规划问题而言，求解结果还可能出现以下几种情况：无穷多最优解（多重解），无界解（无最优解），无可行解。当求解结果出现后两种情况时，一般说明线性规划问题的数学模型有错误。无界解源于缺乏必要的约束条件，无可行解源于矛盾的约束条件。

从图解法中直观地看到，当线性规划问题的可行域非空时，它是有界或无界凸多边形。若线性规划问题存在最优解，它一定在可行域的某个顶点得到；若在两个顶点同时得到最优解，则它们连线上的任意一点都是最优解，即有无穷多最优解。

3. 单纯形法

图解法虽然直观，但当变量数多于三个以上时，它就无能为力了，这时需要使用单纯形法。

单纯形法的基本思路是：根据问题的标准，从可行域中某个可行解（一个顶点）开始，转换到另一个可行解（顶点），并且使目标函数达到最大值时，问题就得到了最优解。限于篇幅，本书不再介绍单纯形法的详细求解过程。

4. 线性规划的适用性

线性规划模型用在原材料单一、生产过程稳定不变、分解型生产类型的企业是十分有效的，例如，石油化工厂等。对于产品结构简单、工艺路线短，或者零件加工企业，有较大的应用价值。需要注意的是，对于机电类企业用线性规划模型只适用于作年度的总生产计划，而不宜用来作月度计划。这主要与工件在设备上的排序有关，计划期太短，很难安排过来。

一般来说，一个经济管理问题，当符合如下条件时，才能建立线性规划的模型：

（1）要求解问题的目标函数能用数值指标来反映，且为线性函数。

（2）存在着多种方案。

（3）要求达到的目标是在一定约束条件下实现的，这些约束条件可用线性等式或不等式描述。

2.11.3 决策论

决策就是决定的意思，大至国家经济、政治，小到个人生活，凡是在有选择的地方就有决策。关于决策的重要性，诺贝尔奖金获得者西蒙有一句名言"管理就是决策"。这就是说，管理的核心是决策。

1. 决策的分类

从不同的角度出发，可以对决策进行不同的分类。

按性质的重要性分类，可将决策分为战略决策（涉及某组织发展和生存有关的全局性、长远问题的决策）、策略决策（为完成战略决策所规定的目的而进行的决策）和执行决策（根据策略决策的要求对执行方案的选择）。

按决策的结果分类，可分为程序决策（有章可循的决策，可重复的）和非程序决策（无章可循的决策，一次性的）。

按定量和定性分类，可分为定量决策和定性决策。

按决策环境分类，可分为确定型决策（决策环境是完全确定的，作出的选择的结果也是确定的）、风险决策（决策的环境不是完全确定的，其发生的概率是已知的）和不确定型决策（将来发生结果的概率不确定，凭主观倾向进行决策）。

按决策过程的连续性分类，可分为单项决策（整个决策过程只作一次决策就得到结果）和序列决策（整个决策过程由一系列决策组成）。

2. 决策过程和模型

构造决策行为的模型主要有两种，分别为面向结果的方法和面向过程的方法。面向决策结果的方法程序比较简单，其过程为"确定目标→收集信息→提出方案→方案选择→决策"。面向决策过程的方法一般包括"预决策→决策→决策后"三个阶段，其中决策阶段又可分为分部决策和最终决策两个子阶段。

任何决策问题都由以下要素构成决策模型：

（1）决策者。可以是个人、委员会或某个组织，一般指领导者或领导集体。

（2）可供选择的方案（替代方案）、行动或策略。

（3）衡量选择方案的准则。包括目的、目标、属性、正确性的标准，在决策时有单一准则和多准则。

（4）事件：不为决策者所控制的客观存在的将发生的状态。

（5）每一事件的发生将会产生的某种结果。例如，获得收益或损失。

（6）决策者的价值观。例如，决策者对货币额或不同风险程度的主观价值观念。

3. 不确定型决策

不确定型决策（非确定型决策）是指决策者对环境情况一无所知，决策者根据自己的主观倾向进行决策。根据决策者的主观态度不同，可分为5种准则，分别为悲观主义准则、乐观主义准则、折中主义准则、等可能性准则和后悔值准则。下面通过一个例题，具体介绍这些准则的含义和求解方法。

【例 2-18】 某公司需要根据下一年度宏观经济的增长趋势预测决定投资策略。宏观经济增长趋势有不景气、不变和景气3种，投资策略有积极、稳健和保守3种，各种状态的收益如表2-9所示。

表 2-9 各种状态的收益

预计收益（单位：百万元人民币）		经济趋势预测		
		不 景 气	不 变	景 气
投资策略	积极	50	150	500
	稳健	150	200	300
	保守	400	250	200

【解】在本题中，由于下一年度宏观经济的各种增长趋势的概率是未知的，所以是一个不确定型决策问题。

（1）乐观主义准则。乐观主义准则也称为最大最大准则（maxmax 准则），其决策的原则是"大中取大"。持这种准则思想的决策者对事物总抱有乐观和冒险的态度，他决不放弃任何获得最好结果的机会，争取以"好中之好"的态度来选择决策方案。决策者在决策表中各个方案对各个状态的结果中选出最大者，记在表的最右列，再从该列中选出最大者。在表2-9中，积极方案的最大结果为500，稳健方案的最大结果为300，保守方案的最大结果为 400。三者的最大值为 500，因此，选择其对应的积极投资方案。

(2) 悲观主义准则。悲观主义准则也称为最大最小准则（maxmin 准则），其决策的原则是"小中取大"。这种决策方法的思想是对事物抱有悲观和保守的态度，在各种最坏的结果中选择最好的。决策时从决策表中各方案对各个状态的结果选出最小者，记在表的最右列，再从该列中选出最大者。在表 2-9 中，积极方案的最小结果为 50，稳健方案的最小结果为 150，保守方案的最小结果为 200。三者的最大值为 200，因此，选择其对应的保守投资方案。

(3) 折中主义准则。折中主义准则也称为赫尔威斯（Harwicz）准则，这种决策方法的特点是对事物既不乐观冒险，也不悲观保守，而是从中折中平衡一下，用一个系数 $α$（称为折中系数）来表示，并规定 $0 \leq α \leq 1$，用以下公式计算结果：

$$cv_i = α \times \max\{a_{ij}\} + (1-α) \times \min\{a_{ij}\}$$

即用每个决策方案在各个自然状态下的最大效益值乘以 $α$，再加上最小效益值乘以 $1-α$。然后再比较 cv_i，从中选择最大者。显然，折中主义准则的结果取决于 $α$ 的选择。$α$ 接近于 1，则偏向于乐观；$α$ 接近于 0，则偏向于悲观。

(4) 等可能准则。等可能准则也称为拉普拉斯（Laplace）准则。当决策者无法事先确定每个自然状态出现的概率时，就可以把每个状态出现的概率定为 $1/n$（n 是自然状态数），然后按照最大期望值准则决策。也就是说，把一个不确定型决策转换为风险决策。

(5) 后悔值准则。后悔值（遗憾值）准则也称为萨维奇（Savage）准则、最小机会损失准则。决策者在制订决策之后，如果不能符合理想情况，必然有后悔的感觉。这种方法的特点是每个自然状态的最大收益值（损失矩阵取为最小值），作为该自然状态的理想目标，并将该状态的其他值与最大值相减所得的差作为未达到理想目标的后悔值。这样，从收益矩阵就可以计算出后悔值矩阵。最后按照最大后悔值达到最小的方法进行决策，因此，也称为最小最大后悔值（minmax）。在本题中，根据表 2-9 可以得出后悔值矩阵，如表 2-10 所示。

表 2-10 各种状态的后悔值

预计收益（单位：百万元人民币）		经济趋势预测		
		不 景 气	不 变	景 气
投资策略	积极	350	100	0
	稳健	250	50	200
	保守	0	0	300

在表 2-10 中，积极方案的最大后悔值为 350，稳健方案的最大后悔值为 250，保守方案的最大后悔值 300。三者的最小值为 250，因此，选择其对应的稳健投资方案。

4. 风险决策

风险决策是指决策者对客观情况不甚了解，但对将发生各事件的概率是已知的。在风险决策中,一般采用期望值作为决策准则,常用的有最大期望收益决策准则(Expected Monetary Value,EMV)和最小机会损失决策准则(Expected Opportunity Loss,EOL)。

(1)最大期望收益决策准则。决策矩阵的各元素代表"策略-事件"对的收益值,各事件发生的概率为 p_j,先计算各策略的期望收益值 $\sum_i p_j a_{ij}$,$i=1,2,\cdots,n$,然后从这些期望收益值中选取最大者,以它对应的策略为决策者应选择的决策策略。

(2)最小机会损失决策准则。决策矩阵的各元素代表"策略-事件"对的损失值,各事件发生的概率为 p_j,先计算各策略的期望损失值 $\sum_i p_j a_{ij}'$,$i=1,2,\cdots,n$,然后从这些期望收益值中选取最小者,以它对应的策略为决策者应选择的决策策略。

当 EMV 为最大时,EOL 便为最小。因此,在决策时用这两个决策准则所得的结果是一致的。

【例 2-19】 某电子商务公司要从 A 地向 B 地的用户发送一批价值为 90 000 元的货物。从 A 地到 B 地有水、陆两条路线。走陆路时比较安全,其运输成本为 10 000 元;走水路时一般情况下的运输成本只要 7000 元,不过一旦遇到暴风雨天气,则会造成相当于这批货物总价值 10%的损失。根据历年情况,这期间出现暴风雨天气的概率为 1/4,那么该电子商务公司该如何选择呢?

【解】这是一个风险决策问题,其决策树如图 2-19 所示。

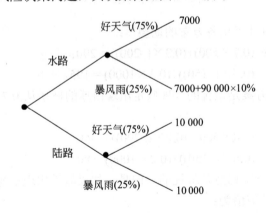

图 2-19 运输问题的决策树

根据图 2-19,走水路时,成本为 7000 元的概率为 75%,成本为 16 000 元的概率为 25%,因此,走水路的期望成本为(7000×75%)+(16 000×25%)=9250 元;走陆路时,其成本为(10 000×75%)+(10 000×25%)=10 000 元。所以,走水路的期望成本小于走陆路的成本,应该选择走水路。

5. 灵敏度分析

通常,在决策模型中,自然状态的概率和损益值往往由估计或预测得到,不可能十分准确。此外，实际情况也是在不断发生变化的。因此，需要分析为决策所用的数据可在多大范围内变动，原最优决策方案继续有效，这就是灵敏度分析。

【例2-20】 假设有外表完全相同的木盒100只，将其分为2组，一组装白球，有70盒；另一组装黑球，有30盒。现从这100盒中任取一盒，请你猜，如果这盒内装的是白球，猜对了得500分，猜错了罚200分；如果这盒内装的是黑球，猜对了得1000分，猜错了罚150分。为使期望得分最多，应选哪一个方案？

【解】 先画出决策树，如图2-20所示。

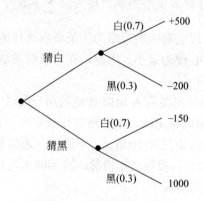

图2-20 猜球问题的决策树

根据图2-20，可以计算出各方案的期望值：

"猜白"的期望值：$(0.7 \times 500)+(0.3 \times (-200)) = 290$；

"猜黑"的期望值：$(0.7 \times (-150))+(0.3 \times 1000) = 195$。

因此，"猜白"的方案是最优的。现假定出现白球的概率从0.7变为0.8，这时，各方案的期望值为：

"猜白"的期望值：$(0.8 \times 500)+(0.2 \times (-200)) = 360$；

"猜黑"的期望值：$(0.8 \times (-150))+(0.2 \times 1000) = 80$。

可见，"猜白"的方案仍然是最优的。但是，如果假设出现白球的概率从0.7变为0.6。这时，各方案的期望值为：

"猜白"的期望值：$(0.6 \times 500)+(0.4 \times (-200)) = 220$；

"猜黑"的期望值：$(0.6 \times (-150))+(0.4 \times 1000) = 310$。

现在的最优方案就不是"猜白"，而是"猜黑"了。由此可见，各自然状态发生的概率的变化，可引起最优方案的改变。那么，转折点如何确定呢？

设 p 为出现白球的概率，$1-p$ 为出现黑球的概率。当这两个方案的期望值相等时，即

$$p \times 500+(1-p) \times (-200) = p \times (-150)+(1-p) \times 1000$$

求得 $p=0.65$。称它为转折概率。

同理，对其他数据也可以进行类似的分析，看哪些数据是非常敏感的变量，哪些数据是不太敏感的变量，以及最优方案在不变的条件下，这些变量允许变化的范围。这都是灵敏度分析的内容。

2.11.4 对策论

对策论也称为竞赛论或博弈论，是研究具有竞争（或斗争）性质现象的数学理论和方法。大到国际间的谈判、各种政治力量的较量，小到日常生活中的"诡计"，都是对策论的研究对象。

具有竞争或对抗性质的行为称为对策行为。在这类行为中，参加竞争的各方各自具有不同的目标和利益。为了达到各自的目标和利益，各方必须考虑对手的各种可能的行动方案，并力图选取对自己最为有利或最为合理的方案。对策论就是研究对策行为中竞争各方是否存在最合理的行动方案，以及如何找到这个合理的行动方案的数学理论和方法。

1. 对策行为的要素

对策行为的种类可以有很多，但本质上都必须包括如下的三个基本要素：

（1）局中人。指在一个对策行为中，有权决定自己行动方案的对策参加者。显然，一个对策中至少有两个局中人。局中人既可以是自然人，也可以是法人或者某一集体。当研究在不确定的气候条件下进行某项与气候条件有关的生产决策时，也可以把大自然当作局中人。另外，在一个对策中，利益完全一致的参加者只能看成是一个局中人。要注意的是，在对策论中总是假定每一个局中人都是"理性人"，即对任一局中人来说，只能合理利用自己的有限资源为自己取得最大的效用、利润或社会效益，不存在利用其他局中人决策的失误来扩大自身利益的可能性。

（2）策略集。指可供局中人选择的一个实际可行的完整的行动方案的集合。每个局中人的策略集中至少应包括两个策略。

（3）赢得函数（支付函数）。在一局对策中，各局中人所选定的策略形成的策略组称为一个局势，即若 s_i 是第 i 个局中人的一个策略，则 n 个局中人的策略组 $s=(s_1,s_2,\cdots,s_n)$ 就是一个局势。全体局势的集合 S 可用各局中人策略集的笛卡尔积表示，即

$$S=S_1\times S_2\times\cdots\times S_n$$

对任一局势 $s\in S$，局中人 i 可以得到一个赢得值 $H_i(s)$。显然，$H_i(s)$ 是局势 s 的函数，称为第 i 个局中人的赢得函数。

一般来说，当这三个基本因素确定后，一个对策模型也就确定了。

2. 对策的分类

可以根据不同的原则将对策进行分类。

根据参加对策的局中人的数量，可以分为二人对策和多人对策。在多人对策中，还有结盟对策与不结盟对策之分。结盟对策又包括联合对策和合作对策。

根据局中人策略集中策略的有限或无限，可将对策分为有限对策和无限对策。

根据各局中人赢得函数值的代数和是否为零，将对策分为零和对策（对抗对策）和非零和对策。零和对策是指一方的所得值为他方的所失值。在所有对策中，占有重要地位的是二人有限零和对策（矩阵对策）。

根据策略与时间的关系，可将对策分为静态对策与动态对策。

根据对策的数学模型的类型，可将对策分为矩阵对策、连续对策、微分对策、阵地对策、随机对策等。

3. 赢得矩阵

为简单起见，这里主要讨论二人有限零和对策。用 I 和 II 分别表示两个局中人，设局中人 I 有 m 个策略 $\alpha_1, \alpha_2, \cdots, \alpha_m$ 可供选择，局中人 II 有 n 个策略 $\beta_1, \beta_2, \cdots, \beta_n$ 可供选择，则局中人 I 和 II 的策略集分别为：

$$S_1 = \{\alpha_1, \alpha_2, \cdots, \alpha_m\}, \quad S_2 = \{\beta_1, \beta_2, \cdots, \beta_n\}$$

当局中人 I 选定策略 α_i 和局中人 II 选定策略 β_j 后，就形成了一个局势 (α_i, β_j)。这样的局势共有 $m \times n$ 个，对任一局势 (α_i, β_j)，记局中人 I 的赢得值为 a_{ij}，并称

$$A = \begin{bmatrix} a_{11} & a_{12} & \cdots & a_{1n} \\ a_{21} & a_{22} & \cdots & a_{2n} \\ \cdots & \cdots & \cdots & \cdots \\ a_{m1} & a_{m2} & \cdots & a_{mn} \end{bmatrix}$$

为局中人 I 的赢得矩阵（或为局中人 II 的支付矩阵）。由于假定对策为零和的，所以局中人 II 的赢得矩阵就是 $-A$。

【例 2-21】 战国时期，齐王有一天提出要与田忌进行赛马。双方约定：从各自的上、中、下三个等级的马中各选一匹参赛，每匹马只能参赛一次，每一次比赛双方各出一匹马，负者要付给胜者千金。已经知道，在同等级的马中，田忌的马不如齐王的马，而如果田忌的马比齐王的马高一等级，则田忌的马可能取胜。当时，孙膑给田忌出了个主意：每次比赛时先让齐王牵出他要参赛的马，然后用下马对齐王的上马，用中马对齐王的下马，用上马对齐王的中马。比赛结果，田忌二胜一负，可得千金。

【解】 在这个例题中，局中人是齐王和田忌，局中人集合为 $I=\{1, 2\}$。各自都有 6 个策略，分别为（上，中，下）、（上，下，中）、（中，上，下）、（中，下，上）、（下，中，上）、（下，上，中）。可分别表示为 $S_1 = \{\alpha_1, \alpha_2, \alpha_3, \alpha_4, \alpha_5, \alpha_6\}$ 和 $S_2 = \{\beta_1, \beta_2, \beta_3, \beta_4, \beta_5, \beta_6\}$，这样齐王的任一策略 α_i 和田忌的任一策略 β_j 就决定了一个局势 s_{ij}。如果 α_1=(上，中，下)，β_1=(上，中，下)，则在局势 s_{11} 下齐王的赢得值为 $H_1(s_{11})=3$，田忌的赢得值为 $H_2(s_{11})=-3$。其他局势的结果可类似得出，因此，齐王的赢得矩阵为

$$A = \begin{bmatrix} 3 & 1 & 1 & 1 & 1 & -1 \\ 1 & 3 & 1 & 1 & -1 & 1 \\ 1 & -1 & 3 & 1 & 1 & 1 \\ -1 & 1 & 1 & 3 & 1 & 1 \\ 1 & 1 & -1 & 1 & 3 & 1 \\ 1 & 1 & 1 & -1 & 1 & 3 \end{bmatrix}$$

接下来,再分析一个二人有限非零和对策的例子。

【例 2-22】 甲、乙两个独立的网站主要靠广告收入来支撑发展,目前都采用较高的价格销售广告。这两个网站都想通过降价争夺更多的客户和更丰厚的利润。假设这两个网站在现有策略下各可以获得 1000 万元的利润。如果一方单独降价,就能扩大市场份额,可以获得 1500 万元利润,此时,另一方的市场份额就会缩小,利润将下降到 200 万元。

如果这两个网站同时降价,则他们都将只能得到 700 万元利润。那么,这两个网站的主管各自经过独立的理性分析后,决定采取什么策略呢?

【解】这是一个比较简单但又常见的对策问题,可以表示为图 2-21 所示的赢得矩阵。

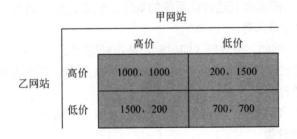

图 2-21 赢得矩阵

由图 2-21 可以看出,假设乙网站采用高价策略,那么甲网站采用高价策略得 1000 万元,采用低价策略得 1500 万元。因此,甲网站应该采用低价策略;如果乙网站采用低价策略,那么甲网站采用高价策略得 200 万元,采用低价策略得 700 万元,因此,甲网站也应该采用低价策略。采用同样的方法,也可分析乙网站的情况,也就是说,不管甲网站采取什么样的策略,乙网站都应该选择低价策略。因此,这个博弈的最终结果一定是两个网站都采用低价策略,各得到 700 万元的利润。

这个对策是一个非合作对策问题,且两个局中人都肯定对方会按照个体行为理性原则决策,因此,虽然双方采用低价策略的均衡对双方都不是理想的结果,但因为两个局中人都无法信任对方,都必须防备对方利用自己的信任(如果有的话)谋取利益,所以双方都会坚持采用低价,各自得到 700 万元的利润,各得 1000 万元利润的结果是无法实现的。即使两个网站都完全清楚上述利害关系,也无法改变这种结局。

2.11.5 排队论

排队论也称为随机服务系统理论,是通过对服务对象到来及服务时间的统计研究,得出这些数量指标(等待时间、排队长度、忙期长短等)的统计规律,然后根据这些规律来改进服务系统的结构或重新组织被服务对象,使得服务系统既能满足服务对象的需要,又能使机构的费用最经济或某些指标最优。

1．排队论研究的内容

排队论研究的内容有三个方面:

(1)系统的性态,即研究各种排队系统的概率规律性。

(2)系统的优化问题,可分为静态最优和动态最优,前者指最优设计,后者指现有排队系统的最优运营。

(3)统计推断,即判断一个给定的排队系统符合哪种模型,以便根据排队理论进行分析和研究。

2．排队系统的组成

排队系统由以下三个部分组成:

(1)输入过程。即顾客到达排队系统的规律,例如,定长输入、泊松输入、埃尔朗(Erlang)输入、独立输入等。

(2)排队规则。例如,损失制(即时制,是指顾客到达时,所有服务台全正被占用,顾客随即离去)、等待制(顾客排队等候,按照先到先服务、后到先服务、随机服务、优先级服务等规则进行服务)、混合制等。

(3)服务机构。包括服务台设置、服务方式及服务时间等。

3．排队模型的分类

排队系统的经典表示方法为 X/Y/Z/A/B/C。其中,X 表示顾客到达间隔时间分布,Y 表示服务时间的分布,Z 表示服务机构中的服务台个数,A 表示系统容量限制(默认为∞),B 表示顾客源数目(默认为∞),C 表示服务规则(默认为先到先服务)。例如,在计算机性能评估领域中常见的 M/M/1 模型就是表示相继到达间隔时间为负指数分布、服务时间为负指数分布、一个服务台的模型;D/M/c 模型表示确定的到达间隔、服务时间为负指数分布、c 个并行服务台的模型。

4．排队问题的求解

一个实际问题作为排队问题求解时,首先要研究它属于哪个模型,其中只有顾客到达的间隔时间分布和服务时间的分布需要实测的数据来确定,其他因素都是在问题提出时给定的。

求解排队问题的目的,是研究排队系统运行的效率,估计服务质量,确定系统参数的最优值,以决定系统结构是否合理,研究设计改进措施等。所以,必须确定用以判断系统运行优劣的基本数量指标,求解排队问题首先就要求出这些数量指标的概率分布或

特征数。这些指标通常有以下几个:

(1) 队长和排队长。队长是指系统中的顾客总数;排队长也称为队列长,是指队列中等待服务的顾客数。显然,队长=排队长+正被服务的顾客数。

(2) 逗留时间和等待时间。逗留时间是指顾客在系统中的停留时间;等待时间是指顾客在队列中的等待时间。显然,逗留时间=等待时间+服务时间。

(3) 忙期。忙期是指顾客到达空闲服务机构起到服务机构再次为空闲这段时间的长度,即服务机构连续繁忙的时间长度,它关系到服务员的工作强度。忙期和一个忙期中平均完成服务的顾客数都是衡量服务机构效率的指标。

(4) 服务强度。服务强度是指单位时间平均到达的顾客数与服务机构的平均服务率的比值。

5. 到达间隔的分布和服务时间的分布

解决排队问题首先要根据原始资料做出顾客到达间隔和服务时间的经验分布,然后按照统计学的方法确定适合哪种理论分布,并估计它的参数值。常见的理论分布有泊松分布、负指数分布和爱尔朗分布。在计算机领域中,用得最多的是负指数分布和 M/M/1 模型,因此,下面主要介绍这方面的知识。

随机变量 T 的概率密度函数如果是:

$$f_T(t) = \begin{cases} \lambda e^{-\lambda t}, & t \geq 0 \\ 0, & t < 0 \end{cases}$$

则称 T 服从负指数分布(简称为指数分布),它的分布函数是:

$$F_T(t) = \begin{cases} 1 - e^{-\lambda t}, & t \geq 0 \\ 0, & t < 0 \end{cases}$$

数学期望为 $1/\lambda$,方差为 $1/\lambda^2$,标准差为 $1/\lambda$。用在排队系统中,这里的 λ 表示单位时间平均到达的顾客数,$1/\lambda$ 表示顾客相继到达的平均间隔时间。

负指数分布具有下列性质:

(1) 无记忆性或马尔柯夫(Markov)性。一个顾客到来所需的时间与过去一个顾客到来所需时间无关,所以说这种情形下的顾客到达是纯随机的。

(2) 当输入过程是泊松流时,顾客相继到达的间隔时间 T 必服从负指数分布。

在排队系统中,系统对顾客的服务时间有时也服从负指数分布,这时,设它的分布函数和密度函数分别是:

$$F_v(t) = 1 - e^{-\mu t}, \quad f_v(t) = \mu e^{-\mu t}$$

其中 μ 表示单位时间能被服务完成的顾客数,称为平均服务率,而 $1/\mu$ 表示一个顾客的平均服务时间。

6. M/M/1 模型

标准的 M/M/1 模型是指适合下列条件的排队系统:

（1）输入过程：顾客源是无限的，顾客单个到来，相互独立，一定时间的到达数服从泊松分布，到达过程已经是平稳的。

（2）排队规则：单队，且对队长没有限制，采用先到先服务的规则。

（3）服务机构：单服务台，各顾客的服务时间是相对独立的，服从相同的负指数分布。到达间隔时间与服务时间是相互独立的。

限于篇幅，本书不再介绍有关 M/M/1 模型的数学推导过程，而是直接给出相关的推导结果。

（1）在系统中的平均顾客数（队长的期望值）

$$L = \frac{\lambda}{\mu - \lambda} = \frac{\rho}{1 - \rho}$$

其中，$\rho = \lambda / \mu$ 表示服务强度（资源利用率）。

（2）在队列中等待的平均顾客数（队列长期望值）

$$L_q = \frac{\rho^2}{1 - \rho} = \frac{\rho \lambda}{\mu - \lambda}$$

（3）在系统中顾客逗留时间的期望值

$$S = \frac{1}{\mu - \lambda}$$

（4）在队列中顾客等到时间的期望值

$$W = \frac{\rho}{\mu - \lambda}$$

【例 2-23】 某企业正在创建一个工作流管理系统，目前正处于过程定义阶段，即创建工作流模型阶段。对于这些工作流模型，除了要考虑工作流的正确性外，工作流的性能也是十分重要的。工作流性能主要反映工作流定量方面的特性，例如，任务的完成时间、单位时间内处理的任务数量、资源的利用率，以及在预定的标准时间内完成任务的百分比等。

图 2-22 所示的是一个简单的工作流模型（其中单位时间为 1 小时），它表示这样一个执行过程：每小时将会有 20 项任务达到 c1，这 20 项任务首先经过处理 task1，再经过处理 task2，最终将结果传递到 c3。处理 task1 和处理 task2 相互独立。

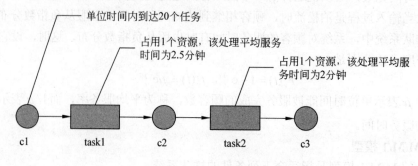

图 2-22 工作流模型

计算图 2-22 所示的工作流模型的下列性能指标：
（1）每个资源的利用率 ρ。
（2）每个处理中的平均任务数 L。
（3）平均系统时间 S。
（4）每个处理的平均等待时间 W。

【解】根据前面介绍的 4 个公式，可以很简单地计算出结果。

对 task1 而言，λ=20，μ=60/2.5=24，ρ=20/24=0.833，L=0.833/(1–0.833)=4.988，S=1/(24–20)4=0.25，W=0.833/(24–20)=0.208。

对 task2 而言，λ=20，μ=60/2=30，ρ=20/30=0.667，L=0.667/(1–0.667)=2，S=1/(30–20)=0.1，W=0.667/(30–20)=0.067。

2.11.6 存贮论

工厂为了生产，必须存贮一些原料；商店必须存贮一些商品。那么，对于一个工厂或商店来说，在某个时候，究竟存贮多少原料或商品，才是最合适的呢？专门研究这类有关存贮问题的科学，构成运筹学的一个分支，叫做存贮论或库存理论。

1. 存贮论研究的内容

物资的存贮，按其目的的不同，可分为三种：
（1）生产存贮，它是企业为了维持正常生产而储备的原材料或半成品。
（2）产品存贮，它是企业为了满足其他部门的需要而存贮的半成品或成品。
（3）供销存贮，它是指存贮在供销部门的各种物资，直接满足顾客的需要。

存贮系统可以用"供-存-销"来描述，通过订货以及进货后的存贮与销售来满足顾客的需求。或者说由于生产或销售的需要，从存贮系统中取出一定数量的库存货物，这就是存贮系统的输出；贮存的货物由于不断地输出而减少，必须及时补充，补充就是存贮系统的输入，补充可以通过外部订货、采购等活动来进行，也可以通过内部的生产活动来进行。在这个系统中，决策者可以通过控制订货时间间隔和订货量的多少来调节系统的运行，使得在某种准则下系统运行达到最优。

因此，存贮论中研究的主要问题可以概括为：何时订货（补充存贮），每次订多少货（补充多少库存）这两个问题。

2. 基本概念

为了对存贮问题有一个概括性的了解，下面说明存贮论中常用的几个基本概念。

（1）需求。对于一个存贮系统而言，需求就是它的输出，即从存贮系统中取出一定数量的物资以满足生产消费的需要，存贮量因满足需求而减少。输出的方式可能是均匀连续式的，也可能是间断瞬间式的。对存贮系统来说，需求是客观存在的，管理者必须设法了解或预测所存贮的物资的需求规律。需求量可以是确定性的，也可以是随机性的。对于随机性需求，可以根据大量的统计资料，用某种随机分布来加以描述。

(2) 补充供应。存贮由于需求而不断减少，必须加以补充。否则，最终将无法满足需求。补充就是存贮系统的输入，补充可以通过向供货厂商订购或者自己组织生产来实现，存贮系统对于补充订货的订货时间及每次订货的数量是可以控制的。从订货到货物入库往往需要一段时间，把这段时间称为拖后时间。从另一个角度来看，为了在某一时刻能补充存贮，必须提前订货，那么这段时间也可称之为提前时间（或称备货时间）。提前时间可以是确定性的，也可以是随机性的。

(3) 费用。存贮论所要解决的问题是：多少时间补充一次，每次补充的数量应该是多少？决定多少时间补充一次以及补充数量的策略称为**存贮策略**。存贮策略的优劣最直接的衡量标准是：该策略所耗用的平均费用。一般来说，一个存贮系统主要包括存贮费、订货费、生产费、缺货损失费。在不允许缺货的情况下，在费用上处理的方式是将缺货损失费视为无穷大。为了保持一定的库存，要付出存贮费；为了补充库存，要付出订货费；当存贮不足发生缺货时，要付出缺货损失费。这三项费用之间是相互矛盾、相互制约的。存贮费与所存贮物资的数量和时间成正比，如降低存贮量，缩短存贮周期，自然会降低存贮费；但缩短存贮周期，就要增加订货次数，势必增加订货费支出；为了防止缺货现象发生，就要增加安全库存量，这样在减少缺货损失费的同时，增大了存贮费的开支。因此，要从存贮系统总费用为最小的前提出发，进行综合分析，以寻求一个最佳的订货批量和订货间隔时间。一般来说，在进行存贮系统的费用分析时，是不必考虑所存贮物资的价格的。但有时由于订购的批量大，物资的价格有一定的优惠折扣；在生产企业中，如果生产批量达到一定的数量，产品的单位成本也往往会降低。这时，进行费用分析时，就需要考虑物资的价格因素。

(4) 目标函数。要在一类策略中选择一个最优策略，就需要有一个衡量优劣的标准，这就是目标函数。在存贮问题中，通常把目标函数取为平均费用函数或平均利润函数。选择的策略应使平均费用达到最小，或使平均利润达到最大。

3. 存贮策略

常见的存贮策略有以下 3 种：

(1) t_0-循环策略：每隔 t_0 时间补充存贮量为 Q，使库存水平达到 S。这种策略的方法有时称为经济批量法。

(2) (s, S)策略：每当存贮量 $x>s$ 时不补充，当 $x \leq s$ 时补充存贮，补充量 $Q=S-x$，使库存水平达到 S。其中 s 称为最低库存量。

(3) (t_0, s, S)混合策略：每经过 t_0 时间检查存贮量 x，当 $x>s$ 时不补充，当 $x \leq s$ 时补充存贮，补充量 $Q=S-x$，使库存水平达到 S。

一个好的存贮策略，即可以使总费用小，又可避免因缺货影响生产。确定存贮策略时，首先是把实际问题抽象为数学模型。在形成模型过程中，对一些复杂的条件要尽量加以简化，只要模型能反映问题的本质就可以了。然后对模型用数学方法加以研究，得出数量的结论。这些结论是否正确，还要拿到实践中去加以检验。如结论与实际不符，则要对模型重新加以研究和修改,存贮问题经过长期研究,已得出一些行之有效的模型。

从存贮模型来看,大体上可分为两类。一类是确定性模型,即模型中的数据皆为确定的数值;另一类是随机性模型,即模型中含有随机变量,而不是确定的数值。

2.12 数学建模

在前面几节的讨论中,多处提到了"数学模型",但并未对其进行解释。那么,什么是数学模型,怎么建立数学模型呢?作为本章的结束,本节主要介绍数学建模相关知识。

当需要从定量的角度分析和研究一个实际问题时,人们就要在深入调查研究、了解对象信息、作出简化假设、分析内在规律等工作的基础上,用数学的符号和语言,把它表述为数学式子,也就是数学模型,然后用通过计算得到的模型结果来解释实际问题,并接受实际的检验。这个建立数学模型的全过程就称为数学建模。

数学建模是一种数学的思考方法,是运用数学的语言和方法,通过抽象和简化,建立能近似刻画并解决实际问题的模型的一种强有力的数学手段。

1. 数学模型

数学模型是客观世界中的实际事物的一种数学简化,它常常是以某种意义上接近实际事物的抽象形式存在的,但它和真实的事物有着本质的区别。要描述一个实际现象可以有很多种方式,例如,录音、录像、比喻等。为了使描述更具科学性、逻辑性、客观性和可重复性,人们采用一种普遍认为比较严格的语言来描述各种现象,这种语言就是数学。使用数学语言描述的事物就称为数学模型。

模型的一般数学形式可用下列表达式描述。

目标的评价准则: $U = f(x_i, y_i, \xi_k)$

约束条件: $g(x_i, y_i, \xi_k) \geq 0$

其中: x_i 为可控变量, y_i 为已知参数; ξ_k 为随机因素。

目标的评价准则一般要求达到最佳(最小或最大)、适中、满意等。准则可以是单一的,也可以是多个的。约束条件可以没有也可有多个。当 g 是等式时,即为平衡条件。

当模型中无随机因素时,称它为确定性模型,否则为随机模型。随机模型的评价准则可用期望值、方差表示,也可用某种概率分布来表示;当可控变量只取离散值时,称为离散模型,否则称为连续模型。也可按使用的数学工具,将模型分为代数方程模型、微分方程模型、概率统计模型、逻辑模型等;若用求解方法来命名时,有直接最优化模型、数字模拟模型、启发式模型等;也有按用途来命名的,例如,分配模型、运输模型、更新模型、排队模型、存贮模型等;还可以用研究对象来命名,例如,能源模型、教育模型、军事对策模型、宏观经济模型等。

2．数学建模的过程

应用数学去解决各类实际问题时，建立数学模型是十分关键的一步，同时也是十分困难的一步。建立数学模型的过程，是把错综复杂的实际问题简化、抽象为合理的数学结构的过程。要通过调查、收集数据资料，观察和研究实际对象的固有特征和内在规律，抓住问题的主要矛盾，建立起反映实际问题的数量关系，然后利用数学理论和方法去分析和解决问题。这就需要深厚而扎实的数学基础，敏锐的洞察力和想象力，对实际问题的浓厚兴趣和广博的知识面。

虽然面临的各种实际问题不一样，但数学建模的基本过程基本上是一致的，可以遵循以下过程：

（1）模型准备：了解问题的实际背景，明确其实际意义，掌握对象的各种信息。用数学语言来描述问题。

（2）模型假设：根据实际对象的特征和建模的目的，对问题进行必要的简化，并用精确的语言提出一些恰当的假设。

（3）模型建立：在假设的基础上，利用适当的数学工具来刻划各变量之间的数学关系，建立相应的数学结构。只要能够把问题描述清楚，尽量使用简单的数学工具。

（4）模型求解：利用获取的数据资料，对模型的所有参数做出计算（估计）。

（5）模型分析：对所得的结果进行数学上的分析。

（6）模型检验：将模型分析结果与实际情形进行比较，以此来验证模型的准确性、合理性和适用性。如果模型与实际较吻合，则要对计算结果给出其实际含义，并进行解释。如果模型与实际吻合较差，则应该修改假设，再次重复建模过程。

（7）模型应用：应用方式因问题的性质和建模的目的而异。

3．数学建模的方法

构造模型是一种创造性劳动，成功的模型往往是科学与艺术的结晶，一般的建模方法和思路有以下 4 种：

（1）直接分析法：根据对问题内在机理的认识，直接构造出模型。

（2）类比法：根据类似问题的模型构造新模型。

（3）数据分析法：通过试验，获得与问题密切相关的大量数据，用统计分析方法进行建模。

（4）构想法：对将来可能发生的情况给出逻辑上合理的设想和描述，然后用已有的方法构造模型，并不断修正完善，直至比较满意为止。

第 3 章　操作系统基本原理

系统分析师必须具备扎实的理论知识和丰富的实际项目经验，而操作系统作为计算机科学最为基本的理论基础和分支领域之一，是系统分析师必须重点掌握的知识。

操作系统是计算机系统中最重要、最基本的系统软件，它位于硬件和用户之间，一方面能向用户提供接口，方便用户使用计算机；另一方面能管理计算机软硬件资源，以便合理充分地利用它们。从资源管理的角度来看，它是计算机系统中的资源管理器，负责对系统的软硬件资源实施有效的控制和管理，提高系统资源的利用率；从方便用户使用的角度来看，操作系统是一台虚拟机，它是计算机硬件的首次扩充，隐藏了硬件操作细节，使用户与硬件细节隔离，从而方便了用户的使用。

3.1　操作系统概述

操作系统是控制和管理计算机软硬件资源，以尽可能合理、有效的方法组织多个用户共享多种资源的程序集合。它具有并发性、共享性、虚拟性和不确定性等特点，一般的操作系统都具有处理机管理、存储器管理、设备管理、文件管理和用户接口等 5 种主要功能。

（1）处理机管理。负责对处理机的分配和运行实施有效的管理。在多道程序环境下，处理机的分配和运行是以进程为基本单位的。因此，处理机管理可归结为进程管理。

（2）存储器管理。存储器管理的主要任务是对内存进行分配、保护和扩充。

（3）设备管理。设备管理应具有设备分配、设备传输控制和设备独立性等功能。其中设备分配是指根据一定的原则对设备进行分配，为了使设备与主机并行工作，常需采用缓冲技术和虚拟技术；设备传输控制是指实现物理的输入/输出（Input/Output，I/O）操作，即启动设备、中断处理、结束处理等；设备独立性是指用户向系统申请的设备与实际操作的设备无关。

（4）文件管理。负责对文件存储空间进行管理，包括存储空间的分配和回收，目录管理、文件操作管理和文件保护等功能。

（5）用户接口。为了使用户能灵活、方便地使用计算机和系统功能，操作系统还提供了一组友好的使用其功能的手段，称为用户接口，它包括两大类，分别是程序接口和操作接口。用户通过这些接口能方便地调用操作系统的功能，有效地组织作业和处理流程，并使整个系统能高效地运行。

3.1.1 操作系统的类型

一般来说,操作系统可分为单用户操作系统、批处理系统、分时系统、实时系统、网络操作系统、分布式操作系统、并行操作系统和嵌入式操作系统等。

1．单用户操作系统

单用户操作系统的基本特征是在一台处理机上只能支持一个用户程序的运行,系统的全部资源都提供给该用户使用。目前,多数微机上运行的操作系统都属于单用户操作系统。

2．批处理系统

批处理系统也称为作业处理系统。在批处理系统中,作业成批地装入计算机中,由操作系统在计算机的输入井将其组织好,按一定的算法选择其中的一个或多个作业,将其调入内存并使其运行。运行结束后,把结果放入磁盘输出井,由计算机统一输出后交给用户。

批处理操作系统中配置了一个监督程序,在该监督程序控制下,系统能够对一批作业自动进行处理。其基本特征是"批量",把作业的吞吐量作为主要目标,同时兼顾作业的周转时间。批处理操作系统又分为单道批处理系统和多道批处理系统。

单道批处理系统在内存中只能存放一道作业,大大减少了人工操作的时间,提高了机器的利用率。但是,对于某些作业来说,当它发出 I/O 请求后,中央处理单元(Central Processing Unit,CPU)必须等待 I/O 的完成,而由于 I/O 设备的低速性,从而使 CPU 的利用率很低。为了改善 CPU 的利用率,引入了多道程序设计技术,就形成了多道批处理操作系统。

在多道批处理操作系统中,不仅在内存中可同时有多道作业在运行,而且作业可随时被调入系统,并存放在外存中形成作业队列。然后,由操作系统按一定的原则,从作业队列中调入一个或多个作业进入内存运行。多道批处理系统具有资源利用率高和系统吞吐量大的优点,但它将用户和计算机操作员分开,使用户无法直接与自己的作业进行交互。另外,作业要进行排队,依次处理,因此,作业的平均周转时间较长。

3．分时操作系统

为了解决批处理系统无法进行人机交互的问题,并使多个用户能同时通过自己的终端以交互方式使用计算机,共享主机中的资源,为此,系统中采用了分时技术,即把 CPU 的时间划分成很短的时间片,轮流地分配给各个终端作业使用。这种操作系统就称为分时操作系统,简称为分时系统。

对于某个作业而言,若在分配给它的时间片内,作业没有执行完毕,也必须将 CPU 交给下一个作业使用,并等下一轮得到 CPU 时再继续执行。这样,系统便能及时地响应每个用户的请求,从而使每个用户都能及时地与自己的作业交互。分时系统具有多路性、独立性、及时性、交互性和同时性等特征。

4．网络操作系统

网络操作系统是指在计算机网络环境下，具有网络功能的操作系统。计算机网络是一个数据通信系统，它把地理上分散的计算机和终端设备连接起来，达到数据通信和资源共享的目的。网络操作系统最主要的特点是网络中各种资源的共享，以及各台计算机之间的通信。有关数据通信与计算机网络方面的详细知识，将在第 4 章中介绍。

5．分布式操作系统

分布式系统是由多台计算机组成的系统，系统中若干台计算机可以相互合作，共同完成同一个任务。在分布式系统中，任意两台计算机之间都可以利用通信来交换信息，系统中的资源为所有用户共享。分布式系统的优点是各节点的自治性好、资源共享的透明性强、各节点具有协同性，其主要缺点是系统状态不精确、控制机构复杂、通信开销会引起性能的下降。

分布式操作系统是网络操作系统的更高级形式，它保持了网络操作系统所拥有的全部功能，与网络操作系统的主要区别在于任务的分布性，即把一个大任务分解为若干个子任务，并被分派到不同的 CPU 上执行。

6．嵌入式操作系统

嵌入式操作系统运行在嵌入式智能芯片环境中，对整个智能芯片和它所操作、控制的各种部件装置等资源进行统一协调、处理、指挥和控制。嵌入式操作系统具有微型化、可定制、实时性、可靠性、易移植性等特点。嵌入式实时操作系统是指系统能及时响应外部事件的请求，在规定的时间内完成对该事件的处理，并控制所有实时任务协调一致地运行。嵌入式实时操作系统的特点是及时性、支持多道程序设计、高可靠性和较强的过载防护能力。有关嵌入式实时操作系统的详细知识，将在 17.3 节中介绍。

3.1.2 操作系统的结构

从操作系统的结构来看，主要有整体结构、层次结构、客户/服务器结构和面向对象结构等。

1．整体结构

整体结构也称为模块组合结构或无序结构，是基于结构化程序设计的一种软件设计方法，其主要设计思想和步骤如下：

（1）把模块作为操作系统的基本单位，按照功能将整个系统分解为若干个模块，每个模块具有一定的独立功能，若干个关联模块协作完成某个功能；明确各个模块之间的接口关系，各个模块之间可以不加控制地自由调用（无序调用法）；模块之间需要传递参数或返回结果时，其个数和方式也可以根据需要随意约定。

（2）分别设计、编码、调试各个模块。

（3）将所有模块连结成一个完整的系统。

这种结构设计方法的主要优点体现在以下三个方面：

（1）结构紧密、组合方便，对不同环境和用户的不同需求，可以组合不同模块来予以满足，因此，灵活性大。

（2）针对某个功能可用最有效的算法和任意调用其他模块中的过程来实现，因此，系统效率较高。

（3）由于划分成模块和子模块，设计及编码可齐头并进，能加快操作系统研制过程。

整体式结构的主要缺点是模块独立性差，模块之间牵连甚多，形成了复杂的调用关系，甚至有很多循环调用，造成系统结构不清晰，正确性难保证，可靠性降低，系统功能的增、删、改十分困难。

2. 层次结构

层次结构是将操作系统划分为内核和若干模块（或进程），这些模块按功能的调用次序排列成若干层次，各层之间只能是单向依赖或单向调用关系，即低层为高层服务，高层可以调用低层的功能，反之则不能。这样，不但系统结构清晰，而且不构成循环调用。层次结构可以有全序和半序之分。如果每层中的各模块之间保持独立，互相没有联系，则这种层次结构就称为全序；如果某些层内的模块之间允许有相互调用或通信的关系，则这种层次结构就称为半序。

在层次结构中，外层功能是内层功能的扩充或延伸，内层功能为外层提供了支撑和基础。因此，整个系统中的接口比其他结构方式的接口要少且简单。整个系统的正确性可通过各层的正确性来保证，从而使系统的正确性大大提高。层次结构的另一个优点是增加、修改或替换一个层次不会影响其他层次，有利于系统的维护和扩展。然而，层次结构是分层单向依赖的，必须要建立模块间的通信机制，系统花费在通信上的开销较大，系统效率有所降低。

3. 客户/服务器结构

现代操作系统大多拥有两种工作状态，分别是核心态和用户态。一般应用程序工作在用户态，而内核模块和最基本的操作系统核心工作在核心态。

客户/服务器结构也称为微内核结构。操作系统的一个发展趋势是将传统的操作系统代码放置到更高层，从操作系统中去掉尽可能多的东西，而只留下一个最小的核心，称之为微内核。通常的方法是将大多数操作系统功能由在用户态运行的服务器进程来实现。为了获取某项服务，用户进程（客户进程）将请求发送给一个服务器进程，服务器进程完成此操作后，把结果返回给用户进程。这样，服务器以用户进程的形式运行，而不是运行在核心态。因此，它们不能直接访问硬件，某个服务器的崩溃不会导致整个系统的崩溃。客户/服务器结构的另一个优点是它更适用于分布式系统。

微内核技术的主要优点如下：

（1）统一的接口，在用户态和核心态之间无需进程识别。

（2）可伸缩性好，能适应硬件更新和应用变化。

（3）可移植性好，所有与具体机器特征相关的代码，全部隔离在微内核中，如果操作系统要移植到不同的硬件平台上,只需修改微内核中极少代码即可。

(4)实时性好,微内核可以方便地支持实时处理。

(5)安全可靠性高,微内核将安全性作为系统内部特性来进行设计,对外仅使用少量应用编程接口。

(6)支持分布式系统,支持多处理器的体系结构和高度并行的应用程序。

4. 面向对象结构

随着计算机的发展,面向对象技术得到了广泛的重视和应用,由于其具有数据隐藏和消息激活对象等功能,被广泛应用于操作系统的设计和实现中,特别是在网络操作系统和分布式操作系统中。面向对象的操作系统中的对象是操作系统管理的信息和资源的抽象,可以被视为受保护的信息或资源的总称。它拥有自己的状态和存储空间,而且其状态(也就是存储内容)只能由事先定义好的操作来改变,而改变这些对象状态的操作又需要其他对象发送相应的消息后才能被启动,因此,容易采取某种手段对其对象实施保护。例如,Windows Server 中有执行体对象(进程、线程、文件和令牌等)和内核对象(时钟、事件和信号等)。

3.2 进程管理

进程是一个具有独立功能的程序关于数据集合的一次可以并发执行的运行活动,是系统进行资源分配和调度的基本单位。相对于程序,进程是动态的概念,而程序是静态的概念,是指令的集合。进程具有动态性和并发性,需要一定的资源(例如,CPU 时间、内存、文件和 I/O 设备等)来完成其任务,这些资源在创建进程或执行时被分配。在大多数操作系统中,进程是进行资源分配和调度的基本单位。

一个进程是通过其物理实体被感知的,进程的物理实体又称为进程的静态描述,通常由三部分组成,分别是程序、数据集合和进程控制块(Process Control Block,PCB)。程序描述了进程所要完成的功能,数据集合描述了程序运行所需要的数据部分和工作区,PCB 包括进程的描述信息、控制信息和资源信息,是进程动态特性的集中反映。程序和数据集合是进程存在的物质基础,是进程的实体;PCB 是进程存在的标志,进程与 PCB 是一对一的关系,操作系统利用 PCB 对并发执行的进程进行控制和管理。

3.2.1 进程的状态

一个进程从创建而产生至撤销而消亡的整个生命期间,有时占有处理器执行,有时虽可运行但分不到处理器,有时虽有空闲处理器但因等待某个事件的发生而无法执行,这一切都说明进程和程序不相同,它是活动的且有状态变化的。

1. 三态模型

进程具有三种最基本的状态,分别是运行、就绪和阻塞,如图 3-1 所示。

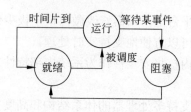

图 3-1 三态模型

（1）运行状态。运行状态是进程占用处理机正在执行其程序的状态。在单处理机系统中，某个时刻只能有一个进程处于运行状态；在多处理机系统中，可能有多个进程同时处于运行状态。

（2）阻塞状态。阻塞状态也称为等待状态或睡眠状态，是进程由于等待某个事件的发生而处于暂停执行的状态。例如，进程因等待 I/O 的完成或等待缓冲空间等。

（3）就绪状态。就绪状态是进程已分配到除处理机以外的所有必要资源，具备了执行的条件，等待处理机调度的状态。在系统中，同一时刻可能会有多个进程处于就绪状态，排成就绪队列。

2．五态模型

由于进程的不断创建，系统资源特别是内存资源已不能满足所有进程运行的要求。这时就必须将某些进程挂起，放到磁盘对换区，暂时不参加调度，以均衡负载。进程挂起的原因可能是系统出现故障，或者是用户调试程序，也可能是需要检查问题。图 3-2 是具有挂起状态的进程状态及其转换。

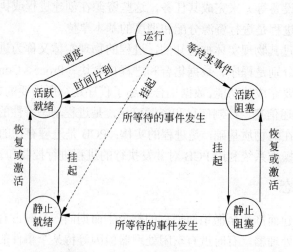

图 3-2 五态模型

活跃就绪是指进程在内存并且可被调度的状态。静止就绪是指进程被对换到外存时的就绪状态,是不能被直接调度的状态,只有当内存中没有活跃就绪态进程,或者挂起就绪态进程具有更高的优先级,系统才能把挂起就绪态进程调回内存,并转换为活跃就绪。

活跃阻塞状态是指进程已在内存,一旦所等待的事件发生,便进入活跃就绪状态;静止阻塞状态是指进程对换到外存时的阻塞状态,一旦所等待的事件发生,便进入静止就绪状态。

3.2.2 信号量与 PV 操作

在多道程序系统中,由于资源共享与进程合作,使各进程之间可能产生两种形式的制约关系,一种是间接相互制约,例如,在仅有一台打印机的系统中,有两个进程 A 和 B,如果进程 A 需要打印时,系统已将打印机分配给进程 B,则进程 A 必须阻塞;一旦进程 B 将打印机释放,系统便将进程 A 唤醒,使之由阻塞状态变为就绪状态;另一种是直接相互制约,例如,输入进程 A 通过单缓冲区向进程 B 提供数据。当该缓冲区为空时,进程 B 不能获得所需的数据而阻塞,一旦进程 A 将数据送入缓冲区中,进程 B 就被唤醒。反之,当缓冲区满时,进程 A 就被阻塞,仅当进程 B 取走缓冲区中的数据时,才唤醒进程 A。

进程同步主要源于进程合作,是进程之间共同完成一项任务时直接发生相互作用的关系,为进程之间的直接制约关系。在多道程序系统中,这种进程间在执行次序上的协调是必不可少的;进程互斥主要源于资源共享,是进程之间的间接制约关系。在多道程序系统中,每次只允许一个进程访问的资源称为临界资源,进程互斥要求保证每次只有一个进程使用临界资源。在每个进程中访问临界资源的程序段称为临界区,进程进入临界区要满足一定的条件,以保证临界资源的安全使用和系统的正常运行。

1. 信号量

信号量是一个二元组(S, Q),其中 S 是一个整形变量,初值为非负数,Q 为一个初始状态为空的等待队列。在多道程序系统中,信号量机制是一种有效的实现进程同步与互斥的工具。信号量的值通常表示系统中某类资源的数目,若它大于 0,则表示系统中当前可用资源的数量;若它小于 0,则表示系统中等待使用该资源的进程数目,即在该信号量队列上排队的 PCB 的个数。信号量的值是可变的,由 PV 操作来改变。

PV 操作是对信号量进行处理的操作过程,而且信号量只能由 PV 操作来改变。P 操作是对信号量减 1,意味着请求系统分配一个单位资源,若系统无可用资源,则进程变为阻塞状态;V 操作是对信号量加 1,意味着释放一个单位资源,加 1 后若信号量小于等于 0,则从就绪队列中唤醒一个进程,执行 V 操作的进程继续执行。

对信号量 S 进行 P 操作,记为 P(S);对信号量 S 进行 V 操作,记为 V(S)。P(S)和 V(S)的处理过程如表 3-1 所示。

表 3-1 P(S)和 V(S)的处理过程

P(S)	V(S)

S=S−1;
if(S<0)
{
    当前进程进入等待队列 Q;
    阻塞当前进程;
}
else
    当前进程继续;
	S=S+1;
	if(S<=0)
	{
	    从等待队列 Q 中取出一个进程 P;
	    进程 P 进入就绪队列;
	    当前进程继续;
	}
	else
	    当前进程继续;

2. 实现互斥模型

使用信号量机制实现进程互斥时，需要为临界资源设置一个互斥信号量 S，其初值通常为 1。在每个进程中将临界区代码置于 P(S)和 V(S)之间。必须成对使用 PV 原语，缺少 P 原语则不能保证互斥访问，缺少 V 原语则不能在使用临界资源之后将其释放。而且，PV 原语不能次序颠倒、重复或遗漏。

3. 实现同步模型

使用信号量机制实现进程同步时，需要为进程设置一个同步信号量 S，其初值通常为 0。在进程需要同步的地方分别插入 P(S)和 V(S)。一个进程使用 P 原语时，则另一个进程往往使用 V 原语与之对应。具体怎么使用要根据实际情况决定，下面举个简单例子来加以说明。

有两个进程 P1 和 P2，P1 的功能是计算 $x=a+b$ 的值，a 和 b 是常量，在 P1 的前面代码中能得到；P2 的功能是计算 $y=x+1$ 的值。若这两个进程在并发执行，则有同步关系：P2 要执行 $y=x+1$ 时必须等到 P1 已经执行完 $x=a+b$ 语句。P2 进程可能会因为要等待 x 的值而阻塞，如果是这样的话，P1 进程就要在计算出 x 的值后唤醒 P2 进程。因此，为了使 P1 和 P2 正常运行，用信号量来实现其同步的过程如表 3-2 所示。

表 3-2 P1 和 P2 的同步过程

P1	P2
… x=a+b; V(S); …	… P(S); y=x+1; …

再举一个较为复杂的例子，以加深对 PV 操作的理解。设有两个并发进程 Read 和 Print，Read 负责从输入设备读入信息到一个容量为 N 的缓冲区，Print 负责从缓冲区中取出信息送打印机输出。设置信号量 mutex 的初值为 1，empty 的初值为 N，full 的初值

为 0，则程序如表 3-3 所示。

表 3-3 实现 Read 和 Print 的程序

Read	Print
begin	begin
P(empty);	P(full);
P(mutex);	P(mutex);
读入;	输出
V(mutex);	V(mutex);
V(full);	V(empty);
end	end

3.2.3 死锁问题

当若干个进程竞争使用资源时，如果每个进程都占有了一定的资源，又申请使用已被另一个进程占用、且不能抢占的资源，则所有这些进程都纷纷进入阻塞状态，不能继续运行，即系统中两个或两个以上的进程无限期地等待永远不会发生的条件，系统处于一种停滞状态，这种现象就称为死锁。产生死锁的主要原因是，系统缺少足够的资源供进程使用，对互斥资源的共享与并发执行的顺序不当，以及资源分配不当。产生死锁的 4 个必要条件如下：

（1）互斥条件。任一时刻只允许一个进程使用资源。
（2）不剥夺条件。进程已经占用的资源，不会被强制剥夺。
（3）请求与保持条件。进程在请求其余资源时，不主动释放已经占有的资源。
（4）环路条件。环路中每一条边是进程在请求另一个进程已经占有的资源。

对死锁的处理，常用的方法有死锁的预防、避免和检测与解除等方法，它们各自的性能和主要优缺点如表 3-4 所示。

表 3-4 对死锁的处理方法

处理方法	资源分配策略	各种可能模式	主要优点	主要缺点
死锁预防	比较保守，会造成资源浪费	资源剥夺，一次请求所有资源，资源按序申请	适用于作突发式处理的进程，适用于状态可以保存和恢复的资源，可以在编译时就进行检查	效率较低，进程初始化时间延长，剥夺次数过多，多次对资源重新启动，不便灵活申请新资源
死锁避免	是一种折衷方案，允许死锁存在，但不让它发生	寻找可能的安全的允许顺序	不必进行剥夺	必须知道将来的资源需求，进程可能会长时间阻塞
死锁的检测与解除	只要允许，就分配资源，比较宽松	定期检查死锁是否已经发生，若发生就解除	不延长进程初始化时间，允许对死锁进行现场处理	通过剥夺解除死锁，造成进程"饿死"或消失

1. 死锁预防

所谓死锁预防,就是采用某种策略,限制并发进程对资源的请求,使系统在任何时刻都不满足死锁的必要条件。死锁预防主要是针对破坏死锁的 4 个必要条件进行的。

(1) 破坏互斥条件。由于这是设备的固有特性,很难改变,因此不仅不能改变,还应设法加以保证。

(2) 破坏不剥夺条件。如果进程申请新的资源而得不到满足,则暂时释放已有的资源。这种策略实现复杂,例如,要保护进程及资源释放的现场等。此外,该策略还可能由于反复地申请和释放资源,使进程的执行无限推迟,延长了进程的周转时间,增加了系统开销,降低了系统吞吐量。

(3) 破坏请求与保持条件。进程一次性申请全部资源,系统若有足够资源,则一次性把其所需资源分配给进程。在分配时,只有一个资源要求不能满足,则已有的其他资源也全部不分配给该进程,该进程只能等待。由于等待期间,该进程未占有任何资源,因此可以避免死锁。该策略的优点是简单、易于实现,但也可能造成资源浪费,以及进程延迟运行。

(4) 破坏环路条件。这种策略将资源进行编号,进程按照资源的编号进行有序申请。该策略的主要缺点是,为系统中各种资源分配的序号必须相对稳定,尽管在分配资源序号时,考虑了大多数进程实际使用这些资源的排序,但也会经常发生进程使用资源的顺序与系统规定的顺序不同的情况,造成资源的浪费。另外,按规定次序申请资源的方法,限制了用户简单、自由地编程。

2. 死锁避免

死锁避免是将限制条件弱化,允许死锁的存在,但不让它发生,设置一种安全状态,进程按照某种顺序来为其分配资源。在某一时刻,系统能按某种顺序为每个进程分配其所需资源,直到最大需求,使每个进程都能顺利地完成,则称此时系统处于安全状态。反之,称之为不安全状态。例如,在系统资源分配状态如表 3-5 所示时,系统处于安全状态。因为此时存在一个安全序列<P2, P1, P3>。

表 3-5 安全状态下的系统资源分配状态

进 程 号	总 共 需 求	已 分 配	系 统 剩 余
P1	10	5	
P2	4	2	3
P3	9	2	

引入安全状态的目的在于,在进行资源分配时,要使系统不发生死锁,只要保证当前的系统状态是安全的,即每次资源分配之后系统都处于安全状态。银行家算法就是用来判断系统状态是否安全,从而决定是否为进程分配资源的一种方法。

银行家算法的基本思想是,银行家把他的固定资金借给若干顾客,使这些顾客能满足对资金的需求又能完成其交易,也使银行家可以收回全部的现金。只要不出现一个顾客借走所有资金后还不够,银行家的资金应是安全的。在进程管理中,系统就是"银行家",进程就是"顾客"。例如,假设系统中有 5 个并发进程,共享 3 类资源,在某一时刻,出现如表 3-6 所示的资源分配情况。

表 3-6 某系统资源分配情况

进　　程	资源最大需求	已分配资源
P0	7, 5, 3	0, 1, 0
P1	3, 2, 2	2, 1, 0
P2	9, 0, 2	3, 0, 2
P3	2, 2, 2	2, 1, 1
P4	4, 3, 3	0, 0, 2

如果系统剩余资源数量为(3,2,2),则系统是安全的。因为存在安全序列<P1,P3,P0,P2,P4>,具体过程如下:

(1)首先,求出各进程剩余需求量。P0 为(7,5,3)-(0,1,0)=(7,4,3);P1 为(3,2,2)-(2,1,0)=(1,1,2);P2 为(9,0,2)-(3,0,2)=(6,0,0);P3 为(2,2,2)-(2,1,1)=(0,1,1);P4 为(4,3,3)-(0,0,2)=(4,3,1)。

(2)根据系统剩余资源数(3,2,2),找到可以立即满足的进程是 P1(或 P3)。例如,分配给 P1,则系统剩余资源数为(3,2,2)-(1,1,2)=(2,1,0)。

(3)P1 满足后正常运行,运行结束时释放所占有的资源,此时,系统剩余资源数为(2,1,0)+(3,2,2)=(5,3,2)。

(4)找到可立即满足的进程是 P3(或 P4)。例如,分配给 P3,则系统剩余资源数为(5,3,2)-(0,1,1)=(5,2,1)。

(5)P3 满足后正常运行,运行结束时释放所占有的资源,此时,系统剩余资源数为(5,2,1)+(2,2,2)=(7,4,3)。

(6)依次类推,找到可立即满足的进程是 P0(或 P2、P4 均可),所有进程依次进入安全序列。

3.死锁检测和解除

死锁检测是指系统保存资源的请求和分配信息,利用某种算法对这些信息加以检查,以判断是否存在死锁。死锁检测算法主要检查是否有循环等待,可以对资源分配图进行简化来检测是否处于死锁状态,如图 3-3 所示。

在图 3-3 中,有向图的顶点为资源或进程,从资源 R1 指向进程 P1 的边表示 R1 已分配给 P1,从进程 P1 指向资源 R2 的边表示 P1 正因请求 R2 而处于等待状态。有向图中的回路表示可能存在死锁。

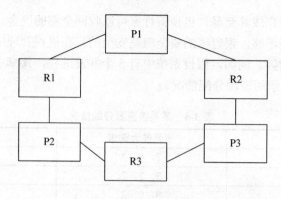

图 3-3 资源分配图

系统一旦出现死锁,必须采用一些方法来解除死锁和进行系统恢复,通常的恢复方法如下:

(1)资源剥夺法。挂起某些死锁进程,并抢占它的资源,让这些资源分配给其他的死锁进程。但应避免出现进程"饿死"现象,"饿死"是指进程被剥夺资源而长时间得不到资源时处于资源匮乏的状态。

(2)进程撤销法。通过撤销占有资源多的进程或代价最小的进程,以解除死锁。撤销进程的原则是,根据进程优先级和其运行代价的高低来进行。

(3)进程回退法。让一个或多个进程回退到足以解除死锁的地步,进程回退时自愿释放资源而不是被剥夺资源。回退方法要求系统保持进程的历史信息。

3.2.4 线程管理

在现代操作系统中,通常都引进了线程的概念。线程是进程的活动成分,是处理器分配资源的最小单位,它可以共享进程的资源与地址空间,通过线程的活动,进程可以提供多种服务(对系统进程而言)或实行子任务并行(对用户进程而言)。每个进程创建时只有一个线程,根据需要在运行过程中创建更多的线程(前者也可称"主线程")。显然,只有主线程的进程才是传统意义下的进程。

1. 线程的实现方式

线程基本上不拥有系统资源,只拥有在运行中必不可少的资源,例如,线程状态、寄存器上下文和栈等,它可与同属一个进程的其他线程共享进程所拥有的全部资源。线程也有就绪、阻塞和执行等基本状态,一个线程可以创建和撤销另一个线程;同一个进程中的多个线程之间可以并发执行。由于线程之间的相互制约,致使线程在运行中也呈现出间断性。

线程实现方式主要有以下三种:

(1)内核线程。内核线程依赖于操作系统内核,由内核的内部需求进行创建和撤销。

一个线程发起系统调用而阻塞,不会影响其他线程。系统将 CPU 时间片分配给各线程,所以,多线程的进程可以获得更多的 CPU 时间。

(2) 用户线程。用户线程不依赖于操作系统内核,进程利用线程库提供创建、同步、调度和管理线程的函数来控制用户线程。调度由应用软件内部进行,通常采用非抢先式或更简单的规则,无需在用户态和核心态之间切换,因此,速度特别快。如果某个线程因系统调用而阻塞,则整个进程需要等待。系统将 CPU 时间片分配给进程,所以,多线程时每个线程就慢。

(3) 轻权进程。轻权进程是操作系统内核支持的用户线程。一个进程可有一个或多个轻权进程,每个轻权进程由一个单独的内核线程来支持。

2. 与进程的比较

在引入线程的操作系统中,通常一个进程有若干个线程,至少也需要有一个线程。进程和线程的区别主要体现在以下 5 个方面:

(1) 调度。在传统的操作系统中,拥有资源的基本单位和独立调度、分配的基本单位都是进程。而在引入线程的操作系统中,则将线程作为调度和分配的基本单位,将进程作为资源拥有的基本单位。

(2) 并发性。在引入线程的操作系统中,不仅进程之间可以并发执行,而且同一个进程的多个线程之间也可并发执行,从而使操作系统具有更好的并发性,能够有效地使用多个资源和提高系统吞吐量。

(3) 拥有资源。一般来说,线程除了拥有一点必不可少的资源外,它自己不拥有系统资源,但它可以访问其隶属进程的资源。也就是说,一个进程所拥有的资源可供它的所有线程共享。

(4) 系统开销。在进程切换时,涉及整个当前进程 CPU 环境的保存和新被调度运行进程的 CPU 环境的设置、裸机地址空间的切换;而线程切换只需保存和设置少量寄存器的内容,并不涉及存储器管理方面的操作。由此可见,进程切换的开销远大于线程切换的开销。此外,由于同一进程中的多个线程具有相同的地址空间,这使它们之间的同步和通信变得比较容易。在有的系统中,线程的切换、同步和通信都无需操作系统内核的干预。

(5) 通信方面。进程间通信需要进程同步和互斥手段的辅助,以保证数据一致性,而线程间可以直接读写进程数据段(例如,全局变量等)来进行通信。

3. 多线程模型

许多操作系统都提供用户和内核线程支持,从而有不同的多线程模型。

(1) 多对一模型。多对一模型将多个用户线程映射到一个内核线程,如图 3-4 所示。线程管理是在用户空间进行的,因此效率比较高。但是,如果一个线程执行了阻塞系统调用,那么整个进程就会阻塞。而且,因为任一时刻只有一个线程能够访问内核,多个线程不能并行运行在多处理器上。

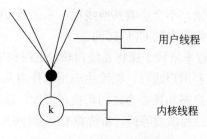

图 3-4 多对一模型

(2) 一对一模型。一对一模型将每个用户线程映射到一个内核线程,如图 3-5 所示。该模型在一个线程执行阻塞系统调用时,能允许另一个线程继续执行,所以,它提供了比多对一模型更好的并发功能,它也允许多个线程能并行地运行在多处理器上。这种模型的主要缺点是每创建一个用户线程,都需要一个相应的内核线程。由于创建内核线程的开销会影响到应用程序的性能,所以,这种模型的大多数实现限制了系统所支持的线程数量。

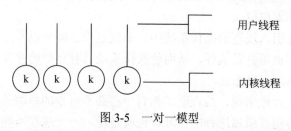

图 3-5 一对一模型

(3) 多对多模型。多对多模型复用了许多用户线程到同样数量或更小数量的内核线程上,如图 3-6 所示。内核线程的数量可能与特定应用程序或特定机器有关,位于多处理器上的应用程序可比单处理器上的应用程序分配更多数量的内核线程。

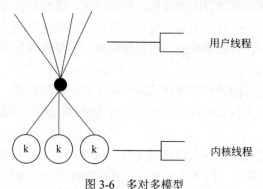

图 3-6 多对多模型

虽然多对一模型允许开发人员随意创建任意多的用户线程,但是,由于内核只能一次调度一个线程,所以并不能增加并发性。一对一模型提供了更大的并发性,但是开发人员必须小心，不要在应用程序内创建太多的线程。多对多模型没有这两者的缺点，开发人员可创建任意多的必要的用户线程，并且相应内核线程能在多处理器上并行执行。另外，当一个线程执行系统调用阻塞时，内核能调度另一个线程来执行。

3.3 内存管理

由于任何程序和数据都必须占用内存空间后才能执行，因此，内存管理的优劣直接影响系统的性能。尽管现代计算机中内存容量不断增大，但仍不能保证有足够的空间来支持大型应用程序和数据的使用，因此，操作系统的任务之一是尽可能地方便用户使用和提高内存的利用效率。此外，有效的内存管理也是多道程序设计系统的关键支撑。具体来说，内存管理的功能主要包括以下几个方面：

（1）内存空间的分配与回收。

（2）配合硬件进行地址转换工作，把用户使用的逻辑地址转换成处理器能访问的物理地址。

（3）内存空间的共享与保护，使得若干个进程能够同时访问公共程序所占的内存区，同时，能够防止多个程序在执行中互相干扰，并保护区域内的信息不被破坏。

（4）当内存容量不足时，操作系统要采取某种措施，在不改变实际内存容量的前提下，借助于大容量的外存来解决内存不够用的问题。

3.3.1 地址变换

用户作业的程序通常用高级语言编写，称为源程序。但源程序是不能被计算机直接执行的，需要通过编译程序或汇编程序编译获得目标程序。目标程序的地址不是内存的实际地址，一般将用户目标程序使用的地址单元称为逻辑地址（也称为相对地址或虚拟地址），逻辑地址一般以 0 为基地址进行编址，是程序经过编译或汇编后形成的目标模块或装配连接程序的地址编码。一个用户作业的目标程序的逻辑地址集合称为该作业的逻辑地址空间。作业的逻辑地址空间可以是一维的，这时逻辑地址限制在从 0 开始顺序排列的地址空间内；也可以是二维的，这时整个用户作业被分成若干段，每段有不同的段号，段内地址从 0 开始。

当程序运行时，它将被装入内存地址空间的某些部分，此时程序和数据的实际地址一般不可能与原来的逻辑地址一致，将内存中的实际存储单元称为物理地址（也称为绝对地址或实际地址）。物理地址的总体构成了用户程序实际运行的物理地址空间（也称为存储空间），它是由存储器地址总线扫描出来的空间，其大小取决于实际安装的内存容量。

为了保证程序的正确运行，必须将程序和数据的逻辑地址转换为物理地址，这一工作称为地址转换或重定位。一般情况下，一个作业在装入内存时分配到的存储空间和它的地址空间是不一致的。在装入作业或执行时，若不对有关地址加以修改，将导致错误的结果。因此，需要将程序中的地址调整成与所装入的内存空间相一致，有关地址部分的调整过程就是地址重定位的过程。重定位公式表示为：

$$物理地址 = 起始的物理地址 + 逻辑地址$$

例如，一个作业被装入到从 1000 开始的内存区域中，则该作业的物理地址为其逻辑地址值加上 1000。

地址转换通常有两种方式，分别是静态重定位和动态重定位。

静态重定位是指在作业装入时由作业装入程序（装配程序）实现地址转换。这种方式要求目标程序使用相对地址，地址变换在作业执行前一次性完成。静态重定位的特点是容易实现，无需增加硬件地址变换机构，当操作系统为程序分配一个内存区域后，只需将程序中的指令或操作数的逻辑地址加上分配内存区的起始地址就得到了物理地址。但它要求为每个程序分配一个连续的存储区，在程序执行期间不能移动，且难以做到程序和数据的共享，其内存利用率低。

动态重定位是指在程序执行过程中，CPU 访问程序和数据之前实现地址转换。在多道程序系统中，可用的内存空间常常被许多进程共享，程序员编程时事先不可能知道程序执行时的驻留位置，而且必须允许程序因对换或空间收集而被移动，这些现象都需要程序的动态重定位。动态重定位必须借助于硬件的地址转换机构来实现，最简单的方式是利用一个重定位寄存器。当某个作业开始执行时，操作系统负责将该作业在内存中的起始地址送入重定位寄存器中。之后，在作业的整个执行过程中，每当访问内存时，重定位寄存器的内容将被自动地加到逻辑地址送入内存地址寄存器中去，从而得到与该逻辑地址对应的物理地址，用内存地址寄存器的内容访问数据。动态重定位的优点是程序可在内存中移动，当程序移动后，只要将新的内存区域的首地址放进基址寄存器就可以了。而且，动态重定位方式容易实现程序的共享，有可能提供虚拟存储空间。

3.3.2 分区存储管理

存储器的管理方式随着操作系统的发展而发展，早期存储管理方式发展的推动力，主要来自于"千方百计地提高存储器的利用率"。这样，由固定式分区存储分配方式演变为分页式存储管理方式，此时，存储器利用率已达到较为令人满意的程度，而后存储器管理继续发展的动力，则主要来自于更好地满足用户的需要，这样，又产生了分段式存储管理方式和虚拟存储器。

在存储管理系统中，最简单的方法就是单一连续管理，即将内存空间分成两个存储区域，一个区域用来存储操作系统程序，另一个区域归用户使用，称为用户内存区。该管理方式的主要特点是管理简单，不需要太多的软硬件支持。但由于内存中只允许存放一个作业，系统的资源利用率不高，一般只能用于单用户、单任务的操作系统中。分区管理是支持多道程序运行的最简单的一种内存管理方式，主要有固定分区、可变分区、可重定位分区和多重分区 4 种方式。

1. 固定分区

固定分区也称为静态分区，是在作业装入之前，内存就被划分为若干个分区。划分工作可以由系统管理员完成，也可以由操作系统实现。一旦划分完成，在系统运行期间不再重新划分，即分区个数不可变，分区大小不可变。这种分区方式一般将内存的用户区域划分成大小不等的分区，以适应不同大小的作业的需要。系统有一张分区说明表，每个表目说明一个分区的大小、起始地址和是否已分配的标志。固定分区的主要优点是实现技术简单，适用于作业的大小和多少事先都比较清楚的系统中；其主要缺点是由于每个分区只能存放一个作业，所以内存的利用率不高，内部碎片较多。

2. 可变分区

可变分区也称为动态分区，是指在作业装入内存时，从可用的内存中划出一块连续的区域分配给它，形成一个新的分区，且分区大小正好等于该作业的大小。可变分区中分区的大小和分区的个数都是可变的，而且是根据作业的大小和多少动态地划分的。这种内存管理技术是固定分区的改进，既可以获得较大的灵活性，又能提高内存的利用率。

可变分区在分配时，首先找到一个足够大的空闲分区（自由分区），即这个空闲区的大小比作业要求的要大，系统则将这个空闲分区分成两个部分，一部分成为已分配的分区，剩余的部分仍作为空闲区。在回收撤除作业所占领的分区时，要检查回收的分区是否与前后空闲的分区相邻接，若是则加以合并，使之成为一个连续的大空间。在选择空闲分区时，可变分区分配策略主要采用以下几种算法：

（1）首次适应算法。从空闲区表（空闲区链）的第一个表目起查找该表，把最先能够满足要求的空闲区分配给作业，这种方法的目的在于减少查找时间。为适应这种算法，空闲区表中的空闲区要按地址由低到高进行排序。该算法的特点是，如果找出的空闲区长度恰好等于申请的长度则是最合适的；如果比申请的长度略大，则分割后剩下的空闲区就很小，这种空闲区不但不能被再度使用，而且还占用空闲区表的一个节点。当空闲区表中的小空闲区节点过多时，本算法的性能急剧下降。

（2）最佳适应算法。它从全部空闲区中找出能满足作业要求的、且最小的空闲区，这种方法能使碎片尽量小。为适应这种算法，空闲区表中的空闲区要按大小从小到大进行排序，自表头开始查找到第一个满足要求的空闲分区分配。最佳适应算法的特点是，分配空间时尽量利用低地址部分的存储区域，而使高地址部分保持较大的空闲区，有利于大进程空间的装入。

（3）最坏适应算法。从所有未分配的分区中挑选最大的且大于和等于作业大小的分区分给要求的作业；空闲区按由大到小排序，每次查找从链头开始。最坏适应算法的特点是，由于过多地分割大的空闲区，当遇到较大空间申请时，可能无法满足其申请。该算法对中、小作业比较有利。

实践表明，在针对存储空间利用情况的三种策略中，首次适应算法可能比最佳适应算法好，而首次适应算法和最佳适应算法一定比最坏适应算法好。

3. 可重定位分区

可重定位分区分配是解决存储器碎片问题的简单而有效的方法。其基本思想是在适当的时候，把零散的空白区合并为一个大的空白空间，称为拼接。实现方式是移动某些已分配区域中的信息，使所有的分配都紧挨着存储器的一端，而空白区在另一端。

4. 多重分区

多重分区的基本思想是为一个作业分配一个以上的分区，允许一个作业在其运行过程中动态地申请附加存储空间，该空间不必和已有的作业分区相连接。多重分区的优点是便于使用共享子程序或数据，其缺点是需要较多的硬件支持，因为该分区方式一定要有动态重定位结构来支持，管理也较复杂。

5. 存储器保护

分区方式允许多道程序在内存中同时运行，因此，必须解决存储器保护问题。常用的方法有界地址保护和设置存储键保护。

界地址保护又称为界限寄存器保护，分为界限寄存器、基址和限长寄存器两种保护方式。其中界限寄存器方式是指下界寄存器存放作业分区的起始地址，上界寄存器存放下一个分区的起始地址。每次寻址和访问时，先与这两个寄存器的内容进行比较，以实现对分区的保护；基址和限长寄存器方式是指基址寄存器存放作业分区的起始地址，限长寄存器存放作业的最大偏移量（长度）。在作业运行过程中，在访问存储器时所计算出的存储地址如果超过限长，则发出越界中断信号。

存储键保护的基本思想是系统对每个作业或进程进行内存分配时，对同一作业的各页面所对应的内存块都要指定一个相同的、不与其他作业相重的键（代码），这个键保存于快速寄存器和该作业的程序状态字中。当程序要访问某一块时，将程序状态字中的键与被访问块的键进行比较，若相符，则表明允许本次访问，否则就发出越界中断，请求系统处理。为使系统能访问内存的任何块，其程序状态字的键为"0"，此时，不必进行键的比较工作。

3.3.3 段页式存储管理

分区存储管理存在产生存储碎片和空间管理较复杂的问题，其原因在于，这种管理方式要求把作业放在内存的一片连续区域中。为了避免这种连续性要求，可以将作业的逻辑地址空间分成若干个长度相等的区域（称为页），内存空间也划分成若干个与页长度相等的区域（称为页帧或块），程序装入时，每页对应一个页帧，这就是分页存储管理的思想。

1. 页式存储管理

在分页存储管理中，页帧可以是连续的，也可以是不连续的。系统为每道作业建立一张页面映射表（称为页表），记录相应页在内存中对应的页帧号。这种管理方式消除了可变分区中紧致存储空间所带来的开销，同时，又能实现内存信息共享和虚拟存储技术。

在分页存储管理中，地址结构由两部分组成，分别是页号和页内位移（页内地址）。地址变换机构的基本任务是利用页表把用户程序中的逻辑地址变换成内存中的物理地址，为了实现地址变换功能，在系统中设置页表寄存器，用来存放页表的起始地址和页表的长度。在进程未执行时，每个进程对应的页表的起始地址和长度存放在进程的 PCB 中，当该进程被调度时，就将它们装入页表寄存器。在进行地址变换时，系统将页号与页表长度进行比较，如果页号大于页表寄存器中的页表长度，则访问越界，产生越界中断。如未出现越界，则根据页表寄存器中的页表起始地址和页号计算出该页在页表项中的位置，得到该页的物理块号，并将此物理块号装入物理地址寄存器中。与此同时，将有效地址寄存器中的页内地址直接装入物理地址寄存器的块内地址字段中，这样，便完成了从逻辑地址到物理地址的变换。

如果页表存放在内存中，则每次访问内存时，都要先访问内存中的页表，然后根据所形成的物理地址再访问内存。这样，CPU 保存一个数据必须访问两次内存，降低了计算机的处理速度。为了提高地址变换的速度，可以在地址变换机构中增设一个具有并行查询功能的特殊高速缓冲存储器（称为联想存储器或快表），用以存放当前访问的那些页表项。

2．段式存储管理

段式存储管理按用户作业中的自然段来划分逻辑空间，每段占用连续的地址空间，其逻辑地址是二维的，由段号和段内地址组成。系统为每个作业建立一张段表，记录该段在内存中的起始地址和段长，各段可以存放在内存不同的分区中，段的分配与回收与可变分区存储管理相同。段式存储管理的地址转换采用动态重定位方式，地址转换机构取出逻辑地址的段号和段内地址，根据段号检索段表，找到该段对应的表目，将该段的起始地址与段内地址相加得到绝对地址。段式存储管理也存在二次访存问题，可以通过增设快表来解决。

段式存储管理可以采用地址转换机制进行越界保护和在段表中增设一些标志位，进行存取控制保护。由于用户对信息的共享要求是以段为单位的，因此共享易于实现，若多个作业段表中的某一项指向内存的同一个地址，则内存中以该地址为起始地址的那一段便被共享了。虽然段存储式管理方便用户编程，便于共享与保护，支持动态链接和动态增长，但它对内存的管理与可变分区存储管理是类似的，也存在存储管理复杂，空间利用差的缺点。

段式存储管理和分页存储管理有许多相似之处，例如，都采用离散分配方式来提高内存利用率，都要通过地址变换机构来实现地址变换。但在概念上两者是完全不同的，它们的主要区别表现在以下三个方面：

（1）分页是一个单一的线性地址空间，分段作业地址空间是二维的。

（2）页是信息的物理单位，大小固定，分页活动是用户看不见的，分页的目的是为了提高内存的利用率；段是信息的逻辑单位，其长度不定，分段是用户可见的活动，分段的目的是为了更好地满足用户的需要。

（3）分页存储管理实现单段式虚拟存储系统，而段式存储管理实现多段式虚拟存储系统。

3. 段页式存储管理

段页式存储管理的基本思想是将段式存储管理与分页存储管理结合起来，正好克服了各自存在的一些问题。段页式存储管理将作业分成若干段，每个段分成若干页，每段赋予一个段名，为了实现地址转换，必须为每个作业配置一张段表和若干张页表。内存的分配与回收以页为单位进行。作业的逻辑地址是二维的，包括段号和段内地址，其中段内地址又包含页号和页内地址两部分。

段页式存储管理的地址转换的具体步骤为：地址转换机构取出逻辑地址，并根据页的大小将段内地址再细分为页号和页内地址。根据段号检索段表，找到该段的页表存放地址；根据页号查页表，取出相应的页帧号；把页帧号和页内地址合并，得到物理地址，执行访存操作。由此可知，为了获得一条指令或数据，需要三次访问内存，这使得系统执行指令的速度更慢。这个问题同样可通过快表来解决，快表中存放当前使用的段号、页号、页帧号和页内地址等表目。段页式存储管理的保护方法与段式存储管理相同，共享则从页表开始。

3.3.4 虚拟存储管理

3.3.2 节和 3.3.3 节介绍的各种存储管理方式中，必须为作业分配足够的存储空间，以装入有关作业的全部信息，作业的大小不能超出内存的可用空间，否则，这个作业是无法运行的。但当有关作业的全部信息都装入内存后，作业执行时实际上不是同时使用全部信息的，有些部分运行一遍便不再使用，甚至有些部分在作业执行的整个过程中都不会被使用（例如，错误处理部分等）。这种情况的出现，是对宝贵的内存资源的一种浪费，大大降低了内存利用率。

虚拟存储管理的提出就是为了解决这一问题，应用程序在运行之前并不必全部装入内存，仅需将当前运行到的那部分程序和数据装入内存便可启动程序的运行，其余部分仍驻留在外存上。当要执行的指令或访问的数据不在内存时，再由操作系统通过请求调入功能将它们调入内存，以使程序能继续执行。如果此时内存已满，则还需通过置换功能，将内存中暂时不用的程序或数据调至外存上，腾出足够的内存空间后，再将要访问的程序或数据调入内存，使程序继续执行。这样，便可使一个大的用户程序能在较小的内存空间中运行，也可在内存中同时装入更多的进程使它们并发执行。从用户的角度看，该系统具有的内存容量比实际的内存容量大得多。将这种具有请求调入功能和置换功能，能从逻辑上对内存容量加以扩充的存储器系统称为虚拟存储系统。

1. 局部性原理

虚拟存储管理能够在作业信息不全部装入内存的情况下保证作业正确运行，是利用了程序执行时的局部性原理。局部性原理是指程序在执行时呈现出局部性规律，即在一较短的时间内，程序的执行仅局限于某个部分。相应地，它所访问的存储空间也仅局限于某个区域。程序局部性包括时间局部性和空间局部性，时间局部性是指程序中的某条指令一旦执行，不久以后该指令可能再次执行。产生时间局部性的典型原因是由于程序中存在着大量的循环操作；空间局部性是指一旦程序访问了某个存储单元，不久以后，其附近的存储单元也将被访问，即程序在一段时间内所访问的地址可能集中在一定的范围内，其典型情况是程序顺序执行。

2．工作集

在虚拟存储管理中，可能会出现这种情况，即对于刚被替换出去的页，立即又要被访问，需要将它调入，因无空闲内存又要替换另一页，而后者是即将被访问的页，于是造成了系统需花费大量的时间忙于进行这种频繁的页面交换，致使系统的实际效率很低，严重时导致系统瘫痪，这种现象称为抖动现象。防止抖动现象有多种办法，例如，采取局部替换策略、引入工作集算法和挂起若干进程等。工作集是指在某段时间间隔内，进程实际要访问的页面的集合。引入虚拟内存后，程序只需有少量的内存就可运行，但为了使程序有效地运行，较少产生缺页，必须使程序的工作集全部在内存中。

3．页面置换算法

当内存中没有空闲页面，而又有程序和数据需要从外存中装入内存运行时，就需要从内存中选出一个或多个页面淘汰出去，以便新的程序和数据装入运行，良好的页面置换算法应该淘汰那些被访问概率最低的页，并将它们移出内存。

（1）随机淘汰算法。无法确定哪些页被访问的概率较低时，随机地选择某个页面，并将其换出。

（2）轮转算法。按照内存页面的编号，循环地换出内存中一个可以被换出的页，无论该页是刚换进来的还是已驻留内存很长时间的。

（3）先进先出算法（First In First Out，FIFO）。FIFO 算法总是选择在内存驻留时间最长的一页将其淘汰。实现 FIFO 算法需要把各个已分配页面按页面分配时间顺序链接起来，组成 FIFO 队列，并设置一置换指针，指向 FIFO 队列的队首页面。FIFO 算法忽略了一种现象的存在，那就是在内存中停留时间最长的页往往也是经常要访问的页。将这些页淘汰，很可能刚置换出去，又请求调用该页，致使缺页中断太频繁，严重降低内存的利用率。

FIFO 的另一个缺点是它可能会产生一种异常现象。一般来说，对于任一作业或进程，如果给它分配的内存页面数越接近于它所要求的页面数，则发生缺页的次数会越少。但使用 FIFO 算法时，有时会出现分配的页面数增多，缺页次数反而增加的现象，称为 belady 现象。

（4）最近最久未使用算法（Least Recently Used，LRU）。当需要淘汰某一页时，选择离当前时间最近的一段时间内最久没有使用过的页先淘汰。例如，考虑一个仅 460 个字节的程序的内存访问序列（10，11，104，170，73，309，185，245，246，434，458，364），页面的大小为 100 个字节，则 460 个字节应占 5 页，编号为 0～4，第 0 页字节为 0～99，第 1 页为 100～199，依次类推。得到页面的访问序列是（0，0，1，1，0，3，1，2，2，4，4，3），可简化为（0，1，0，3，1，2，4，3）。如果内存中有 200 个字节可供程序使用，则内存提供 2 个页帧供程序使用。按照 FIFO 算法，共产生 6 次缺页中断，如表 3-7 所示。

表 3-7　FIFO 算法缺页中断

0	1	0	3	1	2	4	3
0	0	0	3	3	3	4	4
	1	1	1	1	2	2	2
×	×		×		×	×	×

按照 LRU 算法，共产生 7 次缺页中断，如表 3-8 所示。

表 3-8　LRU 算法缺页中断

0	1	0	3	1	2	4	3
0	0	0	0	1	1	4	4
	1	1	3	3	2	2	3
×	×		×		×	×	×

（5）最近没有使用页面置换算法（No Used Recently，NUR）。在需要置换某一页时，从那些最近的一个时期内未被访问的页任选一页置换。只要在页表中增设一个访问位即可实现。当某页被访问时，访问位置为 1，否则访问位置为 0。系统周期性地对所有引用位清零。当需淘汰一页时，从那些访问位为零的页中选一页进行淘汰。

（6）最优置换算法。选择那些永久不使用的，或者在最长时间内不再被访问的页面置换出去。因为要确定哪个页面是未来最长时间内不再被访问的，目前来说很难估计，所以，该算法通常用来评价其他算法。

（7）时钟页面替换算法（Clock）。使用页表中的引用位，将作业已调入内存的页面链成循环队列，用一个指针指向循环队列中的下一个将被替换的页面。其实现方法如下：一个页面首次装入内存时，其引用位置 1；在内存中的任何一个页面被访问时，其引用位置 1；淘汰页面时，存储管理从指针当前指向的页面开始扫描循环队列，把所遇到的引用位是 1 的页面的引用位清 0，并跳过这个页面；把所遇到的引用位是 0 的页面淘汰掉，指针推进一步；扫描循环队列时，如果遇到的所有页面的引用位均为 1，则指针就会绕整个循环队列一圈，将碰到的所有页面的引用位清 0；指针停在起始位置，并淘汰掉这一页，然后指针推进一步。

3.4 文件系统

文件是操作系统进行信息管理的基本单位，对软件资源的管理是通过文件系统来实现的。为了实现这些功能，操作系统必须考虑文件目录的建立和维护、存储空间的分配和回收、信息的编址方法和存储次序，以及如何检索用户信息等问题。

3.4.1 文件的组织结构

文件的组织结构是指文件的构造方式，通常可以从两个不同的角度来对它进行考察。其中，从用户角度看到的文件称为文件的逻辑组织，从系统角度看到的文件称为文件的物理组织。

1．逻辑结构

文件的逻辑结构（逻辑文件）是指用户概念中的文件，它独立于物理存储。逻辑文件有两种形式，分别是无结构的流式文件和有结构的记录式文件。

（1）流式文件。流式文件是相关信息项的集合，基本单位是字节（或字），它的管理比较简单，用户可以很方便地对其进行操作。因此，那些对基本信息单位操作不多的文件较适用于采用流式文件结构，例如，源程序文件、目标代码文件等。在 UNIX 系统中，所有的文件都被看成是流式文件，系统不对文件进行格式处理。

（2）记录式文件。记录式文件是数据记录的集合，其基本单位是逻辑记录，记录的长度有等长或变长之分。对记录式文件，所有记录描述一个实体集，有相同或不同数目的数据项。流式文件也可视为记录式文件的特例，即每个记录只有 1 个字节（或字）。记录式文件的逻辑组织有三种形式，一种是顺序存储方式，即记录按序排列；一种是直接存储方式，即用户对记录的存储是不按顺序的，可以指定某一记录进行存储；还有一种是按键存取方式，即用户对文件内容的访问不是根据记录的编号或地址，而是根据记录的某项内容（关键字）来进行的。

2．物理结构

文件物理结构（物理文件）是指文件在存储介质上的组织方式，它依赖于物理的存储设备和存储空间，可以看作是相关物理块的集合。由于物理结构决定了信息在存储设备上的存放位置和方式，因此，信息的逻辑位置到物理位置的映射关系也是由物理结构决定的。常用的文件物理结构有顺序结构、链接结构和索引结构。

（1）顺序结构（连续结构）。逻辑上连续的记录构成的文件分配到连续的物理块中。这种方式管理简单，存储速度快，空间利用率低，但文件记录插入或删除操作不方便，只能在文件末尾进行。

（2）链接结构（串联结构）。将信息存放在非连续的物理块中，每个物理块均设有一个指针，指向其后续的物理块，从而使得存放同一文件的物理块链接成一个串联队列。

链接方式又分为显式链接和隐式链接。显式链接的链接指针在专门的链接表中，隐式链接的指针在存放信息的物理块中。链接结构空间利用率高，且易于文件扩充，但查找效率比较低。

（3）索引结构（随机结构）。为每个文件建立一个索引表，其中每个表项指出信息所在的物理块号，表目按逻辑记录编写顺序或按记录内某一关键字顺序排列。对于大文件，为检索方便，可以建立多级索引，还可以将文件索引表也作为一个文件（称为索引表文件）。该方式可以满足文件动态增长的要求且存取方便，但建立索引表增加了存储空间的开销，对于多级索引，访问时间开销较大。

例如，在 UNIX 系统中，文件的物理结构采用直接、一级、二级和三级间接索引技术，假如索引节点有 13 个地址项，并且规定地址项 0~9 采用直接寻址方法，地址项 10 采用一级间接寻址，地址项 11 采用二级间接寻址，地址项 12 采用三级间接寻址。每个盘块的大小为 1KB，每个盘块号占 4B，那么，对于访问文件的第 356 168B 处的数据来说；先进行简单换算 356 168/1024≈348KB，由于地址项 0~9 可直接寻址 10 个物理盘块，每个物理块大小为 1KB，所以访问文件的前 10KB 范围的数据时是直接寻址。地址项 10 采用一次间接寻址，即地址项 10 里存放的是一级索引表的地址，因为每个盘块号占 4B，该索引表可存放 1024/4=256 个物理块的地址，所以当访问文件为 10~266KB 之间的数据时是一次间接寻址。由于要访问的数据是 348KB，所以还有 348–266=82KB。显然地址项 11 足够存取这些数据，因此，最多就在地址项 11 而无须存取地址项 12，即只需要二级间接寻址。

3．树形文件结构

文件控制块的集合称为文件目录，文件目录也被组织成文件，常称为目录文件。文件管理的一个重要方面是对文件目录进行组织和管理。文件系统一般采用一级目录结构、二级目录结构和多级目录结构，例如，UNIX 和 Windows 系统都采用了多级树形目录结构，如图 3-7 所示。

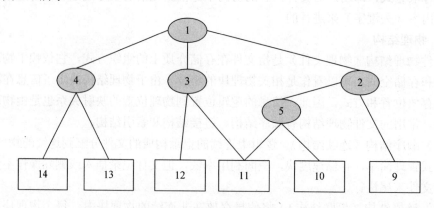

图 3-7　多级目录的树形目录结构

在图 3-7 中，主文件目录称为根目录，根目录下的子目录称为中间节点，子目录下的文件称为叶节点。从根目录出发到某文件的通路上所有各级子目录名和该文件名的顺序组合称为文件的路径名。每个文件都有一个唯一的路径名。为操作方便，减少访问时间，系统给用户指定一个当前目录，若用户欲访问某文件，就不用给出全部路径，只需给出从当前目录到欲查找文件之间的相对路径名。树形目录结构的特点是层次清楚，解决了文件重名问题，提高了查找的效率，同时也方便用户共享文件。

3.4.2 存储空间管理

一个大容量的文件存储器为系统本身和许多用户所共享。为方便用户"按名存取"所需文件，系统应能自动为用户分配并管理系统和用户的存储空间。为此，必须解决以下三个问题：登记空闲区的分布情况、按需要给一个文件分配存储空间，以及收回不再保留的文件所占的存储空间。以上问题都可以归结为磁盘空闲区的管理问题，常用的磁盘空闲区管理方法有空闲文件目录、空闲块链、位示图和成组链接法。

1．空闲文件目录

磁盘空间上一个连续的未分配区域成为空闲文件。系统为所有这些空闲文件单独建立一个目录。对每个空闲文件，在这个目录中建立一个表目。表目的内容包括第一个空闲块地址（物理块号）和空闲块个数等。在进行存储空间的分配时，也可采用首次适应和最佳适应等算法，而回收时，同样要进行空闲区的合并。这种方法的优点是空闲区的分配和回收都相当容易，但用来管理空闲区的空闲表需要占用大量的存储空间。

2．空闲块链

空闲块链是将所有空闲块用链接指针或索引结构组成一个空闲文件。释放和分配空闲块都可以在链首进行，只需要修改几个有关的链接字。该方法只要求在内存中保存一个指针，令它指向第一个空闲块，其优点是实现简单，但工作效率低，因为每当在链上增加或移去空闲块时，都需要对空闲块做较大的调整，从而会有较大的系统开销。一种改进方法是将空闲块分成若干组，再用指针将组与组链接起来，这种管理空闲块的方法称为成组链接法，它在进行空闲块的分配与回收时要比空闲块链法节省时间。

3．位示图法

位示图是利用二进制的 1 位来表示文件存储空间中的 1 个块的使用情况。一个 m 行、n 列的位示图，可用来描述 $m\times n$ 块的文件存储空间，当行号、列号和块号都是从 0 开始编号时，第 i 行、第 j 列的二进制位对应的物理块号为 $i\times n+j$。如果"0"表示对应块空闲，"1"表示对应块已分配，则在进行存储空间的分配时，可顺序扫描位示图，从中找出一个或一组值为"0"的二进制位，将对应的块分配出去，并将这些位置"1"；而在回收某个块时，只需找到对应的位，并将其值清零即可。位示图法适合于所有的分配方式，它简单易行，而且，位示图通常较小，故可将其读入内存，从而进一步加快文件存储空间分配和回收的速度。

4. 成组链接法

成组链接法是对空闲块链法的一种改进，它将一个文件卷的所有空闲盘块按固定大小（例如，每组 m 块）分成若干组，并将每一组的盘块数和该组所有的盘块记入前一组的最后一个盘块中，第一组的盘块数和该组的所有盘块号则记入超级块的空闲盘块中。当系统要为用户分配文件所需的盘块时，若第一组不只一块，则将超级块中的空闲盘块数减 1，并将空闲盘块栈顶的盘块分配出去；若第一组只剩一块且栈顶的盘块号不是结束标记"0"，则先将该块的内容（记录有下一组的盘块数和盘块号）读到超级块中，然后再将该块分配出去；否则，若栈顶的盘块号为结束标记"0"，则表示该磁盘上已无空闲盘块可供分配。

在系统回收空闲盘块时，若第一组不满 m 块，则只需将回收块的块号填入超级块的空闲盘栈顶，并将其中的空闲盘块数加 1；若第一组已有 m 块，则必须先将超级块中的空闲盘块数和空闲盘块号写入回收块中，然后将盘块数和回收块的块号记入超级块中。

值得注意的是，超级块中的空闲盘块栈是临界资源，对该栈的操作必须互斥地进行。系统需要为空闲盘块设置一把"锁"，并通过上锁和解锁来实现对空闲盘块栈的操作。成组链接法除了第一组空闲盘块外，其余空闲盘块的登记不占额外的存储空间，而超级块（即文件卷的第一块）已在安装磁盘时拷入内存，因此，绝大部分的分配和回收工作可在内存中进行，从而使之具有较高的效率。

3.4.3 分布式文件系统

在计算机网络中，每个节点运行一个包括自己的文件系统的本地操作系统，称为本地文件系统（Local File System，LFS）。LFS 负责将磁盘块分配给文件，并维护文件分配表等信息，提供诸如新建文件、读文件、写文件和删除文件等不同的服务。它为所有本地目录和文件维护目录结构，允许用户更改自己的工作目录，列出本地目录中的所有文件，以及实现对本地文件和目录的访问控制。

当用户想要对远程文件执行所有这些功能时，就会出现问题，分布式文件系统（Distributed File System，DFS）正好可以提供这种功能。DFS 是分布式系统的重要组成部分，它允许通过网络来互连，使不同机器上的用户共享文件的一种文件系统。DFS 不是一个分布式操作系统，而是一个相对独立的软件系统，被集成到分布式操作系统中，并为其提供远程访问服务。

1. DFS 的特点

DFS 具有网络透明性和位置透明性。网络透明性是指用户访问文件服务器上的文件的操作如同访问 LFS 的操作一样；位置透明性是指用户通过文件名访问文件，但并不知道该文件在网络中的位置，文件的物理位置改变了，但只要文件的名字不变，用户仍可进行访问。

在分布式系统中，区分文件服务和文件服务器的概念是非常重要的。文件服务是文件系统为其用户提供的各种功能描述，例如，可用的原语，以及它们所带的参数和执行的动作等。对于用户来说，文件服务精确地定义了它们所期望的服务，而不涉及实现方面的细节。实际上，文件服务提供了文件系统与用户之间的接口；文件服务器是运行在网络中某台机器上的一个实现文件服务的进程，一个系统可以有一个或多个文件服务器，但用户并不知道有多个文件服务器及它们的位置和功能。用户所知道的只是当调用文件服务中某个具体过程时，所要求的工作以某种方式执行，并返回所要求的结果。

2. DFS 的组成

DFS 为系统中的客户机提供共享的文件系统，为分布式操作系统提供远程文件访问服务。分布式操作系统通常在系统中的每个机器上都有一个副本，但 DFS 并不一样，它由两部分组成，分别是运行在服务器上的 DFS 软件和运行在每个客户机上的 DFS 软件。这两部分程序代码在运行中都要与本机操作系统的文件系统紧密结合，共同起作用。现代操作系统都支持多种类型的文件系统，DFS 将通过虚拟文件系统和虚拟节点与 LFS 交互作用。

3. DFS 的架构

DFS 目前大多采用客户/服务器架构，客户是要访问文件的计算机，服务器是存储文件并且允许用户访问这些文件的计算机。DFS 中需要解决的一个问题是命名的透明性，通常有三种解决方式，第一种方式是通过机器名加路径名来访问文件；第二种方式是将远程文件系统安装到本机文件目录上，这样，用户就可以自己定制文件名；第三种方式是让所有机器上看起来有相同的单一名字空间，这种方式实现难度较大。

在客户/服务器架构中，客户使用远程方法访问文件，服务器则响应客户的请求。有些系统中的服务器能提供更多的服务，它不仅响应客户的请求，还对客户机中的高速缓存的一致性作出预测，一旦客户数据变为无效时便通知客户。

第 4 章　数据通信与计算机网络

计算机网络自 20 世纪 60 年代末诞生以来，即以异常迅猛的速度发展起来，被越来越广泛地应用于政治、经济、军事、生产和科学技术等各个领域。目前，信息系统大多数是基于计算机网络的，因此，作为一名合格的系统分析师，必须掌握有关计算机网络的基础知识。计算机网络源于计算机技术与数据通信技术的结合，它通过通信链路将分布在各个地理位置上的多台独立的计算机相互连接起来，从而形成的一种网络，并在网络操作系统、网络管理软件和网络通信协议的管理和协调下，实现资源（软件、硬件和数据）共享。

4.1　数据通信基础知识

数据通信是计算机网络的基础，计算机网络通过采用数据通信方式进行通信。数据通信技术的发展与计算机技术的发展密切相关，又相互影响，已经形成一门独立的学科。广义地说，数据通信是计算机之间或计算机与其他数据终端之间存储、处理、传输信息的一种通信技术，数据通信的目的就是传递信息。

4.1.1　信道特性

各种数据终端设备交换数据，就必然要传输数据（模拟信号或数字信号），数据传输的路径称为信道。信道可以分为物理信道和逻辑信道。物理信道由传输介质和设备组成，是用于传输信号的物理通路，网络中两个节点之间的物理通路称为通信链路。物理信道还可根据传输介质的不同而分为有线信道和无线信道，也可根据传输数据类型的不同分为数字信道和模拟信道；逻辑信道是指在数据发送端和接收端之间不存在一条物理上的线路。逻辑信道可以是有连接的，也可以是无连接的。

1. 信道传输的方式

按照数据传送的方向与时间不同，信道传输可以分为单工、半双工和全双工三种传输方式，如图 4-1 所示。

（1）单工通信。单工通信也称为单向通信，即只能有一个方向的通信而没有反方向的交互。无线电广播或有线电广播以及电视广播就属于这种类型。

（2）半双工通信。半双工通信也称为双向交替通信，即通信的双方都可以发送信息，但不能同时发送和同时接收。这种通信方式是一方发送另一方接收，过一段时间后再反过来。很多对讲机使用的就是半双工方式,当一方按下按钮说话时,不能听见对方的声音。

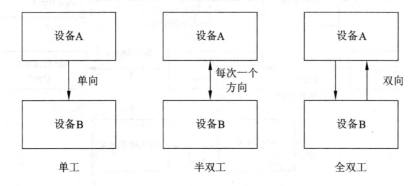

图 4-1 信道通信的分类示意图

(3) 全双工通信。全双工通信意味着两个方向的传输能够同时进行,一般的电话系统、交换式以太网等采用全双工方式进行通信。

2. 信道传输速率

在过去,通信的主干线路传送的是模拟信号,信号带宽指的是该信号所包含的各种不同的频率成分所占据的频率范围,即"信道带宽=最高频率–最低频率"。通常是信道的电路制成了,信道的带宽也就决定了;而在数字通信中,带宽是指信道传输数据的能力,表示信道在一定的时间内所能传输的比特数。信道的传输速率可以用码元传输速率和信息传输速率两种方式来描述。

(1) 码元传输速率。在数字通信中,对数字信号的计量单位常用码元表示。一个码元就是一个数字脉冲,用码元速率表示单位时间内信号波形的变换次数,即单位时间内传送码元的数目。码元速率又称为波特率,单位为波特/秒(Baud/s)。

(2) 数据传输速率。数据传输速率即比特率,单位为比特/秒(b/s 或 bps),它表示每秒钟传送的信息量(比特数)。

信道传输速率的计算公式如图 4-2 所示。

从图 4-2 中可以看出,计算信道的传输速率时需要考虑两种情况。

(1) 无噪声的理想信道。使用奈奎斯特定理进行计算,该定理的表达很简单,即 $B=2W$(Baud)。在计算时,最关键的在于理解码元和比特的转换关系。例如,如果码元取 2 个离散值,则只需 1 比特表示;若码元取 4 个离散值,则需要 2 比特来表示。码元有多少个不同种类,取决于其使用的调制技术。关于调制技术的详细知识,将在 4.1.3 节中介绍,表 4-1 只列出常见的调制技术所携带的码元数。

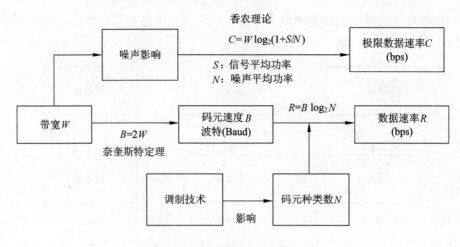

图 4-2 信道的数据速率计算公式

表 4-1 调制技术与码元数

调制技术名称	码 元 种 类	比 特 位
幅度键控	2	1
频移键控	2	1
相位键控（2 相调制）	2	1
4 相键控调制	4	2
正交相移键控	4	2

（2）有噪声干扰的实际信道。使用香农理论进行计算，香农理论描述了有限带宽、有随机热噪声信道的最大传输速率与信道带宽、信号噪声功率比（S/N，简称为信噪比）之间的关系。在使用香农理论时，由于 S/N 的比值通常太大，因此使用分贝数（dB）来表示：$dB = 10 \times \log_{10}(S/N)$。例如，$S/N=1000$ 时，用分贝表示就是 30dB。如果带宽是 3kHz，则这时的极限数据速率就是 $C = 3000 \times \log_{10}(1 + 1000) \approx 3000 \times 9.97 \approx 30\text{Kbps}$。

自从香农公式发表后，各种新的信号处理和调制方法不断出现，其目的就是为了尽可能接近香农公式给出的理论极限。在实际信道上接近这个极限是非常困难的，因为在实际信道中，信号还要受到其他的一些损伤，例如，各种脉冲干扰和在传输中产生的失真等。

3．时延

时延是指数据从信道的一端传送到另一端所需要的时间，可分为发送时延、传播时延和处理时延。数据帧经历的总时延为上述三项之和，即：

总时延 = 发送时延+传播时延+处理时延

（1）发送时延。发送时延又称为传输时延，是指将数据帧从节点送到传输媒介（信道）所需要的时间，即从发送的数据帧的第一个比特到最后一个比特发送完毕所需的时间。发送时延的计算公式为：

$$发送时延 = 数据帧长度（b）/信道带宽（bps）$$

（2）传播时延。传播时延是指承载信号的电磁波在信道中传播一定距离所需要花费的时间，其计算公式为：

$$传播时延 = 信道长度（m）/电磁波在信道上的传输速率（m/s）$$

（3）处理时延。处理时延是指节点在收到信息后进行处理需要花费的时间。其中主要是数据在节点缓存队列中所经历的排队时延，排队时延的长短往往取决于网络当时的通信量。当网络的通信量很大时就会产生队列溢出，使得分组丢失，这就相当于排队时延为无穷大。

4．传输质量

传输质量是指数字通信系统的可靠性，通常用误码率来表示。误码率是指在一定统计时间内，数字信号在传输过程中发生错误的位数与传输的总位数之比。在计算机网络中，一般要求误码率小于 10^{-6}，即每传送 1 兆位才允许错 1 位。当误码率高于某一数值时，可采用差错控制方法进行检错和纠正。

4.1.2　数据传输技术

在通信技术发达的今天，数据传输技术多种多样，例如，并行传输、串行传输、同步传输、异步传输等。

1．并行传输与串行传输

在并行传输中，一次使用 n（$n>1$）条导线同时传输 n 个比特。显然，并行传输的优势在于速度。

在串行传输中，比特是逐个依次发送的。因此，在两个通信设备之间传输数据只需要一条通信信道，而不是 n 条。串行传输的优点是，因为只需要一条通信信道，费用大约只有并行传输的 $1/n$。串行传输的缺点在于，存在一个收、发双方如何保持码组或字符同步的问题，这个问题不解决，接收方就不能从接收到的数据流中正确地区分一个个的字符，导致传输失去意义。如何解决码组或字符的同步问题，目前有两种不同的方法，分别是异步传输方式和同步传输方式。

2．异步传输与同步传输

在异步传输方式中，每次传送一个字符（5～8 位），都在每个字符代码前加一个起始位，表示该字符代码的开始。在字符和校验码后加一个停止位，表示该代码的结束。因此，异步传输又称为起止式同步，起始位编码为"0"，持续 1 位时间，停止位编码为"1"，持续 1～2 位时间。当不发送数据时，发送端连续地发送停止码"1"。接收端一旦接收到从 1 到 0 的信号跳变，便知道要开始新字符的发送，利用这种极性的改变便可启动定时机构，实现同步。当接收到停止位时，就将定时机构复位，准备接收下一个字符代码。因此，在异步传输中，不需要传输时钟脉冲。异步通信设备易于安装，维护简单且价格便宜。但是，在异步方式中，由于每个字符都引入起始和停止位，所以开销大、效率低、速率低，常用于低速传输。

在同步传输方式中，利用时钟的同步使发送和接收装置之间的定时不发生误差。通常有两种方法来实现，第一种方法是在接收装置和发送装置之间采用单独的时钟信息，另一种方法是将定时信号包含在数据信号中发送，直接从数据波形本身中提取同步信号。例如，数字信号利用曼彻斯特编码时，规定传送"0"信号时是电平先正后负，传送"1"信号时是电平先负后正。

由于数据信号都是由二进制码按预定规律编排而成，它包含位、字、句和帧等。数据传输的代码结构是由若干位组成字，由若干个字组成句，由若干个句组成帧，传输时不仅位需要同步，字、句和帧都要同步，这称为群同步。只有做到群同步，接收端才能正确识别字、句和帧等码群。如果只有位同步而无群同步，接收到的信号将是一串无意义的码元序列。

3．数据传输的形式

根据传输技术的不同，数据传输形式可分为基带传输、频带传输和宽带传输等三种。

（1）基带传输。模拟信号经过信源编码得到的信号为数字基带信号，将这种信号经过码型变换，不经过调制，直接送到信道传输，称为数字信号的基带传输。

（2）频带传输。频带传输就是先将基带信号变换（调制）成便于在模拟信道中传输的、具有较高频率范围的模拟信号（称为频带信号），再将这种频带信号在模拟信道中传输。

（3）宽带传输。宽带传输是将信道分为多个子信道，分别传送音频、视频和数字信号。与基带传输相比，一条宽带信道能划分为多条逻辑基带信道，实现多路复用，信道的容量大大增加；宽带传输的距离比基带远，因为基带传输直接传送数字信号，传输的速率越高，能够传输的距离越短。

4.1.3 数据编码与调制

数据传输是实现数据通信的基础，无论信源产生的是模拟数据还是数字数据，在传输过程中都要转换成适合于信道传输的某种信号形式。模拟数据和数字数据都可以用模拟信号或数字信号来表示，从而产生了数据调制和编码技术。

1．模拟信道传送模拟数据

模拟数据可以在模拟信道上直接传送，使用调制技术的主要原因有两个，一是通常模拟数据的频率并不高，而有效的传输需要较高的频率；二是通过调制可以做到信道的复用。

模拟数据通过模拟信道传送的调制方式主要有调幅（Amplitude Modulation，AM）、调频（Frequency Modulation，FM）和调相（Phase Modulation，PM）等几种方式。AM 调制的载波会随着原始模拟数据的幅度变化而变化，载波的频率不变；PM 调制的载波的相位随着原始模拟数据的幅度变化而变化,载波的幅度不变;FM 调制的载波的频率随着原始数据的幅度变化而变化,载波的幅度不变。

2. 数字信道传送模拟数据

模拟信号必须转变为数字信号,才能在数字信道上传送,这个过程称为数字化。脉码调制(Pulse Code Modulation,PCM)是最常用的一种数字化技术。PCM 要经过取样、量化、编码三个步骤。

(1)取样。根据奈奎斯特取样定理,取样速率应大于模拟信号的最高频率的 2 倍。例如,44kHz 的音乐让人感觉到最保真,这是因为人耳可识别的最高频率约为 22kHz,因此,当采样率达到 44kHz 时,就可以得到最满意的效果。

(2)量化。将样本的连续值转换成离散值,离散值的个数决定了量化的精度。

(3)编码。将量化后的样本值变成相应的二进制代码。

3. 模拟信道传送数字数据

数字数据使用模拟通道传送,同样需要调制,使其适合于在模拟线路上传输。最基本的调制技术包括幅移键控(Amplitude-Shift Keying,ASK)、频移键控(Frequency-shift keying,FSK)和相移键控(Phase-Shift Keying,PSK),如图 4-3 所示。

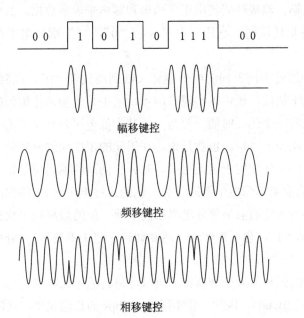

图 4-3 ASK、FSK 和 PSK

ASK 用恒定的载波振幅值表示一个数(通常是"1"),无载波表示另一个数(通常是"0"),其实现简单、抗干扰性差、效率低,典型数据率为 1200bps;FSK 使用两种不同的频率表示数字数据"1"和"0",其抗干扰性较 ASK 更强,但占用带宽较大,典型数据率也是 1200bps;PSK 用载波的相位偏移来表示数据"1"和"0",其抗干扰性最好,而且相位的变化可以作为定时信息来同步时钟。

4. 数字信道传送数字数据

在数字信道中传输数据时,利用特定的电平信号来表示二进制值"0"和"1",然后再进行传输,可用的编码方法有很多,常见的有归零性编码、双相码、极性编码、曼彻斯特编码、差分曼彻斯特编码等。

(1)归零性编码。归零是指编码信号量是否回归到 0 电平。归零性编码可分为归零码(Return Zero,RZ)和非归零码,非归零编码又可分为非归零电平编码(Non-Return Zero-Level,NRZ-L)和非归零反相编码(Non-Return Zero-Inverse,NRZ-I)。归零码是指码元中间的信号回归到 0 电平,非归零码则不回归(发生电平变化表示"1",不发生电平变化表示"0")。

(2)极性编码。极性编码分为单极性编码、极性编码和双极性编码。在单极性编码中,正极表示"0",零电平表示"1";在极性编码中,使用两极(正极表示"0",负极表示"1")表示数据;双极性码使用正负两极和零电平表示数据。其中有一种典型的双极性码是信号交替反转编码,它用零电平表示"0","1"则使电平在正、负极间交替翻转。

(3)双相码。通过不同方向的电平翻转(低到高代表"0",高到低代表"1"),这样不仅可以提高抗干扰性,还可以实现自同步,它也是曼彻斯特编码的基础。

曼彻斯特编码将一个码元时间一分为二,其中低电平到高电平的变化表示"0",高电平到低电平的变化表示"1"。也就是说,在码元的正中间的时间位上出现一次电平的翻转。曼彻斯特编码主要应用于以太网中。差分曼彻斯特编码也是将一个码元时间一分为二,如果当前位的前半部分电平不同于前一位的最终电平状态(即位间电平发生变化),则表示"0";如果当前位的前半部分电平相同于前一位的最终电平状态(即位间电平不发生变化),则表示"1"。也可理解为"遇 0 翻转,遇 1 不变"。差分曼彻斯特编码常应用于令牌环网中。

使用曼彻斯特编码和差分曼彻斯特编码时,每传输 1 比特的信息,就要求线路上有 2 次电平状态变化(2Baud),因此,要实现 100Mbps 的传输速率,就需要有 200MHz 的带宽,即编码效率只有 50%。正是因为曼彻斯特编码和差分曼彻斯特编码的编码效率不高,导致在带宽资源宝贵的广域网和速度要求更高的局域网中出现了困难,为了解决这些困难,因此出现了 mBnB 编码,即将 m 比特位编码成 n 波特(代码位),提高了带宽的利用率。

4.2 网络体系结构与协议

网络体系结构是指计算机网络的各层及其协议的集合。计算机之间要交换数据，就必须遵守一些事先约定好的规则，用于规定信息的格式以及如何发送和接收信息的一套规则就称为网络协议。为了减少网络协议设计的复杂性，网络设计者并不是设计一个单一、巨大的协议来为所有形式的通信规定完整的细节，而是将庞大而复杂的通信问题转化为若干个小问题，然后为每个小问题设计一个单独的协议。

计算机网络采用分层设计方法，按照信息的传输过程将网络的整体功能分解为一个个的功能层，不同机器上的同等功能层之间采用相同的协议，同一机器上的相邻功能层之间通过接口进行信息传递。

4.2.1 网络互联模型

1977 年，国际标准化组织为适应网络标准化发展的需求，制定了开放系统互联参考模型（Open system Interconnection/Reference Model，OSI/RM），从而形成了网络体系结构的国际标准。OSI/RM 构造了由下到上的 7 层模型，分别是物理层、数据链路层、网络层、传输层、会话层、表示层和应用层。

1. OSI/RM 各层的功能

在数据传输过程中，每一层都承担不同的功能和任务，以实现对数据传输过程中的各个阶段的控制。

（1）物理层。物理层的主要功能是透明地完成相邻节点之间原始比特流的传输。其中"透明"的意思是指物理层并不需要关心比特代表的具体含义，而要考虑的是如何发送"0"和"1"，以及接收端如何识别。物理层在传输介质基础上作为系统和通信介质的接口，为数据链路层提供服务。

（2）数据链路层。数据链路层负责在两个相邻节点之间的线路上无差错地传送以帧为单位的数据，通过流量控制和差错控制，将原始不可靠的物理层连接变成无差错的数据通道，并解决多用户竞争问题，使之对网络层显现一条可靠的链路。

（3）网络层。网络层是通信子网的最高层，其主要任务是在数据链路层服务的基础上，实现整个通信子网内的连接，并通过网络连接交换网络服务数据单元（packet）。它主要解决数据传输单元分组在通信子网中的路由选择、拥塞控制和多个网络互联的问题。网络层建立网络连接为传输层提供服务。

（4）传输层。传输层既是负责数据通信的最高层，又是面向网络通信的低三层（物理层、数据链路层和网络层）和面向信息处理的高三层（会话层、表示层和应用层）之间的中间层，是资源子网和通信子网的桥梁，其主要任务是为两台计算机的通信提供可靠的端到端的数据传输服务。传输层反映并扩展了网络层子系统的服务功能，并通过传输层地址为高层提供传输数据的通信端口,使系统之间高层资源的共享不必考虑数据通信方面的问题。

(5)会话层。会话层利用传输层提供的端到端数据传输服务,具体实施服务请求者与服务提供者之间的通信,组织和同步它们的会话活动,并管理它们的数据交换过程。会话层提供服务通常需要经过建立连接、数据传输和释放连接三个阶段。会话层是最薄的一层,常被省略。

(6)表示层。表示层处理的是用户信息的表示问题。端用户(应用进程)之间传送的数据包含语义和语法两个方面。语义是数据的内容及其含义,它由应用层负责处理;语法是与数据表示形式有关的方面,例如,数据的格式、编码和压缩等。表示层主要用于处理应用实体面向交换的信息的表示方法,包括用户数据的结构和在传输时的比特流(或字节流)的表示。这样,即使每个应用系统有各自的信息表示法,但被交换的信息类型和数值仍能用一种共同的方法来描述。

(7)应用层。应用层是直接面向用户的一层,是计算机网络与最终用户之间的界面。在实际应用中,通常把会话层和表示层归入到应用层,使 OSI/RM 成为一个简化的五层模型。

2. TCP/IP 结构模型

虽然 OSI/RM 已成为计算机网络体系结构的标准模型,但因为 OSI/RM 的结构过于复杂,实际系统中采用 OSI/RM 的并不多。目前,使用最广泛的可互操作的网络体系结构是传输控制协议/网际协议(Transmission Control Protocol/ Internet Protocol,TCP/IP)结构模型。与 OSI/RM 结构不同,不存在一个正式的 TCP/IP 结构模型,但可根据已开发的协议标准和通信任务将其大致分成 4 个比较独立的层次,分别是网络接口层、网络互联层、传输层和应用层。

(1)网络接口层。网络接口层大致对应于 OSI/RM 的数据链路层和物理层,TCP/IP 协议不包含具体的物理层和数据链路层,只定义了网络接口层作为物理层的接口规范。网络接口层处在 TCP/IP 结构模型的最底层,主要负责管理为物理网络准备数据所需的全部服务程序和功能。

(2)网络互联层。网络互联层也称为网络层、互联网层或网际层,负责将数据报独立地从信源传送到信宿,主要解决路由选择、阻塞控制和网络互联等问题,在功能上类似于 OSI/RM 中的网络层。

(3)传输层。传输层负责在信源和信宿之间提供端到端的数据传输服务,相当于 OSI/RM 中的传输层。

(4)应用层。应用层直接面向用户应用,为用户提供对各种网络资源的方便的访问服务,包含了 OSI/RM 会话层和表示层中的部分功能。

4.2.2 常见的网络协议

计算机网络的各层中存在着许多协议，它们是定义通过网络进行通信的规则。接收方与发送方同层的协议必须一致，否则，一方将无法识别另一方发出的信息。

1. 应用层协议

在应用层中，定义了很多面向应用的协议，应用程序通过本层协议利用网络完成数据交互的任务。这些协议主要有 FTP、TFTP、HTTP、SMTP、DHCP、Telnet、DNS 和 SNMP 等。

文件传输协议（File Transport Protocol，FTP）是网络上两台计算机传送文件的协议，运行在 TCP 之上，是通过 Internet 将文件从一台计算机传输到另一台计算机的一种途径。FTP 的传输模式包括 Bin（二进制）和 ASCII（文本文件）两种，除了文本文件之外，都应该使用二进制模式传输。FTP 在客户机和服务器之间需建立两条 TCP 连接，一条用于传送控制信息（使用 21 号端口），另一条用于传送文件内容（使用 20 号端口）。

简单文件传输协议（Trivial File Transfer Protocol，TFTP）是用来在客户机与服务器之间进行简单文件传输的协议，提供不复杂、开销不大的文件传输服务。TFTP 建立在用户数据报协议（User Datagram Protocol，UDP）之上，提供不可靠的数据流传输服务，不提供存取授权与认证机制，使用超时重传方式来保证数据的到达。

超文本传输协议（Hypertext Transfer Protocol，HTTP）是用于从 WWW 服务器传输超文本到本地浏览器的传送协议。它可以使浏览器更加高效，使网络传输减少。HTTP 建立在 TCP 之上，它不仅保证计算机正确快速地传输超文本文档，还确定传输文档中的哪一部分，以及哪部分内容首先显示等。

简单邮件传输协议（Simple Mail Transfer Protocol，SMTP）建立在 TCP 之上，是一种提供可靠且有效的电子邮件传输的协议。SMTP 是建模在 FTP 文件传输服务上的一种邮件服务，主要用于传输系统之间的邮件信息，并提供与电子邮件有关的通知。

动态主机配置协议（Dynamic Host Configuration Protocol，DHCP）建立在 UDP 之上，基于客户机/服务器模型设计的。所有的 IP 网络设定数据都由 DHCP 服务器集中管理，并负责处理客户端的 DHCP 要求；而客户端则会使用从服务器分配下来的 IP 环境数据。DHCP 通过租约（默认为 8 天）的概念，有效且动态地分配客户端的 TCP/IP 设定。当租约过半时，客户机需要向 DHCP 服务器申请续租；当租约超过 87.5%时，如果仍然没有和当初提供 IP 的 DHCP 服务器联系上，则开始联系其他的 DHCP 服务器。DHCP 分配的 IP 地址可以分为三种方式：固定分配、动态分配和自动分配。

Telnet（远程登录协议）是登录和仿真程序，建立在 TCP 之上，它的基本功能是允许用户登录进入远程计算机系统。以前，Telnet 是一个将所有用户输入送到远程计算机进行处理的简单的终端程序。目前，它的一些较新的版本是在本地执行更多的处理，可以提供更好的响应，并且减少了通过链路发送到远程计算机的信息数量。

域名系统（Domain Name System，DNS）在 Internet 上域名与 IP 地址之间是一一对应的，域名虽然便于人们记忆，但机器之间只能互相认识 IP 地址，它们之间的转换工作称为域名解析，域名解析需要由专门的域名解析服务器来完成，DNS 就是进行域名解析的服务器。DNS 通过对用户友好的名称查找计算机和服务。当用户在应用程序中输入 DNS 名称时，DNS 服务可以将此名称解析为与之相关的其他信息，例如，IP 地址。

简单网络管理协议（Simple Network Management Protocol，SNMP）是为了解决 Internet 上的路由器管理问题而提出的，它可以在 IP、IPX、AppleTalk 和其他传输协议上使用。SNMP 是指一系列网络管理规范的集合，包括协议本身、数据结构的定义和一些相关概念。目前，SNMP 已成为网络管理领域中事实上的工业标准，并被广泛支持和应用，大多数网络管理系统和平台都是基于 SNMP 的。

2．传输层协议

传输层主要有两个传输协议：TCP 和 UDP，这些协议负责提供流量控制、错误校验和排序服务。

TCP 是整个 TCP/IP 协议族中最重要的协议之一，它在 IP 协议提供的不可靠数据服务的基础上，采用了重发技术，为应用程序提供了一个可靠的、面向连接的、全双工的数据传输服务。TCP 协议一般用于传输数据量比较少，且对可靠性要求高的场合。

UDP 是一种不可靠的、无连接的协议，可以保证应用程序进程间的通信，与 TCP 相比，UDP 是一种无连接的协议，它的错误检测功能要弱得多。可以这样说，TCP 有助于提高可靠性，而 UDP 则有助于提高传输速率。UDP 协议一般用于传输数据量大，对可靠性要求不是很高，但要求速度快的场合。

3．网络层协议

网络层中的协议主要有 IP、网际控制报文协议（Internet Control Message Protocol，ICMP）、网际组管理协议（Internet Group Management Protocol，IGMP）、地址解析协议（Address Resolution Protocol，ARP）和反向地址解析协议（Reverse Address Resolution Protocol，RARP）等，这些协议处理信息的路由和主机地址解析。

IP 所提供的服务通常被认为是无连接的和不可靠的，它将差错检测和流量控制之类的服务授权给了其他的各层协议，这正是 TCP/IP 能够高效率工作的一个重要保证。网络层的功能主要由 IP 来提供，除了提供端到端的分组分发功能外，IP 还提供很多扩充功能。例如，为了克服数据链路层对帧大小的限制，网络层提供了数据分块和重组功能，这使得很大的 IP 数据包能以较小的分组在网络上传输。

ARP 用于动态地完成 IP 地址向物理地址的转换。物理地址通常是指计算机的网卡地址，也称为媒体访问控制（Media Access Control，MAC）地址，每块网卡都有唯一的地址；RARP 用于动态完成物理地址向 IP 地址的转换。

ICMP 是一个专门用于发送差错报文的协议，由于 IP 协议是一种尽力传送的通信协议，即传送的数据可能丢失、重复、延迟或乱序传递，所以需要一种尽量避免差错并能在发生差错时报告的机制,这就是 ICMP 的功能。

IGMP 允许 Internet 中的计算机参加多播,是计算机用作向相邻多目路由器报告多目组成员的协议。多目路由器是支持组播的路由器,它向本地网络发送 IGMP 查询,计算机通过发送 IGMP 报告来应答查询。多目路由器负责将组播包转发到网络中所有组播成员。

4.2.3 网络地址与分配

Internet 依靠 TCP/IP 协议,在全球范围内实现不同硬件结构、不同操作系统、不同网络系统的互联。在 Internet 上,每个节点都依靠唯一的 IP 地址互相区分和相互联系。

1. IP 地址及表示方法

IP 地址是一个 32 位的二进制数逻辑地址(这种表示方式称为 IPv4),为了人们使用方便,习惯上将这个 32 位的数字划分成 4 个字节,并在每个字节之间以"."来区分。例如,IP 地址 11000000 10101000 11001000 10000000,每字节用十进制数来表示,字节之间用圆点分隔,表示为 192.168.200.128。

每个 IP 地址由两部分组成,分别是网络号和主机号。网络号用于唯一标识一个网络,主机号则确定了某个网络上的某一台主机。根据网络号和主机号的不同划分,IP 地址可以分为 5 类,如图 4-4 所示。

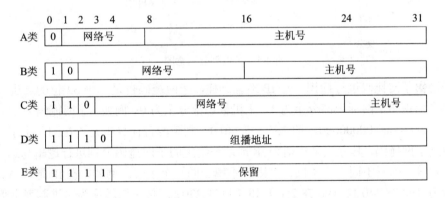

图 4-4 IP 地址分类示意图

对于 A 类 IP 地址的最高位为 0,高 8 位为网络号,其后的 24 位用于表示主机号;B 类 IP 地址的最高位为 10,其高 16 位为网络号,后面的 16 位用于表示主机号;C 类 IP 地址的最高位为 110,高 24 位为网络号,后面 8 位为主机号;D 类地址也称为组播地址,它是一类特殊的地址,用于网络中的组播;E 类地址为保留地址,目前尚未定义和使用。

另外,为了满足内网的使用需求,保留了一部分不在公网使用的 IP 地址,如表 4-2 所示。

表 4-2 保留地址表

类别	IP 地址范围	网络号	网络数
A	10.0.0.0～10.255.255.255	10	1
B	172.16.0.0～172.31.255.255	172.16～172.31	16
C	192.168.0.0～192.168.255.255	192.168.0～192.168.255	255

2．子网的划分

IPv4 采用的是 32 位 IP 地址设计，限制了地址空间的总容量，随着网络应用的深入，出现了 IP 地址紧缺的现象。每个 A 类地址可连接的计算机超过 1000 万台，B 类地址也超过 6 万台。然而，有些网络对连接在网络上的计算机数目有限制，根本用不到这样的数值。例如，有的单位申请到一个 B 类地址，但所连接的计算机并不多，可又不愿意申请一个可以够使用的 C 类地址，这样，IP 地址的浪费尤为严重。

子网就是用来解决这类问题的，在计算机网络中引入子网的概念，通过灵活定义子网标识的位数，可以控制每个子网的规模，从而解决上述问题。如图 4-5 所示，划分子网的主要思想是将 IP 地址划分成三个部分，分别是网络号、子网号和主机号。也就是说，利用 IP 地址的主机号部分继续划分子网。

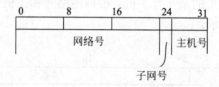

图 4-5 子网划分示意图

子网由子网掩码进行标识。与 IP 地址一样，子网掩码也是一个 32 位的二进制数，但其网络标识和子网标识部分全为 1，主机标识部分全为 0。例如，子网掩码为 11111111 11111111 11110000 00000000，即 255.255.240.0。判断两台计算机是否在同一个子网内，需要用到子网掩码，其方法是将两个 IP 地址与给定的子网掩码分别进行逻辑与运算，如果结果相等，则属于同一个子网，否则就不属于同一个子网。例如，设 IP 地址 A、B 和 C 分别为 190.78.240.1、190.78.250.1 和 190.78.230.1，将它们转换为二进制表示形式，则为：

    10111110 01001110 11110000 00000001
    10111110 01001110 11111010 00000001
    10111110 01001110 11100110 00000001

与子网掩码 11111111 11111111 11110000 00000000 进行逻辑与运算，结果分别为：

    10111110 01001110 11110000 00000000
    10111110 01001110 11110000 00000000
    10111110 01001110 11100000 00000000

因此，IP 地址 190.78.240.1 和 190.78.250.1 在一个子网内，而 IP 地址 190.78.240.1 与 190.78.230.1 不在一个子网内。

3. 构造超网

划分子网在一定程度上缓解了 Internet 在发展中遇到的问题，然而，各种类别的子网会使得 Internet 路由表中的项目数急速增长。为了解决这个问题，可以采用无分类编址技术，其正式名字为无分类域间路由（Classless InterDomain Routing，CIDR）。CIDR 的特点主要有以下两个：

（1）CIDR 消除了传统 IP 地址的分类和划分子网的概念，可以更加有效地分配 IPv4 的地址空间。CIDR 把 32 位的 IP 地址划分为两个部分。前面的部分为网络前缀，用来指明网络，后面的部分用来表示主机。它的记法为在 IP 地址后加上斜线"/"，然后在后面写上网络前缀所占的位数，例如，128.2.3.4/20 表示网络前缀为高 20 位，主机号为低 12 位。

（2）CIDR 将网络前缀都相同的连续的 IP 地址组成一个 CIDR 地址块。只要知道地址块中的任意地址，就可以知道这个地址块的起始地址（最小地址）和结束地址（最大地址），以及地址块中的地址数。例如，已知 IP 地址 128.14.35.7/20 是某 CIDR 地址块中的一个地址，转换为二进制表达形式为 <u>10000000 00001110 0010</u> 0011 00000111，其中下划线部分表示其前缀为 20 位，主机号为 12 位，其最小地址为 <u>10000000 00001110 0010</u> 0000 00000000（即 128.14.32.0），最大地址为 <u>10000000 00001110 0010</u> 1111 11111111（即 128.14.47.255）。

由于一个 CIDR 地址块中有很多地址，所以在路由表中就利用 CIDR 地址块来查找目的网络。这种地址的聚合称为路由汇聚。路由汇聚的最终结果和最明显的好处是缩小网络上的路由表的尺寸。这样将减少与每一个路由跳有关的延迟，由于减少了路由登录项数量，查询路由表的平均时间将加快。由于路由登录项广播的数量减少，路由协议的开销也将显著减少。随着整个网络（以及子网的数量）的扩大，路由汇聚将变得更加重要。

4. IPv6

前面介绍的 IP 地址协议的版本号为 4（简称为 IPv4），它的下一个版本就是 IPv6。IPv6 正处在不断发展和完善的过程中，它在不久的将来将取代目前被广泛使用的 IPv4。

与 IPv4 相比，IPv6 具有以下几点优势：

（1）IPv6 具有更大的地址空间。IPv4 中规定 IP 地址长度为 32 位，而 IPv6 中 IP 地址的长度为 128 位。

（2）IPv6 使用更小的路由表。IPv6 的地址分配一开始就遵循路由汇聚的原则，使路由器能在路由表中用一条记录表示一个子网，大大减小了路由器中路由表的长度，提高了路由器转发数据包的速度。

（3）IPv6 增加了增强的组播支持和对流的支持，使网络上的多媒体应用有了长足发展的机会,为服务质量(Quality of Service,QoS)控制提供了良好的网络平台。

(4)IPv6 加入了对自动配置的支持。这是对 DHCP 协议的改进和扩展,使得网络(尤其是局域网)的管理更加方便和快捷。

(5)IPv6 具有更高的安全性。在使用 IPv6 网络时,用户可以对网络层的数据进行加密,并对 IP 报文进行校验,极大地增强了网络的安全性。

4.3 局域网与广域网

局域网(Local Area Network,LAN)是将分散在有限地理范围内的多台计算机通过传输媒体连接起来的通信网络,通过功能完善的网络软件,实现计算机之间的相互通信和资源共享;广域网(Wide Area Network,WAN)是在传输距离较长的前提下所发展的相关技术的集合,用于将大区域范围内的各种计算机设备和通信设备互联在一起,组成一个资源共享的通信网络。

4.3.1 局域网基础知识

当今的计算机网络技术中,局域网已经占据了相当显著的地位。局域网通常具备以下特点:

(1)地理分布范围较小,一般为数百米至数公里的区域范围之内。

(2)数据传输速率高,早期的局域网数据传输速率一般为 10~100Mbps,目前,1000Mbps 的局域网已经非常普遍,可适用于语音、图像、视频等各种业务数据信息的高速交换。

(3)数据误码率低,这是因为局域网通常采用短距离基带传输,可以使用高质量的传输媒体,从而提高数据传输质量。

(4)一般以 PC 为主体,还包括终端和各种外设,网络中一般不架设主骨干网系统。

(5)协议相对比较简单、结构灵活,建网成本低、周期短,便于管理和扩充。

构成局域网的网络拓扑结构主要有星型结构、总线结构、环型结构和网状结构。

1. 星型结构

如图 4-6 所示,星型结构方式的网络在直观上就很容易理解,就像是一张蜘蛛网,中间是一个枢纽(网络交换设备),所有的节点都连接到这个枢纽上,最终组成一个星型的拓扑结构的网络。

2. 总线结构

如图 4-7 所示,采用总线结构方式的网络,是由一条共享的通信线路将所有节点连接在一起,这条共享的通信线路可以是一根同轴电缆或其他介质。例如,传统的以太网(Ethernet)就是属于总线型结构。有关以太网的详细知识,将在 4.3.2 节中介绍。

3．环型结构

如图 4-8 所示，环型结构方式的网络，与总线结构类似，也是由一条共享的通信线路将所有节点连接在一起。不同的是，环型结构中的共享线路是闭合的，即它将所有的节点排列成一个环，每个节点只与其两个邻居直接相连。若一个节点想要给另一个节点发送信息，消息报文必须经过它们之间的所有节点。

图 4-6　星型结构

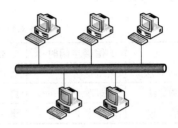

图 4-7　总线结构

4．网状结构

如图 4-9 所示，网状结构方式的网络就是任何节点彼此之间都会由一根物理通信线路相连，任何节点出现故障都不会影响到其他节点。采用这种拓扑结构方式的网络的布线比较麻烦，而且网络建设的成本也很高，控制方法也很复杂。在实际应用中，一般很少见到这种网络。

图 4-8　环型结构

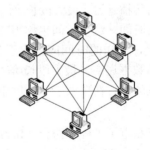

图 4-9　网状结构

4.3.2　以太网技术

目前，以太网技术已经在局域网市场占据了大部分位置。在 20 世纪 80 年代和 90 年代初期，以太网面临着许多来自其他局域网技术的挑战，其中包括令牌环和令牌总线等。有的在一段时间中成功占据了一部分市场份额，但到了 20 世纪 90 年代后，激烈竞争的局域网市场逐渐明朗化，以太网几乎成为局域网的代名词。

1．以太网基础

以太网采用的存取方法是带冲突检测的载波监听多路访问（Carrier-Sense Multiple

Access with Collision Detection，CSMA/CD）技术，它属于竞争式介质访问控制协议。CSMA/CD 的基本原理是，每个节点都共享网络传输信道，在每个节点要发送数据之前，都会检测信道是否空闲，如果空闲则发送，否则就等待；在发送出信息后，则对冲突进行检测，当发现冲突时，则取消发送。

（1）载波监听。冲突虽然没有办法避免，但是可以通过精心设计的监听算法来缓解，各种算法如表 4-3 所示。

表 4-3 载波监听算法

监 听 算 法	信道空闲时	信道忙时	特 点
非坚持型监听算法	立即发送	等待 N，再监听	减少冲突，信道利用率降低
1-坚持型监听算法	立即发送	继续监听	提高信道利用率，增大了冲突
P-坚持型监听算法	以概率 P 发送	继续监听	有效平衡，但复杂

注：非坚持型监听算法的 N 可取任意随机值，在 P-坚持型监听算法中，信道空闲将以概率（$1-P$）延迟一个时间单位（该时间单位为网络传输时延）。

（2）冲突检测。载波监听只能够减少冲突的概率，但无法完全避免冲突。为了能够高效地实现冲突检测，在 CSMA/CD 中采用了"边发边听"的冲突检测方法。也就是由发送者一边发送数据，一边自己接收回来，如果发现结果出现不同，马上停止发送，并发出冲突信号，这时，所有的节点都会收到阻塞信息，并都随机等待一段时间之后再重新监听。因为采用了边发边听的检测方法，对于基带系统而言，检测冲突所需要花的最长时间是网络传播延迟（最大段长/信号传播速度）的两倍，对于宽带系统则需要网络传播延迟的 4 倍时间，这个时间也称为冲突窗口。因此，为了保证在信息发送完成之前能够检测到冲突，发送的时间应该大于等于冲突窗口，对于基带系统，规定了最小的帧长=2×（网络数据速率×最大段长/信号传播速度）。

需要注意的是，在全双工以太网中，已不再受到 CSMA/CD 的约束。

2．帧结构

美国电气和电子工程师协会（Institute of Electrical and Electronics Engineers，IEEE）802.3 MAC 帧的格式如图 4-10 所示，包含的字段有前导码、帧起始定界符（Start Frame Delimiter，SFD）、目的地址、源地址、长度、帧头、发送的数据和帧校验序列等。这些字段中除了地址字段和数据字段是变长的以外，其余字段的长度都是固定的。

前导码	SFD	目的地址	源地址	长度	帧头	数据	帧校验序列
7	1	6	6	2	8	38~1492	4

注：字段的长度以字节为单位

图 4-10　IEEE 802.3 MAC 帧的格式

以太网定义的帧和 IEEE 802.3 定义的帧略有不同，其格式如图 4-11 所示，包含的字段有前导码、目的地址、源地址、数据类型、发送的数据和帧校验序列等。

注：字段的长度以字节为单位

图 4-11　以太网的帧结构

3．以太网物理层规范

以太网比较常用的传输介质包括同轴电缆、双绞线和光纤三种，常以类似于 10Base-T 的形式来命名传输介质，如图 4-12 所示。

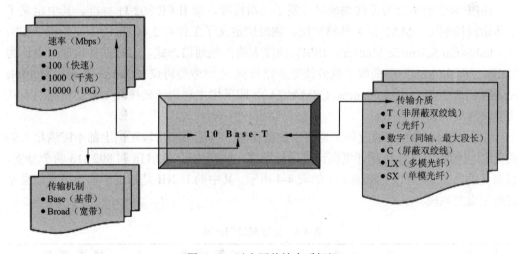

图 4-12　以太网传输介质标识

4.3.3　无线局域网

无线局域网（Wireless Local Area Networks，WLAN）主要运用射频（Radio Frequency，RF）技术取代原来局域网系统中必不可少的传输介质（例如，同轴电缆、双绞线等）来完成数据的传送任务，有了 WLAN，用户不必因使用有线传输介质而破坏原有的工作环境，可根据需要调整网络节点的位置。同时，便携式计算机更容易接入局域网，扩大了计算机网络的应用能力和领域。

1．拓扑结构

无线局域网可分为两大类，分别是有接入点模式（基础设施网络）和无接入点模式

(Ad hoc 网络)。

(1) 基础设施网络。整个网络都使用无线通信的方式，但系统中存在接入点（Access Point，AP），通过接入点将一组节点逻辑上联系在一起，形成一个局域网。AP 的作用与网桥类似，负责在 802.11 和 802.3 的 MAC 协议之间进行转换。一个 AP 覆盖的部分称为一个基本业务域，而 AP 控制的所有节点组成一个基本业务集，由两个以上的基本业务域可以组成一个分布式系统。

(2) Ad hoc 网络。整个网络都使用无线通信的方式，直接通过无线网卡实现点对点连接。与基础设施网络相比，Ad hoc 网络中并没有 AP 这样的设备，可扩展性和灵活性更好，但路由和协调控制等技术都难以解决。

在大多数情况下，无线通信通常是作为有线通信的一种补充和扩展。在这种部署配置下，多个 AP 通过线缆连接在有线网络上，以使无线用户能够访问网络的各部分。

2. IEEE 802.11 标准

IEEE 802 委员会为无线局域网开发了一组标准，即 IEEE 802.11 标准。其中定义了媒体访问控制层（MAC 层）和物理层。物理层定义了工作在 2.4GHz 的工业、科学和医学（Industrial Scientific Medical，ISM）频段上的扩频通信方式，总数据传输速率设计为 2Mbps。而在 MAC 层采取了载波侦听多路访问/冲突避免协议（Carrier Sense Multiple Access with Collision Avoidance，CSMA/CA），即采用主动避免碰撞而非被动侦测的方式来解决冲突问题。

由于 IEEE 802.11 的业务主要限于数据存取，在速率和传输距离上都不能满足人们的需要，因此，IEEE 在制订更高速度的标准时，就产生了 802.11a 和 802.11b 两个分支，后来又推出了 802.11g 的新标准，如表 4-4 所示，其中的 U-NII 是指用于构建国家信息基础的无限制频段。

表 4-4　无线局域网标准

标　准	运 行 频 段	主 要 技 术	数 据 速 率
802.11	2.4GHz 的 ISM 频段	扩频通信技术	1Mbps 和 2Mbps
802.11b	2.4GHz 的 ISM 频段	CCK 技术	11Mbps
802.11a	5GHz U-NII 频段	OFDM 调制技术	54Mbps
802.11g	2.4GHz 的 ISM 频段	OFDM 调制技术	54Mbps

IEEE 802.11a、IEEE 802.11b 和 IEEE 802.11g 主要是以物理层的不同作为区分，它们的区别直接表现在工作频段和数据传输率、最大传输距离等指标上。而工作在 MAC 层的标准又分为 IEEE 802.11h、IEEE 802.11e 和 IEEE 802.11i 等。802.11h 是 802.11a 的扩展，目的是兼容其他 5GHz 频段的标准（例如，欧盟使用的 HyperLAN2 等）；802.11e 是 IEEE 为满足 QoS 方面的要求而制订的标准；IEEE 802.11i 规定使用 802.1x 认证和密钥管理方式。

3. 无线技术与 3G 通信

多址技术可以分为频分多址（Frequency Division Multiple Access，FDMA）、时分多址（Time Division Multiple Access，TDMA）和码分多址（Code Division Multiple Access，CDMA）。FDMA 是采用调频的多址技术，业务信道在不同的频段分配给不同的用户；TDMA 是采用时分的多址技术，业务信道在不同的时间分配给不同的用户；CDMA 是采用扩频的码分多址技术，所有用户在同一时间、同一频段上，根据不同的编码获得业务信道。国际电信联盟在 2000 年 5 月确定了 WCDMA、CDMA 2000 和 TD-SCDMA 三大主流无线接口标准。

宽频 CDMA（Wideband CDMA，WCDMA）的支持者主要是以全球移动通讯系统（Global System for Mobile Communications，GSM）为主的欧洲厂商，日本公司也或多或少参与其中。这套系统能够架设在 GSM 网络上，对于系统提供商而言，可以较轻易地过渡。因此，WCDMA 具有先天的市场优势。目前，中国联合网络通信集团公司获得基于 WCDMA 技术制式的 3G 业务经营许可。

CDMA 2000 也称为 CDMA Multi-Carrier，以美国高通北美公司为主导提出，摩托罗拉、Lucent 和韩国三星公司都有参与，韩国现在成为该标准的主导者。这套系统是从窄频 CDMA One 数字标准衍生出来的，可以从原有的 CDMA One 结构直接升级到 3G，建设成本低廉。但目前使用 CDMA 的地区只有日、韩和北美，所以 CDMA 2000 的支持者不如 WCDMA 多。目前，中国电信集团公司获得基于 CDMA2000 技术制式的 3G 业务经营许可。

TD-SCDMA 标准是由中国大唐电信制定的 3G 标准，该标准将智能天线、同步 CDMA 和软件无线电等技术融于其中，在频谱利用率、对业务支持具有灵活性、频率灵活性及成本等方面具有独特优势。另外，由于中国庞大的市场，该标准受到各大主要电信设备厂商的重视，全球一半以上的设备厂商都宣布可以支持 TD-SCDMA 标准。目前，中国移动通信集团公司获得基于 TD-SCDMA 技术制式的 3G 业务经营许可。

4.3.4 广域网技术

广域网主要提供面向通信的服务，支持用户使用计算机进行远距离的信息交换，与局域网相比，其覆盖范围广、通信的距离远、需要考虑的因素增多，例如，线路的冗余、带宽的利用和差错处理等。广域网一般由电信部门负责组建、管理和维护，并向全社会提供面向通信的有偿服务、流量统计和计费问题。常用的广域网技术包括：同步光纤网络、数字数据网、帧中继和异步传输模式技术等。

1. 同步光网络

同步光纤网络（Synchronous Optical Network，SONET）和同步数字层级（Synchronous Digital Hierarchy，SDH）是一组有关光纤信道上的同步数据传输的标准协议。SONET 是由美国标准化组织颁布的标准，SDH 是由国际电信同盟颁布的标准，两者均为传输网络物理层技术，传输速率可高达 10Gbps，除了使用的复用机制有所不同外，其余技术均相似。SDH 的网络元素主要有同步光纤线路系统、终端复用器、分插复用器和同步数字交叉连接设备。典型的 SDH 应用是在光纤上的双环应用。

IPoverSDH 是以 SDH 网络作为 IP 数据网络的物理传输网络，它使用链路适配和成帧协议对 IP 数据包进行封装，然后按字节同步的方式将封装后的 IP 数据包映射到 SDH 的同步净荷封装中。目前，广泛使用点对点协议（Point to Point Protocol，PPP）对 IP 数据包进行封装，并采用高级数据链路控制（High-Level Data Link Control，HDLC）的帧格式。PPP 提供多协议封装、差错控制和链路初始化控制等功能，而 HDLC 帧格式负责同步传输链路上的 PPP 封装的 IP 数据帧的定界。

2．数字数据网

数字数据网（Digital Data Network，DDN）是利用数字信道提供半永久性连接电路，以传输数据信号为主的数字传输网络，可以满足各类租用数据专线业务的需要。归纳起来，DDN 有以下几个特点：

（1）传输速率高。在 DDN 网内的数字交叉连接复用设备能提供 2Mbps 或 $N \times 64Kbps$（≤2M）速率的数字传输信道。

（2）传输质量较高。DDN 大量采用光纤传输系统，用户之间专有固定连接，网络时延小。

（3）协议简单。采用交叉连接技术和时分复用技术，由智能化程度较高的用户端设备来完成协议的转换，本身不受任何规程的约束，是全透明网，面向各类数据用户。

（4）灵活的连接方式。可以支持数据、语音、图像传输等多种业务，它不仅可以和用户终端设备进行连接，也可以和用户网络连接，为用户提供灵活的组网环境。

（5）电路可靠性高。采用路由迂回和备用方式，使电路安全可靠。

（6）网络运行管理简便。采用网络管理软件进行调度监控。

3．帧中继

帧中继是一种高性能的广域网技术，运行在 OSI/RM 的物理层和数据链路层，它是一种数据包交换技术，是 X.25 网络的简化版本，比 X.25 网络具有更高的性能和更有效的传输效率。

帧中继仅完成 OSI/RM 物理层和数据链路层的核心功能，将流量控制和纠错等留给智能终端去完成，大大简化了节点之间的协议。同时，帧中继采用虚电路技术，能充分利用网络资源，具有吞吐量高、时延低、适合突发性业务等特点。帧中继技术适用于以下三种情况：

（1）当用户需要数据通信，其带宽需求为 64Kbps～2Mbps，而参与通信的各方多于两个的时候，使用帧中继是一种较好的解决方案。

（2）通信距离较长时，应优选帧中继，因为帧中继的高效性使用户能享有较好的经济性。

（3）当数据业务量为突发性时，由于帧中继具有动态分配带宽的功能，选用帧中继能有效地处理突发性数据。

4. 异步传输模式

异步传输模式（Asynchronous Transfer Mode，ATM）是以信元为基础的一种分组交换和复用技术，它是一种为多种业务而设计的通用的面向连接的传输模式，适用于局域网和广域网，具有高速数据传输率和支持多种类型（例如，语音、数据、传真、实时视频和图像等）的数据通信。

在 ATM 中，信元不仅是传输的基本单位，也是交换的信息单位，它是虚电路式分组交换的一个特例。与分组相比，由于信元是固定长度的，可以高速地进入处理和交换。由于 ATM 技术简化了交换过程，去除了不必要的数据校验，采用易于处理的固定信元格式（53 个字节），所以 ATM 交换速率大大高于传统的数据网，其典型数据速率为 150Mbps。

4.3.5 网络接入技术

目前，接入 Internet 的主要方式有 PSTN、ISDN、ADSL、FTTx+LAN 和 HFC 接入等 5 种。

1. PSTN 接入

公用交换电话网络（Public Switching Telephone Network，PSTN）是指利用电话线拨号接入 Internet，通常计算机需要安装一个 Modem(调制解调器)，将电话线插入到 Modem 上，在计算机上利用拨号程序输入接入号码进行接入。PSTN 的速度较低，一般低于 64Kbps。

2. ISDN 接入

综合业务数字网（Integrated Services Digital Network，ISDN）俗称"一线通"，是在电话网络的基础上构造的纯数字方式的综合业务数字网，能为用户提供包括语音、数据、图像和传真等在内的各类综合业务。ISDN 的基本速率接口为 2B+D 信道，共 144Kbps 带宽，一般使用 RJ-45 接口。最高可提供 30B+D 的带宽，也称为初始速率接口（Primary Rate Interface，PRI），PRI 通过 30 个分立的或组合的 64Kbps 信道和一个 16Kbps 的 D 信道提供最高达 2.048Mbps 的传输速率。ISDN 的 B 信道是基本信道，提供 64Kbps 带宽来传送语音或数据资料；D 信道作为控制信道，提供 16Kbps 或 64 Kbps 的带宽，在 ISDN 网络端与用户端之间传输频带信号，此通道也可用于传输 X.25 资料，但需要交换机的支持。

3. ADSL 接入

非对称数字用户线路（Asymmetrical Digital Subscriber Loop，ADSL）的服务端设备和用户端设备之间通过普通的电话线连接，无需对入户线缆进行改造，就可以为现有的大量电话用户提供 ADSL 宽带接入。随着标准和技术的成熟及成本的不断降低，ADSL 日益受到电信运营商和用户的欢迎，成为接入 Internet 的主要方式之一。ADSL 的特点是上行速度和下行速度不一样，并且往往是下行速度大于上行速度。目前，比较成熟的 ADSL 标准主要有两种：G.DMT 和 G.Lite。G.DMT 是全速率的 ADSL 标准，提供 8Mbps 的下行速率和 1.5Mbps 的上行速率，但要求用户安装分离器，而 G.Lite 是一种速率较慢的 ADSL，它不需要在用户端进行线路的分离。G.Lite 标准的最大下行速率为 1.5Mbps，最大上行速率为 512Kbps。

4．FTTx+LAN 接入

光纤通信是指利用光导纤维（简称为光纤）传输光波信号的一种通信方法，相对于以电为媒介的通信方式而言，光纤通信的主要优点有传输频带宽、通信容量大；传输损耗小；抗电磁干扰能力强；线径细、重量轻；资源丰富等。

（1）FTTx 技术。随着光纤通信技术的平民化，以及高速以太网的发展，现在许多宽带智能小区就是采用以千兆以太网技术为主干，充分利用光纤通信技术完成接入的。实现高速以太网的宽带技术常用的方式是 FTTx+LAN（光纤+局域网），根据光纤深入用户的程度，可以分为 5 种：FTTC（Fiber To The Curb，光纤到路边）、FTTZ（Fiber To The Zone，光纤到小区）、FTTB（Fiber To The Building，光纤到楼）、FTTF（Fiber To The Floor，光纤到楼层）和 FTTH（Fiber To The Home，光纤到户）。

（2）无源光纤网络（Passive Optical Network，PON）技术。PON 是实现 FFTB 的关键技术，在光分支点不需要节点设备，只需安装一个简单的光分支器即可，因此，具有节省光缆资源、带宽资源共享、节省机房投资、设备安全性高、建网速度快和综合建网成本低等优点。目前，PON 主要有 APON（ATM PON）和 EPON（Ethernet PON）两种。APON 选择 ATM 和 PON 作为网络协议和平台，其上、下行方向的信息传输都采用 ATM 传输方案，下行速率为 622Mbps 或 155Mbps，上行速率为 155Mbps。光节点到前端的距离可长达 10～20km，或者更长。采用无源双星型拓扑结构，使用时分复用和时分多址技术，可以实现信元中继、局域网互联、电路仿真、普通电话业务等；EPON 是以太网技术发展的新趋势，其下行速率为 100Mbps 或 1000Mbps，上行为 100Mbps。在 EPON 中，传送的是可变长度的数据包，最长可为 65 535 字节，简化了网络结构、提高了网络速度。

5．同轴+光纤接入

同轴光纤技术（Hybrid Fiber-Coaxial，HFC）是将光缆敷设到小区，然后通过光电转换节点，利用有线电视（Community Antenna Television，CATV）的总线式同轴电缆连接到用户，提供综合电信业务的技术。这种方式可以充分利用 CATV 原有的网络，由于具有建网快、造价低等特点，使其逐渐成为最佳的接入方式之一。HFC 是由光纤干线网和同轴分配网通过光节点结合而成，一般光纤干线网采用星型结构，同轴电缆分配网采用树形结构。

HFC 的用户端需要使用一个称为 Cable Modem（电缆调制解调器）的设备，它不单纯是一个调制解调器，还集成了调谐器、加/解密设备、桥接器、网络接口卡、虚拟专网代理和以太网集线器的功能于一身，它无须拨号、可提供随时在线的永远连接。HFC 采用频分复用技术和 64QAM 调制，其上行速率已达 10Mbps 以上，下行速率更高。

4.4 网络互连与常用设备

网络互连是为了将两个以上具有独立自治能力、同构或异构的计算机网络连接起来，实现数据流通，扩大资源共享的范围，或者容纳更多的用户。网络互连包括局域网与局域网的互连、局域网与广域网的互连、广域网与广域网的互连，可以扩大资源共享的范围，更多的资源可以被更多的用户共享。

1．网络互连设备

在网络互连时，各节点一般不能简单地直接相连，而是需要通过一个中间设备来实现。按照 OSI/RM 的分层原则，这个中间设备要实现不同网络之间的协议转换功能，根据它们工作的协议层不同进行分类，网络互连设备有中继器（实现物理层协议转换，在电缆间转换二进制信号）、网桥（实现物理层和数据链路层协议转换）、路由器（实现网络层和以下各层协议转换）、网关（提供从最底层到传输层或以上各层的协议转换）和交换机等。在实际应用中，各厂商提供的设备都是多功能组合，向下兼容。表 4-5 则是对以上设备的一个总结。

表 4-5 网络互连设备

互联设备	工作层次	主要功能
中继器	物理层	对接收信号进行再生和发送，只起到扩展传输距离的作用，对高层协议是透明的，但使用个数有限（例如，在以太网中只能使用 4 个）
网桥	数据链路层	根据帧物理地址进行网络之间的信息转发，可缓解网络通信繁忙度，提高效率。只能够连接相同 MAC 层的网络
路由器	网络层	通过逻辑地址进行网络之间的信息转发，可完成异构网络之间的互联互通，只能连接使用相同网络层协议的子网
网关	高层（第 4～7 层）	最复杂的网络互联设备，用于连接网络层以上执行不同协议的子网
集线器	物理层	多端口中继器
二层交换机	数据链路层	是指传统意义上的交换机，多端口网桥
三层交换机	网络层	带路由功能的二层交换机
多层交换机	高层（第 4～7 层）	带协议转换的交换机

随着无线技术运用的日益广泛，目前，市面上基于无线网络的产品非常多，主要有

无线网卡、无线 AP、无线网桥和无线路由器等。

2. 交换技术

在计算机网络中,当用户较多而传输的距离较远时,通常不采用两点固定连接的专用线路,而是采用交换技术,使通信传输线路为各个用户公用,以提高传输设备的利用率,降低系统费用。

按照实际的数据传送技术,交换技术又可分为电路交换、报文交换和分组交换,它们的主要特点如下:

(1) 电路交换。在数据传送之前必须先设置一条通路。在线路释放之前,该通路将由一对用户独占。

(2) 报文交换。报文从源点传送到目的地采用存储转发的方式,在传送报文时,同时只占用一段通道。在交换节点中需要缓冲存储,报文需要排队。因此,报文交换不能满足实时通信的要求。

(3) 分组交换。交换方式和报文交换方式类似,但报文被分成分组传送,并规定了最大的分组长度。在数据报分组交换中,目的地需要重新组装报文;在虚电路分组交换中,在数据传送之前必须通过虚呼叫设置一条虚电路。分组交换技术是在数据网络中使用最广泛的一种交换技术。

根据各自的特点,不同的交换技术适用于不同的场合。例如,对于交互式通信来说,报文交换肯定是不适合的;对于较轻和间歇式负载来说,电路交换是最合适的,因此,可以通过电话拨号线路来实行通信;对于较重和持续的负载来说,使用租用的线路以电路交换方式通信是合适的;对必须交换中等数据到大量的数据时,可用分组交换方法。

3. 路由技术

路由器是工作在网络层的重要网络互连设备,构成了基于 TCP/IP 协议的 Internet 的主体脉络,工作在 Internet 上的路由器也称为 IP 网关。

路由器的主要功能就是进行路由选择。当一个网络中的计算机要给另一个网络中的计算机发送分组时,它首先将分组送给同一个网络中用于网络之间连接的路由器,路由器根据目的地址信息,选择合适的路由,将该分组传递到目的网络用于网络之间连接的路由器中,然后通过目的网络中内部使用的路由选择协议,该分组最后被递交给目的计算机。

根据路由选择协议的应用范围,可以将其分为内部网关协议(Interior Gateway Protocol,IGP)、外部网关协议(Exterior Gateway Protocol,EGP)和核心网关协议(Gateway Gateway Protocol,GGP)三大类。

(1) 内部网关协议。内部网关协议是指在一个自治系统(Autonomous System,AS)内运行的路由选择协议,主要包括 RIP(Routing Information Protocol,路由信息协议)、OSPF(Open Shortest Path First,开放式最短路径优先)、IGRP(Interior Gateway Routing Protocol,内部网关路由协议)和 EIGRP(Enhanced IGRP,增强型 IGRP)等。其中 AS

是指同构型的网关连接的互连网络,通常是由一个网络管理中心控制的。

(2)外部网关协议。外部网关协议是指在两个 AS 之间使用的路由选择协议,最新的 EGP 主要有 BGP(Border Gateway Protocol,边界网关协议),其主要功能是控制路由策略。

(3)核心网关协议。Internet 中有个主干网,所有的 AS 都连接到主干网上,主干网中的网关称为核心网关,核心网关之间交换路由信息时使用的是 GGP。

从路由协议使用的算法来看,所有的路由协议可以分为以下三类:

(1)距离向量协议。计算网络中所有链路的矢量和距离,并以此为依据来确定最佳路径。这类协议会定期向相邻的路由器发送全部或部分路由表。

(2)链路状态协议。使用为每个路由器创建的拓扑数据库来创建路由表,通过计算最短路径来形成路由表。这类协议会定期向相邻路由器发送网络链路状态信息。

(3)平衡型协议。结合了距离向量协议和链路状态协议的优点。

4.5 网络工程

网络工程的建设是一个极其复杂的系统工程,是对计算机网络、信息系统建设和项目管理等领域知识的综合利用的过程,系统分析师必须根据用户单位的需求和具体情况,结合当前网络技术的发展和产品化程度,经过充分的需求分析和市场调研,确定网络建设方案,依据方案有计划、分步骤地实施。按照实施过程的先后,网络工程可分为网络规划、网络设计和网络实施三个阶段。

4.5.1 网络规划

网络规划是网络建设过程中非常重要的环节,同时也是一个系统性的过程。网络规划应该以需求为基础,同时考虑技术和工程的可行性。具体来说,网络规划包括网络需求分析、可行性分析和对现有网络的分析与描述。

1. 网络需求分析

在网络组建之前,首先要进行需求分析,根据用户提出的要求,进行网络的设计,网络建设的成败很大程度取决于网络实施前的规划工作。

需求分析的基本任务是深入调查用户网络建设的背景、必要性、上网的人数和信息量等,然后进行纵向的、更加深入细致的需求分析和调研,在确定地理布局、设备类型、网络服务、通信类型和通信量、网络容量和性能,以及网络现状等与网络建设目标相关的几个主要方面情况的基础上形成分析报告,为网络设计提供依据。需求分析通常采用自顶向下的结构化方法,从以下几个方面着手,逐一深入,在调研的基础上进行充分的分解,从而为网络设计提供基础。

(1)功能需求。功能需求是指用户希望利用网络来完成什么功能,然后依据使用需求、实现成本、未来发展和总预算投资等因素对网络的组建方案进行认真的设计和推敲。

（2）通信需求。通信需求是指了解用户需要的通信类型、通信频度、通信时间和通信量等。

（3）性能需求。性能需求包括容量（带宽）、利用率、最优利用率、吞吐量、可提供负载、精确度、效率、延迟（等待时间）、延时变化量、响应时间、最优网络利用率、端到端的差错率、精确度和网络效率等。

（4）可靠性需求。可靠性需求主要包括精确度、错误率、稳定性、无故障时间、数据备份等几个方面。

（5）安全需求。衡量网络安全的指标是可用性、完整性（信息的完整、精确和有效，不因人为或非人为的原因而改变信息内容）和保密性（信息只能通过一定方式向有权知道其内容的人员透露）。

（6）运行与维护需求。运行与维护需求是指网络运行和维护费用方面的需求。

（7）管理需求。管理需求主要包括用户管理（创建和维护用户账户及其访问权限）、资源管理、配置管理、性能管理（监视和跟踪网络活动，维护和增强系统性能）和网络维护（防止、检查和解决网络故障问题）。

除此之外，系统分析师还应该了解网络的地理位置，以及对运行环境的要求（包括网络操作系统、数据库和应用软件等相关的需求）。

2. 可行性研究

在网络规划阶段，有一个很重要的活动，那就是系统可行性研究，通常从技术可行性、经济可行性、法律可行性和用户使用可行性等方面进行论证。有关可行性研究的详细知识，将在9.4节中介绍。

3. 对现有网络的分析与描述

如果是在现有网络系统的基础上进行升级，那么，网络规划阶段的一项重要工作就是对现有网络进行分析，并系统化地描述出来。对现有网络系统进行调研，主要从以下几个方面进行：

（1）服务器的数量和位置。通常服务器所在的中心机房就是网络瓶颈所在，因此，服务器的数量和位置是确定网络瓶颈、解决网络拥塞的前提。

（2）客户机的数量和位置。对客户机的数量和位置进行分析，便于发现在客户机相对集中的地方是否存在瓶颈，结合地理位置确认客户机的网络接入位置是否合理，当存在拥堵现象时，可以重新设计该区域及周边区域的网络结构，均衡网络负载。

（3）同时访问的数量。了解网络中并发访问的情况，并发访问的最大值也就是网络的峰值，是考验网络负载能力的重要参数。通常该值超过网络负载能力时，就会出现问题，需要采取相应措施。可以借助一些工具（例如，网络分析仪）进行连续多天24h全天候跟踪以进行分析。

（4）每天的用户数。每天的用户数可以从一个侧面反映网络的负载和流量。

（5）每次使用的时间。每次网络访问的持续时间将影响到整个模型的建立，对并发的流量预计有很大的影响，因为其必将对并发人数有影响。

（6）每次数据传输的数据量，即每笔业务所产生的数据流量。

（7）网络拥塞的时间段。可以针对网络拥塞的时间段所发生的数据流、用户数、业务类型进行重点分析，从而找到导致网络拥塞的症结所在。

（8）采用的协议。不同的协议对网络的传输介质和使用的设备，以及应用的规划会有不同方面的影响因素。

（9）通信模式。对通信模式的分析，包括双工模式或单工模式、速度和通信地域范围等。

结合对现有网络系统的调研与分析，并在其基础上进行新的网络规划，能够通过以下措施更有效地保证用户的原始投资：

（1）不要推倒重来，要基于现有设备的基础上进行升级和改造。

（2）将现有的设备降级使用（例如，将原有核心层设备降级为分层级使用等），并新增更先进的设备，以提高网络的性能。

4.5.2 网络设计

网络设计的工作是在网络规划的基础上，设计一个能够解决用户问题的方案。在整个设计过程中，首先要确定网络总体目标和设计原则，然后设计网络的逻辑结构，再设计网络的物理结构。

1. 网络设计的任务

完成网络规划之后，将进入网络系统的设计阶段，这个阶段通常包括确定网络总体目标和设计原则，进行网络总体设计和拓扑结构设计，确定网络选型和进行网络安全设计等方面的内容。

（1）确定网络总体目标。明确采用哪些网络技术和标准，构筑一个满足哪些应用的多大规模的网络，包括是否分期实施、网络的实施成本和运行成本等方面的问题。

（2）确定总体设计原则。对主要设计原则进行选择和权衡，并确定其在方案设计中的优先级。网络设计的一些基本原则有实用性原则、开放性原则、高可用性/可靠性原则、安全性原则、先进性原则、易用性原则和可扩展性原则等。

（3）通信子网设计。通信子网设计包括拓扑结构与网络总体规划、分层的设计，以及远程接入访问的设计。其中，拓扑结构与网络总体规划是整个网络设计的基础，通常应该结合费用、灵活性和可靠性三个方面综合考虑。

（4）资源子网设计。资源子网设计主要考虑服务器的接入和子网连接的问题。服务器通常是网络中的核心设备，包括为全网服务的服务器和为部门业务服务的服务器两类，每类服务器可以采用不同的接入方式。

（5）设备选型。设备选型包括网络设备和各个层次的交换机的选择策略。网络设备的选型应考虑厂商选择原则（尽可能选取同一厂商，选择产品线全、技术认证队伍力量强、市场占有率高的网络设备品牌）、扩展性原则（主干要预留扩展，低端够用即可），根据方案实际需要选型（性能、端口类型和端口密度等），选择性价比高、质量好的设备；核心交换机的选型策略是设备应具备高性能和高速率、定位准确、便于升级和扩展、高可靠性、强大网络控制能力、良好可管理性等特点；汇聚层/接入层交换机的选型策略是应具备灵活性、高性能，在满足要求的基础上尽量便宜、易用、简单，具备一定的 QoS 和控制能力，支持多级网络管理等特点。

（6）网络操作系统与服务器资源设备。选择服务器时，首先要看具体的网络应用，然后确定网络操作系统，再进行服务器选型。网络操作系统的选择要点是，要结合服务器的性能和兼容性、安全因素、价格因素、第三方软件和市场占有率等方面进行综合考查。根据需要，还应配置服务器集群或双机容错系统等，以便实现更好的性能。有关双机容错技术的详细知识，将在 19.5 节中介绍；有关服务器集群技术的详细知识，将在 19.6 节中介绍。

（7）网络安全设计。网络安全设计的基本原则有木桶原则、整体性原则、有效性与实用性原则、等级性原则、设计为本原则、自主和可控性原则、安全有价原则等。网络安全设计与实施的步骤是，确定面临的攻击和风险，明确安全策略，建立安全模型，选择并实现安全服务，对安全产品的选型进行测试。不同的网络安全技术所控制的范围不一样，有关这方面的知识，将在第 18 章中详细介绍。

2．分层设计

为了能够更好地分析与设计复杂的大型互连网络，在计算机网络设计中，主要采用分层（分级）设计模型，它类似于软件工程中的结构化设计。通过一些通用规则来设计网络，就可以简化设计、优化带宽的分配和规划。在分层设计中，引入了三个关键层的概念：核心层、汇聚层和接入层。

通常将网络中直接面向用户连接或访问网络的部分称为接入层，将位于接入层和核心层之间的部分称为分布层或汇聚层。接入层的目的是允许终端用户连接到网络，因此，接入层交换机具有低成本和高端口密度特性。

汇聚层是核心层和接入层的分界面，完成网络访问策略控制、数据包处理、过滤、寻址，以及其他数据处理的任务。汇聚层交换机是多台接入层交换机的汇聚点，它必须能够处理来自接入层设备的所有通信量，并提供到核心层的上行链路，因此，汇聚层交换机与接入层交换机比较，需要更高的性能、更少的接口和更高的交换速率。

网络主干部分称为核心层，核心层的主要目的在于通过高速转发通信，提供优化、可靠的骨干传输结构，因此，核心层交换机应拥有更高的可靠性、性能和吞吐量。核心层为网络提供了骨干组件或高速交换组件，在纯粹的分层设计中，核心层只完成数据交换的特殊任务。需要根据网络需求的地理距离、信息流量和数据负载的轻重来选择核心层技术，常用的技术包括 ATM、100Base-Fx 和千兆以太网等。在主干网中，考虑到高可用性的需求，通常会使用双星（树）结构，即采用两台同样的交换机，与汇聚层交换机分别连接，并使用链路聚合技术实现双机互联。

4.5.3 网络实施

网络实施是在网络设计的基础上进行设备的购买、安装、调试和系统切换工作。主要包括以下步骤：

（1）工程实施计划。在网络设备安装前，需要编制工程实施计划，列出需实施的项目、费用和负责人等，以便控制投资，按进度要求完成实施任务。工程计划必须包括在网络实施阶段的设备验收、人员培训、系统测试和网络运行维护等具体事务的处理，必须控制和处理所有可预知的事件，并调动有关人员的积极性。

（2）网络设备到货验收。系统中要用到的网络设备到货后，在安装调试前，必须先进行严格的功能和性能测试，以保证购买的产品能很好地满足用户需要。在到货验收的过程中，要做好记录，包括对规格、数量和质量进行核实，以及检查合格证、出厂证、供应商保证书和各种证明文件是否齐全。在必要时利用测试工具进行评估和测试，评估设备能否满足网络建设的需求。如果发现短缺或破损，要求设备提供商补发或免费更换。

（3）设备安装。网络系统的安装和调试需要由专门的技术人员负责。安装项目一般分为综合布线系统、机房工程、网络设备、服务器、系统软件和应用软件等几个部分，不同的部分应分别由专门的工程师进行安装和调试。在这些安装项目中，尤其要注意综合布线系统的质量，因为综合布线一般会涉及隐蔽工程，一旦覆盖后发生故障，查找错误源和恢复故障的代价比较高。

（4）系统测试。系统安装完毕，就要进行系统测试。系统测试是保证网络安全可靠运行的基础。网络测试包括网络设备测试、网络系统测试和网络应用测试三个层次。网络设备测试主要是针对交换机、路由器、防火墙和线缆等传输介质和设备的测试，网络系统测试主要是针对系统的连通性、链路传输率、吞吐率、传输时延和丢包率、链路利用率、错误率、广播帧和组播帧和冲突率等方面的测试，网络应用测试主要针对DHCP、DNS、Web、Email 和 FTP 等服务性能进行测试。

（5）系统试运行。系统调试完毕后，进入试运行阶段。这一阶段是验证系统在功能和性能上是否达到预期目标的重要阶段，也是对系统进行不断调整，直至达到用户要求的重要时刻。

（6）用户培训。一个规模庞大、结构复杂的网络系统往往需要网络管理员来维护，并协调网络资源的使用。对有关人员的培训是网络建设的重要一环，也是保证系统正常运行的重要因素之一。

（7）系统转换。经过一段时间的试运行，系统达到稳定、可靠的水平，就可以进行系统转换工作。系统转换可以采用三种方法：直接转换、并行转换和分段转换，这三种方法的可靠性和成本各不相同，应视具体情况而定。有关系统转换的详细知识，将在 15.2.1 节中介绍。

第 5 章　数据库系统

在当今的知识经济时代，信息是经济发展的战略资源，信息技术已经成为社会生产力中重要的组成部分。人们充分认识到，数据库是信息化社会中信息资源管理与开发利用的基础，当今的计算机信息系统也都以数据库技术为基础。对于一个国家来说，数据库的建设规模和使用水平已成为衡量该国信息化程度的重要标志。因此，数据库课程是计算机领域中的一门重要课程，也是系统分析师必须要掌握的专业知识与技能。

5.1　数据库模式

数据库是长期存储在计算机内的、有组织的、可共享的数据集合，数据库系统是指在计算机信息系统中引入数据库后的系统，一般由数据库、数据库管理系统（DataBase Management System，DBMS）、应用系统、数据库管理员（DataBase Administrator，DBA）和用户构成。数据库系统的结构可以有多种不同的层次或不同的角度，其中典型的是三级划分法，其中包括三级模式和两级映射。

1. 三级模式

数据库系统的三级模式如图 5-1 所示，从图 5-1 中可以看出，数据库系统由外模式、概念模式和内模式三级构成。

外模式也称为子模式或用户模式，对应于用户级数据库。外模式用以描述用户（包括程序员和终端用户）看到或使用的那部分数据的逻辑结构，是数据库用户的数据视图，是与某一应用有关的数据的逻辑表示。用户根据外模式用数据操作语句或应用程序去操作数据库中的数据。外模式主要描述组成用户视图的各个记录的组成、相互关系、数据项的特征、数据的安全性和完整性约束条件。一个数据库可以有多个外模式，一个应用程序只能使用一个外模式。

概念模式也称为模式或逻辑模式，对应于概念级数据库。概念模式是数据库中全体数据的逻辑结构和特征的描述，是所有用户的公共数据视图，用以描述现实世界中的实体及其性质与联系，定义记录、数据项、数据的完整性约束条件及记录之间的联系。概念模式通常还包含有访问控制、保密定义和完整性检查等方面的内容，以及概念/物理之间的映射。一个数据库只有一个概念模式。

内模式对应于物理级数据库，是数据物理结构和存储方式的描述，是数据在数据库内部的表示方式。内模式不同于物理层，它假设外存是一个无限的线性地址空间。内模式定义的是存储记录的类型、存储域的表示和存储记录的物理顺序，以及索引和存储路径等数据的存储组织。一个数据库只有一个内模式。

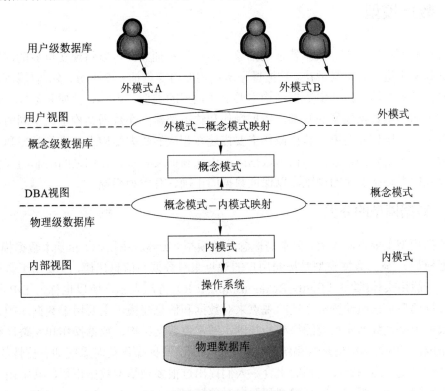

图 5-1 数据库系统结构层次图

在数据库系统的三级模式中，模式是数据库的中心与关键；内模式依赖于模式，独立于外模式和存储设备；外模式面向具体的应用，独立于内模式和存储设备；应用程序依赖于外模式，独立于模式和内模式。

2．两级独立性

数据库系统两级独立性是指物理独立性和逻辑独立性。三个抽象级别之间通过两级映射（外模式/模式映射和模式/内模式映射）进行相互转换，使得数据库的三级模式形成一个统一的整体。

物理独立性是指用户的应用程序与存储在磁盘上的数据库中的数据是相互独立的，当数据的物理存储改变时，应用程序不需要改变。物理独立性存在于概念模式和内模式之间的映射转换，说明物理组织发生变化时应用程序的独立程度。

逻辑独立性是指用户的应用程序与数据库中的逻辑结构是相互独立的，当数据的逻辑结构改变时，应用程序不需要改变。逻辑独立性存在于外模式和概念模式之间的映射转换，说明概念模式发生变化时应用程序的独立程度。相对来说，逻辑独立性比物理独立性更难实现。

5.2 数据模型

数据模型是现实世界数据特征的抽象。通过这种抽象，可以将现实世界的问题，转化到计算机上进行分析与解决。数据模型所描述的内容包括三个部分，分别是数据结构、数据操作和数据约束。其中数据结构主要描述数据的类型、内容、性质和数据间的联系等。数据结构是数据模型的基础，数据操作和约束都建立在数据结构上。不同的数据结构具有不同的操作和约束；数据操作主要描述在相应的数据结构上的操作类型和操作方式；数据约束主要描述数据结构内数据间的语法和词义联系、它们之间的制约和依存关系，以及数据动态变化的规则，以保证数据的正确、有效和相容。

5.2.1 数据模型的分类

数据模型主要有两大类，分别是概念数据模型（实体联系模型）和基本数据模型（结构数据模型）。概念数据模型是按照用户的观点来对数据和信息建模，主要用于数据库的设计，一般用实体-联系（Entity-Relationship，E-R）方法表示，所以也称为 E-R 模型；基本数据模型是按照计算机系统的观点来对数据和信息建模，主要用于数据库的实现。基本数据模型是数据库系统的核心和基础，通常由数据结构、数据操作和完整性约束三部分组成。其中数据结构是对系统静态特性的描述，数据操作是对系统动态特性的描述，完整性约束是一组完整性规则的集合。人们提出过很多种基本数据模型，其中最著名的有层次模型、网状模型、关系模型和面向对象模型。

1. 层次模型

层次模型是最早出现的数据模型，由于它采用了树形结构作为数据的组织方式，在这种结构中，每一个结点可以有多个孩子结点，但只能有一个双亲结点，这样，整体结构也是分层状的，所以称其为层次模型。层次模型数据库系统的典型代表是 IBM 公司的 IMS 数据库管理系统，该系统是 1968 年推出的，曾经作为大型商用数据库系统被广泛使用（现已经被淘汰）。

2. 网状模型

网状模型用有向图表示实体类型和实体之间的联系。网状模型的优点是记录之间的联系通过指针实现，多对多的联系容易实现，查询效率高；其缺点是编写应用程序比较复杂，程序员必须熟悉数据库的逻辑结构。由图和树的关系可知，层次模型是网状模型的一个特例。

3. 关系模型

关系模型用表格结构表达实体集，用外键表示实体之间的联系。关系模型建立在严格的数学概念基础上，概念单一、结构简单、清晰，用户易懂易用；存取路径对用户透明，从而数据独立性和安全性好，能简化数据库开发工作；其缺点主要是由于存取路径透明，查询效率往往不如非关系数据模型。

关系模型是目前应用最广泛的一种数据模型，例如，Oracle、DB2、SQL Server、Sybase 和 MySQL 等都是关系数据库系统。有关关系模型的详细知识，将在 5.2.2 节中介绍。

4．面向对象模型

面向对象模型是用面向对象的观点来描述现实世界实体的逻辑组织、对象之间的限制和联系等的模型。目前，已有多种面向对象数据库产品，例如，ObjectStore、Versant Developer、Suite Poet 和 Objectivity 等，但其具体的应用并不多。

5.2.2 关系模型

在关系模型中，实体以及实体间的联系都是用关系来表示的。在一个给定的现实世界领域中，相应于所有实体及实体之间的联系的关系的集合构成一个关系数据库。关系的描述称为关系模式，关系模式通常可以简记为 $R(A_1, A_2, \ldots, A_n)$，其中 R 为关系名，A_1、A_2、$\cdots$、A_n 为属性名。关系实际上就是关系模式在某一时刻的状态或内容。也就是说，关系模式是型，关系是它的值。关系模式是静态的、稳定的，而关系是动态的、是随时间不断变化的，因为关系操作在不断地更新着数据库中的数据。但在实际应用中，通常将关系模式和关系统称为关系，读者可以从上下文中加以区别。

1．关系运算

关系代数的基本运算主要有并、交、差、笛卡尔积、选择、投影、连接和除法运算。

（1）并。计算两个关系在集合理论上的并集，即给出关系 R 和 S（两者有相同元/列数），$R \cup S$ 的元组包括 R 和 S 所有元组的集合，形式定义如下：

$$R \cup S \equiv \{t \mid t \in R \vee t \in S\}$$

式中 t 是元组变量（下同）。显然，$R \cup S = S \cup R$。

（2）差。计算两个关系的区别的集合，即给出关系 R 和 S（两者有相同元/列数），$R-S$ 的元组包括 R 中有而 S 中没有的元组的集合，形式定义如下：

$$R - S \equiv \{t \mid t \in R \wedge t \notin S\}$$

（3）交。计算两个关系集合理论上的交集，即给出关系 R 和 S（两者有相同元/列数），$R \cap S$ 的元组包括 R 和 S 相同元组的集合，形式定义如下：

$$R \cap S \equiv \{t \mid t \in R \wedge t \in S\}$$

显然，$R \cap S = R-(R-S)$ 和 $R \cap S = S-(S-R)$ 成立。

（4）笛卡尔积。计算两个关系的笛卡尔乘积，令 R 为有 m 元的关系，S 为有 n 元的关系，则 $R \times S$ 是 $m+n$ 元的元组的集合，其前 m 个元素来自 R 的一个元组，而后 n 个元素来自 S 的一个元组。形成定义如下：

$$R \times S \equiv \{t \mid t = <t_r, t_s> \wedge t_r \in R \wedge t_s \in S\}$$

若 R 有 u 个元组，S 有 v 个元组，则 $R \times S$ 有 $u \times v$ 个元组。

（5）投影。从一个关系中抽取指明的属性（列）。令 R 为一个包含属性 A 的关系，

则

$$\pi_A(R) \equiv \{t[A] | t \in R\}$$

（6）选择。从关系 R 中抽取出满足给定限制条件的记录，记作：

$$\sigma_F(R) \equiv \{t | t \in R \wedge F(t) = \text{true}\}$$

其中 F 表示选择条件，是一个逻辑表达式（逻辑运算符+算术表达式）。选择运算是从元组（行）的角度进行的运算。

（7）θ连接。θ连接从两个关系的笛卡儿积中选取属性之间满足一定条件的元组，记作：

$$R \underset{A\theta B}{\bowtie} S \equiv \{t_r t_s | t_r \in R \wedge t_s \in S \wedge t_r[A] \theta t_s[B]\}$$

其中 A 和 B 分别为 R 和 S 上元数相等且可比的属性组。θ 为 "=" 的连接，称为等值连接，记作：

$$R \underset{A=B}{\bowtie} S \equiv \{t_r t_s | t_r \in R \wedge t_s \in S \wedge t_r[A] = t_s[B]\}$$

如果两个关系中进行比较的分量必须是相同的属性组，并且在结果中将重复的属性去掉，则称为自然连接，记作：

$$R \bowtie S \equiv \{t_r t_s | t_r \in R \wedge t_s \in S \wedge t_r[A] = t_s[B]\}$$

（8）除。设有关系 $R(X, Y)$ 与关系 $S(Z)$，Y 和 Z 具有相同的属性个数，且对应属性出自相同域。关系 $R(X, Y) \div S(Z)$ 所得的商关系是关系 R 在属性 X 上投影的一个子集，该子集和 $S(Z)$ 的笛卡尔积必须包含在 $R(X, Y)$ 中，记为 $R \div S$，其具体计算公式为：

$$R \div S = \pi_{1,2,\ldots,r-s}(R) - \pi_{1,2,\ldots,r-s}((\pi_{1,2,\ldots,r-s}(R) \times S) - R)$$

例如，有关系 R 与关系 S 如表 5-1 和表 5-2 所示。

表 5-1 关系 R

U1	U2	U3	U4
a	b	c	d
a	b	e	f
c	a	c	d

表 5-2 关系 S

U3	U4
c	d
e	f

则 $R \div S$ 的求解过程为：首先，按除运算定义要求，确定 X, Y, Z 属性集合。Y 是关系 R 中的属性集合，Z 是 S 中全部属性的集合，即 $Z=\{U3, U4\}$，由于 $Y=Z$，因此，$Y=\{U3, U4\}$，$X=\{U1, U2\}$。也就是说，$R \div S$ 结果集包含属性 $U1$ 和 $U2$；然后，将关系 R 的 $U1$、$U2$（共有 <a, b>、<c, a> 两个元组）与关系 S 作笛卡尔积操作，结果如表 5-3 所示。

通过检查表 5-3，可以发现元组 <a, b> 与 $S(Z)$ 的笛卡尔积被包含在 $R(X, Y)$ 中，而元组 <c, a> 与 $S(Z)$ 的笛卡尔积有一个元组未被包含在 $R(X, Y)$ 中，所以，结果集中只有元组 <a, b>。

表 5-3　$R(U1,U2) \times S$

U1	U2	U3	U4
a	b	c	d
a	b	e	f
c	a	c	d
c	a	e	f

2．元组演算

在元组演算中，元组演算表达式简称为元组表达式，其一般形式为$\{t \mid P(t)\}$，其中，t是元组变量，表示一个元数固定的元组；P是公式，在数理逻辑中也称为谓词，也就是计算机语言中的条件表达式。$\{t \mid P(t)\}$表示满足公式P的所有元组t的集合。

在元组表达式中，公式由原子公式组成，原子公式有下列两种形式：

（1）$R(s)$，其中R是关系名，s是元组变量。其含义是"s是关系R的一个元组"。

（2）$s[i]\theta u[j]$，其中s和u是元组变量，θ是算术比较运算符，$s[i]$和$u[j]$分别是s的第i个分量和u的第j个分量。原子公式$s[i]\theta u[j]$表示"元组s的第i个分量与元组u的第j个分量之间满足θ运算"。例如，$t[2]<u[3]$表示元组t的第2个分量小于元组u的第3个分量。这个原子公式的一种简化形式是$s[i]\theta a$或$a\theta u[j]$，其中a为常量。例如，$t[4]=3$表示t的第4个分量等于3。

在一个公式中，如果元组变量未用存在量词"∃"或全称量词"∀"等符号定义，那么称为自由元组变量，否则称为约束元组变量。公式的递归定义如下。

（1）每个原子是一个公式，其中的元组变量是自由变量。

（2）如果P1和P2是公式，那么，¬P1、P1∨P2、P1∧P2和P1→P2也是公式。

（3）如果P1是公式，那么(∃s)(P1)和(∀s)(P1)也都是公式。

（4）公式中各种运算符的优先级从高到低依次为 θ、∃、∀、¬、∧、∨和→。在公式外还可以加括号，以改变上述优先顺序。

（5）公式只能由上述4种形式构成，除此之外构成的都不是公式。

在元组演算的公式中，有下列4个等价的转换规则：

（1）P1∧P2 等价于 ¬(¬P1∨¬P2)。

（2）P1∨P2 等价于 ¬(¬P1∧¬P2)。

（3）(∀s)(P1(s))等价于¬(∃s)(¬P1(s))；(∃s)(P1(s))等价于¬(∀s)(¬P1(s))。

（4）P1→P2 等价于 ¬P1∨P2。

关系代数表达式可以转换为元组表达式，例如，$R \cup S$可用$\{t \mid R(t) \vee S(t)\}$表示，$R–S$可用$\{t \mid R(t) \wedge \neg S(t)\}$表示。

5.2.3 规范化理论

设有一个关系模式 R（SNAME，CNAME，TNAME TADDRESS），其属性分别表示学生姓名、选修的课程名、任课教师姓名和任课教师地址。仔细分析一下，就会发现这个模式存在下列存储异常的问题：

（1）数据冗余：如果某门课程有 100 个学生选修，那么在 R 的关系中就要出现 100 个元组，这门课程的任课教师姓名和地址也随之重复出现 100 次。

（2）修改异常：由于上述冗余问题，当需要修改这个教师的地址时，就要修改 100 个元组中的地址值，否则就会出现地址值不一致的现象。

（3）插入异常：如果不知道听课学生名单，这个教师的任课情况和家庭地址就无法进入数据库；否则就要在学生姓名处插入空值。

（4）删除异常：如果某门课程的任课教师要更改，那么原来任课教师的地址将随之丢失。

因此，关系模式 R 虽然只有 4 个属性，但却是性能很差的模式。产生这些异常的原因与关系模式属性值之间的联系直接有关。在模式 R 中，学生与课程有直接联系，教师与课程有直接联系，而教师与学生无直接联系，这就产生了模式 R 的存储异常。如果将 R 分解成下列两个关系模式：R1（SNAME，CNAME）和 R2（CNAME，TNAME，TADDRESS），则能消除上述的存储异常现象。

1．函数依赖与键

函数依赖是数据库的一种约束，决定了关系模式属于哪种范式。设 $R(U)$ 是属性 U 上的一个关系模式，X 和 Y 是 U 的子集，r 为 R 的任一关系，如果对于 r 中的任意两个元组 u，v，只要有 $u[X]=v[X]$，就有 $u[Y]=v[Y]$，则称 X 函数决定 Y，或称 Y 函数依赖于 X，记作 $X \rightarrow Y$。例如，记录职工信息的属性有职工号（EMP_NO）、职工姓名（EMP_NMAE）和所在部门（DEPT），则 EMP_NO 函数决定 EMP_NMAE 和 DEPT，或者说 EMP_NMAE 和 DEPT 函数依赖于 EMP_NO，记作 EMP_NO→EMP_NMAE 和 EMP_NO→DEPT。

在 $R(U)$ 中，如果 $X \rightarrow Y$，并且对于 X 的任何一个真子集 X'，都有 $X' \rightarrow Y$ 不成立，则称 Y 对 X 完全函数依赖。若 $X \rightarrow Y$，但 Y 不完全函数依赖于 X，则称 Y 对 X 部分函数依赖；在 $R(U)$ 中，如果 $X \rightarrow Y$（Y 不是 X 的真子集），且 $Y \rightarrow X$ 不成立，$Y \rightarrow Z$，则称 Z 对 X 传递函数依赖。

关系模式的键也称为码或关键字。在关系模式中，如果有 $X \rightarrow U$ 在关系模式 $R(U)$ 上成立，并且不存在 X 的任一真子集 X' 使 $X' \rightarrow U$ 成立，那么称 X 是 R 的一个候选键。也就是说，X 值唯一决定关系中的所有元组。在关系模式中，用户正在使用的候选键称为主键。如果两个关系拥有公共属性（集），且公共属性在一个关系中是主键，则称公共属性是另一个关系的外键。例如，记录职工信息的属性有职工号（EMP_NO）、职工身份证号（EMP_CARDID）、职工姓名（EMP_NMAE）、职工性别（EMP_SEX）和所在部门编号（DEPT_NO）。则在此关系中，EMP_NO 或 EMP_CARDID 是候选键，也可以是本关系的主键。一个关系的候选键有多个，但主键只能有一个。通常在候选键中选一个作为主键。

求关系模式的候选键是进行范式界定的基础，也是系统分析师应该掌握的基本技能。使用候选键的定义来求解一个简单关系模式的候选键尚能应对，但面对复杂一些的关系模式，这种方法就不管用了。在此，引入一种求候选键的快捷方法，即图示法。使用图示法求候选键，主要有两个步骤：

（1）将关系模式的函数依赖关系，用有向图的方式表示，其中顶点表示属性，弧表示属性之间的依赖关系。

（2）找出入度为 0 的属性集，并以该属性集为起点，尝试遍历有向图，若能正常遍历图中所有结点，则该属性集即为关系模式的候选键；若入度为 0 的属性集不能遍历图中所有结点，则需要尝试性地将一些中间顶点（既有入度，也有出度的顶点）并到入度为 0 的属性集中，直至该集合能遍历所有顶点，则该集合为候选键。

例如，给定关系 $R(A1, A2, A3, A4)$ 上的函数依赖集 $F=\{A1 \rightarrow A2, A3 \rightarrow A2, A2 \rightarrow A3, A2 \rightarrow A4\}$，现在要求 R 的候选键。需要针对函数依赖集画出有向图，如图 5-2 所示。

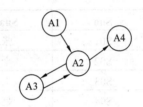

图 5-2 函数依赖图

从图 5-2 中找出入度为 0 的顶点，即 $A1$。通过尝试，可以发现从 $A1$ 出发可以遍历所有顶点，因此，R 的候选键为 $A1$。

2. 范式

为了设计一个好的数据库，人们定义了一些好的关系模式标准，称它们为规范的关系模式或范式（Normal Form，NF）。目前共定义了多个范式，分别为 1NF、2NF、3NF、BCNF、4NF 和 5NF。但在实际应用中，一般只要达到 3NF。

（1）第一范式（1NF）。在关系模式 R 中，当且仅当所有属性只包含原子值，即每个分量都是不可再分的数据项，则称 R 满足 1NF。例如，表 5-4 所示的教师职称情况关系就不满足 1NF。原因在于，该关系模式中的"高级职称人数"不是一个原子属性，若将其拆分为"教授"和"副教授"两个属性，则就满足 1NF。

表 5-4 教师职称情况关系表

系 名 称	高级职称人数	
	教 授	副 教 授
计算机系	6	10
电子系	3	5

（2）第二范式（2NF）。满足 1NF 的关系模式会有许多重复值，修改数据可能会引

起疏漏。为了消除这种数据冗余和避免更新数据的遗漏,需要使用更加规范的2NF。当且仅当关系模式 R 满足 1NF,且每个非键属性(即不属于任何候选键的属性,也称为非主属性)完全依赖于候选键时,则称 R 满足 2NF。例如,有选课关系模式 SC(Sno,Cno,Grade,Credit),其中,(Sno,Cno)→Grade,Cno→Credit。因此,SC 的候选键为(Sno,Cno)。这样,Cno→Credit 就构成了 Credit 对候选键(Sno,Cno)的部分函数依赖。因此,SC 不满足 2NF。若要将 SC 转化为 2NF,可以将它拆分为 SC1(Sno,Cno,Grade)和 SC2(Cno,Credit)。

(3)第三范式(3NF)。当且仅当关系模式 R 满足 1NF,且 R 中没有非键属性传递依赖于候选键时,则称 R 满足 3NF。例如,学生关系 S(Sno,Sname,Dno,Dname,Location)各属性分别代表学号、姓名、所在系、系名称和系地址,其数据如表 5-5 所示。

表 5-5 关系 Student

Sno	Sname	Dno	Dname	Location
S01	张三	D01	计算机系	1号楼
S02	李四	D01	计算机系	1号楼
S03	王五	D01	计算机系	1号楼
S04	赵六	D02	信息系	2号楼
…	…	…	…	…

从各属性之间的联系可以判断出 S 的函数依赖有 Sno→(Sname,Dno,Dname,Location),Dno→(Dname,Location)。显然,Sno 为候选键。在函数依赖中有 Sno→Dno→Dname 与 Sno→Dno→Location,这便是传递函数依赖。由于 Dname 与 Location 为非键属性,同时传递依赖于候选键,因此,关系模式 S 不满足 3NF。若要使 S 满足 3NF,需要将其拆分为 S1(Sno,Sname,Dno)和 S2(Dno,Dname,Location)。

(4)BCNF。如果关系模式 R 满足 1NF,且 R 中没有属性传递依赖于候选键时,则称 R 满足 BCNF。例如,有关系模式 P(C,S,T,R),其函数依赖集 F={C→T,ST→R,TR→C},现在需要判断 P 是否满足 BCNF。先画出相应的函数依赖图,如图 5-3 所示。

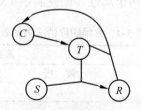

图 5-3 关系模式 P 的函数依赖图

对图 5-3 进行分析,可以得知,P 的候选键有(S,T)和(S,C),键属性(属于某个候选键的属性,也称为主属性)有 S、T 和 C,非键属性只有 R。但此时由于属性之间的联系错综复杂,要界定关系模式是否存在传递函数依赖并不容易。为了准确地界定某关系模式是否为 BCNF,需要引入另外的一些判别方法。例如,一个 BCNF 的关系模式必须同时满足以下条件:所有非键属性对每个候选键都是完全函数依赖,所有的键属性对每个不包含它的候选键,也是完全函数依赖的;没有任何属性完全函数依赖于非键属性,即每个函数依赖的左部都必须包含候选键。在关系模式 P 中,由于有 C→T,而 C 不包含候选键,因此,P 不满足 BCNF。

(5)第四范式(4NF)。第四范式是 BC 范式的推广,是针对有多值依赖的关系模型所定义的规范化形式。关系模式 $R(U, F)$ 满则 1NF,X, Y 是 U 的非空子集,$Z=U-X-Y$ 也非空,若任取一组值对 (x, z),都可决定一组 y 值,且此决定与 z 值无关,就称 Y 多值依赖于 X,记做 $X\rightarrow\rightarrow Y$。关系模式 R 满足 1NF,若对任一多值依赖 $X\rightarrow\rightarrow Y$,X 必包含 R 的候选键,称 R 满足 4NF。例如,表 5-6 表示关系 QY(ypm, bm, sccj)。

表 5-6 关系 QY

用品名(ypm)	部门(bm)	生产厂家(sccj)
办公桌	生产经营部	美时办公用品公司
办公桌	总经理办公室	华鹤家具有限公司
办公椅	生产经营部	美时办公用品公司
办公椅	总经理办公室	华鹤家具有限公司
办公椅	计划部	华鹤家具有限公司

表 5-6 是实际工作中常见的登记表,抛开是否规范不说,这样的登记表一目了然。但从规范化的角度来看,对 ypm 的一个值,不论 sccj 取什么值,总有一组确定的 bm 与之对应,所以有 ypm→→bm。同样,有 ypm→→sccj。QY 是全码关系(即所有的属性合在一起,形成候选键),这说明 QY 不满足 4NF。可用分解法消除不满足 4NF 的多值依赖,解决办法是将 QY 分解为 QY1(ypm, bm)和 QY2(ypm, sccj)。

3. 关系模式分解

如果某关系模式存在存储异常等问题,则可通过分解该关系模式来解决问题。将一个关系模式分解成几个子关系模式,需要考虑的是该分解是否保持函数依赖,是否是无损联接。

无损联接分解的形式定义如下:设 R 是一个关系模式,F 是 R 上的一个函数依赖集。R 分解成数据库模式 $\delta=\{R_1, ..., R_K\}$。如果对 R 中每个满足 F 的关系 r 都有下式成立:

$$r = \pi_{R_1}(r) \bowtie \pi_{R_2}(r) \bowtie ... \bowtie \pi_{R_k}(r)$$

则称分解 δ 相对于 F 是无损联接分解,否则称为损失联接分解。

要根据上述定义来判断一个分解是否是无损联接,这是一件很困难的事情,下面是一个很有用的无损联接分解判定定理:设 $\rho=\{R_1, R_2\}$ 是 R 的一个分解,F 是 R 上的函数依赖集,那么分解 ρ 相对于 F 是无损联接分解的充要条件是($R_1 \cap R_2$)→(R_1-R_2)或($R_1 \cap R_2$)→(R_2-R_1)。要注意的是,这两个条件只要有任意一个条件成立就可以了。

设数据库模式 δ={R_1,…,R_K}是关系模式 R 的一个分解,F 是 R 上的函数依赖集,δ 中每个模式 R_i 上的函数依赖集是 F_i。如果{F_1,F_2,…,F_k}与 F 是等价的(即相互逻辑蕴涵),则称分解 δ 保持函数依赖。如果分解不能保持函数依赖,则 δ 的实例上的值就可能有违反函数依赖的现象。

5.3 数据库访问接口

数据库访问接口是指应用程序与数据库之间的连接部分。数据库访问接口的发展,对于数据库技术的发展与应用起到了非常重要的作用,它使应用程序与数据库之间的连接变得简单,使应用系统从一种数据库变换成另外一种数据库时的修改工作量大大降低。常见的数据库访问接口有专用调用、开放数据库互连(Open DataBase Connectivity,ODBC)和 Java 数据库连接(Java DataBase Connectivity,JDBC)等。

1. 专用调用

数据库技术发展的初期,每种 DBMS 产生的数据库文件格式都不一样,操作方式也各有差异,通常有自己的一套数据操作语法,并为应用程序提供了该数据库系统所独有的应用程序编程接口(Application Programming Interface,API)。这种方式的数据库访问接口被称为专用调用。

专用调用接口的优点是执行效率高,由于是专用,编程实现较简单。但对程序员而言,专用调用并不是一件好事情。因为这使得程序员在程序中连接数据库时变得非常困难,对每一种数据库进行编程,就必须对该数据库的底层 API 有相当程度的了解。这意味着需要同时了解多种数据库的底层 API,还不能混淆。

2. 开放数据库互连

ODBC 是 Microsoft 公司开放服务结构(Windows Open Services Architecture,WOSA)中有关数据库的一个组成部分,它建立了一组规范,并提供了一组对数据库访问的标准 API。这些 API 利用结构化查询语言(Structured Query Language,SQL)来完成其大部分任务。ODBC 本身也提供了对 SQL 的支持,用户可以直接将 SQL 语句送给 ODBC。

一个基于 ODBC 的应用程序对数据库的操作不依赖任何 DBMS,不直接与 DBMS 打交道,所有的数据库操作由对应的 DBMS 的 ODBC 驱动程序完成。也就是说,不论是 SQL Server 和 Oracle 等大型数据库,还是 Access 等桌面型数据库,均可用 ODBC API 进行访问。在实际应用中,首先用 ODBC 管理器注册一个数据源,管理器根据数据源提供的数据库位置、数据库类型和 ODBC 驱动程序等信息,建立起 ODBC 与具体数据库的联系;然后,在应用程序中向 ODBC 提供数据源名,就能建立起与相应数据库的连接。

ODBC 的最大优点是能以统一的方式处理所有的数据库。其缺点也是非常明显的，主要体现在以下三个方面：

（1）ODBC 只支持关系型数据，像电子邮件之类的非关系型数据是不支持的。

（2）由于 ODBC 最初的设计理念就是能够访问所有类型数据库，这种普遍适用也造成了 ODBC 对每种数据库的支持都不是特别理想。

（3）使用 ODBC 需要进行一些系统的配置工作。当然，这个操作也是可以用程序来完成的。

3．Java 数据库连接

Java 数据库连接（Java DataBase Connectivity，JDBC）的作用与 ODBC 是类似的，只不过 JDBC 只能用在 Java 程序设计语言中。JDBC 是一种用于执行 SQL 语句的 Java API，可以为多种关系数据库提供统一访问，它由一组用 Java 语言编写的类和接口组成。将 Java 语言和 JDBC 结合起来，程序员不必为不同的平台编写不同的应用程序，只须写一遍程序，就可以让它在任何平台上运行，这也是 Java 语言"编写一次，处处运行"的优势。

ODBC 与 JDBC 都基于 X/Open SQL，JDBC 构建于 ODBC 之上，它保留了 ODBC 的基本设计特征，同时针对 Java 语言加以改进，所以能与 Java 开发进行很好的配合，而且保障了熟悉 ODBC 的程序员可以快速地掌握 JDBC。

此外，ODBC 将简单和高级功能混在一起，而且即使对于简单的查询，其选项也极为复杂。相反，JDBC 尽量保证简单功能的简便性，而同时在必要时允许使用高级功能。启用纯 Java 机制，则需要使用 JDBC。如果使用 ODBC，就必须手动地将 ODBC 驱动程序管理器和驱动程序安装在每台客户机上；如果完全用 Java 编写 JDBC 驱动程序，则 JDBC 代码在所有 Java 平台上都可以自动安装和移植，并保证安全性。

5.4 数据库的控制功能

要想使数据库中的数据达到应用的要求，必须对其进行各种控制，这就是 DBMS 的控制功能，包括并发控制、性能优化、数据完整性和安全性，以及数据备份与恢复等问题。这些技术虽然给人们的感觉是边缘性技术，但对 DBMS 的应用而言，却是至关重要的。

5.4.1 并发控制

在多用户共享系统中，许多事务可能同时对同一数据进行操作，称为并发操作。此时，DBMS 的并发控制子系统负责协调并发事务的执行，保证数据库的完整性不受破坏，同时，避免用户得到不正确的数据。

1. 事务的基本概念

DBMS 运行的基本工作单位是事务，事务是用户定义的一个数据库操作序列，这些操作序列要么全做，要么全不做，是一个不可分割的工作单位。事务具有以下特性：

（1）原子性（Atomicity）。事务是数据库的逻辑工作单位，事务的原子性保证事务包含的一组更新操作是原子不可分的，也就是说，这些操作是一个整体，不能部分地完成。

（2）一致性（Consistency）。一致性是指使数据库从一个一致性状态变到另一个一致性状态。例如，在转账的操作中，各账户金额必须平衡。一致性与原子性是密切相关的，一致性在逻辑上不是独立的，它由事务的隔离性来表示。

（3）隔离性（Isolation）。隔离性是指一个事务的执行不能被其他事务干扰，即一个事务内部的操作及使用的数据对并发的其他事务是隔离的，并发执行的各个事务之间不能互相干扰。它要求即使有多个事务并发执行，但看上去每个事务按串行调度执行一样。这一性质也称为可串行性，也就是说，系统允许的任何交错操作调度等价于一个串行调度。

（4）持久性（Durability）。持久性也称为永久性，是指事务一旦提交，改变就是永久性的，无论发生何种故障，都不应该对其有任何影响。

事务的原子性、一致性、隔离性和持久性通常统称为 ACID 特性。

2. 数据不一致问题

数据库的并发操作会带来一些数据不一致问题，例如，丢失修改、读"脏数据"和不可重复读等。

（1）丢失修改。事务 A 与事务 B 从数据库中读入同一数据并修改，事务 B 的提交结果破坏了事务 A 提交的结果，导致事务 A 的修改被丢失。例如，有 T1、T2 两个事务，其执行顺序如表 5-7 所示。则"③A=A–5，写回"操作会被"A=A–8，写回"操作覆盖掉，"③A=A–5，写回"将不起任何作用。

表 5-7 丢失更新的实例

T1	T2
①读 A=10	
②	读 A=10
③A=A–5，写回	
④	A=A–8，写回

（2）读"脏数据"。事务 A 修改某一数据，并将其写回磁盘，事务 B 读取同一数据后，事务 A 由于某种原因被撤销，这时事务 A 已修改过的数据恢复原值，事务 B 读到的数据就与数据库中的数据不一致，是不正确的数据，称为"脏数据"。例如，有 T1、T2 两个事务，其执行顺序如表 5-8 所示。则 T2 中"读 A=70"就是读的脏数据。

表 5-8　读"脏数据"的实例

T1	T2
①读 A=20	
A=A+50	
写回 70	
②	读 A=70
③ROLLBACK	
A 恢复为 20	

（3）不可重复读。不可重复读是指事务 A 读取数据后，事务 B 执行了更新操作，事务 A 使用的仍是更新前的值，造成了数据不一致性。例如，有 T1、T2 两个事务，其执行顺序如表 5-9 所示。

表 5-9　不可重复读的实例

T1	T2
①读 A=20	
读 B=30	
求和=50	
②	读 A=20
	A=A+50
	写 A=70
③读 A=70	
读 B=30	
求和=100	
(验算不对)	

在表 5-9 中，T1 事务为了确保其重要计算无误，所以采用了验算的方式，两次独立取出数据并运算，最后进行验算（即比较两次运算结果是否相同）。在此处，虽然两次计算都没错，但由于在两次操作之间的时间间隔中，T2 对数据进行了修改，导致验算结果不正确，这就是不可重复读问题。

3. 封锁协议

处理并发控制的主要方法是采用封锁技术，主要有两种封锁，分别是 X 封锁和 S 封锁。

（1）排他型封锁（X 封锁）。如果事务 T 对数据对象 A（可以是数据项、元组和数据集，以至整个数据库）实现了 X 封锁，那么只允许事务 T 读取和修改数据 A，其他事务要等事务 T 解除 X 封锁以后，才能对数据 A 实现任何类型的封锁。可见，X 封锁只允许一个事务独锁某个数据，具有排他性。

（2）共享型封锁（S 封锁）。X 封锁只允许一个事务独锁和使用数据，要求太严。需要适当从宽，例如，可以允许并发读，但不允许修改，这就产生了 S 封锁的概念。S 封锁的含义是，如果事务 T 对数据 A 实现了 S 封锁，那么允许事务 T 读取数据 A，但不能修改数据 A，在所有 S 封锁解除之前，决不允许任何事务对数据 A 实现 X 封锁。

在多个事务并发执行的系统中，主要采取封锁协议来进行处理，常见的封锁协议如下：

（1）一级封锁协议。事务 T 在修改数据 R 之前必须先对其加 X 锁，直到事务结束才释放。一级封锁协议可防止丢失修改，并保证事务 T 是可恢复的，但不能保证可重复读和不读"脏数据"。

（2）二级封锁协议。一级封锁协议加上事务 T 在读取数据 R 之前先对其加 S 锁，读完后即可释放 S 锁。二级封锁协议可防止丢失修改，还可防止读"脏数据"，但不能保证可重复读。

（3）三级封锁协议。一级封锁协议加上事务 T 在读取数据 R 之前先对其加 S 锁，直到事务结束才释放。三级封锁协议可防止丢失修改、读"脏数据"，且能保证可重复读。

（4）两段锁协议。所有事务必须分两个阶段对数据项加锁和解锁。其中扩展阶段是在对任何数据进行读、写操作之前，首先要申请并获得对该数据的封锁；收缩阶段是在释放一个封锁之后，事务不能再申请和获得任何其他封锁。若并发执行的所有事务均遵守两段封锁协议，则对这些事务的任何并发调度策略都是可串行化的。遵守两段封锁协议的事务可能发生死锁。

显然，使用封锁技术来解决并发控制问题，存在一个封锁粒度问题。所谓封锁粒度，是指被封锁数据对象的大小，在关系数据库中封锁粒度有属性值、属性值集、元组、关系、某索引项（或整个索引）、整个关系数据库、物理页（块）等几种。封锁粒度小则并发性高，但开销大；封锁粒度大则并发性低但开销小，综合平衡照顾不同需求，以合理选取适当的封锁粒度是很重要的。

4．死锁问题

采用封锁的方法虽然可以有效防止数据的不一致性，但封锁本身也会产生一些麻烦，最主要就是死锁问题。死锁是指多个用户申请不同封锁，由于申请者均拥有一部分封锁权，而又需等待另外用户拥有的部分封锁而引起的永无休止的等待。数据库系统中的死锁与操作系统中的死锁是类似的，在此不再展开讨论，详细的请参考 3.2.3 节。

5.4.2　数据库性能优化

数据库是企业 IT 基础设施的核心部件之一，它并不是一个孤立的系统，而是与网络、操作系统和存储等系统有着紧密的关联。要在某个应用系统中使用数据库技术，是一件非常容易的事情，但要将数据库与应用系统之间的配合性能调整到最佳状态，却不是一件容易的事情，这是一个系统工程。

通常，对一个集中式数据库的性能进行优化，可以从硬件升级、数据库设计、检索策略和查询优化等方面入手。有关分布式数据库的性能优化问题,将在 5.6.3 节中讨论。

1. 硬件升级

要提升数据库的运行速度,最直接的方式就是硬件升级,涉及的硬件包括处理器、内存、磁盘子系统和网络。

处理器的升级主要可以考虑用更高频率的处理器代替现有频率较低的处理器,也可以将单处理器的计算机系统升级为多处理器系统。

内存的升级主要是容量的扩充,当容量扩充以后,数据库服务器可以将更多的数据保存在缓冲区,以减少磁盘 I/O 操作,从而提升数据库的整体性能。

磁盘子系统的性能提升主要体现在两个方面,第一,采用高速磁盘系统替代速度较低的磁盘系统,以减少读盘等待时间,提高响应速度;第二,合理分布磁盘 I/O 到多个设备上,以减少资源竞争,提高并行操作能力。

网络方面主要是对带宽的升级。

2. 数据库设计

在数据库设计阶段,就可以着手考虑性能优化问题。对数据库进行设计优化,主要可以从逻辑设计和物理设计两个方面入手。

根据 5.2.3 节的介绍,数据库的规范化程度越高,数据库中的冗余信息就越少。然而,同时又有新的问题引入,规范化使得关系模式不断被拆解,这样关系模式之间的结构变得越来越复杂,在使用数据时频繁执行连接操作,而连接操作是最耗时间的,是数据库性能的制约因素。因此,从某种意义上来说,非规范化(反规范化)可以改善系统的性能。在进行数据库设计时,可以考虑合理增加冗余属性,以提升系统性能,常用的措施如下:

(1)将常用的计算属性(例如,总计和最大值等)存储到数据库实体中。

(2)重新定义实体,以减少外部属性数据或行数据的开支。

(3)将关系进行水平或垂直分割,以提升并行访问度。

数据库逻辑结构的设计固然重要,但物理设计也不可忽视,将数据放在不同的物理位置,有时能对性能提升起到非常关键的作用。例如,可以遵循以下准则:

(1)与每个属性相关的数据类型应该反映数据所需的最小存储空间,特别是对于被索引的属性更是如此。例如,能使用 smallint 类型的就不要用 integer 类型,这样,索引字段可以被更快地读取,而且可以在一个数据页上放置更多的数据行,就相应地减少了 I/O 操作。

(2)将一个频繁使用的大关系分割开,并放在两个单独的智能型磁盘控制器的数据库设备上,这样也可以提高性能。因为有多个磁头在查找,数据分离也能提高性能。

(3)将数据库中文本或图像属性的数据存放在一个单独的物理设备上,也可以提高性能。如果使用专用的智能型控制器,就能进一步提高性能。

3. 索引优化策略

索引是提高数据库查询速度的利器,而数据库查询往往又是数据库系统中最频繁的操作,因此,索引的建立与选择对数据库性能优化具有重大意义。索引的建立与选择可遵循以下准则:

(1) 建立索引时,应选用经常作为查询,而不常更新的属性。避免对一个经常被更新的属性建立索引,因为这样会严重影响性能。

(2) 一个关系上的索引过多会影响 UPDATE、INSERT 和 DELETE 的性能,因为关系一旦进行更新,所有的索引都必须跟着做相应的调整。

(3) 尽量分析出每个重要查询的使用频度,这样,可以找出使用最多的索引,然后可以先对这些索引进行适当的优化。

(4) 对于数据量非常小的关系不必建立索引,因为对于小关系而言,关系扫描往往更快,而且消耗的系统资源更少。

4. 查询优化

查询优化也称为应用程序优化,它是数据库性能优化的最后一个环节,同时,也是最重要的一个环节。查询语句的构造不当,可以使之前的优化功亏一篑。SQL 语句优化的策略很多,例如,建立物化视图或尽可能减少多表查询;以不相干子查询替代相干子查询;只检索需要的属性;用带 IN 的条件子句等价替换 OR 子句;经常提交(COMMIT),以尽早释放锁等。

5.4.3 数据库的完整性

数据库的完整性是指数据库中数据的正确性和相容性。数据库完整性由各种各样的完整性约束来保证,完整性约束可以通过 DBMS 或应用程序来实现,基于 DBMS 的完整性约束作为关系模式的一部分存入数据库中。

1. 完整性约束条件

保证数据完整性的方法之一是设置完整性检查,即对数据库中的数据设置一些约束条件,这是数据的语义体现。完整性约束条件是指对数据库中数据本身的某些语法或语义限制、数据之间的逻辑约束,以及数据变化时应遵守的规则等。所有这些约束条件一般均以谓词逻辑形式表示,即以具有真假值的原子公式和命题连接词(并且、或者、否则)所组成的逻辑公式表示。完整性约束条件的作用对象可以是关系、元组或属性三种。数据的完整性约束条件一般在关系模式中给出,并在运行时做检查,当不满足条件时立即向用户通报,以便采取措施。

数据库中数据的语法、语义限制与数据之间的逻辑约束称为静态约束,它反映了数据及其之间的固有逻辑特性,是最重要的一类完整性约束。静态约束包括静态属性级约束(对数据类型的约束、对数据格式的约束、对取值范围或取值集合的约束、对空值的约束以及其他约束)、静态元组约束和静态关系约束(实体完整性约束、参照完整性约束、函数依赖约束、统计约束)。

数据库中的数据变化应遵守的规则称为数据动态约束,它反映了数据库状态变迁的约束。动态约束包括动态属性级约束(修改属性定义时的约束、修改属性值时的约束)、动态元组约束和动态关系约束。

完整性控制机制应该具有定义功能和检查功能,定义功能提供定义完整性约束条件的机制,检查功能检查用户发出的操作请求是否违背了完整性约束条件。如果发现用户的操作请求违背了约束条件,则采取一定的动作来保证数据的完整性。

2. 实体完整性

实体完整性要求主键中的任一属性不能为空,所谓空值是"不知道"或"无意义"的值。之所以要保证实体完整性,主要是因为在关系中,每个元组的区分是依据主键值的不同,若主键值取空值,则不能标明该元组的存在。例如,对于学生关系 S(Sno, Sname, Ssex),其主键为 Sno,在插入某个元组时,就必须要求 Sno 不能为空。更加严格的 DBMS,则还要求 Sno 不能与已经存在的某个元组的 Sno 相同。

3. 参照完整性

若基本关系 R 中含有与另一基本关系 S 的主键 PK 相对应的属性组 FK(FK 称为 R 的外键),则参照完整性要求,对 R 中的每个元组在 FK 上的值必须是 S 中某个元组的 PK 值,或者为空值。参照完整性的合理性在于,R 中的外键只能对 S 中的主键引用,不能是 S 中主键没有的值。例如,对于学生关系 S(Sno, Sname, Ssex)和选课关系 C(Sno, Cno, Grade)两个关系,C 中的 Sno 是外键,它是 S 的主键,若 C 中出现了某个 S 中没有的 Sno,即某个学生还没有注册,却已有了选课记录,这显然是不合理的。

在实际应用中,对于参照完整性,需要明确外键能否接受空值的问题,以及在被参照关系中删除元组的问题。针对不同的应用,可以有不同的删除方式:

(1)级联删除。将参照关系中所有外键值与被参照关系中要删除元组主键值相同的元组一起删除。如果参照关系同时又是另一个关系的被参照关系,则这种删除操作会继续级联下去。

(2)受限删除。这是一般 DBMS 默认的删除方式。仅当参照关系中没有任何元组的外键值与被参照关系中要删除元组的主键值相同时,系统才可以执行删除操作,否则拒绝执行删除操作。

(3)置空删除。删除被参照关系的元组,并将参照关系中相应元组的外键值置为空值。

同样,还需要考虑在参照关系中插入元组的问题,一般可以采用以下两种方式:

(1)受限插入。仅当被参照关系中存在相应的元组时,其主键值与参照关系插入元组的外键值相同时,系统才执行插入操作,否则拒绝此操作。

(2)递归插入。首先向被参照关系中插入相应的元组,其主键值等于参照关系插入元组的外键值,然后向参照关系插入元组。

4. 用户定义的完整性

实体完整性和参照完整性适用于任何关系型 DBMS。除此之外，不同的数据库系统根据其应用环境的不同，往往还需要一些特殊的约束条件。用户定义的完整性就是针对某一具体数据库的约束条件，反映某一具体应用所涉及的数据必须满足的语义要求。

如果在一条语句执行完后立即检查，称为立即执行约束；如果在整个事务执行结束后再进行检查，则称延迟执行约束。完整性规则的五元组表示为 (D, O, A, C, P)，其中 D 表示约束作用的数据对象，O 表示触发完整性检查的数据库操作，A 表示数据对象必须满足的断言或语义约束，C 表示选择 A 作用的数据对象值的谓词，P 表示违反完整性规则时触发的过程。

5. 触发器

触发器是在关系型 DBMS 中应用得比较多的一种完整性保护措施，其功能比完整性约束要强得多。一般而言，在完整性约束功能中，当系统检查出数据中有违反完整性约束条件时，则仅给出必要提示以通知用户，仅此而已。而触发器的功能则不仅起到提示作用，还会引起系统自动进行某些操作，以消除违反完整性约束条件所引起的负面影响。

所谓触发器，其抽象的含义即是一个事件的发生必然触发（或导致）另外一些事件的发生，其中前面的事件称为触发事件，后面的事件称为结果事件。触发事件一般即为完整性约束条件的否定，而结果事件即为一组操作用以消除触发事件所引起的不良影响。目前，数据库中事件一般表示为数据的插入、修改、删除等操作。触发器除了有完整性保护功能外，还有安全性保护功能。

5.4.4 数据库的安全性

就整个信息系统的安全而言，数据的安全是最重要的。数据库系统的安全性在技术上依赖于两种方式，一种是 DBMS 本身提供的用户身份识别、视图、使用权限控制和审计等管理措施，大型 DBMS 均有此功能；另一种就是靠应用程序来实现对数据库访问进行控制和管理，也就是说，数据的安全控制由应用程序里面的代码来实现。目前，一些大型 DBMS 都提供了一些技术手段来保证数据的安全，如表 5-10 所示。

表 5-10 数据库安全性措施表

措 施	说 明
用户标识和鉴别	最外层的安全保护措施，可以使用用户账户、口令和随机数检验等方式
存取控制（数据授权）	对用户进行授权，包括操作类型（例如，查找、更新或删除等）和数据对象的权限
密码存储和传输	对远程终端信息用密码传输
视图的保护	通过视图的方式进行授权
审计	使用一个专用文件或数据库，自动将用户对数据库的所有操作记录下来

本节主要介绍用户标识、数据授权、视图和审计等措施，有关密码存储和传输措施

的实施,将在 18.2.1 节中详细介绍。

1. 用户标识和鉴别

用户的身份认证是用户使用 DBMS 系统的第一个环节,是系统提供的最外层保护。进行用户标识和鉴别的常用方式有口令认证和强身份认证。

(1) 口令认证。口令认证是一种身份认证的基本形式,用户在建立与 DBMS 的访问连接前,必须提供正确的用户账号和口令,DBMS 与自身保存的用户列表中的用户标识和口令比较,如果匹配则认证成功,允许用户使用数据库系统;如果不匹配,则返回拒绝信息,这种认证判断过程往往是数据库登录的第一步。

(2) 强身份认证。在网络环境下,客户端到 DBMS 服务器可能经过多个环节,在身份认证期间,用户的信息和口令可能会经过很多不安全的节点(例如,路由器和服务器),而被信息的窃听者窃取。强身份认证过程使认证可以结合信息安全领域一些更深入的技术保障措施,来强化用户身份的鉴别,例如,可以与数字证书、智能卡和用户指纹识别等多种身份识别技术相结合。有关这些技术的详细知识,将在 18.2.2 节中介绍。

2. 数据授权

当用户通过身份认证以后,并不是所有的用户都能操作所有的数据,要分不同的用户角色来区别对待,例如,普通用户只能查看自己的个人信息,而 DBA 则可以查看所有用户的信息。要达到这一效果,需要对不同用户角色进行不同级别的数据授权。

一般可以将权限角色分为三类:数据库登录权限类、资源管理权限类和 DBA 权限类。有了数据库登录权限的用户才能进入 DBMS,才能使用 DBMS 所提供的各类工具和实用程序。同时,数据对象的创建者(owner)可以授予这类用户以数据查询、建立视图等权限。这类用户只能查阅部分数据库信息,不能改动数据库中的任何数据;具有资源管理权限的用户,除了拥有数据库登录权限类的用户权限外,还有创建数据库表、索引等数据对象的管理权限,可以在权限允许的范围内修改和查询数据库,还能将自己拥有的权限授予其他用户,可以申请审计等;具有 DBA 权限的用户将具有数据库管理的全部权限,由于拥有非常大的权限,所以只有极少数用户属于这种角色。

当然,不同的 DBMS 可能对用户角色的定义不尽相同,权限划分的细致程度也远超过上面三种基本的类型。同一类功能操作权限的用户,对数据库中的数据对象管理和使用的范围也可能是不同的,因此,DBMS 除了要提供基于功能角色的操作权限控制外,还提供了对数据对象的访问控制,访问控制可以根据对控制用户访问数据对象的范围(或称粒度)从大到小分为 4 个层次,分别是数据库级、关系级、元组级和属性级。

3. 视图

视图可以被看成是虚拟关系或存储查询,可通过视图访问的数据不作为独特的对象存储在数据库内,数据库内存储的是 SELECT 语句。SELECT 语句的结果集构成视图所返回的虚拟关系。用户可以用引用关系时所使用的方法,在 SQL 语句中通过引用视图名称来使用虚拟关系。使用视图可以实现下列功能:

（1）将用户限定在关系中的特定元组上。例如，只允许雇员看到工作跟踪表内记录其工作的行。

（2）将用户限定在特定属性上。例如，对于那些不负责处理工资单的雇员，只允许他们看到雇员表中的姓名、工作电话和部门属性，而不能看到任何包含工资信息或个人信息的属性。

（3）将多个关系中的属性连接起来，使它们看起来像一个关系。

（4）聚合信息而非提供详细信息。例如，显示一个属性的和，或属性的最大值和最小值等。

4．审计与跟踪

如果身份认证是一种事前的防范措施，审计则是一种事后监督的手段。跟踪也是 DBMS 提供的监视用户动作的功能，然而，审计和跟踪是两个不同的概念，主要是两者的目的不同。跟踪主要是满足系统调试的需要，捕捉到的用户行为记录往往只用于分析，而并不长久地保存，而审计作为一种安全检查的措施，会将系统的运行状况和用户访问数据库的行为以日志形式记录并保存下来，这种日志往往作为一种稽查用户行为的一种证据。

根据审计对象的区分，有两种方式的审计，即用户审计和系统审计。用户审计时，DBMS 的审计系统记下所有对关系（或视图）进行访问的企图（包括成功的和不成功的）及每次操作的用户名、时间和操作代码等信息。这些信息一般都被记录在操作系统或 DBMS 的日志文件中，利用这些信息可以对用户进行审计分析；系统审计由 DBA 进行，其审计内容主要是系统一级命令和数据对象的使用情况。

5.4.5 备份与恢复技术

5.4.4 节详细介绍了保证数据库安全性的技术和措施，但不管用多么高明的手段，总是难以避免安全事故的发生。安全事故的发生有可能是人为因素，也可能是由于硬件设备的故障，甚至是自然灾难。因此，需要备份与恢复技术来进一步保障数据的安全，即当数据被破坏后，在一定时间内将数据库调整到破坏前的状态。

数据库备份有多种分类方式。按备份的实现方式，可分为物理备份与逻辑备份，而物理备份又可以分为冷备份与热备份；按备份数据量情况，可分为完全备份、增量备份与差异备份。其中，完全备份是指将整个数据库中的数据进行备份，增量备份是指备份上一次备份（包括完全备份、增量备份和差异备份）后发生变化的数据，差异备份是指备份上一次完全备份后发生变化的所有数据。由于备份方式存在多样性，因此，制订一个合适的可操作的备份和恢复策略至关重要，其基本原则是保证数据丢失得尽量少或完全不丢失，且备份和恢复时间尽量短，保证系统最大的可用性。

1．物理备份

物理备份是在操作系统层面上对数据库的数据文件进行备份，可分为冷备份和热备份两种。冷备份也称为静态备份，是将数据库正常关闭，在停止状态下，将数据库的文件全部备份（复制）下来。当数据库发生故障时，将数据文件复制回来进行恢复。冷备份是数据库备份中最快和最安全的方法；热备份也称为动态备份，是利用备份软件，在数据库正常运行的状态下，将数据库中的数据文件备份出来。冷备份与热备份的优缺点如表 5-11 所示。

表 5-11 冷备份与热备份优缺点比较表

备份方式	优 点	缺 点
冷备份	非常快速的备份方法（只需复制文件）；容易归档（简单复制即可）；容易恢复到某个时间点上（只需将文件再复制回去）；能与归档方法相结合，做数据库"最佳状态"的恢复；低度维护，高度安全	单独使用时，只能提供到某一时间点上的恢复；在实施备份的全过程中，数据库必须要作备份而不能做其他工作；若磁盘空间有限，只能复制到磁带等其他外部存储设备上，速度会很慢；不能按表或按用户恢复
热备份	可在表空间或数据库文件级备份，备份的时间短；备份时数据库仍可使用；可达到秒级恢复（恢复到某一时间点上）；可对几乎所有数据库实体做恢复；恢复是快速的	不能出错，否则后果严重；若热备份不成功，所得结果不可用于时间点的恢复；因难于维护，所以要特别小心，不允许"以失败告终"

为了提高物理备份的效率，通常将完全、增量和差异三种备份方式相组合。一般来说，一个备份周期通常由一个完全备份和多个增量、差异备份组成。由于增量或差异备份导出的数据少，所需要的时间也较少。

2．逻辑备份

逻辑备份是指利用 DBMS 自带的工具软件备份和恢复数据库的内容，例如，Oracle 的导出工具为 exp，导入工具为 imp，可以按照表、表空间、用户和全库 4 个层次备份和恢复数据；Sybase 的全库备份命令是 dump database，全库恢复命令是 load database，还可利用 BCP 命令来备份和恢复指定表。

在数据库容量不大的情况下，逻辑备份是一个非常有效的手段，既简单又方便，但现在随着数据量的越来越大，甚至高达 TB 级，利用逻辑备份来恢复数据库已力不从心，速度很慢。针对大型数据库的备份和恢复，一般结合磁带库或光盘库，采用物理备份方式。

3．日志文件

事务日志是针对数据库改变所做的记录，它可以记录针对数据库的任何操作，并将记录结果保存在独立的文件中。这种文件就称为日志文件。对于任何一个事务，事务日志都有非常全面的记录，根据这些记录可以将数据文件恢复成事务前的状态。从事务动作开始，事务日志就处于记录状态，事务执行过程中对数据库的任何操作都记录在内，直到用户提交或回滚后才结束记录。

日志文件是用来记录对数据库每一次更新活动的文件,在热备份方式中,必须建立日志文件,后援副本和日志文件综合起来才能有效地恢复数据库;在冷备份方式中,也可以建立日志文件,当数据库毁坏后,可重新装入后援副本,将数据库恢复到备份结束时刻的正确状态,然后利用日志文件,将已完成的事务进行重做处理,对故障发生时尚未完成的事务进行撤销处理。这样,不必重新运行那些已完成的事务程序就可将数据库恢复到故障前某一时刻的正确状态。例如,在热备份期间的某时刻 t_1,系统将数据 $A=100$ 备份到了磁带上,而在时刻 t_2,某一事务对 A 进行了修改使 $A=200$。备份结束,后备副本上的 A 已是过时的数据了。为此,必须将备份期间各事务对数据库的修改活动登记下来,建立日志文件。这样,后备副本加上日志文件就能将数据库恢复到某一时刻的正确状态。

事务在运行过程中,系统将事务开始、事务结束(包括 COMMIT 和 ROLLBACK),以及对数据库的插入、删除和修改等每个操作作为一个登记记录存放到日志文件中。每个记录包括的主要内容有执行操作的事务标识、操作类型、更新前数据的旧值(对插入操作而言此项为空值)、更新后的新值(对删除操作而言此项为空值)。登记的次序严格按并行事务操作执行的时间次序,同时遵循"先写日志文件"的规则。写一个修改到数据库中和写一个表示这个修改的日志记录到日志文件中是两个不同的操作,有可能在这两个操作之间发生故障,即这两个写操作只完成了一个,如果先写了数据库修改,而在日志记录中没有登记这个修改,则以后就无法恢复这个修改了。因此,为了安全,应该先写日志文件,即首先将修改记录写到日志文件上,然后再写数据库的修改。

4. 数据恢复

将数据库从错误状态恢复到某一个已知的正确状态的功能,称为数据库的恢复。数据恢复的基本原理就是冗余,建立冗余的方法有数据备份和登录日志文件等。可根据故障的不同类型,采用不同的恢复策略。

(1)事务故障的恢复。事务故障的恢复是由系统自动完成的,对用户是透明的(不需要 DBA 的参与)。其步骤如下:反向扫描日志文件,查找该事务的更新操作;对该事务的更新操作执行逆操作;继续反向扫描日志文件,查找该事务的其他更新操作,并做同样处理;如此处理下去,直至读到此事务的开始标记,事务故障恢复完成。

(2)系统故障的恢复。系统故障的恢复在系统重新启动时自动完成,不需要用户干预。其步骤如下:正向扫描日志文件,找出在故障发生前已经提交的事务,将其事务标识记入重做(Redo)队列。同时找出故障发生时尚未完成的事务,将其事务标识记入撤销(Undo)队列;对撤销队列中的各个事务进行撤销处理:反向扫描日志文件,对每个 Undo 事务的更新操作执行逆操作;对重做队列中的各个事务进行重做处理:正向扫描日志文件,对每个 Redo 事务重新执行日志文件登记的操作。

(3)介质故障与病毒破坏的恢复。介质故障与病毒破坏的恢复步骤如下:装入最新的数据库后备副本,使数据库恢复到最近一次备份时的一致性状态;从故障点开始反向扫描日志文件，找出已提交事务标识并记入 Redo 队列；从起始点开始正向扫描日志文件，根据 Redo 队列中的记录，重做已完成的任务，将数据库恢复至故障前某一时刻的一致状态。

（4）有检查点的恢复技术。检查点记录的内容可包括建立检查点时刻所有正在执行的事务清单，以及这些事务最近一个日志记录的地址。采用检查点的恢复步骤如下：从重新开始文件中找到最后一个检查点记录在日志文件中的地址，由该地址在日志文件中找到最后一个检查点记录；由该检查点记录得到检查点建立时所有正在执行的事务清单队列（A）；建立重做队列（R）和撤销队列（U），将 A 队列放入 U 队列中，R 队列为空；从检查点开始正向扫描日志文件，若有新开始的事务 T_1，则将 T_1 放入 U 队列。若有提交的事务 T_2，则将 T_2 从 U 队列移到 R 队列。直至日志文件结束；对 U 队列的每个事务执行 Undo 操作，对 R 队列的每个事务执行 Redo 操作。

5.4.6 数据中心的建设

如果只是将数据备份在同一个地点，即使备份再及时，也可能面临不可恢复的风险。例如，2008 年 5 月 12 日 14 时 28 分，我国四川省汶川县发生里氏 8.0 级大地震，造成了数万人死亡，无数的房屋化为灰烬。在这种情况下，即使进行了安全保障和数据备份，也可能使数据完全丢失，因为在地震的瞬间，可以将业务数据连同备份的数据，包括一切设备同时毁坏。在这种情况下，就需要数据中心了，数据中心可以实现异地备份。在异地备份的架构中，一个数据中心被损毁，其他数据中心有完整的数据保存，可以保证数据不丢失。

为了达到异地备份的效果，数据中心的选址一般会选一个国家内地理位置相对较远的地点，或是选择不同国家作为数据中心，例如，伊拉克由于长年战事，很多大的公司将数据中心设在美国、英国或德国等地。实际上，数据中心的功能，不仅限于异地备份。数据中心形式的数据库建设为用户构建了统一的集中运行平台，建立开放式多层架构体系，优化整合现有设备资源。这样，便于实施系统资源的统一管理和维护，提高了硬件设备的利用率，也提高了系统的可扩展能力，从而降低各类应用系统的建设成本。以信息数据库为核心的数据中心建设，可从以下几个方面着手：

（1）构建专用存储系统，集中存储数据。采用网络存储技术，构建专用、大容量存储系统，通过区域划分，满足各类数据的集中存储，保证存储系统的灵活性和可扩展性。有关网络存储技术的详细知识，将在 6.2.4 节中介绍。

（2）构建统一的数据库集中运行平台，提高数据处理能力。按照"运行可靠、性能优良、满足应用"的要求，建设计算机集群系统，采用并行运行和互为备份的集群技术，保证计算机高效和不间断运行。同时，通过分区技术，在计算机上构建不同应用数据库的运行区域，满足不同应用数据库系统的运行需要，使各类应用数据库既集中又相对独立地运行，以降低不同数据库之间的相互影响，提高数据库处理能力。有关计算机集群技术的详细知识,将在 19.6 节中介绍。

(3)建立多种系统应用平台,提高集中运行平台的适应性。按照各类应用系统所需的不同系统运行环境,建立与之相适应的多种系统运行平台,提供 UNIX、Windows 或 Linux 平台上应用服务和 Web 浏览等应用。通过共享统一的存储系统,建立主流数据库运行平台,提供数据库服务,为有关部门的不同应用系统提供相应的运行环境。

(4)整合优化现有计算机设备资源,提高集中管理和应用的水平。根据系统建设的整体框架要求,按照数据集中整合和应用的需要,对用户现有计算机设备资源进行调整,纳入统一、集中运行管理框架中。同时,按照设备集中管理的要求,在数据中心计算机房建成后,将用户各类服务器及相关设备集中起来,根据不同应用的要求进行整合优化,实行统一的运行与管理。

(5)扩展数据备份系统,提高系统可靠性。数据中心的数据是企业极其宝贵的重要资源,必须在安全上做到万无一失,且各类应用系统要求 7×24 小时不间断运行,要求有多层面的系统可靠性保障,所有层面要建立相应的容错机制,确保设备发生故障或升级维护时系统服务不中断;设备自身必须具备容错能力,尽可能在设备一级就能屏蔽大多数故障。此外,构建存储系统的"快照"复制和磁带备份系统,包含专业的数据备份系统、备份管理策略与手段,通过在现有备份系统基础上进行扩展,实现数据的快速备份和统一的常规备份,以及高效的数据恢复,使集中运行平台具备高效、全面备份数据的能力,保证数据的安全可靠。有关容错机制的详细知识,将在 19.4 节和 19.5 节中介绍。

(6)建立集中运行管理机制,实现设备和系统资源的统一管理。按照信息系统和数据集中运行的要求,建立设备和系统的集中运行管理机制,实现对集中设备和系统的性能监控、配置优化和维护服务的统一运行管理,确保设备和系统的高效、可靠和安全地运行,提高对设备和系统的运行管理水平。

设计一个能高效、安全地运行,设备之间有一定冗余,应用之间共享资源的数据中心,是一项复杂的任务,其中涉及数据库服务器、存储系统、负载均衡系统和应用服务器等的设计工作。在数据中心的设计中,需要遵循实用性与先进性、高性能与高负载能力、安全性与可靠性、灵活性与可扩展性、开放性与标准化、经济性与保护投资、集中运行与逐步过渡等原则。数据中心建设的一个核心任务就是容灾,有关容灾技术的详细知识,将在 18.6 节中介绍。

5.5 数据库设计与建模

数据库设计是指对一个给定的应用环境,提供一个确定最优数据模型与处理模式的逻辑设计,以及一个确定数据库存储结构与存取方法的物理设计,建立起能反映现实世界信息和信息联系及满足用户数据要求和加工要求,以能够被某个 DBMS 所接受,同时能实现系统目标,并有效存取数据的数据库。

5.5.1 数据库设计阶段

基于数据库系统生命周期的数据库设计可分为如下 5 个阶段：规划、需求分析、概念设计、逻辑设计和物理设计。

1．规划

规划阶段的主要任务是进行建立数据库的必要性及可行性分析，确定数据库系统在企业和信息系统中的地位，以及各个数据库之间的联系。有关系统规划方面的知识，将在第 9 章中详细介绍。

2．需求分析

需求分析的目标是通过调查研究，了解用户的数据和处理要求，并按一定格式整理形成需求说明书。需求说明书包括数据库所涉及的数据、数据的特征、使用频率和数据量的估计，例如，数据名、属性及其类型、主键属性、保密要求、完整性约束条件、更改要求、使用频率和数据量估计等。这些关于数据的数据称为元数据。在设计大型数据库时，这些数据通常由数据字典来管理。用数据字典管理元数据，有利于避免数据的重复或重名，以保持数据的一致性。同时，有利于提高数据库设计的质量，减轻设计者的负担。有关需求分析的知识，将在第 11 章中详细介绍。

3．概念设计

概念设计也称为概念结构设计，其任务是在需求分析阶段产生的需求说明书的基础上，按照特定的方法将它们抽象为一个不依赖于任何 DBMS 的数据模型，即概念模型。概念模型使设计人员的注意力能够从复杂的实现细节中解脱出来，而只集中在最重要的数据的组织结构和处理模式上。为保证所设计的概念模型能正确、完全地反映用户的数据及其相互关系，便于进行所要求的各种处理，在概念设计阶段中，可邀请用户参与。

在进行概念设计时，可先设计各个应用的视图，即各个应用所看到的数据及其结构，然后再进行视图集成，以形成一个单一的概念数据模型。

4．逻辑设计

逻辑设计也称为逻辑结构设计，其任务是将概念模型转化为某个特定的 DBMS 上的逻辑模型。设计逻辑结构时，首先为概念模型选定一个合适的逻辑模型（例如，关系模型、网状模型或层次模型），然后将其转化为由特定 DBMS 支持的逻辑模型，最后对逻辑模型进行优化。

逻辑设计的目的是将概念设计阶段设计好的 E-R 图转换为与选用的具体机器上的 DBMS 所支持的数据模型相符合的逻辑结构。

5．物理设计

物理设计也称为物理结构设计，其任务是对给定的逻辑模型选取一个最适合应用环境的物理结构，所谓数据库的物理结构，主要是指数据库在物理设备上的存储结构和存取方法。物理设计的步骤如下：

（1）设计存储记录结构，包括记录的组成、数据项的类型和长度，以及逻辑记录到存储记录的映射。

（2）确定数据存储安排。

（3）设计访问方法，为存储在物理设备上的数据提供存储和检索的能力。

（4）进行完整性和安全性的分析与设计。

（5）数据库程序设计。

5.5.2 实体联系模型

E-R 模型也称为 E-R 图，它是描述概念世界，建立概念模型的实用工具。在 E-R 图中，主要包括以下三个要素：

（1）实体（型）。实体用矩形框表示，框内标注实体名称。

（2）属性。单值属性用椭圆形表示，并用连线与实体连接起来。如果是多值属性，在椭圆形虚线外面再套实线椭圆；如果是派生属性，则用虚线椭圆表示。其中，多值属性可以有一个或者两个以上的值，例如，学员信息数据库中可能包含关于他们个人兴趣的数据，一个学员可能有运动、电影、投资和烹调等多个兴趣；派生属性是从基本属性计算出来的属性，例如，学员的总成绩和平均成绩等。

（3）实体之间的联系。实体之间的联系用菱形框表示，框内标注联系名称，并用连线将菱形框分别与有关实体相连，并在连线上注明联系类型。

例如，图 5-4 就是某在线教育平台系统的一个 E-R 图（为了简单起见，省略了部分实体的属性和联系的属性）。

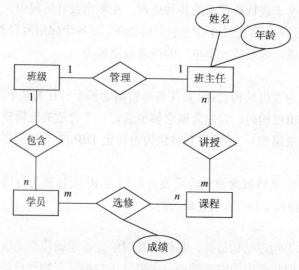

图 5-4 某教学系统 E-R 图

1. 联系的类型

E-R 图中的联系可以归结为三种类型，分别是一对一联系、一对多联系和多对多联系。

（1）一对一联系（1:1）。设 A，B 为两个实体集，若 A 中的每个实体至多和 B 中的一个实体有联系，反过来，B 中的每个实体至多和 A 中的一个实体有联系，则称 A 对 B 或 B 对 A 是 1:1 联系。要注意的是，1:1 联系不一定都是一一对应的关系，可能存在着无对应。例如，在图 5-4 中，一个班只有一个班主任，一个辅导老师不能同时兼任两个班的班主任，由于辅导老师紧缺，某个班的班主任也可能暂缺。

（2）一对多联系（1:n）。如果实体集 A 中的每个实体可以和 B 中的几个实体有联系，而 B 中的每个实体至少和 A 中的一个实体有联系，则 A 对 B 属于 1:n 联系。例如，在图 5-4 中，一个班级有多个学员，而一个学员只能编排在一个班级，班级与学员之间的关系属于一对多的联系。

（3）多对多联系（$m:n$）。若实体集 A 中的每个实体可与 B 中的多个实体有联系，反过来，B 中的每个实体也可以与 A 中的多个实体有联系，则称 A 对 B 或 B 对 A 是 $m:n$ 联系。例如，在图 5-4 中，一个学员可以选修多门课程，一门课程由多个学员选修，学员和课程之间存在多对多的联系。

2. E-R 图的集成

在数据库的概念设计过程中，先设计各子系统的局部 E-R 图，其设计过程是，首先，确定局部视图的范围；然后，识别实体及其标识，确定实体之间的联系；最后，分配实体及联系的属性。各子系统的局部 E-R 图设计好后，下一步就是要将所有的分 E-R 图综合成一个系统的总体 E-R 图，一般称为视图的集成。视图集成通常有两种方式，一种方式是多个局部 E-R 图一次集成，这种方式比较复杂，做起来难度较大；另一种方式是逐步集成，用累加的方式一次集成两个局部 E-R 图。这种方式每次只集成两个局部 E-R 图，可以降低复杂度。

由于各子系统应用所面临的问题不同，且通常是由不同的设计人员进行局部视图设计，这就导致各个局部 E-R 图之间必定会存在许多不一致的问题，称之为冲突。因此，在合并 E-R 图时，不能简单地将各个局部 E-R 图画到一起，而是必须着力消除各个局部 E-R 图中的不一致，以形成一个能为全系统中所有用户共同理解和接受的统一的概念模型。各局部 E-R 图之间的冲突主要有三类：属性冲突、命名冲突和结构冲突。

（1）属性冲突。属性冲突包括属性域冲突和属性取值冲突。属性冲突理论上好解决，只要换成相同的属性就可以了，但实际上需要各部门协商，解决起来并不简单。

（2）命名冲突。命名冲突包括同名异义和异名同义。处理命名冲突通常也像处理属性冲突一样，通过讨论和协商等行政手段加以解决。

（3）结构冲突。结构冲突包括同一对象在不同应用中具有不同的抽象，以及同一实体在不同局部 E-R 图中所包含的属性个数和属性排列次序不完全相同。对于前者的解决办法是将属性变换为实体或实体变换为属性，使同一对象具有相同的抽象。对于后者的解决办法是使该实体的属性取各局部 E-R 图中属性的并集，再适当调整属性的次序。

另外，实体间的联系在不同的局部 E-R 图中可能为不同的类型，其解决方法是根据应用的语义对实体联系的类型进行综合或调整。在初步的 E-R 图中，可能存在一些冗余的数据和实体间冗余的联系。冗余数据和冗余联系容易破坏数据库的完整性，给数据库维护增加困难，应当予以消除。消除冗余的主要方法为分析方法，即以数据字典和数据流图为依据，根据数据字典中关于数据项之间逻辑关系的说明来消除冗余。有关数据字典和数据流图的详细知识，将在 11.4 节中介绍。

3．E-R 图向关系模式的转换

E-R 图向关系模式的转换属于数据库的逻辑设计阶段的工作，该阶段需要将 E-R 模型转换为某种 DBMS 能处理的关系模式，具体转换规则如下：

（1）一个实体转换为一个关系模式，实体的属性就是关系的属性，实体的主键就是关系的主键。

（2）一个 1:1 联系可以转换为一个独立的关系模式，也可以与任意一端对应的关系模式合并。如果转换为一个独立的模式，则与该联系相连的各实体的主键和联系本身的属性均转换为关系的属性，每个实体的主键均是该关系的键属性；如果与某一端实体对应的关系模式合并，则需要在该关系模式的属性中加入另一个关系模式的主键和联系本身的属性。

（3）一个 1:n 联系可以转换为一个独立的关系模式，也可以与任意 n 端对应的关系模式合并。如果转换为一个独立的模式，则与该联系相连的各实体的主键和联系本身的属性均转换为关系的属性，而关系的主键为 n 端实体的主键；如果与 n 端实体对应的关系模式合并，则需要在该关系模式的属性中加入 1 端关系模式的主键和联系本身的属性。

（4）一个 m:n 联系转换为一个独立的关系模式，与该联系相连的各实体的主键以及联系本身的属性均转换为关系的属性，而关系的主键为各实体主键的组合。

（5）三个以上实体间的一个多元联系可以转换为一个独立的关系模式，与该联系相连的各实体的主键和联系本身的属性均转换为关系的属性，而关系的主键为各实体主键的组合。

另外，还有 4 种情况是需要特别注意的：

（1）多值属性的处理。如果 E-R 图中某实体具有一个多值属性，则应该进行优化，把该属性提升为一个实体，通常称为弱实体；或者在转化为关系模式时，将实体的主键与多值属性单独构成一个关系模式。

（2）BLOB 型属性的处理。典型的 BLOB 是一张图片或一个声音文件，由于它们的容量比较大，必须使用特殊的方式来处理。处理 BLOB 的主要思想就是让文件处理器（例如，数据库管理器）不去理会文件是什么，而是关心如何去处理它。因此，从优化的角度考虑，应采用的设计方案是将 BLOB 属性与关系的主键独立为一个关系模式。

（3）派生属性的处理。因为派生属性可由其他属性计算得到，因此，在转化成关系模式时，通常不转换派生属性。

（4）在面向对象的模型中，本节的关系模式就对应类，关系模式的属性就对应类的属性。

5.6 分布式数据库系统

分布式数据库系统是数据库技术与网络技术相结合的产物，其基本思想是将传统的集中式数据库中的数据分布于网络上的多台计算机中。分布式数据库系统通常使用较小的计算机系统，每台计算机可单独放在一个地方，每台计算机中都有 DBMS 的一份完整的复制副本，并具有自己局部的数据库，位于不同地点的许多计算机通过网络互相连接，共同组成一个完整的、全局的大型数据库。

5.6.1 分布式数据库概述

分布式数据库是由一组数据组成的，这组数据分布在计算机网络的不同计算机上，网络中的每个节点具有独立处理的能力（称为场地自治），它可以执行局部应用，同时，每个节点也能通过网络通信子系统执行全局应用。分布式数据库系统是在集中式数据库系统技术的基础上发展起来的，具有如下特点：

（1）数据独立性。在分布式数据库系统中，数据独立性这一特性更加重要，并具有更多的内容。除了数据的逻辑独立性与物理独立性外，还有数据分布独立性（分布透明性）。

（2）集中与自治共享结合的控制结构。各局部的 DBMS 可以独立地管理局部数据库，具有自治的功能。同时，系统又设有集中控制机制，协调各局部 DBMS 的工作，执行全局应用。

（3）适当增加数据冗余度。在不同的场地存储同一数据的多个副本，这样，可以提高系统的可靠性和可用性，同时也能提高系统性能。

（4）全局的一致性、可串行性和可恢复性。

1. 分布式数据库的体系结构

分布式数据库的体系结构如图 5-5 所示。在分布式数据库中，局部 DBMS 中的内模式与概念模式与集中数据库是完全一致的，不同之处在于新增的全局 DBMS，而整个全局 DBMS，可以看作是相对于局部概念模式的外模式。由于外模式部分有一系列的分布模式、分片模式、全局概念模式和全局外模式，以及多级映射使得用户在使用分布式数据库时，可以使用集中式数据库同样的方式。

（1）全局外模式。全局外模式是全局应用的用户视图，是全局概念模式的子集，该层直接与用户（或应用程序）交互。

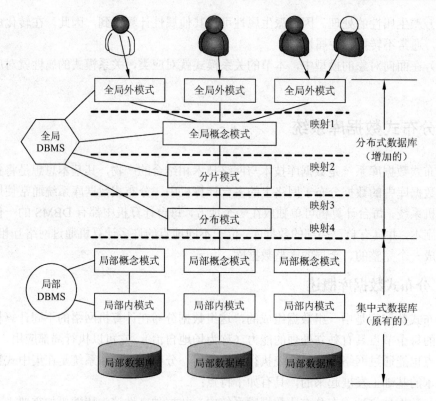

图 5-5 分布式数据库体系结构图

（2）全局概念模式。全局概念模式定义分布式数据库中数据的整体逻辑结构，数据就如同根本没有分布一样，可用传统的集中式数据库中所采用的方法进行定义。全局概念模式中所用的数据模型应该易于向其他层次的模式映射，通常采用关系模型。

（3）分片模式。在某些情况下，需要将一个关系模式分解成为几个数据片，分片模式正是用于完成此项工作的。有关数据分片的详细知识，将在 5.6.2 节中介绍。

（4）分布模式。分布式数据库的本质特性就是数据分布在不同的物理位置。分布模式的主要职责是定义数据片段（即分片模式的处理结果）的存放节点。分布模式的映射类型确定了分布式数据库是冗余的还是非冗余的。若映射是一对多的，即一个片段分配到多个节点上存放，则是冗余的分布式数据库，否则是不冗余的分布式数据库。根据分布模式提供的信息，一个全局查询可分解为若干子查询，每个子查询要访问的数据属于同一场地的局部数据库。由分布模式到各局部数据库的映射（图 5-5 中的映射 4）将存储在局部场地的全局关系（或全局关系的片段）映射为各局部概念模式，采用局部场地的 DBMS 所支持的数据模型。

（5）局部概念模式。局部概念模式是局部数据库的概念模式。

（6）局部内模式。局部内模式是局部数据库的内模式。

虽然从理论上来说，分布式数据库的模式结构有图 5-5 所示的 6 个层次，但实际上，并非所有分布式数据库都具有这种结构。

2. 分布式数据库的优点

分布式数据库的物理层面分布、逻辑层面统一的特色，让它具有一些集中式数据库所不可及的优势：

（1）分布式数据库可以解决企业部门分散而数据需要相互联系的问题。例如，就银行系统而言，总行与各分行处于不同的城市或城市中的不同地区，在业务上它们需要处理各自的数据，也需要彼此之间的交换和处理，这就需要分布式数据库系统。

（2）如果企业需要增加新的相对自主的部门来扩充机构，则分布式数据库系统可以在对当前机构影响最小的情况下进行扩充。

（3）分布式数据库可以满足均衡负载的需要。数据的分片使局部应用达到最大，这使得各服务器之间的相互干扰降到最低。负载在各服务器之间分担，可以避免临界瓶颈。

（4）当企业已存在几个数据库系统，而且实现全局应用的必要性增加时，就可以由这些数据库自下而上构成分布式数据库系统。

（5）相等规模的分布式数据库系统在出现故障的概率上不会比集中式数据库系统低，但由于其故障的影响仅限于局部数据应用，因此，就整个系统来说，它的可靠性是比较高的。

5.6.2 数据分片

数据分片将数据库整体逻辑结构分解为合适的逻辑单位（片段），然后由分布模式来定义片段及其副本在各场地的物理分布，其主要目的是提高访问的局部性，有利于按照用户的需求，组织数据的分布和控制数据的冗余度。

1. 数据分片的分类

分片的方式有多种，水平分片和垂直分片是两种基本的分片方式，混合分片和导出分片是较复杂的分片方式。

（1）水平分片。水平分片将一个全局关系中的元组分裂成多个子集，每个子集为一个片段。分片条件由关系中的属性值表示。对于水平分片，重构全局关系可通过关系的并操作实现。

（2）垂直分片。垂直分片将一个全局关系按属性分裂成多个子集，应满足不相交性（关键字除外）。对于垂直分片，重构全局关系可通过连接运算实现。

（3）导出分片。导出分片又称为导出水平分片，即水平分片的条件不是本关系属性的条件，而是其他关系属性的条件。

（4）混合分片。混合分片是在分片中采用水平分片和垂直分片两种形式的混合。

2. 数据分片的原则

不管采用哪种分片方式，数据分片都应遵循如下原则：

（1）完整性。全局关系的所有数据都必须分配到各个片段中，不允许某些数据属于全局关系但不属于任何片段。

（2）重构性。各个片段可以重构原来的全局关系。

（3）不相交性。全局关系中的每个元组仅属于一个片段，不能在多个片段中重复出现。此规则不是必须的，因为在有冗余的分布式数据库系统中数据可有多个副本。但片段中的部分元组重复将会使数据的更新操作变得复杂，为简化操作控制，片段之间一般是不相交的。

3．分布透明性

分布透明性是指用户不必关心数据的逻辑分片，不必关心数据存储的物理位置分配细节，也不必关心局部场地上数据库的数据模型。分布透明性包括分片透明性、位置透明性和局部数据模型透明性。

（1）分片透明性。分片透明性是分布透明性的最高层次，它是指用户或应用程序只对全局关系进行操作而不必考虑数据的分片。当分片模式改变时，只要改变全局模式到分片模式的映射（图5-5中的映射2），而不影响全局模式和应用程序。全局模式不变，应用程序不必改写。

（2）位置透明性。位置透明性是指用户或应用程序应当了解分片情况，但不必了解片段的存储场地。当存储场地改变时，只要改变分片模式到分配模式的映射（图5-5中的映射3），而不影响应用程序。同时，若片段的重复副本数目改变了，数据的冗余也将改变，但用户不必关心如何保持各副本的一致性，这也提供了重复副本的透明性。

（3）局部数据模型透明性。局部数据模型透明性是指用户或应用程序应当了解分片及各片断存储的场地，但不必了解局部场地上使用的是何种数据模型。模型的转换和语言的转换均由图5-5中的映射4来完成。

5.6.3　分布式数据库查询优化

分布式数据库在结构上与集中式数据库存在一定的差异，所以两者在查询优化方面各有侧重。集中式数据库优化主要考虑的是CPU代价和I/O代价，而分布式数据库还需要考虑通信代价。由于相对于CPU处理速度与I/O处理速度而言，通信的效率是最低的，因此，通信代价的降低是分布式数据库查询优化的关键。

在分布式数据库系统中，从查询涉及的数据和查询处理过程中的通信模式来划分，可以分为局部查询、远程查询和全局查询三种类型。局部查询是指用户查询所涉及的数据均在本地数据库中。对于这类查询，可以使用集中式查询处理技术进行优化；远程查询是指用户查询只涉及网络中单个场地的数据。对于这类查询也可以使用集中式的查询处理技术进行优化。但同时需要注意，数据有可能在网络中的多个位置存在副本，这样就存在副本选择的问题，通常，选择距查询应用场地最近的副本；全局查询是指用户查询涉及多个场地的数据，因此，查询处理和优化技术要复杂得多。具体方法有全局查询树的变换、副本的选择与多副本的更新策略、查询树的分解、半连接与直接连接等。

1. 全局查询树的变换

为了提高执行效率，可对全局查询树进行下述变换：

（1）用片段替换查询树中的全局关系。

（2）尽可能将选择和投影等一元操作推向查询树的叶端。

（3）合并公共子表达式。

（4）消除空关系和冗余度。

（5）移去无用的垂直叶片。

例如，某在线教育平台系统使用的是分布式数据库，其中学员关系 S 按学历分成两个片段，S1 和 S2 分别表示男生和女生关系模式，选课关系 SC 按课程号 Cno 分成两个片段，SC1 和 SC2 分别表示成绩>=60 分的记录与成绩<60 分的记录。现在需要查询至少有一门功课上 80 分的男生姓名，则代数关系表达式为：

$$\pi_{Sname}\left(\sigma_{Sex="男" and Grade \geqslant 80}\left(\sigma_{S.Sno=SC.Sno}\left(S \times SC\right)\right)\right)$$

其全局查询树如图 5-6 所示。

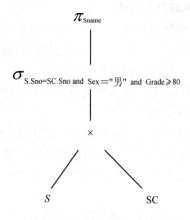

图 5-6 全局查询树示意图

图 5-6 的查询树未考虑数据分片及分布问题，若考虑该问题，则可将全局查询树进行细化，如图 5-7 所示。

从全局查询树可以看出，该代数关系表达式的常规执行方式是，先将各个数据分片进行拼合，然后进行笛卡儿积操作，最后进行选择与投影操作。但这样操作效率是非常低的，首先，数据分片 S2 与 SC2 是最终的结果不需要的数据集，完全可以一开始就将其删减；其次，在有连接操作的查询中，可以考虑将选择与投影提前，这样，可以使连接操作中的数据量大大减少，提高连接速度。经变换的查询树如图 5-8 所示。

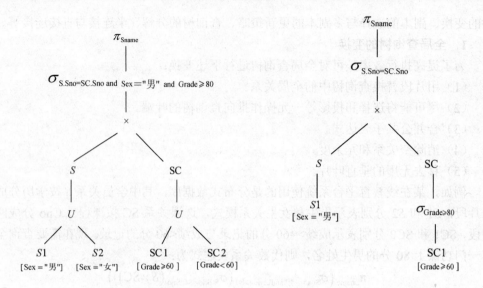

图 5-7 考虑数据分片的全局查询树　　图 5-8 经优化的全局查询树

2．副本的选择与多副本的更新策略

为了提高访问的局部性和系统的可用性，关系和片段常常可设置多个副本，分布于不同的节点。这样，在查询处理时，就存在副本选择的问题。选择副本的原则如下：

（1）尽可能提高访问的局部性，减少远距离访问。

（2）尽可能减少通信开销，尤其要减少大量数据的传送。

（3）适当考虑节点负载的平衡。

如果副本较多，副本选择的方案可能就很多，副本选择就成为一个复杂的问题。一般先用启发式规则选择几个优选方案，再通过代价比较，从中选择一种。多副本虽然可以提高访问的局部性和系统的可靠性，但在更新时，必须维持多副本的一致性。为此，一般可采取下列策略：

（1）在事务提交前更新全部副本。使用这一策略时，如有多个副本，只要其中有一个副本不能更新，事务就要失败。

（2）立即更新所有有效节点的副本，失效节点的副本留待修复后更新。这种策略的可用性要高于第一种策略。

（3）主副本法。指定一个副本为主副本，执行更新操作时，事务提交前仅更新主副本，所有副本在事务提交后根据主副本广播的内容进行更新。主副本与其他副本之间可能有暂时的不一致。如果读主副本，不会发生问题；如果读其他副本，就可能读到不一致的数据。为此，可以让每个副本附一个版本号，如果副本的版本号与主副本的版本号一致，就可以读取数据。反之，如果副本的版本号与主副本的版本号不一致，可以改为读主副本或等待副本更新后再读。

(4) 快照法。快照是指数据在某一时刻的状态，它不随数据库中数据的更新而即时更新。在快照法中，数据只有一个副本，但有许多快照分布在有关的节点上。在读数据时，可以读副本也可以读快照，由用户指定。更新数据时，仅更新副本，快照不随之立即更新。快照可以周期性地更新或用更新命令强制更新。从快照读得的数据可能与副本不一致，但这在某些情况是允许的，甚至是要求的。例如，在统计报表时，总是在表上注明"截止×月×日止"，这就说明表的内容是一个快照。只要应用许可使用快照，用快照代替副本，不但可以提高访问的局部性，还可以省去多副本更新的麻烦。

3. 查询树的分解

查询树分解的一般方法是采用后序遍历法。在遍历过程中，如果遇到的数据（即叶节点）都位于同一节点，则继续遍历，否则遍历失败，取出已经成功遍历的最大子树作为一个子查询树。对剩余的查询树继续遍历，直到所有的叶结点均被成功地遍历为止。子查询的执行由局部 DBMS 优化。这种查询树有两个特点，一是数据分布在不同的结点上，二是以二元或多元操作为主，特别是分布式连接。由此可见，全局优化的核心问题是执行分布式连接的策略。

4. 半连接与直接连接

有时候，在做连接操作时，并不需要将整个关系（或片段）传送到对方，只要传送连接时与对方匹配的元组就够了。半连接操作可以帮助从关系（或片段）筛选出连接时匹配的元组，减少节点之间的数据传输量和运算量，但也增加了投影操作和选择操作。在实际应用中，是否采用半连接，必须做代价比较。

例如，假设某在线教育平台系统中的 S 表存储在长沙的局部数据库中，而 SC 表存在北京的局部数据库中，其中 S 表中有 1 万条记录，SC 表中有 10 万条记录。现在需要查找班级号为 G100 的全班学员相关的成绩信息。结果集要求包含学号、姓名、年龄、性别、身高、体重和成绩。在这种情况下，如果不采用半连接，则可能需要将 SC 表的 10 万条记录发送至长沙，然后进行相应的连接操作。这种操作方式将在数据通信上耗费极大的成本，造成查询效率低下。

若采用半连接，则首先在长沙数据库查询班级号为 G100 的全班学生的学号（不必将姓名、年龄、性别、身高和体重等信息都查询出来），将查询结果当成一个数据集（实际上满足条件的，可能只有数十条记录，或上百条记录而已）传送至北京数据库，当数据到达后，与 SC 表进行连接，连接出来的结果也只有几百条记录而已，然后将这些记录传送至长沙，长沙数据库将结果集再次与本地 S 表进行连接，产生最终结果。

从上面的举例可以看出，半连接增加了连接的次数，但是极大地降低了需要传输的数据量。因此，半连接操作主要着眼于减少通信开销，一般多用于广域网环境下的分布式 DBMS。但对于多元分布式连接，半连接很多，如果逐一检查，则比较繁琐，且增加了系统开销。此外，关系（或片段）经半连接后，再进行连接时将不能利用原来的存取路径。

有些分布式数据库系统用直接连接进行分布式连接，同样能够收到较好的效果，常用的直接连接有嵌套循环法与排序归并法两种，以及全送与按需取数两种数据传送方式。

5.7 数据仓库技术

数据仓库是一个面向主题的、集成的、相对稳定的、反映历史变化的数据集合，用于支持管理决策。近年来，人们对数据仓库技术的关注程度越来越高，其原因是过去的几十年中，建设了无数的应用系统，积累了大量的数据，但这些数据没有得到很好的利用，有时反而成为企业的负担。图 5-9 为数据仓库体系结构图。

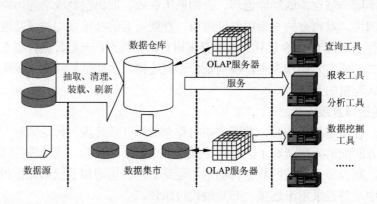

图 5-9 数据仓库的体系结构

在图 5-9 中，数据源是数据仓库系统的基础，是整个系统的数据源泉；OLAP（On-Line Analytical Processing，联机分析处理）服务器对分析需要的数据进行有效集成，按多维模型予以组织，以便进行多角度、多层次的分析，并发现趋势；前端工具主要包括各种报表工具、查询工具、数据分析工具和数据挖掘工具，以及各种基于数据仓库或数据集市的应用开发工具。其中数据分析工具主要针对 OLAP 服务器，报表工具、数据挖掘工具主要针对数据仓库。

5.7.1 联机分析处理

数据处理大致可以分成两大类，分别是联机事务处理（On-Line Transaction Processing，OLTP）和 OLAP。OLTP 是传统数据库的主要应用，支持基本的、日常的事务处理；OLAP 是数据仓库系统的主要应用，支持复杂的分析操作，侧重决策支持，并且提供直观易懂的查询结果。表 5-12 列出了 OLTP 与 OLAP 之间的比较。

从表 5-12 中可以看出，在 OLTP 中，数据是以二维表的形式来进行组织的，但在 OLAP 中，数据通常是多维的。这里的"维"是人们观察客观世界的角度，是一种高层次的类型划分。"维"一般包含着层次关系,这种层次关系有时会相当复杂。通过将一个实体的多项重要的属性定义为多个维,使用户能对不同维上的数据进行比较。因此,OLAP 也可以说是多维数据分析工具的集合。

表 5-12　OLTP 与 OLAP 之间的比较

	OLTP	OLAP
用户	操作人员,低层管理人员	决策人员,高层管理人员
功能	日常操作处理	分析决策
DB 设计	面向应用	面向主题
数据	当前的、最新的、细节的、二维的、分立的	历史的、聚集的、多维的、集成的、统一的
存取	读/写数十条记录	读上百万条记录
工作单位	简单的事务	复杂的查询
用户数	多	少
DB 大小	MB 或 GB 级	GB 或 TB 级

1. 数据立方体

在多维的数据结构中,三维结构(Data Cube,数据立方体)最为直观,如图 5-10 所示,该立方体中包含了一个连锁超市在各地区不同月份的各种饮料的销售情况。

通过图 5-10 可以发现,其实绝大多数的应用,只需要用到立方体的一部分。例如,需要了解长沙地区的饮料销售情况,则只要取立方体的最上面的一片数据即可,若需要了解长沙地区 3 月份的销售情况,则只要取立方体最上面一层的最右边一列数据即可。这就涉及数据立方的相应操作。

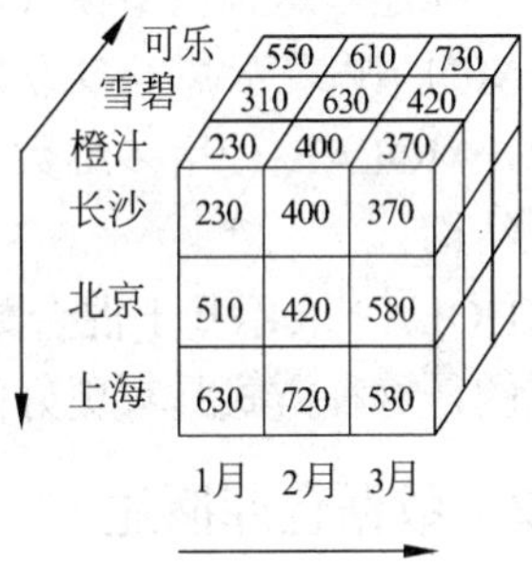

2. 多维分析

图 5-10　数据立方示意图

OLAP 的基本多维分析操作有钻取、切片和切块、旋转等。

(1)钻取(Drill)。钻取是改变维的层次,变换分析的粒度。它包括向上钻取(Roll Up)和向下钻取(Drill Down)。向上钻取是在某一维上将低层次的细节数据概括到高层次的汇总数据,或者减少维数,是一种自动生成汇总行的分析方法。通过向导的方式,用户可以定义和分析因素的汇总行。例如,要了解各地区各月份的饮料销售情况,可以生成地区和(或)月份的合计行;而向下钻取则相反,它从汇总数据深入到细节数据进行观察或增加新的维。例如,用户分析各地区的销售情况时,可以对某个城市的销售额细分为各个月份的销售额。通过钻取功能,用户对数据能更深入了解,更容易发现问题,做出正确的决策。

(2) 切片和切块 (Slice and Dice)。切片和切块是在一部分维上选定值后,关心度量数据在剩余维上的分布。如果剩余的维只有两个,则是切片;如果有三个以上,则是切块。例如,如果需要在图 5-10 获取按月的销售数据,则属于数据切片,因为数据立方按月份分成了数据片,形成了二维结构。但如果需要获取的是按地区的数据,例如,华东区(包括上海、南京、杭州等)、华北区(包括北京、天津等),则属于数据分块,因为得到的数据是三维结构的。

(3) 旋转 (Pivot) 是变换维的方向,即重新安排维的放置(例如,行列互换等)。

3. 实现方法

OLAP 有多种实现方法,根据存储数据的方式不同,可以分为关系型 OLAP (Relational OLAP,ROLAP)、多维型 OLAP (Multidimensional OLAP,MOLAP) 和混合型 OLAP (Hybrid OLAP,HOLAP)。

ROLAP 表示基于关系数据库的 OLAP 实现。以关系数据库为核心,以关系型结构进行多维数据的表示和存储。ROLAP 将多维数据库的多维结构划分为两类表,一类是事实表,用来存储数据和维关键字;另一类是维表,即对每个维至少使用一个表来存放维的层次和成员类别等维的描述信息。维表和事实表通过主键和外键联系在一起,形成"星型模式"。对于层次复杂的维,为避免冗余数据占用过大的存储空间,可以使用多个表来描述,这种星型模式的扩展称为"雪花模式"。

MOLAP 表示基于多维数据组织的 OLAP 实现,以多维数据组织方式为核心。也就是说,MOLAP 使用多维数组存储数据。如果是三维数据,则其在存储中将形成数据立方体结构。

HOLAP 表示基于混合数据组织的 OLAP 实现,例如,低层是关系型的,高层是多维型的,这种方式具有更好的灵活性。

5.7.2 数据仓库概述

企业数据仓库的建设,是以现有企业业务系统和大量业务数据的积累为基础。数据仓库不是静态的概念,只有将信息及时交给需要这些信息的使用者,供他们做出改善其业务经营的决策,信息才能发挥作用。而将信息加以整理归纳和重组,并及时提供给相应的管理决策人员,是数据仓库的根本任务。因此,从产业界的角度看,数据仓库建设是一个工程,是一个过程。

1. ETL 过程

数据仓库的真正关键是数据的存储和管理。数据仓库的组织管理方式决定了它有别于传统数据库,同时也决定了其对外部数据的表现形式。要决定采用什么产品和技术来建立数据仓库的核心,则需要从数据仓库的技术特点着手分析。针对现有各业务系统的数据,进行抽取、清理,并有效集成,按照主题进行组织,整个过程可以简称为抽取、转换和加载(Extraction-Transformation-Loading,ETL)过程。ETL 负责将分布的、异构数据源中的数据（例如，关系数据、平面数据文件等）抽取到临时中间层后进行清洗、转换和集成，最后加载到数据仓库或数据集市中，成为 OLAP 和数据挖掘的基础。

相对于关系数据库，数据仓库技术没有严格的数学理论基础，它更面向实际工程应用。所以，从工程应用的角度来考虑，按照物理数据模型的要求加载数据，并对数据进行一系列处理，处理过程与经验直接相关。同时，这部分工作直接关系到数据仓库中数据的质量，从而影响到 OLAP 和数据挖掘的质量。

数据仓库是一个独立的数据环境，需要通过抽取过程将数据从 OLTP 环境、外部数据源和脱机的数据存储介质导入到数据仓库中。在技术上，ETL 主要涉及关联、转换、增量、调度和监控等几个方面。数据仓库系统中的数据不要求与 OLTP 系统中的数据实时同步，因此，ETL 可以定时进行。但多个 ETL 的操作时间、顺序和成败对数据仓库中信息的有效性至关重要。

2. 数据仓库的分类

从结构的角度看，有三种数据仓库模型，分别是企业仓库、数据集市和虚拟仓库。

（1）企业仓库。企业仓库（Enterprise Warehouse）面向企业级应用，它搜集了企业的各个主题的所有信息，提供全企业范围的数据集成，数据通常来自多个操作型数据库和外部信息提供者，并且是跨多个功能范围的。企业仓库通常包含详细数据和汇总数据，数据量可达 TB 级。

（2）数据集市。数据集市（Datamart）面向企业部门级应用，它包含对特定用户有用的、企业范围数据的一个子集，它的范围限定在选定的主题中。根据数据来源不同，数据集市可以分为两种，分别是独立数据集市（Independent Datamart）和从属数据集市（Dependent Datamart）。

从属数据集市的数据直接来自于中央数据仓库，有利于保持数据的一致性，因为来自同一数据源，并且已经经过一致性处理和检验。从属数据集市的作用在于，为一些部门建立数据集市，将需要的数据复制、加工到其中，这样，不仅可以提高部门的访问速度，也能满足部门的一些特殊的分析需求。

独立数据集市的数据直接来自于业务系统，由于为各个部门都建立了各自的数据集市，而当需要从整体上建立数据仓库时，由于各部门的特殊需要不同，不同数据集市中的数据表达也有所不同，将这种不一致的数据整合到一个中心数据仓库时，可能会遇到一些困难，例如，重新设计和各部门协调等。独立数据集市的优点是建立迅速、价格相对低廉。建立独立数据集市的原因往往是由于投资方面的考虑或工期的紧迫，或解决某部门的迫切需要。然而，需要注意的是，在设计其他部门的数据集市或中心数据仓库时，要充分考虑现有数据集市的设计，以避免由于设计的不一致性而造成后期整合的困难及昂贵的费用。

（3）虚拟仓库。虚拟仓库（Virtual Warehouse）是操作型数据库上视图的集合。为了有效地处理查询，只有一些可能的汇总视图被物化。虚拟仓库易于建立，但需要操作型数据库服务器具有剩余的工作能力。

3. 非结构化数据与数据仓库

图 5-9 展示了数据仓库的体系结构，其中第一步便是从多个数据源获取数据。这些数据源不仅仅限于企业内部应用系统数据库。因为对于一个用于决策分析的系统而言，仅有企业内部数据是不够的。合理的采用外部数据（例如，报纸、期刊、电视等媒体的报道，一些商业机构的调查报告）能使分析和决策更为准确。而这些外部数据通常都是非结构化的数据。因此，如何用数据仓库管理非结构化数据，也是数据仓库应用中的一个重要问题。

为了更好地管理非结构化数据，数据仓库采用了元数据（当然，元数据不仅用于此），元数据可用于记录数据的文件标识符、进入数据仓库的日期、文件描述、文件来源、文件源的取得日期、文件的分类、索引字、清理日期、物理地址引用、文件长度和相关参考等信息。因此，管理人员可以通过元数据来获得非结构化数据的信息，在许多情况下，管理人员甚至不用看源文件，只要看元数据就行。在清除不相关的或过时的文件中，浏览元数据可为管理人员减少大量的工作。

虽然非结构化数据对分析与决策有着重要意义，但由于存储大量非结构化数据将极大提高数据仓库的成本，所以，并不是所有的非结构化数据都存于数据仓库中。当数据仓库没有足够空间用于非结构化数据存储，或是存储费用过高时，可以将非结构化数据的元数据存储在数据仓库中，在需要使用到该数据时，通过元数据顺利地找到它（这些数据可能存储在文件柜中、缩微胶片、备用磁盘中或磁带上等）。此外，非结构化数据与结构化数据的存储周期也是不同的，结构化数据进入数据仓库后一般都是永久保存，而非结构化数据可能存在时效性，过了时效期，存储的意义就不大了，所以可以考虑清除。

5.7.3 数据仓库的设计方法

数据仓库的设计方法通常有三种，分别是自顶向下的方法和自底向上的方法，以及两者结合的混合方法。

1. 自顶向下的方法

自顶向下的方法由总体规划和设计开始，通过对原始数据进行抽取、转换和迁移等处理之后，将数据输出至一个集中的数据驻留单元。然后，数据和元数据装载进入数据仓库。这样建立起来的数据仓库是企业级的，当建立好数据仓库以后，各个部门再从数据仓库中获取部门所需要的数据形成数据集市，即从属数据集市。

自顶向下的方法在实际应用中会遇到很多难题，例如：

（1）投资大，因为建立的数据仓库是面向企业的，涉及面广。

（2）应用周期较长，因为项目较大，开发周期相对较长，应用时间也长。

（3）需求难以确定，因为建立数据仓库的主要原因是利用其进行决策分析。这种功能在企业战略的应用范围中通常是很难确定的，数据仓库的应用往往超出企业当前的实际业务范围。

但同时也正因为该方法在开发前就可以给出数据仓库的实现范围，能够清楚地向决策者和企业描述系统的收益情况和实现目标，因此，也有部分企业采用该方法。为了提高自顶向下方法实施的成功率，开发人员应具有丰富的自顶向下的系统开发经验。

2．自底向上的方法

自底向上的核心思想是从企业中最关键的部门（或功能需求）开始，先以最少的投资，完成当前的需求，获得最快的回报，然后再不断扩充，不断完善。以该方法进行数据仓库的设计，最先产生的是独立数据集市，而后从多个独立数据集市中抽取数据，形成企业级的数据仓库。

自底向上方法的优点在于企业能够以较小的投入，获得较高的数据仓库应用收益。在开发过程中，人员投入较少，也容易获得成效。当然，如果某个项目的开发失败，可能造成企业整个数据仓库系统开发的延迟。该方法一般用于企业希望对数据仓库技术进行评价，以确定该技术的应用方式、地点和时间，或希望了解实现和运行数据仓库所需要的各种费用，或在数据仓库的应用目标并不是很明确时使用。

3．混合法

自顶向下和自底向上方法的联合使用具有两种方法的优点，既能快速地完成数据仓库的开发与应用，还可建立具有长远价值的数据仓库方案。

5.8 数据挖掘技术

数据挖掘是采用数学的、统计的、人工智能和神经网络等领域的科学方法，从大量数据中挖掘出隐含的、先前未知的、对决策有潜在价值的关系、模式和趋势，并用这些知识和规则建立用于决策支持的模型，为商业智能系统服务的各业务领域提供预测性决策支持的方法、工具和过程。

5.8.1 数据挖掘概述

数据挖掘与传统的数据分析（例如，查询、报表、联机应用分析）的本质区别是数据挖掘是在没有明确假设的前提下去挖掘信息、发现知识。数据挖掘所得到的信息应具有先知、有效和可实用三个特征。先前未知的信息是指该信息是预先未曾预料到的，即数据挖掘是要发现那些不能靠直觉发现的信息或知识，甚至是违背直觉的信息或知识，挖掘出的信息越是出乎意料，就可能越有价值。

1．数据挖掘的体系结构

图 5-11 为数据挖掘体系结构图，它展示了数据挖掘的流程，说明了数据挖掘是怎样找到新规律的。

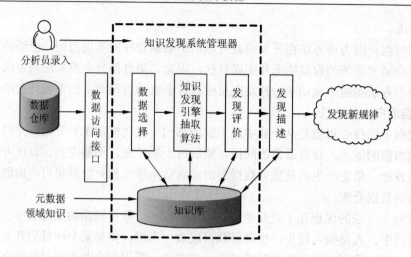

图 5-11 数据挖掘体系结构图

（1）知识发现系统管理器。控制并管理知识发现过程，录入知识库中的信息用于驱动数据选择过程、抽取算法选择，以及使用过程和发现评价过程。

（2）知识库。知识库包含源于多方面的必需的信息，可以将元数据输入数据仓库中，以描述数据仓库的数据结构，输入关键数据属性、规则和数据层次等。

（3）数据访问接口。知识发现系统利用数据库的查询机制从数据仓库中提取数据，可使用 SQL 查询语言，结合知识库中的数据仓库元数据，指导从数据仓库中提取需要的数据。

（4）数据选择。确定从数据仓库中需要抽取的数据及其结构。

（5）知识发现引擎。将知识库中的抽取算法提供给抽取的数据，目的是要抽取数据元素间的模式和关系。

（6）发现评价。分析员要寻找关注性的数据模式，选出那些关注性信息。

（7）发现描述。发现描述部分提供两种功能，一种是以发现评价辅助分析员在知识库中保存所发现的信息，以备将来引用和使用；另一种是保持发现与决策者的通信。

2．数据挖掘的流程

数据挖掘是一个完整的过程，该过程从大型数据库中挖掘先前未知的，有效的，可实用的信息，并使用这些信息做出决策或丰富知识。数据挖掘的流程大致如下：

（1）问题定义。在开始数据挖掘之前最先也是最重要的要求就是熟悉背景知识，弄清用户的需求。缺少背景知识，就不能明确定义要解决的问题，因此不能为挖掘准备优质的数据，也很难正确地解释得到的结果。要想充分发挥数据挖掘的价值，必须要对目标有一个清晰明确的定义，即决定到底想干什么。

（2）建立数据挖掘库。要进行数据挖掘必须收集要挖掘的数据资源，一般需要将要挖掘的数据都收集到一个数据库中，而不是采用原有的数据库或数据仓库。这是因为大部分情况下需要修改要挖掘的数据,而且还会遇到采用外部数据的情况;另外,数据挖掘还要对数据进行各种纷繁复杂的统计分析,而数据仓库可能不支持这些数据结构。

(3) 分析数据。分析数据是对数据深入调查的过程。从数据集中找出规律和趋势,用聚类分析区分类别,理清多因素相互影响的、十分复杂的关系,发现诸因素之间的相关性。

(4) 调整数据。通过上述步骤的操作,对数据的状态和趋势有了进一步的了解,这时,要尽可能对问题解决的要求作进一步明确化和量化。针对问题的需求对数据进行增删,按照对整个数据挖掘过程的新认识组合或生成一个新的变量,以体现对状态的有效描述。

(5) 模型化。在问题进一步明确、数据结构和内容进一步调整的基础上,就可以建立形成知识的模型。这一步是数据挖掘的核心环节,一般运用神经网络、决策树和数理统计等方法来建立模型,有关这些技术与方法的详细知识,将在 5.8.2 节中介绍。

(6) 评价和解释。所得到的模型有可能是没有实际意义或没有实用价值的,也有可能是其不能准确反映数据的真实意义,甚至在某些情况下是与事实相反的。因此,需要评估和确定哪些是有效的、有用的模式。评估的方法既可以是直接使用原先建立的挖掘数据库中的数据来进行检验,也可以另外拿一批数据对其进行检验,还可以在实际运行的环境中取出新数据进行检验。

数据挖掘是一个多种专家合作的过程,也是一个在资金上和技术上高投入的过程。这一过程要反复进行,在反复过程中,不断地趋近事物的本质,不断地优选问题的解决方案。

5.8.2 常用技术与方法

从技术上来看,数据挖掘就是从大量的、不完全的、有噪声的、模糊的、随机的实际应用数据中,提取隐含在其中的、人们事先不知道的、但又是潜在有用的信息和知识的过程。这个定义包括好几层含义:数据源必须是真实的、大量的、含噪声的;发现的是用户感兴趣的知识;发现的知识要可接受、可理解、可运用;并不要求发现放之四海而皆准的知识,仅支持特定的发现问题就行。

从商业角度来看,数据挖掘是一种新的商业信息处理技术,其主要特点是对商业数据库中的大量业务数据进行抽取、转换、分析和其他模型化处理,从中提取辅助商业决策的关键性数据。

1. 数据挖掘的常用技术

数据挖掘中的关键技术是进行模式和关系识别的算法。下面介绍几种数据挖掘和知识发现的技术,它们分别从不同的角度进行数据挖掘和知识发现。

(1) 决策树方法。决策树方法利用信息论中的互信息(信息增益)寻找数据库中具有最大信息量的属性,建立决策树的一个结点,再根据属性的不同取值建立树的分支。

(2) 分类方法。分类方法将数据按照含义划分成组,可用该方法生成感兴趣的侧面,可用于自动发现类,例如,模式识别、侧面生成、线性聚簇和概念聚簇等。

(3) 粗糙集(Rough Set)方法。粗糙集的研究主要基于分类。分类和概念(Concept)同义,一种类别对应于一个概念。知识由概念组成,如果某知识中含有不精确概念,则该知识就不精确,粗糙集通过上近似概念和下近似概念来表示不精确概念。

(4) 神经网络。神经网络通过学习待分析数据中的模式来构造模型,它可对隐式类型进行分析,适用于对非线性的、复杂的或高噪声的数据进行建模。神经网络技术模拟人脑神经元结构,由神经元互联,或按层组织的结点构成。通常,神经模型由三个层次组成,分别是输入层、中间层和输出层。每个神经元求得输入值,再计算总输入值,由过滤机制(例如,阀值)比较总输入,然后确定它自己的输出值。

(5) 关联规则。关联规则是指搜索业务系统中的所有细节和事务,从中找出重复出现概率很高的模式,它以大的事务数据库为基础,其中每个事务都被定义为一系列相关数据项。用关联找出所有能将一组事件(或数据项)与另一组事件(或数据项)联系起来的规则。关联算法的目的是成为 SQL 的扩充,这种算法可以通过规范的查询技术,应用于受限的关系数据集。

(6) 概念树方法。对数据库中记录的属性按归类方式进行抽象,建立起来的层次结构称为概念树。例如,某在线教育平台系统中的"课程"概念树的最下层是具体课程名称(例如,数据结构、系统分析与设计等),它的直接上层是课程类别(例如,软件类、网络类等),课程类别的直接上层是专业类别(例如,计算机科学与技术、通信工程等)。利用概念树提升的方法可以大大浓缩数据库中的记录。对多个属性的概念树进行提升,将得到高度概括的知识基表,然后再将它转换成规则。

(7) 遗传算法。遗传算法是模拟生物进化过程的算法,由繁殖、交叉和变异三个基本算子组成。繁殖也称为选择,是从一个旧种群(父代)选出生命力强的个体,产生新种群(后代)的过程;交叉也称为重组,是指选择两个不同个体(染色体)的部分(基因)进行交换,形成新个体;变异也称为突变,是指对某些个体的某些基因进行变异(1 变 0、0 变 1)。遗传算法可起到产生优良后代的作用,这些后代需满足适应值,经过若干代的遗传,将得到满足要求的后代(问题的解)。

(8) 依赖性分析。依赖性分析是指在数据仓库的条目或对象之间抽取依赖性,它展示了数据之间未知的依赖关系,依赖性是一个带有置信度因子的可能值。可以用依赖性分析方法从某个数据对象的信息来推断另一个数据对象的信息。

(9) 公式发现。在工程和科学数据库中,对若干数据项(变量)进行一定的数学运算,求得相应的数学公式。其基本思想是,对数据项进行初等数学运算,形成组合数据项,若它的值为常数项,就得到了组合数据项等于常数的公式。

(10) 统计分析方法。在数据库属性之间通常存在两种关系,分别是函数关系(能用某个函数表示的确定性关系)和相关关系(不能用函数表示的确定性关系)。对这些关系的分析，可以采用回归分析、相关分析或主成分分析等统计分析方法。

（11）模糊论方法。利用模糊集合理论对实际问题进行模糊评判、模糊决策、模糊模式识别和模糊聚类分析。模糊性是客观存在的，系统的复杂性越高，精确化能力就越低，即模糊性越强。

（12）可视化分析。可视化分析可给出带有多变量的图形化分析数据，帮助用户进行分析。可视化数据分析技术拓宽了传统的图表功能，使用户对数据的剖析更清楚。例如，将数据库中的多维数据变成多种图形，这对揭示数据的状况、内在本质及规律性起了很大作用。

2．数据挖掘的分析方法

从功能上可以将数据挖掘的分析方法划分为 6 种，即关联分析、序列分析、分类分析、聚类分析、预测和时间序列分析。

（1）关联分析。关联分析主要用于发现不同事件之间的关联性，即一个事件发生的同时，另一个事件也经常发生。关联分析的重点在于快速发现那些有实用价值的关联发生的事件。其主要依据是事件发生的概率和条件概率应该符合一定的统计意义。在进行关联分析的同时，还需要计算两个参数，分别是最小置信度（可信度）和最小支持度，前者表示规则需满足的最低可靠，用以过滤掉可能性过小的规则；后者则用来表示规则在统计意义上需满足的最小程度。

（2）序列分析。序列分析主要用于发现一定时间间隔内接连发生的事件，这些事件构成一个序列，发现的序列应该具有普遍意义，其依据除了统计上的概率之外，还要加上时间的约束。在进行序列分析时，也应计算置信度和支持度。

（3）分类分析。分类分析通过分析具有类别的样本特点，得到决定样本属于各种类别的规则或方法。利用这些规则和方法对未知类别的样本分类时应该具有一定的准确度。其主要方法有基于统计学的贝叶斯方法、神经网络方法、决策树方法等。分类分析时首先为每个记录赋予一个标记（一组具有不同特征的类别），即按标记分类记录，然后检查这些标定的记录，描述出这些记录的特征。这些描述可能是显式的，例如，一组规则定义；也可能是隐式的，例如，一个数学模型或公式。

（4）聚类分析。聚类分析是根据"物以类聚"的原理，将本身没有类别的样本聚集成不同的组，并且对每个这样的组进行描述的过程。其主要依据是聚集到同一个组中的样本应该彼此相似，而属于不同组的样本应该足够不相似。聚类分析法是分类分析法的逆过程，它的输入集是一组未标定的记录，即输入的记录没有作任何处理，目的是根据一定的规则，合理地划分记录集合，并用显式或隐式的方法描述不同的类别。

（5）预测方法。预测方法与分类分析相似，但预测是根据样本的已知特征估算某个连续类型的变量的取值的过程，而分类则只是用于判别样本所属的离散类别而已。预测方法常用的技术是回归分析。

（6）时间序列分析。时间序列分析是随时间而变化的事件序列，目的是预测未来发展趋势,或者寻找相似发展模式,或者发现周期性的发展规律。

在实际应用中,以上分析方法有着不同的适用范围,经常被综合运用。

5.8.3 数据挖掘技术的应用

数据挖掘和数据仓库的协同工作,一方面,可以迎合和简化数据挖掘过程中的重要步骤,提高数据挖掘的效率和能力,确保数据挖掘中数据来源的广泛性和完整性。另一方面,数据挖掘技术已经成为数据仓库应用中极为重要和相对独立的一个方面和工具。

数据挖掘和数据仓库的融合与互动发展,使之得到了广泛的应用。目前,已经形成了多个分支,例如,空间数据挖掘、多媒体数据挖掘和文本数据挖掘等。

1. 空间数据挖掘

SDM 是指从空间数据库中抽取没有清楚表现出来的隐含的知识和空间关系,并发现其中有用的特征和模式的理论、方法和技术。空间数据挖掘(Spatial Data Mining,SDM)是在数据挖掘的基础上,结合地理信息系统、遥感图像处理、全球定位系统、模式识别、可视化等相关的研究领域而形成的一个分支学科,也称为空间数据挖掘和知识发现(Spatial Data Mining and Knowledge Discovery,SDMKD)。

空间数据与其他类型数据的本质区别是其空间属性。空间属性包括空间位置、距离、几何形状和大小等内容,并且可引伸为空间个体之间的相互关系,例如,拓扑关系、方位关系和度量关系等,从而使得空间数据比其他类型的数据更为复杂,数据量异常巨大。空间数据的特点是其中隐含着更多、更为复杂的知识,因此,也使空间数据挖掘的研究更加困难和更具挑战性。

一般而言,从空间数据库和数据仓库中可能发现的知识类型包括普遍的几何知识、规则型知识、空间聚类与分类知识、空间分布规律、空间对象的发展趋势、空间对象的结构型知识、空间偏差型知识等。SDM 的任务是要在不同的空间概念层次(从微观到宏观)上挖掘出上述各种类型的知识,并用相应的知识模型表示出来。可供选用的知识表示方法包括基于规则的表示、基于逻辑的表示、基于关系的表示、面向对象的表示、基于模型的表示、语义网络表示、脚本表示、模拟表示、基于过程的表示和基于本体的表示等。不仅如此,SDM 的任务还包括根据所采用的知识表示方法,设计出相应的推理模型,这样,才能为不同领域、不同层次、具有不同应用需求的用户提供行之有效的辅助决策支持。

2. 多媒体数据挖掘

多媒体数据挖掘(Multimedia Data Mining,MDM)是在大量的多媒体数据中,通过综合分析视听特性和语义,发现隐含的、有效的、有价值的、可理解的模式,进而发现知识,得出事件的发展趋向和关联,为用户提供问题求解层次的决策支持能力。MDM 相对于传统的数据挖掘有几个需要解决的问题。首先,多媒体数据为非结构化和异构数据。要在这些非结构化的数据上进行挖掘以获取知识,必须将它们转化为结构化数据,通过特征提取，用特征向量作为元数据建立元数据库，在此基础上进行数据挖掘；其次，多媒体数据的特征向量通常是数十维甚至数百维，如何对高维矢量进行数据挖掘，也是需要考虑的重要问题。

MDM 系统通常包括多媒体数据集、预处理模块、挖掘引擎和用户接口。大型多媒体数据集可能包含几十万幅图片、几千小时的视频和音频，它们的媒体结构与元数据库中的描述关联，用于可视化表现和存取；预处理模块主要是对多媒体原始数据进行预处理，提取有效特征，将特征矢量以元数据的形式记录在元数据库中；挖掘引擎包含一组快速挖掘算法，系统可以根据具体的应用选择一个或多个相应的挖掘算法，对元数据库进行挖掘；用户接口可以实现挖掘结果的可视化和解释界面，也可以为用户提供交互接口扩展 SQL 挖掘语言。由于多媒体的视听和时空特性，挖掘出来的模式应该以新的表现方式呈现出来，例如，导航式知识展开和交互式问题求解过程，以及提供挖掘结果的可视化接口。

3．文本数据挖掘

文本数据挖掘（Text Data Mining，TDM）是指从文本数据中抽取有价值的信息和知识的计算机处理技术。文本数据挖掘是应用驱动的，它在智能商务、信息检索、生物信息处理等方面都有广泛的应用。例如，客户关系管理、互联网搜索等。

按照挖掘的对象不同，可以将 TDM 分为基于单文档的数据挖掘和基于文档集的数据挖掘。基于单文档的数据挖掘对文档的分析并不涉及其他文档，其主要的挖掘技术有文本摘要和信息提取（包括名字提取、短语提取和关系提取等）；基于文档集的数据挖掘是对大规模的文档数据进行模式抽取，其主要的技术有文本分类、文本聚类、个性化文本过滤、文档作者归属和因素分析等。

TDM 可以分为三层，底层是 TDM 的基础领域，包括机器学习、数理统计和自然语言处理；在此基础上是 TDM 的基本技术，包括文本信息抽取、文本分类、文本聚类、文本数据压缩和文本数据处理；最上层是两个主要应用领域，分别是信息访问和知识发现，信息访问包括信息检索、信息浏览、信息过滤和信息报告，知识发现包括数据分析和数据预测。

目前，由于 Web 上的信息在很大程度上是文本信息，因此，Web 文本数据挖掘是 Web 内容挖掘的最主要，也是最重要的部分，并且被认为比数据挖掘具有更高的商业潜力。Web 文本数据挖掘主要是对 Web 上大量文档集合的内容进行总结、分类、聚类和关联分析，以及利用 Web 文档进行趋势预测等。

第 6 章 系统配置与性能评价

计算机系统性能评价的目的主要有三个：选择、改进和设计。具体而言，是指在众多的系统方案中选择一个最适合需要的方案，即在一定的价格范围内选择性能最好的系统，达到较好的性能/价格比；对已有系统的性能缺陷和瓶颈进行改进，提高其运行效率；对未来设计的系统进行性能预测，在性能成本方面实现最佳设计或配置。

系统的性能取决于多种因素（性能指标），最基本的因素在于系统配置（构成系统的各种软硬件的成分、数量、能力和系统结构、处理和调度策略等）和系统负载（工作负载和方式，例如，交互方式、批处理方式等）。性能评价的主要任务就是研究系统配置、系统负载和性能指标之间的相互关系。

6.1 计算机系统层次结构

计算机系统是一个硬件和软件的综合体，可以把它看作是按功能划分的多级层次结构，如图 6-1 所示。这种结构的划分，有利于正确理解计算机系统的工作过程，明确软件、硬件在系统中的地位和作用。

（1）硬联逻辑级。这是计算机的内核，由门、触发器等逻辑电路组成。

（2）微程序级。这一级的机器语言是微指令集，程序员用微指令编写的微程序一般直接由硬件执行。

（3）传统机器级。这一级的机器语言是该机的指令集，程序员用机器指令编写的程序可以由微程序进行解释。

（4）操作系统级。从操作系统的基本功能来看，一方面它要直接管理传统机器中的软硬件资源，另一方面它又是传统机器的延伸。

（5）汇编语言级。这一级的机器语言是汇编语言，完成汇编语言翻译的程序称为汇编程序。

（6）高级语言级。这一级的机器语言就是各种高级语言，通常用编译程序来完成高级语言翻译的工作。

（7）应用语言级。这一级是为了使计算机满足某种用途而专门设计的，因此，这一级的机器语言就是各种面向问题的应用语言。

6.1.1 计算机硬件的组成

硬件通常是指一切看得见，摸得到的设备实体。原始的冯·诺依曼（Von Neumann）

计算机在结构上是以运算器为中心的,而发展到现在,已转向以存储器为中心了。图 6-2 所示为计算机最基本的组成框图。

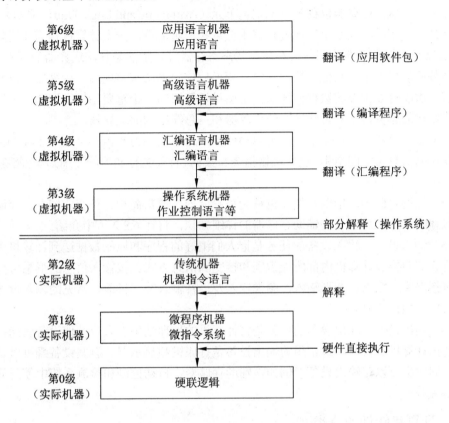

图 6-1　计算机系统的多级层次结构

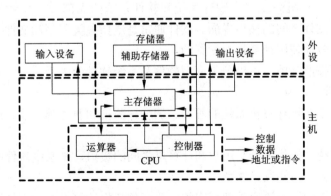

图 6-2　计算机各功能部件之间的合作关系

（1）控制器。控制器是分析和执行指令的部件,也是统一指挥并控制计算机各部件协调工作的中心部件,所依据的是机器指令。控制器的组成包含程序计数器、指令寄存器、指令译码器、时序部件、微操作控制信号形成部件和中断机构。

(2)运算器。运算器也称为算术逻辑单元(Arithmetic and Logic Unit,ALU),其主要功能是在控制器的控制下完成各种算术运算和逻辑运算。一个计算过程需要用到加法器/累加器、数据寄存器或其他寄存器、状态寄存器等。加法是加法运算器的基本功能,在大多数的运算器中,其他计算都是经过变换后使用加法来实现的。运算器的位数,即运算器一次能对多少位的数据做加法,是衡量运算器的一个重要指标。运算器可以分成单总线结构的运算器、双总线结构的运算器和三总线结构的运算器。

(3)主存储器。主存储器也称为内存储器(通常简称为"内存"或"主存")。存储现场操作的信息与中间结果,包括机器指令和数据。有关主存储器的详细知识,将在6.2.1节中介绍。

(4)辅助存储器。辅助存储器也称为外存储器,通常简称为外存或辅存。存储需要长期保存的各种信息。有关辅助存储器的详细知识,将在6.2.2节中介绍。

(5)输入设备。输入设备的任务是把人们编好的程序和原始数据送到计算机中去,并且将它们转换成计算机内部所能识别和接受的信息方式。按输入信息的形态可分为字符(包括汉字)输入、图形输入、图像输入及语音输入等。目前,常见的输入设备有键盘、鼠标、扫描仪等。

(6)输出设备。输出设备的任务是将计算机的处理结果以人或其他设备所能接受的形式送出计算机。目前,最常用的输出设备是打印机和显示器。有些设备既可以是输入设备,同时也可以是输出设备,例如,辅助存储器、自动控制和检测系统中使用的数模转换装置等。

6.1.2 计算机软件的分类

一个完整的计算机系统包含硬件系统和软件系统两大部分。软件是相对硬件而言的,它是用户与硬件之间的接口界面。软件通常是泛指各类程序和文件,是在硬件系统的基础上,为有效地使用计算机而配置的。

计算机软件按照功能,可以分为应用软件和系统软件两大类。

1. 系统软件

系统软件用于实现计算机系统的管理、调度、监视和服务等功能。通常将系统软件分为以下5类:

(1)操作系统。操作系统是用户和计算机之间的接口,是系统软件的核心。有关操作系统方面的知识,请阅读第3章。

(2)语言处理程序。语言处理程序的主要任务是将计算机可识别的语言(例如,汇编语言、各种高级语言等)编写的源程序翻译成计算机能直接执行的语言(机器语言)。语言处理程序包括编译程序、汇编程序、解释程序等。编译程序和解释程序都可以把高级语言变成为机器语言,但前者是先将源程序转换为目标程序,再开始执行;而后者对源程序的处理则采用边解释边执行的方法。

(3)服务性程序。服务性程序为用户使用的系统提供许多功能,包括链接程序、编辑程序、调试程序、诊断程序等。

(4)数据库管理系统。包括数据库和数据库管理软件。有关数据库管理系统的知识,请阅读第 5 章。

(5)计算机网络软件。计算机网络软件是为计算机网络配置的系统软件,主要负责计算机之间的通信和数据传送。有关数据通信和计算机网络方面的知识,请阅读第 4 章。

2. 应用软件

应用软件是用户为解决某种应用问题而编制的一些程序;应用软件是用户或第三方软件公司为各自业务开发和使用的各种软件,种类繁多。例如,财务管理软件、项目管理软件等。

需要指出的是,硬件是计算机系统的物质基础,正是在硬件高度发展的基础上,才有软件赖以生存的空间和活动场所,没有硬件对软件的支持,软件的功能就无从谈起;同样,软件是计算机系统的灵魂,没有软件的硬件是"裸机",将不能提供给用户使用,犹如一堆废铁。因此,硬件和软件是相辅相成的,不可分割的整体。

当前,计算机的硬件和软件正朝着互相渗透,互相融合的方向发展,在计算机系统中没有一条明确的硬件与软件的分界线。原来一些由硬件实现的功能可以改由软件模拟来实现,这种做法称为硬件软化,它可以增强系统的功能和适应性;同样,原来由软件实现的功能也可以改由硬件来实现,称为软件硬化,它可以显著降低软件在时间上的开销。由此可见,硬件和软件之间的界面是浮动的,对于程序员来说,硬件和软件在逻辑上是等价的。一项功能究竟采用何种方式实现,应从系统的效率、速度、价格和资源状况等诸多方面综合考虑。

除去硬件和软件以外,还有一个"固件"(firmware)的概念。它是指那些存储在能永久保存信息的器件(例如,只读存储器)中的程序,是具有软件功能的硬件。固件的性能指标介于硬件与软件之间,吸收了软、硬件各自的优点,其执行速度快于软件,灵活性优于硬件,功能的固件化将成为计算机系统发展的一个趋势。

6.1.3 计算机系统结构的分类

计算机的发展经历了电子管和晶体管时代、集成电路时代(中小规模、大规模、超大规模、甚大规模、极大规模)。目前,世界最高水平的单片集成电路芯片上所容纳的元器件数量已经达到 80 多亿个。

1. 存储程序的概念

"存储程序"的概念是冯·诺依曼等人于 1946 年 6 月首先提出来的,它可以简要地概括为以下几点:

(1) 计算机（指硬件）应由运算器、存储器、控制器、输入设备和输出设备五大基本部件组成。

(2) 计算机内部采用二进制来表示指令和数据。

(3) 将编好的程序和原始数据事先存入存储器中，然后再启动计算机工作。这就是存储程序的基本含义。

冯·诺依曼对计算机业界的最大贡献在于"存储程序控制"概念的提出和实现。60多年来，虽然计算机的发展速度是惊人的，但就其结构原理来说，目前绝大多数计算机仍建立在存储程序概念的基础上。通常把符合存储程序概念的计算机统称为冯·诺依曼型计算机。当然，现代计算机与早期计算机相比，在结构上还是有许多改进的。

随着计算机技术的不断发展，也暴露出了冯·诺依曼型计算机的主要弱点：存储器访问会成为瓶颈。目前，已出现了一些突破存储程序控制的计算机，统称为非冯·诺依曼型计算机，例如，数据驱动的数据流计算机、需求驱动的归约计算机和模式匹配驱动的智能计算机等。

2. Flynn 分类

1966 年，Michael.J.Flynn 提出根据指令流、数据流的多倍性特征对计算机系统进行分类（通常称为 Flynn 分类法），有关定义如下：

(1) 指令流：指机器执行的指令序列；

(2) 数据流：指由指令流调用的数据序列，包括输入数据和中间结果，但不包括输出数据。

(3) 多倍性：指在系统性能瓶颈部件上同时处于同一执行阶段的指令或数据的最大可能个数。

Flynn 根据不同的指令流-数据流组织方式，把计算机系统分成以下 4 类：

(1) 单指令流单数据流（Single Instruction stream and Single Data stream，SISD）：SISD 其实就是传统的顺序执行的单处理器计算机，其指令部件每次只对一条指令进行译码，并只对一个操作部件分配数据。流水线方式的单处理机有时也被当作 SISD。

(2) 单指令流多数据流（Single Instruction stream and Multiple Data stream，SIMD）：SIMD 以并行处理机（矩阵处理机）为代表，并行处理机包括多个重复的处理单元，由单一指令部件控制，按照同一指令流的要求为它们分配各自所需的不同数据。

(3) 多指令流单数据流（Multiple Instruction stream and Single Data stream，MISD）：MISD 具有 n 个处理单元，按 n 条不同指令的要求对同一数据流及其中间结果进行不同的处理。一个处理单元的输出又作为另一个处理单元的输入。这类系统实际上很少见到。有文献把流水线看作多个指令部件，称流水线计算机是 MISD。

(4) 多指令流多数据流（Multiple Instruction stream and Multiple Data stream，MIMD）：MIMD 是指能实现作业、任务、指令等各级全面并行的多机系统。多处理机属于 MIMD。当前的高性能服务器与超级计算机大多具有多个处理机，能进行多任务处理，称为多处理机系统,无论是海量并行处理(Massive Parallel Processing,MPP)结构,还是对称多处理(Symmetrical Multi-Processing,SMP)结构,都属于这一类。有关 MPP 和 SMP 更多的知识,将在 6.6.2 节和 6.6.3 节中分别介绍。

3．其他分类法

Flynn 分类法是最普遍使用的。其他的分类法还有:

(1) 冯氏分类法: 由冯泽云在 1972 年提出,冯氏分类法用计算机系统在单位时间内所能处理的最大二进制位数来对计算机系统进行分类。

(2) Handler 分类法: 由 Wolfgan Handler 在 1977 年提出,Handler 分类法根据计算机指令执行的并行度和流水线来对计算机系统进行分类。

(3) Kuck 分类法: 由 David J. Kuck 在 1978 年提出,Kuck 分类法与 Flynn 分类法相似,也是用指令流、执行流和多倍性来描述计算机系统特征,但其强调执行流的概念,而不是数据流。

6.2 存储器系统

存储器是用来存放程序和数据的部件,它是一个记忆装置,也是计算机能够实现"存储程序控制"的基础。在计算机系统中,规模较大的存储器往往分成若干级,称为存储器系统。

传统的存储器系统一般分为高速缓冲存储器(Cache)、主存、辅存三级。主存可由 CPU 直接访问,存取速度快,但容量较小,一般用来存放当前正在执行的程序和数据。辅存设置在主机外部,它的存储容量大,价格较低,但存取速度较慢,一般用来存放暂时不参与运行的程序和数据,CPU 不可以直接访问辅存,辅存中的程序和数据在需要时才传送到主存,因此它是主存的补充和后援。当 CPU 速度很高时,为了使访问存储器的速度能与 CPU 的速度相匹配,又在主存和 CPU 间增设了一级 Cache。Cache 的存取速度比主存更快,但容量更小,用来存放当前最急需处理的程序和数据,以便快速地向 CPU 提供指令和数据。因此,计算机采用多级存储器体系,确保能够获得尽可能高的存取速率,同时保持较低的成本。

存储器中数据常用的存取方式有顺序存取、直接存取、随机存取和相联存取等 4 种。

(1) 顺序存取: 存储器的数据以记录的形式进行组织。对数据的访问必须按特定的线性顺序进行。磁带存储器采用顺序存取的方式。

(2) 直接存取: 与顺序存取相似,直接存取也使用一个共享的读写装置对所有的数据进行访问。但是,每个数据块都拥有唯一的地址标识,读写装置可以直接移动到目的数据块的所在位置进行访问。存取时间也是可变的。磁盘存储器采用直接存取的方式。

(3) 随机存取: 存储器的每一个可寻址单元都具有自己唯一的地址和读写装置,系统可以在相同的时间内对任意一个存储单元的数据进行访问,而与先前的访问序列无关。

主存储器采用随机存取的方式。

（4）相联存取：相联存取也是一种随机存取的形式，但是选择某一单元进行读写是取决于其内容而不是其地址。与普通的随机存取方式一样，每个单元都有自己的读写装置，读写时间也是一个常数。使用相联存取方式，可以对所有的存储单元的特定位进行比较，选择符合条件的单元进行访问。为了提高地址映射的速度，Cache 采取相联存取的方式。

存储器系统的性能主要由存取时间、存储器带宽、存储器周期和数据传输率等来衡量。

6.2.1 主存储器

主存用来存放计算机运行期间所需要的程序和数据，CPU 可直接随机地进行读/写。主存具有一定容量，存取速度较高。由于 CPU 要频繁地访问主存，所以主存的性能在很大程度上影响了整个计算机系统的性能。根据工艺和技术不同，主存可分为随机存取存储器和只读存储器。

1．随机存取存储器

随机存取存储器（Random Access Memory，RAM）既可以写入也可以读出，但断电后信息无法保存，因此只能用于暂存数据。RAM 又可分为 DRAM（Dynamic RAM，动态 RAM）和 SRAM（Static RAM，静态 RAM）两种，DRAM 的信息会随时间逐渐消失，因此需要定时对其进行刷新维持信息不丢失；SRAM 在不断电的情况下信息能够一直保持而不会丢失。DRAM 的密度大于 SRAM 且更加便宜，但 SRAM 速度快，电路简单（不需要刷新电路），然而容量小，价格高。

2．只读存储器

只读存储器（Read Only Memory，ROM）可以看作 RAM 的一种特殊形式，其特点是：存储器的内容只能随机读出而不能写入。这类存储器常用来存放那些不需要改变的信息。由于信息一旦写入存储器就固定不变了，即使断电，写入的内容也不会丢失，所以又称为固定存储器。ROM 一般用于存放系统程序 BIOS（Basic Input Output System，基本输入输出系统）、专用的子程序，或用作函数发生器、字符发生器及微程序控制器中的控制存储器。通常把向 ROM 写入数据的过程称为对 ROM 进行编程，根据编程方法的不同，ROM 通常可以分为几类。

（1）掩模式 ROM（Mask ROM，MROM）。它的内容是由半导体制造厂按用户提出的要求在芯片的生产过程中直接写入的，写入之后任何人都无法改变其内容。MROM 的优点是可靠性高，集成度高，形成批量之后价格便宜；缺点是用户对制造厂的依赖性过大，灵活性差。

（2）一次可编程 ROM（Programmable ROM，PROM）。只能进行一次写入操作（与 ROM 相同），但是可以在出厂后，由用户使用特殊电子设备进行写入。

（3）可擦除的 PROM（Erasable PROM，EPROM）。不仅可以由用户利用编程器写入信息，而且可以对其内容进行多次改写。EPROM 出厂时，存储内容为全"1"，用户可以根据需要将其中某些记忆单元改为"0"。当需要更新存储内容时可以将原存储内容擦除（恢复全"1"），以便再写入新的内容。EPROM 又可分为紫外线擦除和电擦除。EPROM 虽然既可读，又可写，但它却不能取代 RAM。因为 EPROM 的编程次数（寿命）是有限的，而且每次写入的时间太长，速度太慢。

（4）闪速存储器（Flash Memory）也叫闪存。一种快擦写型存储器，它的主要特点是既可在不加电的情况下长期保存信息，又能在线进行快速擦除与重写，兼备了电擦除 EPROM 和 RAM 的优点。目前，大多数微型计算机的主板采用闪速存储器来存储 BIOS 程序。由于 BIOS 的数据和程序非常重要，不允许修改，故早期主板 BIOS 芯片多采用 PROM 或 EPROM。闪速存储器除了具有 ROM 的一般特性外，还有低电压改写的特点，便于用户自动升级 BIOS。

6.2.2 辅助存储器

辅助存储器用于存放当前不需要立即使用的信息，一旦需要，再和主机成批交换数据，是主存储器的后备，因此称之为辅助存储器；它又是主机的外部设备，又称之为外存储器。辅助存储器的最大特点是存储器容量大、可靠性高、价格低。常用的辅助存储器有磁带存储器、硬盘存储器、磁盘阵列和光盘存储器。

1. 磁带存储器

磁带存储器是一种顺序存取的设备，存取时间较长，但存储容量大，便于携带，价格便宜，所以也是一种主要的辅助存储器。磁带的内容由磁带机进行读写，按磁带机的读写方式主要可以分为两种，分别是启停式和数据流。

启停式磁带机按带宽可以分为 1/4 英寸、1/2 英寸和 1 英寸三种。磁带上的信息以文件块的形式存放。整盘磁带的开始有一卷标，然后有一初始空白块，用以适应磁带从静止到稳定带速所需时间。文件记录以文件头标志和文件尾标志进行标识，一个文件由若干数据块组成，每一数据块又由若干记录组成（一个数据块所包括的记录条数叫块因子）。数据块之间以空白块（gap）进行分隔，文件之间也存在一段空隙。所有的文件都顺序地排列在磁带上，一个文件的长度不仅包括记录信息，也包括块间间隔。磁带机每一次读写信息的位数与磁带表面并行记录信息的磁道数有关。例如，7 道、9 道和 16 道，则分别有 7，9，16 个磁头并列，一次可以读写 7 位、9 位或 16 位。

数据流磁带机结构简单，价格低，数据传输速率快。其记录格式是串行逐道记录信息，每次读写 1 位信息，数据连续地写在磁带上，数据块之间以空隙分隔。磁带机不能在块间启停。以 4 个磁道为例，其读写顺序如下：先从 0 道的首端（Beginning Of Tape，BOT）开始，到其末端（End Of Tape，EOT）；然后第 1 道反向记录从 EOT 到 BOT，而 2 道又正向从 BOT 到 EOT，3 道再反向。

2. 硬盘存储器

在硬盘中，信息分布呈以下层次：记录面、圆柱面、磁道和扇区，如图6-3所示。

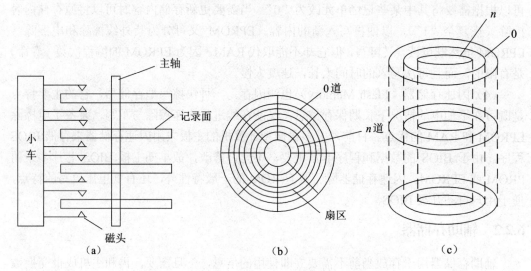

图6-3　硬盘信息分布示意图

一台硬盘驱动器中有多个磁盘片，每个盘片有两个记录面，每个记录面对应一个磁头，所以记录面号就是磁头号，如图6-3（a）所示。所有的磁头安装在一个公用的传动设备或支架上，磁头一致地沿盘面径向移动，单个磁头不能单独地移动。在记录面上，一条条磁道形成一组同心圆，最外圈的磁道为 0 号，往内则磁道号逐步增加，如图6-3（b）所示。在一个盘组中，各记录面上相同编号（位置）的各磁道构成一个柱面，如图6-3（c）所示。若每个磁盘片有 m 个磁道，则该硬盘共有 m 个柱面。

引入柱面的概念是为了提高硬盘的存储速度。当主机要存入一个较大的文件时，若一条磁道存不完，就需要存放在几条磁道上。这时，应首先将一个文件尽可能地存放在同一柱面中。如果仍存放不完，再存入相邻的柱面内。

通常将一条磁道划分为若干个段，每个段称为一个扇区或扇段，每个扇区存放一个定长信息块（例如，512B），如图6-3（b）所示。一条磁道划分多少扇区，每个扇区可存放多少字节，一般由操作系统决定。磁道上的扇区编号从1开始，不像磁头或柱面编号从 0 开始。

主机向硬盘控制器送出有关寻址信息，硬盘地址一般表示为：驱动器号、柱面（磁道）号、记录面（磁头）号、扇区号。通常，主机通过一个硬盘控制器可以连接几台硬盘驱动器，所以须送出驱动器号。调用磁盘常以文件为单位，故寻址信息一般应当给出文件起始位置所在的柱面号与记录面号（这就确定了具体磁道）、起始扇区号，并给出扇区数（交换量）。

硬盘标称的容量是指格式化容量，即用户实际可以使用的存储容量，而非格式化容量是指磁记录介质上全部的磁化单元数，格式化容量一般约为非格式化容量的 60%～70%。格式化存储容量的计算公式是：

$$存储容量 = n \times t \times s \times b$$

其中：n 为保存数据的总记录面数，t 为每面磁道数，s 为每道的扇区数，b 为每个扇区存储的字节数。

硬盘转速是硬盘主轴电机的旋转速度，它是决定硬盘内部传输速率的关键因素之一，在很大程度上直接影响到硬盘的速度。硬盘转速以每分钟多少转（RPM）来表示，RPM 值越大，内部传输速率就越快，访问时间就越短，硬盘的整体性能也就越好。

记录密度是指硬盘存储器上单位长度或单位面积所存储的二进制信息量，通常以道密度和位密度表示。道密度是指沿半径方向上单位长度中的磁道数目，位密度是指沿磁道方向上单位长度中所记录的二进制信息的位数。

硬盘的存取时间主要包括三个部分。第一部分是指磁头从原先位置移动到目的磁道所需要的时间，称为寻道时间或查找时间；第二部分是指在到达目的磁道以后，等待被访问的记录块旋转到磁头下方的等待时间；第三部分是信息的读写操作时间。由于寻找不同磁道和等待不同记录块所花的时间不同，所以通常取它们的平均值。因为读/写操作时间比较快，相对于平均寻道时间 T_s 和平均等待时间 T_w 来说，可以忽略不计。所以，磁盘的平均存取时间 T_a 为：

$$T_a \approx T_s + T_w = \frac{t_{smin} + t_{smax}}{2} + \frac{t_{wmin} + t_{wmax}}{2}$$

硬盘缓存存在的目的是为了解决硬盘内部与接口数据之间速度不匹配的问题，它可以提高硬盘的读/写速度。

硬盘的数据传输速率分为内部数据传输速率和外部数据传输速率。内部数据传输速率是指磁头与硬盘缓存之间的数据传输速率，它的高低是评价一个硬盘整体性能的决定性因素。外部数据传输速率指的是系统总线与硬盘缓存之间的数据传输速率，外部数据传输速率与硬盘接口类型和缓存大小有关。

硬盘接口是硬盘与主机系统间的连接部件，不同的硬盘接口决定着硬盘与计算机之间的连接速度，在整个系统中，硬盘接口的优劣直接影响着程序运行快慢和系统性能好坏。有关接口的详细知识，将在 6.3.3 节中介绍。

3．磁盘阵列

廉价磁盘冗余阵列（Redundant Array of Inexpensive Disks，RAID）技术旨在缩小日益扩大的 CPU 速度和磁盘存储器速度之间的差距。其策略是用多个较小的磁盘驱动器替换单一的大容量磁盘驱动器，同时合理地在多个磁盘上分布存放数据以支持同时从多个磁盘进行读写，从而改善了系统的 I/O 性能。RAID 现在代表独立磁盘冗余阵列（Redundant Array of Independent Disks），用 Independent 来强调 RAID 技术所带来的性能改善和更高的可靠性。

RAID 机制中共分 8 个级别，RAID 应用的主要技术有分块技术、交叉技术和重聚技术。

（1）RAID 0 级（无冗余和无校验的数据分块）：具有最高的 I/O 性能和最高的磁盘空间利用率，易管理，但系统的故障率高，属于非冗余系统，主要应用于那些关注性能、容量和价格而不是可靠性的系统。

（2）RAID 1 级（磁盘镜像阵列）：由磁盘对组成，每一个工作盘都有其对应的镜像盘，上面保存着与工作盘完全相同的数据拷贝，具有最高的安全性，但磁盘空间利用率只有 50%。RAID 1 主要用于存放系统软件、数据以及其他重要文件。它提供了数据的实时备份，一旦发生故障，所有的关键数据即刻就可使用。

（3）RAID 2 级（采用纠错海明码的磁盘阵列）：采用了海明码纠错技术，用户需增加校验盘来提供单纠错和双验错功能。对数据的访问涉及阵列中的每一个盘。大量数据传输时 I/O 性能较高，但不利于小批量数据传输。实际应用中很少使用。

（4）RAID 3 和 RAID 4 级（采用奇偶校验码的磁盘阵列）：把奇偶校验码存放在一个独立的校验盘上。如果有一个盘失效，其上的数据可以通过对其他盘上的数据进行异或运算得到。读数据很快，但因为写入数据时要计算校验位，速度较慢。RAID 3 采用位交叉奇偶校验码，RAID 4 采用块交叉奇偶校验码。RAID 3 适用于大型文件且 I/O 需求不频繁的应用，RAID 4 适用于大型文件的读取。

（5）RAID 5（无独立校验盘的奇偶校验码磁盘阵列）：与 RAID 4 类似，但没有独立的校验盘，校验信息分布在组内所有盘上，对于大批量和小批量数据的读写性能都很好。RAID 4 和 RAID 5 使用了独立存取技术，阵列中每一个磁盘都相互独立地操作，所以 I/O 请求可以并行处理。因此，该技术非常适合于 I/O 需求频繁的应用而不太适合于要求高数据传输率（大型文件）的应用，例如银行、金融、股市等大型数据处理中心的 OLTP 应用。

（6）RAID 6（具有独立的数据硬盘与两个独立的分布式校验方案）：在 RAID 6 级的阵列中设置了一个专用的、可快速访问的异步校验盘。该盘具有独立的数据访问通路，但其性能改进有限，价格却很昂贵。

（7）RAID 7（具有最优化的异步高 I/O 速率和高数据传输率的磁盘阵列）：是对 RAID 6 的改进。在这种阵列中的所有磁盘，都具有较高的传输速度，有着优异的性能，是目前最高档次的磁盘阵列。

（8）RAID 10（高可靠性与高性能的组合）：由多个 RAID 等级组合而成，建立在 RAID 0 和 RAID 1 基础上。RAID 1 是一个冗余的备份阵列，而 RAID 0 是负责数据读写的阵列，因此又称为 RAID 0+1。由于利用了 RAID 0 极高的读写效率和 RAID 1 较高的数据保护和恢复能力，使 RAID 10 成为了一种性价比较高的等级。

在以上级别中,需要根据可用性(数据冗余)、性能和成本进行综合选择。例如,如果不要求可用性,则就可以选择 RAID 0,以获得最佳性能;如果是金融保险业应用,则可以选择 RAID 5。

4. 光盘存储器

光盘存储器是利用激光束在记录表面存储信息,根据激光束的反射光来读出信息。根据性能和用途的不同,光盘存储器可分为 CD-ROM、CD-R、CD-RW 和 DVD-ROM 四种类型。

CD-ROM(Compact Disc Read-Only Memory,只读压缩盘)又称固定型光盘。它由生产厂家预先写入数据和程序,使用时用户只能读出,不能修改或写入新内容。CD-ROM 的读取目前有三种方式,分别是恒定角速度、恒定线速度和部分恒定角速度。

CD-R 光盘采用 WORM(Write One Read Many)标准,光盘可由用户写入信息,写入后可以多次读出;但只能写入一次,信息写入后将不能再修改,所以称为只写一次型光盘。

CD-RW 光盘是可以写入、擦除、重写的可逆性记录系统,这种光盘类似于磁盘,可重复读写。

DVD-ROM 技术类似于 CD-ROM 技术,但是可以提供更高的存储容量。DVD 可以分为单面单层、单面双层、双面单层和双面双层 4 种物理结构。

光盘存储器由光盘控制器和光盘驱动器及接口组成。光盘控制器主要包括数据输入缓冲器、记录格式器、编码器、读出格式器和数据输出缓冲器等部分;光盘驱动器主要包括主轴电机驱动机构、定位机构、光头装置及电路等。其中光头装置部分最复杂,是驱动器的关键部分。

光盘上的光道是一条从内向外的由凹痕和平坦表面相互交替而组成的连续的螺旋形路径。程序和数据文件是按内螺旋线的规律顺序存放在盘上的,不能像硬盘存储器那样读取文件的每个扇区,所以读出速度较慢。

6.2.3 Cache 存储器

Cache 的功能是提高 CPU 数据输入输出的速率,突破所谓的"冯•诺依曼瓶颈",即 CPU 与存储系统间数据传送带宽限制。高速存储器能以极高的速率进行数据的访问,但因其价格高昂,如果计算机的内存完全由这种高速存储器组成,则会大大增加计算机的成本。通常在 CPU 和内存之间设置小容量的 Cache。Cache 容量小但速度快,内存速度较低但容量大,通过优化调度算法,系统的性能会大大改善,仿佛其存储系统容量与内存相当而访问速度近似 Cache。

Cache 通常采用相联存储器(Content Addressable Memory,CAM)。CAM 是一种基于数据内容进行访问的存储设备。当对其写入数据时,CAM 能够自动选择一个未用的空单元进行存储;当要读出数据时,不是给出其存储单元的地址,而是直接给出该数据或者该数据的一部分内容，CAM 对所有存储单元中的数据同时进行比较，并标记符合条件的所有数据以供读取。由于比较是同时、并行进行的，所以，这种基于数据内容进行读写的机制，其速度比基于地址进行读写的方式要快很多。

1. Cache 基本原理

使用 Cache 改善系统性能的依据是程序的局部性原理。程序访问的局部性有两个方面的含义，分别是时间局部性和空间局部性。时间局部性是指如果一个存储单元被访问，则可能该单元会很快被再次访问。这是因为程序存在着循环。空间局部性是指如果一个存储单元被访问，则该单元邻近的单元也可能很快被访问。这是因为程序中大部分指令是顺序存储、顺序执行的，数据一般也是以向量、数组、树、表等形式簇聚地存储在一起的。

根据程序的局部性原理，最近的、未来要用的指令和数据大多局限于正在用的指令和数据，或是存放在与这些指令和数据位置上邻近的单元中。这样，就可以把目前常用或将要用到的信息预先放在 Cache 中。当 CPU 需要读取数据时，首先在 Cache 中查找是否有所需内容，如果有，则直接从 Cache 中读取；若没有，再从内存中读取该数据，然后同时送往 CPU 和 Cache。如果 CPU 需要访问的内容大多都能在 Cache 中找到（称为访问命中），则可以大大提高系统性能。

如果以 h 代表对 Cache 的访问命中率（"$1-h$"称为失效率，或者称为未命中率），t_1 表示 Cache 的周期时间，t_2 表示内存的周期时间，以读操作为例，使用"Cache+主存储器"的系统的平均周期为 t_3。则：

$$t_3 = t_1 \times h + t_2 \times (1-h)$$

系统的平均存储周期与命中率有很密切的关系，命中率的提高即使很小也能导致性能上的较大改善。

例如，设某计算机主存的读/写时间为 100ns，有一个指令和数据合一的 Cache，已知该 Cache 的读/写时间为 10ns，取指令的命中率为 98%，取数的命中率为 95%。在执行某类程序时，约有 1/5 指令需要存/取一个操作数。假设指令流水线在任何时候都不阻塞，则设置 Cache 后，每条指令的平均访存时间约为：

(2%×100ns + 98%×10ns)+ 1/5×(5%×100ns + 95%×10ns) = 14.7ns

2. 映射机制

当 CPU 发出访存请求后，存储器地址先被送到 Cache 控制器以确定所需数据是否已在 Cache 中，若命中则直接对 Cache 进行访问。这个过程称为 Cache 的地址映射（映像）。在 Cache 的地址映射中，主存和 Cache 将均分成容量相同的块（页）。常见的映射方法有直接映射、全相联映射和组相联映射。

（1）直接映射。直接映射方式以随机存取存储器作为 Cache 存储器，硬件电路较简单。直接映射是一种多对一的映射关系，但一个主存块只能够复制到 Cache 的一个特定位置上去。例如，某 Cache 容量为 16KB（即可用 14 位表示），每块的大小为 16B（即可用 4 位表示），则说明其可分为 1024 块（可用 10 位表示）。主存地址的最低 4 位为 Cache 的块内地址，然后接下来的中间 10 位为 Cache 块号。如果主存地址为 1234E8F8H（一共 32 位），那么，最后 4 位就是 1000（对应十六进制数的最后一位 "8"），而中间 10 位，则应从 E8F（1110 1000 1111）中获取，得到 10 1000 1111。因此，主存地址为 1234E8F8H 的单元装入的 Cache 地址为 10 1000 1111 1000。

直接映射的关系可以用下列公式来表示：

$$K = I \bmod C$$

其中，K 为 Cache 的块号，I 为主存的页号，C 为 Cache 的块数。

直接映射方式的优点是比较容易实现，缺点是不够灵活，有可能使 Cache 的存储空间得不到充分利用。例如，假设 Cache 有 8 块，则主存的第 1 页与第 17 页同时复制到 Cache 的第 1 块，即使 Cache 其他块空闲，也有一个主存页不能写入 Cache。

（2）全相联映射。全相联映射使用相联存储器组成的 Cache 存储器。在全相联映射方式中，主存的每一页可以映射到 Cache 的任一块。如果淘汰 Cache 中某一块的内容，则可调入任一主存页的内容，因而较直接映射方式灵活。

在全相联映射方式中，主存地址不能直接提取 Cache 块号，而是需要将主存页标记与 Cache 各块的标记逐个比较，直到找到标记符合的块（访问 Cache 命中），或者全部比较完后仍无符合的标记（访问 Cache 失败）。因此，这种映射方式速度很慢，失掉了高速缓存的作用，这是全相联映射方式的最大缺点。如果让主存页标记与各 Cache 标记同时比较，则成本又太高。全相联映像方式因比较器电路难于设计和实现，只适用于小容量的 Cache。

（3）组相联映射。组相联映射是直接映射和全相联映射的折中方案。它将 Cache 中的块再分成组，通过直接映射方式决定组号，通过全相联映射的方式决定 Cache 中的块号。在组相联映射方式中，主存中一个组内的页数与 Cache 的分组数相同。

例如，容量为 64 块的 Cache 采用组相联方式映像，每块大小为 128 个字，每 4 块为一组，即 Cache 分为 64/4=16 组。若主存容量为 4096 页，且以字编址。首先，根据主存与 Cache 块的容量需一致，即每个内存页的大小也是 128 个字，因此共有 128×4096 个字（2^{19} 个字），即主存地址需要 19 位。因为 Cache 分为 16 组，所以主存需要分为 4096/16=256 组（每组 16 页），即 2^8，因此主存组号需 8 位。

按照上述划分方法，主存每一组的第 1 页映射到 Cache 的第 1 组，主存每一组的第 2 页映射到 Cache 的第 2 组，依次类推。因为主存中一个组内的页数与 Cache 的分组数相同，所以主存每一组的最后一页映射到 Cache 的最后一组。

要注意的是，有关组相联映射的划分方法不止一种。例如，另外一种方式是主存不分组，而是根据下列公式直接进行映射：

$$J = I \bmod Q$$

其中，J 为 Cache 的组号，I 为主存的页号，Q 为 Cache 的组数。

在组相联映射中，由于 Cache 中每组有若干可供选择的块，因而它在映像定位方面较直接映像方式灵活；每组块数有限，因此付出的代价不是很大，可以根据设计目标选择组内块数。

3. 替换算法

当 Cache 产生了一次访问未命中之后，相应的数据应同时读入 CPU 和 Cache。但是当 Cache 已存满数据后，新数据必须替换（淘汰）Cache 中的某些旧数据。最常用的替换算法有以下三种：

（1）随机算法。这是最简单的替换算法。随机法完全不管 Cache 块过去、现在及将来的使用情况，简单地根据一个随机数，选择一块替换掉。

（2）先进先出（First In and First Out，FIFO）算法。按调入 Cache 的先后决定淘汰的顺序，即在需要更新时，将最先进入 Cache 的块作为被替换的块。这种方法要求为每块做一记录，记下它们进入 Cache 的先后次序。这种方法容易实现，而且系统开销小。其缺点是可能会把一些需要经常使用的程序块（如循环程序）替换掉。

（3）近期最少使用（Least Recently Used，LRU）算法。LRU 算法是把 CPU 近期最少使用的块作为被替换的块。这种替换方法需要随时记录 Cache 中各块的使用情况，以便确定哪个块是近期最少使用的块。LRU 算法相对合理，但实现起来比较复杂，系统开销较大。通常需要对每一块设置一个称为"年龄计数器"的硬件或软件计数器，用以记录其被使用的情况。

4. 写操作

因为需要保证缓存在 Cache 中的数据与内存中的内容一致，相对读操作而言，Cache 的写操作比较复杂，常用的有以下几种方法。

（1）写直达（Write Through）。当要写 Cache 时，数据同时写回内存，有时也称为写通。当某一块需要替换时，也不必把这一块写回到主存中去，新调入的块可以立即把这一块覆盖掉。这种方法实现简单，而且能随时保持主存数据的正确性，但可能增加多次不必要的主存写入，会降低存取速度。

（2）写回（Write Back）。CPU 修改 Cache 的某一块后，相应的数据并不立即写入内存单元，而是当该块从 Cache 中被淘汰时，才把数据写回到内存中。在采用这种更新策略的 Cache 块表中，一般有一个标志位，当一块中的任何一个单元被修改时，标志位被置"1"。在需要替换掉这一块时，如果标志位为 1，则必须先把这一块写回到主存中去之后，才能再调入新的块；如果标志位为 0，则这一块不必写回主存，只要用新调入的块覆盖掉这一块即可。这种方法的优点是操作速度快，缺点是因主存中的字块未随时修改而有可能出错。

（3）标记法。对 Cache 中的每一个数据设置一个有效位。当数据进入 Cache 后，有效位置 1；而当 CPU 要对该数据进行修改时，数据只需写入内存并同时将该有效位置 0。当要从 Cache 中读取数据时需要测试其有效位，若为"1"则直接从 Cache 中取数，否则，从内存中取数。

6.2.4 网络存储技术

目前，主流的网络存储技术主要有三种：直接附加存储（Direct Attached Storage，DAS）、网络附加存储（Network Attached Storage，NAS）和存储区域网络（Storage Area Network，SAN）。

1．直接附加存储

DAS 是将存储设备通过 SCSI（Small Computer System Interface，小型计算机系统接口）电缆直接连到服务器，其本身是硬件的堆叠，存储操作依赖于服务器，不带有任何存储操作系统。因此，有些文献也把 DAS 称为 SAS（Server Attached Storage，服务器附加存储）。

DAS 的适用环境为：

（1）服务器在地理分布上很分散，通过 SAN 或 NAS 在它们之间进行互连非常困难时。

（2）存储系统必须被直接连接到应用服务器（例如，Microsoft Cluster Server 或某些数据库使用的"原始分区"）上时。

（3）包括许多数据库应用和应用服务器在内的应用，它们需要直接连接到存储器上时。

由于 DAS 直接将存储设备连接到服务器上，这导致它在传递距离、连接数量、传输速率等方面都受到限制。因此，当存储容量增加时，DAS 方式很难扩展，这对存储容量的升级是一个巨大的瓶颈；另一方面，由于数据的读取都要通过服务器来处理，必然导致服务器的处理压力增加，数据处理和传输能力将大大降低；此外，当服务器出现宕机等异常时，也会波及到存储数据，使其无法使用。目前 DAS 基本被 NAS 所代替。

2．网络附加存储

采用 NAS 技术的存储设备不再通过 I/O 总线附属于某个特定的服务器，而是通过网络接口与网络直接相连，由用户通过网络访问。NAS 存储系统的结构如图 6-4 所示。

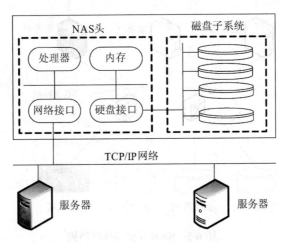

图 6-4 NAS 存储系统的结构

NAS 存储设备类似于一个专用的文件服务器，它去掉了通用服务器的大多数计算功能，而仅仅提供文件系统功能，从而降低了设备的成本。并且为方便存储设备到网络之间以最有效的方式发送数据，专门优化了系统硬软件体系结构。NAS 以数据为中心，将存储设备与服务器分离，其存储设备在功能上完全独立于网络中的主服务器，客户机与存储设备之间的数据访问不再需要文件服务器的干预，同时它允许客户机与存储设备之间进行直接的数据访问，所以不仅响应速度快，而且数据传输速率也很高。

NAS 技术支持多种 TCP/IP 网络协议，主要是网络文件系统（Net File System，NFS）和通用 Internet 文件系统（Common Internet File System，CIFS）来进行文件访问，所以 NAS 的性能特点是进行小文件级的共享存取。在具体使用时，NAS 设备通常配置为文件服务器，通过使用基于 Web 的管理界面来实现系统资源的配置、用户配置管理和用户访问登录等。

NAS 存储支持即插即用，可以在网络的任一位置建立存储。基于 Web 管理，从而使设备的安装、使用和管理更加容易。NAS 可以很经济地解决存储容量不足的问题，但难以获得满意的性能。

3．存储区域网络

SAN 是通过专用交换机将磁盘阵列与服务器连接起来的高速专用子网。它没有采用文件共享存取方式，而是采用块（block）级别存储。SAN 是通过专用高速网将一个或多个网络存储设备和服务器连接起来的专用存储系统，其最大特点是将存储设备从传统的以太网中分离了出来，成为独立的存储区域网络 SAN 的系统结构如图 6-5 所示。

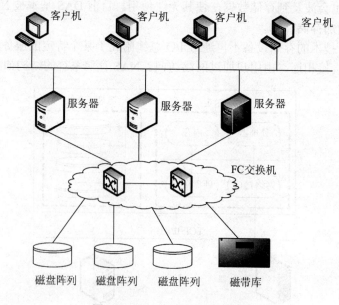

图 6-5　SAN 存储系统的结构

根据数据传输过程采用的协议，其技术划分为 FC SAN 和 IP SAN。另外，还有一种新兴的 IB SAN 技术。

（1）FC SAN。FC（Fiber Channel，光纤通道）和 SCSI 接口一样，最初也不是为硬盘设计开发的接口技术，而是专门为网络系统设计的，随着存储系统对速度的需求，才逐渐应用到硬盘系统中。光纤通道的主要特性有：热插拔性、高速带宽、远程连接、连接设备数量大等。它是当今最昂贵和复杂的存储架构，需要在硬件、软件和人员培训方面进行大量投资。

FC SAN 由三个基本的组件构成，分别是接口（SCSI、FC）、连接设备（交换机、路由器）和协议（IP、SCSI）。这三个组件再加上附加的存储设备和服务器就构成一个 SAN 系统。它是专用、高速、高可靠的网络，允许独立、动态地增加存储设备，使得管理和集中控制更加简化。

FC SAN 有两个较大的缺陷，分别是成本和复杂性，其原因就是因为使用了 FC。在光纤通道上部署 SAN，需要每个服务器上都要有 FC 适配器、专用的 FC 交换机和独立的布线基础架构。这些设施使成本大幅增加，更不用说精通 FC 协议的人员培训成本。

（2）IP SAN。IP SAN 是基于 IP 网络实现数据块级别存储方式的存储网络。由于设备成本低，配置技术简单，可共享和使用大容量的存储空间，因而逐渐获得广泛的应用。

在具体应用上，IP 存储主要是指 iSCSI（internet SCSI）。作为一种新兴的存储技术，iSCSI 基于 IP 网络实现 SAN 架构，既具备了 IP 网络配置和管理简单的优势，又提供了 SAN 架构所拥有的强大功能和扩展性。iSCSI 是连接到一个 TCP/IP 网络的直接寻址的存储库，通过使用 TCP/IP 协议对 SCSI 指令进行封装，可以使指令能够通过 IP 网络进行传输，而过程完全不依赖于地点。

iSCSI 优势的主要表现在于，首先，建立在 SCSI、TCP/IP 这些稳定和熟悉的标准上，因此安装成本和维护费用都很低；其次，iSCSI 支持一般的以太网交换机而不是特殊的光纤通道交换机，从而减少了异构网络和电缆；最后，ISCSI 通过 IP 传输存储命令，因此可以在整个 Internet 上传输，没有距离限制。

iSCSI 的缺点在于，存储和网络是同一个物理接口，同时协议本身的开销较大，协议本身需要频繁地将 SCSI 命令封装到 IP 包中以及从 IP 包中将 SCSI 命令解析出来，这两个因素都造成了带宽的占用和主处理器的负担。但是，随着专门处理 ISCSI 指令的芯片的开发（解决主处理器的负担问题），以及 10G 以太网的普及（解决带宽问题），iSCSI 将有着更好的发展。

（3）IB SAN。无限带宽（InfiniBand，IB）是一种交换结构 I/O 技术，其设计思路是通过一套中心机构（IB 交换机）在远程存储器、网络以及服务器等设备之间建立一个单一的连接链路，并由 IB 交换机来指挥流量。这种结构设计得非常紧密，大大提高了系统的性能、可靠性和有效性，能缓解各硬件设备之间的数据流量拥塞。而这是许多共享总线式技术没有解决好的问题，因为在共享总线环境中，设备之间的连接都必须通过指定的端口建立单独的链路。

IB 主要支持两种环境：模块对模块的计算机系统（支持 I/O 模块附加插槽）；在数据中心环境中的机箱对机箱的互连系统、外部存储系统和外部局域网/广域网访问设备。IB 支持的带宽比现在主流的 I/O 载体（例如，SCSI、FC 等）还要高，另外，由于使用 IPv6 的报头，IB 还支持与传统 Internet/Intranet 设施的有效连接。用 IB 技术替代总线结构所带来的最重要的变化就是建立了一个灵活、高效的数据中心，省去了服务器复杂的 I/O 部分。

IB SAN 采用层次结构，将系统的构成与接入设备的功能定义分开，不同的主机可通过主机通道适配器（Host Channel Adapter，HCA）、RAID 等网络存储设备利用目标通道适配器（Target Channel Adapter，TCA）接入 IB SAN。

IB SAN 主要具有如下特性：可伸缩的 Switched Fabric 互连结构；由硬件实现的传输层互连高效、可靠；支持多个虚信道；硬件实现自动的路径变换；高带宽，总带宽随 IB Switch 规模成倍增长；支持 SCSI 远程直接内存存取（Direct Memory Access，DMA）协议；具有较高的容错性和抗毁性，支持热拔插。

4．网络存储技术的选择

网络存储技术的目的都是为了扩大存储能力，提高存储性能。这些存储技术都能提供集中化的数据存储并有效存取文件；都支持多种操作系统，并允许用户通过多个操作系统同时使用数据；都可以从应用服务器上分离存储，并提供数据的高可用性；同时，都能通过集中存储管理来降低长期的运营成本。

因此，从存储的本质上来看，它们的功能都是相同的。事实上，它们之间的区别正在变得模糊，所有的技术都在用户的存储需求下接受挑战。在实际应用中，需要根据系统的业务特点和要求（例如，环境要求、性能要求、价格要求等）进行选择。

6.2.5 虚拟存储技术

虚拟存储（Virtual Storage）是指把多个存储介质模块（例如，硬盘、RAID 等）通过一定的手段集中管理，形成统一管理的存储池（Storage Pool），为用户提供大容量、高数据传输性能的存储系统。存储虚拟化是将实际的物理存储实体与存储的逻辑表示实现分离，使用虚拟存储技术，应用服务器只与分配给它们的逻辑卷（虚卷）交互，而不用关心其数据是在哪个物理存储实体上。

1．虚拟存储的分类

按照拓扑结构的不同，虚拟存储可以分为两种方式，分别是对称式和非对称式。对称式虚拟存储技术是指虚拟存储控制设备与存储软件系统、交换设备集成为一个整体，内嵌在网络数据传输路径中；非对称式虚拟存储技术是指虚拟存储控制设备独立于数据传输路径之外。

按照实现原理的不同，虚拟存储也可以分为两种方式，分别是数据块虚拟与虚拟文件系统。数据块虚拟存储方式着重解决数据传输过程中的冲突和延时问题，利用虚拟的多端口并行技术，为多个用户提供极高的带宽，最大限度上减少延时与冲突的发生；虚拟文件系统存储方式着重解决大规模网络中文件共享的安全机制问题。通过对不同的站点指定不同的访问权限，保证网络文件的安全。在实际应用中，数据块虚拟存储方式以对称式拓扑结构为表现形式，虚拟文件系统存储方式以非对称式拓扑结构为表现形式。

2．虚拟存储的实现方式

虚拟存储要解决的关键问题是逻辑卷与物理存储实体之间的映射关系，这种映射关系可以在计算机层解决，也可以在存储设备层解决，还可以在存储网络层解决。

（1）主机级的虚拟化。由安装在应用服务器上的卷管理软件完成存储的虚拟化。基于主机端的虚拟存储几乎都是通过纯软件的方式实现的，这种实现机制不需要引入新设备，也不影响现有存储系统的基本架构，所以实现成本比较低。但是，这种机制难以克服的困难是平台依赖性太强，开发商要为每一种操作系统平台甚至每一个版本，开发一套软件产品。同时，由于存储管理由主机解决，增加了主机的负担。

（2）存储设备级的虚拟化。由存储设备的控制器实现存储的虚拟化。这种虚拟存储一般是存储厂商实施的，很可能使用厂商独家的存储产品。这种实现机制主要通过大规模的 RAID 子系统和多个 I/O 通道连接到服务器上，智能控制器提供访问控制、缓存和其他（例如，数据复制等）管理功能。这种方式的优点在于效率高、性能好，管理员对设备有完全的控制权，而且通过与服务器系统分开，可以将存储的管理与多种服务器操作系统隔离，并且可以很容易地调整硬件参数。但是，在现实中，厂商往往都只提供对自身产品的支持，不能解决异构存储环境中的虚拟化问题。

（3）网络级的虚拟化。由加入 SAN 的专用装置实现存储虚拟化。这种机制可以管理不同厂商的存储设备，实现 SAN 中所有设备的统一管理，具有较好的开放性。

不管采用何种虚拟存储技术，其目的都是为了提供一个高性能、安全、稳定、可靠、可扩展的存储网络平台，满足系统的要求。根据综合的性能价格比来说，一般情况下，在主机级和存储设备级的虚拟化技术能够保证系统的数据处理能力要求时，则可优先考虑，因为这两种虚拟存储技术构建方便、管理简单、维护容易、产品相对成熟、性能价格比高。在需要将多个异构的存储设备集成为一个或多个存储池时，则需要使用网络级的虚拟化技术，以达到充分利用存储容量、集中管理存储、降低存储成本的目的。

3．虚拟存储的特点

虚拟存储技术是为了解决复杂、烦琐的存储管理而产生的，但是，随着信息技术的发展，虚拟存储在很多方面表现出优秀的性能：

（1）虚拟存储提供了一个大容量存储系统集中管理的手段，由网络中的一个环节进行统一管理，避免了由于存储设备扩充所带来的管理方面的麻烦。例如，增加新的存储设备时，只需要管理员对存储系统进行较为简单的配置更改，客户端无需任何操作。

（2）虚拟存储可以大大提高存储系统整体访问带宽。存储系统是由多个存储模块组成的,而虚拟存储系统可以很好地进行负载平衡,把每一次数据访问所需的带宽合理地分配到各个存储模块上,这样,系统的整体访问带宽就增大了。例如,一个存储系统中有 4 个存储模块,每一个存储模块的访问带宽为 50MBps,则这个存储系统的总访问带宽就可以接近各存储模块带宽之和,即 200MBps。

(3)虚拟存储技术为存储资源管理提供了更好的灵活性和兼容性,可以将不同类型的存储设备集中管理使用,保护用户的已有投资。

(4)虚拟存储技术可以通过管理软件,为网络系统提供一些其他的有用功能,例如,无须服务器的远程镜像和数据快照等。

(5)虚拟存储技术将计算机的应用系统与存储设备分离,使各种不同的存储设备看上去具有标准的存储特性,应用系统不需要关心数据存储的具体设备,从而减轻了应用系统的负担。

由于虚拟存储具有上述特点,正逐步成为共享存储管理的主流技术,在数据镜像、数据复制、实时数据恢复、应用集成等方面有着广泛的应用。

6.3 输入输出系统

I/O 系统由 I/O 设备、I/O 接口(I/O 控制器)、I/O 控制管理软件等部分组成,它将各种 I/O 设备有效地接入到计算机系统中,将计算机外部输入设备的信息输入到计算机内部,以便能够得到加工处理,该功能简称为输入操作;将计算机内部存储和加工处理的信息输出到计算机之外,以提供给计算机外部设备使用,该功能简称为输出操作。

6.3.1 输入输出方式

在计算机中,I/O 系统可以有 5 种不同的工作方式,分别是程序控制方式、程序中断方式、DMA 工作方式、通道方式、I/O 处理机。

1. 程序控制方式

由 CPU 执行一段 I/O 程序来实现主机与外设之间的数据传送,根据外设的不同性质,可分为无条件传送和程序查询方式两种。

在无条件传送方式中,I/O 端口总是准备好接收主机的输出数据,或总是准备好向主机输入数据,因而 CPU 无须查询外设的工作状态,而默认外设始终处于准备就绪状态。在 CPU 认为需要时,随时可直接利用 I/O 指令访问相应的 I/O 端口,实现与外设之间的数据交换。这种方式的优点是软、硬件结构都很简单,但要求时序配合精确,一般的外设难以满足要求。所以,只能用于对简单开关量的 I/O 控制。

许多外设的工作状态是很难事先预知的,例如,用户何时按键,打印机是否能接收新的打印输出信息等。当 CPU 与外设工作不同步时,很难确保 CPU 在执行输入操作时,外设一定是"准备好"的;而在执行输出操作时,外设一定是"缓冲器空"的。为了保证数据传送的正确进行，就要求 CPU 在程序中查询外设的工作状态。如果外设尚未准备就绪，CPU 就循环等待，只有当外设已作好准备时，CPU 才能执行 I/O 指令进行数据传送，这就是程序查询方式。由程序主动查询外设，完成主机与外设间的数据传送，这种方法简单，硬件开销小，但 I/O 能力不高，严重影响 CPU 的利用率。

2. 程序中断方式

为了提高 I/O 能力和 CPU 的效率，计算机系统引进了中断方式。程序中断是指计算机执行现行程序的过程中，出现某些急需处理的异常情况和特殊请求，CPU 暂时中止现行程序（保护现场），而转去对随机发生的更紧迫的事件进行处理，在处理完毕后，CPU 将自动返回原来的程序继续执行（恢复现场）。整个中断过程大体上可以分为 5 个阶段，分别是中断请求、中断判优、中断响应、中断处理和中断返回。在系统中具有多个中断源的情况下，常用的处理方法有多中断信号线法、中断软件查询法、雏菊链法、总线仲裁法和中断向量表法。

CPU 利用中断方式完成数据的 I/O，当 I/O 系统与外设交换数据时，CPU 无须等待也不必去查询 I/O 的状态，当 I/O 系统完成了数据传输后以中断信号通知 CPU。CPU 然后保存正在执行程序的现场，转入 I/O 中断服务程序完成与 I/O 系统的数据交换。然后返回原主程序继续执行。与程序控制方式相比，中断方式因为 CPU 无须等待而提高了效率。

3. DMA 工作方式

DMA 工作方式是为了在主存与外设之间实现高速、批量数据交换而设置的，使用 DMA 控制器（Direct Memory Access Controler，DMAC）来控制和管理数据传输。DMAC 和 CPU 共享系统总线，并且具有独立访问存储器的能力。在进行 DMA 时，CPU 放弃对系统总线的控制而由 DMAC 控制总线；由 DMAC 提供存储器地址及必需的读写控制信号，实现外设与存储器之间的数据交换。

DMAC 获取总线的方式主要有三种，分别是 CPU 停止访问主存法（暂停方式）、存储器分时法（共享方式）和周期挪用法（周期窃取方式）。DMA 工作方式具有下列特点：

（1）它使主存与 CPU 的固定联系脱钩，主存既可被 CPU 访问，又可被外设访问。
（2）在数据块传送时，主存地址的确定、传送数据的计数等都由硬件电路直接实现。
（3）主存中要开辟专用缓冲区，及时供给和接收外设的数据。
（4）DMA 传送速度快，CPU 和外设并行工作，提高了系统的效率。
（5）DMA 在传送开始前要通过程序进行预处理，结束后要通过中断方式进行后处理。

4. 通道方式

通道是一种高级的 I/O 控制部件，它在一定的硬件基础上利用软件手段实现对 I/O 的控制和传送，更多地免去了 CPU 的介入，从而使主机和外设的并行工作程度更高。当然，通道并不能完全脱离 CPU，它还要受到 CPU 的管理，比如启动、停止等，而且通道还应该向 CPU 报告自己的状态,以便 CPU 决定下一步的处理。

通道方式是 DMA 工作方式的进一步发展,实质上,通道也是实现外设和主存之间直接交换数据的控制器。在具有通道处理机的系统中,当用户进程请求启动外设时,由操作系统根据 I/O 要求构造通道程序和通道状态字,将通道程序保存在内存中,并将通道程序的首地址放到通道地址字中,然后执行启动 I/O 指令。

按照所采取的传送方式,可将通道分为字节多路通道、选择通道和数组多路通道三种。字节多路通道是一种简单的共享通道,用于连接与管理多台低速设备,以字节交叉方式传送信息,如图 6-6 所示。

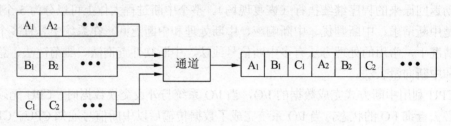

图 6-6　字节多路通道传送方式示意图

选择通道又称为高速通道,在物理上它也可以连接多个设备,但这些设备不能同时工作,在一段时间内通道只能选择一台设备进行数据传送,此时该设备可以独占整个通道,如图 6-7 所示。

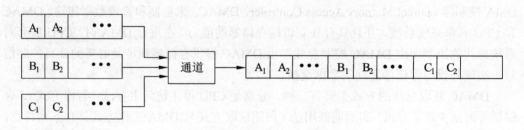

图 6-7　选择通道传送方式示意图

数组多路通道是把字节多路通道和选择通道的特点结合起来的一种通道结构,它有多个子通道,既可以执行多路通道程序,即像字节多路通道那样,所有子通道分时共享总通道,又可以用选择通道那样的方式成组地传送数据;既具有多路并行操作的能力,又具有很高的数据传输速率,使通道的效率充分得到发挥。

5. I/O 处理机

I/O 处理机也称为外围处理机,它是一个专用处理机,也可以是一个通用的处理机,具有丰富的指令系统和完善的中断系统。专用于大型、高效的计算机系统处理外围设备的 I/O,并利用共享存储器或其他共享手段与主机交换信息,从而使大型计算机系统更加高效地工作。

与通道相比，I/O 处理机具有比较丰富的指令系统，结构接近于一般的处理机，可以有自己的局部存储器。I/O 处理机除了能够完成通道的全部功能外，还可以进行码制转换、数据校验和校正、故障处理、文件管理、诊断和显示系统状态、处理人机对话。网络或远程终端可以直接连接到 I/O 处理机上，由 I/O 处理机完成远程用户服务工作。I/O 处理机还可以根据需要完成分配给它的其他任务，例如，进行数据库和知识库的管理工作等。

I/O 处理机基本上是独立于中央处理机异步工作的，它可以与中央处理机共享主存，也可以有自己独立的存储器，不共享主存。每台 I/O 处理机可以有自己独立的运算部件和指令控制部件，也可以由多个 I/O 处理机共享同一个运算部件和指令控制部件。

6.3.2 总线

总线是一组能为多个部件分时共享的公共信息传送线路。共享是指总线上可以挂接多个部件，各个部件之间相互交换的信息都可以通过这组公共线路传送；分时是指同一时刻只允许有一个部件向总线发送信息，如果出现两个或两个以上部件同时向总线发送信息，势必导致信号冲突。当然，在同一时刻，允许多个部件同时从总线上接收相同的信息。

1. 总线的分类

按总线相对于 CPU 或其他芯片的位置可分为内部总线和外部总线两种。在 CPU 内部，寄存器之间和算术逻辑部件 ALU 与控制部件之间传输数据所用的总线称为内部总线；外部总线是指 CPU 与内存 RAM、ROM 和输入/输出设备接口之间进行通信的通路。由于 CPU 通过总线实现程序取指令、内存/外设的数据交换，在 CPU 与外设一定的情况下，总线速度是制约计算机整体性能的最大因素。

按总线功能来划分，又可分为地址总线、数据总线、控制总线三类，人们通常所说的总线都包括这三个组成部分，地址总线用来传送地址信息，数据总线用来传送数据信息，控制总线用来传送各种控制信号。例如，工业标准结构（Industrial Standard Architecture，ISA）总线共有 98 条线，其中数据线有 16 条、地址线 24 条，其余为控制信号线、接地线和电源线。

按总线在微机系统中的位置，可分为机内总线和机外总线两种。上面所说的总线都是机内总线，而机外总线是指与外部设备接口相连的，实际上是一种外设的接口标准。例如，目前计算机上流行的接口标准电子集成驱动器（Integrated Drive Electronics，IDE）、SCSI、通用串行总线（Universal Serial Bus，USB）和美国电气电子工程师协会（Institute of Electrical and Electronics Engineers，IEEE）1394 等，前两种主要是与硬盘、光驱等设备接口相连，后面两种新型外部总线可以用来连接多种外部设备。

计算机的总线按其功用来划分，主要有局部总线、系统总线、通信总线三种类型。

其中局部总线是在传统的 ISA 总线和 CPU 总线之间增加的一级总线或管理层，它的出现是由于计算机软硬件功能的不断发展，系统原有的 ISA 或 EISA（Extended ISA，扩展的 ISA）等已远远不能适应系统高传输能力的要求，而成为整个系统的主要瓶颈；系统总线是计算机系统内部各部件（插板）之间进行连接和传输信息的一组信号线，例如，ISA、EISA、微通道结构（Micro Channel Architecture，MCA）、视频电子标准协会（Video Electronic Standard Association，VESA）、外设组件互连（Peripheral Component Interconnect，PCI）、加速图形接口（Accelerate Graphical Port，AGP）等；通信总线是计算机系统之间或计算机系统与其他系统（例如，远程通信设备、测试设备等）之间进行通信的一组信号线。

按照总线中数据线的多少，可分为并行总线和串行总线。并行总线是含有多条双向数据线的总线，它可以实现一个数据的多位同时传输，总线中数据线的数量决定了可传输一个数据的最大位数（一般为 8 的倍数）。由于可以同时传输数据的各位，所以并行总线具有数据传输速率高的优点。但由于各条数据线的传输特性不可能完全一致，当数据线较长时，数据各位到达接收端时的延迟可能不一致，会造成传输错误，所以并行总线不宜过长，适合近距离连接。大多数的系统总线属于并行总线；串行总线是只含有一条双向数据线或两条单向数据线的总线，可以实现一个数据的各位按照一定的速度和顺序依次传输。由于按位串行传输数据对数据线传输特性的要求不高，在长距离连线情况下仍可以有效地传送数据，所以串行总线的优势在于远距离通信。但由于数据是按位顺序传送的，所以在相同的时钟控制下，数据传输速率低于并行总线。大多数的通信总线属于串行总线。

2. 总线标准

总线标准是指计算机部件各生产厂家都需要遵守的总线要求，从而使不同厂家生产的部件能够互换。总线标准主要规定总线的机械结构规范、功能结构规范和电气规范。总线标准可以分为正式标准和工业标准，其中正式标准是由 IEEE 等国际组织正式确定和承认的标准；工业标准也称为事实标准，是首先由某一厂家提出，然后得到其他厂家广泛使用的标准。

3. 总线的性能指标

通常，总线规范中会详细描述总线各方面的特性，包括物理特性、功能特性、电气特性和时间特性。物理特性又称机械特性，它规定了总线的线数，以及总线的插头、插座的形状、尺寸和信号线的排列方式等要素；功能特性描述总线中每一根线的功能；电气特性定义了每根线上信号的传递方向及有效电平范围；时间特性规定了每根线在什么时间有效以及不同信号之间相互配合的时间关系。

总线的主要性能指标主要有以下几个：

（1）总线宽度。总线宽度指的是总线的线数，它决定了总线所占的物理空间和成本。对总线宽度最直接的影响是地址线和数据线的数量。主存空间和 I/O 空间的扩充使地址线数量增加,并行传输要求有足够的数据线。例如,32 位的 PCI 总线允许寻址的主存空间的大小为 2^{32}=4G 个单元。

(2) 总线带宽。总线带宽定义为总线的最大数据传输速率,即每秒传输的字节数。在同步通信中,总线的带宽与总线时钟密不可分,总线时钟频率的高低决定了总线带宽的大小:

$$总线带宽 = 总线宽度 \times 总线频率$$

总线的实际带宽还会受到总线长度(总线延迟)、总线负载、总线收发器性能等多方面因素的影响。例如,假设某系统总线在一个总线周期中并行传输 4B 信息,一个总线周期占用 2 个时钟周期,总线时钟频率为 10MHz。此时,时钟周期 T=1/10M=0.1μs,总线周期=2T=0.2μs,则总线带宽为 4/0.2=20MBps。

(3) 总线负载。总线负载是指连接在总线上的最大设备数量。大多数总线的负载能力是有限的。

(4) 总线分时复用。总线分时复用是指在不同时段利用总线上同一个信号线传送不同信号,例如,地址总线和数据总线共用一组信号线。采用这种方式的目的是减少总线数量,提高总线的利用率。

(5) 总线猝发传输。猝发式数据传输是一种总线传输方式,即在一个总线周期中可以传输存储地址连续的多个数据。

除了以上提到的性能指标外,总线是否具有即插即用功能,是否支持总线设备的热插拔,是否支持多主控设备,是否具有错误检测能力,是否依赖于特定 CPU 等,也是评价总线性能的指标。

6.3.3 接口

主机和外设备自具有自己的工作特点,它们在信息形式和工作速度上具有很大的差异,I/O 接口(通常简称为"接口")正是为了解决这些差异而设置的。I/O 接口也称为 I/O 控制器,它是主机和外设(外部设备)之间的交接界面,通过接口可以实现主机和外设之间的信息交换。

1. 接口的功能

具体来说,接口的主要功能表现在以下 5 个方面:

(1) 实现主机和外设的通信联络控制。接口中的同步控制电路用来解决主机与外设的时间配合问题。这是为了实现主机和外设间工作的时间配合,通过联络信息可以决定不同工作速度的外设和主机之间交换信息的最佳时刻,以保证整个计算机系统能统一协调地工作。

(2) 进行地址译码和设备选择。当 CPU 送来选择外设的地址码后,接口必须对地址进行译码以产生设备选择信息,使主机能和指定外设交换信息。

(3) 实现数据缓冲。数据缓冲寄存器用于数据的暂存,以避免丢失数据。在传送过程中，先将数据送入数据缓冲寄存器中，然后再送到输出设备或主机中。

（4）数据格式的变换。为了满足主机或外设的各自要求，接口电路中必须具有各类数据相互转换的功能。例如，并串转换、数模转换等。

（5）传递控制命令和状态信息。当 CPU 要启动某一外设时，通过接口中的命令寄存器向外设发出启动命令；当外设准备就绪时，则有"准备好"状态信息送回接口中的状态寄存器，为 CPU 提供外设已经具备与主机交换数据条件的反馈信息。当外设向 CPU 提出中断请求和 DMA 请求时，CPU 也应有相应的响应信号反馈给外设。

2．接口的分类

根据外部设备与 I/O 模块交换数据的方式，系统接口可以分为串行接口和并行接口两种。串行接口一次只能传送 1 位信息，而并行接口一次就可传送多位信息。

串行通信又可分为异步通信方式和同步通信方式两种。异步通信在发送字符时，所发送的字符之间的时间间隔可以是任意的。接收端必须时刻做好接收的准备，发送端可以在任意时刻开始发送字符，因此必须在每一个字符的开始和结束的地方加上标志，即加上开始位和停止位，以便使接收端能够正确地将每一个字符接收下来。异步通信的好处是通信设备简单、便宜，但传输效率较低；同步通信要求收发双方具有同频同相的同步时钟信号，只需在传送报文的最前面附加特定的同步字符，使收发双方建立同步，此后，便在同步时钟的控制下逐位发送和接收。

另外，还有一些其他的分类方法。例如，按 I/O 的信号分类，分为数字接口和模拟接口；按通用性分类，分为通用接口和专用接口；按功能选择的灵活性分类，分为可编程接口和不可编程接口等。

3．常见接口

常见的设备接口有以下几种：

（1）IDE。IDE 是最常用的磁盘接口，分为普通 IDE 和增强型 IDE（EIDE）接口。普通 IDE 数据传输率不超过 1.5Mbps，数据传输宽度为 8 位，最多可连接 4 个 IDE 设备，每个 IDE 硬盘容量不超过 528MB。EIDE 的数据传输率可达 150Mbps，数据传输宽度 32 位。

（2）高级技术附件（Advanced Technology Attachment，ATA）。随着 IDE/EIDE 得到广泛的应用，全球标准化协议将该接口自诞生以来使用的技术规范归纳成为全球硬盘标准，这样就产生了 ATA。ATA 发展至今经过多次修改和升级，每新一代的接口都建立在前一代标准之上，并保持着向后兼容性。ATA-7 是 ATA 接口的最后一个版本，也称为 Ultra DMA 133，支持 1064Mbps（133MBps）的数据传输速度。

（3）串行高级技术附件（Serial ATA，SATA）。SATA 是一种基于行业标准的串行硬件驱动器接口。与 ATA 相比，SATA 规范将硬盘的外部传输速率理论值提高到了 1200Mbps（150MBps），而随着未来后续版本的发展，SATA 接口的速率已经扩展到 3000Mbps，有望达到 4800Mbps。SATA 接口需要硬件芯片的支持，SATA 的优势是支持热插拔、传输速度快、执行效率高。

（4）外部串行高级技术附件（external SATA，eSATA）。eSATA 是基于标准的 SATA 线缆和接口，连接处加装了金属弹片来保证物理连接的稳固性，eSATA 线缆能够插拔数千次。eSATA 仅仅是一种扩展的 SATA 接口，是用来连接外部而不是内部 SATA 设备。eSATA 支持 3.2Gbps 的传输速率。

（5）SCSI。SCSI 是大容量存储设备、音频设备和 CD-ROM 驱动器的一种标准。SCSI 接口通常被看作是一种总线，可用于连接多个外设，这些 SCSI 设备以菊花链形式接入，并被分配给唯一的 ID 号，其中最后一个 ID 分配给 SCSI 控制器。SCSI 设备彼此独立运作，相互之间可以交换数据，也可以和主机进行交互。数据以分组消息的形式进行传输。目前，SCSI 的最大同步传输速率为 5Gbps（640MBps）。

（6）个人计算机内存卡国际联合会（Personal Computer Memory Card International Association，PCMCIA）。PCMCIA 是一种广泛用于笔记本电脑的接口标准，体积小，扩展较方便、灵活。最初 PCMCIA 主要用于笔记本电脑扩展内存，目前常用作一种存储器卡接口或进行传真、调制解调器功能扩展接口。现在，用 PCMCIA 代表个人计算机储存卡国际协会，而 PCMCIA 接口更名为 PC Card 接口。PC Card 接口具有以下特点：电源管理服务，允许系统控制 PC Card 的工作状态（开/关），支持 3.3V/5V，可降低功耗，支持多功能卡、扩充卡的信息结构，以提高其兼容性，规定了直接内存访问规范，增加了一个 32 位的总线接口。

（7）IEEE-1394。1394 也被称为 i.Link 或 FireWire，是由 IEEE 于 1995 年发布的，它的最初版本被称为 1394a，初始数据传输速率为 200Mbps（25MBps），现在（Firewire 800）的数据传输速率为 800Mbps，而新的 1394b（Firewire 3200）有望支持 3200Mbps 的数据传输速率。1394 是构建在菊花链或树状的拓扑结构上的，它支持 63 个节点，每个节点可以支持多达 16 台设备的菊花链。如果还不够用的话，该标准还支持最多 1023 条桥接的总线，这样就可以互连 1023×63=64 449 个节点。另外，与 SCSI 一样，1394 能够在同一条总线上支持不同速率的设备。1394 支持设备的热插拔，即允许计算机在未关机带电的情况下，插入或拔除所连接的外设而不会造成损害。1394 有许多优于 SCSI 等其他外设接口的特点，数据传输率高、价格低且容易实现，所以不仅应用于计算机系统中，也广泛用于消费类电子产品，例如，数码相机、摄像机等。

（8）USB。USB 接口是一种串行总线式的接口，在串行接口中可达到较高的数据传输率，并且也允许设备以雏菊链形式接入，最多可连接 127 个设备。USB 的最大特点是允许热插拔，目前在便携式计算机和台式计算机中已成为标准配置。许多数码相机、闪存、视频摄像头以及打印机等都可通过 USB 口接入计算机。USB 1.0 的速度是 12Mbps（1.5MBps），USB 2.0 的速度达到了 480Mbps，USB 3.0 的速度将达到 4.8Gbps。

4. 端口

I/O 端口（通常简称为"端口"）是指接口电路中可以被 CPU 直接访问的寄存器，

若干个端口加上相应的控制逻辑电路组成接口。通常,一个接口中包含有数据端口、命令端口和状态端口。CPU 通过输入指令可以从有关端口中读取信息,通过输出指令可以把信息写入有关端口。CPU 对不同端口的操作有所不同,有的端口只能写或只能读,有的端口既可以读又可以写。为了节省硬件,在有的接口电路中,状态信息和控制信息可以共用一个寄存器(端口),称之为设备的控制/状态寄存器。

端口编址的方式有两种,分别是独立编址和统一编址。独立编址又称为 I/O 映射,在这种编址方式中,主存地址空间和端口地址空间是相对独立的,分别单独编址,它们互相独立,互不影响。因此,在指令系统中必须设置专门的 I/O 指令。当 CPU 使用 I/O 指令时,其指令的地址字段直接或间接地指示出端口地址;统一编址又称为存储器映射,在这种编址方式中,端口地址和主存单元地址是统一编址的,把 I/O 接口中的端口作为主存单元一样进行访问,不设置专门的 I/O 指令,就用一般的数据传送类指令来实现 I/O 操作。

6.4 指令系统

指令是指示计算机执行某些操作的命令,一台计算机的所有指令的集合构成指令系统,也称为指令集。指令系统是计算机系统中软件与硬件分界面的一个主要标志。无论结构多么复杂、功能多么强大的软件,凡是能够在机器上直接运行的目标程序都是由若干条机器指令组成的。

在计算机系统的设计过程中,指令系统的设计是非常关键的,它必须由软件设计人员和硬件设计人员共同完成。指令系统的选择和确定要涉及多方面的因素,例如,指令长度、地址码结构、操作码结构等,这是一个很复杂的问题,它与计算机系统结构、数据表示方法、指令功能设计等都密切相关。

6.4.1 基本指令系统

如果把计算机系统所要实现的任务分解成若干个基本功能,那么,在这些基本功能中,实际上只有极少数几种基本功能是必须用硬件的指令系统来实现的,而绝大多数基本功能既可以用硬件的指令系统来实现,也可以用软件的一段子程序(微程序)来实现。在实际的系统设计时,某项功能是用硬件实现还是用软件实现,主要考虑三个方面的因素,分别是速度、价格和灵活性。用硬件的指令来实现,速度快、价格贵、灵活性差;用软件的子程序来实现,速度慢、价格便宜、灵活性好。

1. 设计要求

设计指令系统时,在功能方面的基本要求是,指令系统的完整性、规整性、高效率和兼容性。

(1)完整性。完整性是指作为通用计算机所应该具备的基本指令种类。

（2）规整性。规整性主要包括对称性和均匀性。对称性是指各种与指令系统有关的数据存储设备的使用、操作码的设置等都要对称。例如，所有通用寄存器要同等对待；均匀性是指对于各种不同的数据类型、字长、操作种类和数据存储设备，指令的设置要同等对待。例如，某机器有 5 种数据表示、4 种字长、8 种数据存储设备的有效排列，则设计加法指令时，指令的种类应该有 $5\times4\times8=160$ 种两地址加法指令。事实上，现在的计算机都没有完全实现规整性。

（3）高效率。高效率是指指令的执行速度要快、使用频率要高。对于那些使用频率比较低的指令，要尽量少设置；对于那些比较复杂但又必须设置的指令，可以采用微程序来实现，以减少硬件的复杂程度。

（4）兼容性。兼容性是计算机系统的生命力之所在。如果没有兼容性，大量的系统软件和各种应用软件就无法继承，计算机也就没有了市场。

2．基本指令

通用计算机系统的基本指令有数据传送类指令、运算类指令、程序控制类指令、I/O 指令、处理机控制和调试指令。

（1）数据传送类指令。数据传送类指令是最基本的指令类型，主要用于实现寄存器与寄存器之间、寄存器与主存单元之间，以及两个主存单元之间的数据传送。数据传送指令的种类由三个主要因素决定，分别是数据存储设备的种类、数据传送单位和采用的寻址方式。数据传送类指令又可以细分为一般传送指令、堆栈操作指令和数据交换指令。一般传送指令具有数据复制的性质，即数据从源地址传送到目的地址，而源地址中的内容保持不变；堆栈操作指令分为进栈（PUSH）和出栈（POP）两种，在程序中它们往往是成对出现的；数据交换指令是双方向数据传送指令，即将源操作数与目的操作数相互交换位置。

（2）运算类指令。运算类指令又分为算术运算指令、逻辑运算指令和移位指令，其中移位指令又可分为算术移位、逻辑移位和循环移位。运算类指令在整个指令系统中应该占有比较大的比重（例如，超过 30%）。如果所占比重过小，就会影响整个计算机系统的性能。设计运算类指令，主要考虑操作种类、数据表示、数据长度、数据存储设备，以及它们的组合。在对这些因素进行组合时，必须考虑指令的执行时间、使用频率、硬件实现的复杂程度等多方面的情况。

（3）程序控制类指令。程序控制类指令用于控制程序的执行顺序，并使程序具有测试、分析与判断的能力，主要包括三类：转移指令（包括无条件转移和有条件转移）、程序调用和返回指令、循环控制指令。其中，前两类指令在一般计算机中是必须具备的，最后一类指令用于对循环程序进行优化。

（4）I/O 指令。I/O 指令用来实现主机与外部设备之间的信息交换，包括 I/O 数据、主机向外设发控制命令或外设向主机报告工作状态等。I/O 指令通常比较简单，采用单一的直接寻址方式，数据字长一般以字节为单位。在多用户或多任务环境下，I/O 指令属于特权指令。当程序需要进行 I/O 操作时，用系统调用进入操作系统，由操作系统对设备统一进行管理。

（5）处理机控制和调试指令。在一般的计算机系统中，处理机有两个状态，分别是管态和用户态，或称主态和从态。这两个状态需要互相切换，在这两个状态下所能使用的指令应该有所区别。在一般通用计算机系统中，按照指令的使用权限，可以把指令分为两大类：一般指令和特权指令。只有系统管理程序能够使用，一般用户程序不能使用的指令称为特权指令，主要包括处理机状态的设置和管理、系统硬件和软件资源的管理、进程的管理等。只有在管态下才能够使用特权指令；在用户态下，只能使用一般指令。

6.4.2 复杂指令系统

在计算机系统结构发展的过程中，指令系统的优化设计有两个截然相反的方向，一个是增强指令的功能，设置一些功能复杂的指令，把一些原来由软件实现的、常用的功能改用硬件的指令系统来实现，这种计算机系统称为复杂指令系统计算机（Complex Instruction Set Computer，CISC）；另一个是尽量简化指令功能，只保留那些功能简单、能在一个节拍内执行完成的指令，较复杂的功能用一段子程序来实现，这种计算机系统称为精简指令系统计算机（Reduced Instruction Set Computer，RISC）。

1. CISC 指令系统的特点

CISC 指令系统的主要特点如下：

（1）指令数量众多。指令系统拥有大量的指令，通常有 100~250 条左右。

（2）指令使用频率相差悬殊。最常使用的是一些比较简单的指令，仅占指令总数的 20%，但在程序中出现的频率却占 80%。而大部分复杂指令却很少使用。

（3）支持很多种寻址方式。支持的寻址方式通常为 5~20 种。

（4）变长的指令。指令长度不是固定的，变长的指令增加指令译码电路的复杂性。

（5）指令可以对主存单元中的数据直接进行处理。典型的 CISC 通常都有指令能够直接对主存单元中的数据进行处理，其执行速度较慢。

（6）以微程序控制为主。CISC 的指令系统很复杂，难以用硬布线逻辑（组合逻辑）电路实现控制器，通常采用微程序控制。

2. 目标程序的优化

目标程序是由指令直接组成的，是要在处理机中直接执行的，因此，面向目标程序优化指令系统是提高计算机系统性能的最直接的方法。优化目标程序的目的主要有两个，一是缩短程序的长度，即减少程序的空间开销；另一个是缩短程序的执行时间，即减少程序的时间开销。

优化目标程序的主要途径是增强指令的功能，包括数据传送指令、运算类指令和程序控制指令。具体方法是，对大量的程序及其执行情况进行统计分析，找出那些使用频率高，执行时间长的指令和指令串。对于那些使用频率高的指令，用硬件加快其执行，就能缩短整个程序的执行时间。对于那些使用频率高的指令串，用一条新的指令来代替它，这样，不但能缩短整个程序的执行时间，而且能缩短整个程序的长度，从而减少程序的空间开销。

3．对高级语言和编译程序的支持

高级语言和一般计算机的机器语言的语义差距比较大，通常用高级语言编写的程序经编译程序编译后生成的目标程序，与直接用机器语言或汇编语言编写的程序相比，时间和空间的开销都要大一个数量级。因此，改进指令系统，增加对高级语言和编译程序的支持，缩小高级语言与机器语言之间的差距，就能提高整个计算机系统的性能。

面向高级语言和编译程序增强指令系统的途径主要有两个。一是增强对高级语言和编译程序支持的指令的功能，增强体系结构的规整性，减少体系结构中各种例外情况；二是设计高级语言计算机，在这种计算机中，用高级语言编写的程序不需要经过编译，直接由机器的硬件来执行。例如，LISP 计算机和 PROLOG 计算机等。

4．操作系统的优化实现

任何一种计算机系统都必须有操作系统的支撑才能工作，而操作系统又必须用指令系统来实现。有关操作系统的知识，请阅读第 3 章。

5．CISC 指令系统的缺陷

CISC 指令系统主要存在如下三个方面的问题：

（1）80-20 规律。在 CISC 中，各种指令的使用频率相差很悬殊，大量的统计数字表明，大约有 20%的指令使用频率比较大，占据了 80%的处理机时间。换句话说，有 80%的指令只在 20%的处理机运行时间内才被用到。

（2）超大规模（甚大规模、极大规模）集成电路技术的发展引起的问题。超大规模集成电路工艺要求规整性，而在 CISC 中，为了实现大量的复杂指令，控制逻辑极不规整，给超大规模集成电路工艺造成很大困难。在 CISC 中，大量使用微程序技术以实现复杂的指令系统。由于超大规模集成电路的集成度迅速提高，使得生产单芯片处理机成为可能。在单芯片处理机内，希望采用规整的硬布线控制逻辑，不希望用微程序。

（3）软硬件的功能分配问题。在 CISC 中，为了支持目标程序的优化，支持高级语言和编译程序，增加了许多复杂的指令，用一条指令来代替一串指令。这些复杂指令简化了目标程序，缩小了高级语言与机器指令之间的语义差距。然而，为了实现这些复杂的指令，不仅增加了硬件的复杂程度，而且使指令的执行周期大大加长。例如，为了支持编译程序的对称性要求，一般的运算类指令都能直接访问主存，从而使指令的执行周期数增加，数据的重复利用率降低。

6.4.3 精简指令系统

RISC 不是简单地把指令系统进行简化，而是通过简化指令的途径使计算机的结构更加简单、合理，以减少指令的执行周期数，从而提高运算速度。

1. RISC 指令系统的特点

RISC 要求指令系统简化，操作在单周期内完成，指令格式力求一致，寻址方式尽可能减少，并提高编译的效率，最终达到加快机器处理速度的目的。RISC 指令系统的主要特点如下：

（1）指令数量少。优先选取使用频率最高的一些简单指令和一些常用指令，避免使用复杂指令。只提供了 LOAD（从存储器中读数）和 STORE（把数据写入存储器）两条指令对存储器操作，其余所有的操作都在 CPU 的寄存器之间进行。

（2）指令的寻址方式少。通常只支持寄存器寻址方式、立即数寻址方式合相对寻址方式。

（3）指令长度固定，指令格式种类少。因为 RISC 指令数量少、格式少、相对简单，其指令长度固定，指令之间各字段的划分比较一致，译码相对容易。

（4）以硬布线逻辑控制为主。为了提高操作的执行速度，通常采用硬布线逻辑（组合逻辑）来构建控制器。

（5）单周期指令执行，采用流水线技术。因为简化了指令系统，很容易利用流水线技术，使得大部分指令都能在一个机器周期内完成。少数指令可能会需要多周期，例如，LOAD/STORE 指令因为需要访问存储器，其执行时间就会长一些。

（6）优化的编译器：RISC 的精简指令集使编译工作简单化。因为指令长度固定、格式少、寻址方式少，编译时不必在具有相似功能的许多指令中进行选择，也不必为寻址方式的选择而费心，同时易于实现优化，从而可以生成高效率执行的机器代码。

（7）CPU 中的通用寄存器数量多，一般在 32 个以上，有的可达上千个。

大多数 RISC 采用了 Cache 方案，使用 Cache 来提高取指令的速度。而且，有的 RISC 使用两个独立的 Cache 来改善性能。一个称为指令 Cache，另一个称为数据 Cache。这样，取指令和取数据可以同时进行，互不干扰。

2. RISC 的核心思想

计算机执行一个程序所用的时间可表示为：

$$P = I \times CPI \times T$$

其中，P 是执行这个程序所使用的总时间，I 是这个程序所需执行的总的指令条数，CPI 是每条指令执行的平均周期数，T 是一个周期的时间长度。

（1）由于 RISC 的指令都比较简单，CISC 中的一条复杂指令所完成的功能在 RISC 中可能要用几条指令才能实现。对于同一个源程序，分别编译后生成的动态目标代码，显然 RISC 的要比 CISC 的多。但是，由于 CISC 中复杂指令使用的频率很低，程序中使用的绝大多数指令都是与 RISC 一样的简单指令，因此，实际上的统计结果表明，RISC 的 I 长度只比 CISC 的长 20%～40%。

（2）由于 CISC 一般是用微程序实现的，一条指令往往要用好几个周期才能完成，一些复杂指令所要的周期数就更多。根据统计，大多数 CISC 的指令平均执行周期数 CPI 在 4～10 之间；而 RISC 的大所数指令都是单周期执行的，它们的 CPI 应该是 1，但是，由于 RISC 中还有 LOAD 和 STORE 指令，也还有少数复杂指令，所以，CPI 要略大于 1。

（3）由于 RISC 一般采用硬布线逻辑实现，指令要实现的功能都比较简单，所以，CISC 的 T 通常是 RISC 的 3 倍左右。

综合以上三点，可以大致计算出，RISC 的处理速度要比同规模的 CISC 提高 3～5 倍。其中的关键在于 RISC 的指令平均执行周期数 CPI 减小了，这正是 RISC 设计思想的精华。减小 CPI 是多个方面共同努力的结果。在硬件方面，采用硬布线控制逻辑，减少指令和寻址方式的种类，使用固定的指令格式，采用 LOAD/STORE 结构，指令执行过程中设置多级流水线等，软件方面十分强调优化编译技术的作用。

3. RISC 的关键技术

RISC 要达到很高的性能，必须有相应的技术支持。目前，在 RISC 处理机中采用的主要技术有如下几种：

（1）延时转移技术。在 RISC 处理机中，指令一般采用流水线方式工作。流水线技术所面临的一个问题就是转移指令的出现，这时，有可能使流水线断流。其中一个解决办法是在转移指令之后插入一条有效的指令，而转移指令好像被延迟执行了，因此，把这种技术称为延迟转移技术。有关流水线方面的知识，将在 6.5 节中介绍。

（2）指令取消技术。采用指令延时技术，遇到条件转移指令时，调整指令序列非常困难，在许多情况下找不到可以用来调整的指令。有些 RISC 处理机采用指令取消技术。在使用指令取消技术的处理机中，所有转移指令和数据变换指令都可以决定下面待执行的指令是否应该取消。如果指令被取消，其效果相当于执行了一条空操作指令，不影响程序的运行环境。为了提高程序的执行效率，应该尽量少取消指令，以保持指令流水线处于充满状态。

（3）重叠寄存器窗口技术。在处理机中设置一个数量比较大的寄存器堆，并把它划分成很多个窗口。每个过程使用其中相邻的三个窗口和一个公共的窗口，而在这些窗口中，有一个窗口是与前一个过程共用，还有一个窗口是与下一个过程共用的。与前一个过程共用的窗口可以用来存放前一个过程传送给本过程的参数，同时也存放本过程传送给前一个过程的计算结果；与下一个过程共用窗口可以用来存放本过程传送给下一个过程的参数和存放下一个过程传送给本过程的计算结果。

（4）指令流调整技术。为了使 RISC 处理机中的指令流水线高效率地工作，尽量不断流。编译器必须分析程序的数据流和控制流，当发现指令流有断流可能时，要调整指令序列。对有些可以通过变量重新命名来消除的数据相关，要尽量消除。这样，可以提高流水线的执行效率，缩短程序的执行时间。

（5）逻辑实现以硬件为主，固件为辅。RISC 主要采用硬布线逻辑来实现指令系统。对于那些必须的复杂指令，也可用固件实现。

在实际应用中,商品化的 RISC 机器并不是纯粹的 RISC。为了满足应用的需要,实用的 RISC 除了保持 RISC 的基本特色之外,还必须辅以一些必不可少的复杂指令,例如,浮点运算、十进制运算指令等。所以,这种机器实际上是在 RISC 基础上实现了 RISC 与 CISC 的完美结合。

6.5 流水线技术

要提高计算机系统的性能,增加并行性,可以从两个方面入手。一个是空间并行性,即在一个处理机内设置多个独立的操作部件,并让这些操作部件并行工作,这种处理机被称为超标量处理机。有关这方面的知识,将在 6.6 节中介绍;另一个是时间并行性,也就是采用流水线技术。流水线技术是通过并行硬件来提高系统性能的常用方法。利用流水线技术,可以不增加硬件或只需要增加少量硬件,就能够把处理机的运算速度提高数倍。

6.5.1 流水线工作原理

流水线技术把一项任务分解为若干项顺序执行的子任务,不同的子任务由不同的操作部件负责执行,而这些部件可以同时并行工作。在任一时刻,任一任务只占用其中一个操作部件,这样,就可以实现多项任务的重叠执行,从而提高了工作效率。

1. 时空图

描述流水线的工作,最常用的方法就是采用时空图。例如,假设某处理机的指令执行可分为三个阶段:取指、分析和执行,每个阶段所需要的时间都为 t。那么,不采用流水线技术的时空图如图 6-8 所示,采用流水线技术的时空图如图 6-9 所示。

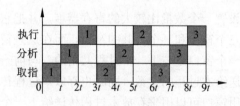 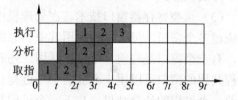

图 6-8　指令顺序执行时空图　　　图 6-9　指令流水线执行时空图

在时空图中,横坐标表示时间,也就是输入到流水线中的各项任务在流水线中所经过的时间;纵坐标表示空间,即流水线的各个阶段(功能段)。从时空图中可以清楚地看出各项任务在流水线的各段中的流动过程。从横坐标方向看,流水线中的各个操作部件逐个连续地完成自己的任务;从纵坐标方向看,在同一时间段内有多个功能段在同时工作。

在图 6-8 中，顺序执行 3 条指令，所需要的时间为 9t。在图 6-9 中，流水线执行 3 条指令，在第 1 条指令的分析阶段，同时取第 2 条指令；在第 1 条指令的执行阶段，同时分析第 2 条指令，取第 3 条指令。这样，执行完 3 条指令所需要的时间为 5t。

2．流水线的特点

采用流水线方式的处理机与顺序执行方式相比，具有如下特点：

（1）流水线中处理的必须是连续的任务，只有连续不断地提供任务，才能发挥流水线的效率。流水线从开始启动到流出第一个结果需要一个"装入时间"，在这段时间内并没有流出任何结果，所以，对第一条指令来说，和顺序执行没有区别。流水线在所有指令都装入完毕后，还需要一个"排空时间"（最后一条指令执行完毕）。

（2）在流水线每个操作部件的后面，都要有一个缓冲寄存器（或称为锁存器、闸门寄存器），用于保存本阶段的执行结果，以保证各部件之间的速度匹配，以及各部件独立、并行运行。

（3）流水线是把一个大的操作部件分解为多个独立的操作部件，并依靠多个操作部件并行工作来缩短程序执行时间。流水线中各段的执行时间应尽量相等，否则将引起堵塞、断流等现象。执行时间最长的一段将成为整个流水线的瓶颈，在流水线中应尽量解决瓶颈。

在设计流水线处理机时，必须注意流水线的上述特点，以充分发挥流水线处理机的效率。

3．流水线的分级

按照流水线使用的不同级别，可以把流水线分为三级：操作部件级、指令级（处理机级）和处理机间级。

操作部件级流水线也称为运算操作流水线，是将复杂的算术和逻辑运算组成流水线的工作方式。例如，将浮点加法操作分成求阶差、对阶、尾数相加、结果规格化 4 个阶段；指令级流水线是把一条指令的执行过程分解成多个阶段，如图 6-9 中的取指、分析、执行三个阶段；处理机间级流水线又称为宏流水线，这种流水线由两个以上处理机通过存储器串行连接起来，其中每一个处理机完成某一专门任务，各个处理机所得到的结果需存放在与下一个处理机所共享的存储器中。

4．流水线的分类

现代计算机中，流水线处理技术已经得到广泛应用，从不同角度可对流水线进行不同的分类。

（1）按功能分类，可分成单功能流水线和多功能流水线。单功能流水线只能实现一种固定的功能。例如，浮点加法器流水线专门完成浮点加法运算；多功能流水线的各段可以进行不同的连接，在不同时间内或在同一时间内，通过不同的连接方式实现不同的功能。多功能流水线从一种功能变为另一种功能时需要重新连接，虽然它对资源的利用率较高，应用时也较灵活，但它的控制比单功能流水线复杂得多。

（2）按工作方式分类，可分为静态流水线和动态流水线。静态流水线在同一时间内只能按一种运算的连接方式工作。静态流水线仅当指令都是同一类型时才能连续不断地执行。当是多功能流水线时，则从一种功能方式变为另一种功能方式时，必须先排空流水线，然后为另一种功能设置初始条件后方可使用。静态流水线的功能不能频繁地变换，否则它的效率将很低。目前大多数计算机都用静态流水线；动态流水线在同一时间内允许按多种不同运算的连接方式工作。显然，动态流水线必是多功能流水线，而单功能流水线必是静态的。

（3）按连接方式分类，可分为线性流水线与非线性流水线。在线性流水线中，从输入到输出，每个功能段只允许经过一次，不存在反馈回路。一条线性流水线通常只完成一种固定的功能；非线性流水线存在反馈回路，从输入到输出过程中，某些功能段将数次通过流水线。非线性流水线经常用于递归调用，或构成多功能流水线等。

为简单起见，在本节的后续讨论中，都是针对线性、单功能、静态的流水线。

6.5.2 流水线的性能分析

流水线技术与顺序执行指令相比，在执行时间上有了很大的提高。但是，就流水线本身而言，也存在性能的优劣问题。衡量流水线的性能指标主要有吞吐率、加速比和效率。另外，在流水线设计中，如何选择流水线的最佳段数，也是一个非常重要的问题。

1．吞吐率

流水线的吞吐率（Though Put rate，TP）也称为平均吞吐率或实际吞吐率，是指在单位时间内流水线所完成的任务数量或输出的结果数量，其计算公式如下：

$$TP = \frac{n}{T_k}$$

其中，n 为任务数，T_k 为处理完成 n 项任务所用的时间。

根据图6-9可以推算出，在流水线各段的执行时间均相等（设为 t），输入到流水线中的任务是连续的理想情况下，一条 k 段线性流水线能够在 $n+k-1$ 个时钟周期内完成 n 项任务。可以从两个方面来分析流水线完成 n 项任务所需要的总时间。从流水线的输出端看，用 k 个时钟周期输出第一项任务，其余 $n-1$ 个时钟周期，每个周期输出一项任务，即用 $n-1$ 个时钟周期输出 $n-1$ 项任务；从流水线的输入端看，用 n 个时钟周期向流水线输入 n 项任务，另外还要用 $k-1$ 个时钟周期作为流水线的排空时间。所以，流水线完成 n 个连续任务需要的总时间为：

$$T_k = (k+n-1)t$$

因此，实际吞吐率为：

$$TP = \frac{n}{T_k} = \frac{n}{(k+n-1)t}$$

在这种情况下，流水线的最大吞吐率为：

$$\text{TP}_{\max} = \underset{n\to\infty}{\text{Lim}}\frac{n}{(k+n-1)t} = \frac{1}{t}$$

因此，流水线的实际吞吐率要小于最大吞吐率。只有当 $n \gg k$ 时，才有 $\text{TP} \approx \text{TP}_{\max}$。

如果流水线中各段的执行时间不完全相等，假设各段的执行时间分别为 $t_1, t_2, \cdots, t_k$，则实际吞吐率为：

$$\text{TP} = \frac{n}{\sum_{i=1}^{k} t_i + (n-1)\max(t_1, t_2, \cdots, t_k)}$$

此时，流水线的最大吞吐率为：

$$\text{TP}_{\max} = \frac{1}{\max(t_1, t_2, \cdots, t_k)}$$

也就是说，当流水线中各段的执行时间不完全相等时，吞吐率主要是由流水线中执行时间最长的那个功能段来决定的，这个功能段就成了整个流水线的瓶颈，其执行时间称为瓶颈时间。要解决这个问题，既可以把瓶颈段再细分，使瓶颈时间变小；也可以使多个瓶颈段并行工作，也就是重复设置多个瓶颈段。

2．加速比

在流水线中，因为在同一时刻，有多项任务在重叠地执行，虽然完成一项任务的时间与单独执行该任务相近（甚至由于分段的缘故，可能更多一些），但是从整体上看，完成多项任务所需的时间则大大减少。完成同样一批任务，不使用流水线所用的时间与使用流水线所用的时间之比称为流水线的加速比（Speedup Ratio）。如果顺序执行所用的时间为 T_0，使用流水线的执行时间为 T_k，则计算流水线加速比的基本公式如下：

$$S = \frac{T_0}{T_k}$$

如果流水线各个流水段的执行时间都相等（设为 t），则一条 k 段流水线完成 n 个连续任务所需要的时间为 $(k+n-1)t$。如果不使用流水线，即顺序执行这 n 项任务，则所需要的时间为 nkt。因此，各个流水段执行时间均相等的一条 k 段流水线完成 n 个连续任务时的实际加速比为：

$$S = \frac{nkt}{(k+n-1)t} = \frac{nk}{k+n-1}$$

这种情况下的最大加速比为：

$$S_{\max} = \underset{n\to\infty}{\text{Lim}}\frac{nk}{k+n-1} = k$$

从上式可以看出，当 $n \gg k$ 时，在线性流水线的各段执行时间均相等的情况下，流水线的最大加速比等于流水线的段数。

当流水线的各个流水段的执行时间不相等时，一条 k 段线性流水线完成 n 个连续任

务的实际加速比为:

$$S = \frac{n\sum_{i=1}^{k}t_i}{\sum_{i=1}^{k}t_i + (n-1)\max(t_1, t_2, \cdots, t_k)}$$

例如,假设某流水线浮点加法器分为 5 段,若每一段所需要的时间分别是 6ns、7ns、8ns、9ns 和 6ns。则其加速比为:

$$S = \frac{(6+7+8+9+6)n}{(6+7+8+9+6)+9(n-1)} = \frac{36n}{36+9(n-1)} = \frac{4n}{4+n-1}$$

其最大加速比为:

$$S_{\max} = \lim_{n \to \infty} \frac{4n}{4+n-1} = 4$$

3. 效率

流水线的效率是指流水线的设备利用率。在时空图上,流水线的效率定义为 n 项任务占用的时空区与 k 个流水段总的时空区之比。因此,流水线的效率包含有时间和空间两方面的因素。实际上,n 项任务占用的时空区就是顺序执行 n 项任务所使用的总时间 T_0。而用一条 k 段流水线完成 n 项任务的总时空区为 kT_k,其中 T_k 是流水线完成 n 项任务所使用的总时间。则计算流水线效率的一般公式为:

$$E = \frac{n\text{个任务占用的时空区}}{k\text{个流水段的总时空区}} = \frac{T_0}{kT_k}$$

如果流水线的各段执行时间均相等(设为 t),而且输入的 n 项任务是连续的,则一条 k 段流水线的效率为:

$$E = \frac{nkt}{k(k+n-1)t} = \frac{n}{k+n-1}$$

流水线的最高效率为:

$$E_{\max} = \lim_{n \to \infty} \frac{n}{k+n-1} = 1$$

由此可知,当 $n \gg k$ 时,流水线的效率达到最大值 1。这时,流水线的各段均处于忙碌状态。

比较计算吞吐率的公式和计算效率的公式,很容易得出:

$$\text{TP} = \frac{E}{t}$$

因此,当时钟周期 t 不变时,流水线的效率与吞吐率是成正比的。也就是说,为了提高流水线的效率而采取的措施,同时也提高了流水线的吞吐率。

同样,比较计算机效率的公式和计算加速比的公式,可以得到:

$$E = \frac{S}{k}$$

这个公式说明，流水线的效率是实际加速比 S 与它的最大加速比 k 之比。只有当流水线的效率达到其最大值，即 $E=1$ 时，才能使实际加速比达到最大，即 $S=k$。

如果流水线的各段执行时间不相等，则根据效率和加速比的关系的公式，可以得出连续执行 n 项任务时的流水线效率为：

$$E = \frac{n \sum_{i=1}^{k} t_i}{k(\sum_{i=1}^{k} t_i + (n-1)\max(t_1, t_2, \cdots, t_k))}$$

在这种情况下，流水线中除了瓶颈段之外，其他各段都有空闲时间，这些段的效率没有得到充分发挥。因此，整个流水线的效率 E 也比较低。

4. 流水线最佳段数的选择

从上面的分析中可以清楚地看到，增加流水线的段数，流水线的吞吐率和加速比都能提高。但是，因为在每个段的输出端都必须设置一个锁存器，当流水线的段数增多时，锁存器的总延迟时间也将增加。另外，增加锁存器的数量，必然要增加流水线的价格。所以，在设计流水线时，要综合考虑各方面的因素，根据最佳性能/价格比来选择流水线的最佳段数。

可以证明，流水线的最佳段数与流水线的延迟时间和流水线价格的平方根成正比，而与锁存器的延迟时间和锁存器价格的平方根成反比。目前，一般处理机中的流水线段数在 2～10 段之间。一般把 8 段以上的流水线称为超流水线，采用超流水线的处理机称为超流水线处理机。

5. 多条流水线的情况

在本节的介绍中，都是以单条线性流水线为例的。如果系统中同时存在多条流水线，则需要进行变通处理。例如，假设指令由取指、分析、执行 3 个子部件完成，并且每个子部件的时间均为 t。若采用常规标量单流水线处理机（即该处理机的度为 1），连续执行 12 条指令，根据前面的介绍，则共需$(12+3-1)t=14t$。若采用度为 4 的超标量流水线处理机，连续执行上述 12 条指令，则因为同时运行 4 条流水线，平均每条流水线只需执行 3 条指令，因此只需$(3+3-1)t=5t$。

6.5.3 局部相关与全局相关

流水线的关键之处在于重叠执行。为了得到高的性能，流水线应该满负荷工作，即各段都要同时并行地工作。但是，在实际情况中，流水线的各段可能会相互影响，阻塞流水线，使其性能下降。

按照对程序执行过程可能造成影响的大小来划分，可以分为局部相关和全局相关。

局部相关主要是指程序中出现数据相关，由于发生这类数据相关的指令之间大多间隔不远，一般不会超出过程（基本块）之外，故称为局部相关；全局相关是指转移指令或中断处理，即程序流程相关。显然，局部相关对程序执行过程的影响比较小，它仅影响到相关指令前后的一条或几条指令的执行，而全局相关造成的影响比局部相关要大得多，它影响到整个程序的执行。

1. 共享资源访问的冲突

共享资源访问的冲突是指后一条指令需要使用的数据，与前一条指令发生的冲突，或者相邻的指令使用了相同的寄存器。为了避免冲突，就需要把相互有关的指令进行阻塞，这样就会引起流水线效率的下降。一般来说，指令流水线级数越多，越容易导致这些问题。

上述问题就属于局部相关。局部相关处理由于流水线同时解释多条指令，这些指令可能有对同一主存单元或同一寄存器的"先写后读"的要求，这时就出现了相关，这种相关包括指令相关、访存操作数相关，以及通用寄存器组相关等。解决局部相关的方法主要有两种，分别是后推法和定向技术。

后推法是指遇到数据相关时，就暂停后继指令的运行，直至前面指令的结果已经生成为止。因此，要设置专门的检查数据相关的硬件，在每一次取数时，要把取数的地址与它前面正在流水线中尚未完成写数操作的所有写数指令的写数地址进行比较，如果有相同的，说明存在数据相关，就要推迟执行读数操作，等待相关的写数指令完成写数操作，把数真正送入主存（或通用寄存器）后才能取数。显然，这将使流水线有较长的停顿。

定向技术又称为旁路技术或相关专用通路技术，即在指令流水线中的读数和写数部分之间设置直接传送数据的通路，使在执行部件向主存（或通用寄存器）存数的同时，把数直接送到正在等待取这个数的指令部件中去。如果有几条指令都在等待，则可以同时送到这几条指令的相应位置上去，这样就可以加快速度。

2. 转移指令

无条件转移指令可以在指令译码时发现。在发现无条件转移指令后，指令缓冲寄存器中在无条件转移指令以后的一些预先取出的指令都要作废，然后按转移地址重新读取新的指令序列。在这种情况下，如果指令队列中没有足够的可供执行部件取用的指令，执行部件则可能要停止。由于有指令队列的缓冲，无条件转移不一定会引起执行部件的停止，因此，它对流水线效率的影响比较小。

条件转移指令虽然在指令流水线前端的指令译码时就能发现，但是确定转移方向的条件码却要在指令流水线的末端的执行部件中产生，才能决定是否实现转移。所以一旦在指令部件中发现条件转移指令，指令部件就要暂停，等待转移指令前面一条指令在执行部件中执行完毕，产生条件码以后，才能确定转移方向。这时，整个流水线已经为空，没有指令在里面流动。如果转移成功，执行新的指令流，就要从指令部件预取新指令开始。如果转移不成功，指令部件中原来预取的指令还有用，但也要从指令部件分析指令开始。等到指令流到执行部件时，执行部件已经停顿了相当一段时间。因此，条件转移指令对流水线效率影响较大。为了改进由于条件转移指令引起的流水线断流现象、减少条件转移指令造成的执行部件停顿时间，一般有以下几种措施，这些措施有的也可以几项并用。

（1）猜测法。指令部件发现条件转移指令后，在等待执行部件执行完指令队列中的指令并产生条件码后的这一段时间里，指令部件仍按固定的方向继续预取指令（按条件成立的方向预取，或者按条件不成立的方向预取）。等到条件码产生后，如果与猜测的转移方向一致，指令缓冲寄存器组中预先取出的指令可以用，流水线停顿的时间可以缩短。如果未猜对，则指令缓冲寄存器组中的指令和已做的工作全部作废，重新按另一个方向读取指令，然后开始分析，这时流水线损失的时间就较长。

（2）预取转移目标。在发现条件转移指令后，同时向两个分支方向（条件成立、条件不成立）预取指令，最后根据真正的方向取其中一个分支的指令继续运行。有些处理机还可以对原来分支内指令进行带条件执行（即译码、取数、运算，但不送结果），进一步提高转移指令执行效率。

（3）加快和提前形成条件码。有些指令的条件码并不一定要等执行完毕得到运算结果后才能形成。例如，对于乘法指令，其结果是正是负的条件码在相乘之前，就能根据两个操作数的符号位来判定。

（4）推迟转移。在编译一个程序时，编译程序自动地调整条件转移指令的位置，把条件转移指令从原来的位置向后移一条或若干条，而把与该条件转移指令无关的指令先运行。这样做可以改进流水线的效率，且不影响结果。

（5）加快短循环程序的处理。循环是一种特殊的条件转移，通常是按循环计数器内的内容是否为 0 来判断是否已达到应有的循环次数，决定是否需要"向后"转移。短循环程序是指循环段的指令数目少于（或等于）指令缓冲寄存器组中可存放的指令数时的循环程序段。如果在执行这种短循环时，能把整个短循环程序段放在指令缓冲寄存器组中，让指令部件停止预取新的指令，重复使用这段短循环程序，就可减少访问主存次序，提高处理机的效率。为做到这一点，在处理机中要设置相应的硬件。

3. 中断处理

当有中断请求时，流水线也会停止。流水线响应中断有两种方式，分别是精确断点法和不精确断点法。

（1）不精确断点法。当有中断请求时，不再允许还未进入流水线的后续指令再进入，但已在流水线的所有指令却可仍然流动到执行完毕，然后才转入中断处理程序。这种方法的优点是实现控制简单，但中断响应时间较长，程序执行的结果可能出错，而且程序员很难调试程序。

（2）精确断点法。当有中断请求时，立即转入中断处理程序。这种方法能够立即响应中断,缩短了中断响应时间,但是增加了处理机的硬件复杂度。因为需要采用很多后援寄存器,以保证流水线内各条指令的现场都能保存和恢复。

6.6 多处理机系统

流水线计算机通过多级流水的同时操作来获得高性能,但只能执行单个程序。而且,由于器件本身的限制,任何处理机的速度都是有限的。要想超过这个限制,就必须使用多个处理机并行执行。多处理机结构由若干个独立的处理机组成,每个处理机能够独立执行自己的程序。多处理机结构属于 MIMD 结构,处理机之间按某种形式互连,从而实现程序之间的数据交换和同步。

6.6.1 多处理机系统概述

多处理机具有两个或两个以上的处理机,共享 I/O 子系统,在操作系统统一控制下,通过共享主存或高速通信网络进行通信,协同求解一个个复杂的问题。多处理机通过利用多台处理机进行多任务处理来提高速度,利用系统的重组能力来提高可靠性、适应性和可用性。

1. 多处理机与并行处理机的比较

并行处理机是基于 SIMD 结构的,即在增加硬件资源的同时对多个数据进行类似的处理。并行处理机只有一个控制器,但有多个处理单元。在控制器的控制下,所有处理单元进行同样的运算,不同的是进行运算的数据不同。如果是非并行计算的程序部分,则由控制器完成。因此,并行处理机特别适合于矩阵(向量)计算,也被称为矩阵处理机(向量处理机或阵列处理机)。

多处理机与并行处理机相比,有很大的差别,其根源就在于两者的并行性的层次不同。下面,从 5 个方面对并行处理机和多处理机进行比较分析。

(1)结构灵活性。并行处理机的结构主要是针对数组(向量)处理算法而设计的,其特点是处理单元众多,但只需设置有限和固定的处理机之间的互连通路,即可满足高并行性算法的需要;多处理机则应有较强的通用性,能适应更为多样的算法,具备更为灵活多变的系统结构,以实现各种复杂的处理机之间的互连模式,同时,还要解决共享资源的冲突问题。

(2)程序并行性。并行处理机实现操作一级的并行,程序并行性的识别较易实现,可由程序员在编制程序中加以掌握,或由向量化编译程序协助;多处理机实现任务级的并行,再加上系统通用性的要求,就使程序并行性的识别难度较大。

(3)并行任务派生。并行处理机采用 SIMD 方式,由指令本身就可以启动多个处理部件并行工作;多处理机采用 MIMD 方式,一个程序中存在多个并发的程序段,需要专门的指令来表示它们的并发关系以控制并发执行,以便一个任务开始被执行时,就能派生出可与它并行执行的另一些任务。这个过程称为并行任务派生。

（4）进程同步。并行处理机所有处于活动状态的处理单元同时执行共同的指令操作，受同一个控制器控制，工作自然是同步的；多处理机在同一时刻，不同的处理机执行着不同的指令。由于执行时间互不相等，故它们的工作进度不会也不必保持相同。

（5）资源分配和进程调度。并行处理机的处理单元数目是固定的，且受同一控制器的控制，程序员只能利用屏蔽手段来设置部分处理单元为不活动状态，以改变实际参加操作的处理单元数目；多处理机需要使用的处理机数目没有固定要求，各个处理机进入或退出任务的时刻互不相同，所需共享资源的品种、数量又随时变化。因此，就存在一个资源分配和进程调度问题，这个问题解决的好坏对整个多处理机系统的效率有很大的直接影响。

2. 多处理机系统的分类

多处理机有多个处理单元，就产生了这些处理单元如何访问内存的问题，通常有两种方式，分别是共享存储方式和分布式存储方式。

共享存储方式的多处理机有公共的共享存储器（Shared Memory，SM），各处理机之间通过互连网络共享 SM，并使用 SM 传递共享公共信息和参数等，如图 6-10 所示。有关互连网络的知识，将在 6.6.4 节中介绍。

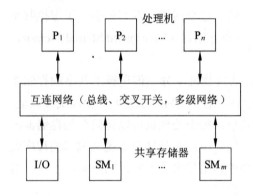

图 6-10 共享存储多处理机模型

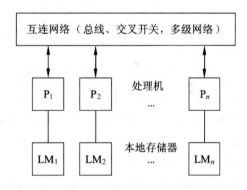

图 6-11 分布式存储多处理机模型

采用共享存储访问方式的多处理机系统称为紧耦合系统或直接耦合系统，紧耦合系统的每个处理机可自带局部存储器，也可自带 Cache。存储器模块可采用流水工作方式。例如，SMP 就属于紧耦合系统。按所用处理机类型是否相同及对称，紧耦合系统又可分为同构或异构，以及对称或非对称的形式。常见的组合是同构对称式和异构非对称式多处理机系统。紧耦合系统的特点是容易管理和利用资源，程序员没有划分数据的负担，编程比较容易，能加快大程序的运行速度，常适用于多用户的一般应用和分时应用。但是，紧耦合系统的处理机数目有限，扩充比较困难。

与共享存储器访问方式不同，分布式存储多处理机的每个处理机独占本地存储器

（Local Memory，LM），各处理机通过互连网络相连，更像计算机网络的结构，如图6-11所示。采用分布式存储访问方式的多处理机系统称为松耦合系统或间接耦合系统，松耦合系统的每个处理机带有一个LM和一组I/O设备。例如，MPP就属于松耦合系统。松耦合系统结构灵活、容易扩充，但难以在各个处理机之间实现复杂数据结构的数据传送，任务动态分配复杂，现有软件可继承性差，需要设计新的并行算法。松耦合系统较适合粗粒度的并行计算。

6.6.2 海量并行处理结构

MPP系统的定义随着时间推移在不断地变化。按照当前的标准，具有几百或几千台处理机的任何机器就是MPP。显然，随着计算机技术的快速发展，对并行度的要求会愈来愈高。

MPP系统最重要的特点是进行大规模并行处理。在MPP系统中，用的是超大规模集成电路（Very Large Scale Integrated circuits，VLSI）硅片、砷化镓（一种半导体材料，性能比硅更优良）技术、高密度组装和光技术，采用可扩展技术、共享虚拟存储技术、容许时延技术、多线程技术的系统结构。MPP采用分布存储方式，这种方式可以使系统容易扩展，但因为各处理机不能直接访问非本地存储器，只能使用消息机制来进行共享，这就使得编程困难，并且增加了通信开销。为了解决这个问题，专家们引入了虚拟共享存储器（Shared Virtual Memory，SVM）或共享分布存储器（Distributed Shared Memory，DSM）技术。

SVM是在基于分布存储器的多处理机上，实现物理上分布但逻辑上共享的存储系统。其基本思想是，将物理上分散的各个处理机所拥有的LM，在逻辑上加以统一编址，形成一个统一的虚拟地址空间来实现存储器的共享。每个处理机可以访问全局存储器的任一位置，用户可以把它当成全局SM。这样，用户以前在紧耦合系统上编写的程序就可以不加修改地在SVM系统上运行，这给软件的移植带来了方便，同时解决了难以对复杂数据结构进行传递和难以进行进程迁移的问题。

显然，SVM系统可以兼具紧耦合系统和松耦合系统的优点。目前，实现SVM系统的途径主要有三种：

（1）硬件实现。将传统的Cache技术扩展应用到松耦合系统中，这种途径需要在现有的松耦合系统上，增加专用部件以取得高效的实现。

（2）操作系统和库实现。通过虚拟存储管理机制取得共享和一致性，这种途径在现有松耦合系统上不增加任何专用部件就可以实现。

（3）编译实现。自动将共享访问转换成同步和一致原语。它要求用户显式控制全局数据，当传送大量数据时或试图进行迁移时极其复杂。

现有的SVM系统大多数采用前面两种途径。

6.6.3 对称多处理机结构

SMP 也称为共享存储多处理机，它与 MPP 最大的差别在于存储系统。SMP 有一个统一共享的 SM，而 MPP 则是每个处理机都拥有自己的 LM。

1．共享存储模型

共享存储方式有三种模型：均匀存储器存取（Uniform Memory Access，UMA）模型、非均匀存储器存取（Nonuniform Memory Access，NUMA）模型和只用高速缓存的存储器结构（Cache Only Memory Architecture，COMA）模型，这些模型的区别在于存储器和外设如何共享或分布。

UMA 多处理机模型如图 6-10 所示。在图 6-10 中，物理存储器被所有处理机均匀共享，所有处理机对所有存储字具有相同的存取时间，每台处理机可以有私用高速缓存，外设也以一定形式共享。

NUMA 多处理机模型如图 6-12 所示，其访问时间随存储字的位置不同而变化。其 SM 物理上是分布在所有处理机的 LM 上。所有 LM 的集合组成了全局地址空间，可被所有的处理机访问。处理机访问 LM 是比较快的，但访问属于另一台处理机的远程存储器则比较慢，因为通过互连网络会产生附加时延。

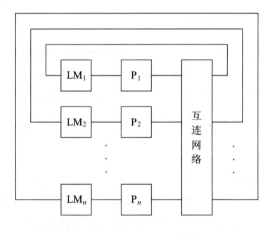

图 6-12　NUMA 多处理机模型

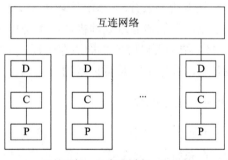

P:处理机；C:高速缓存；D:目录

图 6-13　COMA 多处理机模型

COMA 多处理机模型如图 6-13 所示。COMA 模型是 NUMA 机的一种特例，只是将 NUMA 中分布主存储器换成了高速缓存，在每个处理机结点上没有存储器层次结构，全部高速缓冲存储器组成了全局地址空间。远程高速缓存访问则需要借助于分布高速缓存目录进行。

共享存储器系统拥有统一寻址空间，程序员不必参与数据分布和传输，这种实现方式虽然简单，但是阻碍了系统的扩展能力。于是，有专家提出了一种称为 S2MP（Scalable

Shared Memory Multi-Processing，可扩展共享存储多处理）的并行计算机体系结构。S2MP 系统从性能和扩展能力两方面解决 SMP 系统所存在的问题，引进了复杂的存储子系统，通过硬件 Cache 对系统的共享和私有数据都进行缓存，以达到高性能的目标。

2. S2MP 的体系结构

S2MP 是一种共享存储的体系结构，如图 6-14 所示。和 MPP 相比，它支持简单的编程模型，系统使用方便，是对 SMP 系统在支持更高扩展能力方面的发展。共享存储系统降低了通信的额外开销，因此，系统也可以运行细粒度的应用。

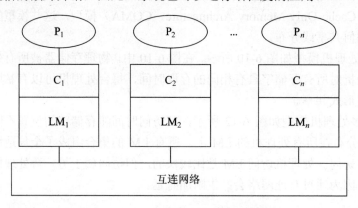

图 6-14 S2MP 体系结构示意图

从本质上来看，S2MP 实际上是一种 NUMA 结构，每个结点由处理机和存储器两部分组成，存储器靠近处理机，而不是集中在某个地方，处理机可以访问 LM 获取数据。NUMA 结构可以降低平均访存时延，并且随处理机数目的增加自动增加存储器带宽，也就是说，存储带宽是可扩展的。

6.6.4 互连网络

互连网络用来连接一个计算机系统中各处理部件（或处理机）、存储模块以及各种外设，在系统软件控制下，使各功能部件相互通信的硬件网络结构。目前，互连网络已经成为并行处理系统的核心组成部分，它对整个计算机系统的性能/价格比有着决定性的影响。

1. 互连函数

为了反映不同互连网络的连接特性，每种互连网络可用一组函数来描述。如果将互连网络的 n 个输入端和输出端分别用整数 $0, 1, \cdots, n-1$ 来表示，则互连函数表示相互连接的输出端和输入端之间的一一对应关系。基本的互连函数主要有以下几种：

（1）恒等置换：相同编号的输入端与输出端一一对应互连，其表达式如下：

$$I(x_{n-1} \cdots x_k \cdots x_1 x_0) = x_{n-1} \cdots x_k \cdots x_1 x_0$$

（2）交换置换：实现二进制地址编号中第 0 位位值不同的输入端和输出端之间的连接，其表达式如下：

$$E(x_{n-1}\cdots x_k\cdots x_1 x_0) = x_{n-1}\cdots x_k\cdots x_1 \overline{x_0}$$

（3）方体置换：实现二进制地址编号中第 k 位位值不同的输入端和输出端之间的连接，其表达式如下：

$$C_k(x_{n-1}\cdots x_k\cdots x_1 x_0) = x_{n-1}\cdots \overline{x_k}\cdots x_1 x_0$$

（4）均匀洗牌置换（shuffle）：将输入端二进制地址循环左移一位，得到对应的输出端二进制地址，其表达式如下：

$$S(x_{n-1}x_{n-2}\cdots x_1 x_0) = x_{n-2}x_{n-3}\cdots x_1 x_0 x_{n-1}$$

（5）蝶式置换：将输入端二进制地址的最高位和最低位互换位置，得到对应的输出端二进制地址，其表达式如下：

$$B(x_{n-1}x_{n-2}\cdots x_1 x_0) = x_0 x_{n-2}\cdots x_1 x_{n-1}$$

（6）位序颠倒置换：将输入端二进制地址的位序颠倒过来，得到对应的输出端二进制地址，其表达式如下：

$$P(x_{n-1}x_{n-2}\cdots x_1 x_0) = x_0 x_1 \cdots x_{n-2}x_{n-1}$$

例如，编号为 0，1，2，…，15 的 16 个处理机，每个处理机均可用 4 位二进制编码来表示。如果采用单级互连网络连接，当互连函数为 Cube$_3$（k=3 时的方体置换）时，则 11 号处理机连接到 3 号处理机上。因为 11 号处理机的编码为 1011，它只能与编码为 0011 号处理机相连接；如果采用 Shuffle 互联函数，则 11 号处理机的编码经过变换后为 0111，即为 7 号。也就是说，11 号处理机与 7 号处理机连接。

2. 互连方式

在多处理机系统中，衡量互连网络性能好坏的主要因素是它的连接度、延时性、带宽、可靠性和成本，对于这些性能的度量，可以结合计算机网络和图论的知识来进行。例如，连接度的概念与图论中的度的概念是一致的，是指一个结点与其他结点的连接程度。如果一个结点直接连接的其他结点数越多，连接度就越高，表明连接性越好；延时性是指从一个结点传送信息到任何另一个结点所需的时间，通常可用结点间最大距离来表示。在设计互连网络时，应综合考虑通信工作方式、控制策略、交换方式和网络拓扑等因素，这也是与计算机网络的设计是基本一致的。有关计算机网络设计方面的知识，请阅读 4.5.2 节。

在最典型和最常见的互连网络中，多处理机互连的方式主要有以下 5 种：

（1）总线。总线方式是最简单的方法，通过共享总线把各个处理机连接起来，再配备各处理机都可访问的全局存储器。每个处理机都能访问公共总线。总线方式适用于多处理机个数少于 100 的系统，这主要是受到了组装技术的限制，而数据的传输速率受到总线带宽和速度的限制。对于总线的一种改进方式是环形互连，这是一种类似于令牌环网的系统结构，各处理机之间点点连接，形成一个环形。

（2）交叉开关。总线互连最简单，但争用最严重。交叉开关可以把争用现象降到最低程度，但连接复杂度最高。开关网络为处理机和共享存储器之间提供了一个动态互连通路。如果中间的开关网同时连接到达一定的数量后，不能再容纳新的连接，这种网络是阻塞网络。交叉开关提供了非阻塞网络的连接，它使用一组开关阵列将处理机和共享存储器连接。每个交叉的结点都是开关，可以连接或断开。这是一种以空间矩阵换时间的方式，需要使用大量的连线和交叉点开关。因此，只有处理机和共享存储器数目较少时，才可能使用这种方式，而且一旦建成，很难扩充。

（3）开关枢纽。和交叉开关不同的是，开关枢纽不使用交叉矩阵这样庞大的硬件结构。它由仲裁单元和开关单元组成，仲裁单元完成冲突处理，开关单元完成连接。其方式和通信中的交换机有些相似。

（4）多端口存储器。这是将交叉点仲裁逻辑移动到存储器去控制的方法。每个存储器模块有多个存取端口，由存储器负责分解多个处理机的冲突请求。这增加了存储器模式的成本，和交叉开关类似，多端口存储器也需要大量的连线。而且，存储器端口数目是固定的，一旦开始生产之后就无法增加。

（5）多级互连网络。MIMD 和 SIMD 计算机都用多级网络，各种多级网络的区别就在于所用开关模块、控制方式和级间连接模式的不同。多级网络是总线和交叉开关两者折中，主要优点在于采用模块结构，因而扩展性好，然而时延随网络级数而上升。另外，由于增加了连线和开关的复杂性，价格也是一种限制因素。

在实际应用中，多处理机系统究竟采用哪种互连结构，主要取决于系统的最大通信量。反过来，系统的最大通信量又受到互连结构的限制。

6.7 系统性能设计

用户对系统性能的需求具有多样性和广泛性，不同的系统有不同的性能要求。性能问题应该从系统设计时期就开始考虑，并延续到系统的生命周期终止之时。因此，系统分析师在进行系统设计时，就需要考虑系统的性能设计。性能设计主要包含两方面的内容：一是作为未来系统应用和发展的参考与规划；另一个则是对现有系统进行性能上的调整，以达到最优化。

在信息系统项目中，用户会提出各种各样的性能需求，甚至有些需求之间是互相矛盾的。例如，可靠性和效率。在同样的成本前提下，可靠性越高的系统，其效率往往就越低。因此，系统设计其实就是一种权衡技术，需要系统分析师在用户的各种功能需求和性能需求之间进行权衡和决策。

6.7.1 系统性能指标

计算机系统的性能一般包括两个大的方面。一个方面是它的可靠性或可用性,也就是计算机系统能正常工作的时间,其指标可以是能够持续工作的时间长度(例如,平均无故障时间),也可以是在一段时间内,能正常工作的时间所占的百分比;另一个方面是它的处理能力或效率,这又可分为三类指标,第一类指标是吞吐率(例如,系统在单位时间内能处理正常作业的个数),第二类指标是响应时间(从系统得到输入到给出输出之间的时间),第三类指标是资源利用率,即在给定的时间区间中,各种部件(包括硬设备和软件系统)被使用的时间与整个时间之比。当然,不同的系统对性能指标的描述有所不同,例如,计算机网络系统常用的性能评估指标为信道传输速率、信道吞吐量和容量、信道利用率、传输延迟、响应时间和负载能力等。

1. 字长和数据通路宽度

机器字长是指参与运算的数的基本位数,它是由加法器、寄存器的位数决定的。机器字长一般等于 CPU 内部寄存器的大小(例如,32 位、64 位等)。字长标志着运算精度,字长越长,计算的精度就越高。

数据总线一次所能并行传送信息的位数,称为数据通路宽度。它影响到信息的传送能力,从而影响计算机的有效处理速度。这里所说的数据通路宽度是指外部数据总线的宽度,它与 CPU 内部的数据总线宽度(内部寄存器的大小)有可能不同。有些 CPU 的内、外数据总线宽度相等,另外一些则不相等。

2. 主存容量和存取速度

计算机系统的主存储器所能存储的全部信息量称为主存容量。通常,以字节数来表示存储容量,这样的计算机称为字节编址的计算机。也有一些计算机是以字为单位进行编址的,它们用字数乘以字长来表示存储容量。显然,计算机的主存容量越大,存放的信息就越多,处理问题的能力就越强。主存容量的增大,对于运行大型软件来说是十分必要的,尤其是对于大型的数据库应用。内存数据库的出现更是将主存的使用发挥到了极致。

主存的存取速度通常由存取时间、存取周期和主存带宽等参数来描述。

存取时间 T_a 又称为访问时间或读写时间,它是指从启动一次存储器操作到完成该操作所经历的时间。例如,读出时间是指从 CPU 向主存发出有效地址和读命令开始,直到将被选单元的内容读出为止所用的时间;写入时间是指从 CPU 向主存发出有效地址和写命令开始,直到信息写入被选中单元为止所用的时间。显然,T_a 越小,存取速度越快。

存取周期 T_m 又称为读写周期或访存周期,是指主存进行一次完整的读写操作所需的全部时间,即连续两次访问存储器操作之间所需要的最短时间。显然,在一般情况下,$T_m > T_a$。这是因为对于任何一种主存储器,在读写操作之后,总要有一段恢复内部状态的复原时间。与存取周期密切相关的指标是主存带宽,它又称为数据传输率,表示每秒从主存进出信息的最大数量,单位为字节每秒(B/s,Bps)或位每秒(b/s,bps)。

3. 运算速度

计算机的运算速度与许多因素有关,例如,机器的主频、执行什么样的操作,以及主存的速度等。

(1)主频和CPU时钟周期。主频又称为时钟频率,在很大程度上决定了计算机的运算速度。CPU的工作节拍是由主时钟来控制的,主时钟不断产生固定频率的时钟脉冲,这个主时钟的频率就是CPU的主频。主频越高,意味着CPU的工作节拍就越快,运算速度也就越快。一般用在一秒钟内处理器所能发出的脉冲数量来表示主频。随着半导体工艺的不断提升,时钟频率的计量单位已由原来的MHz逐步推进到以GHz来进行标识。主频的倒数就是CPU时钟周期,这是CPU中最小的时间元素。每个操作至少需要一个时钟周期。

(2)CPI。由于不同指令的功能不同,造成指令执行时间不同,所以,CPI(Cycles Per Instruction,每条指令执行所用的时钟周期数)是一个平均值。在现代高性能计算机中,由于采用各种并行技术,使指令执行高度并行化,常常是一个系统时钟周期内可以处理若干条指令。因此,CPI经常用IPC(Instructions Per Cycle,每个时钟周期执行的指令条数)表示。显然,IPC等于CPI的倒数。

(3)MIPS和MFLOPS。对于一个给定的程序,MIPS(Million Instructions Per Second,每秒百万条指令)定义为

$$MIPS = 指令条数/(执行时间 \times 10^6) = 主频/CPI = 主频 \times IPC$$

MFLOPS(Million FLoating-point Operations Per Second,每秒百万次浮点运算)定义为

$$MFLOPS = 浮点操作次数/(执行时间 \times 10^6)$$

4. 吞吐量与吞吐率

吞吐量是指在给定的时间内,系统所能处理(输入、加工、输出)的任务的数量,吞吐率是指系统在单位时间内所能处理的任务的数量。在不造成混淆的情况下,一般把吞吐量等价于吞吐率。要注意的是,在不同的系统中,任务的含义不同,吞吐率的含义也就有些区别。例如,计算机硬件系统的吞吐率是指流入、处理和流出系统的信息的速率,它主要取决于主存的存取周期;计算机网络系统的吞吐率是指每秒能处理的数据位数或分组的数目,它依赖于网络的带宽和交换部件的速度。

5. 响应时间与完成时间

响应时间(Response Time,RT)是指系统对请求作出响应的时间,是用户提交请求之后,输出开始之前的时间;完成时间(Turn Around Time,TAT)是指某一事件从发生到结束的这段时间,或者说是从用户提交请求到得到输出结果的时间间隔。根据以上定义可知,TAT=RT+输出时间。但是,在实际应用中,一般不区分这种差别而把它们统称为响应时间。因为用户在得到输出结果之前,难以确定其请求是否得到了系统的

响应。

在计算机系统的发展中,早在 1968 年,米勒(Miller)即给出了 3 个经典的有关响应时间的建议:

(1) 0.1s: 用户感觉不到任何延迟。

(2) 1.0s: 用户愿意接受的系统立即响应的时间极限。即当执行一项任务的有效反馈时间在 0.1~1s 之内时,用户是愿意接受的。超过此数据值,则意味着用户会感觉到有延迟,但只要不超过 10s,用户还是可以接受的。

(3) 10s: 用户保持注意力执行本次任务的极限,如果超过此数值时仍得不到有效的反馈,客户会在等待计算机完成当前操作时转向其他的任务。

若一个给定系统持续地收到用户提交的任务请求,则系统的响应时间将对吞吐量造成一定的影响。每个任务的响应时间越短,整个系统在单位时间内完成的任务量就越多,即吞吐量就越大。反之亦然。

6. 兼容性

兼容性是指一个系统的硬件或软件与另一个系统或多种操作系统的硬件或软件的兼容能力,是指系统间某些方面具有的并存性,即两个系统之间存在一定程度的通用性。兼容是一个广泛的概念,它包括数据和文件的兼容、程序和语言级的兼容、系统程序的兼容、设备的兼容,以及向上兼容和向后兼容等。

除了上述性能指标之外,还有其他一些性能指标,例如,综合性能指标(利用率等)、定性指标(保密性、安全性、可扩充性等)、功能特性指标(文字处理能力、联机事务处理能力、I/O 总线特性、网络特性等)等。在众多的性能指标中,就某个具体的系统而言,系统分析师要能够区分出哪个(哪些)指标是最关键的。在系统设计过程中,要优先保证关键指标的实现。

6.7.2 系统性能调整

如果在系统设计和开发阶段没有考虑好性能问题,或者系统运行环境发生了变化(例如,用户人数增加了一个数量级),或者数据积累达到了一定的量(例如,由 GB 级上升到了 TB 级),就会导致系统性能不能满足应用的实际需要。这时候,就需要对现有系统进行性能调整(性能优化)。性能调整是与性能管理相关的主要活动,由查找和消除瓶颈组成。所谓瓶颈,就是在系统的某个硬件或软件接近其容量(或能力)限制时发生和显示出来的情况。

对于不同的系统,性能优化的方法不一样,性能调整的参数也不尽相同。例如,对于数据库应用系统,造成性能不好的原因可能有数据库连接方式、系统应用架构、数据库设计、数据库管理、网络通信等,基于这些原因,可以采取修改应用模式、建立历史数据库、利用索引技术和分区技术等优化措施,需要调整的参数主要包括 CPU 和主存使用状况、数据库设计、进程或线程状态、硬盘剩余空间、日志文件大小等;对于 Web 应用系统,性能瓶颈可能有客户端程序、网关接口、数据库互连等,可以采取的优化措施主要有改善应用程序的性能和数据库连接、进行流量管理与负载均衡、使用 Web 交换机和 Web 缓存等,需要调整的参数主要包括系统的可用性、响应时间、并发用户数,以及特定应用占用的系统资源等。

限于篇幅,本节不可能逐一介绍不同类型的系统的性能优化技术,而是讨论一般性的性能调整方法和步骤。

1. 准备工作

在实际应用中,系统性能调整是一项经常性的工作,而不是一蹴而就的。系统管理人员在系统分析师的指导下,根据系统应用的状况和用户的需求,开展性能调整工作。在开始性能调整之前,必须要做一些准备工作,以便为性能调整活动建立一个基本框架,后续活动都在这个框架内进行。准备工作应该包括以下几项:

(1) 识别约束。约束(例如,可维护性、预算限制等)是用户对系统的基本期望性能,在寻求更高的性能方面是不可改变的因素。因此,在性能调整时,必须将寻求性能提高的努力集中在不受约束的因素上。

(2) 指定负载。这涉及到确定用户(客户端)需要哪些服务,以及对这些服务的需求程度。用于指定负载的最常用度量标准是用户数目、用户思考时间以及负载分布状况。其中,用户思考时间是指用户接收到输出结果到再次提交新请求之间的时间间隔,负载分布状况包括稳定或波动负载、平均负载和峰值负载。

(3) 设置性能目标。在进行性能调整之前,必须明确性能目标,包括识别用于调整的度量标准及其对应的基准值。也就是说,要确定系统将要调整到一个什么样的状态,要满足哪些性能指标的要求。识别性能度量标准后,必须为每个度量标准建立可计量的基准值与合理的基准值。

2. 调整循环

建立了性能调整的边界和期望值后,就可以开始优化和调整工作了。性能调整工作是一个"收集、分析、改进、测试"的循环,是一系列重复的受控性能试验,直到系统性能符合所设置的目标为止。

(1) 收集。收集阶段是任何性能调整操作的起点。在这个阶段,只使用为系统特定部分所选择的性能测量(评估)方法来收集数据,这些方法应可用于网络、服务器或客户端。不论调整的是系统的哪一个部分,都需要根据基准值来进行比较,基准值可以设置为系统的行为令用户满意时的测量值。关于性能评估的具体方法,将在 6.8 节中介绍。

(2) 分析。收集了所需的性能数据后,还要对这些数据进行分析,以确定瓶颈之所在。要注意的是,性能数字仅具有指示性,它并不一定就可以确定实际的瓶颈在哪里,因为一个性能问题往往可能由多个原因导致的。例如,系统某个组件(软件或硬件的某个部分)的问题可能是由另一个组件的问题所引起的,这种情况比较普遍。"内存不足"问题是这种情况的最好示例,因为引起内存不足的本质原因往往不是内存本身,而是磁盘和处理器的负荷太重。

（3）改进。收集了数据并完成结果分析后，就可以确定系统的哪个部分需要进行修改。修改的最重要原则是：一次只修改一个地方。因为如果同时进行多个更改，就难以评估每个更改对系统性能的影响。

（4）测试。对系统进行修改后，必须完成适当级别的测试，以确定更改对调整的系统所产生的影响（性能提高、性能下降，或者对性能没有影响）。经过测试，如果系统性能提高到了预期的水平，达到了所设置的性能目标，就可以退出调整循环。否则，就必须重新开始调整循环。有关系统测试方面的详细知识，将在第14章中介绍。

3. 阿姆达尔解决方案

引起系统性能瓶颈问题的原因往往不是单一的，而是多方面的。改进系统某个组件，可以使该组件的性能得到提高，也可以使整个系统的性能得到提高，问题是这两者的提高程度是否相等。阿姆达尔（Amdahl）定律可以很好地解决这个问题。

阿姆达尔定律是这样的：对系统中某组件采用某种更快的执行方式，所获得的系统性能的改变程度，取决于该组件被使用的频率，或所占总执行时间的比例。

阿姆达尔定律定义了采用特定组件所取得的加速比。假设使用某种改进了的组件，系统的性能就会得到提高，则加速比的计算公式如下：

$$R = \frac{T_p}{T_i}$$

其中，T_p 表示不使用改进组件时完成整个任务的时间，T_i 表示使用改进组件时完成整个任务的时间。阿姆达尔定律为计算某些情况下的加速比提供了一种便捷的方法。加速比主要取决于两个因素：

（1）在原有的系统上，能被改进的部分在总执行时间中所占的比例。这个值称为改进比例，记为 F_e，它总是小于 1。

（2）通过改进的执行方式所取得的性能提高，即如果整个系统使用了改进的执行方式，那么，系统的执行速度会有多少提高，这个值等于在原来的条件下系统的执行时间与使用改进组件后系统的执行时间之比，记为 S_e，它总大于 1。

原来的系统使用了改进功能后，其执行时间等于未改进部分的执行时间加上改进部分的执行时间，即

$$T_i = T_p \times (1 - F_e + \frac{F_e}{S_e})$$

改进后整个系统的加速比为

$$R = \frac{T_p}{T_i} = \frac{1}{(1 - F_e) + F_e / S_e}$$

例如，在某计算机系统中，假设某一功能的处理时间为整个系统运行时间的50%，若使该功能的处理速度加快10倍，则根据 Amdahl 定律，这样做可以使整个系统的性能

提高

$$R = \frac{1}{(1-0.5) + 0.5/10} = 1.818 倍$$

6.8 系统性能评估

6.7.2 节讨论了系统性能优化和调整的方法与步骤，调整循环的第一个阶段（收集阶段）就是采取某种或某些方法对系统性能进行评估，在此基础上，进行性能分析和后续工作。因此，系统性能评估的主要目的是为性能优化和调整提供参考，而性能优化涉及的面很广，也很复杂。对于不同的应用系统，优化的方法也有所不同。与此相对应，性能评估的方法也有所不同。

6.8.1 评估方法体系

从计算机系统性能评估方法的体系上来看，大致可以分为两大类，分别是测量方法和模型方法。

1. 测量方法

通过一定的测量设备或测量程序，可以直接从系统中测得各项性能指标或与之密切相关的度量，然后，由它们经过一些简单的运算，求出相应的性能指标。这是最直接也是最基本的方法，其他方法在一定程度上要依赖于它。但是，这种方法只能适用于已经存在并运行的系统，而且比较费时间。

6.8.2 节和 6.8.3 节所介绍的方法都属于测量方法，这类方法的关键是测量方案和测量手段。在使用测量方法时，就某个具体的性能指标而言，通常不能只测量一次，而是要在不同的条件、不同的时间进行多次测量。然后，使用统计分析方法，对这些测量数据进行统计分析，得出其期望均值，作为最后的测量结果。有关统计分析方法的知识，请阅读 2.7.5 节。

2. 模型方法

模型方法的基本思想是，首先对要评估的系统建立一个适当的模型，然后求出模型的性能指标，以便对系统进行性能评估。模型中一般包括很多参数，这些参数的确定往往依赖于对实际系统的测量结果或对系统参数的估计。与测量方法相比，模型方法有两个优点，一是它不仅可以用于对现有系统进行性能评估，还可以用于对待开发系统的性能预测；二是它的工作量一般比测量方法要小，费用比测量方法要少。

模型方法又可分为模拟方法和分析方法两种。

（1）模拟方法。用程序动态地模拟系统及其负载。首先使用模拟语言为系统建立模型，然后在模拟时，通过负载驱动系统模型，从而得出模型的性能指标。模拟方法可以详细地刻画系统，得出较精确的性能指标，但是构造和使用模型时的费用较高。有关系统模拟方面的知识，请阅读 2.10.2 节。

（2）分析方法。应用数学理论与方法来研究和描述性能与系统、负载之间的关系，为了数学上描述与计算的方便，往往要对系统模型进行一些简化和假设。因此，这种数学模型刻画系统的详细程度较低，得出的性能指标精度也较低。但是，这种方法理论基础强，可以明显地刻画出各种因素之间的关系，构造和使用模型时的费用较低。有关数学建模方面的知识，请阅读 2.12 节。

随着信息技术的发展，系统的庞大和复杂化使得系统性能评估问题变得越来越复杂，并日益引起人们的重视。提供有效的数学理论工具、直观的模型描述方法和有效的模型分析方法，特别是开发实用的辅助分析工具软件，是系统性能评估所面临的迫切需要解决的问题。

6.8.2 经典评估方法

在计算机技术的发展过程中，性能评估的常用方法有时钟频率法、指令执行速度法、等效指令速度法、数据处理速率法、综合理论性能法和基准程序法等，本节简单介绍前 5 种方法，基准程序法的知识将在 6.8.3 节中介绍。

1. 时钟频率法

6.7.1 节介绍了时钟频率的概念，以及它与 CPU 时钟周期的关系。计算机的时钟频率在一定程度上反映了机器速度。显然，对同一种机型的计算机，时钟频率越高，计算机的工作速度就越快。但是，由于不同的计算机硬件电路和器件的不完全相同，所以其所需要的时钟频率范围也不一定相同。相同频率、不同体系结构的机器，其速度和性能可能会相差很多倍。

在计算机中，为了便于管理，常把一条指令的执行过程划分为若干个阶段，每一个阶段完成一项工作。例如，取指令、存储器读、存储器写等，这每一项工作称为一个基本操作。完成一个基本操作所需要的时间称为机器周期。一般情况下，一个机器周期由若干个时钟周期组成。

指令周期是执行一条指令所需要的时间，一般由若干个机器周期组成。指令不同，所需的机器周期数也不同。对于一些简单的单字节指令，在取指令周期中，指令取出到指令寄存器后，立即译码执行，不再需要其他的机器周期。对于一些比较复杂的指令，例如，转移指令、乘法指令等，则需要两个或者两个以上的机器周期。

为了帮助读者搞清楚这些概念之间的关系，下面，通过一个例子来说明。

假设微机 A 和微机 B 采用同样的 CPU，微机 A 的主频为 20MHz，微机 B 的主频为 60MHz。如果两个时钟周期组成一个机器周期，平均三个机器周期可完成一条指令，则微机 A 的时钟周期为 1/(20M)=50ns，机器周期为 2×50ns=100ns，平均指令周期为 3×100ns=300ns。也就是说，指令平均执行速度为 1/(300ns)≈3.33MIPS；因为微机 B 的主频为 60MHz，是微机 A 主频的 60/20=3 倍，所以，微机 B 的平均指令执行速度应该比微机 A 的快 3 倍，即微机 B 的指令平均执行速度为 3.33×3≈10MIPS。

2. 指令执行速度法

在计算机发展的初期，曾用加法指令的运算速度来衡量计算机的速度。因为加法指令的运算速度大体上可反映出乘法、除法等其他算术运算的速度，而且逻辑运算、转移指令等简单指令的执行时间往往设计成与加法指令相同，因此，加法指令的运算速度有一定代表性。

表示机器运算速度的单位是 MIPS。常用的有峰值 MIPS、基准程序 MIPS 和以特定系统为基准的 MIPS。MIPS 依赖于指令集，所以用 MIPS 比较指令集不同的系统性能是很不准确的。在同一台机器上，MIPS 因程序不同而变化，这种变化有时是很大的。用 MIPS 进行测试，得到的性能结果可能与事实相反。例如，因为浮点运算远慢于整数运算，所以很多计算机提供了可选的硬件浮点运算部件，但是软件实现浮点运算的 MIPS 高，而硬件实现浮点运算的时间少。这时，MIPS 与计算机性能恰好相反。

MFLOPS 用于衡量计算机的科学计算速度，常用的有峰值 MFLOPS 和以基准程序测得的 MFLOPS。MFLOPS 可用于比较和评价在同一系统上求解同一问题的不同算法的性能，还可用于在同一源程序、同一编译器、相同的优化措施、同样的运行环境下，测试不同系统的浮点运算速度。由于实际程序中各种操作所占比例不同，所以测得的 MFLOPS 也不相同。MFLOPS 值没有考虑运算部件与存储器、I/O 系统等速度之间相互协调等因素，因此，只能说明在特定条件下的浮点运算速度，而不能体现计算机的整体性能。

3. 等效指令速度法

等效指令速度法也称为吉普森混合法（Gibson mix）或混合比例计算法，是通过各类指令在程序中所占的比例（W_i）进行计算得到的。若各类指令的执行时间为 t_i，则等效指令的执行时间为：

$$T = \sum_{i=1}^{n} W_i t_i$$

其中，n 为指令类型数。

对某些程序来说，采用等效指令速度法可能严重偏离实际，尤其是对 CISC 系统，因为某些指令的执行时间是不固定的，数据的长度、Cache 的命中率、流水线的效率等都会影响计算机的运算速度。

4. 数据处理速率法

因为在不同程序中，各类指令使用频率是不同的，所以，固定比例方法存在着很大的局限性，而且数据长度与指令功能的强弱对计算的速度影响极大。同时，这种方法也不能反映现代计算机中 Cache、流水线、交叉存储等结构的影响。具有这种结构的计算机的性能不仅与指令的执行频率有关，而且也与指令的执行顺序与地址的分布有关。

数据处理速率法（Processing Data Rate，PDR）采用计算 PDR 值的方法来衡量机器性能，PDR 值越大，机器性能越好。PDR 与每条指令和每个操作数的平均位数以及每条指令的平均运算速度有关，其计算方法如下：

$$PDR = L/R$$

其中，$L=0.85G+0.15H+0.4J+0.15K$，$R=0.85M+0.09N+0.06P$。式中 G 是每条定点指令的位数，M 是平均定点加法时间，H 是每条浮点指令的位数，N 是平均浮点加法时间，J 是定点操作数的位数，P 是平均浮点乘法时间，K 是浮点操作数的位数。此外，还作了一系列的规定。

PDR 值主要对 CPU 和主存储器的速度进行度量，但不适合衡量机器的整体速度，不能全面反映计算机的性能，因为它没有涉及 Cache、多功能部件等技术对性能的影响。PDR 曾是美国及巴黎统筹委员会用来限制计算机出口的系统性能指标估算方法，1991 年 9 月停止使用，取而代之的是综合理论性能（Composite Theoretical Performance，CTP）。

5．综合理论性能法

CTP 是美国政府为限制较高性能计算机出口所设置的运算部件综合性能估算方法。CTP 用每秒百万次理论运算（Million Theoretical Operations Per Second，MTOPS）表示。CTP 的估算方法是，首先算出处理部件每个计算单元（例如，定点加法单元、定点乘法单元、浮点加单元、浮点乘法单元等）的有效计算率，再按不同字长加以调整，得出该计算单元的理论性能，所有组成该处理部件的计算单元的理论性能之和即为 CTP。

6.8.3 基准程序法

6.8.2 节介绍的性能评估方法主要是针对 CPU（有时包括主存）的性能，但没有考虑诸如 I/O 结构、操作系统、编译程序的效率等对系统性能的影响，因此，难以准确评估计算机系统的实际性能。

把应用程序中用得最多、最频繁的那部分核心程序作为评估计算机系统性能的标准程序，称为基准测试程序（benchmark）。基准程序法是目前一致承认的测试系统性能的较好方法。

1．Dhrystone 基准程序

Dhrystone 是一个综合性的整数基准测试程序，它是为了测试编译器和 CPU 处理整数指令和控制功能的有效性，人为地选择一些典型指令综合起来形成的测试程序。Dhrystone 基准程序用 100 条 C 语言语句（包括各种赋值语句、各种数据类型和数据区、各种控制语句、过程调用和参数传送、整数运算和逻辑操作）编写而成，这种基准程序当今很少使用。

2．Linpack 基准程序

Linpack 是国际上最流行的用于测试高性能计算机系统浮点性能的测试。Linpack 基准程序是一个用 Fortran 语言写成的子程序软件包，称为基本线性代数子程序包，此程序完成的主要操作是浮点加法和浮点乘法操作。测量计算机系统的 Linpack 性能时，让机器运行 Linpack 程序，测量运行时间，将结果用 MFLOPS 表示。

Linpack 通过对高性能计算机采用高斯消元法求解一元 n 次稠密线性代数方程组的测试，评价高性能计算机的浮点性能。Linpack 测试包括三类：Linpack100、Linpack1000 和高性能 Linpack（High Performance Linpack，HPL）。Linpack100 求解规模为 100 阶的稠密线性代数方程组，它只允许采用编译优化选项进行优化，不得更改代码，甚至代码中的注释也不得修改；Linpack1000 要求求解 1000 阶的线性代数方程组，达到指定的精度要求，可以在不改变计算量的前提下做算法和代码上的优化；HPL 也称为高度并行计算基准测试，它对线性代数方程组的阶数 n 没有限制，即求解问题的规模可以改变，除基本算法（计算量）不可改变外，可以采用其他任何优化方法。前两种测试运行规模较小，已不是很适合现代计算机的发展。

3．Whetstone 基准程序

Whetstone 是用 Fortran 语言编写的综合性测试程序，主要由执行浮点运算、功能调用、数组变址、条件转移和超越函数的程序组成。Whetstone 的测试结果用 Kwips 表示，1 Kwips 表示机器每秒钟能执行 1000 条 Whetstone 指令。这种基准程序当今已很少使用。

4．SPEC

系统性能评估机构（System Peformance Evaluation Cooperative，SPEC）基准程序对计算机系统性能的测试有两种方法，一种是测试计算机完成单项任务有多快，称为速度测试；另一种是测试计算机在一定时间内能完成多少项任务，称为吞吐率测试。SPEC 的两种测试方法又分为基本的和非基本的两类，基本的是指在编译程序的过程中严格限制所用的优化选项；非基本的是可以使用不同的编译器和编译选项以得到最好的性能，这就使得测试结果的可比性降低。

SPEC 基准程序测试结果一般以 SPECmark（SPEC 分数）、SPECint（SPEC 整数）和 SPECfp（SPEC 浮点数）等形式来表示，测定指标越高，则代表性能越好。SPEC 还有针对多 CPU 系统的两组测试程序，称为 SPECrate，用于衡量多处理器系统在整数处理（SPECint_rate）和浮点处理（SPECfp_rate）方面的总体吞吐能力。

SPEC 原来主要是测试 CPU 性能的，现在强调开发能反映真实应用（例如，实际负载等）的基准测试程序，并已推广至多层结构计算、商业应用、I/O 子系统等。例如，SPECjbb 是一套 Java 基准测试程序，用于测试 Java 服务器性能；SPECweb 用于评测 Web 服务器能够支持的最大连接数的基准测试。

要注意的是，SPEC 的指标是随着计算机硬件水平的提高和应用要求的改变而不断更新的，每隔几年都会公布新的基准测试程序。

5．TPC

事务处理委员会（Transaction Processing Council，TPC）基准程序用以评测计算机在事务处理、数据库处理、企业管理与决策支持系统等方面的性能。该基准程序的评测

结果用每秒完成的事务处理数 TPC 来表示。TPC-A 基准程序规范用于评价在 OLTP 环境下的数据库和硬件的性能，不同系统之间用性能/价格比进行比较；TPC-B 测试的是不包括网络的纯事务处理量，用于模拟企业计算环境；TPC-C 测试的是联机订货系统；TPC-D、TPC-H 和 TPC-R 测试的都是决策支持系统，其中 TPC-R 允许有附加的优化选项；TPC-E 测试的是大型企业信息服务系统。TPC-W 是基于 Web 应用的基准程序，用来测试一些通过 Internet 进行市场服务和销售的商业行为，所以 TPC-W 可以看作是一个服务器的测试标准。

第 7 章　企业信息化战略与实施

古人云："学以致用"。一切技术都是因应用而生，为应用服务，信息技术也不例外。系统分析与设计技术最终是要为企业（本书中的"企业"泛指公司、工厂、政府机构、各类组织、各类事业单位等）信息化服务的，企业信息化的广阔领域就是系统分析师的用武之地。因此，作为 CIO 的最佳候选人，系统分析师必须掌握有关企业信息化的基础知识，熟悉信息系统建设的基本方法和流程。

企业要应对全球化市场竞争的挑战，特别是大型企业要实现跨地区、跨行业、跨所有制、跨国经营的战略目标，要实施技术创新战略、管理创新战略和市场开拓战略，要将企业工作重点转向技术创新、管理创新和制度创新的方向上来，信息化是必然的选择和必要的手段。

7.1　企业信息化概述

企业信息化是指企业以业务流程的优化和重构为基础，在一定的深度和广度上利用计算机技术、网络技术和数据库技术，控制和管理企业生产经营活动中的各种信息，实现企业内、外部信息的共享和有效利用，以提高企业的经济效益和市场竞争力。从技术角度来看，信息化的核心和本质是企业运用信息技术，进行隐含知识的挖掘和编码化，进行业务流程的管理。企业信息化涉及到对企业管理理念的创新、管理流程的优化、管理团队的重组和管理手段的革新等问题。

1. 国家信息化体系

我国国家信息化管理部门曾经列出了国家信息化体系的 6 个要素，它们组成了一个有机的整体。

（1）信息资源。信息资源的开发和利用是国家信息化的核心任务，是国家信息化建设取得实效的关键，也是我国信息化的薄弱环节。信息资源开发和利用的程度是衡量国家信息化水平的一个重要标志。有关信息资源的详细知识，将在 7.6 节介绍。

（2）信息网络。信息网络是信息资源开发和利用的基础设施，包括电信网、广播电视网和计算机网络。这三种网络有各自的形成过程、服务对象和发展模式，它们的功能有所交叉，又互为补充。信息网络在国家信息化的过程中将逐步实现三网融合，并最终做到三网合一。

（3）信息技术应用。信息技术应用是指把信息技术广泛应用于经济和社会各个领域，它直接反映了效率、效果和效益。信息技术应用是信息化体系六要素中的龙头,是国家信息化建设的主阵地,集中体现了国家信息化建设的需求和效益。

(4)信息产业。信息产业是信息化的物质基础,包括微电子、计算机、电信等产品和技术的开发、生产、销售,以及软件、信息系统开发和电子商务等。从根本上来说,国家信息化只有在产品和技术方面拥有雄厚的自主知识产权,才能提高综合国力。

(5)信息化人才。人才是信息化的成功之本,而合理的人才结构更是信息化人才的核心和关键。合理的信息化人才结构要求不仅要有各个层次的信息化技术人才,还要有精干的信息化管理人才、营销人才,法律、法规和情报人才。在信息化人才中有一种人才最为重要,那就是系统分析师。系统分析师既是信息化的技术人才,同时,又是经营管理人才,是一种复合型人才。而 CIO 又是系统分析师队伍的领军人物,是企业最高管理层的重要成员。

(6)信息化政策法规和标准规范。信息化政策和法规、标准、规范用于规范和协调信息化体系各要素之间的关系,是国家信息化快速、有序、健康和持续发展的保障。

2. 企业信息化方法

企业信息化建设是一项系统工程,而不是单元技术的改造,它涉及到企业所处的整个"生态系统",个别部门或部分业务的信息化并不能代表整个企业的信息化。同时,企业信息化是一个不断发展和完善的过程,随着管理理念和信息技术(含计算机网络和通信技术,下同)的发展而发展,是一个螺旋式上升的过程。

要注意的是,企业信息化方法并不等同于信息系统建设方法,后者是一个具体的信息化项目的开发方法,而前者是整个企业实现信息化的方法。前者比后者的层次要高,涉及面要广。通过数十年的发展,人们已经总结出了许多非常实用的企业信息化方法,并且还在不断地探索新的方法。下面简单介绍几种常用的方法。

(1)业务流程重组方法。在信息技术迅猛发展的时代,企业必须重新审视生产经营过程,利用信息技术,对企业的组织结构和工作方法进行"彻底的、根本性的"重新设计,以适应当今市场发展和信息社会的需求。现在,业务流程重组已经成为企业信息化的重要方法。有关这方面的详细知识,将在 7.9 节中介绍。

(2)核心业务应用方法。任何一个企业,要想在市场竞争的环境中生存并发展,都必须有自己的核心业务,否则,必然会被市场所淘汰。围绕核心业务应用信息技术是很多企业信息化成功的秘诀。

(3)信息系统建设方法。对大多数企业来说,企业信息化的重点和关键是建设好信息系统。因此,信息系统建设成了最具普遍意义的企业信息化方法。目前,成熟的信息系统建设方法较多,有关这方面的知识,将在 7.3 节中介绍。

(4)主题数据库方法。主题数据库就是面向企业业务主题的数据库,也就是面向企业的核心业务的数据库。有关主题数据库的详细知识,将在 7.4.4 节中介绍。

(5)资源管理方法。管理好企业的资源是企业管理的永恒主题。信息技术的应用为企业资源管理提供了强大的支持。因此,企业资源规划和管理方法也就成了企业信息化的重要方法。有关这方面的知识,将在 7.5 节中介绍。

7.2 企业信息化规划

企业信息化建设是一项长期而艰巨的任务,不可能在短时间内完成。因此,企业信息化建设必然会分解成各个相对独立的项目,在不同时期分别实施,从而建立多个信息系统。如果缺乏总体规划,则非常容易出现信息系统林立的情况,数据资源分散,数据收集成本高而质量低,各种系统相互孤立,互不连通,从而形成信息孤岛。而要把这些信息孤岛集成起来,其难度超乎寻常,甚至造成返工,从头重建。要解决这些关系到企业信息化的全局性问题,就必须从企业整体出发,在战略层次上对企业的信息化建设进行总体规划。

信息化规划是企业信息化建设的纲领和向导,是信息系统设计和实施的前提和依据。信息化规划是以整个企业的发展目标和战略、企业各部门的目标与功能为基础,同时结合行业信息化方面的实践和对信息技术发展趋势的掌握,制订出企业信息化远景、目标和发展战略,从而达到全面、系统地指导企业信息化建设的目的,充分而有效地利用企业的信息资源,以全面满足企业发展的需要。

7.2.1 信息化规划的内容

企业信息化规划不仅涉及到信息系统规划,同时与企业规划、业务流程建模等紧密相关,是融合企业战略、管理规划、业务流程重组等内容的"业务+管理+技术"的规划活动。图 7-1 给出了企业信息化规划涉及的内容和它们之间的依赖关系。

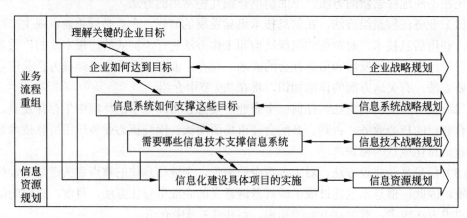

图 7-1 信息化规划涉及的主要内容和关系

1. 依赖关系分析

在图 7-1 中,涉及到业务流程重组和信息资源规划、信息技术战略规划、信息系统战略规划和企业战略规划等多个领域。所有的规划,都应该围绕企业关键目标的实现而展开,并为企业目标的实现提供支持和必须的服务。

企业战略规划是用机会和威胁评价现在和未来的环境,用优势和劣势评价企业现状,进而选择和确定企业的总体和长远目标,制定和抉择实现目标的行动方案。有关信息化规划与企业战略规划的关系,将在7.2.2节中详细介绍。

信息系统战略规划关注的是如何通过信息系统来支撑业务流程的运作,进而实现企业的关键业务目标,其重点在于对信息系统远景、组成架构、各部分逻辑关系进行规划。有关信息系统战略规划的方法,将在7.4节中介绍。

信息技术战略规划通常简称为IT战略规划,是在信息系统规划的基础上,对支撑信息系统运行的硬件、软件、支撑环境等进行具体的规划,它更关心技术层面的问题。IT战略规划主要包括以下步骤:业务分析,主要是理解业务部门的现在与未来;检查当前的IT架构和信息系统,重点是评估其支持业务部门的程度;识别机会,重点是定义通过信息系统改进业务的机会;选择方案,主要是寻找和确定一致的机会和方案。这些步骤作为一个连续统一体,实际上就是IT战略规划的过程。

信息资源规划是在以上规划的基础上,为开展具体的信息化建设项目而进行的数据需求分析、信息资源标准建立、信息资源整合工作。有关信息资源规划的详细知识,将在7.6.3节中介绍。

在信息化规划的过程中,需要充分重视和发挥业务流程重组与信息系统之间相互促进的作用,通过先进的信息系统的支持,完成业务流程的优化,实现企业管理、组织配置与信息技术的结合;反过来,通过业务流程重组和信息资源规划,进一步促进企业信息化规划进程,指导信息系统的设计与实施。有关业务流程重组的详细知识,将在7.9节中介绍。

2. 信息化规划的具体内容

在进行信息化规划时,需要做好以下几个方面的工作:

(1)明确发展目标和实施重点。企业要从自身的实际需要和现实条件出发,确定企业近期、中期以及长期的企业信息化的任务和要求,做到方向正确,目标清晰,实施进程有保障。一个企业的信息化建设在不同的阶段应有不同的重点,只有重点突破,实施工作才能事半功倍。

(2)成立领导机构。企业信息化是一个长期性、综合性的系统工程,牵涉面广、实施难度大,如果没有企业高层领导的支持和推动,没有有效的协调与管理,是很难取得预期效果的。所以,成立一个由高层领导挂帅、有关部门领导参加的领导小组或项目委员会是十分必要的。信息化领导小组组长或项目委员会主任最好由企业"一把手"担任,CIO担任副职,领导机构办公室一般设在IT职能部门。

(3)做好企业业务信息化需求分析。企业所有的信息化项目都不是孤立的,无一例外的都是为业务服务。因此,做好业务的信息化需求分析十分重要,它是信息化成功的必要条件。需要指出的是，这类需求包括现实需求和潜在需求，而以潜在需求分析最为关键。

（4）确定企业信息化不同发展阶段的投资预算。信息化建设必然需要一定的资金和其他资源的投入，在进行信息化规划时要充分考虑到，并做出科学而合理的安排。在安排企业信息化预算时，既要避免不切实际的盲目投入，造成不必要的浪费，也要满足基本需求，以免导致"烂尾工程"和"半截子工程"的出现。

（5）制订必要的促进企业信息化建设的规章制度。企业信息化牵涉面广，实施难度大，制订必要的规章制度，使企业信息化发展有章可循，有据可查，有标准可执行，对加快信息化的顺利发展有重要的促进作用。

此外，还应在企业信息化规划中明确信息化实施效果评估的方法，信息化方案优化等措施，以便在信息化发展中不断总结经验，保证信息化建设的实际效果。

7.2.2 信息化规划与企业战略规划

企业战略是在符合和保证实现企业使命的条件下，在充分利用环境中存在的各种机会和创造新机会的基础上，确定企业与环境的关系，规定企业从事的业务范围、成长方向和竞争对策，合理地调整企业结构和分配企业的全部资源。在全球化和信息化的大背景下，企业生存竞争环境发生了根本变化，企业信息化是企业在信息时代谋求生存和发展的基本条件和必备素质。

1. 信息化战略与企业战略

一方面，随着信息技术的迅猛发展和普及，企业战略的实现已经离不开信息技术和信息系统。也就是说，企业战略需要信息化战略的支持。在进入信息时代的过程中，信息、信息技术和信息系统作为一种资源已不再仅仅起着支撑企业战略的作用，而是在某种程度上决定企业战略。

另一方面，离开企业战略去规划信息系统，犹如建设海市蜃楼。企业信息化规划的价值源泉在于企业价值的实现，在于企业的经营战略和实际业务的需要。也就是说，信息化战略接受企业战略的指导。

企业信息化建设的核心问题是保证企业信息化战略与企业战略的一致性，把企业战略的目标转换为信息系统的战略目标。在企业信息化实践中，如何处理信息化战略与企业战略的关系是一个比较薄弱的环节。在很多企业，二者分别独立运行，缺乏协调和统一，从而导致企业战略缺乏信息系统的支撑，同时，信息系统由于缺少企业战略的指导，而导致其无效或低效。事实上，这也是造成"IT 黑洞"的主要原因之一。

2. 信息化规划与企业战略规划

在实际工作中，信息化规划与企业战略规划总是互相影响、互相促进的。根据企业所处的信息化阶段不同，信息化规划与企业战略规划的关系也略有不同，具体表现为以下三种情况：

（1）当企业处在信息化的初级阶段时，业务部门根据现有的业务流程或管理需要，直接提出信息化需求，IT 部门按照需求实施。例如，财务部门提出财务电算化的需求，生产部门提出库房管理的需求，IT 部门则根据不同部门的需要分别独立实施，这样，就形成了一个完全基于企业组织与业务流程的信息系统结构，其中的各个信息系统分别对应于特定部门或特定业务流程。

（2）当企业处在信息化的中级阶段时，企业制订了整体战略规划，业务部门则根据企业战略，对现有的业务流程和组织结构进行改进，然后由不同的业务部门分别提出信息化需求，由 IT 部门分别独立实施。这时候形成的信息系统结构是与优化后的组织结构和业务流程相适应的。

（3）当企业处在信息化的高级阶段时，企业会根据整体战略规划，通盘考虑各业务部门的信息化需求，制订整体的信息化战略，统一规划，分步实施。这时候建立起来的信息系统结构由企业信息化战略统一指导，并与优化后的组织结构和业务流程相适应。

3. 信息化战略与企业战略的集成

企业的信息化建设，不是为了信息化而信息化，其最终目的是为了满足企业的业务需求。因此，企业在考虑信息化建设时，首先必须明确企业业务对信息化的需求到底是什么。如果企业对自身的业务发展战略和业务结构没有一个清晰的认识，对企业业务的信息化需求没有宏观的把握，那么，它的信息化建设往往不仅不能促进企业业务，反而可能产生负面影响。

信息化战略从企业战略出发，服务于企业战略，同时又影响和促进企业战略。企业战略与信息化战略集成的主要方法有业务与 IT 整合（Business-IT Alignment，BITA）和企业 IT 架构（Enterprise IT Architecture，EITA）。

（1）业务与 IT 整合。BITA 是一种以业务为导向的、全面的 IT 管理咨询实施方法论。从制订企业战略、建立（或改进）企业组织结构和业务流程，到进行 IT 管理和制订过渡计划（Transition Plan），使 IT 能够更好地为企业战略和目标服务。BITA 适用于信息系统不能满足当前管理中的业务需要，业务和 IT 之间总是有不一致的地方。BITA 的主要步骤是：评估和分析企业当前业务和 IT 不一致的领域，整理出企业的业务远景和未来战略，建立业务模型，提出达到未来目标的转变过程建议和初步计划，以及执行计划。

（2）企业 IT 架构。EITA 分析企业战略，帮助企业制订 IT 战略，并对其投资决策进行指导。在技术、信息系统、信息、IT 组织和 IT 流程方面，帮助企业建立 IT 的原则规范、模式和标准，指出 IT 需要改进的方面并帮助制订行动计划。EITA 适用于现有信息系统和 IT 基础架构不一致、不兼容和缺乏统一的整体管理的企业。

根据以上介绍可知，BITA 和 EITA 有相同之处，甚至在某些领域有重叠。在企业信息化实践中，需要根据实际情况，选择其中的一种方法，或者结合使用 BITA 和 EITA 方法进行实施。

7.3 信息系统开发方法

信息系统是一个极为复杂的人机交互系统，它不仅包含计算机技术、通信技术和网络计划，以及其他的工程技术，而且，它还是一个复杂的管理系统，需要管理理论和方法的支持。因此，与其他工程项目相比，信息系统工程项目的开发和管理显得更加复杂，所面临的风险也更大。

同时，由于我国开展信息化工作的时间并不长，用户基础比较薄弱，发达地区和边远地区还存在一些差别，市场变化很大。那么，如何选择一个合适的开发方法，以保证在多变的市场环境下，在既定的预算和时间要求范围内，开发出让用户满意的信息系统，这是系统分析师所必须要面临的问题。

7.3.1 结构化方法

结构是指系统内各个组成要素之间的相互联系、相互作用的框架。结构化方法也称为生命周期法，是一种传统的信息系统开发方法，由结构化分析（Structured Analysis，SA）、结构化设计（Structured Design，SD）和结构化程序设计（Structured Programming，SP）三部分有机组合而成，其精髓是自顶向下、逐步求精和模块化设计。

结构化方法假定待开发的系统是一个结构化的系统，其基本思想是将系统的生命周期划分为系统规划、系统分析、系统设计、系统实施、系统维护等阶段。这种方法遵循系统工程原理，按照事先设计好的程序和步骤，使用一定的开发工具，完成规定的文档，在结构化和模块化的基础上进行信息系统的开发工作。结构化方法的开发过程一般是先把系统功能视为一个大的模块，再根据系统分析与设计的要求对其进行进一步的模块分解或组合。

1. 结构化方法的特点

结构化方法的主要特点是：

（1）开发目标清晰化。结构化方法的系统开发遵循"用户第一"的原则，开发中要保持与用户的沟通，取得与用户的共识，这使得信息系统的开发建立在可靠的基础之上。在开发过程中，开发人员应该始终与用户保持联系，从调查研究入手，充分理解用户的需求和业务活动，不断地让用户了解工作的进展情况，校准工作方向。

（2）开发工作阶段化。结构化方法每个阶段的工作内容明确，注重对开发过程的控制。每个阶段工作完成后，要根据阶段工作目标和要求进行审查，这使各阶段工作有条不紊地进行，便于项目管理与控制。

（3）开发文档规范化。结构化方法每个阶段工作完成后，要按照要求完成相应的文档，以保证各个工作阶段的衔接与系统维护工作的便利。

（4）设计方法结构化。在系统分析与设计时，从整体和全局考虑，自顶向下地分解；

在系统实现时，根据设计的要求，先编写各个具体的功能模块，然后自底向上逐步实现整个系统。

2. 结构化分析

SA 就是根据分解与抽象的原则，按照系统中数据处理的流程，用数据流图（Data Flow Diagram，DFD）来建立系统的功能模型，从而完成需求分析。SA 方法使用抽象模型的概念，按照系统内部数据传递、变换的关系，自顶向下、逐层分解，直至找到满足功能要求的所有可实现的系统为止。SA 方法给出了一组帮助系统分析师产生需求规格说明的方法与技术，一般利用图形来表达用户需求，使用的手段主要有 DFD、数据字典（Data Dictionary，DD）、结构化语言、判定表及判定树等。有关 SA 的详细知识，将在 11.4 节中介绍。

3. 结构化设计

SD 可以进一步细分为概要设计和详细设计两个阶段，它根据模块独立性原则和系统结构准则，将 DFD 转换为系统结构图（也称为模块结构图或控制结构图），用系统结构图来建立系统的物理模型，描述系统分层次的模块结构，以及模块之间的通信与控制关系。SD 方法给出了一组帮助系统设计人员在模块层次上区分设计质量的原理与技术，它通常与 SA 方法衔接起来使用，以 DFD 为基础得到系统的模块结构。SD 方法尤其适用于变换型结构和事务型结构的目标系统。有关 SD 的详细知识，将在 13.3 节中介绍。

4. 结构化程序设计

SP 就是使用某种程序设计语言，将每个模块的功能用相应的标准控制结构（顺序结构、选择结构、循环结构）表示出来，从而实现整个系统。与 SA 和 SD 一样，在 SP 阶段，也要采取自顶向下、逐步求精的方法，把组成系统的各功能模块逐步分解，细化为一系列具体的步骤，进而采用某种程序设计语言以程序代码的方式来实现。

5. 结构化方法的缺点

结构化方法是目前最成熟、应用较广泛的一种工程化方法，它特别适合于数据处理领域的问题，但不适应于规模较大、比较复杂的系统开发。结构化方法的主要不足和局限性体现在以下几个方面：

（1）开发周期长。采用结构化方法进行系统开发，按照顺序历经各个阶段，直到系统实施阶段结束后，用户才能使用系统。业界把这种现象形象地比喻为"只闻其声，不见其人"。这样，一方面使用户在较长的时间内不能得到（甚至无法感觉到）一个可实际运行的物理系统；另一方面，由于开发周期长，系统的环境（例如，市场环境、业务结构等）必定会有变化，这就使得最后开发出来的系统在投入使用之前就已经面临淘汰，这种系统难以适应环境变化。

（2）难以适应需求变化。在信息系统项目中，用户需求的变化是不可避免的，然而，结构化方法要求系统分析师在系统分析阶段充分掌握和理解用户需求。否则，如果在系统分析阶段需求不明确，或者需求经常变更，就会导致后续的开发过程返工甚至无法进行。这是很多信息系统项目失败的主要原因之一，因为系统分析师不一定是用户业务领域的行业专家，可能与用户"隔行如隔山"，交流起来比较困难，想一次性就准确描述用户的需求的企图注定是个幻想。

（3）很少考虑数据结构。结构化方法是一种面向数据流的开发方法，比较注重系统功能的分解与抽象，兼顾数据结构方面不多。尽管结构化方法也包括数据建模和数据库设计，但它仍是以模块为系统开发的核心环节，而且，从 SA 阶段的 DFD 到 SD 阶段的模块结构图的转变也比较困难。

以上问题在实际应用中有的已经解决，同时也产生了其他一些方法，例如，原型法、面向对象方法等。

6. 结构化方法的贡献

结构化方法属于自顶向下的开发方法，强调开发方法的结构合理性，以及所开发系统的结构合理性，它提出了一组提高系统结构合理性的准则，例如，分解与抽象、模块独立性、信息隐蔽等。这些准则不但可以用在结构化方法中，也可以用在其他的开发方法中。例如，信息隐蔽就是面向对象方法的一个核心思想。

结构化方法的另一个贡献在于，它明确划分了系统规划、系统分析、系统设计、系统实施、系统维护等阶段，后来发展的一些开发方法，从本质上还是遵循着这些阶段，只是在每个阶段所使用的工具和技术不同而已。

7.3.2 面向对象方法

面向对象（Object-Oriented，OO）方法认为，客观世界是由各种"对象"组成的，任何事物都是对象，每一个对象都有自己的运动规律和内部状态，都属于某个对象"类"，是该对象类的一个元素。复杂的对象可由相对简单的各种对象以某种方式而构成，不同对象的组合及相互作用就构成了系统。

OO 方法是当前的主流开发方法，拥有很多不同的分支体系，主要包括 OMT（Object Model Technology，对象建模技术）方法、Coad/Yourdon 方法、OOSE（Object-Oriented Software Engineering，面向对象的软件工程）方法和 Booch 方法等，而 OMT、OOSE 和 Booch 已经统一成为统一建模语言（United Model Language，UML）。

1. 基本概念

（1）对象。在计算机系统中，对象是指一组属性及这组属性上的专用操作的封装体。属性可以是一些数据，也可以是另一个对象。每个对象都有它自己的属性值，表示该对象的状态，用户只能看见对象封装界面上的信息，对象的内部实现对用户是隐蔽的。一个对象通常可由三部分组成，即对象名、属性和方法。

（2）类。类是一组具有相同属性和方法的对象的集合。一个类中的每个对象都是这个类的一个实例（instance）。在系统分析和设计时，通常要把注意力集中在类上，而不是具体的对象上。每个类一般都有实例，没有实例的类是抽象类。抽象类不能被实例化（不能用 new 关键字去产生对象），抽象方法只需声明，而不需实现。是否建立了丰富的类库是衡量一个 OO 程序设计语言成熟与否的重要标志之一。

（3）继承。继承是在某个类的层次关联中不同的类共享属性和方法的一种机制。父类与子类的关系是一般与特殊的关系，一个父类可以有多个子类，这些子类都是父类的特例。父类描述了这些子类的公共属性和方法，子类还可以定义它自己的属性和方法。一个子类只有唯一的父类，这种继承称为单一继承；一个子类有多个父类，可以从多个父类中继承特性，这种继承称为多重继承。对于两个类 A 和 B，如果 A 是 B 的子类，则 B 是 A 的泛化（generalization）。继承是 OO 方法区别于其他方法的一个核心思想。

（4）封装。面向对象系统中的封装单位是对象，对象之间只能通过接口进行信息交流，对象外部不能对对象中的数据随意地进行访问。封装的目的是使对象的定义和实现分离，这样，就能减少耦合，类内部的实现可以自由改变而不会影响其他的类或对象。同时，类具有严密的接口保护，使对象的属性或服务不会随意地被使用，对象的状态易于控制，可靠性随之增强。

（5）消息。消息是对象之间通信的手段，一个对象通过向另一个对象发送消息来请求其服务。一个消息通常包括以下信息：提供服务的对象标识、服务类型和相关参数（输入信息和回答信息）。要求服务的消息具有特定的格式和输入参数，这种规定也称为消息协议。消息只告诉接收对象需要完成什么操作，但并不指示接收对象怎样去完成这个操作。

（6）多态。多态是指同一个操作作用于不同的对象时可以有不同的解释，并产生不同的执行结果。多态有多种不同的形式，其中参数多态（同一对象、方法能以一致的形式用于不同的类型）和包含多态（定义于不同类中的同名方法的多态行为）统称为通用多态，过载多态（同一方法名表示不同的功能）和强制多态（通过语义操作把一个属性的类型加以改变）称为特定多态。从实现的角度来看，多态可划分为两类，即编译时的多态和运行时的多态。前者是在编译的过程中确定了同名方法的具体操作对象，而后者则是在程序运行过程中才动态确定方法所针对的具体对象。按照绑定进行阶段的不同，可以分为两种不同方法，即静态绑定和动态绑定，这两种绑定过程分别对应着多态的两种实现方式。

2．OO 方法的过程

与结构化方法类似，面向对象方法也包括面向对象的分析（Object-Oriented Analysis，OOA）、面向对象的设计（Object-Oriented Design，OOD）和面向对象的程序设计（Object-Oriented Programming，OOP）三个阶段。

OOA 的任务是了解问题域所涉及的对象、对象间的关系和操作，然后构造问题的对象模型。问题域是指一个包含现实世界事物与概念的领域，这些事物和概念与所设计的系统要解决的问题有关。在这个过程中，抽象是最本质和最重要的方法。针对不同的问题，可以选择不同的抽象层次，过简或过繁都会影响到对问题的本质属性的了解和解决。有关 OOA 的详细知识，将在 11.5 节中介绍。

OOD 在分析对象模型的基础上，设计各个对象、对象之间的关系（例如，层次关系、继承关系等）和通信方式（例如，消息模式）等，其主要作用是对 OOA 的结果作进一步的规范化整理，以便能够被 OOP 直接接受。有关 OOD 的详细知识，将在 13.4 节中介绍。

OOP 指系统功能的编码，实现在 OOD 阶段所规定的各个对象所应完成的任务。它包括每个对象的内部功能的实现，确立对象哪一些处理能力应在哪些类中进行描述，确定并实现系统的界面、输出的形式等。有关 OOP 的详细知识，将在 14.1 节中介绍。

另外，由于 OO 方法所开发出来的系统具有其自身的特征，与结构化系统相比，对于面向对象系统的测试（Object-Oriented Testing，OOT）也需要采用不同的技术和方法。OOT 目前也逐渐独立出来，成为一个学科分支。有关这方面的详细知识，将在 14.4 节中介绍。

3．Coad/Yourdon 方法

Coad/Yourdon 方法特别强调 OOA 和 OOD 采用完全一致的概念和表示法，使分析和设计之间不需要表示法的转换。该方法的特点是表示简炼、易学，对于对象、结构、服务的认定较系统、完整，可操作性强。

在 Coad/Yourdon 方法中，OOA 的任务主要是建立问题域的分析模型。分析过程和构造 OOA 概念模型的顺序由 5 个层次组成，分别是类与对象层、属性层、操作层、结构层和主题层，它们分别表示分析的不同侧面。OOA 需要经过 5 个步骤来完成整个分析工作，即标识对象类、标识结构与关联（包括继承、聚合、组合、实例化等）、划分主题、定义属性和定义操作。

OOD 中将继续贯穿 OOA 中的 5 个层次和 5 个活动，它由 4 个部分组成，分别是人机交互组件、问题域组件、任务管理组件和数据管理组件，其主要的活动就是这 4 个组件的设计工作。

4．Booch 方法

Booch 最先描述了 OO 方法的基础问题，指出 OO 方法是一种根本不同于传统的功能分解的设计方法。OO 的系统分解更接近人对客观事务的理解，而功能分解只通过问题空间的转换来获得。

Booch 认为系统开发是一个螺旋上升的过程，每个周期包括 4 个步骤，分别是标识类和对象、确定类和对象的含义、标识关系、说明每个类的接口和实现。Booch 方法的开发模型包括静态模型和动态模型，静态模型分为逻辑模型（类图、对象图）和物理模型（模块图、进程图），用来描述系统的构成和结构。动态模型包括状态图和顺序图，用来描述对象的状态变化和交互过程。有关这些图形的详细知识，将在 11.5.1 节中介绍。

5. OMT 方法

OMT 方法使用了建模的思想，讨论如何建立一个实际的应用模型，包括对象模型、动态模型和功能模型。对象模型描述系统中对象的静态结构、对象之间的关系、属性和操作，主要用对象图来实现；动态模型描述与时间和操作顺序有关的系统特征，例如，激发事件、事件序列、确定事件先后关系的状态等，主要用状态图来实现动态模型；功能模型描述一个计算如何从输入值得到输出值，它不考虑计算的次序，主要用 DFD 来实现功能模型。简单地说，功能模型指出发生了什么，动态模型确定什么时候发生，而对象模型确定发生的客体。

OMT 方法通常包括 4 个活动：系统分析、系统设计、对象设计和实现。其中，分析就是实现 OOA 的任务，系统设计确定整个系统的架构，对象设计建立基于分析模型的设计模型并考虑实现细节，实现是将所设计的对象类及其关系转换为程序设计语言、数据库或硬件的实现。

6. OOSE

OOSE 在 OMT 的基础上，对功能模型进行了补充，提出了用例（use case）的概念，最终取代了 DFD 来进行需求分析和建立功能模型。OOSE 方法采用 5 类模型来建立目标系统，即需求模型、分析模型、设计模型、实现模型和测试模型。

OOSE 的开发活动主要分为三类：分析、构造和测试。其中分析过程分为需求分析和健壮性分析两个子过程，分析活动分别产生需求模型和分析模型；构造活动包括设计和实现两个子过程，分别产生设计模型和实现模型；测试过程包括单元测试、集成测试和系统测试三个过程，共同产生测试模型。

用例是 OOSE 中的重要概念，在开发各种模型时，它是贯穿 OOSE 活动的核心，描述了系统的需求及功能。用例实际上是描述系统参与者（既可以是用户，也可以是与系统交互的其他系统）对于系统的使用情况，是从参与者的角度来确定系统的功能。因此，首先必须分析、确定系统的参与者，然后进一步考虑参与者的主要任务和使用方式，再识别出所使用的事件，即用例。有关用例图的知识，将在 11.5.1 节中介绍；有关用例模型的知识，将在 11.5.2 节中介绍。

7. 与结构化方法的结合

OO 方法使系统的描述及信息模型的表示与客观实体相对应，符合人们的思维习惯，有利于系统开发过程中用户与开发人员的交流和沟通，缩短开发周期，提供系统开发的正确性和效率。OO 方法可以普遍适用于各类信息系统的开发，但是，OO 方法也存在明显的不足。例如，必须依靠一定的 OO 技术支持，在大型项目的开发上具有一定的局限性，不能涉足系统分析以前的开发环节。

当前，一些大型信息系统的开发，通常是把结构化方法和 OO 方法结合起来。首先，使用结构化方法进行自顶向下的整体划分；然后，自底向上地采用 OO 方法开发系统。因此，结构化方法和 OO 方法仍是两种在系统开发领域中相互依存的、不可替代的方法。

本书后续章节有关系统分析、系统设计、系统测试等内容中，将分别包含这两种方法的介绍，以便读者同时理解这两种方法，并比较它们各自的优势和缺点。

7.3.3 面向服务方法

OO 的应用构建在类和对象之上，随后发展起来的建模技术将相关对象按照业务功能进行分组，就形成了构件（component）的概念。对于跨构件的功能调用，则采用接口的形式暴露出来。进一步将接口的定义与实现进行解耦，则催生了服务和面向服务（Service-Oriented，SO）的开发方法。由此可见，面向对象、基于构件、面向服务是三个递进的抽象层次。

从企业应用的角度来看，企业内部、企业与企业之间各种应用系统的互相通信和互操作性直接影响着企业对信息的掌握程度和处理速度。如何使信息系统快速响应需求与环境变化，提高系统可复用性、信息资源共享和系统之间的互操作性，成为影响企业信息化建设效率的关键问题，而 SO 的思维方式恰好满足了这种需求。

1. 服务的概念

万维网联盟（World Wide Web Consortium，W3C）将服务定义为"服务提供者完成一组工作，为服务使用者交付所需的最终结果"。服务是一种为了满足某项业务需求的操作、规则等的逻辑组合，它包含一系列有序活动的交互，为实现用户目标提供支持。

服务的概念很容易与对象的概念相混淆。事实上，对象主要是面向系统的，侧重描述的是程序概念上的内容；而服务是面向业务的，总是与业务紧密联系。此外，对象的粒度级别主要集中在类级，这种程度的抽象级别对于业务服务来说则显得过低；服务从更广泛、更整体的角度来对待功能的实现，并使用与实现细节无关的标准化接口来构建。服务给业务带来了灵活性和敏捷性，它们通过松散耦合、封装和信息隐藏使重构更加容易。有关服务的详细知识，将在 12.5.1 节中介绍。

2. SO 分析与设计

SO 方法有三个主要的抽象级别：操作、服务和业务流程。位于最低层的操作代表单个逻辑单元的事物，执行操作通常会导致读、写或修改一个或多个持久性数据。服务的操作类似于对象的方法，它们都有特定的结构化接口，并且返回结构化的响应；位于第二层的服务代表操作的逻辑分组；最高层的业务流程则是为了实现特定业务目标而执行的一组长期运行的动作或活动，包括依据一组业务规则按照有序序列执行的一系列操作。其中操作的排序、选择和执行成为服务或流程的编排，典型的情况是调用已编排的服务来响应业务事件。

从建模的观点来看，SO 带来的主要挑战是如何描述操作、服务和流程抽象的特征，以及如何系统地构建它们。针对这个问题，Olaf Zimmermann 和 Pal Krogdahl 综合了 OOA、OOD、企业架构（Enterprise Architecture，EA）和业务流程建模（Business Process Modeling，BPM）中的适当原理，将这些规则中的原理与许多独特的新原理组合起来，提出了面向服务的分析与设计（Service-Oriented Analysis and Design，SOAD）的概念，OOA/OOD、EA 和 BPM 分别从基础设计层、应用结构层和业务组织层三个层次上为 SOAD 提供理论支撑。其结构如图 7-2 所示。

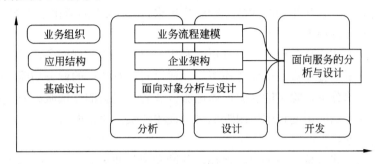

图 7-2 SOAD 结构图

（1）基础设计层。采用 OOA 和 OOD 的思想，其主要目标是能够进行快速而有效的设计、开发，以及执行灵活且可扩展的底层服务构件。对于设计服务中的底层类和构件结构，OO 是一种很有价值的方法。但是，OO 方法在 SOAD 实践中存在着一些问题，例如，OO 的抽象级别太低，继承的强关联性使相关方之间产生一定程度的紧耦合。与此相反，SOAD 试图通过松耦合来促进灵活性和敏捷性。这使得 OO 方法难以与 SOAD 保持一致。

（2）应用结构层。采用 EA 的理论框架。企业信息系统建设是一个庞大的工程，其中可能会涉及到众多的业务流水线和组织单元（部门）。因此，需要应用 EA，以努力实现各解决方案之间架构的一致性。在 SOAD 中，应用结构层以表示业务服务的逻辑构件为中心，并且集中于定义服务之间的接口和服务级协定。

（3）业务组织层。采用 BPM 规则。BPM 是一个不完整的规则，其中有许多不同的形式、表示法和资源，其中应用较为广泛的是 UML。SOAD 以现有的 BPM 方法为起点，以服务流程编排模型为补充。此外，SOAD 中的流程建模必须与用例设计保持同步。有关 BPM 的详细知识，将在 10.6.4 节中介绍。

3. 服务建模

服务建模的过程实际上是进行流程分解，对业务目标和现有系统（在不引起混淆的情况下，本书的"现有系统"既可以是计算机信息系统，也可以是纯手工的流程）进行分析，发现候选服务，并对其进行分类，确定哪些服务可被暴露，最终实现服务和架构设计的过程。按照实施的阶段，服务建模可以分为服务发现、服务规约和服务实现三个阶段。

（1）服务发现。采用自上而下、自下而上和中间对齐的方式，得到候选服务。

自上而下的方式也称为业务领域分解，从业务着手进行分析，将业务进行领域分解、流程分解和变化分析。业务领域分解的结果（业务范围）是一个业务概念，可以无缝映射到信息系统范畴;流程分解将业务流程逐级分解成子流程或者业务活动,直到每个业务活动都是具备业务含义的最小单元。流程分解得到的业务活动树上的每一个节点,都是服务的候选者。变化分析的目的是将业务领域中易变的部分和稳定的部分区分开来,通过将易变的业务逻辑与相关的业务规则剥离出来,保证未来的变化不会破坏现有设计,提升架构应对变化的能力。

自下而上的方式也称为已有资产分析,利用已有资产来实现服务,已有资产包括现有系统、定制应用、行业规范或业务模型等。通过对已有资产的业务功能、技术平台、架构和实现方式的分析,除了能够验证候选服务或者发现新的候选服务外,还能够通过分析现有系统、定制应用的技术局限性尽早验证服务实现决策的可行性,为服务实现决策提供重要的依据。

中间对齐的方式也称为业务目标建模,帮助发现与业务对齐(支持相关的业务流程和业务目标)的服务,并确保关键的服务在业务领域分解和已有资产分析的过程中没有被遗漏。将业务目标分解成子目标,然后分析哪些服务是用来实现这些子目标的。在这个过程中,为了可以度量这些服务的执行情况并进而评估业务目标,会发现关键业务指标、度量值和相关的业务事件。

(2)服务规约。对候选服务进行分类,根据是否便于复用和组装,是否具有业务对齐性来决定是否将服务暴露。同时,需要考虑服务的信息系统特性。服务规约还包括服务编排、服务库和服务总线中间件模式的设计等过程。

(3)服务实现。根据对业务领域的理解和现有系统的分析,将服务的实现分配到相应的服务构件中,并决定服务的实现方式。具体的实现方式既可以由现有系统暴露相关功能为服务,或者重新开发相关功能提供服务,也可以由合作伙伴来提供服务。无论采用哪种方式,系统分析师都需要对于关键点进行技术可行性分析。

4. 与 OO 方法的比较

SO 方法加强了系统的灵活性、可复用性和可演化性,并给信息系统开发带来了新的思路,单纯应用过去的技术已经无法完全满足这种方法的需要,因为服务基础架构基于粗粒度、松散耦合和基于标准的服务,这使得信息系统的建设能够保持主动,这种方法使信息系统能够通过自身和业务的转换来应对市场挑战。

尽管 SO 方法是一种新的概念,是一种思维方式的改变,但是,它并不是一种新的方法学,在它的原则与原理中仍可以见到许多熟悉的影子。SO 的系统并不排除使用 OOD 来构建单个服务,由于它考虑到了系统内的对象,所以 SO 方法是基于对象的。但是,作为一个整体,它却不是 OO 的。虽然 OO 和 SO 的目标都是为了实现构件化,但思考的角度不同,它们之间是螺旋上升的关系。SO 是 OO 的具有跳跃性的升级版本,强调的是业务本身,看重的是最终结果,对企业来讲,更有现实意义。

目前,SO 方法是一个较新的领域,许多研究和实践还有待进一步深入。但是,它代表着不拘泥于具体技术实现方式的一种新的系统开发思想,已经成为企业信息系统建设的大趋势,越来越多的企业开始实施 SO 的信息系统。

7.3.4 原型化方法

结构化方法和面向对象方法有一个共同点,即在系统开发初期必须明确系统的功能要求,确定系统边界。从工程学角度来看,这是十分自然的:解决问题之前必须明确要解决的问题是什么。然而,对于信息系统建设而言,明确问题本身不是一件轻松的事情。

原型化方法也称为快速原型法,或者简称为原型法。它是一种根据用户初步需求,利用系统开发工具,快速地建立一个系统模型展示给用户,在此基础上与用户交流,最终实现用户需求的信息系统快速开发的方法。

1. 原型的概念和分类

通常,原型是指模拟某种产品的原始模型。在系统开发中,原型是系统的一个早期可运行的版本,它反映最终系统的部分重要特性。如果在获得一组基本需求说明后,通过快速分析构造出一个小型的系统,满足用户的基本要求,使得用户可在试用原型系统的过程中得到亲身感受和受到启发,做出反应和评价,然后开发者根据用户的意见对原型加以改进。随着不断试验、纠错、使用、评价和修改,获得新的原型版本,如此周而复始,逐步减少分析和通信中的误解,弥补不足之处,进一步确定各种需求细节,适应需求的变更,从而提高了最终产品的质量。

从原型是否实现功能来分,可分为水平原型和垂直原型两种。水平原型也称为行为原型,用来探索预期系统的一些特定行为,并达到细化需求的目的。水平原型通常只是功能的导航,但并未真实实现功能。水平原型主要用在界面上;垂直原型也称为结构化原型,实现了一部分功能。垂直原型主要用在复杂的算法实现上。

从原型的最终结果来分,可分为抛弃式原型和演化式原型。抛弃式原型也称为探索式原型,是指达到预期目的后,原型本身被抛弃。抛弃式原型主要用在解决需求不确定性、二义性、不完整性、含糊性等;演化式原型为开发增量式产品提供基础,逐步将原型演化成最终系统。主要用在必须易于升级和优化的场合,适用于 Web 项目。

2. 原型法的开发过程

原型法的开发过程如图 7-3 所示。

(1)确定用户基本需求。在系统分析师和用户的紧密配合下,快速确定系统的基本需求。这些需求可能是不完全的、粗略的,但却是最基本的、易于描述和定义的。这个阶段一般不产生对外的正式文档,但对于大型系统而言,应该形成一个初步需求文档。

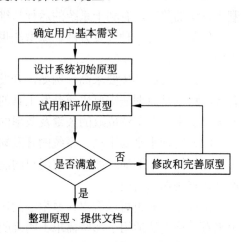

图 7-3 原型法的开发过程

（2）设计系统初始原型。在快速分析的基础上，根据基本需求，尽快实现一个可运行的系统。构造原型时要注意两个基本原则，即集成原则（尽可能用现有系统和模型来构成，这需要相应的原型工具）和最小系统原则（耗资一般不超过总投资的10%）。

（3）试用和评价原型。用户在开发人员的协助下试用原型，根据实际运行情况，评价系统的优点和不足，指出存在的问题，进一步明确用户需求，提出修改意见。

（4）修正和完善原型。根据修改意见和新的需求进行修改。如果用修改原型的过程代替快速分析，就形成了原型开发的迭代过程。开发人员和用户在一次次的迭代过程中不断将原型完善，以接近系统的最终要求。

（5）整理原型和提供文档。如果经过修改或改进的原型，得到参与者一致认可，则原型开发的迭代过程可以结束。

根据以上介绍可知，利用原型法，可为系统开发提供一种完整的、灵活的、近似动态的需求规格说明方法。

3. 原型法的特点

从原型法的开发过程可以看出，原型法从原理到流程都是十分简单的，并无任何高深的理论和技术，所以得到了广泛应用。原型法的特点主要体现在以下几个方面：

（1）原型法可以使系统开发的周期缩短、成本和风险降低、速度加快，获得较高的综合开发效益。

（2）原型法是以用户为中心来开发系统的，用户参与的程度大大提高，开发的系统符合用户的需求，因而增加了用户的满意度，提高了系统开发的成功率。

（3）由于用户参与了系统开发的全过程，对系统的功能和结构容易理解和接受，有利于系统的移交，有利于系统的运行与维护。

但是，作为一种开发方法，原型法也不是万能的，它也有不足之处，主要体现在以下两个方面：

（1）开发的环境要求高，例如，开发人员和用户的素质、系统开发工具、软硬件设备等，特别是原型法需要快速开发工具的支持，开发工具的水平是原型法能否顺利实施的第一要素。原型法成败的关键及效率的高低，在于原型构建的速度。

（2）管理水平要求高。系统的开发缺乏统一的规划和开发标准，难以对系统的开发过程进行控制。例如，如何确定用户的满意程度，如何控制对系统原型的修改次数等，都是较难协调的问题。

由以上的分析可以看出，原型法的优点主要在于能更有效地确认用户需求。从直观上来看，原型法适用于那些需求不明确的系统开发。事实上，对于分析层面难度大、技术层面难度不大的系统，适合于原型法开发；而对于技术层面的困难远大于其分析层面的系统，则不宜用原型法。

从严格意义上来说，目前的原型法不是一种独立的系统开发方法，而只是一种开发思想，它只支持在系统开发早期阶段快速生成系统的原型，没有规定在原型构建过程中必须使用哪种方法。因此，它不是完整意义上的方法论体系。这就注定了原型法必须与其他信息系统开发方法结合使用，用原型法进行需求获取和分析，以经过修改、确定的原型系统作为系统开发的依据，在此基础上完善用户需求规格说明书。

7.4 信息系统战略规划方法

信息系统战略规划（Information System Strategic Planning，ISSP）是从企业战略出发，构建企业基本的信息架构，对企业内、外信息资源进行统一规划、管理与应用，利用信息控制企业行为，辅助企业进行决策，帮助企业实现战略目标。

ISSP方法经历了三个主要阶段，各个阶段所使用的方法也不一样。第一个阶段主要以数据处理为核心，围绕职能部门需求的信息系统规划，主要的方法包括企业系统规划法、关键成功因素法和战略集合转化法；第二个阶段主要以企业内部管理信息系统为核心，围绕企业整体需求进行的信息系统规划，主要的方法包括战略数据规划法、信息工程法和战略栅格法；第三个阶段的方法在综合考虑企业内外环境的情况下，以集成为核心，围绕企业战略需求进行的信息系统规划，主要的方法包括价值链分析法和战略一致性模型。

7.4.1 企业系统规划法

企业系统规划（Business System Planning，BSP）方法是IBM公司于20世纪70年代提出的一种方法，主要用于大型信息系统的开发。BSP方法是企业战略数据规划方法和信息工程方法的基础，也就是说，战略数据规划方法和信息工程方法是在BSP方法的基础上发展起来的。因此，理解BSP方法，对于全面掌握信息系统开发方法是有帮助的。BSP方法的目标是提供一个信息系统规划，用以支持企业短期的和长期的信息需求。

1. BSP方法的原则

采用BSP方法的前提是，在企业内有改善信息系统的要求，并且有为建设这一系统而建立总的战略的需要。因而，BSP的基本概念与企业信息系统的长期目标有关。BSP方法遵循以下原则：

（1）信息系统必须支持企业的战略目标。BSP可以看作是一个转化过程，即把企业的战略目标转化为信息系统的战略目标。

（2）信息系统的战略应当表达出企业各个管理层次的需求。对任何企业而言，都同时存在三个不同的层次：战略计划层、管理控制层和操作控制层。战略计划层是决定企业的目标，以及达到这些目标所需要的资源，获取、使用、分配这些资源的策略的过程；通过管理控制层，管理人员确认资源的获取，以及企业目标是否有效地使用了这些资源；操作控制层保证有效率地完成具体的任务。

（3）信息系统应该向整个企业提供一致的信息。把数据作为一种企业资源加以确定，为了使每个用户更有效地使用这些数据，要对这些数据进行统一规划、管理和控制，以确保数据的一致性。

（4）信息系统应该适应企业组织结构和管理体制的改变。BSP采用了企业发展过程的概念，这种技术独立于企业组织结构的各种因素。

（5）信息系统战略规划应当由总体信息系统结构中的子系统开始实现。对大型信息系统而言，BSP采取的是自上而下的系统规划，自下而上的分步实现。

由于BSP方法所得到的规划是随着时间的推移而发生变化的，它只是某个时间内对企业信息资源的最佳认识，因此，BSP方法的真正价值在于创造一种环境和提出初步的行动计划，使企业能根据这个计划对将来的系统和优先次序的改变做出积极响应，不至于造成设计的重大失误。

2. BSP方法的步骤

BSP方法是通过全面调查，分析企业信息需求，制订信息系统总体方案的一种方法。其活动步骤如图7-4所示。

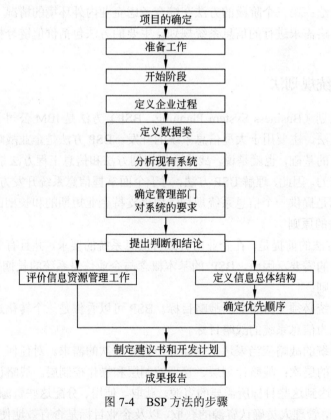

图7-4 BSP方法的步骤

从图7-4中可以总结出BSP方法的4个基本步骤：定义管理目标、定义管理功能、定义数据分类和定义信息结构。

3. 前期准备工作

众所周知，信息化是"一把手"工程。BSP 的经验也说明，除非得到了最高领导者和某些最高管理部门参与规划的承诺，否则，不要贸然开始系统规划。取得领导同意以后，就可以开始准备工作了。具体来说，BSP 的准备工作包括以下几个方面的内容：

（1）确定系统规划的范围，成立系统规划组（System Planning Group，SPG）。最重要的任务就是选择 SPG 组长，要有一位企业领导用全部时间参加规划工作并指导 SPG 的活动。SPG 一般设秘书一名、若干调查小组（其成员除专职的系统分析师外，还需要有经验的管理人员）、一个协调组和若干顾问（一般聘请有经验的信息系统专家担任）。

（2）收集数据，包括企业的一般情况和现有系统的情况，将涉及到有关制订企业计划的数据、有关组织结构的数据、有关业务活动的数据、现有系统的环境数据和当前技术环境的数据。收集有关数据后，形成正式的文档并进行分类，包括业务文档、技术文档和系统文档。然后，对这些文档进行评审。

（3）制订计划，画出系统规划工作的 PERT 图和甘特图，准备好各种调查表和调查提纲。

（4）开好介绍会。全体 SPG 成员和系统规划所涉及到的部门负责人都应出席介绍会，并由最高层的领导主持介绍会。介绍会的内容包括：宣布系统规划的业务领导，正式成立 SPG；SPG 介绍规划范围、工作进度、目标系统的设想和关键问题，并介绍准备过程中收集到的资料。

4. 定义企业过程

企业过程是企业资源管理所需要的、逻辑相关的一组决策和活动，定义企业过程可以作为识别信息系统的基础，按照企业过程所开发的信息系统，在企业组织结构发生变化时可以不必改变，也就是说，可以使信息系统尽量地独立于组织结构。

定义企业过程主要涉及到三类资源：战略计划与管理控制、产品/服务和支持性资源。定义企业过程根据企业目标分别从这三个方面来完成识别资源任务，然后进一步分析、合并、调整或删除，最后得到企业过程分解系统。

（1）战略计划与管理控制过程。从准备工作阶段收集到的有关计划、关键成功因素和它们的度量标准等信息，一般可被组合成战略计划与管理控制类。战略计划是长远计划或发展规划，管理控制是操作计划、管理计划和资源计划。

（2）产品/服务过程。识别企业的产品/服务，按产品/服务的生命周期的各阶段（产生阶段、获得阶段、服务阶段、归宿阶段）识别过程，画出过程的总流程图，对每个过程给出说明。例如，产品在服务阶段有库存控制、质量控制、包装存储等业务过程。

（3）支持性资源过程。BSP 方法对支持性资源的描述是"企业为实现其目标时的消耗和使用物"。基本的支持性资源有材料、资金、设备和人员 4 类，需要对每个支持性资源，按生命周期各阶段（与产品/服务过程相同）进行识别过程。例如，人员在获得阶段有招聘、平行调动、上级安排等业务过程。

识别了上述三个过程之后，SPG 就需要对过程进行归并，减少过程在层次上的不一致性,归并有共性的过程。BSP 方法认为,正常情况下一般有 4~12 个过程组,而便于规划的过程的最大数量是 60 个。过程归并结束后,就要将每个过程组合和它的过程都列在一张表格上。BSP 方法用建立过程/组织(Process/Organization,PO)矩阵的方法,把企业组织结构与企业过程联系起来,它说明了每个过程与组织的联系和其决策人。例如,表 7-1 是一个简单的 PO 矩阵示例。其中"√"代表负责和决策,"⊥"代表过程主要涉及,"+"代表过程有涉及,空白表示过程不涉及。

表 7-1 简单的 PO 矩阵示例

过程	组织	总裁	财务副总裁	销售副总裁
人事	人员计划	√	⊥	
	招聘培训			
	赔偿	√	⊥	+

PO 矩阵有助于明确调查对象、决定过程负责人提出的问题,以及作为企业管理系统手册的一个索引。建立 PO 矩阵之后,就要识别关键的过程,以便决定对企业的哪些部门做更详细的研究。

企业过程是后续活动的基础,其根本作用是了解使用信息系统来支持企业的需求和机会。在企业过程定义中,应该要获得下列结果和资料:过程组和它们所含过程的目录、各个过程的说明、关键过程名、产品/服务流程图,以及 SPG 对整个企业的理解和分析。

5. 定义数据类

识别了企业过程之后,就要以企业资源为基础,通过其数据的类型识别出数据类。数据类是指支持企业过程所必要的逻辑上相关的数据,即数据按逻辑相关性归成类。数据类型是和信息生命周期(需求、分配、经营管理、获取)有关的,一般可分为存档类(库存类)、事务类、计划类和统计类(综合类)。

定义数据类的基本方法仍然是对企业的基本活动进行调查研究。一般采用实体法和功能法分别进行,然后互相参照,归纳出数据类。实体法首先列出企业资源(一般来说要列出 7~15 类资源),再列出一个资源/数据(Resource/Data,RD)矩阵,如表 7-2 所示。

表 7-2 简单的 RD 矩阵示例

数据类型	企业资源	产品	顾客	设备	材料	厂商	资金	人事
存档数据		产品零部件	客户	设备机器负荷	原材料付款单	厂家	财务会计总账	雇员工资
事务数据		订购		运输		材料接收	收款/付款	
计划数据		产品计划	销售区域市场计划	设备计划能力计划	材料需求生产安排表		预算	人员计划
统计数据		产品需求	销售历史	设备利用率	分类需求	厂家行为	财务统计	生产率

功能法也称为过程法,它利用所识别的企业过程,分析每个过程的输入数据类和输出数据类,与 RD 矩阵进行比较并调整,最后归纳出系统的数据类。功能法可以用 IPO(Input-Process-Output,输入-处理-输出)图表示。

企业过程和数据类定义好后,可以得到一张过程/数据类表格,表达企业过程与数据类之间的联系。然后,以企业过程为行,以数据类为列,按照企业过程生成数据类关系填写 C(Create),使用数据类关系填写 U(User),形成 CU 矩阵,如表 7-3 所示。

表 7-3 简单的 CU 矩阵示例

数据类 企业过程	顾客	预算	产品	费用	销售	价格	计划
市场分析	U		U		U	U	U
产品调查	U		U		U	U	
销售预测	U	C	U		U	U	C
财务计划		U		U			C

在初始的 CU 矩阵中,数据类和企业过程是随机排列的,需要进一步根据功能组合和数据类进行调整。最后,根据调整后的 CU 矩阵就可以形成一个个的子系统。

6. 分析现有系统

分析现有系统的步骤包括考察信息系统对过程的支持,识别当前的数据使用情况。

(1)在整个企业范围内,利用 PO 矩阵了解现有系统对各个企业过程的支持,并分别进行标注,例如,没有得到当前系统支持的过程、只得到部分支持的过程、有重复支持的过程等。

(2)在现有数据类中,利用 CU 矩阵了解有多少个数据类被不同的系统共享。

7. 确定管理部门对系统的要求

BSP 的出发点是管理部门对系统的要求。一般情况下,这种要求是通过 10~20 位高层管理人员进行 2~4 个小时面谈得到的。面谈的目的是核实已经得到的材料,明确企业未来的发展方向;确定企业存在的问题,并将其与过程、数据类联系;提出解决问题可能的办法和确定潜在的效益。面谈的具体方法和过程与需求获取中的面谈法是一样的,请阅读 11.2.1 节。

8. 提出判断和结论

在收集情况的工作基本结束后,接下来的任务就是要对得到的事实加以分析,得出必要的结论。提出判断和结论需要按照以下步骤进行:检查前期工作的情况、确定判断和结论的范畴、把问题分类、判断和结论成文。

9. 定义信息总体结构

企业的信息结构图描述了每个系统的范围、产生、控制和使用的数据,系统之间的关系,对给定过程的支持,以及子系统间的数据共享。信息结构图是企业长期数据资源规划的图形表示,是现在和将来信息系统开发和运行的蓝图。为了将复杂的大型信息系统分解成便于理解和实现的部分，一般将信息系统分解为若干个相对独立而又相互联系的子系统，即信息系统的主要系统。通过将过程和由它们产生的数据类分组、归并，形成主要系统。

10. 确定优先顺序

对于众多的子系统，需要确定优先顺序，其过程是：确定选择的标准、对子系统进行排序、描述优先子系统、选择实施方法。

系统逻辑优先顺序的确定，主要依据 4 个方面的需求，分别是需求、对企业的影响、潜在的利益分析和成功的可能性。BSP 方法建议，把每个方面划分成 1～10 个等级，确定实施顺序，绘制图形，以便强调最迫切需求的子系统。为了方便管理人员对优先子系统进行评价，SPG 应建立其详细资料，包括企业过程和数据类字典、问题分析表、PO 矩阵、CU 矩阵和 RD 矩阵，以及结论等。

11. 评价信息资源管理工作

信息资源管理是指企业在业务活动中（例如，生产和经营活动）对信息的产生、获取、处理、存储、传输和使用进行全面的管理。信息资源与人力、物力、财力和自然资源一样，都是企业的重要资源，应该像管理其他资源那样管理信息资源。有关信息资源管理的详细知识，将在 7.6 节中介绍。

12. 制订建议书和开发计划

通过系统规划而提出的具体建议可能有以下 4 个方面：

（1）信息结构。包括对目前正在开发的系统所需要的修改，对作为未来方向和未来信息系统规划基础的信息结构的认可，以及对现有系统的过渡性改进。

（2）信息系统管理。包括加强数据管理以控制企业内的数据资源；改进信息系统的规划过程，使得更有效地支持企业和使用信息资源；提供一个测控系统，以保证未来实施工作能顺利完成。

（3）分布信息系统规划。包括分布信息系统的硬件配置，以及数据的组织和程序的开发。

（4）总体结构优先顺序。包括提出将被实现的优先级的系统，确定实现高优先级系统的先行系统。

每个开发计划都应该包括项目的范围、主题和目标、预期成果、进度、潜在的效益、人员和职责、工具和技术、人员培训、通信、后勤和控制等内容。有关项目开发计划的详细知识，将在 20.1 节中介绍。

13. 成果报告

写出 BSP 报告的目的，是为了得到管理部门的支持和参与，并向管理部门介绍系统规划工作所做出的判断，提出建议及通过开发计划。成果报告一般应包括研究的背景、系统目标和范围、研究方法、主要问题的识别、结论及建议、对后续项目的开发计划等。

BSP 的后续活动是指当系统规划完成后,进一步开发时应考虑和从事的活动,它是 BSP 主要活动的继续发展,更偏重于确定细节和做出实现项目的计划。

7.4.2 关键成功因素法

关键成功因素(Critical Success Factors,CSF)法是由 John Rockart 于 20 世纪 70 年代末提出的一种信息系统规划方法。该方法能够帮助企业找到影响系统成功的关键因素,进行分析以确定企业的信息需求,从而为管理部门控制信息技术及其处理过程提供实施指南。

在每个企业中都存在着对企业成功起关键性作用的因素,称为 CSF。CSF 通常与那些能够确保企业生存和发展的方面相关。CSF 方法的目的是通过企业的 CSF,确定企业业务的关键信息需求。通过对 CSF 的识别,找出实现目标所需要的关键信息集合,从而确定系统开发的优先次序。

1. CSF 的确定

CSF 与企业战略规划密切相关,企业战略描述企业期望的目标,CSF 则提供达到目标的关键路径和所需的性能指标。CSF 是为确保业务流程的成功需要完成的最重要的工作,是业务流程的可观察、可测量的特征,它分布于企业的各个方面。因此,需要对 CSF 进行认真的选择和度量,并对 CSF 之间的关系进行动态调整。

不同类型的业务活动具有不同的 CSF,CSF 可以分为以 4 种类型:

(1)内部 CSF:针对企业的内部活动,例如,改善产品质量、提高工效等。

(2)外部 CSF:与企业的对外活动有关,例如,满足客户企业的标准、获得对方的信贷等。

(3)监控型 CSF:对现有业务流程等进行监控,例如,监测零件缺陷百分比等。

(4)建设型 CSF:适应企业未来变化的有关活动,例如,改善产品组合等。

CSF 共分为 4 层:行业 CSF、企业 CSF、部门 CSF 和管理人员 CSF,它们依次相互影响。可以通过内外渠道收集的数据按一定方法来验证 CSF,对于不易量化的 CSF,则由管理人员做出主观判断,当然,也可以用客观方法来量度。例如,使用德尔菲法或其他方法把不同人设想的 CSF 综合起来。行业 CSF 是在竞争中取胜的关键环节,可以通过层次分析法来识别。

2. CSF 方法的实施步骤

CSF 方法通过与管理人员,特别是高层管理人员的交流,根据企业战略确定的企业目标,识别出与这些目标相关的 CSF 及其关键性能指标。CSF 方法能够直观地引导高层管理人员理清企业战略、信息化战略与业务流程之间的关系。应用 CSF 方法大致可分为三个步骤,分别是确定企业目标、识别 CSF 和确定信息需求,如图 7-5 所示。

3. CSF 方法的特点

使用 CSF 方法进行信息系统战略规划，管理人员必须面对环境的变化，在对环境分析的基础上认真考虑如何形成自己的信息需求。CSF 方法要求高层管理人员就评价标准达成共识，对于高层管理和开发决策支持系统尤其适用。CSF 方法的主要缺点体现在以下几个方面：

（1）数据的汇总和数据分析过程比较随意，缺乏一种专门严格的方法将众多个人的 CSF 汇总成一个明确的整个企业的 CSF。

（2）由于个人和企业的 CSF 往往并不一致，两者之间的界限容易被混淆，从而容易使企业的 CSF 具有个人倾向性。

（3）由于环境和管理经常迅速变化，信息系统也必须做出相应调整，而用 CSF 方法开发的系统可能无法适应变化了的环境。

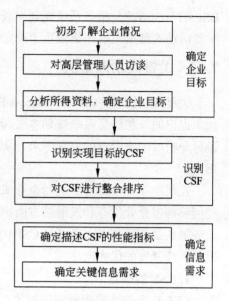

图 7-5 CSF 方法的步骤

（4）CSF 方法在应用于较低层的管理时，由于不容易找到相应目标的 CSF 及其关键指标，效率可能会比较低。

7.4.3 战略集合转化法

战略目标集合转化法（Strategy Set Transformation，SST）是由 William R. King 于 1978 年提出的一种信息系统规划方法。该方法将企业战略看成是一个"信息集合"，包括使命、目标、战略和其他企业属性，例如，管理水平、发展趋势以及重要的环境约束等。SST 方法就是把企业的战略集合转化为信息系统的战略集合，而后者由信息系统的目标、环境约束和战略规划组成，如图 7-6 所示。

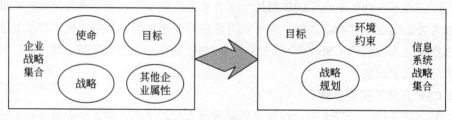

图 7-6 SST 方法

1. SST 方法的步骤

SST 方法大致可以分为以下三个步骤：

第一步：识别和阐明企业的战略集合。首先考察企业是否有书面的战略规划，如果没有，就要去构造这种战略集合。其构造过程如下：

（1）描述出企业各类人员结构，例如，卖主、经理、雇员、供应商、顾客、贷款人、政府代理人、地区社团、竞争者等。

（2）识别每类人员的目标。

（3）对于每类人员识别其使命和战略。

（4）验证企业战略集合。

第二步：将组织的战略集合转化为信息系统战略集合。这个转换过程包括对组织战略集合的每个元素确定对应的信息系统战略元素。然后，提炼出整个信息系统的结构。

第三步：反复完善、修改，提交进行评审，选出一个最佳方案送主管领导进行审核。

SST 方法所描述的是从组织的基本宗旨出发，得到对系统开发阶段的输入，其目的是产生一个与组织的战略和能力紧密相关的系统。但是由于不同组织的战略目标集的内容差别很大，所以转化过程还不能形成形式化的算法。

2. 与 BSP 和 CSF 方法的比较

CSF 方法能抓住主要矛盾，使目标的识别突出重点。用这种方法所确定的目标和传统的方法衔接得比较好，但一般最有利的只是在确定管理目标上。

SST 方法从另一个角度识别管理目标，它反映了各种人的要求，而且给出了按这种要求的分层，然后转化为信息系统目标的结构化方法。它能保证目标比较全面，疏漏较少，但它在突出重点方面不如 CSF。

BSP 方法虽然也首先强调目标，但它没有明显的目标引出过程。企业目标到系统目标的转换是通过对 PO 矩阵、RD 矩阵和 CU 矩阵等的分析得到的。这样可以定义出新的系统以支持企业过程，也就把企业的目标转化为系统的目标，识别企业过程是 BSP 方法的中心。

在信息系统战略规划的实践中，往往把这三种方法结合起来使用，统称为 CSB 方法。CSB 方法先用 CSF 方法确定企业目标，然后用 SST 方法补充完善企业目标，并将这些目标转化为信息系统目标，用 BSP 方法校核两个目标，并确定信息系统结构。这样，就补充了单个方法的不足。当然，这也使得整个方法过于复杂，而削弱了单个方法的灵活性。

7.4.4 战略数据规划法

按照詹姆斯·马丁（James Martin）的观点，企业要搞信息化，首要任务应该是在企业战略目标的指导下做好企业战略数据规划（Strategy Data Planning，SDP）。SDP 是企业核心竞争力的重要构成因素，它具有非常明显的异质性和专有性。马丁总结了信息系统开发的经验与教训，创造性地发现企业数据处理中的一个基本规律，即数据类和数据之间内在的联系是相对稳定的，而对数据处理的业务流程和步骤是经常变化的。

SDP 工作的开展应由核心设计小组（Core Design Group，CDG）来领导，CDG 将得到企业内各个用户部门的帮助,并从用户部门选取一些主要人员(用户分析师)参加到设计小组中。对于一个中等规模的企业,CDG应包括数据处理管理人员、系统分析领导者、资源管理人员、财务总监、业务经理、客户服务经理等。

SDP方法采用自顶向下进行全局规划,自底向上进行详细设计,设计是规划的延伸。全局规划可分为粗略的方式和精细的方式。粗略的方式一般只描述职能范围和业务活动过程,而不描述活动,只描述主题数据库而不去描述组成这些数据库的实体;精细的方式则需要描述所有这些实体或活动。全局规划工作一般应该在6个月内完成。

1. 企业模型的建立

企业模型表示企业在经营管理中具有的职能,企业职能范围是企业中的主要业务领域。在SDP方法中,第一个阶段就是确定企业的各个职能范围,以便从总体上把握整个企业的概况。

每个职能范围都要实现一定数量的业务活动过程,在每个业务活动过程中,又都包含若干个业务活动。例如,职能范围有业务计划、资金、产品规划、材料等,而"材料"的业务活动过程可以有材料需求、材料订货、验收进货等。"材料订货"可包括提出购货申请、选择供应商、提出购货订单等活动。SDP方法指出,在一个大型企业中,可以有大约30个职能和150~300个可执行的过程,每个过程包括5~30个活动。

在一个企业中,需要一张表明该企业职能和活动的企业模型图,企业模型应具有完整性、适用性和持久性。企业模型的建立大致分为三个阶段,逐步细化:开发一个表示企业各职能范围的模型;扩展上述模型,使它表示企业各处理过程;继续扩展上述模型,使它能表示各处理过程。

在建立企业模型的过程中,要注意识别关键成功因素,也就是对企业成功起关键作用的因素。在大多数企业中,通常有3~6个关键成功因素,为使企业获得成功,这些关键性的任务必须特别认真地完成。有关这方面的详细知识,请阅读7.4.2节。

2. 主题数据库

马丁认为,企业信息化首要做好SDP,建设好主题数据库,然后再围绕主题数据库进行应用系统的开发,而建设好主题数据库则是信息系统建设的重点和关键。主题数据库的设计目的是为了加速应用系统的开发,它把企业的全部数据划分成一些可以管理的单位,即主题数据库。主题数据库具有以下基本特征:

(1)面向业务主题。主题数据库是面向业务主题的数据组织存储,例如,企业中需要建立的典型的主题数据库有产品、客户、零部件、供应商、订货、员工、文件资料、工程规范等。其中产品、客户、零部件等数据库的结构,是对有关单证和报表的数据项进行分析和整理而设计的,不是按单证和报表的原样建立的。这些主题数据库与企业管理中要解决的主要问题相关联,而不是与通常的信息系统应用项目相关联。

(2)信息共享。主题数据库是对各个应用系统"自建自用"的数据库的否定,强调建立各个应用系统"共建共用"的共享数据库。不同的应用系统统一调用主题数据库,例如，库存管理调用产品、零部件、订货数据，采购调用零部件、供应商、工程规范数据等。

（3）一次一处输入系统。主题数据库要求调研分析企业各经营管理层次上的数据源，强调数据的就地采集，就地处理、使用和存储，以及必要的传输、汇总和集中存储。同一数据必须一次、一处进入系统，保证其准确性、及时性和完整性，但可以多次、多处使用。

（4）由基本表组成。主题数据库是由多个达到基本表规范（满足 3NF）要求的数据实体构成的。

主题数据库最主要的特征是面向业务主题，而不是面向应用系统，因而数据独立于应用系统。主题数据库应设计得尽可能的稳定，使能在较长时间内为企业的信息资源提供稳定的服务。稳定并非限制主题数据库永不发生变化，而是要求在变化后不会影响已有的应用项目的工作。要求主题数据库的逻辑结构独立于当前的计算机硬件和软件的物理实现过程，这样能保持在技术不断进步的情况下，主题数据库的逻辑结构仍然有效。

主题数据库与 BSP 方法中的数据类是相当的概念，其确定过程与 BSP 方法中的定义数据类的过程是类似的。当给出许多主题数据库及业务活动过程后，在实现企业信息系统时，必须把这些主题数据库组合或划分成若干个可以实现的子系统。

SDP 方法区分了信息系统的 4 类数据环境，分别是文件环境(不使用数据管理系统)、应用数据库环境（使用数据库管理系统)、主题数据库环境（数据库的建立基本独立于具体应用)、信息检索系统环境（为自动信息检索、决策支持和办公自动化而设计，数据动态变化)。其中信息检索系统环境通常与主题数据库环境共存，把信息检索系统从生产性的数据系统中分离出来的主要原因是考虑效率问题。就主题数据库环境而言，如果管理不善，则会退化成文件环境或应用数据库环境。一个高效率的企业应该基本上具有三类或 4 类数据环境作为基础。

3. SDP 的执行过程

SDP 的执行过程包括企业的实体分析、实体活动分析、企业的重组、亲合度分析和分布数据规划。

（1）企业的实体分析。实体是数据的载体，实体可以是具体的，也可以是抽象的。例如，顾客、财务预算等。实体分析是自顶向下确定企业实体的过程，在确定实体间的联系时，类似于 E-R 模型，用方框表示实体，用方框之间的连线和其他辅助符号表示实体之间的关系，实体之间的关系可以有一对一和一对多。实体可以实体间的联系路径的使用频度为依据聚集成超级组，一个超级组内的实体在同一个主题数据库中实现。一个超级组内的联系路径应有较高的使用频度，不同的超级组之间的联系路径的使用频度是较低的。

（2）实体活动分析。一个基本活动对应着一个计算机处理过程或人工处理过程，当这个过程自动处理又要使用数据库时，可以用数据库活动图描述。活动要逐步进行细分，细分的原则是,把某个大的活动细分到"可以用一句话说明一个活动的目的"为止。活动之间是相关的。

(3)企业的重组。实体分析不仅把现行组织结构转换成数据结构,而且为高层管理人员提供了一种手段,根据实体分析的结果,决定企业或部门应该怎样改变。实体活动分析导致了过程的重新考虑,常会提出部门或企业的重组问题。

(4)亲合度分析。假设有 2 个实体 E1 和 E2,如果它们从来没被相同的活动使用,则它们的亲合度 E(E1,E2)=0;如果它们总是同时被每一个活动所使用,则它们的亲合度为 E(E1,E2)=1;如果仅被某些活动一起使用,其亲合度 E(E1,E2)则在(0,1)的区间内。如果用(E1)表示使用实体 E1 的活动数目,(E1,E2)表示同时使用实体 E1 和 E2 的活动数目,则(E1,E2)/(E1)为实体 E1 和 E2 的亲合因子。一般来说,如果两个实体的亲合度比较高,则它们应该在同一个主题数据库中。相反,则不能放在同一个主题数据库中。具体的分界线要根据系统的实际情况而定。

(5)分布数据规划。分布式数据存在 6 种不同的基本形式:复制数据、子集数据、重组数据、划分数据、独立模式数据和不相容数据。复制数据是指相同数据在不同的地方存储几个副本,从而避免系统之间的数据传输;子集数据是指外围计算机存储的数据是大型计算机的数据子集。子集数据是复制数据的一种形式,但它通常没有完整的模式;重组数据是指使用倒排表、次索引,或者用多个关键字将数据从同一台计算机(或多台计算机)的数据库(或文件)中选取并进行编辑和重新组织;划分数据是指同一模型用于两台或更多的计算机中,而每台计算机储存不同的数据,每台计算机具有不同的记录,但其构造形式使用的程序是相同的;独立模式数据是指不同的计算机含有不同模式的数据和使用不同的程序,它们由不同的组织安装和使用;不相容数据是指在不同机构建立的信息系统,数据没有统一设计和规划。在分布数据规划中,要对数据进行定性分析和定量分析。定性分析是指讨论分布式处理系统中,如何设计各种应用程序的运行位置;定量分析是指以某种方式去安排数据和加工处理位置,使得任意两点间的流通量和相互作用尽量的小。

7.4.5 信息工程方法

信息工程(Information Engineering,IE)方法是马丁创立的面向企业信息系统建设的方法,其基础是 BSP 方法和 SDP 方法。IE 方法与信息系统开发的其他方法相比,有一点很大的不同,就是信息工程不仅是一种方法,它还是一门工程学科,把信息系统开发过程工程化。信息工程由系统的方法论、完备的工具集、信息工程环境和成熟的经验总结 4 个部分组成,IE 方法认为,与企业的信息系统密切相关的三个要素是企业的各种信息、企业的业务活动过程和企业采用的信息技术。也就是说,信息、过程和技术构成了企业信息系统的三要素。

IE 方法自上而下地把整个信息系统的开发过程分为 4 个实施阶段,分别是信息战略规划阶段、业务领域分析阶段、系统设计阶段和系统构建阶段。这 4 个阶段在具体的实施中，根据其任务和性质，一般可再划分为信息战略规划、业务领域分析、业务系统设计、技术系统设计、系统构建、系统转换和系统运行 7 个步骤。

1．信息战略规划

信息战略规划是信息工程实施的起点，也是信息工程的基础，是将企业战略目标和企业的信息需求转换成信息系统目标。实施信息工程是要为企业建立起具有稳定的数据处理中心，以满足各级管理人员关于信息的需求，它坚持以应用为中心的原则。信息战略规划的流程包括评估企业的信息需求、建立企业总体信息结构、建立企业业务系统结构、建立企业技术结构和提交信息战略规划。

（1）评估企业的信息需求。包括确定企业使命、战略、目标、关键成功因素、企业业务流程、部门的信息需求，确定什么样的信息技术能更有效地实现企业目标和新的业务机会，以及竞争优势。

（2）建立企业总体信息结构。确定企业的实体并分析实体间的联系，建立结构化的实体关系图，建立 CU 矩阵。根据 CU 矩阵将过程数据类组合，从而将整个系统分解为既相互独立又相互联系的若干主要系统。将各个主要系统进一步细化为子系统，确定子系统的轮廓，分析子系统间的依赖性，确定其开发顺序。

（3）建立企业业务系统结构。对 CU 矩阵进行实体活动分析，根据分析结果对企业进行重组。对 CU 矩阵进行亲合度分析，使实体类聚合成若干聚合实体类组（即将来的数据库）。对业务功能之间的亲合度进行分析，形成聚合的业务功能组，即企业预期的业务系统。建立业务系统结构图，对预期的业务系统进行分类，并建立预期系统之间的信息流。最后调整预期系统。

（4）建立企业技术结构。通过给出每个预期的数据库和文件的分布状况形成预期的数据存储/地点矩阵，进而形成每个地点数据分布决策表的办法，建立数据分布矩阵。建立业务系统分布矩阵，规划不同地理位置的场所和部门的业务系统。对数据分布进行分析，建立有关地点的系统/数据存储矩阵，建立有关地点的业务系统和相应数据库或文件之间交互关系矩阵，制订每个地点的计算机和数据库配置计划，进而制订出企业整体网络规划。

（5）提交信息战略规划。即提交完整的规划方案，通过此规划方案，可以行之有效地指导信息系统的建设。

从以上步骤可以看出，IE 方法是对 BSP 方法和 SDP 方法的综合应用。

2．信息战略规划报告

信息战略规划报告是所有前期工作的总结，该报告将成为企业信息系统建设的依据。信息战略规划报告的读者首先应该是企业的高层领导者，因此，不能把报告写成一份纯技术性的文件。信息战略规划报告应包括摘要、规划和附录三个部分。

摘要通常不要超过 5 页，其内容应涉及下列主题：信息战略规划所涉及的范围、企业的业务目标和战略重点、信息技术对企业业务的影响、对现有信息环境的评价、推荐的系统战略（关于信息结构规划和业务系统结构规划的总结）、推荐的技术战略（关于技术结构的总结）、推荐的组织战略（关于企业进行机构改革的建议）、推荐的行动计划（要执行的主要项目、项目的持续时间、硬件设备获得的时间）。

规划是信息战略规划报告的主体内容，详细描述执行摘要中的相关要点、所使用的表格、图形和插图表达的重要信息。规划的篇幅一般在 40～70 页之间，不宜过长。其主要内容包括阐述总体内容、业务环境描述；评价现有信息环境，确定在满足业务环境需求方面存在的问题；通过可选择方案和推荐的信息结构、业务系统结构、技术结构，阐明其优点、确定问题的解决方案；最后给出推荐的行动计划。大部分规划的详细内容可包含在附录中。

7.4.6 战略栅格法

战略栅格（Strategic Grid，SG）法是 McFarlan 等人在 20 世纪 80 年代初提出的一种信息系统规划方法。该方法创建一个 2×2 的矩阵（战略栅格），从战略影响方面标出企业现有的和将来的信息系统组合的特征，也就是它们对企业生存前景的影响，如图 7-7 所示。

SG 方法是一种了解企业中信息系统作用的诊断工具，它利用栅格表，依据现有信息系统和规划中的信息系统的战略影响，确定出 4 种不同的信息系统战略规划条件，即战略型、转变型、工厂型和支持型（辅助型）。

1. 战略栅格

栅格表中每一方格确定了企业中信息活动的位置，通过对现有信息系统和规划中的信息系统可能产生的影响分析，可达到诊断当前状态和调整战略方向的作用。

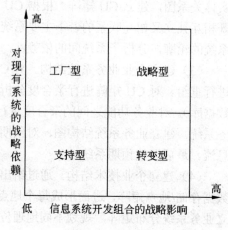

图 7-7 战略栅格

（1）工厂型：现有信息系统对战略的影响程度高，而规划中的信息系统对战略的影响程度低。此时，如果没有信息系统，企业将无法运转，然而，信息系统却不能提供未来的竞争优势。例如，汽车厂的自动化控制系统，现在看起来很重要，但目前看不到其在未来的重要性，随时要注意新技术所带来的机会。

（2）支持型：现有信息系统对战略的影响程度低，而规划中的信息系统对战略的影响程度也低。支持型的信息系统只起到辅助的作用，例如，在支持传统数据处理应用。此时，系统的稳定与速度是最重要的性能指标。

（3）战略型：现有信息系统对战略的影响程度高，而规划中的信息系统对战略的影响程度也高。信息系统可能影响现有的竞争战略和未来的战略，信息系统能提供战略上的竞争优势。例如，对于金融业而言，信息系统目前很重要，随着信息技术的发展，未来战略价值的重要度更高。

（4）转变型：现有信息系统对战略的影响程度低，而规划中的信息系统对战略的影响程度高。信息系统的角色是由支持型到战略型的一个过渡阶段。企业已有支持型的信息系统，但正试图找寻战略运用的机会。此时的战略重点在于服务，留住忠诚客户，将线下交易的客户转变为电子商务客户，或是利用电子商务服务于现有的客户。

2. 规划方法

根据企业在战略栅格中的位置，应采用适当的规划方法。特别地，规划过程中资源的投入数量和高层管理人员的参与应依赖于企业在战略栅格中的位置。

（1）对于战略型和转变型的企业，由于信息系统将会取得或者维持很强的对企业战略的影响，因此，不仅需要在计划中投入可观的资源，而且需要广泛的高层管理人员的参与，从而使整体的战略目标能和将来的信息系统应用结合在一起。

（2）对于工厂型的企业，日常运营非常依赖于现有信息系统。但是，信息系统并不影响他们竞争的成功。这样，为了不使日常的运营混乱，就需要细致的计划，尤其是有关能力和运营的计划。但是，高层管理人员没有必要参与。

（3）对于支持型的企业，由于信息系统既不需要用来使生产平稳，也不会对企业战略有很大的影响，因此，就需要很少的资源来支持信息系统规划。

7.4.7 价值链分析法

价值链分析（Value Chain Analysis，VCA）法是由 Michael E.Porter 于 1989 年提出的一种信息系统规划方法。该方法视企业为一系列的输入、处理与输出的活动序列集合，每个活动都有可能相对于最终产品产生增值行为，从而增强企业的竞争地位。信息技术和关键业务流程的优化是实现企业战略的关键。企业通过在价值链过程中灵活应用信息技术，发挥信息系统的控制作用、杠杆作用和乘数效应，可以增强企业的竞争能力。

1. 价值链与信息系统

价值链是一种高层次的物流模式，由原材料作为投入资产开始，直至原料通过不同过程售给顾客为止，其中做出的所有价值增值活动都可作为价值链的组成部分。VCA 方法认为，由于信息技术的发展和应用日益广泛，信息系统在企业中的应用越来越受到重视。然而，由于资金、技术等一系列的现实问题，企业信息化建设必须根据实际情况，制订一个循序渐进的发展战略。也就是说，要确定企业中哪些部门或生产过程先进行信息化，哪些可以等待更好的时机。如果将企业按照其价值链划分为若干个环节，毫无疑问，应当照顾那些最需要信息系统支持的环节。

事实上，信息系统是通过改变价值活动的进行方式来影响价值链的。例如，对于企业采购而言，通过信息系统在网上发布招标公告，在线查看供应商的存货计划等。这样，就能在大范围内（理论上可以达到整个世界范围）寻求潜在的供应商，选择性能/价格比最优的产品。

2. VCA 方法的步骤

VCA 方法就是对企业活动关键环节的辨识，显然，这些环节是信息系统战略所要关注的重点。VCA 方法既要关注增值的环节，也要关注减值环节。

（1）确定增值环节。首先，研究企业业务流程，确定哪些环节是价值增值最多的，然后标注在价值链上。也就说，确定各个环节在价值附加中所起作用的比例，比例大的就是关键环节。例如，设定价值链总分数为 100 分，参与调查的每个人把这 100 分分配到价值链的各个环节中。然后，把所有人的结果综合起来，就决定了价值链各个环节的分数，如图 7-8 所示。

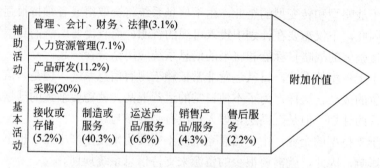

图 7-8　价值增加环节分析

显然，在图 7-8 中，关键环节为制造或服务、采购，其次是产品研发。这些关键环节如果由新的信息系统支持，就能够迅速、大量地产生附加价值。因此，可以优先建设这些方面的信息系统。

（2）确定减值环节。价值减少最多的关键环节，通常也是最需要信息系统支持的环节。其确定过程与增值环节是类似的。例如，如果由于销售人员不能及时得知库存情况而出现缺货状况，就会影响企业在客户心目中的形象，从而导致减值现象的发生。此时，就需要建设销售环节的信息系统。

7.4.8　战略一致性模型

根据 7.2.2 节的介绍，我们知道，信息化战略接受企业战略的指导，企业战略需要信息化战略的支持。企业信息化建设的核心问题是保证信息化战略与企业战略的一致性，把企业战略的目标转化为信息系统战略的目标。遗憾的是，企业信息化战略投入的价值难以体现，究其原因，首先在于企业战略与信息系统战略之间缺少对应关系，其次是缺少一个动态的操作流程来保证企业战略与信息系统战略之间持久的对应关系。

战略一致性模型（Strategy Alignment Model，SAM）也称为战略对应模型，是由 John

Handerson 于 1994 年提出的一种信息系统规划方法,它可以帮助企业检查企业战略与信息基础架构之间的一致性。

1. SAM 模型

SAM 把企业战略规划和信息化战略规划的关系划分为内、外两大部分。如图 7-9 所示,其中,外部区域是指企业所面临的外部竞争环境,例如,产品或 IT 市场等;内部区域包括企业组织结构、整体信息架构和业务流程等。模型由企业经营战略、组织与业务流程、信息系统战略、IT 基础架构四大领域构成。

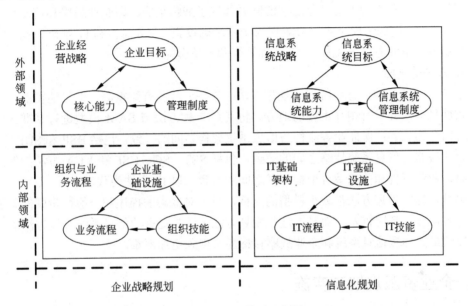

图 7-9　SAM 模型示意图

(1) 企业经营战略是指企业对产品和市场在竞争领域的定位选择问题,包括企业目标、核心能力和管理制度三个方面。

(2) 组织与业务流程是指企业的内部资源,它对企业所选择的市场竞争战略提供有效的支持,体现资源整合战略观,包括企业基础设施、业务流程和组织技能三个方面。

(3) 信息系统战略是指企业在 IT 市场中的定位选择,包括企业对信息系统目标、信息系统能力和信息系统管理制度方面的选择。

(4) IT 基础架构是企业进行信息化建设的基础,包括 IT 基础设施、IT 流程和 IT 技能三个方面。

从图 7-9 可以看出,SAM 模型描述了信息系统潜在作用的基础性框架,使信息系统战略地位从传统的内部定位提升到从内、外环境获取竞争优势的关键位置。另一方面,内部领域中企业基础设施、业务流程与 IT 基础设施的结合在战略一致性中具有重要地位,它们制约着企业战略和信息系统战略的形成,是实现企业战略的关键。

2. 战略适配

SAM 考虑外部环境的影响，同时关注企业内部资源整合能力，根据技术和业务领域分别形成经营战略适配和信息系统战略适配。经营战略适配是指企业业务经营领域内、外部的匹配，这是使企业经济效益最大化的过程；信息系统战略适配要求理解信息系统战略和相匹配的内部信息系统架构，要求信息系统创建满足客户需求的能力。通过不断评估新技术的发展和应用前景，选择合适的 IT 基础设施支持信息系统战略目标，以体现企业对外部技术市场的应变能力。

另外，图 7-9 中的上半部分之间的联系体现了战略集成，即企业战略和信息系统战略一致性的外部集成；而下半部分表现为企业基础设施、业务流程和 IT 基础设施一致性的运营集成，蕴涵着业务流程与 IT 流程等资源的整合能力。

3. 方法的选择

本节介绍了 8 种信息系统战略规划方法，这些方法各有侧重面，都只能覆盖一部分的一致性目标，并且有相互重叠的地方。将其余 7 种方法与 SAM 模型进行基准比较，大致可以分为三类：保证业务流程与信息系统架构之间的一致，包括 BSP 和 SDP 方法；保证企业战略与信息系统战略之间的一致，包括 SST、SG、CSF 和 VCA 方法；保证企业战略、业务流程和信息系统架构三者之间的一致，以 IE 方法为代表。

另外，这些规划方法都缺少模型的支持，只是对概念的描述和一般性步骤的叙述，因此，可操作性都比较差。而且，这些规划方法无法与已有的信息系统开发方法进行连接，以致最终导致信息系统和企业战略目标脱节现象更加严重。

7.5 企业资源规划和实施

企业资源是指支持企业业务活动和战略运营的事物，既包括人们常说的人、财和物，也包括人们没有特别关注的信息资源。同时，不仅包括企业的内部资源，还包括企业的各种外部资源。企业资源可以归纳为三个"流"，即物流、资金流和信息流。企业资源规划（Enterprise Resource Planning，ERP）是指建立在信息技术基础上，以系统化的管理思想，为企业提供决策和运营手段的管理平台。ERP 系统是将企业所有资源进行集成整合，并进行全面、一体化管理的信息系统。

目前，在 ERP 的应用方面，众多企业在汇集了不同行业、不同企业的管理需求特点、管理模式和管理经验之后，不断完善和发展自己的 ERP 系统应用产品，形成了百花齐放，百家争鸣的市场格局。

7.5.1 ERP 概述

ERP 是一套多方面、全方位为企业运营提供辅助决策信息和大量日常管理信息的大规模集成化软件，同时也是企业管理不断向零缺陷趋近的一整套现代化管理思想和办公手段。它能使企业在纵横市场的过程中始终处于企业供应与市场需求的平衡点，以及最优资源配置，最少资源占用的状态，从而加速企业资金周转，修正企业日常运营中的偏差，使企业达到全面受控状态。

1. ERP 的概念

ERP 是一种融合了企业最佳实践和先进信息技术的新型管理工具，它扩充了管理信息系统（Management Information System，MIS）和制造资源计划（Manufacturing Resources Planning，MRP）的管理范围，将供应商和企业内部的采购、生产、销售以及客户紧密联系起来，可对供应链上的所有环节进行有效管理，实现对企业的动态控制和各种资源的集成和优化，提升基础管理水平，追求企业资源的合理高效利用。

为了更好地理解 ERP 的概念，可以从管理思想、软件产品和管理系统三个角度来思考。

（1）管理思想。ERP 最初是一种基于企业内部供应链的管理思想，是在 MRP II 的基础上扩展了管理范围，给出了新的结构。它的基本思想是将企业的业务流程看作是一个紧密联接的供应链，将企业内部划分成几个相互协同作业的支持子系统，例如，财务、市场营销、生产制造、质量控制、售后服务、工程技术等。

（2）软件产品。随着应用的深入，软件产品作为 ERP 的载体，也在向更高的层次发展。最初，ERP 就是一个软件开发项目，这时的 ERP 产品费用高、耗时长，而且项目可控性很差，导致 ERP 成功率很低；后来，ERP 产品发展成为模块化，这时，大大地提高了软件开发效率，但是，由于是产品导向的，出现了削足适履的现象。因此，这时的 ERP 成功率还是不高；现在，大多数 ERP 产品供应商都在模块化的基础上，把产品和服务进行了集成，能实现 ERP 产品的技术先进性和个性化设计，为用户提供一体化的解决方案。

（3）管理系统。管理系统是 ERP 的基础和依托。ERP 是一个集成的信息系统，集成了企业各个部门、各种资源和环境。具体而言，ERP 管理系统主要由六大功能目标组成：支持企业整体发展战略经营系统、实现全球大市场营销战略与集成化市场营销、完善企业成本管理机制、研究开发管理系统、建立敏捷的后勤管理系统、实施准时生产方式。

2. ERP 的作用

ERP 的作用是在协调与整合企业各方面资源运营的过程中，全面实现信息共享和企业对市场变化的快速反应，降低市场波动给企业带来的经营风险，帮助企业以更少的资源投入获得更多的投资回报。具体由如下几个方面来体现：

（1）在供应制造方面：通过物料清单（Bill Of Materials，BOM）和主生产计划（Master Production Schedule，MPS）等管理功能，帮助企业达到"以销定产，以产定料，以料的需求来花钱"这一良性循环。从而降低企业资金在供应仓库、生产车间、产成品库等方面的固化，加速资金周转。

（2）在分销渠道方面：通过对订单、发货、信用、应收、调拨等相结合的管理措施，帮助企业规避或减少由于牛鞭效应（Bullwhip Effect）带来的各种不良后果，即最终消费需求波动在分销渠道链上的放大，导致供货不平衡带来的重复运输、仓库积压、商品短缺等现象而增加经营成本，以及由于经销商、代理商管理不善带来的欠款问题、串货现象、价格失控等管理漏洞。

（3）在集中财务管理方面：使财务管理水平从简单的会计核算向管理会计方面提高。例如，成本分析与控制、多级责任中心、多维核算与分析的记账基础、与业务密切结合的预算管理控制体系、审计追溯、财务报表合并、财务与业务的无缝集成、现金流管理与预测等。

（4）在客户关系管理方面：通过对销售过程的严密监控和机会信息的分析，提高销售预测水平和业务人员的销售业绩；降低营销人员流失导致客户资源流失的损失；快速、低成本满足用户服务需求，不断挖掘新、老客户的潜在价值。

（5）在人力资源管理方面：整合企业中的员工、人事、薪资福利、考勤等信息，有效规划员工的职业生涯，推动企业人事管理从简单的劳资关系管理迈向人力资本化管理。

（6）在项目管理方面：通过高效率的信息化平台，快速收集、反映与分析各种项目资源的占用与空闲状况，并进行有效分配。同时，将合同管理与项目任务、项目施工单位、项目经理密切结合，降低项目运营过程中的各种风险，缩短项目周期和运营成本。

（7）在资产维护方面：通过对生产设备及其相关零部件等的维修信息、运行信息、寿命信息的记录、追踪与分析，指导设备部件的准确采购和及时修复，降低企业的备用品、备件库存资金，防止和减少因设备隐患和故障造成工厂停产的重大损失。

3. ERP 的主要功能

ERP 为企业提供的功能是多层面的和全方位的。在企业中，一般管理主要包括三个方面的内容：生产控制、物流管理和财务管理。这三大系统本身就是一个集成体，相互之间有相应的接口，能够很好地整合在一起。另外，随着企业对人力资源管理的重视和加强，已经有越来越多的 ERP 供应商将人力资源管理也纳入了 ERP 系统。因此，典型的 ERP 系统的主要功能模块如下：

（1）财会管理：包括会计核算和财务管理等模块。

（2）物流管理：包括分销管理、库存控制和采购管理等模块。

（3）生产控制管理：包括主生产计划、物料需求计划、能力需求计划、车间控制和制造标准等模块。

（4）人力资源管理：包括人力资源规划的辅助决策、招聘管理、工资核算、工时管理和差旅费核算等模块。

7.5.2 ERP 的开发方法

目前，ERP 供应商众多，各自的系统都有其自身的特色，但归纳起来，这些系统通常采用两种典型的开发模式：二次开发和定制开发。这两种模式的目的相同，但在实施、维护和扩充等方面各有特色。

1. 两种开发模式

第一种模式是在 ERP 供应商的套装软件上进行二次开发。由于现在的 ERP 产品基本上采用模块化结构，允许用户进行个性化设计，所以，二次开发是可行的。这种方式实施时投资相对较少，而且项目的建设期明显缩短。套装软件往往由知名软件厂商开发，凭借技术实力雄厚的开发团队，套装软件具有良好的系统架构和稳定的系统性能，能够适应一定领域的市场需求，但面对的是管理水平参差不齐、竞争环境千差万别的各种企业。因此，套装软件在系统设计时往往采用行业的先进管理理念，这种理念不一定和企业原来的业务实践相一致。这就要求企业向这种标准靠拢，而实际上很难满足不同企业的个性化需求。

第二种模式是为企业定制开发 ERP 系统。这种开发方式是从企业的个性化需求出发，进行系统定制。这种定制开发的系统能够满足特定企业的需求，但鉴于开发者的技术实力和对企业业务实践、需求的了解程度，总是很难全面考虑系统的扩展性、稳定性等架构因素，系统不能快速适应企业的需求变化，开发周期较长，效率不高，投资较大，实施风险大。当然，随着信息技术的发展，这些不利因素也会逐渐得到缓解。例如，可以利用 Web Service 技术，集成企业原来在信息化建设中构建的各种彼此孤立的应用系统，降低开发成本和风险。有关 Web Service 的详细知识，将在 12.5.3 节中介绍。

2. 比较分析

ERP 系统的二次开发和定制开发模式之间的差异，可以从以下三个方面来进行比较：

（1）规划中的差异。套装软件中凝结了大量的先进管理思想，这些思想可以被企业管理人员借鉴。然而，一个优秀的管理软件包并不能代替一个已生存多年的企业管理实践和管理创新活动，完全照搬套装软件中的管理思想并不现实。定制开发可以贯彻企业自身已经形成的管理思想和理念，但却难以实现对原业务流程的改进和优化，而使得企业实施 ERP 系统收效不高。因此，如果选用定制开发，则必须考虑好业务流程重组问题。

（2）实施中的差异。套装软件的实施一般按事前准备、现场调研、流程优化、蓝图设计、系统实现、上线准备、系统切换上线等阶段进行。其重点在流程优化、蓝图设计和系统实现上。其基础数据的准备，需要靠企业自身的良好积累。虽然采用套装软件可以减少编程量，但为了体现管理个性，还需要做不少个性化工作和系统配置工作。定制开发一般按事前调查、需求分析、概要设计、详细设计、编程调试、综合测试、系统切换上线等阶段进行实施，其重点在于充分了解企业自身的需要、企业在管理上的特点和个性，以便在软件的编制过程中能充分融入这些特点和个性。

（3）维护中的差异。套装软件的实施中，企业参与不多。套装软件供应商往往不会专为某个企业实施个性化的功能扩充。套装软件是否基于开放标准等因素使得实施完成后，企业想依靠自己的开发队伍进行个性化的二次开发不易实现。对于定制开发而言，实施过程中企业参与程度高，如果开发时采用 XML（eXtensible Markup Language，可扩展标记语言)技术等开放标准,系统具有良好的可复用性和可移植性,企业完全可以依靠自己的开发团队进行系统的个性化扩充和优化。有关 XML 的详细知识,将在 12.4.3 节中介绍。

从目前 ERP 实施的技术手段来看,定制开发和二次开发正在相互渗透。套装软件正在提高其开放程度,开放多种接口,为企业提供更为灵活的二次开发手段。定制开发也正在出现大量经过封装的中间件和应用构件,大大加速了定制开发和实施的速度。套装软件提出定制化套装软件的概念,定制开发走产品化的道路,二者有趋于统一的趋势。

7.5.3 ERP 的实施

实施 ERP 是一场耗资大、周期长、涉及面广的系统工程。企业是 ERP 的实施主体,每个企业的行业特点、管理重心、组织结构、企业文化都有所不同,这就决定了不同的企业在 ERP 实施过程中将面对不同的问题,采取不同的方法。但是,在某种程度上来说,ERP 的实施就是企业对于管理的规范化、标准化、科学化的一个不断改善的过程。因此,不同的企业在实施 ERP 的过程中又有许多相似的工作。

综合二次开发和定制开发两种模式,整个 ERP 的实施过程一般包括以下工作:明确观点、统一认识、建立实施团队;明确目标和制订实施计划;根据企业人员知识结构和技术水平组织培训;根据企业现状进行业务需求分析;根据需求分析结果建模和进行原型分析;根据实际业务流程和具体情况进行系统功能和参数配置以及系统实施;根据业务原型进行试运行试验;制订技术解决方案;调试环境、培训和测试;上线准备、数据准备;系统上线,投入运行;系统优化、周期性系统运行审查。

从技术角度来看,ERP 系统的规划、分析、设计、实现、维护过程与其他信息系统是一样的。因此,本节后续内容所讨论的 ERP 实施将不包括这些技术过程,只是从管理角度来讨论 ERP 的实施问题,从 ERP 软件安装、试运行开始到整个 ERP 项目的验收、实施人员撤离为止,可分为前期准备阶段、试运行阶段和交付收尾阶段。

1. 存在的问题

业界有关 ERP 失败率的统计数据不一,有些文献说高达 80%,甚至更悲观的说法是"ERP 的成功率几乎是零"。本书不去追究这些具体的数字,但可以肯定地说,ERP 失败率很高,造成 ERP 实施不成功的原因主要有以下几个方面:

(1)思想认识不足。很多企业对 ERP 究竟对企业的发展能起多大作用的认识不够充分,对企业实施 ERP 的难度估计不足,对企业实施 ERP 的过程、模式、手段、方法等认识不足。

(2)企业的管理思想陈旧,管理手段落后,不能适应 ERP 系统建设的需要。也就是说,企业不能一下子就从马车时代进入卫星时代,需要有一个渐进的过程,这不是短期靠资金就能解决的问题。

(3)企业业务流程不规范。业务流程规范化、信息化、自动化是 ERP 系统建设的前提,而目前我国很多大中型企业,基本上还没有达到这个要求。

(4) 基础数据不准确。ERP 日常运行产生的结果正确与否,依赖于初始数据和日常录入数据。业界流行的说法是"三分技术、七分管理、十二分数据",足以说明基础数据对 ERP 实施的重要性。

(5) 实施计划形同虚设。ERP 的实施是一个项目而不是日常工作,应该按照项目管理的方法来开展工作。不切实际的实施计划,或没有控制的实施计划是造成 ERP 系统建设不能按时完成的根本原因。

(6) 资金缺乏。ERP 是一个庞大的信息系统,它的实施需要专业的技术顾问进行指导,同时需要良好的 IT 基础设施,因此,需要大量的资金。一些企业由于前期估算不足,匆忙上马 ERP 项目,后期资金跟不上,导致中途夭折。

(7) 高层领导不重视。高层领导的决心、信心和承诺是企业成功实施 ERP 的关键,当高层领导班子意见不统一时,或一把手不重视时,ERP 实施一旦遇到问题,持支持态度的领导很容易向持反对态度的领导妥协、让步或屈服,从而使 ERP 项目因失去管理层的支持而失败。

2. 前期准备阶段

企业要实施 ERP 项目,需要高层管理人员意见高度统一,成立专门的项目组织机构,包括领导小组和实施团队,领导小组必须要有企业"一把手"兼任组长,实施小组组长也必须要由权威的副总以上领导担任。组织机构确定后,就要进一步明确目标和制订切实可行的实施计划。

(1) 动员大会。ERP 供应商的实施团队到达企业现场后,应与企业高层沟通并取得一致,召开 ERP 项目的动员大会。加强对 ERP 的宣传,使科学管理的观念深入人心。

(2) 基础数据的准备。基础数据的准备是一个复杂而又繁重的过程,也是一个非常重要的过程,只有当基础数据完整而准确的时候,ERP 的实施才意义。

(3) 系统的安装。包括 ERP 软件产品的安装、硬件性能条件的确认,以及操作系统、相关数据库产品和其他辅助软件产品的安装和确认。

(4) 程序演示和功能确认。系统安装完成以后,就可以由 ERP 供应商向企业关键用户演示各项软件功能,以便确认是否符合企业本身的各项要求,以及是否符合双方协商的设计要求。

(5) 期初数据的导入。由于 ERP 的实施是在企业一个特定的时点开始进行的,所以有一些期初数据要进行录入,借此保证 ERP 系统正式运行后数据的前后一致性和准确性。

3. 试运行阶段

在系统上线、投入试运行阶段,日常的各种业务处理一定要及时、准确、完整地录入到系统中,以便真实地反映企业现状。根据实际业务流程和具体情况进行系统功能和参数的配置,对相关功能进行详细的测试。

(1) 确定用户清单，划分用户权限。ERP 是一个庞大的系统，由许多相关的业务模块组成。每个操作人员只是负责系统中某一部分功能，所以需要划分用户权限，避免功能混乱、操作交叉和保密数据的泄漏。

(2) 加强培训。ERP 是企业管理的一个全新概念，变化的不仅是管理工具和手段，还包括工作方式、习惯、管理理念等，这么多的变化和创新给员工带来了巨大的挑战，因此，需要根据员工的知识结构和技术水平组织培训，针对不同的人进行不同的培训。培训是 ERP 实施过程中时间跨度最长，最为密集的工作。

(3) 业务流程重组。要使 ERP 成功实施，最关键的一步就是业务流程的优化和重组。有关这方面的详细知识，将在 7.9 节中介绍。

(4) 系统使用问题的记录。ERP 系统经过一段时间的试运行，肯定会发现有许多不适用、不方便甚至错误的地方，这些都是在所难免的。要注意对各种问题进行登记汇总，以便进行修改和维护。

4. 交付收尾阶段

ERP 系统经过试运行阶段后，达到了企业的要求，就可以进行项目验收了。对项目的工作成果进行审查，查核 ERP 实施计划规定范围内的各项工作或活动是否已经完成，应交付的成果是否令人满意。待项目通过验收后，企业就需要与 ERP 供应商进行维护交接工作。

ERP 实施是否成功，不同的企业、不同的行业会有不同的体会、经验和教训。不同的顾问咨询公司会有不同的实施要点和注意点。另外，ERP 成功实施与成功应用是两个不同层次的概念，实施是阶段性的，应用是贯穿企业行为整个过程，前者强调不断实现 ERP 理念，后者强调通过 ERP 理念不断改进企业管理和日常运营，ERP 实施的成功是应用的开始，是 ERP 应用迈向成功的起点。

7.6 信息资源管理

信息和材料、能源共同构成了国民经济和社会发展的三大战略资源，它们在一定的条件下可以互相转换。信息资源与其他两大资源的主要区别在于，可以开发的材料和能源资源是有限的、不可再生的、不可共享的，对这些资源的利用会产生对环境的污染和对自然界的破坏；而信息资源是无限的、可再生的、可共享的，其开发和利用不但很少产生新的污染，而且还会减少材料和能源的消耗，从而相应地减少污染。

7.6.1 信息资源管理概述

信息资源与人力、物力、财力和自然资源一样，都是企业的重要资源，因此，应该像管理其他资源那样管理信息资源；做好信息资源管理（Information Resource Management，IRM）的目的是通过企业内外信息流的畅通和信息资源的有效利用，来提高企业的效益和竞争力。因此，IRM 是企业管理的必要环节，应该纳入企业管理的预算。

1. IRM 的内容

IRM 包括数据资源管理和信息处理管理，前者强调对数据的控制（维护和安全），后者则关心企业管理人员如何获取和处理信息（流程和方法）且强调企业中信息资源的重要性。IRM 的基础是数据管理。数据管理与数据库管理有很大的区别，数据库管理仅仅负责物理数据库的设计、实现、安全性和维护工作；而数据管理在于确定数据规划、数据应用、数据标准、数据内容、数据范围等。

IRM 的基本内容包括三个主题，它们是：

（1）资源管理的方向和控制，要从整个企业管理的层面来分析资源的管理。其指导方针是数据可共享、数据处理机构提出应用项目、资源的有效性。

（2）建立企业信息资源指导委员会，负责制订方针政策，控制和监督信息资源功能的实施。

（3）建立信息资源的组织机构，从事数据的计划和控制、数据获取以及数据的经营管理，并包括企业应用系统的开发。该机构应由企业的一位副总经理来担任领导，并包括数据处理管理人员和数据管理人员。

2. 信息资源的分类

信息资源分类的主要功能是用于 IRM，而 IRM 的起点和基础是建立信息资源目录。信息资源只有科学地建立了目录，才能使信息资源得到快速、及时的存储、处理、检索和使用。信息资源分类是 IRM 中最为复杂的工作之一，应当遵循简洁、独立和可操作的原则。对信息资源的分类一般从以下三个维度来展开。

（1）从管理维度分类。从信息资源建立的最初目的来看，一般信息资源都是在业务信息化基础上形成的各种信息。各领域、各部门在信息资源的采集和加工过程中，从业务管理的角度一般都有比较明确的信息资源分类，用于指导信息采集的专业分工。管理维度的分类一般有两种情况：一是专门的业务部门所采用的分类体系。例如，一般地震信息资源包括了测震、前兆、强震动、应急等主要分类；二是综合部门从信息资源登记和管理的角度提出的分类，例如，部分地方政府的信息化管理部门从信息资源管理的角度，已经初步制订了政务信息资源的分类方式。

（2）从信息来源维度分类。这种分类体系比较简单，一般按照信息资源提供部门来设置信息资源的一级、二级乃至三级类目。按照信息资源的来源进行分类的最大优势在于两个方面。一是从分类信息的赋值角度极大地简化了工作量，基本上在数据采集的过程中不需要对采集人员进行专业培训，甚至不需要进行重复录入。对同一个信息资源提供部门来说，只要设定一个初始化的数值，其后该单位所有的信息资源分类信息都可以复用；二是使用者不需要学习或者了解特定分类体系的内容，使信息资源的查找过程更加简单和直接。

（3）从应用主题维度分类。这种分类体系最复杂。同一个信息资源根据其服务和应用的目标不同,会有不同的分类方式。例如,对全国行政区划信息而言,从基础测绘部门的角度,可按照其服务对象进行分类,一般划分到基础性信息资源中;而对于宏观经济管理而言,该信息资源由于不是核心业务信息,可能被划分到辅助性信息资源中。尤其对于政府部门产生的信息资源,从政府部门之间跨部门应用角度提出的分类体系与服务于企业和公众的信息资源分类体系必然有很大的不同,这是由不同的信息资源使用者的应用需求来决定的,有多少不同的应用需求就有多少相应的信息资源分类方式。

在很多情况下,不同信息资源分类体系需要相互转化和映射。当一个信息资源已经采用某种分类体系进行分类后,再按照其他分类体系进行赋值时,一般都希望通过分类转换的方式自动进行,而不是重新进行分类赋值。

7.6.2 规范与标准

信息资源是企业最重要的资源之一,开发和利用好信息资源是企业信息化的出发点,也是企业信息化的归宿。建立 IRM 的基础标准,从而保证标准化、规范化地组织信息,这是开发利用信息资源的基本工作。有的企业重视硬件轻视软件,或者重视软件轻视数据,或者重视信息通信网建设而轻视信息资源网建设,这些都是"只见树木,不见森林"的做法,是造成信息系统失败的主要原因。

1. IRM 基础标准

IRM 基础标准是指那些决定信息系统质量、进行 IRM 的最基本的标准,制订基础标准是 IRM 的关键环节。IRM 的基础标准主要有数据元素标准、信息分类编码标准、用户视图标准、概念数据库标准和逻辑数据库标准。

(1)数据元素标准。数据元素是最小的不可再分的信息单位,是一类数据的总称,它是数据对象的抽象。数据元素标准又可分为命名标准、标识标准和一致性标准。研究表明,数据元素具有"原子意义",根据企业的类型和规模,数据元素不仅在数目上存在统计规律,而且还有比较稳定的对象集。如果不重视数据元素的标准化,即缺少数据元素命名标准,或者缺少考虑数据元素创建和使用规划,则就会导致数据处理系统中所使用的数据名称庞杂混乱。例如,在数据处理系统中的"职工姓名"、"员工姓名"、"职员姓名"等。

(2)信息分类编码标准。信息分类就是根据信息内容的属性或特征,将信息按一定的原则和方法进行区分和归类,并建立起一定的分类系统和排列顺序,以便管理和使用信息。信息分类编码标准是信息资源标准中的最基础的标准。例如,一种典型的分类方法为 ABC 法。A 类编码对象是指在系统中不单独设立编码表,它们反映了基本表中的信息分类编码对象,是基本表的一个视图。例如,身份证号(国家标准)、设备编码(企业标准)等;B 类编码对象是指在系统中单独设立编码表(基本表)。例如,职称编码(国家标准)、设备配件编码(企业标准)等;C 类编码对象是指在应用系统中有一些码表短小而使用频率很大,把这些对象统一设在一个编码库管理就可以了。例如,人的性别、文化程度等。

(3) 用户视图标准。用户视图是一些数据元素的集合，它反映了最终用户对数据实体的看法。用户视图是数据在系统外部而不是内部的表象，是系统的输入或输出的媒介或手段。用户视图主要包括企业管理的表单、报表、屏幕数据格式等。用户视图的规范化管理包括用户视图名称、标识和组成的管理。规范并简化用户视图是企业内外信息共享和交换的基础。

(4) 概念数据库标准。概念数据库是最终用户对数据存储的看法，是对用户信息需求的综合概括。概念数据库标准包括数据库名称、标识、主关键字和数据内容列表。列表项可以是数据元素，也可以是数据元组。概念数据就是主题数据库的概要信息。企业的概念数据库标准是指列出整个企业所有的主题数据库的概要信息，它是经过 SDP 工作之后完成的。

(5) 逻辑数据库标准。逻辑数据库是系统分析与设计的基础，是对概念数据库的进一步分解和细化，一个逻辑主题数据库由一组规范化的基本表构成。由概念数据库演化为逻辑数据库，主要工作是采用数据结构规范化的理论与方法。

2. 制订和实施的原则

为了有效地制订和实施 IRM 基础标准，德雷尔（William Durell）提出了以下一些重要的原则：

(1) 不能把例外当成正规。任何原则都有例外的情况，没有适用于所有情况的标准。但是，数据管理人员决不允许把例外当成正规。

(2) 管理部门必须支持并乐于帮助执行标准。如果违背了标准，管理部门必须帮助确保那些违背标准的行为得以纠正。

(3) 标准必须是从实际出发的、有生命力的、切实可行的。标准必须以共同看法为基础，标准中复杂难懂的东西越少就越好执行，要保持标准的简明性。

(4) 标准不是绝对的，必须有某种灵活的余地。尽管有些标准必须严格遵守，但是大多数标准不应该严格到严重束缚数据设计人员灵活性的程度。

(5) 标准不应该迁就落后。标准要控制和管理当前和未来的活动，而不是恢复和重演过去的做法。在大多数情况下，今天制订的标准是几个月前数据设计所未曾采用的。

(6) 标准必须是容易执行的。要做到这一点，必须容易发现违反标准的情况。能自动检查标准符合情况的方法越多，标准本身就越有效。

(7) 标准必须加以宣传推广，而不是靠强迫命令。即使上级主管部门完全支持数据管理标准，也要向各级业务人员宣传这些标准。数据管理人员必须热情地向所有职员宣传这些标准，向他们讲明为什么需要这些标准。

(8) 关于标准的细节本身并不重要，重要的是制订了某些标准。数据管理人员必须善于综合考虑和商讨所要制订的标准细节。

（9）标准应该逐渐地制订出来，不要企图把所有的数据管理标准一次搞完。一旦标准制订出来，就要开始执行，但执行标准是渐进的、有节奏的。允许非数据管理人员有充足的时间对新的标准做出反应和适应。标准的实现必须是渐进过程，而不是突变过程。

（10）数据管理的最重要的标准是一致性标准，也就是数据命名、数据属性、数据设计和数据使用的一致性。

7.6.3 信息资源规划

信息资源规划（Information Resource Planning，IRP）是信息化建设的基础工程，是指对企业生产经营活动所需要的信息，对产生、获取、处理、存储、传输和利用等方面进行全面的规划。当前许多企业信息化建设的关键和难点，不是计算机网络的构建，而是 IRM 系统的建设。为此，首先要做好 IRP 工作。

1. 关键步骤

IRP 强调将需求分析与系统建模紧密结合起来，需求分析是系统建模的准备，系统建模是用户需求的定型和规划化表达。IRP 的主要过程如图 7-10 所示。

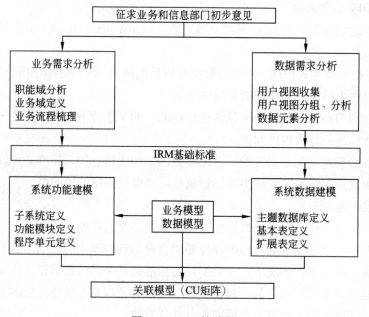

图 7-10 IRP 的过程

根据图 7-10，IRP 的过程大致可以分为 7 个步骤，分别是定义职能域、各职能域业务分析、各职能域数据分析、建立整个企业的 IRM 基础标准、建立信息系统功能模型、建立信息系统数据模型和建立关联矩阵。另外，从图 7-10 中可以看出，IRP 是按照业务和数据两条主线进行开展的。

2. 业务主线

IRP 的第一个阶段就是要进行需求分析，这与一般的信息系统需求分析（请参考 11.3 节）有所不同。业务需求分析也称为功能需求分析，或简称为业务分析，其分析成果称为业务模型（也称为系统功能模型或企业模型）。

（1）企业的职能域模型。职能域或职能范围、业务范围是指企业的一些主要业务活动领域，例如，工程、市场、科研、销售等。企业的职能域划分出来后，就可以进一步明确 IRP 的范围和边界。

（2）识别每个职能域的业务过程。每个职能域都包括一定数目的业务过程。首先要进行业务过程的命名和定义，然后找出业务过程与组织结构的联系（业务过程具有独立性）。

（3）列出每个业务过程的各项业务活动。每个业务过程中都包含一定数量的业务活动。业务活动是企业功能分解后最基本的、不可再分解的最小功能单元，可采用逐级向下分解的方式获得。基本业务活动要具有可执行性、独立性等特点，同时还要有清晰的时空界限，其产生的结果清晰可识别。

（4）业务模型的复查与确认。经过以上三个步骤，就形成了"职能域-业务过程-业务活动"三层结构的业务模型。复查可以从上向下进行，也可以从下向上进行。从上向下复查是指首先看职能域划分和定义是否存在问题，再分析业务过程的识别和定义是否存在问题；从下向上复查是指首先复查业务功能是否分解到基本活动，是否存在冗余，哪些活动组合在一起作为一个业务过程，与以前确定的过程是否有矛盾，哪些业务过程组合成职能域，与以前确定的职能域是否一致等。最后确认形成的业务模型应该具有完整性、适用性和永久性等特点。

3. 数据主线

数据需求分析是信息资源规划中最重要、工作量最大且较为复杂的分析工作，强调对整个企业或企业的大部分（主要部分）进行分析，需要有全局的观点，建立全局的数据标准。

（1）用户视图的采集、整理和分析（数据需求分析）。从视图采集开始，通过调研理清现状，把握需求。首先，需要对用户视图进行分类；然后，对每个用户视图的数据项逐一进行登记，得到用户视图的组成；最后，还要用 DFD 对用户视图中的所有数据流进行分析，完成用户视图的登记，并进行数据流量化分析。

（2）建立基本表和主题数据库（系统数据建模）。在视图分析的基础上建立基本表，确定数据元，以信息流程梳理为手段明确信息资源的分布，构建数据模型，定义数据库结构，确定数据库内容。有关数据库建模的详细知识，请阅读 5.5 节。

7.6.4 信息资源网建设

信息资源的开发和应用是一个从低级到高级、从局部到全局的过程，信息资源网建设是其中的高级阶段,信息资源网之前的模式主要有点对点的通信和信息通信网。信息通信网一般是利用国家公用电信平台,主要是公用电话网、公用分组交换网和数字数据网等构筑的区域性或专业性的通信网。信息资源网是指各相关经济信息提供部门和使用部门建立的各种数据库、信息中心和信息应用系统。从功能角度上来讲,信息通信网主要是将信息以某种媒体形式进行传输,而信息资源网则包括了从信息采集和加工,直至最终利用的众多环节。

信息资源网对信息化建设有着重大的意义,它既强调了信息资源的产生、存在和运动的形态特征,又突出了信息资源开发利用的复杂性和重要性。信息资源网的建设包括数据库和数据仓库的建设、信息资源网的数据分布和分布式数据库的建设。

1. 数据库和数据仓库的建设

信息资源网中存储和流通的信息,可按不同的视角进行分类。例如,历史信息、现在信息和将来信息;内部运作信息和外部情报信息;实时动态信息和非实时静态信息;计划信息、调整信息和统计信息;操作层的信息、管理层的信息和决策层的信息;结构化信息和非结构化信息等。其中,用于综合分析与决策活动的结构化的数据,包括当前的和历史的数据,具有突出的地位与意义。所有这些数据和信息,都应存储在数据库或数据仓库之中。特别是数据仓库技术,为企业数据的深加工和辅助决策分析应用提供了有力的支持。有关数据仓库的详细知识,请阅读 5.7 节。

2. 信息资源网的数据分布

信息资源网的建设必须考虑数据的存储分布策略。一些业务分布地域广的企业,其数据一般不会完全集中存放在中心。不论是通信网络环境如何优越,出于多种因素的考虑,分布式数据库仍然是需要的。

(1) 数据的分散存储。在技术成本许可的条件下,把数据存放在使用它们的地方通常是较好的选择,原因有两个方面:一方面,用户认为数据库是"自己的",从而会对数据的录入维护更负责任;另一方面,某些数据固有的属性必然导致分散存储。例如,有些数据在某一地点使用,而在其他地点很少或根本不使用;当地部门负责自己数据的准确性、保密性和安全性;对于单一的集中式数据存储系统来说,数据更新的频率太高;最终用户对外围数据进行检索或处理的操作量很大,这些都集中到中心进行,会危及中心系统的性能。

(2) 数据的集中存储。某些数据的固有属性必然导致集中存储。例如,有些数据是被集中式的应用项目所使用的;所有部门的用户需要存取相同的数据,而且需要频繁更新。这种数据更新频繁,这就需要集中管理,避免因更新频繁而引起的多副本的实时同步问题;有的数据要作为一个整体被检索,如果去访问多个地理位置上分散的数据库,会浪费时间,减低查询效率;有些数据要确保高度的安全性,进行集中存储管理并采用后备副本,要比在分散的地点保存数据安全得多。

3. 分布式数据库的建设

分布式数据库是用计算机网络将物理上分散的多个数据库单元连接起来组成的一

个逻辑上统一的数据库。每个被连接起来的数据库单元称为站点或结点。分布式数据库有一个统一的数据库管理系统来进行管理,称为分布式数据库管理系统。有关分布式数据库的详细知识,请阅读 5.6 节。

7.7 企业信息系统

企业信息化就是企业应用信息技术及产品的过程,或者更确切地说,企业信息化是信息技术由局部到全局,由战术层次到战略层次向企业全面渗透,运用于流程管理、支持企业经营管理的过程。企业在信息化的过程中,会根据实际情况建设各种应用系统,从最初的办公自动化(Office Automation,OA)系统到目前流行的产品生命周期管理等,应用层次不一。随着信息技术的发展和信息化建设的推进,企业信息系统的规模在不断扩大,复杂程度在逐渐提高。

7.7.1 客户关系管理

客户关系管理(Customer Relationship Management,CRM)将客户看作是企业的一项重要资产,客户关怀是 CRM 的中心,其目的是与客户建立长期和有效的业务关系,在与客户的每一个"接触点"上都更加接近客户、了解客户,最大限度地增加利润。CRM 的核心是客户价值管理,它将客户价值分为既成价值、潜在价值和模型价值,通过"一对一"营销原则,满足不同价值客户的个性化需求,提高客户忠诚度和保有率,实现客户价值持续贡献,从而全面提升企业盈利能力。

CRM 实际上是一个概念,也是一种理念;同时,它又不仅是一个概念,也不仅是一种理念,它是企业参与市场竞争新的管理模式,它是一种以客户为中心的业务模型,并由集成了前台和后台业务流程的一系列应用程序来支撑。这些整合的应用系统保证了更令人满意的客户体验,因而会使企业直接受益。

1. CRM 的功能

CRM 的功能可以归纳为三个方面:对销售、营销和客户服务三部分业务流程的信息化;与客户进行沟通所需要的手段(例如,电话、传真、网络等)的集成和自动化处理;对上面两部分功能所积累下的信息进行加工处理,产生客户智能,为企业决策提供支持。业界一致认为,市场营销和客户服务是 CRM 的支柱性功能。这些是客户与企业联系的主要领域,无论这些联系发生在售前、售中还是售后。

(1)客户服务。客户服务是 CRM 的关键内容,是能否形成并保留大量忠诚客户的关键。随着市场竞争的深入,客户对服务的期望值也在不断地提高,已经超出传统的电话呼叫中心的范围。而呼叫中心正在向可以处理各种通信媒介的客户服务中心演变。电话互动必须与电子邮件、传真、网站,以及其他任何客户喜欢使用的方式相互整合。随着越来越多的客户进入互联网,通过浏览器来查看他们的订单或提出询问,自助服务的要求发展得也越来越快。

（2）市场营销。营销自动化包括商机产生、商机获取和管理、商业活动管理和电话营销等。销售人员与潜在客户的互动行为、将潜在客户发展为真正客户并保持其忠诚度是使企业盈利的核心因素。随着互联网的发展，市场营销迅速从传统的电话营销转向网站营销和电子邮件营销。这些基于 Web 的营销活动给潜在客户更好的体验，使潜在客户以自己的方式、在方便的时间查看他需要的信息。

（3）共享的客户资料库。共享的客户资料库是企业的一种重要信息资源，它把市场营销和客户服务连接起来。如果一个企业的信息来源相互独立，那么这些信息中必然会存在大量重复、互相冲突的成分。这对企业的整体运营效率将产生负面影响；而动态的、能够被不同部门共享的客户资料库则是企业的一种宝贵资源，同时，它也是 CRM 的基础和依托。

（4）分析能力。CRM 的一个重要方面在于它具有使客户价值最大化的分析能力。如今的 CRM 解决方案在提供标准报告的同时，又可提供既定量又定性的即时分析。深入的智能分析需要统一的客户数据作为切入点，并使所有企业业务应用系统融入到分析环境中，通过对客户数据的全面分析，评估客户带给企业的价值，以及衡量客户的满意度，再将分析结果反馈给管理层，这样，便增加了信息分析的价值。企业决策者会参考这些信息，做出更全面、更及时的商业决策。

2. CRM 的解决方案和实施过程

CRM 的根本要求就是与客户建立一种互相学习的关系，即从与客户的接触中了解他们在使用产品中遇到的问题，以及对产品的意见和建议，并帮助他们加以解决。在与客户互动的过程中，了解他们的姓名、通讯地址、个人喜好以及购买习惯，并在此基础上进行"一对一"的个性化服务，甚至拓展新的市场需求。例如，用户在订票中心预订了机票之后，CRM 就会根据了解的信息，向用户提供唤醒服务或是出租车登记等增值服务。因此，CRM 解决方案的核心思想就是通过跟客户的"接触"，搜集客户的意见、建议和要求，并通过数据挖掘和分析，提供完善的个性化服务。

一般说来，CRM 可由两部分构成，即触发中心和挖掘中心。前者指客户和 CRM 通过多种方式"触发"进行沟通；后者是指对 CRM 记录、交流、沟通的信息进行智能分析。由此可见，一个有效的 CRM 解决方案应该具备以下要素：

（1）畅通有效的客户交流渠道（触发中心）。在通信手段极为丰富的今天，能否支持各种触发手段与客户进行交流，是十分关键的。

（2）对所获信息进行有效分析（挖掘中心）。采用数据挖掘和商业智能等技术对收集的信息进行分析。有关数据挖掘的知识，请阅读 5.8 节；有关商业智能的知识，将在 7.7.6 节介绍。

（3）CRM 必须能与 ERP 很好地集成。作为企业管理的前台，CRM 的市场营销和客户服务的信息必须能及时传达到后台的财务、生产等部门，这是企业能否有效运营的关键。

CRM 的实现过程包含三个方面的工作。一是客户服务与支持，即通过控制服务品质以赢得顾客的忠诚度，例如，对客户快速准确的技术支持、对客户投诉的快速反应、对客户提供产品查询等；二是客户群维系，即通过与顾客的交流实现新的销售，例如，通过交流赢得失去的客户等；三是商机管理，即利用数据库开展销售，例如，利用现有客户数据库做新产品推广测试，通过电话或电子邮件促销调查，确定目标客户群等。

7.7.2 供应链管理

供应链是由供应商、制造商、仓库、配送中心和渠道商等构成的物流网络。同一个企业可能构成这个网络的不同组成节点，但更多的情况下是由不同的企业构成这个网络中的不同节点。例如，在某条供应链中，某个企业可能既在制造商和仓库节点，又在配送中心节点等占有位置。另外，单个企业内部也同样存在一条供应链，只不过处在各个节点上的不是其他企业，而是该企业的各个部门。

供应链管理（Supply Chain Management，SCM）是一种集成的管理思想和方法，它执行供应链中从供应商到最终用户的物流的计划和控制等职能。从单一的企业角度来看，是指企业通过改善上、下游供应链关系，整合和优化供应链中的信息流、物流和资金流，以获得企业的竞争优势。

1. SCM 的内容

SCM 是企业的有效性管理，表现了企业在战略和战术上对业务流程的优化。整合并优化了供应商、制造商、零售商的业务效率，使商品以正确的数量、正确的品质、在正确的地点、以正确的时间、最佳的成本进行生产和销售。SCM 包括计划、采购、制造、配送、退货五大基本内容。

（1）计划：这是 SCM 的策略性部分。企业需要有一个策略来管理所有的资源，以满足客户对产品的需求。好的计划是建立一系列的方法监控供应链，使它能够有效、低成本地为顾客递送高质量和高价值的产品或服务。

（2）采购：选择能为企业提供产品和服务的供应商，与供应商建立一套定价、配送和付款流程，并监控和改善管理。

（3）制造：安排生产、测试、打包和准备送货所需的活动，是供应链中测量内容最多的部分，包括质量水平、产品产量和工人的生产效率等的测量。

（4）配送：也称为物流，是调整用户的订单收据、建立仓库网络、派递送人员提货并送货到顾客手中、建立产品计价系统、接收付款。

（5）退货：这是供应链中的问题处理部分。建立网络接收客户退回的次品和多余产品，并在客户应用产品出问题时提供支持。

总之，SCM 是从源头供应商到最终消费者的集成业务流程。它不仅为消费者带来有价值的产品和服务，还为顾客带来有用的信息。

2. 信息流动与共享

供应链中的信息流覆盖了从供应商、制造商到分销商，再到零售商等供应链中的所有环节。其信息流分为需求信息流和供应信息流，这是两个不同流向的信息流。当需求信息（例如，客户订单、生产计划、采购合同等）从需方向供方流动时，便引发物流。同时供应信息（例如，入库单、完工报告单、库存记录、可供销售量、提货发运单等）又与物料一起沿着供应链从供方向需方流动。

由于供应链中的企业是一种协作关系和利益共同体，因而供应链中的信息获取渠道众多，对于需求信息来说既有来自顾客也有来自分销商和零售商的；供应信息则来自于各供应商，这些信息通过 SCM 系统而在所有的企业里流动与分享。对于单个企业情况来说，由于没有与上、下游企业形成利益共同体，上、下游企业也就没有为它提供信息的责任和动力，因此，单个企业的信息获取则完全依赖于自己的收集。

处于供应链核心环节的企业要将与自己业务有关（直接和间接）的上、下游企业纳入一条环环相扣的供应链中，使多个企业能在一个整体的 SCM 系统管理下实现协作经营和协调运作，把这些企业的分散计划纳入整个供应链的计划中，实现资源和信息共享，增强该供应链在市场中的整体优势，同时也使每个企业均可实现以最小的个别成本和转换成本来获得成本优势。这种网络化的企业运营模式拆除了企业的围墙，将各个企业独立的信息孤岛连接在一起，通过网络、电子商务把过去分离的业务过程集成起来，覆盖了从供应商到客户的全部过程。对供应链中的企业进行流程再造，建立网络化的企业运营模式是建立企业间的供应链信息共享系统的基石。

统一的信息系统架构是决定信息能否共享的物质技术基础，主要包括：为系统功能和结构建立统一的业务标准和建立统一信息交流规范体系等。因为即使某些细节之处没有遵循共同的标准也会影响数据交流和信息共享。例如，供应链中的企业进行数据交换时，双方必须严格遵守文件的标准格式，任一方擅自改动格式都将导致对方的系统无法正常工作。

3. SCM 中的关键问题

SCM 是一个复杂的系统，涉及到众多目标不同的企业，牵扯到企业的方方面面，因此，实施 SCM 必须确保要理清思路、分清主次，抓住关键问题。只有这样，才能做到"既见树木，又见森林"，避免陷入"只见树木，不见森林"或"只见森林，不见树木"的尴尬境况。 具体地说，在实施 SCM 中需要注意以下问题：

（1）配送网络的重构。配送网络重构是指采用一个或几个制造工厂生产的产品来服务一组或几组在地理位置上分散的渠道商时，当原有的需求模式发生改变或外在条件发生变化后引起的需要对配送网络进行的调整。这可能由于现有的几个仓库租赁合同的终止或渠道商的数量发生增减变化等原因引起。

（2）配送战略问题。常用的配送战略主要有直接转运战略、经典配送战略和直接运输战略。直接转运战略是指终端渠道由中央仓库供应货物，中央仓库充当供应过程的调节者和来自外部供应商的订货的转运站，而其本身并不保留库存；经典配送战略则是在中央仓库中保留库存；直接运输战略相对较为简单，它是指把货物直接从供应商运往终端渠道的一种配送战略。

（3）供应链集成与战略伙伴。由于供应链本身的动态性以及不同节点企业间存在着相互冲突的目标，因此对供应链进行集成是相当困难的。但实践表明，对供应链集成不仅是可能的，而且它能够对节点企业的销售业绩和市场份额产生显著的影响作用。

（4）库存控制问题。包括一个终端渠道对某一特定产品应该持的库存量、终端渠道的订货量和需求的预测值之间的关系、终端渠道的库存周转率等。

（5）产品设计。有效的产品设计在供应链管理中起着多方面的关键作用。那么什么时候值得对产品进行设计来减少物流成本或缩短供应链的周期，产品设计是否可以弥补顾客需求的不确定性，为了利用新产品设计，对供应链应该做什么样的修改等这些问题就非常重要。

（6）信息技术和决策支持系统。信息技术对供应链的支撑可分为两个层面。第一个层面是由标识代码技术、自动识别与数据采集技术、电子数据交换技术、互联网技术等基础技术构成；第二个层面是基于信息技术而开发的支持企业生产的信息系统。在具体集成和应用这些系统时，不应仅仅将它们视为是一种技术解决方案，而应深刻理解它们所折射的管理思想，涉及到的技术和方法主要有销售系统、订货系统、计算机辅助设计和辅助制造、ERP、CRM、电子商务、决策支持系统等。

（7）顾客价值的衡量。顾客价值是衡量一个企业对于顾客的贡献大小的指标，这一指标是根据企业提供的全部产品、服务和无形影响来衡量的。

7.7.3 产品数据管理

自 20 世纪 80 年代企业实施信息化以来，各种各样的信息系统的开发、各种各样的信息工具的使用给企业带来了丰富的成果，但同时，其弊端也不断显现，最为明显的是信息化带来了数据爆炸和数据混乱的问题。各种高效的信息工具的数据处理能力和存储能力不断提高，产生的数据呈几何级数的增长。大量的数据文件，由于缺少统一的管理和调度，本来是宝贵的信息资源却变成了"死数据"或"垃圾数据"，无法被应用。

产品数据管理（Product Data Management，PDM）是一门用来管理所有与产品相关信息（包括零件信息、配置、文档、计算机辅助设计文件、结构、权限信息等）和所有与产品相关过程（包括过程定义和管理）的技术。PDM 系统是一种软件框架，利用这个框架可以帮助企业实现对与企业产品相关的数据、开发过程以及使用者进行集成与管理，可以实现对设计、制造和生产过程中需要的大量数据进行跟踪和支持。

1. PDM 的发展过程

PDM 的核心思想是设计数据的有序、设计过程的优化和资源的共享。PDM 技术的发展可以分为以下三个阶段：

（1）配合CAD（Computer Aided Design，计算机辅助设计）使用的早期简单的PDM系统。PDM技术出现初期，大多是由各CAD供应商推出的配合CAD产品的系统，主要局限在工程图纸的管理，解决了大量工程图纸、技术文档以及CAD文件的计算机管理问题。这是第一代PDM产品。主要表现形式为各类文档管理或图纸管理的软件系统等。

（2）产品数据管理。20世纪90年代初中期，出现了专业化的PDM产品。与第一代PDM产品相比，在第二代PDM产品中出现了许多新功能，例如，对产品生命周期内各种形式的产品数据的管理能力、对产品结构与配置的管理、对电子数据的发布和工程更改的控制以及基于成组技术的零件分类管理与查询等。同时，系统的集成能力和开放程度也有较大的提高，少数优秀的PDM产品可以真正实现企业级的信息集成和过程集成。

（3）产品协同商务（Collaborative Product Commerce，CPC）或PDM标准化。第三代PDM产品建立在Internet平台、通用对象请求代理结构（Common Object Request Broker Architecture，CORBA）和Java技术基础之上，并且是基于分布式计算框架，做到了与计算机软硬件平台无关和用户界面的统一，支持以"标准企业职能"和"动态企业"思想为中心的企业信息分析方法，可以进行企业信息建模的分析和设计，实现包括文档管理、生命周期管理、工作流管理、产品结构管理、视图管理、变更管理、客户化应用等功能。第三代PDM适应了信息时代广义企业异地协同开发、制造和管理产品的要求。

2. PDM的核心功能

目前，全球范围商品化的PDM系统有不下100种。这些PDM产品虽然有许多差异，但一般来说，大多具有以下一些主要功能：

（1）数据库和文档管理。PDM系统的数据库和文档管理提供了对分布式异构数据的存储、检索和管理功能。在PDM系统中，数据的访问对用户来说是完全透明的，用户无需关心数据存放的具体位置，以及自己得到的是否是最新版本，这些工作均由PDM系统来完成。某些PDM系统还具有对传统的以非电子化形式存储的数据进行管理的能力。

（2）产品结构与配置管理。用户可以通过PDM系统提供的图形化界面来对产品结构进行查看和编辑。在PDM系统中，零部件按照它们之间的装配关系被组织起来，用户可以将各产品定义数据与零部件关联起来，最终形成对产品结构的完整描述，传统的BOM可以利用PDM自动生成。PDM系统通过有效性和配置规则来对系统化产品进行管理，配置规则是由事先定义的配置参数经过逻辑组合而成。用户可以通过选择各配置变量的取值和设定具体的时间及序列数来得到同一产品的不同配置。

（3）生命周期管理和流程管理。PDM系统的生命周期管理模块管理着产品数据的动态定义过程，其中包括宏观过程（产品生命周期）和各种微过程（例如，图纸的审批流程等）。对产品生命周期的管理包括保留和跟踪产品从概念设计、产品开发、生产制造直到停止生产的整个过程中的所有历史记录，以及定义产品从一个状态转换到另一个状态时必须经过的处理步骤。管理员可以通过对产品数据的各个基本处理步骤的组合来构造产品设计或更改流程。

（4）集成开发接口。由于各企业和情况千差万别，用户的要求也是多种多样的，没有哪一种 PDM 系统可以适应所有企业的情况，这就要求 PDM 系统必须具有强大的客户化能力和二次开发工具包，PDM 实施人员或用户可以利用这些工具包来进行针对企业具体情况的定制开发。

7.7.4 产品生命周期管理

产品的生命周期一般包括 5 个阶段，分别是培育期（概念期）、成长期、成熟期、衰退期、结束期（报废期）5 个阶段。产品生命周期管理（Product Lifecycle Management，PLM）实施一整套的业务解决方案，把人、过程和信息有效地集成在一起，作用于整个企业，遍历产品全生命周期，支持与产品相关的协作研发、管理、分发和使用产品定义信息。

PLM 为企业及其供应链组成产品信息的框架。它由多种信息化元素构成，包括基础技术和标准（例如，XML、可视化技术、协作和企业应用集成等）、信息生成工具（例如，CAD 和技术发布等）、核心功能（例如，数据仓库、文档和内容管理、工作流和程序管理等）和应用功能（例如，配置管理等），以及构建在其他系统上的业务解决方案。PLM 通过培育期的研发成本最小化和成长期至结束期的企业利润最大化来达到降低成本和增加利润的目标。

1. PLM 的功能

一套高效、完善的 PLM 解决方案能让企业建立详细、直观和可行的数字化产品信息；及早综合各个参与者的信息，从而发现和解决关键问题；对交付生产、更改控制和配置管理等关键过程进行控制，并使之自动化。

（1）总体功能。从企业实施 PLM 的全局来看，PLM 具有以下功能：构建完整的数字化产品数据模型和安全的产品信息库；实现产品开发过程的自动化，由工作流和生命周期驱动；为所有用户提供独立于 CAD 系统以及基于 Web 的产品信息可视化插件功能；使用基于角色的 Web 访问功能来获取产品和过程信息，具有基于事件的提示功能；项目和计划的管理与协作；对过程和活动监控及改进的分析和报告；更改、配置和发布管理过程的最佳方法；零件和设计的参数化搜索，最大程度实现设计复用；用于制造业设计和采购的制造协作区；对 CAD、ERP、CRM 等企业应用系统的集成。

（2）核心创造、协作和控制功能。创造是指获取并挖掘思想和知识财富，并把它们融入到数字化产品中，使其能够提供关于产品结构、外观和性能的可行性、交互和直观的表示。在产品开发过程早期，"创造"非常关键，而且在更改时，它仍然很重要；协作是指与产品开发价值链中的其他参与者高效沟通，以便不断获得创造性的信息，并在对设计进行更改的早期发现和解决问题；控制是指为了确保产品开发过程能尽快带来成果，确保协作者在不同阶段不断趋向一致，最终在设计完成时达到完全统一。PLM 通过这三项相互依赖的功能之间的配合来优化数字化产品价值链。

（3）细化功能。包括文档管理、一体化搜索引擎和工作流管理等。文档管理的核心功能包括文档的检入/检出、版本控制和历史记录管理；一体化搜索引擎作为一种执行快速且简单的跨系统查询方法，它结合了标准的 Web 搜索引擎技术，能让用户快速找到企业中几乎所有类型的产品信息，而不考虑它们的结构或位置；通过把工作流过程与生命周期阶段和条件关联起来，能让 PLM 的对象自动完成它们的生命周期。工作流管理能让用户在一个灵活的过程管理架构中，积极指导和监控业务过程，以便提供先进的产品，缩短上市时间，降低开发成本。

2. 与其他系统的关系

在 ERP、SCM、CRM 以及 PLM 这 4 个系统中，PLM 的成长和成熟花费了最长的时间，并且最不容易被人所理解。它也与其他系统有着较大的区别，这是因为迄今为止，它是唯一面向产品创新的系统，也是最具互操作性的系统。例如，如果企业为了制造的用途，使用 PLM 相同来真正管理一个产品的全生命周期，它需要与 SCM 和 CRM，特别是 ERP 进行集成。

从技术角度上来说，PLM 是一种对所有与产品相关的数据、在其整个生命周期内进行管理的技术。既然 PLM 与所有与产品相关的数据的管理有关，那么就必然与 PDM 密不可分，有着深刻的渊源，可以说 PLM 完全包含了 PDM 的全部内容，PDM 功能是 PLM 中的一个子集。但是，PLM 又强调了对产品生命周期内跨越供应链的所有信息进行管理和利用的概念，这是与 PDM 的本质区别。

PLM 并不是一种简单的系统堆积。例如，把一个 PDM，两个 CAD，再来一个数字化装配，连接上某个 ERP 或是 SCM 系统，辅之以 Web 技术，就是"PLM"系统了。这样做，只是实现了一种技术的堆积和继承，只是完成了任务和过程自动化的功能，没有体现出 PLM 真正的思想和内涵。尽管以上的技术是需要的，但是对于实施 PLM 战略是不充分的。由于 PLM 策略是完全从事于不同的商业使命，因此，它需要更复杂的系统架构。

7.7.5 知识管理

知识管理就是对有价值的信息进行管理，包括知识的识别、获取、分解、储存、传递、共享、价值评判和保护，以及知识的资本化和产品化。早在 20 世纪 80 年代，罗默（Paul M.Romer）就提出了经济增长四要素理论，其核心思想就是把知识作为经济增长最重要的要素。罗默认为，知识能提高收益，知识需要投资，知识与投资存在良性循环关系，投资促进知识，知识促进投资。在企业信息化过程中，企业中最大的资产，就是继资本、劳动之后脱颖而出的第三资源，即知识资源。

1. 知识的分类

知识可分为两类，即显性知识（Explicit Knowledge）与隐性知识（Tacit Knowledge）。

凡是能以文字与数字来表达，而且以资料、科学法则、特定规格及手册等形式展现者皆属显性知识。这种知识随时都可在个人之间相互传送；隐性知识是相当个人化而富弹性的东西，因人而异，很难用公式或文字来加以说明，因而也就难以流传或与别人分享。个人主观的洞察力、直觉与预感等皆属隐性知识。隐性知识深植于个人的行动与经验之中，同时也储藏在一个人所抱持的理想与价值或所珍惜的情怀之中。

隐性知识有两个层面，即技术层面和认知层面。技术层面包括一些非正式的个人技巧或技艺；认知层面包括信念、理想、价值、心意与心智模式等深植于内心深处，而经常视为理所当然的东西。隐性知识的认知层面虽然难以明说，但却深深地影响人们对世界的看法。隐性知识与显性知识的区别如表 7-4 所示。

表 7-4　隐性知识与显性知识的区别

显性知识特征	隐性知识特征
规范、系统	尚未或难以规范、零星
背后有科学和实证基础	背后的科学原理不甚明确
稳定、明确	非正式、难捉摸
经过编码、格式化、结构化	尚未编码、格式化、结构化
用公式、软件编制程序、规律、法则、原则和说明书等方式表述	用诀窍、习惯、信念、个人特技等形式呈现
运用者对所用显性知识有明确认识	运用者对所用隐性知识可能不甚了解
易于储存、理解、沟通、分享、传递	不易保存、传递、掌握

2. 知识管理工具

通常，可以把知识管理工具分为知识生成工具、知识编码工具和知识转移工具三大类。

（1）知识生成工具。知识的生成包括产生新的想法、发现新的商业模式、发明新的生产流程，以及对原有知识的重新合成。不同方式的知识产生模式有不同的工具对其进行支持。知识生成工具包括知识获取、知识合成和知识创新三大功能。目前，利用具有初步人工智能功能的搜索引擎和知识挖掘工具进行知识的自动获取，可以将相关的词句组合起来，帮助人们将分散的创新观点进行合成。但是，目前实现知识的创新还十分困难，只能利用一些工具实现辅助性的知识创新。

（2）知识编码工具。知识编码是通过标准的形式表现知识，使知识能够方便地被共享和交流。知识编码工具的作用就在于将知识有效地存储并且以简明的方式呈现给使用者，使知识更容易被其他人使用。知识编码的困难在于，知识几乎不能以离散的形式予以表现。知识不断地积累，不断地改变，以至于人们很难对其进行清晰的区分。因此，对知识进行审核和分类是十分困难的。

（3）知识转移工具。知识转移工具最终就是要使知识能在企业内传播和分享。知识的价值在于流动和使用。在知识流动的过程中存在许多障碍，使知识不能毫无阻力地任意流动。这些障碍可分成三类，即时间差异、空间差异和社会差异。知识转移工具可以根据各种障碍的特点，在一定程度上帮助人们消除障碍，使知识得到更有效的流动。

3. 知识管理系统与信息管理系统

知识管理不同于信息管理，也不是数据的管理，它是通过知识共享、运用集体的智慧提高应变和创新能力。知识管理系统注重的是，让知识工作者可以通过网络随时随地得到自己所需要的各种经过提炼和加工后的信息，经过对信息的深层次加工后形成有用的知识。知识管理通过数据中心建立完善的数据仓库，对数据进行深层次的挖掘和统计分析，从而构造一个决策支持智能化知识库系统。而信息管理只是简单地对大容量信息进行提取和再现，对信息的加工层次较浅，一般不具备信息有机合成与知识提取的功能。

在知识管理系统中，每个人既是信息的受益者，也是信息的缔造者。知识管理系统涵盖全面的信息处理，包括信息的发布、分类、采集、搜索、加工等，而传统的信息管理系统只涵盖部分的信息处理功能。

7.7.6 商业智能

一般现代化的业务操作通常都会产生大量的数据，例如订单、库存、交易账目、通话记录和客户资料等。如何利用这些数据增进对业务情况的了解，帮助人们在业务管理及发展上作出及时、正确的判断，也就是说，怎样从业务数据中提取有用的信息，然后根据这些信息来采用明智的行动，这就是商业智能的功能。

目前，商业智能产品及解决方案大致可分为数据仓库产品、数据抽取产品、OLAP产品、展示产品，以及集成这几种产品的针对某个应用的整体解决方案等。

1. BI 的技术应用

BI 系统主要包括数据预处理、建立数据仓库、数据分析和数据展现 4 个主要阶段。

数据预处理是整合企业原始数据的第一步，它包括数据的抽取（extraction）、转换（transformation）和加载（load）三个过程（ETL 过程）；建立数据仓库则是处理海量数据的基础；数据分析是体现系统智能的关键，一般采用 OLAP 和数据挖掘两大技术。OLAP 不仅进行数据汇总/聚集，同时还提供切片、切块、下钻、上卷和旋转等数据分析功能，用户可以方便地对海量数据进行多维分析。数据挖掘的目标则是挖掘数据背后隐藏的知识，通过关联分析、聚类和分类等方法建立分析模型，预测企业未来发展趋势和将要面临的问题；在海量数据和分析手段增多的情况下，数据展现则主要保障系统分析结果的可视化。

一般认为，数据仓库、OLAP 和数据挖掘技术是 BI 的三大组成部分。有关这方面的详细知识，请阅读 5.7 节和 5.8 节。

2. BI 的实施步骤

实施 BI 系统是一项复杂的系统工程，整个项目涉及企业管理、运营管理、信息系统、数据仓库、数据挖掘和统计分析等众多门类的知识。因此，用户除了要选择合适的

BI 软件工具外，还必须按照正确的实施方法才能保证项目得以成功。BI 项目的实施步骤大致如下：

（1）需求分析。需求分析是 BI 实施的第一步，在其他活动开展之前，必须明确地定义企业对 BI 的期望和需求，包括需要分析的主题、各主题可能查看的维度、需要发现企业哪些方面的规律等。

（2）数据仓库建模。通过对企业需求的分析，建立企业数据仓库的逻辑模型和物理模型，并规划好系统的应用架构，将企业各类数据按照分析主题进行组织和归类。

（3）数据抽取。数据仓库建立后，必须将数据从业务系统中抽取到数据仓库中，在抽取的过程中还必须将数据进行转换和清洗，以适应分析的需要。

（4）建立 BI 分析报表。BI 分析报表需要专业人员按照用户制订的格式进行开发，用户也可自行开发。

（5）用户培训和数据模拟测试。对用户进行培训，在实际环境中对 BI 系统进行测试，以便发现和修改问题。

（6）系统改进和完善。在用户使用一段时间后，可能会提出更多的、更具体的需求，这时，就需要按照上述步骤对 BI 系统进行重构或完善。

7.7.7 企业门户

随着互联网的快速发展，企业门户（Enterprise Portal，EP）已经成为企业优化业务模式、扩展市场渠道、改善客户服务，以及提升企业形象和凝聚力的强有力手段。EP 之所以具有极大的吸引力，关键在于它具备广泛的用途和灵活、全面的模型。随着电子商务的发展，EP 已经成为新型办公环境的重要组成部分。

1. EP 的分类

按照实际应用领域，EP 可以划分为 4 类，分别是企业网站、企业信息门户、企业知识门户和企业应用门户。

（1）企业网站。随着互联网的兴起，企业纷纷建立自己的网站，供用户或企业员工浏览。这些网站往往功能简单，注重信息的单向传送，忽视用户与企业间、用户相互之间的信息互动。这些网站面向特定的使用人群，为企业服务，因此，可以被看作是 EP 发展的雏形。

（2）企业信息门户。企业信息门户（Enterprise Information Portal，EIP）是指在 Internet 环境下，把各种应用系统、数据资源和互联网资源统一集成到 EP 之下，根据每个用户使用特点和角色的不同，形成个性化的应用界面，并通过对事件和消息的处理传输把用户有机地联系在一起。EIP 不仅仅局限于建立一个企业网站，提供一些企业和产品/服务的信息，更重要的是要求企业能实现多业务系统的集成，能对客户的各种要求做出快速响应，并且能对整个供应链进行统一管理。企业员工、合作伙伴、客户、供应商都可以通过 EIP 非常方便地获取自己所需的信息。对访问者来说，EIP 提供了一个单一的访问入口,所有访问者都可以通过这个入口获得个性化的信息和服务,可以快速了解企业的相关信息;对企业来说,EIP 既是一个展示企业的窗口,也可以无缝地集成企业的业务内容、商务活动、社区等,动态地发布存储在企业内部和外部的各种信息,同时还可以支持网上的虚拟社区,访问者可以相互讨论和交换信息。

(3)企业知识门户。企业知识门户(Enterprise Knowledge Portal,EKP)是企业员工日常工作所涉及相关主题内容的"总店"。企业员工可以通过 EKP 方便地了解当天的最新消息、工作内容、完成这些工作所需的知识等。通过 EKP,任何员工都可以实时地与工作团队中的其他成员取得联系,寻找到能够提供帮助的专家或者快速地连接到相关的门户。不难看出,EKP 的使用对象是企业员工,它的建立和使用可以大大提高企业范围内的知识共享,并由此提高企业员工的工作效率。当然,EKP 还应该具有信息搜集、整理、提炼的功能,可以对已有的知识进行分类,建立企业知识库并随时更新知识库的内容。目前,一些咨询和服务型企业已经开始建立企业知识门户。

(4)企业应用门户。企业应用门户(Enterprise Application Portal,EAP)实际上是对企业业务流程的集成。它以业务流程和企业应用为核心,把业务流程中功能不同的应用模块通过门户技术集成在一起。从某种意义上说,可以把 EAP 看成是企业信息系统的集成界面。企业员工和合作伙伴可以通过 EAP 访问相应的应用系统,实现移动办公、进行网上交易等。有关企业应用集成(Enterprise Application Integration,EAI)的详细知识,将在 7.10 节中介绍。

EIP、EKP 和 EAP 虽然能满足不同应用的需求,但随着企业信息系统复杂程度的增加,越来越多的企业需要能够将它们有机地整合在一起,形成一个通用型的企业门户。通用型的企业门户应该随访问者角色的不同,允许其访问企业内部网上的相应应用和信息资源。除此之外,还要提供先进的搜索功能、内容聚合能力、目录服务、安全性、应用/过程/数据集成、协作支持、知识获取、前后台业务系统集成等多种功能。给企业员工、客户、合作伙伴、供应商提供一个虚拟的工作场所。

2. EP 实施的关键问题

虽然建设 EP 是企业信息化的必然趋势,然而真正要实现 EP,却困难重重。关键是企业能否有效地解决以下几个问题:

(1)单点登录。EP 只有唯一入口,采用单点登录机制。用户访问系统时做一次身份认证,随后就可以对所有被授权的网络资源进行访问。有关单点登录技术的详细知识,将在 18.3.4 节中介绍。

(2)业务流程整合。企业的业务流程包括两个要素:流程和人。将这两个要素组合将得到三种过程:流程-流程、流程-人和人-人。流程-流程称为过程流,流程-人和人-人称为工作流。在业务流程整合过程中,要注意过程流和工作流的全面整合,实现流程之间的无缝连接。

(3)个性化的配置。EP 的重要特性之一在于其个性化,针对不同的对象,定义不同的业务流程，提供不同的服务模式和服务内容。不同类型的工作人员在登录后应该有不同的主界面和工作流程。针对不同的用户，EP 能够动态地制定角色权限和商务规则，以实现界面、内容和业务流程的个性化。

（4）与企业应用系统的集成。EAI 是 EP 的灵魂，能否实现对 EAI 进行良好的整合是 EP 成功的关键。通过 EAI 技术把各个应用系统的功能整合到 EP 平台，集成现有应用系统的应用逻辑，实现跨应用系统的工作流程。

（5）知识转化。知识管理的对象主要是隐性知识与显性知识，两种类型的知识形成了 4 种类型的转化过程：隐性知识向隐性知识的转化、隐性知识向显性知识的转化、显性知识向显性知识的转化和显性知识向隐性知识的转化，能否有效地完成这 4 种知识类型的转化，关系到 EP 应用的成败。

7.7.8 电子商务

电子商务（Electronic Commerce，EC）是利用计算机技术、网络技术和远程通信技术，实现整个商务过程的电子化、数字化和网络化。要实现完整的电子商务会涉及到很多方面，除了买家、卖家外，还要有银行或金融机构、政府机构、认证机构、配送中心等机构的加入才行。由于参与电子商务中的各方在物理上是互不谋面的，因此整个电子商务过程并不是物理世界商务活动的翻版，网上银行、在线电子支付等条件和数据加密、电子签名等技术在电子商务中发挥着不可或缺的作用。

1. 电子商务的类型

按参与交易的对象分类，电子商务大致可以分为以下几类：

（1）企业对消费者（Business to Customer，B2C）。这类电子商务主要是借助于 Internet 开展在线销售活动。由于这种模式节省了客户和企业双方的时间和空间，大大提高了交易效率，节省了各类不必要的开支，因而得到了人们的认同，获得了迅速的发展。

（2）企业对企业（Business to Business，B2B）。两个或是若干个有业务联系的企业通过 B2B 模式彼此连接起来，形成网上的虚拟企业圈。例如，企业利用计算机网络向它的供应商进行采购，或利用计算机网络进行付款等。B2B 具有很强的实时商务处理能力，使企业能以一种安全、可靠、简便、快捷的方式进行企业间的商务联系活动。

（3）消费者对消费者（Customer to Customer，C2C）。这种模式其实是个人对个人，只不过习惯上是这么称呼而已。C2C 平台就是通过为买卖双方提供一个在线交易平台，使卖方可以主动提供商品上网拍卖，而买方可以自行选择商品进行竞价。

除此之外，也可以把企业对政府的一些商务活动简称为 B2G（Business to Government，企业对政府），例如，政府采购企业的产品等；把个人对企业的一些商务活动简称为 C2B（Customer to Business，消费者对企业），例如，IT 行业中的独立咨询师为企业提供咨询和顾问服务。由此，还可以衍生出 C2G（Customer to Government，消费者对政府）等，只不过这些都是非主流的模式。

2. 电子商务的标准

国际标准化组织 ISO/IEC 信息技术标准化委员会所属的安全技术分委员会，主要负责开展安全标准的研制工作。该分技术委员会已制订和正在研制的国际标准主要涉及密码算法、散列函数、数字签名机制、实体鉴别机制、安全评估准则等领域，并对促进国际信息安全起了重要作用。为了迎接电子商务给全球带来的机遇和挑战，使之在全球范围内更有序地发展，ISO/IEC 成立了电子商务业务工作组，确定了电子商务急需建立标准的三个领域如下：

（1）用户接口，主要包括用户界面、图像、对话设计原则等。

（2）基本功能，主要包括交易协议、支付方式、安全机制、签名与鉴别、记录的核查与保留等。

（3）数据及客体（包括组织机构、商品等）的定义与编码，包括现有的信息技术标准、定义报文语义的技术、电子数据交换（Electronic Data Interchange，EDI）本地化、注册机构、电子商务中所需的值域等。

当前，我国电子商务技术标准现状包含 4 个方面的内容，即数据交换标准、识别卡标准、通信网络标准和其他相关的标准。我国把采用国际标准和国外先进标准作为一项重要的技术经济政策积极推行，现阶段国家电子商务标准体系由基础技术标准、业务标准、支撑体系标准和监督管理标准分体系构成，如图 7-11 所示。随着电子商务业务和技术的不断发展，国家电子商务标准体系将来可以继续扩展。

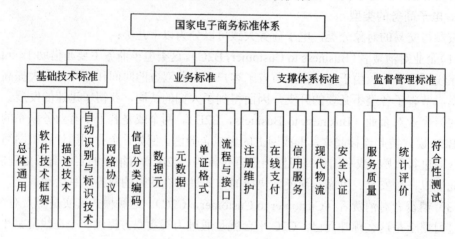

图 7-11 国家电子商务标准体系框架

鉴于电子商务的飞速发展和经济全球一体化态势，我国电子商务相关标准的制定工作相对薄弱。目前除一些 EDI 标准及部分有关网络标准是从国际相应标准等同或等效转换而来外，由我国自主制定的、直接与电子商务相关的电子税务标准和在线支付标准等几乎还是空白。

7.7.9 决策支持系统

决策支持系统（Decision Support System，DSS）是辅助决策者通过数据、模型和知识，以人机交互方式进行半结构化或非结构化决策的计算机应用系统。它是 MIS 向更高一级发展而产生的先进信息系统。它为决策者提供分析问题、建立模型、模拟决策过程和方案的环境，调用各种信息资源和分析工具，帮助决策者提高决策水平和质量。但是，DSS 不可以代替决策者。

1. 决策的分类

决策按其性质可分为结构化决策、非结构化决策和半结构化决策。结构化决策是指对某一决策过程的环境及规则，能用确定的模型或语言描述，以适当的算法产生决策方案，并能从多种方案中选择最优解；非结构化决策是指决策过程复杂，不可能用确定的模型和语言来描述其决策过程，更无所谓最优解；半结构化决策是指介于结构化决策和非结构化决策之间的决策，这类决策可以建立适当的算法产生决策方案，使决策方案中得到较优的解。

非结构化和半结构化决策一般用于企业中、高管理层，其决策者一方面需要根据经验进行分析判断，另一方面也需要借助计算机为决策提供各种辅助信息，及时作出正确有效的决策。

2. DSS 的功能

决策往往不可能一次完成，而是一个迭代的过程。DSS 的功能可归纳如下：

（1）管理并随时提供与决策问题有关的企业内部信息。例如，订单要求、库存状况、生产能力与财务报表等；收集、管理并提供与决策问题有关的企业外部信息。例如，政策法规、经济统计、市场行情、同行动态与科技进展等；收集、管理并提供各项决策方案执行情况的反馈信息。例如，订单或合同执行进程、物料供应计划落实情况、生产计划完成情况等。

（2）能以一定的方式存储和管理与决策问题有关的各种数学模型。例如，定价模型、库存控制模型与生产调度模型等；能够存储并提供常用的数学方法及算法。例如，回归分析方法、线性规划、最短路径算法等；这些数据、模型与方法能容易地修改和添加。例如，数据模式的变更、模型的连接或修改、各种方法的修改等。

（3）能灵活地运用模型与方法对数据进行加工、汇总、分析和预测，得出所需的综合信息与预测信息；具有方便的人机对话和图像输出功能，能满足随机的数据查询要求，回答"如果……，则……"之类的问题。

（4）提供良好的数据通信功能，以保证及时收集所需数据，并将加工结果传送给使用者；具有使用者能忍受的加工速度与响应时间，不影响使用者的情绪。

3. DSS 基本结构

DSS 基本结构主要由 4 个部分组成：数据库子系统、模型库子系统、推理部分和用户接口子系统,如图 7-12 所示。

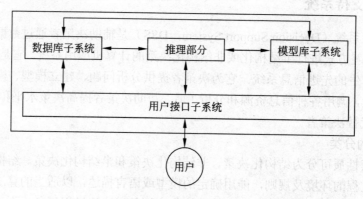

图 7-12 DSS 基本结构

数据库子系统存储、管理、提供与维护用于决策支持的数据,是支撑模型库子系统和方法库子系统的基础。数据库子系统由数据库、数据析取模块、数据字典、数据库管理系统和数据查询模块等部分组成。

模型库子系统是构建和管理模型的子系统,它是 DSS 中最复杂和最难实现的部分。DSS 用户是依靠模型库中的模型进行决策的,因此,DSS 是由模型驱动的。应用模型获得的输出结果可以分别起到以下三种作用:直接用于制订决策;对决策的制订提出建议;用来估计决策实施后可能产生的后果。模型库子系统主要由模型库和模型库管理系统两大部分组成。

推理部分由知识库(方法库)、知识库管理系统和推理机组成,知识库内存储的方法程序一般有排序算法、分类算法、最小生成树算法、最短路径算法、计划评审技术、线性规划、整数规划、动态规划、各种统计算法和组合算法等。

用户接口子系统是 DSS 的人机交互界面,用以接收和检验用户请求,调用系统内部功能为决策服务,使模型运行、数据调用和知识推理达到有机的统一,有效地解决决策问题。

4. DSS 与 MIS 的比较

DSS 和 MIS 是两种重要的信息系统,被广泛用于各种企事业单位的信息管理和决策支持活动,两者部分功能交叉。

(1) DSS 追求的目标是高效能,即想办法把事情办得尽可能好一些,以提高决策的能力和效果;而 MIS 追求的目标是高效益,即设法把事情办得快一些,以提高管理水平。

(2) DSS 着眼于决策,即着重考虑如何根据决策问题的需要,为决策者提供有价值的信息,这些信息通常由源数据经过加工、提炼、浓缩而得到;MIS 着眼于信息,即着重考虑如何完成例行业务活动中的信息处理任务。

(3) DSS 的设计思想是实现一个具有巨大发展潜力的、适应性强的开放系统;而

MIS 的设计思想是实现一个相对稳定而协调的工作系统。

（4）DSS 的设计原则是强调充分发挥人的经验、智慧、创造力，努力使系统设计有利于个人或组织决策行为的改善。因此，通常情况下，DSS 用户直接参与开发；而 MIS 的设计原则是强调系统的客观性，努力使系统设计符合组织的实际情况。

（5）DSS 的设计方法是以模型驱动的，重视决策模式的研究与模型、知识的使用，并且侧重采用以用户参加为主的、非线性的、自适应设计方法；而 MIS 的设计方法是以数据驱动的，以数据库设计为中心，并且强调采用线性的、结构化设计方法。

（6）DSS 通常由用户接口系统、数据库系统、模型库系统和知识库系统组成；而 MIS 通常由用户接口系统和数据库系统组成。

（7）DSS 能够帮助解决的是半结构化和非结构化的决策问题，并且以人机对话作为系统工作的主要方式；而 MIS 只能解决结构化的决策问题，并且人工干预日趋减少。这一点是 DSS 与 MIS 的主要区别。

7.8 电子政务

电子政务是政府机构应用现代信息和通信技术，将管理和服务通过网络技术进行集成，在网络上实现政府组织结构和工作流程的优化重组，超越时间、空间与部门分隔的限制，全方位地向社会提供优质、规范、透明、符合国际水准的管理和服务。电子政务作为信息技术与管理的有机结合，成为当代信息化最重要的领域之一。

电子政务与传统政务相比，在办公手段、业务流程以及与公众沟通的方式上都存在很大的区别。电子政务并不是要完全取代传统政务，也不是简单地将传统政务原封不动地搬到 Internet 上，而是要求政府部门运用网络和和现代通信技术，对具体业务程序、工作方法、办公环境、组织和人员管理等进行优化和重组，打破传统政府的组织界限，使得政府部门之间、政府与社会公众之间可以通过各种电子化渠道相互沟通，并依据公众的需要，提供形式多样、方便快捷的服务方式。

7.8.1 政府职能

政府职能是国家行政机关在一定时期内，根据国家和社会的发展需要而承担的职责和功能。电子政务建设的重要任务是在网络上实现政府的各项职能。电子政务建设和政府职能转变之间是相互依赖、相互促进的关系，政府应以电子政务建设为契机，利用信息技术与政务活动紧密结合的过程，促进政府职能转变，再通过政府职能转变为电子政务建设提供适宜环境和发展条件。

1. 电子政务建设对政府职能转变的影响

电子政务建设对政府职能转变的影响主要表现在政府履行职能的方式、方法和手段的转变上，直接体现在政府职能的重心、内容、范围和行使方式等方面，间接体现在行政环境的改变、管理权限和管理方式的转变以及政府的权威性和有效性的变化等方面。

（1）电子政务建设有助于促进政府职能重心由管制型向管理服务型转变。电子政务优先考虑的重点是利用网络优势加速信息流通，便于为公众提供更优质、更快捷的政府服务。

（2）电子政务建设有助于促进政府职能的内容形式由单一化向多元化发展。通过电子政务建设，政府可以通过网络提供数量庞大的信息资源和种类丰富的服务项目，使公众足不出户就能与政府打交道。公众不仅可以以电子化的方式平等、自由地选择自己需要、偏好的服务种类和服务方式，而且可以使用网络与政府进行实时交流。

（3）电子政务建设有助于促进政府职能定位由全能型向有限型转变。电子政务为政府认清自己的职能和能力提供了一面"明镜"，使政府痛下决心，厉行限制职能，下放权力、调整机构、精简人员，建立有限政府，即权力、职能、规模和行为都受到宪法和法律明确限制，并公开接受社会监督与制约的政府。

（4）电子政务建设有利于政府经济职能的行使方式由微观、直接向宏观、间接转变。首先，电子政务建设形成了跨地域、跨机构、跨部门的网上虚拟政府框架，使得政府管理不再需要处理和传递信息的中间管理层，对公共部门的组织形式的改造也使得各层等级制度渐趋扁平化，这些都为政府实施宏观调控、统筹规划和综合协调提供了有效的手段。其次，由于政府业务流的数字化和网络化的实现，政府可以把所有企事业单位的信息都记录在案，随时随地便捷地获取、分析和利用，这有助于实现政府宏观职能的微观化和微观职能的宏观化，进而更好地促进政府职能的行使方式由原来的微观、直接向宏观、间接转变。

（5）电子政务建设有利于促进政府职能关系的改善。电子政务建设促进了各级政府之间职能层级关系的改善，有利于各级政府更好地发挥各自的职能，有利于理顺政企关系和政府内部各职能部门之间的关系。

2. 电子政务建设对政府职能转变的需求

电子政务是信息技术和政务活动紧密结合的产物，其建设和发展必然要涉及生产关系的变革和上层建筑的完善等问题。随着信息社会的来临，政府管理所依赖的主要资源从物产转向了信息，信息的获取和利用程度成为其发展社会生产力的瓶颈问题，政府要解决这一难题，就必须依靠先进的管理技术和手段，还要对现行的与生产力发展不相适应的行政体制和组织实行变革，实现职能转变，这样才能从根本上解决问题。

（1）科学配置政府职能，整合组织结构。按照精简、统一、效能的原则，重组政府的组织结构，合理界定和划分政府各部门的职责权限，加强管理和服务的有效性。同时，还要进行科学的权责配置，明确各级机构、部门之间的权责关系。

（2）改革行政审批制度，明确政府职能范围。网上审批的深入推进，要求政府进行行政审批制度改革，其中的一个重要环节就是确定审批项目的范围，本质上也就是确定政府的职能范围。电子政务实施对行政审批制度改革提出以下要求：积极推进政务公开制度,建立便民服务制度,加强对审批行为的监督和事后监督。

(3) 重组政务流程,改革职能运作模式。电子政务建设促进政府职能转变的核心是政务流程重组。政府流程重组(Government Process Reengineering,GPR)是基于原有的政府管理模式,以提高行政效率和公众服务质量为目标,对政府业务流程进行优化和重组。按照电子政务对政府业务流程的要求对传统业务流程进行优化和重组,对政府部门职能进行优化和整合,创造扁平化的、无缝隙的和网络化的政府。GPR是电子政务建设的前提条件,是政府必须提供的前提基础。

政府只有通过积极、主动、自觉地改革自身来提供电子政务建设的环境和前提条件,只有解决了相关的障碍因素,电子政务建设才有可能顺利进行下去,政府才能最终达到改革的目的。当然,在改革中必须要处理好改革、发展和稳定的关系。

7.8.2 电子政务的模式

随着信息技术的发展,信息在政治、经济和军事方面的作用日益显现。信息化已成为世界普遍关注的一个焦点,政府信息化作为国家信息化的基础,成为整个信息化中的关键,直接影响国家的竞争力和社会经济发展进程。政府信息化以电子政务这样一个更高层次的新面目出现,被认为是国家信息化最主要的推动力量。

1. 业务模型

根据政府机构的业务形态来看,通常电子政务主要包括三个应用领域,其业务模型可以用图 7-13 表示。

(1) 政务信息查询。面向社会公众和企业组织,为其提供政策、法规、条例和流程的查询服务。

(2) 公共政务办公。借助互联网实现政府机构的对外办公,例如,申请、申报等,提高政府的运作效率,增加透明度。

(3) 政府办公自动化。以信息化手段提高政府机构内部办公的效率,例如,公文报送、信息通知和信息查询等。

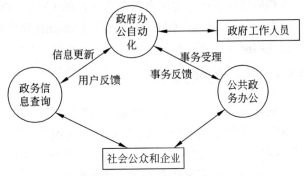

图 7-13 电子政务业务模型

在图 7-13 中,社会公众和企业主要通过政务信息查询以及公共政务办公与电子政务平台建立沟通,相关事务处理请求通过 OA 系统中转给政府工作人员,政府工作人员可以通过 OA 系统进行政务处理及对政务信息查询系统的更新。通过对这一典型业务模型的分析,可以看出在电子政务系统中主要存在三种信息流,分别是政务办公信息流(存在于政府机构内部办公的过程中)、公共事务信息流(存在于政府机构对外办公的过程中)和政务咨询信息流(存在于社会公众和企业查询相关信息的过程中)。

2. 应用模式

电子政务根据其服务的对象不同，基本上可以分为以下 4 种模式：

（1）政府对政府（Government to Government，G2G）。G2G 是指政府上下级之间、不同地区和不同职能部门之间实现的电子政务活动，包括国家和地方基础信息的采集、处理和利用，例如，人口信息、地理信息、资源信息等；政府之间各种业务流程所需要采集和处理的信息，例如，计划管理、经济管理、社会经济统计、公安、国防、国家安全等；政府之间的通信系统，包括各种紧急情况的通报、处理和通信系统。

（2）政府对企业（Government to Business，G2B）。G2B 是政府向企业提供的各种公共服务，主要包括政府向企事业单位发布的各种方针、政策、法规和行政规定，即企事业单位从事合法业务活动的环境，包括产业政策、进出口、注册、纳税、工资、劳保、社保等各种规定；政府向企事业单位颁发的各种营业执照、许可证、合格证、质量认证等。

（3）政府对公众（Government to Citizen，G2C）。G2C 实际上是政府面向公众所提供的服务。政府对公众的服务首先是信息服务，例如，让公众知道政府的规定是什么，办事程序是什么，主管部门在哪里，以及各种关于社区公安和水、火、天灾等与公共安全有关的信息等，还包括户口、各种证件的管理等政府提供的各种服务。

（4）政府对公务员（Government to Employee，G2E）。G2E 是指政府与政府公务员即政府雇员之间的电子政务，也有学者把它称为内部效率效能电子政务模式。G2E 是政府机构通过网络技术实现内部电子化管理（例如，OA 系统等）的重要形式，也是 G2G、G2B 和 G2C 的基础。G2E 主要是利用 Intranet 建立起有效的行政办公和员工管理体系，为提高政府工作效率和公务员管理水平服务。

7.8.3 电子政务的实施

电子政务发展的基本条件是要有明确的目标，同时，要落实相应的实施部门和所需的资源。其中，特别重要的是明确地定义电子政务的目标，以及通过做哪些事情或完成哪些项目来达到这些目标，这就是电子政务建设的过程模式。

1. 电子政务实施中存在的主要问题

与其他信息系统项目相比，电子政务项目的实施有其自身的特点，特别是由于我国政务的多样性且复杂等原因，电子政务建设推进仍然存在很多问题。例如，在软件功能上、业务协同上、培训应用上都或多或少制约着电子政务建设的推进。有些问题尽管看起来不是问题，但在实际工作中，却是影响巨大的主要问题。系统分析师在从事电子政务项目时，必须要注意这些问题。

（1）公务员对电子政务的认识不足，重视程度仍然不够。由于政府的核心工作不是信息化建设，公务员很难把推进电子政务建设放在一个重要的位置来抓。与企业信息化建设一样，电子政务建设也是"一把手"工程，需要大量的资金投入、合理的规划布局和科学的管理。如果得不到足够的重视，就不可能得到成功的实施。

（2）缺乏整体性规划和统一性标准。电子政务要良性发展，必须要做好战略规划。在我国，由于地区发展不平衡等原因，要全国"齐步走"发展电子政务是不现实的。但如果没有整体性的发展规划，也没有相应的组织机构具体负责指导实施，必然会导致各级地方政府和部门在实施电子政务时出现"各自为政"的现象，甚至有些地方搞"党委一套，市委一套"，造成严重的投资浪费。目前，我国虽然制订了一些电子政务相关的标准，但由于政府机构的需求差异大，技术复杂，这些标准的合理性还需要实践的检验，其执行也必然会遇到不少困难。

（3）政府流程重组远未到位。目前，我国政府行政管理体制结构设置不够合理，政府各部门职能交叉、重叠，行政效率有待提高，透明度不高等。这些都是电子政务发展的重要障碍。特别是现有的部门之间利益分配机制，不能适应信息时代的要求，造成跨部门的业务协同困难，信息孤岛大量存在，信息资源在部门间不能得到有效的共享，造成大量的重复建设。

（4）电子政务整体应用水平还较低。我国电子政务整体发展水平还停留在较低的层次，特别是中西部地区的县市级政府机构要实现电子政务的职能还有很长的路要走。已经独立开通网站的政府机构中，不少还处于"电子化宣传册"阶段，有关电子政务的实际应用几乎还是空白；有些虽然开设了电子邮箱，也有一些电子政务项目，但因为没有引起足够的重视，也没有专人管理，结果成了"聋子的耳朵"。

（5）政府公务员的素质亟待提高。从目前我国公务员的整体素质和信息技术应用能力来看，形势不容乐观。不少政府机关因为缺乏相应的专业人才，对开展电子政务只能是"心有余而力不足"。而有些地方实施了一些电子政务项目，也只不过是个摆设而已，公务员还需要进行计算机扫盲教育。特别是边远地区和落后地区，这种情况更是普遍。

（6）电子政务立法滞后。电子政务的发展离不开良好的法律法规环境。世界主要发达国家，为了促进电子政务的发展，都制定或修改了相关法律。然而，我国的电子政务立法一直是滞后的，只是由行政机关对 Internet 管理出台了一些限制性的行政法规。政府信息化缺乏基本的法律和制度保障，法律法规的欠缺势必阻碍电子政务建设的进程。

（7）对电子政务安全问题缺乏正确认识。电子政务事关一个地区甚至国家的利益，如果得不到充分的安全保障，其发展水平是无法提高的。但是，为了保证电子政务系统的安全，现在典型的做法是采取物理隔离。例如，有些政府部门的公务员同时使用两台计算机，一台用来连接电子政务系统，另一台用来连接 Internet。这种状况势必会影响电子政务系统的应用和推广。

2. 电子政务的安全体系

电子政务是一项系统工程，是国家信息化建设的重要领域。国家信息化领导小组发布的《关于我国电子政务建设指导意见》规定了电子政务建设的指导思想和原则：统一规划，加强领导；需求主导，突出重点；整合资源，拉动产业；统一标准，保障安全。

在阐释"统一标准,保障安全"原则时指出,"加快制订统一的电子政务标准规范,大力推进统一标准的贯彻落实。要正确处理发展与安全的关系,综合平衡成本和效益,一手抓电子政务建设,一手抓网络与信息安全,制订并完善电子政务网络与信息安全保障体系"。

电子政务的安全体系包括物理安全、网络安全、信息安全和安全管理等方面。目前,通常的做法是,在政府内、外网之间实行物理隔离,在部门内网和政府专网之间实施逻辑隔离。内、外网之间信息交流通过倒磁盘的手工方式、半自动方式或全自动隔离服务器的方式进行。

从本质上来看,电子政务的安全体系与其他信息系统的安全体系是一致的。例如,采用身份认证与数字签名、加密传输、防火墙、入侵检测与入侵防护、虚拟专用网络、漏洞检测与在线黑客监测预警、实时审计、网络防病毒、自动备份与恢复等一系列安全技术。同时,加强安全管理工作。有关安全体系、措施、技术和方法,将在第18章中详细讨论,此处不再赘述。

3. 电子政务的标准化

为了加强电子政务标准化工作,国务院信息化工作办公室和国家标准化管理委员会成立了国家电子政务标准总体组,编写了《国家电子政务标准化指南》,并组织有关单位起草制订了电子政务相关标准,以指导我国电子政务的建设,促进其健康发展。

《国家电子政务标准化指南》共分为以下6个部分:

第一部分:总则。概括描述电子政务标准体系及标准化的机制。

第二部分:工程管理。概括描述电子政务工程管理须遵循或参考的技术要求、标准和管理规定。

第三部分:网络建设。概括描述网络建设须遵循或参考的技术要求、标准和管理规定。

第四部分:信息共享。概括描述信息共享须遵循或参考的技术要求、标准和管理规定。

第五部分:支撑技术。概括描述支撑技术须遵循或参考的技术要求、标准和管理规定。

第六部分:信息安全。概括描述保障信息安全须遵循或参考的技术要求、标准和管理规定。

国家电子政务标准总体组已经制订的电子政务标准有基于XML电子公文格式规范(第一部分:总则,第二部分:公文体)、XML在电子政务中的应用指南、电子政务业务流程设计方法通用规范、信息化工程监理规范(第一部分:总则)、电子政务数据元(第一部分:设计和管理规范)、电子政务主题词表编制规则等。可以相信,随着电子政务的深入发展,电子政务的标准化体系必将得到进一步的完善,从而为政府信息化做出更大贡献。

7.9 业务流程重组

业务流程重组（Business Process Reengineering，BPR）是针对企业业务流程的基本问题进行反思，并对它进行彻底的重新设计，使业绩取得显著性的提高。与目标管理、全面质量管理、战略管理等理论相比，BPR 要求企业管理人员从根本上重新思考业已形成的基本信念，即对长期以来企业在经营中所遵循的基本信念（例如，分工思想、等级制度、规模经营和标准化生产等体制性问题）进行重新思考。这就需要打破原有的思维定势，进行创造性思维。

由于 BPR 理论突破了传统的企业分工思想，强调以流程为核心，改变了原有以职能为基础的管理模式，为企业经营管理提出了一个全新的思路。

7.9.1 BPR 概述

业务流程是指为了完成某一目标或任务而进行的一系列跨越时空的逻辑相关活动的有序集合。一般来说，业务流程可分为管理流程、操作流程和支持流程三大类。操作流程是指直接与满足外部顾客的需求相关的活动；支持流程是指为保证操作流程的顺利执行，在资金、人力、设备管理和信息系统支撑方面的各种活动；管理流程是指企业整体目标和经营战略产生的流程，这些流程指导企业整体运营方向，确定企业的价值取向。

BPR 的流程覆盖了企业活动的各个方面和产品的全部生命周期。通过考察业务流程的发生、发展和终结，确定、描述、分析、分解整个业务流程，重构与业务流程相匹配的企业运行机制和组织结构，实现对企业全流程的有效管理和控制，能够使企业真正着眼于流程的结果，消除传统管理中只注重某一环节而无人负责全流程的弊端。

1. BPR 的概念

Michael Hammer 和 James Champy 是 BPR 的创始人，根据他们的定义，BPR 是对企业的业务流程（process）进行根本性（fundamental）的再思考和彻底性（radical）的再设计，从而获得可以用诸如成本、质量、服务和速度等方面的业绩来衡量的显著性（dramatic）的成就。其"根本性"、"彻底性"、"显著性"和"流程"就是 BPR 强调的 4 个核心内容。

（1）根本性。BPR 强调要进行根本性的再思考，各方面都要关注流程，因为它是企业的核心问题。为了使得思考有方向和目标，要提出一些问题。例如，"为什么要做现在的工作"、"为什么要用现在的方式完成这项工作"、"为什么必须是由我们而不是别人来做这项工作"等。通过对这些企业运营中最根本性的问题的思考，就会发现以前视而不见的问题。

（2）彻底性。彻底性是要求对 BPR 进行追根溯源，对既定存在的事物不是进行小修小补，而是抛弃所有的陈规陋习，忽视一切规定的结构与过程，对业务流程进行彻底的改造。BPR 是对企业进行重新构造，而不是对企业进行改良、增强或调整。

（3）显著性。显著性表明 BPR 完全抛弃传统管理观念，不是追求稍有改善，而是充分强调结果的满意度。进行 BPR 就要使企业业绩有显著的增长，极大的飞跃。业绩的显著增长是 BPR 的标志和特点。

（4）流程。BPR 不是企业业务流程的简单改善，而是要创建全新的组织结构，打破以专业分工理论为基础的职能部门管理框架，建立以流程工作小组为单元的管理模式，形成扁平式管理机构，大大压缩了管理层级，不但提高了管理效率，增强组织柔性，而且节约了中间管理层所产生的巨额成本。

2. BPR 遵循的原则

BPR 在追求顾客满意度和员工追求自我价值实现的流程中带来降低成本的结果，从而达到效率和效益改善的目的。BPR 在注重结果的同时，更注重流程的实现，并非以短期利润最大化为追求目标，而是追求企业能够持续发展的能力，因此，必须坚持以流程为中心的原则、团队式管理原则（以人为本的原则）和以顾客为导向的原则。

（1）以流程为中心的原则。企业业务流程特别是关键业务流程总是在最大程度上体现了企业的总体目标和用户价值，因此，流程式管理模式最主要的特点是，企业的一切工作都是围绕结果而展开的。BPR 注重的是业务流程整体最优，通过理顺和优化业务流程，使得业务流程中每个环节上的活动尽可能实现最大化增值，尽可能减少无效的或不增值的活动。

（2）团队管理原则。在流程式管理模式下，企业的组织结构必须服从业务流程，要使组织扁平化，而要做到这些，就必须坚持团队式管理原则。在 BPR 的过程中，首先是设计业务流程，而后依据业务流程建立或改造企业组织结构，尽量消除或弱化"中间层"。这不仅降低了管理成本，更重要的是提高了企业运作效率和对市场的速度反应。员工素质的提高是 BPR 取得成功的前提条件。在以流程为中心的管理模式下，员工的积极性和主动性必然高于以往，这是因为他们不再满足从事单调、简单的工作，而是承担一定的责任，有一定的权力，在工作中能充分发挥自我，有成就感。

（3）以客户为导向的原则。BPR 使企业的业务流程，特别是关键业务流程与市场接通，与客户接通。一些现代管理模式，例如，精密生产、准时制造和全面质量管理等，提倡以客户为中心，坚持增值第一和质量第一的理念，这都体现了以客户为导向的原则。

7.9.2 BPR 的实施

目前，实施了 BPR 的企业比较多，但是，根据统计数据，70%的 BPR 项目在 5 年后均归于失败，其主要原因在于缺乏高层管理人员的支持与参与、不切实际的实施范围与期望、企业对变革的抗拒、错误理解信息技术与 BPR 的关系或者忽视信息技术的作用、错误选择重组的时机与条件等。在 BPR 失败的诸多因素中，不难发现其中既有 BPR 固有的缺陷，但更多的是人为因素的结果。

1. 指导原则

为了帮助企业成功实施 BPR 项目，Michael Hammer 曾经提出了下列 7 条原则，用以指导 BPR 项目的实施：

（1）组织结构设计要围绕企业的产出，而不是一项一项的任务。
（2）要那些使用过程输出的人来执行过程操作。
（3）将信息处理工作结合到该信息产生的实际过程中去。
（4）对地理分散的资源看作是集中的来处理。
（5）平行活动的连接要更紧密，而不只是集成各自的活动结果。
（6）将决策点下放到基层活动中，并建立对过程的控制。
（7）尽量在信息产生的源头一次获取信息，同时保持信息的一致性。

2. 实施步骤

实施 BPR 主要有两种方法，一种是在研究和描述企业现有业务流程的基础上进行重新设计；二是从一张白纸开始构建企业理想的业务流程，构建过程中可以参考相关企业的管理水准。一般情况下，人们都是将这两种方法结合使用。

在实际工作中，企业在要 Michael Hammer 的 7 条原则的指导下，根据企业实际情况，选择合适的实施方法。一般来说，BPR 的实施主要有以下几个步骤：

（1）项目的启动。包括确立发起人的地位、引进变革思想、采取有效的行动。在项目启动阶段，发起人应完成以下活动：描述变革的预期结果并传递给企业和干系人；建立对目标的统一定义；任命领导小组和项目小组；正确的人安排在正确的位置，提供支持，解决行政问题，消除企业前进的障碍；监视进程和结果。

（2）拟订计划。包括对企业内部和外部环境进行调查、选择重组流程、制订项目开发计划等。一般情况下，企业不应该也不可能对其全部流程进行重组，而是选择存在较大问题的流程、对顾客影响较大的流程或可行性强的流程进行重组。

（3）建立项目团队。项目团队的规模不能太大，一般最理想的成员数是 6～10 名；项目团队应该有正确的混合型技能和经验，拥有不同层次的代表；项目团队应该将主要精力放在变革项目上；项目团队的目标必须清晰、现实、有挑战性和可测量性，必须讲求效率。

（4）分析重组流程。企业要实施 BPR，必须要清楚知道企业现有流程的工作方式和状况，这是后续工作的基础。对选定的流程进行分析，建立该流程的理想目标，分析对象包括活动的先后关系、所需人力和其他资源、各项活动的投入与产出等。

（5）重新设计流程。包括确定设计原则和重新设计。有关原则如下：构造有助于控制关键偏差的组织结构；工作的基础单元是整体工作；工作团队成为企业的构建模块；在源头控制偏差的发生；提供信息反馈系统；在工作点进行决策；将控制流程与信息流程集成；设计能够激励员工的工作；核心活动吸引支持活动；一次性获取数据；功能存在冗余；工作团队是一个学习系统；使用信息技术获取、处理和分享信息。重新设计可分为建模、分析、模拟和流程重构 4 个步骤,它们是一个反复的循环,循环的目的是力求得到更准确、更有价值的业务流程。

(6) 设计评估。运用一套评估标准,对前一个步骤提出的各种可行方案进行评估,从中选择最合适的一个方案。

(7) 实施新的设计。新流程将会给企业带来较大的机会,一般使用"桥头堡"战略实施变革。桥头堡战略是指选择一个区域(桥头堡)试运行成功后,再大规模推广,逐个阶段地覆盖整个流程。

(8) 持续改进。包括建立流程优化团队、定义优化目标、绘制流程图、形成改进项目的计划等。由于在运营中,企业内、外部环境不断发生变化,人员组织也会出现一些变更和其他一些变化,因此,需要对业务流程进行持续改进。

7.9.3 基于 BPR 的信息系统规划

BPR 之所以能使企业的业绩得到显著提高,在于充分发挥了信息技术的潜能,即利用信息技术改变业务的过程,简化业务流程。由此可见,信息技术的应用是业务流程实施的重要技术保证。而信息技术应用的前提是有一个与其配套的信息系统规划。7.4 节详细介绍了各种信息系统规划方法,这些方法在定义业务流程时,并没有面向流程的创新、重组和规范化设计,这样规划的信息系统很难适应企业环境的变化,因此,需要基于 BPR 进行信息系统规划。

1. BPR 与信息系统规划的关系

BPR 与信息系统规划相互作用,相辅相成。

一方面,信息系统规划要以 BPR 为前提,并且在系统规划的整个过程中,以业务流程为主线。随着 BPR 的深入,要求企业信息系统不断提高其集成化、智能化和网络化的程度,对信息系统规划提出了新的要求,要求信息系统定位于面向客户、面向不断变化的业务流程。

另一方面,面向流程的信息系统规划驱动企业的 BPR。信息系统的科学规划,使得信息的收集、存储、整理、利用和共享更为方便快捷,使得产品的市场调查、产品构想、工程设计、生产制造、销售服务等环节的并行成为可能,从而打破了企业传统的专业化分工,为业务战略的实现,设计新的业务流程或重组已有流程,借助信息系统的规划与实施来实现 BPR 创造了条件。基于 BPR 的信息系统规划能够适应企业当前或未来的发展需要,使信息系统建设更具有效性和灵活性。

2. 基于 BPR 的信息系统规划步骤

基于 BPR 的信息系统规划一定要突破以现行职能式管理模式的局限,从供应商、企业、客户的价值链出发,确定企业信息化的长远目标,选择核心业务流程为实施的突破口,在业务流程创新及规范化的基础上,进行信息系统规划。基于 BPR 的信息系统规划的主要步骤如下:

(1)战略规划。主要是明确企业的战略目标,认清企业的发展方向,了解企业运营模式;进行业务流程调查,确定成功实施企业战略的成功因素,并在此基础上定义业务流程,制订信息系统战略规划,使得信息系统目标与企业目标保持一致,为业务流程实施提供战略指导。

(2)流程规划。业务流程规划是数据规划与功能规划的基础,主要任务是选择核心业务流程,并进行流程分析,识别出关键业务流程,以及需要改进的业务流程,画出改进后的业务流程图。

(3)数据规划。在业务流程规划的基础上识别由流程所产生、控制和使用的数据,并对数据进行相应的分类。首先定义数据类,然后进行数据的规划,按时间长短可以将数据分为历史数据、年报数据、季报数据、月报数据、日报数据等;按数据是否共享可以分为共享数据和内部专用数据;按数据的用途可分为系统数据、基础数据和综合数据等。

(4)功能规划。在对数据类和业务流程了解的基础上,建立数据类与过程的CU矩阵,对它们的关系进行综合,并通过CU矩阵识别子系统,进一步进行系统总体逻辑结构规划,即功能规划,识别功能模块。

(5)实施规划。本阶段包括两个活动,分别是确定系统开发顺序和制订项目开发计划。在企业目前有限的资源状况下,要确定各个信息系统开发的优先次序,保证那些最关键的信息系统能优先开发。同时,要制订各个信息系统开发的计划,保证信息系统战略能有序地实施。

7.10 企业应用集成

在企业信息化建设的过程中,由于缺乏统一规划和总体布局,往往形成多个信息孤岛。信息孤岛使数据的一致性无法得到保证,信息无法共享和反馈,需要重复多次的采集和输入。信息孤岛是企业信息化一个重要的负面因素,其主要原因既有技术因素也有管理因素,还有业务流程和标准方面的因素。如何将众多的信息孤岛联系起来,以便让不同的系统之间交互信息,是当前很多企业都面临的一个问题。

企业应用集成(Enterprise Application Integration,EAI)技术可以消除信息孤岛,它将多个企业信息系统连接起来,实现无缝集成,使它们就像一个整体一样。EAI是伴随着企业信息系统的发展而产生和演变的,企业的价值取向是推动EAI技术发展的原动力,而EAI的实现反过来也驱动企业竞争优势的提升。

7.10.1 传统企业应用集成

最初的EAI仅指企业内部不同应用系统之间的互连,以期通过应用集成实现数据在多个系统之间的同步与共享。伴随着EAI技术的不断发展,它所被赋予的内涵变得越来越丰富。现在的 EAI 具有更为广义的内涵,它已经被扩展到业务集成的范畴。

对于要实施 EAI 的企业而言,EAI 是分层次的,但对于如何划分和规范 EAI 层次的定义,业界并没有一个统一的标准。针对不同的企业,EAI 的内容和层次可能就会存在一定的差异;对于各 EAI 厂商,基于 EAI 理解的侧重点不同,也可以说出不同的答案。当前,从最普遍的意义上来说,EAI 可以包括表示集成、数据集成、控制集成和业务流程集成等多个层次和方面。

1. 表示集成

表示集成也称为界面集成,这是比较原始和最浅层次的集成,但又是常用的集成。这种方法把用户界面作为公共的集成点,把原有零散的系统界面集中在一个新的界面中。其模型如图 7-14 所示。

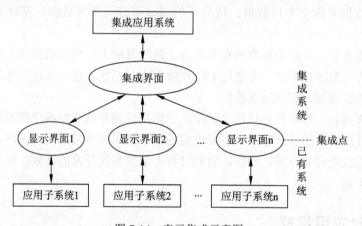

图 7-14 表示集成示意图

表示集成是黑盒集成,无需了解程序与数据库的内部构造。常用的集成技术主要有屏幕截取和输入模拟技术。表示集成通常应用于以下几种情况:

(1) 在现有的基于终端的应用系统上配置基于 PC 的用户界面。
(2) 为用户提供一个看上去统一,但是由多个系统组成的应用系统。
(3) 当只有可能在显示界面上实现集成时。

从图 7-14 中可以看出,表示集成的实现是很简单的,也是很不彻底的,只是做了一层"外装修",而额外多出来的集成界面也将可能成为系统的性能瓶颈。

2. 数据集成

为了完成控制集成和业务流程集成,必须首先解决数据和数据库的集成问题。在集成之前,必须首先对数据进行标识并编成目录,另外还要确定元数据模型,保证数据在数据库系统中分布和共享。因此,数据集成是白盒集成,其模型如图 7-15 所示。

有很多不同的中间件工具可以用于数据集成。例如,批量文件传输,即以特定的或是预定的方式在原有系统和新开发的应用系统之间进行文件传输;用于访问不同类型数据库系统的 ODBC 标准接口；向分布式数据库提供连接的数据库访问中间件技术等。有关中间件技术的详细知识，将在 16.1 节中介绍。

通常在以下情况下，将会使用数据集成：

（1）需要对多种信息源产生的数据进行综合分析和决策。

（2）要处理一些多个应用需要访问的公用信息库。

（3）当需要从某数据源获得数据来更新另一个数据源时，特别是它们之间的数据格式不相同时。

相对而言，数据集成比表示集成要更加灵活。但是，当业务逻辑经常发生变化时，数据集成就会面临困难。

3. 控制集成

控制集成也称为功能集成或应用集成，是在业务逻辑层上对应用系统进行集成的。控制集成的集成点存于程序代码中，集成处可能只需简单使用公开的 API 就可以访问，当然也可能需要添加附加的代码来实现。控制集成是黑盒集成，其模型如图 7-16 所示。

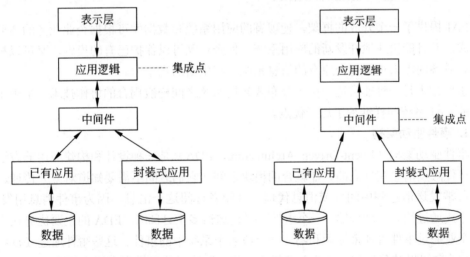

图 7-15　数据集成示意图　　　　图 7-16　控制集成示意图

实现控制集成时，可以借助于远程过程调用或远程方法调用、面向消息的中间件、分布式对象技术和事务处理监控器来实现。有关这些技术的详细知识，将在 16.1.2 节中介绍。控制集成与表示集成、数据集成相比，灵活性更高。表示集成和数据集成适用的环境下，都适用于控制集成。但是，由于控制集成是在业务逻辑层进行的，其复杂度更高一些。而且，很多系统的业务逻辑部分并没有提供 API，这样，集成难度就会更大。

4. 业务流程集成

业务流程集成也称为过程集成，这种集成超越了数据和系统，它由一系列基于标准的、统一数据格式的工作流组成。当进行业务流程集成时，企业必须对各种业务信息的交换进行定义、授权和管理，以便改进操作、减少成本、提高响应速度。

业务流程集成不仅要提供底层应用支撑系统之间的互连，同时要实现存在于企业内部的应用之间，本企业和其他合作伙伴之间的端到端的业务流程的管理，它包括应用集成、B2B 集成、自动化业务流程管理、人工流程管理、企业门户，以及对所有应用系统和流程的管理和监控等。

5. 企业间应用集成

EAI 技术可以适用于大多数要实施电子商务的企业，以及企业之间的应用集成。EAI 使得应用集成架构里的客户和业务伙伴，都可以通过集成供应链内的所有应用和数据库实现信息共享。也就是说，能够使企业充分利用外部资源。例如，一些企业的 SCM 系统可能包括交易系统，EAI 技术可以首先在交易双方之间创建连接，然后再共享数据和业务过程；企业要顺利开展电子商务，可以利用 EAI 技术，使企业的信息系统与合作伙伴的信息系统之间能够实现无缝而及时的通信。

7.10.2 事件驱动的企业应用集成

EAI 提供了一个开放的框架，使现有的应用系统和数据库可根据企业业务的需要实现集成，并且能快速地开发新的应用系统，使企业既可以保护已有的投资，又可以根据市场和业务的需求重新整合原有的信息系统，产生新的竞争力。

事件技术是一种非常适合用于分布式异构系统之间松散耦合的协作技术，基于事件驱动的 EAI 系统同样继承了这一优点。

1. 事件驱动架构

事件驱动架构（Event-Driven Architecture，EDA）是一种设计和构建应用的方法，其中事件触发消息在独立的、非耦合的模块之间（它们之间不需要知道对方）传递。事件源通常发送消息到中间件或消息代理，订阅者订阅这个消息。因为事件消息用发布/订阅方式通过消息代理传输，一个事件可以传送给多个订阅者。EDA 的主要优势在于它允许企业通过事件管理来标识和响应一个或多个系统中的事件。这些事件通过 EDA 被收集起来，可以被分析和定义相关的模式，并可以构建信息模型来解决问题。EDA 的主要特点如下：

（1）异步。EDA 主要支持异步活动，消息可以在发出后，不必再关心是否能收到响应，同样也不必在源和目的系统之间维持一条活的链路。

（2）发布/订阅。EDA 主要支持多对多的交互。在 EDA 中，系统发布一个关于事件的消息到网络中，多个其他的已经订阅和授权的系统就可以收到消息并做出响应。

（3）解耦。EDA 允许消息的发布者不知道订阅者是谁，反之亦然。也就是说，消息在两个系统间交互时，根本不需要知道对方的详细信息。

支持事件和消息技术的主要模块包括以下两个：

（1）异步消息机制：EDA 必须要保证当事件发生时，相应的系统要能发送异步消息。

既然异步消息不需要立即从接收者处收到响应和不需要保证消息的传输,那么就要考虑到事件的发生和处理会暂时不可用。

(2)事件管理:EDA 必须保证有一个系统用来识别、定义和聚集事件,这样,事件就可以像企业数据和业务流程那样被统一管理。

2. 事件驱动的 EAI

在企业经营过程中,所有业务都是事件驱动的。在 EDA 系统中,事件产生者发布事件,事件消费者接收事件,所以 EDA 极大地改善了企业对各种看似无关的事件的响应能力,而这些事件往往会对企业造成影响。通过提供即时过滤、聚集和关联事件的功能,EDA 能够以极快的速度检测有可能对企业造成威胁或为企业提供商业机遇的事件和模式,并且为企业提供对此做出即时反应的能力。事件驱动的 EAI 框架如图 7-17 所示。

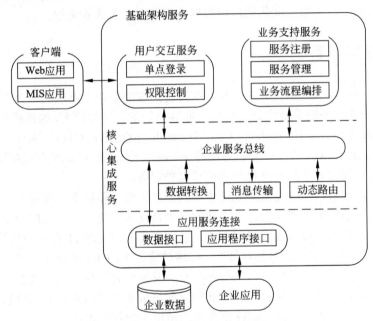

图 7-17 事件驱动的 EAI 框架

图 7-17 中的各个功能实体都以服务的形式出现,是在特定层次上为特定应用提供服务的基础设施。有关服务的概念,请阅读 7.3.3 节。整个架构中的服务由以下 5 层构成:

(1)企业服务总线(Enterprise Service Bus,ESB)。这是面向服务体系中的基础架构,各个服务通过总线来互相访问。有关 ESB 的详细知识,将在 12.5.3 节中介绍。

(2)应用服务层。主要是指需要集成的各个应用系统和数据库。

(3)总线接入层。提供适配器服务,支持多种主流应用的接入协议。这样,使用户可以访问各个应用服务,并通过消息机制使各种应用接入 ESB,使用 ESB 的各种服务。

(4)核心服务层。提供多种 ESB 所需的必要服务支持,例如,消息分发/订阅、队列、目录服务和数据转换/映射服务等。

(5) 业务支持层。侧重在业务支持上，通过通用、标准的对象和服务模型，可以在这一层上定义可复用的和基于企业标准的业务流程。同时，还提供统一的用户交互服务。建立在 ESB 上的用户交互服务可以很小巧，并关注于各自交互的特点。

事件驱动的 EAI 框架基于面向服务技术，通过各类适配器服务接口将企业应用封装成统一的应用服务，然后发布到目录服务中心，并通过 ESB 中的基础核心服务（例如，统一数据格式和消息传递等）来实现各个应用系统之间的通信交互。在该框架中，应用服务既可以是已有的应用，也可以是新开发的应用。任何应用都以独立服务的形式连接到系统中，方式灵活，简单快速，真正实现了"即插即用"。

当在事件驱动的 EAI 框架下需要进行过程集成和业务集成时，首先通过业务流程定义服务，并根据事件驱动的模型将已经注册的应用服务在一定的规则下组成相应的业务流程链。业务集成模型的实现是由集成引擎调用应用服务的接口实现数据的存取，并通过消息引擎在各个应用服务间传递路由数据，实现定义的业务流程。

7.11 首席信息官

CIO 是自 20 世纪 80 年代以来，在一些发达国家的企业中出现的一个引人注目的新职位。这种职务在国外的企业中是一种与企业其他的最高层管理人，如首席财务官（Chief Finance Officer，CFO）、首席技术官（Chief Technology Officer，CTO）、首席营运官（Chief Operation Officer，COO）等这一类职务相对应，相当于副总裁或副经理地位的重要职务。在美国的政府机构内和非商业性机构也设有这种职务。

从技术角度来看，CIO 是负责制订企业的信息化政策和标准，并对企业的信息资源进行管理和控制的高级管理人员，是企业的一个跨技术、跨部门的高层决策者。在传统的管理体制下，管理与技术是相对封闭的。管理者大多不关注 IT 在管理决策中的作用，而 IT 人员则很少关心企业的目标和战略。在这种情况下，CIO 从企业管理的角度有意识地选择和运用信息技术，通过对信息资源的充分发掘和有效利用来促进管理机制的变革和业务结构的调整和改善，从而提高企业的管理决策水平，增强企业在日趋激烈的竞争环境中的快速反应能力。因此，CIO 是企业决策层中的重要角色。

从 CIO 的职责角度来看，需要 CIO 是"三个专家"，即企业业务专家、IT 专家和管理专家。就目前我国人才培养体制和大学的专业设置来说，没有哪个专业是培养 CIO 的。相对而言，系统分析师是 CIO 的最佳人选，因为系统分析师满足 CIO 的"三个专家"的基本条件。为了帮助读者提前准备好"就职"CIO，下面简单介绍 CIO 的主要职责。

1. 提供信息，帮助企业决策

管理和技术是企业发展的两大关键。在当今时代，管理问题相对而言是比较稳定的，而技术（特别是信息技术）的热点变化得非常快。作为 IT 专家，CIO 必须密切注意信息技术的发展动态，分析新技术对经营管理与竞争战略的影响，以便及时作出快速反应。

随着现代企业内、外部环境的变化，CIO 的职能也在不断变化，其对企业决策的支持作用在不断加强。除了要对企业的信息系统负责外，还要越来越多地在企业里以一个风险投资家的身份出现。在一些大中型企业中，CIO 要利用他们的技术背景和行业知识为企业投资决策提供支持。

2. 帮助企业制订中长期发展战略

作为高层管理人员，CIO 运用其 IT 优势，有效地参与企业的重大决策，帮助企业制订发展战略，强化企业的竞争实力。CIO 不只是负责信息资源管理范围内的决策活动，而且必须参与企业发展的全局规划，帮助企业制订中长期发展战略。为此，要求 CIO 必须对影响整个企业生存与发展的各方面问题都有相当全面和清楚的了解。

具体来说，CIO 在帮助企业制订中长期发展战略方面，要做的工作主要有以下几个方面：

（1）深入了解和解读企业目标，分析市场变化，从信息化角度提出企业总体战略发展趋势、机会和风险。

（2）在深入分析的基础上，提出企业总体战略的信息化需求。

（3）从信息化的角度提出信息化对实现企业总体战略的支持作用。

（4）从信息化与业务结合的角度提出企业信息化规划。

3. 有效管理 IT 部门

CIO 是企业高层领导成员，因此，应当从企业全局来考虑问题。但是，CIO 同时又是 IT 方面的专家和领导者，有效地管理好企业 IT 部门也是 CIO 的一项责无旁贷的任务，而且，这项工作的好坏，决定了其他任务能否很好地完成。

企业信息化战略规划最后都要落实到具体的信息化项目上，而这些项目能否开发成功需要一个团队来实施，CIO 正是项目实施的总负责人。企业信息化建设需要 CIO 既站在全局的高度进行协调，又要站在 IT 部门的角度做好实施的组织工作。

4. 制订信息系统发展规划

CIO 是企业信息化的总负责人，要根据企业发展战略的需要，及时制订或修订企业信息系统发展规划，以实现企业总体战略目标。当企业战略发生变化时，CIO 要及时投入信息技术力量和调动资源来响应这种变化，使企业的信息资源开发、利用策略与管理策略更加协调一致。作为 IT 管理专家，CIO 要主持拟定企业信息化流程的大框架，以及信息化流程与管理流程、工作流程的集成，建立和规范企业信息管理的基础标准。

5. 建立积极的 IT 文化

文化的本质是群体历史行为的积累、沉淀和传承。企业的 IT 文化就是企业与 IT 有关的人员建立在 IT 平台上的共同思维方式、行为习惯、价值观和愿景，是企业信息化在人们思想上的反映。因此，CIO 要把建立良好和健康的 IT 文化作为企业信息化的一项关键任务。CIO 除了自己必须认同本企业文化，主观上重视 IT 文化建设外，对其真实内涵要正确理解，更重要的是还要措施正确。

IT 文化是企业文化的亚文化，必然是企业价值观与 IT 应用特性的结合、体现和细化，如果 IT 亚文化与企业母文化不兼容，甚至出现冲突，IT 员工与其他员工就会像工作在不同的企业一样，出现是非标准不一、沟通难以畅通、人际交往困难、难以合作协同，最终影响各自的工作绩效。

第8章 软件工程

软件工程是指应用计算机科学、数学及管理科学等原理,以工程化的原则和方法来解决软件问题的工程,其目的是提高软件生产率、提高软件质量、减低软件成本。IEEE对软件工程的定义是:将系统的、规范的、可度量的工程化方法应用于软件开发、运行和维护的全过程及上述方法的研究。

软件工程由方法、工具和过程三个部分组成。软件工程方法是完成软件工程项目的技术手段,它支持整个软件生命周期;软件工程使用的工具是人们在开发软件的活动中智力和体力的扩展与延伸,它自动或半自动地支持软件的开发和管理,支持各种软件文档的生成;软件工程中的过程贯穿于软件开发的各个环节,管理人员在软件工程过程中,要对软件开发的质量、进度、成本进行评估、管理和控制,包括人员组织、计划跟踪与控制、成本估算、质量保证和配置管理等。

8.1 软件生命周期

软件产品从形成概念开始,经过开发、使用和维护,直到最后退役的全过程称为软件生命周期或生存周期。一个完整的软件生命周期是以需求为出发点,从提出软件开发计划的那一刻开始,直到软件在实际应用中完全报废为止。软件生命周期的提出是为了更好地管理、维护和升级软件,其中更大的意义在于管理软件开发的步骤和方法。

目前,划分软件生命周期阶段的方法有许多种,软件规模、种类、开发方式和开发环境,以及开发时使用的方法论都影响软件生命周期阶段的划分。对软件生命周期各阶段进行划分,必须遵循一条基本的原则,那就是各阶段的任务应尽可能地相对独立,同一阶段各项任务的性质应尽可能地相同,从而达到降低每个阶段任务的复杂度,减少不同阶段任务之间的联系,有利于软件工程的组织和管理。

1. 软件生存周期过程

在国家标准《信息技术 软件生存周期过程(GB/T 8566—2007)》标准中,将软件生存周期中可能执行的活动分为 5 个基本过程、9 个支持过程和 7 个组织过程。每个生存周期过程划分为一组活动,每一项活动进一步划分为一组任务。

(1)基本过程。基本过程供各主要参与方在软件生存周期期间使用,主要参与方是发起或完成软件产品开发、运行或维护的组织。基本过程分为获取过程、供应过程、开发过程、运作过程和维护过程。获取过程是指为获取系统、软件产品或软件服务的组织(即需方)而定义的活动;供应过程是指为向需方提供系统、软件产品或软件服务的组织

（即供方）而定义的活动；开发过程是指为定义并开发软件产品的组织（即开发方）而定义的活动，包括需求分析、设计编码、集成、测试和与软件产品有关的安装和验收等活动；运作过程是指为在规定的环境中为其用户提供运行计算机系统服务的组织（即操作方）而定义的活动；维护过程是指为提供维护软件产品服务的组织（即维护方）而定义的活动。也就是对软件的修改进行管理，使它保持合适的运行状态，包括软件产品的迁移和退役。

（2）支持过程。支持过程作为一个有机组成部分支持其他过程，以便取得软件项目的成功，并提高软件项目的质量。支持过程包括文档编制过程、配置管理过程、质量保证过程、验证过程、确认过程、联合评审过程、审核过程、问题解决过程和易用性过程，根据需要，支持过程可被其他过程应用和执行。文档编制过程是指为记录生存周期过程所产生的信息而定义的活动；配置管理过程是指定义配置管理活动；质量保证过程是指为客观地保证软件产品和过程符合规定的需求以及已建立的计划而定义的活动，联合评审、审核、验证和确认可以作为质量保证技术使用；验证过程是指根据软件项目需求，按不同深度（为需方、供方或某独立方）验证软件产品而定义的活动；确认过程是指（为需方、供方或某独立方）确认软件项目的软件产品而定义的活动；联合评审过程是指为评价一项活动的状态和产品而定义的活动，该过程可由任何两方应用，其中一方（评审方）以联合讨论会的形式评审另一方（被评审方）；审核过程是指为判定符合于需求、计划和合同而定义的活动，该过程可由任何两方应用，其中一方（评审方）审核另一方（被评审方）的软件产品或活动；问题解决过程是指为分析和解决问题（包括不合格）而定义的活动，不论问题的性质或来源如何，它们都是在实施开发、运作、维护或其他过程期间暴露出来的；易用性过程是指为易用性专业人员而定义的活动。

（3）组织过程。组织过程可被某个组织用来建立和实现由相关的生存周期过程和人员组成的基础结构并不断改进这种结构和过程。应用它们通常超出特定的项目和合同的范围，但是，这些特定项目和合同的经验教训有助于改善组织状况。组织过程包括管理过程、基础设施过程、改进过程、人力资源过程、资产管理过程、重用大纲管理过程和领域工程过程。管理过程是指为生存周期中的管理（包括项目管理）而定义的基本活动；基础设施过程是指为建立生存周期过程基础结构而定义的基本活动；改进过程是指为某一组织建立、测量、控制和改进其生存周期过程而定义需要执行的基本活动；人力资源过程是指为给组织或项目提供拥有技能和知识的员工而定义的活动；资产管理过程是指为组织的资产管理人员而定义的活动；重用大纲管理过程是指为组织的复用大纲主管而定义的活动；领域工程过程是指为领域模型、领域架构的确定及该领域资产的开发和维护而定义的活动。

2. 软件生命周期各阶段的任务

根据国家标准 GB/T 8566—2007，软件生命周期可以划分为可行性研究、需求分析、概要设计、详细设计、实现、组装测试、确认测试、使用、维护、退役 10 个阶段，各自分别对应于软件生存周期的基本过程，如图 8-1 所示。

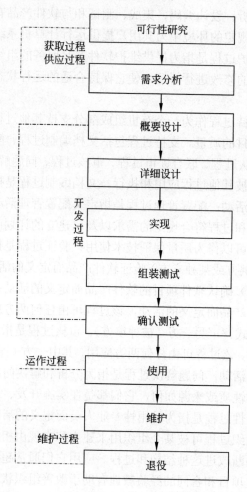

图 8-1　软件生命周期与 5 个基本过程的对应关系

（1）可行性研究和项目开发计划。通过分析用户提出的软件开发要求，确定软件项目的性质、目标和规模，得出可行性研究报告。如果可行性研究的结果是可行的，就要制订详细的项目开发计划。这两个活动通常被整合在一起进行，在实际工作中通常把它们归类到同一个阶段中。

（2）需求分析。需求分析工作是软件生命周期中重要的一步，也是决定性的一步。只有通过需求分析，才能把软件功能和性能的总体概念描述为具体的软件需求规格说明，从而奠定软件开发的基础。

（3）概要设计。根据软件需求规格说明建立软件系统的总体结构和模块间的关系，定义各功能模块接口，设计全局数据库或数据结构，规定设计约束，制定组装测试计划。

（4）详细设计。将各模块要实现的功能用相应的设计工具详细描述出来。

（5）实现。写出正确的、易理解的和易维护的程序模块。程序员根据详细设计文档将详细设计转化为程序，完成单元测试。

（6）组装测试（集成测试）。将经过单元测试的模块逐步进行组装和测试。

（7）确认测试。测试系统是否达到了系统需求，按照规格说明书的规定，由用户（或在用户积极参与下）对系统进行验收。必要时，还可以再通过现场测试或并行运行等方法对系统进行进一步的测试。

（8）使用。将软件安装在用户确定的运行环境中，测试通过后移交用户使用。在软件的使用过程中，客户和维护人员必须认真收集发现的软件错误，定期或阶段性地撰写软件问题报告和软件修改报告。

（9）维护。通过各种必要的维护活动使系统持久地满足用户的需要。

（10）退役。终止对软件产品的支持，软件停止使用。

8.2 软件开发方法

软件开发方法是指软件开发过程所遵循的办法和步骤，从不同的角度可以对软件开发方法进行不同的分类。

从开发风范上看，可分为自顶向下的开发方法与自底向上的开发方法。在实际软件开发中，大都是两种方法的结合，只不过是应用于开发的不同阶段和以何者为主而已。

从性质上看，可分为形式化方法与非形式化方法。形式化方法是一种具有坚实数学基础的方法，从而允许对系统和开发过程作严格处理和论证，适用于那些系统安全级别要求极高的软件的开发；非形式化方法则不把严格性作为其主要着眼点，通常以各种开发模型的形式得以体现。

从适应范围来看，可分为整体性方法与局部性方法。适用于软件开发全过程的方法称为整体性方法，例如，自顶向下方法、自底向上方法和各种软件自动化方法等均为整体性方法；适用于开发过程某个具体阶段的软件方法称为局部性方法，例如，需求分析阶段的各种需求分析方法、设计阶段的各种设计方法等。

8.2.1 形式化方法

提高软件可靠性的一种重要技术是使用形式化方法。形式化方法是建立在严格数学基础上、具有精确数学语义的开发方法。广义的形式化方法是指软件开发过程中分析、设计和实现的系统工程方法，狭义的形式化方法是指软件规格和验证的方法。

1. 形式化方法概述

近年来，形式化方法已不再只是一种研究所里的学术研究工作，而是已经开始被工业界接受并应用于开发实际的系统。例如，在需求分析中，形式化方法的思想是利用形式化规格语言,严格定义用户需求,并采用数学推演的方法证明需求定义的性质,对于复杂的应用问题,尽管无法验证整个需求定义的完整性,但仍有可能为避免某些要点的疏漏而建立数学断言,然后予以形式证明或反驳。形式化规格说明语言包括严格的语法定义和语义定义,以及一系列的数学推演规则。这些规则不仅说明了某些数学性质在软件规格说明中是否成立,也说明了软件实现与软件规格说明之间的满足关系。

形式化方法的主要优越性在于它能够数学地表述和研究应用问题及其软件实现。但是,它要求开发人员具备良好的数学基础。用形式化语言书写的大型应用问题的软件规格说明往往过于细节化,并且难于为用户和软件设计人员所理解。由于这些缺陷,形式化方法在目前的软件开发实践中并未得到普遍应用。但是,近年来,形式化方法在以下两个方面的发展大大改善了其实用性:

(1)形式化方法与图形语言机制相结合。为图形语言机制赋予形式化的语法和语义,从而兼具了图形表示的直观、简洁,以及形式化方法的严谨、精确等优点。

(2)用 CASE(Computer Aided Software Engineering,计算机辅助软件工程)工具支持形式化软件开发。CASE 工具不仅可以简化描述工作,而且还可以利用自动证明技术,帮助开发人员验证软件的数学性质。

实践证明,上述技术途径对于克服形式化方法的主要缺陷是行之有效的,因此,它们将在形式化方法的未来发展中发挥重要作用。

2. 净室软件工程

净室软件工程(Cleanroom Software Engineering,CSE)是软件开发的一种形式化方法,可以开发较高质量的软件。它使用盒结构归约进行分析和建模,并且将正确性验证作为发现和排除错误的主要机制,使用统计测试来获取认证软件可靠性所需要的信息。

CSE 强调在规约和设计上的严格性,以及使用基于数学的正确性证明来对设计模型的每个元素进行形式化验证。作为对形式化方法中的扩展,CSE 还强调统计质量控制技术,包括基于客户对软件的预期使用的测试。

CSE 的理论基础是函数理论和抽样理论,所采用的技术手段主要有以下 4 个方面:

(1)统计过程控制下的增量式开发。

(2)基于函数的规范、设计。CSE 按照函数理论定义了三种抽象层次,分别是行为视图、有限状态机视图和过程视图。规范从一个外部行为视图(称为黑盒)开始,然后被转化为一个状态机视图(称为状态盒),最后由一个过程视图(明盒)来实现。盒结构是基于对象的,并支持软件工程的关键原则,即信息隐藏、接口与实现分离。

(3)正确性验证。正确性验证是 CSE 的核心,正是由于采用了这一技术,软件质量才有了极大的提高。

(4)统计测试和软件认证。CSE 在测试方面采用统计学的基本原理,即当总体太大时必须采取抽样的方法。首先,确定一个使用模型来代表系统所有可能使用的(一般是无限的)总体;然后,由使用模型产生测试用例。因为测试用例是总体的一个随机样本,所以可得到系统预期操作性能的有效的统计推导。

CSE 的主要缺点体现在以下三个方面：

（1）对开发人员的要求比较高。CSE 要求采用增量式开发、盒结构和统计测试方法，开发人员必须经过强化训练才能掌握。

（2）正确性验证的步骤比较困难，且比较耗时。

（3）开发小组不进行传统的模块测试，这是不现实的。程序员可能对编程语言和开发环境还不熟悉，而且编译器或操作系统的缺陷也可能导致未预期的错误。

8.2.2　逆向工程

逆向工程（Reverse Engineering）术语源于硬件制造业，相互竞争的公司为了了解对方设计和制造工艺的机密，在得不到设计和制造说明书的情况下，通过拆卸实物获得信息，软件的逆向工程也基本类似，不过，通常"解剖"的不仅是竞争对手的程序，而且还包括本公司多年前的产品。软件的逆向工程是分析程序，力图在比源代码更高抽象层次上建立程序的表示过程，逆向工程是设计的恢复过程。

1. 相关概念

与逆向工程相关的概念有重构、设计恢复、再工程和正向工程。

（1）重构（restructuring）。重构是指在同一抽象级别上转换系统描述形式。

（2）设计恢复（design recovery）。设计恢复是指借助工具从已有程序中抽象出有关数据设计、总体结构设计和过程设计等方面的信息。

（3）再工程（re-engineering）。再工程是指在逆向工程所获得信息的基础上，修改或重构已有的系统，产生系统的一个新版本。再工程是对现有系统的重新开发过程，包括逆向工程、新需求的考虑过程和正向工程三个步骤。它不仅能从已存在的程序中重新获得设计信息，而且还能使用这些信息来重构现有系统，以改进它的综合质量。在利用再工程重构现有系统的同时，一般会增加新的需求，包括增加新的功能和改善系统的性能。

（4）正向工程（Forward Engineering）。正向工程是指不仅从现有系统中恢复设计信息，而且使用该信息去改变或重构现有系统，以改善其整体质量。

2. 完备性

一般认为，凡是在软件生命周期内将软件某种形式的描述转换成更为抽象形式的活动都可称为逆向工程。逆向工程的完备性可以用在某一个抽象层次上提供信息的详细程度来描述。逆向工程过程应该能够导出过程的设计模型（实现级，一种底层的抽象）、程序和数据结构信息（结构级，稍高层次的抽象）、对象模型、数据和控制流模型（功能级，相对高层的抽象）和 UML 状态图和部署图（领域级，高层抽象）。随着抽象层次增高，完备性就会降低。抽象层次越高，它与代码的距离就越远，通过逆向工程恢复的难度就越大，而自动工具支持的可能性相对变小，要求人参与判断和推理的工作增多。

逆向工程不仅应用于软件开发，也应用于软件维护。对于一项具体的维护任务，一般不必导出所有抽象级别上的信息,例如,如果只是希望完成代码重构任务,则只需获得实现级信息即可。当然,若能进行深入分析,产生的代码质量会更好些。

8.3 软件开发模型

软件开发模型给出了软件开发活动各阶段之间的关系,它是软件开发过程的概括,是软件工程的重要内容。软件开发模型为软件工程管理提供了里程碑和进度表,为软件开发过程提供了原则和方法。

8.3.1 软件开发模型概述

软件开发模型大体上可分为三种类型。第一种是以软件需求完全确定为前提的瀑布模型;第二种是在软件开发初始阶段只能提供基本需求时采用的迭代式或渐进式开发模型,例如,喷泉模型、螺旋模型、统一开发过程和敏捷方法等;第三种是以形式化开发方法为基础的变换模型。

1. 瀑布模型

软件开发生命周期(Software Development Life Cycle,SDLC)模型的发展体现了软件工程理论的发展。在最早的时候,软件的开发过程处于无序和混乱的情况,人们为了能够控制软件的开发过程,就将软件开发严格区分为多个不同的阶段,并在阶段之间加上严格的审查,这就是瀑布模型产生的起因。

瀑布模型是一种严格定义方法,它将软件开发的过程分为软件计划、需求分析、软件设计、程序编码、软件测试和运行维护 6 个阶段,形如瀑布流水,最终得到软件产品,如图 8-2 所示。

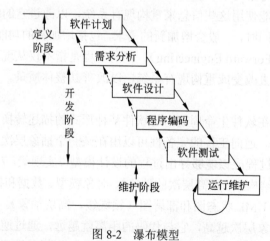

图 8-2 瀑布模型

瀑布模型是一个线性顺序模型,支持直线开发。它假设当线性序列完成之后就能交付一个完善的系统，并没有考虑软件的演化特征。其优点是强调开发的阶段性、早期计划及需求调查和产品测试，以这样严格的方式构造软件，开发人员很清楚每一步应该做什么，有利于项目管理。

然而，在瀑布模型中，依赖于早期进行的需求调查，不能适应需求的变化；由于是单一流程，开发中的经验教训不能反馈应用于本产品的过程；风险往往迟至后期的开发阶段才显露出来，从而失去了及早纠正的机会。在瀑布模型中，需求或设计中的错误往往只有到了项目后期才能够被发现，对于项目风险的控制能力较弱，从而导致项目常常延期完成，开发费用超出预算。

2. 演化模型

演化模型主要针对事先不能完整定义需求的软件开发，是在快速开发一个原型的基础上，根据用户在调用原型的过程中提出的反馈意见和建议，对原型进行改进，获得原型的新版本，重复这一过程，直到演化成最终的软件产品。

演化模型的主要优点是，任何功能一经开发就能进入测试，以便验证是否符合产品需求，可以帮助引导出高质量的产品要求。其主要缺点是，如果不加控制地让用户接触开发中尚未稳定的功能，可能对开发人员及用户都会产生负面的影响。

3. 螺旋模型

螺旋模型是瀑布模型与演化模型相结合，并加入两者所忽略的风险分析所建立的一种软件开发模型。螺旋模型是一种演化软件过程模型，它将原型实现的迭代特征与线性顺序模型中控制的和系统化的方面结合起来，使软件的增量版本的快速开发成为可能。在螺旋模型中，软件开发是一系列的增量发布。

螺旋模型沿着螺线进行若干次迭代，每次迭代都包括制订计划、风险分析、实施工程和客户评估4个方面的工作。螺旋模型强调风险分析，使得开发人员和用户对每个演化层出现的风险有所了解，继而做出应有的反应。因此，特别适用于庞大、复杂并具有高风险的系统。

与瀑布模型相比，螺旋模型支持用户需求的动态变化，为用户参与软件开发的所有关键决策提供了方便，有助于提高软件的适应能力，并且为项目管理人员及时调整管理决策提供了便利，从而降低了软件开发的风险。在使用螺旋模型进行软件开发时，需要开发人员具有相当丰富的风险评估经验和专门知识。另外，过多的迭代次数会增加开发成本，延迟提交时间。

4. 喷泉模型

喷泉模型是一种以用户需求为动力，以对象为驱动的模型，主要用于描述面向对象的软件开发过程。该模型认为软件开发过程自下而上的各阶段是相互重叠和多次反复的，就像水喷上去又可以落下来，类似一个喷泉。各个开发阶段没有特定的次序要求，并且可以交互进行，可以在某个开发阶段中随时补充其他任何开发阶段中的遗漏。

在喷泉模型中，各活动之间无明显边界，例如，分析和设计之间没有明显的边界。

这种特性称为无间隙性。由于对象概念的引入，只用类和关系来表达分析、设计和实现等活动，从而可以较容易地实现活动的迭代和无间隙，提高软件项目开发效率，节省开发时间。

5. 变换模型

变换模型是基于形式化规格说明语言和程序变换的软件开发模型，它对形式化的软件规格说明进行一系列自动或半自动的程序变换，最后映射为计算机能够接受的软件系统。为了确认形式化规格说明与软件需求的一致性，往往以形式化规格说明为基础开发一个软件原型，用户可以从人机界面、系统主要功能和性能等方面对原型进行评审。必要时，可以修改软件需求、形式化规格说明和原型，直至原型被确认为止。这时，开发人员即可对形式化的规格说明进行一系列的程序变换，直至生成计算机可以接受的目标代码。

程序变换是软件开发的另一种方法，其基本思想是把程序设计的过程分为生成阶段和改进阶段。首先，通过对问题的分析制订形式规范并生成一个程序，通常是一种函数型的递归方程。然后，通过一系列保持正确性的源程序到源程序的变换，把函数型风格转换成过程型风格，并进行数据结构和算法的求精，最终得到一个有效的面向过程的程序。这种变换过程是一种严格的形式推导过程，所以只需对变换前的程序的规范加以验证，变换后的程序的正确性将由变换法则的正确性来保证。

变换模型的优点是解决了代码结构经多次修改而变坏的问题，减少了许多中间步骤（例如，设计、编码和测试等）。但是，变换模型仍有较大局限，以形式化开发方法为基础的变换模型需要严格的数学理论和一整套开发环境的支持。

6. 智能模型

智能模型也称为基于知识的软件开发模型，它综合了上述若干模型，并把专家系统结合在一起。该模型应用基于规则的系统，采用规约和推理机制，帮助开发人员完成开发工作，并使维护在系统规格说明一级进行。为此，需要建立知识库，将模型本身、软件工程知识与特定领域的知识分别存入知识库。

7. V模型

V模型是在快速应用开发模型基础上演变而来，由于将整个开发过程构造成一个V字形而得名。V模型应用在软件测试方面，和瀑布模型有着一些共同的特征。V模型中的过程从左到右，描述了基本的开发过程和测试行为，其价值在于它非常明确地标明了测试过程中存在的不同级别，并且清楚地描述了这些测试阶段和开发过程各阶段的对应关系，如图8-3所示。

在V模型中，单元测试是基于代码的测试，最初由开发人员执行，以验证程序代码的各个部分是否已达到预期的功能要求；集成测试验证了两个以上单元之间的集成是否正确，并有针对性地对详细设计中所定义的各单元之间的接口进行检查；在所有单元测试和集成测试完成后，系统测试开始以客户环境模拟系统的运行，以验证系统是否达到了在概要设计中所定义的功能和性能；最后，当技术部门完成了所有测试工作后，由业务专家或用户进行验收测试，以确保产品能真正符合用户业务上的需要。有关这些测试类型的详细知识，将在 14.4 节中介绍。

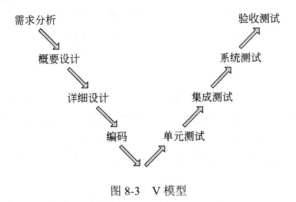

图 8-3　V 模型

V 模型强调软件开发的协作和速度，将软件实现和验证有机地结合起来，在保证较高的软件质量情况下缩短开发周期。V 模型适合企业级的软件开发，它更清楚地揭示了软件开发过程的特性及其本质。

8.3.2　快速应用开发

快速应用开发（Rapid Application Development，RAD）是一种比传统生命周期法快得多的开发方法，它强调极短的开发周期。RAD 模型是瀑布模型的一个高速变种，通过使用基于构件的开发方法获得快速开发。如果需求理解得很好，且约束了项目范围，利用这种模型可以很快开发出功能完善的信息系统。

1. RAD 的基本思想

RAD 的基本思想体现在以下 4 个方面：

（1）让用户更主动地参与到系统分析、设计和构造活动中来。

（2）将项目开发组织成一系列重点突出的研讨会，研讨会要让项目投资方、用户、系统分析师、设计人员和开发人员一起参与。

（3）通过一种迭代的构造方法，加速需求分析和设计阶段。

（4）让用户提前看到一个可工作的系统。

2. RAD 的开发阶段

RAD 的流程从业务建模开始，随后是数据建模、过程建模、应用生成、测试与交付。

（1）业务建模。确定驱动业务过程运作的信息、要生成的信息、如何生成、信息流的去向及其处理等，可以使用数据流图来帮助建立业务模型。

（2）数据建模。为支持业务过程的数据流查找数据对象集合、定义数据对象属性，并与其他数据对象的关系构成数据模型，可以使用 E-R 图来帮助建立数据模型。

（3）处理建模。将数据对象变换为要完成一个业务功能所需的信息流，创建处理以描述增加、修改、删除或获取某个数据对象，即细化数据流图中的加工。

（4）应用生成。利用第四代语言（4GL）写出处理程序，复用已有构件或创建新的可复用构件，利用环境提供的工具自动生成并构造出整个应用系统。

（5）测试与交付。因为 RAD 强调复用，许多构件已经是测试过的，这就减少了测试的时间。由于大量复用，所以一般只做总体测试，但新创建的构件还是要测试的。

3. RAD 的特点

RAD 采用基于构件的开发方法，复用已有的程序结构（如果可能的话）或使用构件，或者创建可复用的构件（如果需要的话）。在所有情况下，均可以使用 CASE 工具辅助进行软件构建。如果一个业务能够被模块化使得其中每一个主要功能均可以在不到三个月的时间内完成，那么，它就是 RAD 的一个候选者。每个主要功能可由一个单独的 RAD 组来实现，最后再集成起来，形成一个整体。

RAD 通过大量使用可复用构件，加快了开发速度。但是，RAD 也具有以下局限性：

（1）并非所有应用都适合 RAD。RAD 对模块化要求比较高，如果有哪一项功能不能被模块化，那么 RAD 所需的构件就会有问题；如果高性能是一个指标，且该指标必须通过调整接口使其适应系统构件才能获得，则 RAD 也有可能不能奏效。

（2）开发者和客户必须在很短的时间完成一系列的需求分析，任何一方配合不当，都会导致 RAD 项目失败。

（3）RAD 只能用于管理信息系统的开发，不适合技术风险很高的情况。例如，当一个新系统要采用很多新技术，或当新系统要与现有系统有较高的互操作性时，就不适合使用 RAD。

8.3.3 统一过程

统一过程（Unified Process，UP）是一个通用过程框架，可以用于种类广泛的软件系统、不同的应用领域、不同的组织类型、不同的性能水平和不同的项目规模。UP 是基于构件的，在为软件系统建模时，UP 使用的是 UML。与其他软件过程相比，UP 具有三个显著的特点，即用例驱动、以架构为中心、迭代和增量。

UP 提供了在开发组织中分派任务和责任的纪律化方法，它的目标是在可预见的日程和预算前提下，确保满足最终用户需求的高质量产品。对所有的关键开发活动，它为每个团队成员提供了使用准则、模板和工具指导。而通过对相同基础知识的一致理解，使在进行需求分析、设计、测试或配置管理等工作时，均能确保全体成员共享相同的知识、过程和开发软件的视图。

1. RUP 概述

RUP（Rational Unified Process）是 Rational 公司开发和维护的过程产品，是由 Objectory 过程演化而来。RUP 将项目管理、业务建模、分析与设计等统一起来，贯穿整个开发过程。RUP 采用 Internet 技术，可以增强团队的开发效率，并为所有成员提供最佳的软件实现方案，它使团队中每个开发人员的见解和思想得到统一，使开发小组成员的沟通更为容易，而这正是任何项目要取得成功的关键因素。RUP 可以增强开发人员对软件的预见性，最终的好处就是提高了软件质量，并有效缩短了软件从开发到投放市场的时间。RUP 过程为软件开发提供了规范性的指南、模板和范例，可用来开发所有类型的应用。

RUP 中的软件过程在时间上被分解为 4 个顺序的阶段，分别是初始阶段、细化阶段、构建阶段和移交阶段。每个阶段结束时都要安排一次技术评审，以确定这个阶段的目标是否已经满足。如果评审结果令人满意，就可以允许项目进入下一个阶段。基于 RUP 的软件过程模型如图 8-4 所示。

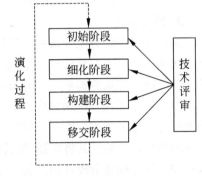

图 8-4 基于 RUP 的软件过程

从图 8-4 中可以看出，基于 RUP 的软件过程是一个迭代过程。通过初始、细化、构建和移交 4 个阶段就是一个开发周期，每次经过这 4 个阶段就会产生一代软件。除非产品退役，否则通过重复同样的 4 个阶段，产品将演化为下一代产品，但每一次的侧重点都将放在不同的阶段上。

用户需求的变化、运行环境的变更、基础技术方面的变更等都会引发演化过程。通常情况下，演化过程的初始阶段和细化阶段都比较简单，因为基本产品定义和架构在前面的开发过程中就已经决定。但也有例外情况，例如，对软件架构进行重新定义的演化过程。

2. 初始阶段

初始阶段的任务是为系统建立业务模型并确定项目的边界。在初始阶段，必须识别所有与系统交互的外部实体，定义系统与外部实体交互的特性。在这个阶段中，所关注的是整个项目的业务和需求方面的主要风险。对于建立在原有系统基础上的开发项目来说，初始阶段可能很短。初始阶段的实现过程如下：

（1）明确项目规模。建立项目的软件规模和边界条件，包括验收标准；了解环境及重要的需求和约束，识别系统的关键用例。

（2）评估项目风险。软件过程主要关心的是软件开发的已知方面，只能准确描述、计划、分配和评审那些已经知道将要完成的事情。风险管理则主要关心未知方面。在基于 RUP 的迭代式软件过程中，很多决策要受风险决定。要达到这个目的，开发人员需要详细了解项目所面临的风险，并对如何降低或处理风险有明确的策略。

（3）制订项目计划。估计整个项目的总体成本、进度和人员配备。综合考虑备选架构，评估设计和自制/外购/复用方面的方案，从而估算出成本、进度和资源。在这个过程中，要通过对一些概念的证实来证明可行性，可以采用可模拟需求的模型形式或用于探索高风险区的初始原型。初始阶段的原型设计工作应该限制在确信解决方案可行就可以了,具体实现留到细化阶段和构建阶段。

(4)阶段技术评审。初始阶段结束时要进行一次技术评审,检查初始阶段的目标是否完成,并决定继续进行项目还是取消项目。在评审过程中,需要考虑项目的规模定义、成本和进度估算是否适中、估算根据是否可靠、需求是否正确、开发方和用户方对软件需求的理解是否达成一致、是否已经确定所有风险且有针对每个风险的规避策略等问题。

3. 细化阶段

细化阶段的任务是分析问题领域,建立完善的架构,淘汰项目中最高风险的元素。在细化阶段,必须在理解整个系统的基础上,对架构做出决策,包括其范围、主要功能和诸如性能等非功能需求,同时为项目建立支持环境。细化阶段的实现过程如下:

(1)确定架构。确保架构、需求和计划足够稳定,充分减少风险,从而能够有预见性地确定开发所需的成本和开发进度。通过处理架构方面重要的场景,建立一个已确定基线的架构,并验证其将在适当时间、以合理的成本支持系统需求。

(2)制订构建阶段计划。为构建阶段制订详细的过程计划并为其建立基线。

(3)建立支持环境。包括开发环境、开发流程、支持构建团队所需的工具和自动化/半自动化支持。

(4)选择构件。评估现有的构件库和潜在构件,充分了解自制/外购/复用决策,以便有把握地确定构建阶段的成本和进度。集成所选构件,并按主要场景进行评估。

(5)阶段技术评审。评审时,需要检验详细的系统目标和范围、架构的选择,以及主要风险的解决方案。

在细化阶段,可执行的原型依赖于项目的范围、规模、风险和先进程度。必须至少处理初始阶段中识别的关键用例,因为关键用例通常揭示了项目的主要技术风险。

4. 构建阶段

在构建阶段,要开发所有剩余的构件和应用程序功能,把这些构件集成为产品,并进行详细测试。从某种意义上说,构建阶段是一个制造过程,其重点放在管理资源及控制操作,以优化成本、进度和质量。构建阶段的主要任务是通过优化资源和避免不必要的报废和返工,使开发成本降到最低;完成所有所需功能的分析、开发和测试,快速完成可用的版本;确定软件、场地和用户是否已经为部署软件作好准备。

在构建阶段,开发团队的工作可以实现某种程度的并行。一些项目的规模大得足够产生许多并行的增量构建过程,即使是较小的项目,也通常包括可以相互独立开发的构件,从而使各团队之间实现并行开发。这些并行活动在加速版本发布的有效性的同时,也增加了资源管理和工作流同步的复杂性。

构建阶段结束时也要进行技术评审,评审产品是否可以在 β 测试环境中进行安装和运行。

5. 移交阶段

当基线已经足够完善,可以安装到最终用户实际环境中时,则进入交付阶段。交付阶段的重点是确保软件对最终用户是可用的。交付阶段的主要任务是进行 β 测试，制作产品发布版本；对最终用户支持文档定稿；按用户的需求确认新系统；培训用户和维护人员；获得用户对当前版本的反馈，基于反馈调整产品，例如，进行调试、性能或可用性的增强等。

交付阶段结束时也要进行技术评审，评审目标是否实现，是否应该开始演化过程，用户对交付的产品是否满意等。

从本节中的介绍可以看出，RUP 由于太过于庞大和复杂，相对于轻量级的敏捷方法来说，显得死板和难以实施。RUP 不但不能快速适应需求的变化，而且变更一个需求要经历复杂的过程和很多额外的工作。对于较小的组织和项目来说，使用敏捷方法可能比较合适，而使用 RUP 似乎有些费力不讨好。

8.3.4 敏捷方法

敏捷方法是从 20 世纪 90 年代开始逐渐引起广泛关注的一些新型软件开发方法，以应对快速变化的需求。虽然它们的具体名称、理念、过程、术语都不尽相同，但相对于"非敏捷"而言，它们更强调开发团队与用户之间的紧密协作、面对面的沟通、频繁交付新的软件版本、紧凑而自我组织型的团队等，也更注重人的作用。

1. 敏捷宣言

2001 年，Kent Beck 等人组织了敏捷联盟，阐述了敏捷开发的原则，试图强调灵活性在快速且有效地开发软件中所发挥的作用，他们共同签署了敏捷软件开发宣言，该宣言认为，个体和交互胜过过程和工具；可工作的软件胜过大量的文档；客户合作胜过合同谈判；响应变化胜过遵循计划。

敏捷方法强调，让客户满意和软件尽早增量发布；小而高度自主的项目团队；非正式的方法；最小化软件工程工作产品以及整体精简开发。产生这种情况的原因是，在绝大多数软件开发过程中，提前预测哪些需求是稳定的和哪些需求会变化非常困难；对于软件项目构建来说，设计和实现是交错的；从指定计划的角度来看，分析、设计、实现和测试并不容易预测；可执行原型和部分实现的可运行系统是了解用户需求和反馈的有效媒介。

目前，主要的敏捷方法有极限编程（eXtreme Programming，XP）、自适应软件开发（Adaptive Software Development，ASD）、水晶方法（Crystal）、特性驱动开发（Feature Driven Development，FDD）、动态系统开发方法（Dynamic Systems Development Method，DSDM）、测试驱动开发（Test-Driven Development，TDD）、敏捷数据库技术（Agile Database Techniques，AD）和精益软件开发（Lean Software Development）等。虽然这些过程模型在实践上有差异，但都是遵循了敏捷宣言或者是敏捷联盟所定义的基本原则。这些原则包括客户参与、增量式移交、简单性、接受变更、强调开发人员的作用和及时反馈等。

2. 敏捷方法的特点

敏捷方法是一种以人为核心、迭代、循序渐进的开发方法。在敏捷方法中，软件项目的构建被切分成多个子项目，各个子项目成果都经过测试，具备集成和可运行的特征。在敏捷方法中，从开发者的角度来看，主要的关注点有短平快的会议、小版本发布、较少的文档、合作为重、客户直接参与、自动化测试、适应性计划调整和结对编程；从管理者的角度来看，主要的关注点有测试驱动开发、持续集成和重构。

近年来，虽然敏捷方法发展得较快，但在实施的过程中，也暴露出来很多问题，一些敏捷方法的基本原则很难实施，主要体现在以下4个方面：

（1）客户参与往往依赖于客户参与的意愿和客户自身的代表性。

（2）团队成员的性格可能不适合激烈的投入，可能无法做到与其他成员之间的良好沟通。

（3）对系统的变更作出优先级排序可能是极端困难的。

（4）维护系统的简洁性往往需要额外的工作，但迫于时间表的压力，可能没有时间执行系统简化过程。

与 RUP 相比，敏捷方法的周期可能更短。敏捷方法在几周或几个月的时间内完成相对较小的功能，强调的是能尽早将尽量小的可用的功能交付使用，并在整个项目周期中持续改善和增强，并且更加强调团队中的高度协作。相对而言，敏捷方法主要适用于以下场合：

（1）项目团队的人数不能太多，适合于规模较小的项目。

（2）项目经常发生变更。敏捷方法适用于需求萌动并且快速改变的情况，如果系统有比较高的关键性、可靠性、安全性方面的要求，则可能不完全适合。

（3）高风险项目的实施。

（4）从组织结构的角度看，组织结构的文化、人员、沟通性决定了敏捷方法是否适用。与这些相关联的关键成功因素有组织文化必须支持谈判、人员彼此信任、人少但是精干、开发人员所作的决定得到认可、环境设施满足团队成员之间快速沟通的需要。

3. XP 方法

敏捷方法中最著名的就是 XP，XP 是一种轻量、高效、低风险、柔性、可预测、科学且充满乐趣的软件开发方式，适用于小型或中型软件开发团队，并且客户的需求模糊或需求多变。与其他方法相比，其最大的不同如下：

（1）在更短的周期内，更早地提供具体、持续的反馈信息。

（2）迭代地进行计划编制，首先在最开始迅速生成一个总体计划，然后在整个项目开发过程中不断地发展它。

（3）依赖于自动测试程序来监控开发进度，并及早地捕获缺陷。

（4）依赖于口头交流、测试和源程序进行沟通。

（5）倡导持续的演化式的设计。
（6）依赖于开发团队内部的紧密协作。
（7）尽可能达到程序员短期利益和项目长期利益的平衡。

XP 由价值观、原则、实践和行为 4 个部分组成，它们彼此相互依赖、关联，并通过行为贯穿于整个生命周期。XP 的核心是其总结的四大价值观，即沟通、简单、反馈和勇气。它们是 XP 的基础，也是 XP 的灵魂。XP 的 5 个原则是快速反馈、简单性假设、逐步修改、提倡更改和优质工作。而在 XP 方法中，贯彻的是"小步快走"的开发原则，因此工作质量决不可打折扣，通常采用测试先行的编码方式来提供支持。

在 XP 中，集成了 12 个最佳实践，分别是计划游戏、小型发布、隐喻、简单设计、测试先行、重构、结对编程、集体代码所有制、持续集成、每周工作 40 小时、现场客户和编码标准。当然，这些所谓的"最佳实践"并非对每个项目都是最佳的，需要项目团队根据实际情况决定。而且，XP 方法的有些原则在应用中不一定能得到贯彻和执行。因此，在实际工作中，应该"取其精华，去其糟粕"，把 XP 方法和其他方法结合起来。

8.4 软件开发环境与工具

软件开发环境（Software Development Environment，SDE）是指支持软件的工程化开发和维护而使用的一组软件，由软件工具集和环境集成机制构成。软件工具是指 CASE 工具，用以支持软件开发的相关过程、活动和任务；环境集成机制是指为工具集成和软件开发、维护及管理提供统一的支持。通过环境集成机制，各工具用统一的数据接口规范存储或访问环境信息库，采用统一的界面形式，保证界面的一致性，同时，为各工具或开发活动之间的通信、切换、调度和协同工作提供支持。

8.4.1 软件开发环境

软件开发环境应支持多种集成机制，例如，平台集成、数据集成、界面集成、控制集成和过程集成等。软件开发环境应支持小组工作方式，并为其提供配置管理，环境的服务可用于支持各种软件开发活动，包括分析、设计、编程、调试和文档等。

较完善的软件开发环境通常具有多种功能，例如，软件开发的一致性与完整性维护，配置管理及版本控制，数据的多种表示形式及其在不同形式之间的自动转换，信息的自动检索与更新，项目控制和管理，以及对开发方法学的支持。软件开发环境具有集成性、开放性、可裁减性、数据格式一致性、风格统一的用户界面等特性，因而能大幅度提高软件生产率。

1. 软件开发环境的分类

软件开发环境可按以下几种角度进行分类：

（1）按软件开发模型与开发方法分类，有支持瀑布模型、演化模型、螺旋模型和喷泉模型等不同模型，以及结构化方法、面向对象方法等不同方法的软件开发环境。

（2）按功能与结构特点分类，有单体型、协同型、分散型和并发型等多种类型的软件开发环境。

（3）按应用范围分类，有通用型和专用型软件开发环境。其中专用型软件开发环境与应用领域有关。

（4）按开发阶段分类，有前端开发环境（支持系统规划、分析、设计等阶段的活动）、后端开发环境（支持编程、测试等阶段的活动）、软件维护环境和逆向工程环境等。

2. 集成机制

集成机制根据功能的不同，可划分为环境信息库、过程控制与消息服务器、环境用户界面三个部分。

（1）环境信息库。环境信息库是软件开发环境的核心，用以存储与系统开发有关的信息，并支持信息的交流与共享。环境信息库中主要存储两类信息，一类是开发过程中产生的有关被开发系统的信息，例如，分析文档、设计文档和测试报告等；另一类是环境提供的支持信息，例如，文档模板、系统配置、过程模型和可复用构件等。

（2）过程控制与消息服务器。过程控制与消息服务器是实现过程集成和控制集成的基础。过程集成是按照具体软件开发过程的要求进行工具的选择与组合，控制集成使各工具之间进行并行通信和协同工作。

（3）环境用户界面。环境用户界面包括环境总界面和由它实行统一控制的各环境部件及工具的界面。统一的、具有一致性的用户界面是软件开发环境的重要特征，是充分发挥环境的优越性、高效地使用工具并减轻用户的学习负担的保证。

3. 集成计算机辅助软件工程

目前，随着软件开发工具的积累与自动化工具的增多，软件开发环境已经进入了第三代，即集成计算机辅助软件工程（Integrated Computer-Aided Software Engineering，ICASE）阶段。集成方式经历了从点到点的数据转换（早期CASE采用的集成方式），到公共用户界面（第二代CASE，在一致的界面下调用众多不同的工具），再到目前的信息库方式。这是ICASE的主要集成方式。ICASE不仅提供数据集成和控制集成，还提供了一组用户界面管理设施和一大批工具，包括垂直工具集（支持软件生命周期各阶段，保证生成信息的完备性和一致性）、水平工具集（用于不同的软件开发方法）和开放工具槽（用于连接新的工具）。

ICASE的信息库不仅定义了面向对象的数据库管理系统，提供了数据-数据集成机制，还建立了可以被环境中所有工具访问的数据模型，提供了数据-工具集成机制，实现了配置管理功能。ICASE的进一步发展则是与软件开发方法的结合，以及智能化的ICASE。

ICASE的最终目标是实现应用软件的全自动开发，即开发人员只要写好软件的需求规格说明书，ICASE 就能自动完成软件开发工作，即自动生成供用户直接使用的软件和有关文档。

8.4.2 软件开发工具

软件开发环境中的工具可包括支持特定过程模型和开发方法的工具（例如，支持瀑布模型及数据流方法的工具，支持面向对象方法的工具等）和独立于模型和方法的工具（例如，界面辅助生成工具和文档出版工具等），也可包括管理类工具和针对特定领域的应用类工具。所有这些工具可分为贯穿整个开发过程的工具（例如，项目管理工具）和解决软件生命周期中某一阶段问题的工具（例如，软件估算工具等）。

1. 软件工具的分类

在软件生命周期中，要使用很多软件工具，从其功能上进行划分，可以分为软件开发工具、软件维护工具、软件管理和支持工具三类。

（1）软件开发工具。软件开发工具用来辅助开发人员进行软件开发活动，包括需求分析工具、设计工具、编码与排错工具等。

（2）软件维护工具。软件维护工具用来辅助维护人员对软件代码及其文档进行各种维护活动，包括版本管理工具、文档分析工具、开发信息库工具、逆向工程工具和再工程工具等。

（3）软件管理和支持工具。软件管理和支持工具用来辅助管理人员和软件支持人员的管理活动和支持活动，以确保软件高质量的完成。包括项目管理工具、配置管理工具和软件评价工具等。

2. 开发工具的选择

开发工具的选择是软件项目成功的要素之一。对软件开发工具的评价和选择，要参照具体软件项目对开发工具的标准和要求，从功能、易用性、稳健性、硬件要求和性能，以及服务和支持等方面来衡量。简单地说，开发工具的选择主要决定于两个因素，分别是所开发系统的最终用户和开发人员。最终用户需求是一切软件的来源和归宿，也是影响开发工具的决定性因素；开发人员的爱好、习惯和经验也影响着开发工具的选择。

需要强调的是，开发工具的比较没有绝对的标准。评价一种开发工具，不仅要看它对设计模式和对象结构，以及管理的支撑情况，更重要的是要针对具体的使用环境、开发方法、软件架构和开发人员，以及最终用户来评价一种工具的适宜程度。

3. 快速开发工具

在 RAD 方法中，所包括的工具主要有数据库编程语言、界面生成器和报告生成器等。RAD 工具主要使用可视化技术。可视化技术是一种通过集成细粒度可复用构件来构造软件的一种方法，其主要思想是用图形工具和可复用构件来交互地编制程序。目前，常用的 RAD 工具有 WebSphere Studio、Delphi、PowerBuilder、J2EE 和.NET 等。

一般的可视化编程工具还有应用向导提供模板，按照步骤对程序员进行交互式指导，让用户定制自己的应用，然后就可以生成应用程序的框架代码，用户再在适当的地方添加或修改以适应自己的需求。

目前，各种开发工具的功能相互大量重复，一个大而全的工具几乎总是可以被几个别的工具代替。工具的选择确实非常让人迷惑，但是，无论是开发人员还是管理人员，都应该意识到，工具只能起到辅助作用，严格的软件工程管理和开发人员的技术水平才是软件开发成功的关键。

8.5 软件过程管理

在无规则和混乱的管理条件下，先进的软件开发技术和工具并不能发挥应有的作用。于是，人们认识到，改进软件过程的管理是解决上述难题的突破口。但是，各个软件组织的过程成熟度有着较大的差别。为了做出客观、公正的比较，就需要建立一种衡量的标准。使用此标准一方面可以评价软件开发方的质量保证能力，在软件项目评标活动中选择开发方；另一方面，该标准也必然成为软件组织加强质量管理和提高软件产品质量的依据。

软件过程是软件生命周期中的一系列相关活动，即用于开发和维护软件及相关产品的一系列活动。软件产品的质量取决于软件过程，具有良好软件过程的组织能够开发出高质量的软件产品。

8.5.1 软件能力成熟度模型

软件能力成熟度模型（Capability Maturity Model，CMM）是一个概念模型，模型框架和表示是刚性的，不能随意改变，但模型的解释和实现有一定弹性。CMM 提供了一个软件能力成熟度的框架，它将软件过程改进的步骤组织成 5 个成熟度等级，为软件过程不断改进奠定了一个循序渐进的基础。

1. CMM 的等级

CMM 的目的是帮助组织对软件过程进行管理和改进，增强开发与改进能力，从而能按时地、不超预算地开发出高质量的软件。CMM 的 5 个成熟度等级分别为初始级、可重复级、已定义级、已管理级和优化级。

（1）初始级。初始级是未加定义的随意过程，软件过程的特点是无秩序的，有时甚至是混乱的。软件过程定义几乎处于无章法和步骤可循的状态，软件产品所取得的成功往往依赖于极个别人的努力和机遇。

（2）可重复级。可重复级是规则化和纪律化的过程，软件过程已建立了基本的项目管理过程，可用于对成本、进度和功能特性进行跟踪。对类似的应用项目，有章可循并能重复以往所取得的成功。

（3）已定义级。已定义级是标准的和一致的过程，用于管理的和工程的软件过程均已文档化、标准化，并形成了整个软件组织的标准软件过程。全部项目均采用与实际情况相吻合的、适当修改后的标准软件过程来进行操作。

（4）已管理级。已管理级是可预测的过程，软件过程和产品质量有详细的度量标准。软件过程和产品质量得到了定量的认识和控制。

（5）优化级。优化级是持续改进的过程，通过对来自过程、新概念和新技术等方面的各种有用信息的定量分析，能够不断地、持续性地对过程进行改进。

2. 关键过程域

除初始级以外，CMM 的每个级别的实现都定义成可操作的，每一级包含了实现这一级目标的若干关键过程域（Key Process Area，KPA），如表 8-1 所示。

表 8-1 关键过程域的分类

过程分类 成熟度等级	管理方面	组织方面	工程方面
优化级		技术变更管理 过程变更管理	缺陷预防
可管理级	量化过程管理		软件质量管理
已定义级	集成软件管理 组间合作	组织过程焦点 组织过程定义 培训计划	软件产品工程 同行评审
可重复级	需求管理 软件项目计划 软件项目跟踪与监控 软件子合同管理 软件质量保证 软件配置管理		

每个 KPA 都是由关键实施活动（Key Practices，KP）所组成，它们的执行表明该 KPA 在一个组织内部得到实现。

3. 能力成熟度模型集成

能力成熟度模型集成（Capability Maturity Model Integration，CMMI）融合了多种模型，形成了组织范围内过程改进的单一集成模型，其主要目的是消除不同模型之间的不一致和重复，降低基于模型进行改进的成本。CMMI 继承了 CMM 的阶段表示法和 EIA/IS731 的连续式表示法。这两种表示方法各有优缺点，均采用统一的 24 个过程域，它们在逻辑上是等价的，对同一个组织采用两种模型分别进行 CMMI 评估，得到的结论应该是相同的。

（1）阶段式模型。阶段式模型基本沿袭 CMM 模型框架，仍保持 5 个成熟等级，但关键过程域做了一些调整和扩充，如表 8-2 所示。

表 8-2　过程域的阶段式分组

成熟度等级	过　程　域
可重复级	需求管理、项目计划、配置管理、项目监督与控制、供应商合同管理、度量和分析、过程和产品质量保证
已定义级	需求开发、技术解决方案、产品集成、验证、确认、组织级过程焦点、组织级过程定义、组织级培训、集成项目管理、风险管理、集成化的团队、决策分析和解决方案、组织级集成环境
已管理级	组织级过程性能、定量项目管理
优化级	组织级改革与实施、因果分析和解决方案

当组织通过了某一等级过程域中的全部过程，即意味着该组织的成熟度达到了这一等级。利用阶段式模型对组织进行成熟度度量，概念清晰、易于理解、便于操作。

（2）连续式模型。与阶段式模型相比，连续式模型没有与组织成熟度相关的几个阶段。连续式模型将 24 个过程域按照功能划分为过程管理、项目管理、工程和支持 4 个过程组。每组包含的过程域如表 8-3 所示。

表 8-3　连续式模型的过程域分组

连续式分组	过　程　域
过程管理	组织级过程焦点、组织级过程定义、组织级培训、组织级过程性能、组织级改革与实施
项目管理	项目计划、项目监督与控制、供应商合同管理、集成项目管理、风险管理、集成化的团队、定量项目管理
工程	需求管理、需求开发、技术解决方案、产品集成、验证、确认
支持	配置管理、度量和分析、过程和产品质量保证、决策分析和解决方案、组织级集成环境、因果分析和解决方案

连续式模型的过程域强调实践，每个过程域代表组织某一方面的能力。每个过程域的能力均分为 5 级，所有过程域共同的能力等级决定组织的能力等级。连续式模型允许组织对过程域进行裁剪，也允许对不同的过程域采用不同的能力等级。采用这种模式的评估结果用能力特征图表示，如图 8-5 所示。连续式模型允许一个过程域出现在多个特征图中，这些特征图分别代表某种能力的过程域的子集。

CMM 和 CMMI 是提高软件组织的成熟度和软件过程能力的有效模型和工具，组织无论采用 CMM 模型还是采用 CMMI 模型，无论是使用阶段式模型还是使用连续式模型，都能提高软件过程的成熟度，都能提高项目的软件过程能力，用两种模型或两种方法评价的结论应该是基本一致的。

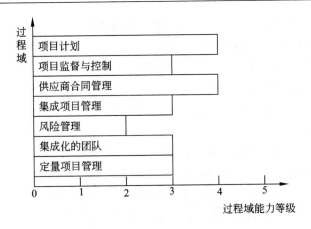

图 8-5 能力等级特征示意图

8.5.2 软件过程评估

软件过程能力评估是根据过程模型或其他模型对组织的软件过程所进行的规范的评估。软件过程评估是由接受过培训的专业软件人员所组成的小组对组织的当前软件过程进行评估,以确定其状态,确定组织所面临的与软件过程相关事务的优先级,并从组织中获得对软件过程改进的支持。

1. CMM 模型

CMM 的一个重要思想是帮助软件组织通过基于模型的过程改进,达到使其软件过程向更高的成熟度等级迈进的目标。在这个过程中,一个组织必须建立起自己的软件过程并跟据 CMM 模型的要求对过程进行评估。根据评估的结果来进一步改进自己的软件过程,然后再一次评估,以期达到更高的成熟度等级,或者防止软件过程成熟度能力退化。如此反复循环,最终使一个组织的软件过程能力趋于更加成熟。基于 CMM 的评估方法分为以下 6 个步骤:

(1) 成立评估小组,小组由软件工程和管理工作经验丰富的专家组成,小组成员应接受过 CMM 基本概念和评估方法的专门培训。

(2) 参评单位的代表认真填写成熟度问卷表,并回答有关问题。

(3) 评估小组分析调查问卷。

(4) 评估小组现场访问、召开座谈会、审核过程文档,判断 KPA 的实践活动是否达到预定目标,并将结论记入文档。

(5) 整理调查结果,撰写调查报告,指明软件过程的强项和弱项。

(6) 绘制 KPA 剖面图,显示是否达到 KPA 的目标,并向有关部门提交评估的结论性意见。

2. Trillum 模型

Trillum 模型是一个主要用于嵌入式软件开发和支持的能力评估模型,它以 CMM 模型为基础，同时有新的发展。Trillum 模型的主要特点如下：

（1）模型的架构建立在路线图的基础上。
（2）模型不仅适用于软件，同时适用于硬件。
（3）模型强调以用户为关注的焦点。
（4）模型包括技术成熟度，主要面向通信产品。

3．Bootstrap 方法

Bootstrap 引用了 ISO 9000-3 和 ESA PSS-05 等软件标准，设计了非常详细的过程质量属性结构，包括组织资源管理、测试方法和生命周期技术等 17 个属性，改进了 CMM 的问卷表和成熟度计算方法，使其可用于过程每一个质量属性，从而得到一个过程质量剖面。Bootstrap 可适用于各类软件组织，在欧洲有很大的影响。

4．ISO/IEC 15504 标准

ISO/IEC 15504 分为 9 个部分，分别是概念与介绍指南、过程与过程能力的参考模型、实施评估、评估实施指南、一个评估模型和指示指南、评估员资格认证指南、过程改进应用指南、判断供应商过程能力指南和词汇表，其中第一部分是资料，第二部分和第三部分是标准，其他部分都是参考性的。

在 ISO/IEC 15504 的第二部分（过程与过程能力的参考模型）中，在比较高的层次上详细定义了一个用于过程评估的二维参考模型，即过程维和能力维。通过将过程中的特点与不同的能力等级相比较，可以用此参考模型定义的一系列过程和框架对过程能力加以评估。

在 ISO/IEC 15504 中，能力等级是针对每个过程的，它定义了 6 级过程性能，每一级都用主要的过程特征术语和用于性能测量的属性来进行描述。

（1）不完善的过程。在这个级别上通常不能成功地实现过程的目的。

（2）已实施的过程。通常能够达到过程的目标，但过程并未遵循严格的计划且未被跟踪。

（3）已计划与已跟踪的过程。过程在规定的时间和资源内交付出质量合格的工作产品，根据规程所展开的实施活动是有计划性的并且是可以被跟踪的。

（4）已建立的过程。通过采用一个基于好的软件工程原则所开发出的过程，整个过程被加以实施与管理。每位成员在实施过程时所采用的都是经过证实的被裁剪的标准，实施过程是一个文档化的过程。为建立过程所需的资源都已到位。

（5）可预测的过程。为了实现过程目标，已定义的过程在受控的范围内以一致的方式加以实施。关于实施的详细度量数据被加以收集与分析，从而导致对过程能力有一个定量的了解与掌握，而且具有为达到预期实施效果而加以改进的能力。对过程实施情况的管理是客观的，对工作产品的质量可以通过定量的方式加以了解。

（6）优化的过程。为了适应当前和未来业务方面的需要，对过程的实施应进行优化，而在达到所规定的业务目标的同时，过程也实现了可重复性。过程的优化包括对创新思

想和新技术的引入与管理,根据已确定的目标抛弃或改进无效或低效的过程。

ISO/IEC 15504 提供了一个两维的框架模型(过程维和能力维)。通过软件过程和过程能力的定义,为过程能力改进设计了一条连续性的道路。

5. SJ/T 11234—2001 标准

我国行业标准《软件过程能力评估模型(SJ/T 11234—2001)》针对软件组织对自身软件过程能力进行内部改进的需要,与 CMMI 连续表示形式基本相同。该模型有 22 个过程域,分为四大类,分别是过程管理类、项目管理类、工程化类和支持类,如表 8-4 所示。

表 8-4 SJ/T 11234—2001 标准的过程域

过程域分组	过 程 域
过程管理	组织级过程焦点、组织级过程定义、组织级培训、组织级过程性能、组织级改革与实施
项目管理	项目计划、项目监督与控制、供方协议管理、集成项目管理、风险管理、定量项目管理
工程	需求管理、需求开发、技术解决方案、产品集成、验证、确认
支持	配置管理、度量和分析、过程和产品质量保证、决策分析和解决方案、因果分析和解决方案

SJ/T 11234—2001 的每个过程能力划分为 6 个评估等级:不完整级、已执行级、受管理级、已定义级、定量管理级和持续优化级。每个等级包含了通用目标、通用惯例、特定目标和特定惯例,它们组成一套衡量准则。不完整级是反映那些没有得到完整执行过程的状态,可能实现了部分特定目标,也可能什么目标都没有实现;处于已执行级的过程实现了全部特定的目标;受管理级、已定义级、定量管理级和持续优化级不仅实现了全部特定目标,而且依次实现了对应更高的通用目标。

第 9 章 系 统 规 划

系统规划是信息系统生命周期的第一个阶段,其任务是对企业的环境、目标及现有系统的状况进行初步调查,根据企业目标和发展战略,确定信息系统的发展战略,对建设新系统的需求做出分析和预测,同时考虑建设新系统所受的各种约束,研究建设新系统的必要性和可能性。根据需要与可能,给出拟建系统的备选方案。对这些方案进行可行性分析,写出可行性研究报告。可行性研究报告审议通过后,将新系统建设方案及实施计划编写成系统设计任务书。

信息系统建设是投资大、周期长、复杂度高的社会技术系统工程。系统规划可以减少盲目性,使系统具有良好的整体性、较高的适应性,建设工作有良好的阶段性,以缩短系统开发周期,节约开发费用。目前,国内企业建设的信息系统,单项应用的多,综合应用的少,系统适应性比较差,难以扩充。缺乏科学的规划是造成这种现象的原因之一,有些规模较大的项目,由于没有系统规划和科学论证,上马时轰轰烈烈,上马后困难重重,导致骑虎难下的局面,不仅造成资金、人力的巨大浪费,而且为今后的系统建设留下隐患。因此,系统规划是信息系统建设成功的关键,它比具体项目的开发更为重要。

9.1 系统规划概述

长远规划对于任何需要经过较长时间努力才能实现的事情都是非常重要的,例如,人的职业规划就是如此。现代企业的结构和活动内容都很复杂,外部环境和市场需求变化很快,而企业信息化建设需要经过长期的努力,因此,必须进行系统规划,根据企业目标和发展战略,以及信息系统工程建设的客观规律,并考虑到企业面临的内、外部环境,科学地制订信息系统长期发展战略,合理安排其开发建设的进程。

1. 系统规划的需求

我国企业从 20 世纪 80 年代开始进行信息化建设,随着 IT 技术的发展和社会经济的进步,特别是国际化和信息化的推进,信息系统建设的需求日趋紧迫。尽管企业信息化已经有了很大的发展,但不少已经建成或正在建设的系统仍然存在很多问题,主要体现在以下几个方面:

(1) 系统建设与企业目标和发展战略不匹配,项目匆忙上马,跟随潮流,忽视企业内生的需求。已经建成的系统解决问题的有效性低,系统建成后对企业管理并无显著改善。

（2）系统建设周期长，不能适应环境变化和企业变革的需要，不能满足日益变化的市场需求。

（3）耗巨资建设新的信息系统，或者引进国外先进的信息系统，但企业的组织结构陈旧，管理思想落后，导致"一只脚在马车上，另一只脚在飞机上"，从而使信息系统沦落为奢侈的摆设品。

（4）IT和系统开发技术日新月异，但企业人员素质普遍偏低，不能合理地操作和使用信息系统，更谈不上系统运行管理和维护。

（5）系统技术方案不合理，承建方出于自身利益的考虑，给用户"强加"不需要的功能，把用户作为新技术的试验品。而建设方限于自身的技术水平和能力，对此，也是无能为力。

（6）系统开发、运行与维护的标准、规范比较混乱，企业"各自为政"，甚至一个企业的内部出现多套不同的标准。国家有关标准未能得到有效的执行，而且，某些国家标准的可执行性还有待商榷。这样，导致系统成为一个个的信息孤岛，无法实现信息共享和整合。

（7）企业还处在原始积累阶段，资金不足，却自不量力，东施效颦。资源短缺，投入太少，而对系统的期望又过高，导致信息系统建设变成"烂尾工程"。

造成以上问题的原因是多方面的，其中一个主要原因就是人们更多地关心信息系统的开发技术和具体功能，而对于系统的总体方案考虑较少，对发展战略问题不够重视。总之，在信息系统建设中，往往缺乏科学而有效的系统规划。

2. 系统规划的主要步骤

根据系统规划的主要任务，可以按照以下步骤开展系统规划工作：

（1）对现有系统进行初步调查。根据企业战略和发展目标，从类似企业和本企业内部收集各种信息，站在管理层的高度观察企业的现状，分析现有系统的运行状况。有关初步调查的详细过程和内容，将在9.3节中介绍。

（2）分析和确定系统目标。系统目标应包括服务的质量和范围、政策、组织和人员等，它不仅包括信息系统的目标，还要反映整个企业的目标。有关这方面的知识，请阅读7.4节。

（3）分析子系统的组成和基本功能。自顶向下对系统进行划分，并且详细说明各个子系统应该实现的功能。有关这方面的知识，请阅读7.4节。

（4）拟定系统的实施方案。可以对子系统的优先级进行设定，以便确定子系统的开发顺序。有关这方面的知识，请阅读7.4节。

（5）进行系统的可行性研究，编写可行性研究报告，召开可行性论证会。有关可行性研究的详细知识，将在9.4节中介绍。

（6）制订系统建设方案。对可行性研究报告中提出的各项技术指标进行分析、比较，落实各项假设的前提条件，制订系统建设方案，并根据该方案及其实施计划编写成系统设计任务书。系统设计任务书经上级主管部门批准后,正式作为系统建设的依据。有关系统建设方案的详细知识,将在 9.6 节中介绍。

9.2 项目的提出与选择

企业在信息化的过程中,可能会实施各种信息化项目,建设多种信息系统。这些系统的建设不是"随心所欲"而为,而是有其特定的目标的,从大方向来看,信息系统建设的目标就是促进企业管理,提高工作效率,从而提高企业竞争力;从小的方面来看,各种信息系统都有其自身的使命和目标。因此,系统分析师要善于根据这些目标来确定系统的工作范围,提出系统选择方案,并给出选择结果。

9.2.1 项目的立项目标和动机

企业在运营和管理过程中,对于信息系统项目的建设可能具有多种动机,通常可归结为 4 种模式,分别是进行基础研究、进行应用研发、提供技术服务和产品的使用者。

1. 进行基础研究

此类项目通常由大学、科研院所、企业集团从事基础研究的部门提出和实施。小规模的研究团队可能仅仅是企业中的一个从事研发工作的部门,中等规模的研究团队可以是研究所或研究院等类似的独立建制的单位,大规模的研究团队可以是国家 973 计划这样跨行业、跨地域协作的国家级研究项目组织。基础研究通常都被看作是一种长期的战略性投资,目标不是为了短期的市场收益和支持当前的市场或行业应用,而是为了开拓未来的市场,创造全新概念的产品、产业或生活方式,建立企业、行业甚至国家的竞争优势。

基础研究更多体现为一种探索性研究,成果多体现为某种理论体系和技术成果,通常没有具体的产品发布目标,也没有苛刻的时间限制,甚至连阶段性目标和长期目标也是由研究人员自己来设定的。在研究过程中,需要研究人员充分发挥想象力和创造力,突破现有理论或技术模型的框架,提出全新的理论体系和技术或产品。

2. 进行应用研发

此类项目通常由企业进行立项和开发,企业立项的基本动机是得到应用产品,并向目标客户群进行销售,从而占有市场份额并获取利润。产品一般会基于某类特定客户群体的需求而进行设计,有明确和具体的研发目标需求,有严格的时间限制和资源预算,大多以项目方式进行组织。

应用研发型的产品具有一定的通用性客户,可能是面向个人消费者的工具(例如,办公软件、杀毒软件等)和面向特定领域的工具(例如,AutoCAD 工程绘图软件、Rose 建模软件等),也可能是面向特定行业中具有一定普遍适用性的业务、可作为产品进行销售的企业级系统(例如,ERP、CRM、新闻发布系统等)。

3. 提供技术服务

对此类项目进行立项的企业通常能向目标客户群提供比较全面的技术服务，而不是单一的软件产品。服务范围可能包括提供技术和解决方案的咨询、利用现有产品进行系统集成和服务、面向特定客户的项目定制开发、对现有系统进行升级和改造、提供系统应用相关的技术支持、服务和培训等，一个企业可以提供其中的一项或多项内容。这些企业通常可能以系统集成商、项目定制开发商、咨询商、整体解决方案提供商等各种角色出现。此类企业通常会面向一个特定行业，具有相对稳定的客户群体，具有系列化的产品和基于这些产品的技术解决方案，企业对自己所处的应用领域有比较深刻的理解，能够整合技术、产品、方案和应用，通过提供一种综合性的技术服务，而不是单一产品，来占有市场份额和获取比提供产品更高的利润。

4. 产品的使用者

产品的使用者是系统的最终用户。对他们来说，项目的立项动机既不是得到产品进行销售，也不是为了提供技术服务，而是通过采购产品或技术服务来得到使用价值。例如，个人消费者购买绘图软件是为了存储和处理个人数码相机中的照片，企业通过部署ERP系统可能是为了达到科学计划生产、提高管理水平、降低库存成本、提高资金周转率等目标，并期望通过这些目标的实现来增强企业竞争力，获取更大的市场份额。

产品的使用者可能采用各种方式来进行项目立项，例如，采购或定制开发。具体采用哪种方式，需要根据企业的实际情况（例如，技术实力）和成本而定。

9.2.2 项目立项的价值判断

项目提出后，能否达成一个成功的立项，取决于人们对项目收益预期的价值判断。不同类型的信息系统项目立项，具有截然不同的价值观和侧重点。通常，以基础研究为目标的项目是高度技术研究导向的，以应用产品开发为目标的项目重点关注的是技术在具体领域中的应用和推广，而以技术服务为目标的项目则是高度客户业务导向或客户满意导向的，产品的最终用户则主要关注系统的使用、影响和代价等应用性问题。

这些价值观彼此之间并不矛盾，只是使用信息技术的程度不同，对于信息系统项目预期价值的视角不同。但这些对项目基本的价值判断，决定了系统分析师在项目从立项到完成的全过程中，需要长期、重点关注的问题侧重点之所在。

从企业的角度来看待信息系统项目立项，项目并不是一个简单的、通过技术开发来得到系统和完成项目的过程。通常，企业总是通过产品开发、提供技术解决方案、整合外部资源、提供咨询和技术服务、销售或运营、进入买方价值链或开创新的领域这6个层面来获得价值和利润，得到前者作为基础之后才能去谋求后者。根据企业定位不同，或企业所处的时期不同，可能扮演不同的角色，侧重面也就不一样。

企业并不把系统立项和开发完成看作是获取价值的终点，而仅仅是一个起点。不同的企业或同一企业的不同时期，看待信息系统的价值和作用也截然不同。企业最终需要的可能是获取利润、占有市场份额、提高影响力、广泛的社会效益等这些潜在的商业价值目标,信息系统则常被作为支持性手段来支撑这些目标的实现。

因此,在很多情况下,系统分析师需要超越技术开发的范畴去考察信息系统建设背后的目标问题,以便确定信息系统项目的工作范围、开发边界、项目的阶段性目标,以及未来系统需求变更的根源。从获取用户初步需求开始,更进一步地去观察项目价值和目标,以及项目背后的企业战略问题,辅助企业的经营管理层勾画项目远景目标和项目实施的路线蓝图,完成项目计划到实施的最终决策过程,并最终通过合理确定软件项目的开发边界,规避那些因开发目标错误导致的根源性失败。

9.2.3 项目的选择和确定

当项目建议提出来后,就需要对项目进行选择和确定。在实际工作中,并不存在一个统一模式进行项目的选择和取舍,但存在一些进行项目评估的基本原则,通过使用这些原则,可以逐步排除那些不符合需求的建议项目,选择和确定满意的项目。

1. 选择有核心价值的项目

这个策略的关键在于确定什么样的项目是有价值的。由于立项单位所处的行业、在行业中的位置和立项目标等因素不同,对信息系统项目的价值判断也有所不同。但是,一般来说,有核心价值的项目总是和企业的核心业务相关的,也可以说,信息化的关键就是核心业务的信息化。例如,对于保险行业来说,由于保险公司的基本职责是分摊风险和补偿损失,所以,管理保单和保险人信息的业务系统、单证系统、评估风险的定损系统等就是非常有价值的系统;而对于教育培训行业来说,因为学校的核心职能是教书育人,因此,与教学、考试、评价等业务相关的系统,以及支持上述业务开展的教育资源库、课件制作工具、电子图书馆等就是高价值的系统。

2. 评估所选择的项目

在判断出一个具有潜在价值的项目后,还应评估项目实施的约束、风险、成本和效益。通常,这部分内容可以在项目的可行性研究工作中完成。有关可行性研究的详细知识,将在 9.4 节中介绍。

所谓项目约束,是指在系统开发过程中,"不能做什么"的原则。这些约束有些来自客户,有些来自企业本身,还有些来自外部环境,可能包括企业约束、资源约束、能力约束、环境约束和用户约束等。一些明显的约束条件可以在立项阶段就评估出来,但隐性的约束则容易被忽视(例如,企业资源投入的变化、国家政策变化等),从而导致各种项目实施中的风险。项目约束通常是开发者不可控制的因素,对于这些约束,必须时刻关注才能尽可能规避风险。如果明显违背这些约束条件,就会导致信息系统项目不可避免地失败。

对于购买产品或技术服务的企业来说,除了考察上述项目约束外,还应该评估项目实施后的影响。例如,对自身业务变更的影响、组织机构和人员职责的影响、相关的系统维护、运行规约和规章制度等,以及项目的效益、当前成本、未来的总持有成本(Total Owner Cost,TOC)是否能接受等。

经过项目初步评估后,可筛选掉多数不符合企业要求的建议项目。

3. 项目优先级排序

经过项目评估后,如果还有多个建议项目,但企业资源有限,不可能同时建设这些项目,则就需要对已选择的项目进行优先级排序,合理使用企业资源,使资源得到最优配置。具体排序的方法是,根据企业已有资源情况,进行项目的成本效益分析,考察净现值、投资回收期等指标。有关成本效益分析的方法,将在9.5节中介绍。

4. 评估项目的多种实施方式

对于已经确认有价值、并且有能力开发的项目,则可以进一步参照企业现状,考察项目的实施方式。这个过程一般由项目的负责人和企业中高层经理进行决策。根据具体情况不同,企业要开发信息系统,既可以自己组建开发团队进行项目开发,也可以把系统开发任务承包给其他企业,或者购买产品并进行系统集成,还可以自己完成技术方案和设计,然后把编码和测试任务进行外包等。对这些项目实施方式的取舍,主要依据是对项目风险、收益和资源开销等方面的考虑,其根本目标是为了优化和合理运用投入项目的资源。

5. 平衡地选择合适的方案

人们在选择可行的方案时,总是希望能尽量得到一种高质量、低成本的产品和方案。开发人员通常也很愿意在系统开发中,向产品中加入激动人心的"创造性"的内容。另一方面,客户单位在面对诸多的投标方案时,会听到各种各样关于技术先进性、快速开发、产品质量稳定可靠、价格如何低廉、推荐的方案有多少成功应用等宣传。这些内容本身存在很多矛盾,简要列举如下:

(1)技术风险。采用成熟的技术则可能享受不到新技术带来的好处,但流行的新技术可能是不稳定的,从而导致风险。新技术也意味着开发人员需要更多的学习时间,从而导致开发成本的增加。

(2)用户锁定性。不基于某种快速开发技术或平台构造的系统可能会提高项目开发时间而导致更多的开销和成本,但基于某种平台的产品又可能使得用户未来"绑定"在某种平台之上,减少了自由选择的能力,甚至未来被迫接受厂商的定价和服务。

(3)扩展性。不考虑系统的扩展性,将导致业务变更时受阻于已经建设的信息系统,重新改造这些系统既增加成本又导致大的影响,几乎是一种灾难;另一方面,如果过多考虑系统的扩展性,用户常常可能在当前的采购中购买了一些自己并不需要的特性,从而支付了更多的成本,由于信息技术发展迅速,当用户期望进行系统升级的时候,常常会发现原来的开发平台早已被淘汰和抛弃。

(4)目标偏离。出于希望达成交易的需要,供应商更愿意宣传技术先进、价格低廉、快速提交、系统的新特色和新性能等因素。在用户对信息技术、作用和代价不甚明确的时候，容易受到宣传的影响，从而偏离对原有目标的关注。

事实上，对系统功能和性能的要求常常是充满矛盾的，任何时候都不存在一个完美无缺的方案，只存在一个对当前的项目目标相对比较合适的方案。选择项目的基本原则应该是"合适"，而不是尽可能的"好"。实际上，任何超出预期设定目标的"好"性能，通常都意味着某方面更多的成本或者潜在的风险。

9.3 初步调查

信息系统建设一般都是由用户提出要求开始的，而用户的要求通常只是一个简单的初始需求，而且常常是罗列一些需要解决的问题。因此，摆在系统分析师面前的是首要任务，就是对用户提出的要求做出一个准确的认识和估计。为此，必须在开展初步调查的基础上，明确问题，并对项目进行可行性研究。

1. 初步调查的目标

为了使系统开发工作更加有效地展开，通常将系统调查分为两步，第一步是初步调查，即先投入少量人力对系统进行大致的了解，然后再看有无开发的可行性；第二步是详细调查，即在系统开发具有可行性并已经正式立项后，再投入大量人力展开大规模、全面的系统业务调查。有关这方面的知识，将在 10.2 节中介绍。

开发新系统的要求往往来自用户对现有系统的不满，但在正式立项之前必须进行可行性研究，而可行性研究的基础是对系统的初步调查。由于存在的问题可能充斥各个方面，内容分散，甚至含糊不清，所以初步调查的目标就是掌握用户的概况，从整体上了解企业信息系统建设的现状，对用户提出的各种问题和初始需求进行识别，明确系统的初步目标，为可行性研究提供工作基础。

2. 初步调查的方式

初步调查的最佳方式是与企业高层管理人员座谈，通过座谈了解企业高层对信息系统所设定的目标和系统边界，计划的资金投入和对工期的要求。还应与企业 IT 部门的负责人座谈，了解企业现有系统、取得的效果和存在的问题，以及系统需要更新的原因。最好能访问企业主要业务部门的领导，征求他们对新的信息系统建设的意见以及对新系统功能的要求。

初步调查主要围绕着系统规划工作进行，收集有关宏观信息，并了解企业不同位置和不同部门的人对新系统建设的态度。应立足于宏观和全面，不需要过于具体和细致。

3. 初步调查的内容

初步调查主要由两部分组成，分别是一般调查和信息需求初步调查。前者包括了解企业当前的信息流程，明确企业改造的需求，确定系统目标和主要功能，使系统分析师对企业有一个初步轮廓；后者是整个初步调查的主要内容，调查企业的组织结构、职责和活动，了解各职能机构所要处理的数据，还应调查环境信息，包括内部环境和外部环境的信息。具体来说，初步调查的主要内容包括以下 4 个方面：

（1）初步需求分析。初步调查的第一步就要从用户提出新系统建设的缘由，以及从用户对新系统的要求入手，考查用户对新系统的需求，预期新系统要达到的目标。因为信息系统将会涉及企业管理工作的各个方面，所以此处所说的"用户"是指企业各级管理人员。他们对新系统开发的需求状况、新系统的期望目标、是否愿意下大力气参与和配合系统开发；在新系统改革涉及用户业务范围和习惯做法时，他们是否有根据系统分析和整体优化的要求调整自己职权范围和工作习惯的心理准备；高层管理人员有无参与开发工作、协调下级管理部门业务和职能关系的愿望等，都是首先要着手了解的内容。

（2）企业基本状况。包括企业的性质、规模、历史、所在行业的性质、管理目标与模式，人力、物力、技术、设备和组织结构等。这些都是与系统可行性研究、系统建设方案和下一步的详细调查直接相关，因此，应该在初步调查中弄清楚。除这些基本情况外，还必须调查清楚企业近期预计发生变化的可能性，包括企业兼并、产品转向、厂址迁移、周围环境的变化等。

（3）管理方式和基础数据管理状况。这是整个初步调查的重点，它与将要建设的系统密切相关。但是，在初步调查阶段，系统分析师只需要对这些做大致的了解，定性了解对新系统建设能否支持即可。进一步深入的了解留待详细调查去解决。对管理方式的调查包括企业整体管理状况的评估、组织职能机构与管理功能、重点职能部门（例如，计划、生产、财务、销售等）的大致管理方式，以及这些管理方式用信息系统来辅助实现的可行性，可以预见的将要更改的管理方法和这些新方法将会对新系统以及实现管理问题所带来影响和新的要求等。另外，还必须调查企业基础数据管理状况，例如，基础数据工作是否完善，相应的管理指标体系是否健全，统计手段、方法和程序是否合理，用户对于系统的期望值有无实际的数据支持等。如果没有的话，让企业增设这些管理数据指标和统计方法是否具有可行性。

（4）现有系统状况。包括现有系统的运行状况、特点、所存在的问题、可利用的信息资源、可利用的技术力量，以及可利用的信息处理设备等。这部分调查是提出新系统建议方案及其在技术上是否具有可行性的原始资料。

9.4 可行性研究

可行性研究也称为可行性分析，是所有项目投资、工程建设或重大改革在开始阶段必须进行的一项工作。它是经济活动中经常使用的一种决策程序和手段，也是投资前的必要环节。可行性研究必须从系统总体出发，对技术、经济、执行等多个方面进行分析和论证，以确定信息系统建设项目是否可行，为正确进行投资决策提供科学依据。项目的可行性研究是对多因素、多目标系统进行的分析、评价和决策的过程，它需要有各方面知识的专业人才通力合作才能完成，例如，系统分析师、资深系统开发人员、客户代表、法律顾问和市场顾问等。

在许多 IT 企业中，并不重视甚至从未开展过可行性研究工作，因为很多项目都是因客户的订单而产生的，或者是投标性的项目，只要按照招标书的要求去应答就行。结果往往是拿到客户的订单或者中标后，在系统建设或开发的过程中，发现诸多问题，例如，合同规定的费用根本就抵不上投入的成本，项目时间根本就不够用。于是，通常以降低系统的质量为代价，来"满足"合同的要求。这样，客户自然就不会满意，建设方和承建方之间的"拉锯战"由此展开。所谓"做一个单，丢一个客户"就是这种现象的真实写照。

因此，对于一个追求成功的 IT 企业来说，可行性研究工作是不应该省略的，一个不可行的项目，不管团队花费多大的努力，终究难逃失败的宿命。

9.4.1 可行性评价准则

可行性是指在企业当前的条件下，是否有必要建设新系统，以及建设新系统的工作是否具备必要的条件。也就是说，可行性包括必要性和可能性。参考国家标准《计算机软件文档编制规范》（GB/T 8567—2006），在信息系统建设项目中，可行性研究通常从经济可行性、技术可行性、法律可行性和用户使用可行性 4 个方面来进行分析，其中经济可行性通常被认为是项目的底线。

1. 经济可行性

经济可行性也称为投资收益分析或成本效益分析，主要评估项目的建设成本、运行成本和项目建成后可能的经济收益。多数项目只有建设成本能控制在企业可接受的预算内的时候，项目才有可能被批准执行。而经济收益的考虑则非常广泛，可以分为直接收益和间接收益、有形收益和无形收益，还可以分为一次性收益和非一次性收益、可定量的收益和不可定量的收益等。有关成本效益分析的详细知识，将在 9.5 节中介绍。

要注意的是，在系统开发初期，由于用户需求和候选系统方案还没有确定，成本不可能得到准确的估算。因此，此时的经济可行性分析只能大致估算系统的成本和收益，判断信息系统的建设是否值得。

2. 技术可行性

技术可行性也称为技术风险分析，研究的对象是信息系统需要实现的功能和性能，以及技术能力约束。技术可行性主要通过考虑以下问题来进行论证：

（1）技术：现有的技术能力和信息技术的发展现状是否足以支持系统目标的实现。

（2）资源：现有的资源（例如，掌握技术的员工、企业的技术积累、构件库、软硬件条件等）是否足以支持项目的实施。

（3）目标：由于在可行性研究阶段，项目的目标是比较模糊的，因此技术可行性最好与项目功能、性能和约束的定义同时进行。在可行性研究阶段，调整项目目标和选择可行的技术体系都是可以的，而一旦项目进入开发阶段，任何调整都意味着更多的开销。

需要特别指出的是，技术可行性绝不仅仅是论证在技术手段上是否可实现，实际上包含了在当前资源条件下的技术可行性。例如，开发一个计算机操作系统对于美国微软公司来说，这是可行的，但对其他绝大多数企业来说，这都是不可行的。投资不足、时间不足、预设的开发目标技术难度过大、没有足够的技术积累、没有熟练的员工可用、没有足够的合作企业和外包资源积累等都是技术可行性的约束。实践证明，如果只考虑技术实现手段而忽视企业当前的资源条件和环境，从而对技术可行性分析得出过于乐观的结果，将会对后期的项目实施导致灾难性后果。

对于技术的选择，有的企业钟情于新技术，有的则喜欢使用成熟的技术。具体要根据项目的实际情况（例如，开发环境、开发人员的素质、系统的性能要求等）进行决策，但通常的建议是尽可能采用成熟的技术，慎重引入先进技术。IT业界流行的诙谐语"领先一步是先进，领先两步是先烈"讲的就是对技术的选择原则。

3. 法律可行性

法律可行性也称为社会可行性，具有比较广泛的内容，它需要从政策、法律、道德、制度等社会因素来论证信息系统建设的现实性。例如，所开发的系统与国家法律或政策等相抵触，在政府信息化的领域中使用了未被认可的加密算法，未经许可在产品中使用了其他企业的被保护的技术或构件等，这样的项目在法律可行性上就是行不通的。

4. 用户使用可行性

用户使用可行性也称为执行可行性，是从信息系统用户的角度来评估系统的可行性，包括企业的行政管理和工作制度、使用人员的素质和培训要求等，可以细分为管理可行性和运行可行性。

（1）管理可行性。管理可行性是指从企业管理上分析系统建设可行性。主管领导不支持的项目一般会失败，中高层管理人员的抵触情绪很大，就有必要等一等，先积极做好思想工作，创造条件。另外，还要考虑管理方法是否科学，相应的管理制度改革的时机是否成熟，规章制度是否齐全等。

（2）运行可行性。运行可行性也称为操作可行性，是指分析和测定信息系统在确定环境中能够有效工作，并被用户方便使用的程度和能力。例如，ERP系统建成后的数据采集和数据质量问题，企业工作人员没有足够的IT技能等。这些问题虽然与系统本身无关，但如果不经评估，很可能会导致投入巨资建成的信息系统却毫无用处。运行可行性还需评估系统的各种影响，包括对现有IT设施的影响、对用户组织机构的影响、对现有业务流程的影响、对地点的影响、对经费开支的影响等。如果某项影响会过多改变用户的现状，需要将这些因素作进一步的讨论并和用户沟通，提出建议的解决方法。否则，系统一旦建成甚至在建设过程中，就会受到用户的竭力反对，他们会抵制使用系统。

除国家标准规定外，还需要对项目的进度进行可行性分析。进度可行性主要是指对项目的最后期限的合理性进行评估。有些项目的最后期限是强制的，有些项目则是期望的，这需要区别对待。在进行可行性分析时，系统分析师需要凭借自己的经验，参考类似的系统,评估在已有资源约束的条件下,能否按最后期限完成整个项目。

9.4.2 可行性研究的步骤

可行性研究是一个特定的过程,用来识别项目可能存在的问题、机会或要求,确定项目目标,描述现有状况和成功后的成果,对问题的不同解决方案根据可行性准则进行评价和比较,选择最合适的方案,编写和提交可行性研究报告。具体来说,可行性研究工作可以分为以下 8 个步骤:

1. 复查系统目标和规模

系统分析师应访问关键人员,认真阅读和分析有关材料,以便进一步复查、确认系统的目标和规模,改正含糊或不确切的叙述,清晰地描述对系统的一切限制和约束。这个步骤的关键是对系统目标、规模、相关约束和限制条件作出更加细致的定义,使之更加清晰、明确、没有歧义性,确保系统分析师正在解决的问题确实是要求他们解决的问题。

2. 分析现有系统

系统分析师应该认真阅读、分析现有系统的文档资料和使用手册,也要实地考察现有系统,注意了解它做了什么。还要了解使用现有系统的代价和其存在的缺点。要注意的是,这个步骤的目的是了解现有系统能做什么,而不是了解它怎么做这些工作,所以不必花费太多时间去了解系统实现的细节。在这个步骤中,系统分析师应该画出描述现有系统的高层系统流程图,记录现有系统和其他系统之间的接口情况,并请有经验的人员检验其是否正确。

3. 导出新系统的高层逻辑模型

在系统目标和规模、现有系统研究的基础上,就可以从现有系统的物理模型出发,导出现有系统的逻辑模型,描述数据在系统中的流动和处理情况,从而概括地表达出对新系统的设想,即对新系统进行建模。建模的目的是为了获得一个对新系统的框架认识和概念性认识。通常可以采用以下几种技术:

(1)系统上下文关系范围图。其实也就是 DFD 的 0 层图,将系统与外界实体(可能是用户,也可能是外部系统)的关系(主要是数据流和控制流)体现出来,从而清晰地界定出系统的范围,实现共识。

(2)E-R 图。这是系统的数据模型,这个阶段并不需要生成完整的 E-R 图,而是找到主要的实体及其关系即可。

(3)用例模型。这是采用 OO 思想,描述一组用例、参与者及它们之间的关系。有关用例模型的详细知识,将在 11.5.2 节中介绍。

(4)领域模型。这也是采用 OO 思想,找到系统中主要的实体类,并说明实体类的主要特征和它们之间的关系。有关领域模型的详细知识,将在 11.5.3 节中介绍。

(5)IPO(Input/ Process/Output,输入/处理/输出)图。这是采用传统的结构化思想,从输入、处理、输出的角度对系统进行的描述。有关 IPO 图的详细知识,将在 13.2.3 节中介绍。

4. 用户复核

新系统的逻辑模型只是代表系统分析师对新系统必须做什么的看法,而不是代表用户。因此,系统模型建立之后,一项十分重要的工作就是与客户一起进行复核。在这个过程中,如果发现模型与用户的目标有不一致的地方,就应该再次通过访谈、现场观摩、对现有系统分析等手段进行了解,然后在此基础上修改模型。因此,可行性研究的前 4 个步骤是一个循环,周而复始,直至用户确认了新的系统模型为止。

5. 提出并评价解决方案

系统分析师从系统的逻辑模型出发,导出若干较高层次的(较抽象的)解决方案供比较和选择。应该尽量列举出各种可行的解决方案,并且对这些解决方案的优点、缺点作一个综合性的评价,以便于下一步决策。在这个步骤中,可以使用候选系统方案矩阵和可行性分析矩阵,前者是用来记录候选方案之间的相同和不同的工具,后者是用来评定候选方案的工具。有关这方面的详细知识,将在 9.6 节中介绍。

对于那些明显不可行的,如技术上还没有相应的办法、经济角度明显不可行的、违背企业或行业实际情况的解决方案应该直接过滤掉。

6. 确定最终推荐的解决方案

根据可行性评价准则,对系统的各种解决方案进行分析和比较后,如果系统分析师认为值得继续进行项目建设工作,则就应该确定最终的推荐方案,并说明选择这个方案的理由。对被推荐的解决方案还要进行更加完善的成本效益分析,才能让企业决策人员根据经济上是否划算来决定是否正式立项。

7. 草拟开发计划

系统分析师需要进一步制订一个粗略的开发计划,说明系统建设所需的资源、人员和时间进度安排情况,这将作为立项后制订项目开发计划的基础。有关项目开发计划的详细知识,将在 20.1 节中介绍。

8. 编制和提交可行性研究报告

将可行性研究各步骤的结果整理成文,形成清晰的文档,即可行性研究报告。将可行性研究报告提交给用户和管理层,进行审查通过。有关可行性研究报告的格式和内容,将在 9.4.3 节中介绍。

9.4.3 可行性研究报告

可行性研究报告是项目初期策划的结果,它分析了项目的要求、目标和环境,提出了几种可供选择的方案,并从技术、经济、法律等各方面进行了可行性分析。可行性研究报告是项目决策的依据,也可作为系统建设方案或投标书等文件的基础。

1. 可行性研究报告的正文格式

在国家标准 GB/T 8567—2006 中，提供了一个可行性研究报告的文档模板和编写指南，其中规定了在可行性研究报告中应该包括如下内容：

（1）引言。主要对项目及可行性研究报告做一个概要性的描述，说明可行性研究报告适用的系统和完整标识；为阅读者提供一些项目相关的背景资料，说明项目在什么条件下提出，提出者的要求、目标、实现环境和限制条件；简述可行性研究报告适用的项目和系统的用途，描述项目和系统的一般特性，标识项目的投资方、需方、用户、承建方和支持机构，标识当前和计划的运行现场；概述可行性研究报告的用途和内容，并描述与其使用有关的保密性和私密性的要求。

（2）引用文件。列出可行性研究报告中引用的所有文档的编号、标题、修订版本和日期，还应标识不能通过正常的供货渠道获得的所有文档的来源。

（3）可行性研究的前提。包括项目的要求、目标、环境、条件、假定和限制等，还应该说明将采用的可行性研究方法（例如，调查、加权平均、系统模型或仿真等），以及评价系统所使用的主要尺度（例如，费用的多少、各项功能的优先次序、项目周期、使用的难易程度等）。

（4）可选的方案。说明现有系统的优点和缺点、局限性和存在的问题，是否有可复用的系统，以及它们与要求之间的差距。然后再逐一列举所有的可选择的系统解决方案，最后再给出选择最终方案的准则。

（5）所建议的系统。针对系统的目标和要求，提出一个可行的解决方案，并且针对这些因素，论证系统是如何满足的。具体包括对所建议的系统的说明、处理流程和数据流程、与现有系统的比较、影响或要求（包括设备、系统、运行、开发、环境、经费等）和新系统的局限性。

（6）经济可行性。从经济角度来说明解决方案的可行性，主要包括投资（基本建设投资、其他一次性投资和非一次性投资）、预期的经济收益（一次性收益、非一次性收益、不可定量的收益）、收益/投资比、投资回收周期和市场预测。

（7）技术可行性。从技术角度来说明解决方案的可行性，包括企业现有资源（例如，人员、环境、设备和技术条件等）能否满足项目实施要求，若不满足，应考虑补救措施（例如，需要增加人员、投资和设备等），涉及经济问题应进行投资、成本和效益可行性分析，最后确定项目是否具备技术可行性。

（8）法律可行性。从社会角度来说明解决方案的可行性，主要包括系统的建设是否符合法律、法规的要求，系统开发可能导致的侵权、违法和责任。

（9）用户使用可行性。从用户角度来说明解决方案的可行性，主要包括用户单位的行政管理和工作制度，使用人员的素质和培训要求等。

（10）其他与项目有关的问题。列举其他与项目有关的重要问题，主要是预测未来可能的变化。

（11）注解。包含有助于理解可行性研究报告的一般信息，例如，背景信息、词汇表、原理等。这一部分应包含为理解可行性研究报告需要的术语和定义，所有缩略语和它们在可行性研究报告中的含义的字母序列表。

（12）附录。提供那些为便于维护可行性研究报告而单独编排的信息（例如，图表、分类数据等）。为便于处理，附录可以单独装订成册，按字母顺序编排。

2. 可行性论证会

可行性研究报告提交给上级主管部门（或领导）以后，按规定应召开由主管部门（或领导）主持，各相关部门（单位）的代表参加的可行性论证会，也可以邀请业内专家参加会议。在会上，首先让系统分析师或可行性研究小组代表进行较详细的介绍和说明，然后让各方面的专家和代表进行广泛而深入的讨论和研究。特别应引导与会者对各种方案进行比较分析，要充分估计各种可能出现的问题。

讨论的结果有两种可能，一种是同意或基本同意可行性研究报告中的结论，或立即执行，或修改目标、追加资源和等待条件，或取消项目；另一种是对可行性研究报告持不同意见，对某些问题的判断有不同看法。如果不影响整个问题的结论，那么可以把问题留待需求获取和分析时解决，项目可以照常进行；如果影响整个问题的结论，则就要返工，重新进行调查分析，形成新的可行性研究报告，再重新召开可行性论证会。

9.5 成本效益分析技术

成本效益分析是通过比较信息系统建设的全部成本和效益来评估项目价值的一种方法，它作为一种经济可行性分析的方法，将项目的所有成本和收益一一列出，并进行量化。成本效益分析的目的是要从经济角度分析建设一个特定的新系统是否划算，首先要估算待建设系统的成本，然后与可能取得的收益进行比较与权衡，从而帮助决策人员正确地作出是否立项的决定。

9.5.1 成本和收益

成本是信息系统生命周期内各阶段的所有投入之和，而收益是信息系统建成后的所有产出之和。无论是企业运作还是项目实施，都应该努力以尽可能少的成本付出，创造尽可能多的使用价值，为企业获取更多的经济效益。

1. 成本

信息系统建设项目的成本有多种分类方法，其中常见的两种分类方法是按照投资时间分类和按照成本性态分类。

按照投资时间分类，可以分为基础建设投资、其他一次性投资和非一次性投资三大类。

（1）基础建设投资。例如，房屋和设施、办公设备、平台软件、必须的工具软件等购置成本。基础建设投资既可以是一次性投资，也可以是分期付款。

（2）其他一次性投资。例如，研究咨询成本、调研费、管理成本、培训费、差旅费等，以及其他一次性杂费。

（3）其他非一次性投资。主要是指系统的运行与维护成本。例如，设备租金和定期维护成本、定期消耗品支出、通信费、人员工资与奖金、房屋租金、公共设施维护等，以及其他经常性的支出项目。

按照成本性态分类，可以分为固定成本、变动成本和混合成本。

（1）固定成本。固定成本是指其总额在一定期间和一定业务量范围内，不受业务量变动的影响而保持固定不变的成本。例如，管理人员的工资、办公费、固定资产折旧费、员工培训费等。固定成本又可分为酌量性固定成本和约束性固定成本。酌量性固定成本是指管理层的决策可以影响其数额的固定成本，例如，广告费、员工培训费、技术开发经费等；约束性固定成本是指管理层无法决定其数额的固定成本，即必须开支的成本，例如，办公场地及机器设备的折旧费、房屋及设备租金、管理人员的工资等。

（2）变动成本。变动成本也称为可变成本，是指在一定时期和一定业务量范围内其总额随着业务量的变动而成正比例变动的成本。例如，直接材料费、产品包装费、外包费用、开发奖金等。变动成本也可以分为酌量性变动成本和约束性变动成本。开发奖金、外包费用等可看作是酌量性变动成本；约束性变动成本通常表现为系统建设的直接物耗成本，以直接材料成本最为典型。

（3）混合成本。混合成本就是混合了固定成本和变动成本的性质的成本。例如，水电费、电话费等。这些成本通常有一个基数，超过这个基数就会随业务量的增大而增大。例如，质量保证人员的工资、设备动力费等成本在一定业务量内是不变的，超过了这个量便会随业务量的增加而增加。有时，员工的工资也可以归结为混合成本，因为员工平常的工资一般是固定的，但如果需要加班，则加班工资与时间的长短便存在着正比例关系。

2. 收益

系统的收益可以分为有形收益和无形收益。有形收益也称为经济收益，可以用货币的时间价值、投资回收期、投资回收率等指标进行度量。有形收益又可分为一次性经济收益和非一次性经济收益。

（1）一次性经济收益。一次性经济收益主要体现在开支的缩减和价值的提升。开支的缩减是指改进了的系统的运行所引起的开支缩减。例如，资源要求的减少，运行效率的改进，数据进入、存储和恢复技术的改进等；价值的提升是指由于应用系统的使用价值的提升所引起的收益。例如，资源利用的改进，管理和运行效率的改进和出错率的减少等。另外，信息系统建设的一次性收益可能还包括其他方面的收入，例如，从多余设备出售回收的收入等。

（2）非一次性经济收益。在信息系统整个生命周期内，由于运行系统而导致的按月的、按年的能用货币数目表示的收益,包括开支的减少和避免。例如,由于信息系统的使用,提高了工作效率,每个月节约的人员工资等。

无形收益也称为不可定量的收益,主要是从性质上、心理上进行衡量,很难直接进行量上的比较。例如,服务的改进,由操作失误引起的风险的减少,信息掌握情况的改进,企业形象的改善等。有些无形收益可以用定性估算的方法或极值分析(最大、最小、乐观、悲观)方式归结到有形收益上;有些无形收益即使进行估算也非常困难,但常常涉及企业的长期利益。例如,技术积累、对公司业务和产品线的完善和支持、开辟新市场和利润增长点、进入预期能带来较高收益的新市场、提高客户满意度和忠诚度、打击竞争对手抢夺市场份额、获得新的信息化能力从而改善经营或管理格局等。这些无形收益有特殊的潜在价值,且在某些情况下会转化成有形收益。

3. 盈亏临界分析

盈亏临界分析又称为损益平衡分析,它主要研究如何确定盈亏临界点、有关因素变动对盈亏临界点的影响等问题。它可以为决策人员提供什么业务量下项目将盈利,以及在何种业务量下会出现亏损等信息。

盈亏临界点也称为盈亏平衡点或保本点,是指项目收入和成本相等的经营状态,也就是既不盈利又不亏损的状态。以盈亏临界点为界限,当销售收入高于盈亏临界点时项目就盈利,反之,项目就亏损。盈亏临界点可以用销售量来表示,即盈亏临界点的销售量;也可以用销售额来表示,即盈亏临界点的销售额。有关计算公式如下:

利润 = (销售单价−单位变动成本)×销售量−总固定成本

盈亏临界点销售量 = 总固定成本/(销售单价−单位变动成本)

盈亏临界点销售额 = 总固定成本/(1−总变动成本/销售收入)

因此,如果预期销售额与盈亏临界点接近的话,则说明项目没有利润。盈亏临界点越低,表明项目适应市场变化的能力越大,抗风险能力越强。

为了帮助读者理解上面的概念和计算公式,下面举一个例子加以说明。假设某公司的销售收入状态如表 9-1 所示,现在要求达到盈亏临界点时的销售额。

表 9-1 某公司的销售收入状态

项	金额(单位:元人民币)
销售收入	800
材料成本	300
分包费用	100
固定生产成本	130
毛利	270
固定销售成本	150
利润	120

要求盈亏临界点销售额，有两种方法，第一种方法是直接利用上述公式，第二种方法是利用相关概念进行递推。

首先使用第二种方法求解。在本例中，固定生产成本为 130 元，固定销售成本为 150 元，因此，总固定成本为 280 元。材料成本（300 元）和分包费用（100 元）属于变动成本，则总变动成本为 400 元。因为销售收入为 800 元，假设年销售产品 x 件，则销售单价为 $800/x$ 元，单位变动成本为 $400/x$ 元。所以

$$\text{盈亏临界点销售量} = 280/(800/x - 400/x) = 280x/400 = 0.7x$$

即该公司生产和销售 $0.7x$ 件商品就可达到盈亏平衡，又因为商品的销售单价为 $800/x$，因此，该公司达到盈亏临界点时的销售额是 $(800/x) \times 0.7x = 560$ 元。

然后，使用第一种方法求解，以验证结果的正确性。

$$\text{盈亏临界点销售额} = 280/(1 - 400/800) = 560 \text{ 元}$$

9.5.2 净现值分析

9.5.1 节考虑的成本和收益都是静态的，也就是说，5 年前投入的 1 万元和 5 年后的 1 万元收益是等价的。显然，在现实世界中，这是不合理的，因为成本和收益不在同一"起跑线"上，不能简单地进行比较。对任何项目而言，都是投资在前，取得收益在后，因此要考虑货币的时间价值。

1. 货币的时间价值

货币的时间价值与银行利率和利息的计算方式有关。利息的计算方式可分为单利和复利。单利仅以本金为基数计算利息，即不论年限有多长，每年均按原始本金为基数计算利息，已取得的利息不再计算利息。其计算公式为：

$$F = P \times (1 + i \times n)$$

其中 P 为本金，n 为年期，i 为利率，F 为 P 元钱在 n 年后的价值。

复利计算以本金与累计利息之和为基数计算利息，其计算公式为：

$$F = P \times (1 + i)^n$$

这就是 P 元钱在 n 年后的价值。根据复利计算的公式，可以得出折现与折现率的概念。折现也称为贴现，是把将来某一时点的资金额换算成现在时点的等值金额。折现时所使用的银行利率（或行业基准利率、行业基准收益率等）称为折现率或贴现率。若 n 年后能收入 F 元，那么这些钱现在的价值（通常简称为"现值"）P 是：

$$P = \frac{F}{(1+i)^n}$$

其中 $1/(1+i)^n$ 称为折现系数（折现因子）或贴现系数（贴现因子）。

2. 净现值分析

净现值（Net Present Value，NPV）是指项目在生命周期内各年的净现金流量按照一

定的、相同的折现率折现到初时的现值之和，即

$$NPV = \sum_{t=0}^{n} \frac{(CI-CO)_t}{(1+i)^t}$$

其中$(CI-CO)_t$为第t年的净现金流量，CI为现金流入，CO为现金流出，i为折现率。

净现值表示在规定的折现率i的情况下，方案在不同时点发生的净现金流量，折现到期初时，整个生命期内所能得到的净收益。使用净现值评价系统方案的方法如下：

（1）如果NPV=0，表示正好达到了规定的基准收益率水平。

（2）如果NPV>0，则表示除能达到规定的基准收益率之外，还能得到超额收益，说明方案是可行的。

（3）如果NPV<0，则表示方案达不到规定的基准收益率水平，说明方案是不可行的。

（4）如果同时有多个可行的方案，且投资额相等、投资时间相同，则一般以净现值越大为越好。

采用净现值评价系统方案，需要预先给定折现率，而给定折现率的高低又直接影响净现值的大小。一般情况下，同一净现金流量的净现值随着折现率i的增大而减小，故折现率i定得越高，能被接受的方案就越少。因此，规定的折现率i对评价起重要的作用。i定得较高，计算的NPV比较小，容易小于零，使方案不容易通过评价标准；反之，i定得较低，计算的NPV比较大，不容易小于零，使方案容易通过评价标准。通常把使NPV正好等于零的那个折现率i称为内部报酬率。

3. 项目案例分析

为了帮助读者理解上述概念和计算公式，下面通过一个实际案例来加以说明。假设某项目有甲、乙、丙三个解决方案，投资总额均为500万，建设期均为2年，运营期均为4年，运营期各年末净现金流入量总和为1000万，年利率为10%，三种方案的现金流量表如表9-2所示。

表9-2 三种方案的现金流量（单位：万元）

方案	阶段	建设期			运营期				
		0	1	合计	2	3	4	5	合计
甲	年初投资额	350.0	150.0	500.0					
	年末净现金流量				150.0	200.0	250.0	400.0	1000.0
乙	年初投资额	300.0	200.0	500.0					
	年末净现金流量				100.0	200.0	300.0	400.0	1000.0
丙	年初投资额	400.0	100.0	500.0					
	年末净现金流量				200.0	250.0	250.0	300.0	1000.0

按照公式$1/(1+i)^n$计算各年度的折现系数，由各年初投资额和各年末净现金流入量，按照公式$P=F/(1+i)^n$计算折现值，所得结果如表9-3所示。

表 9-3　三种方案的现金流量表（单位：万元）

方案	阶段	建设期			运营期				
		0	1	合计	2	3	4	5	合计
	折现系数	1	0.91		0.83	0.75	0.68	0.62	
甲	年初投资额	350.0	150.0	500.0					
	年末净现金流量				150.0	200.0	250.0	400.0	1000.0
	折现值	350.0	136.5	486.5	124.5	150.0	170.0	248.0	692.5
乙	年初投资额	300.0	200.0	500.0					
	年末净现金流量				100.0	200.0	300.0	400.0	1000.0
	折现值	300.0	182.0	482.0	83.0	150.0	204.0	248.0	685.0
丙	年初投资额	400.0	100.0	500.0					
	年末净现金流量				200.0	250.0	250.0	300.0	1000.0
	折现值	400.0	91.0	491.0	166.0	187.5	170.0	186.0	709.5

利用公式求出各种方案的净现值如下：

$$NPV_{甲} = 692.5 - 486.5 = 206 \text{ 万元}$$
$$NPV_{乙} = 685 - 482 = 203 \text{ 万元}$$
$$NPV_{丙} = 709.5 - 491 = 218.5 \text{ 万元}$$

其中方案丙的净现值最大，所以是最优方案。

在折现率随着投资总额变动的情况下，按净现值大小选取项目不一定会遵循原有项目排列顺序。例如，假设在一定的折现率 i 和投资限额 P_0 下，净现值大于零的项目有 4 个，其投资总额恰为 P_0，故这 4 个项目均被接受。按净现值大小，设其排列顺序为 A，B，C，D。但若现在的投资总额减少至 P_1 时，所选项目不一定仍然会按 A，B，C，D 的原顺序。这是因为随着投资限额的减少，需要减少被选取的方案数，应当提高折现率，此时，由于各方案净现值被基准折现率影响的程度不同，可能改变原有的项目排列顺序。

4. 净现值率

净现值指标用于多个方案比较时，由于没有考虑各方案投资额的大小，因而不直接反映资金的利用效率。在投资制约的条件下，方案净现值的大小一般不能直接评定投资额不同的方案的优劣。例如，方案甲投资 100 万元（现值），净现值为 50 万元，方案乙投资 10 万元（现值），按同一折现率计算的净现值为 20 万元，则两个方案都是可行的，因为这两个方案在规定的折现率下都存在超额收益。但是，在资金有限的条件下，不能因为方案甲的净现值大于方案乙的净现值，就说方案甲优于方案乙。此时，还应考虑投资效益比，因为甲方案的投资现值为乙方案的 10 倍，而其净现值只达 2.5 倍，如果建设 10 个乙方案项目，则净现值可达 200 万元，与甲方案投资相同而效益翻两番。

为了考察资金的利用效率，人们通常用净现值率（Net Present Value Rate，NPVR）作为净现值的辅助指标。净现值率是项目净现值与项目投资总额现值 P 之比，是一种效率型指标，其经济含义是单位投资现值所能带来的净现值。其计算公式为：

$$\text{NPVR} = \text{NPV}/P = \frac{\sum_{t=0}^{n}(\text{CI}-\text{CO})_t(1+i)^{-t}}{\sum_{t=0}^{n}I_t(1+i)^{-t}}$$

其中，I_t 为第 t 年的投资额。因为 $P>0$，对于单一方案评价而言，若 NPV≥0，则 NPVR≥0；若 NPV<0，则 NPVR<0。因此，净现值与净现值率是等效的评价指标。

例如，在前面的例子中，各方案的净现值率如下：

$$\text{NPVR}_{甲} = 206/486.5 = 42.34\%$$
$$\text{NPVR}_{乙} = 203/482 = 42.12\%$$
$$\text{NPVR}_{丙} = 218.5/491 = 44.50\%$$

9.5.3 投资回收期与投资回报率

所谓投资回收期，是指投资回收的期限，也就是用系统方案所产生的净现金收入回收初始全部投资所需的时间。对于投资者来讲，投资回收期越短越好，从而减少投资的风险。

计算投资回收期时，根据是否考虑资金的时间价值，可分为静态投资回收期（不考虑货币的时间价值因素）和动态投资回收期（考虑资金时间价值因素）。投资回收期从信息系统项目开始投入之日算起，即包括建设期，单位通常用"年"表示。

1. 静态投资回收期

如果投资在建设期 m 年内分期投入，t 年的投资为 P_t，t 年的净现金收入为 $(\text{CI}-\text{CO})_t$，则能够使下面公式成立的 T 即为静态投资回收期。

$$\sum_{t=0}^{m}P_t = \sum_{t=0}^{T}(\text{CI}-\text{CO})_t$$

静态动态投资回收期的实用公式为：

$T =$ 累计净现金流量开始出现正值的年份数–1+ | 上年累计净现金流量 | /当年净现金流量

例如，在 9.5.2 节的例子中：

（1）甲方案的静态投资回收期为：$(4-1)+|-150|/250 = 3.6$ 年。
（2）乙方案的静态投资回收期为：$(4-1)+|-200|/300 = 3.67$ 年。
（3）丙方案的静态投资回收期为：$(4-1)+|-50|/250 = 3.2$ 年。

2. 动态投资回收期

如果考虑资金的时间价值，则动态投资回收期 T_p 的计算公式，应满足

$$\sum_{t=0}^{T_p}\frac{(\text{CI}-\text{CO})_t}{(1+i)^t} = 0$$

计算动态投资回收期的实用公式为：

T_p = 累计折现值开始出现正值的年份数–1+|上年累计折现值|/当年折现值

例如，在 9.5.2 节的例子中：

（1）甲方案的动态投资回收期为：(5–1)+|–42|/248 = 4.17 年。
（2）乙方案的动态投资回收期为：(5–1)+|–45|/248 = 4.18 年。
（3）丙方案的动态投资回收期为：(4–1)+|–137.5|/170 = 3.81 年。

3. 投资回收率

投资回收率反应企业投资的获利能力，其计算公式为：

$$投资回收率 = 1/动态投资回收期 \times 100\%$$

例如，在 9.5.2 节的例子中：

（1）甲方案的投资回收率为 1/4.17×100% = 23.98%。
（2）乙方案的投资回收率为 1/4.18×100% = 23.92%。
（3）丙方案的投资回收率为 1/3.81×100% = 26.25%。

4. 投资收益率

投资收益率（rate of return on investment）又称为投资利润率，是指投资收益占投资成本的比率。投资收益率反映投资的收益能力。其计算公式为：

$$投资收益率 = 投资收益/投资成本 \times 100\%$$

当投资收益率明显低于企业净资产收益率时，说明其投资是失败的，应改善投资结构和投资项目；而当投资收益率远高于一般企业净资产收益率时，则存在操纵利润的嫌疑，应进一步分析各项收益的合理性。

例如，在 9.5.2 节的例子中：

（1）甲方案的投资收益率为 692.5/486.5×100% = 142.34%。
（2）乙方案的投资收益率为 685/482×100% = 142.12%。
（3）丙方案的投资收益率为 709.5/491×100% = 144.50%。

从这个结果中可以看出，投资收益率与净现值率的关系：

$$投资收益率 = 100\% + 净现值率$$

因此，有时也把投资收益率称为现值指数。

9.6 系统方案

根据 9.4.2 节的介绍，在可行性研究的第 5 个步骤中，系统分析师应该从系统的逻辑模型出发，提出若干个系统解决方案，对每个候选方案进行分析，描述每个方案的成本和效益、优点和缺点。

9.6.1 候选方案的可行性评价

一个系统方案包括若干个特征，例如，系统如何与参与者交互，系统如何收集输入数据、存储数据和产生输出数据，系统的业务过程如何实现，系统的过程和数据如何分布等。对这些问题的不同回答就组成了不同的系统方案。在确定所有的候选方案时，系统分析师要根据自己的信息系统建设经验，借助各种方法，例如，充分考虑系统用户的建议，参考已有的开发方法和架构标准，借助集体讨论等。此外，还可以从已开发类似系统的专家或企业那里获得信息。

在对众多的候选方案进行可行性评价时，可以使用候选系统方案矩阵和可行性分析矩阵两种工具。

1. 候选系统方案矩阵

候选系统方案矩阵是一种记录各个候选方案的相同和不同的工具，根据系统方案的特征，可以列出如表9-4所示的矩阵。

表9-4 候选系统方案矩阵示例

特征	现有系统方案	候选系统方案1	候选系统方案2	……	候选系统方案n
系统架构					
计算机处理部分					
服务器和工作站					
开发工具					
应用软件					
输入设备					
输出设备					
数据存储					
数据处理方法					
处理环境					

在表9-4中，矩阵的行表示候选系统方案的特征，列表示候选系统方案。系统分析师要考虑多个系统方案，其中至少有一个是现有系统的解决方案，将该方案作为其他候选系统方案的基准。

2. 可行性分析矩阵

在列出候选系统方案矩阵之后，就要根据可行性评价准则，对候选系统方案进行分析和等级评定。一种有效的工具是采用可行性分析矩阵，如表9-5所示。

表9-5 可行性分析矩阵示例

	权重系数	候选系统方案1	候选系统方案2	……	候选系统方案n
方案描述					
经济可行性					
技术可行性					
法律可行性					
用户使用可行性					
评分（分级）					

在表 9-5 中，矩阵的行主要对应可行性评价准则，但也增加了候选系统方案的一般描述和等级评定；矩阵的列主要对应候选系统方案，同时也增加了每类可行性评价准则所占的权重系数，因为不是所有的准则都是同等重要的。每个准则的具体权重系数，需要根据项目的实际情况而定。当对每个候选系统方案在每个可行性评价准则上评分（或分级）后，最终的评分（或分级）记录在最后一行。根据最终的评分（或分级），系统分析师可以选择一个整体最优的方案作为推荐方案。

9.6.2 系统建议方案报告

根据项目规模的大小，系统方案既可以单独形成文档（系统建议方案报告、系统方案说明书），也可以合并到可行性研究报告中。如果单独形成文档，其内容和格式与可行性研究报告也是类似的。作为一个正式文档，系统建议方案报告至少应该包含以下内容：

（1）前置部分。包括标题、目录和摘要。摘要部分以 1～2 页的篇幅总结整个系统建议方案报告，提供系统方案中的重要时间、地点、人物、原因，以及系统方案是如何实现的等信息。因为多数高层管理人员没有时间读完整个报告，他们可能只阅读摘要。因此，摘要部分显得特别重要。

（2）系统概述。包括系统建议方案报告的目的、对问题的陈述、项目范围和报告内容的叙述性解释。

（3）系统研究方法。简要地解释系统建议方案报告中包含的信息是如何得到的，研究工作是如何进行的。例如，通过各种调查技术获取用户初步需求，通过座谈和观察获取现有系统的资料等。

（4）候选系统方案及其可行性分析。系统阐述每个候选系统方案，并采用 9.6.1 节中介绍的方法进行可行性评价。

（5）建议方案。在对各个候选系统方案进行可行性评价之后，通常会推荐一个解决方案，并且要给出推荐该解决方案的理由。

（6）结论。简要地描述摘要的内容，再次指出系统开发的目标和所建议的系统方案。同时，需要再次强调项目的必要性和可行性，以及系统建议方案报告的价值。

（7）附录。系统分析师认为阅读者可能会感兴趣的所有信息，但这些信息对于理解系统建议方案报告的内容来说不是必要的。

第 10 章 系 统 分 析

系统分析阶段也称为逻辑设计阶段,其任务是根据系统设计任务书所确定的范围,对现有系统进行详细调查,描述现有系统的业务流程,指出现有系统的局限性和不足之处,确定新系统的基本目标和逻辑功能要求,即提出新系统的逻辑模型。

在系统分析阶段,系统分析师要和用户一起细致地进行调查分析,把用户的初始需求具体化、明确化,最终转换成关于新系统"做什么"的逻辑模型。系统分析是整个系统建设的关键阶段,也是信息系统建设与一般工程项目的重要区别之所在。系统分析阶段的工作成果体现在系统需求规格说明书中,这是系统建设的必备文件,是系统设计阶段的工作依据,也是将来系统验收的依据。

10.1 系统分析概述

在信息系统生命周期中,系统分析是系统开发中最重要、最困难的阶段,它是应用系统思想和方法,把复杂的对象分解为简单的组成部分,找出这些部分的基本属性和彼此之间的关系的过程。实践证明,系统分析工作的好坏,在很大程度上决定了信息系统的成败。

1. 系统分析的任务

系统分析阶段的基本任务是系统分析师和用户在充分了解用户需求的基础上,把双方对新系统的理解表达为系统需求规格说明书。新系统既要源于现有系统,又要高于现有系统。也就是说,新系统要比现有系统功能更强,效率更高,使用更方便。系统分析师要在系统规划的基础上,与用户密切配合,用系统的思想和方法,对企业的业务活动进行全面的调查分析,详细掌握有关的工作流程,收集与系统有关的各种资料,分析现有系统的局限性和不足之处,找出制约现有系统的瓶颈,确定新系统的逻辑功能。

2. 系统分析的难点

系统分析阶段要明确新系统"做什么"的问题,只有明确了这个问题,后续的设计与实施过程才能得以开展。但是,这个问题的明确是比较困难的,主要体现在以下三个方面:

(1)系统分析师与用户对系统的理解不同。一方面,系统分析师通常是 IT 专家,但缺乏足够的用户业务领域的知识,在系统分析过程中,往往面临业务流程的困惑。一个稍具规模的系统,其业务数据量是相当大的,各种业务之间的关系也是相当复杂的。不懂业务的系统分析师往往被各种信息流程所淹没,难以理清头绪,更难以分析出制约现有系统的瓶颈问题;另一方面,用户精通业务,但通常缺乏足够的 IT 知识,对信息系统能"做什么"和不能"做什么"比较模糊,也不知道该向系统分析师"交代"什么。对于一些具体的业务,用户往往认为这是理所当然的,系统分析师应该知道的,无需介绍。但事实上,系统分析师却并不知道。这样,就造成了系统分析师和用户对系统的不同理解。

(2)系统分析师与用户沟通困难。俗话说:"隔行如隔山"。系统分析师与用户所处行业不同,知识结构不同,经历不同,使得双方的交流十分困难。在与用户交流的过程中,系统分析师的感觉通常是"秀才碰到兵",而用户却认为"我凭什么给你扫盲"。这样,就容易导致系统调查出现遗漏和误解。这些遗漏和误解就是系统的隐患,会使系统开发偏离正确方向。

(3)环境的不断变化。系统分析阶段要通过调查分析,抽象出新系统的逻辑模型,锁定系统边界、功能、处理过程和信息结构,为系统设计奠定基础。但是,企业内、外部环境总在不断地发生变化,对信息系统提出新的要求。只有适应这些要求,信息系统才能生存下去。在系统分析阶段,系统分析师需要充分考虑环境的变化,遗憾的是,要完全确定系统环境是比较困难的,有时甚至是不可能的。

3. 对系统分析师的要求

从系统分析所面临的困难可以看出,系统分析师在信息系统建设中起着举足轻重的作用。同时,也可以看出信息系统建设对系统分析师素质的要求。要求系统分析师具有扎实的专业知识外,还要具有管理科学的知识;具有较强的系统观点和逻辑分析能力;具备较好的口头和书面表达能力;具有较强的组织能力,善于与人共事。

为了克服系统分析的困难,做好系统分析工作,需要系统分析师与用户精诚合作,要牢固树立"用户第一"的思想,虚心向用户学习。虽然说"隔行如隔山",但"隔行不隔理"。这个"理"就是系统的思想与方法。系统论强调系统的整体性、综合性和层次性,强调系统元素之间的有机联系。系统分析师要全面地看待问题,认识事物要由表及里、去伪存真,要从事物之间的联系去认识事物,而不要孤立地看待事物。不论系统分析师与用户的业务有多大差距,人们认识事物的方法总是相通的。如果说"隔行如隔山",那么根据这个原理,就可以在这座山中打一个隧道,使两边相通。为此,还要有一定的"开山"工具,例如,数据流图、业务流程图、活动图、用例模型等,直观的图、表可以帮助系统分析师理顺思路,也便于与用户进行交流。

10.2 详细调查

在系统规划阶段,通过初步调查,系统分析师已经对企业的组织结构、系统功能等有了大致的了解,但是,对具体的业务处理过程和方法仍然不十分清楚,需要作进一步的详细调查,深入了解系统的处理流程,确定用户需求。

详细调查与初步调查不同，其目的是深入了解企业管理工作中信息处理的全部具体情况和存在的具体问题，为提出新系统的逻辑模型提供可靠的依据，因此，其细微程度要比初步调查高得多，工作量也要大得多。

10.2.1 详细调查的原则

详细调查的对象是现有系统。通过详细调查，系统分析师要完整掌握现有系统的现状，发现问题和薄弱环节，收集资料，为下一步的系统分析和新系统的逻辑设计做好准备。在系统详细调查的过程中，系统分析师要始终坚持正确的方法，遵循自顶向下全面展开、用户参与、分析系统有无改进的可能性、采用工程化的方式、全面铺开与重点调查相结合、采用主动沟通和友善的工作方式等原则，以确保调查工作的客观性和正确性。

1. 自顶向下全面展开

系统调查工作应严格按照自顶向下的系统化观点全面展开，从系统的总目标出发，逐步分解、逐步求精、逐步具体化，因为这样有利于站在整体和全局的高度去考虑和分析系统，把调查中的问题和不足降到最低。

首先，从企业管理工作的最顶层开始，然后再调查为确保最顶层工作的完成，需要下一层（第二层）的哪些管理工作支持。完成了这两层的调查后，再深入一步调查为确保第二层管理工作的完成，又需要下一层（第三层）的哪些管理工作支持。依次类推，直至摸清企业各个层次的全部管理工作。这样做的目的是使系统分析师既不会被企业庞大的管理机构搞得不知所措、无从下手，又不会因调查工作量太大而顾此失彼。所以，自顶向下的全局观点是进行系统分析的基本观点。

2. 用户参与

详细调查应遵循用户参与的原则，即由用户单位的业务人员、主管人员和系统分析师、系统设计人员共同进行，两者结合，就能互补不足，更深入地发现现有系统存在的问题，共同研讨解决的方案。

3. 分析系统有无改进的可能性

企业的每个管理部门和每项管理工作都是根据企业的具体情况和管理需要而设置的。系统调查的目的就是要搞清这些管理工作存在的理由、环境条件，以及工作的详细过程，然后再通过系统分析，讨论其在新的信息系统支持下有无优化的可能性。因此，在调查时要保持头脑冷静，避免主观主义。系统分析师如果在调查前就已经有了许多的"改革"或"合理化"设想，那么这些设想势必就会先入为主，妨碍接受调查的真实情况，无法客观了解实际问题。因此，在详细调查中，系统分析师应该先了解他人的意见和建议，充分尊重客观管理的需要，之后再将自己的经验和建议融合进去，取长补短。

4. 采用工程化的工作方式

对于一个大型信息系统的调查，一般都是由多个系统分析师共同完成的，按照工程化的方法组织调查，可以避免调查工作中一些可能出现的问题，例如，由于个别系统分析师在认识上的局限性和对管理工作接触有限所导致的失误、遗漏和差错等。所谓工程化的方法就是将调查中的每一步工作事先都计划好,按照先计划、后分工实施的原则,对多个人的工作方法和调查所用的表格、图例都统一规范化处理,以使群体之间能相互沟通、协调工作。另外,规范化还强调将调查结果(例如,表格、问题、图、收集的报表等)整理后归档,以便进一步工作的使用。

5. 全面铺开与重点调查相结合

如果要建设整个企业的信息系统,开展全面的调查工作是当然的。如果近期内只需建设企业某个部门的信息系统,则就必须坚持全面铺开与重点调查相结合的方法。即自顶向下全面展开,但每次都只侧重于与部门相关的分支。例如,对于大学而言,如果只要开发教务管理系统,调查工作也必须从学校管理层开始,先了解管理层的分工,学校设有哪些院系和职能部门及其主要工作,教务管理系统的业务范围,以及所涉及的部门和信息。然后,略去其他无关部门的具体业务调查,而将工作重点放在教务处和各院系教务办的具体业务上。这样做,可以为以后其他子系统的开发留下良好的接口。

6. 主动沟通和友善的工作方式

系统调查涉及企业管理工作的各个方面,涉及各种不同类型的人。因此,系统分析师主动地与用户在业务上的沟通是十分重要的。创造出一种积极、主动、友善的合作环境和人际关系是调查工作得以顺利开展的基础,一个好的人际关系可能导致调查和系统开发工作事半功倍,反之,则有可能根本就无法继续进行。

10.2.2 详细调查的内容

详细调查是对现有系统进行详细而具体的调查,为系统分析和新系统逻辑模型的建立提供详尽的、准确的、完整的和系统的资料,使系统设计工作在摸清系统现状、明确用户需求的基础上进行。详细调查的主要内容有现有系统的运行环境和状况、组织结构、业务流程、系统功能、数据资源与数据流程、资源情况、约束条件和薄弱环节等。

1. 现有系统的运行环境和状况

对现有系统的运行环境和状况进行调查分析,掌握现有系统的发展历史、规模、业务处理情况、发展战略、与外界的联系等。这些信息有助于确定系统的边界、外部环境及其接口、目前的管理水平等。

2. 组织结构

观察一个企业时,首先关注的具体情况就是系统的组织结构状况,包括组织机构、领导关系、人员分工等,这些信息有助于了解企业组织的构成、业务分工和人力资源的开发利用情况。有关组织结构分析的详细知识,将在10.4节中介绍。

3. 业务流程

不同的系统具有不同的业务处理过程,系统分析师要全面、细致地了解企业有关部门的业务内容、物流和信息流的流通情况。除此之外,还要对有关业务的各种输入、输出、处理过程、处理速度和数据量等进行了解。有关业务流程分析的详细知识，将在 10.6 节中介绍。

4．系统功能

系统总目标的实现依赖于各子系统功能的完成，而各子系统功能的完成，又依赖于下面各项更具体的功能来执行。系统功能调查就是要了解或确定系统的这种功能构造，描述企业各部门的业务和系统功能。有关系统功能分析的详细知识，将在 10.5 节中介绍。

5．数据与数据流程

数据是信息的载体，是系统要处理的主要对象，因此，必须对系统调查中所收集的数据、统计和处理数据的过程进行分析和整理。如果发现数据不全、采集过程不合理、处理过程不畅、数据分析不深入等问题，应在分析过程中研究解决。有关数据与数据流程分析的详细知识，将在 10.7 节中介绍。

6．资源情况

系统的资源包括用户人力资源的情况、开发人员的水平和经验，以及物资、设备和资金情况等。特别是现有计算机设备的具体情况，包括计算机的型号、功能、容量、配置、操作系统、数据库、目前使用的情况，以及存在的问题等。

7．约束条件

约束条件包括现有系统在人员、资金、设备、业务处理方式、时间、地点、国家有关政策和法律法规等方面的规定和限制条件。

8．薄弱环节

现有系统中的各个薄弱环节应该引起系统分析师的充分注意，通常这些薄弱环节正是新系统中要解决和改进的主要问题，对它们的有效解决，可能极大地增加新系统的收益，从而提高用户对新系统建设的兴趣和热情。因此，在详细调查中，系统分析师应通过与有关业务领导、管理人员的讨论，发现系统缺少的和薄弱的环节，以便在形成新系统的逻辑模型时加以补充和改进。

10.2.3　详细调查的方法

详细调查是对系统所涉及领域的各个方面，进行静态信息（例如，组织结构、系统功能等）和动态信息（例如，业务流程、数据流程等）的调查，根据科学合理的原则，采用科学合理的方法，进行周密完备的调查。详细调查的主要方法有收集资料、开调查会、个别访问、书面调查、抽样调查、现场观摩、参加业务实践和阅读历史文档等。

1．收集资料

收集资料就是把与系统有关的、对系统开发有益的信息收集起来。它是调查的基本手段。只有收集了资料，才能进行调查。

2．开调查会

开调查会也称为座谈调查，这是一种集中征询意见的方法，适合于对系统的定性调查。开调查会可以按两种方法进行组织，一种是按职能部门召开座谈会，了解各部门的业务范围、工作内容、业务特点，以及对新系统的想法和建议；另一种是召开联合讨论会，即各类人员联合座谈，着重听取用户对现有系统存在的问题和对新系统的要求。有关调查会的详细知识，将在11.2.5节中介绍。

3．个别访问

个别访问也称为用户访谈或面谈，这种方法是对开调查会的一种补充。开调查会不能完全反映每个与会者的意见，在会后根据需要再进行个别访问是很有必要的。访问是收集数据的主要来源之一，可以充分听取各方面的要求和希望。有关个别访问的详细知识，将在11.2.1节中介绍。

4．书面调查

书面调查也称为问卷调查或表格调查，是一种根据系统特点设计调查表，进行问卷访问，征求意见和收集数据的方法。当系统比较复杂时，项目干系人（stakeholder，有些文献翻译为"利益相关者"、"风险承担者"或"涉众"）会很多，涉及范围会很宽，采用这种方法会获得比较好的效果。有关书面调查的详细知识，将在11.2.2节中介绍。

5．抽样调查

抽样调查也称为采样，是根据概率统计的随机原则，从全体被调查对象中选取部分对象进行详细调查，并将统计分析得出的调查结果推广到全体对象。该方法适用于那些需要全面资料而又不可能进行全面调查，或者进行全面调查有困难，或者没有必要进行全面调查的情况。有关抽样调查的详细知识，将在11.2.3节中介绍。

6．现场观摩

现场观摩也称为观察法或实地调查，对于许多较为复杂的流程和操作而言，是比较难以用言语表达清楚的，而且这样做也会显得很低效。因此，针对这一现象，系统分析师可以就一些较复杂、较难理解的流程和操作采用现场观摩的方法来获得需求。具体来说，就是走到客户的工作现场，一边观察，一边听客户的讲解。

7．参加业务实践

针对具体存在的问题，扮演或模拟扮演系统中的角色或元素，参加系统的业务实践。通过参加业务实践，可以非常有效地发现问题的本质和寻找解决问题的办法。

8．阅读历史文档

阅读历史文档也称为文档考古。对于一些数据流比较复杂的，工作表单较多的项目，有时是难以通过说，或者通过观察来了解系统细节的。这时就可以借助于阅读历史文档的方法，对历史存在的一些文档进行研究，从中获得所需的信息。该方法的主要风险是历史文档可能与新系统的流程、数据有一些不吻合的地方，并且还可能承载一些现有系统的缺陷。要想有效地避免和发现这些问题，就需要系统分析师能够运用自己的聪明才智，将其与其他详细调查技术结合，以便对照。

要注意的是，以上8种详细调查的方法不是互相排斥的，而是包容和交叉的关系。

例如，现场观摩和参加业务实践可以结合起来使用，在现场观摩的同时，对复杂业务进行实践。如果系统历史文档很多，无法全部读完时，则可以使用抽样调查的方式。在详细调查的过程中，有可能涉及到用户的商业秘密，对数据信息的保密是系统分析师基本的职业素养。

另外，为了便于系统分析师和用户之间进行业务交流和分析问题，在调查过程中应尽量使用各种形象、直观的图表工具。图表工具的种类很多，例如，用组织结构图描述企业的组织结构，用业务流程图描述业务状况，用数据流程图描述和分析数据、数据流程及各项功能，用判定树和决策表等描述处理功能和决策模型。这些工具将在本书的后续内容中详细介绍。

10.3 现有系统分析

在系统规划阶段，对现有系统进行了初步调查，为提出新系统建议方案及其在技术上是否具有可行性提供原始资料；在系统分析阶段，对现有系统进行了详细调查，为系统逻辑模型的建立提供资料。不管是初步调查还是详细调查，系统调查的目的是获取数据和资料，对现有系统进行分析。

不管现有系统还在运行或者已经停用，它与新系统之间总存在着"藕断丝连"的关系，对其进行分析，并与新系统进行比较，就可以获得许多重要的信息。新系统并不是无源之水，由系统分析师凭空想象出来的，而是从分析现有系统入手，建立在现有系统的基础之上。因此，在信息系统建设过程中，不管采用哪一种开发方法，都特别强调对现有系统进行分析。

系统分析师应该在进行初步调查和详细调查的基础上，开展对现有系统进行分析的工作。在研究现有系统时千万不要"闭门造车"，应该多与用户进行沟通，了解他们对现有系统的认识和评价。而且，最重要的是获得他们对现有系统的负面评价，这些问题都将是新系统必须克服和解决的，这些信息对于系统分析师来说，是十分珍贵的。

信息系统的开发就是要实现新系统的物理模型，即建立一个物理系统。结合现有系统分析，进行新系统设计的过程如图10-1所示。也就是说，应该从现有系统的物理模型出发，通过研究、分析建立起其较高层的逻辑模型描述。然后，在此基础上吸取各种问题的考虑，发展成为新系统的逻辑模型，再根据新系统的逻辑模型构建出相应的物理模型。

（1）获得现有系统的物理模型。现有系统可能是需要改进的某个已在计算机运行的系统，也可能是一个人工的数据处理过程。在这一步，系统分析师首先要分析、理解现有系统是如何运行的，了解现有系统的组织结构、输入输出、资源利用情况和日常数据处理过程，并用一个具体模型来反映自己对现有系统的理解。物理模型用来描述系统"怎么做"的问题，应该客观地反映现有系统的实际情况。

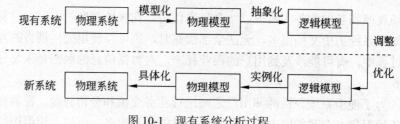

图 10-1 现有系统分析过程

（2）抽象出现有系统的逻辑模型。在理解现有系统"怎么做"的基础上，抽取其"做什么"的本质，从而从现有系统的物理模型抽象出新系统的逻辑模型。在物理模型中有许多物理因素，随着系统分析工作的深入，有些非本质的物理因素就成为不必要的负担。因此，系统分析师需要对物理模型进行分析，区分出本质的和非本质的因素，去掉那些非本质的因素，即可获得反映系统本质的逻辑模型。

（3）建立新系统的逻辑模型。分析新系统与现有系统逻辑上的差别，明确新系统到底要"做什么"，对现有系统的逻辑模型根据实际情况进行调整和优化，导出新系统的逻辑模型。

（4）建立新系统的物理模型。根据新系统的逻辑模型构建出相应的物理模型。这项工作属于系统设计阶段的任务，将在第 13 章中介绍。

10.4 组织结构分析

2.3 节详细介绍了企业组织结构的概念、模式和设计原则，为了正确地获得用户需求，设计合理的信息系统，将企业作为一个整体来理解是最重要的。组织结构是系统分析师了解企业基本活动的切入点，即使现有结构不尽合理，或许要有些变动，但调查工作还是应该从组织结构开始。

10.4.1 组织结构图

组织结构是一个企业内部部门的划分及其相互之间的关系。每个企业都有自己的组织结构图，它将企业分成若干部分，标明行政隶属关系。组织结构图是一种类树结构，树的分枝是根据上下级和行政隶属关系绘制的，普通的组织结构图如图 10-2 所示。

作为系统调查所画出的组织结构图，为了更好地表示部门间的业务联系，有必要补充其他关系，与普通的组织结构图存在以下区别：

（1）除标明部门之间的领导与被领导的关系外，还要标明信息、物质、资金的流动关系。

（2）图中各部门、各种关系的详细程度以突出重点为标准，即那些与系统目标明显关系不大的部分，可以简略或省去。

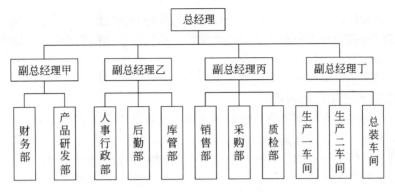

图 10-2 普通的组织结构图示例

例如,在图 10-2 的基础上经过补充有关关系后,形成如图 10-3 所示的组织结构图。

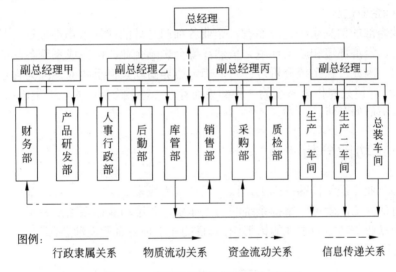

图 10-3 系统调查用的组织结构图示例

在系统调查的组织结构图中,根据系统分析的范围,只要重点画出与信息系统有关的部分就可以了。因为实际情况往往很复杂,系统分析师不可能也没有必要收集所有的信息。例如,如果某工厂要建设的是生产管理信息系统,则人事行政等部门就可以不出现在组织结构图中。

10.4.2 组织结构调查

组织结构调查就是对企业组织结构与职责进行分析,明确企业内部的部门划分,以及各部门之间的领导与被领导关系、信息传递关系、物质流动关系和资金流动关系,并了解各部门的工作内容与职责,包括业务程序和业务岗位等,其中岗位又包括工作名称、职责、权限、责任、薪资、级别，以及该岗位与其他各岗位的关系等。此外，还应详细了解各级部门存在的问题和对新系统的要求等。通过组织结构调查，系统分析师可以掌握企业组织结构的现状和存在的问题。

在进行组织结构调查时，要注意以下两个问题：

1. 切实了解各部门的职责

现有部门的名称有时不能确切地反映该部门实际负责的工作，在这种情况下，就需要系统分析师认真考察其真正的职责。例如，国内的大学都设有学生工作处（一般简称为"学工处"），但工作范围不一样。有些学校的招生、政治思想教育、学生日常管理、毕业分配等都是学工处的工作；而有些学校的学工处管毕业分配，而招生由教务处负责；还有些学校的学工处只负责学生日常教育与管理工作。有时，多个部门负责同样的或很相近的工作。在这种情况下，可能要考虑变更组织结构，根据实际工作的密切程度予以归并。例如，有些企业同时设置了老干办和离退休办，它们的职责有很多重叠的地方。

2. 明确企业边界

对企业内部的信息系统建设而言，企业各部门之外的任何事物都被认为是环境，包括社会环境、经济环境和政治环境。虽然环境会影响企业，但完成系统各功能的还是企业内的部门，因此，在系统分析过程中，确定边界问题是很重要的，因为它定义了系统的处理范围，环境只能作为系统的一种约束而存在。对于跨企业的应用集成系统的建设，也可以进行类似的分析。

10.5 系统功能分析

在掌握企业组织结构的基础上，以组织结构为线索，层层了解各个部门的职责、工作内容和内部分工，就可以掌握系统的功能体系，并用功能体系图来表示。功能体系图是一个完全以业务功能为主体的树形图，其目的在于描述企业内部各部门的业务和功能，如图 10-4 所示。

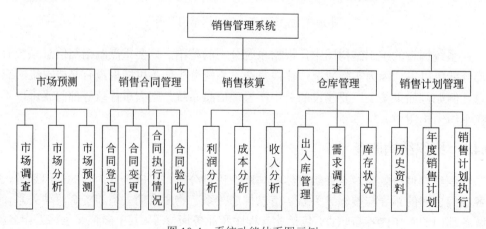

图 10-4 系统功能体系图示例

系统功能调查是指对系统的功能构造进行的调查。每个系统都有一个总目标，为了达到这个目标，必须要完成各个子系统的功能，而各个子系统功能的完成，又依赖于下面各项更具体的功能执行。当然，功能要依赖企业的组织结构来具体地实现，组织结构是功能体系的基础和平台。在理想的情况下，系统功能体系和组织结构是一致的，但是，由于客观情况的复杂性，在一般的系统中，系统功能体系和组织结构并不能一一对应，这就要求系统分析师进行认真周密、全方位、多层次的调查。

确定了系统的所有功能后，还需要分析各功能之间的关系和流程，一般使用功能流程图来描述，如图10-5所示。功能流程图可以检验是否识别出所有的功能，判定系统分析师是否理解了系统功能，也是以后进行系统设计的基础。

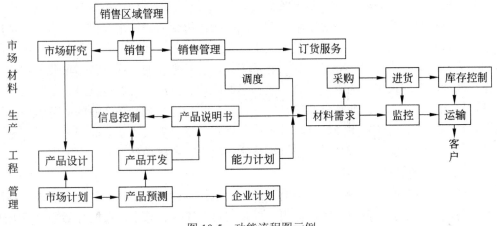

图 10-5 功能流程图示例

在进行系统功能分析时，可以参考 BSP 方法中的"定义企业过程"步骤，BSP 方法中的"企业过程"对应系统功能。有关这方面的详细知识，请阅读 7.4.1 节。

10.6 业务流程分析

组织结构图描述了系统内部各部门的划分，以及这些部门之间的相互关系，功能分析图则反映了这些部门所具有的管理功能，这些都是有关信息系统工作背景的一个综合性的描述，但它们只反映了系统的总体情况而不能反映系统的细节情况。下一步的任务就是要明确这些职能是如何在有关部门具体完成的，以及在完成这些职能时信息处理工作的一些细节情况，这项工作称为业务流程分析。

业务流程分析的目的是了解各个业务流程的过程，明确各个部门之间的业务关系和每个业务处理的意义，为业务流程的合理化改造提供建议，为系统的数据流程变化提供依据。业务流程分析可以帮助系统分析师了解业务的具体处理过程，发现和处理系统调查工作中的错误和疏漏,修改和删除现有系统的不合理部分,在现有系统基础上优化业务处理流程。

10.6.1 业务流程分析概述

流程就是做事情的顺序,是一个或一系列连续有规律的行动,这些行动以确定的方式发生或执行,导致特定结果的实现。一般来说,流程由一系列单独的任务组成,并使输入变成输出。从本质上讲,企业的业务流程就是由一系列具有先后顺序且互相关联的活动所组成的经营过程,由于企业业务流程的整体目标是为顾客创造价值。因此,以顾客利益为中心,以员工为中心,以及以效率和效益为中心是业务流程的核心。

在传统企业中,组成企业的基本结构是职能相对单一的部门,由这些部门分别完成不同的任务,整个企业是一个金字塔式的层级结构,每个人、每个岗位,以致每个部门都只对其直接上级负责,主要职责是完成上级交给的任务,在任务和任务间经常出现脱节和冲突。因此,在传统企业里,各项业务工作大多是独立的,或是若干项业务构成一些流程的片断,但很少有能够贯穿企业的、畅通的业务流程,自然也就没有专职人员对各条业务流程具体负责。而信息系统是管理创新,它的运行基础是企业的业务流程。据有关资料统计,业务流程不通畅是导致企业信息系统项目失败的主要原因之一。可见,对企业现有的业务流程进行分析是信息系统建设的必要前提条件。

1. 业务流程分析的步骤

业务流程分析是工作量大,烦琐而又细致的工作。它的主要任务是调查系统中各环节的业务活动,掌握业务的内容和作用,以及信息的输入、输出、数据存储和信息处理方法及过程等,为建立系统数据模型和逻辑模型打下基础。业务流程分析的具体步骤如下:通过调查掌握基本情况、描述现有业务流程、确认现有业务流程、对业务流程进行分析、发现问题并提出解决方案、提出优化后的业务流程。

2. 业务流程分析的方法

业务流程分析的主要方法有价值链分析法、客户关系分析法、供应链分析法、基于ERP的分析法和业务流程重组等。

(1)价值链分析法。价值链分析法找出或设计出那些能够使顾客满意,实现顾客价值最大化的业务流程。价值链就是一个创造价值的工作流程,在这一总流程基础上,可把企业具体的活动细分为生产指挥流程、计划决策流程、营销流程、信息搜集与控制流程、资金筹措流程等。其中有些业务流程特别重要,对形成企业核心竞争力起着关键作用,这样的业务流程称为基本业务流程,对应于价值链中的基本活动;其他业务流程是对企业的基本经营活动提供支持和服务,称为辅助业务流程,对应于价值链中的辅助活动。有关价值链分析法的详细知识,请阅读7.4.7节。

(2)客户关系分析法。客户关系分析法就是把CRM用在业务流程的分析上。CRM的目标是建立真正以客户为导向的组织结构,以最佳的价值定位瞄准最具吸引力的客户,最大化地提高运营效率,建立有效的合作伙伴关系。从 CRM 的角度分析业务流程,企业的业务流程应当是以客户与企业的关系,以及客户行为为依据的,而不是传统的按照企业内部管理来实施的。有关 CRM 的详细知识,请阅读 7.7.1 节。

(3)供应链分析法。供应链分析法是从企业供应链的角度分析企业的业务流程,它源于 SCM。供应链是指用一个整体的网络用来传送产品和服务,从原材料开始一直到最终客户(消费者),它凭借一个设计好的信息流、物流和资金流来完成。供应链分析法主要从企业内部供应链和外部供应链两个角度来分析企业的业务流程,分析哪些流程处于供应链的核心环节。有关 SCM 的详细知识,请阅读 7.7.2 节。

(4)基于 ERP 的分析法。ERP 的基本思想是将企业的业务流程看作是一个紧密联接的供应链,将供应商和企业内部的采购、生产、销售,以及客户紧密联系起来,对供应链上的所有环节进行有效管理,实现对企业的动态控制和各种资源的集成和优化,从而提升企业基础管理水平,追求企业资源的合理、高效利用。有关 ERP 的详细知识,请阅读 7.5 节。

(5)业务流程重组。通过重新审视企业的价值链,从功能成本的比较分析中,确定企业在哪些环节具有比较优势。在此基础上,以顾客满意为出发点进行价值链的分解与整合,改造原有的业务流程,实现业务流程的最优化。有关 BPR 的详细知识,请阅读 7.9 节。

3. 业务流程分析的工具

业务流程分析的传统工具是业务流程图(Transaction Flow Diagram,TFD)、业务活动图示(Business Activity Mapping,BAM)和 UML 的活动图,还包括 10.6.4 节将要介绍的一些建模工具。虽然目前有些信息系统开发方法中已不再使用 TFD,而是用物理数据流程图直接替代,或采用 UML 中的活动图,但是,仍有部分系统分析师看重它们的简单、易懂、消除歧义等特点,在开发中应用这种工具。

10.6.2 业务流程图

TFD 是分析和描述现有系统的传统工具,是业务流程调查结果的图形化表示。它反映现有系统各部门的业务处理过程和它们之间的业务分工与联系,以及连接各部门的物流、信息流的传递和流动关系,体现现有系统的边界、环境、输入、输出、处理和数据存储等内容。TFD 是一种用尽可能少、尽可能简单的方法,描述业务处理过程的方法。由于它的符号简单明了,所以非常易于阅读和理解业务流程。但是,TFD 对一些专业性较强的业务处理细节缺乏足够的表现手段,它比较适用于反映事务处理类型的业务过程。

1. TFD 的基本符号

TFD 基本图形符号有 6 个,符号的内部解释可直接用文字标于图内。这些符号所代表的内容与信息系统最基本的处理功能一一对应,如图 10-6 所示。

圆圈表示业务处理单位,矩形框表示对业务处理的描述,报表符号表示输出信息(报表、报告、文件、图形等),不封口的方框表示存储文件,卡片符号表示收集资料,矢量连线表示业务流程联系（物流或信息流）。

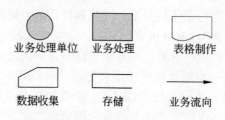

图 10-6　TFD 的基本符号

2．TFD 的绘制

业务流程分析是在已经理出的业务功能基础上将其细化，利用系统调查的资料将业务处理过程中的每一个步骤用一个完整的图形将其串起来。TFD 根据系统调查中收集到的资料和调查的结果，按业务实际处理过程用基本符号将它们绘制在同一张图上。在绘制 TFD 的过程中发现问题，分析不足，优化业务处理流程。TFD 的绘制并无严格的规则，只需简明扼要地如实反映实际业务流程。例如，图 10-7 就是一个 TFD 的示例。

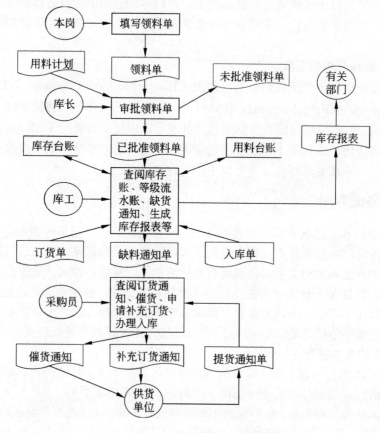

图 10-7　某企业物资管理 TFD

在绘制 TFD 时，要依据业务调查的语义描述进行分析，其关键是找出业务流程中的内部实体（业务处理单位）和外部实体，它们的主要区别是，外部实体是为系统传递信息或接收系统处理后的信息的实体，而内部实体是参与系统的信息处理过程，完成某一处理动作的角色、岗位或部门。例如，在图 10-7 中，"供货单位"和"有关部门"是外部实体，而其他的都是内部实体。

10.6.3 业务活动图示

BAM 是一个有效的业务流程描述工具，其主要功能是提供业务流程情况的全面模型。该模型不但有图例表述业务活动流动的情况，还能提供相关的业务活动细节，有助于系统分析师理解业务流程运作的过程。BAM 的具体应用主要有三点，一是在业务流程调查时，可以用 BAM 对业务流程进行识别；二是在业务流程分析时，可以用 BAM 描述新的业务流程；三是在业务流程实施过程中，可以用 BAM 实现业务流程的不断优化。

1. BAM 的基本符号

BAM 已是一种比较成熟的方法，其基本符号如图 10-8 所示。

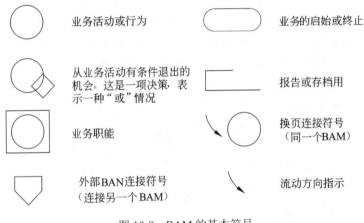

图 10-8　BAM 的基本符号

符号说明如下：

（1）行为符号：BAM 由一系列的圆圈组成，每个圆圈代表一项单独的工作步骤，都有一个名称。当已达到业务职能分解层时，圆圈外面加一个方框。

（2）决策符号：许多工作行为包含两种决策，两种决策的结果可能分别导致新的行为。多种决策则产生多个行为圆圈。一般决策以圆圈边上添加一个菱形来表示。

（3）BAM 编号，如图 10-9 所示。

2. BAM 法的应用

BAM 的启动一般是从部门的职责开始，根据部门职责列出一连串的业务活动。根据业务复杂程度大小，可将复杂的业务分成若干较低层次的细小活动。通常，一项业务可能分成 3 到 4 个层次，最复杂的业务甚至可以分成 7 个层次，具体的划分需要根据系统的实际情况决定。

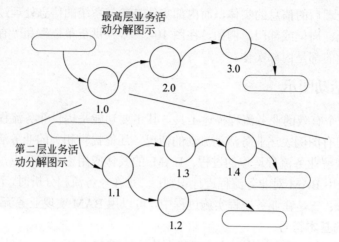

图 10-9　业务活动图示编号

业务流程分解的目的是让系统分析师充分理解各项业务活动，从最高层次的业务到最低层次的业务职能层，所有与其他职能的相互作用都要列入 BAM 中，从而确定业务之间的相互关系。例如，图 10-10 是一个简单的 BAM 示例。

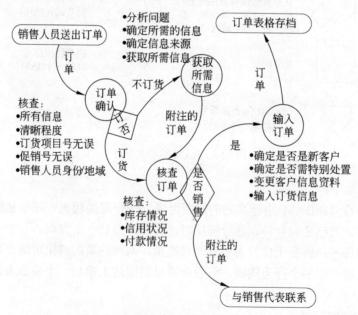

图 10-10　某企业订单处理 BAM 示例

由于 BAM 的作用是识别企业的业务流程,因此,系统分析师必须持有一种科学的、客观的态度,要能容纳做事情的各种方法,不要带自己的主观色彩去看问题。BAM 中的信息必须是事实,而不能是系统分析师的解释。这就要求系统分析师注意从业务活动参与者本身的角度来反映和理解业务活动,需有高度的灵活性和宽容度。

10.6.4 业务流程建模

按照系统论的观点,系统是由相互作用和相互依赖的若干组成部分结合而成,具有特定功能的有机整体。因此,一个业务流程是由完成该流程的要素构成的系统。一般来说,任何企业都有不止一个业务流程,这些流程之间存在交叉和嵌套等关系。这时,在总体上理解和认识业务流程就不是一件容易的事情了,往往需要借助于先进的工具、技术和方法,特别需要借助于信息技术。在这种情况下,建立业务流程模型就成为非常关键的一个环节。

1. BPM 概述

企业业务流程包含三个要素,分别是实体、对象和活动。业务流程发生在实体之间,它们可以是企业间的、功能间的,也可以是人与人之间的;业务流程的功能就是对对象进行操作,这些对象既可以是物理的(例如,订单等),也可以是逻辑的(例如,信息等);业务流程涉及管理活动和业务操作活动。

BPM 可分为三个层次,第一个层次是模型的要素,即目标、知识和数据。其中,目标是建模的目的,知识包括现有系统的知识和模型构造知识,数据是指系统的原始信息,这三个方面构成了 BPM 的输入;第二个层次是模型的构造,它是具体的建模技术的运用过程;第三个层次是对模型的可信性分析,它是指分析所建模型能否满足系统目标。

业务流程建模可以采取两种方式:自顶向下和自底向上。自顶向下的方法从企业任务目标出发,根据流程上的价值链来确定最基本的流程,逐层分析业务目标直至底层。此过程涉及到将业务需求细化为系统需求,再将系统需求细化为功能。自底向上的方法分析现有系统,从已有业务流程活动及其联系出发,用于明确业务细节问题。

描述业务流程模型最常见的方法是形式化描述和图示化描述。形式化描述方法的特点是精确、严谨,易于系统以后的实现,但难以掌握和理解,模型可读性差,往往只有专业人员才会使用,因此难以推广。图示化方法由于其直观、自然,易于描述系统的层次结构、功能组成,且简单易学,通常还有工具软件的支持,因而成为业务流程的主要描述工具,但这种方法的精确性和严谨性不够。目前,常见的方法有标杆瞄准(Benchmarking)、IDEF(Integration DEFinition method,集成定义方法)、Petri 网、DEMO(Dynamic Essential Modeling of Organization,组织动态本质建模法)和业务流程建模语言等。

2. 标杆瞄准

标杆瞄准是一个连续、系统化地对外部领先企业进行评价的过程,通过分析和评价,确定出代表最佳实践的经营过程和工作过程,以便合理地确定本企业的业务流程。人们形象地把标杆瞄准法比喻为是一个合理、合法地"拷贝"优秀企业成功经验的过程。事实上，企业中的许多业务流程（例如，库存管理、供应商管理、客户管理、广告与雇佣等）在不同的行业中都是相似的，因此，运用标杆瞄准法对这些项目实施瞄准，尤其是在不同的行业对同一项目实施标杆瞄准时，对企业的参考价值可能更大。

实施标杆瞄准的程序如下：
（1）确定需要进行标杆研究的流程和影响流程成败的关键因素。
（2）确定瞄准目标的标杆企业、组织及其流程。
（3）通过走访、调研、会谈、专业期刊、广告等采集数据，并进行分析。
（4）从众多标杆数据中，选定最佳改进标准。
（5）根据标杆指标，评估企业的既有流程，并确立改进目标。

虽然标杆瞄准法可以通过创造性地采用优秀企业的最佳实践来加快业务流程分析，加强企业间的联系，促进相互学习。但是，由于企业所处的阶段和环境不同，环境的动态变化通常造成不同企业间的假设、条件和影响因素的可比性偏弱，因此，全面使用标杆瞄准法进行大规模业务流程分析的做法有点"东施效颦"，收效甚微。正因为如此，大多数企业都把标杆瞄准法作为 BPM 的辅助方法。

3. IDEF

IDEF 是一系列建模、分析和仿真方法的统称，从 IDEF0 到 IDEF14（包括 IDEF1X 在内）共有 16 套方法，每套方法都是通过建模程序来获取某个特定类型的信息。它们分别是 IDEF0（功能建模）、IDEF1（信息建模）、IDEF1X（数据建模）、IDEF2（仿真建模设计）、IDEF3（过程描述获取）、IDEF4（面向对象设计）、IDEF5（本体论描述获取）、IDEF6（设计原理获取）、IDEF7（信息系统审计）、IDEF8（用户界面建模）、IDEF9（场景驱动信息系统设计）、IDEF10（实施架构建模）、IDEF11（信息制品建模）、IDEF12（组织建模）、IDEF13（三模式映射设计）和 IDEF14（网络规划）。

在 IDEF 方法中，IDEF0 可以用来对业务流程进行建模。IDEF0 是对企业所完成的各项活动及活动之间的相互关系的一种结构化描述，其基本要素是用"盒子"表示功能活动。IDEF0 的特点是其层次分解性，它利用一套完整的、严密的规则，将一个复杂的系统逐层往下分解，即较高层次的一个活动可以按需要细化成一组较低层次上的活动，系统分解如图 10-11（a）所示。

图 10-11（a）中的盒子代表活动，如图 10-11（b）所示，连在盒子上的箭头表示由活动产生的或活动所需要的信息或真实对象，盒子的边表示进入或离开的箭头的作用，它们分别是输入、控制、输出与机制。盒子的左边及上方进入箭头表示为完成此活动所需要的数据，盒子右边离开的箭头表示执行活动时产生的数据，盒子底部的箭头作为机制，它可以是执行活动的人或设备。这样，IDEF0 能同时表达系统的活动和数据流，以及它们之间的联系，使系统分析师能全面描述系统。

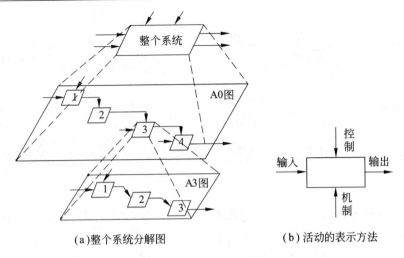

(a) 整个系统分解图　　　　(b) 活动的表示方法

图 10-11　IDEF0 模型示例

IDEF0 的建模特点使它可以用来描述企业的业务流程，它的阶梯层次可用来描述业务流程的阶梯结构特性。从高层次看，IDEF0 的功能活动与业务流程相对应；而从低层次看，功能活动与流程的业务活动相对应。利用 IEDF0 的活动描述方式及活动之间的联系方式，可以很好地描述业务流程的架构。IDEF0 模型形象、直观、易于理解和分析，但是，这种图形化的模型没有深刻揭示业务流程的内部结构特征和规律，而且当业务流程很复杂时，所对应的有向图就成为一个相互交叉、混乱的网络，不利于分析流程的特征。

4. DEMO

DEMO 方法定义了信息系统中行为角色之间的通信方式，这种通信方式可以看作是一种对角色行为的支配方式，而这种支配方式是通过在行为角色之间创建指导其行动的约定来实现的，其理论基础是对话行为理论（Speech Action Theory）。DEMO 的核心是业务事务（Business Transaction），业务流程由一系列的相关业务事务组成，业务事务是一种通信模式和客观行为，是通过两个行为角色实现，分别是发起者和执行者。一个业务事务包括三个阶段，分别是要求阶段、执行阶段和结果阶段，如图 10-12 所示。要求阶段和结果阶段是由在主观世界中的发起者和执行者之间通信的行为组成，执行阶段是执行者执行所提出的要求的客观行为。

从 DEMO 的抽象角度分析，DEMO 包括基础层、信息层和文件层的概念，业务事务在基础层上实现，其内涵是由信息系统的通信行为角色创造新的、原始的信息。这一特点与信息层和文件层的作用形成对比，信息层的作用是为企业提供来源于基础层的原始信息，文件层为企业提供信息操作的中介。可见，信息层和文件层的核心是基础层，在构建信息系统时，必须对企业的这三个层次进行设计和分析。

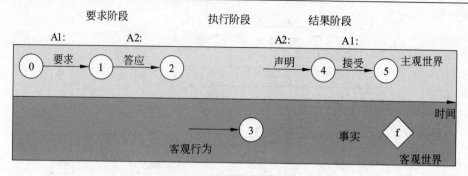

图 10-12 事务阶段描述图

DEMO 通过 6 种模型来描述信息系统的构成,包括交互模型、业务流程模型、事务模型、行为模型、事实模型和互约束模型。其中,业务流程模型由预先确定的事务类型,以及这些事务之间的因果关系和条件关系组成。因果关系表示在两个事务之间,一个事务的执行促使了另一个事务的开始;条件关系表示在两个事务之间,一个事务的完成就形成了另一个事务开始或完成的条件。使用 DEMO 方法进行业务流程建模的步骤是:描述企业事务各个阶段的角色,确定事务阶段之间的因果和条件关系,在流程表中描述因果和条件关系,检查所有事务阶段的角色。

5. Petri 网

Petri 网作为一种从流程的角度出发描述和分析复杂系统的模型工具,适用于多种系统的图形化、数学化建模工具,为描述和研究具有并行、异步、分布式和随机性等特征的信息系统提供了强有力的手段。使用 Petri 网描述业务流程,主要有以下原因:

(1) 形式化的语义。Petri 网具有严密的数学基础,为形式化描述和语法建立奠定了基础。每个 Petri 网都有形式化的语义定义,一个 Petri 网模型加上相应的语义就能够描述一个业务流程。

(2) 直观的图形表示。Petri 网是一种图形化语言。经典的 Petri 网有两种元素,分别是变迁(用方框表示)和位置(用圆圈表示),而有向边表示这两种元素之间的关系。Petri 网的图形表示特点,使 Petri 网尽管具有严密抽象的数学表示,对用户来说却较容易理解,结构清晰。

(3) 丰富的分析技术。Petri 网模型一个很重要的特点在于它提供了丰富的系统分析技术,如对系统活性、有界性、安全性等分析计算。

(4) 基于状态的表示方式。一般工程领域的图形表示方法往往是基于事件的表示。Petri 网基于状态的描述能清晰地区分一个任务是处于授权状态还是处于执行状态。因此,Petri 网可以实现竞争性业务活动。

在建模过程中,如果使用条件和事件的概念,那么位置就代表条件,变迁则代表事件。一个事件有一定数量的输入和输出位置,分别代表事件的先决条件和事后条件。位置中的符号代表可以使用的资源或数据。例如，图 10-13 用 Petri 网描述了两个活动使用一个公共资源时，利用通信原语控制资源的使用，保证活动间同步的例子。

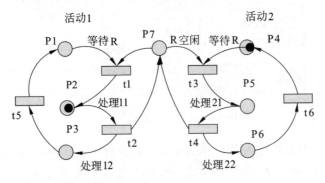

图 10-13 活动同步机制的 Petri 网描述

图 10-13 中每个活动有三个状态，分别是等待资源（p1 或 p4）、占用资源执行的处理（p2 或 p5）和不占用资源执行的处理（p3 或 p6）。另外，系统有一个资源空闲（p7）状态。以活动 1 为例，如果公共资源 R 被活动 2 所用时，就进入等待状态 p1，如果资源可用，则进入状态 p2。资源利用完毕后，释放资源，使资源返回空闲状态 p7，而活动本身进入不占用资源执行的处理状态 p3。在有的状态中有一个黑点"●"，称为标记或令牌，表明系统或活动当前正处于此状态。在图 10-13 中，标记在 p2 和 p4 状态中，说明活动 1 正处于 p2 状态，而活动 2 正处于 p4 状态。

应用 Petri 网可以有效地对企业业务流程进行建模和系统仿真，实现业务流程的执行和控制管理。由于现有的大部分业务流程建模的工具和分析方法都没有考虑到企业实际流程的复杂性，没有考虑到相同的流程对象在不同系统、不同企业中的可迁移性，因此，在使用中经常会遇到障碍和问题。而 Petri 网由于引入了分层、抽象和继承的思想，能够实现业务流程的全部或部分自动化，在此过程中，文档、信息或任务按照一定的过程规则流转，实现企业各成员间的协调工作，以达到业务的整体目标。

6．业务流程建模语言

主流的业务流程建模语言标准有业务流程执行语言（Business Process Execution Language，BPEL）、业务流程建模语言（Business Process Modeling Language，BPML）、业务流程建模标注（Business Process Modeling Notation，BPMN）、XPDL（XML Process Definition Language，XML 流程定义语言）和 UML 五种。从语言的表现形式上来说，可以将它们划归为两大类：文本类和图元类，如图 10-14 所示。

文本类的流程建模语言将业务流程模型以纯文本的方式描述在一个或多个文档中，其中没有存储任何图形化显示的信息；图元类的流程建模语言则将业务流程模型分解成若干个图元元素来存储，通常每个图元元素都有正式的外观和涵义。

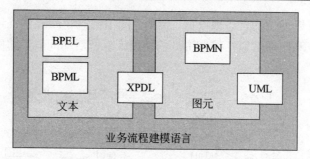

图 10-14 业务流程建模语言的划分

（1）BPEL。BPEL 也称为 Web 服务业务流程执行语言（Business Process Execution Language For Web Service，BPEL4WS）或 Web 服务业务流程执行语言（Web Service Business Process Execution Language，WSBPEL），它是一种使用 XML 编写，用于自动化业务流程的形式规约语言。用 XML 文档写入 BPEL 中的流程，能在 Web Service 之间以标准化的交互方式得到精心组织，这些流程能够在任何一个符合 BPEL 规范的平台或产品上执行。通过允许用户在各种创作工具和执行平台之间移动这些流程，BPEL 可以保护用户在流程自动化上的投资。

（2）BPML。BPML 与 BPEL 的设计理念非常相似，也用 XML 这种结构化的方式对流程和流程执行的语义进行描述，在语法上也有循环和分支等控制结构，同时也是一种可执行的建模语言。BPML 是业务流程建模的元语言，就像 XML 是业务数据建模的元语言一样。现在，曾提出 BPML 语言的业务流程管理创新计划（Business Process Management Initiative，BPMI）已经放弃对其支持，转而推广 BPEL。这个转变是在 BPMI 被对象管理组织（Object Management Group，OMG）收购后，为了参与到 BPMN 领域而做出的，因为 BPMN 丰富了 UML 的流程符号，这一点对 OMG 非常有用。

（3）XPDL。XPDL 是工作流管理联盟（Workflow Management Coalition，WfMC）定义的一套流程建模标准，用来在支持 BPM 的各种工具和引擎间交换流程设计的定义。由于 XPDL 对流程的描述既是基于 XML 文档，能够直接在流程引擎上执行，又记录了模型中的图元信息，所以很适合作为一种模型设计图的中间交换格式而独立存在。开发者的实现和它的外部接口可以独立分开，因为不管是如何实现的，采用什么图形描述，只要外部接口符合 XPDL 规范，就可以保持相同的表示形式。

（4）BPMN。同为 BPMI 的标准之一，BPMN 是 BPML 的有力补充。作为一个图形化的流程建模语言，它能够弥补 BPML 等文本类建模语言在图形表示上的先天不足。BPMN 中的图元在表达力上等价于文本类语言中的 XML 片段，但这些图元本身是不能被流程引擎执行的，因此，BPMN 的用途更多在于其图形化的直观表示。BPMN 也支持提供一个内部的模型可以生成可执行的 BPEL。因此，BPMN 的出现，弥补了从业务流程设计到流程开发的间隙。

（5）UML。UML 常被看作是系统建模和设计活动中的"瑞士军刀",它所囊括的 10 多种图形化表示方案,可以用来捕获系统动态或静态的各个方面。但就 BPM 领域而言,UML 的作用不是很明显。在 UML 中,主要使用活动图来对业务流程进行建模。活动图用来表示系统中各种活动的次序,依据对象状态的变化来捕获动作(将要执行的工作或活动)与动作的结果。活动图中一个活动结束后将立即进入下一个活动。例如,图 10-15 是一个简单的活动图示例。

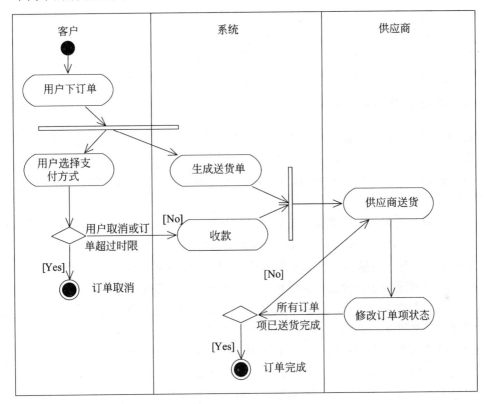

图 10-15 UML 的活动图示例

虽然 UML 的活动图可以用来对业务流程进行建模,但 UML 面向对象的特性决定了其在以流程为导向的建模领域的尴尬地位。活动图缺乏对流程模型所需的一些构造的支持,而且它与 BPEL 等可执行建模语言的转换比较困难。

7. 基于服务的 BPM

基于服务的流程建模是把 BPM 技术和服务的思想结合在一起,充分发挥服务的松散耦合和可复用的特征,更加便于业务流程的分析、设计与优化。在基于服务的 BPM 中,系统分析师必须对每一个业务流程进行认真的定义和说明,明确哪些业务流程可以转化为服务,认真设计及定义服务,并需要区别服务和构件。服务应该都是独立的、自包含的请求,在实现这些服务的时候不需要前一个请求的状态,也就是说,服务不应该依赖于其他服务的上下文和状态。有关服务建模的过程,请阅读 7.3.3 节。

10.7 数据与数据流程分析

数据与数据流程分析是以后建立数据库系统和设计功能模块处理过程的基础。在系统调查中,系统分析师收集了大量的数据载体(例如,报表、统计文件等)和数据调查表,这些原始资料基本上是按企业组织结构或业务流程收集的,它们往往只是局部反映了某项业务对数据的需求和现有的数据管理状况。对于这些数据资料必须加以汇总、整理和分析,理清它们之间的关系,为以后各子系统共享数据奠定基础。

10.7.1 数据汇总分析

数据汇总是一项较为烦杂的工作,为使数据汇总能顺利进行,通常将它分为如下几个步骤:

(1)将系统调查中所收集到的数据资料,按业务流程进行分类编码,按处理过程的顺序排放在一起。

(2)按业务流程自顶向下地对数据项进行整理。例如,对于综合统计业务,应从最终统计报表开始,检查报表中每一栏数据的来源和算法,一直查到最终原始统计数据(例如,生产数据、财务数据和计划数据等)或原始财务数据(例如,单据和凭证等)为止。

(3)将所有原始数据和最终输出数据分类整理出来。原始数据是进行数据库设计时确定基本表的主要内容,而最终输出数据则是反映业务所需要的主要指标。这两类数据对于后续工作来说是非常重要的,所以应该单独列出来。

(4)确定数据的字长和精度。根据系统调查中用户对数据的满意程度,以及预计业务可能的发展规模,统一确定数据的类型、字长和精度。

数据的汇总只是从某项业务的角度对数据进行了分类整理,还不能确定所收集数据的具体形式和特征。因此,还需要对数据做进一步的分析。系统分析师可以借用 BSP 方法中的 CU 矩阵来进行数据分析,CU 矩阵本质上是一种聚类方法,它可以用于过程/数据、功能/组织、功能/数据等各种分析中。有关这方面的详细知识,请阅读 7.4.1 节。建立了 CU 矩阵之后,还要对数据进行正确性检验,包括数据的完备性、一致性和无冗余性分析。

10.7.2 数据属性分析

在信息系统中,经常用属性的名和属性的值来描述事物某些方面的特征。一个事物的特征可能表现在多个方面,需要用多个属性的名和其相应的值来描述。例如,对某客户来说,其属性名和对应的属性值有客户编号、客户名、客户所在地区、法人代表、银行账号等。数据的属性分析主要包括静态分析和动态分析。

1. 数据静态分析

数据的静态分析是指分析数据的静态特性，包括以下几个方面：

（1）类型和长度。数据的类型通常有字符型、数值型、时间型、多媒体类型等，长度包括占用空间的大小、整数位数和小数位数等，这是建立数据库和分析处理所必须要求确定的内容。

（2）取值范围。包括最大值、最小值等，这是数据输入、校对和审核所必须的。

（3）发生的业务量。包括数据发生的频率、峰值数据量和峰值时间、存储和保留的时间周期等。

（4）哪些业务使用这些数据。对应于 CU 矩阵中的"U"。

（5）重要程度和保密程度。重要程度决定了系统设计时的输入、校对、存储、复制、备份等功能，保密程度决定了网络设计和数据库设计时的措施，以及数据访问权限体系的设置。

2. 数据动态分析

数据的动态特性有三种，分别是固定值属性、固定个体变动属性和随机变动属性。

具有固定值属性的数据，其值一般不随时间而改变。例如，生产活动中的物料主数据、客户基础资料、会计科目等。固定值数据一般比较稳定，可以提前准备。但是，由于客观环境是在不断变化的，因此，稳定也是相对的，要定期维护，保持其准确性。

具有固定个体变动属性的数据项，对总体来说具有相对固定的个体集，但是对于个体来说其值是变动的。例如，销售管理中的订单数量，购买商品的客户名称基本上是固定的，但每个客户每次订购商品的数量都在变化。固定个体变动属性的数据一旦建立，就要随时维护，例如，库存余额、车间在制品余额、总账余额、未结销售订单和未结采购订单等。

具有随机变动属性的数据项，其个体是随机出现的，其值也是变动的。例如，销售管理系统中的产品月累计销售量，并非每月每个产品都有销售量，可能某个产品在某个月无销售量。随机变动属性的数据是根据用户对管理工作的需要，由系统按照一定的逻辑程序，经过运算形成的。它是一种经过加工处理的信息，供管理人员掌握经营生产状况，进行分析和决策。

3. 数据的存储分布

区分数据动态特性的目的是为了确定数据和数据库表（或文件）的关系，也就是确定哪些数据存储在哪种数据文件中。例如，一般将具有固定属性的数据存放在基本表（或主文件）中，将具有随机变动属性的数据存放在视图（或处理文件）中。

在数据资源分析中，不仅需要确定数据的存储文件，还需要确定数据在整个系统中的存储分布状况。例如，哪些数据存储在本地设备上，哪些数据存储在网络服务器或系统主机上。这里涉及到分布式数据库的数据分片和管理问题，有关这方面的详细知识，请阅读 5.6 节。

10.7.3 数据流程分析

业务流程分析中所绘制的业务流程图虽然形象地表达了信息的流动和存储过程，但仍然没有完全脱离物质要素，例如，货物、产品等。为了用计算机进行信息处理，必须进一步舍去物质要素，收集有关数据资料，绘制出数据流程图，为下一步分析做好准备。

数据流程是指在系统中产生、传输、加工处理、使用、存储的过程，数据流程分析把数据在企业内部的流动情况抽象地独立出来，舍去了具体的企业组织结构、信息载体、物质、材料等，单从数据流动过程来考查实际业务的数据处理模式。数据流程分析的目的是要发现和解决数据流通中的问题，例如，数据流程不畅、前后数据不匹配、数据处理过程不合理、输入输出不平衡等。导致出现这些问题的原因，有些是属于数据处理流程的问题，有些是属于现有系统管理混乱的问题。不管是哪方面的原因，系统分析师都应该让这些问题尽量地暴露并加以解决，这就是数据流程分析的任务，一个畅通的数据流程是新系统用以实现业务处理过程的基础。

数据流程分析主要包括对数据的输入、输出、流动、传递、处理和存储的分析，具体包括以下4个方面：

(1) 收集现有系统的全部输入单据和报表、输出单据和报表，以及数据存储介质（例如，账本、清单等）的典型格式。

(2) 明确各个处理过程的处理方法和计算方法。

(3) 调查、确定上述各种单据、报表、账本、清单的制作单位、报送单位、存储单位、发生频率、发生的高峰时间和高峰量等。

(4) 注明各项数据的类型、长度、取值范围等。

SA 是一种面向数据流的分析方法，在 SA 中，DFD 是数据流程分析所使用的主要工具之一，DFD 用少量几种符号综合地反映出信息在系统中的流动、处理和存储情况，具有抽象性和概括性的特点。DFD 的抽象性是指它完全舍去了具体的物质，只保留了数据的流动、加工、处理和存储；DFD 的概括性是指它可以把信息中的各种不同业务处理过程联系起来，形成一个整体。有关 DFD 的详细知识，将在 11.4.1 节中介绍。

在 OO 方法中，把企业实体都当作对象，数据作为对象的属性，是封装在对象内部的。系统通过对象之间的交互来处理数据流程，进行数据的传递，通过持久化技术和对象关系映射把数据存储在数据库中。

10.8 系统需求规格说明

系统需求规格说明书也称为系统分析报告，或简称为系统说明书，它是系统分析阶段的技术文档，也是系统分析阶段的工作成果。在国家标准 GB/T 8567—2006 中，提供了一个详细的系统需求规格说明书的文档模板和编写指南,其中规定了在系统需求规格说明书中应该包括的内容。

1. 系统需求规格说明书的内容和格式

根据国家标准 GB/T 8567—2006,系统需求规格说明书可以分为九大部分,分别列举如下:

(1)引言。主要对项目及系统需求规格说明书做一个概要性的描述,说明系统需求规格说明书适用的系统和完整标识;简述系统需求规格说明书适用的项目和系统的用途,描述项目和系统的一般特性,标识项目的投资方、需方、用户、承建方和支持机构,标识当前和计划的运行现场;概述系统需求规格说明书的用途和内容,并描述与其使用有关的保密性和私密性的要求。

(2)引用文件。列出系统需求规格说明书中引用的所有文档的编号、标题、修订版本和日期,还应标识不能通过正常的供货渠道获得的所有文档的来源。

(3)需求。分条详述系统需求,包括功能、业务(包括接口、资源、性能、可靠性、安全性和保密性等)和数据需求,也就是构成系统验收条件的系统特性。给每个需求指定项目唯一标识符以支持测试和可追踪性,并以一种可以定义客观测试的方式来陈述需求。对每个需求都应说明合格性方法。这一部分又可划分为要求的状态和方式、需求概述(包括系统总体功能和业务结构、硬件系统的需求、软件系统的需求和接口需求)、系统能力需求、外部接口需求、系统内部接口需求、系统内部数据需求、适应性需求、安全性需求、保密性和私密性需求、操作需求、可使用性/可维护性/可移植性需求、故障处理需求(包括软件系统出错处理和硬件系统冗余措施的说明)、系统环境需求、计算机资源需求(包括计算机硬件需求、计算机硬件资源利用需求、计算机软件需求和计算机通信需求)、系统质量因素、设计和构造约束、相关人员需求、相关培训需求、相关后勤需求、其他需求、包装需求、需求的优先次序和关键程度等。

(4)合格性规定。定义一组合格性规定,对于第(3)部分的每个需求,指定为了确保需求得到满足所应使用的方法。合格性方法包括演示、测试、分析、审查,以及其他特殊的合格性方法。

(5)需求可追踪性。这一部分是针对子系统需求规格说明的,对系统级的规格说明不适用。对于子系统而言,本部分需要说明每个子系统需求到其涉及的系统需求的双向可追踪性。

(6)非技术性需求。包括交付日期和里程碑的设置等。

(7)尚未解决的问题。如果有必要,可以在这一部分说明系统需求中的尚未解决的遗留问题。

(8)注解。包含有助于理解系统需求规格说明书的一般信息,例如,背景信息、词汇表、原理等。这一部分应包含为理解系统需求规格说明书需要的术语和定义,所有缩略语和它们在系统需求规格说明书中的含义的字母序列表。

（9）附录。提供那些为便于维护系统需求规格说明书而单独编排的信息（例如，图表、分类数据等）。为便于处理，附录可以单独装订成册，按字母顺序编排。

2. 系统需求规格说明书的评审

系统需求规格说明书在整个系统开发中占有非常重要的地位，应该对其进行正式的评审，参加评审的人员有核心开发人员、企业领导、业务代表、系统分析师和外聘的专家等。在评审中，如果有关人员发现较大的差错或遗漏，或者对系统需求规格说明书中所提出的方案不满意，则需要返工，重新进行系统调查和分析，直到系统需求规格说明书通过为止。

一旦通过评审，系统需求规格说明书将成为系统开发中的权威性文件，是系统设计阶段的主要依据。同时，系统需求规格说明书也是承建方与建设方之间的技术合同，是将来对系统进行验收的标准之一。

第 11 章　软件需求工程

在计算机发展的初期，软件规模不大，软件开发所关注的是代码编写，需求分析很少受到重视。后来，软件开发引入了生命周期的概念，需求分析成为其第一阶段。随着系统规模的扩大，需求分析与定义在整个系统开发与维护过程中越来越重要，直接关系到系统的成功与否。人们也逐渐认识到需求分析活动不再仅限于系统开发的最初阶段，而是贯穿于系统开发的整个生命周期。于是，形成了软件工程的子领域——软件需求工程。

软件需求工程是包括创建和维护软件需求文档所必需的一切活动的过程，可分为需求开发和需求管理两大工作。需求开发包括需求获取、需求分析、编写需求规格说明书（需求定义）和需求验证 4 个阶段。在需求开发阶段需要确定软件所期望的用户类型，获取每种用户类型的需求，了解实际的用户任务和目标，以及这些任务所支持的业务需求。同时还包括分析源于用户的信息，对需求进行优先级分类，将所收集的需求编写成为需求规格说明书和需求分析模型，以及对需求进行评审等工作；需求管理通常包括定义需求基线、处理需求变更和需求跟踪等方面的工作。这两个方面是相辅相成的，需求开发是主线，是目标；需求管理是支持，是保障。

11.1　软件需求概述

软件需求是指用户对新系统在功能、行为、性能、设计约束等方面的期望。根据 IEEE 的软件工程标准词汇表，软件需求是指用户解决问题或达到目标所需的条件或能力，是系统或系统部件要满足合同、标准、规范或其他正式规定文档所需具有的条件或能力，以及反映这些条件或能力的文档说明。

1. 需求的层次

简单地说，软件需求就是系统必须完成的事以及必须具备的品质。需求是多层次的，包括业务需求、用户需求和系统需求，这三个不同层次从目标到具体，从整体到局部，从概念到细节。

（1）业务需求。业务需求是指反映企业或客户对系统高层次的目标要求，通常来自项目投资人、购买产品的客户、客户单位的管理人员、市场营销部门或产品策划部门等。通过业务需求可以确定项目视图和范围，项目视图和范围文档把业务需求集中在一个简单、紧凑的文档中，该文档为以后的开发工作奠定了基础。有关项目范围管理的详细知识，将在 20.3 节中介绍。

(2) 用户需求。用户需求描述的是用户的具体目标，或用户要求系统必须能完成的任务。也就是说，用户需求描述了用户能使用系统来做些什么。通常采取用户访谈和问卷调查等方式，对用户使用的场景（scenarios）进行整理，从而建立用户需求。有关需求获取方法的详细知识，将在 11.2 节中介绍。

(3) 系统需求。系统需求是从系统的角度来说明软件的需求，包括功能需求、非功能需求和设计约束等。功能需求也称为行为需求，它规定了开发人员必须在系统中实现的软件功能，用户利用这些功能来完成任务，满足业务需要。功能需求通常是通过系统特性的描述表现出来的，所谓特性，是指一组逻辑上相关的功能需求，表示系统为用户提供某项功能（服务），使用户的业务目标得以满足；非功能需求是指系统必须具备的属性或品质，又可细分为软件质量属性（例如，可维护性、可维护性、效率等）和其他非功能需求。有关质量属性的详细知识，将在 20.7.1 节中介绍；设计约束也称为限制条件或补充规约，通常是对系统的一些约束说明，例如，必须采用国有自主知识产权的数据库系统，必须运行在 UNIX 操作系统之下等。

2. 质量功能部署

质量功能部署（Quality Function Deployment，QFD）是一种将用户要求转化成软件需求的技术，其目的是最大限度地提升软件工程过程中用户的满意度。为了达到这个目标，QFD 将软件需求分为三类：常规需求、期望需求和意外需求。

(1) 常规需求。用户认为系统应该做到的功能或性能，实现越多用户会越满意。

(2) 期望需求。用户想当然认为系统应具备的功能或性能，但并不能正确描述自己想要得到的这些功能或性能需求。如果期望需求没有得到实现，会让用户感到不满意。

(3) 意外需求。意外需求也称为兴奋需求，是用户要求范围外的功能或性能（但通常是软件开发人员很乐意赋予系统的技术特性），实现这些需求用户会更高兴，但不实现也不影响其购买的决策。意外需求是控制在开发人员手中的，开发人员可以选择实现更多的意外需求，以便得到高满意、高忠诚度的用户，也可以（出于成本或项目周期的考虑）选择不实现任何意外需求。

11.2 需求获取

需求获取是一个确定和理解不同的项目干系人的需求和约束的过程。需求获取是一件看上去很简单，做起来却很难的事情。需求获取是否科学、准备充分，对获取出来的结果影响很大，这是因为大部分用户无法完整地描述需求，而且也不可能看到系统的全貌。因此，需求获取只有通过系统分析师与用户的有效合作才能成功。系统分析师必须建立一个对问题进行彻底探讨的环境，而这些问题与将要开发的系统有关。让用户明确了解，对于某些功能的讨论并不意味着即将在系统中实现它。

作为一名系统分析师，掌握各种不同的需求获取技术，并且熟练地在实践中运用它，是十分必要的。10.2.3 节介绍了诸多的详细调查方法，这些调查方法都可以用在需求获取中，本节就一些最常用的需求获取技术进行展开讨论。

11.2.1 用户访谈

　　用户访谈是最基本的一种需求获取手段，其形式包括结构化和非结构化两种。结构化是指事先准备好一系列问题，有针对地进行；而非结构化则是只列出一个粗略的想法，根据访谈的具体情况发挥。最有效的访谈是结合这两种方法进行，毕竟不可能把什么都一一计划清楚，应该保持良好的灵活性。

　　为了进行有效的用户访谈，系统分析师需要在三个方面进行组织，分别是准备访谈、主持访谈和访谈的后续工作。

1. 准备访谈

　　每一次成功的访谈都需要精心的准备。在准备访谈过程中，首先也是最重要的步骤是确定访谈的目的，其次是确定访谈中应该包括哪些用户。这两个步骤结合得非常紧密，因此通常一起完成。参加访谈的用户数量取决于访谈的目的。通常，最好限制参加访谈的人数。例如，一次超过 3 个用户的访谈有可能使得讨论时间变长，这在有时候可能会适得其反。在很多情况下，系统分析师每次只和一个用户进行访谈，这对中小规模的项目尤其适用。

　　准备访谈的第三步是为访谈准备一些详细的问题。系统分析师可以根据已经获得的表格和报表写出一些具体的问题，并作好笔记。问题可以分为开放式问题和封闭式问题两类。所谓开放式问题，就是类似于"你如何完成这项功能"的问题，鼓励用户与系统分析师对问题进行讨论和说明；所谓封闭式问题，就是类似于"你每天处理多少张表格"的问题，可以用来获得具体的事实。一般而言，开放式问题有助于开始对问题进行讨论，并且鼓励用户说明所有的业务过程和业务规则细节。

　　准备访谈的最后一步是作出最终的访谈安排，并把这些安排通知所有参加者。具体的时间和地点应该事先征求被访谈者的同意。如果可能的话，应尽量选择一个安静的地点以避免外界干扰。每个参加者都应该知道访谈的目的，而且在适当的时候，参加者也应该有机会预览一下将要访谈的问题或材料。

　　另外，值得注意的是，系统分析师应该在访谈之前进行一些领域相关的知识培训，充分阅读相关材料，以保证自己有较专业的理解与认识，让用户能够信任自己。

2. 访谈过程

　　在具体访谈时，系统分析师及项目组成员一定要准时到达。可能的话，尽量早到一点。在访谈的过程中，要做好以下几项工作：

　　（1）限制访谈时间。当确定了访谈目的并准备好了问题之后，访谈的时间应该控制在 90 分钟左右。如果访谈需要更多的时间来覆盖一些其他的问题，比较好的方法是中断本次访谈，并安排另一次访谈，因为举行几次比较短的访谈要比举行一次马拉松式访谈的效果要好得多。一系列访谈提供了收集各种材料的机会,这些材料将在随后的过程中被不断细化。在几次比较短的访谈后,系统分析师和被访谈者都将获得对系统的较好理解。

(2) 寻找异常和错误情况。系统分析师要找机会问一些类似于"如果……那会怎么样"的问题,要有意识地去确定所有的特殊情况,并与用户深入探讨。

(3) 深入调查细节。除了寻找意外情况外,系统分析师必须进行深入调查,以确保获得对过程和规则的完全理解。

(4) 认真作好记录。主要包括本人记录、第三人记录或者是录音/录像的形式。如果采用录音/录像的方式,应该征得被访谈者的同意。这种方法虽然看上去比较有效,不容易丢失信息,但容易让被访谈者感到紧张,也会给后面的整理工作带来一定的工作量和难度。因此,手写笔记是一个好主意,好的笔记不仅为下一次访谈的成功奠定基础,而且也为建立分析模型提供了基础。

在访谈时,系统分析师一定要注意措词得当,充分尊重用户。否则,将会破坏访谈的气氛,从而使访谈的效率大打折扣。在访谈时,一定要注意保持轻松的气氛,在说话、提问时应该尽量采用易于理解和通俗化的语言,避免使用 IT 专业术语。

3. 访谈的后续工作

后续工作的首要任务是吸收、理解和记录访谈所获得的信息。通常,系统分析师通过构造业务过程的模型来记录访谈的细节,和项目组其他成员一起复查访谈中发现的结果,然后在一天或至多两天内记录下结果。

在访谈过程中,系统分析师可能会问一些用户回答不上来的问题,不要丢失或遗忘这些问题,这是非常重要的。根据需要进一步详细说明的问题或者访谈中错过的信息,系统分析师可以生成一张新的问题列表,为下一次访谈作好准备。

另外,为了维持用户的友好和信任关系,应该送给他们一份总结了访谈内容的备忘录。其中需要提到被访谈者对项目的贡献,并给他们机会澄清可能在访谈期间得出的任何错误回答。

4. 用户访谈的优缺点

总的来说,用户访谈具有良好的灵活性,有较宽广的应用范围。但是,也存在着许多困难,例如,用户经常较忙,难以安排时间;面谈时信息量大,记录较为困难;沟通需要很多技巧,同时需要系统分析师具有足够的领域知识等。另外,在访谈时,还可能会遇到一些对于企业来说比较机密和敏感的话题。因此,这看似简单的技术,也需要系统分析师具有丰富的经验和较强的沟通能力。

11.2.2 问卷调查

用户访谈最大的难处在于很多关键人员时间有限,不容易安排过多的时间。而且,如果用户较多,不可能一一访谈。因此,就需要借助问卷调查,通过精心设计调查表,然后下发到相关的人员手中，让他们填写答案。这样，就可以有效地克服用户访谈方法中存在的问题。

1. 调查表的制作

问卷调查表使系统分析师可以从大量的项目干系人处收集信息，甚至当项目干系人在地理上分布很广时，他们仍然能通过问卷调查表来帮助获取需求。一张好的问卷调查表要花费大量的时间来进行设计与制作，包括确定问题及其类型、编写问题、设计问卷调查表的格式三个重要活动。

（1）确定问题及其类型。与用户访谈一样，问卷调查表上使用的基本问题有开放式问题和封闭式问题。但不同的是，问卷调查表的问题必须非常清楚，组织顺序必须有说服力，必须能够预见用户可能的回答。

（2）编写问题。在具体问题的编写中，要注意使用"用户的语言"，不要使用含糊的词语，但也要避免过度明确的问题，保持问题的简短，避免措词上的偏向。

（3）设计问卷调查表的格式。一份精心设计的、恰当的问卷调查表，能帮助用户克服不愿意回答问题的情形。设计调查表的格式时，应该提供足够的空白空间让用户填写表格。对用户重要的问题放在最前面，内容相似的问题放在一起。例如，表 11-1 是一个关于某在线教育平台系统的调查表的例子，其中包含了常见的各种问题类型。

表 11-1 调查表示例

第一部分：根据一个典型的值班工作情况，回答下列问题。

1. 网友报名参加一门课程的学习，需要多少个电话？

2. 有多少个电话仅仅询问关于课程的信息，而无购买行为？

3. 有多少网友在在线客服的交谈中取消了订单？

……

第二部分：请根据您的同意或者反对的强烈程度，在下列表格中适当的数字上画上圆圈。

项目	非常同意				强烈反对		
大量的课程介绍性材料是对销售有帮助的	1	2	3	4	5	6	7
查看顾客的课程学习历史记录，对销售是有帮助的	1	2	3	4	5	6	7
……							

第三部分：请写下您的意见或建议。

1. 您觉得现在的在线教育平台存在哪些问题？

2. 您认为新系统应该具有哪些功能？

……

2. 问卷调查的优缺点

与用户访谈相比，问卷调查可以在短时间内，以低廉的代价从大量的回答中收集数据；问卷调查允许回答者匿名填写，大多数用户可能会提供真实信息；问卷调查的结果比较好整理和统计。问卷调查最大的不足就是缺乏灵活性，其他缺点还有：

（1）双方未见面，系统分析师无法从用户的表情等其他动作来获取一些更隐性的信息，用户也没有机会立即澄清对问题有含糊或错误的回答。

（2）用户有可能在心理上会不重视一张小小的表格，不认真对待，从而使得反馈的信息不全面。

（3）调查表不利于对问题进行展开的回答，无法了解一些细节问题。

（4）回答者的数量往往比预期的要少，无法保证用户会回答问题或进一步说明所有问题。

因此，较好的做法是将用户访谈和问卷调查结合使用。具体来说，就是先设计问题，制作成为问卷调查表，下发填写完后，进行仔细的分组、整理和分析，以获得基础信息。然后，再针对分析的结果进行小范围的用户访谈，作为补充。

3. 提高问卷返还率的方法

问卷调查的返还率通常比较低，系统分析师在采用问卷调查的方式获取需求时，除了设计适当的问题，选择合适的调查人群之外，一定要事先考虑到如何解决问卷返还率低的问题。为了提高问卷返回率，通常可以采取以下措施：

（1）向所有的工作人员解释问卷的目的，以及如何使用这些信息。

（2）说明这份问卷是（客户）企业的每个工作人员都要回答的。

（3）拜托相关领导督促他所管辖的工作人员回答问卷，并及时返还。

（4）尽量参加一次（客户）企业的全体会议，在会议上解答工作人员提出的问题，并解释这些信息的用处。

（5）更改问卷中的问题，尽量减少回答问卷所花费的时间。

（6）设置一些奖品或奖励，激励大家及时返还问卷。

11.2.3 采样

采样是指从种群中系统地选出有代表性的样本集的过程，通过认真研究所选出的样本集，可以从整体上揭示种群的有用信息。对于信息系统的开发而言，现有系统的文档（文件）就是采样种群。当开始对一个系统做需求分析时，查看现有系统的文档是对系统有初步了解的最好方法。但是，系统分析师应该查看哪些类型的文档，当文档的数据庞大，无法一一研究时，就需要使用采样技术选出有代表性的数据。

1. 样本大小

采样技术的关键是如何确定样本集的规模，即如何确定样本大小，使样本具有代表性。事实上，这又取决于希望样本具有多大的代表性。有研究人员给出了一个用于确定样本大小的既简单又有效的公式：

$$样本大小 = \alpha \times (可信度系数/可接受的错误)^2$$

其中，α 称为启发式因子，一般取值为 0.25；可信度系数表示希望"种群数据包括了样本中的各种情况"有多大的可信度，这个值可以根据可信度从表 11-2 中查找出来。

表 11-2 可信度系数

可信度	可信度系数	可信度	可信度系数
99%	2.58	95%	1.96
98%	2.33	90%	1.65
97%	2.17	80%	1.28
96%	2.05	50%	0.67

例如，如果希望订单样本集包含的所有情况具有 90%的可信度，那么样本大小计算如下：

$$样本大小 = 0.25 \times (1.65/(1-0.90))^2 = 68.0625$$

也就是说，为了得到期望的可信度，需要采集 69 张订单。如果想得到更高的可信度，则采样规模会更大。如果已知每 10 张订单中可能有 1 张有问题，则启发式因子 α=0.1×(1–0.1)，那么样本大小为：

$$样本大小 = 0.1 \times (1-0.1) \times (1.65/(1-0.90))^2 = 24.5025$$

这时，采样规模将小很多，只需要选择 25 张订单。

在种群中选择样本的技术主要有简单随机采样、分层采样、聚类采样、系统采样等，具体采取哪种选择方法，需要根据系统文档的数量、样本大小和实际情况进行决定。

2．采样的优缺点

采样技术不仅可以用于收集数据，还可以用于采集访谈用户或者是采集观察用户。在对人员进行采样时，上面介绍的采样技术同样适用。通过采样技术，选择部分而不是选择种群的全部，不仅加快了数据收集的过程，而且提高了效率，从而降低了开发成本。另外，采样技术使用了数理统计原理，能减少数据收集的偏差。

但是，由于采样技术基于统计学原理，样本规模的确定依赖于期望的可信度和已有的先验知识，很大程度上取决于系统分析师的主观因素，对系统分析师个人的经验和能力依赖性很强，要求系统分析师具有较高的水平和丰富的经验。

11.2.4 情节串联板

在需求获取的过程中，虽然系统分析师很大的一部分精力在于理解和分析业务，了解潜在的问题，但仍然不可避免地涉及一些解决方案的探讨，因为只有让用户了解"系统如何做"时才会更容易达成共识。而且，很多用户对信息系统是没有直观认识的，这样就很容易产生盲区，而这种时候，系统分析师就需要通过情节串联板技术来帮助用户消除盲区，达成共识。

1．情节串联板的概念

情节串联板通常就是一系列图片，系统分析师通过这些图片来讲故事。在一般情况下，图片的顺序与活动事件的顺序一致，通过一系列图片说明会发生什么。人们发现，通过以图片辅助讲故事的方式叙述需求，有助于有效和准确地沟通。在情节串联板中可以使用的图片类型包括流程图、交互图、报表和记录结构等。

简单地说，情节串联板技术就是使用工具向用户说明（或演示）系统如何适合企业的需要，并表明系统将如何运转。系统分析师将初始的情节串联板展示给讨论小组，小组成员提供意见。

2．情节串联板的类型

情节串联板的类型包括被动式、主动式和交互式，其复杂程度依次递增。

被动式情节串联板通常由草图、图片、屏幕截图、幻灯片等组成。系统分析师充当系统的角色，让用户预演情节串联板，简单地表述为"当这样做时，会出现这样的情景"。

主动式情节串联板试图使用用户能够看到类似"电影样片"，它可以自动播放，描述系统在典型用法或典型场景中的行为方式。

交互式情节串联板让用户体验系统的行为，系统需要用户的参与才能继续运行。交互式情节串联板可以是仿真器、实物模型，甚至是抛弃式原型。

3．情节串联板的制作

制作情节串联板的工具大致可以分为两大类：静态工具和动态工具。静态工具主要有纸和铅笔、白板、即时贴和 PowerPoint 等，动态工具主要有 Flash、Macromedia Director 和其他动画工具。为了避免分散注意力，一般最好使用简单的工具，例如，图表、白板或 PowerPoint 等。

情节串联板应该易于创建和修改，系统分析师不要企图将情节串联板制作得太好，因为情节串联板既不是原型，也不是真实事物的演示。图 11-1 表示了情节串联板的复杂程度与成本之间的关系。

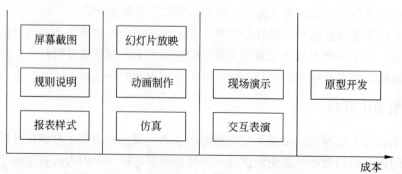

图 11-1　情节串联板的复杂程度与成本

4. 情节串联板的优缺点

由于情节串联板给用户一个直观的演示,因此它是最生动的需求获取技术,其优点是用户友好、交互性强,对用户界面提供了早期的评审。情节串联板的缺点是花费的时间很多,使需求获取的速度大大降低。

11.2.5 联合需求计划

为了提高需求获取的效率,越来越多的企业倾向于使用小组工作会议来代替大量独立的访谈。联合需求计划(Joint Requirement Planning,JRP)是一个通过高度组织的群体会议来分析企业内的问题并获取需求的过程,它是联合应用开发(Joint Application Development,JAD)的一部分。

1. 联合应用开发

JAD 是以小组形式定义和建立系统的,它是由企业主管部门经理、会议主持人、用户、协调人员、IT 人员、秘书等共同组成的专题讨论组。由这个专题讨论组来定义并详细说明系统的需求和可选的技术方案。JAD 的过程大致如下:

(1)确定 JAD 项目,主要指确定系统的范围和规范。

(2)在 JAD 专题预备会上,会议主持人向参与者介绍项目和 JAD 专题讨论内容。

(3)准备 JAD 专题讨论材料。

(4)进行 JAD 专题讨论会,其目的是要达成对需求的一致意见,并对各种可选的技术方案加以讨论,从中研究出几套可供选择的方案。

JAD 方法充分发挥了 JAD 专题讨论会的优势,以使更好地满足用户的需求。使用 JAD 法,比传统的收集需求的时间更快,可以加速系统开发周期。JAD 方法充分发挥了管理人员和用户的积极性,增强了管理人员和用户的责任感,从而使系统开发工作做得更好。

2. JRP 会议

JRP 是一种相对来说成本较高的需求获取方法,但也是十分有效的一种。它通过联合各个关键用户代表、系统分析师、开发团队代表一起,通过有组织的会议来讨论需求。通常该会议的参与人数为 6~18 人,召开时间为 1~5 小时。

在会议之前,应该将与讨论主题相关的材料提前分发给所有将要参加会议的人。在会议开始之后,按照以下步骤进行:

(1)应该花一些时间让所有的与会者互相认识,以使交流在更加轻松的气氛下进行。会议的最初,针对所列举的问题进行逐项专题讨论。

(2)对现有系统和类似系统的不足进行开放性交流。鼓励与会者在短时间内说出尽量多的想法,在这一过程中不对这些想法发表任何评论。

(3)大家在此基础上对新的解决方案进行一番设想,在这个过程中,需要把这些想法、问题、不足记录下来，形成一个要点清单。

(4) 针对这个要点清单进行整理，明确优先级，并进行评审。

为了更好地进行以后可能碰到的类似 JRP 会议，JRP 会议后一般会让与会者完成一个评价性的调查问卷。JRP 会议最后有一个总结性的报告，主要内容是与会者达成一致的需求和未解决的问题。

3. 主要原则

JRP 的主要意图是收集需求，而不是对需求进行分析和验证。实施 JRP 时应把握以下主要原则：

(1) 在 JRP 实施之前，应制订详细的议程，并严格遵照议程进行。
(2) 按照既定的时间安排进行。
(3) 尽量完整地记录会议期间的内容。
(4) 在讨论期间尽量避免使用专业术语。
(5) 充分运用解决冲突的技能。
(6) 会议期间应设置充分的间歇时间。
(7) 鼓励团队取得一致意见。
(8) 保证参加 JRP 的所有人员能够遵守事先约定的规则。

JRP 将会起到群策群力的效果，对于一些问题最有歧义的时候、对需求最不清晰的领域都是十分有用的一种方法。这种方法最大的难度是会议的组织和相关人员的能力，要做到言之有物，气氛开放。否则，将难以达到预想的效果。

11.2.6 需求记录技术

在需求获取的过程中，将会产生大量的信息，系统分析师要将这些信息有条理地记录下来，就需要借助一些工具。在信息系统开发实践中，有时候进行需求获取的人员和进行需求分析的人员不是同一个人（团队），有时候在同一个项目中有多个系统分析师参加需求获取，因此，需要统一需求记录工具，以便让所有人的获取结果是同一口径的。

常用的需求记录工具有任务卡片、场景说明、用户故事和 Volere 白卡等。

1. 任务卡片

在各种需求记录工具中，任务卡片是一种比较简单的工具，它特别适合对业务活动级的信息收集与整理。常用的任务卡片示例如图 11-2 所示。

在图 11-2 中，各个项目的内容及解释如表 11-3 所示。

任务卡片还有一个增强版，它的信息更加全面，如图 11-3 所示。

增强版任务卡片在基本任务卡片的基础上，增加了问题点描述和解决方案提示。其中方案示例是针对问题点，系统需要实现什么样的功能，以便验证这些解决方案是否能够解决用户提出的问题。

```
┌─────────────────────────────────────────────────┐
│ 任务：开通课程                                    │
│ 目的：为用户开通权限，将其标记为"学员"              │
│ 触发：/                                          │
│ 前提：用户交费到账                                 │
│ 频率：平均每天880人次                              │
│ 关键情况：单位集体报名                             │
├─────────────────────────────────────────────────┤
│ 子任务：                                          │
│   1. 查找用户资料                                  │
│   2. 将用户标记为"学员"                            │
│   3. 为用户增加学习币                              │
├─────────────────────────────────────────────────┤
│ 任务变体：                                        │
│   1a. 用户已经是学员                               │
│   1b. 用户所交费用多于所选课程的规定费用            │
│   2a. 老学员                                      │
└─────────────────────────────────────────────────┘
```

图 11-2　基本任务卡片示例

表 11-3　任务卡片的内容与要点

项目	内容	说明
任务	对该业务活动进行命名	一定要使用用户的业务术语
目的	以业务活动的工作意义进行概述	说明的是意图而非动作
触发	进行该业务活动	系统要判断的前置条件
前提	触发该业务活动的时机和场景	说明了业务前提
频率	任务发生的频率	这是一种非功能需求
关键情况	一些十分特殊的业务场景	系统需要专门进行处理
子任务	该业务活动的具体步骤	相当于用例的基本事件流
任务变体	该业务活动的变体与异常处理	相当于用例的扩展事件流

```
┌─────────────────────────────────────────────────────────────┐
│ 任务：开通课程                                                │
│ 目的：为用户开通权限，将其标记为"学员"                          │
│ 触发：/                                                      │
│ 前提：用户交费到账                                             │
│ 频率：平均每天880人次                                          │
│ 关键情况：单位集体报名                                         │
├──────────────────────────────────┬──────────────────────────┤
│ 子任务：                          │ 方案示例：                │
│   3. 为用户增加学习币              │                          │
│   问题：(1) 用户同时选修多门课程    │ 多门课程的选修采取权限控制的方式 │
│        (2) 用户可能要求多加学习币  │ 系统显示各门课程的学习币情况    │
│   ……                             │   ……                     │
├──────────────────────────────────┼──────────────────────────┤
│ 任务变体：                        │                          │
│   1b. 用户所交费用多于所选课程的规定费用│ 系统自动将多余的费用转换为用户 │
│   问题：用户没有明确多余的费用的用途 │ 的学习币                  │
│   ……                             │                          │
└──────────────────────────────────┴──────────────────────────┘
```

图 11-3　增强版任务卡片示例

2. 场景说明

有时候，系统分析师可能很难总结出子任务和任务变体，因为这需要对任务执行过程进行抽象。此时，系统分析师可以使用场景说明来对用户的描述进行整理，抽象出子任务。简单地理解，场景说明就是用户对其工作场景和过程的详细描述，这些描述将在编写测试用例和用户培训手册中再次用到。

3. 用户故事

用户故事描述了对用户有价值的功能，可包括三个方面内容，分别是书面描述（用于计划和备忘）、交谈（细化故事）和测试用例（验证故事实现）。用户故事描述的传统形式是手工书写的用户故事卡，系统分析师辅助用户编写故事，告诉用户所编写的故事是进一步讨论的引子，而不是详细的需求规范。在任何项目中，需要用户团队根据故事的重要性来安排开发工作，回答所有开发问题，编写所有的故事。在编写故事之前应该建立用户角色模型，必须包含对项目成功至关重要的角色，尽量保证所有用户对系统完全满意。

用户故事具有6个基本属性：独立性、可协商性、对用户有价值、可预测性、短小精悍和可测试性。

（1）独立性。尽可能避免故事之间存在依赖关系，因为依赖关系会产生优先级和规划问题。

（2）可协商性。故事是可协商的，不是必须实现的书面合同或者需求。

（3）对用户有价值。确保每个故事对用户有价值的最好方式是让用户编写故事。

（4）可预测性。系统分析师应该能够预测（至少大致猜测）故事的规模，以及实现所需要的工作量。

（5）短小精悍。故事规模对实现有影响，何种故事规模最合适，取决于开发团队的规模和能力，以及技术实现等方面。

（6）可测试性。所编写的故事必须是可测试的。

4. Volere 白卡

Volere 白卡是一种类似于任务卡片的需求记录工具，其格式如图 11-4 所示。

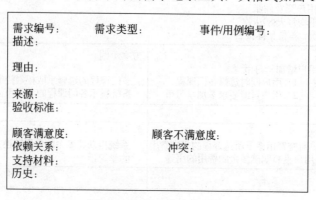

图 11-4 Volere 白卡的格式

用户故事和 Volere 白卡定位的是最小的需求项,因此在实际应用中会导致量比较大,一般在敏捷方法中使用。有关敏捷方法的详细知识,请阅读 8.3.4 节。

系统分析师在选择需求记录工具时,既可以借鉴现有的模板,也可以根据自己的需要进行扩展或重新定义。另外,选择记录工具时要考虑项目团队所使用的开发方法、用户的实际情况、系统分析师的技能等因素。

11.3 需求分析

在需求获取阶段,系统分析师所获得的需求是杂乱的,是用户对新系统的期望和要求,这些要求有重复的地方,也有矛盾的地方,这样的要求是不能作为软件设计的基础的。一个好的需求应该具有无二义性、完整性、一致性、可测试性、确定性、可跟踪性、正确性、必要性等特性,因此,需要系统分析师把杂乱无章的用户要求和期望转化为用户需求,这就是需求分析的工作。

11.3.1 需求分析的任务

需求分析就是提炼、分析和仔细审查已经获取到的需求,以确保所有的项目干系人都明白其含义并找出其中的错误、遗漏或其他不足的地方。需求分析的关键在于对问题域的研究与理解。为了便于理解问题域,现代软件工程方法所推荐的做法是对问题域进行抽象,将其分解为若干个基本元素,然后对元素之间的关系进行建模。

Karl E.Wiegers 在《软件需求》一书中指出,需求分析的工作通常包括以下 7 个方面:

(1) 绘制系统上下文范围关系图:这种关系图是用于定义系统与系统外部实体间的界限和接口的简单模型,它可以为需求确定一个范围。

(2) 创建用户界面原型:用户界面对于一个系统来说是十分重要的,因此在需求分析阶段通过快速开发工具开发一个抛弃式原型,或者通过 PowerPoint、Flash 等演示工具制作一个演示原型,甚至是用纸和笔画出一些关键的界面接口示意图,将帮助用户更好地理解所要解决的问题,更好地理解系统。

(3) 分析需求的可行性:对所有获得的需求进行成本、性能和技术实现方面的可行性研究,以及这些需求项是否与其他的需求项有冲突,是否有对外的依赖关系等。

(4) 确定需求的优先级:这是一项很重要的工作,迭代开发已经成为了现代软件工程方法的一个基础,而需求的优先级是制订迭代计划的一个最重要的依据。对于需求优先级的描述,可以采用满意度和不满意度指标进行说明。其中满意度表示当需求被实现时用户的满意程度,不满意度表示当需求未被实现时用户的不满意程度。

(5) 为需求建立模型:也就是建立分析模型,这些模型的表现形式主要是图表加上少量的文字描述,所谓"一图抵千字",图形化地描述需求将使得其更加清晰、易懂。根据采用的分析方法不同,采用的图也将不同。例如,OOA 中的用例模型和领域模型,SA

中的 DFD 和 E-R 图等。需求分析模型主要描述系统的数据、功能、用户界面和运行的外部行为，它是系统的一种逻辑表示技术，并不涉及软件的具体实现细节。需求分析模型可以帮助系统分析师理解系统，使需求分析任务更加容易实现。同时，它也是以后进行软件设计的基础，为软件设计提供了系统的表示视图。

（6）创建数据字典：数据字典是对系统用到的所有数据项和结构进行定义，以确保开发人员使用了统一的数据定义。有关数据字典的详细知识，将在 11.4.3 节中介绍。

（7）使用 QFD：这是在需求优先级基础上的一个升华，其原理与满意度和不满意度指标十分接近，通过将产品特性、属性与对用户的重要性联系起来。

11.3.2 需求分析的方法

在软件工程实践过程中，人们提出了许多种需求分析的方法，其中主要有 SA 方法、OOA 方法和面向问题域的分析（Problem Domain Oriented Analysis，PDOA）方法。另外，还有一些形式化方法，例如，VDM（Vienna Design Method）和 Z 等。本节只介绍 PDOA 方法，有关 SA 方法和 OOA 方法的知识，将分别在 11.4 节和 11.5 节中详细介绍。需求分析的形式化方法由于实用性不强，一般用在学术研究中，本书不作介绍。

1. PDOA 方法

相对来说，PDOA 是一项很新的技术，还处于研究阶段，相关的文献资料也不多。与 SA 和 OOA 相比，PDOA 更多地强调描述，而少强调建模。它的描述大致分为以下两个部分：

（1）关注问题域。用一个文档对含有的问题域进行相关的描述，并列出需要在该域中求解的问题列表，也就是需求列表。只有这个文档是在分析时产生的。

（2）关注解系统（即系统实现）的待求行为。用一个文档对解系统的待求行为进行描述。该文档将在需求定义阶段完成。

在 PDOA 方法中，对整个过程有着一个清晰的定义：

（1）收集基本的信息并开发问题框架，以建立问题域的类型。

（2）在问题框架类型的指导下，进一步收集详细信息，并给出一个问题域相关特性的描述。

（3）基于以上两点，收集并用文档说明新系统的需求。

从上面的描述中可以看出，问题框架是 PDOA 的核心元素，是将问题域分为一系列相互关联的子域，而一个子域可以是那些可能算是精选出来的问题域的一部分。也可以把问题框架看作是开发上下文范围关系图，但不同的是，上下文范围关系图的建模对象是针对解系统，而问题框架则是针对问题域。也就是说，问题框架的目标就是大量地获取更多有关问题域的信息。

2. 方法的对比

SA 方法关注于功能的分层和分解，这非常符合人们自上而下、逐步分解问题直到可解决的自然思考方式。SA 方法本身隐含着几个基本假设，即问题域是可定义的、问题域是有限的、通过有限的步骤总可以将复杂问题分解到可解决的程度。SA 方法应用的是科学方法中的因果律、归纳法和逻辑法，通过对现实世界中的问题域进行不断的"测量"和"分解"，直到得到问题域的逻辑模型。

OOA 方法则遵循完全不同的思维方式，它基于抽象、信息隐藏、功能独立和模块化这些基本理念对系统进行分析。OOA 方法首先对问题域的事物的"外在表象"进行观测，然后在逻辑世界中模拟出一个对应的逻辑对象，"断定"该对象和现实事物是一致的。随后，观测到的对象被记录入对象集合，观测到的行为和表象被记录入对象关系模型和对象行为模型。OOA 方法建立的对象彼此之间通过接口来相互沟通，每传递一个消息即触发一个事件，并引起内部方法的执行。只有观测对象内部的时候，才能看到具体的属性和方法。否则，只能看到对象对外部开放的接口。

SA 方法假定系统分析师理解问题域的全部，并且有能力正确地识别和分解问题。而 OOA 方法既不假定系统分析师理解问题域的全部，也不假定其能够建立正确的抽象对象，它只承诺一种可以持续"观测并理解"的方法，以及"观测后建立"的对象和现实世界的外在表象是一致的。

很难对 SA 方法和 OOA 方法作一种优劣性的比较，使用两种方法成功和失败的软件系统都很多。OOA 方法已经成为当前的主流分析方法，拥有大量的语言和建模工具的支持。然而，SA 方法也并未过时，很多成功的软件系统依然在通过 SA 方法进行分析和实现。

PDOA 的特点是重新将重点定位在问题域和需求上，通过对问题域的分类，向系统分析师提供具体问题的相关指南。并且它将规格说明作为另外的任务处理，它的成果只是一份问题域的全面描述和一份需求列表而已。PDOA 丰富和完善了 SA 和 OOA 方法，然而人们对它的了解和掌握还有一定的距离。

因地制宜地应用三种方法，不仅能够客观地认识问题域，创建出健全的解系统，还能够向用户和设计人员提供满意的需求文档。这些都需要系统分析师具有高度的思维水平，将知识、技能、经验和方法等高度科学、艺术性地运用在目标问题的解决上。

11.4 结构化分析方法

SA 方法的基本思想是自顶向下，逐层分解，把一个大问题分解成若干个小问题，每个小问题再分解成若干个更小的问题。经过逐层分解，每个最低层的问题都是足够简单、容易解决的，于是复杂的问题也就迎刃而解了。在 SA 方法中导出的分析模型如图 11-5 所示。

从图 11-5 可以看出，SA 方法分析模型的核心是数据字典，围绕这个核心，有三个层次的模型，分别是数据模型、功能模型和行为模型（也称为状态模型）。在实际工作中，一般使用 E-R 图表示数据模型，用 DFD 表示功能模型，用状态转换图（State Transform Diagram，STD）表示行为模型。这三个模型有着密切的关系，它们的建立不具有严格的时序性，而是一个迭代的过程。

11.4.1 数据流图

DFD 是 SA 方法中的重要工具，是表达系统内数据的流动并通过数据流描述系统功能的一种方法。DFD 还可被认为是一个系统模型，在信息系统开发中，如果采用结构化方法，则一般将 DFD 作为需求规格说明书的一个组成部分。

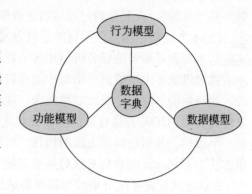

图 11-5　需求分析模型

1．DFD 的主要作用

DFD 从数据传递和加工的角度，利用图形符号通过逐层细分描述系统内各个部件的功能和数据在它们之间传递的情况，来说明系统所完成的功能。具体来说，DFD 的主要作用如下：

（1）DFD 是理解和表达用户需求的工具，是需求分析的手段。由于 DFD 简明易懂，不需要任何计算机专业知识就可以理解它，因此，系统分析师可以通过 DFD 与用户进行交流。

（2）DFD 概括地描述了系统的内部逻辑过程，是需求分析结果的表达工具，也是系统设计的重要参考资料，是系统设计的起点。

（3）DFD 作为一个存档的文字材料，是进一步修改和充实开发计划的依据。

2．DFD 的基本符号

在 DFD 中，通常会出现 4 种基本符号，分别是数据流、加工、数据存储和外部实体（数据源及数据终点）。数据流是具有名字和流向的数据，在 DFD 中用标有名字的箭头表示。加工是对数据流的变换，一般用圆圈表示。数据存储是可访问的存储信息，一般用直线段表示。外部实体是位于被建模的系统之外的信息生产者或消费者，是不能由计算机处理的成分，它们分别表明数据处理过程的数据来源及数据去向，用标有名字的方框表示。

3．DFD 的层次

SA 方法的思路是依赖于 DFD 进行自顶而下的分析。这也是因为系统通常比较复杂，很难在一张图上就将所有的数据流和加工描述清楚。因此，DFD 提供一种表现系统高层和低层概念的机制。也就是先绘制一张较高层次的 DFD，然后在此基础上，对其中的加工进行分解，分解成为若干个独立的、低层次的、详细的 DFD，而且可以这样逐一的分解下去，直至系统被清晰地描述出来。

（1）顶层图。顶层图是描述系统最高层结构的 DFD，它的特点是将整个待开发的系统表示为一个加工，将所有的外部实体和进出系统的数据流都画在一张图中。例如，图 11-6 就是一个顶层图的实例，只不过在绘制时做了一些处理，使得它看上去更加直观易懂。

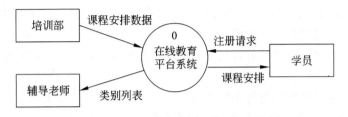

图 11-6　顶层图示例

顶层图用来描述系统有什么输入和输出数据流，与哪些外部实体直接相关，可以把整个系统的范围勾画出来。

（2）逐层分解。当完成了顶层图的建模之后，就可以在此基础上进行进一步的分解。对图 11-6 进行分解，在对原有流程了解的基础上，可以得到图 11-7。

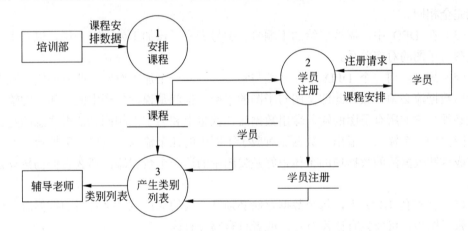

图 11-7　0 层图示例

图 11-7 是在顶层图 11-6 的基础上做的第一次分解，而在图 11-7 中只有一个加工，那就是系统本身，可以将其编号为 0。因此，对顶层图进行的分解，其实就是对这个编号为 0 的加工进行更细化的描述，在这里引入了新的加工和数据存储，为了能够区分其位于的级别，在这个层次上的加工将以 1、2、3 为序列进行编号。

正是由于这是对加工 0 的分解，因此也称为 0 层图。可以根据需要对 0 层图上的加工进行类似的再分解，称之为 1 层图，在 1 层图中引入的新加工，其编号规则就是 1.1、1.2、…，以及 2.1、2.2、…，依次类推，直到完成分析工作。

4．如何画 DFD

DFD 的绘制是一个自顶向下、由外到里的过程，通常按照以下几个步骤进行：

（1）画系统的输入和输出：在图的边缘标出系统的输入数据流和输出数据流。这一步其实是决定研究的内容和系统的范围。在画的时候，可以先将尽可能多的数据流画出来，然后再删除多余的，增加遗漏的。

（2）画 DFD 的内部：将系统的输入、输出用一系列的处理连接起来，可以从输入数据流画向输出数据流，也可以从中间画出去。

（3）为每一个数据流命名：命名的好坏与 DFD 的可理解性密切相关，应避免使用空洞的名字。

（4）为加工命名：使用动宾短语为每个加工命名。

每画好一张 DFD，就需要进行检查和修改，检查和修改的原则如下：

（1）DFD 中的所有图形符号只限于前述 4 种基本图形元素，图上每个元素都必须有名字。

（2）每个加工至少有一个输入数据流和一个输出数据流，而且要保持数据守恒。也就是，一个加工的所有输出数据流中的数据必须能从该加工的输入流中直接获得，或者通过该加工能产生的数据。一个加工的输出数据流不应与输入数据流同名，即使它们的组成完全相同。

（3）在 DFD 中，需按层给加工编号。编号表明了该加工处在哪一层，以及上下层的父图与子图的对应关系。

（4）规定任何一个 DFD 子图必须与它上一层的一个加工对应，两者的输入数据流和输出数据流必须一致。此即父图与子图的平衡。也就是说，父图中的某加工的输入输出流必须与它的所有子图的输入输出数据流在数量上和名字上相同。值得注意的是，如果父图中的一个输入（输出）数据流对应于子图中的几个输入（输出）数据流，而子图中组成这些数据流的数据项的全体正好是父图中的这一个数据流，那么它们仍然算是平衡的。

（5）在整套 DFD 中，每个数据存储必须既有读的数据流，又有写的数据流。但是在某张子图中，可能只有读没有写，或者只有写没有读。

（6）可以在 DFD 中加入物质流，帮助用户理解 DFD，但不可夹带控制流。

11.4.2 状态转换图

大多数业务系统是数据驱动的，所以适合使用 DFD。但是，实时控制系统却主要是事件驱动的，因此，行为模型是最有效的描述方式。STD 通过描述系统的状态和引起系统状态转换的事件，来表示系统的行为。此外，STD 还指出了作为特定事件的结果将执行哪些动作（例如，处理数据等）。

状态是任何可以被观察到的系统行为模式，每个状态代表系统的一种行为模式。在 STD 中，用圆形框或椭圆框表示状态，通常在框内标上状态名。状态规定了系统对事件的响应方式。系统对事件的响应可以是做一个（或一系列）动作，也可以是仅仅改变系统本身的状态。STD 描述了系统如何在各种状态之间移动。

事件是在某个特定时刻发生的事情，它是对引起系统从一个状态转换到另一个状态的外界事件的抽象。例如，内部时钟指明某个规定的时间段已经过去，鼠标移动或单击等都是事件。简而言之，事件就是引起系统状态转换的控制信息。

在 STD 中，从一个状态到另一个状态的转换用箭头线表示，箭头表明转换方向，箭头线上标上事件名。必要时可在事件名后面加一个方括号，括号内写上状态转换的条件。也就是说，仅当方括号内所列出的条件为真时，该事件的发生才引起箭头所示的状态转换。图 11-8 给出了一个在线课程学习的 STD 示例。

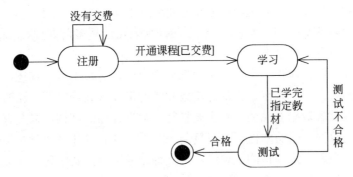

图 11-8　STD 示例

STD 既可以表示循环运行过程，也可以表示单程生命期。当描述循环运行过程时，通常不关心循环是怎样启动的。当描述单程生命期时，需要标明初始状态（简称为"初态"，系统启动时进入初始状态）和最终状态（简称为"终态"，系统运行结束时到达最终状态）。在 STD 中，初始状态用实心圆表示，最终状态用一对同心圆（内圆为实心圆）表示。

11.4.3　数据字典

DFD 描述了系统的分解，即系统由哪几部分组成，各部分之间的联系等，但是，对于数据的详细内容却无法在 DFD 中得到反映。例如，图 11-7 中的数据存储"课程"包括哪些内容，在 DFD 中就无法具体、准确地描述。数据字典是在 DFD 的基础上，对 DFD 中出现的所有命名元素都加以定义，使得每个图形元素的名字都有一个确切的解释。DFD 和数据字典等工具相配合，就可以从图形和文字两个方面对系统的逻辑模型进行完整的描述。

1. 数据字典的条目

数据字典中一般有 6 类条目，分别是数据元素、数据结构、数据流、数据存储、加工逻辑和外部实体。不同类型的条目有不同的属性需要描述。

（1）数据元素。数据元素也称为数据项，是数据的最小组成单位，例如，课程号、课程名等。对数据元素的描述,应该包括数据元素的名称、编号、别名、类型、长度、取值范围和取值的含义等。此外,数据元素的条目还包括对该元素的简要说明,以及与它有关的数据结构等信息。

(2)数据结构。数据结构用于描述某些数据元素之间的关系,它是一个递归的概念,一个数据结构可以包括若干个数据元素或(和)数据结构。数据结构的描述重点是数据元素之间的组合关系,即说明数据结构包括哪些成分。这些成分中有三种特殊情况,分别是任选项、必选项和重复项。任选项是可以出现也可以省略的项,用"[ ]"表示;必选项是在两个或多个数据元素中,必须出现其中的一个。例如,任何一门课程是必修课或选修课,二者必居其一。必选项的表示是将候选的多个数据项用"{ }"括起来;重复项是可以多次出现的数据项。例如,一张学员注册表可选择多门课程,"课程细节"可重复多次,表示成"课程细节*"。

(3)数据流。数据流由一个或一组数据元素组成,对数据流的描述应包括数据流的名称、编号、简要说明、来源、去处、组成和流通量(含高峰时期的流通量)。

(4)数据存储。数据存储的条目主要描写该数据存储的结构,以及有关的数据流和查询要求。有些数据存储的结构可能很复杂,例如,图11-7中的"学员"包括学员的基本情况、学员动态、在线模拟测试记录、论文练习成绩等,其中每一项又是一个数据结构,这些数据结构有各自的条目分别加以说明。因此,在"学员"的条目中只需列出这些数据结构,而不要列出数据结构的内部构成。DFD是分层的,下层图是上层图的具体化。同一个数据存储可能在不同层次的图中出现。描述这样的数据存储,应列出最底层图中的数据流。

(5)加工逻辑。需要描述加工的编号、名称、功能的简要说明、有关的输入数据流和输出数据流。对加工进行描述,目的在于使相关人员能有一个较明确的概念,了解加工的主要功能。详细的加工逻辑则需要借助一些工具来描述,包括判定树、判定表和结构化语言等,有关这些工具的详细知识,将在13.2.3节中介绍。

(6)外部实体。外部实体是数据的来源和去向,对外部实体的描述应包括外部实体的名称、编号、简要说明、外部实体产生的数据流和系统传给该外部实体的数据流,以及该外部实体的数量。外部实体的数量对于估计系统的业务量有参考作用,尤其是关系密切的主要外部实体。

2. 数据字典的作用

数据字典实际上是"关于系统数据的数据库"。在整个系统开发过程和系统运行与维护阶段,数据字典是必不可少的工具。数据字典是所有人员工作的依据,统一的标准。它可以确保数据在系统中的完整性和一致性。具体来讲,数据字典具有以下作用:

(1)按各种要求列表。可以根据数据字典,把所有数据条目按一定的顺序全部列出,保证系统设计时不会遗漏。如果系统分析师要对某个数据存储的结构进行深入分析,需要了解有关的细节,了解数据结构的组成乃至每个数据元素的属性,数据字典也可提供相应的内容。

（2）相互参照，便于系统修改。根据初步的 DFD，建立相应的数据字典。在需求分析过程中，系统分析师常会发现原来的 DFD 及各种数据定义中有错误或遗漏，需要修改或补充。有了数据字典，这种修改就变得容易多了。

（3）由描述内容检索名称。在一个稍微复杂的系统中，系统分析师可能没有把握断定某个数据元素在数据字典中是否已经定义，或者记不清楚其确切名字时，可以由内容查找其名称。

（4）一致性检验和完整性检验。根据各类条目的规定格式，可以发现一些问题，例如，是否存在没有指明来源或去向的数据流，是否存在没有指明数据存储或所属数据流的数据元素，加工逻辑与输入的数据元素是否匹配，是否存在没有输入或输出的数据存储等。

3．数据字典的管理

为了保证数据的一致性，数据字典必须由专人（数据管理员）管理。数据管理员的职责就是维护和管理数据字典，保证数据字典内容的完整性和一致性。任何人，包括系统分析师、软件设计师、程序员，如果要修改数据字典的内容，都必须通过数据管理员。数据管理员还要负责把数据字典的最新版本及时通知有关人员。

11.5 面向对象分析方法

OOA 的基本任务是运用 OO 方法，对问题域进行分析和理解，正确认识其中的事物及它们之间的关系，找出描述问题域和系统功能所需的类和对象，定义它们的属性和职责，以及它们之间所形成的各种联系。最终产生一个符合用户需求，并能直接反映问题域和系统功能的 OOA 模型及其详细说明。

OOA 模型独立于具体实现，即不考虑与系统具体实现有关的因素，这也是 OOA 和 OOD 的区别之所在。OOA 的任务是"做什么"，OOD 的任务是"怎么做"。

11.5.1 统一建模语言

UML 是一种定义良好、易于表达、功能强大且普遍适用的建模语言，它融入了软件工程领域的新思想、新方法和新技术，它的作用域不限于支持 OOA 和 OOD，还支持从需求分析开始的软件开发的全过程。

1．UML 的结构

从总体上来看，UML 的结构包括构造块、规则和公共机制三个部分。

（1）构造块。UML 有三种基本的构造块，分别是事物（thing）、关系（relationship）和图（diagram）。事物是 UML 的重要组成部分，关系把事物紧密联系在一起，图是多个相互关联的事物的集合。

（2）公共机制。公共机制是指达到特定目标的公共 UML 方法，主要包括规格说明（详细说明）、修饰、公共分类（通用划分）和扩展机制 4 种。规格说明是事物语义的细节描述，它是模型真正的核心；UML 为每个事物设置了一个简单的记号，还可以通过修饰来表达更多的信息；UML 包括两组公共分类：类与对象（类表示概念，而对象表示具体的实体）、接口与实现（接口用来定义契约，而实现就是具体的内容）；扩展机制包括约束（扩展了 UML 构造块的语义，允许增加新的规则或修改现有的规则）、构造型（扩展 UML 的词汇，用于定义新的构造块）和标记值（扩展了 UML 构造块的特性，允许创建新的特殊信息来扩展事物的规格说明）。

（3）规则。规则是构造块如何放在一起的规定，包括为构造块命名；给一个名字以特定含义的语境，即范围；怎样使用或看见名字，即可见性；事物如何正确、一致地相互联系，即完整性；运行或模拟动态模型的含义是什么，即执行。

UML 对系统架构的定义是系统的组织结构，包括系统分解的组成部分，以及它们的关联性、交互机制和指导原则等提供系统设计的信息。具体来说，就是指以下 5 个系统视图：

（1）逻辑视图。逻辑视图也称为设计视图，它表示了设计模型中在架构方面具有重要意义的部分，即类、子系统、包和用例实现的子集。

（2）进程视图。进程视图是可执行线程和进程作为活动类的建模，它是逻辑视图的一次执行实例，描述了并发与同步结构。

（3）实现视图。实现视图对组成基于系统的物理代码的文件和构件进行建模。

（4）部署视图。部署视图把构件部署到一组物理节点上，表示软件到硬件的映射和分布结构。

（5）用例视图。用例视图是最基本的需求分析模型。

另外，UML 还允许在一定的阶段隐藏模型的某些元素、遗漏某些元素，以及不保证模型的完整性，但模型逐步地要达到完整和一致。

2．事物

UML 中的事物也称为建模元素，包括结构事物（Structural Things）、行为事物（Behavioral Things，动作事物）、分组事物（Grouping Things）和注释事物（Annotational Things，注解事物）。这些事物是 UML 模型中最基本的 OO 构造块。

（1）结构事物。结构事物在模型中属于最静态的部分，代表概念上或物理上的元素。UML 有 7 种结构事物，分别是类、接口、协作、用例、活动类、构件和节点。类是描述具有相同属性、方法、关系和语义的对象的集合，一个类实现一个或多个接口；接口是指类或构件提供特定服务的一组操作的集合，接口描述了类或构件的对外的可见的动作；协作定义了交互的操作，是一些角色和其他事物一起工作，提供一些合作的动作，这些动作比事物的总和要大；用例是描述一系列的动作，产生有价值的结果。在模型中用例通常用来组织行为事物。用例是通过协作来实现的；活动类的对象有一个或多个进程或线程。活动类和类很相似，只是它的对象代表的事物的行为和其他事物是同时存在的；构件是物理上或可替换的系统部分，它实现了一个接口集合；节点是一个物理元素，它在运行时存在，代表一个可计算的资源，通常占用一些内存和具有处理能力。一个构件集合一般来说位于一个节点，但有可能从一个节点转到另一个节点。

（2）行为事物：行为事物是 UML 模型中的动态部分，代表时间和空间上的动作。UML 有两种主要的行为事物。第一种是交互（内部活动），交互是由一组对象之间在特定上下文中，为达到特定目的而进行的一系列消息交换而组成的动作。交互中组成动作的对象的每个操作都要详细列出，包括消息、动作次序（消息产生的动作）、连接（对象之间的连接）；第二种是状态机，状态机由一系列对象的状态组成。

（3）分组事物。分组事物是 UML 模型中组织的部分，可以把它们看成是个盒子，模型可以在其中进行分解。UML 只有一种分组事物，称为包。包是一种将有组织的元素分组的机制。与构件不同的是，包纯粹是一种概念上的事物，只存在于开发阶段，而构件可以存在于系统运行阶段。

（4）注释事物。注释事物是 UML 模型的解释部分。

3．关系

UML 用关系把事物结合在一起，主要有下列 4 种关系：

（1）依赖（dependency）。依赖是两个事物之间的语义关系，其中一个事物发生变化会影响另一个事物的语义。

（2）关联（association）。关联描述一组对象之间连接的结构关系。

（3）泛化（generalization）。泛化是一般化和特殊化的关系，描述特殊元素的对象可替换一般元素的对象。

（4）实现（realization）。实现是类之间的语义关系，其中的一个类指定了由另一个类保证执行的契约。

4．图

UML 2.0 包括 14 种图，分别列举如下：

（1）类图（Class Diagram）。类图描述一组类、接口、协作和它们之间的关系。在 OO 系统的建模中，最常见的图就是类图。类图给出了系统的静态设计视图，活动类的类图给出了系统的静态进程视图。

（2）对象图（Object Diagram）。对象图描述一组对象及它们之间的关系。对象图描述了在类图中所建立的事物实例的静态快照。和类图一样，这些图给出系统的静态设计视图或静态进程视图，但它们是从真实案例或原型案例的角度建立的。

（3）构件图（Component Diagram）。构件图描述一个封装的类和它的接口、端口，以及由内嵌的构件和连接件构成的内部结构。构件图用于表示系统的静态设计实现视图。对于由小的部件构建大的系统来说，构件图是很重要的。构件图是类图的变体。

（4）组合结构图（Composite Structure Diagram）。组合结构图描述结构化类（例如，构件或类)的内部结构,包括结构化类与系统其余部分的交互点。组合结构图用于画出结构化类的内部内容。

(5)用例图(Use Case Diagram)。用例图描述一组用例、参与者及它们之间的关系。用例图给出系统的静态用例视图。这些图在对系统的行为进行组织和建模时是非常重要的。

(6)顺序图(Sequence Diagram,序列图)。顺序图是一种交互图(interaction diagram),交互图展现了一种交互,它由一组对象或参与者以及它们之间可能发送的消息构成。交互图专注于系统的动态视图。顺序图是强调消息的时间次序的交互图。

(7)通信图(Communication Diagram)。通信图也是一种交互图,它强调收发消息的对象或参与者的结构组织。顺序图和通信图表达了类似的基本概念,但它们所强调的概念不同,顺序图强调的是时序,通信图强调的是对象之间的组织结构(关系)。在UML 1.X版本中,通信图称为协作图(Collaboration Diagram)。

(8)定时图(Timing Diagram,计时图)。定时图也是一种交互图,它强调消息跨越不同对象或参与者的实际时间,而不仅仅只是关心消息的相对顺序。

(9)状态图(State Diagram)。状态图描述一个状态机,它由状态、转移、事件和活动组成。状态图给出了对象的动态视图。它对于接口、类或协作的行为建模尤为重要,而且它强调事件导致的对象行为,这非常有助于对反应式系统建模。

(10)活动图(Activity Diagram)。活动图将进程或其他计算结构展示为计算内部一步步的控制流和数据流。活动图专注于系统的动态视图。它对系统的功能建模和业务流程建模特别重要,并强调对象间的控制流程。

(11)部署图(Deployment Diagram)。部署图描述对运行时的处理节点及在其中生存的构件的配置。部署图给出了架构的静态部署视图,通常一个节点包含一个或多个部署图。

(12)制品图(Artifact Diagram)。制品图描述计算机中一个系统的物理结构。制品包括文件、数据库和类似的物理比特集合。制品图通常与部署图一起使用。制品也给出了它们实现的类和构件。

(13)包图(Package Diagram)。包图描述由模型本身分解而成的组织单元,以及它们之间的依赖关系。

(14)交互概览图(Interaction Overview Diagram)。交互概览图是活动图和顺序图的混合物。

11.5.2 用例模型

SA方法采用功能分解的方式来描述系统功能,在这种表达方式中,系统功能被分解到各个功能模块中,通过描述细分的系统模块的功能来达到描述整个系统功能的目的。采用SA方法来描述系统需求,很容易混淆需求和设计的界限,这样的描述实际上已经包含了部分的设计在内。因此，系统分析师常常感到迷惑，不知道系统需求应该详细到何种程度。一个极端的做法就是将需求详细到概要设计，因为这样的需求描述既包含了外部需求也包含了内部设计。SA 方法的另一个缺点是分割了各项系统功能的应用环境，从各项功能项入手，很难了解到这些功能项如何相互关联来实现一个完整的系统服务的。

从用户的角度来看，他们并不想了解系统的内部结构和设计，他们所关心的是系统所能提供的服务，这就是用例方法的基本思想。用例方法是一种需求合成技术，采用 10.2.3 节和 11.2 节介绍的技术（方法）获取需求，记录下来，然后从这些零散的要求和期望中进行整理与提炼，从而建立用例模型。在 OOA 方法中，构建用例模型一般需要经历 4 个阶段，分别是识别参与者、合并需求获得用例、细化用例描述和调整用例模型，其中前三个阶段是必需的。

1. 用例图的元素

用例是一种描述系统需求的方法，使用用例的方法来描述系统需求的过程就是用例建模。在用例图中，主要包括参与者、用例和通信关联三种元素，如图 11-9 所示。

图 11-9　用例图中的基本元素

（1）参与者。参与者是指存在于系统外部并与系统进行交互的任何事物，既可以是使用系统的用户，也可以是其他外部系统和设备等外部实体。

（2）用例。用例是在系统中执行的一系列动作，这些动作将生成特定参与者可见的价值结果。也就是说，用例表示系统所提供的服务，它定义了系统是如何被参与者所使用的，它描述的是参与者为了使用系统所提供的某一完整功能而与系统之间发生的一段对话。

（3）通信关联。通信关联表示的是参与者和用例之间的关系，或用例与用例之间的关系。箭头表示在这一关系中哪一方是对话的主动发起者，箭头所指方是对话的被动接受者，箭尾所指方是对话的主动发起者。如果不想强调对话中的主动与被动关系，可以使用不带箭头的关联实线。在用例模型中，信息流不是由通信关联来表示的，该信息流是默认存在的，并且是双向的，它与箭头所指的方向没有关系。

2. 识别参与者

参与者是与系统交互的所有事物，该角色不仅可以由人承担，还可以是其他系统和硬件设备，甚至是系统时钟。

（1）其他系统：当系统需要与其他系统交互时，其他系统就是一个参与者。例如，对某企业的在线教育平台系统而言，该企业的 OA 系统就是一个参与者。

（2）硬件设备：如果系统需要与硬件设备交互，硬件设备就是一个参与者。例如，在开发集成电路（Integrated Circuit，IC）卡门禁系统时，IC 卡读写器就是一个参与者。

（3）时钟：当系统需要定时触发时，时钟就是一个参与者。例如，开发在线测试系统中的"定时交卷"功能时,就需要引入时钟作为参与者。

要注意的是,参与者一定在系统之外,不是系统的一部分。可以通过下列问题来帮助系统分析师发现系统的参与者:谁使用这个系统?谁安装这个系统?谁启动这个系统?谁维护这个系统?谁关闭这个系统?哪些(其他)系统使用这个系统?谁从这个系统获取信息?谁为这个系统提供信息?是否有事情自动在预计的时间发生?

执行系统某项功能的参与者可能有多个,但这多个参与者在使用系统时会有不同的职责划分,根据职责的重要程度不同,有主要参与者和次要参与者之分。主要参与者是从系统中直接获得可度量价值的参与者,次要参与者的需求驱动了用例所表示的行为或功能,在用例中起支持作用,帮助主要参与者完成他们的工作,次要参与者不能脱离主要参与者而存在。开发用例的重点是要找到主要参与者。

3. 合并需求获得用例

将参与者都找到之后,接下来就是仔细地检查参与者,为每一个参与者确定用例。首先,要将获取到的需求分配给与其相关的参与者,以便可以针对每个参与者进行工作,而无遗漏;其次,进行合并操作。在合并之前,要明确为什么要合并,知道了合并的目的,才可能选择正确的合并操作。合并后,将产生用例。将识别到的参与者和合并生成的用例,通过用例图的形式整理出来,以获得用例模型的框架,如图11-10所示。

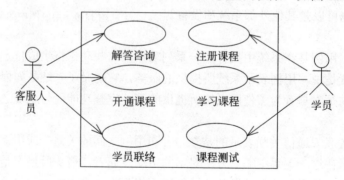

图11-10 用例图示例

在确定用例的过程中,需要注意以下问题:

(1)用例命名。用例的命名应该注意采用"动词(短语)+名词(短语)"的形式,例如,"开通课程"和"课程测试"等。而且,最好能够对用例进行编号,这也是实现需求跟踪管理的重要技巧,通过编号可以将用户的需求落实到特定的用例中去。

(2)不能混淆用例和用例所包含的步骤。例如,"开通课程"功能要经过验证学员信息、检查学员权限、保存开通记录、修改课程选修人数等步骤才能完成,在系统中这些步骤不能作为单独的功能对外提供,它们只是一个用例所包含的事件流,或是是用例的子功能。

(3)注意区分业务用例和系统用例。当针对整个业务领域建模时,需要使用业务用例,其中会涉及大量的人工活动,例如,在线教育平台系统中有一项重要工作是"编写教材",这就是业务用例,是信息系统无法完成的。信息系统作为整个业务系统的一部分,只负责实现系统的部分功能,因此,只需要识别出系统用例,而不需考虑业务用例。

4. 细化用例描述

用例建模的主要工作是书写用例规约(use case specification),而不是画图。用例模板为一个给定项目的所有人员定义了用例规约的结果,其内容至少包括用例名、参与者、目标、前置条件、事件流(基本事件流和扩展事件流)和后置条件等,其他的还可以包括非功能需求和用例优先级等。

一个较为复杂的系统会有较多的用例,为便于理解,可以为它们建立多张用例图。更为复杂的情况将导致所有用例难以维持一种平面结构,这时可以对用例进行分组。UML 使用用例主题划分用例图,一组用例放置在以主题命名的方框中(类似于系统边界),每个主题中可以包含多个用例图。

用例的描述可以迭代完成,先对一些重要的用例编制相对细致的用例描述,对于一些不重要的用例,可以留待以后再补充完成。用例描述通常包括以下几个部分:

(1)用例名称。用例名称应该与用例图相符,并写上其相应的编号。

(2)简要说明。对用例为参与者所传递的价值结果进行描述,应注意语言简要,使用用户能够阅读的自然语言。

(3)事件流。事件流是指当参与者和系统试图达到一个目标时所发生的一系列活动,也就是用例所完成的工作步骤。在编写时应注意使用简单的语法,主语明确,语义易于理解;明确写出"谁控制球",也就是在事件流描述中,让读者直观地了解是参与者在控制还是系统在控制;从俯视的角度来编写,指出参与者的动作,以及系统的响应;描述用户意图和系统职责,而不叙述具体的行为和技术细节,特别是有关用户界面的细节。

执行一个用例的事件流有多种可能的路线,其中主事件流(基本事件流)是指能够满足目标的典型的成功路径,主事件流通常不包括任何条件和分支,符合大多数人的期望,从而更容易理解和扩展;备选事件流(扩展事件流)也称为备选路径,是完成用例可能出现失败的情况、分支路径或扩展路径,为了不影响用例活动清晰的主线,将这些分支处理全部抽取出来作为备选事件流。例如,在"开通课程"用例执行的过程中,如果学员所交的费用多于所选修课程规定的费用,则需要把多余的费用转换为学习币;如果学员选修课程数量超出最大限额,则用例未达到期望目标而终止。在事件流的描述中,主事件流使用"确认"和"验证"等确定性语句,而不是"检查是否……"和"如果……,那么……,否则……"等条件语句,这些分支情况利用备选事件流来说明。

另外,事件流的编写过程也是可以分阶段迭代进行的,对于优先级高的用例花更多的时间,更加的细化;对优先级低的用例可以先简略地将主事件流描述清楚,备选事件流留待以后处理。对于一些事件流较为复杂的,可以在用例描述中引用顺序图、状态图和通信图等手段进行描述。

（4）非功能需求。因为用例所涉及的非功能需求通常很难在事件流中进行表达，因此单列为一小节进行描述。在非功能需求的描述方面，一定注意使其可度量和可验证。否则，就容易流于形式，形同摆设。

（5）前置条件和后置条件。前置条件是执行用例之前必须存在的系统状态，如果前置条件不满足，则用例无法启动。例如，"开通课程"用例的前置条件是客服人员已正确登录到系统中；后置条件是用例执行完毕系统可能处于的一组状态。一旦用例成功执行，可能会导致系统内部某些状态的变化，例如，成功地"开通课程"会使该课程的选修人数增加，会使学员的权限发生变化等。而某些用例也可能没有前置条件或后置条件，例如，"学员联络"用例没有后置条件，因为该用例执行后不会改变系统状态。如果在当前阶段不容易确定前置条件或后置条件，则可以在以后再细化。

（6）扩展点。如果包括扩展（或包含）用例，则写出扩展（或包含）用例名，并说明在什么情况下使用。

（7）优先级。说明用户对该用例的期望值，为以后的开发工作确定先后顺序。可以采用满意度/不满意度指标进行说明，例如，设置为1~5的数值。

表11-4是图11-10中"开通课程"的用例描述，这些内容不一定要一次完成。如果需要调整用例模型，则在调整用例模型之后，还可以修改和细化用例描述。

表11-4 用例描述示例

1. 用例名称
   开通课程（UC02）
2. 简要说明
   为用户开通学习课程的权限，将其标记为"学员"，同时修改所选修课程的选修人数。
3. 事件流
3.1 主事件流
（1）客服人员向系统发出"开通课程"请求。
（2）系统要求客服人员选择开通课程的类型（软考、考研、专业课程、自学考试、Java课程）。
（3）客服人员做出选择后，系统显示相应界面，让客服人员输入信息，并自动根据权限规则生成权限。
（4）客服人员输入学员的相关信息，包括学员用户名、所交费用、交费时间、选修课程名称。
（5）系统确认学员所交费用和所选修课程的规定费用一致。
（6）系统将所输入的信息存储建档，开通学员课程权限。
3.2 备选事件流
（1）如果学员所交费用少于所选修课程的规定费用，则显示所选修课程的规定费用，并要求客服人员选择修改或取消输入。
- 客服人员选择取消输入，则结束用例，不做存储建档工作。
- 客服人员选择修改用户所交费用后，转到（5）。

（2）如果学员所交费用多于所选修课程的规定费用，则显示多余的费用数量，并要求客服人员选择是转换为学习币还是退还给学员。

续表

- 客服人员选择转换为学习币，则把多余的费用转换为学习币，记入学员账户中，转到(5)。
- 客服人员选择退还给学员，转到(5)。

（3）如果学员所选修的课程超出了系统规定的选修人数，则提示客服人员，结束用例。

4. 非功能需求

　　无特殊要求。

5. 前置条件

　　客服人员登录在线教育平台系统。

6. 后置条件

　　修改学员权限，修改课程选修人数。

7. 扩展点

　　无。

8. 优先级

　　最高（满意度 5，不满意度 5）。

5．调整用例模型

在建立了初步的用例模型后，还可以利用用例之间的关系来调整用例模型。用例之间的关系主要有包含、扩展和泛化，利用这些关系，把一些公共的信息抽取出来，以便于复用，使得用例模型更易于维护。

（1）包含关系。当可以从两个或两个以上的用例中提取公共行为时，应该使用包含关系来表示它们。其中这个提取出来的公共用例称为抽象用例，而把原始用例称为基本用例或基础用例。例如，图 11-10 中的"学习课程"和"课程测试"两个用例都需要检查学员的权限，为此，可以定义一个抽象用例"检查权限"。用例"学习课程"和"课程测试"与用例"检查权限"之间的关系就是包含关系，如图 11-11 所示。其中"<<include>>"是包含关系的构造型，箭头指向抽象用例。

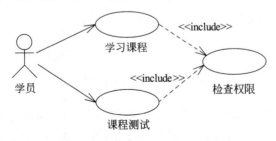

图 11-11　包含关系的例子

当多个用例需要使用同一段事件流时，抽象成为公共用例，可以避免在多个用例中重复地描述这段事件流，也可以防止这段事件流在不同用例中的描述出现不一致。当需要修改这段公共的需求时，也只要修改一个用例，避免同时修改多个用例而产生的不一致性和重复性工作。另外,当某个用例的事件流过于复杂时,为了简化用例的描述,也可以将某一段事件流抽象成为一个被包含的用例。

(2)扩展关系。如果一个用例明显地混合了两种或两种以上的不同场景,即根据情况可能发生多种分支,则可以将这个用例分为一个基本用例和一个或多个扩展用例,这样使描述可能更加清晰。例如,图 11-10 中的学员进行"课程测试"时,其测试的次数可能已超出系统规定的限额,这时就需要学员"充入学习币"。用例"课程测试"和"充入学习币"之间的关系就是扩展关系,如图 11-12 所示。其中"<<extend>>"是扩展关系的构造型,箭头指向基本用例。

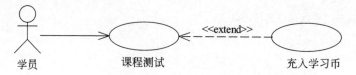

图 11-12 扩展关系的例子

(3)泛化关系。当多个用例共同拥有一种类似的结构和行为的时候,可以将它们的共性抽象成为父用例,其他的用例作为泛化关系中的子用例。在用例的泛化关系中,子用例是父用例的一种特殊形式,子用例继承了父用例所有的结构、行为和关系。例如,图 11-10 中学员进行课程注册时,假设既可以通过电话注册,也可以通过网上注册,则"注册课程"用例就是"电话注册"用例和"网上注册"用例的泛化,如图 11-13 所示。其中三角箭头指向父用例。

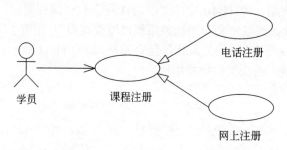

图 11-13 泛化关系的例子

从 UML 事物关系的本质上来看,包含关系和扩展关系都属于依赖关系。对包含关系而言,抽象用例中的事件流是一定插入到基本用例中去的,并且插入点只有一个。扩展用例的事件流往往可以抽象为基本用例的备选事件流,在扩展关系中,可以根据一定的条件来决定是否将扩展用例的事件流插入到基本用例的事件流中,并且插入点可以有多个。在实际应用中,很少使用泛化关系,子用例的特殊行为都可以作为父用例中的备选事件流而存在。

在实际工作中，系统分析师要谨慎选用这些关系。从上面的介绍可以看出，包含、扩展和泛化关系都会增加用例的个数，从而增加用例模型的复杂度。另外，一般都是在用例模型完成之后才对它进行调整，在用例模型建立之初不必急于抽象用例之间的关系。

11.5.3 分析模型

11.5.2 节从用户的观点对系统进行了用例建模，但捕获了用例并不意味着分析的结束，还要对需求进行深入分析，获取关于问题域本质内容的分析模型。分析模型描述系统的基本逻辑结构，展示对象和类如何组成系统（静态模型），以及它们如何保持通信，实现系统行为（动态模型）。

为了使模型独立于具体的开发语言，系统分析师需要把注意力集中在概念性问题上而不是软件技术问题上，这些技术的起点就是领域模型。领域模型又称为概念模型或简称为域模型，也就是找到那些代表事物与概念的对象，即概念类。概念类可以从用例模型中获得灵感，经过完善将形成分析模型中的分析类。每一个用例对应一个类图，描述参与这个用例实现的所有概念类，而用例的实现主要通过交互图来表示。例如，用例的事件流会对应产生一个顺序图，描述相关对象如何通过合作来完成整个事件流，复杂的备选事件流也可以产生一个或多个顺序图。所有这些图的集合就构成了系统的分析模型。

建立分析模型的过程大致包括定义概念类、确定类之间的关系、为类添加职责、建立交互图等，其中有学者将前三个步骤统称为 CRC（Class-Responsibility-Collaborator，类-责任-协作者）建模。

1. 定义概念类

OOA 的中心任务就是要找到系统中的对象或类，这些类将反映到系统设计中的软件类和系统实现中某个 OOP 语言声明的类。例如，在领域模型中，学员学习某门课程是一个事件，该事件记录了某个学员和某门课程在一定时期内的责任关系，表达的是领域概念；在系统设计模型中，学习记录就是一个软件类。虽然它们是不同的事物，但领域模型中的命名启发了后者的命名和定义，从而缩小了表示的差距。在整个系统开发过程中，要尽量使这些类或对象在不同阶段保持相同的名称。

发现类的方法有很多种，其中应用最广泛的是名词短语法。它的主要规则是先识别有关问题域文本描述中的名词或名词短语，然后将它们作为候选的概念类或属性，其具体步骤如下：

（1）阅读和理解需求文档或用例描述。
（2）筛选出名词或名词短语，建立初始类清单（候选类）。
（3）将候选类分成三类，分别是显而易见的类、明显无意义的类和不确定类别的类。
（4）舍弃明显无意义的类。
（5）小组讨论不确定类别的类，直到将它们都合并或调整到其他两个类别，并进行相应的操作。

例如，根据表 11-4 所描述的"开通课程"用例的事件流，可以获得候选概念类的清单，如表 11-5 所示。

表 11-5 候选概念类清单

名 词 类 别	概念类列表
显而易见的类	课程、学习币、学员
明显无意义的类	请求、界面、信息
不确定类别的类	学员账户、课程类型、权限、用户名、费用、课程名称

经过简单分析可以得出，"学员账户"、"用户名"和"权限"可以归结到"学员"类，作为"学员"类的属性；"课程类型"和"课程名称"可以归结到"课程"类，作为"课程"类的属性；"费用"可以单独列为一个类，称为"费用清单"。这样，针对"开通课程"这个用例，就确定了 4 个类，分别是课程、学习币、学员和费用清单。

另外，也可以根据描述中的名词类别来发现候选类，例如，划分为人员、组织、物品、设备、事件、规格说明、业务规则或政策等。要注意的是，不是所有的名词或名词短语都是系统中的一个合适的候选类，因为有的在系统之外，有的与系统不相关，有的名词概念较小，只适合于作为某个候选类的属性。因此，必须对其进行一番筛选，把不合适的过滤掉。

2. 确定类之间的关系

当完成了类的寻找工作之后，就需要理清这些类之间的关系，类之间的主要关系有关联、依赖、泛化、聚合、组合和实现等，它们在 UML 中的表示方式如图 11-14 所示。

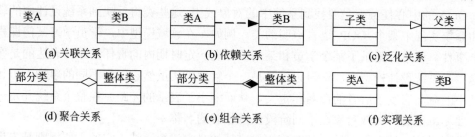

图 11-14 类之间的关系表示

（1）关联关系。关联提供了不同类的对象之间的结构关系，它在一段时间内将多个类的实例连接在一起。关联体现的是对象实例之间的关系，而不表示两个类之间的关系。其余的关系涉及类元自身的描述，而不是它们的实例。对于关联关系的描述，可以使用关联名称、角色、多重性和导向性来说明，如图 11-15 所示。

关联名称反映该关系的目的，并且应该是一个动词，例如，图 11-15 中的"测试"。如果某种各关联的含义对于开发人员和用户都是非常明确的，则可以省略关联名称；关联路径的两端为角色，角色规定了类在关联中所起的作用，例如，图 11-15 中的"学员"

和"普通网友"。一般情况下,只有在关联名称不能明确表述时,才使用角色名称;多重性指定所在类可以实例化的对象数量(重数),即该类的多少个对象在一段特定的时间内可以与另一个类的一个对象相关联。例如,图 11-15 中的数字和"*"都表示关联,其中"*"等价于"0..*";导向性表示可以通过关联从源类导向到目标类,也就是说,给定关联一端的对象就能够容易并直接地得到另一端的对象。导向性用一个箭头表示,如果没有箭头,就认为是一个双向关联或是一个未定义的关联。关联关系的表示方式,同样也适合其他关系的表示,只是箭线符号不同而已。

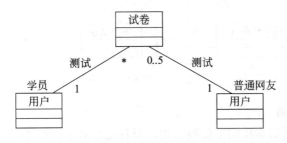

图 11-15 关联关系的表示

(2) 依赖关系。两个类 A 和 B,如果 B 的变化可能会引起 A 的变化,则称类 A 依赖于类 B。依赖可以由各种原因引起,例如,一个类向另一个类发送消息、一个类是另一个类的数据成员、一个类是另一个类的某个操作参数等。

(3) 泛化关系。泛化关系描述了一般事物与该事物中的特殊种类之间的关系,也就是父类与子类之间的关系。继承关系是泛化关系的反关系,也就是说,子类继承了父类,而父类则是子类的泛化。

(4) 共享聚集。共享聚集关系通常简称为聚合关系,它表示类之间的整体与部分的关系,其含义是"部分"可能同时属于多个"整体","部分"与"整体"的生命周期可以不相同。例如,汽车和车轮就是聚合关系,车子坏了,车轮还可以用;车轮坏了,可以再换一个。

(5) 组合聚集。组合聚集关系通常简称为组合关系,它也是表示类之间的整体与部分的关系。与聚合关系的区别在于,组合关系中的"部分"只能属于一个"整体","部分"与"整体"的生命周期相同,"部分"随着"整体"的创建而创建,也随着"整体"的消亡而消亡。例如,一个公司包含多个部门,它们之间的关系就是组合关系。公司一旦倒闭,也就无所谓部门了。

(6) 实现关系。实现关系将说明和实现联系起来。接口是对行为而非实现的说明,而类中则包含了实现的结构。一个或多个类可以实现一个接口,而每个类分别实现接口中的操作。

确定了类之间的关系之后,通过 UML 的类图将这些关系记录下来,形成领域模型。例如,图 11-16 就是与在线教育平台系统相关的一个简单的领域模型。

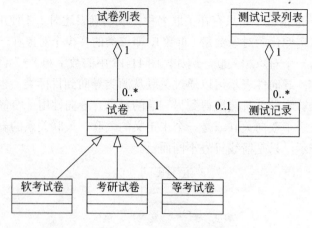

图 11-16　领域模型示例

3．为类添加职责

找到了反映问题域本质的主要概念类，而且还理清了它们之间的协作关系之后，系统分析师就可以为这些类添加其相应的职责。类的职责包括两个方面的内容，一个是类所维护的知识，即成员变量或属性；另一个是类能够执行的行为，即成员方法或责任。

属性是描述类静态特征的一个数据项。系统分析师可以与用户进行交谈，提出问题来帮助寻找类的属性。从概念建模的角度来看，属性越简单越好。要保持属性的简单性，应该做到只定义与系统责任和系统目标有关的属性；使用简单数据类型来定义属性，不使用可由其他属性导出的属性（冗余属性）；不为类关联定义属性。最后，要对属性加以说明，包括名称、解释和数据类型，以及其他的一些要求。

对于类的责任的确定，可以根据用例描述中的动词来进行判断，然后再进行筛选。这个过程与类的识别过程是类似的，此处不再赘述。系统分析师应该通用性地描述类的成员方法，例如，"交费"和"组卷"等。另外，根据封装性原则，信息和与其相关的行为应该存在同一个类中。关于一个事物的信息应该包含在单个类中，而不是分布在多个类中。但是，在适当的时候，可以在相关的类之间分享责任。

要注意的是，为类添加职责与找到类之间的关系一样，这个阶段也只能找到那些主要的、明显的、与业务规则相关的部分。切忌在这个阶段不断地细化，甚至引入一些与具体实现相关的技术内容（例如，数据库和分布式对象之类的东西）。

4．建立交互图

多个对象的行为通常采用对象交互来表示，UML 2.0 提供的交互图有顺序图、交互概览图、通信图和定时图。每种图出于不同视点对行为有不同的表现能力，其中最常用的是顺序图，几乎可以用在任何系统的场合。顺序图的基本元素有对象、参与者、生命线、激活框、消息和消息路线，其中消息是顺序图的灵魂。当对象行为复杂并存在多种不同状态转换时，还要用到反映对象状态变化的状态图。有关这些图形的绘制，本书不再介绍,请参考本套丛书中的《系统分析师技术指南(2009版)》(张友生、王勇主编,清华大学出版社)第13章。

5. 分析模型的详细程度问题

对于分析模型的详细程度,各种文献说法不一,在实践中的做法也不一样。有些文献建议只列出类以及类之间的主要关系,不要对关系进行描述,更不要体现类的职责;而有些文献则认为应该将这些东西都列出来。其实,干巴巴地讨论这个问题是没有任何意义的。在整个系统开发的过程中,分析模型是不断演变的,应随着开发的深入加入新的内容,或修改已有内容,逐渐完善、演变完整。最初的分析模型主要是围绕着领域知识进行的,对现实的事物进行建模。而后,则不断地加入设计的元素,最终演变成为运行于计算机上的系统。

总之,模型不是要开发的目标产物,而是开发过程中的一个辅助工作,只要能够利用其帮助团队更好地开发,详细也罢,简约也罢,都是好模型。

11.6 需求定义

系统分析师在获取了用户的需求,并进行了详细分析之后,接下来的工作就需要把这些需求形成文档,作为系统后续开发的基础,这就是需求定义。

11.6.1 需求定义的方法

需求定义的过程也就是形成需求规格说明书的过程,通常有两种需求定义的方法,分别是严格定义方法和原型方法。

1. 严格定义方法

严格定义也称为预先定义,需求的严格定义建立在以下的基本假设之上:

(1)所有需求都能够被预先定义。假设意味着,在没有实际系统运行经验的情况下,全部的系统需求均可通过逻辑推断得到。这对某些规模较小、功能简单的系统是可能的,但对那些功能庞大、复杂且较大的系统显然是困难的。即使事先做了深入细致的调查和分析,当用户见到新系统的实际效果时,也往往会改变原先的看法,会提出修改或更进一步增加系统功能的要求,因此,再好的预先定义技术也会经常反复。这是因为人们对新事物的认识与理解将随着直观、实践的过程进一步加深,这是与人类认识世界的客观规律相一致的。所以,能够预先定义出所有需求的假设在许多场合是不能成立的。

(2)开发人员与用户之间能够准确而清晰地交流。假设认为,用户与开发人员之间,虽然每人都有自己的专业、观点和行话,但在系统开发过程中可以使用图形(或文本)等通信工具进行交流,进行清晰且有效的沟通,这种沟通是必不可少的。遗憾的是,在实际开发中,往往对一些共同的约定,每个人可能都会产生自己的理解和解释。即使采用结构化语言、判定树和判定表等工具,仍然存在不精确和技术上的不严密。这将导致人们有意无意地带有个人的不同理解而各行其是,因此,在多学科、多行业人员之间进行有效的通信和交流是有一定困难的。

(3) 采用图形(或文字)可以充分体现最终系统。在使用严格定义需求的开发过程中,开发人员与用户之间交流与通信的主要工具是定义报告,包括叙述文字、图形、逻辑规则和数据字典等技术工具。它们都是静止的、被动的,不能实际演示,很难在用户头脑中形成一个具体的形象。因此,要用静止的图形(或文字)描述来体现一个动态的系统是比较困难的。

由此可见,严格定义法的基本假设在许多情况下并不成立,传统的结构化方法面临着一些难以跨越的障碍。为此,需要探求一种变通的方法。

2. 原型方法

原型方法以一种与严格定义法截然不同的观点看待需求定义问题。原型化的需求定义过程是一个开发人员与用户通力合作的反复过程。从一个能满足用户基本需求的原型系统开始,允许用户在开发过程中提出更好的要求,根据用户的要求不断地对系统进行完善,它实质上是一种迭代的循环型的开发方式。采用原型方法时需要注意以下几个问题:

(1) 并非所有的需求都能在系统开发前被准确地说明。事实上,要想严密、准确地定义任何事情都是有一定难度的,更不用说是定义一个庞大系统的全部需求。用户虽然可以叙述他们所需最终系统的目标和大致功能,但是对某些细节问题却往往不可能十分清楚。一个系统的开发过程,无论对于开发人员还是用户来说,都是一个学习和实践的过程,为了帮助他们在这个过程中提出更完善的需求,最好的方法就是提供现实世界的实例——原型,对原型进行研究和实践,并进行评价。

(2) 项目干系人之间通常都存在交流上的困难,原型提供了克服该困难的一个手段。用户和开发人员通过屏幕和键盘进行对话、讨论和交流,从他们自身的理解出发来测试原型。原型系统由于直观性和动态性,而使得项目干系人之间的交流上的困难得到较好的克服。

(3) 需要实际的、可供用户参与的系统模型。虽然图形和文字描述是一种较好的通信交流工具,但是,其最大缺陷是缺乏直观的和感性的特征,因此不易理解对象的全部含义。交互式的系统原型能够提供生动的需求规格说明,用户见到的是一个"活"的和实际运行着的系统。实际使用在计算机上运行的系统,显然比理解纸面上的系统要深刻得多。

(4) 有合适的系统开发环境。随着计算机硬件、软件技术和软件工具的迅速发展,软件的设计与实现工作越来越方便,对系统进行局部性修改甚至重新开发的代价大大降低。因此,对大系统的原型化已经成为可能。

(5) 反复是完全需要和值得提倡的,需求一旦确定,就应遵从严格的方法。系统分析师应该鼓励用户改进他们的系统,只有做必要的改变后,才能使用户和系统间获得更加良好的匹配。所以，从某种意义上说，严格定义需求的方法实际上抑制了用户在需求定义以后再改进的要求，这对提高最终系统的质量是有害的。另一方面，原型方法的使用并不排除严格定义方法的运用，当通过原型在演示中得到明确的需求定义后，应采用行之有效的严格方法来完成最终系统的开发。

11.6.2 软件需求规格说明书

软件需求规格说明书（Software Requirement Specification，SRS）是需求开发活动的产物，编制该文档的目的是使项目干系人与开发团队对系统的初始规定有一个共同的理解，使之成为整个开发工作的基础。SRS 是软件开发过程中最重要的文档之一，对于任何规模和性质的软件项目都不应该缺少。

1. SRS 的编写方法

通常有三种方法编写 SRS，分别列举如下：

（1）用好的结构化和自然语言编写文本型文档。

（2）建立图形化模型，这些模型可以描述转换过程、系统状态及其变化、数据关系、逻辑流、对象类及其关系。

（3）编写形式化规格说明，这可以通过使用数学上精确的形式化逻辑语言来定义需求。

尽管形式化规格说明具有很强的严密性和精确度，但由于其所使用的形式化语言只有极少数专业人员才熟悉，所以，这一方法一直没有在实际应用中得到普遍使用。虽然文本型文档具有许多缺点，但在大多数软件工程中，它仍是编写 SRS 最现实的方法。包含了功能和非功能需求的基于文本的 SRS 已经为大多数项目所接受。图形化模型通过提供另一种需求视图，增强了 SRS，一般作为文本型文档的补充或附加描述功能。

不管采用什么方法编写 SRS，都应注意其正确性、完整性、一致性、必要性、可行性、确定性、可修改性和可追踪性。在工作实践中，为了能够让非技术人员更好地阅读和理解，应该尽可能通过自然语言和简单的图表来表达，以防止造成不必要的误会。

2. SRS 的内容和格式

在国家标准 GB/T 8567—2006 中，提供了一个 SRS 的文档模板和编写指南，其中规定 SRS 应该包括以下几个部分内容：

（1）范围。本部分包括 SRS 适用的系统和软件的完整标识，（若适用）包括标识号、标题、缩略词语、版本号和发行号；简述 SRS 适用的系统和软件的用途，描述系统和软件的一般特性；概述系统开发、运行和维护的历史；标识项目的投资方、需方、用户、承建方和支持机构；标识当前和计划的运行现场；列出其他有关的文档；概述 SRS 的用途和内容，并描述与其使用有关的保密性和私密性的要求；说明编写 SRS 所依据的基线。

（2）引用文件。列出 SRS 中引用的所有文档的编号、标题、修订版本和日期，还应标识不能通过正常的供货渠道获得的所有文档的来源。

（3）需求。这一部分是 SRS 的主体部分，详细描述软件需求，可以分为以下项目：所需的状态和方式、需求概述、需求规格、软件配置项能力需求、软件配置项外部接口需求、软件配置项内部接口需求、适应性需求、保密性和私密性需求、软件配置项环境需求、计算机资源需求（包括硬件需求、硬件资源利用需求、软件需求和通信需求）、软件质量因素、设计和实现约束、数据、操作、故障处理、算法说明、有关人员需求、有关培训需求、有关后勤需求、包装需求和其他需求，以及需求的优先次序和关键程度。

（4）合格性规定。这一部分定义一组合格性的方法，对于第（3）部分中的每个需求，指定所使用的方法，以确保需求得到满足。合格性方法包括演示、测试、分析、审查和特殊的合格性方法（例如，专用工具、技术、过程、设施和验收限制等）。

（5）需求可追踪性。这一部分包括从 SRS 中每个软件配置项的需求到其涉及的系统（或子系统）需求的双向可追踪性。

（6）尚未解决的问题。如果有必要，可以在这一部分说明软件需求中的尚未解决的遗留问题。

（7）注解。包含有助于理解 SRS 的一般信息，例如，背景信息、词汇表、原理等。这一部分应包含为理解 SRS 需要的术语和定义，所有缩略语和它们在 SRS 中的含义的字母序列表。

（8）附录。提供那些为便于维护 SRS 而单独编排的信息（例如，图表、分类数据等）。为便于处理，附录可以单独装订成册，按字母顺序编排。

另外，国家标准《计算机软件需求说明编制指南》（GB/T 9385—1988）也给出了一个详细的 SRS 写作大纲，由于该标准年代久远，一些情况已经与现实不符，本书不再介绍。

11.7 需求验证

资深软件工程师都知道，当以 SRS 为基础进行后续开发工作，如果在开发后期或在交付系统之后才发现需求存在问题，这时修补需求错误就需要做大量的工作。相对而言，在系统分析阶段，检测 SRS 中的错误所采取的任何措施都将节省相当多的时间和资金。因此，有必要对于 SRS 的正确性进行验证，以确保需求符合良好特征。需求验证也称为需求确认，其活动是为了确定以下几个方面的内容：

（1）SRS 正确地描述了预期的、满足项目干系人需求的系统行为和特征。
（2）SRS 中的软件需求是从系统需求、业务规格和其他来源中正确推导而来的。
（3）需求是完整的和高质量的。
（4）需求的表示在所有地方都是一致的。
（5）需求为继续进行系统设计、实现和测试提供了足够的基础。

11.7.1 需求评审

在软件开发的每个阶段结束前，都需要进行技术评审。所谓技术评审，是指对工作产品进行检查以发现产品中所存在的问题,其中的工作产品也称为工件,它不一定是最终的系统,也可以是一个文档、一个原型或一段代码等。例如,需求评审就是需求开发阶段结束前进行的技术评审,此时的产品就是 SRS。SRS 的评审是一项精益求精的技术,它可以发现那些二义性的或不确定性的需求,为项目干系人提供在需求问题上达成共识的方法。

1. 技术评审的类型

根据 IEEE 的词汇表,技术评审可以分为以下三种类型:

(1) 评审。评审是指一次正式的会议,在会议上向用户或其他项目干系人介绍一个或一组工作产品,以征求对方的意见和批准。

(2) 检查。检查是一种正式的评估方法,将由非制作者本人的个人或小组详细检查工作产品,以验证是否有错误、是否违反开发标准、是否存在其他问题。

(3) 走查。走查是一个评审过程,由某个开发人员领导一个或多个开发团队成员对他(或她)的工作产品进行检查,由其他成员针对技术、风格、可能的错误、是否违反开发标准和其他问题提出意见。

在实际工作中,技术评审可以分为正式评审和非正式评审。正式评审是指通过召开评审会的形式,组织多个专家,将工作产品涉及到的人员集合在一起,并定义好评审人员的角色和职责,对工作产品进行正规的会议评审。而非正式评审并没有这种严格的组织形式,一般也不需要将人员集合在一起评审,而是通过电子邮件、文件汇签,甚至是网络聊天等多种形式对工作产品进行评审。

非正式评审对于获得分散而随机的反馈是有效的,但非正式评审是非系统化的、不彻底的,它在实施过程中具有不一致性。非正式评审可以根据个人爱好的方式进行评审,而正式评审则需要遵循预先定义好的一系列步骤和过程。正式评审的内容需要记录在案,包括确定材料,评审小组对工作产品是否完整或者是否需要进一步工作的判定,以及对所发现的错误和所提出的问题的总结。

2. 正式评审的过程

正式评审是一种结构化的评审技术,一般通过会议的形式来进行评审,需要经过以下过程:

(1) 计划。首先要对评审制订计划,以确定评审的重点和范围,并确保所有参与者理解自己的角色和评审的目标。在评审之前,要确定评审的对象及原因、评审小组成员、议程和进行评审所需的信息。根据评审对象不同,评审小组成员应该在 3~7 人之间。评审人员数量太少会危及评审的质量,数量太多就无法进行对于获得质量结果非常重要的交互式讨论。评审小组成员应该在要评审的领域拥有丰富的经验,具有相当的背景来理解所介绍的材料,缺乏经验的评审人员对评审的帮助很小,同时他们的参与还可能会分散评审力量。同时,选择评审人员的另一个标准就是评审对象的质量与之有利害关系。

(2) 准备。评审之前,应该收集要评审的工作产品和所有背景材料,并分发给评审参与者。预先分发足够的评审材料,让评审人员有时间准备评审,可以显著提高评审的质量。评审人员应该在评审之前研究材料、构思和确定要讨论的问题。

(3) 进行评审。要进行成功的评审,首先,评审小组人员应理解评审流程,理解自己的角色。一般来说,评审流程是一个重复进行的循环过程,包括评审员提出问题,讨论问题,同时对问题进行确认,确定缺陷(确定需要解决的地方),直到没有确定的问题时再继续下一步;其次,会议主持人(协调员)要确保评审按议程进行,并以当前的主题为重点。主持人应该确保对枝节问题的讨论不会使评审脱离正轨,而且所有评审人员都以平等的身份参加讨论;最后,在评审的过程中,要注意确定问题而不要试图解决问题,要对所有问题和讨论做好记录。

(4) 对评审结果采取行动。如果不对评审结果采取行动,那么评审就没有什么价值。因此,评审结束时,要确定问题列表的优先顺序,并跟踪问题及其解决办法。

3. 如何做好需求评审

需求评审是需求开发阶段的最后工作,需求评审一旦通过,将进入系统设计阶段。如果在系统设计甚至后续阶段再跨里程碑来修改需求,所花费的代价将大大增加。因此,需求评审将是一个"鸡蛋里挑骨头"的过程,只有所有的人都认为需求已经没有什么可挑剔的了,评审才能通过。

在如何做好需求评审工作方面,业内人士总结了一些经验,简单列举如下:

(1) 分层次评审。用户的需求是分层次的,对不同层次的需求,其描述形式是有区别的,参与评审的人员也是不同的。

(2) 正式评审与非正式评审相结合。正式评审与非正式评审各有利弊,但往往非正式评审比正式评审的效率更高,更容易发现问题。因此,在评审时,应该更灵活地利用这两种方式。

(3) 分阶段评审。应该在需求形成的过程中进行分阶段的评审,而不是在需求最终形成后再进行评审。分阶段评审可以将原本需要进行的大规模评审拆分成各个小规模的评审,降低了需求返工的风险,提高了评审的质量。

(4) 精心挑选评审人员。需求评审可能涉及的人员包括建设单位的中高层管理人员和操作人员、IT主管和采购主管,承建单位的市场人员、系统分析师、系统架构设计师、软件工程师、测试人员、质量保证人员、实施人员和项目经理,以及第三方的领域专家等。为了保证评审的质量和效率,需要精心挑选评审人员。首先,要保证使不同类型的人员都要参与进来。否则,很可能会漏掉重要的需求;其次,在不同类型的人员中要选择那些真正和系统相关的,对系统有足够了解的人员参与进来。否则,很可能使评审的效率降低或者最终不切实际地修改了系统需求。

(5) 对评审人员进行培训。在很多情况下,评审人员是领域专家而不是进行评审活动的专家,他们没有掌握评审的方法、技巧和过程等。因此,需要对他们进行培训,以便于评审人员能够紧紧围绕评审的目标来进行,能够控制评审活动的节奏,提高评审效率。

（6）充分利用需求评审检查单。需求评审检查单可以帮助评审人员系统而全面地发现需求中的问题。需求评审检查单可以分为两类：需求形式的检查单和需求内容的检查单。需求形式的检查可以由质量保证人员负责，主要检查 SRS 的格式是否符合质量标准；需求内容的检查是由评审人员负责的，主要检查需求内容是否达到了系统目标、是否有遗漏、是否有错误等，这是需求评审的重点。

（7）建立标准的评审流程。需求评审需要建立正规的流程，按照流程中定义的活动进行规范的评审过程。例如，在评审流程定义中可能规定评审的进入条件、评审需要提交的资料、每次评审会议的人员职责分配、评审的具体步骤和评审通过的条件等。

（8）做好评审后的跟踪工作。在需求评审后，需要根据评审人员提出的问题进行评价，以确定哪些问题是必须纠正的，哪些可以不纠正，并给出充分、客观的理由和证据。当确定需要纠正的问题后，要形成书面的需求变更的申请，进入需求变更的管理流程，并确保变更的执行，在变更完成后，要进行复审。切忌评审完毕后，没有对问题进行跟踪，而无法保证评审结果的落实，使前期的评审努力付之东流。

（9）充分准备评审。评审质量的好坏很大程度上取决于在评审会议前的准备活动。通常出现的问题是，SRS 在评审会议前并没有提前下发给评审人员，没有留出更多、更充分的时间让评审人员阅读需求文档。更有甚者，没有执行需求评审的进入条件，在评审文档中存在大量、低级的错误，或者没有在评审前进行沟通，文档中存在方向性的错误，从而导致评审的效率很低，质量很差。对评审的准备工作，也应当定义一个检查单，在评审之前对照检查单落实每项准备工作。

11.7.2 需求测试

在许多项目中，软件测试是一项后期的开发活动。与需求相关的问题总是依附在软件产品中，直到通过系统测试或经用户运行系统后才可能最终发现它们。而事实上，软件测试应该从需求定义开始，如果在开发过程的早期就开始制订测试计划和进行测试用例的设计，就可以在发生错误时立即检测到并纠正它。这样，就可以防止这些错误进一步"放大"，并且可以减少测试和维护费用。

另一方面，需求的遗漏和错误具有很强的隐蔽性，仅仅通过阅读 SRS，通常很难想象在特定环境下的系统行为。只有在业务需求基本明确，用户需求部分确定时，同步进行需求验证，才可能及早发现问题，从而在需求开发阶段以较低的代价解决这些问题。

1. 概念测试用例

实际上，需求开发阶段不可能有真正意义上的测试进行，因为还没有可执行的系统，需求测试仅仅是基于文本需求进行"概念"上的测试。然而，以功能需求为基础（SA 方法）或者从用例派生出来（OO 方法）的测试用例，可以使项目干系人更清楚地了解系统的行为。虽然没有在系统上执行测试用例，但是涉及测试用例的简单动作可以解释需求的许多问题。这种测试用例通常称为概念测试用例，即不是真正执行的测试用例，它们可以发现 SRS 中的错误、二义性和遗漏，还可以进行模型分析，以及作为用户验收测试的基础。在正式的系统测试中，还可以将它们细化成测试用例。

概念测试用例的设计应该覆盖用例的主事件流和备选事件流（OO 方法），或者系统的功能描述（SA 方法），以及在需求获取和分析期间所确定的约束条件。通常意义上，概念测试用例来源于用户需求，重点反映用例（或功能需求条目）的描述，完全独立于实现，仅仅是概念上的描述测试脚本。例如，图 11-10 中的"开通课程"用例的概念测试用例可以按表 11-6 的方式进行设计。

表 11-6 概念测试用例设计示例

（1）客服人员向系统发出"开通课程"请求，系统检查客服人员是否登录和是否具有相应的权限。如果没有登录系统或权限不够，则提示客服人员进行相应操作，并结束用例；否则，执行第（2）步。
（2）系统显示课程类型列表，包括软考、考研、专业课程、自学考试、Java 课程。要求客服人员选择开通课程的类型，然后单击"确定"按钮。
（3）客服人员做出选择后，系统显示信息输入界面，让客服人员输入信息。
（4）客服人员输入学员的相关信息，包括学员用户名、所交费用、交费时间、选修课程名称。在输入的过程中，系统要检查客服人员的输入是否符合相关规则："用户名"必须是系统中存在的用户名，"所交费用"必须为整数，"交费时间"必须在当前时间之前，"选修课程名称"必须是"课程"中已经有的课程。
（5）如果学员所交费用多于所选修课程的规定费用，则显示多余的费用数量，并要求客服人员选择是转换为学习币还是退还给学员。如果客服人员选择"转换为学习币"，则把多余的费用转换为学习币，记入学员账户中，继续执行；如果客服人员选择"退还给学员"，则继续执行。
（6）如果学员所交费用少于所选修课程的规定费用，则显示所选修课程的规定费用，并要求客服人员选择修改或取消输入。如果客服人员选择"取消输入"，则结束用例；否则，客服人员修改用户所交费用后继续执行。
（7）如果学员所选修的课程超出了系统规定的选修人数，则提示客服人员，结束用例。
（8）修改学员权限，使学员权限为所选修课程对应的权限。
（9）修改选修课程的人数，使学员所选课程的人数加 1，结束用例。

设计概念测试用例的另一种方法是将表 11-5 中的文字叙述通过图形的方式描述出来，形成对话图（Dialog Map），模仿用户和系统的对话。这种方式更加直观，但不适合描述约束条件，也不适合描述流程比较复杂的用例。

2．需求测试的过程

基于概念测试用例进行需求测试的基本过程如下：

（1）需求测试人员根据概念测试用例所描述的若干可能的过程，进行"概念上"的执行，期望发现遗漏的、错误的和不必要的需求。

（2）根据测试结果快速修改对应的需求文档，完成一轮完整的需求测试过程。

基于该过程，需求测试人员应用概念测试用例来进行需求测试，直至概念测试覆盖所有的用例和功能需求条目为止。需求测试人员和系统分析师根据需求测试的结果，进一步讨论修订 SRS 的内容和版本。至此，整个需求测试过程结束。

在实际工作中，可以将需求测试人员作为测试人员中的特殊种类来培养，使他们能够对需求是否正确进行检查。当然，需求测试人员也可以是有经验的系统分析师，但是，他必须脱离开发部门，加入测试部门，这样才能保证测试不是"既当运动员，又当裁判员"，以确保需求测试的效果。

另外，对于系统的功能需求，也可以用 RAD 工具建立界面原型，用户通过原型的操作来确定需求是否与期望相同。对于那些不合理的需求，需求测试人员要能够分辨得出来，并与用户进行核对，以确定用户的真实需求。从这个角度来看，可以说需求测试是由需求测试人员和用户共同来执行的。

最后，需要指出的是，在整个需求开发的过程中，需求获取、需求分析、需求定义、需求验证 4 个阶段不是瀑布式的发展，而是应该采用迭代式的演化过程。例如，在进行需求获取时，不要期望着一次就将需求收集完，而是应该获取到一些信息后，进行相应的需求分析，并针对分析中发现的疑问和不足，带着问题再进行有针对性的需求获取工作。

11.8 需求管理

需求是软件项目成功的核心之所在，它为其他许多技术和管理活动奠定了基础。在软件需求工程中，需求管理贯穿于整个过程中，它的最基本的任务就是明确需求，并使项目团队和用户达成共识，即建立需求基线。另外，还要建立需求跟踪能力联系链，确保所有用户需求都被正确地应用，并且在需求发生变更时，能够完全地控制其影响范围，始终保持产品与需求的一致性。

在 CMM 中，需求管理是可重复级的一个关键过程域，其目标是为软件需求建立一个基线，供软件开发及其管理使用，使软件计划、产品和活动与软件需求保持一致。从软件需求工程的角度来看，需求管理包括在软件开发过程中维持需求一致性和精确性的所有活动，包括控制需求基线，保持项目计划与需求一致，控制单个需求和需求文档的版本情况，管理需求和联系链之间的联系，或管理单个需求和项目其他可交付物之间的依赖关系，跟踪基线中需求的状态。

11.8.1 需求变更管理

在软件项目中，需求的变化是不可避免的。需求变更可能来自解决方案提供商、用户或产品供应商等外部因素，也可能来源于项目团队内部。对于项目团队而言，无法阻止需求发生变更，他们只能正确地对待变更，按照既定流程管理变更，尽量降低变更对项目成本、进度和质量的负面影响。

1. 需求基线

需求开发的结果应该有项目视图和范围文档、用例文档和 SRS，以及相关的分析模型。经评审批准，这些文档就定义了开发工作的需求基线。这个基线在用户和开发人员之间就构成了软件需求的一个约定，它是需求开发和需求管理之间的桥梁。

基线是一个软件配置管理的概念，它帮助开发人员在不严重阻碍合理变化的情况下来控制变化。根据 IEEE 的定义，基线是指已经通过正式评审和批准的规约或产品，它可以作为进一步开发的基础，并且只能通过正式的变更控制系统进行变化。在软件工程范围内，基线是软件开发中的里程碑，其标志是有一个或多个软件配置项的交付，且已经经过正式技术评审而获得认可。例如，SRS 文档通过评审，其中的错误已经被发现并纠正，则就变成了一个基线。根据国家标准《计算机软件配置管理计划规范》（GB/T 12505—1990）的规定，基线可以分为功能基线、指派基线和产品基线三种，通过评审后的 SRS 属于指派基线。有关这些分类的详细知识，将在 20.6.2 节中介绍。

开发团队可以根据已知的需求基线来区分"旧需求"和"新需求"。一旦建立了需求基线，就很容易对新需求进行识别和管理，可以把新需求和已有的基线加以比较，确定适合它的位置以及它是否会与其他需求产生冲突。如果接受新需求，就可以管理它的变更过程。

2. 需求的状态

从需求的整个生命周期来看，其状态的变化如图 11-17 所示。

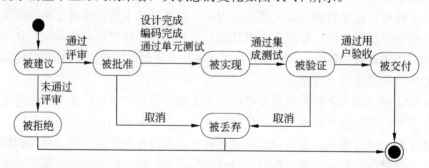

图 11-17 需求状态的变化

在需求状态的变化中，项目管理人员首先需要关注的是那些被拒绝和被丢弃的需求。因为这些需求有可能是应该被接受和并被实现的需求，如果不是通过有管理的处理过程，就有可能因为疏忽而被遗漏。同时，也应关注被交付的需求，因为可交付物是项目的成果体现，而可交付物的主要内容就是对需求的实现。

3. 需求变更

在各种理论书籍中，都会介绍一些如何减少需求变更的方法和技术。在项目实践中，项目管理人员也会花大量的精力去实践这些方法和技术，以避免需求变更。遗憾的是，"是祸躲不过"，需求变更因各种因素而依然发生，不可避免。当然，这并不是说不应该做避免变更的工作，恰恰相反，在需求变更之前尽量减少变更，以将需求变更带来的风险降到最低，这是对项目进展十分有利的。

需求变更通常意味着新需求的增加和对已有需求的修改，一般不会减少需求，而且减少需求的问题也比较容易处理。需求变更是需要代价的，包括时间、人力、资源等方面。既然需求变更是不可避免的，那么，项目管理人员就应该采取规范的流程去管理变更，而不是一味地避免变更和拒绝变更。有关变更管理方面的详细知识，将在 20.6.3 节中介绍。

11.8.3 需求风险管理

人们做事情总希望一帆风顺，做项目也是如此，总是希望项目进展顺利，按照计划如期交付。但现实却是残酷的，会有许多潜在威胁和阻碍项目按计划进行的因素，这就是风险。风险可能会给项目成本、进度、质量和团队工作效率等方面带来负面影响。当然，所谓"塞翁失马，焉知非福"，风险有时候也能给项目带来机会。

风险管理的目的就是希望让项目管理人员能够"掌控"风险，风险事件一旦发生，能够按照预先制订的应对计划有条不紊地处理风险。有关项目风险管理的过程，将在 20.9 节中详细介绍，本节只讨论与需求相关的一些风险问题。

1．带有风险的做法

系统分析师在进行需求开发的过程中，有时也会"陷自身于困境"，无意之中给项目带来风险。这些做法列举如下：

（1）无足够用户参与。在需求获取的过程中，如果没有足够的用户参与，系统分析师所获得的需求就是片面的和不完整的，这样，在需求开发之初就埋下了风险。

（2）忽略了用户分类。用户不止一个人，各类用户有自己的特点和需求，如果系统分析师不能针对所有主要用户进行分类，就必然会导致有的用户对产品感到失望。例如，菜单驱动操作对高级用户太低效了，但命令和快捷键又会使不熟练的用户感到困难。

（3）用户需求的不断增加。需求蔓延有可能引起项目范围蔓延，而这是项目中的大忌，因为它会对项目成本、进度和质量等方面带来很大的负面影响，甚至直接导致项目失败。

（4）模棱两可的需求。模棱两可的需求会使不同的项目干系人产生不同的期望，会使开发人员为错误问题而浪费大量时间。

（5）不必要的特性。这是技术人员的一个通病，喜欢画蛇添足。经常发生的情况是，用户并不认为这些添加的"足"很有用，以致在其上耗费的努力白搭，浪费项目资源。

（6）过于精简的 SRS。过于精简的 SRS 为用户和开发人员提供了"无限遐想"的机会，却给项目开发带来了无限的麻烦，导致不断的修改，项目完工遥遥无期。

（7）不准确的估算。系统分析师在信息不充分的情况下，如果未经深思就对需求做出估算，则这种估算通常只是一种猜测而已。一旦传递给用户，他们却认为这是一种承诺。

2. 与需求有关的风险

项目风险管理的一个主要过程是识别风险，也就是事先要"预知"项目进展过程中可能会发生的风险，然后对其进行分析，制订相应措施。根据业内人士的经验，与需求有关的主要风险及其应对措施如表 11-7 所示。

表 11-7 与需求有关的风险

阶段	主要风险	风险应对措施
需求获取	产品视图与范围	在项目早期写一份项目视图与范围将业务需求涵盖在内，并将其作为新的需求及修改需求的指导
	需求开发所需时间	记录参与的每个项目中实际需求开发的工作量，这样就能知道所花的时间是否合适，并改进将来项目的工作计划
	忽略市场对产品的反馈信息	强调市场调查研究，建立原型，并运用客户核心小组来获得产品的反馈信息
	没有非功能需求	编写非功能需求文档和验收标准，作为可接受的标准
	客户反对产品需求	确定出主要的客户，并采用产品代表的方法来确保客户代表的积极参与，确保在需求决定权上有正确的人选
	期望需求	尽量识别并记录用户的期望，提出大量的问题来提示用户，以充分表达他们的想法和建议
	把已有的产品作为需求基线	将在逆向工程中收集的需求编写成文档，并让用户评审以确保其正确性
	给出期望的解决办法	从用户描述的解决方法中提炼出其本质需求
需求分析	划分需求优先级	评估每项新需求的优先级，并与已有的工作对比，以做出相应的决策
	带来技术困难的特性	分析每项需求的可行性，以确定是否能按计划实现
	不熟悉的技术、工具/平台	明确那些高风险的需求，并留出充裕时间进行学习、实验和测试原型
需求定义	系统分析师和用户对需求的不同理解	使用高水平的系统分析师；使用模型和原型，使一些模糊的需求变得清晰
	时间压力对待确定因素的影响	记录解决每项待确定因素的负责人的名字、如何解决的，以及解决的截止日期
	SRS 的完整性和正确性	以用户的任务为中心，采用用例技术获取需求；根据场景编写需求测试用例，建立原型；让用户代表对 SRS 和分析模型进行正式评审
	具有二义性的术语	建立一本术语和数据字典，用于定义所有的业务和技术词汇

续表

阶段	主要风险	风险应对措施
需求定义	需求说明中包括了设计	仔细评审 SRS，以确保它是在强调"做什么"，而不是"怎么做"
需求验证	未经验证的需求评审	从用户代表方获得参与需求正式评审的承诺，并尽早通过非正式评审
	审查的有效性	对参与需求评审的所有人员进行培训，以使评审工作更加有效
需求管理	需求变更	将项目视图与范围文档作为变更的参照；用户积极参与需求获取过程；将那些易于变更的需求用多种方案实现，并在设计时注意其可修改性
	需求变更过程	建立规范的变更控制流程，并严格执行
	未实现的需求	使用需求跟踪能力矩阵或相关工具
	项目范围蔓延	在项目早期编制视图与范围文档，并得到用户确认；采用迭代式开发方法

系统分析师和项目管理人员可以利用表 11-7 来识别项目中的需求风险。但要注意的是，表 11-7 只是一个总结性的风险清单，具体到每一个项目，可能都有些不同，需要根据实际情况进行增加或删减。在风险应对措施方面，也需要根据经验和项目约束，进行调整或改进。

11.8.4 需求跟踪

根据 IEEE 的定义，可跟踪性包含两个层面的含义，一个是开发过程的两个或多个产品之间能够建立关系的程度，尤其是那些具有前后关系或主从关系的产品。例如，某个给定构件的需求和设计的匹配程度；另一个是软件开发产品中每个元素能够建立其存在理由的程度，例如，DFD 中的每个元素定位它所满足需求的程度。

可跟踪性是软件需求的一个重要特征，需求跟踪是将单个需求和其他系统元素之间的依赖关系和逻辑联系建立跟踪，这些元素包括各种类型的需求、业务规则、系统架构和构件、源代码、测试用例，以及帮助文件等。CMMI 也要求具备需求跟踪能力，其对需求跟踪的定义是"在软件工作产品之间维护一致性"，其中工作产品包括软件计划、过程描述、分配需求、软件需求、软件设计、程序代码、测试计划和测试过程。CMMI 中的"分配需求"是指项目启动前分配给该项目的需求，其实也就是用户的原始需求。

1. 需求跟踪的内容

根据国家标准 GB/T 8567—2006，SRS 中的每个软件配置项的需求到其涉及的系统（或子系统）需求都要具有双向可追踪性。所谓双向跟踪，包括正向跟踪和反向跟踪，正向跟踪是指检查 SRS 中的每个需求是否都能在后继工作成果中找到对应点；反向跟踪也称为逆向跟踪,是指检查设计文档、代码、测试用例等工作成果是否都能在 SRS 中找到出处。具体来说,需求跟踪涉及 5 种类型,如图 11-18 所示。

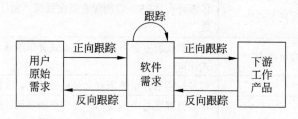

图 11-18　五类需求可跟踪

图 11-18 中的箭头表示需求跟踪能力联系链,它能跟踪需求使用的整个周期,即从需求建议到交付的全过程。

图 11-18 的左半部分表明,从用户原始需求可向前追溯到软件需求,这样就能区分出开发过程中或开发结束后由于变更受到影响的需求,也确保了 SRS 中包括所有用户需求。同样,可以从软件需求回溯到相应的用户原始需求,确认每个软件需求的出处。如果以用例的形式来描述用户需求,图 11-18 的左半部分就是用例和功能性需求之间的跟踪情况。

图 11-18 的右半部分表明,由于在开发过程中,软件需求转变为设计和编码等实现元素,所以通过定义单个软件需求和特定的产品元素之间的联系链,可以从软件需求追溯到产品元素。这种联系链使开发人员知道每个需求对应的产品元素,从而确保产品元素满足每个需求。第四类联系链是从产品元素回溯到软件需求,使开发人员知道每个产品元素存在的原因。绝大多数项目不包括与用户需求直接相关的代码,但开发人员应该知道为什么要写这一行代码。如果不能把设计元素、代码段或测试用例回溯到一个软件需求,就可能出现画蛇添足的现象。当然,如果某个孤立的产品元素表明了一个正当的功能,则说明 SRS 漏掉了一项需求。

第五类联系链是软件需求之间的跟踪,这种跟踪便于更好地处理软件需求之间的逻辑相关性,检查需求分解中可能出现的错误或遗漏。

2. 需求跟踪的目的

需求跟踪是一项劳动强度很大的任务,在整个系统开发、运行和维护的过程中,要始终保持联系链信息与实际相符。在项目实践中,使用需求跟踪能力,可以获得如下好处:

(1)审核。跟踪能力信息可以帮助开发人员审核和确保所有需求都被正确应用。

(2)变更影响分析。在增、删、改需求时,跟踪能力信息可以确保不忽略每个受到影响的系统元素。

(3)维护。可靠的跟踪能力信息使得维护时能够正确而完整地实施变更,从而提高生产率。

(4)项目跟踪。认真记录跟踪能力数据,就可以获得计划功能当前实现状态的记录。

（5）再工程。可以列出遗留系统中将要替换的功能，记录它们在新系统中的需求和在软件构件中的位置。

（6）重复利用。跟踪能力信息可以帮助开发人员在新系统中对相同的功能利用现有系统的相关资源。例如，功能设计、相关需求、代码和测试等。

（7）减小风险。需求联系文档化可减少由于项目团队关键成员离职带来的风险。

（8）测试。测试模块、需求和代码段之间的联系链可以在测试出错时指出最可能有问题的代码段。

3．需求跟踪矩阵

表示需求和其他系统元素之间的联系链的最普遍方式是使用需求跟踪（能力）矩阵。不论采用何种跟踪方式，都要建立与维护需求跟踪矩阵，它保存了需求与后继工作成果的对应关系。例如，从用户原始需求到软件需求之间的跟踪，可以采用如表 11-8 所示的矩阵。

表 11-8 用户原始需求到软件需求的跟踪矩阵示例

原始需求 \ 用例	UC-1	UC-2	UC-3	…	UC-n
FR-1					
FR-2					
……					
FR-m					

对于从软件需求到下游工作产品之间的跟踪，可以采用如表 11-9 所示的矩阵。

表 11-9 软件需求到下游工作产品的跟踪矩阵示例

用例 \ 元素	功能点	设计元素	代码模块	测试用例
UC-1				
UC-2				
……				
UC-n				

表 11-9 明确展示了每个用例是如何连接到一个或多个设计、编码和测试元素的。其中设计元素可以是模型中的对象，例如，DFD、E-R 图或类图等；代码模块可以是类中的方法、源代码文件名、过程或函数。需求跟踪矩阵中可以定义各种系统元素类型间的一对一、一对多和多对多关系，也就是说，允许在表 11-9 的一个单元格中填入多个元素来实现这些特征。例如，一个代码模块对应一个设计元素，多个测试用例验证一个功能点，每个用例导致多个功能点等。

第 12 章 软件架构设计

传统的软件开发过程可以划分为从概念到实现的若干个阶段，包括软件计划、需求分析、软件设计、软件实现和软件测试等。在这种开发过程中，如何将需求分析的成果转换为软件设计，这个问题一直困扰着研究人员和实践工作者。近年来，软件工程界提出了各种需求工程和软件建模技术，然而，在软件需求和设计之间仍然存在一条很难逾越的鸿沟，从而很难有效地将需求转换为相应的设计。为此，学者们提出了软件架构（Software Architecture）的概念，并试图在软件需求与设计之间架起一座桥梁，重点解决系统结构和需求向实现平坦过渡的问题。

另一方面，随着软件系统规模越来越大、越来越复杂，整个系统的结构和规格说明显得越来越重要。在这种背景下，人们也逐渐认识到软件架构的重要性，促进了软件架构技术的快速发展和应用。

12.1 构件与软件复用

构件（component）也称为组件，是一个功能相对独立的具有可复用价值的软件单元。在 OO 方法中，一个构件由一组对象构成，包含了一些协作的类的集合，它们协同工作来提供一种系统功能。可复用性（可重用性）是指系统和（或）其组成部分能在其他系统中重复使用的程度。软件开发的全生命周期都有可复用的价值，包括项目的组织、软件需求、设计、文档、实现、测试方法和测试用例，都是可以被重复利用和借鉴的有效资源。可复用性体现在软件的各个层次，通用的、可复用性高的软件模块往往已经由操作系统或开发工具提供，例如，通用库、标准构件和模板库等，它们并不需要程序员重新开发。

软件复用的形式可分为垂直式复用和水平式复用。水平式复用是复用不同应用领域中的软件元素，例如，数据结构、排序算法、人机界面构件等。标准函数库是一种典型的原始的水平式复用机制；垂直式复用是在一类具有较多公共性的应用领域之间复用软件构件。由于在两个截然不同的应用领域之间进行软件复用潜力不大，所以垂直式复用受到广泛关注。垂直式复用活动的主要关键点在于领域分析，即根据应用领域的特征和相似性，预测构件的可复用性。一旦根据领域分析确认了构件的可复用价值，即可进行构件的开发，并对具有可复用价值的构件做一般化处理，使它们能够适应新的类似的应用领域。然后将构件和它们的文档存入可复用构件库，成为可供未来开发项目使用的可复用资源。

12.1.1 主流构件标准

为了达到复用的目的,构件应当是内聚的,并具有相当稳定的、公开的接口。为了使构件更切合实际、更有效地被复用,构件应当具备可变性,以提高其通用性。针对不同的应用系统,复用者根据需要可以对构件可变部分进行适当的调整和修改,使之客户化。需要进行客户化的构件称为抽象构件,而可以直接复用的构件称为具体构件。对某个构件而言,通用性越好,其被复用的面越广;可变性越好,就越易于调整,以便适用于应用的具体环境。

为了将不同软件开发商在不同软硬件平台上开发的构件组装成一个应用系统,必须解决异构平台的各构件间的互操作问题。而要解决这个问题,就需要所有进行互操作的构件遵循同样的标准。目前,主流的构件标准有对象管理集团(Object Management Group,OMG)的 CORBA、Microsoft 的构件对象模型(Component Object Model,COM)和分布式构件对象模型(Distributed Component Object Model,DCOM)和 Sun 的 Java 企业 Bean(Enterprise JavaBean,EJB)。

1. CORBA

CORBA 是由 OMG 制定的一个工业标准,其主要目标是提供一种机制,使得对象可以透明地发出请求和获得应答,从而建立一个异质的分布式应用环境。OMG 给出的以对象请求代理(Object Request Broker,ORB)为中心的对象管理结构如图 12-1 所示。

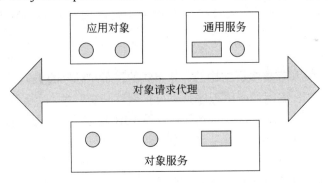

图 12-1 对象管理结构

在 OMG 的对象管理结构中,ORB 是一个关键的通信机制,它以实现互操作性为主要目标,处理对象之间的消息分布。对象服务实现基本的对象创建和管理功能,通用服务则使用对象管理结构所规定的类接口实现一些通用功能。针对 ORB,OMG 又进一步提出了 CORBA 技术规范,主要内容包括接口定义语言(Interface Definition Language,IDL)、接口池(Interface Repository,IR)、动态调用接口(Dynamic Invocation Interface,DII)和对象适配器(Object Adapter,OA)等。

(1)接口定义语言。IDL 是 CORBA 规范中定义的一种中性语言,它用来描述服务器对象（向调用者提供服务的对象）的接口，而不涉及对象的具体实现。IDL 本身也是面向对象的，它虽然不是编程语言，但它为客户对象（发出服务请求的对象）提供了语言的独立性，因为客户对象只需了解服务器对象的 IDL 接口，而不必知道其编程语言。CORBA 还定义了 IDL 到 C、C++、SmallTalk 和 Java 语言的映射。

（2）接口池。IR 包括分布式计算环境中所有可用的服务器对象的接口表示，它使动态搜索可用服务器的接口、动态构造请求及参数成为可能。

（3）动态调用接口。DII 提供了一些标准函数以供客户对象动态创建请求和构造请求参数。客户对象将 DII 与 IR 配合使用，可实现服务器对象接口的动态搜索、请求及参数的动态构造与动态发送。当然，只要客户对象在编译之前能够确定服务器对象的 IDL 接口，CORBA 也允许客户对象使用静态调用机制。静态机制的灵活性虽不及动态机制，但执行效率却胜过动态机制。

（4）对象适配器。OA 用于屏蔽 ORB 内核的实现细节，为服务器对象的实现者提供抽象接口，以便它们使用 ORB 内部的某些功能，例如，服务器对象的登录与激活、客户请求的认证等。

CORBA 定义了一种面向对象的构件开发方法，使不同的应用系统可以共享构件。每个对象都将其内部操作细节封装起来，同时又向外界提供精确定义的接口，从而降低了应用系统的复杂性，也降低了软件开发费用。CORBA 的平台无关性实现了对象的跨平台引用，开发人员可以在更大的范围内选择最实用的对象加入到自己的应用系统之中。CORBA 的语言无关性使开发人员可以在更大的范围内相互利用别人的编程技能和成果。

2. EJB

EJB 是用于开发和部署多层结构的、分布式的、面向对象的 Java 应用系统的跨平台的构建架构。使用 EJB 编写的应用程序具有可扩展性和交互性，以及多用户安全的特性。这些应用只需要写一次，就可以发布到任何支持 EJB 规范的服务器平台上。有关 EJB 的详细知识，将在 16.2.1 节中介绍。

3. COM/DCOM

Microsoft 的 COM 定义了构件和它们的客户之间互相作用的方式，使得构件和客户端无需任何中介构件就能相互联系。DCOM 扩展了 COM，使其能够支持在局域网、广域网甚至 Internet 上不同计算机的对象之间的通信。使用 DCOM，应用系统就可以在位置上达到分布性，从而满足客户和应用的需求。

因为 DCOM 是 COM 的无缝扩展，所以可以将基于 COM 的应用、构件、工具和知识转移到标准化的分布式计算领域中。在做分布式计算时，DCOM 处理网络协议的低层次的细节问题，从而使开发人员能够集中精力解决用户所要求的问题。DCOM 具有语言无关性，任何语言都可以用来创建 COM 构件。Java、Visual C++、Visual Basic、Delphi、PowerBuilder 和 Cobol 等都能够和 DCOM 很好地相互作用。

DCOM 具有位置独立性，也就是说，DCOM 使得构件的位置对用户来说完全透明，用户无需知道构件的具体位置，无论构件是位于客户的同一个进程中，还是位于地球的另一端。在任何情况下，客户连接和调用构件的方法都是一样的。DCOM 不仅无需改变源码，而且无需重新编译程序。仅仅使用一个简单的再配置动作，就可以改变构件之间相互连接的方式。

12.1.2 构件获取与管理

存在大量的、可复用的构件是有效地使用复用技术的前提。对大量的构件进行有效的管理，以方便构件的存储、检索和提取，是成功复用构件的必要保证。

1．构件的获取

在基于构件的软件开发中，可以通过多种不同的途径来获取构件：

（1）从现有构件中获得符合要求的构件，直接使用或作适应性修改，得到可复用的构件。

（2）通过遗留工程（Legacy Engineering），将具有潜在复用价值的构件提取出来，得到可复用的构件。

（3）从市场上购买现成的商业构件，即 COTS（Commercial Off-The-Shell）构件。

（4）开发新的符合要求的构件。

企业或项目组在进行以上决策时，必须考虑到不同方式获取构件的一次性成本和以后的维护成本（直接成本和间接成本），然后做出最优的选择。在项目实践中，可以使用决策树来帮助选择，有关这方面的知识，请阅读 2.11.3 节。

2．构件的组织

当企业获取了数量众多的构件之后，就需要建立构件库。为了给复用者在查询构件时提供方便，同时也为了更好地复用构件，必须对获取的构件进行分类，并置于构件库的适当位置。构件的分类方法及相应的结构对构件的检索和理解有极为深刻的影响。可复用技术对构件库组织方法的要求如下所述。

（1）支持构件库的各种维护动作，例如，增加、删除或修改构件，尽量不要影响构件库的结构。

（2）不仅要支持精确匹配，还要支持相似构件的查找。

（3）不仅能进行简单的语法匹配，而且能够查找在功能或行为方面等价或相似的构件。

（4）对应用领域具有较强的描述能力和较好的描述精度。

（5）库管理员和用户容易使用。

目前，已有的构件分类方法大致可以归纳为三大类，关键字分类法、刻面（facet）分类法和超文本组织方法。

（1）关键字分类法。关键字分类法将应用领域的概念按照从抽象到具体的顺序逐次分解为树形或有向无回路图结构，每个概念用一个描述性的关键字表示。当在构件库中加入新的构件时，库管理员必须对构件的功能或行为进行分析，在浏览已有关键字分类结构的同时，将新构件置于最合适的原子级关键字之下。如果无法找到构件的属主关键字，则可以扩充现有的关键字分类结构，引进新的关键字。

（2）刻面分类法。刻面分类法定义若干用于刻画构件特征的"刻面"，每个面包含若干概念，这些概念描述构件在刻面上的特征。刻面可以描述构件执行的功能、被操作的数据、构件应用的语境或其他特征。描述构件的刻面集合称为刻面描述符，一般而言，刻面描述符不超过 7 个刻面。关键字分类法和刻面分类法都是以数据库系统作为实现背景的，虽然可以选用关系型数据库，但面向对象数据库更适合于实现构件库，因为其中的复合对象和多重继承等机制与表格相比，更适合描述构件及其相互关系。

（3）超文本方法。与基于数据库系统的构件库组织方法不同，基于全文检索技术，其主要思想是：所有构件必须辅以详尽的功能或行为说明文档；说明中出现的重要概念或构件以网状链接方式相互连接；检索者在阅读文档的过程中可按照人类的联想思维方式任意跳转到包含相关概念或构件的文档；全文检索系统将用户给出的关键字与说明文档中的文字进行匹配，实现构件的浏览式检索。超文本组织方法为开发和复用构件提供了直观的多媒体方式。由于网状结构比较自由、松散，因此，超文本方法比前两种方法更易于修改构件库的结构。

3．人员及权限管理

构件库系统是一个开放的公共构件共享机制，任何复用者都可以通过网络访问构件库，这在为复用者带来便利的同时，也给系统的安全性带来了一定的风险。因此，有必要对不同复用者的访问权限作出适当的限制，以保证数据安全。

一般来说，构件库系统可包括 5 类用户，分别是注册用户、公共用户、构件提交者、普通管理员和超级管理员，他们对构件库分别有不同的职责和权限，这些人员相互协作，共同维护着构件库系统的正常运作。同时，系统为每种操作都定义一个权限，包括提交构件、管理构件、查询构件和下载构件等，每个用户可被赋予其中一项或多项操作权限。

12.1.3 构件复用的方法

构件开发的目的是复用，要让构件在新的软件系统中发挥作用，复用者首先必须检索与提取构件，然后理解与评价构件，如果有必要则可以修改构件，最后将构件组装到新的系统中。

1．检索与提取构件

构件库的检索方法与组织方式密切相关，因此，此处针对 12.1.2 节介绍的关键字分类法、刻面分类法和超文本组织方法分别讨论相应的检索方法。

（1）基于关键字的检索。系统在图形用户界面上将构件库的关键字树形结构直观地展示给用户，复用者通过对树形结构的逐级浏览，寻找需要的关键字并提取相应的构件。

当然，复用者也可以直接给出关键字（其中可含通配符），由系统自动给出合适的候选构件清单。这种方法的优点是比较简单、易于实现，但在某些场合没有应用价值，因为复用者往往无法利用构件库中已有的关键字来描述期望的构件功能或行为，对树形结构的浏览也容易使复用者迷失方向。

（2）刻面检索法。该方法基于刻面分类法，由三步构成，分别是构造查询、检索构件和对构件进行排序。这种方法的优点是它易于实现相似构件的查找，但复用者在构造查询时比较麻烦。

（3）超文本检索法。复用者首先给出一个或数个关键字，系统在构件的说明文档中进行精确或模糊的语法匹配，匹配成功后，向复用者列出相应的构件说明。这种方法的优点是用户界面友好，但在某些情况下复用者难以在超文本浏览过程中正确选取构件。

上述检索方法都是基于语法（syntax）匹配的，要求复用者对构件库中出现的众多词汇有较全面的把握和较精确的理解。理论的检索方法是语义（semantic）匹配，即复用者以形式化手段描述所需要的构件的功能或行为语义，系统通过定理证明和基于知识的推理过程寻找语义上等价或相近的构件。遗憾的是，这种基于语义的检索方法涉及许多人工智能难题，目前尚难以支持大型构件库的工程实现。

2．理解与评价构件

要使库中的构件在当前的开发项目中发挥作用，准确地理解构件是至关重要的。特别是当开发人员需要对构件进行某些修改时，情况更是如此。考虑到设计信息对于理解构件的必要性，以及复用者逆向发掘设计信息的困难性，必须要求构件的开发过程遵循公共标准，并且在构件库的文档中全面而准确地说明以下内容：构件的功能与行为、相关的领域知识、可适应性约束条件与例外情形、可以预见的修改部分及修改方法。但是，如果开发人员希望复用以前并非专为复用而设计的构件时，上述假设即不能成立。此时，开发人员必须借助于 CASE 工具对候选构件进行分析。这种 CASE 工具对构件进行扫描，将各类信息存入某种数据库，然后回答复用者的各类查询，进而帮助理解。有关 CASE 工具的详细知识，请阅读 8.4.2 节。

逆向工程是理解构件的另一种重要手段。它试图通过对构件的分析，结合领域知识，半自动地生成相应的设计信息，然后借助设计信息完成对构件的理解和修改。有关逆向工程的详细知识，请阅读 8.2.2 节。

对构件可复用性的评价，是通过收集并分析构件的复用者在实际复用该构件的历史过程中的各种反馈信息来完成的。这些信息包括复用成功的次数、对构件的修改量、构件的健壮性度量和其他性能度量等。

3．修改构件

理想的情形是对构件库中的构件不作修改而直接用于新系统中。但是，在大多数情况下，必须对构件进行或多或少的修改，以适应新的需求。为了减少构件修改的工作量，要求开发人员尽量使构件的功能、行为和接口设计更为抽象化、通用化和参数化。这样，复用者即可通过对实参的选取来调整构件的功能或行为。如果这种调整仍不足以使构件适用于新系统，复用者就必须借助设计信息和文档来修改构件。因此，与构件有关的文档和抽象层次更高的设计信息对于构件的修改至关重要。例如，如果需要将 C 语言书写的构件改写为 Java 语言形式，构件的算法描述就十分重要。

4. 构件组装

构件组装是指将库中的构件经适当修改后相互连接，或者将它们与当前开发系统中的软件元素相连接，最终构成新的目标软件。构件组装技术大致可以分为如下三种：基于功能的组装技术、基于数据的组装技术和面向对象的组装技术。

（1）基于功能的组装技术。基于功能的组装技术采用子程序调用和参数传递的方式将构件组装起来。它要求库中的构件以子程序/过程/函数的形式出现，并且接口说明必须清晰。当使用这种组装技术进行软件开发时，开发人员首先要对新系统进行功能分解，将系统分解为强内聚、松耦合的功能模块；然后根据各模块的功能需求提取构件，进行适应性修改后，再挂接到上述功能分解框架中。

（2）基于数据的组装技术。基于数据的组装技术首先根据当前软件问题的核心数据结构设计出一个框架，然后根据框架中各结点的需求提取构件并进行适应性修改，再将构件逐个分配至框架中的适当位置。此后，构件的组装方式仍然是传统的子程序调用与参数传递。这种组装技术也要求库中构件以子程序形式出现，但它所依赖的软件设计方法不再是功能分解，而是面向数据的设计方法，例如，Jackson 系统开发方法。

（3）面向对象的组装技术。由于封装和继承特征，面向对象方法比其他软件开发方法更适合支持软件复用。在面向对象的软件开发方法中，如果从类库中检索出来的基类能够完全满足新系统的需求，则可以直接应用。否则，必须以基类为父类，生成相应的子类，以满足新系统的需求。

12.2 软件架构概述

软件架构为软件系统提供了一个结构、行为和属性的高级抽象，由构件的描述、构件的相互作用（连接件）、指导构件集成的模式以及这些模式的约束组成。软件架构不仅指定了系统的组织结构和拓扑结构，并且显示了系统需求和构件之间的对应关系，提供了一些设计决策的基本原理。

软件架构虽脱胎于软件工程，但其形成同时借鉴了计算机架构和网络架构中很多宝贵的思想和方法。近年来，软件架构已完全独立于软件工程，成为计算机科学的一个最新的研究方向和独立学科分支。软件架构研究的主要内容涉及软件架构描述、软件架构风格、软件架构评估和软件架构的形式化方法等。解决好软件的复用、质量和维护问题，是研究软件架构的根本目的。

1. 软件架构的意义

对于软件项目的开发来说，一个清晰的软件架构是首要的。鉴于架构的重要性，Perry 将软件架构视为软件开发中第一类重要的设计对象，Barry Boehm 也明确指出："在没有设计出架构及其规则时，那么整个项目不能继续下去，而且架构应该看作是软件开发中可交付的中间产品"。由此可见，架构在软件开发中为不同的人员提供了共同交流的语言，体现并尝试了系统早期的设计决策，并作为系统设计的抽象，为实现框架和构件的共享和重用、基于架构的软件开发提供了有力的支持。

（1）架构是项目干系人进行交流的手段。软件架构代表了系统的高层抽象，项目干系人能将它作为建立一个互相理解的基础，形成统一认识，互相交流。不同的项目干系人关心着系统的不同方面，而这些方面都受架构的影响，因此，架构可能是所有项目干系人共同关心的一个重要因素。例如，用户关心系统是否满足可用性和可靠性需求；客户关心的是系统能否在规定时间内完成，并且开支在预算范围内；管理人员担心在经费支出和进度条件下，按此架构能否使开发团队成员在一定程度上独立开发，各部分的交互是否遵循统一的规范，开发进度是否可控；开发人员关心的是如何才能实现架构的各项目标。

（2）架构是早期设计决策的体现。软件架构体现了系统最早的一组设计决策，这些早期的约束比起以后的开发、设计、编码或运行及维护阶段的工作重要得多，对系统生命周期的影响也大得多。早期决策的正确性最难以保证，而且这些决策也最难以改变，影响范围也最大。

（3）架构明确了对系统实现的约束条件。所谓"实现"就是要用实体来显示出一个软件架构，即要符合架构所描述的结构性设计决策，分割成规定的构件，按规定方式互相交互。在具体实现时，必须按照架构的设计，将系统分成若干个组成部分，各部分必须按照预定的方式进行交互，而且每个部分也必须具有架构中所规定的外部特征。这些约束是在系统级或项目范围内作出的，每个构件上工作的实现者是看不见的。这样一来，可以分离关注点，架构设计师不必是算法设计者或精通编程语言，他们只需重点考虑系统的总体权衡（tradeoff）问题，而构件的开发人员在架构给定的约束下进行开发。

（4）架构决定了开发和维护组织的组织结构。架构包含了对系统的最高层次的分解，因此一般被作为任务划分结构的基础。任务划分结构又规定了计划、调度及预算的单位，决定了开发小组内部交流的渠道、配置控制和文件系统的组织、集成与测试计划和过程等。各开发小组按照架构中对各主要构件接口的规定进行交流。一旦进入维护阶段，维护活动也会反映出软件架构，常由不同的小组分别负责对各具体部分的维护。

（5）架构制约着系统的质量属性。小的软件系统可以通过编程或调试措施来达到质量属性的要求，而随着软件系统规模的扩大，这种技巧也将越来越无法满足要求。因为在大型软件系统中，质量属性更多地是由系统结构和功能划分来实现的，而不再主要依靠所选用的算法或数据结构。可以使用对架构的评价来预测系统未来的质量属性，架构评估技术可以对按某架构开发出来的软件产品的质量及缺陷做出比较准确的预测。

(6) 架构使推理和控制更改更简单。在整个软件生命周期内，每个架构都将更改划分为三类，分别是局部的、非局部的和架构级的变更。局部变更是最经常发生的，也是最容易进行的，只需修改某一个构件就可以实现。非局部变更的实现则需对多个构件进行修改，但并不改动软件架构。架构级的变更是指会影响各部分的相互关系，甚至要改动整个系统。所以，一个优秀的架构应该能使更改简单易行。

(7) 架构有助于循序渐进的原型设计。一旦确定了架构，就可以对它进行分析，并将它按可执行模型来构造原型，以减少项目开发的潜在风险。

(8) 架构可以作为培训的基础。在对项目组新成员介绍所开发的系统时，可以首先介绍系统的架构，以及对构件之间如何交互从而实现系统需求的高层次的描述，让项目新成员很快进入角色。

(9) 架构是可传递和可复用的模型。软件架构体现了一个相对来说比较小又可理解的模型。软件架构级的复用意味着架构的决策能在具有相似需求的多个系统中发生影响，这比代码级的复用要有更大的好处。通过对架构的抽象，架构设计师能够对一些经过实践证明是非常有效的架构进行复用，从而提高设计的效率和可靠性。

3. 软件架构的发展史

软件系统的规模在迅速增大的同时，软件开发方法也经历了一系列的变革。在此过程中，软件架构也由最初模糊的概念发展到一个渐趋成熟的理论和技术。

20 世纪 70 年代以前，尤其是在以 ALGOL 68 为代表的高级语言出现以前，软件开发基本上都是汇编程序设计，此阶段系统规模较小，很少明确考虑系统结构，一般不存在系统建模工作。20 世纪 70 年代中后期，由于结构化开发方法的出现与广泛应用，软件开发中出现了概要设计与详细设计，其主要任务是数据流设计与控制流设计，因此，此时软件结构已作为一个明确的概念出现在系统开发中。

20 世纪 80 年代初到 90 年代中期，是 OO 方法兴起与成熟阶段。由于对象是数据与基于数据之上操作的封装，因此，在 OO 方法下，数据流设计与控制流设计则统一为对象建模，同时，OO 方法还提出了一些其他的结构视图。例如，OMT 方法提出了功能视图、对象视图和动态视图，Booch 方法提出了类图、对象图、状态迁移图、交互图、模块图和进程图，UML 则从功能模型、静态模型、动态模型和配置模型等方面描述应用系统的结构。

20 世纪 90 年代以后，则是基于构件的软件开发阶段，该阶段以过程为中心，强调软件开发采用构件化技术和架构技术，要求开发出的软件具备很强的自适应性、互操作性、可扩展性和可复用性。此阶段中，软件架构已经作为一个明确的文档和中间产品存在于软件开发过程中，同时，软件架构作为一门学科逐渐得到人们的重视，并成为软件工程领域的研究热点。

纵观软件架构技术的发展过程，从最初的无结构设计到现行的基于架构的软件开发，可以认为经历了 4 个阶段：

(1) 无架构设计阶段。以汇编语言进行小规模应用程序开发为特征。

(2) 萌芽阶段。出现了程序结构设计主题，以控制流图和数据流图构成软件结构为特征。

(3) 初级阶段。出现了从不同侧面描述系统的结构模型，以 UML 为典型代表。

(4) 高级阶段。以描述系统的高层抽象结构为中心，不关心具体的建模细节，划分了架构模型与传统软件结构的界限，该阶段以 Kruchten 提出的"4+1"模型为标志。有关该模型的详细知识，将在 12.3 节中介绍。

12.3 软件架构建模

软件架构设计的首要问题是如何表示软件架构，即如何对软件架构建模。根据建模的侧重点不同，可以将软件架构的模型分为五种，分别是结构模型、框架模型、动态模型、过程模型和功能模型。

(1) 结构模型：这是一种最直观和最普遍的建模方法，它以构件、连接件和其他概念来刻画架构，并力图通过架构来反映系统的重要语义内容，包括系统的配置、约束、隐含的假设条件、风格和性质等。研究结构模型的核心是架构描述语言。

(2) 框架模型：框架模型与结构模型类似，但它不太侧重描述结构的细节而更侧重于整体结构。框架模型主要以一些特殊的问题为目标建立只针对和适应该问题的架构。

(3) 动态模型：动态模型是对结构模型或框架模型的补充，研究系统的粗粒度行为性质。例如，描述系统的重新配置或演化等，这类系统通常是激励型的。

(4) 过程模型：过程模型研究构建系统的步骤和过程。

(5) 功能模型：功能模型认为架构是由一组功能构件按层次组成的，下层向上层提供服务。功能模型可以看作是一种特殊的框架模型。

在上述 5 种模型中，最常用的是结构模型和动态模型。这 5 种模型各有所长，将它们有机地统一在一起，形成一个完整的模型来刻画软件架构更合适。例如，Kruchten 在 1995 年提出了一个"4+1"的视图模型。"4+1"视图模型从 5 个不同的视角来描述软件架构，每个视图只关心系统的一个侧面，5 个视图结合在一起才能反映软件架构的全部内容。"4+1"视图模型如图 12-2 所示。

(1) 逻辑视图。逻辑视图主要支持系统的功能需求，即系统提供给最终用户的服务。在逻辑视图中，系统分解成一系列的功能抽象，这些抽象主要来自问题领域。这种分解不但可以用来进行功能分析，而且可用作标识在整个系统的各个不同部分的通用机制和设计元素。在 OO 技术中，通过抽象、封装和继承，可以用对象模型来代表逻辑视图，用类图来描述逻辑视图。逻辑视图中使用的风格为面向对象的风格，在设计中要注意保持一个单一的、内聚的对象模型贯穿整个系统。

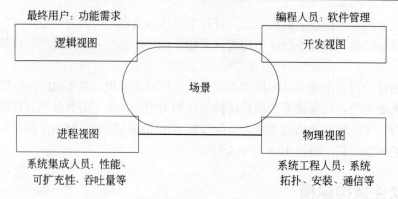

图 12-2 "4+1"视图模型

（2）开发视图。开发视图也称为模块视图，在 UML 中被称为实现视图，它主要侧重于软件模块的组织和管理。开发视图要考虑软件内部的需求，例如，软件开发的容易性、软件复用和软件的通用性，要充分考虑由于具体开发工具的不同而带来的局限性。开发视图通过系统 I/O 关系的模型图和子系统图来描述。

（3）进程视图。进程视图侧重于系统的运行特性，主要关注一些非功能性需求，例如，系统的性能和可用性等。进程视图强调并发性、分布性、系统集成性和容错能力，以及逻辑视图中的功能抽象如何适合进程结构等，它也定义了逻辑视图中的各个类的操作具体是在哪一个线程中被执行的。进程视图可以描述成多层抽象，每个级别分别关注不同的方面。

（4）物理视图。物理视图在 UML 中被称为部署视图，主要考虑如何把软件映射到硬件上，它通常要考虑到解决系统拓扑结构、系统安装和通信等问题。当软件运行于不同的物理节点上时，各视图中的构件都直接或间接地对应于系统的不同节点上。因此，从软件到节点的映射要有较高的灵活性，当环境改变时，对系统其他视图的影响最小化。

（5）场景。场景可以看作是那些重要系统活动的抽象，它使 4 个视图有机联系起来，从某种意义上说场景是最重要的需求抽象。场景视图对应 UML 中的用例视图。在开发软件架构时，它可以帮助架构设计师找到构件及其相互关系。同时，架构设计师也可以用场景来分析一个特定的视图，或描述不同视图的构件之间是如何相互作用的。场景可以用文本表示，也可以用图形表示。例如，图 12-3 是一个小型电话呼叫系统的场景片段的图形描述，相应的文本表示如下：

① 小王的电话控制器检测和验证电话从挂机到摘机状态的转变，且发送一个消息以唤醒相应的终端对象；

② 终端分配一定的资源，且通知控制器发出某种拨号音；

③ 控制器接收所拨号码并传给终端；

④ 终端使用编号计划分析号码；

⑤ 当一个有效的拨号序列进入时,终端打开一个会话。

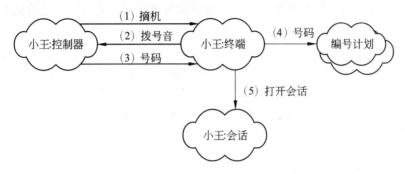

图 12-3 本地呼叫场景的一个原型

从以上分析可知,逻辑视图和开发视图描述系统的静态结构,而进程视图和物理视图描述系统的动态结构。对于不同的软件系统来说,侧重的角度也有所不同。例如,对于 MIS 来说,比较侧重于从逻辑视图和开发视图来描述系统;而对于实时控制系统来说,则比较注重于从进程视图和物理视图来描述系统。

12.4 软件架构风格

软件架构设计的一个核心问题是能否达到架构级的软件复用,也就是说,能否在不同的系统中,使用同一个软件架构。软件架构风格是描述某一特定应用领域中系统组织方式的惯用模式(idiomatic paradigm)。架构风格定义了一个系统"家族",即一个架构定义、一个词汇表和一组约束。词汇表中包含一些构件和连接件类型,而约束指出系统是如何将这些构件和连接件组合起来的。架构风格反映了领域中众多系统所共有的结构和语义特性,并指导如何将各个构件有效地组织成一个完整的系统。

12.4.1 经典架构风格

Garlan 和 Shaw 对通用软件架构风格进行了分类,他们将软件架构分为数据流风格、调用/返回风格、独立构件风格、虚拟机风格和仓库风格。

1. 数据流风格

数据流风格包括批处理序列和管道/过滤器两种风格。

(1) 批处理序列。构件为一系列固定顺序的计算单元,构件之间只通过数据传递交互。每个处理步骤是一个独立的程序,每一步必须在其前一步结束后才能开始,数据必须是完整的,以整体的方式传递。

(2) 管道/过滤器。每个构件都有一组输入和输出,构件读输入的数据流,经过内部处理,然后产生输出数据流。这个过程通常是通过对输入数据流的变换或计算来完成的,包括通过计算和增加信息以丰富数据、通过浓缩和删除以精简数据、通过改变记录方式以转化数据和递增地转化数据等。这里的构件称为过滤器，连接件就是数据流传输的管道，将一个过滤器的输出传到另一个过滤器的输入。

2．调用/返回风格

调用/返回风格包括主程序/子程序、数据抽象和面向对象，以及层次结构。

（1）主程序/子程序。单线程控制，把问题划分为若干个处理步骤，构件即为主程序和子程序，子程序通常可合成为模块。过程调用作为交互机制，即充当连接件的角色。调用关系具有层次性，其语义逻辑表现为主程序的正确性取决于它调用的子程序的正确性。

（2）数据抽象和面向对象。这种风格的构件是对象，对象是抽象数据类型的实例。在抽象数据类型中，数据的表示和它们的相应操作被封装起来，对象的行为体现在其接受和请求的动作中。连接件即是对象间交互的方式，对象是通过函数和过程的调用来交互的。对象具有封装性，一个对象的改变不会影响其他对象。

（3）层次结构。层次系统的构件组织成一个层次结构，连接件通过层间交互的协议来定义。该风格的特点是每层为上一层提供服务，使用下一层的服务，只能见到与自己邻接的层。通过层次结构，可以将大的问题分解为若干个渐进的小问题逐步解决，可以隐藏问题的复杂度。在层次结构中，修改某一层，最多影响其相邻的上下两层（通常只能影响上层）。上层必须知道下层的身份，不能调整层次之间的顺序。例如，网络通信协议和操作系统就属于层次结构。

3．独立构件风格

独立构件风格包括进程通信和事件驱动的系统。

（1）进程通信。构件是独立的过程，连接件是消息传递。这种风格的特点是，构件通常是命名过程，消息传递的方式可以是点对点、异步或同步方式，以及远程过程（方法）调用等。

（2）事件驱动的系统。构件不直接调用一个过程，而是触发或广播一个或多个事件。构件中的过程在一个或多个事件中注册，当某个事件被触发时，系统自动调用在这个事件中注册的所有过程。一个事件的触发就导致了另一个模块中的过程调用。这种风格中的构件是匿名的过程，它们之间交互的连接件往往是以过程之间的隐式调用（implicit invocation）来实现的。基于事件的隐式调用风格的主要优点是为软件复用提供了强大的支持，为构件的维护和演化带来了方便，其缺点是构件放弃了对系统计算的控制。

4．虚拟机风格

虚拟机风格包括解释器和基于规则的系统。

（1）解释器。解释器通常包括一个完成解释工作的解释引擎、一个包含将被解释的代码的存储区、一个记录解释引擎当前工作状态的数据结构，以及一个记录源代码被解释执行进度的数据结构。具有解释器风格的软件中含有一个虚拟机，可以仿真硬件的执行过程和一些关键应用，其缺点是执行效率比较低。

（2）基于规则的系统。基于规则的系统包括规则集、规则解释器、规则/数据选择器和工作内存，一般用在人工智能领域和 DSS 中。

5．仓库风格

仓库风格包括数据库系统、黑板系统和超文本系统。

（1）数据库系统。数据库系统是仓库风格最常见的形式。在数据库系统中，构件主要有两大类，一类是中央共享数据源，保存当前系统的数据状态；另一类是多个独立处理单元，处理单元对数据元素进行操作。

（2）黑板系统。黑板系统包括知识源、黑板和控制三个部分。知识源包括若干独立计算的不同单元，提供解决问题的知识。知识源响应黑板的变化，也只是修改黑板；黑板是一个全局数据库，包含问题域解空间的全部状态，是知识源相互作用的唯一媒介；知识源响应是通过黑板状态的变化来控制的。黑板系统通常应用在对于解决问题没有确定性算法的软件中，例如，信号处理、问题规划和编译器优化等。

（3）超文本系统。超文本系统中出现的构件以网状链接方式相互连接，用户可以在构件之间进行按照人类的联想思维方式任意跳转到相关构件。超文本是一种非线性的网状信息组织方法，它以结点为基本单位，链作为结点之间的联想式关联。超文本系统通常应用在互联网领域。

12.4.2 层次架构风格

在 IT 发展过程中，网络计算经历了从集中式计算模型到分布式计算模型的演变。在集中式计算技术时代，广泛使用的是大型机（或小型机）计算模型。它是通过一台物理上与宿主机相连接的非智能终端来实现宿主机上的应用程序。在多用户环境中，宿主机应用程序既负责与用户的交互，又负责对数据的管理。集中式的系统使用户能共享贵重的硬件设备，例如，磁盘机、打印机和调制解调器等。但随着用户的增多，对宿主机能力的要求增高，而且开发人员必须为每个新的应用重新设计同样的数据管理构件。

20 世纪 80 年代以后，集中式结构逐渐被以 PC 为主的微机网络所取代。PC 和工作站的采用，永远改变了协作计算模型，导致了分布式计算模型的产生。一方面，由于大型机系统固有的缺陷（例如，缺乏灵活性），无法适应信息量急剧增长的需求，并为整个企业提供全面的解决方案；另一方面，由于微处理器的日新月异，其强大的处理能力和低廉的价格使微机网络迅速发展，用户可以选择适合自己需要的工作站、操作系统和应用程序。

1．二层架构

客户机/服务器（Client/Server，C/S）架构是基于资源不对等，且为实现共享而提出来的，是 20 世纪 90 年代成熟起来的技术，C/S 架构定义了工作站（客户应用程序）如何与服务器相连，以实现数据和应用分布到多台计算机上。服务器负责有效地管理系统的资源,其主要任务集中于对 DBMS 的管理和控制,以及数据的备份与恢复;客户应用程序的主要任务是提供用户与数据库交互的界面,向服务器提交用户请求并接收来自服务器的信息,对存在于客户端的数据执行应用逻辑要求。这是一种"胖客户机(fat client)、瘦服务器(thin server)"的架构,其处理流程如图 12-4 所示。

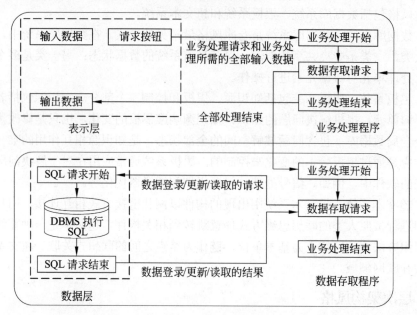

图 12-4　C/S 架构的一般处理流程

　　与集中式系统相比,C/S 架构的优点主要在于,系统的客户应用程序和服务器构件分别运行在不同的计算机上,系统中每台服务器都可以适合各构件的要求,这对于硬件和软件的变化显示出极大的适应性和灵活性,而且易于对系统进行扩充和缩小。在 C/S 架构中,系统中的功能构件充分隔离,客户应用程序的开发集中于数据的显示和分析,而服务器的开发则集中于数据的管理,不必在每一个新的应用程序中都要对一个 DBMS 进行编码。将大的应用处理任务分布到许多通过网络连接的低成本计算机上,以节约大量费用。

　　C/S 架构具有强大的数据操作和事务处理能力,模型思想简单,易于人们理解和接受。但随着企业规模的日益扩大,软件的复杂程度不断提高,C/S 架构逐渐暴露出以下缺点:

　　(1)开发成本较高。C/S 架构对客户端软硬件配置要求较高,尤其是软件的不断升级,对硬件要求不断提高,增加了整个系统的成本。

　　(2)客户端程序设计复杂。采用 C/S 架构进行软件开发,大部分工作量放在客户端的程序设计上,客户端显得十分庞大。

（3）用户界面风格不一，使用繁杂，不利于推广使用。

（4）软件移植困难。采用不同开发工具或平台开发的软件，一般互不兼容，不能或很难移植到其他平台上运行。

（5）软件维护和升级困难。采用 C/S 架构的软件要升级，开发人员必须到现场为客户机升级，每个客户机上的软件都需要维护。对软件的一个小小改动，每一个客户端都必须更新。

（6）新技术不能轻易应用。因为一个软件平台及开发工具一旦选定，不可能轻易更改。

（7）可扩展性差。C/S 架构是单一服务器且以局域网为中心的，所以难以扩展至大型企业广域网或 Internet，软硬件的组合和集成能力有限。客户机的负荷太重，难以管理大量的客户机，系统的性能容易变坏。

（8）系统安全性难以保证。因为客户端程序可以直接访问数据库服务器，那么，在客户端计算机上的其他程序也可想办法访问数据库服务器，从而使数据库的安全性受到威胁。

正是因为 C/S 架构有这么多缺点，因此，三层 C/S 架构应运而生。为了区分，把传统的 C/S 架构称为二层 C/S 架构。

2. 三层 C/S 架构

与二层 C/S 架构相比，在三层 C/S 架构中，增加了一个应用服务器。可以将整个应用逻辑驻留在应用服务器上，而只有表示层存在于客户机上。这种客户机称为瘦客户机（thin client）。三层 C/S 架构将应用系统分成表示层、功能层和数据层三个部分，如图 12-5 所示。

（1）表示层。表示层是系统的用户接口部分，担负着用户与系统之间的对话功能。它用于检查用户从键盘等输入的数据，显示输出的数据。为使用户能直观地进行操作，一般要使用图形用户界面，操作简单、易学易用。在变更用户界面时，只需改写显示控制和数据检查程序，而不影响其他两层。检查的内容也只限于数据的形式和取值的范围，不包括有关业务本身的处理逻辑。

（2）功能层。功能层也称为业务逻辑层，是将具体的业务处理逻辑编入程序中。例如，在制作订购合同时要计算合同金额、按照预定的格式配置数据、打印订购合同，而处理所需的数据则要从表示层或数据层取得。

（3）数据层。数据层相当于二层 C/S 架构中的服务器，负责对 DBMS 的管理和控制。

三层 C/S 架构对这三层进行明确分割，并在逻辑上使其独立。在二层 C/S 架构中，数据层作为 DBMS 已经独立出来，所以，三层 C/S 架构的关键是要将表示层和功能层分离成各自独立的程序，并且还要使这两层间的接口简洁明了。通常的做法是只将表示层配置在客户机中，如图 12-6（a）或图 12-6（b）所示。如果像图 12-6（c）所示的那样连功能层也放在客户机中，与二层 C/S 架构相比，其程序的可维护性要好得多，但是其他问题并未得到解决。客户机的负荷太重,其业务处理所需的数据要从服务器传给客户机,所以系统的性能容易变坏。

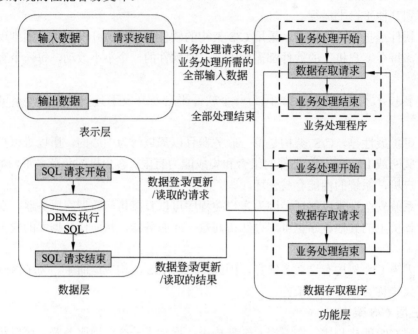

图 12-5 三层 C/S 架构的一般处理流程

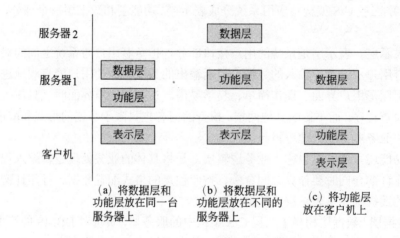

图 12-6 三层 C/S 架构的物理部署

如果将功能层和数据层分别放在不同的服务器中,如图 12-6(b)所示,则服务器之间也要进行数据传送。由于三层是分别放在各自不同的硬件系统上的,所以灵活性很高,能够适应客户机数目的增加和处理负荷的变动。例如,在追加新业务处理时,可以相应增加装载功能层的服务器（应用服务器）。因此，系统规模越大，这种形态的优点就越显著。在三层 C/S 架构中，中间件是最重要的构件，有关中间件的知识，将在 16.1 节中详细介绍。

与传统的二层架构相比，三层 C/S 架构具有以下优点：

（1）允许合理地划分三层的功能，使之在逻辑上保持相对独立性，从而使整个系统的逻辑结构更为清晰，能提高系统的可维护性和可扩展性。

（2）允许更灵活、有效地选用相应的平台和硬件系统，使之在处理负荷能力上与处理特性上分别适应于结构清晰的三层，并且这些平台和各个组成部分可以具有良好的可升级性和开放性。

（3）系统的各层可以并行开发，各层也可以选择各自最适合的开发语言，使之能并行且高效地进行开发，达到较高的性能价格比。对每一层的处理逻辑的开发和维护也会更容易些。

（4）利用功能层可以有效地隔离表示层与数据层，未授权的用户难以绕过功能层而利用数据库工具或黑客手段去非法地访问数据层，这就为严格的安全管理奠定了坚实的基础。

但是，若三层 C/S 架构各层间的通信效率不高，即使分配给各层的硬件能力很强，其作为整体来说也达不到所要求的性能。此外，设计时必须慎重考虑三层间的通信方法、通信频度和数据量，这是三层 C/S 架构设计的关键问题。

3. B/S 架构

浏览器/服务器（Browser/Server，B/S）架构是三层 C/S 架构的一种实现方式，其具体结构为"浏览器/Web 服务器/数据库服务器"。B/S 架构利用不断成熟的 WWW 浏览器技术，结合浏览器的多种脚本语言，用通用浏览器就实现了原来需要复杂的专用软件才能实现的强大功能，并节约了开发成本。从某种程度上来说，B/S 架构是一种全新的软件架构。

在 B/S 架构中，除了数据库服务器外，应用程序以网页形式存放于 Web 服务器上，用户运行某个应用程序时，只须在客户端的浏览器中键入相应的网址，调用 Web 服务器上的应用程序，并对数据库进行操作，完成相应的数据处理工作，最后将结果通过浏览器显示给用户。基于 B/S 架构的软件，系统安装、修改和维护全在服务器端解决。用户在使用系统时，仅仅需要一个浏览器就可运行全部的模块，真正达到了"零客户端"的功能，很容易在运行时自动升级。

但是，与 C/S 架构相比，B/S 架构也有许多不足之处，例如，缺乏对动态页面的支持能力，没有集成有效的数据库处理功能；安全性难以控制；采用 B/S 架构的系统在数据查询等响应速度上远远低于 C/S 架构；B/S 架构的数据提交一般以页面为单位，数据的动态交互性不强，不利于 OLTP 应用。

12.4.3 富互联网应用

人们的应用需求永远是技术发展的驱动力。传统的 Web 系统允许用户填写表单，提交表单时就向 Web 服务器发送一个请求。服务器接收并处理传来的表单，然后返回一个新的网页。这种做法浪费了许多带宽，因为在前后两个页面中的大部分 HTML 代码往往是相同的。由于每次应用的交互都需要向服务器发送请求，应用的响应时间就依赖于服务器的响应时间。这导致了用户界面的响应比本地应用慢得多。为了弥补 B/S 架构存在的一些不足，提高用户体验，富互联网应用（Rich Internet Application，RIA）技术应运而生。

RIA 是一个用户接口，它比用 HTML 实现的接口更加健壮、反应更加灵敏和更具有令人感兴趣的可视化特性。RIA 结合了 C/S 架构反应速度快、交互性强的优点与 B/S 架构传播范围广及容易传播的特性，简化并改进了 B/S 架构的用户交互，这样，系统可以提供更丰富、更具有交互性的用户体验。

1．RIA 的概念

针对 B/S 架构所存在的缺点，如果一味地提升服务器和网络的速度，既不现实又不经济，一种可行的技术方案就是采用高度互动性和局部智能型的客户端应用程序，这样，就可以在无需刷新全页或增加带宽需求的情况之下，迅速响应用户的输入并作出相应的处理。这种技术就是 RIA。

RIA 是 B/S 架构的一种演变，"富"的含义有两种，分别是丰富的数据模型和丰富的用户界面。丰富的数据意味着客户端的用户界面能表现和应对更多、更复杂的数据模式，这样才能处理客户端的运算，以及异步发送和接收数据。为了达到高度复杂的数据模式，客户端允许用户构建一个高响应、交互式的应用程序；HTML 只能为用户的界面控制提供有限的功能，反之，RIA 允许一些富有创造性的界面控制，巧妙地与数据模式相结合。传统的 B/S 架构是线性设计方式，用户唯一的选择就是用批处理方式提交页面到服务器。连续处理服务器请求和页面更新存在许多障碍，包括页面响应时间、网络带宽，以及满足会话或状态交叉连接而不断增长的日常开销。伴随着丰富的用户界面，用户可以从早期的服务器响应影响整个界面的运作模式，迁移到只对发出请求的特定区域进行改变的模式上来。

RIA 具有 C/S 架构的特点，包括在消息确认和格式编排方面提供互动用户界面，在无刷新页面之下提供快捷的界面响应时间，提供通用的用户界面特性（例如，拖放操作、在线和离线操作能力等）；RIA 也具有 B/S 架构的特点，包括立即布署、跨平台、采用逐步下载来检索内容和数据，以及可以充分利用广泛采纳的互联网标准。在 RIA 中，数据能够被缓存在客户端，从而可以实现一个比基于 HTML 的响应速度更快且数据往返于服务器的次数更少的用户界面。

2. 客户端开发技术

一个新的技术是否能够被广泛应用，与该技术的支持平台的多少和平台功能是否强大、是否易用等因素密切相关。RIA 技术一经推出，就得到了广泛应用，支持 RIA 的平台或工具主要有以下几个：

（1）Flex。Flex 是一个表示服务器和应用程序框架，它可以运行于 J2EE 和.NET 平台。Flex 应用程序框架由 MXML（Macromedia XML）、ActionScript 和 Flex 类库构成。开发人员利用 MXML 定义应用程序用户界面元素，利用 ActionScript 定义客户逻辑与程序控制。Flex 类库中包括 Flex 组件、管理器和行为等。应用程序由 Flex 服务器翻译成 SWF 格式的客户端应用程序，在 Flash Player 中运行。

（2）Bindows。Bindows 是用 Javascript 和 DHTML（Dynamic HTML，动态 HTML）开发的 Web 窗口框架。JavaScript 用于客户端界面的显示和处理，XML 和 HTTP 用于客户端与服务器的信息传输。Bindows 的一个主要缺点是，它采用一次性全部载入的方式来实现脚本库，在窗口的加载期，需要一个漫长的等待过程，甚至浏览器的进程会产生无响应的情况。另外，Bindows 内部大量利用了 IE（Internet Explorer）技术，没有考虑到非 IE 的浏览器，限制了 Bindows 的流行。

（3）Java。一些相当复杂的系统都是用 Java 编写的，这说明可以用 Java 来建立几乎任何一个能够想象得到的 RIA。使用 Java 建立 RIA 的主要缺陷是它的复杂性，例如，即使对简单的窗口和图形，也要求编写非常烦琐的代码。

（4）Laszlo。Laszlo 是一个开源的 RIA 开发环境。使用 Laszlo 平台时，开发人员只需编写名为 LZX 的描述语言（其中整合了 XML 和 JavaScript），运行在 J2EE 应用服务器上的 Laszlo 表示服务器会将其编译成 SWF 格式的文件并传输给客户端展示。从这点上来说，Laszlo 的本质和 Flex 是一样的。

（5）XUL（XML User Interface Language，基于 XML 的用户界面语言）。XUL 可用于建立窗口应用系统，这些系统既可以在 Mozilla 浏览器上运行，也可以在其他描述引擎上运行。XUL 描述引擎都非常小，它既可以使用 XML 数据，也可以生成 XML 数据。

（6）Avalon。Avalon 是 Vista 的一部分，是一个图形和展示引擎，主要由.NET 框架中的一组类集合而成。Avalon 定义了一个在 Longhorn 中使用的新标记语言，其代号为 XAML（eXtensible Application Markup Language），即可扩展应用标记语言。可以使用 XAML 来定义文本、图像和控件的布局，程序代码可以直接嵌入到 XAML 中，也可以将它保留在一个单独的文件内。这与 Flex 中的 MXML 或者 Laszlo 中的 LZX 非常相似。不同的是，基于 Avalon 的系统必须运行在 Longhorn 环境中，而 Flex 和 Laszlo 是不依赖于平台的，仅仅需要装有 Flash 播放器的浏览器即可。

3. 异步 JavaScript 和 XML

异步 JavaScript 和 XML（Asynchronous JavaScript And XML，AJAX）是由几种蓬勃发展的技术以新的方式组合而成的，包括基于 XHTML（eXtensible HyperText Markup Language，可扩展超文本标识语言）和 CSS（Cascading Style Sheets，层叠样式表）标准

的表示、使用 DOM（Document Object Model，文档对象模型）进行动态显示和交互、使用 XML 和 XSLT（eXtensible Stylesheet Language for Transformation，用于转换的可扩展样式表语言）进行数据交换及相关操作、使用 XMLHttpRequest 与服务器进行异步通信、使用 JavaScript 绑定一切。

（1）XML。XML 是一套从 SGML（Standard Generalized Markup Language，标准通用标记语言）中派生出来的定义语义标记的规则，这些标记将文档分成许多部件并对这些部件加以标识。它也是元标记语言，用于定义其他与特定领域有关的、语义的、结构化的标记语言的句法语言。XML 的高扩展性、高灵活性特性，使得它可以描述各种不同种类的应用软件中的各种不同类型的数据，可以实现不同数据的集成。由于 XML 格式的标准化，许多浏览器软件都能够提供很好的支持，因此，只需简单地将 XML 格式的数据发送给客户端，客户端就可以自行对其进行编辑和处理，而不仅是显示。

（2）XHTML。XHTML 是一个基于 XML 的标记语言，是一个扮演着类似 HTML 角色的 XML，结合了部分 XML 的强大功能和大多数 HTML 的简单特性。建立 XHTML 的目的就是实现 HTML 向 XML 的过渡。

（3）JavaScript。JavaScript 是一种粘合剂，使 AJAX 应用的各部分集成在一起。在 AJAX 中，JavaScript 主要用来传递用户界面上的数据到服务端并返回结果。

（4）XMLHttpRequest。XMLHttpRequest 对象用来响应通过 HTTP 传递的数据，一旦数据返回到客户端，就可以立刻使用 DOM 将数据显示在网页上。XMLHttpRequest 对象在大部分浏览器中已经实现，而且拥有一个简单的接口，允许数据从客户端传递到服务端，但并不会打断用户当前的操作。使用 XMLHttpRequest 传送的数据可以是任何格式的。

（5）DOM。DOM 为 XML 文档的已解析版本定义了一组接口。解析器读入整个文档，构建一个驻留内存的树结构，然后代码就可以使用 DOM 接口来操作这个树结构。

（6）XSLT。XSLT 是一种将 XML 文档转换为 XHTML 文档或其他 XML 文档的语言，可以用在客户端和服务端，它能够减少大量的用 JavaScript 编写的应用逻辑。

（7）CSS。一个 CSS 样式单就是一组规则，样式再根据特定的一套规则级联起来。每个规则给出其所适用的元素名称，以及要应用于哪些元素的样式。CSS 提供了从内容中分离应用样式和设计的机制。虽然 CSS 在 AJAX 应用中扮演至关重要的角色，但它也是构建跨浏览器应用的一大阻碍，因为不同的浏览器厂商支持各种不同的 CSS 级别。

借助于 AJAX，可以在用户单击按钮时，使用 JavaScript 和 DHTML 立即更新用户界面，并向服务器发出异步请求，以执行更新或查询数据库。当请求返回时，就可以使用 JavaScript 和 CSS 来相应地更新用户界面，而不是刷新整个页面。最重要的是，用户甚至不知道浏览器正在与服务器通信，Web 站点看起来是即时响应的。使用 AJAX 的最大优点，就是能在不更新整个页面的前提下维护数据，这使得 Web 系统更为迅捷地回应用户动作，并避免了在网络上发送那些没有改变过的信息。

使用 AJAX 的主要缺点是，它可能破坏浏览器"后退"按钮的正常行为。在动态更新页面的情况下，用户无法回到前一个页面状态，这是因为浏览器只能记下历史记录中的静态页面。用户通常都希望单击"后退"按钮，就能够取消他们的前一次操作，但在 AJAX 系统中，却无法做到这一点。解决这个问题的主要方法是，在用户单击"后退"按钮访问历史记录时，通过建立或使用一个隐藏的 IFRAME 来重现页面上的变更。例如，当用户在 Google Maps 中单击"后退"时，它在一个隐藏的 IFRAME 中进行搜索，然后将搜索结果反映到 AJAX 元素上，以便将系统恢复到当时的状态。另外，使用动态页面更新时，用户难以将某个特定的状态保存到收藏夹中。解决这个问题的主要方法是，使用 URL（Uniform Resource Locator，统一资源定位符）片断标识符（通常被称为锚点，即 URL 中"#"后面的部分）来保持跟踪，允许用户回到指定的某个系统状态。

进行 AJAX 开发时，需要慎重考虑网络延迟。不给予用户明确的回应，没有恰当的预读数据，或者对 XMLHttpRequest 的不恰当处理，都会使用户感到延迟，这是用户不希望看到的，也是他们无法理解的。通常的解决方案是，使用一个可视化的组件来告诉用户，系统正在进行后台操作并且正在读取数据和内容。

12.5 面向服务的架构

迄今为止，对于面向服务的架构（Service-Oriented Architecture，SOA）还没有一个公认的定义。许多组织从不同的角度和不同的侧面对 SOA 进行了描述，较为典型的有以下三个：

（1）W3C 的定义：SOA 是一种应用程序架构，在这种架构中，所有功能都定义为独立的服务，这些服务带有定义明确的可调用接口，能够以定义好的顺序调用这些服务来形成业务流程。

（2）Service-architecture.com 的定义：服务是精确定义、封装完善、独立于其他服务所处环境和状态的函数。SOA 本质上是服务的集合，服务之间彼此通信，这种通信可能是简单的数据传送，也可能是两个或更多的服务协调进行某些活动。服务之间需要某些方法进行连接。

（3）Gartner 的定义：SOA 是一种 C/S 架构的软件设计方法，应用由服务和服务使用者组成，SOA 与大多数通用的 C/S 架构模型不同之处，在于它着重强调构件的松散耦合，并使用独立的标准接口。

12.5.1 SOA 概述

SOA 是一种在计算环境中设计、开发、部署和管理离散逻辑单元（服务）模型的方法。从 7.3.3 节的讨论中可以看出，SOA 并不是一个新鲜事物，而只是面向对象模型的一种替代。虽然基于 SOA 的系统并不排除使用 OOD 来构建单个服务，但是其整体设计却是面向服务的。由于 SOA 考虑到了系统内的对象，所以虽然 SOA 是基于对象的，但是作为一个整体，它却不是面向对象的。

SOA 系统原型的一个典型例子是 CORBA，它已经出现很长时间，其定义的概念与 SOA 相似。SOA 建立在 XML 等新技术的基础上，通过使用基于 XML 的语言来描述接口，服务已经转到更动态且更灵活的接口系统中，CORBA 中的 IDL 无法与之相比。图 12-7 描述了一个完整的 SOA 模型。

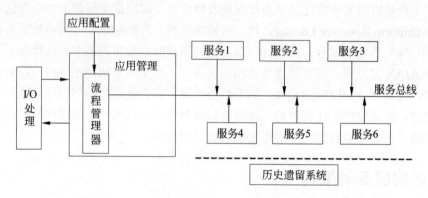

图 12-7 SOA 模型示例

在 SOA 模型中，所有的功能都定义成了独立的服务。服务之间通过交互和协调完成业务的整体逻辑。所有的服务通过服务总线或流程管理器来连接。这种松散耦合的架构使得各服务在交互过程中无需考虑双方的内部实现细节，以及部署在什么平台上。

1. 服务的基本结构

一个独立的服务基本结构如图 12-8 所示。

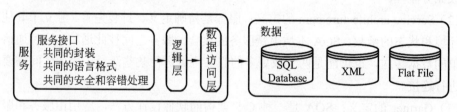

图 12-8 单个服务内部结构

由图 12-8 可以看出，服务模型的表示层从逻辑层分离出来，中间增加了服务对外的接口层。通过服务接口的标准化描述，使得服务可以提供给在任何异构平台和任何用户接口使用。这允许并支持基于服务的系统成为松散耦合、面向构件和跨技术实现，服务请求者很可能根本不知道服务在哪里运行、是由哪种语言编写的，以及消息的传输路径，而是只需要提出服务请求，然后就会得到答案。

2．SOA 设计原则

在 SOA 架构中，继承了来自对象和构件设计的各种原则，例如，封装和自我包含等。那些保证服务的灵活性、松散耦合和复用能力的设计原则，对 SOA 架构来说同样是非常重要的。关于服务，一些常见的设计原则如下：

（1）明确定义的接口。服务请求者依赖于服务规约来调用服务，因此，服务定义必须长时间稳定，一旦公布，不能随意更改；服务的定义应尽可能明确，减少请求者的不适当使用；不要让请求者看到服务内部的私有数据。

（2）自包含和模块化。服务封装了那些在业务上稳定、重复出现的活动和构件，实现服务的功能实体是完全独立自主的，独立进行部署、版本控制、自我管理和恢复。

（3）粗粒度。服务数量不应该太多，依靠消息交互而不是远程过程调用，通常消息量比较大，但是服务之间的交互频度较低。

（4）松耦合。服务请求者可见的是服务的接口，其位置、实现技术、当前状态和私有数据等，对服务请求者而言是不可见的。

（5）互操作性、兼容和策略声明。为了确保服务规约的全面和明确，策略成为一个越来越重要的方面。这可以是与技术相关的内容，例如，一个服务对安全性方面的要求；也可以是与业务有关的语义方面的内容，例如，需要满足的费用或者服务级别方面的要求，这些策略对于服务在交互时是非常重要的。

3．服务构件与传统构件

服务构件架构（Service Component Architecture，SCA）是基于 SOA 的思想描述服务之间组合和协作的规范，它描述用于使用 SOA 构建应用程序和系统的模型。它可简化使用 SOA 进行的应用程序开发和实现工作。SCA 提供了构建粗粒度构件的机制，这些粗粒度构件由细粒度构件组装而成。SCA 将传统中间件编程从业务逻辑分离出来，从而使程序员免受其复杂性的困扰。它允许开发人员集中精力编写业务逻辑，而不必将大量的时间花费在更为底层的技术实现上。

SCA 服务构件与传统构件的主要区别在于，服务构件往往是粗粒度的，而传统构件以细粒度居多；服务构件的接口是标准的，主要是服务描述语言接口，而传统构件常以具体 API 形式出现；服务构件的实现与语言是无关的，而传统构件常绑定某种特定的语言；服务构件可以通过构件容器提供 QoS 的服务，而传统构件完全由程序代码直接控制。

12.5.2 SOA 的关键技术

SOA 伴随着无处不在的标准，为企业的现有资产或投资带来了更好的复用性。SOA 能够在最新的和现有的系统之上创建应用，借助现有的应用产生新的服务，为企业提供更好的灵活性来构建系统和业务流程。SOA 是一种全新的架构，为了支持其各种特性，相关的技术规范不断推出。与 SOA 紧密相关的技术主要有 UDDI、WSDL、SOAP 和 REST

等,而这些技术都是以 XML 为基础而发展起来的。

1. UDDI

统一描述、发现和集成（Universal Description Discovery and Integration,UDDI）提供了一种服务发布、查找和定位的方法,是服务的信息注册规范,以便被需要该服务的用户发现和使用它。UDDI 规范描述了服务的概念,同时也定义了一种编程接口。通过 UDDI 提供的标准接口,企业可以发布自己的服务供其他企业查询和调用,也可以查询特定服务的描述信息,并动态绑定到该服务上。

在 UDDI 技术规范中,主要包含以下三个部分的内容:

(1) 数据模型。UDDI 数据模型是一个用于描述业务组织和服务的 XML Schema。

(2) API。UDDI API 是一组用于查找或发布 UDDI 数据的方法,UDDI API 基于 SOAP。

(3) 注册服务。UDDI 注册服务是 SOA 中的一种基础设施,对应着服务注册中心的角色。

2. WSDL

Web 服务描述语言（Web Service Description Language,WSDL）是对服务进行描述的语言,它有一套基于 XML 的语法定义。WSDL 描述的重点是服务,它包含服务实现定义和服务接口定义,如图 12-9 所示。

采用抽象接口定义对于提高系统的扩展性很有帮助。服务接口定义就是一种抽象的、可重用的定义,行业标准组织可以使用这种抽象的定义来规定一些标准的服务类型,服务实现者可以根据这些标准定义来实现具体的服务。

服务实现定义描述了给定服务提供者如何实现特定的服务接口。服务实现定义中包含服务和端口描述。一个服务往往会包含多个服务访问入口,

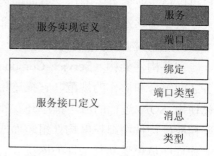

图 12-9 基本服务描述

而每个访问入口都会使用一个端口元素来描述,端口描述的是一个服务访问入口的部署细节,例如,通过哪个地址来访问,应当使用怎样的消息调用模式来访问等。

3. SOAP

简单对象访问协议（Simple Object Access Protocol,SOAP）定义了服务请求者和服务提供者之间的消息传输规范。SOAP 用 XML 来格式化消息,用 HTTP 来承载消息。通过 SOAP,应用程序可以在网络中进行数据交换和远程过程调用（Remote Procedure Call,RPC）。SOAP 主要包括以下 4 个部分:

(1) 封装。SOAP 封装定义了一个整体框架,用来表示消息中包含什么内容,谁来处理这些内容,以及这些内容是可选的还是必须的。

(2) 编码规则。SOAP 编码规则定义了一种序列化的机制,用于交换系统所定义的

数据类型的实例。

（3）RPC 表示。SOAP RPC 表示定义了一个用来表示远程过程调用和应答的协议。

（4）绑定。SOAP 绑定定义了一个使用底层传输协议来完成在节点之间交换 SOAP 封装的约定。

SOAP 消息基本上是从发送端到接收端的单向传输，但它们常常结合起来执行类似于请求/应答的模式。所有的 SOAP 消息都使用 XML 进行编码。SOAP 消息包括以下三个部分：

（1）封装（信封）。封装的元素名是 Envelope，在表示消息的 XML 文档中，封装是顶层元素，在 SOAP 消息中必须出现。

（2）SOAP 头。SOAP 头的元素名是 Header，提供了向 SOAP 消息中添加关于这条 SOAP 消息的某些要素的机制。SOAP 定义了少量的属性用来表明这项要素是否可选以及由谁来处理。SOAP 头在 SOAP 消息中可能出现，也可能不出现。如果出现的话，必须是 SOAP 封装元素的第一个直接子元素。

（3）SOAP 体。SOAP 体的元素名是 Body，是包含消息的最终接收者想要的信息的容器。SOAP 体在 SOAP 消息中必须出现且必须是 SOAP 封装元素的直接子元素。如果有头元素，则 SOAP 体必须直接跟在 SOAP 头元素之后；如果没有头元素，则 SOAP 体必须是 SOAP 封装元素的第一个直接子元素。

4．REST

表述性状态转移（Representational State Transfer，REST）是一种只使用 HTTP 和 XML 进行基于 Web 通信的技术，可以降低开发的复杂性，提高系统的可伸缩性。它的简单性和缺少严格配置文件的特性，使它与 SOAP 很好地隔离开来，REST 从根本上来说只支持几个操作（POST、GET、PUT 和 DELETE），这些操作适用于所有的消息。REST 提出了如下一些设计概念和准则：

（1）网络上的所有事物都被抽象为资源。

（2）每个资源对应一个唯一的资源标识。

（3）通过通用的连接件接口对资源进行操作。

（4）对资源的各种操作不会改变资源标识。

（5）所有的操作都是无状态的。

12.5.3　SOA 的实现方法

SOA 只是一种概念和思想，需要借助于具体的技术和方法来实现它。从本质上来看，SOA 是用本地计算模型来实现一个分布式的计算应用，也有人称这种方法为"本地化设计，分布式工作"模型。CORBA、DCOM 和 EJB 等都属于这种解决方式，也就是说，SOA 最终可以基于这些标准来实现。有关这些标准的知识，已经在 12.1.1 节中详细介绍。另外，这些标准分别使用的 ORB、RPC 和远程方法调用（Remote Method Invocation，

RMI）等技术，将在 16.1.2 节中介绍，此处不再赘述。

从逻辑上和高层抽象来看，目前，实现 SOA 的方法也比较多，其中主流方式有 Web Service、企业服务总线和服务注册表。

1．Web Service

在 Web Service（Web 服务）的解决方案中，一共有三种工作角色，其中服务提供者和服务请求者是必须的，服务注册中心是一个可选的角色。它们之间的交互和操作构成了 SOA 的一种实现架构，如图 12-10 所示。

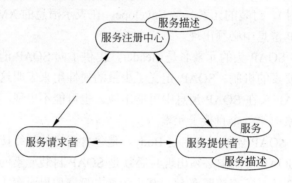

图 12-10　Web Service 模型

（1）服务提供者。服务提供者是服务的所有者，该角色负责定义并实现服务，使用 WSDL 对服务进行详细、准确、规范的描述，并将该描述发布到服务注册中心，供服务请求者查找并绑定使用。

（2）服务请求者。服务请求者是服务的使用者，虽然服务面向的是程序，但程序的最终使用者仍然是用户。从架构的角度看，服务请求者是查找、绑定并调用服务，或与服务进行交互的应用程序。服务请求者角色可以由浏览器来担当，由人或程序（例如，另外一个服务）来控制。

（3）服务注册中心。服务注册中心是连接服务提供者和服务请求者的纽带，服务提供者在此发布他们的服务描述，而服务请求者在服务注册中心查找他们需要的服务。不过，在某些情况下，服务注册中心是整个模型中的可选角色。例如，如果使用静态绑定的服务，则服务提供者可以把描述直接发送给服务请求者。

Web Service 模型中的操作包发布、查找和绑定等可以单次或反复出现。

（1）发布。为了使用户能够访问服务，服务提供者需要发布服务描述，以便服务请求者可以查找它。

（2）查找。在查找操作中，服务请求者直接检索服务描述或在服务注册中心查询所要求的服务类型。对服务请求者而言，可能会在生命周期的两个不同阶段中涉及查找操作，首先是在设计阶段，为了程序开发而查找服务的接口描述；其次是在运行阶段，为了调用而查找服务的位置描述。

（3）绑定。在绑定操作中，服务请求者使用服务描述中的绑定细节来定位、联系并调用服务，从而在运行时与服务进行交互。绑定可以分为动态绑定和静态绑定。在动态绑定中，服务请求者通过服务注册中心查找服务描述，并动态地与服务交互；在静态绑定中，服务请求者已经与服务提供者达成默契，通过本地文件或其他方式直接与服务进行绑定。

在采用 Web Service 作为 SOA 的实现技术时，应用系统大致可以分为如下 6 个层次：底层传输层、服务通信协议层、服务描述层、服务层、业务流程层和服务注册层。

（1）底层传输层。底层传输层主要负责消息的传输机制，HTTP、JMS（Java Messaging Service，Java 消息服务）和 SMTP 都可以作为服务的消息传输协议，其中 HTTP 使用最广。

（2）服务通信协议层。服务通信协议层的主要功能是描述并定义服务之间进行消息传递所需的技术标准，常用的标准是 SOAP 和 REST 协议。

（3）服务描述层。服务描述层主要以一种统一的方式描述服务的接口与消息交换方式，相关的标准是 WSDL。

（4）服务层。服务层的主要功能是将遗留系统进行包装，并通过发布的 WSDL 接口描述被定位和调用。

（5）业务流程层。业务流程层的主要功能是支持服务发现，服务调用和点到点的服务调用，并将业务流程从服务的底层调用抽象出来。相关的标准是 WSBPEL，有关 WSBPEL 的详细知识，请阅读 10.6.4 节。

（6）服务注册层的主要功能是使服务提供者能够通过 WSDL 发布服务定义，并支持服务请求者查找所需的服务信息。相关的标准是 UDDI。

2．服务注册表

服务注册表（service registry）虽然也具有运行时的功能，但主要在 SOA 设计时使用。它提供一个策略执行点（Policy Enforcement Point，PEP），在这个点上，服务可以在 SOA 中注册，从而可以被发现和使用。服务注册表可以包括有关服务和相关构件的配置、依从性和约束文件。从理论上来说，任何帮助服务注册、发现和查找服务合约、元数据和策略的信息库、数据库、目录或其他节点都可以被认为是一个注册表。大多数商用服务注册产品支持服务注册、服务位置和服务绑定功能。

（1）服务注册。服务注册是指服务提供者向服务注册表发布服务的功能（服务合约），包括服务身份、位置、方法、绑定、配置、方案和策略等描述性属性。使用服务注册表实现 SOA 时，要限制哪些新服务可以向注册表发布、由谁发布以及谁批准和根据什么条件批准等，以便使服务能够有序地注册。

（2）服务位置。服务位置是指服务使用者，帮助它们查询已注册的服务，寻找符合自身要求的服务。这种查找主要是通过检索服务合约来实现的，在使用服务注册表实现 SOA 时，需要规定哪些用户可以访问服务注册表，以及哪些服务属性可以通过服务注册表进行暴露等，以便服务能得到有效的、经过授权的使用。

（3）服务绑定。服务使用者利用查找到的服务合约来开发代码，开发的代码将与注册的服务进行绑定，调用注册的服务，以及与它们实现互动。可以利用集成的开发环境自动将新开发的服务与不同的新协议、方案和程序间通信所需的其他接口绑定在一起。

3. 企业服务总线

ESB 的概念是从 SOA 发展而来的，它是一种为进行连接服务提供的标准化的通信基础结构，基于开放的标准，为应用提供了一个可靠的、可度量的和高度安全的环境，并可帮助企业对业务流程进行设计和模拟，对每个业务流程实施控制和跟踪、分析并改进流程和性能。

在一个复杂的企业计算环境中，如果服务提供者和服务请求者之间采用直接的端到端的交互，那么随着企业信息系统的增加和复杂度的提高，系统之间的关联会逐渐变得非常复杂，形成一个网状结构，这将带来昂贵的系统维护费用，同时也使得 IT 基础设施的复用变得困难重重。ESB 提供了一种基础设施，消除了服务请求者与服务提供者之间的直接连接，使得服务请求者与服务提供者之间进一步解耦。使用 ESB 实现 SOA 的模型，如图 7-17 所示，详细的请阅读 7.10.2 节。

ESB 是由中间件技术实现并支持 SOA 的一组基础架构，是传统中间件技术与 XML、Web Service 等技术结合的产物，是在整个企业集成架构下的面向服务的企业应用集成机制。具体来说，ESB 具有以下功能：

（1）支持异构环境中的服务、消息和基于事件的交互，并且具有适当的服务级别和可管理性。

（2）通过使用 ESB，可以在几乎不更改代码的情况下，以一种无缝的非侵入方式使现有系统具有全新的服务接口，并能够在部署环境中支持任何标准。

（3）充当缓冲器的 ESB（负责在诸多服务之间转换业务逻辑和数据格式）与服务逻辑相分离，从而使不同的系统可以同时使用同一个服务，用不着在系统或数据发生变化时，改动服务代码。

（4）在更高的层次，ESB 还提供诸如服务代理和协议转换等功能。允许在多种形式下通过像 HTTP、SOAP 和 JMS 总线的多种传输方式，主要是以网络服务的形式，为发表、注册、发现和使用企业服务或界面提供基础设施。

（5）提供可配置的消息转换翻译机制和基于消息内容的消息路由服务，传输消息到不同的目的地。

（6）提供安全和拥有者机制，以保证消息和服务使用的认证、授权和完整性。

在企业应用集成方面，与现存的、专有的集成解决方案相比，ESB 具有以下优势：

（1）扩展的、基于标准的连接。ESB 形成一个基于标准的信息骨架，使得在系统内部和整个价值链中可以容易地进行异步或同步数据交换。ESB 通过使用 XML、SOAP 和其他标准，提供了更强大的系统连接性。

（2）灵活的、服务导向的应用组合。基于 SOA，ESB 使复杂的分布式系统（包括跨多个应用、系统和防火墙的集成方案）能够由以前开发测试过的服务组合而成，使系统具有高度可扩展性。

（3）提高复用率，降低成本。按照 SOA 方法构建应用，提高了复用率，简化了维护工作，进而减少了系统总体成本。

（4）减少市场反应时间，提高生产率。ESB 通过构件和服务复用，按照 SOA 的思想简化应用组合，基于标准的通信、转换和连接来实现这些优点。

12.6 软件架构评估

软件架构设计是软件开发过程中关键的一步。对于当今世界上庞大而复杂的系统来说，没有一个合适的架构而要有一个成功的软件设计几乎是不可想象的。不同类型的系统需要不同的架构，甚至一个系统的不同子系统也需要不同的架构。架构的选择往往会成为一个系统设计成败的关键。但是，怎样才能知道为系统所选用的架构是恰当的呢？如何确保按照所选用的架构能顺利地开发出成功的软件产品呢？要回答这些问题并不容易，因为它受到很多因素的影响，需要专门的方法来对其进行评估。

12.6.1 架构评估概述

软件架构评估可以只针对一个架构，也可以针对一组架构。在架构评估过程中，评估人员所关注的是系统的质量属性。有关质量属性的详细知识，将在 20.7.1 节中介绍。

为了后面讨论的需要，本节先介绍两个概念，分别是敏感点（sensitivity point）和权衡点（tradeoff point）。敏感点是一个或多个构件（和/或构件之间的关系）的特性，权衡点是影响多个质量属性的特性，是多个质量属性的敏感点。例如，改变加密级别可能会对安全性和操作性能产生非常重要的影响。提高加密级别可以提高安全性，但可能要耗费更多的处理时间，影响系统性能。如果某个机密消息的处理有严格的时间延迟要求，则加密级别可能就会成为一个权衡点。

从目前已有的软件架构评估技术来看，可以归纳为三类主要的评估方式，分别是基于调查问卷（或检查表）的方式、基于场景的方式和基于度量的方式。

1. 基于调查问卷（或检查表）的评估方式

基于调查问卷的评估方式与 11.2.2 节中介绍的问卷调查类似，只不过这里需要调查的不是软件需求，而是有关软件架构的问题。这些问题可能涉及架构设计决策，也可能涉及架构文档，例如，架构的表示用的是何种架构描述语言（Architecture Description Langage，ADL）；有的问题针对架构描述本身的细节，例如，系统的核心功能是否与界面分开。检查表中也包含一系列比调查问卷更细节和具体的问题，它们更趋向于考察某些关心的质量属性。例如，对实时系统的性能进行考察时，很可能问到系统是否反复多次地将同样的数据写入磁盘等。

这一评估方式比较自由灵活，可评估多种质量属性，也可以在软件架构设计的多个阶段进行。但是，由于评估的结果很大程度上来自评估人员的主观推断，因此，不同的评估人员可能会产生不同甚至截然相反的结果，而且评估人员对领域的熟悉程度、是否具有丰富的相关经验也成为评估结果是否正确的重要因素。

2. 基于场景的评估方式

基于场景的方式主要应用在架构权衡分析法（Architecture Tradeoff Analysis Method，ATAM）、软件架构分析法（Software Architecture Analysis Method，SAAM）和成本效益分析法（Cost Benefit Analysis Method，CBAM）中。在架构评估中，一般采用刺激（stimulus）、环境（environment）和响应（response）三方面来对场景进行描述。刺激是场景中解释或描述项目干系人怎样引发与系统的交互部分，环境描述的是刺激发生时的情况，响应是指系统是如何通过架构对刺激作出反应的。

基于场景的方式分析软件架构对场景的支持程度，从而判断该架构对这一场景所代表的质量需求的满足程度。例如，用一系列对软件的修改来反映易修改性方面的需求，用一系列攻击性操作来代表安全性方面的需求等。这一评估方式考虑到了所有与系统相关的人员对质量的要求，涉及的基本活动包括确定应用领域的功能和软件架构之间的映射，设计用于体现待评估质量属性的场景，以及分析软件架构对场景的支持程度。

不同的系统对同一质量属性的理解可能不同，例如，对操作系统来说，可移植性被理解为系统可在不同的硬件平台上运行，而对于普通的应用系统而言，可移植性往往是指该系统可在不同的操作系统上运行。由于存在这种不一致性，对一个领域适合的场景设计在另一个领域内未必合适，因此，基于场景的评估方式是特定于领域的。这一评估方式的实施者一方面需要有丰富的领域知识，以对某一质量需求设计出合理的场景；另一方面，必须对待评估的软件架构有一定的了解，以准确判断它是否支持场景描述的一系列活动。

3. 基于度量的评估方式

度量是指为软件产品的某一属性所赋予的数值，例如，代码行数、方法调用层数和构件个数等。传统的度量研究主要是针对代码的，但近年来也出现了一些针对高层设计的度量，软件架构度量即是其中之一。

基于度量的评估技术都涉及三个基本活动。首先，需要建立质量属性和度量之间的映射原则，即确定怎样从度量结果推导出系统具有什么样的质量属性；然后，从软件架构文档中获取度量信息；最后，根据映射原则分析、推导出系统的某些质量属性。基于度量的评估方式提供更为客观和量化的质量评估，需要在软件架构的设计基本完成以后才能进行，而且需要评估人员对待评估的架构十分了解，否则不能获取准确的度量。

12.6.2 ATAM 评估方法

使用 ATAM 方法对软件架构进行评估的目的，是依据系统质量属性和业务需求评估设计决策的结果。ATAM 希望揭示出架构满足特定质量目标的情况，使架构设计师更清楚地认识到质量目标之间的联系，即如何权衡多个质量目标。这些设计决策很重要，一直会影响到整个软件生命周期，并且在软件实现后很难修改这些决策。

1．评估参与者

在 ATAM 方法中，参加评估的人员主要有评估小组、项目决策者和其他项目干系人。

（1）评估小组。该小组是所评估架构项目外部的小组，通常由 3～5 人组成，他们可能是开发组织内部的，也可能是外部的。评估小组的每个成员都要求扮演大量的特定角色。

（2）项目决策者。项目决策者对开发项目具有发言权，并有权要求进行某些改变，他们包括项目管理人员、重要的客户代表和架构设计师等。

（3）项目干系人。包括关键模块开发人员、测试人员和用户等。

2．评估活动

整个 ATAM 评估过程包括 9 个步骤，如图 12-11 所示。

（1）描述 ATAM 方法。评估小组负责人向参加会议的项目干系人介绍 ATAM 评估方法。在这一步中，要解释每个人将要参与的过程，并预留出解答疑问的时间，设置好其他活动的环境和预期结果。关键是要使每个人都知道要收集哪些信息，如何描述这些信息，将要向谁报告等。

（2）描述业务动机。项目决策者从业务的角度介绍系统的概况。该描述应该包括系统最重要的功能、技术/管理/经济和政治方面的任何相关限制、与该项目相关的业务目标和上下文、主要的项目干系人，以及架构的驱动因素等。参加评估的所有人员必须理解待评估的系统。

（3）描述架构。首席设计师或设计小组要对架构进行详略适当的介绍，至少应该包括技术约束（例如，操作系统、硬件和中间件等）、将与本系统进行交互的其他系统、用以满足质量属性要求的架构方法等。这一步很重要，将直接影响到可能要做的分析及分析的质量。

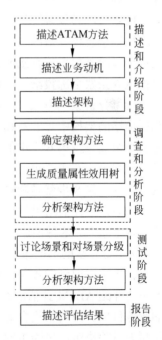

图 12-11　ATAM 方法的步骤

（4）确定架构方法。ATAM 评估方法主要通过理解架构方法来分析架构，在这一步，由架构设计师确定架构方法，由分析小组捕获，但不进行分析。

（5）生成质量属性效用树。评估小组、设计小组、管理人员和客户代表一起确定系统最重要的质量属性目标,并对这些质量目标设置优先级和细化。这一步很关键,它对以后的分析工作起指导作用。即使是架构级的分析,也不一定是全局的,所以,需要集中所有相关人员的精力,注意架构的各个方面,这通常是通过构建效用树的方式来实现的。效用树的输出结果是对具体质量属性需求的优先级的确定,这种优先级列表为 ATAM 评估方法的后面几步提供了指导,它告诉评估小组应该把有限的时间花在哪里,特别是应该到哪里去考察架构的方法与相应的风险、敏感点和权衡点。

(6)分析架构方法。一旦有了效用树的结果,评估小组可以对实现重要质量属性的架构方法进行考察。这是通过文档化这些架构决策和确定它们的风险、敏感点和权衡点等来实现的。在这一步中,评估小组要对每一种架构方法都考察足够的信息,完成与该方法有关的质量属性的初步分析。这一步的主要结果是一个架构方法或风格的列表,与之相关的一些问题,以及设计师对这些问题的回答。通常产生一个风险列表、敏感点和权衡点列表。在这一步结束时,评估小组应该对整个架构的绝大多数重要方面所做出的关键设计决策、风险列表、敏感点、权衡点有一个清楚的认识。

(7)讨论场景和对场景分级。场景在驱动 ATAM 测试阶段起主导作用。项目干系人进行两项相关的活动,分别是集体讨论用例场景和改变场景。用例场景是场景的一种,在用例场景中,项目干系人是一个终端用户,使用系统执行的一些功能。一旦收集了若干个场景后,必须设置优先级。评估人员通过投票表决的方式来完成,每个项目干系人分配相当于总场景数的 30%的选择,且此数值只入不舍。例如,如果共有 17 个场景,则每个风险承担者将拿到 6 张选票,这 6 张选票的具体使用则取决于项目干系人,他可以把这 6 张票全部投给一个场景,或者每个场景 2~3 张票,还可以一个场景一张票等。

(8)分析架构方法。在收集并分析了场景之后,设计师就可把最高级别的场景映射到所描述的架构中,并对相关的架构如何有助于该场景的实现做出解释。在这一步中,评估小组要重复第 6 步中的工作,把新得到的最高优先级场景与尚未得到的架构工作产品对应起来。在第 7 步中,如果未产生任何在以前的分析步骤中都没有发现的高优先级场景,则在第 8 步就是测试步骤。

(9)描述评估结果。最后,要把 ATAM 分析中所得到的各种信息进行归纳,并反馈给项目干系人。这种描述一般要采用辅以幻灯片的形式,但也可以在 ATAM 评估结束之后,提交更完整的书面报告。在描述过程中,评估负责人要介绍 ATAM 评估的各个步骤,以及各步骤中得到的各种信息,包括业务环境、驱动需求、约束条件和架构等。最重要的是要介绍 ATAM 评估的结果。ATAM 的评估结果包括一个简洁的架构描述、表达清楚的业务目标、用场景集合捕获的质量属性、所确定的敏感点和权衡点的集合、有风险决策和无风险决策、风险主题的集合。

在具体的软件架构评估过程中,可以修改这 9 个步骤的顺序,以满足架构信息的特殊需求。也就是说,虽然这 9 个步骤按编号排列,但并不总是一个瀑布过程,评估人员可在这 9 个步骤中跳转或进行迭代。

3. CBAM 评估方法

CBAM 用来对架构设计决策的成本和收益进行建模,它的基本思想是架构策略影响系统的质量属性,反过来这些质量属性又会为系统的项目干系人带来一些收益(称为"效用"),CBAM 协助项目干系人根据其投资收益率选择架构策略。CBAM 可以看作是 ATAM 的补充,在 ATAM 评估结果的基础上对架构的经济性进行评估。CBAM 的评估步骤大致如下:

(1)整理场景。整理 ATAM 中获取的场景,根据业务目标确定这些场景的优先级,并选取优先级最高的 1/3 的场景进行分析。

(2)对场景进行细化。为每个场景获取最坏情况、当前情况、期望情况和最好情况的质量属性响应级别。

(3)确定场景的优先级。项目干系人对场景进行投票,其投票是基于每个场景所期望的响应值,根据投票结果和票的权值,生成一个分值(场景的权值)。

(4)分配效用。对场景的响应级别确定效用表,根据架构策略涉及哪些质量属性及响应级别,形成相关的"策略-场景-响应级别"的对应关系。

(5)确定期望的质量属性响应级别的效用。即根据步骤(4)的效用表及其对应关系,确定架构策略及其对应场景的效用表。

(6)计算各架构策略的总收益。根据步骤(3)的场景的权值和步骤(5)的架构策略效用表,计算出架构策略的总收益得分。

(7)根据受成本限制影响的投资收益率选择架构策略。根据开发经验估算架构策略的成本,结合步骤(6)的收益,计算出架构策略的投资收益率,按投资收益率排序,从而确定选取策略的优先级。

12.6.3 SAAM 评估方法

SAAM 方法是最早形成文档并得到广泛使用的软件架构分析方法,最初是用来分析架构的可修改性的,但实践证明,SAAM 方法也可用于对许多其他质量属性及系统功能进行快速评估。SAAM 方法的目的是验证基本的架构假设和原则,评估架构固有的风险。SAAM 指导对架构的检查,使其主要关注潜在的问题点,例如,需求冲突等。SAAM 不仅能够评估架构对于特定系统需求的使用能力,也能用来比较不同的架构。

1. 评估活动

与 ATAM 方法相比,SAAM 比较简单,这种方法易学易用,进行培训和准备的工作量都比较少。SAAM 评估可以分 6 个步骤进行,如图 12-12 所示。

在这些步骤进行之前,通常有必要对系统做简要的介绍,包括对架构的业务目标的说明等。

(1)形成场景。在形成场景的过程中,要注意全面捕捉系统的主要用途、系统用户类型、系统将来可能的变更、系统在当前及可预见的未来必须满足的质量属性等信息。

只有这样,形成的场景才能代表与各种项目干系人相关的任务。形成场景是通过集中讨论来实现的,使项目干系人在一个友好的氛围中提出一些场景,这些场景反映了他们的需求,也体现了他们对架构将如何实现需求的认识。

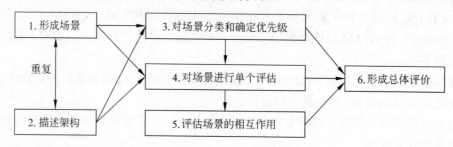

图 12-12　SAAM 方法的步骤

(2) 描述架构。在这一步,架构设计师应该采用参加评估的所有人员都能够充分理解的形式,对待评估的架构进行适当的描述。这种描述必须说明系统中的运算和数据构件,以及它们之间的联系。除了要描述这些静态特性外,还要对系统在某段时间内的动态特征做出说明。描述既可采用自然语言,也可采用形式化的手段。

(3) 对场景的分类和确定优先级。场景可分为直接场景和间接场景(潜在场景)。直接场景是按照现有架构开发出来的系统能够直接实现的场景。与在设计时已经考虑过的需求相对应的直接场景能增进对架构的理解,促进对诸如性能和可靠性等其他质量属性的研究;间接场景就是需要对现有架构做某些修改才能支持的场景。间接场景对衡量架构对系统在演化过程中将出现的变更的适用情况十分关键。通过各种间接场景对架构的影响,可以确定架构在相关系统的生命周期内对不断演化的使用的适应情况。直接场景类似于用例,而间接场景有时也叫变更案例。评估人员通过对场景设置优先级,可以保证在评估的有限时间内考虑最重要的场景。这里的"重要"完全是由项目干系人及其所关心的问题确定的。项目干系人可以通过投票表达所关心的问题。

(4) 对场景进行单个评估。一旦确定了要考虑的一组场景,就要把这些场景与架构的描述对应起来。对于直接场景而言,架构设计师需要讲清所评估的架构将如何执行这些场景;对于间接场景而言,设计师应说明需要对架构做哪些修改才能适应间接场景的要求。

(5) 评估场景的相互作用。场景的相互作用暴露了设计方案中的功能分配。场景相互作用的多少与结构复杂性、耦合度、内聚性有关。同时,场景的相互作用能够暴露出架构设计文档未能充分说明的结构分解。

(6) 形成总体评估。最后,评估人员要对场景和场景之间的交互作一个总体的权衡和评价,这一权衡反映组织对表现在不同场景中的目标的考虑优先级。根据对系统成功的相对重要性来为每个场景设置一个权值,权值的确定通常要与每个场景所支持的业务目标联系起来。

如果要比较多个架构,或者针对同一架构提出了多个不同的方案,则可通过权值的确定来得出总体评价。权值的设置具有很强的主观性,所以,应该让所有项目干系人共同参与,但也应合理组织,要允许对权值及其基本思想进行公开讨论。

2. 评估结果

SAAM 评估的主要有形输出包括以下两个方面:

(1) 把代表了未来可能做的更改的场景与架构对应起来,显现出架构中未来可能会表现出较高复杂性的地方,并对每个这样的更改的预期工作量做出评估。

(2) 理解系统的功能,对多个架构所支持的功能和数量进行比较。

如果所评估的是一个框架,SAAM 评估将指明框架中未能满足其修改性需求的地方,有时还会指出一种效果更好的设计。SAAM 评估也能对多个备选架构进行比较,明确其中哪一个架构能够较好地满足质量属性,而且做的更改较少、不会在未来导致太多复杂的问题。

12.7 软件产品线

软件产品线(Software Product Line)是一个产品集合,这些产品共享一个公共的、可管理的特征集,这个特征集能满足特定领域的特定需求。软件产品线是一个十分适合专业开发组织的软件开发方法,能有效地提高软件生产率和质量,缩短开发时间,降低总开发成本。

软件产品线主要由两部分组成,分别是核心资源和产品集合。核心资源是领域工程的所有结果的集合,是产品线中产品构造的基础。核心资源必定包含产品线中所有产品共享的产品线架构,新设计开发的或者通过对现有系统的再工程得到的、需要在整个产品线中系统化复用的构件,与构件相关的测试计划、测试实例以及所有设计文档,需求说明书、领域模型、领域范围的定义,以及采用 COTS 的构件也属于核心资源。

12.7.1 产品线的过程模型

软件产品线的过程模型主要有双生命周期模型、SEI 模型和三生命周期模型。

1. 双生命周期模型

双生命周期模型分成两个重叠的生命周期,分别是领域工程和应用工程,如图 12-13 所示。

领域工程阶段的主要任务有:

(1) 领域分析。利用现有系统的设计、架构和需求建立领域模型。

(2) 领域设计。用领域模型确定领域/产品线的共性和可变性,为产品线设计架构。

(3) 领域实现。基于领域架构开发领域可复用资源,例如,构件、文档和代码生成器等。

应用工程在领域工程结果的基础上构造新产品。应用工程需要根据每个应用独特的需求，经过以下阶段，生成新产品：

（1）需求分析。将系统需求与领域需求比较，划分成领域公共需求和独特需求两部分，得出系统需求规格说明书。

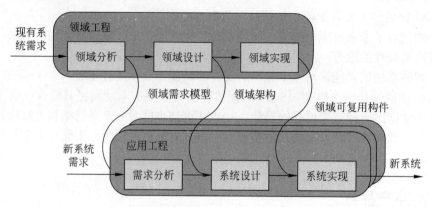

图 12-13　产品线的双生命周期模型

（2）系统设计。在领域架构基础上，结合系统独特需求，设计应用的软件架构。

（3）系统实现。遵照应用架构，用领域可复用资源实现领域公共需求，用定制开发的构件满足系统独特需求，构建新的系统。

应用工程将产品线资源不能满足的需求返回给领域工程，以检验是否将之并入产品线的需求中。领域工程从应用工程中获得反馈或结合新产品的需求，进入又一次周期性发展，称此为产品线的演化。

双生命周期模型定义了典型的产品线开发过程的基本活动、各活动内容和结果以及产品线的演化方式。这种产品线方法综合了软件架构和软件复用的概念，在模型中定义了一个软件工程化的开发过程，目的是提高软件生产率、可靠性和质量，降低开发成本，缩短开发时间。

2．SEI 模型

SEI 将产品线的基本活动分为三个部分，分别是核心资源开发（即领域工程）、产品开发（即应用工程）和管理，如图 12-14 所示。

从本质上来看，产品线开发包括核心资源库的开发和使用核心资源的产品开发，这两者都需要技术和组织的管理。核心资源的开发和产品开发可同时进行，也可交叉进行。例如，新产品的构建以核心资源库为基础，或者核心资源库可从已存在的系统中抽取。

在图 12-14 中，每个旋转环代表一个基本活动，三个环连接在一起，不停地运动着。三个基本活动交错连接，可以任何次序发生，且是高度重叠的。旋转的箭头表示不但核心资源库被用来开发产品,而且已存在的核心资源的修改,甚至新的核心资源常常可以来自产品开发。在核心资源和产品开发之间有一个强的反馈环,当新产品开发时,核心资源库就得到刷新。对核心资源的使用反过来又会促进核心资源的开发活动。另外,核心资源的价值通过使用它们的产品开发来得到体现。

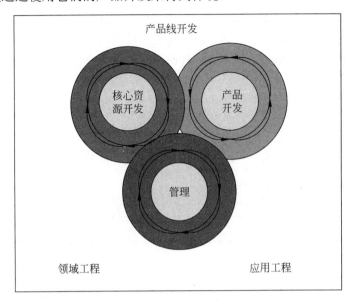

图 12-14　SEI 模型

SEI 模型的主要特点如下:

(1) 循环重复是产品线开发过程的特征,也是核心资源开发、产品线开发,以及核心资源和产品之间协作的特征。

(2) 核心资源开发和产品开发没有先后之分。

(3) 管理活动协调整个产品线开发过程的各个活动,对产品线的成败负责。

(4) 核心资源开发和产品开发是两个互动的过程,三个活动和整个产品线开发之间也是双向互动的。

3. 三生命周期模型

三生命周期模型是对双生命周期模型的一种改进,主要针对大型软件企业的软件产品线开发,如图 12-15 所示。

三生命周期模型为有多个产品线的大型企业增加了企业工程(Enterprise Engineering)流程,以便在企业范围内对所有资源的创建、设计和复用提供合理的规划。为了强调产品线工程在满足市场需求上与一般的系统复用的区别,在领域工程中增加了产品线确定作为起始阶段,和领域分析阶段、架构开发阶段、基础设施开发阶段组成整个领域工程,还为领域分析阶段增加了市场分析的任务。同样,为应用工程增加了业务/市场分析与规划。在领域工程和应用工程之间的双向交互中添加核心资源管理作为桥梁,核心资源管理和领域工程、应用工程之间的支持和交互是双向的,以便于产品线核心资源的管理和演化。

最后,需要说明的是,在上述三个过程模型中,软件产品线开发过程并没有明确描述如何复用遗留资源。实际上,大多数将要建立软件产品线的企业都积累了有产品线所在领域的大量应用代码和相关文档,这些代码和文档中包含的知识对领域工程来说是至关重要的。

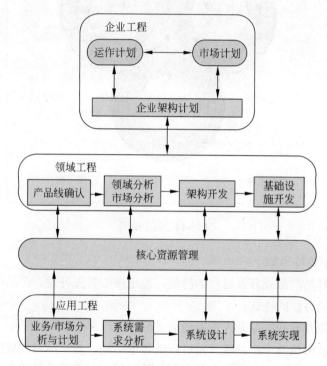

图 12-15　产品线的三生命周期模型

12.7.2　产品线的建立方式

软件产品线的建立需要企业有意识的、长期的努力才有可能成功。采用产品线方式开发软件时,开发人员可以划分为两组,分别是负责核心资源的小组和负责产品的小组。这也是产品线开发与独立系统开发的主要区别。

软件产品线的建立通常有 4 种方式,其划分依据有两个,第一个是企业采用演化方式(evolutionary)还是革命方式(revolutionary)引入产品线开发过程,第二个是企业基于现有产品开发还是开发全新的产品线。这 4 种方式基本特征如表 12-1 所示。

表 12-1 软件产品线建立方式基本特征

	演化方式	革命方式
基于现有产品	基于现有产品架构设计产品线的架构，经演化现有构件，开发产品线构件	核心资源的开发基于现有产品集的需求和可预测的、将来需求的超集
全新产品线	产品线核心资源随产品新成员的需求而演化	开发满足所有预期产品线成员的需求的核心资源

1．将现有产品演化为产品线

在基于现有产品架构设计的产品线架构的基础上，将特定产品的构件逐步地、越来越多地转化为产品线的共用构件，从基于产品的方法"慢慢地"转化为基于产品线的软件开发。这种方法的主要优点是通过对投资回收期的分解、对现有系统演化的维持，使产品线方法的实施风险降到了最小，但完成产品线核心资源的总周期和总投资都比使用革命方式要大。

2．用软件产品线替代现有产品集

基本停止现有产品的开发，所有工作直接针对软件产品线的核心资源开发。遗留系统只有在符合架构和构件需求的情况下，才可以和新的构件协作。这种方法的目标是开发一个不受现有产品集限制的、全新的平台，总周期和总投资较演化方法要少，但因重要需求的变化导致的初始投资报废的风险加大。另外，基于核心资源的第一个产品面世的时间将会推后。

除了投资和周期方面的考虑外，现有产品集中软硬件结合的紧密程度，以及不同产品在硬件方面的需求的差异，也是产品线开发采用演化还是革命方式的决策依据。对于软硬件结合密切，且硬件需求差异大的现有产品集，因无法满足产品线方法对软硬件同步的需求，只能采用革命方式替代现有产品集。

3．全新软件产品线的演化

当企业进入一个全新的领域，要开发该领域的一系列产品时，同样也有演化和革命两种方式。演化方式将每一个新产品的需求与产品线核心资源进行协调。这种方式的好处是先期投资少，风险较小，第一个产品面世时间早。另外，因为是进入一个全新的领域，演化方法可以减少和简化因经验不足造成的初始阶段错误的修正代价；缺点是已有的产品线核心资源会影响新产品的需求协调，使成本加大。

4．全新软件产品线的开发

设计师和开发工程师首先要得到产品线所有可能的需求，基于这个需求超集来设计和开发产品线核心资源。第一个产品将在产品线核心资源全部完成之后才开始构建。这种方式的优点是，一旦产品线核心资源完成后，新产品的开发速度将非常快，总成本也将减少；缺点是对新领域的需求很难做到全面和正确，使得核心资源不能像预期的那样支持新产品的开发。

从整体上来看，软件产品线的发展过程有三个阶段，分别是开发阶段、配置分发阶段和演化阶段。引起产品线架构演化的原因与引起任何其他系统演化的原因一样：产品线与技术变化的协调、现有问题的改正、新功能的增加、对现有功能的重组以允许更多的变化等。产品线的演化包括产品线核心资源的演化、产品的演化和产品的版本升级。

不管采用哪种产品线的建立方式，企业要成功实施产品线，主要取决于以下因素：

(1) 对要实施产品线的领域具备长期和深厚的经验。

(2) 一个用于构建产品的好的核心资源库。

(3) 好的产品线架构。

(4) 好的管理（包括软件资源、人员组织和过程等）支持。

第 13 章 系 统 设 计

系统设计是系统分析的延伸与拓展。系统分析阶段解决"做什么"的问题，而系统设计阶段解决"怎么做"的问题。同时，它也是系统实施的基础，为系统实施工作做好铺垫。合理的系统设计方案既可以保证系统的质量，也可以提高开发效率，确保系统实施工作的顺利进行。

系统设计阶段又称为物理设计阶段，它是信息系统开发过程中一个非常重要的阶段。其任务是根据系统规格说明书中规定的功能要求，考虑实际条件，具体设计实现逻辑模型的技术方案，也就是设计新系统的物理模型，为下一阶段的系统实施工作奠定基础。

13.1 系统设计概述

系统设计的目标是根据系统分析的结果，完成系统的构建过程。其主要目的是绘制系统的蓝图，权衡和比较各种技术和实施方法的利弊，合理分配各种资源，构建新系统的详细设计方案和相关模型，指导系统实施工作的顺利开展。

系统设计的主要内容包括概要设计和详细设计。概要设计又称为系统总体结构设计，它是系统开发过程中很关键的一步，其主要任务是将系统的功能需求分配给软件模块，确定每个模块的功能和调用关系，形成软件的模块结构图，即系统结构图。在概要设计中，将系统开发的总任务分解成许多个基本的、具体的任务，为每个具体任务选择适当的技术手段和处理方法的过程称为详细设计。根据任务的不同，详细设计又可分为多种，例如，网络设计、代码设计、输入输出设计、处理流程设计、数据存储设计、用户界面设计、安全性和可靠性设计等。

1. 网络设计

网络设计的主要任务是，根据系统的要求选择网络结构，按照系统结构的划分，安排网络和设备的分布，然后根据物理位置考虑网络布线和设备的部署，还要根据实际业务的要求划定各网络节点的权限、级别和管理方式等，选择相应的系统软件和管理软件。有关网络设计的详细知识，请阅读 4.5.2 节。

2. 代码设计

代码是用数字或字符来表示各种客观实体。在系统开发过程中，进行代码设计的主要目的是确保代码的唯一化、规范化和系统化。在进行代码设计时，首先需要考虑系统的编码问题，编码问题的关键在于分类，有了一个科学的分类方式，系统要建立编码规范就相对较为容易。准确的分类是工作标准化、系列化、合理化的基础和保证，目前最常用的分类方法概括起来有两种,一种是线分类法,一种是面分类法。线分类法是目前使用最多的一种方法,尤其是在手工处理的情况下几乎成了唯一的方法,其基本原理是:首先给定母项,母项下分若干子项,子项又可以分为更小的子项,最后落实到具体对象,分类的结果造成了一层套一层的线性关系;面分类法与线分类法不同,主要从面角度来考虑分类。

编码是分类问题的一种形式化描述,如果分类问题解决得较好,编码问题就变成了一个简单的用什么样的字符来表示的问题。目前,常用的编码方式包括顺序码(例如,用 001 表示北京、002 表示长沙)、数字码(例如,用纯数字来表示居民身份证号码)、字符码(例如,汉语拼音和英文等)和混合码(以数字和字符混合形式编码)。

在进行代码设计时,首先需要确定编码对象,考察是否有标准代码,例如,国际标准、国家标准、部门标准或行业标准等,如果有相应的标准代码,则应该遵循这些标准代码;然后,需要确定代码的种类与类型,考虑代码的检错功能;最后,编写代码表。代码设计是一个科学管理的问题,应遵循唯一性、合理性、可扩展性、简单性、适用性、规范性和系统性等原则,设计出一个好的代码方案对于系统的开发工作来说是一件极为有利的事情。

3. 输入输出设计

输入设计的目的是确保向系统输入的数据的完整性、正确性和一致性,其主要内容包括确定输入数据的内容、输入方式设计、输入格式设计和检验方式的设计;输出设计的目的是确保系统输出数据的完整性、正确性和一致性,其主要内容包括确定输出的内容、选择输出设备与介质,以及确定输出格式等。

输入设计需要遵循以下原则:

(1)输入数据最少原则。在满足需求的前提下尽量提供较少的数据输入,数据的输入量越少,出错的几率越低,花费的时间也越少。

(2)简单性原则。输入过程应尽量简单,如性别、出生日期等数据设计为选择项,一方面方便用户的使用,节省输入时间,同时可以降低出错的可能性。

(3)尽早验证原则。对输入数据的检验尽量接近数据的输入点,及时发现输入中存在的错误,以便能够尽早进行改正。

(4)少转换原则。输入数据尽量采用原始的数据格式,避免在数据转换过程中发生错误。

系统输出一般包括中间输出和最终输出,用户关心的是系统的最终输出,最常用的最终输出方式有两种,一种是报表输出,一种是图形输出。一般来说,对于普通用户或具体数据的管理者和查阅者,应该以报表方式给出详细的数据记录;而对于企业的高层领导和宏观或综合管理部门,则应该使用图形方式给出比例或综合发展趋势的信息,可以通过曲线图、柱状图、饼状图等图形方式来呈现。

4. 处理流程设计

处理流程设计是系统详细设计的重要组成部分，它的主要目的是确定各个系统模块的内部结构，即内部执行过程，包括局部数据组织和控制流，以及每个具体加工过程和实施细节。有关处理流程设计的详细知识，将在13.2节中介绍。

5. 数据存储设计

数据存储设计主要是根据数据处理要求、处理方式、存储的信息量大小、数据使用的频率和所能提供的设备条件等，选择数据存储的方式、存储介质、数据组织方式和记录格式，并估算数据的容量。一个好的数据存储设计应该充分体现系统的业务流程，充分满足组织的各级管理要求。同时，还应该使得后续的系统开发工作方便、快捷，系统开销小，且易于管理和维护。

信息系统的主要目标是通过大量的数据获得管理所需要的信息，为了实现该目标，必须存储和管理大量的数据，因此，设计并建立一个良好的数据组织结构和数据库，使整个系统都可以迅速、方便、准确地存取和管理所需的数据，是衡量信息系统开发工作好坏的主要指标之一。数据存储设计直接影响到数据的存取效率、系统的实现效率和运行效率。数据存储设计主要包括两个方面的工作，一是数据的统筹安排，例如，系统中设计多少个文件、数据文件如何分布、哪些数据是共享的、哪些是非共享的、哪些数据项应存放在一个文件中等；二是文件的数据结构设计，目前，大部分应用系统都使用关系数据库来存储数据，因此，数据结构设计的重点是关系数据库的设计，主要过程包括数据库的概念设计、逻辑设计和物理设计。有关数据库设计的详细知识，请阅读5.5节。

6. 用户界面设计

界面是系统与用户交互的最直接的层面，界面的好坏决定用户对系统的第一印象，而设计优良的界面能够引导用户自己完成相应的操作，起到向导的作用。同时，界面如同人的面孔，具有吸引用户的直接优势，设计合理的界面能给用户带来轻松愉悦的感受和成功的感觉。相反，由于界面设计的失败，让用户有挫败感，再实用强大的功能都可能在用户的畏惧与放弃中付诸东流。通常情况下，良好的用户界面设计需要遵循如下一些基本原则：

（1）置于用户控制之下。在定义人机交互方式时，不强迫用户采用不是必须的或者不情愿的方式来进行操作，允许交互的中断和撤销。当用户操作技能等级提高时，可以实现流水化的交互方式，允许用户定制交互方式，以便使用户界面与内部技术细节隔离，允许用户和出现在屏幕上的对象直接进行交互。

（2）减轻用户的记忆负担。尽量减轻对用户记忆的要求，创建有意义的默认设置，定义一些符合用户直觉的访问途径，适当定义一些快捷方式，界面的视觉布局应该尽量与真实世界保持一致，并能够以不断扩展的方式呈现信息。用户可以快速学习并使用系统，提供尽量"傻瓜式"的操作界面，方便用户使用。界面中各个元素的名称应该易懂，用词准确，避免模棱两可的字眼，能够做到"望文知意"，理想的情况是用户不用查阅帮助,就能知道该界面元素的功能,并正确地进行相关操作。

(3) 保持界面一致性。用户应以一致的方式提供或获取信息,所有可视信息的组织需要按照统一的设计标准,在系列化的应用软件中需要保持一致性,用户已经很熟悉的一些界面交互模型不到万不得已时,不要随意进行修改。需要确保用户界面操作和使用的一致性,例如,所有窗口按钮的位置要一致、提示信息和界面元素的命名要一致、界面颜色和风格要一致等。用户界面的一致性可以使用户能够统一地对待系统的各个不同的功能界面,以及系列化的系统,从而降低培训和支持成本。

以上三条原则由著名用户界面设计专家 Theo Mandel 博士所创造,通常称之为人机交互的"黄金三原则"。另外,在设计用户界面时,还需要保证界面的合理性和独特性,有效进行组合,注重美观与协调;恰到好处地提供快捷方式,注意资源协调等。

7. 安全性和可靠性设计

安全性和可靠性设计的目的是确保系统的安全性和可靠性,对系统的运行环境和数据处理进行有效的控制,保证系统安全、有效地运行。其主要内容包括系统运行环境安全性分析和控制,如对管理结构的组织、硬件和系统软件、自然环境等方面的分析与必要的监督和控制等,还包括对数据处理的控制,例如,输入内容和输入方式的控制、错误程序与异常处理等。有关安全性设计的知识,将在第 18 章中详细介绍;有关可靠性设计的知识,将在第 19 章中详细介绍。

13.2 处理流程设计

处理流程设计的任务是设计出系统所有模块以及它们之间的相互关系,并具体设计出每个模块内部的功能和处理过程,为开发人员提供详细的技术资料。每个信息系统都包含了一系列核心处理流程,例如,OA 系统的考勤流程、在线教育平台系统的组卷和考试流程、网上购物系统的购物和支付流程、航空订票系统的订票和退票流程等,对这些处理流程的理解和实现将直接影响系统的功能和性能。因此,系统设计人员需要认真面对处理流程的设计,深入理解系统的核心处理流程,通过对业务流程的设计来对现实世界进行建模,及时完善和调整系统分析和设计过程中的遗漏和不合理之处。

13.2.1 流程设计概述

系统处理流程对应于现实世界中的真实业务过程,通过对业务流程的设计,可以对其进行建模,以便使用信息系统来取代传统的手工处理,提高业务处理的效率和准确性,降低业务处理成本。

1. 流程

ISO 9000 定义业务流程(Business Process)为一组将输入转化为输出的相互关联或相互作用的活动。流程具有目标性、内在性、整体性、动态性、层次性和结构性等特点。

一般来说，流程包括 6 个基本要素，分别是输入资源、活动、活动的相互作用（结构）、输出结果、用户和价值。例如，在线教育平台系统中的"开通课程"流程，其 6 个要素如表 13-1 所示。

表 13-1　开通课程流程的 6 个要素

要 素 名 称	要 素 含 义
输入资源	需要开通课程的注册用户名
活动	开通课程的业务逻辑（例如，用户名合法性判断、时间判断和费用计算等）
活动的相互作用	开通课程与其他活动（例如，在线测试等）流程的相互关系
输出结果	开通课程成功后获取的短消息通知和电子邮件通知
用户	已交纳课程学习费用的注册用户
价值	用户可通过该流程实现学习课程的功能

流程的概念包括流程定义和流程实例，其中流程定义是指对业务过程的形式化表示，它定义了过程运行中的活动和所涉及的各种信息，这些信息包括过程的开始和完成条件、构成过程的活动，以及这些活动间的切换规则、用户需要完成的任务、可能被调用的应用、工作流的引用和数据的定义等；流程实例也称为工作，是一个流程定义的运行实例，即一次具体的流程操作，例如，一次在线测试过程、一次在线支付过程等。流程设计人员可以通过流程定义工具来定义流程，流程定义工具可以是独立的软件，也可能是工作流管理系统的一部分。

2．工作流

根据工作流管理联盟（WorkFlow Management Coalition，WFMC）的定义，工作流是一类能够完全或者部分自动执行的业务过程，根据一系列过程规则、文档、信息或任务，在不同的执行者之间传递和执行。简单地说，工作流就是一系列相互衔接、自动进行的业务活动或任务，一个工作流包括一组活动（或任务）及它们的相互顺序关系，还包括流程和活动的启动和终止条件，以及对每个活动的描述。工作流可以部分或全部模拟现实世界中的信息传递，例如，在线教育平台系统中的开通课程流程，对应需要传递的信息就是课程申请单，员工填写好课程申请单后可将其发送给上级主管审批，主管审批后可以转交给培训部门备案，培训部门成功备案后可转交给财务部门，以便核算辅导老师工资，整个流程包括多个活动，不同的用户可以执行不同的活动，每个活动均有其启动和终止条件，例如，培训部门备案的启动条件是接收到已通过主管审批的课程申请单，而终止条件是成功记录课程信息，并将其转交给财务部门。

工作流管理是人与计算机共同工作的自动化协调、控制和通信，在信息化的业务过程中，通过在网络上运行相应的软件，使所有活动的执行都处于受控状态。在工作流管理下，可以对工作进行监控，并可以进行工作的指派。例如，如果将开通课程流程自动化，并构建一个软件模块来实现该功能，即可对开通课程工作流进行管理。

3. 活动及其所有者

活动是流程定义中的一个基本要素,一次活动可以改变流程处理数据的内容、流程的状态,并可能将流程推动到其他活动中去。活动可以由人来完成,也可以是系统自动进行处理,例如,通过时间等自动触发的活动。每个活动均有输入、处理和输出,例如,上级主管的审批活动,其输入是新创建的课程申请单,输出的是已通过审批的课程申请单或未通过审批的课程申请单。在输入和输出的转换过程中需要进行业务逻辑的判断,例如,课程类型为软考,则需要判断用户基础是否合适、时间是否合理,以及费用是否足够等。如果审批通过,则处理数据(课程申请单)的状态发生改变,由新建课程申请单转变为已审批课程申请单,通常在工作流管理系统中可以标注不同状态的数据。

活动的所有者是流程参与者(包括人或其他系统)之一,他们有权决定该活动是否结束,当活动结束时,可以将活动推动到其他活动中,可能是下一个活动,也可能是前一个活动。例如,在开通课程流程中,审批活动的参与者和所有者是部门主管,他们可以执行审批活动,如果课程申请单通过审批,可以将课程申请单传递给培训部门,以便执行下一个活动;也可以将课程申请单退还给咨询部门(创建课程申请单的员工),进行修改或者终止课程申请流程。

活动的所有者是有权整体控制流程实例执行过程的参与者,通常活动的所有者是流程的发起人,他们对流程的各项活动都很关注,而且可以整体控制流程实例的执行,例如,开通课程流程中的创建课程申请单的员工。

4. 工作项

工作项代表流程实例中活动的参与者将要执行的工作,例如,在开通课程流程中,某员工创建的一张课程申请单即为一个工作项。工作流管理系统包括若干个工作项,一个参与者也可对应多个工作项。通常,在系统实现时,不同的工作项有不同的编号,可以通过编号来快速定位到某一工作项。

13.2.2 工作流管理系统

根据 WFMC 的定义,工作流管理系统(WorkFlow Management System,WFMS)通过软件定义、创建工作流并管理其执行。它运行在一个或多个工作流引擎上,这些引擎解释对过程的定义与工作流的参与者相互作用,并根据需要调用其他 IT 工具或应用。例如,将考勤管理、内部信息交流、工作日报或周报处理等工作流管理模块集成在一个软件中,即可得到 WFMS,这类 WFMS 即 OA 系统。

1. WFMS 的基本功能

WFMS 将业务流程中工作如何组织与协调的规则抽象出来,在 WFMS 的协助下,开发人员遵从一定的编程接口和约定,就可以开发出更具灵活性的事务处理系统,用户无需重新开发即可更改工作流程,以适应业务的变更。WFMS 的基本功能体现在以下几个方面:

（1）对工作流进行建模。即定义工作流，包括具体的活动和规则等，所创建的模型是同时可以被人和计算机所"理解"的，工作流对应现实世界的业务处理过程，不能改变真实业务的处理逻辑。

（2）工作流执行。遵循工作流模型来创建和执行实际的工作流，即通过 WFMS 可以执行多个工作项。

（3）业务过程的管理和分析。监控和管理执行中的业务（工作流），例如，进度完成情况和数据所处状态、工作分配与均衡情况等。

2．WFMS 的组成

工作流参考模型（Workflow Reference Model，WRM）包含 6 个基本模块，分别是工作流执行服务、工作流引擎、流程定义工具、客户端应用、调用应用和管理监控工具。这 6 个模块被认为是 WFMS 最基本的组成部分，WRM 同时也包括了这些模块之间的接口标准，包括接口一、接口二、接口三、接口四和接口五，如图 13-1 所示。

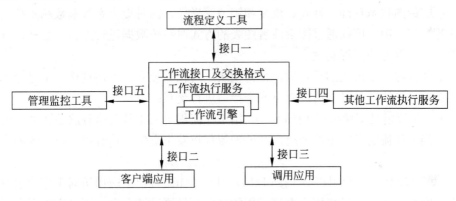

图 13-1　工作流参考模型

（1）工作流执行服务。工作流执行服务是 WFMS 的核心模块，它的功能包括创建和管理流程定义，创建、管理和执行流程实例。在执行上述功能的同时，应用程序可能会通过编程接口与工作流执行服务交互，一个工作流执行服务可能包含有多个分布式工作的工作流引擎。该模块还为每个用户维护一个活动列表，告诉用户当前必须处理的任务，可以通过电子邮件或者短消息的形式提醒用户任务的到达，例如，在开通课程流程中，当新的课程申请到来时，可以提示上级主管。

（2）工作流引擎。工作流引擎是为流程实例提供运行环境，并解释执行流程实例的软件模块，即负责流程处理的软件模块。

（3）流程定义工具。流程定义工具是管理流程定义的工具，它可以通过图形方式把复杂的流程定义显示出来并加以操作，流程定义工具与工作流执行服务交互，一般该模块为设计人员提供图形化的用户界面。通过流程定义工具，设计人员可以创建新的流程或者改变现有流程，在流程定义时，可以指定各项活动的参与者的类型、活动之间的相互关系和传递规则等。

（4）客户端应用。客户端应用是通过请求的方式与工作流执行服务交互的应用，也就是说，是客户端应用调用工作流执行服务。客户端应用与工作流执行服务交互，它是面向最终用户的界面，可以将客户端应用设计为 B/S 架构或 C/S 架构。

（5）调用应用。调用应用是被工作流执行服务调用的应用，调用应用与工作流执行服务交互。为了协作完成一个流程实例的执行，不同的工作流执行服务之间进行交互，它通常是工作流所携带数据的处理程序，常用的是电子文档的处理程序，它们在工作流执行过程中被调用，并向最终用户展示数据，这些应用程序的信息包括名称、调用方式和参数等。例如，在 OA 系统中，可以调用相关的程序来直接查看 Word 文档或者 Excel 表格数据等。

（6）管理监控工具。管理监控工具主要指组织机构和参与者等数据的维护管理和流程执行情况的监控，管理监控工具与工作流执行服务交互。WFMS 通过管理监控工具提供对流程实例的状态查询、挂起、恢复和销毁等操作，同时提供系统参数和系统运行情况统计等数据。用户可以通过图形或者图表的方式对系统数据进行汇总与统计，并可随时撤销一些不合理的流程实例。

为了降低这 6 个模块的耦合度，使得模块之间相互独立，可通过接口来进行连接和调用，这 6 个模块之间可以通过以下 5 个接口进行交互：

（1）工作流定义交换接口（接口一）。用于在流程定义工具与执行服务之间交换工作流定义，当工作流定义发生改变时，其处理流程将发生变化，执行服务也应该相应进行调整。

（2）工作流客户端应用接口（接口二）。用于工作流客户端应用访问工作流引擎和工作列表，客户端应用是最终用户直接操作的界面，只要设计合理，可以实现多个不同的客户端应用调用同一个工作流引擎。

（3）调用应用接口（接口三）。用于调用不同的应用系统，例如，在 OA 系统中调用 Doc 文档阅读器、PDF 文档阅读器或者计算器等。

（4）WMFS 互操作接口（接口四）。用于不同的 WMFS 之间的互操作，例如，在线教育平台系统可以提供学员成绩，而用户空间系统允许学员在线查询成绩，这两个系统之间有所关联，在某些功能的实现上提供了互操作。

（5）系统管理和监控接口（接口五）。用于系统管理应用访问工作流执行服务。

WRM 为 WFMS 的关键模块提供了功能描述，并描述了关键模块之间的交互，而且这个描述是独立于特定产品或技术的实现的。从功能的角度定义 5 个关键模块的交互接口，推动了信息交换的标准化，使得不同产品间的互操作成为可能。

13.2.3 流程设计工具

在处理流程设计过程中，为了更清晰地表达过程规则说明，陆续出现了一些用于表示处理流程的工具,这些工具包括三类:图形工具、表格工具和语言工具。其中常见的图形工具包括程序流程图、IPO 图、盒图、问题分析图、判定树,表格工具包括判定表,语言工具包括过程设计语言等。

1. 程序流程图

程序流程图(Program Flow Diagram,PFD)用一些图框表示各种操作,它独立于任何一种程序设计语言,比较直观、清晰,易于学习掌握。但也存在一些严重的缺点,例如,程序流程图所使用的符号不够规范,常常会使用一些习惯性用法。特别是表示程序控制流程的箭头可以不受任何约束,随意转移控制,这些现象显然是与软件工程化的要求相背离的。为了消除这些缺点,应对流程图所使用的符号做出严格的定义,不允许人们随心所欲地画出各种不规范的流程图。为更好地使用流程图描述结构化程序,必须对流程图进行限制,流程图中只能包括图 13-2 所示的 5 种基本控制结构,任何复杂的程序流程图都应由这 5 种基本控制结构组合或嵌套而成。

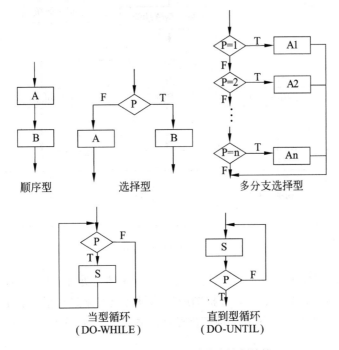

图 13-2　程序流程图 5 种基本控制结构

2. IPO 图

IPO 图是由 IBM 公司发起并逐步完善的一种流程描述工具。系统分析阶段产生的数据流图经转换和优化后形成的系统模块结构图的过程中将产生大量的模块,分析与设计人员应为每个模块写一份说明,即可用 IPO 图来对每个模块进行表述,IPO 图用来描述每个模块的输入、输出和数据加工,其导致结构如图 13-3 所示。

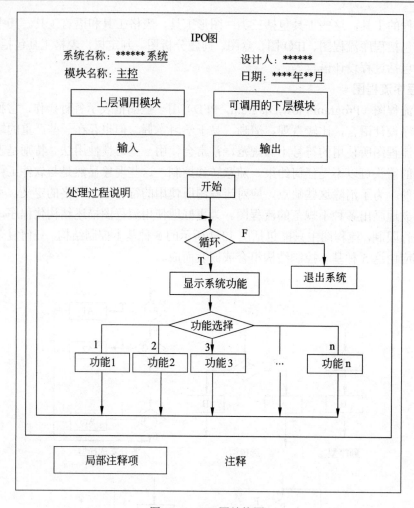

图 13-3 IPO 图结构图

IPO 图是系统设计中重要的文档资料之一,其主体是处理过程说明,可以采用流程图、判定树、判定表、盒图、问题分析图或过程设计语言来进行描述。IPO 图中的输入、输出与功能模块、文件及系统外部项都需要通过数据字典来描述,同时需要为其中的某些元素添加注释。

3. N-S 图

为避免流程图在描述程序逻辑时的随意性与灵活性,美国学者 I.Nassi 和 B.Shneiderman 在 1973 年提出了用方框代替传统的 PFD,通常把这种图称为 N-S 图或盒图,与 PFD 类似,在 N-S 图中也包括 5 种控制结构,分别是顺序型、选择型、WHILE 循环型(当型循环)、UNTIL 循环型(直到型循环)和多分支选择型,任何一个 N-S 图都是这 5 种基本控制结构相互组合与嵌套的结果,如图 13-4 所示。

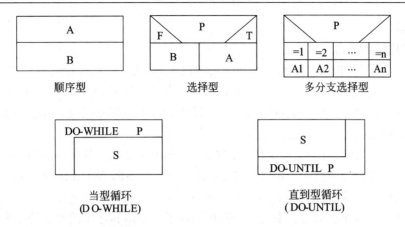

图 13-4　N-S 图 5 种基本控制结构

在 N-S 图中，过程的作用域明确；它没有箭头，不能随意转移控制；而且容易表示嵌套关系和层次关系；并具有强烈的结构化特征。但是当问题很复杂时，N-S 图可能很大。

4．问题分析图

问题分析图（Problem Analysis Diagram，PAD）是继 PFD 和 N-S 图之后，又一种描述详细设计的工具，它由日立公司于 1979 年提出，也是一种支持结构化程序设计的图形工具。PAD 也包含 5 种基本控制结构，并允许递归使用，如图 13-5 所示。

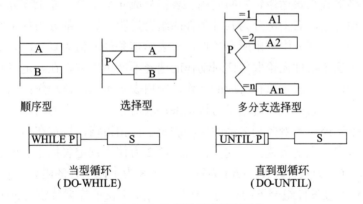

图 13-5　PAD 五种基本控制结构

PAD 的执行顺序是从最左主干线的上端的结点开始，自上而下依次执行。每遇到判断或循环，就自左而右进入下一层，从表示下一层的纵线上端开始执行，直到该纵线下端，再返回上一层的纵线的转入处。如此继续，直到执行到主干线的下端为止。可以以 PAD 为基础，按照一个机械的变换规则编写计算机程序，PAD 具有清晰的逻辑结构、标准化的图形等优点，更重要的是，它引导设计人员使用结构化程序设计方法，从而提高程序的质量。

5. 过程设计语言

过程设计语言（Process Design Language，PDL）也称为结构化语言或伪代码（pseudo code），它是一种混合语言，采用自然语言的词汇和结构化程序设计语言的语法，用于描述处理过程怎么做，类似于编程语言。过程设计语言用于描述模块中算法和加工逻辑的具体细节，以便在开发人员之间比较精确地进行交流。

过程设计语言的语法规则一般分为外层语法和内层语法。外层语法用于描述结构，采用与一般编程语言类似的关键字（例如，IF-THEN-ELSE，WHIEL-DO 等），外语法应当符合一般程序设计语言常用语句的语法规则；内层语法用于描述操作，可以采用自然语句（例如，英语和汉语等）中的一些简单的句子、短语和通用的数学符号来描述程序应执行的功能。

过程设计语言仅仅是对算法或加工逻辑的一种描述，是不可执行的。使用过程设计语言，可以做到逐步求精，从比较概括和抽象的过程设计语言程序开始，逐步写出更详细、更精确的描述，其写法比较灵活，它使用自然语言来描述处理过程，不必考虑语法错误，有利于设计人员把主要精力放在描述算法和加工逻辑上。

6. 判定表

对于具有多个互相联系的条件和可能产生多种结果的问题，用结构化语言描述则显得不够直观和紧凑，这时可以用以清楚、简明为特征的判定表（Decision Table）来描述。判定表采用表格形式来表达逻辑判断问题，表格分成 4 个部分，左上部分为条件说明，左下部分为行动说明，右上部分为各种条件的组合说明，右下部分为各条件组合下相应的行动。在表的右上部分中列出所有条件，T 表示该条件取值为真，F 表示该条件取值为假，空白表示这个条件无论取何值对动作的选择不产生影响，在判定表右下部分中列出所有的处理动作，Y 表示执行对应的动作，空白表示不执行该动作；判定表右半部分的每一列实质上是一条规则，规定了与特定条件取值组合相对应的动作。

例如，某批发公司本着薄利多销的原则制定了折扣策略，规定在与客户成交时，可根据不同情况对客户应交货款打一定折扣，表 13-2 为使用判定表描述的该公司的折扣策略。其中，C1~C3 为条件，A1~A4 为行动，1~8 为不同条件的组合，T 为条件满足，F 为不满足，Y 为该条件组合下的行动。例如，条件 4 表示若交易额在 50 000 元以上、最近 3 个月中有欠款且与本公司交易在 20 年以下，则可享受 5%的折扣率。

表 13-2 判定表描述的某公司折扣策略

条件和行动 \ 不同条件组合	1	2	3	4	5	6	7	8
C1：每年交易额在 50 000 以上	T	T	T	T	F	F	F	F
C2：最近 3 个月无欠款	T	T	F	F	T	T	F	F

续表

条件和行动 \ 不同条件组合	1	2	3	4	5	6	7	8
C3：与本公司交易 20 年及以上	T	F	T	F	T	F	T	F
A1：折扣率 15%	Y	Y						
A2：折扣率 10%			Y					
A3：折扣率 5%				Y				
A4：无折扣率					Y	Y	Y	Y

7．判定树

判定树（Decision Tree）也是用来表示逻辑判断问题的一种常用的图形工具，它用树来表达不同条件下的不同处理流程，比语言、表格的方式更为直观。判定树的左侧（称为树根）为加工名，中间是各种条件，所有的行动都列于最右侧。例如，与表 13-2 对应的判定树如图 13-6 所示。

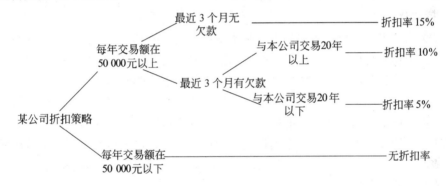

图 13-6　判定树描述的某公司折扣策略

13.3　结构化设计

结构化设计（Structured Design，SD）是一种面向数据流的方法，它以 SRS 和 SA 阶段所产生的数据流图和数据字典等文档为基础，是一个自顶向下、逐步求精和模块化的过程。SD 方法的基本思想是将软件设计成由相对独立且具有单一功能的模块组成的结构，分为概要设计和详细设计两个阶段，其中概要设计的主要任务是确定软件系统的结构，对系统进行模块划分，确定每个模块的功能、接口和模块之间的调用关系；详细设计的主要任务是为每个模块设计实现的细节。

13.3.1　模块结构

系统是一个整体，它具有整体性的目标和功能，但这些目标和功能的实现又是由相互联系的各个组成部分共同工作的结果。人们在解决复杂问题时使用的一个很重要的原则，就是将它分解成多个小问题分别处理，在处理过程中，需要根据系统总体要求，协调各业务部门的关系。在 SD 中，这种功能分解就是将系统划分为模块，模块是组成系统的基本单位，它的特点是可以自由组合、分解和变换，系统中任何一个处理功能都可以看成一个模块。

1. 信息隐蔽与抽象

信息隐蔽原则要求采用封装技术，将程序模块的实现细节（过程或数据）隐藏起来，对于不需要这些信息的其他模块来说是不能访问的，使模块接口尽量简单。按照信息隐藏的原则，系统中的模块应设计成"黑盒"，模块外部只能使用模块接口说明中给出的信息，例如，操作和数据类型等。模块之间相对独立，既易于实现，也易于理解和维护。

抽象原则要求抽取事物最基本的特性和行为，忽略非本质的细节，采用分层次抽象的方式可以控制软件开发过程的复杂性，有利于软件的可理解性和开发过程的管理。通常，抽象层次包括过程抽象、数据抽象和控制抽象。

2. 模块化

在 SD 方法中，模块是实现功能的基本单位，它一般具有功能、逻辑和状态三个基本属性，其中功能是指该模块"做什么"，逻辑是描述模块内部"怎么做"，状态是该模块使用时的环境和条件。在描述一个模块时，必须按模块的外部特性与内部特性分别描述。模块的外部特性是指模块的模块名、参数表和给程序乃至整个系统造成的影响，而模块的内部特性则是指完成其功能的程序代码和仅供该模块内部使用的数据。对于模块的外部环境（例如，需要调用这个模块的上级模块）来说，只需要了解这个模块的外部特性足够了，不必了解它的内部特性。而软件设计阶段，通常是先确定模块的外部特性，然后再确定它的内部特性。

在 SD 方法中，系统由多个逻辑上相对独立的模块组成，在模块划分时需要遵循如下原则：

（1）模块的大小要适中。系统分解时需要考虑模块的规模，过大的模块可能导致系统分解不充分，其内部可能包括不同类型的功能，需要进一步划分，尽量使得各个模块的功能单一；过小的模块将导致系统的复杂度增加，模块之间的调用过于频繁，反而降低了模块的独立性。一般来说，一个模块的大小使其实现代码在 1~2 页纸之内，或者其实现代码行数在 50~200 行之间，这种规模的模块易于实现和维护。

（2）模块的扇入和扇出要合理。一个模块的扇出是指该模块直接调用的下级模块的个数；扇出大表示模块的复杂度高，需要控制和协调过多的下级模块。扇出过大一般是因为缺乏中间层次，应该适当增加中间层次的控制模块；扇出太小时可以把下级模块进一步分解成若干个子功能模块，或者合并到它的上级模块中去。一个模块的扇入是指直接调用该模块的上级模块的个数；扇入大表示模块的复用程度高。设计良好的软件结构通常顶层扇出比较大，中间扇出较少，底层模块则有大扇入。一般来说，系统的平均扇入和扇出系数为 3 或 4，不应该超过 7，否则会增大出错的概率。

（3）深度和宽度适当。深度表示软件结构中模块的层数，如果层数过多，则应考虑是否有些模块设计过于简单，看能否适当合并。宽度是软件结构中同一个层次上的模块总数的最大值，一般说来，宽度越大系统越复杂，对宽度影响最大的因素是模块的扇出。在系统设计时，需要权衡系统的深度和宽度，尽量降低系统的复杂性，减少实施过程的难度，提高开发和维护的效率。

3. 耦合

耦合表示模块之间联系的程度。紧密耦合表示模块之间联系非常强，松散耦合表示模块之间联系比较弱，非耦合则表示模块之间无任何联系，是完全独立的。模块的耦合类型通常分为 7 种，根据耦合度从低到高排序如表 13-3 所示。

表 13-3 模块的耦合类型

耦合类型	描述
非直接耦合	两个模块之间没有直接关系，它们之间的联系完全是通过主模块的控制和调用来实现的
数据耦合	一组模块借助参数表传递简单数据
标记耦合	一组模块通过参数表传递记录信息（数据结构）
控制耦合	模块之间传递的信息中包含用于控制模块内部逻辑的信息
外部耦合	一组模块都访问同一全局简单变量而不是同一全局数据结构，而且不是通过参数表传递该全局变量的信息
公共耦合	多个模块都访问同一个公共数据环境，公共的数据环境可以是全局数据结构、共享的通信区、内存的公共覆盖区等
内容耦合	一个模块直接访问另一个模块的内部数据；一个模块不通过正常入口转到另一个模块的内部；两个模块有一部分程序代码重叠；一个模块有多个入口

对于模块之间耦合的强度，主要依赖于一个模块对另一个模块的调用、一个模块向另一个模块传递的数据量、一个模块施加到另一个模块的控制的多少，以及模块之间接口的复杂程度。

4. 内聚

内聚表示模块内部各成分之间的联系程度，是从功能角度来度量模块内的联系，一个好的内聚模块应当恰好做目标单一的一件事情。模块的内聚类型通常也可以分为 7 种，根据内聚度从高到低的排序如表 13-4 所示。

表 13-4 模块的内聚类型

内聚类型	描述
功能内聚	完成一个单一功能，各个部分协同工作，缺一不可
顺序内聚	处理元素相关，而且必须顺序执行

续表

内聚类型	描述
通信内聚	所有处理元素集中在一个数据结构的区域上
过程内聚	处理元素相关，而且必须按特定的次序执行
瞬时内聚（时间内聚）	所包含的任务必须在同一时间间隔内执行
逻辑内聚	完成逻辑上相关的一组任务
偶然内聚（巧合内聚）	完成一组没有关系或松散关系的任务

一般说来，系统中各模块的内聚越高，则模块间的耦合就越低，但这种关系并不是绝对的。耦合低使得模块间尽可能相对独立，从而各模块可以单独开发和维护；内聚高使得模块的可理解性和维护性大大增强。因此，在模块的分解中应尽量减少模块的耦合，力求增加模块的内聚，遵循"高内聚、低耦合"的设计原则。

5．模块类型

在系统结构图中不能再分解的底层模块称为原子模块。如果一个系统的全部实际加工（数据计算或处理）都由底层的原子模块来完成，而其他所有非原子模块仅仅执行控制或协调功能，这样的系统就是完全因子分解的系统。如果 SC 是完全因子分解的，就是最好的系统。一般而言，在 SC 中存在 4 种类型的模块，如图 13-7 所示。

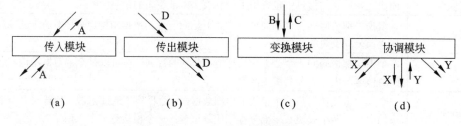

图 13-7　SC 的 4 种模块类型

（1）传入模块。传入模块从下属模块中获取数据，经过某些处理，再将其传送给上级模块，如图 13-7（a）所示。

（2）传出模块。传出模块从上级模块中获取数据，进行某些处理，再将其传送给下属模块，如图 13-7（b）所示。

（3）变换模块。变换模块也称为加工模块，它从上级模块获取数据，进行特定的处理，然后转换成其他形式，再传送回上级模块，如图 13-7（c）所示。大多数计算模块（原子模块）都属于这一类。

（4）协调模块。协调模块是对所有下属模块进行协调和管理的模块，如图 13-7（d）所示。在系统的 I/O 部分或数据加工部分可以找到这样的模块，在一个好的 SC 中，协调模块应在较高层出现。

在实际系统中,有些模块属于上述某一种类型,也有一些模块是上述几种类型的组合。

13.3.2 系统结构图

系统结构图(Structure Chart,SC)又称为模块结构图,它是软件概要设计阶段的工具,反映系统的功能实现和模块之间的联系与通信,包括各模块之间的层次结构,即反映了系统的总体结构。在系统分析阶段,系统分析师可以采用 SA 方法获取由 DFD、数据字典和加工说明等组成的系统的逻辑模型;在系统设计阶段,系统设计师可根据一些规则,从 DFD 中导出系统初始的 SC。常用的 SC 主要有变换型、事务型和混合型三种。

1. SC 的组成

SC 包括模块、模块之间的调用关系、模块之间的通信和辅助控制符号等 4 个部分。

(1)模块。在 SC 中,模块用矩形框表示,框中标注模块的名字,对于已定义或者已开发的模块,可以用双纵边矩形框表示,如图 13-8 所示。

(2)模块之间的调用关系。绘制方法是两个模块一上一下布局,以箭头相连,上面的模块是调用模块,箭头指向的模块是被调用模块,如图 13-9 所示,"在线选课"模块调用"检索课程"模块,通常,箭头表示的连线可以用直线代替。

图 13-8　模块的图形表示　　　图 13-9　模块之间的调用和通信的图形表示

(3)模块之间的通信。模块间的通信以表示调用关系的长箭头旁边的短箭头表示,短箭头的方向和名字分别表示调用模块和被调用模块之间信息的传递方向和内容。例如,在图 13-9 中,"在线选课"模块将信息"课程名、学期"传给"检索课程"模块,经加工处理后,"检索课程"模块将信息"课程号、课程名、已选修人数、教师姓名"等再回传给"在线选课"模块。

(4)辅助控制符号。当模块 A 有条件地调用模块 B 时,在箭头的起点标以菱形,模块 A 反复调用模块 C 时,在调用关系的连线上增加一个环状的箭头,如图 13-10 所示。在 SC 中,条件调用时所依赖的判断条件和循环调用时所依赖的控制条件通常都无须注明。

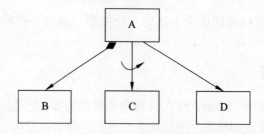

图 13-10 条件调用和循环调用的图形表示

2．变换型 SC

信息沿着输入通道进入系统，然后通过变换中心（也称为主加工）处理，再沿着输出通道离开系统，具有这一特性的信息流称为变换流。变换流对应的基本形态及其对应的 SC 如图 13-11 所示。

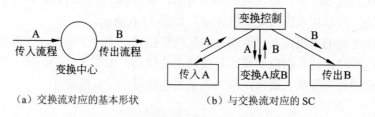

（a）交换流对应的基本形状　　　　（b）与交换流对应的 SC

图 13-11 基本变换流及其对应的 SC

具有变换流型的 SC 可明显地分成输入、变换（主加工）和输出三大部分，它的功能是将输入的数据经过加工后输出，如图 13-12 所示。

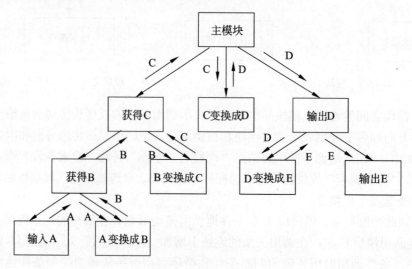

图 13-12 变换型 SC

变换型系统在工作时，首先主模块受到控制，然后控制沿着结构逐层达到底层的输入模块，当底层模块输入数据 A 后，A 由下至上逐层传送，逐步由物理输入 A 变成逻辑输入 C；接着，在主控模块控制下，C 经中心变换模块转换成逻辑输出 D，D 再由上至下逐层传送，逐步把逻辑输出变成物理输出 E。这里的逻辑输入和逻辑输出分别为系统主处理的输入数据流和输出数据流，而物理输入和物理输出是指系统输入端和系统输出端的数据。

3. 事务型 SC

信息沿着输入通道到达一个事务中心，事务中心根据输入信息（即事务）的类型在若干个动作序列（称为活动流）中选择一个来执行，这种信息流称为事务流，如图 13-13 所示。

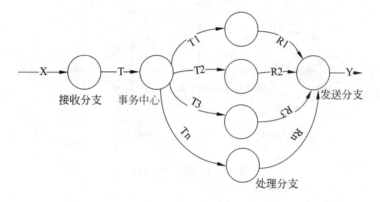

图 13-13 事务流图

由图 13-13 可以看出，事务流有明显的事务中心，各活动以事务中心为起点呈辐射状流出。事务型系统一般由三层组成，即事务层、操作层和细节层，它的功能是对接收的事务，按其类型选择某一类事务处理，如图 13-14 所示。

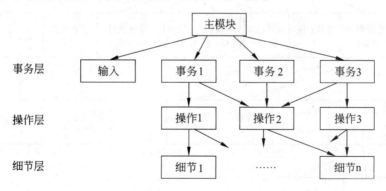

图 13-14 事务型 SC

在事务型 SC 中，主模块将按事务的类型选择调用某一事务处理模块，事务处理模块又调用若干个操作模块,而每个操作模块又调用若干个细节模块。各个事务处理模块是并列的,依赖于一定的选择条件,分别完成不同的事务处理工作。不同的事务处理模块可以共享一些操作模块。同样,不同的操作模块又可以共享一些细节模块。

4. 混合型 SC

在规模较大的系统中,其 DFD 往往是变换型和事务型的混合结构,如图 13-15 所示,此时,可把变换分析和事务分析应用在同一 DFD 的不同部分。例如,可以以变换分析为主,事务分析为辅进行设计。先找出主处理,设计出结构图的上层,然后根据 DFD 各部分的结构特点,适当选用变换分析或事务分析就可得出 SC 的某个初始化方案,如图 13-16 所示。

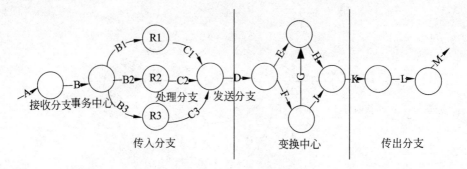

图 13-15 混合型 DFD

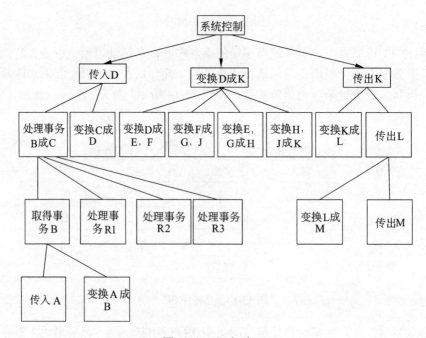

图 13-16 混合型 SC

对于图 13-15 所示的混合型问题,从整体上可以将其看作是一个从 A 到 M 的变换型问题;从 D 到 K 之间的变换是变换中心,从 A 到 D 是传入分支,具有事务型问题的特点;从 K 到 M 是传出分支。因此,该混合型问题结构图的上层可以由"传入 D"模块、"变换 D 成 K"模块和"传出 K"模块组成,"传入 D"模块的下层结构图由从传入分支映射得到的事务型问题结构图组成,"变换 D 成 K"模块和"传出 K"模块的下层结构图可以按通常的变换型问题映射方法获得,转换而得到的混合型 SC 如图 13-16 所示。

13.4 面向对象设计

OOD 是 OOA 方法的延续,其基本思想包括抽象、封装和可扩展性,其中可扩展性主要通过继承和多态来实现。在 OOD 中,数据结构和在数据结构上定义的操作算法封装在一个对象之中。由于现实世界中的事物都可以抽象出对象的集合,所以 OOD 方法是一种更接近现实世界、更自然的系统设计方法。

13.4.1 设计软件类

类封装了信息和行为,是面向对象的重要组成部分,它是具有相同属性、方法和关系的对象集合的总称。在系统中,每个类都具有一定的职责,职责是指类所担任的任务。一个类可以有多种职责,设计得好的类一般至少有一种职责,在定义类时,将类的职责分解为类的属性和方法,其中属性用于封装数据,方法用于封装行为。设计类是 OOD 中最重要的组成部分,也是最复杂和最耗时的部分。

在系统设计过程中,类可以分为三种类型:实体类、边界类和控制类。

1. 实体类

实体类映射需求中的每个实体,实体类保存需要存储在永久存储体中的信息,例如,在线教育平台系统可以提取出学员类和课程类,它们都属于实体类。实体类通常都是永久性的,它们所具有的属性和关系是长期需要的,有时甚至在系统的整个生存期都需要。

实体类是对用户来说最有意义的类,通常采用业务领域术语命名,一般来说是一个名词,在用例模型向领域模型的转化中,一个参与者一般对应于实体类。通常可以从 SRS 中的那些与数据库表(需要持久存储)对应的名词着手来找寻实体类。通常情况下,实体类一定有属性,但不一定有操作。

2. 控制类

控制类是用于控制用例工作的类,一般是由动宾结构的短语("动词+名词"或"名词+动词")转化来的名词,例如,用例"身份验证"可以对应于一个控制类"身份验证器",它提供了与身份验证相关的所有操作。控制类用于对一个或几个用例所特有的控制行为进行建模,控制对象(控制类的实例)通常控制其他对象,因此,它们的行为具有协调性。

控制类将用例的特有行为进行封装，控制对象的行为与特定用例的实现密切相关，当系统执行用例的时候，就产生了一个控制对象，控制对象经常在其对应的用例执行完毕后消亡。通常情况下，控制类没有属性，但一定有方法。

3. 边界类

边界类用于封装在用例内、外流动的信息或数据流。边界类位于系统与外界的交接处，包括所有窗体、报表、打印机和扫描仪等硬件的接口，以及与其他系统的接口。要寻找和定义边界类，可以检查用例模型，每个参与者和用例交互至少要有一个边界类，边界类使参与者能与系统交互。边界类是一种用于对系统外部环境与其内部运作之间的交互进行建模的类。常见的边界类有窗口、通信协议、打印机接口、传感器和终端等。实际上，在系统设计时，产生的报表都可以作为边界类来处理。

边界类用于系统接口与系统外部进行交互，边界对象将系统与其外部环境的变更（例如，与其他系统的接口的变更、用户需求的变更等）分隔开，使这些变更不会对系统的其他部分造成影响。通常情况下，边界类可以既有属性也有方法。

13.4.2 对象持久化与数据库

在面向对象开发方法中，对象只能存在于内存中，而内存不能永久保存数据，如果要永久保存对象的状态，需要进行对象的持久化（persistence），对象持久化是把内存中的对象保存到数据库或可永久保存的存储设备中。在多层软件设计和开发中，为了降低系统的耦合度，一般会引入持久层（Persistence Layer），即专注于实现数据持久化应用领域的某个特定系统的一个逻辑层面，将数据使用者和数据实体相关联，持久层的设计实现了数据处理层内部的业务逻辑和数据逻辑的解耦。

目前，关系数据库仍旧是使用最为广泛的数据库，如 DB2、Oracle、SQL Server 等，关系数据库中存放的是关系数据，即用二维表格表示的数据，它是非面向对象的。对象和关系数据其实是业务实体的两种表现形式，业务实体在内存中表现为对象，在数据库中表现为关系数据。内存中的对象之间存在关联和继承关系，而在数据库中，关系数据无法直接表达多对多关联和继承关系。因此，将对象持久化到关系数据库中，需要进行对象/关系的映射（Object/Relation Mapping，ORM），这是一项非常重要且繁琐耗时的工作。

在实际应用中，除了需要将内存中的对象持久化到数据库外，还需要将数据库中的关系数据再重新加载到内存中，以满足用户查询业务数据的需求。频繁地访问数据库，会对应用的性能造成很大影响，为了降低访问数据库的频率，可以将需要经常被访问的业务数据存放在缓存中，并且通过特定的机制来保证缓存中的数据与数据库中的数据同步。

数据持久化技术封装了数据访问细节，为大部分业务逻辑提供面向对象的 API。通过持久化技术，可以减少访问数据库数据次数，增加应用程序执行速度；其代码重用性高，能够完成大部分数据库操作；松散耦合，使持久化不依赖于底层数据库和上层业务逻辑实现，更换数据库时只需修改配置文件而不用修改代码。随着对象持久化技术的发展，诞生了越来越多的持久化框架，目前，主流的持久化技术框架包括 CMP、Hibernate、iBatis 和 JDO 等。

1. CMP

在 J2EE 架构中，容器管理持久化（Container-Managed Persistence，CMP）是由 EJB 容器来管理实体 EJB 的持久化，EJB 容器封装了对象/关系的映射和数据访问细节。CMP 和 ORM 的相似之处在于，两者都提供对象/关系映射服务，都将对象持久化的任务从业务逻辑中分离出来。区别在于 CMP 负责持久化实体 EJB 组件，而 ORM 负责持久化 POJO（Plain Ordinary Java Object，简单的 Java 对象），它是普通的基于 Java Bean 形式的实体域对象。

CMP 模式的优点在于它基于 EJB 技术，是 SUN J2EE 体系的核心部分，获得了业界的普遍支持，包括各大厂商和开源组织等，如果选择它来进行企业级开发，技术支持会非常完备，同时其功能日趋完善，包括了完善的事务支持，EJBQL 查询语言和透明的分布式访问等。CMP 的缺点在于开发的实体必须遵守复杂的 J2EE 规范，而 ORM 没有类似要求，其灵活性受到影响；而且，CMP 只能运行在 EJB 容器中，而普通 POJO 可以运行在任何一种 Java 环境中；尽管遵循 J2EE 的规范，但 EJB 的移植性比 ORM 要差。

2. Hibernate

Hibernate 和 iBatis 都是 ORM 解决方案，不同的是两者各有侧重。有关 Hibernate 的详细知识，将在 16.2.2 节中介绍。

3. iBatis

iBatis 提供 Java 对象到 SQL（面向参数和结果集）的映射实现，实际的数据库操作需要通过手动编写 SQL 实现，与 Hibernate 相比，iBatis 最大的特点就是小巧，上手较快。如果不需要太多复杂的功能，iBatis 是既可满足要求又足够灵活的最简单的解决方案。

4. JDO

JDO（Java Data Object，Java 数据对象）是 SUN 公司制定的描述对象持久化语义的标准 API，它是 Java 对象持久化的新规范。JDO 提供了透明的对象存储，对开发人员来说，存储数据对象完全不需要额外的代码（例如，JDBC API 的使用）。这些繁琐的例行工作已经转移到 JDO 产品提供商身上，使开发人员解脱出来，从而集中时间和精力在业务逻辑上。

另外，JDO 很灵活，因为它可以在任何数据底层上运行。JDBC 只能应用于关系型数据库，而 JDO 更通用，提供到任何数据底层的存储功能，包括关系型数据库、普通文件、XML 文件和对象数据库等，使得应用的可移植性更强。

13.4.3 面向对象设计的原则

对于 OO 系统的设计而言，在支持可维护性的同时，提高系统的可复用性是一个至关重要的问题，如何同时提高系统的可维护性和可复用性，是 OOD 需要解决的核心问题之一。在 OOD 中，可维护性的复用是以设计原则为基础的。常用的 OOD 原则包括开闭原则、里氏替换原则、依赖倒置原则、组合/聚合复用原则、接口隔离原则和最少知识原则等。这些设计原则首先都是面向复用的原则，遵循这些设计原则可以有效地提高系统的复用性，同时提高系统的可维护性。

1. 开闭原则

开闭原则是指软件实体应对扩展开放，而对修改关闭，即尽量在不修改原有代码的情况下进行扩展。此处的"实体"可以指一个软件模块、一个由多个类组成的局部结构或一个独立的类。

应用开闭原则可扩展已有的系统，并为之提供新的行为，以满足对软件的新需求，使变化中的系统具有一定的适应性和灵活性。对于已有的软件模块，特别是最重要的抽象层模块不能再修改，这就使变化中的系统有一定的稳定性和延续性，这样的系统同时满足了可复用性与可维护性。在 OOD 中，开闭原则一般通过在原有模块中添加抽象层（例如，接口或抽象类）来实现，它也是其他 OOD 原则的基础，而其他原则是实现开闭原则的具体措施。

2. 里氏替换原则

里氏替换原则由 Barbara Liskov 提出，其基本思想是，一个软件实体如果使用的是一个基类对象，那么一定适用于其子类对象，而且觉察不出基类对象和子类对象的区别，即把基类都替换成它的子类，程序的行为没有变化。反过来则不一定成立，如果一个软件实体使用的是一个子类对象，那么它不一定适用于基类对象。

在运用里氏替换原则时，尽量将一些需要扩展的类或者存在变化的类设计为抽象类或者接口，并将其作为基类，在程序中尽量使用基类对象进行编程。由于子类继承基类并实现其中的方法，程序运行时，子类对象可以替换基类对象，如果需要对类的行为进行修改，可以扩展基类，增加新的子类，而无需修改调用该基类对象的代码。

3. 依赖倒置原则

依赖倒置原则是指抽象不应该依赖于细节，细节应当依赖于抽象。换言之，要针对接口编程，而不是针对实现编程。在程序代码中传递参数时或在组合（或聚合）关系中，尽量引用层次高的抽象层类，即使用接口和抽象类进行变量类型声明、参数类型声明和方法返回类型声明，以及数据类型的转换等，而不要用具体类来做这些事情。为了确保该原则的应用，一个具体类应当只实现接口和抽象类中声明过的方法，而不要给出多余的方法，否则，将无法调用到子类中增加的新方法。

实现开闭原则的关键是抽象化，并且从抽象化导出具体化实现，如果说开闭原则是 OOD 的目标的话，那么依赖倒置原则就是 OOD 的主要机制。有了抽象层，可以使得系统具有很好的灵活性，在程序中尽量使用抽象层进行编程，而将具体类写在配置文件中，这样，如果系统行为发生变化，则只需要扩展抽象层，并修改配置文件，而无需修改原有系统的源代码，在不修改的情况下来扩展系统功能，满足开闭原则的要求。依赖倒置原则是 COM、CORBA、EJB、Spring 等技术和框架背后的基本原则之一。

4. 组合/聚合复用原则

组合/聚合复用原则又称为合成复用原则，是在一个新的对象中通过组合关系或聚合关系来使用一些已有的对象，使之成为新对象的一部分，新对象通过委派调用已有对象的方法达到复用其已有功能的目的。简单地说，就是要尽量使用组合/聚合关系，少用继承。

在 OOD 中，可以通过两种基本方法在不同的环境中复用已有的设计和实现，即通过组合/聚合关系或通过继承，但首先应该考虑使用组合/聚合，组合/聚合可以使系统更加灵活，类与类之间的耦合度降低，一个类的变化对其他类造成的影响相对较少；其次才考虑继承，在使用继承时，需要严格遵循里氏替换原则，有效使用继承会有助于对问题的理解，降低复杂度，而滥用继承反而会增加系统构建和维护的难度，以及系统的复杂度。

通过继承来进行复用的主要问题在于继承复用会破坏系统的封装性，因为继承会将基类的实现细节暴露给子类，由于基类的内部细节通常对子类来说是透明的，所以这种复用是透明的复用，又称为白盒复用。如果基类发生改变，那么子类的实现也不得不发生改变；从基类继承而来的实现是静态的，不可能在运行时发生改变，没有足够的灵活性；而且继承只能在有限的环境中使用（例如，如果类没有声明不能被继承）。

由于组合或聚合关系可以将已有的对象（也可称为成员对象）纳入到新对象中，使之成为新对象的一部分，新对象可以调用已有对象的功能，这样做可以使得成员对象的内部实现细节对于新对象是不可见的，因此，这种复用又称为黑盒复用。相对继承关系而言，其耦合度较低，成员对象的变化对新对象的影响不大，可以在新对象中根据实际需要有选择性地调用成员对象的操作。组合/聚合复用可以在运行时动态进行，新对象可以动态地引用与成员对象类型相同的其他对象。

一般而言，如果两个类之间是 Has-A 的关系，则应使用组合或聚合；如果是 Is-A 关系，则可使用继承。Is-A 是严格的分类学意义上的定义，意思是一个类是另一个类的"一种"。而 Has-A 则不同，它表示某一个角色具有某一项责任。

5. 接口隔离原则

接口隔离原则是指使用多个专门的接口，而不使用单一的总接口。每个接口应该承担一种相对独立的角色，不多不少，不干不该干的事，该干的事都要干。这里的"接口"通常有两种不同的含义，一种是指一个类型所具有的方法特征的集合，仅仅是一种逻辑上的抽象；另外一种是指某种语言具体的接口定义，有严格的定义和结构，例如，Java 语言中的 interface。对于这两种不同的含义，接口隔离原则的表达方式和含义都有所不同。

如果将"接口"理解成一个类型所提供的所有方法的特征集合，这就是一种逻辑上的概念,接口的划分将直接带来类型的划分。在这种情况下,可以将接口理解成角色,一个接口就只是代表一个角色,每个角色都有它特定的一个接口,此时,接口隔离原则可以称为角色隔离原则。

如果将"接口"理解成狭义的特定语言的接口,接口隔离原则表达的意思则是指接口仅仅提供客户端需要的行为,客户端不需要的行为则隐藏起来,应当为客户端提供尽可能小的单独的接口,而不要提供大的总接口。在面向对象编程语言中,如果需要实现一个接口,就需要实现该接口中定义的所有方法,因此,大的总接口使用起来不一定很方便,为了使接口的职责单一,需要将大接口中的方法根据其职责不同,分别放在不同的小接口中,以确保每个接口使用起来都较为方便,并都承担单一角色。

6. 最少知识原则

最少知识原则也称为迪米特法则(Law of Demeter),是指一个软件实体应当尽可能少地与其他实体发生相互作用。这样,当一个模块修改时,就会尽量少地影响其他的模块,扩展会相对容易。这是对软件实体之间通信的限制,它要求限制软件实体之间通信的宽度和深度。

最少知识原则可分为狭义原则和广义原则。在狭义原则中,如果两个类之间不必彼此直接通信,那么这两个类就不应当发生直接的相互作用;如果其中的一个类需要调用另一个类的某一个方法,可以通过第三者转发这个调用。狭义原则可以降低类之间的耦合,但是会在系统中增加大量的小方法并散落在系统的各个角落,它可以使一个系统的局部设计简化,因为每个局部都不会和远距离的对象有直接的关联,但是也会造成系统的不同模块之间的通信效率降低,使得系统的不同模块之间不容易协调。

广义原则是指对对象之间的信息流量、流向和信息的影响的控制,主要是对信息隐藏的控制。信息的隐藏可以使各个子系统之间解耦,从而允许它们独立地被开发、优化、使用和修改,同时可以促进软件的复用,由于每个模块都不依赖于其他模块而存在,因此,每个模块都可以独立地在其他的地方使用。系统的规模越大,信息的隐藏就越重要,而信息隐藏的重要性也就越明显。

最少知识原则的主要用途在于控制信息的过载。在将最少知识原则运用到系统设计中时,要注意以下几点:

(1)在类的划分上,应当尽量创建松耦合的类,类之间的耦合度越低,就越有利于复用。一个处在松耦合中的类一旦被修改,不会对关联的类造成太大波动。

(2)在类的结构设计上,每个类都应当尽量降低其属性和方法的访问权限。

(3)在类的设计上,只要有可能,一个类型应当设计成不变类。

(4)在对其他类的引用上,一个对象对其他对象的引用应当降到最低。

13.5 设计模式

设计模式是前人经验的总结,它使人们可以方便地复用成功的设计和架构。当人们在特定的环境下遇到特定类型的问题，采用他人已使用过的一些成功的解决方案，一方面可以降低分析、设计和实现的难度，另一方面可以使系统具有更好的可复用性和灵活性。随着面向对象技术的发展和广泛应用，设计模式不再是一个新兴名词，它已逐步成为系统架构设计师、系统分析师、软件设计师和程序员所需掌握的基本技能之一。设计模式已广泛应用于面向对象系统的设计和开发，成为面向对象领域的一个重要组成部分。

13.5.1 设计模式概述

模式起源于建筑业而非软件业，模式之父——美国加利佛尼亚大学环境结构中心研究所所长 Christopher Alexander 博士用了约 20 年的时间，对舒适型住宅和周边环境进行了大量的调查和资料收集工作，发现人们对舒适型住宅和城市环境存在着共同的认知规律。他把这些规律归纳为 253 个模式，对每一个模式都从模式可适用的前提条件、在特定条件下要解决的目标问题和对目标问题的求解方案三个方面进行描述，并给出了从用户需求分析到建筑环境结构设计，直至经典实例的过程模型。Alexander 给出模式的经典定义如下：每个模式都描述了一个在实际环境中不断出现的问题，然后描述了该问题的解决方案的核心，通过这种方式，可以无数次地使用那些已有的解决方案，无需再重复相同的工作。也就是说，模式是在特定环境中解决问题的一种方案。

1. 软件模式与设计模式

软件模式是将模式的一般概念用于软件开发领域，即软件开发的总体指导思路或参照样板。最早将模式引入软件领域的是 Erich Gamma 博士等四人组（Gang of Four, GoF），他们在 1994 年归纳、发表了 23 种设计模式，旨在用模式来统一沟通 OO 方法在分析、设计和实现之间的鸿沟。

软件模式包括设计模式、架构模式、分析模式和过程模式等，软件生存期的各个阶段都存在着被认同的模式。在软件模式领域，目前研究最为深入的是设计模式。设计模式是一套被反复使用、多数人知晓的、经过分类编目的、代码设计经验的总结，使用设计模式的目的是为了提高代码的可重用性，让代码更容易被他人理解，并保证代码可靠性。毫无疑问，这些设计模式已经在前人的系统中得以证实并广泛使用，它使代码编写真正实现工程化，将已证实的技术表述成设计模式，也会使新系统开发者更加容易理解其设计思路。每种设计模式都是 13.4.3 节中某一种或多种 OOD 原则的体现。

2. 设计模式的关键元素

设计模式包含模式名称、问题、目的、解决方案、效果、实例代码和相关设计模式等基本要素，其中的关键元素包括以下 4 个方面：

（1）模式名称。给模式取一个助记名，用一两个词语来描述模式待解决的问题、解决方案和使用效果，以便更好地理解模式并方便开发人员之间的交流。

（2）问题。描述应该在何时使用模式，即在解决何种问题时可使用该模式。有时，在问题部分会包括使用模式必须满足的一系列先决条件。

（3）解决方案。描述设计的组成成分、它们之间的相互关系及各自的职责和协作方式。模式就像一个模板，可应用于多种不同场合，所以解决方案并不描述一个特定而具体的设计或实现，而是提供一个问题的抽象描述和具有一般意义的元素组合（类或对象组合）。

（4）效果。描述模式应用的效果以及使用模式时应权衡的问题，即模式的优缺点。没有一种解决方案是完美的，每种设计模式都具有自己的优点，但也存在一些缺陷，它们对于评价设计选择和理解使用模式的代价和好处具有重要意义。模式效果有助于选择合适的模式，它不仅包括时间和空间的权衡，还包括对系统的灵活性、可扩展性或可移植性的影响。

13.5.2 设计模式分类

根据目的和用途不同，设计模式可分为创建型（creational）模式、结构型（structural）模式和行为型（behavioral）模式三种。创建型模式主要用于创建对象，结构型模式主要用于处理类或对象的组合，行为型模式主要用于描述类或对象的交互以及职责的分配。

根据处理范围不同，设计模式可分为类模式和对象模式。类模式处理类和子类之间的关系，这些关系通过继承建立，在编译时刻就被确定下来，属于静态关系；对象模式处理对象之间的关系，这些关系在运行时刻变化，更具动态性。

1. 创建型模式

创建型模式对类的实例化过程（即对象的创建过程）进行了抽象，能够使软件模块做到与对象的创建和组织无关。创建型模式隐藏了对象是如何被创建的和组合在一起的，以达到使整个系统独立的目的。创建型模式包括工厂方法模式、抽象工厂模式、原型模式、单例模式和建造者模式等。

（1）工厂方法（Factory Method）模式。工厂方法模式又称为虚拟构造器（Virtual Constructor）模式或多态模式，属于类的创建型模式。在工厂方法模式中，父类负责定义创建对象的公共接口，而子类则负责生成具体的对象，这样做的目的是将类的实例化操作延迟到子类中完成，即由子类来决定究竟应该实例化（创建）哪一个类。

（2）抽象工厂（Abstract Factory）模式。抽象工厂模式又称为 Kit 模式，属于对象创建型模式。抽象工厂模式是所有形式的工厂模式中最为抽象和最具一般性的一种形态，它提供了一个创建一系列相关或相互依赖对象的接口，而无需指定它们具体的类。在抽象工厂模式中，引入了产品等级结构和产品族的概念，产品等级结构是指抽象产品与具体产品所构成的继承层次关系，产品族是同一个工厂所生产的一系列产品，即位于不同产品等级结构且功能相关联的产品组成的家族。当抽象工厂模式退化到只有一个产品等级结构时，即变成了工厂方法模式。

（3）原型（prototype）模式。在系统开发过程中，有时候有些对象需要被频繁创建，原型模式通过给出一个原型对象来指明所要创建的对象的类型，然后通过复制这个原型对象的办法，创建出更多同类型的对象。原型模式是一种对象创建型模式，用原型实例指定创建对象的种类，并且通过复制这些原型创建新的对象。原型模式又可分为两种：浅克隆和深克隆。浅克隆仅仅复制所考虑的对象，而不复制它所引用的对象，也就是其中的成员对象并不复制；深克隆除了对象本身被复制外，对象包含的引用也被复制，即成员对象也被复制。

（4）单例（singleton）模式。单例模式确保某一个类只有一个实例，而且自行实例化并向整个系统提供这个实例，这个类称为单例类，它提供全局访问的方法。

（5）建造者（builder）模式。建造者模式强调将一个复杂对象的构建与它的表示分离，使得同样的构建过程可以创建不同的表示。建造者模式是一步一步地创建一个复杂的对象，它允许用户只通过指定复杂对象的类型和内容就可以构建它们，用户不需要知道内部的具体构建细节。建造者模式属于对象创建型模式。

2．结构型模式

结构型模式描述如何将类或对象结合在一起形成更大的结构。结构型模式描述两种不同的事物，即类与类的实例（对象），根据这一点，可以分为类结构型模式和对象结构型模式。结构型模式包括适配器模式、桥接模式、组合模式、装饰模式、外观模式、享元模式和代理模式等。

（1）适配器（adapter）模式。适配器模式将一个接口转换成客户希望的另一个接口，从而使接口不兼容的那些类可以一起工作。适配器模式既可以作为类结构型模式，也可以作为对象结构型模式。在类适配器模式中，通过使用一个具体类将适配者适配到目标接口中；在对象适配器模式中，一个适配器可以将多个不同的适配者适配到同一个目标。

（2）桥接（bridge）模式。桥接模式将抽象部分与它的实现部分分离，使它们都可以独立地变化。它是一种对象结构型模式，又称为柄体（Handle and Body）模式或接口（Interface）模式。桥接模式类似于多重继承方案，但是多重继承方案往往违背了类的单一职责原则，其复用性比较差，桥接模式是比多重继承方案更好的解决方法。

（3）组合（composite）模式。组合模式又称为整体-部分（Part-whole）模式，属于对象的结构模式。在组合模式中，通过组合多个对象形成树形结构以表示整体-部分的结构层次。组合模式对单个对象（即叶子对象）和组合对象（即容器对象）的使用具有一致性。

（4）装饰（decorator）模式。装饰模式是一种对象结构型模式，可动态地给一个对象增加一些额外的职责，就增加对象功能来说，装饰模式比生成子类实现更为灵活。通过装饰模式，可以在不影响其他对象的情况下，以动态、透明的方式给单个对象添加职责；当需要动态地给一个对象增加功能，这些功能可以再动态地被撤销时可使用装饰模式；当不能采用生成子类的方法进行扩充时也可使用装饰模式。

（5）外观（facade）模式。外观模式是对象的结构模式，要求外部与一个子系统的通信必须通过一个统一的外观对象进行，为子系统中的一组接口提供一个一致的界面，外观模式定义了一个高层接口，这个接口使得这一子系统更加容易使用。

（6）享元（flyweight）模式。享元模式是一种对象结构型模式，通过运用共享技术，有效地支持大量细粒度的对象。系统只使用少量的对象，而这些对象都很相似，状态变化很小，对象使用次数增多。享元对象能做到共享的关键是区分内部状态和外部状态。内部状态存储在享元对象内部并且不会随环境改变而改变，因此内部状态可以共享；外部状态是随环境改变而改变的、不可以共享的状态，享元对象的外部状态必须由客户端保存，并在享元对象被创建之后，在需要使用的时候再传入到享元对象内部，外部状态之间是相互独立的。

（7）代理（proxy）模式。代理模式是一种对象结构型模式，可为某个对象提供一个代理，并由代理对象控制对原对象的引用。代理模式能够协调调用者和被调用者，能够在一定程度上降低系统的耦合度，其缺点是请求的处理速度会变慢，并且实现代理模式需要额外的工作。

3. 行为型模式

行为型模式是对在不同的对象之间划分责任和算法的抽象化，它不仅仅是关于类和对象的，而且是关于它们之间的相互作用的。行为型模式分为类行为模式和对象行为模式两种，其中类行为模式使用继承关系在几个类之间分配行为，而对象行为模式则使用对象的聚合来分配行为。行为型模式包括职责链模式、命令模式、解释器模式、迭代器模式、中介者模式、备忘录模式、观察者模式、状态模式、策略模式、模板方法模式、访问者模式等。

（1）职责链（Chain of Responsibility）模式。职责链模式是一种对象的行为型模式，避免请求发送者与接收者耦合在一起，让多个对象都有可能接收请求，将这些对象连接成一条链，并且沿着这条链传递请求，直到有对象处理它为止。职责链模式不保证每个请求都被接受，由于一个请求没有明确的接收者，那么就不能保证它一定会被处理。

（2）命令（command）模式。命令模式是一种对象的行为型模式，类似于传统程序设计方法中的回调机制，它将一个请求封装为一个对象，从而使得可用不同的请求对客户进行参数化；对请求排队或者记录请求日志，以及支持可撤销的操作。命令模式是对命令的封装，将发出命令的责任和执行命令的责任分割开，委派给不同的对象，以实现发送者和接收者完全解耦，提供更大的灵活性和可扩展性。

（3）解释器（interpreter）模式。解释器模式属于类的行为型模式，描述了如何为语言定义一个文法，如何在该语言中表示一个句子，以及如何解释这些句子，这里的"语言"是使用规定格式和语法的代码。解释器模式主要用在编译器中，在应用系统开发中很少用到。

（4）迭代器（iterator）模式。迭代器模式是一种对象的行为型模式，提供了一种方法来访问聚合对象，而不用暴露这个对象的内部表示。迭代器模式支持以不同的方式遍历一个聚合对象，复杂的聚合可用多种方法来进行遍历；允许在同一个聚合上可以有多个遍历，每个迭代器保持它自己的遍历状态，因此，可以同时进行多个遍历操作。

（5）中介者（mediator）模式。中介者模式是一种对象的行为型模式，通过一个中介对象来封装一系列的对象交互。中介者使得各对象不需要显式地相互引用，从而使其耦合松散，而且可以独立地改变它们之间的交互。中介者对象的存在保证了对象结构上的稳定，也就是说，系统的结构不会因为新对象的引入带来大量的修改工作。

（6）备忘录（memento）模式。备忘录模式确保在不破坏封装的前提下，捕获一个对象的内部状态，并在该对象之外保存这个状态，这样可以在以后将对象恢复到原先保存的状态。备忘录模式提供了一种状态恢复的实现机制，使得用户可以方便地回到一个特定的历史步骤。

（7）观察者（observer）模式。观察者模式又称为发布-订阅模式、模型-视图模式、源-监听器模式或从属者（dependents）模式，是一种对象的行为型模式。它定义了对象之间的一种一对多的依赖关系，使得每当一个对象状态发生改变时，其相关依赖对象都得到通知并被自动更新。观察者模式的优点在于实现了表示层和数据层的分离，并定义了稳定的更新消息传递机制，类别清晰，抽象了更新接口，使得相同的数据层可以有各种不同的表示层。

（8）状态（state）模式。状态模式是一种对象的行为型模式，允许一个对象在其内部状态改变时改变它的行为，对象看起来似乎修改了它的类。状态模式封装了状态的转换过程，但是它需要枚举可能的状态，因此，需要事先确定状态种类，这也导致在状态模式中增加新的状态类时将违反开闭原则，新的状态类的引入将需要修改与之能够进行转换的其他状态类的代码。状态模式的使用必然会增加系统类和对象的个数。

（9）策略（strategy）模式。策略模式是一种对象的行为型模式，定义一系列算法，并将每一个算法封装起来，并让它们可以相互替换。策略模式让算法独立于使用它的客户而变化，其目的是将行为和环境分隔，当出现新的行为时，只需要实现新的策略类。

（10）模板方法（Template Method）模式。模板方法模式是一种类的行为型模式，用于定义一个操作中算法的骨架，而将一些步骤延迟到子类中。模板方法模式使得子类可以不改变一个算法的结构即可重定义该算法的某些特定步骤，其缺点是对于不同的实现，都需要定义一个子类，这会导致类的个数增加，但是更加符合类职责的分配原则，使得类的内聚性得以提高。

（11）访问者（visitor）模式。访问者模式是一种对象的行为型模式，用于表示一个作用于某对象结构中的各元素的操作，它使得用户可以在不改变各元素的类的前提下定义作用于这些元素的新操作。访问者模式使得增加新的操作变得很容易，但在一定程度上破坏了封装性。

第 14 章　系统实现与测试

系统实现阶段是将设计的系统付诸实施的过程。这一阶段的任务包括计算机等设备的购置、设备安装和调试、程序编写与调试、人员培训等。这个阶段的特点是几个互相联系、互相制约的任务同时展开，因此，必须精心安排、合理组织。系统实现是按实施计划分阶段完成的，每个阶段应写出实施进展报告，系统测试之后写出测试分析报告。

系统质量的好坏和系统分析与设计的质量密切相关，但系统实现时选用的程序设计方法、程序设计语言和程序设计风格也将对系统的可靠性、可维护性和可复用性产生很大的影响。软件测试是软件质量保证的主要手段之一，其目的就是在软件正式运行之前，尽可能多地找出软件中潜在的各种错误和缺陷。

14.1　系统实现概述

在信息系统建设中，系统实现的主要任务是进行程序设计，就是把系统设计结果翻译成用某种程序设计语言书写的程序。作为软件生命周期过程的一个阶段，程序设计是对系统设计的进一步具体化。

14.1.1　程序设计方法

程序设计方法是软件工程方法学的主要内容之一，主要有结构化程序设计、面向对象的程序设计、面向方面的程序设计和可视化程序设计。

1．结构化程序设计

SP 采用自顶向下、逐步求精的设计方法和单入口、单出口的控制结构。在设计一个模块的实现算法时，先考虑整体后考虑局部，先抽象后具体，通过逐步细化，最后得到详细的实现算法。单入口、单出口的控制结构，使程序的静态结构和动态执行过程一致，具有良好的结构，增强了程序的可读性。

针对程序中大量无节制地使用 GOTO 语句导致程序结构混乱的现象，Dijkstra 于 1965 年提出在程序语言中取消 GOTO 语句。1966 年，Bohm 和 Jacopini 证明了任何单入口、单出口、没有死循环的程序都能用三种基本的控制结构来构造，这三种基本的控制结构是顺序结构、IF_THEN_ELSE 型分支结构（选择结构）和 DO_WHILE 型循环结构。如果程序设计中只允许使用这三种基本的控制结构，则称为经典的 SP；如果还允许使用 DO_CASE 型多分支结构和 DO_UNTIL 型循环结构，则称为扩展的 SP；如果再加上允许使用 LEAVE（或 BREAK）结构，则称为修正的 SP。

2. 面向对象的程序设计

OOP 是 OO 方法学从诞生、发展到走向成熟的第一片领地，也是使 OO 方法最终落实的重要阶段。在一个比较理想的 OOP 程序中，问题域中有哪些值得注意的事物，程序中就有哪些对象；问题域中的事务之间是什么关系，程序中的对象之间就具有什么关系。在 OOA 和 OOD 理论出现之前，程序员要写一个面向对象的程序，首先要学会运用 OO 方法来认识问题域，所以，OOP 被看作是一门比较高深的技术。现在，在"OOA→OOD→OOP"的软件工程过程中，OOP 的分工比较简单了。认识问题域和设计系统成分的工作已经在 OOA 和 OOD 实现，OOP 的工作就是用一种面向对象的程序设计语言（Object-Oriented Programming Language，OOPL）把 OOD 模型中的每个成分书写下来。

由于 OOPL 具有支持类、对象、继承、多态和消息通信等 OO 概念的机制，OOP 可以显著提高软件的可靠性、可维护性和可复用性。

3. 面向方面的程序设计

面向方面的程序设计（Aspect-Oriented Programming，AOP）是一种通过预编译方式和运行期动态代理技术，实现在不修改源代码的情况下为程序动态、统一添加功能的程序设计技术。有关 AOP 的详细知识，将在 16.6 节中介绍。

4. 可视化程序设计

目前，程序员可以利用程序设计工具所提供的各种控件，像搭积木式地构造应用程序的各种界面。这种程序设计方法称为可视化程序设计（Visual Programming，VP）。VP 最大的优点是程序员可以不用编写或只需编写很少的程序代码，就能完成应用程序的设计，从而极大地提高设计人员的工作效率。能进行 VP 的工具很多，比较常用的有 Visual Basic、Visual C++、Delphi 和 PowerBuilder 等。

VP 是一种事件驱动的程序设计方法，其基本概念包括表单、部件、属性、事件和方法等。表单是指进行程序设计时的窗口，程序员主要通过在表单中放置各种部件来布置应用程序的运行界面；部件就是组成程序运行界面的各种构件，例如，命令按钮、复选框、单选框和滚动条等；属性就是部件的性质，它说明部件在程序运行的过程中是如何显示的、部件的大小、显示在何处、是否可见和是否有效等；事件就是对一个部件的操作，例如，用鼠标单击一个命令按钮时，单击鼠标就称为一个事件（Click 事件）；方法是某个事件发生后要执行的具体操作，也就是事件响应程序或事件处理程序。VP 的主要过程是在表单中放置各种部件、定义事件的属性和编写事件响应程序等。

14.1.2 程序设计语言与风格

程序设计语言是人机通信的基本工具，其特点必然会影响人的思维和解题方式，会影响人机通信的方式和质量，也会影响其他人阅读和理解程序的难易程度。因此，在进行程序设计之前的一项重要工作，就是选择一种适当的程序设计语言。

良好的程序设计语言能使程序员根据软件设计说明书去完成程序设计时困难最少，

可以减少所需要的程序测试量，并且可以得出更容易阅读和更容易维护的程序。

1. 程序设计语言的选择

为了使程序容易测试和维护，以减少软件的总成本，所选用的程序设计语言应该有理想的模块化机制，以及可读性好的控制结构和数据结构；为了便于调试和提高软件可靠性，所选用的程序设计语言应该使编译程序能够尽可能多地发现程序中的错误；为了降低软件开发和维护的成本，所选用的程序设计语言应该有良好的独立编译机制。实际选择程序设计语言时，还必须同时考虑实用方面的各种限制，例如，系统用户的要求、可以使用的编译程序、可以得到的软件工具、工程规模、程序员的知识、软件可移植性要求和软件的应用领域等。

选择 OOPL 时，还应重点考虑其是否支持 OO 方法的主要特征，以及类库和开发环境等。例如，C++就是一种典型的 OOPL，充分支持 OO 方法中的三个主要特征：

（1）封装性。封装性是一种信息隐蔽技术，是指将数据和算法捆绑成一个整体，存取数据时只需知道其算法的外部接口，而无须了解数据的内部结构。C++通过建立类来支持封装性和信息隐蔽。

（2）继承性。继承性是指一种事物保留了另一种事物的全部特征，并且具有自身的独有性质。C++采用继承来支持复用。

（3）多态性。多态性是指当多种事物继承自同一种事物时，同一操作在它们之间表现出不同的行为。C++使用函数重载、模板和虚函数等概念来支持多态性。

2. 程序设计风格

良好的程序设计风格可以提高程序的可理解性、可复用性、可扩展性和健壮性，不仅能明显减少维护或扩展的开销，而且有助于在新项目中移植和复用已有的程序代码。

与可理解性相关的良好程序设计风格包括有意义的标识符、详细的注解和程序的视觉组织、清晰规范的数据说明和简单明了的语句构造，以及有效、合理、交互化与可视化的 I/O 设计等。

与可复用性相关的良好程序设计风格包括提高功能的内聚、减小功能的规模、保持功能的一致性、将接口与实现分开、尽量不使用全局变量和利用继承机制等。

与可扩展性相关的良好程序设计风格包括封装实现策略、利用多态性机制、避免使用多分支语句和精心设计公有服务等。

与健壮性相关的良好程序设计风格包括预防用户的错误操作、检查参数的合法性、不要预先确定限制条件和先测试后优化等。

14.2 软件测试概述

软件测试是在将软件交付给客户之前所必须完成的重要步骤。目前，软件的正确性证明尚未得到根本的解决，软件测试仍是发现软件错误（缺陷）的主要手段。根据国家标准《计算机软件测试规范（GB/T 15532—2008）》，软件测试的目的是验证软件是否满足软件开发合同或项目开发计划、系统/子系统设计文档、SRS、软件设计说明和软件产品说明等规定的软件质量要求。通过测试，发现软件缺陷，为软件产品的质量测量和评价提供依据。

GB/T 15532—2008 还规定了测试用例设计原则和测试用例要素。其中，测试用例设计的原则有基于测试需求的原则、基于测试方法的原则、兼顾测试充分性和效率的原则、测试执行的可再现性原则。每个测试用例应包括名称和标识、测试追踪、用例说明、测试的初始化要求、测试的输入、期望的测试结果、评价测试结果的准则、操作过程、前提和约束、测试终止条件。

14.2.1 测试自动化

虽然手工测试可以找到软件的很多缺陷，但这是一个艰苦和耗时的过程，而且可能无法有效地发现某些类型的缺陷。测试自动化是一个通过编程完成测试的过程，一旦测试实现了自动化，大量的测试用例就可以迅速得到执行。

自动化测试通常需要构建存放程序软件包和测试软件包的文件服务器、存储测试用例和测试结果的数据库服务器、执行测试的运行环境、控制服务器、Web 服务器和客户端程序。自动化测试的主要实现方法包括代码的静态与动态分析、测试过程的捕获与回放、测试脚本技术、虚拟用户技术和测试管理技术等。

1．自动化测试的特点

自动化测试具有如下优点：

（1）提高测试执行的速度。以测试人员执行一个测试用例为例，阅读测试步骤需要 20s，理解测试目的需要 5s，准备测试数据需要 10s，执行测试需要 5s，填写测试结果需要 10s。也就是说，不包括系统等待时间，以及可能有错误需要报告错误的时间，测试人员执行一个测试用例平均需要大约 50s 的时间。如果一次性准备好以上所需的脚本和测试数据，然后使用自动化测试工具来完成同样的工作，5s 钟即可达到同样效果。

（2）提高工作效率。由于自动化测试工具的运行，节省出的时间可以让测试人员重新计划和安排测试工作，设计新的测试用例，开发新的测试工具。

（3）保证测试结果的准确性。测试过程是枯燥而繁琐的，任何一点疏忽都可能导致测试结果不准确而需要返工。而自动化测试工具不同，完成的脚本会准确地记录测试过程中发生的一切。

（4）连续运行测试脚本。自动化测试工具可以 24h 运行测试脚本，不间断地进行测试，这是测试人员所不能比拟的。而测试人员要做的就是第二天早上收集测试数据，看看系统有哪些问题。

（5）模拟现实环境下受约束的情况。测试过程基本上是模拟真实环境执行相关操作，然而有些情况是很难完全模拟的，例如，某证券行情软件需要支持 6000 个以上的客户端同时登录，测试人员不可能同时找到如此之多的终端并要求他们同时执行操作，但可以使用测试工具来模拟这种并发情况，最大限度地真实再现这一过程。

自动化测试虽然具有以上诸多优点，但它不是万能的。测试人员在决定进行自动化测试时，必须考虑到其受约束的地方，例如，自动化测试不能取代手工测试，能够发现的缺陷不如手工测试；自动化测试对所测产品质量的依赖性大，不能提高有效性，可能会制约软件开发，以及测试工具本身不具备想象力等。

2. 测试用例的生成

当前，流行的自动化测试工具主要使用脚本技术来生成测试用例。脚本是一组测试工具执行的指令集合，其作用是通过回放的方式来模拟手工测试所执行的操作，生成的脚本必须是可读、可编辑的，并且应提供控制指令的支持，使工具能够复用所编写的脚本。好的脚本应该编写注释、功能独立、结构清晰、可读，文档完整。

脚本的基本结构主要有以下 5 种：

（1）线性脚本。线性脚本是录制手工测试的测试用例时得到的脚本，这些脚本是未做修改的。

（2）结构化脚本。结构化脚本类似于 SP，具有各种逻辑结构，包括选择型结构、分支结构、循环迭代结构，而且具有函数调用功能。结构化脚本具有很好的可用性和灵活性，易于维护。

（3）共享脚本。共享脚本是指一个脚本可以被多个测试用例使用，即脚本语言允许一个脚本调用另一个脚本。

（4）数据驱动脚本。数据驱动脚本是指将测试输入存储在独立的数据文件中，而不是脚本中。这样，脚本可以针对不同的数据输入实现多个测试用例。

（5）关键字驱动脚本。关键字驱动脚本是数据驱动脚本的逻辑扩展，它用测试文件描述测试用例，它说明测试用例做什么，而不是如何做。关键字驱动脚本允许使用描述性的方法，只需要提供测试用例的描述，即可生成测试用例。

3. 自动化测试工具

自动化测试工具的关键特性之一是具有良好的脚本开发环境。测试工具首先应该具有相对应的容错处理系统，可以自动处理一些异常状况；其次要能够提供类似软件集成开发环境中的调试功能，支持脚本的运行、设置断点、得到变量返回结果等，可以更有效地对测试脚本的执行进行跟踪、检查并迅速定位问题；最后，测试脚本的开发通常也需要一个团队的开发环境，即测试工具对脚本代码能很好地进行控制与管理。

目前，自动化测试工具主要有单元测试工具、负载和性能测试工具、GUI 功能测试工具和基于 Web 应用的测试工具等。

（1）单元测试工具。单元测试工具主要包括 C/C++测试工具（例如，Panorama C++ 和 C++ Test 等）、Java 开源测试框架 JUnit、内存资源泄漏检查工具（例如，Numega 的 BounceChecker 和 Rational 的 Purify 等）、代码覆盖率检查工具（例如，Numega 的

TrueCoverage、Rational 的 PureCoverage 和 TeleLogic 的 LogiScope 等）、代码性能检查工具（例如，LogiScope 的 Macabe 等）和软件纠错工具（例如，Rational Purl 等）。

（2）负载和性能测试工具。负载和性能测试工具是软件测试中作用最大的工具，可以完成一些难以用手工实现的测试，常用工具包括 Mercury Interactive 的 LoadRunner 和 Compuware 的 QALoad，以及 IBM Rational 的 SQA Load、Performance 与 Visual Quality。

（3）GUI 功能测试工具。GUI 功能测试工具主要用于回归测试，主要工具包括 Mercury Interactive 的 WinRunner 和 Compuware 的 QARun，以及 IBM Rational 的 SQA Robot 和 Microsoft 的 Visual Test Suite 等。

（4）基于 Web 应用的测试工具。基于 Web 应用的测试工具主要进行链接检查、HTML 检查、Web 功能和安全性等方面的测试。主要的测试工具包括 MI 公司的 Astra 系列和 RSW 公司的 E-TestSuite，以及 WorkBench、Web Application Stress（WAS）Tool 和 Link Sleuth 等。

其他的测试工具还包括缺陷跟踪工具、综合测试管理工具、嵌入式测试工具、数据库测试工具等。面对如此众多的测试工具，在选择时应进行综合考虑，例如，考察测试工具是否支持脚本语言，是否具有良好的脚本开发环境；脚本语言是否支持外部函数库，以及函数的可复用；测试工具对程序界面中对象的识别能力，对分布式测试的网络支持，以及是否支持数据驱动测试等方面。

14.2.2 软件调试

软件调试（排错）与成功的测试形影相随。测试成功的标志是发现了错误，根据错误迹象确定错误的原因和准确位置，并加以改正，主要依靠软件调试技术。软件调试是一个相当艰苦的过程，究其原因，除了开发人员心理方面的障碍外，还因为隐藏在程序中的错误具有下列特殊的性质：

（1）错误的外部征兆远离引起错误的内部原因，对于高度耦合的程序结构，此类现象更为严重。

（2）纠正一个错误造成了另一个错误现象（暂时）的消失。

（3）某些错误征兆只是假象。

（4）因操作人员一时疏忽造成的某些错误征兆不易追踪。

（5）错误是由于分时而不是程序引起的。

（6）输入条件难以精确地再构造（例如，某些实时应用的输入次序不确定）。

（7）错误征兆时有时无，此现象对嵌入式系统尤其普遍。

（8）错误是由于把任务分布在若干台不同处理机上运行而造成的。

在软件调试过程中，可能遇到大大小小、形形色色的问题，随着问题的增多，软件调试人员的压力也随之增大，过分地紧张致使开发人员在排除一个问题的同时又引入更多的新问题。

1. 排错的方法

尽管软件调试不是一门好学的技术，但还是有若干行之有效的方法和策略的，常用的软件调试策略可以分为蛮力法、回溯法和原因排除法三类。

（1）蛮力法（Brute Force）。蛮力法是最常用也是最低效的方法，只有在万般无奈的情况下才使用它，其主要思想是"通过计算机找错"。例如，输出存储器、寄存器的内容，在程序中安排若干个输出语句等，凭借大量的现场信息，从中找到出错的线索。虽然最终也能成功，但难免要耗费大量的时间和精力。

（2）回溯法（backtracking）。回溯法是从出现错误征兆处开始，人工沿控制流程往回追踪，直至发现出错的根源。不幸的是，程序变大后，可能的回溯路线显著增加，以致人工进行完全回溯可望而不可即。

（3）原因排除法（Cause Eliminations）。原因排除法是通过演绎和归纳，以及二分法来实现的。对和错误发生有关的数据进行分析，可寻找到潜在的原因。先假设一个可能的错误原因，然后利用数据来证明或者否定这个假设；也可以先列出所有可能的原因，然后通过检测来一个个地进行排除。如果最初的测试表明某个原因看起来很像的话，那么就要对数据进行细化来精确定位错误。

2. 与软件测试的区别

软件调试与测试的区别主要体现在以下几个方面：

（1）测试的目的是找出存在的错误，而调试的目的是定位错误并且修改程序以修正错误。

（2）调试是测试之后的活动，测试和调试在目标、方法和思路上都有所不同。

（3）测试从一个已知的条件开始，使用预先定义的过程，有预知的结果；调试从一个未知的条件开始，结束的过程不可预计。

（4）测试过程可以事先设计，进度可以事先确定；而调试不能描述过程或持续时间。

14.3 软件测试方法

软件测试方法可分为静态测试和动态测试，其中动态测试一般采用白盒测试和黑盒测试方法。

14.3.1 静态测试

静态测试是指被测试程序不在机器上运行，而采用人工检测和计算机辅助静态分析的手段对程序进行检测。静态测试包括对文档的静态测试和对代码的静态测试。对文档的静态测试主要以检查单的形式进行，而对代码的静态测试一般采用桌前检查（Desk Checking）、代码审查和代码走查。经验表明，使用这种方法能够有效地发现30%～70%的逻辑设计错误和编码错误。

1. 桌前检查

由程序员检查自己编写的程序。程序员在程序通过编译之后，进行单元测试设计之前，对源程序代码进行分析和检验，并补充相关的文档，目的是发现程序中的错误。检查项目包括检查变量的交叉引用表；检查标号的交叉引用表；检查子程序、宏、函数；等值性检查；常量检查；标准检查；风格检查；比较控制流；选择、激活路径；对照程序的规格说明，详细阅读源代码；补充文档。

由于程序员熟悉自己的程序和自身的程序设计风格，这种桌前检查可以节省很多检查时间，但应避免主观片面性。

2. 代码审查

代码审查是由若干程序员和测试人员组成一个会审小组，通过阅读、讨论和争议，对程序进行静态分析的过程。代码审查的过程可以分为两个步骤：

（1）小组负责人提前把设计规格说明书、控制流程图、程序文本及有关要求、规范等分发给小组成员，作为评审的依据。小组成员在充分阅读这些材料之后，进入审查的第二步。

（2）召开程序审查会。在会上，首先由程序员讲解程序的逻辑。在此过程中，程序员或其他小组成员可以提出问题，展开讨论，审查是否存在错误。实践表明，程序员在讲解过程中能发现许多原来自己没有发现的错误，而讨论和争议则促进了问题的暴露。

在会前，应当给会审小组每个成员准备一份常见错误的清单（通常称为检查单或检查表），把以往所有可能发生的常见错误罗列出来，供与会者对照检查，以提高会审的效率。检查单把程序中可能发生的各种错误进行分类，对每一类列举出尽可能多的典型错误，然后把它们制成表格，供会审时使用。

3. 代码走查

代码走查与代码审查基本相同，其过程也分为两个步骤：

（1）把材料先发给走查小组每个成员，让他们认真研究程序，然后再开会。

（2）开会的程序与代码会审不同，不是简单地读程序和对照错误检查单进行检查，而是让与会者"充当"计算机。即首先由测试组成员为被测程序准备一批有代表性的测试用例，提交给走查小组。走查小组开会，集体扮演计算机角色，让测试用例沿程序的逻辑运行一遍，随时记录程序的踪迹，供分析和讨论使用。

4. 静态分析

在静态测试中，主要是对程序代码进行静态分析，包括控制流分析、数据流分析、接口分析和表达式分析。

（1）控制流分析。控制流分析是指使用控制流程图检查被测程序控制结构的过程。例如，可检查被测程序是否存在没有使用的语句或子程序、是否调用并不存在的子程序，以及是否存在无法达到的语句等。

（2）数据流分析。数据流分析是指使用控制流程图分析数据各种异常情况的过程，包括数据初始化、赋值或引用过程中的异常，例如，引用未定义的变量、对以前未使用的变量再次赋值等程序差错或异常情况。

（3）接口分析。接口分析主要包括模块之间接口的一致性分析、模块与外部数据库及其他软件配置项之间的一致性分析、子程序和函数之间的接口一致性分析等。例如，可以检查函数形参与实参的数量、顺序、类型和使用的一致性。

（4）表达式分析。表达式分析用于检查程序代码中的表达式错误，例如，括号不配对、数组引用越界、除数为零，以及浮点数变量比较时的误差等错误。

14.3.2 白盒测试

白盒测试也称为结构测试，主要用于软件单元测试阶段。它的主要思想是，将程序看作是一个透明的白盒，测试人员完全清楚程序的结构和处理算法，按照程序内部逻辑结构设计测试用例，检测程序中的主要执行通路是否都能按预定要求正确工作。白盒测试方法主要有控制流测试、数据流测试和程序变异测试等。另外，使用静态测试的方法也可以实现白盒测试。例如，使用人工检查代码的方法来检查代码的逻辑问题，也属于白盒测试的范畴。

1. 控制流测试

控制流测试根据程序的内部逻辑结构设计测试用例，常用的技术是逻辑覆盖，即使用测试数据运行被测程序，考察对程序逻辑的覆盖程度。主要的覆盖标准有语句覆盖、判定覆盖、条件覆盖、条件/判定覆盖、条件组合覆盖、修正的条件/判定覆盖和路径覆盖等。

（1）语句覆盖。语句覆盖是指选择足够多的测试用例，使得运行这些测试用例时，被测程序的每个语句至少执行一次。很显然，语句覆盖是一种很弱的覆盖标准。

（2）判定覆盖。判定覆盖也称为分支覆盖，它是指不仅每个语句至少执行一次，而且每个判定的每种可能的结果（分支）都至少执行一次。判定覆盖比语句覆盖强，但对程序逻辑的覆盖程度仍然不高。

（3）条件覆盖。条件覆盖是指不仅每个语句至少执行一次，而且使判定表达式中的每个条件都取得各种可能的结果。条件覆盖不一定包含判定覆盖，判定覆盖也不一定包含条件覆盖。

（4）条件/判定覆盖。同时满足判定覆盖和条件覆盖的逻辑覆盖称为判定/条件覆盖。它的含义是，选取足够的测试用例，使得判定表达式中每个条件的所有可能结果至少出现一次，而且每个判定本身的所有可能结果也至少出现一次。

（5）条件组合覆盖。条件组合覆盖是指选取足够的测试用例，使得每个判定表达式中条件结果的所有可能组合至少出现一次。显然，满足条件组合覆盖的测试用例，也一定满足判定/条件覆盖。因此，条件组合覆盖是上述 5 种覆盖标准中最强的一种。然而，条件组合覆盖还不能保证程序中所有可能的路径都至少遍历一次。

（6）修正的条件/判定覆盖。修正的条件/判定覆盖需要足够的测试用例来确定各个条件能够影响到包含的判定结果。首先，每个程序模块的入口和出口点都要考虑至少要被调用一次，每个程序的判定到所有可能的结果值至少需要转换一次；其次，程序的判定被分解为通过逻辑操作符（and 和 or）连接的布尔条件，每个条件对于判定的结果值是独立的。

（7）路径覆盖。路径覆盖是指选取足够的测试用例，使得程序的每条可能执行到的路径都至少经过一次（如果程序中有环路，则要求每条环路路径至少经过一次）。路径覆盖实际上考虑了程序中各种判定结果的所有可能组合，因此是一种较强的覆盖标准。但路径覆盖并未考虑判定中的条件结果的组合，并不能代替条件覆盖和条件组合覆盖。

2. 数据流测试

数据流测试使用控制流程图对变量的定义和引用进行分析，可以发现的错误包括引用未定义的变量、未曾使用的定义、对未使用变量再次赋值、数组越界或条件判断中的条件错误、不正常的程序执行路径、不可执行的代码等。

进行数据流测试，通常首先将程序流程图转换成控制流图，在每个链路上标注对有关变量的数据操作的操作符号或符号序列；然后，选定数据流测试策略，根据测试策略得到测试路径；最后，根据测试路径确定测试用例。

3. 程序变异测试

程序变异测试是一种错误驱动测试，是针对某类特定程序错误的测试。经过多年的测试理论研究和软件测试的实践，人们逐渐发现要想找出程序中所有的错误几乎是不可能的。比较现实的解决办法是将错误的搜索范围尽可能地缩小，以利于专门测试某类错误是否存在。错误驱动测试主要有两种，即程序强变异和程序弱变异。

给定一个程序 P 和一个测试数据集 T，程序变异测试的测试过程由如下步骤组成：

（1）产生被测程序 P 的一组变异体（mutant）。将程序 P 代码中的一处作合乎语法的变更，所产生的程序就是程序 P 的一个变异体。

（2）对原来的程序及其变异体都使用同一组测试数据进行测试，并记录它们在每一个输入值上的输出结果。如果一个变异体在某个输入上与原来的程序产生不同的输出值，则称该变异体被该输入数据"杀死"了。若一个变异体在所有的测试数据上都与原来的程序产生相同的输出，则称其为"活的"。

（3）对活的变异体进行分析，检查其是否与原来的程序等价。

（4）对与原来的程序不等价的变异体进行进一步的测试，直至充分性度量达到令人满意的程度。变异体的充分性度量计算如下：

$$变异体充分度 = D/(M-E)$$

其中，D 为被杀死的变异体个数，M 为变异体总数，E 为与原来程序等价的变异体个数。

一个变异体可能在两种情况下是活的：第一，它可能等价于原来的程序；第二，测试数据可能不够充分。如果有大量的变异体是活的，那么就没有理由仅从测试结果来说明这些变异体是错误的而原来的程序是正确的。从这个意义上来说，程序变异能够揭示一个测试数据集的弱点。在变异体充分度较低的情况下，应该产生一批新的测试数据，进行进一步的测试，直至充分度达到令人满意的程度。

程序变异测试方法有排错能力强和自动化程度高等优点，但它也存在两大弱点。一是要运行所有的变异体，从而成倍地提高了测试的成本，开销大；二是决定程序与其变异体是否等价是一个不可判定的命题。

14.3.3 黑盒测试

黑盒测试也称为功能测试，主要用于集成测试、确认测试和系统测试阶段。黑盒测试将软件看作是一个不透明的黑盒，完全不考虑（或不了解）程序的内部结构和处理算法，而只检查软件功能是否能按照 SRS 的要求正常使用，软件是否能适当地接收输入数据并产生正确的输出信息，软件运行过程中能否保持外部信息（例如，文件和数据库等）的完整性等。

黑盒测试根据 SRS 所规定的功能来设计测试用例，一般包括功能分解、等价类划分、边界值分析、判定表、因果图、状态图、随机测试、错误推测和正交试验法等。

1. 功能分解

功能分解是将 SRS 中的每个功能加以分解，确保各个功能被全面测试。首先使用程序设计中的功能抽象方法把程序分解为功能单元，然后使用数据抽象方法产生测试每个功能单元的数据。

功能抽象是将程序看成一种抽象的功能层次，每个层次可标识被测试的功能，层次结构中的某一功能由下一层功能定义。按照功能层次进行分解，可以得到众多的最低层次的子功能，并以这些子功能为对象设计测试用例；在数据抽象中，数据结构可以由抽象数据类型的层次图来描述，每个抽象数据类型有其取值集合。程序的每个输入和输出的取值集合用数据抽象来描述。

2. 等价类划分

在设计测试用例时，等价类划分是用得最多的一种黑盒测试方法。所谓等价类就是某个输入域的集合，对于一个等价类中的输入值来说，它们揭示程序错误的作用是等效的。也就是说，如果等价类中的一个输入数据能检测出一个错误，那么等价类中的其他输入数据也能检测出同一个错误；反之，如果等价类中的一个输入数据不能检测出某个错误，那么等价类中的其他输入数据也不能检测出这一错误（除非这个等价类的某个子集还属于另一个等价类）。

如果一个等价类内的数据是符合要求的、合理的数据，则称这个等价类为有效等价类。有效等价类主要用来检验软件是否实现了 SRS 中规定的功能；如果一个等价类内的数据是不符合要求的、不合理或非法的数据，则称这个等价类为无效等价类。无效等价类主要用来检验软件的容错性。在黑盒测试中，利用等价类划分方法设计测试用例的步骤如下所述：

（1）根据软件的功能说明，对每一个输入条件确定若干个有效等价类和若干个无效等价类，并为每个有效等价类和无效等价类编号。

（2）设计一个测试用例，使其覆盖尽可能多的尚未被覆盖的有效等价类。重复这一步，直至所有的有效等价类均被覆盖。

（3）设计一个测试用例，使其覆盖一个尚未被覆盖的无效等价类。重复这一步，直至所有的无效等价类均被覆盖。

应当特别注意，无效等价类是用来测试非正常的输入数据的，因此每个无效等价类都有可能查出软件中的错误，所以要为每个无效等价类设计一个测试用例。

例如，假设某城市的电话号码由三个部分组成，其名称和内容分别是：

地区码：空白或3位数字。

前缀：非0或1开头的3位数。

后缀：4位数字。

例如，"(731)444-5278"就是一个符合规定的号码。假定被测试的程序能接受一切符合上述规定的电话号码，拒绝所有不符合规定的号码，可用等价类划分法来设计它的测试用例。

第一步，划分等价类，包括4个有效等价类，11个无效等价类。表14-1列出了划分的结果。在每个等价类之后加编号，以便识别。

表14-1 电话号码程序的等价划分

输入条件	有效等价类	无效等价类
地区码	空白（1），3位数字（2）	有非数字字符（5），少于3位数字（6），多于3位数字（7）
前缀	200～999之间的3位数字（3）	有非数字字符（8），起始位为0（9），起始位为1（10），少于3位数字（11），多于3位数字（12）
后缀	4位数字（4）	有非数字字符（13），少于4位数字（14），多于4位数字（15）

第二步，确定测试用例。表14-1中有4个有效等价类，可以共用表14-2所示的两个测试用例。对11个无效等价类，要选择11个测试用例，如表14-3所示。

表14-2 有效等价类测试用例

测 试 数 据	范　　围	期 望 结 果
（　　） 276-2345	等价类（1），（3），（4）	有效
（731）444-5278	等价类（2），（3），（4）	有效

表 14-3 无效等价类测试用例

测 试 数 据	范　　围	期 望 结 果
（20A） 123-4567	无效等价类（5）	无效
（33 ） 234-5678	无效等价类（6）	无效
（7777） 345-6789	无效等价类（7）	无效
（777） 34A-6789	无效等价类（8）	无效
（234） 045-6789	无效等价类（9）	无效
（777） 145-6789	无效等价类（10）	无效
（777） 34-6789	无效等价类（11）	无效
（777） 2345-6789	无效等价类（12）	无效
（777） 345-678A	无效等价类（13）	无效
（777） 345-678	无效等价类（14）	无效
（777） 345-56789	无效等价类（15）	无效

3．边界值分析

经验表明，软件在处理边界情况时最容易出错。设计一些测试用例，使软件恰好运行在边界附近，暴露出软件错误的可能性会更大一些。通常，每一个等价类的边界，都应该着重测试，选取的测试数据应该恰好等于、稍小于或稍大于边界值。例如，对于条件"$10< x <30$"的测试，可以选取 x 的值为 9，10，30 和 31 作为测试数据。

在实际测试工作中，将等价类划分法和边界值分析法结合使用，能更有效地发现软件中的错误。

4．判定表

判定表最适合描述在多个逻辑条件取值的组合所构成的复杂情况下，分别要执行哪些不同的动作。判定表通常由以下 4 个部分组成：

（1）条件桩。条件桩列出问题的所有条件，通常认为列出的条件次序无关紧要。

（2）动作桩。动作桩列出问题规定可能采取的操作，这些操作的排列顺序没有约束。

（3）条件项。条件项列出针对条件桩中条件的取值，在所有可能情况下的真假值。

（4）动作项。动作项列出在条件项的各种取值情况下应该采取的动作。

条件引用输入的等价类，动作引用被测软件的主要功能处理部分，任何一个条件组合的取值及其相应要执行的操作构成规则，规则就是测试用例。一般来说，决策表测试法适用于具有以下特征的应用程序：if-then-else 逻辑突出、输入变量之间存在逻辑关系、涉及输入变量子集的计算，以及输入与输出之间存在因果关系等。

5．因果图

因果图法根据输入条件与输出结果之间的因果关系来设计测试用例，它首先检查输入条件的各种组合情况，并找出输出结果对输入条件的依赖关系，然后，为每种输出条件的组合设计测试用例。

6. 状态图

一个程序的功能说明通常由静态说明和动态说明组成。前者描述输入条件与输出条件之间的对应关系，后者描述输入数据的次序或迁移的次序。逻辑功能模型适合于描述静态说明，该模型中输出数据仅由输入数据决定。但对于较复杂的程序，由于存在大量的组合情况，仅根据静态的逻辑功能模型设计测试用例往往是不够的。在状态图中，由输入数据和当前状态共同决定输出数据和后续状态。根据状态图设计测试用例可以弥补静态逻辑功能模型的不足。

7. 随机测试

随机测试是指测试输入数据是在所有可能输入值中随机选取的，测试人员只需规定输入变量的取值区间，在需要时提供必要的变换机制，使产生的随机数服从预期的概率分布。该方法获得预期输出比较困难，多用于可靠性测试和系统强度测试中。

8. 错误推测

使用等价类划分和边界值分析技术，有助于设计出具有代表性的、容易暴露软件错误的测试方案。但是，不同类型的软件通常有一些特殊的容易出错的地方。错误推测法主要依靠测试人员的经验和直觉，从各种可能的测试用例中选出一些最可能引起程序出错的用例。

9. 正交实验法

正交实验法是从大量的实验点中挑出适量的、有代表性的点，应用正交表，合理地安排实验的一种设计方法。利用正交实验法设计测试用例时，首先要根据被测软件的 SRS，找出影响功能实现的操作对象和外部因素，并将其当作因子，而把各个因子的取值当作状态，生成二元的因素分析表。然后，利用正交表进行各因子的状态组合，构造有效的测试输入数据集，并由此建立因果图。这样，得出的测试用例数目将大大减少。

14.4 测试的类型

根据国家标准 GB/T 15532—2008，软件测试可分为单元测试、集成测试、配置项测试、系统测试、验收测试和回归测试等类别。

14.4.1 单元测试

单元测试也称为模块测试，测试的对象是可独立编译或汇编的程序模块、软件构件或 OO 软件中的类（统称为模块），其目的是检查每个模块能否正确地实现设计说明中的功能、性能、接口和其他设计约束等条件，发现模块内可能存在的各种差错。单元测试的技术依据是软件详细设计说明书。

1. 单元测试基础

单元测试着重从模块接口、局部数据结构、重要的执行通路、出错处理通路和边界条件等方面对模块进行测试。测试一个模块时，可能需要为该模块编写一个驱动模块和若干个桩（Stub）模块，如图 14-1 所示。

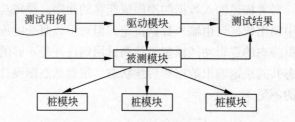

图 14-1 驱动模块和桩模块

驱动模块用来调用被测模块，它接收测试者提供的测试数据，并把这些数据传送给被测模块，然后从被测模块接收测试结果，并以某种可以看见的方式（例如，显示或打印）将测试结果返回给测试人员；桩模块用来模拟被测模块所调用的子模块，它接受被测模块的调用，检验调用参数，并以尽可能简单的操作模拟被调用的子程序模块功能，把结果送回被测模块。顶层模块测试时不需要驱动模块，底层模块测试时不需要桩模块。

模块的内聚程度高可以简化单元测试过程。如果每个模块只完成一种功能，则需要的测试用例数目将明显减少，模块中的错误也更容易预测和发现。

2. 单元测试策略

单元测试策略主要包括自顶向下的单元测试、自底向上的单元测试、孤立测试和综合测试策略。

（1）自顶向下的单元测试。自顶向下的单元测试先测试上层模块，再测试下层模块。由于测试下层模块时它的上层模块已测试过，所以不必另外编写驱动模块。

（2）自底向上的单元测试。自底向上的单元测试先测试下层模块，再测试上层模块。由于测试上层模块时它的下层模块已测试过，所以不必另外编写桩模块。

（3）孤立测试。孤立测试不需要考虑每个模块与其他模块之间的关系，逐一完成所有模块的测试。由于各模块之间不存在依赖性，单元测试可以并行进行，但因为需要为每个模块单独设计驱动模块和桩模块，增加了额外的测试成本。

（4）综合测试。上述三种单元测试策略各有利弊，一种方法的优点恰好对应于另一种方法的缺点，实际测试时可根据软件特点和进度安排情况，将几种测试方法混合使用。

3. 单元测试分析

单元测试分析一般应采用静态测试分析与动态测试分析相结合的方法。

静态测试分析的对象与选择的测试方法有关。例如，采用代码审查方法，通常要对程序语言的使用、程序格式、入口和出口的连接、存储器的使用和寄存器的使用（仅限定在使用机器指令和汇编语言时考虑）等内容进行检查；采用静态分析方法，通常要对软件模块的控制流、数据流、接口和表达式等内容进行分析。

动态测试分析的对象通常包括模块的功能、性能、接口、局部数据结构、独立路径、出错处理、边界条件和内存使用情况。一般对模块接口的测试优于其他内容的测试。对具体的软件模块，应根据软件测试合同（或项目计划）和软件设计文档的要求，以及所选择的测试方法确定测试的具体内容。

14.4.2 集成测试

集成测试的目的是检查模块之间，以及模块和已集成的软件之间的接口关系，并验证已集成的软件是否符合设计要求。集成测试的技术依据是软件概要设计文档。除应满足一般的测试准入条件外，进行集成测试前还应确认待测试的模块均已通过单元测试。

1．集成测试策略

集成测试的策略主要包括基于分解的集成策略、基于功能的集成策略和基于调用图的集成策略等。

（1）基于分解的集成策略。基于分解的集成策略可分为非渐增式和渐增式两种。非渐增式集成测试也称大突击测试或一次性集成测试，是先测试所有的模块，然后一次性把所有模块集成到一起，将程序作为一个整体来测试。这种测试方法的出发点是可以"一步到位"，但测试人员面对众多的错误现象，往往难以分清哪些是"真正的"错误，哪些是由其他错误引起的"假性错误"，诊断定位和改正错误也十分困难。非渐增式集成只适合于维护型项目（即以前的产品已经很稳定，只有极少数构件被修改），或者软件规模非常小，并经过了充分的单元测试，或者项目采用严格的净室软件工程过程，开发质量与单元测试质量非常高。

渐增式集成测试是将单元测试和集成测试合并到一起，它根据模块结构图，按某种次序选一个尚未测试的模块，把它与已经测试好的模块组合在一起进行测试，每次增加一个模块，直到所有模块被集成在程序中。这种测试方法比较容易定位和改正错误，在业界得到普遍采用。渐增式集成又可分为自顶向下集成和自底向上集成。自顶向下集成先测试上层模块，再测试下层模块；自底向上集成先测试下层模块，再测试上层模块。这两种集成方法各有利弊，一种方法的优点恰好对应于另一种方法的缺点，在实际测试工作中，可灵活选用最适当的方法，也可将两种方法混合使用。混合的增量式集成也称为三明治集成，测试时将系统划分成三层，先对最上面的一层使用自顶向下的集成，对最下面的一层使用自底向上的集成，最后在中间层会合。

（2）基于功能的集成策略。基于功能的集成策略是从软件功能角度出发，按照功能的关键程度组织模块的集成顺序。首先，确定功能的优先级别；然后，分析优先级最高的功能路径，把该路径上的所有模块集成到一起，必要时使用驱动模块和桩模块；最后，增加一个关键功能，重复上面的步骤，直到所有模块都被集成到被测系统中。

（3）基于调用图的集成策略。模块调用图是一种有向图，结点表示程序模块，边表示程序调用。基于调用图的集成方式有两种，即成对集成和相邻集成。成对集成是指对应调用图的每条边建立并执行一个集成测试会话，使用实际代码来代替驱动模块和桩模块。这种方式虽然要完成多个集成测试过程，但可以大大减轻驱动模块和桩模块开发的工作量；相邻集成就是对每个邻居建立并执行一个测试会话，使用实际代码来代替驱动模块和桩模块，从而减轻驱动模块和桩模块开发的工作量。这里的"相邻"是针对结点而言的，相邻结点就是由给定结点通过一条边引出的结点集合。

2．集成测试分析

在进行集成测试设计之前，应首先进行集成测试分析。集成测试分析既包括对被测软件本身的分析（例如，架构分析、模块分析和接口分析等），也包括对测试可行性和测试策略的分析。

（1）软件特性分析。根据软件设计文档（含接口设计文档）规定的软件功能、性能、状态、接口、数据结构和设计约束等要求，分析确定集成测试中需要测试的软件特性。

（2）架构分析。架构分析一般分为两步，首先，跟踪需求分析，对要实现的系统划分出结构层次图；其次，分析各个构件之间的依赖关系，据此确定集成测试模块的大小。

（3）模块分析。一个合理的集成模块划分应该满足以下几点：被集成的模块之间的关系必须密切；可以方便地隔离集成模块的外围模块；能够简便地模拟外围模块向集成模块发送消息；外围模块向集成模块发送的消息能够模拟实际环境中的大多数情况。划分集成测试模块时，首先应该判断哪些模块是关键模块。一个关键模块具有一个或多个下列特性：和多个软件需求有关，或与关键功能相关；处于程序控制结构的顶层；本身是复杂的或者是容易出错的；含有特定的性能需求；被频繁使用。

（4）接口分析。软件系统中的接口可以划分为内部接口和外部接口两大类。内部接口是指系统内部各模块交互的接口，这是集成测试的重点。内部接口主要包括函数或方法接口、消息接口、类接口和其他接口，例如，全局变量、配置表、注册信息和中断等；外部接口是指系统与外部（硬件、人和其他软件）交互的接口，这类接口的测试一般会延续到系统测试阶段来完成。接口分析的重点是对穿越接口的数据进行分析，在数据分析的过程中，可以直接产生测试用例。

（5）可测试性分析。可测试性是软件系统的重要特性之一，可测试性分析应该在需求分析阶段进行。在集成测试阶段，分析可测试性主要是为了平衡随着集成范围的增加而导致的可测试性下降。

（6）测试充分性分析。根据软件的重要性和完整性级别，分析确定集成测试应覆盖的范围和每个范围所要求的覆盖程度。

（7）测试终止条件分析。分析和确定集成测试过程正常终止和异常终止的条件。

（8）测试技术分析。分析和确定集成测试需要的技术与方法，例如，测试数据生成与验证技术、测试数据输入技术、测试结果获取技术和增量测试的集成策略等。

（9）测试资源分析。分析和确定用于集成测试的资源要求，例如，硬件资源、软件资源和人力资源等。

（10）风险分析。对集成测试进行风险分析与评估，并制订应对措施。

14.4.3 系统测试

系统测试的对象是完整的、集成的计算机系统，系统测试的目的是在真实系统工作环境下，验证完整的软件配置项能否和系统正确连接，并满足系统/子系统设计文档和软件开发合同规定的要求。系统测试的技术依据是用户需求或开发合同，除应满足一般测试的准入条件外，在进行系统测试前，还应确认被测系统的所有配置项已通过测试，对需要固化运行的软件还应提供固件。

一般来说，系统测试的主要内容包括功能测试、健壮性测试、性能测试、用户界面测试、安全性测试、安装与反安装测试等，其中，最重要的工作是进行功能测试与性能测试。功能测试主要采用黑盒测试方法，请阅读 14.3.3 节；性能测试主要验证软件系统在承担一定负载的情况下所表现出来的特性是否符合客户的需要，主要指标有响应时间、吞吐量、并发用户数和资源利用率等。

1．性能测试的目的

性能测试的目的是验证软件系统是否能够达到用户提出的性能指标，同时发现软件系统中存在的性能瓶颈，并优化软件，最后起到优化系统的目的。具体来说，包括以下 4 个方面：

（1）发现缺陷。软件的某些缺陷与软件性能密切相关，针对这些缺陷的测试一般需要伴随着性能测试进行。

（2）性能调优。与调试不同，性能调优并不一定针对发现的性能缺陷，也可能是为了更好地发挥系统的潜能。

（3）评估系统的能力。软件性能测试不仅需要测试软件在规定条件下是否满足性能需求，往往还需要测试能够满足性能需求的条件极限。

（4）验证稳定性和可靠性。在一定负载下测试一定的时间，是评估系统稳定性和可靠性是否满足要求的唯一方法。

2．性能测试的分类

根据测试目的的不同，性能测试主要包括压力测试、负载测试、并发测试和可靠性测试等。

（1）负载测试和压力测试。通过负载测试，确定在各种工作负载下系统的性能，目标是测试当负载逐渐增加时，系统各项性能指标的变化情况。压力测试是通过确定一个系统的瓶颈或不能接收的性能点，来获得系统能提供的最大服务级别的测试。负载测试和压力测试可以结合进行，统称为负载压力测试。

（2）强度测试。强度测试是在系统资源特别低的情况下考查软件系统运行情况。

（3）并发测试。并发测试也称为容量测试，主要用来确定系统可处理的同时在线的最大用户数。

（4）可靠性测试。可靠性测试是指通过测试系统可靠性的各种指标（例如，MTTF 和可用性等），来验证系统的可靠性。

3．性能测试通用模型

性能测试通用模型（Performance Testing General Model，PTGM）是关于性能测试过程的一个模型，其主要步骤包括测试前期的准备、引入测试工具、制定测试计划、测试设计与开发、测试执行与管理，以及测试结果分析。

4．性能测试分析

性能测试分析包括性能下降曲线的分析和性能计数器的分析。性能计数器分析的重点是观察参数，包括内存、处理器、磁盘 I/O 和进程等；性能下降曲线指的是性能指标随用户数的增加而变化的曲线，如果随着用户数的增加而下降，则称为性能下降曲线。在分析的时候会将曲线划分为不同的区间：

（1）性能平坦区。性能平坦区表示软件运行的正常状态，其表现为：随着用户数增加，平均响应时间基本不变或略有增加，吞吐量保持明显上升的区间。

（2）性能轻微下降区。性能轻微下降区是性能接近临界值时的曲线表示，其表现为：随着用户数增加，平均响应时间开始明显增加；而吞吐量基本不上升，甚至开始下降。通常把平坦区和轻微下降区交界处的用户数量定义为最大建议用户数，也就是系统容量的快照。

（3）性能急剧下降区。性能急剧下降区是超过系统能力区间时的曲线表示，其表现为：随着用户数的增加，响应时间超过用户容忍范围；吞吐量也急剧下降。观察性能急剧下降区的目的是为了定义性能瓶颈。

在整个系统测试的过程中，应严格按照由小到大、由简到繁、由局部到整体的程序进行，应加强系统测试的配置管理，已通过测试的系统状态和各项参数应详细记录，归档保存，未经测试负责人允许，任何人无权改变。

14.4.4 其他测试类型

在软件测试工作中，还将遇到其他一些测试概念，例如，配置项测试、验收测试、确定测试、回归测试等。本节对这些概念作一个概括的介绍。

1．配置项测试

配置项测试的对象是软件配置项，配置项测试的目的是检验软件配置项与 SRS 的一致性。配置项测试的技术依据是 SRS（含接口需求规格说明）。除应满足一般测试的准入条件外，在进行配置项测试之前，还应确认被测软件配置项已通过单元测试和集成测试。

2．确认测试

确认测试主要用于验证软件的功能、性能和其他特性是否与用户需求一致。根据用户的参与程度，通常包括以下 4 种类型：

（1）内部确认测试。内部确认测试主要由软件开发组织内部按照 SRS 进行测试。

（2）Alpha 测试和 Beta 测试。对于通用产品型的软件开发而言，Alpha 测试是指由用户在开发环境下进行测试，通过 Alpha 测试以后的产品通常称为 Alpha 版；Beta 测试是指由用户在实际使用环境下进行测试，通过 Beta 测试的产品通常称为 Beta 版。一般在通过 Beta 测试后，才能把产品发布或交付给用户。

（3）验收测试。验收测试是指针对 SRS，在交付前以用户为主进行的测试。其测试对象为完整的、集成的计算机系统。验收测试的目的是，在真实的用户工作环境下，检验软件系统是否满足开发技术合同或 SRS。验收测试的结论是用户确定是否接收该软件的主要依据。除应满足一般测试的准入条件外，在进行验收测试之前，应确认被测软件系统已通过系统测试。

3．回归测试

回归测试的目的是测试软件变更之后，变更部分的正确性和对变更需求的符合性，以及软件原有的、正确的功能、性能和其他规定的要求的不损害性。回归测试的对象主要包括以下 4 个方面：

（1）未通过软件单元测试的软件，在变更之后，应对其进行单元测试。

（2）未通过配置项测试的软件，在变更之后，首先应对变更的软件单元进行测试，然后再进行相关的集成测试和配置项测试。

（3）未通过系统测试的软件，在变更之后，首先应对变更的软件单元进行测试，然后再进行相关的集成测试、配置项测试和系统测试。

（4）因其他原因进行变更之后的软件单元，也首先应对变更的软件进行单元测试，然后再进行相关的软件测试。

14.5　面向对象系统的测试

OO 系统的测试目标与传统信息系统的测试目标是一致的，但 OO 系统的测试策略与传统的结构化系统的测试策略有很大的不同，这种不同主要体现在两个方面，分别是测试的焦点从模块移向了类，以及测试的视角扩大到了分析和设计模型。

与传统的结构化系统相比，OO 系统具有三个明显特征，即封装性、继承性与多态性。正是由于这三个特征，给 OO 系统的测试带来了一系列的困难。封装性决定了 OO 系统的测试必须考虑到信息隐蔽原则对测试的影响，以及对象状态与类的测试序列；继承性决定了 OO 系统的测试必须考虑到继承对测试充分性的影响，以及误用引起的错误；多态性决定了 OO 系统的测试必须考虑到动态绑定对测试充分性的影响、抽象类的测试，以及误用对测试的影响。

14.5.1　面向对象系统的测试策略

OO 系统抛弃了传统的开发模式，每个开发阶段都有不同以往的要求和结果，已经不可能用功能细化的观点来检测 OOA 和 OOD 的结果。而且，OO 系统的程序结构并非传统的功能模块结构，传统测试中逐步将开发的模块集成在一起进行测试的方法已不可能。因此，传统的测试模型对于 OO 系统已经不再使用。

从测试内容看，OO 系统的测试也可以分为单元测试、集成测试和系统测试。通常，单元测试与集成测试可纳入 OOP 的测试活动，而系统测试可单独作为一项活动。14.5.2 节将详细介绍单元测试，14.5.3 节将详细介绍集成测试。对于系统测试而言，OO 系统与传统的结构化系统并无本质区别，因此，不再作介绍。另外，也有文献将 OO 系统的测试分为 4 个层次，分别是算法层、类层、模板层和系统层，其中算法层与类层的测试大致相当于单元测试，模板层测试可以看作是集成测试。

OO 方法将开发分为 OOA、OOD 和 OOP 三个过程。针对这种开发模型，结合传统测试步骤的划分，可以构造出 OO 系统测试的复合模型。从测试活动来看，OO 系统的测试可以分为 OOA 测试、OOD 测试和 OOP 测试。

1. OOA 测试

OOA 直接映射问题空间，将问题空间中的实例抽象为对象，用对象的结构反映问题空间的复杂实例和复杂关系，用属性和操作表示实例的特性和行为。OOA 的结果是为后续阶段类的实现、类层次结构的组织和实现提供平台。对于一般的分析模型，可以从两个方面进行测试，分别是测试分析模型是否满足软件需求，以及测试分析模型是否符合 OO 方法的要求。

2. OOD 测试

OOD 以 OOA 为基础，建立类结构或进一步构造成类库，实现分析结果对问题空间的抽象。由此可见，OOD 并不是 OOA 的另一种思维方式，而是 OOA 的进一步细化。在 OO 方法中，OOD 与 OOA 的界限通常是难以严格区分的。

OOD 确定类的结构不仅是满足当前需求分析的要求，更重要的是通过重新组合或加以适当的补充，能够方便地实现功能的复用和扩展，以不断适应用户的要求。对于一般的设计模型，可以从设计模型本身、设计模型与分析模型的一致性、设计模型对编程的支持等方面进行测试。

OOA 和 OOD 的测试方式与软件分析设计模型的形式密切相关，如果分析设计模型完全是纸面的（即分析设计文档），测试主要以文档审查的方式进行；如果分析设计模型的整体或部分可以模拟运行，测试还可以建立在模拟运行的基础上。

3. OOP 测试

典型的 OO 系统具有封装性、继承性和多态性，传统的程序测试策略必须有所改变。与传统的程序测试一样，OOP 测试也可细分为单元测试与集成测试。但要注意的是，此"单元"并非彼"单元"，此"集成"也非彼"集成"。有关这方面的详细知识，将在 14.5.2 节中介绍。

值得注意的是，OO 系统的开发过程通常是一个迭代与渐进的过程，其测试活动也是迭代与渐进的。测试活动实际上只是一系列相关测试任务的集合,时间上并不一定是连贯的,测试活动之间也是犬牙交错而非首尾相接的。一般情况下,在系统渐进的每一步,都应循环地执行各个测试活动中的某些任务。也就是说,OO 系统的测试,实际上是一个螺旋式上升的过程。

14.5.2 面向对象系统的单元测试

在 OO 系统中,每个类和对象封装了数据和操作这些数据的方法,而不是个体的模块,单元变成了封装的类,甚至是一个类族。因此,单元测试的意义发生了较大变化。OO 系统的单元测试包括方法层次的测试、类层次的测试和类树层次的测试。

1. 方法层次的测试

方法层次的测试类似于传统软件测试中对单个函数的测试,常用的测试技术包括等价类划分测试、组合功能测试(基于判定表的测试)、递归函数测试和多态消息测试等。

2. 类层次的测试

OO 系统很难对单个成员方法进行充分的测试,具有良好封装性的类成为单元测试的基本对象。类层次的测试主要包括不变式边界测试、模态类测试和非模态类测试。

(1)不变式边界测试。类的属性的某些状态可能不会出现,称为类不变式。不变式边界测试首先要准确定义类的不变式,其次再寻找方法的调用序列以违反类不变式,这些调用序列即可作为测试用例。

(2)模态类测试。模式类是指该类处于特定的状态下时,只能接受对某些特定方法的调用。通常要对类的状态进行建模,获得状态图,并根据状态图生成调用序列来覆盖状态图上的边和路径,每个调用序列可以作为该类的一个测试用例。

(3)非模态类测试。非模态类是指该类处于任何状态下时,均可接受对所有方法的调用。非模态类的测试策略有两种,分别是随机生成方法的调用序列,以及针对性地生成方法的调用序列。

3. 类树层次的测试

OO 的继承性与多态性使得子类的测试不仅要考虑其自身的属性与方法,还应考虑其父类和祖先类的影响。类树层次的测试主要包括多态服务测试和展平测试。多态服务测试是指在对子类进行测试时,从其父类测试用例集(如果已存在)中选取涉及多态方法的测试用例,并把子类的实例当作父类的实例进行测试;展平测试是指将子类自身定义的方法和属性,以及从父类和祖先类继承来的方法和属性组成一个新类,并对其进行测试。

14.5.3 面向对象系统的集成测试

OO 系统的单元测试中,"单元"由传统软件的模块变成了 OO 系统的类和类族。OO 系统的集成测试中,"集成"的含义也有了变化,模块集成变成了类的集成。OO 系统的集成测试可以采用多种集成测试策略，其中有些借鉴了传统软件测试的集成策略，有些则是 OO 系统的集成测试所特有的。

1．传统的集成测试策略

OO 系统的集成测试可以借鉴传统软件测试中所应用的几种行之有效的集成测试策略。

（1）大突击集成。大突击集成是一种非渐增式集成，通常先测试所有的类，然后把所有类一次集成到一起进行测试。大突击集成的优点是可以提高测试效率，其缺点是测试难以充分进行，增加了调试难度。只有在整个软件的可靠性有了基本保障时，才可以考虑大突击集成测试。

（2）自底向上集成与自顶向下集成。自底向上集成与自顶向下集成均为渐增式集成，每次按某种次序选择一个（或几个）尚未测试的类，与已经测试好的类集成在一起进行测试，直到所有的类被集成。自底向上集成先测试底层类（不依赖于其他类的类），再测试上层类（依赖于已测试类的类）。由于在测试上层类时它所依赖的下层类已测试过，所以不必编写测试桩代码，但需要开发大量的测试驱动代码；自顶向下集成先测试上层类，再测试下层类。由于在测试下层类时它的上层类已测试过，所以不必另外编写测试驱动代码，但需要开发大量的测试桩代码。

（3）夹层式集成。夹层式集成是针对层次结构风格的软件系统所采用的集成策略。集成时可以从底层或顶层开始，每次向上或向下集成新的一层；也可以从底层和顶层同时开始向上和向下集成，最后集成某一中间层。夹层式集成也需要开发大量的测试驱动代码或（和）测试桩代码。

2．协作集成

协作集成是指在集成测试时针对系统完成的功能，将可以相互协作完成特定系统功能的类集成在一起进行测试。协作集成的优点是，开发测试驱动代码和测试桩代码的开销较少，其缺点是协作关系比较复杂、被测集成体很大时，测试难以充分进行；与自底向上集成和自顶向下集成相比，协作集成通常是不完备的。协作集成的选择前提是，类间的主要协作关系可以明确辩识，以及每个功能只需要少数类协作即可完成。

3．基于使用的集成

基于使用的集成首先测试那些几乎不使用其他类的类（称为独立类）并开始构造系统，在独立类测试完成后，再测试下一层的使用独立类的类（称为依赖类）。这个依赖类层次的测试序列一直持续到构造完整个系统。基于使用集成测试的优缺点类似于自底向上的集成。

4．类之间连接的测试

集成策略确定之后，还需要关注如何充分测试类之间的各种连接，包括类关联的多重性测试、受控异常测试、往返场景测试和模态机测试。

（1）类关联的多重性测试。在 OO 系统中，类之间的关联关系存在多重性方面的限制。多重性测试关注的重点是与连接关系有关的增、删、改操作，通常可考虑可能会导致多重性限制被破坏的调用序列构成的测试用例。测试时还应注意连接的实现方式，因为特定的实现会隐含特定的多重性。

（2）受控异常测试。OO 系统允许出现异常情况时控制流跳转到特定的位置。由于异常的抛出和接收可以被放在不同的类中，实际上形成了类之间隐含的依赖关系，测试时需要尽可能地覆盖这些隐式的依赖关系。有时需要编写异常模拟程序用来产生这些异常，以便测试到异常的处理代码。

（3）往返场景测试。在 OO 系统中，一段代码可能用于多个场景，充分的测试应该保证该段代码在每个场景的测试中都得到完全的覆盖。往返场景测试就是把与实现特定场景相联系的代码抽取出来，针对这些代码设计具有完全覆盖的测试用例集。往返场景测试可以不基于代码而基于顺序图，从而使测试人员在设计测试用例时更关注类之间的交互关系和控制结构。

（4）模态机测试。模态机测试类似于类层次的模态类测试，但模态类测试只针对一个类，而模态机测试则针对多个类，实际上是把多个类看作是一个大的模态类，而且该类遵循一个全局的状态图。

14.6 软件测试的组织

科学的组织与有效的管理，是软件测试成功的重要保证。

1．测试的组织

国家标准 GB/T 15532—2008 对各种测试的组织进行了详细规定，分别列举如下：

（1）单元测试一般由软件的供方或开发方组织并实施，也可委托第三方进行。

（2）集成测试一般由软件供方组织并实施，测试人员与软件开发应相对独立，也可委托第三方进行。

（3）软件配置项测试应保证其独立性，一般由软件的供方组织，由独立于软件开发的人员实施，软件开发人员配合。如果配置项测试委托第三方实施，一般应委托国家认可的第三方测试机构。

（4）系统测试按合同规定要求执行，一般由软件的需方或软件的开发方组织，由独立于软件开发的人员实施，软件开发人员配合。如果系统测试委托第三方实施，一般应委托国家认可的第三方测试机构。

（5）验收测试应由软件的需方组织，由独立于软件开发的人员实施。如果验收测试委托第三方实施，一般应委托国家认可的第三方测试机构。

（6）回归测试的组织管理与其所对应软件测试类别的组织管理相同或相似。

2．测试的过程

软件测试的过程一般包括测试策划、测试设计、测试执行和测试总结等 4 项活动。

(1) 测试策划。测试策划主要是进行测试需求分析，包括确定需要测试的内容或质量特性；确定测试的充分性要求；提出测试的基本方法；确定测试的资源和技术需求；进行风险分析与评估；制定测试计划。

(2) 测试设计。测试设计的主要工作包括依据测试需求，分析并选用已有的测试用例或设计新的测试用例；获取并验证测试数据；根据测试资源、风险等约束条件，确定测试用例执行顺序；获取测试资源，开发测试软件；建立并校准测试环境；进行测试就绪评审，主要评审测试计划的合理性和测试用例的正确性、有效性和覆盖充分性，评审测试组织、环境和设备工具是否齐备并符合要求。

(3) 测试执行。测试执行的主要工作包括执行测试用例，获取测试结果；分析判定测试结果，并根据不同的结果采取相应的措施；对测试过程的正常或异常终止情况进行核对，并根据核对结果，对未达到测试终止条件的测试用例，决定是停止测试，还是需要修改或补充测试用例集，并进一步测试。

(4) 测试总结。测试总结的主要工作包括整理和分析测试数据；评价测试效果，描述测试状态（包括实际测试与测试计划的差异、测试充分性分析、未能解决的测试事件等）；评价被测软件项，描述被测软件项的状态（包括被测软件与需求的差异、发现的软件差错等）；完成测试报告，并通过测试评审。

3. 测试的管理

软件测试的管理包括过程管理、配置管理和评审工作。

(1) 过程管理。过程管理包括测试活动管理和测试资源管理。软件测试应由相对独立的人员进行。根据软件项目的规模、完整性级别和测试类别，软件测试可由不同机构组织实施。一般情况下，软件测试人员应包括测试项目负责人、测试分析员、测试设计员、测试程序员、测试员、测试系统管理员和配置管理员等。

开始软件测试工作，一般应具备下列条件（准入条件）：具有测试合同（或项目计划）；具有软件测试所需的各种文档；所提交的被测软件已受控；软件源代码已正确通过编译或汇编。

结束软件测试工作，一般应达到下列条件（准出条件）：已按要求完成了合同（或项目计划）所规定的软件测试任务；实际测试过程遵循了原定的软件测试计划和软件测试说明；客观、详细地记录了软件测试过程和软件测试中发现的所有问题；软件测试文档齐全，符合规范；软件测试的全过程自始至终在控制下进行；软件测试中的问题或异常有合理解释或正确有效的处理；软件测试工作通过了测试评审；全部测试工具、被测软件、测试支持软件和评审结果已纳入配置管理。

(2) 配置管理。应按照软件配置管理的要求，将测试过程中产生的各种工作产品纳入配置管理。由开发组织实施的软件测试，应将测试工作产品纳入软件项目的配置管理；由独立测试组织实施的软件测试，应建立配置管理库，将被测试对象和测试工作产品纳入配置管理。有关配置管理的详细知识，将在20.6节中介绍。

（3）评审。测试过程中的评审包括测试就绪评审和测试评审。测试就绪评审是指在测试执行前对测试计划和测试说明等进行评审，评审测试计划的合理性和测试用例的正确性、完整性和覆盖充分性，以及测试组织、测试环境和设备、工具是否齐全并符合技术要求等；测试评审是指在测试完成后，评审测试过程和测试结果的有效性，确定是否达到测试目的，主要对测试记录和测试报告进行评审。

第 15 章 系统运行与维护

通过系统规划、分析、设计、实现与测试之后,所期望的信息系统已经开发完毕,可以交付给用户使用了。在信息系统运行过程中,仍会出现在系统调试与测试阶段没有发现的隐藏错误,还可能为系统功能的扩展与集成进行系统的改动,为此要对系统进行科学的维护与管理,记录系统运行的情况,评价系统的工作质量和经济效益。这是一项长期的工作,根据各信息系统的实际情况不同,系统运行与维护阶段在整个系统生命周期中所占的比重在 60%~80%之间。

正如 7.11 节所述,CIO 是企业信息系统运行与管理的总负责人,系统分析师是 CIO 的最佳候选人。因此,系统分析师必须要掌握有关系统运行与维护的原理、方法与技术。

15.1 遗留系统的处理策略

遗留系统(Legacy System)是指任何基本上不能进行修改和演化以满足新的变化了的业务需求的信息系统,它通常具有以下特点:

(1)系统虽然完成企业中许多重要的业务管理工作,但仍然不能完全满足要求。一般实现业务处理电子化及部分企业管理功能,很少涉及经营决策。

(2)系统在性能上已经落后,采用的技术已经过时。例如,多采用主机/终端形式或小型机系统,软件使用汇编语言或第三代程序设计语言的早期版本开发,使用文件系统而不是数据库。

(3)通常是大型的软件系统,已经融入企业的业务运作和决策管理机制之中,维护工作十分困难。

(4)没有使用现代信息系统建设方法进行管理和开发,现在基本上已经没有文档,很难理解。

在企业信息系统升级改造过程中,如何处理和利用遗留系统,成为新系统建设的重要组成部分。处理恰当与否,直接关系到新系统的成败和开发效率。遗留系统的演化方式有多种,可以采取继续维护、某种形式的重构或替代策略,或者联合使用几种策略。究竟采用哪些策略来处理遗留系统,需要根据对遗留系统的所有系统特性的评价来确定。

15.1.1 评价方法

对遗留系统评价的目的是为了获得对遗留系统的更好的理解,这是遗留系统演化的基础,是任何遗留系统演化项目的起点。主要评价方法包括度量系统技术水准、商业价值和与之关联的企业特征,其结果作为选择处理策略的基础。评价方法由一系列活动组成,如图 15-1 所示。

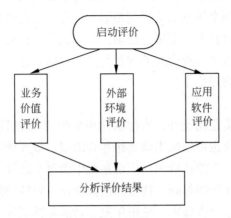

图 15-1　评价活动

1. 启动评价

评价是为了获得对遗留系统的足够深度的理解,从技术、业务和企业角度对系统的理解为系统处理策略提供基础,开始评价前,需要了解以下问题:

(1)对企业来说,遗留系统是至关重要的。在评价过程中,可能会发现系统对企业的继续运作产生的影响不大。在这种情况下,就没有必要考虑系统的演化问题。

(2)企业目标是什么。从战略观点来看,系统分析师必须理解企业目标,因为信息系统建设的目的就是把企业战略目标转化为信息系统的目标,企业目标产生演化需求。

(3)演化需求是什么。演化需求来自企业目标和评价活动。需求必须是可见的,以便决定现有系统是否能满足需求。

(4)所期望的系统生命周期是多长。系统的生命周期由软件和硬件的服务能力决定,一旦系统硬件或支撑软件过时,系统的有效性就会受到限制。

(5)系统使用期限是多久。如果系统的使用期限只是短期的,就没有必要花费成本来演化系统。相反,如果系统将在相当长的时期内支持主要业务流程,则必须进行演化。

(6)系统的技术状态如何。例如,如果应用软件的技术状况很差,则很难理解,维护成本会很高。

(7)企业是否愿意改变。企业对改变的态度是遗留系统演化成功的关键因素之一。

(8)企业是否有能力承受演化。企业的技术成熟度、员工的素质和支撑工具的先进性等都是影响演化的因素。

2. 业务价值评价

业务价值评价的目标是判断遗留系统对企业的重要性。在多数情况下,重要业务流程的改变意味着遗留系统现在仅仅具有外围价值，修改这种系统只需花费少许财力和物力。在其他情况下，系统的业务价值很大，需要继续运行与维护。

可以在概要和详细两个级别上进行遗留系统的业务价值评价。概要评价为更加详细的分析提供信息，包括向有关专家进行咨询，问卷调查，在问卷的基础上进行分析和评价；详细评价包括遗留系统不符合业务规范的风险分析，这种分析十分费时，最好由业务分析师来完成详细级的评价工作。

3．外部环境评价

系统的外部技术环境是指硬件、支撑软件和企业 IT 基础设施的统一体。

（1）硬件。硬件评价也可以采用概要级和详细级。概要评价把遗留系统作为一个整体，提供硬件质量估算；详细评价包括识别系统中的每个部件。在这两种情况下，必须识别一系列特征，用作评价的基础。特征的选择取决于要评价的系统，系统的一些常见特征有供应商、维护成本、失效率、使用年限、功能和性能等。

（2）支撑软件。系统的支撑软件环境也由许多部分组成，可包括操作系统、数据库、事务处理程序、编译器、网络软件和应用软件等。一般来说，支撑软件是依赖于某个硬件的，应用软件依赖于系统软件。在评价过程中，必须考虑这种依赖性。

（3）企业 IT 基础设施。企业 IT 基础设施包括开发和维护系统的企业职责和运行该系统的企业职责（两者可能为同一个企业），这些基础设施难以评价，但对遗留系统的演化却起到关键作用。在评价中必须考虑以下问题：企业和使用者的类型、开发组织的技术成熟度、企业的培训过程、系统支持人员的技术水平、企业是否愿意改变等。

4．应用软件评价

应用软件评价可以分为系统级和部件级。系统级评价把整个系统看作是不可分割的原子，评价时不考虑系统的任何部分；部件级评价关注系统的每个子系统，考虑每个子系统的特征，包括复杂性、数据、文档、外部依赖性、合法性、维护记录、大小和安全性等指标。

5．分析评价结果

评价活动将产生硬件、支撑软件、企业 IT 基础设施和应用软件的特征值矩阵，这些特征值体现了遗留系统当前的技术因素，其加权平均值代表了系统的技术水平。计算公式如下：

$$OR=(P_1 ORH + P_2 ORS + P_3 OAF + P_4 ORA)/4$$

其中 ORH 是硬件的评价值，ORS 是支撑软件的评价值，OAF 是企业 IT 基础设施的评价值，ORA 是应用软件的评价值，P_i（$1 \leq i \leq 4$）分别是它们的权系数，即第 i 个评价值对遗留系统的影响因子。把对技术水平的全面评价结果与业务评价进行比较，可以为系统演化提供第一手的资料。具体方法是按照业务评价分值和技术水平分值的情况，把评价结果分为 4 种类型，如图 15-2 所示。

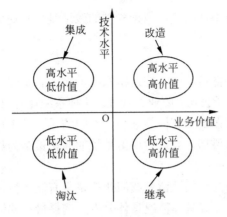

图 15-2 评价结果分析

15.1.2 演化策略

在图 15-2 中，把对遗留系统的评价结果分列在坐标的 4 个象限内。对处在不同象限的遗留系统采取不同的演化策略。

1．淘汰策略

第三象限为低水平、低价值区，即遗留系统的技术含量较低，且具有较低的业务价值。对这种遗留系统的演化策略为淘汰，即全面重新开发新的系统以代替遗留系统。完全淘汰是一种极端性策略，一般是企业的业务产生了根本变化，遗留系统已经基本上不再适应企业运作的需要；或者是遗留系统的维护人员、维护文档资料都丢失了。经过评价，发现将遗留系统完全淘汰，开发全新的系统比改造旧系统从成本上考虑更合算。

对遗留系统的完全淘汰是企业资源的根本浪费，系统分析师应该善于"变废为宝"，通过对遗留系统功能的理解和借鉴，可以帮助新系统的设计，降低新系统开发的风险。

2．继承策略

第四象限为低水平、高价值区，即遗留系统的技术含量较低，已经满足企业运作的功能或性能要求，但具有较高的商业价值，目前企业的业务尚紧密依赖该系统。称这种遗留系统的演化策略为继承。在开发新系统时，需要完全兼容遗留系统的功能模型和数据模型。为了保证业务的连续性，新老系统必须并行运行一段时间，再逐渐切换到新系统上运行。有关系统转换的知识，将在 15.2.1 节介绍。

3．改造策略

第二象限为高水平、高价值区，即遗留系统的技术含量较高，本身还有极大的生命力。系统具有较高的业务价值，基本上能够满足企业业务运作和决策支持的需要。这种系统可能建成的时间还很短，称这种遗留系统的演化策略为改造。改造包括系统功能的增强和数据模型的改造两个方面。系统功能的增强是指在原有系统的基础上增加新的应用要求,对遗留系统本身不做改变;数据模型的改造是指将遗留系统的旧的数据模型向新的数据模型的转化。

4. 集成策略

第一象限为高水平、低价值区,即遗留系统的技术含量较高,但其业务价值较低,可能只完成某个部门(或子公司)的业务管理。这种系统在各自的局部领域里工作良好,但对于整个企业来说,存在多个这样的系统,不同的系统基于不同的平台、不同的数据模型,形成了一个个信息孤岛,对这种遗留系统的演化策略为集成。有关企业应用集成的知识,请阅读 7.10 节。

要注意的是,本节所介绍的遗留系统演化策略具有通用性,在实际工程项目中,遇到处理遗留系统的问题时,要具体情况具体分析,选择最佳的演化策略。既要保护用户的已有投资,又要保证系统能满足用户当前(甚至未来)的需求,且具有一定的先进性。

15.2 系统转换与交接

当新系统开发完毕投入运行,要取代现有系统时,就要进行系统转换。系统转换是指运用某种方式,由现有系统的工作方式向新系统工作方式的转换过程,也是系统设备、数据、人员等的转换过程。在系统转换时,必须协调新旧系统之间的关系,否则将造成紊乱与中断,从而导致一定的经济损失。在系统转换过程中,需要考虑多个方面的问题,包括成本、风险、应急措施和人员的培训等。

在系统转换与交接之前,需要做好一些准备工作,包括数据准备、系统文档准备、人员培训和设备安装,以及系统试运行。系统试运行是指在系统没有正式转换之前所进行的试验运行,它是系统调试工作的延续。系统试运行要输入各种真实数据,记录系统运行状况和产生的数据,比较现有系统与新系统输出的结果,同时对新系统的操作方式进行考查,测试系统运行、响应速度等性能指标。

15.2.1 新旧系统的转换策略

系统转换可分为两种情况,一种是现有信息系统被功能更强大的新系统所取代,例如,网络作业系统取代了单机系统,开放性系统取代了封闭性系统,标准化的系统取代了不规范的系统,更安全的系统取代了不太安全的系统,当然,最常见的还是系统功能与性能的提高;另一种是计算机信息系统取代了原有的手工作业系统。

不管是哪一种情况,系统转换的工作量都比较大。系统转换本质上也是一个工程项目,也需要进行可行性分析和需求分析,需要制订项目管理计划。20.2.2 节介绍的项目开发计划的各种要素同样适用于系统转换计划的制订。同时,现有系统从启用到被新系统取代,在其使用期间往往积累了大量珍贵的历史数据,其中许多历史数据都是新系统顺利启用所必须的。因此,系统转换计划应该包括从现有系统向新系统的数据迁移计划。

有关数据转换和迁移的知识,将在 15.2.2 节中介绍。

在实施新旧系统转换时,转换的策略通常有三种,如图 15-3 所示。

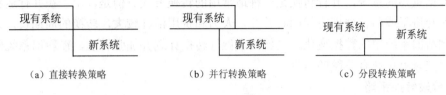

图 15-3 系统转换的方式

1. 直接转换策略

直接转换就是在原有系统停止运行的某一时刻,新系统立即投入运行,中间没有过渡阶段。直接转换的示意图如图 15-3(a)所示。采用这种方式时,人力和费用最省,适用于新系统不太复杂或现有系统完全不能使用的场合,但是,新系统在转换之前必须经过详细而严格的测试,转换时应做好准备,万一新系统不能达到预期目的时,必须采取相应措施。

直接转换的新系统是完全重构的系统,可能采用了全新的技术平台和软件来构建,或者用户业务和使用方式发生了剧烈变化,对原有系统只能进行淘汰处理。采用这种策略的优点是新系统能够非常灵活地适应业务需要,功能齐全、结构合理、系统稳定、扩展性强,整个信息系统的利用率比较高。但也存在着一些问题,列举如下:

(1)新旧系统之间的转换代价比较大。

(2)由于需要一套比较完整的业务需求,开发新系统的周期比较长,一次性投资巨大,未经广泛使用并证明是成熟可靠的新技术平台通常具有一定的技术风险。

(3)旧系统通常积累下了大量的业务数据,必须将业务数据的录入、转换、检查以及在新系统中的重建作为重要的工作进行考虑,尽量减小在新旧系统转换的时候对用户现有业务的冲击。

(4)需要考虑诸如维持新系统运行的日常开销,由于使用习惯改变带来的学习时间、培训人员的成本等因素。

2. 并行转换策略

并行转换就是新系统和现有系统并行工作一段时间,经过这段时间的试运行后,再用新系统正式替换下现有系统。在并行工作期间,手工处理和计算机处理系统并存,一旦新系统有问题就可以暂时停止而不会影响现有系统的正常工作。转换过程如图 15-3(b)所示。

在并行转换的实施过程中,首先以现有系统的作业为正式作业,新系统的处理结果作为校核用,经过一段时间运行,在验证新系统处理准确可靠后,现有系统退出运行。根据系统的复杂程度和规模大小不同,并行运行的时间一般可在 2~3 个月到 1 年之间。

采用并行转换的风险较小，在转换期间还可同时比较新旧两个系统的性能，并让系统操作员和其他有关人员得到全面培训。因此，对于一些较大的信息系统，或处理过程复杂、数据重要的系统，并行转换是一种最常用的转换方式。但是，由于在并行运行期间，要两套班子或两种处理方式同时并存，人力和费用消耗较大，转换的周期长，并且难以控制新旧系统中的数据变化。这就要求做好转换计划并加强管理，在新旧系统验证吻合后要及时停止现有系统的运行。

3．分段转换策略

分段转换策略也称为逐步转换策略，这种转换方式是直接转换方式和并行转换方式的结合，采取分期分批逐步转换，如图 15-3（c）所示。一般比较大的系统采用这种方式较为适宜，它能保证平稳运行，费用也不太高；或者现有系统比较稳定，能够适应自身业务发展需要，或新旧系统转换风险很大（例如，在线订票系统、银行的中间业务系统等），也可以采用分段转换策略。

采用分段转换时，各子系统的转换次序及转换的具体步骤，均应根据具体情况灵活考虑。通常可采用如下策略：

（1）按功能分阶段逐步转换。首先确定新系统中的一个主要的业务功能率先投入使用，在该功能运行正常后再逐步增加其他功能。

（2）按部门分阶段逐步转换。先选择系统中的一个合适的部门，在该部门运行新系统，获得成功后再逐步扩大到其他部门。这个首先运行新系统的部门可以是业务量较少的，这样比较安全可靠；也可以是业务最繁忙的，这样见效大，但风险也大。

（3）按机器设备分阶段逐步转换。先从简单的设备开始转换，再推广到整个系统。例如，对于联机系统，可先用单机进行批处理，然后用终端实现联机系统。对于分布式系统，可以先用两台微机联网，以后再逐步扩大范围，最终实现分布式系统。

分段转换策略的优点是，新旧系统的转换震动比较小，用户容易接受。但由于是采用渐进方式，导致新旧系统的转换周期过长，同时由于需求的变化，给新系统的稳定造成比较大的影响。而且，分段转换策略对系统的设计和实现都有一定的要求，在转换过程中，需要开发新旧系统之间的接口，还需要制订阶段性的转换目标和计划。

15.2.2 数据转换和迁移

数据转换和迁移是新旧系统转换交接的主要工作之一。为使数据能平滑迁移到新系统中，在新系统设计阶段就要尽量保留现有系统中合理的数据结构，这样才能尽可能降低数据迁移的工作量和转换难度。但是，由于新系统的引入，数据迁移工作是个必然的过程，现有系统中的数据可以通过定制开发的转换工具软件翻译为新系统可以接受的数据格式。

数据转换和迁移工作的原则是数据不丢失。许多无法自动转换的数据，必要时通过手工方式补录进入新系统。数据迁移对系统切换乃至新系统的运行有着十分重要的意义。

数据迁移的质量是新系统成功上线的重要前提,同时也是新系统今后稳定运行的有力保障。如果数据迁移失败,新系统将不能正常启用;如果数据迁移的质量较差,没能屏蔽全部的垃圾数据,对新系统将会造成很大的隐患,新系统一旦访问这些垃圾数据,可能会由这些垃圾数据产生新的错误数据,严重时还会导致系统异常。相反,成功的数据迁移可以有效地保障新系统的顺利运行,而且能够继承珍贵的历史数据。

1. 数据迁移的方法

系统转换时的数据迁移不同于从 OLTP 到数据仓库的数据抽取。后者主要将 OLTP 系统在上次抽取后所发生的数据变化同步到数据仓库,这种同步在每个抽取周期都要进行,一般以天为单位。而数据迁移是将需要的历史数据一次或几次转换到新系统,其最主要的特点是需要在短时间内完成大批量数据的抽取、清洗和装载。

数据迁移的主要方法大致有三种,分别是系统切换前通过工具迁移、系统切换前采用手工录入和系统切换后通过新系统生成。

(1) 系统切换前通过工具迁移。在系统切换前,利用 ETL 工具把现有系统中的历史数据抽取、转换,并装载到新系统中去。这种方法是数据迁移最主要,也是最快捷的方法。其实施的前提是,历史数据可用并且能够映射到新系统中。这种迁移方式既可一次实现,也可以分次实现。一次迁移的优点是迁移实施的过程短,相对分次迁移,迁移时涉及的问题少,风险相对比较低。其缺点是工作强度比较大,由于实施迁移的人员需要一直监控迁移的过程,如果迁移所需的时间比较长,工作人员会很疲劳。一次迁移的前提是新旧系统数据库差异不大,允许的宕机时间内可以完成所有数据量的迁移;分次迁移可以将任务分开,有效地解决了数据量大和宕机时间短之间的矛盾。但是分次切换导致数据多次合并,增加了出错的概率,同时为了保持整体数据的一致性,分次迁移时需要对先切换的数据进行同步,增加了迁移的复杂度。

(2) 系统切换前采用手工录入。在系统切换前,组织相关人员把需要的数据手工录入到新系统中。这种方法消耗的人力、物力比较大,同时出错率也比较高。主要针对新旧系统数据结构存在特定差异的情况,即对于新系统启用时必需的期初数据,无法从现有的历史数据中得到。对于这部分期初数据,就可以在系统切换前通过手工录入。

(3) 系统切换后通过新系统生成。在系统切换后,通过新系统的相关功能,或为此专门开发的配套程序生成所需要的数据。通常根据已经迁移到新系统中的原始数据来生成所需要的结果数据。这种方法可以减少迁移的数据量。

2. 数据迁移前的准备工作

数据迁移的实施可以分为三个阶段,分别是数据迁移前的准备、数据转换与迁移和数据迁移后的校验。由于数据迁移的特点,大量的工作都需要在准备阶段完成,充分而周到的准备工作是完成数据迁移的主要基础。具体而言,要做好以下 7 个方面的工作:

(1) 待迁移数据源的详细说明,包括数据的存放方式、数据量和数据的时间跨度。

(2) 建立新旧系统数据库的数据字典,对现有系统的历史数据进行质量分析,以及新旧系统数据结构的差异分析。

(3) 新旧系统代码数据的差异分析。

(4) 建立新旧系统数据库表的映射关系,对无法映射字段的处理方法。

(5) 开发或购买、部署 ETL 工具。

(6) 编写数据转换的测试计划和校验程序。

(7) 制定数据转换的应急措施。

3. 数据转换与迁移

在数据转换与迁移阶段,首先需要制定数据转换的详细实施步骤和流程,准备数据迁移环境。然后要做好业务上的准备,结束未处理完的业务事项,或将其告一段落。使数据转换和迁移涉及的技术都得到充分测试,最后实施数据转换和迁移。

数据转换与迁移程序大致可以分为抽取、转换与装载三个过程。数据抽取、转换是根据新旧系统数据库的映射关系进行的,转换步骤一般还要包含数据清洗的过程,数据清洗主要是针对源数据库中,对出现二义性、重复、不完整、违反业务或逻辑规则等问题的数据进行相应的清洗操作。在清洗之前需要进行数据质量分析,以找出存在问题的数据。数据装载是通过装载工具或自行编写的 SQL 程序将抽取、转换后的结果数据加载到目标数据库中。

数据抽取前,需要做大量的准备工作,具体如下:

(1) 针对目标数据库中的每张数据表,根据映射关系中记录的转换加工描述,建立抽取函数。该映射关系是准备阶段进行数据差异分析的结果。

(2) 根据抽取函数的 SQL 语句进行优化。通常可以采用的优化方式有调整相关参数的设置、启动并行查询、采用优化器、创建临时表、对源数据表做分析和增加索引等。

(3) 建立调度控制表,包括 ETL 函数定义表(记录抽取函数、转换函数、清洗函数和装载函数的名称和参数)、抽取调度表(记录待调度的抽取函数)、装载调度表(记录待调度的装载信息)、抽取日志表(记录各个抽取函数调度的起始时间和结束时间,以及抽取的正确或错误信息)和装载日志表(记录各个装载过程调度的起始时间和结束时间,以及装载过程执行的正确或错误信息)。

(4) 建立调度控制程序,该调度控制程序根据抽取调度表动态调度抽取函数,并将抽取的数据保存到文件中。

数据转换的工作在 ETL 过程中主要体现为对源数据的清洗和代码数据的转换。数据清洗主要用于清洗源数据中的垃圾数据,可以分为抽取前清洗、抽取中清洗和抽取后清洗。ETL 对源数据主要采用抽取前清洗。对代码表的转换可以考虑在抽取前转换和在抽取过程中进行转换。具体转换如下:

(1) 针对 ETL 涉及的源数据库中的数据表,根据数据质量分析的结果,建立数据抽取前的清洗函数。该清洗函数可由调度控制程序在数据抽取前进行统一调度,也可分散到各个抽取函数中调度。

（2）针对 ETL 涉及的源数据库中的数据表，根据代码数据差异分析的结果，对需要转换的代码数据值进行转换。如果数据长度无变化或变化不大，考虑对源数据表中引用的代码在抽取前进行转换。抽取前转换需要建立代码转换函数。代码转换函数由调度控制程序在数据抽取前进行统一调度。

（3）对新旧代码编码规则差异较大的代码，考虑在抽取过程中进行转换。根据代码数据差异分析的结果，调整所有涉及该代码数据的抽取函数。

4．数据迁移后的校验

在数据迁移完成后，需要对迁移后的数据进行校验。数据迁移后的校验是对迁移质量的检查，同时数据校验的结果也是判断新系统能否正式启用的重要依据。可以通过以下两种方式对迁移后的数据进行校验：

（1）对迁移后的数据进行质量分析。可以通过数据质量检查工具，或编写有针对性的检查程序进行。对迁移后数据的校验有别于迁移前历史数据的质量分析，主要是检查指标的不同。迁移后数据校验的指标主要包括完整性检查、一致性检查、总分平衡检查、记录条数检查和特殊样本数据的检查。

（2）新旧系统查询数据对比检查。通过新旧系统各自的查询工具，对相同指标的数据进行查询，并比较最终的查询结果。先将新系统的数据恢复到现有系统迁移前一天的状态，然后将最后一天发生在现有系统上的业务全部补充到新系统，检查有无异常，并和现有系统比较最终产生的结果。

15.3 系统的扩展和集成

随着信息系统的运行和业务的发展，对现有系统进行有效的扩展升级，使其适应当前的应用情况，就成为必然的，也是经济的选择。而如果企业有多个应用系统，就需要对这些系统进行集成，使数据能在这些系统中共享。有关企业应用集成的知识，在 7.10 节中已经有详细的讨论，此处不再赘述，而是只讨论系统的扩展问题，以及扩展与集成的区别。

1．系统扩展

系统的可扩展性是指将新的功能添加到系统中的能力。可扩展性可以分为动态可扩展性和静态可扩展性。动态可扩展性是指在系统运行的过程中，能够添加新的功能，而不会影响系统的其他部分；静态可扩展性是指在添加新的功能时，系统必须停止运行，当新功能添加之后，系统再重新启动。提高系统可扩展性的方法是在系统架构中减少构件之间的耦合。显然，如果在系统规划和设计时充分考虑了可扩展性的因素，在系统架构上进行了预留，则同类型业务的扩展就相对容易些。

一般地，当客户提出需求变更或增加新的功能时，通常采用的方法首先就是对现有系统进行扩展，以满足这种变化。扩展一般包括延伸型扩展和新建型扩展，前者需要在理解扩展点附近的架构及代码的基础上，以原有方式进行功能扩充；后者则可能会完全另起炉灶，在适应系统整体架构的前提下，增加全新的功能。

通过在基本软件基础上，引入第三方软件包并进行二次开发的方式，可以迅速对系统功能进行扩展。例如，引入具有手写签批功能的控件，可以立即得到支持领导手工批阅公文的功能扩展。但这种引入也是双刃剑，需要在引入前进行充分的研究和分析，确保其能满足目前的扩展需求外，还具有适度前瞻的特性。同时，要求引入详细的设计文档甚至是源码，以保证对引入包的可控性，避免过度依赖第三方技术支持，减低实施风险。

2. 扩展与集成的比较

系统扩展和集成分别属于深度维护和广度维护活动，和开发过程类似，都需要经过需求分析、设计、编码、测试和实施的完整流程。需要分析人员、设计人员、编码人员、测试人员和实施人员的参与，需要过程管理人员进行项目管理，系统集成还特别需要组织的高层人员参与协调与沟通。

系统扩展的重点在设计阶段，为达到平滑扩展，需要仔细研究扩展点附近的软件环境，要避免因扩展引起原有系统的动荡，要进行细致的回归测试；系统集成的重点在分析阶段，为达到无缝集成，需要仔细分析业务，尤其是业务关联点。避免过度耦合、深度介入，增加集成复杂度。另外，还需组织的高层领导强势协调，强调全局观念，互相配合，方能顺利进行集成。

在系统测试方面，系统扩展和集成的测试要进行全面的回归，不能"改头测头，改脚测脚"，系统集成尤其要重视接口的测试和流程流畅性的测试。

15.4 系统运行管理

系统运行管理的目的是对信息系统的运行进行控制，记录其运行状态，进行必要的修改与扩充，以便使信息系统真正符合管理和决策的需要。系统运行管理的主要内容包括日常运行管理、系统运行情况的记录、对系统运行情况的检查与评价等，这些工作是一个琐碎而细致的原始资料积累过程，不能忽视。

15.4.1 系统成本管理

系统运行与管理需要硬件、网络等设备的支持，需要人员和场地的开支，而这些都是系统的成本。系统成本可以有多种分类，例如，直接成本和间接成本、固定成本和变动成本等。有关成本种类的详细知识，请阅读 9.5.1 节。

在系统运行管理中，完整的成本管理模式应包括预算、IT 服务计费和偏差分析。成本管理的目的是使系统的 TOC 达到最优。

1. 预算

预算是指企业按照一定的业务量水平及质量水平,估算各项成本并进行成本预算,以预算成本为控制经济活动的依据,衡量其合理性。预算的编制方法主要有增量预算和零基准预算,其选择依赖于企业的财务政策。增量预算是以上一年度的数据为基础,考虑本年度成本、价格等的期望变动,调整上一年度的预算而作为本年度的预算;在零基准预算下,企业实际所发生的每项活动的预算最初都被设定为零,然后再详尽分析每一项支出的必要性和取得的成果,确定预算标准。增量预算的优点是速度快,缺点是不够准确,容易造成不必要的开支;零基准预算比较准确,但通常比较费时。

编制预算的基础包括下述内容:

(1) 预算项目的成本预测。预算项目一般按照成本项目划分,确定后要保持稳定性。各预算项目的成本一般未知,预测这些成本要以从前 IT 会计年度的成本数据为基础或以未来工作量的预测为基础。系统成本管理必须谨慎地估计不可控制的成本的变化。

(2) IT 服务工作量的预测。在编制预算的时候,要预测未来 IT 工作量。工作量预测将以工作量的历史数据为基础,考虑数据的更新与计划的修改,得出未来的 IT 工作量。

2. IT 服务计费

在信息系统运行过程中,系统的管理与维护工作一般都是由 IT 部门负责。如前所述,系统运行与维护是需要耗费大量资金的。从整个企业层面上来看,IT 部门因为不直接面向客户,他们的工作似乎没有产生增值。为了解决这个问题,就需要进行 IT 服务计费。

IT 服务计费是指向接受 IT 部门服务的业务部门(客户)收取费用,进行成本效益核算的过程。IT 服务计费包括确定收费对象和选择计算收费额的方法。进行 IT 服务计费的目的是在 IT 部门和有关业务部门之间形成转移价格,从而使每个部门都可以单独进行业绩评价。有关转移价格和业绩评价的详细知识,请阅读 2.4 节。

3. 偏差分析

偏差分析是指比较实际成本和预算成本,确定具体的偏差数量,将其分解为不同的偏差项目,在此基础上调查发生偏差的具体原因,并提出分析报告。通过偏差分析,找到造成偏差的原因,分清责任,采取纠正行动,以实现降低成本的目的。

15.4.2 系统用户管理

系统用户管理是指管理用户的身份和权限,使用户在授权范围内对系统进行操作,防止非授权访问。用户管理的功能包括用户账号管理、权限管理、企业外部用户管理和用户安全审计。大量的统计数据表明,安全问题往往是从企业内部出现的,特别是用户身份的盗用,往往会造成一些重要数据的泄漏或损坏。

1. 统一用户管理

在信息系统中,通常对用户进行统一的管理。例如,对于一个内部用户而言,身份识别管理的时间跨度从员工加入企业开始直到离开为止。进入企业后,新员工的资料就被添加到人力资源管理系统,系统会自动生成各种密码和授权,开始记录这名员工在企业里所做的任何访问活动。当员工离开时,网管只需将其从人力资源管理系统中删除,身份识别管理系统就会自动地将与该员工相关的授权全部删除。因此,进行统一的用户管理可以带来如下好处:

(1) 用户使用更加方便。采用统一认证系统后,用户只需要使用同一个用户名和密码就可以登录所有允许他登录的系统,就能对各个应用系统进行访问。

(2) 安全控制力度得到加强。管理人员可以集中控制用户的访问范围和权限,并对用户的行为进行审计。

(3) 减轻管理人员的负担,提高工作效率。管理人员可以通过一个统一的管理界面集中管理用户信息,提高工作效率,减少人为失误的可能性。

2. 身份认证的方法

目前,信息系统中的用户身份认证方式主要有以下 4 种:

(1) 用户名/密码方式。这种方式是最简单也是最常用的身份认证方法。但是,安全性不太好,密码容易被猜测,或者被驻留在计算机内存中的木马程序或网络中的监听设备截获。

(2) IC(Integrated Circuit,集成电路)卡认证。IC 卡是一种内置集成电路的芯片,芯片中存有与用户身份相关的数据,IC 卡由专门的厂商通过专门的设备生产,理论上是不可复制的硬件。通过 IC 卡硬件不可复制性来保证用户身份不会被仿冒。但是,由于每次从 IC 卡中读取的数据是静态的,通过内存扫描或网络监听等技术,还是很容易截取到用户的身份验证信息,因此,还是存在安全隐患。

(3) 动态密码。动态密码技术是一种让用户密码按照时间或使用次数不断变化、每个密码只能使用一次的技术。它采用一种叫做动态令牌的专用硬件,内置电源、密码生成芯片和显示屏,密码生成芯片运行专门的密码算法,根据当前时间或使用次数生成当前密码并显示在显示屏上。认证服务器也采用相同的算法计算当前的有效密码。二者进行对比验证,从而实现用户身份认证。它采用"一次一密码"的方法,即使黑客截获了一次密码,也无法利用这个密码来仿冒合法用户的身份,从而保证了用户身份的安全性。但是,如果客户端与服务器端的时间或次数不能保持良好的同步,就有可能发生合法用户无法登录的问题。

(4) USB Key 认证。它采用软硬件相结合、"一次一密码"的强双因子认证模式,很好地解决了安全性与易用性之间的矛盾。USB Key 是一种 USB 接口的硬件设备,它内置单片机或智能卡芯片,可以存储用户的密码或数字证书,利用其内置的密码算法实现对用户身份的认证。

3. 用户安全审计

用户安全审计的主要功能是收集、保护和分析用户安全审计数据,形成用户安全审计报告。常见的用户安全审计报告包括如下内容:

（1）系统运行过程中通常会发生什么情况，用户通常要登录访问哪些资源，用户访问系统的时间分布特征等。利用这些基本信息发现和审核异常情况，从而发现问题之所在。

（2）用户登录系统的时段记录，审核个别用户在不寻常时间登录的情况。

（3）用户登录失败的记录，审核某个账户在一段时间内多次登录失败的情况。

15.4.3 网络资源管理

网络资源是企业重要的 IT 基础设施，包括局站、机房、管道、光缆、电缆、传输设备、光/电路、交换、数据、动力、接入、时钟同步、基站等。随着信息化建设的深入，企业网络资源的规模不断扩大，网络资源的管理和维护任务也越来越困难，管理和维护工作的要求也越来越高。

1. 网络资源管理的功能

网络资源管理就是通过某种方式对网络资源进行调整，使网络能正常、高效地运行，可以把网络资源管理理解为广义的网络管理，而网络管理主要包括性能管理、故障管理、配置管理、计费管理和安全管理 5 项功能，这些功能提供了一个网络系统正常运行的基本保证。

（1）性能管理。在使用最少的网络资源和具有最小延迟的前提下，确保网络能提供可靠、连接的通信能力，并使网络资源的使用达到最优化的程度。性能管理有监测和控制两大功能，监测能实现对网络中的活动进行跟踪，控制功能实施相应调整来提高网络性能。

（2）故障管理。检测、定位和排除网络硬件和软件中的故障。当出现故障时，该功能确认故障，并记录故障，找出故障的位置并尽可能地排除这些故障。

（3）配置管理。掌握和控制网络的状态，包括网络内各个设备的状态及其连接关系。配置管理的典型方法是，用逻辑图来描述所有的网络设备及其逻辑关系，并将网络的确切物理布局，以适当的比例映射到这个逻辑图上。用精心设计的各种图标来表示各种网络对象，而这些图标又往往涂上不同颜色表示相应设备的不同状态。

（4）计费管理。记录各用户和应用程序对网络资源的使用情况。计费管理提供计算一个特定网络或网段的运行成本的手段。

（5）安全管理。对网络资源及其重要信息访问的约束和控制，包括验证网络用户的访问权限和优先级、检测和记录未授权用户企图进行的不应有的操作等。

2. 网络资源管理系统

资源管理系统的定位是管理网络资源数据和支持网络资源的设计与分配。资源管理可以对数据进行收集、分类、增删改、显示、存储和检索，保证数据的完整性和一致性，支撑其上的各类应用系统，支撑网管系统开通电路等。

一般来说，网络资源管理系统应该对所有网络资源提供基于地图方式的查询、统计分析、资料配置和维护等基础管理功能，并提供网络资源的物理路由图和逻辑拓扑图管理；提供对设备的各种展开图、端子图等关联管理；提供网络资源的关联管理、资源调度和割接管理；提供对光/电路的路由配置、光/电路由信息查询功能；提供完善的系统数据维护、安全管理、数据备份与恢复、版本控制等方面的系统运行管理功能。

15.4.4 软件资源管理

软件资源就是指企业整个环境中运行的软件和文档。软件资源管理是指优化管理信息的收集，对企业所拥有的软件授权数量和安装地点进行管理。还包括软件分发管理，即通过网络把新软件分发到各个站点，并完成安装和配置工作。

在项目管理中，软件资源可复用的程度是衡量企业软件能力成熟度的一个重要指标。有关软件能力成熟度的详细知识，请阅读8.5.1节。

1. 软件构件管理

软件构件是系统的一个可独立配置且具有可复用价值的单元，它驻留在计算机中，一般采用构件库的形式来进行管理。软件构件的有效利用离不开软件平台的支持，该平台包括构件的运行支撑环境、构件开发和组装环境、构件管理环境、基于构件的开发方法和开发过程等。基于构件的软件开发是当前主流的开发方法，有关这方面的详细知识，请阅读12.1.2节。

2. 软件分发管理

软件分发管理的支持工具可以自动完成软件部署的全过程，包括软件打包、分发、安装和配置等，甚至在特定的环境下可以根据不同事件的触发实现软件部署的回滚操作。在相应的管理工具支持下，软件分发管理可以自动化或半自动化地实现下列软件分发任务：

（1）软件部署。信息系统管理人员可将软件包部署至遍布网络系统的目标计算机，对它们执行封装、复制、定位、推荐和跟踪。

（2）安全补丁分发。通过结合系统清单和软件分发，安全修补程序管理功能能够显示计算机需要的重要系统和安全升级，然后有效地分发这些升级。

（3）远程管理和控制。远程诊断工具可以帮助技术支持人员及时、准确地获得关键的系统信息，能够花费较少的时间诊断故障，并以远程方式解决问题。

3. 文档管理

软件文档也称文件，通常指一些记录的数据和数据媒体，它具有固定不变的形式，可被人和计算机阅读。软件文档的编制在软件开发工作中占有突出的地位和相当大的工作量。在整个软件生存期中，各种文档作为半成品或最终产品，会不断地生成、修改或补充。有关文档管理的详细知识，将在20.10.1节中介绍。

15.5 系统故障管理

在信息系统运行过程中,由于人力、技术、资源、管理等方面的限制,故障是难免的,即使是电信、金融等信息化工作相对领先的行业,也难以保证自己的信息业务可以高枕无忧。因此,如何进行有效的故障管理是系统运行与维护过程中一项非常重要的工作。

故障管理的主要目标是尽可能快地恢复系统运行,尽量减少故障对业务运营的不利影响,以确保最好的服务质量和可用性。在故障管理中,影响度、紧迫性和优先级是描述故障的 3 个特征,它们联系紧密而又相互区分。故障管理包括故障监视、故障调查、故障支持、恢复处理和故障终止 5 项基本活动。为了实现对故障流程的完善管理,需要对故障管理的整个流程进行跟踪,并做相应处理记录。

15.5.1 故障监视

在信息系统运行过程中,不可避免会出现一些由于系统自身问题,或者是任何不符合标准的操作规程,已经发生或者可能发生的系统运行中止和服务质量下降的事件,这就是故障。故障监视是故障管理流程的第一项基础活动,大多数故障都是在故障监视活动中发现的。

1. 设置待监视项目

系统故障可以有很多种类型,具体分类请阅读 19.1.1 节。不同的系统故障有不同的特征,对系统和整个企业的业务影响程度可能不同,处理解决的难易度也不同。在进行故障监视时要充分考虑故障的影响度、紧迫性,影响较大的故障类别进行重点监视,借助先进的自动化监视管理工具,启动更多的系统监视功能,或者投入更多的人力和物力。这样,在相关部门发现故障时,才能尽快根据影响程度设置故障处理的优先级,尽快进入管理流程。

故障接触人员在故障监视过程中有着重要的影响和作用。为了在监视过程中尽快实现和应对故障,同时防止非规范操作扩大故障对系统和业务的影响,需要对各类故障的接触人员进行严格管理。应该针对不同的故障接触人员制订监视职责和相关操作手册,而故障接触人员应该严格按照规定执行操作和进行故障报告。同时,故障接触人员本身及其活动也应当作为监视的项目。

2. 监视的内容和方法

根据故障管理的实践,人员、规范操作的执行、系统硬件和软件是故障监视的重点内容。自然灾害因素由于难以预计和控制,需要进行相关风险分析,可采取容灾防范措施来应对。

对系统硬件设备的监视包括各主机服务器及其主要部件、专门的存储设备、网络交换机、路由器等,主要采用管理监控工具,它们通常具有自动监测、跟踪和报警的功能。

对软件的监视主要针对其应用性能、软件缺陷和变更需求。对软件的性能监控也可以借助一些管理监控工具;由于应用系统主要面向用户,软件缺陷通常由专门的测试工程师负责监视,或者在使用过程中由用户方发现并提出;变更需求是在用户使用和监视的过程中发现的。

需要监视的人员包括系统操作员、系统开发工程师、用户、来访者,甚至包括系统所在机房的清洁工和运输公司的职工等。要对他们与系统接触过程中的行为进行跟踪和记录,防止或者及早发现非标准的操作带来的系统故障。

15.5.2 故障调查

故障调查就是收集故障信息、确定故障位置和调查故障原因的过程。

1. 收集故障信息

故障信息的收集方式分为自动收集和人工收集。通常,系统本身具有相应的故障信息收集功能,可以通过专门的系统监控工具或系统日志等方式进行自动收集;另外,系统运行过程中出现的故障会直接反映在系统的用户一方,或者由相关 IT 部门在执行系统检查和维护时发现,这类故障信息的收集方式则属于人工收集。

系统发生故障后,如果有必要则需要进行故障隔离,保留故障现场信息,以利于故障信息的收集工作。

2. 确定故障位置

在硬件设备方面,故障定位比较简单,也比较常见。计算机系统都配备了较完善的诊断测试手段,提供详细的故障维修指南,对大部分故障可以实现准确定位。对外围设备的故障检测应采用脱机检测与联机检测两种方式,以检查是哪种设备的哪个部分出现了故障;对于网络设备的故障,可以通过专门的命令或工具来进行测试和定位。

在软件和数据方面,故障定位比较复杂,通常需要经过软件调试的过程,以准确定位错误的代码行。有关软件调试的详细知识,请阅读 14.2.2 节。

3. 调查故障原因

故障原因调查一般是在故障经由初步支持没有得到解决时进行的。有关故障支持的知识,将在 15.5.3 节中介绍。

当用户、服务台员工和其他 IT 部门人员发现某故障时,或者系统检测到某故障时,就将其报告给服务台,服务台将基本信息输入故障数据库并报告给故障管理人员。故障管理人员根据服务台提供的信息和故障数据库信息,判断此故障是否与已有故障相同或相似。如果相同或相似,则更新故障信息和建立原故障的从属记录,并在必要时修改原故障的影响度和优先级;否则,就创建新的故障记录。

故障管理将给每个故障一个唯一的编号,记录一些基本的故障分析信息(例如,时间、症状、位置、用户和受影响的服务和硬件等),并补充其他故障信息(例如,与用户的交互信息和配置数据等)。故障管理需要判断故障是否严重,如果严重,就先向管理层报告并将有关情况告知用户,再采取进一步行动;如果不严重,就直接进入故障原因调查和分析。

根据实践经验的总结和有关统计数据,导致信息系统故障的原因大致可以分为以下7类:

(1)按计划的硬件、操作系统维护操作时引起的故障,例如,扩充硬盘和进行操作系统升级等。

(2)应用性故障,例如,应用软件的性能问题、缺陷和系统应用变更等。

(3)人为操作故障,例如,人员的误操作和不按规定的非标准操作引起的故障等。

(4)系统软件故障,例如,操作系统崩溃和数据库的各类故障等。

(5)系统硬件故障,例如,硬盘、网卡、路由器等设备的损坏。

(6)相关设备故障,例如,停电时 UPS 失效导致服务中断等。

(7)灾难和灾害,例如,火灾、地震、洪水和战争等。

15.5.3 故障支持和恢复处理

故障经过查明和记录,基本上能得到可以获取的故障信息,接下来就是故障的初步支持。初步支持的目的是为了能够尽可能快地恢复用户的正常工作,尽量避免或者减少故障对系统服务的影响。不能通过初步支持来解决的故障在经过故障调查和定位分析后,支持小组会根据更新后的故障信息、提议的权益措施和解决方案以及有关的变更请求,来解决故障并恢复服务,同时更新有关故障信息。

1. 硬件设备故障的恢复

主机故障需要启用系统备份进行恢复,对于比较重要的系统,一般采用冗余的结构。当系统出现故障时,就用一个备用的模块来顶替它并重新运行。有关冗余技术的详细知识,请阅读 19.3 节。

当遇到线路故障或者网络连接问题时,需要利用备用电路或者改变通信路径等恢复方法。针对系统其他相关设备的故障,应分析、查找设备有关技术与非技术上的故障原因,如需要应与供应商取得联系,进行设备维修、调换、更新后,使设备运行正常。

2. 数据库故障的恢复

数据库故障主要分为事务故障、系统故障和介质故障,不同故障的恢复方法也不同。当系统运行过程中发生故障,利用数据库后备副本和日志文件就可以将数据库恢复到故障前的某一致性状态。有关数据库故障恢复的详细知识,请阅读 5.4.5 节。

3. 应用软件故障的恢复

信息系统中的应用软件由于设计不当,或者程序代码有误,都会造成系统故障。对于软件类故障的处理方法,通常是通过软件调试,找出错误的代码,然后进行修改和测试。为了提高系统的可靠性,也可以采取软件容错技术。有关软件容错技术的详细知识,请阅读 19.4 节。

解决故障和恢复服务后，就到了故障终止阶段。该阶段主要是基于上一阶段更新后的故障记录和已解决的故障，与用户一起确认故障是否被成功解决，更新故障信息和故障记录。

15.6 软件维护

系统维护就是在系统运行过程中，为了改正错误或满足新的需求而修改系统的活动，包括软件维护（程序维护）、数据维护、代码维护、设备维护，以及机构和人员的变动等。在整个信息系统的维护过程中，软件维护是最重要的工作，也是最难的工作。因此，本节只讨论软件维护的问题。

15.6.1 软件维护概述

在系统交付使用后，改变系统的任何工作，都可以被称为维护。与硬件不同，软件系统构建时就包含了变化，软件并不会老化或需要周期性的维护。软件维护是指在软件交付使用之后，直至软件被淘汰的整个时期内，为了改正错误或满足新的需求而修改软件的活动。软件的维护活动基于"软件是可维护的"这一基本前提。

1. 软件可维护性

根据国家标准《软件工程 产品质量 第 1 部分：质量模型》（GB/T 16260.1—2006），软件可维护性是指软件产品被修改的能力，修改包括纠正、改进或软件对环境、需求和功能规格说明变化的适应。GB/T 16260.1—2006 标准还规定了可维护性的 5 个子特性：

（1）易分析性。软件产品诊断软件中的缺陷或失效原因或识别待修改部分的能力。

（2）易改变性。软件产品使指定的修改可以被实现的能力，实现包括编码、设计和文档的更改。如果软件由最终用户修改，那么易改变性可能会影响易操作性。

（3）稳定性。软件产品避免由于软件修改而造成意外结果的能力。

（4）易测试性。软件产品使已修改软件能被确认的能力。

（5）维护性的依从性。软件产品遵循与维护性相关的标准或约定的能力。

2. 可维护性度量

人们一直期望对软件的可维护性做出定量度量，但要做到这一点并不容易。国家标准《软件工程 产品质量 第 2 部分：外部度量》（GB/T 16260.2—2006）和《软件工程产品质量 第 3 部分：内部度量》（GB/T 16260.3—2006）具体规定了如何从软件的外部和内部两个方面来度量可维护性，但是，这些规定比较繁琐，实用性比较差。因此，下面从实用角度来介绍可维护性的度量方法。

在软件外部，可以用 MTTR 来度量软件的可维护性，它指出处理一个有错误的软件需要花费的平均时间。如果用 M 表示可维护性指标，那么 $M = 1/(1+MTTR)$。为此，需要详细记录分析问题需要的时间、确定改动方案的时间、执行改动花费的时间、测试改动花费的时间，以及其他管理花费的时间。有关 MTTR 的详细知识，请阅读 19.1.2 节。

在软件内部，可以通过度量软件的复杂性来间接度量可维护性。与软件复杂性相关的因素有环路数、软件规模和其他因素。

（1）环路数。这是 McCabe 在 1976 年提出的，因此也称为 McCabe 环路，它基于一个程序模块的程序图中环路的个数。环路数可以反映源代码结构的复杂度，通过观察环路数的增长幅度，可以比较多种维护方案的优劣，选择对环路数影响最小的方案作为最优方案。

（2）软件规模。通常，可以认为软件包含的构件越多，软件就越复杂，可维护性就越差。

（3）其他因素。包括嵌套深度、系统用户数等。

对于软件内部的可维护性，迄今还没有一个突出的、全面的、通用的模型，需要结合不同开发团队自身的经验，建立合适的经验模型。

3．软件维护的分类

在系统运行过程中，软件需要维护的原因是多样的，根据维护的原因不同，可以将软件维护分为以下 4 种：

（1）改正性维护。为了识别和纠正软件错误、改正软件性能上的缺陷、排除实施中的误使用，应当进行的诊断和改正错误的过程就称为改正性维护。

（2）适应性维护。在使用过程中，外部环境（新的硬、软件配置）、数据环境（数据库、数据格式、数据输入/输出方式、数据存储介质）可能发生变化。为使软件适应这种变化，而去修改软件的过程就称为适应性维护。

（3）完善性维护。在软件的使用过程中，用户往往会对软件提出新的功能与性能要求。为了满足这些要求，需要修改或再开发软件，以扩充软件功能、增强软件性能、改进加工效率、提高软件的可维护性。这种情况下进行的维护活动称为完善性维护。

（4）预防性维护。这是指预先提高软件的可维护性、可靠性等，为以后进一步改进软件打下良好基础。通常，预防性维护可定义为"把今天的方法学用于昨天的系统以满足明天的需要"。也就是说，采用先进的软件工程方法对需要维护的软件或软件中的某一部分（重新）进行设计、编码和测试。

15.6.2 软件维护的影响因素

软件维护阶段占整个软件生命周期 60%以上的时间，因此，分析影响软件维护的因素，提高软件可维护性，就显得十分重要。软件维护的影响因素很多，主要有以下几个方面：

（1）业务因素。因为系统在线运行，某些系统要保证 7×24h 运行，维护人员必须寻找一种途径，在不影响用户业务的情况下实现改动。

（2）理解的局限性。统计数据显示，50%左右的软件维护工作量花在理解要修改的软件上。有时用户的理解也会出现问题，约有超过半数的维护问题源自用户技能或理解的缺乏。同时，维护人员也要具备一些人际技巧，努力理解不同用户的思维方式，以说服的方式处理掉一些问题。

（3）对待维护的优先级问题。有时开发商会倾向于维持现有系统的运行，而客户更迫切地需要新功能，甚至一个新系统。

（4）维护人员的积极性。通常，维护人员被认为是第二阶层，程序员大都认为设计和开发比维护工作更具技巧性和挑战性。

（5）测试的困难。测试人员很难预测设计或代码改动带来的影响，使得测试很难做到充分。另外，有些系统只能在测试环境或备份系统中进行测试，上线后则不允许测试，由于无法精确地再现真实环境，也使得测试有一定的局限性。

为尽可能地减低这些因素的影响，维护人员经常要在长期和短期目标之间进行权衡，决定什么时候牺牲质量来换取速度。除此之外，还可以从以下方面来提高软件的可维护性。

1. 采用软件工程方法

软件危机从某种意义上可以看成是软件维护的危机，由此诞生的软件工程也可以看成是提高软件可维护性的工程。软件工程的采用，使得软件开发过程进一步规范，强制性地产生了一系列的文档，这些文档从各个阶段、各个方面对软件的结构、原理加以说明，极大地丰富了维护所需的资源，增加了软件的可维护性。所以，对于维护人员来说，文档比程序源码更为重要。有关软件文档的详细知识和规定，将在20.10节中介绍。

2. 注重可维护性的开发过程

要在开发过程中提高软件的可维护性，必须从如何使软件易于分析、易于测试、易于修改出发进行考虑。具体如下：

（1）在需求分析阶段，应该对将来要改进的和可能会修改的部分加以明确；对软件的跨平台可移植性进行讨论，形成解决方案。

（2）在设计阶段，应该尽量遵循"高内聚，低耦合"的设计原则，对将来可能要修改的地方，采用灵活的易于扩充的设计方案；考虑跨平台可移植性的设计；加大可复用构件的设计力度。

（3）在编码阶段，应该采用科学的代码规范，强化注释的力度，保证注释的质量，这一点对于将来的维护非常重要；加大可复用构件的使用力度。

（4）在测试阶段，一方面，测试的目的本质上是为了减少各种维护的工作量，尤其是改正性维护。也就是说，测试做好了，以后的维护量就少了；另一方面，测试相关的文档（包括测试计划、测试用例、测试报告等）是维护后的回归测试的基础，如果测试阶段的文档不全，维护后几乎无法进行回归测试，维护的质量也就无法保证。

（5）在维护阶段，要有严格的配置管理，每一次维护工作之后，都要按照配置关联，同步更新维护有关的系统文档和用户文档,保证系统的一致性。同时,在大的维护之后,交付之前,一定要及时做好用户的培训工作。否则,就会使用户因为工作受挫折而产生不满。在实际工作中,有些所谓的"错误"可能只是用户使用手册描述不清楚造成的。

15.6.3 软件维护成本

随着软件的规模不断增大,维护活动耗费的成本急剧攀升。甚至有人预言,如果再不重视软件的可维护性,总有一天,开发商将不得不投入所有的资源进行软件维护,而无力开发新的软件。这虽然有些危言耸听,但在需求分析、设计、编码各阶段加入灵活应变因素的做法,还是得到越来越多的开发人员的认可,如此一来,既可以降低维护难度,从而降低维护成本,又可以提高软件的可维护性。

从总体上来看,用于软件维护工作的劳动可以分成生产性活动(例如,确认维护需求、设计、编码、测试和培训等)和非生产性活动(例如,熟悉原有程序的代码和理解原有软件的结构等)。维护工作量可以用一个模型表示:

$$M = P + K^{c-d}$$

其中,M 是维护用的总工作量,P 是生产性活动的工作量,K 是经验常数,c 是软件的复杂程度,d 是维护人员对软件的熟悉程度。

对于一次具体的维护,确认需求和设计的工作量与问题的难易和大小有关,相对来说比较稳定,编码工作则与软件本身的质量有很大的关系,如果原来的编码格式混乱,注释不清,就会使生产性活动的工作量 P 增大;在软件的复杂度 c 一定的前提下,维护人员对软件的熟悉程度 d 越低,则维护工作量呈指数规律增加;同样,如果由于开发混乱,导致软件复杂度 c 增加,从而使维护人员理解软件的难度增加,对软件的熟悉程度 d 也降低,那么维护工作量会以更快的速度上升。

除了原有软件本身的质量(包括设计质量、代码质量、文档质量和测试质量)对维护工作量有影响外,还有如下一些因素也会影响到维护工作量:

(1)维护工作本身是否规范,是否按软件工程的正确方法进行,对后续的维护工作量的影响同样不可忽视。如果维护工作不规范,代码修改与文档修改不同步,会导致维护后的软件更加复杂,更加难以理解,难以熟悉,维护工作量也会以指数速度增加。

(2)系统的类型不同,维护工作量也不同。通常,一个系统越依赖于真实世界,就越可能发生变化,也就需要更大的维护工作量。按照对真实世界的依赖程度,软件系统可以分为抽象系统、近似系统和模拟系统。抽象系统描述的问题具有形式化的精确定义,例如,涉及标准数值计算方法的计算软件;近似系统是对于真实世界的一个简化的近似方案的描述,例如,围棋软件,虽然围棋的规则是精确的,但由此衍生的走步方案和对弈模拟则几乎是无穷尽的,因此,一般的设计都有计算深度的限定;模拟系统则包括广泛的行业应用软件,系统本身就承担着全部或部分业务,是嵌入真实世界中运行的,例如,MIS、ERP 和计费系统等。相对来说,抽象系统的维护工作量最小,模拟系统的维护工作量最大。

（3）系统的架构不同，维护工作量也有区别。例如，完成同样功能的系统，采用 C/S 架构的维护成本比采用 BPS 架构的维护成本要高，因为如果修改软件，C/S 架构的系统则需要重新安装每个客户端程序，而 BPS 架构具有"零客户端"的特性，无需对客户端进行更新。

（4）硬件因素。不可靠的硬件系统会使软件系统产生一些令人恼火的随机性的问题，使得追踪问题的根源变得更加困难。

上面所讲的都是客观因素，还有维护人员本身的因素。在软件企业中，维护被认为是出力不讨好的工作，维护人员作为软件企业中长期面对用户的角色，经常得承担来自其他开发人员和用户的双重压力，情绪低落，热情不高。同时，部分软件企业对维护不够重视，认为维护是个无底洞，因此，在人力和成本的投入上采取敷衍的态度，安排进行维护的人员大多是技术不够扎实的员工，甚至把维护作为培训新员工的渠道，导致维护人员技术素质一般，又缺乏工作热情。

这种局面正在改观，随着软件企业数量的激增，导致竞争加剧，在某些领域甚至到了白热化的程度，巩固已有的客户，从已有的客户身上寻找新的商机变得越来越重要，维护人员作为服务的窗口，逐渐被重视，因为只有维护做好了，才能巩固已有客户。

15.6.4 软件维护管理

不管是哪种类型的维护，都需要类似开发的过程，从本质上说，维护过程是修改和压缩了的开发过程。但维护的范围更广，需要跟踪和控制的东西更多。维护的重点是保持对系统日常功能的控制和对系统改动的控制，完善现有可接受的功能，防止系统性能下降到不可接受的程度。

1. 软件维护组织

维护工作是需要相当大的投入的，关键行业的企业大都有自己的维护队伍。有实力的软件企业应该建立专业的维护部门，除维护自有产品外，也可承接维护外包业务。对大多数的中小软件企业，虽然没有专门的维护组织，但非正式的明确责任却是非常必要的，需要指定维护负责人，组建临时的维护小组，明确维护流程及各人的职责，可以专设维护配置员，也可由维护负责人兼任。

如果同时有多个系统需要维护，可再设维护管理员，监督协调各维护小组。对于大型软件系统的维护，设置维护管理员是非常必要的，由其协调和同步各维护小组的工作。维护配置员则对维护活动需要的资源以及维护过程中产生的各种文档进行标识和配置。由于维护几乎必然会带来变动，因此，需要维护配置员至少做好变动控制，包括变动的时间、执行变动的人员、变动的内容、变动的结果、批准变动的人员、变动的通知范围和变动的级别等。

2．软件维护工作流程

软件维护工作流程如图 15-4 所示。

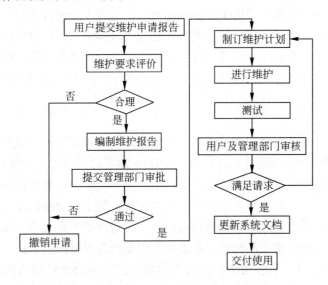

图 15-4　软件维护流程图

用户首先以书面形式的维护申请报告向维护管理员提出维护申请。对于改正性维护，报告中必须完整描述出现错误的环境，包括输入/输出数据和其他系统状态信息；对于适应性维护和完善性维护，应在报告中提出简要的需求规格说明书。

维护管理员根据用户提交的申请，召集相关的系统管理员对维护申请报告的内容进行审核和评价。如果情况属实，则编制维护报告，并将其提交给维护管理部门审批。维护管理部门基于整个系统，从合理性和技术可行性两个方面对维护要求进行分析和审查，并对修改所产生的影响做充分的估计。对于不妥的维护要求，在与用户协商后，予以修改或撤销。

通过审批的维护报告，维护管理员要根据具体情况制订维护计划。对于改正性维护，先估计其缓急程度，如果维护要求十分紧急，严重影响系统的运行，则应立即安排并修改系统；如果问题不很严重，则可与其他维护项目结合起来从维护开发资源上统筹安排；对于适应性维护或完善性维护，高优先级的将被安排在维护计划中，低优先级的可作为一个新的项目组织开发。

维护管理员将维护计划下达给系统管理员。在真正执行维护工作之前，系统管理员要根据单位的实际情况制订一个维护实施计划,计划维护工作中的具体实施步骤与细节。然后，由系统管理员按实施计划进行具体的维护和修改工作。系统维护时，要对数据采取妥善的保护措施。远程维护时，应事先通知相关人员。修改后应经过严格测试，以验证维护工作的质量。测试通过后，再由用户和管理部门对其进行审核确认，不能完全满足要求的应返工进行修改。只有经确认的维护成果才能对系统的相应文档进行更新,最后交付用户使用。

需要说明的是,并非所有的维护活动都得完全按照上述流程进行。例如,如果需要维护的软件系统是支撑着客户的核心业务,必须 7×24h 运行,这样的系统一旦发生恶性软件问题（例如,数据库崩溃等）时,维护组织就会以"救火队"的方式迅速展开维护,没有时间进行计划评审,此时,软件开发商应派出技术过硬的维护小组,以最大限度地降低风险和损失。

3．保存维护记录

在维护活动中需要及时记录维护的有关信息,用于考察维护技术的有效性,估计软件的"优良"程度,确定维护的实际代价。同时,这些记录将作为后续评价活动的依据。

维护记录的主要内容包括源代码行数、使用的开发语言、程序的安装日期、从安装至今程序运行的次数、从安装至今程序失效的次数、程序变动的标识、因变动而增加的源代码行数、因变动而删除的源代码行数、每个改动耗费的人时数、程序改动的日期、修改者的姓名、维护需求表的标识、新维护需求是否源于以前的维护工作、维护类型、维护开始和完成日期、累计用于维护的人时数、已完成的维护创造的直接和间接的效益等。

对于每项维护工作,都要收集上述数据,可以基于这些数据建立起维护数据库。

4．评价维护活动

如果缺乏有效的数据就无法评价维护活动,因此,通过在维护阶段保存维护记录,就可以借助于维护记录,对维护工作做一些定量的统计。可以从以下几个方面进行度量:

（1）每次程序运行平均失效的次数。
（2）用于每一类维护活动的总人时数。
（3）平均每个程序、每种开发语言和每种维护类型所做的程序变动数。
（4）维护活动中增加或删除一条源代码花费的平均人时数。
（5）以前维护工作引起的新维护占总维护需求的比例。
（6）维护需求表的平均周转时间。
（7）不同维护类型所占的百分比。

度量的结果可以作为以后调整维护工作的参考,对于合理规划维护工作量,优化资源分配,针对性地强化对参与某类维护的人员的技术培训等方面可以起到积极的作用。

15.8 系统监理与评价

企业信息化是有风险的,信息系统规模越大,功能越复杂,风险也就越大。目前,在国内的信息化建设项目中,绝大多数用户（业主）无法组织队伍对信息系统建设进行专业化管理,难以胜任从可行性分析、规划设计、招标、方案评审到工程验收全过程的管理与组织协调工作，建设方和承建方在信息系统建设过程中存在严重的信息不对称问题。要解决这个问题，就需要借助第三方的力量来对信息系统工程项目进行监控和管理，对信息系统进行审计和评价。

本节只介绍信息系统工程监理和系统评价的相关知识，有关信息系统审计的详细知识，请阅读 2.6 节。

15.8.1 工程监理

信息系统工程的承建方（IT 企业）一般在技术方面有着巨大的优势，并且拥有与众多客户打交道的能力与经验，对用户心理已经做了很好的分析。他们往往不顾自身实力而大胆向用户承诺自己根本不可能完成的目标，或者为了自己的利益拼命推销用户根本就不需要的功能。于是用户很容易被 IT 供应商所描绘的美好前景所动，很快就做出了决策。在信息系统建设过程中，建设方由于其自身技术力量的限制，只能任由承建方的"摆布"。另一方面，也有一些建设方对信息系统的需求本来就是模糊的，或者无法清楚地表达自己的需求，在工程实施过程中或工程完成之后一再追加需求，而不愿追加相应的经费，造成供求双方的纠纷。

针对以上问题，除了需要用户提高自身水平，厂商提高服务质量以外，引进监理机制，借助第三方的技术和经验来规范项目的实施，保障项目的进度和质量就非常必要。

根据《信息系统工程监理暂行规定》的定义，信息系统工程监理是指依法设立且具备相应资质的信息系统工程监理单位，受业主单位委托，依据国家有关法律法规、技术标准和信息系统工程监理合同，对信息系统工程项目实施的监督管理。

1. 主要内容

信息系统工程监理的主要内容是：

（1）依据国家有关的信息系统工程建设的法律、法规，经建设主管部门批准的项目建设文件、委托监理合同，以及其他工程合同，对信息网络系统的建设实施的专业化的监督管理。

（2）根据项目的建设目标、业务需求和质量标准，对承建方提出的技术方案、项目管理活动，以及系统设计、开发、集成和实施部署等活动进行全方位、全过程的审核、监督和控制，以保证项目在预算范围内按时、按质完成，以保护业主的利益，规避或降低项目的风险。

（3）根据项目相关合同对信息系统工程的质量、进度和投资进行监督，对项目合同和文档资料进行管理，协调有关单位间的工作关系。

以上内容可以简单地概括为"四控、三管、一协调"，即投资控制、进度控制、质量控制、变更控制、安全管理、信息管理、合同管理和沟通协调。

2. 监理的分类

根据监理内容和程度不同，信息系统工程监理可分为三种，分别是咨询式监理、里程碑式监理和全程式监理。

（1）咨询式监理。只对用户方就企业信息化过程中提出的问题进行解答，其性质类似于业务咨询或方案咨询。这种方式最简单、费用最少，监理方的责任最轻，适合于对信息化有较好的把握、技术力量较强的用户方采用。

（2）里程碑式监理。将信息系统的建设划分为若干个阶段，在每一个阶段结束都设置一个里程碑，在里程碑到来时通知监理方进行审查或测试。这种方式比咨询式监理的费用要多，当然，监理方也要承担一定的责任。不过，里程碑的确定需要承建方的参与，或者说监理合同的订立需要承建方的参与，否则，就会因对里程碑的界定不同而互相扯皮。

（3）全程式监理。不但要求对系统建设过程中的里程碑进行审查，还应该委派相应人员全程跟踪、收集系统开发过程中的信息，不断评估承建方的开发质量和效果。这种方式费用最高，监理方的责任也最大，适用于那些对信息系统建设不太了解、技术力量偏弱的用户方采用。

15.8.2 系统评价

系统评价是对系统运行一段时间后的技术性能和经济效益等方面的评价，是对信息系统审计工作的延伸。评价的目的是检查系统是否达到了预期的目标，技术性能是否达到了设计的要求，系统的各种资源是否得到充分利用，经济效益是否理想，并指出系统的长处与不足，为以后系统的改进和扩展提出依据。

1．评价的步骤

对于信息系统的评价，首先应该确定相应的系统评价人员、评价对象、评价目标、评价指标和评价原则及策略等，制订相应的评价计划。无论是内部评价，还是外部评价，都要遵循一定的工作程序，一般包括如下步骤：

（1）确定评价对象，下达评价通知书，组织成立评价工作组和专家咨询组。评价通知书应载明评价任务、评价目的、评价依据、评价人员、评价时间和有关要求等事项。

（2）拟定评价工作方案，收集基础资料。工作方案是评价工作组进行评估活动的工作安排，其主要内容包括评价对象、评价目的、评价依据、评价项目负责人、评价工作人员及工作时间安排，拟用评价方法、选用评价标准、准备评价资料和有关工作要求等。

（3）评价工作组实施评价，征求专家意见和反馈给企业，撰写评价报告。评价工作组依据企业报送的资料进行基本评价。如果是企业内部进行评价，可以只对部分内容进行评价，根据企业委托的职责而定；如果是外部评价，则要有委托部门的指令，按照计划行事。

（4）评价工作组将评价报告报送专家咨询组复核，向委托人送达评价报告和选择公布评价结果，建立评价项目档案。

评价工作正式开始前，评价工作组可以按照评价基本要求，组织企业有关人员进行自测。企业自测带有自愿和预备性质，自测报告应该有完整的工作底稿备查。评价工作组取得的评价结论应该与企业自测结论进行对照，及时对评价结论进行补充和修改，对评价工作组的评价结论和企业自测结论相差较大的，要进行基础资料的核对，找出差异的原因。

2. 评价的指标

信息系统的评价是一项难度很大的工作，它属于多目标评价问题。目前，大部分的系统评价还处于非结构化的阶段，只能对部分评价内容列出可度量的指标，其他的还只能利用定性的方法。系统评价指标可以分为系统性能评价、系统效益评价和系统建设评价。

（1）系统性能评价。信息系统的性能是指系统的各个组成部分，包括计算机硬件、软件、人员和各种规章制度，有机地结合在一起，作为一个整体对使用者所表现出来的特性。系统性能的好坏直接影响到系统的运行与维护，决定了运行和应用的长期效果，决定了系统的生命力。因此，系统性能评价是信息系统评价的主要内容。性能评价的指标体系一般包括可靠性、系统效率、可维护性、可扩充性、可移植性、实用性、适应性和安全保密性等。有关性能评价的详细知识，请阅读 6.8 节。

（2）系统效益评价。系统效益评价是指对系统的经济效益和社会效益等做出评价。经济效益评价又称为直接效益评价，社会效益评价又称为间接效益评价。由于社会效益评价难度较大，一般以经济效益评价为主。直接经济效益有关的指标包括系统投资额、系统运行维护费用、运行信息系统而带来的收益和投资回收期等。有关成本效益分析的详细知识，请阅读 9.5 节。

（3）系统建设评价。系统建设评价分配在信息系统生命周期的各个阶段的阶段评审之中。在信息系统生命周期的不同阶段，系统评价的作用是不同的。例如，在系统规划阶段，重点关注如何识别满足业务目标的信息系统；在系统实现阶段，在于理解 IT 战略后，识别、开发或获取、实施信息系统解决方案，保持项目的方向。

3. 系统改进建议

系统改进建议是系统评价的最后一个环节，它是评价的最终结果，也是系统评价的成败之所在。因此，应根据实际数据，结合事先制订的指标，给出相应的、合理的评价建议。

在信息系统评价工作完成后，评价小组应该根据相关评价指标，收集相应的评价数据，然后根据这些指标和实际数据，检测开发过程中的缺陷，形成一个总的评价报告。评价报告是由评价工作组完成全部评价工作后，对信息系统的运行状况、效益状况和价值贡献等进行对比分析，客观判断形成的综合结论的文本文件。评价报告由正文和附录两部分组成。正文的主要内容包括所评价的信息系统的基本情况描述、主要各项指标对比分析、评价结论、评价依据和评价方法等；附录包括有关评价工作的基础文件和数据资料。评价报告要维护被评价企业的正当商业秘密，必须客观、公正、准确地描述信息系统的实际状况和后续发展能力，并提出改进建议。

第 16 章　新技术应用

与其他行业相比，IT 行业的一个重要特点就是技术飞速发展，新技术和新方法层出不穷。这个特点使用户的信息系统不断更新换代，使很多 IT 工程师深感疲劳。"不是我不明白，而是世界变得太快"成为 IT 工程师的口头禅，甚至有"35 岁现象"的潜规则。因此，作为 IT 行业的领头兵，系统分析师必须善于学习，及时了解和掌握新技术与新方法，学会举一反三，融会贯通。在系统分析与设计工作中，根据用户的需求和实际情况，选择合适的技术和开发方法，既能满足用户需求，保护用户投资，又能保证系统的可靠和稳定运行。

本章对当前比较流行而又成熟的技术和方法进行简单介绍。限于篇幅，本章不详细讨论每种技术的实现细节，而是在宏观层面上对这些技术及其应用进行指南性的介绍。有关这些技术的详细知识，请阅读本丛书中的《系统分析师技术指南（2009 版）》（张友生、王勇主编，清华大学出版社）。

16.1　中间件技术

我国企业从 20 世纪 80 年代开始就逐渐进行信息化建设，由于方法和体系的不成熟，以及企业业务和市场需求的不断变化，一个企业可能同时运行着多个不同的业务系统，这些信息系统可能基于不同的操作系统、不同的数据库、异构的网络环境。现在的问题是，如何把这些信息系统结合成一个有机的协同工作的整体，真正实现企业跨平台、分布式应用。中间件（Middleware）便是解决之道，它用自己的复杂换取了企业应用的简单。

16.1.1　中间件概述

20 世纪 90 年代初，企业的应用系统开始采用分层架构，从最早的单机应用，发展到 C/S 架构，然后是三层 C/S 架构和基于浏览器的三层 BPS 架构，到现在的多层分布式系统架构。在这种多层分布式的系统架构中，服务器和客户机之间都是通过网络连接起来的，并有大量信息和数据进行传递。对每个应用系统而言，在设计和开发时不仅要关心业务逻辑，还必须要处理分布环境中复杂的通信和异构系统问题，而目前的系统软件（操作系统和支撑软件）还不能满足多样的应用要求。为此，出现了中间件，它是处于系统软件和应用软件之间的一类软件。它使设计者集中设计与应用有关的部分，大大简化了设计和维护工作。

1．中间件的功能

中间件是一种独立的系统软件或服务程序，分布式应用软件借助这种软件在不同的技术之间共享资源，中间件位于操作系统之上，管理计算资源和网络通信，实现应用之间的互操作。具体来说，中间件的基本功能包括以下 6 个方面：

（1）负责客户机与服务器之间的连接和通信，以及客户机与应用层之间的高效率通信机制。

（2）提供应用层不同服务之间的互操作机制，以及应用层与数据库之间的连接和控制机制。

（3）提供一个多层架构的应用开发和运行的平台，以及一个应用开发框架，支持模块化的应用开发。

（4）屏蔽硬件、操作系统、网络和数据库的差异。

（5）提供应用的负载均衡和高可用性、安全机制与管理功能，以及交易管理机制，保证交易的一致性。

（6）提供一组通用的服务去执行不同的功能，避免重复的工作和使应用之间可以协作。

2．中间件的分类

中间件的范围十分广泛，针对不同的应用需求涌现出了多种各具特色的中间件产品。因此，在不同的角度或不同的层次上，对中间件的分类也会有所不同。

采用自底向上的方式来划分，可分为底层中间件、通用型中间件和集成型中间件 3 个大的层次。底层中间件的主流技术主要有 Java 虚拟机（Java Virtual Machine，JVM）、公共语言运行库（Common Language Runtime，CLR）、自适配通信环境（Adaptive Communication Environment，ACE）等；通用型中间件也称为平台，其主流技术主要有 RPC、ORB、面向消息的中间件（Message-Oriented Middleware，MOM）等；集成型中间件的主流技术主要有 WorkFlow、EAI 等。

国际数据公司（International Data Corporation，IDC）在 1998 年对中间件进行了分类，把中间件分为终端仿真/屏幕转换中间件、数据访问中间件、远程过程调用中间件、消息中间件、交易中间件和对象中间件六大类。但是，如今所保留下来的只有消息中间件和交易中间件，其他的类型已经被逐步融合到其他产品中，在市场上已经没有单独的产品形态出现。

3．中间件的应用

中间件提供了应用系统基本的运行环境，也为应用系统提供了更多的高级服务功能。例如，名字服务、事件服务、通告服务、日志服务等。在这些服务之上，还需要考虑不同行业的需求、不同的应用领域。中间件技术应用层次如图 16-1 所示。

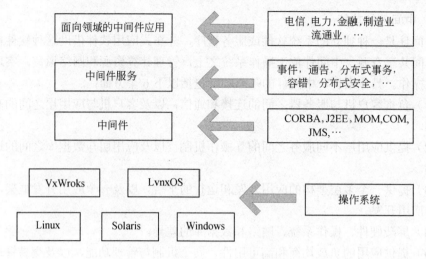

图 16-1　中间件技术应用层次图

中间件技术在企业应用集成中扮演着重要的角色，可以从不同层次采用不同种类、不同技术的中间件产品进行应用集成。正如图 16-2 所示，可以从传输、消息、构件、过程等各个层面分别加以集成。

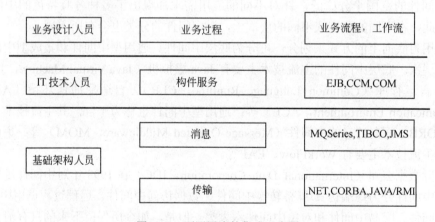

图 16-2　不同层次的集成示意图

从图 16-2 中还可以看出，为了完成不同层次的集成，可以采用不同的技术和产品。例如，为了完成系统底层传输层的集成，可以采用 CORBA 技术；为了完成不同系统的信息传递，可以采用消息中间件产品；为了完成不同硬件和操作系统的集成，可以采用 Java 2 平台企业版（Java 2 Platform Enterprise Edition，J2EE）中间件产品。

4．中间件的发展趋势

中间件作为构筑企业信息系统和电子商务系统的基石和核心技术，向着标准化和构件化方向发展。具体来看，有以下三种发展趋势：

（1）规范化。对于不同类型的中间件，目前都有一些规范可以遵循，例如，消息类的 JMS，对象类的 CORBA 和 COM/DCOM，应用服务器类的 J2EE，数据访问类的 ODBC 和 JDBC 等。这些规范的建立极大地促进了中间件技术的发展，同时保证了系统的扩展性、开放性和互操作性。

（2）构件化和松耦合。除了已经得到较为普遍应用的 CORBA、DCOM 等适应 Intranet 的构件技术外，随着企业业务流程整合和电子商务应用的发展，中间件技术朝着面向 Web 和松散耦合的方式发展。基于 XML 和 Web Service 的中间件技术，使得不同系统之间、不同应用之间的交互建立在非常灵活的基础上。

（3）平台化。一些大的中间件厂商在已有的中间件产品基础上，提出了完整的面向互联网的软件平台战略计划和应用解决方案。

16.1.2 主要的中间件

中间件可为上层应用提供不同形式的通信服务，包括同步、排队、订阅/发布、广播等，在这些基本的通信平台之上，可构建各种框架，为应用程序提供不同领域内的服务，例如，事务处理监控器、分布式数据访问、对象事务管理器等。中间件为上层应用屏蔽了异构平台的差异，而其上的框架又定义了相应领域内的应用架构、标准的服务构件等，用户只需告诉框架所关心的事件，然后提供处理这些事件的代码。当事件发生时，框架则会调用这些代码。用户程序不必关心框架结构、执行流程等，所有这些由框架负责完成。因此，基于中间件开发的应用具有良好的可扩充性、易管理性、高可用性和可移植性。下面，针对几类主要的中间件分别加以简要介绍。

1. 远程过程调用

RPC 是一种广泛使用的分布式应用程序处理方法。应用程序使用 RPC 来远程执行一个位于不同地址空间里的过程，并且从效果上看和执行本地调用相同。要注意的是，这里的"远程"既可以指不同的计算机，也可以指同一台计算机上的不同进程。一个 RPC 应用可分为两个部分：服务器和客户。这里的"服务器"和"客户"是指逻辑上的进程，而不是指物理计算机。支持 RPC 的软件如图 16-3 所示。

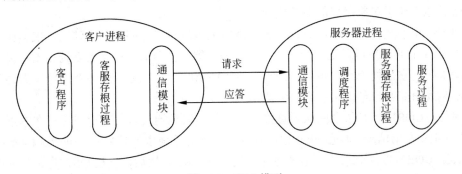

图 16-3 RPC 模型

在图 3-3 中，通信模块实现请求-应答协议，在客户和服务器之间传递请求和应答消息。服务器提供一个或多个远程过程，客户向服务器发出远程调用。服务器和客户可以位于同一台计算机，也可以位于不同的计算机，甚至运行在不同的操作系统之上。它们通过网络进行通信，相应的存根（stub）过程和运行支持提供数据转换和通信服务，从而屏蔽不同的操作系统和网络协议。存根过程用来解码请求消息中的参数、调用相应的服务过程和编码应答消息中的返回值。服务过程实现服务接口中的过程。调度程序根据请求消息中的过程标识选择一个服务器存根过程。客户存根过程、服务器存根过程和调度程序都可由接口编译器根据服务的接口定义而生成。

在这里，RPC 通信是同步的。如果采用线程的方式，则可以进行异步调用。在 RPC 模型中，客户和服务器只要具备了相应的 RPC 接口，并且具有 RPC 运行支持，就可以完成相应的互操作，而不必限制于特定的服务器。因此，RPC 为分布式计算提供了强有力的支持。同时，RPC 所提供的是基于过程的服务访问，客户与服务器进行直接连接，没有中间机构来处理请求，因此，也具有一定的局限性。例如，RPC 通常需要一些网络细节以定位服务器；在客户发出请求的同时，要求服务器必须是活动的。

2. 对象请求代理

随着对象技术与分布式计算技术的发展，两者相互结合形成了分布对象计算，并发展为当今软件技术的主流方向。1990 年底，OMG 首次推出对象管理架构（Object Management Architecture，OMA）模型，对象请求代理（Object Request Broker，ORB）是这个模型的核心组件。它的作用在于提供一个通信框架，透明地在异构的分布计算环境中传递对象请求。CORBA 规范包括了 ORB 的所有标准接口。

ORB 是对象总线，它在 CORBA 规范中处于核心地位，定义异构环境下对象透明地发送请求和接收响应的基本机制，是建立对象之间 C/S 关系的中间件。ORB 使得对象可以透明地向其他对象发出请求或接受其他对象的响应，这些对象既可以位于本地，也可以位于远程机器。ORB 拦截请求调用，并负责找到可以实现请求的对象、传送参数、调用相应的方法、返回结果等。客户对象并不知道与服务器对象通信、激活或存储服务器对象的机制，也不必知道服务器对象位于何处、它是用何种语言实现的、使用什么操作系统或其他不属于对象接口的系统成分。

值得指出的是，客户和服务器角色只是用来协调对象之间的相互作用，根据相应的场合，ORB 上的对象可以是客户，也可以是服务器，甚至兼有两者的功能。当对象发出一个请求时，它是处于客户角色；当它在接收请求时，它就处于服务器角色。大部分的对象都是既扮演客户角色又扮演服务器角色。

另外，CORBA 对象之间从不直接进行通信，对象通过远程存根对运行在本地计算机上的 ORB 发出请求。本地 ORB 使用互联网内部对象请求代理协议（Internet Inter-ORB Protocol，IIOP）将该请求传递给其他计算机上的 ORB。然后，远程 ORB 定位相应的对象、处理该请求并返回结果。因此，与 RPC 所支持的单纯的 C/S 架构相比，ORB 可以支持更加复杂的结构。

3. 远程方法调用

RMI 是 Java 的一组拥护开发分布式应用程序的 API。RMI 使用 Java 语言接口定义远程对象，它集合了 Java 序列化和 Java 远程方法协议。RMI 大大增强了 Java 开发分布式应用的能力，它可以被看作是 RPC 的 Java 版本。

与 RPC 一样，RMI 应用程序通常也包括两个独立的部分：服务器和客户。服务器将创建多个远程对象，使这些远程对象能够被引用，然后等待客户调用这些远程对象的方法。而客户则从服务器中得到一个或多个远程对象的引用，然后调用远程对象的方法。RMI 系统如图 16-4 所示，对象 A 拥有远程对象 B 的远程对象引用并调用 B 的一个方法。

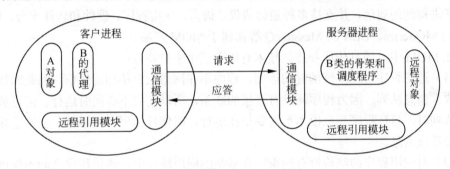

图 16-4 RMI 模型

在图 16-4 中，通信模块在客户和服务器之间传递请求和应答消息，远程引用模块负责翻译本地和远程对象引用，以及创建远程对象引用。代理类、调度程序类和骨架类都可由接口编译器自动创建。

代理的作用是通过在调用者面前表现得像本地对象一样，使远程方法调用对客户透明，它不执行调用，而是将调用放在消息里传递给远程对象。它隐藏了远程对象引用的细节、参数的编码、结果的解码、以及客户消息的发送和接收。对于具有远程对象引用的进程，其每个远程对象都有一个代理。

调度程序接收来自通信模块的请求消息，并传递请求消息，使用方法 ID 选择骨架中恰当的方法。调度程序和代理对远程接口中的方法使用相同的方法 ID。

骨架用于实现远程接口中的方法，骨架方法解码请求消息中的参数，并调用远程对象中的相应方法，然后等待调用的完成，将结果和任何异常信息编码进应答消息，发送给代理的方法。

RMI 目前使用 Java 远程消息交换协议（Java Remote Messaging Protocol，JRMP）进行通信。JRMP 是专为 Java 的远程对象制订的协议。因此，RMI 具有 Java 语言本身的一些优点，用 RMI 开发的应用系统可以部署在任何支持 Java 运行环境的平台上。但由于

JRMP 是专为 Java 对象制订的，RMI 对于用非 Java 语言开发的应用系统的支持不足，不能与用非 Java 语言书写的对象进行通信。

RMI 和 CORBA 常被视为相互竞争的技术，因为两者都提供对远程分布式对象的透明访问。但这两种技术实际上是相互补充的，一者的长处正好可以弥补另一者的短处。RMI 和 CORBA 的结合产生了 RMI-IIOP，RMI-IIOP 是企业服务器端 Java 开发的基础。

4. 面向消息的中间件

MOM 指的是利用高效可靠的消息传递机制进行平台无关的数据交换，并基于数据通信来进行分布式系统的集成。通过提供消息传递和消息排队模型，它可在分布式环境下扩展进程间的通信，并支持多种通信协议、语言、应用程序、硬件和软件平台。例如，IBM 的 MQSeries、BEA 的 MessageQ 等都属于 MOM 产品。

在 MOM 中，消息传递和排队技术有以下三个主要特点：

（1）通信程序可在不同的时间运行。程序不在网络上直接相互通信，而是间接地将消息放入消息队列。因为程序间没有直接的联系，所以它们不必同时运行。消息放入适当的队列时，目标程序甚至根本不需要正在运行；即使目标程序在运行，也不意味着要立即处理该消息。

（2）对应用程序的结构没有约束。在复杂的应用场合中，通信程序之间不仅可以是一对一的关系，还可以进行一对多和多对一方式，甚至是上述多种方式的组合。多种通信方式的构造并没有增加应用程序的复杂性。

（3）程序与网络复杂性相隔离。程序将消息放入消息队列或从消息队列中取出消息来进行通信，与此关联的全部活动，例如，维护消息队列、维护程序和队列之间的关系、处理网络的重新启动和在网络中移动消息等是 MOM 的任务，程序不直接与其他程序通信，并且它们不涉及网络通信的复杂性。

MOM 系统的基本元素是客户、消息和 MOM 提供者，后者包括 API 和管理工具。MOM 提供者既可以使用集中式消息服务器，也可以将路由和传送功能分布在每个客户上，某些 MOM 产品结合了这两个方法。客户可以进行 API 调用，以便将消息发送到由提供者管理的目的地。该调用会调用提供者服务以路由和传送消息。在发送消息之后，客户会继续执行其他工作，并确信在接收方客户端检索该消息之前，提供者一直保留该消息。基于消息的模型与提供者的协调耦合在一起，使得创建松散耦合的构件系统成为可能。这样的系统可以继续可靠地工作，即使在有个别构件或连接失败时也不会停机。

5. 事务处理监控器

事务处理监控器（Transaction Processing Monitor，TPM）又称为交易中间件，是当前应用最广泛的中间件之一。它能支持数以万计的客户进程对服务器的并发访问，使系统具有极强的扩展性，因此，适于电信、金融、证券等拥有大量客户的领域。在对效率、可靠性要求严格的关键任务系统中具有明显优势。TPM 一般支持负载均衡，支持分布式两阶段提交，保证事务完整性和数据完整性，并具有安全认证和故障恢复等功能，能很好地满足应用开发的要求。

TPM 界于客户和服务器之间，进行事务管理与协调、负载平衡、失败恢复等，以提高系统的整体性能，它可以被看作是事务处理应用程序的"操作系统"。总体上来说，TPM 具有以下功能：

（1）进程管理，包括启动服务器进程、为其分配任务、监控其执行并对负载进行平衡。

（2）事务管理，即保证在其监控下的事务处理的原子性、一致性、独立性和持久性。

（3）通信管理，为客户和服务器之间提供多种通信机制，包括请求/响应、会话、排队、订阅/发布和广播等。

典型的事务处理中间件有 BEA 的 Tuxedo、IBM 的 CICS 等。TPM 能够为大量的客户提供服务。如果服务器为每一个客户都分配其所需要的资源的话，那服务器将不堪重负。但实际上，在同一时刻并不是所有的客户都需要请求服务，而一旦某个客户请求了服务，它希望得到快速的响应。TPM 在操作系统之上提供一组服务，对客户请求进行管理并为其分配相应的服务进程，使服务器在有限的系统资源下能够高效地为大规模的客户户提供服务。

16.1.3 中间件与构件的关系

从本质上来说，中间件是对分布式应用的抽象，它抛开了与应用相关的业务逻辑细节，保留了典型的分布交互模式的关键特征。经过抽象，将纷繁复杂的分布式系统经过提炼和必要的隔离后，以统一的形式呈现给应用。应用在中间件提供的环境中可以更好地集中于业务逻辑，并以构件的形式存在，最终自然而然地在异构环境中实现良好的协同工作。

通过学习本书第 12 章，读者可以知道，构件是与架构紧密相关的。甚至可以说，抛开架构去谈构件，其意义并不大。中间件与架构实际上是从两种不同的角度看待软件的中间层次。从某种程度上说，中间件就是架构，是构件存在的基础，中间件促进了构件化的实现。因此，中间件与架构在本质上是一致的。

（1）面向需求。基于架构的构件化软件开发应当是面向需求的，即设计师集中精力于业务逻辑本身，而不必为分布式应用中的非功能质量属性耗费大量的精力，理想的架构在这些方面应当为软件提供良好的运行环境。事实上，这些正是中间件所要解决的问题，因此，基于中间件开发的应用真正是面向需求的，从本质上符合构件化设计的思想。

（2）业务的分隔和包容性。服务器构件要求有很好的业务自包容性，应用开发人员可以按照不同的业务进行功能的划分，体现为不同的接口或交互模式。针对每种业务，设计和开发是可以独立进行的。在提供业务的分隔和包容性方面，架构和中间件有同样的目标。例如,消息中间件规定了消息是有属性的,其中部分属性则与业务的划分有关。构件只进行相应类型的消息交互,至于如何保证业务的分类运行与管理,则是中间件的事情。

(3)设计与实现隔离。构件对外发生作用或构件间的交互,都是通过接口进行的,构件使用者只需要知道构件的接口,而不必关心其内部实现,这是设计与实现分离的关键。中间件在分布交互模式上也规定了接口(或类似)机制,例如,IDL(Interface Definition Language,接口定义语言)就是描述接口的语言规范,从早期的分布式计算环境(Distributed Computing Environment,DCE)到现在的 CORBA、DCOM、RMI 等都使用 IDL 描述接口,所不同的只是语言规范。

(4)隔离复杂的系统资源。架构很重要的一个功能就是将系统资源与应用构件隔离,这是保证构件可复用甚至"即插即用"的基础,与中间件的意图也是一致的。中间件最大的优势之一就是屏蔽多样的系统资源,保证良好的互操作性。应用构件开发人员只需要按照中间件规定的模式进行设计开发,而不必考虑下层的系统平台。因此,中间件真正提供了与环境隔离的构件开发模式。

(5)符合标准的交互模型。架构是一种抽象的模型,但模型中应当定义一些可操作的成分。例如,标准的协议等。中间件则实现了架构的模型,实现了标准的协议。例如,基于 CORBA 的中间件使用的是 CORBA 规范作为架构模型,定义了数据表示语法、数据包格式、消息语义等内容,以实现互操作性协议。因此,基于中间件的构件是符合标准模型的。

(6)软件复用。软件复用是构件化软件开发的根本目标之一,中间件提供了构件封装、交互规则、与环境的隔离等机制,这些都为软件复用提供了方便的解决方案。另外,中间件可以建立访问过去的应用的通道,或者在新的中间件体系中建立特殊的运行容器,封装以往的应用,从而最终做到对遗留系统的继承性复用。

(7)提供对应用构件的管理。基于中间件的软件可以方便地进行管理,因为构件总可以通过标识机制进行划分。例如,COM 就是利用 Windows 系统注册表配合几种唯一标识构件的方式,实现构件的登记、注销和定位。CORBA 规范中有接口池、实现池等规范定义,配合应用登记管理的机制,也能对应用构件实施管理。

总之,不难得出结论,基于中间件开发的应用是构件化的,中间件提供了构件的架构,大大提高了应用构件开发的效率和质量。中间件作为应用软件系统集成的关键技术,保证了构件化思想的实施,并为构件提供了真正的运行空间。反过来,构件对新一代中间件产品也起到了促进作用,构件化的中间件在市场上具有强大的生命力。

16.2 J2EE 与 .NET 平台

以 SUN 为首的 Java 联盟推出的 J2EE 平台和 Microsoft 推出的 .NET 平台是当前企业

级应用开发的主流平台。这两个平台都包含了一系列技术，通过这些技术可以缩短开发周期，提高开发效率，节省系统构建成本。同时，这两个平台都在安全性、扩展性等性能方面做出了努力，提供了一系列的技术可供选择。这两个平台要解决的问题类似，很多技术也非常类似，有些概念甚至仅仅是名称上的差别而已。

16.2.1　J2EE 核心技术

自 Java 面世以后，JVM 平台无关性的特点吸引了众多技术人员和厂商。在此之前，开发语言受限于运行的环境，例如，Visual Basic 程序员无法开发 UNIX 的应用程序，基于 Windows 的 C++程序也不能运行在 Linux 中。而 Java 解决了这个问题。同样是掌握一种技术，掌握了 Java 则有更广阔的应用环境，程序员和软件厂商当然更愿意选择 Java。因此，Java 技术得到了快速的发展。

1．分布式的多层应用程序

J2EE 平台采用了多层分布式应用程序模型，实现不同逻辑功能的应用程序被封装到不同的构件中，处于不同层次的构件被分别部署到不同的机器中。图 16-5 表示了两个多层的 J2EE 应用程序。

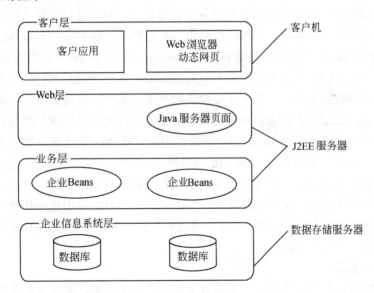

图 16-5　多层结构的应用程序

从图 16-5 中可以看出，J2EE 应用程序本身已经属于多层模型。

2．J2EE 构件

J2EE 应用程序由一系列的构件组合而成。J2EE 规范是这样定义 J2EE 构件的：客户端应用程序和 applet 是运行在客户端的构件；Java Servlet 和 JSP（Java Server Pages，Java

服务器页面）是运行在服务器端的 Web 构件；EJB（Enterprise Java Bean，企业 Java Bean）是运行在服务器端的业务构件。

（1）客户端。客户层可以直接和运行在 J2EE 服务器中的业务层通信，也可以通过运行在 Web 层中的 JSP 页面和 Servlet 与业务层构件进行通信。J2EE 客户层可以分为 Web 客户端、Applets 和 Java 应用。Web 客户端也称为瘦客户端，一般由各种浏览器承担，在浏览器中显示由 JSP 或 Servlet 动态生成的 Web 页面；Applet 是一种特定的 Java 程序，其最大的特点就是在本地浏览器中执行。当浏览嵌有 Applet 的 Web 页面时，浏览器会将 Applet 程序与 Web 页面一起下载到本地计算机,并使用位于本地计算机的 JVM 解释执行。Applet 可以直接通过 RMI-IIOP 等方式连接位于应用服务器的 EJB，从而达到表现层与业务逻辑层相分离的目的，实现三层架构的系统；Java 应用程序是运行在客户端的本地应用程序，由本地的 JVM 负责解释执行。Java 应用程序可以直接访问运行在业务层的 EJB，也可以通过 HTTP 访问运行在 Web 容器中的 Servlet，并通过 Servlet 达到业务处理的目的。

（2）中间层。J2EE 中间层的内容极为丰富，也是 J2EE 架构的核心，绝大多数的 J2EE 应用程序都会将业务逻辑部署在中间层，EJB 是 J2EE 中间层中最重要也是最有特点的构件之一。EJB 可以从持久化的存储设备中获取数据，对它进行处理（如果需要），并将其发送到客户端应用程序。EJB 可以分为三种类型：会话 Bean（Session Beans）、实体 Bean（Entity Beans）和消息驱动 Bean（Message-driven Beans）。会话 Bean 描述了与客户端的一个短暂的会话。当客户端的执行完成后，会话 Bean 和它的数据都将消失；实体 Bean 对应数据实体，它描述了存储在数据库的表中的持久数据。如果客户端终止或者服务结束，底层的服务会负责实体 Bean 数据的持久性（也就是将其存储到某个地方，如数据库）；消息驱动 Bean 结合了会话 Bean 和 JMS 的功能，客户把消息发送给 JMS 目的地，然后，JMS 提供者和 EJB 容器协作，把消息发送给消息驱动 Bean。

（3）企业信息系统层。企业信息系统层处理企业信息系统软件，并包含诸如企业资源计划、主机事务处理、数据库系统等一些底层系统。J2EE 应用程序构件可能需要访问企业信息系统。J2EE 1.3 以后的版本支持连接件架构，该架构是将 J2EE 平台连接到企业信息系统上的一个标准 API。

3．J2EE 容器

J2EE 容器为 J2EE 标准中每一个构件类型提供底层服务，用户完全不需要自己开发这些服务，而是全力以赴地着手解决业务问题。在容器中可包含若干构件，并为这些构件提供服务。Web 构件、EJB 等都必须首先被装配到一个 J2EE 应用程序中，并且部署到相应的容器后才可以执行。

（1）J2EE 服务器：J2EE 服务器是 J2EE 产品的运行容器，它提供 EJB 容器和 Web 容器。

（2）EJB 容器：管理它所包含的 EJB，负责对象的注册、提供远程接口、创建和清除对象实例、检查对象安全性、管理对象的活动并协调分布式事务处理。

（3）Web 容器：管理 JSP 页面和 Servlet 构件的执行。Web 构件和 Web 容器运行在 J2EE 服务器中。

（4）客户端应用程序容器：管理应用程序客户端构件的运行。应用程序客户端和它的容器运行在客户端中。

4．Java EE

2006 年 5 月，SUN 发布了 Java EE 5。为了体现出 Java EE 5 中做出的变化，Java EE 5 一反以往的 J2EE 1.x 的命名方法，将本应命名为 J2EE 1.5 的最新版本命名为 Java EE 5。Java EE 5 从很多开源项目中吸取了不少养分，更关注开发与部署的快捷和简便，增加了对轻量级容器的支持、JSF（Java Server Faces，Java 服务器界面）等表现层技术、使用 Annotations 取代部署描述符、使用 EJB 3.0 简化 EJB 的开发、增强了对 Web Service 和 SOA 的支持。

Java EE 5 与以往的 J2EE 1.X 是一脉相承的企业应用标准，是一个标准的多层应用模型。不过，与 J2EE 1.4 相比，无论是在 Web 容器还是 EJB 容器，都补充了更多的技术标准。例如，增加了一系列用于 Web Service 和 SOA 的技术标准，补充了 JPA（Java Persistence Architecture，Java 持久化架构）用于 POJO 的持久化等。

在 Java EE 5 中，SUN 推出了 EJB 3.0 的标准，EJB 3.0 与 EJB 的早期版本相比，有了很大的进步。在 EJB 3.0 中大量吸收了轻量级容器的养分，将简化 EJB 开发作为首要目标，并引入了依赖注入（Dependency Injection）和新的对象关系映射（Object/Relation Mapping，ORM）持久化方案。这一切让 EJB 变得更简单，更容易开发和使用。

16.2.2　Java 企业应用框架

MVC（Model-View-Controller，模型-视图-控制器）模式是一种目前广泛流行的软件设计模式，随着 J2EE 的成熟，它正成为 J2EE 平台上推荐的一种设计模型，将业务处理与显示分离，将应用分为模型、视图以及控制层，增加了应用的可扩展性。MVC 模式为搭建具有可伸缩性、灵活性、易维护性的 Web 系统提供了良好的机制。

J2EE 多层结构的出现促进了软件业的巨大改变，但是，J2EE 只是提出了一般意义上的框架设计，并且其庞大的体系显得有些臃肿。轻量级 Web 架构不仅保持了 J2EE 的优势，还简化了 Web 的开发。目前主流的轻量级架构是把 Struts、Spring 和 Hibernate 这三种在业内比较推崇的开源技术基于 MVC 模式相结合。这样，在项目开发中不管是从效率上，还是费用、易维护上都能达到很好的效果。

1．Struts 框架

Struts 是一个基于 J2EE 平台的 MVC 框架，主要是采用 Servlet 和 JSP 技术来实现的。在 Struts 框架中，模型由实现业务逻辑的 JavaBean 构成，控制器由 ActionServlet 和 Action 来实现，视图由一组 JSP 文件构成。

Struts 把 Servlet、JSP、自定义标签和信息资源整合到一个统一的框架中，开发人员不用自己再编码实现全套 MVC 模式，极大地节省了时间。

Struts 将业务数据、页面显示、动作处理进行分离，这有利于各部分的维护。Struts 采用前向控制（Front Controller）模式来实现动作处理，让所有的动作请求都经过一个统一入口，然后进行分发。这方便程序员在入口中加入一些全局控制代码，例如，安全控制、日志管理、国际化编码等。通常情况下，借助 Struts Validator 框架帮助完成 Web 层的验证工作，不用再去为每个 Web 页面写验证代码，只需通过配置即可实现。这不但减少了开发工作量，而且，由于验证代码的集中管理，也为维护带来便利。

2. Spring 框架

Spring 框架包括声明性事务管理，通过 RMI 或 Web Service 远程访问业务逻辑，允许自由选择和组装各部分功能，还提供和其他软件集成的接口，例如，与 Hibernate 和 Struts 的集成。

Spring 核心本身是个容器，管理构件的生命周期、构件的组态、相依注入等，并可以控制构件在创建时是以原型或单例子（singleton）的方式来创立。Spring 的核心概念是控制反转（Inversion of Control，IoC）或依赖注入（Depen-dency Injection），使用 Spring，不必在程序中维护构件的依赖关系，只需在构件中加以设定，Spring 核心容器就会自动将依赖注入指定的构件。Spring 的目标是实现一个全方位的整合框架，在 Spring 框架下实现多个子框架的组合，这些子框架之间彼此可以独立，也可以使用其他的框架方案加以替代。

3. Hibernate 框架

Hibernate 是一种对象和关系之间映射的框架，是 Java 应用和关系数据库之间的桥梁。它可以将数据库资源映射为一个或者多个 POJO。Hibernate 提供了 Java 对象到数据库表之间的直接映射，开发人员无需直接涉及数据库操作的实现细节，实现了一站式的 ORM 解决方案，它协调了应用系统与关系数据库的交互，让开发者可以解放出来专注于业务逻辑。

Hibernate 是一个开放源代码的对象关系映射框架，它对 JDBC 进行了非常轻量级的对象封装，使得 Java 程序员可以随心所欲地使用对象编程思维来操纵数据库。Hibernate 可以应用在任何使用 JDBC 的场合，既可以在 Java 的客户端程序使用，也可以在基于 Servlet/JSP 的 Web 应用中使用，Hibernate 可以在应用 EJB 的 J2EE 架构中取代 CMP，完成数据持久化的重任。Hibernate 是一种非强迫性的解决方案，开发人员在实现业务逻辑与持久层类时，不需要遵循 Hibernate 特定的规则和设计模式。这样，Hibernate 就可以与大多数新的和现有的应用平稳地集成，而不需要对应用的其余部分作破坏性的改动。

在 Hibernate 中，ORM 机制的核心是一个 XML 文件，通常命名为*.hbm.xml。这个映射文件描述了数据库模式是怎么与一组 Java 类绑定在一起的。

4．基于 Struts、Spring 和 Hibernate 的轻量级架构

基于 Struts、Spring 和 Hibernate 框架，可以构造出 Web 轻量级架构。如图 16-6 所示，该系统逻辑上分成三层。

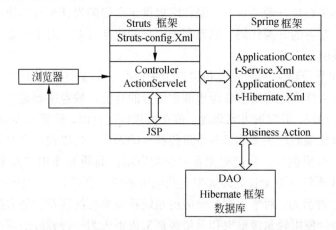

图 16-6　基于 Struts、Spring 和 Hibernate 的轻量级架构

（1）表示层。由 Struts 实现，主要完成如下任务：管理用户请求和响应；提供一个控制器代理以调用业务逻辑和各层的处理；处理从其他层抛给 StrutsAction 的异常；为显示提供数据模型；借助 Struts Validator 框架帮助完成 Web 层的验证工作。

（2）持久层。由 Hibernate 实现。它通过一个面向对象的查询语言（Hibernate Query Language，HQL）或正则表达式的 API 来检索对象的相关信息。HQL 类似于 SQL，只是把 SQL 里的表和列用对象和它的字段代替。Hibernate 还负责存储、更新、删除数据库记录。同时 Hibernate 支持大部分主流数据库，且支持父表/子表关系、事务处理、继承和多态。

（3）业务层。由 Spring 来实现。使用 Spring 的优点是，利用延时注入思想组装代码，提高了系统扩展性和灵活性，实现插件式编程。利用其对 Hibernate 的会话工厂（Session Factory）、事务管理的封装，可以更简洁地应用 Hibernate。

5．轻量级架构和重量级架构的探讨

重量级的开发需要依赖一个非常庞大的容器系统。例如，在 EJB 的开发中，所有开发的内容基本上都需要放置在一个容器系统中运行。这些容器因为主要是针对大型企业应用的，所以"体积"庞大，占用资源过多，在开发的过程中效率很低。使用大型容器作为开发环境，大部分时间花在配置、运行的过程上，有时改动一个小小的部分，需要等很长的时间才能看到结果。另外，单元测试也比较麻烦，虽然现在有很多针对容器的单元测试框架，但还是没有很好地解决配置的等待问题。因此，对开发人员而言，EJB 逐渐失去了很多的吸引力，因为感觉实在是太笨重了。

轻量级框架的优势很大程度上是因为提高了开发的速度，不用部署一个很庞大的容

器,系统就可以实现以前需要容器才能实现的功能,可以使用 Spring 代替无状态的会话 Bean,使用 Hibernate 代替实体 Bean,而且可以直接写一个应用程序运行已经完成的系统,立即可以看到结果。做单元测试也非常简单,不需要做太多的工作就可以构建系统。

另外,轻量级框架多数是开源项目,开源社区提供了良好的设计和许多快速构建工具,以及大量现成可供参考的开源代码,这有利于项目的快速开发。对于开发人员来说,这些特性有较大的吸引力。

关于轻量级和重量级之间的比较和讨论由来已久,但最终没有出现一个一致的结果。重量级框架在大规模运行时会表现出非常优异的性能,缺点主要是开发效率较低;轻量级框架则正好相反,开发时非常迅速,但在大规模运行时,性能却不如重量级框架。

因此,轻量级框架的产生并非是对重量级框架的否定,可以说二者是互补的。轻量级框架旨在开发具有更强大、功能更完备的企业应用;而新的 EJB 3.0 则在努力简化 J2EE,从而使 EJB 不仅仅是擅长处理大型企业应用系统,也利于开发中小型系统,这也是 EJB 轻量化的一种努力。对于大型企业应用系统和将来可能涉及到能力扩展的中小型应用系统来说,结合使用轻量级框架和重量级框架也不失为一种较好的解决方案。

16.2.3 .NET 平台概述

Microsoft 公司在 2000 年 7 月发布了新的应用平台.NET,.NET 平台包括 5 个部分,如图 16-7 所示。

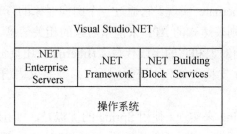

图 16-7 Microsoft .NET 平台

操作系统是.NET 平台的基础,在操作系统方面,Microsoft 有着强大的开发能力,目前的.NET 平台可以运行在 Windows Server 等多个 Microsoft 提供的操作系统中;.NET Enterprise Servers 提供了一系列的.NET 服务器产品,通过这些产品,可以缩短构建大型企业应用系统的周期;.NET Building Block Services 是一些成型的服务,例如,由 Microsoft 提供的 NET Passport 服务等。.NET 的开发者可以以付费的方式直接将这些服务集成在自己的应用程序中;.NET Framework 是整个.NET 平台的核心,为开发.NET 应用提供了底层的支持,并集成了一系列新的技术与构件,结合 Enterprise Server,为多层的分布式应用提供支持;Visual Studio.NET 是.NET 应用程序的集成开发环境,它位于.NET 平台

1．.NET Framework

.NET 为开发者提供了丰富的 API，每一种.NET 语言都可以使用这些 API。其中包含了大量的类供开发者使用。跨平台是 Java 的一大特点，而.NET 可以认为是跨语言的。通过 CLR，使用某种.NET 语言开发的程序可以被其他的.NET 语言直接使用，从而充分利用各种语言的优点。例如，可以使用 VB.NET 书写用户界面相关的内容，而用 C++开发底层的计算功能。这种特点的实现主要依靠通用类型系统（Common Type System，CTS），CTS 是.NET 语言之间的粘合剂，它对.NET 语言所采用的类型进行了统一的定义来保证语言之间的兼容性。跨语言的特性对已经熟悉某种语言的程序员而言，进入.NET 会更加容易。

在.NET Framework 4.0 中，除了继续保持对 Windows 用户界面程序、Web 应用、智能终端的支持外，还增加了 Windows 通信基础（Windows Communiction Foundation，WCF）、Windows 显示基础（Windows Presentation Foundation，WPF）、工作流（WorkFlow，WF）、语言级集成查询（Language INtegrated Query，LINQ）等一系列技术标准。应用.NET Framework 提供的 API，可以大大提升开发效率，减少开发成本。

2．通用语言运行时

.NET Framework 是一整套的开发模型，其中核心的部分就是 CLR。CLR 是.NET 程序的执行引擎，.NET 的众多优点也是由 CLR 所赋予的。CLR 与 JVM 的功能类似，提供了单一的运行环境。任何.NET 应用程序都会被最终编译成为中间语言（Intermediate Language，IL），并在这个统一的环境中运行。也就是说，CLR 可以用于任何针对它的编程语言，这也就是.NET 的多语言支持。CLR 还负责.NET 应用程序的内存管理、对象生命期的管理、线程管理、安全等一系列的服务。

托管是.NET 中重要的概念，使用托管意味着代码可以被 CLR 所管理。这些程序则可以使用 CLR 提供的各种服务，例如，垃圾收集等。所以无论是用什么语言，只要采用了.NET 的托管机制，就能开发出具有垃圾自动收集、程序间相互访问等的.NET 框架应用程序。

16.2.4 比较分析

本节对 J2EE 和.NET 平台进行对比，并不是想说明哪一个平台更优秀。事实上，无论是 J2EE 还是.NET，都是优秀的平台解决方案。本节仅仅是通过对比的手段，加深读者对 J2EE 和.NET 技术的理解，能够在工作中根据实际需要确定选用的平台和技术，构造合理的解决方案。

1．JVM 与 CLR

JVM 是 J2EE 平台的底层支持，而 CLR 是.NET Framework 的核心。无论是 JVM 还是 CLR，都包含了许多新技术，对比这些技术的异同，有助于读者对这两个平台有更深的理解。

首先是 bytecode（字节码）和 IL。JVM 为了提供平台无关性的支持，它将所有的代码都首先编译为 bytecode，然后，在运行过程中，JVM 对 bytecode 进行解释执行。IL 是.NET 提供的中间语言，所有的.NET 程序都将编译为 IL，在第一次运行时由 JIT（Just In Time，即时）编译为本机代码，然后执行该代码。bytecode 和 IL 的机制本身没有太大的差别，bytecode 也是一种中间语言，但在执行过程中二者稍有不同。由于 JVM 采用解释的方法运行 bytecode，所以 Java 程序运行速度较慢，而由 JIT 编译好的本地代码效率更高。但是，因为 JIT 需要在程序第一次执行时进行实时编译，所以程序第一次运行时速度会慢很多。J2EE 同样也支持预编译技术，在用户首次访问某个特定的 JSP 页面时会执行预编译，编译之后，用户再访问这个页面时，速度就会快很多。

CLR 和 JVM 的内存管理也非常相近，CLR 和 JVM 都使用了自动垃圾收集来回收不再被使用的对象。

CLR 出现的时间较 JVM 更晚，其中借鉴了 JVM 中许多闪光的技术点。Microsoft 公司对 CLR 针对 Windows 平台进行了一定的优化，而 JVM 承诺平台无关性，所以比 CLR 的限制更多。总体上来说，二者非常近似。

2．对多层分布式应用的支持

无论是 J2EE 还是.NET，都非常适合开发企业计算平台，二者都为构建完整的企业计算平台做出了大量的工作，都支持多层应用的开发。例如，在 J2EE 中，开发者可以通过 JDBC 访问数据库，使用 EJB 来编写业务逻辑层，使用 JSP 书写 Web 表现层；在.NET 中，开发者同样可以使用 ADO .NET 来访问数据库，使用 C#编写业务逻辑，使用 ASP .NET 来编写 Web 的表现层。从技术的完备性角度来说，二者不分上下，都提供了全部的必要的技术。下面分表现层、业务层和数据访问层分别讨论 J2EE 和.NET 的实现。

（1）表现层。J2EE 与.NET 的最大不同在于，Java 本身是跨平台的设计，因此 Java 应用程序可以运行在 Windows 或其他的平台上，而使用.NET 开发的本地客户端，只能运行在 Windows 平台上。在平台支持的广泛性上，Java 超过了.NET。但从另一个角度来说，Java 无法针对某种特定平台进行优化，只能将各种平台的 GUI 进行抽象，而.NET 则可以获得 Windows 平台最大限度的支持。因此，当使用本地应用程序作为客户端时，如果有跨平台的需要，Java 是不二的选择；反之，如果仅适用在 Windows 操作系统中，使用.NET 可以得到更好的效果与更低的开发成本。

（2）业务层。在业务层，J2EE 跨平台的优势得到了充分的体现。当使用到非 Windows 操作系统的服务器时，如 AIX、Solaris 等，.NET 失去了竞争的可能。除了跨平台的能力外，丰富的 Java 开源项目也给了开发者更多的选择。虽然基于.NET 的开源项目在不断增加，但.NET 开源项目无论是数量还是质量上，目前都很难与 Java 开源相媲美。对于喜欢应用开源项目的组织而言，J2EE 会是更好的选择。

（3）数据访问层。J2EE 的数据访问层标准是 JDBC，它支持绝大多数的关系型数据库，通过 JDBC，应用程序可以采用与数据库无关的方式来访问、操作各种关系型数据库。在.NET 中，与 JDBC 相对应的是 ADO .NET，它也支持绝大多数的关系型数据库，供应用程序使用。在数据访问层，无论是 J2EE 还是.NET，都有非常多的优秀方案可供选择。

3．安全性

在安全性方面，.NET 借鉴了不少 Java 中的安全机制，以保护代码的安全性。例如，强类型、禁止内存直接访问、对常量访问的控制、默认的对象初始化过程等。不过，二者在代码检查方面略有差别。

Java 在运行时进行代码安全性的验证。JVM 使用 bytecode 栈来完成运行时的安全性检查和验证；.NET 执行的是静态的代码验证，但是.NET 的验证过程非常全面，同时在程序运行时也会执行一小部分动态验证。所以，无论是.NET 还是 Java，在代码安全性方面都做得非常优秀。

4．部署

部署简单是 Microsoft 公司的一贯作风，Visual Studio 中集成了.NET 应用程序部署和分发的工具。.NET 不支持非 Windows 的操作系统。从另一个角度来说，.NET 应用程序也不需要面对非 Windows 操作系统的环境，这降低了.NET 部署的风险。

J2EE 应用程序的部署相对复杂，不同的应用服务器会有不同的表现。J2EE 应用程序经常使用在非 Windows 操作系统中，所以部署 J2EE 应用需要考虑不同操作系统的特性，来确定部署的方案。

5．可移植性

在可移植性方面，拥有一次编译到处运行的 J2EE 平台无疑是占了上风。采用.NET 平台进行开发，从开发工具、服务器产品到部署环境都需要使用 Microsoft 公司的产品。

6．外部支持

J2EE 得到了很多大厂商的支持，例如，IBM 公司和 Oracle 公司等，这些厂商构成了 Java 联盟。除了这些大厂商的支持外，Java 开源社区也非常活跃，很多组织为 Java 提供了一个又一个优秀的开源项目。

相比之下，.NET 是 Microsoft 公司独家的产品，使用.NET 意味着必须购买 Microsoft 公司的工具、操作系统、应用服务器和开发工具，没有其他的选择。

7．小结

由于竞争的关系，J2EE 和.NET 的比较一定会继续下去，而且会持续很长时间。事实上，这两个平台都是非常优秀的。使用 J2EE 和.NET 不但可以进行大型企业级计算系统的开发，同样也适用于中小型应用程序的开发。对于需要进行平台选择的企业和开发者来说，根据自己的实际需求和现状，才能做出最恰当的选择。

16.3 虚拟计算

虚拟计算（virtual computing）的本质是资源共享，虚拟计算技术不仅能使人们更有效地共享现有的资源，而且能通过重组等手段，为人们提供更多、更完善的共享服务。

作为计算机技术与通信技术融合的产物，互联网正由一般意义下的计算机通信平台逐步演变成为广泛存在的虚拟计算环境。所谓虚拟计算环境，是指建立在开放的网络基础设施之上，通过对分布自治资源的集成和综合利用，为终端用户或应用系统提供和谐、安全、透明的一体化服务的环境，实现有效资源共享和便捷合作工作。构建虚拟计算环境，可以释放互联网资源的巨大能力。网络资源的聚合与协同是虚拟计算环境的核心。

16.3.1 P2P 计算

P2P（Peer To Peer，对等网络）是一种新型分布式网络通信技术，它使得计算机之间可以直接访问和交换文件，而不是像过去那样连接到服务器去浏览与下载。P2P 的参与者共享他们所拥有的一部分硬件资源（例如，处理能力、存储能力、网络连接能力、打印机等），这些共享资源需要由网络提供服务和内容，能被其他节点（peer）直接访问而无需经过中间实体。在 P2P 系统中，网络中的参与者既是资源提供者，又是资源使用者。

1．需要解决的关键问题

P2P 技术改变了传统互联网中以大网站为中心的状态，使得网络资源处于"非中心化"的地位，并把访问权交还给对等的用户。P2P 技术使网络沟通变得更加容易，共享和交互更加直接，真正消除了中间商。P2P 计算模式需要解决资源存放、资源定位和资源获取三个关键问题。

（1）资源存放。在 P2P 系统中，并非个人资源都存放在各自的机器上，很可能是所有机器共同管理资源。例如，在 P2P 存储系统中，经常采用分布式哈希表（Distributed Hash Table，DHT）存放数据，某个用户的数据可能存放在其他人的机器上。于是，如何进行资源存放就成了必须回答的第一个问题。

（2）资源定位。数据的查找与资源存放的方法是直接相关的，在 P2P 系统中，一般可以采用三种方式进行资源定位，分别是集中方式、广播方式和 DHT 方式。集中方式的每个节点将自身能够提供共享的内容注册到一个或几个集中式的目录服务器中。查找资源时，首先通过服务器定位，然后，两个节点之间再直接通信。这种方式的网络实现简单，但往往需要大量的目录服务器的支持，并且系统的健壮性不好；广播方式没有任何索引信息，内容提交与查找都通过相邻接节点直接广播传递。一般情况下，采取这种方式的 P2P 网络对参与节点的带宽要求比较高；DHT 是大多数 P2P 系统所采取的资源定位方式，不同的 DHT 算法决定了 P2P 网络的逻辑拓扑。

(3) 资源获取。资源定位后就需要获得资源,有些资源并不能直接获得,例如,计算资源、大文件、流媒体资源等。问题主要在于如何才能更高效地获取资源,或者说如何使一些热点资源服务于更多的需要该资源的用户,这就需要尽量发挥 P2P 系统中所有参与者的能力。P2P 模式充分利用了所有节点的带宽资源,使并行下载能力得到了极大的扩展。

2. 网络拓扑结构

P2P 技术将各个节点互相结合成一个网络,共享其中的带宽,共同处理其中的信息。在 P2P 工作方式中,每个客户终端既是客户机又是服务器。以共享下载文件为例,下载同一个文件的众多用户中的每个用户终端只需要下载文件的一个片段,然后互相交换,最终每个用户都能得到完整的文件。在协议基础上,P2P 技术把文件进行拆分成块,然后又分成片,最终以片为基本单位进行传输。P2P 网络中的每个节点所拥有的权利和义务都是对等的,包括通信、服务和资源消费。

P2P 网络结构可分为集中式、分布式和混合式三种,其中分布式又可分为非结构化和结构化两种。

(1) 集中式结构模式。在集中式结构模式(第一代 P2P 网络)中,设有一个中心服务器,其作用是负责记录共享信息和回答对这些信息的查询。每个对等实体负责与中心服务器之间的信息共享和通信,并根据需要从其他对等实体上下载信息资源。集中式 P2P 模式将所有共享的资料分别存放在提供资料的客户机上,服务器中只保留索引信息。此外,服务器与对等实体、对等实体之间都具有交互能力。

集中式 P2P 模式的主要优点是,部署和维护简单、查找效率高,并且可以进行模糊查询;由于资源的发现依赖于中心化的目录系统,发现算法灵活、高效,并能够实现复杂查询。集中式 P2P 模式的主要缺点是:类似于传统的二层 C/S 架构,容易造成单点故障,可靠性和安全性较低。

(2) 分布式非结构化模式。分布式非结构化模式(第二代 P2P 网络)采用随机图的方式组织网络,从而能够较快发现目的节点,具有较好的可用性,容易维护,并支持复杂的查询,但不能保证查询结果的完整性。为了保证查询结果的完整性,有些 P2P 网络需要维护一个中心目录,但这样就大大限制了网络的可扩展性,而且在很多情况下也不可行。分布式 P2P 模式避开了集中式结构的典型缺点,但也存在很多弊端,例如,搜索请求要经过整个网络或者至少是一个很大的范围才能得到结果,正因为如此,这种模式占用很多带宽,而且需要花费很长时间才能有返回结果;随着网络规模的扩大,通过扩散方式定位对等点及查询信息的方法将造成网络流量急剧增加,从而导致网络拥塞。

在分布式非结构化 P2P 网络中,对等节点通过与相邻对等节点之间的连接遍历整个网络体系。每个对等节点在功能上都是相似的,并没有专门的服务器,而对等节点必须依靠它们所在的分布网络来查找文件和定位其他对等节点。分布式非结构化 P2P 模式的主要特点是,对象查询是分布式和逐跳的,采用泛洪式查询直到成功或失败(超时)。这种模式的 P2P 网络自组织的可管理性得到了增强，并且支持模糊查询，其主要缺点是，因受到泛洪、回溯等方式的消息传递的资源定位模式的制约，网络规模的可缩放性较差，查询效率低。

（3）分布式结构化模式。集中式 P2P 结构化模式有利于网络资源的快速检索，且服务器可以扩展，但是其中心化的模式容易遭到直接的攻击；分布式非结构化的 P2P 模式解决了抗攻击问题，但是又缺乏快速搜索和可扩展性。分布式结构化模式（第三代 P2P 网络）主要采用 DHT 技术来组织网络中的节点。这种模式吸取了中心化结构和分布式非结构化拓扑的优点，选择性能较高的节点作为超级节点，这些超级节点在运算处理、存储、带宽等方面具有较高的性能。在各个超级节点上存储了系统中其他部分节点的信息，发现算法仅在超级节点之间转发，超级节点再将查询请求转发给适当的普通节点（叶子节点），超级节点之间构成一个高速转发层，超级节点和所负责的普通节点构成若干层次。

在分布式结构化 P2P 网络中，网络的节点拓扑关系有严格定义，节点之间通过一定的协议来维护网络拓扑结构。由于采用了确定性的拓扑结构，这种模式的网络提供高效并具确定性的查询。只要目的节点存在于网络中，发现的准确性就会得到保证，但维持网络的拓扑结构将消耗较多的网络资源。分布式结构化 P2P 模式的主要优点是，在资源管理过程中同时拥有自组织特性、规模的强可缩放特性和部署的廉价性等，为规模庞大的资源整合与共享提供了可能性。其缺点主要是，节点仅存在局部视图，缺少权威第三方的控制，不支持模糊查询。

（4）混合结构模式。混合结构模式（第四代 P2P 网络）引入了网络分层的思想，在 P2P 网络中采取多级分层结构，实现了多种网络结构并存的网络模型设计，提高了网络的可扩展性和透明性，并降低了主干网络通信流量。在此基础上提出的管理节点模式和关键值匹配方案进一步改善了 P2P 网络的不可管理现状，并为该模型从理论到实用的转化奠定了基础。

在混合结构中，也是选择在处理、存储和带宽等方面性能较高的节点作为超级节点，方式与分布式结构化模式相同。混合结构模式的主要优点是，吸取了中心化结构和分布式非结构化拓扑的优点；主要缺点是，由于超级节点本身的脆弱性，可能导致其簇内的普通节点处于孤立状态，因此，这种局部索引的方法仍然存在一定的局限性。

3. P2P 的关键技术

P2P 是一种基于互联网环境的新的应用型技术，主要包括下列关键技术：

（1）资源查找与定位技术。如何查找和定位共享资源是 P2P 系统必须首先要解决的问题。

（2）NAT（Network Address Translators，网络地址转换）技术。NAT 是一种把内部私有网络 IP 地址翻译成合法网络 IP 地址的技术，允许企业以一个公用 IP 地址出现在 Internet 上。NAT 屏蔽了内部网络，所有内部网计算机对于公共网络来说是不可见的，而内部网计算机用户通常不会意识到 NAT 的存在。

（3）IP 地址解析技术。提供在现有硬件逻辑和底层通信协议上的端到端定位（寻址）技术，建立稳定的连接。

（4）安全技术。P2P 网络应用比其他应用要更多地考虑那些低端 PC 的互联问题，加上 P2P 网络结构的特殊性，安全管理是个难点，需要进行全面的安全技术做后盾才能保证节点的安全。

（5）应用层上的数据描述和交换技术。例如，SOAP 和 UDDI 等，有关这些技术的详细介绍，请阅读 12.5.2 节。

4．P2P 的应用

P2P 引导网络计算模式从集中式向分布式偏移，也就是说，网络应用的核心从中央服务器向网络边缘的终端设备扩散，这使人们在 Internet 上的共享行为被提到了一个更高的层次，使人们以更主动、深刻的方式参与到网络中去。从目前来看，P2P 技术的典型应用如下：

（1）共享和交换。共享和交换是最引人注目的 P2P 应用。事实上，激起 P2P 革命的就是文件共享的应用，而文件交换的需求直接引发了 P2P 技术热潮。

（2）内容搜索技术。P2P 文件共享首先要解决文件定位的问题，但是，基于 P2P 的文件搜索技术可以独立出来，成为传统的搜索引擎等系统强大的搜索工具。可利用 P2P 技术开发互联网上高级智能搜索引擎技术。

（3）对等计算。采用 P2P 技术的对等计算，是把网络中的众多计算机暂时不用的计算能力连接起来，使用积累的能力执行超级计算机的任务。从本质上而言，对等计算就是网络上 CPU 资源的共享。可以将 P2P 看作一个松耦合的分布式计算系统，可以集中控制，也可以是纯 P2P 架构。

（4）协同工作与在线交流。采用 P2P 技术，可以在 Internet 上任意两个用户之间建立实时的联系和信息传输，避免了中央服务器产生的网络处理延迟等性能瓶颈，能够更方便、高效地实现用户之间的协同。

（5）网络存储。P2P 带来的一个变化就是内容正在从"中心"走向"边缘"，也就是说，内容将不是存放在几个主要的服务器上，而是存放在所有用户的 PC 上。这就为网络存储提供了可能性，可以将网络中的剩余存储空间利用起来，实现网络存储。

（6）P2P 群集与 VPN。P2P 应用可以扩展到多点的群集，形成 Internet 中一个虚拟的子网，构成一个精简的 VPN，通过对 P2P 用户端软件的操作，用户就可以主动地选择并加入不同的 VPN 中。这种方式可以为行业化的目录服务、信息服务和电子商务所利用。

（7）远程监控和调试。P2P 技术为远程监控和调试的应用开辟了新的天地，利用这项功能，可以通过 Internet 或移动电话遥控操作家用空调、计算机，甚至锅炉等。

（8）宽带网与无线移动网应用。P2P 技术与宽带网技术的结合，可以开展许多音频、视频和无线网方面的应用，例如，电话会议、视频会议、远程教育与培训等。

（9）流媒体直播与点播。P2P 技术还可以实现流媒体直播。流媒体点播与流媒体直播不同，在流媒体直播中，用户在观看直播节目时不能选择观看指定片段；而在流媒体点播中，用户还可以实现节目指定功能。

（10）IP 层语音通信。采取 P2P 技术，根据通信双方网络进行动态自适应的链路控制与消息转发是可行的解决方案。

（11）网络游戏平台。由于服务器能力有限，大型网络在线游戏往往需要限制场景人数或者不断增加服务器，将 P2P 技术引入网络游戏支撑平台中，可以有效地解决这个问题。

5. P2P 的特点与优势

相对于传统的互联网技术来说，P2P 网络具有以下特点与优势：

（1）非集中化。网络中的资源和服务分散在所有节点上，信息的传输和服务的实现都直接在节点之间进行，避免了可能的服务器瓶颈，强调用户端所有权和对数据资源的控制，每个节点都是平等的参与者，既是服务器又是客户机，如何表现取决于用户的要求，网络应用由使用者自由驱动。

（2）可扩展性。由于 P2P 网络结构的分布性特点，节点的加入很容易，因此，网络结构和规模的扩充很容易，系统整体资源和服务能力也容易同步扩充，较容易满足用户的需要，且能避免传统的服务器连接带宽的限制。

（3）健壮性。P2P 由于其完全分布式架构，网络中的节点既可以获取其他节点的资源或服务，同时又是资源或服务的提供者，不依赖于少数集中控制节点，具有比传统的 C/S 架构更好的健壮性和可靠性，成为搭建高健壮性网络的有效方式。P2P 网络在部分节点失效时能够自动调整网络拓扑，保持其他节点的连通性，不存在中心节点失效的问题，具有较强的故障适应能力。P2P 网络还能够根据网络带宽、节点数和负载等变化不断地做自适应调整。

（4）匿名与隐私保护。在 P2P 网络中，由于信息的传输分散在各节点之间进行而无需经过某个集中环节，用户的隐私信息被窃听和泄漏的可能性大大缩小。

（5）自组织。P2P 系统的组织（约束/冗余）自然、本能地增加，不通过环境，也不包含其他外部系统来增加控制。

（6）高性价比。性能优势是 P2P 被广泛关注的一个重要原因。采用 P2P 架构可以有效地利用互联网中散布的大量普通节点，将计算任务或存储资料分布到所有节点上，利用其中闲置的计算能力或存储空间达到高性能计算和海量存储的目的，通过利用网络中的大量空闲资源，可以用更低的成本提供更高的计算和存储能力。

（7）安全。节点和共享对象间具有信任链、会话密钥交换模式、加密和数字摘要与签名等安全功能。

（8）透明性。P2P 的透明性主要体现在位置透明性上，在访问、并发、复制、失效、移动和扩展等方面也具有透明性。

（9）交互能力。P2P 根据 Sockets 和 HTTP 协议进行通信交互，具有很强的交互能力。

（10）负载均衡。在 P2P 网络环境中，由于每个节点既是服务器又是客户机，减少了对传统 C/S 架构服务器计算和存储能力的要求。同时，因为资源分布在多个节点上，更好地实现了整个网络的负载均衡。

6．P2P 的流量特性

随着互联网应用范围的扩大和应用程度的深入，P2P 应用已经成为网络带宽的最大消费者，成为运营商业务的主流，对底层网络造成了巨大的影响。

P2P 网络的发展首先对于个人用户接入网络的性能提出了更高的要求。P2P 的流量呈现出与传统流量不同的特性，具有分布非均衡的特性、上下行流量的对称特性、流量的隐蔽性和数据集中性等。具有高带宽的用户通常会以更长的时间为其他节点提供下载服务，由于 P2P 具有上下行流量对称的特性，使得直接面向用户的接入网络需要相应提高所能承载上行流量的能力。

P2P 流量还具备很强的隐蔽特性，它们通常使用随机端口或用户自定义端口，无法通过简单的端口识别 P2P 流量，目前常用的方法是通过特征码检测的方式识别 P2P 流量。P2P 相对随机的端口号，使企业难以对内部的网络实行有效的监测和管理，加大了日常维护的难度。对于 Internet 服务提供商（Internet Service Provider，ISP），P2P 应用的影响不仅增加了网络升级的难度，同时也将降低网络总体性能与 P2P 本身的服务质量。

7．存在的问题

与传统的网络技术相比，P2P 具有比较明显的优势，但是，P2P 技术的发展道路很不平坦，有很多问题亟待解决，例如，标准不统一问题、共享与版权问题、安全与管理问题、垃圾信息与网络带宽问题等。

（1）标准问题。到目前为止，P2P 技术仍然缺乏统一的标准与规范，很难实现 P2P 应用之间的统一资源定位和统一路由，因此，很难提升 P2P 的整体性能。

（2）共享与版权问题。版权问题一直是 P2P 发展的一个突出的问题，大多数 P2P 服务都将不可避免地与知识产权发生冲突，P2P 共享软件的繁荣加速了盗版媒体的分发，提高了知识产权保护的难度。

（3）垃圾信息问题。在缺乏统一管理的情况下，P2P 网络很难对搜索结果进行排序，用户将不可避免地陷入垃圾信息的汪洋大海。目前，已有尝试将人工智能技术和专家数据库技术引入 P2P 网络中，希望能够克服垃圾信息的困扰。

（4）网络流量、带宽与负载均衡问题。P2P 网络中的节点本身往往是计算能力相差较大的异构节点，每个节点都被赋予了相同的职责而没有考虑其计算能力和网络带宽，局部性能较差的节点将会导致整体网络性能的恶化，在这种异构节点的环境中容易造成大负荷的网络流量，占用网络带宽，难以实现优化的资源管理和负载平衡，尤其是在传送大量的音频和视频文件的时候。同时，由于用户加入或离开 P2P 网络的随意性，使得用户获得目标文件具有不确定性，导致许多并非必要的文件下载，而造成大量带宽资源的滥用。

（5）安全性、可靠性与管理问题。安全问题对于 P2P 技术的发展至关重要，可以说关系到 P2P 的成败。P2P 网络需要在没有中心节点的情况下提供身份验证、授权、安全传输、数字签名、加密等机制，因此，P2P 网络采用的分布式结构在提供扩展性和灵活性的同时，也使它面临着巨大的安全挑战。

尽管 P2P 还存在一些缺陷，但 P2P 技术的飞速发展是势不可挡的。未来的网络将呈现大规模分布式、全球性计算和全球性存储的特征，从长远的趋势来看，对于访问和传输服务的需求必将远远大于对于计算功能的需要。P2P 技术是最有吸引力的个人通信技术，尤其是 P2P 与网格技术的结合将是分布式计算技术最有潜力的发展趋势。

16.3.2 云计算

网络大大扩展了计算机的计算能力和应用范围，尤其是随着互联网的出现，使得基于计算机的服务提供方与使用方之间能够进行友好度和扩展度都更优的充分交流。人们很早就提出和实现了基于网络的多台计算机的协同技术，例如，分布式技术、服务器集群技术、负载均衡技术和 Web Service 等，在互联网的基础上对这些技术进行扩展，再加入一些创新，基本就构成了现在的云计算。

云计算是一种基于并高度依赖于 Internet，用户与实际服务提供的计算资源相分离，集合了大量计算设备和资源，并向用户屏蔽底层差异的分布式处理架构。

1. 云计算的应用

总的来讲，云计算是一种大量服务器的组成架构，其提供的计算资源并不能直接给用户使用，而是通过其他的方式，例如，向用户提供搜索、存储、相册、Blog、科学计算等应用服务的方式来展现其魅力。目前，云计算已经被应用到以下几个方面：

（1）存储服务。例如，Amazon 所提供的 S3，就是一种向用户提供存储服务的云计算应用，Microsoft 公司通过 Windows Live 的 SkyDriver 向用户提供网络存储服务，Google Docs 在 2009 年 7 月的一次更新中也开始支持对任意文件的存储。

（2）搜索。各大搜索引擎公司（例如，Google 等）为了满足用户的需求，并提供良好的用户体验，都使用了大量的服务器，组成服务器群，把用户的请求进行拆分、执行和返回。

（3）科学计算。小型团队在实验或者项目必须的情况下，必定会有大量的计算需求，但无论是购买设备，还是租用大型计算机，都将有不菲的费用，而通过购买云计算的资源（例如，Amazon 的 EC2 服务），搭建需要的平台，基本可以在前期零投入的情况下来满足相应的计算需求。

（4）软件即服务（Software As a Service，SaaS）。通过利用 BPS 架构，将企业的业务逻辑和数据都置于云计算的服务器群中，以适应中小企业的低成本满足应用需求的要求。

另外,云计算可以应用到基础设施即服务(Infrastructure as a Service,IaaS)和平台即服务(Platform as a Service,PaaS)中。一般地,当有以下需求的时候,就可以考虑使用云计算服务:

(1)短时间内的中、大规模计算需求。
(2)零成本的前期投入,并且总体拥有成本(Total Cost of Ownership,TCO)较优。
(3)在充分相信云计算服务提供商的情况下的数据安全性需求。
(4)没有足够的服务器管理和运维人员。
(5)在终端设备配置较差的情况下完成较复杂的应用。

当使用云计算服务时,一般都可以达到前期成本的零投入,短时间内在云计算环境中搭建一个满足大规模计算需求的虚拟服务器或虚拟服务器集群。而且,用户不需要配置专门的维护人员,云计算服务的提供商也会为数据和服务器的安全做出相对较高水平的保护。由于云计算将数据存储在云端(分布式的云计算设备中承担计算和存储功能的部分),业务逻辑和相关计算都在云端完成,因此,终端只需要一个能够满足基础应用的普通设备即可。

2. 云计算机的特点

云计算作为一个新兴事物,虽然在理论和应用上都没有得到一致性的共识,但也可以归纳出以下几个方面的特点:

(1)集合了大量计算机,规模达到成千上万。一方面,大量的计算机可以提供强大的整体计算能力;另一方面,整体管理还可以降低管理和维护成本,通过对计算机运行环境的优化,缩短单台计算机的服务周期。

(2)多种软硬件技术相结合。在云计算的组织结构中,使用到了诸如分布式、负载均衡和服务器集群等技术;在基于云计算的应用设计中,还会用到 BPS、Web Service、SOA 等技术;在硬件组织和机房建设中,又会使用到一些现已成熟的冷却、通风和布线等技术。

(3)对客户端设备的要求低。通常,云计算的客户端系统只需要满足能够运行一个浏览器的要求即可。而且,云计算的客户端是多样的,可以是一台 PC,也可以是一部移动电话。客户端只需要将相应的数据展现给客户,并对用户的输入进行收集和提交即可,业务逻辑中的大部分都将转换到云计算服务器上,数据也将存储在云端。例如,在商业的 SaaS 应用中,大部分的客户端都是浏览器。当然,有些情况下需要安装一些插件。

(4)规模化效应。云计算的服务器是大规模的,用户也是大规模的,这使得管理与维护都得以集中,不仅降低了服务器的维护成本,还使软硬件资源得到最充分的利用。当然,这在很大程度上也加深了灾难的蝴蝶效应,一旦云计算的关键设施出现问题,例如,遭遇攻击,或者网络发生异常等,对于客户的影响将是致命的。

3. 云计算的架构

云计算的架构从总体功能上可以分为 6 层,从上到下分别是客户层、服务层、应用层、平台层、存储层和基础设施层。

（1）客户层。客户层是云计算的最终用户所接触的一层，而且，在用户看来，另外 5 层都是透明的，用户不需要知道自己的请求最终由哪些计算机怎样去完成，只需要将自己的任务提交给云即可。客户层的配置是很低的，大多数情况下，只需要满足运行浏览器的要求即可。云计算中的数据存储和业务逻辑在客户层中都被弱化。客户层的设计一般都是跨平台的，可能会运行在移动设备、手持设备和瘦客户端，以及普通的胖客户端等。

（2）服务层。服务层主要是将应用以服务的形式提供给用户，也是云计算中与用户进行直接交互的一层，该层将云计算的其他层进行屏蔽。一方面，客户层通过服务层利用云计算的各种资源；另一方面，云计算将所有资源以服务的形式进行封装。当然，服务层并不仅仅针对直接用户，也可以为其他云计算提供服务。服务层是云计算的 I/O 接口，各种应用都可以以服务的形式进行封装并运行在云计算上。

（3）应用层。应用层主要运行直接提供服务的应用程序，它将云计算的计算资源转化成实际的服务，以实现对计算资源的封装。例如，SaaS 的服务端就是以应用程序的形式运行在云计算服务器上。

（4）平台层。平台层主要是提供应用层程序运行的环境，并对相关的计算资源进行调配。

（5）存储层。存储层主要实现存储资源的整合与分配，云计算除了产生巨大的计算压力外，还需要对大量的数据进行临时或者永久性的存储。而且，为了安全考虑，这些数据通常都按照一定的策略进行安全保障。云计算的服务对象众多，还必须对这些数据进行隔离或者有条件的共享，这使得存储资源的分配和管理变得更加复杂。

（6）基础设施层。云计算的基础设施概念相对较广，一般可概括为云计算的计算资源来源，可能是一个或多个服务器群，甚至也可以是一些由网格计算技术组织的计算机资源，还有可能是其他的云计算提供方。有关网格计算的详细知识，将在 16.3.4 节中介绍。

16.3.3 软件即服务

SaaS 是基于互联网的服务提供、软硬件资源租赁、数据存储、安全保障等服务的商业应用。它是以互联网为基础，将应用和软件以服务的方式提供的软件运营模式。对于用户来讲，服务和数据就是其信息系统的全部。系统的管理和维护将被集中，由 SaaS 运营商来承担相关工作，SaaS 的运营商通常还会是软件的开发商。

SaaS 是目前较为热门的一个应用，尤其是在中小企业的信息化中，在信息化项目预算有限的情况下，可以有效地保证投资的安全性，而且后期不需要专人维护，对于用户来讲，只需要接受和使用相应的服务即可。当然，目前也存在一些问题，诸如数据的安全问题、服务的客户定制问题等。

1. SaaS 的特点

SaaS 是一种 Internet 软件运营和销售模式,与传统的软件运营模式相比,有以下几个特点:

(1)高度依赖 Internet。虽然在理论上,只要用户与 SaaS 运营商的服务器有网络连接就可以完成,但实际上,这个网络连接通常由 Internet 来扮演。

(2)软件几乎都基于 BPS 架构。BPS 架构的一个重要特点就是客户端的标准化,使得其部署非常简单、方便,甚至基本不需要部署,通常的计算机甚至手持设备都能完成这个任务,只要可以运行支持 WWW 标准的浏览器即可。BPS 架构还带来了表现、逻辑和数据的分离,这使得服务的提供能够更简便,数据的安全性也有一定的保证。

(3)TCO 最优。几乎为零的前期投入,按功能、规模和时间取费的收费策略,无论是对于保护投资,还是降低成本,都具有决定性的作用。尤其是 SaaS 运营商提供的免费试用和功能定制,更为降低 TCO、避免浪费提供了更多的保证。另外,SaaS 不需要用户方的系统管理和维护,也节省了企业的人力运营成本。

(4)多用户并行于一套系统。SaaS 之所以能够降低 TCO,原因之一就是多个用户的资源共享,包括服务器计算资源、网络带宽,甚至是程序和数据级的共享,例如,多个用户使用同一套系统,将数据存放于同一个数据库中等。

(5)集中的系统管理与维护。BPS 架构中的业务逻辑层和数据层被转移到 SaaS 运营商的服务器上,由其进行集中系统管理与维护,以及软件产品的修改和升级等。不仅提升了系统管理和维护的水平,便于软件系统的更新与升级,也为企业降低了相应的 IT 运维部门的人力需求。当然,集中的管理模式也会引起灾难的蝴蝶效应,这加大了系统管理与维护的安全压力。

(6)安全隐患。安全隐患可能来自 SaaS 运营商内部和外部,甚至 SaaS 软件的其他用户。有意或者无意的破坏都会有非常大的影响,尤其是在多个企业数据被集中的情况下,更容易产生灾难的规模效应。虽然数据存储在企业内部也会有安全问题,但大多数中小企业都不习惯"将自己的鸡蛋放在别人的篮子里"。安全隐患的顾虑,有时也来自信任问题,企业的数据都是其重要财产之一,尤其是客户资料和财务数据,存放在企业外部的服务器上,难免会让人对 SaaS 运营商产生信任问题。

规模化经营是一个行业发展的趋势,软件行业也不例外。SaaS 使得软件由一种产品转变成了服务,将需求的满足从系统的管理和维护中剥离,这都使得软件应用和信息化能够真正地走进信息化时代。当然,其中的问题也必须正视,尤其是安全和信任问题,是 SaaS 发展的巨大障碍。

2. SaaS 应用的问题

SaaS 在近几年得到了较多的应用,也产生了很多 SaaS 运营商。但有很多问题仍然困扰着 SaaS 的发展。其中,尤以信任、用户的观念转变和安全最为关键。这些问题都是非常关键的,也都是非常棘手的。这不仅涉及一些行业规范,还有技术上的一些问题。

综合考虑信任危机，可以从以下几个方面着手健全安全机制：

（1）完善和规范相应的法律法规，以期对可能造成不良后果的行为进行威慑。

（2）制定相关的行业准则，做好行业准入和监督工作，并建立一个中立的企业信用档案。

（3）将 IT 监理引入到 SaaS 运维行业，做好事中控制，并进行事后审计。

（4）对于企业数据的安全保障，引入保险机制，以期对已经造成的损失进行补偿。

（5）SaaS 运营商与大型企业合作，以寻求信用担保与支持。

信任危机是不可能彻底消除的，只要有分工与合作，就会产生信任问题。目前所做的一切努力，只能缓解信任问题，不可能完全消除。而且，信任是一种"瓷器"，创造和积累过程极其困难，但只要有一点外力，即可前功尽弃。

3．SaaS 带来的观念转变

SaaS 让软件以一种无形的服务方式提供给用户，与过去的模式不同，用户信息系统没有有形的软硬件，甚至会带来花钱只买来一个网站的印象，并让很多企业陷入了无法预期的投资。而 SaaS 的软件实施，不仅速度快，而且对于企业来说，是轻量级的。这也会给用户带来一些错觉，甚至会直接导致不重视，让建成的信息系统处于"成而不立"的尴尬状态。

在 SaaS 实施的过程中，需要让用户和运营商进行以下几个方面的观念转变：

（1）软件不是企业的最终需求，企业信息化的最终目的是使其需求得到满足，而不管是一种什么方式，SaaS 就是以服务的方式来满足企业需求的软件经营和管理模式。

（2）鸡蛋并不总要放在自己的篮子里。只要有足够的保障使鸡蛋安全，并不一定要把它拿在自己的手中，而且专门保管鸡蛋的篮子，总是要比放在杂货箱里更安全。SaaS 其实就是将安全保障集中化，让多个用户分摊因此而带来的高成本和技术要求的费用。

（3）每个用户都是一份责任，用户越多，运营商更要注意自己信用的积累，也只有如此，客户才能够更多，成本才能够更低，自身才能够更长远的发展。

观念转变是信息化中最艰难也是最重要的过程。企业信息化的成败，很多时候都与使用者对新系统的看法有很大关系。SaaS 尤其如此，SaaS 革命性变化使得这种转变更加困难，这也是当前 SaaS 推广中较为关键的因素。

4．SaaS 系统设计

从整体上来看，SaaS 采取的是 BPS 架构，因此，其架构也可划分为数据层、业务逻辑层和表示层。只是与传统的搭建于企业内部局域网或 Intranet 的基础上不同，连接 SaaS 系统的表示层和业务逻辑层之间的是 Internet。也正是如此，在进行 SaaS 系统设计时，必须考虑到安全性问题，以及数据传输的速率和稳定性有可能会带来的各种影响。另外，SaaS 系统的用户数目往往是较大的，不同的用户又要针对需求进行相应的定制，这都是在进行 SaaS 系统设计时必须面对的问题。

由于 SaaS 是高度依赖网络的，当出现网络不能连接，或者服务器无法连接的情况时，就必须规划好系统的离线应用问题。在进行离线应用的设计时，必须考虑到以下几个方面的问题：

（1）常用数据的本地存储。一方面为了减轻服务器压力，另一方面为了保证离线的基础应用，可以考虑将一部分数据做一个本地拷贝，例如，常用的统计数据等。

（2）离线基本操作。在离线使用中，可以保证一些基本使用的正常，例如，基于本地数据拷贝的查询和打印等操作。另外，还要保证离线情况下的本地用户登录和认证。

（3）离线操作的恢复。主要是指网络和连接恢复正常后，对于已经进行离线操作的数据同步，即将离线操作的一些数据上传到服务器中，对于 SaaS 客户来讲，往往可能会有多个终端用户操作，而多个用户又可能会对同一个数据项进行操作，这就涉及到冲突的解决问题。

16.3.4　网格计算

网格是把一个局域网、城域网甚至整个 Internet 整合成一台巨大的超级计算机，实现知识资源、存储资源和计算资源的全面共享。虽然网格可以分为各种地区性的网格（例如，公司集团内部网格、局域网网格，甚至家庭网格和个人网格等），但事实上，网格的根本特征是资源共享而不是它的规模。

1．网格的定义

一般认为，网格是一个满足如下三个条件的系统：

（1）网格能协调非集中式控制的资源，能集成和协调资源与用户在不同控制域内的活动。不同的控制域有使用集中计算的用户桌面、同一企业的不同的管理部门，或不同的企业等。同时，网格能解决包括安全、策略、认证、支付和成员资格等各种问题。

（2）使用标准的、开放的、通用的协议和接口，网格是由多用途协议和接口来构建的，该协议将能解决诸如鉴别、授权、资源发现和资源访问等一些基本问题。

（3）提供非常高的服务质量，网格允许按协作的方式来使用其成分资源，以提供各种服务内容，例如，反应时间、容许能力、可利用性和安全性，以及协作配置多重资源类型，以满足复杂的用户要求等，这种组合系统的效用大大高于各部分效用的总和。

2．网格的分类

按照功能划分，网格可以分为以下三种类型：

（1）计算网格。着重于专门留出用于计算能力的资源。在这类网格中，大多数机器都是高性能服务器。

（2）拾遗网格。常用于大量桌面系统，收集机器上可用的 CPU 周期和其他资源，以便完成某一个功能。

（3）数据网格。负责容纳和提供跨多个组织的数据访问。用户只要有权访问数据，就不必关心数据位于哪里。

3. 网格计算的应用领域

没有应用的技术是没有生命力的，正因为有了广泛的应用前景，网格得到了全世界科研人员和厂商的追捧。各行各业正在期待着网格技术的不断完善。总的来说，网格可以应用在如下几个方面：

（1）协同环境。可以连接多个虚拟环境，使不同位置的用户能进行交互和仿真。

（2）智能设备。可以连接大量的、分布的、远程的设备，进行实时处理和远程操作等。

（3）分布式并行计算。可以使多个异构计算机协同解决单机难以完成的任务，把不同性质的任务调度到最合适的计算机中去运行。

（4）桌面超级计算。可以将普通桌面用户和超级计算中心、大型数据库连接起来，用户可以不受距离限制地使用这些计算能力。

（5）军事仿真。可以模拟战场，通过详细的数字分析，掌握各战斗实体的状况和随之而来的战斗结果。

4. 网格系统的特点

根据网格的定义，可以得出网格具有如下特点：

（1）异构性。网格包含多种异构的资源，这些资源可能跨越不同的地理位置和管理区域。多种异构的资源包括各种不同操作系统的主机、服务器或存储设备和数据库等。

（2）结构的不可预测性。与一般局域网系统和单机的结构不同，网格系统由于地域分布和系统的复杂性，整体结构经常变化，网格系统必须做到能够适应这种经常变化的结构。

（3）可适应性。传统的高性能计算机系统中，计算资源是独占的，而网格系统中的资源是异构的、分布的，而且经常发生变化，甚至发生故障，面对这些情况，网格系统应能做到动态的可适应性。

（4）可扩展性。网格系统的初期规模可能很小，随着参与网格计算的计算机的不断加入，系统的规模会越来越大。网格系统必须能够做到适应规模的增加、克服规模的膨胀而造成性能下降或计算的延迟。

（5）多级管理域。由于构成网格系统的超级计算资源通常属于不同的组织，使用不同的安全机制，因此，需要不同的组织共同参与解决多级管理域问题。

5. 网格体系结构

网格主要由6个部分组成，分别是网格节点、数据库、贵重网络设备、可视化设备、宽带主干网和网格软件。网格的体系结构比 Internet 更能有效地利用网上的所有资源。如何让用户尽快得到所需信息而不管信息到底存放在什么地方，如何自动地从距离用户最近的服务器调入用户最需要的信息，如何存储和备份，如何协同网格上的多台服务器、PC 等，如何做到资源、计算和服务的平衡负载等，这些都是设计网格体系结构时所要考虑的问题。目前，主要的网格体系结构模型有五层沙漏模型、开放网格体系结构、计算池模型等。

（1）五层沙漏模型。五层沙漏模型把网格系统分为 5 层：构造层、连接层、资源层、汇集层和应用层，上层协议可调用下层协议的服务，网格内的全局应用都通过协议提供的服务来调用操作系统。构造层向上提供网格中可供共享的资源，它们是物理或逻辑实体；连接层是网格中的网络事务处理通信与授权控制的核心协议。构造层提交的各种资源之间的数据交换都在连接层的控制下实现。各种资源之间的授权验证和安全控制也在连接层实现；资源层对单个资源实施控制，与可用资源进行安全握手，对资源做初始化，监测资源运行状况，统计与付费有关的资源使用数据；汇集层将资源层提交的受控资源汇集在一起，供应用程序共享和调用。为了对来自应用的共享进行管理和控制，汇集层提供目录服务、资源分配、日程安排、资源代理、资源监测诊断、网格启动、负荷控制和账户管理等多种功能；应用层是网格上用户的应用程序。应用程序通过各层的 API 调用相应的服务，再通过服务调用网格上的资源来完成任务。

（2）开放网格体系结构（Open Grid Services Architecture，OGSA）。OGSA 是在五层沙漏模型的基础上，结合 Web Service 技术而提出来的一种模型，是网格技术和 Web Service 的组合体。OGSA 最突出的思想是，将一切对象（包括数据库、服务器和仪表等）都看作服务。Web Service 提供了一种基于服务的框架结构，但这种服务往往是永久的，而在网格上的服务往往是临时性的。所以，OGSA 在 Web Service 概念的基础上，提出了网格服务（Grid Service）的概念，用于解决服务发现、动态服务创建、服务生命周期等与临时服务有关的问题。

（3）计算池模型。计算池模型把分散在各地的高性能计算机用高速网络连接起来，用专门设计的中间件有机地粘合在一起，以 Web 界面接受各地用户提出的计算请求，并将之分配到合适的节点上运行。计算池模型不把一项任务分解成 N 个子任务，而只是安排在其中一台合适的机器上运行，通过 Web 提交任务和查看结果。

16.3.5 普适计算

普适计算（Pervasive Computing 或 Ubiquitous Computing）的思想由 Mark Weiser 在 1991 年提出，并从 20 世纪 90 年代后期开始受到广泛关注。Mark Weiser 是这样描述普适计算的："最具有深远意义的是那些从人们注意力中消失的技术，这些技术已经渗透到人们的日常生活中，以至于和生活难以区分"。

在普适计算时代，人与计算机是一对多的关系。同时，计算机主要不是以单独的"主机+显示器"的设备出现，而是采用将嵌入式处理器、存储器、通信模块和传感器集成在一起，以信息设备（Information Appliances）的形式出现。这些信息设备集计算、通信和传感功能于一身。不仅如此，信息设备还可以十分廉价地通过无线网络与 Internet 连接，并按照用户的个性需求进行定制，以嵌入式产品的方式呈现在人们的工作和生活中。

1. 普适计算的特性

信息设备可以是手持的,也可以是可穿戴的,甚至是以与人们日常生活中所碰到的器具融合在一起。因此,间断连接与轻量计算是普适计算最重要的两个特征,普适计算系统就是要实现在这种环境下的事务和数据处理。

(1)间断连接。在普适计算中,用户必须能够存取服务器信息,在联系中断的情况下,可以处理这些信息。因此,企业计算中心的数据和应用服务器能否与用户保持有效的联系就成为一个十分关键的因素。由于有部分数据要存储在信息设备上,普适计算中的数据库成为一个很关键的软件基础部件,一般采用嵌入式数据库系统。有关嵌入式数据库系统的知识,将在17.2节中详细介绍。

(2)轻量计算。信息设备的计算资源是相对有限的。普适计算主要用于商业用途的数据处理,通常针对移动办公的工作人员和需要经常在旅途中存取企业数据的职员,他们需要不受地域和时间限制地获取和处理核心系统上的数据。

2. 普适计算的应用领域

按照应用的方向不同,普适计算可以分为以下几个方面:

(1)智能环境感知技术。在人体周围环境中布置智能化的技术,而不为人所感觉到。涉及到环境感知、不可见计算、人工智能和自然交互作用等关键技术。

(2)无缝的可移动性。用户无论在任何位置,都感受不到服务效果的变化。包括系统无缝性、业务无缝性和覆盖无缝性等多方面的领域。

(3)普遍的信息访问。用户无论在何时,都可以任何方式访问他们认为有用的信息。

(4)觉察上下文计算。在普适计算中,觉察上下文指的是能识别用户所在的环境。系统能觉察与任务有关的上下文,据此做出决策并自动提供相应的服务。

(5)可以穿戴的计算。这是一种能跟随用户任意移动的新型计算机系统,具有可以再编程的能力。

3. 普适计算系统的组成

一般而言,普适计算系统由新的嵌入式系统、系统软件和普适网络组成。

(1)新的嵌入式系统。嵌入式系统的软硬件可裁减,适用于对功能、可靠性、成本、体积、功耗等综合性严格要求的应用。新的嵌入式系统应具有高可靠性、实时处理能力、系统识别性和交互性等特点。有关嵌入式系统的详细知识,将在第17章中介绍。

(2)系统软件。普适计算的系统软件能对联网设备和计算实体进行管理,为它们之间的数据交换、消息交互、服务发现和任务协调等提供系统级的支持。普适计算的系统软件和其他分布式系统的主要区别体现在物理集成(计算节点和物理世界的某种集成)和自发的互操作。

(3)普适网络。普适计算是网络计算的自然延伸,无线网络将成为普适计算的中心,而网格可能构成计算和资源的平台。

4. 普适计算的关键问题

目前，普适计算还没有太多的应用，因为还有一些技术问题未能（完全）解决，主要问题如下：

（1）发现。当新设备进入或者已有设备添加新的模块时，系统如何发现它，并且和它交互。面向对象技术给予研究人员很大的启示，就是把每一个新设备或者新模块看作一个对象，这样，就可初步实现动态的服务增减。但是，这需要一个全世界软硬件厂商都认可的协议的支持。

（2）感知。如何感知万事万物，即如何辨别用户在时间、空间的变化。现在的摄影机、数码相机、温度计等感知仪器还不能达到"乱真"的精度。同时，还不具备分析环境的能力。

（3）分析关键因素。在判断上下文中找到关键因素，例如，判断雨伞的关键因素在于天气和温度。这需要建立庞大的资源库和情景模型。

（4）强壮性。在无线通信中，模块间不可能实时联系，服务对象可能有一段时间不在服务区（进入盲点），数据不可避免的丢失。在普适计算中，这应该视为正常而不是故障。

（5）微型化和可持久性。信息设备的能耗问题是普适计算的一大技术难题，如果设备耗电量大，人们就得把精力耗费在更换动力系统上。

目前，人们还不得不坐在计算机前工作，还不得不敲击着一个个的字符来表达思想。但是，如果有一天，人们感受不到计算机的存在，而每项工作却都有它们默默的支持，同时，人们从中得到了很大的便利。这时，普适计算的时代就真的到来了。

16.4 片上系统

片上系统（System on Chip，SoC）也称为单片系统，是指在单个芯片上集成一个完整的系统，对所有或部分必要的电子电路进行包分组的技术。所谓完整的系统，一般包括 CPU、存储器和外围电路等。目前，业界所普遍认可的 SoC 是具有多处理器核心的单片集成系统，而且其中集成有 CPU 主处理器，所集成的核心既可以是专用集成电路（Application Specific Integrated Circuit，ASIC）类的硬核，也可以是数字信号处理（Digital Signal Processing，DSP）或协处理器类的软核，甚至也包含其他的专用处理子系统，并且集成有丰富的外设。

SoC 为实现许多复杂的信号处理和信息加工提供了新的思路和方法。SoC 采用了片内可再编程技术，可使片上系统内硬件的功能可以像软件一样通过编程来配置，从而可以实时地进行灵活而方便的修改和开发。这种全新的系统设计概念，使新一代的 SoC 具有极强的灵活性和适应性。它不仅使电子系统的设计和开发以及产品性能的改进和扩充变得十分简易和方便，而且使电子系统具有适应多功能的能力。

16.4.1 SoC 设计

SoC 将电子系统几乎全部的功能集成到一块芯片上,在单个芯片上实现了数据的采集、转换、存储、处理和 I/O 等多种功能。SoC 能集成数字电路、模拟电路、硬件专用电路、存储器、微处理器和 DSP 等多种异构模块,实现多个复杂的应用功能。

1. 设计概述

SoC 具有强大的数据处理和存储能力,具有灵活的软硬件可编程能力。软件的可编程性是指在基于同一种类型的架构下,充分发挥软件本身的适应性和可复用性,减小更改硬件所带来的开销,提高设计速度;硬件的可编程性是指通过对应用的特殊功能的定制来满足性能要求的专用加速器,充分利用硬件本身的便携性和可扩展性,减小研发软件而带来的额外费用,缩短设计周期。因此,SoC 的设计应该是一个软件和硬件协同设计的过程,这是 SoC 的一个非常重要的标志。

传统的集成电路设计一般将系统分为两个部分:系统级软件开发部分和电路级硬件设计部分,软件开发和硬件设计往往是相对独立进行的。在系统级,软件开发人员用 C/C++等高级编程语言进行系统描述和算法仿真,分析系统在软件层面的各项要求和指标,进行系统设计,然后移交给硬件设计工程师进行电路级设计;在电路级,硬件设计师首先要分析和理解系统设计,再利用高速集成电路硬件描述语言(Very-High-Speed Integrated Circuit Hardware Description Language,VHDL)或 Verilog 硬件描述语言进行电路设计。在转换的过程中,可能会引入人为的错误因素。为了验证软件开发的正确性,必须等硬件全部完成之后才能进行软件测试和系统集成,大大延长了设计的进程。

传统的设计方法使得在软件和硬件之间很难进行早期的平衡和优化,并有可能严重影响开发成本和开发周期。根据有关统计数据,从系统级设计到电路级设计所花费的时间一般是系统级设计所花时间的 3 倍左右。

面向 SoC 系统级的关键技术包括软硬件协同设计技术、设计复用技术、与底层相结合设计技术,三者相辅相成,相互促进。软硬件协同设计技术常与设计复用技术交织在一起,成为目前 SoC 系统级设计的主要部分;与底层相结合的高层设计技术是在现阶段由于制造工艺不断进步,进入纳米级环境的前提下,提出的一种能有效解决高层综合和物理设计不匹配而导致设计不收敛问题的新技术。

2. 软硬件协同设计技术

早期的软硬件协同设计方法是一种面向目标的方法,设计方法有两种,一种是针对一个特定的硬件如何进行软件开发,另一种是根据一个已有的软件实现具体的硬件结构。第一种方法是一个经典的软件开发问题,软件性能的好坏不仅仅取决于软件开发人员的技术水平,更依赖于所使用的硬件平台;第二种方法是一个软件固化的问题,可以采用一个与原有软件平台相同的软件处理器,并将软件代码存放在存储器中,也可以在充分理解软件功能之后完全用硬件来实现。

采用存储器固化软件代码的方法可以比较快地实现芯片设计，且芯片具有一定的二次开发可能。但是，由于需要考虑实现所需的硬件平台的一致性，芯片的性能将受到较大的限制，大多应用在性能比较低的场合。而要找到一个与软件开发时所使用的硬件平台兼容的处理器也十分困难。

将软件功能全部由硬件来实现的方法具有较大的风险，一般需要比较长的时间和比较大的人力、物力和财力的投入，但这种芯片具有较高的性能。

面向 SoC 的软硬件协同设计方法是面向系统的设计方法，主要通过分析系统任务和所需的资源，采用特定的方法，遵循特定的准则，自动生成符合系统功能要求和成本约束的硬件和软件架构。在 SoC 中，软硬件的结合是非常紧密的，软件和硬件之间的功能划分，以及它们的实现并没有固定的模式，而是随应用的不同而变化。图 16-8 给出了一个面向 SoC 软硬件协同设计的流程。

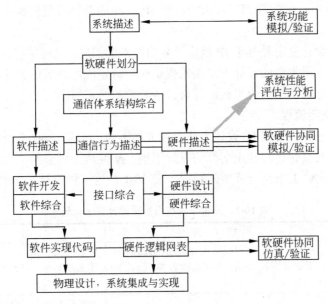

图 16-8　面向 SoC 软硬件协同设计的流程

当然，这种方法还需要解决的问题比较多，具体如下：

（1）系统描述方法问题。硬件描述语言（Hardware Description Language，HDL）是否仍然有效，如何来定义一个系统级的软件功能描述或硬件功能描述，可供设计者使用的系统功能描述语言。

（2）最优性原则的确定问题。由于采用了全新的理论体系，传统最优性准则已经不能满足要求，除了速度、面积等硬件优化指标外，与软件相关的指标有哪些，以及如何考虑等，都是亟待解决的问题。

（3）如何进行功能验证。包括验证所需的环境、确认设计错误发生的地方和机理等。

有关 SoC 验证的详细知识,将在 16.4.2 节中介绍。

(4) 功耗问题。传统的 IC 功耗分析、估计方法已经不能用来分析和估计含有软件和硬件两部分的 SoC 的功耗。传统方法可以对一个硬件设计进行功耗分析,但无法单独分析软件运行引起的动态功耗。

3. 设计复用技术

SoC 芯片的集成度越来越高,更新周期越来越快,为了满足这些功能需求和性能要求,设计师需要依靠复用技术,SoC 的设计复用技术主要有两种:基于 IP 核的模块级复用和基于平台的系统级复用。

基于 IP 核的设计复用主要包括 IP 核的设计和 IP 核的使用。IP 核的设计目标是实现即插即用,但目前离这个目标还有较长的距离。IP 核的设计除了需要考虑具体功能之外,还要考虑可复用、可测试性和测试的可复用性。IP 核的质量是 IP 核最重要的因素之一,IP 核必须是可复用、可配置和可升级的,且 IP 升级应符合可复用标准,以确保升级后 IP 核的可复用性。

基于平台的设计复用是基于 IP 核设计复用技术的扩展,延伸了设计复用的理念,强调系统级复用。基于平台的设计方法要求提供面向特定应用领域的设计模板,设计师通过对设计模板进行适当的修改来构造符合性能要求的 SoC 系统。

4. 设计方法与流程

SoC 设计方法和传统的 IC 设计方法有很大的不同,目前,SoC 系统级设计方法基本上是采用层次化的设计思想和正交性的设计原则,从性质上可分为三大阵营,分别是自顶向下、自底向上、上下结合或中间相遇。表 16-1 是这三种设计方法的一个对比。

表 16-1　三种不同的系统级设计方法比较

系统级设计方法	优　点	缺　点
自顶向下	符合软件开发和硬件设计人员的思路;易于定义层次关系,明确层次行为、结构和语义	依赖于某种系统级设计语言;设计复用效率较低,开发的产品只能定制于某一种应用
自底向上	易于遵循设计复用思路;能简化设计流程,加快设计速度;扩充对架构探索能力	系统的集成较为困难,通信接口综合问题比较严重;依赖于底层环境的支持
上下结合	易于遵循计算与通信、行为结构相分离的设计原则;与具体的设计语言无关;开发的产品适用于一类应用,有较强的可编辑性、灵活性	平台的定义比较复杂,需兼顾软件开发与硬件设计;难以开发面向平台的自动综合与验证工具

16.4.2　SoC 验证

SoC 的验证工作涵盖系统设计全过程,根据有关统计数据,验证工作量大约占整个设计工作量的 70%左右,而芯片一次投片成功率在 35%左右,造成重复投片的主要原因就是验证工作不够。SoC 的验证工作是件困难的事情,单一的工具和技术很难解决验证问题,而是需要一系列复杂的工具和技术来减少设计错误数,使之达到设计要求。

1. 技术角度

从技术角度来看,SoC 验证方法主要有模块/IP 核级验证、系统级验证和 FPGA(Field Programmable Gate Array,现场可编程门阵列)验证等。

(1)模块/IP 核级验证。该验证方法是对 SoC 模块和复用第三方的 IP 核在系统集成前进行验证,验证的内容包括软性检查、规范模型检查、功能验证、协议检查、直接随机测试和代码覆盖率分析等方面。

(2)系统级验证。系统级验证主要确认芯片架构满足所赋予的功能或性能要求。验证的内容包括功能验证、软硬件性能验证和系统级基准测试。为了验证的方便,目前还采用仿真技术,主要包括功能仿真、基准测试包和事件驱动仿真等。

(3)FPGA 验证。FPGA 验证是 SoC 设计流程中重要的一个环节,用来改进 RTL(Register Transfer Level,寄存器传输级)设计代码,验证功能的正确和完整性,提高 SoC 成功率。一方面,作为硬件验证工具,可以将所设计的 RTL 代码综合实现后写入 FPGA 芯片进行调试检错;另一方面,可以进行软件部分的并行开发,在验证板上检测驱动程序,启动操作系统。FPGA 验证的流程相当于一个 FPGA 设计的流程,它主要分为设计输入、综合、功能仿真(前仿真)、实现、时序仿真(后仿真)、配置下载和下载后板级调试检错等几个步骤。

2. 功能验证的角度

从功能验证的角度来看,SoC 验证方法主要有动态功能验证、静态功能验证、混合功能验证和等效性验证等。

(1)动态功能验证。动态功能验证主要将输入图形/激励信号和结果与一个参考模型进行比较,检查与规范的符合程度。动态功能验证的一个主要缺点是,在一个限时验证过程中,只能对芯片的典型工作特性进行验证。

(2)静态功能验证。静态功能验证是将设计映射到一个采用数学表达式来说明其功能的图形结构上,通过对这种图形结构的证实来验证这些数学表达式。

(3)混合功能验证。混合功能验证将动态功能验证和静态功能验证集成在一起,首先执行动态验证,验证结果被捕获后用作静态验证的输入,在静态验证过程中,相关信息通过设计进行传播。

(4)等效性验证。等效性验证主要通过比较匹配点之间的逻辑来执行等效性检查,通过将生成的数据结构与相同输入特性曲线条件下的输出数值特性曲线进行比较。如果相同,就是等效的,否则就是不等效的。

16.5 多核技术

多核是多微处理器核的简称,是将两个或更多的独立处理器封装在一起,集成在一个电路中。多核处理器是单枚芯片(也称为硅核),能够直接插入单一的处理器插槽中,但操作系统会利用所有相关的资源,将它的每个执行内核作为分立的逻辑处理器。通过在多个执行内核之间划分任务,多核处理器可在特定的时钟周期内执行更多任务。

多核架构能够使现有的软件更高效地运行,构建一个更完善的软件架构,操作系统专为充分利用多个处理器而设计,且无需修改就可运行。为了充分利用多核技术,软件开发人员需要在程序设计中融入更多思路,其设计流程与对称多处理系统的设计流程相同,并且现有的单线程应用也将继续运行。

16.5.1 多核与多线程

在多核技术中,计算机可以同时执行多个进程;在操作系统中,多个线程也可以并发执行。从表面上看起来,好像没有什么区别,但事实上,它们的区别是很大的。

1. 多核技术与并发多线程

多核技术可以看作是一种 CPU 的集成技术,在一个 CPU 处理模块上,可以集成 2 个以上的 CPU,但是,它们还是单独的物理 CPU。

并发多线程(Simultaneous Multi-Threading,SMT)技术利用处理器的超标量特性,同时执行多条指令。SMT 技术需要操作系统的支持,是在操作系统级别上实现一个物理 CPU 的多线程并发处理,提高 OLTP 环境模式下的 CPU 利用率。它的基本理念是,没有一个单一应用可使超标量处理器达到完全饱和状态,因此,部署同时提供输入的多个应用的效果更为理想。

在程序执行时的再细分和再切割的小型化单位上,先是有进程,之后才有线程,线程的单位比进程更小,一个进程内可以有多个线程,在一个进程下的各线程,都是共享同一个进程所建立的内存寻址资源和内存管理机制,包括执行权限、内存空间和堆栈位置等,除此之外,各线程自身仅拥有少量执行所必需的变量属性,其余都依据与遵守进程所设立的规定。

2. 多核技术与超线程

传统的应用是单核应用,它们按顺序依次处理每条命令。例如,用于运行三个应用的一个单线程应用会首先运行其中一个应用,当该应用完成后才开始运行第二个应用,而后再是第三个应用。现在,许多商业应用和操作系统采用了多线程技术,可在同一时间内利用一个以上的处理器能力,它们可同时处理多个任务。在这个例子中,所有三个应用在提供多线程能力的系统上可同时进行处理,能显著得提高系统的性能。

超线程是多线程处理的一种形式,例如,大多数 Intel 处理器采用超线程。超线程技术通过添加与物理线程并行的虚拟线程,实现单核处理器对两个线程的执行。虽然超线程技术可提高处理性能,但潜在的提高远比不上在服务器上添加两个物理处理器核心,这是因为在处理虚拟线程时会出现超负荷处理现象。因此,将多核技术和超线程技术进行结合,可以提供更好的系统性能和扩展性。

16.5.2 多核编程

多核处理器带来了强大的计算能力,如果无法实现程序的并行,那么,大量计算资源将被闲置,造成巨大的浪费,针对这些问题,产生了许多新的技术,包括并行计算语言平台(例如,Erlang 等)、并行库(例如,Open MP 等)、并发编程(例如,Java Concurrency 等)和多核计算工具(例如,Intel C++ Compiler 等),这些技术和处理器共同形成了新计算环境的底层平台。

1. 多核编程技术

多核编程技术主要包括并行计算、共享资源分布式计算、任务分解与调度、Lock-Free 编程等内容。其中共享资源分布式计算、任务分解与调度是最重要的内容,也是大多数程序员未接触过的内容,许多并行算法都可以通过它们来实现。多核编程模式主要是提供一种多核并行与分布式编程的普遍方法,有了这些编程模式后,程序员不再需要去学习各种复杂的并行算法,它可以复用现有的串行算法,很容易地实现并行和分布式计算。在多核编程技术中,最重要的一点是如何将计算均匀分摊到各个 CPU 核上。

多核时代的到来,给程序员的编程思维带来了巨大的冲击和挑战。为了能够充分利用多核性能,程序员必须学会以分块的思维设计程序,以多进程或多线程的形式来编写程序。到底应该使用多进程还是多线程的形式来编写程序,是最让程序员感到困惑的问题之一,这些需要根据具体的应用来决定。在通常情况下,使用多线程进行多核编程比使用多进程有更大的优势,因为:

(1)线程的创建和切换开销比进程更小。
(2)线程之间通信的方式比较多,而且简单也更有效率。
(3)多线程有很多的基础库支持。
(4)多线程的程序比多进程的程序更容易理解和修改。

除了编程形式,使用多线程编程的动机也发生了改变。过去,Windows 程序员使用多线程的主要原因之一是为了提高用户程序运行效率,例如,在长时间的计算中提高 GUI、I/O 或者网络的响应速度。而在多核时代编写应用程序为了充分利用多个计算核心,缩短计算时间,或者在相同的时间段内计算更多任务。例如,在进行游戏编程时,通过多线程的方式把碰撞检测的计算分散到多个 CPU 内核,就可以大大缩减计算时间,也可以利用多核做更细致的检测计算,从而能够模拟更加真实的碰撞。

2. 多核编程语言

在多核时代,对编程语言的选择也要更加谨慎,各种语言对多线程支持的比较如表

16-2 所示。

表 16-2 各种语言对多线程支持的比较

支持 \ 语言	C/C++等编译型语言	C#/Java/Python 等脚本	PHP/Ruby/Lua 等脚本
语言支持多线程	否	是	否
库支持多线程	是	是	否
支持内核级线程	是	是	否
支持用户级线程	可模拟	可模拟	是
线程编程复杂度	一般/易	易	N/A

编译型语言往往都是通过平台相关的库来提供多线程支持的，由于没有统一的标准，在使用编译型语言编写多线程程序时，需要考虑更多的程序细节，提高了系统开发的成本。虽然脚本语言在语言层次上提供了对多线程编程的原生支持，但脚本语言的基础库（数据结构与算法的基础库）与编译型语言的基础库一样，都是以串行的方式来设计开发的，因此，用脚本语言进行多线程编程也没有特别的优势。

16.6 面向方面的编程

AOP 是目前发展比较迅速的一种新的程序设计方法，它是一种基于关注点分离的新技术，系统中不同的关注点能够被分离出来并进行单独的设计，可以解决 OOP 不能简单解决的复杂问题。

AOP 技术允许开发人员在系统设计时，从核心功能需求中分离出不同的关注点。例如，实时性、安全性、错误和异常处理、日志、同步控制、调度、性能优化、通信管理、资源共享和分布式管理等。同时，通过支持方面的组合和绑定来实现系统的集成。关注点分离可以改进系统的设计，开发人员只需要实现单独的方面，而不必过多地考虑其他方面和系统的核心构件。与 OOP 一样，AOP 也需要对面向方面的系统进行建模，但现在还没有统一的标准建模方法。

16.6.1 AOP 概述

AOP 的出现是为了解决传统方法中不能很好解决的横切关注点的问题，它不是一种取代传统编程技术的方法，而是对这些技术的补充，它将系统中不同维度的关注点分离，避免将横切方面的关注点分散在核心的业务代码中。AOP 的目标是提供方法和技术，把问题分解为一系列的相关功能构件和一系列贯穿多个功能构件的方面，然后组合这些构件和方面，获得系统的实现。

1. 基本概念

由于 AOP 是一种新的开发技术，其引入了很多新的概念，为了后面讨论的方便，本节先介绍 AOP 中的一些基本概念。

（1）方面（aspect）。方面是表达对系统关注抽象出来的一般特性。简单地说，就是将那些与业务无关，却为业务模块所共同调用的逻辑（例如，事务处理、日志管理和权限控制等）封装起来，以减少系统的重复代码，降低模块间的耦合度，并有利于未来的可操作性和可维护性。方面可以分为功能性方面和非功能性方面。功能性方面有同步控制、通信管理、分布式管理和资源共享等，非功能性方面有实时性、安全性、记录日志、异常处理和性能优化等。在引入 AOP 之前，方面代码贯穿于系统多个功能性构件之间，与其他代码搅混在一起，不利于系统跟踪和维护。

（2）连接点（joinpoint）。连接点是程序执行过程中的一个特定点，用来定义在程序的哪个地方通过 AOP 加入新的逻辑。例如，对某个方法的调用或某个特定异常的抛出，都可以称为连接点。连接点模型提供了通用的引用框架，允许定义方面的结构。

（3）通知（advice）。通知是 AOP 框架在某个特定的连接点处所运行的代码。通知有多种类型，包括环绕通知、前置通知、后置通知和异常通知等。通知是不知觉的，因为在连接点没有明确的符号指出要在此运行通知，编写原始基础代码的程序员可能不知道这种变化。

（4）切入点（pointcut）。切入点是指通知的应用条件，用于确定某个通知要被应用到哪些连接点上。AOP 框架允许开发人员指定切入点。

（5）引入（introduction）。引入是指向目标对象添加方法或字段的行为。目标对象是指包含连接点的对象，如果一个对象的执行过程受到某个 AOP 的修改，就称为目标对象。

（6）代理（proxy）。代理是指由 AOP 框架在将通知应用于目标对象后创建的对象。

（7）编织（weaving）。编织是一种将核心功能模块与方面组合在一起，从而产生出一个工作系统的过程。编织可以在编译时完成，也可以在运行时完成。有关编织的详细知识，将在 16.6.2 节中介绍。

2. 与 OOP 的比较

OOP 的最大优势是整个系统可以被看成是由一些独立的类的集合组成，其中每个类都有良好定义的任务，它的责任是非常清晰的。在面向对象的程序中，这些类相互协作以完成整个系统的目标。但是，系统的有些部分不能被看成是某一个类的责任，它们跨越了整个系统。例如，日志记录和性能优化等趋向于横切多个功能构件的系统行为（将这种行为称为横切关注点），因为它跨越了多个模块，而当前的软件开发技术使用一维的方法来处理这种需求，把对应需求的实现强行限制在一维的空间里。这个一维空间就是核心模块级实现，其他需求的实现被迫嵌入这个占统治地位的空间中，现有的这种将 N 维系统需求实现为一维空间的开发方法，导致了糟糕的需求到实现的映射，从而表现为：

（1）代码混乱。系统中的模块可能要同时兼顾几个方面的需求，导致同一个关注点在多个模块中同时出现，从而引起代码混乱。

（2）代码分散。由于横切关注点本来就涉及到多个模块，相关实现也就遍布在这些模块中。例如，在一个使用数据库的系统中，性能问题就会影响所有访问数据库的模块，从而导致代码的分散。

AOP 可以解决这些问题，它允许开发人员动态地修改静态的 OO 模型，构造出一个能够不断增长以满足新增需求的系统。AOP 利用横切技术，剖解开封装对象的内部，并将那些影响了多个类的行为封装到方面中。有关横切技术的详细知识，将在 16.6.2 节中介绍。

除了可以解决代码混乱和代码分散所带来的问题外，AOP 还有一些其他的优点，例如：

（1）模块化横切关注点。AOP 用最小的耦合处理每个关注点，使得即使是横切关注点也是模块化的。这样，程序代码的冗余小，系统容易理解和维护。

（2）系统容易扩展。由于方面模块根本不知道横切关注点，所以，很容易通过建立新的方面加入新的功能。另外，当往系统中加入新的模块时，已有的方面自动横切进来，使系统易于扩展。

（3）设计决定的迟绑定。使用 AOP，设计师可以推迟为将来的需求作决定，因为他可以把这种需求作为独立的方面很容易地实现。

（4）更好的代码复用性。AOP 把每个方面实现为独立的模块，模块之间是松耦合的。松耦合的实现通常意味着更好的代码复用性，在这一点上，AOP 比 OOP 做得更好。

一个 AOP 实现可以借助其他编程范型作为基础，从而原封不动地保留其基础范型的优点。例如，AOP 可以选择 OOP 作为它的基础范型，从而把 OOP 善于处理核心关注点的好处直接带过来。因此，AOP 不会抛弃现有的程序设计技术的思想精髓。可以说 OOP 是 AOP 的技术基础，AOP 是对 OOP 的继承和发展。相比于传统的程序设计方法学，AOP 能够将关注点分离，从而模块化地实现贯穿特性。当使用 AOP 编程时，可以结合需求的特点，选择合适的实现结构。

3．软件开发过程

AOP 包括三个清晰的开发步骤，分别是方面分解、关注点实现和方面的重新组合，如图 16-9 所示。

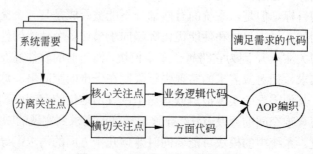

图 16-9　AOP 的开发步骤示意图

（1）方面分解。分解需求提取出横切关注点和核心关注点。把核心模块级关注点和系统级的横切关注点进行分离。例如，对于一个信用卡系统，可以分解出三个关注点：核心的信用卡处理、日志和验证。

（2）关注点实现。各自独立地实现这些关注点，用 OOP 实现核心关注点，用 AOP 实现横切关注点。例如，可以用 OOP 实现信用卡处理单元，而用 AOP 实现日志单元和验证单元。

（3）方面的重新组合。方面集成器通过创建一个模块单元（方面）来制定重组的规则，重组过程也称为编织。

4．需要解决的问题

与其他的编程思想发展过程一样，AOP 作为一个后来者，其理论研究与实践应用的时间还不长，有许多问题还需要进一步的研究与探讨。主要集中在以下几个方面：

（1）如何有效地判断和识别系统中的横切关注点。

（2）如何准确把握方面之间及其与核心类之间的相互关系。

（3）如何进一步开发和丰富支持 AOP 的语言并保证其正确性。

（4）如何利用现有的 CASE 工具为 AOP 系统建模。

（5）如何开发有效的工具来满足从软件设计到维护各个阶段的需要。

16.6.2 AOP 关键技术

AOP 作为一种新的编程方法，涉及到一些新的技术，主要包括关注点分离、编织和横切等，这种技术的结合，充分发挥了 AOP 的优势。

1．关注点分离

对于软件关注点，可以区分两种不同级别的分离：概念级和实现级。在概念级，对每个关注点提供足够的抽象作为单个概念，确保单个关注点是原语级的，在某种程度上它们处理的是程序员思想中的自然关注点；在实现级，需要提供足够的组织架构来隔离关注点，其目标是分离出一块代码，处理不同的关注点，使各关注点之间松散耦合。

要分离特定的关注点，通常有三种方法：元级编程、自适应编程和组合过滤器。

（1）元级编程。元级编程是一种反映系统为表示自身而融合的结构。编程语言的基本构件（例如，类和对象调用）在元级进行描述，并可以用元级编程进行扩展和重定义。元级编程支持实现级的关注点分离，通过捕获发送到对象的消息和对象接收的消息，元对象能够执行特殊目的的工作。例如，它们可以检查同步约束、确保实时声明、在不同的机器之间移植参数、写日志等。

（2）自适应编程。自适应编程是一种基于代码模式的编程模型。代码模式是按照不同类别划分的，每个模式捕获了编程中的抽象。这些模式可分为传播模式、传输模式和同步模式。传播模式定义数据操作,标识为特殊操作而交互的子类;传输模式抽象了参数化过程,它们用在传播模式中,沿着子类将参数传进或带出;同步模式在并发应用中定义对象之间的同步机制,其目的是控制进程对操作执行的访问。每个模式类处理不同的关注点,它们通过名字消解,以一种松散耦合的方式与其他构件交互。

(3)组合过滤器。组合过滤器模型通过添加对象组合过滤器,对 OO 模型进行了扩展。过滤器的目的是管理、影响发送和接收的消息,指定消息接受和拒绝的条件。过滤器可在每个类的基础上编程。分离关注点是通过为每个关注点定义一个过滤器来实现的,每个过滤器类负责处理其相关关注点的所有方面。过滤器机制使程序员有机会捕获所有接收和发送的消息,在方法代码实际执行前执行特定的行为。

以上技术的共同点是它们提供了一种机制来解释发送和接收的消息。元对象协议在元级执行了这个解释,是通过计算反射和消息具体化实现的;组合过滤器通过内置的过滤器机制捕获消息。在这两种情况下,解释器是在运行时执行的;面向模式的编程实现了编译时的消息解释,模式编译器检测何时为专用关注点所需要方法扩展代码,并将该段代码直接插入,它类似于预处理器(在运行时不做解释)。

2. 编织

编织是实现 AOP 的一个重要机制,利用方面编织器可以把 AOP 实现的方面代码织入到用 OOP 实现的核心功能代码中,从而构建最终系统。编织的实现机制有多种,从编织的过程来看可以分为两类:静态编织和动态编织;而根据编织发生在系统生命周期的不同时刻,又可以分为三类:编译时编织、载入时编织和运行时编织。

(1)静态编织和动态编织。静态编织是指在核心功能代码中的适当位置(例如,某段代码执行前或执行后),将方面代码织入,从而形成混合的编码;动态编织可以在程序运行时,根据上下文来决定调用哪些方面和被调用的先后顺序,以及增加或删除一个方面等。利用静态编织的工具有 AspectJ、AspectC++等;利用动态编织的工具有 AspectWerkz、Jboss、Spring AOP、AOP/ST 等。静态编织中由于方面代码在程序运行前已被内联至核心功能代码中,代码被高度优化,因此,执行速度与未使用 AOP 方式编写的代码相差无几,对性能几乎没有影响;动态编织由于引入了额外的抽象层,性能会有一定的降低。静态编织会改变类的源代码,而且在设计时就要确定所有的方面;而动态编织则不会,它可以在运行时增加、修改和删除方面。

(2)编译时编织。编译时编织可以在编译前进行预处理,将两种代码自动混合,将方面中的代码自动插入到功能模块代码的合适位置处;也可以在编译后进行处理,对编译后的代码进行操作。利用编译时编织,能够使用 AOP 系统进行细粒度的编织操作。编译时编织最典型的框架有 AspectJ、AspectC++和 AspectWerkz 等。编译时编织会带来开销,主要是内存和时间的使用,因为它是在编译时执行大部分通知。在大型项目中,这些开销有可能是很可观的,而且可能带来一些问题,特别是在切入点发生变化时,大部分系统都需要重新编译。然而，编译时编织也意味着在运行的时候，几乎不需要为了匹配切入点做额外的工作。

（3）载入时编织。载入时编织是在代码载入时，实现代码的编织。程序的主逻辑部分和方面部分可以分别进行开发和编译，而编织操作就发生在框架载入方面代码之时。Aspect Werkz、AspectJ、Spring 和 JBoss 都支持载入时编织。

（4）运行时编织。运行时编织是指在运行时根据对方法的调用执行适当的方面代码以实现编织。运行时编织可能是所有编织方式中最为灵活的，程序在运行过程中可以为单个的对象指定是否需要编织特定的方面。运行时编织采用的编织技术有反射、动态代理和拦截器。

从调用通知的速度来看，编译时编织的调用最快，其次是载入时编织，最后是运行时编织；而从编译时的开销来看，编译时编织的开销最多，其次是载入时编织，运行时编织几乎没有编译开销。因此，针对具体的应用场合，需要作出不同的选择。

3．横切

在传统的程序中，由于横切行为的实现是分散的，开发人员很难对这些行为进行逻辑上的实现或更改。例如，用于日志记录的代码和主要用于其他职责的代码缠绕在一起，更改系统的日志记录策略可能涉及数百次编辑。在 AOP 中，将这些具有公共逻辑的、与其他模块的核心逻辑纠缠在一起的行为称为横切关注点，因为它跨越了给定编程模型中的典型职责界限。AOP 的横切技术通常分为两种类型：动态横切和静态横切。

（1）动态横切。动态横切是通过切入点和连接点在一个方面中创建行为的过程，连接点可以在执行时横向地应用于现有对象。动态横切通常用于帮助向对象层次中的各种方法添加日志记录或身份认证。在很多应用场景中，动态横切技术基本上代表了 AOP，其核心主要包括连接点、切入点、通知和方面。

（2）静态横切。静态横切和动态横切的区别在于，它不修改一个给定对象的执行行为。相反，它允许通过引入附加的方法字段和属性来修改对象的结构。此外，静态横切可以把扩展和实现附加到对象的基本结构中。在 AOP 技术中，静态横切受到的关注相对较少。

AOP 技术改变了整个系统的设计方式。在分析系统需求之初，利用 AOP 思想，可以分离出核心关注点和横切关注点。在实现了诸如日志、事务管理、权限控制等横切关注点的通用逻辑后，开发人员就可以专注于核心关注点，将精力投入到解决业务逻辑上来。同时，这些封装好的横切关注点提供的功能，可以最大限度地复用于业务逻辑的各个部分，既不需要开发人员编写特殊的代码，也不会因为修改横切关注点的功能而影响具体的业务功能。

第 17 章 嵌入式系统分析与设计

近年来,我国嵌入式系统应用产品的市场需求日益增长,嵌入式系统的产值呈现出不断增长的趋势,在家电、电子、汽车、通信、交通、金融、网络、监控和工业自动化等领域尤其明显。发展嵌入式系统技术和产业是贯彻"信息化带动工业化,工业化促进信息化"的方针,促进我国产品由"中国制造"向"中国创造"迈进的迫切需要,也是建立循环经济、节能减排、保护环境,保证我国国民经济能得到持续、稳步、快速发展的重要技术基础。

随着"后 PC 时代"的来临及 3C 融合加速趋势的彰显,我国以嵌入式软件为核心的嵌入式系统产业的高速增长迎来了千载难逢的契机,嵌入式系统现已成为我国 IT 行业的一个重要新兴产业和增长点。因此,作为 IT 行业"排头兵"的系统分析师,必须掌握嵌入式系统的基本原理和开发方法,重点掌握嵌入式系统的分析与设计技术。

17.1 嵌入式系统概述

嵌入式系统是一种以应用为中心,以计算机技术为基础,可以适应不同应用的功能、可靠性、成本、体积和功耗等方面的要求,集可配置、可裁减的软硬件于一体的专用计算机系统。它具有很强的灵活性,主要由嵌入式硬件平台、相关支撑硬件、嵌入式操作系统、支撑软件和应用软件组成。其中,嵌入性、专用性和计算机系统是嵌入式系统的三个核心要素。

1. 嵌入式系统的特点

归纳起来,典型的嵌入式系统具有以下特点:

(1)系统专用性强。嵌入式系统是针对具体应用的专门系统。它的个性化很强,软件和硬件结合紧密。一般要针对硬件进行软件的开发和移植,根据硬件的变化和增减对软件进行修改。由于嵌入式系统总是用来完成某一特定任务的,整个系统与具体应用有机地结合在一起,升级换代也以更换整个产品的方式进行,因此,嵌入式产品一旦进入市场,一般具有较长的生命周期。

(2)系统实时性强。很多嵌入式系统对外来事件要求在限定的时间内及时做出响应,具有实时性。根据实时性的强弱,通常将嵌入式系统分为实时嵌入式系统和非实时嵌入式系统,其中大部分为实时嵌入式系统。

(3)软硬件依赖性强。嵌入式系统的专用性决定了其软硬件的互相依赖性很强,两者必须协同设计,以达到共同实现预定功能的目的,并满足性能、成本和可靠性等方面的严格要求。

（4）处理器专用。嵌入式系统的处理器一般是为某一特定目的和应用而专门设计的。通常具有功耗低、体积小和集成度高等优点，能够将许多在通用计算机上需要由板卡完成的任务和功能集成到芯片内部，从而有利于嵌入式系统的小型化和移动能力的增强。

（5）多种技术紧密结合。嵌入式系统通常是计算机技术、半导体技术、电力电子技术、机械技术与各行业的具体应用相结合的产物。通用计算机技术也离不开这些技术，但它们相互结合的紧密程度不及嵌入式系统。

（6）系统透明性。嵌入式系统在形态上与通用计算机系统差异甚大。它的输入设备往往不是常见的鼠标和键盘之类的设备，甚至没有输出装置，用户可能根本感觉不到它所使用的设备中有嵌入式系统的存在，即使知道，也不必关心嵌入式系统的相关情况。

（7）系统资源受限。嵌入式系统为了达到结构紧凑、高可靠性和低成本的目的，其存储容量、I/O 设备的数量和处理器的处理能力都比较有限。

2．嵌入式系统的组成

嵌入式系统是一种嵌入到对象体的结构中或带有执行装置的应用环境中的专用计算机系统，一般都由软件和硬件两个部分组成，如图 17-1 所示，其中嵌入式处理器、存储器和外部设备构成整个系统的硬件基础。嵌入式系统的软件部分可以分为三个层次，分别是系统软件、应用支撑软件和应用软件。其中系统软件和支撑软件是基础，应用软件则是最能体现整个嵌入式系统的特点和功能的部分。

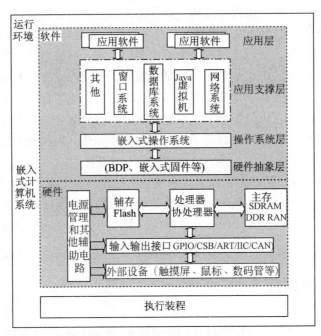

图 17-1　嵌入式系统的组成

（1）嵌入式处理器。嵌入式系统的核心部件是各种类型的嵌入式处理器。目前，嵌入式处理器可以分为嵌入式微处理器、嵌入式微控制器、嵌入式数字信号处理器和嵌入式片上系统。

（2）总线。嵌入式系统的总线一般分为片内总线和片外总线。片内总线是指嵌入式微处理器内的 CPU 与片内其他部件连接的总线；片外总线是指总线控制器集成在微处理器内部或外部芯片上的用于连接外部设备的总线。

（3）存储器。嵌入式系统的存储器主要包括主存和外存，具体可分为三种，分别是 Cache、片内主存和片外主存，以及外存。

（4）I/O 设备与接口。嵌入式系统的输入设备因其应用领域的不同，有多种多样，比较常见的有键盘、鼠标、触摸屏、手柄和声控开关等。通常，根据输入设备实现机理的不同，嵌入式系统的设备可以分为机械式、触控式和声光式三类。嵌入式系统的输出设备除了通用计算机常用的显示器、打印机和绘图仪等设备外，还包括发光二极管（Light Emitting Diode，LED）指示灯、液晶显示（Liquid Crystal Display，LCD）屏幕和扬声器等媒体设备。嵌入式系统与外部设备或其他计算机系统进行通信，需经接口适配电路，进行工作速度、数据格式和电平等的匹配与转换。当前，在嵌入式系统中广泛应用的接口主要有 RS232-C 串行接口、并行接口、USB 接口、IEEE-1394 接口和 RJ-45 接口等，此外，以蓝牙（bluetooth）为代表的无线接口在嵌入式系统中的应用也日趋广泛。

（5）操作系统。嵌入式操作系统由操作系统内核、应用程序接口和设备驱动程序接口等几部分组成，一般采用微内核结构。操作系统只负责进程的调度、进程间的通信和内存分配，以及异常与中断管理等最基本的任务，其他大部分的功能则由支撑软件完成。

（6）应用支撑软件。应用支撑软件一般由窗口系统、网络系统、数据库管理系统和 Java 虚拟机等部分组成，但这些部分都不是必须的，不同的嵌入式系统具有不同的应用支撑软件。另外，嵌入式系统软件的开发环境大部分是在通用台式计算机和工作站上运行，但从逻辑上来说，它仍然是嵌入式系统支撑软件的一部分。应用支撑软件一般用于一些浅度嵌入的系统中，例如，智能手机和个人数字助理（Personal Digital Assistant，PDA）等。

（7）应用软件。应用软件位于嵌入式系统层次结构的最上层，直接与最终用户交互，是系统整体功能的集中体现。系统的能力总是通过应用软件表现出来的，一个嵌入式系统可以没有支撑软件，甚至可以没有操作系统，但不可以没有应用软件，否则它就不可能成为一个系统。

17.2 嵌入式数据库系统

嵌入式数据库管理系统（Embedded DataBase Management System，EDBMS）就是在嵌入式设备上使用的 DBMS。由于用到 EDBMS 的嵌入式系统多是移动信息设备，例如、掌上电脑、PDA、车载设备等移动通信设备，位置固定的嵌入式设备很少用到，因此，嵌入式数据库也称为移动数据库或嵌入式移动数据库。EDBMS 的作用主要是解决移动计算环境下数据的管理问题，移动数据库是移动计算环境中的分布式数据库。

在嵌入式系统中引入数据库技术，主要因为直接在嵌入式操作系统或裸机之上开发信息管理应用程序存在如下缺点：

（1）所有的应用都要重复进行数据的管理工作，增加了开发难度和代价。

（2）各应用之间的数据共享性差。

（3）应用软件的独立性、可移植性差，可复用度低。

在嵌入式系统中引入 DBMS，可以在很大程度上解决上述问题，提高应用系统的开发效率和可移植性。

1. 使用环境的特点

嵌入式数据库系统是一个包含 EDBMS 在内的跨越移动通信设备、工作站或台式机，以及数据库服务器的综合系统，系统所具有的这个特点以及该系统的使用环境对 EDBMS 有着较大的影响，直接影响到 EDBMS 的结构。其使用环境的特点可以简单地归纳如下：

（1）设备随时移动性。嵌入式数据库主要用在移动信息设备上，设备的位置经常随使用者一起移动。

（2）网络频繁断接。移动设备或移动终端在使用的过程中，位置经常发生变化，同时也受到使用方式、电源、无线通信和网络条件等因素的影响。所以，一般并不持续保持网络连接，而是经常主动或被动地间歇性断接和连接。

（3）网络条件多样化。由于移动信息设备位置的经常变化，导致它们与数据库服务器在不同的时间可能通过不同的网络系统连接，这些网络在带宽、通信代价、网络延迟和 QoS 等方面可能有所差异。

（4）通信能力不对称。由于受到移动设备的资源限制，移动设备与服务器之间的网络通信能力是非对称的。移动设备的发送能力都非常有限，使得数据库服务器到移动设备的下行通信带宽和移动设备到数库据服务器之间的上行带宽相差很大。

2. 系统组成

一个完整的 EDBMS 由若干子系统组成，包括主数据库、同步服务器、嵌入式数据库和连接网络等几个子系统，如图 17-2 所示。

（1）嵌入式数据库。嵌入式数据库是一个功能独立的单用户数据库管理系统。它可以独立于同步服务器和主数据库管理系统运行，对嵌入式系统中的数据进行管理，也可以通过同步服务器连接到主服务器上，对主数据库中的数据进行操作，还可以通过多种方式进行数据同步。

（2）同步服务器。同步服务器是嵌入式数据库和主数据库之间的连接枢纽，保证嵌入式数据库和主数据库中数据的一致性。

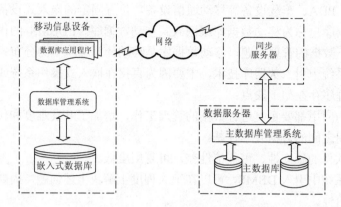

图 17-2 嵌入式数据库系统组成

（3）数据库服务器。数据库服务器中的主数据库和 DMBS 可以采用 Oracle 或 Sybase 等大型通用数据库系统。

（4）连接网络。数据库服务器与同步服务器之间一般通过高带宽、低延迟的固定网络进行连接；根据设备具体情况不同，移动设备与同步服务器之间的连接可以是无线局域网、红外连接、通用串行线或公众网等。

3．关键问题

嵌入式移动数据库在实际应用中必须解决好数据的一致性（复制性）、高效的事务处理和数据的安全性等关键问题。

（1）数据的一致性。嵌入式移动数据库的一个显著特点是，移动数据终端之间以及与同步服务器之间的连接是一种弱连接，即低带宽、长延迟、不稳定和经常性断接。为了支持用户在弱环境下对数据库的操作，现在普遍采用乐观复制（optimistic replication）方法，允许用户对本地缓存上的数据副本进行操作，待网络重新连接后再与数据库服务器或其他移动数据终端交换数据、修改信息，并通过冲突检测和协调来恢复数据的一致性。

（2）高效的事务处理。移动事务处理要解决在移动环境中频繁的、可预见的断接情况下的事务处理。为了保证活动事务的顺利完成，必须设计和实现新的事务管理策略和算法。

（3）数据的安全性。许多应用领域的嵌入式设备是系统中数据管理或处理的关键设备，因此，嵌入式设备上的数据库系统对存取权限的控制较严格。同时，许多嵌入式设备具有较高的移动性、便携性和非固定的工作环境，也带来了潜在的不安全因素。同时，某些数据的个人隐私性又很高，因此，在防止碰撞、磁场干扰、遗失和盗窃等方面对个人数据的安全性需要提供充分的保证。例如，对移动终端进行认证，防止非法终端的欺骗性接入；对无线通信进行加密，防止数据信息泄漏；对下载的数据副本加密存储，以防移动终端物理丢失后的数据泄密等。

17.3 嵌入式实时操作系统

简单地说,实时系统可以看成对外部事件能够及时响应的系统。这种系统最重要的特征是时间性,也就是实时性,实时系统的正确性不仅依赖于系统计算的逻辑结果,还依赖于产生这些结果的时间。在现实世界中,并非所有的嵌入式系统都具有实时特性,所有的实时系统也不一定都是嵌入式的。但这两种系统并不互相排斥,兼有这两种系统特性的系统称为实时嵌入式系统。

17.3.1 嵌入式操作系统概述

嵌入式操作系统(Embedded Operating System,EOS)是指运行在嵌入式系统上、支持嵌入式应用程序的操作系统,是用于控制和管理嵌入式系统中的硬件和软件资源、提供系统服务的软件集合。EOS是嵌入式软件的一个重要组成部分,它的出现提高了嵌入式软件开发的效率和应用软件的可移植性,有力地推动了嵌入式系统的发展。

1. 相关概念

为了后续内容讨论的方便,此处先介绍与EOS相关的一些基本概念。

(1)功能正确。功能正确也称为逻辑正确,是指系统对外部事件的处理能够产生正确的结果。

(2)时间正确。时间正确是指系统对外部事件的处理必须在预定的周期内完成。

(3)死线(deadline)。死线也称为时限或截止时间,是指系统必须对外部事件处理的最迟时间界限,错过此界限可能产生严重的后果。

(4)实时系统。实时系统是指同时满足功能正确和时间正确的系统。

根据对错失时限的容忍程度或后果的严重性,可以将实时系统分为软实时系统和硬实时系统。硬实时系统是指系统必须满足其灵活性接近零时限要求的实时系统。时限必须满足,否则就会产生灾难性后果,并且时限之后得到的处理结果或是零级无用,或是高度贬值;软实时系统是指必须满足时限的要求,但是有一定灵活性的实时系统。时限可以包含可变的容忍等级、平均的截止时限,甚至是带有不同程度的、可接受性的响应时间的统计分布。在软实时系统中,时限错失通常不会导致系统失败或严重的后果。由于错过时限对软实时系统的运行没有决定性的影响,软实时系统不必预测是否可能有悬而未决的时限错失。相反,软实时系统在探知到错失一个时限后,可以启动一个恢复进程。

2. EOS的特点

与通用操作系统相比,EOS主要有以下特点:

(1)微型化。EOS的运行平台不是通用计算机,而是嵌入式系统。这类系统一般没有大容量的内存,几乎没有外存,因此,EOS 必须做得小巧,以占用尽量少的系统资源。

(2)代码质量高。在大多数嵌入式应用中,存储空间依然是宝贵的资源,这就要求程序代码的质量要高,代码要尽量精简。

(3)专业化。嵌入式系统的硬件平台多种多样,处理器的更新速度快,每种处理器都是针对不同的应用领域而专门设计的。因此,EOS 要有很好适应性和移植性,还要支持多种开发平台。

(4)实时性强。嵌入式系统广泛应用于过程控制、数据采集、通信、多媒体信息处理等要求实时响应的场合,因此,实时性成为 EOS 的又一特点。

(5)可裁减和可配置。应用的多样性要求 EOS 具有较强的适应能力,能够根据应用的特点和具体要求进行灵活配置和合理裁减,以适应微型化和专业化的要求。

3. 一般结构与组成

与通用计算机系统上的操作系统一样,EOS 隔离了用户与计算机系统的硬件,为用户提供了功能强大的虚拟计算机系统,如图 17-3 所示。为方便用户应用程序的开发和代码的复用,嵌入式系统通常集成了第三方提供的中间件,这些中间件面向特定的应用领域,具有特定业务逻辑,具有与平台无关、方便升级和易于移植等特性。

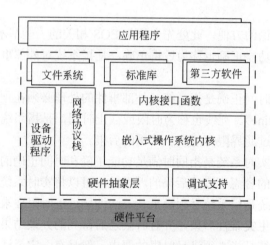

图 17-3　EOS 的一般层次结构

针对不同的硬件平台,操作系统通常建立在一个抽象硬件层上,该抽象层位于底层硬件和内核之间,为内核提供各种方便移植的宏定义接口,在不同的平台间移植时,只需要修改宏定义即可。在硬件抽象层中,封装了与特定硬件有关的各种类型定义、数据结构和各种接口。硬件抽象层提供的接口包括 I/O 接口、中断处理、异常处理、Cache 处理和对称多处理等。根据抽象程度的不同,硬件抽象层的结构可以分为以下三个级别:

(1)系统结构抽象层。该层抽象了 CPU 核的特征,包括中断的传递、异常处理、上下文切换和 CPU 的启动等。

（2）处理器变种抽象层。该层抽象了 CPU 变种的特征，例如，Cache、内存管理部件、浮点处理器和片上部件（存储器、中断控制器）等。

（3）平台抽象层。该层抽象了不同平台的特征，例如，片外器件定时器和 I/O 寄存器等。

每个 EOS 都有一个内核，大多数内核都包含调度器、内核对象和内核服务三个公共构件。其中调度器是 EOS 的心脏，提供一组算法决定何时执行哪个任务；内核对象是特殊的内核构件，帮助创建嵌入式应用；内核服务是内核在对象上执行的操作或通用操作。

4．实时性能指标

嵌入式系统的实时性能是由硬件、实时操作系统（Real-Time Operating System，RTOS）和应用程序共同决定的，其中，RTOS 内核的性能起着关键作用。实时嵌入式操作系统和通用操作系统之间的功能有很多相似之处，例如，它们都支持多任务，支持软件和硬件的资源管理，以及都能为应用提供基本的操作系统服务。

在评估 RTOS 设计性能时，时间是最重要的一个性能指标，常用的时间性能指标主要有如下几个：

（1）任务切换时间。任务切换时间也称为上下文切换时间，是指 CPU 控制权由运行态的任务转移给另外一个就绪任务所需要的时间，包括在进行任务切换时，保存和恢复任务上下文所花费的时间，以及选择下一个待运行任务的调度时间。该指标与微处理器的寄存器数目和系统结构有关。相同的操作系统在不同的微处理器上运行时，所花费的时间可能不同，如图 17-4 所示。

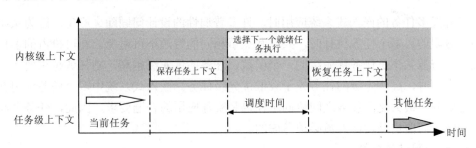

图 17-4　任务切换的时序

（2）中断处理相关的时间指标。中断时序如图 17-5 所示。

中断延迟时间是指从中断发生到系统获知中断的时间，主要受系统最大关中断时间的影响，关中断的时间越长，中断延迟也就越长。最大关中断时间包含两个方面，一是内核最大关中断时间，即内核在执行临界区代码时关闭中断，二是应用关中断时间。关中断最大时间是这两种关中断时间的最大值。

中断响应时间是指从中断发生到开始执行用户中断服务例程的时间；中断恢复时间是指用户中断服务例程结束回到被中断的代码之间的时间。对于可抢占式调度，中断恢复时间还要加上进行任务切换和恢复新的任务上下文的时间；任务响应时间是指从任务对应的中断产生到该任务真正开始运行的时间。

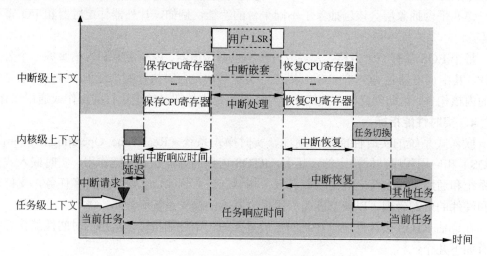

图 17-5 实时内核中断时序

（3）系统响应时间。指系统在发出处理请求到系统做出应答的时间，即调度延迟，这个时间的大小主要由内核任务调度算法所决定。

17.3.2 多任务调度算法

当开发多任务的嵌入式系统应用时，许多普遍性的设计问题随之产生。因为系统的资源是有限的，多个任务执行时，共享和竞争相同的资源不可避免，在可抢占的多任务环境中，资源共享是任务优先级的一个函数，任务的优先级越高，则任务越重要。当访问共享资源时，高优先级的任务先于较低优先级任务。嵌入式系统中多个任务利用并发执行达到效率最大化，任务之间协同工作也是实际应用的普遍要求，因此，任务之间的通信和同步问题也是设计人员必须考虑的。

1．调度算法的分类

调度算法根据其时限的性质（软时限还是硬时限）、周期性、可抢占性、静态或动态等准则，可以分为如下几类：

（1）软时限算法与硬时限算法。实时系统相当复杂，任务优先级的确定与调度并非易事。实时系统大多综合了软实时和硬实时这两种需求，软实时系统只要求任务尽快执行，并不要求在某一特定时间内完成；在硬实时系统中，要求任务不但要正确无误执行，而且还要准时完成。

（2）周期性与非周期性算法。周期性算法是指调度周期性的任务算法，即每隔 n 时间单元会执行一次的任务。这 n 个时间单元称为任务周期；非周期性任务是指任务请求处理器的时间是不能预期的。

（3）可抢占与非抢占算法。可抢占算法是指正在运行的任务可能被其他任务打断，从而放弃 CPU，让其他任务执行；非抢占算法是指任务会一直运行到结束或者等待其他资源而被阻塞，否则不会放弃 CPU。

（4）静态算法与动态算法。根据任务优先级确定的时机，调度算法分为静态算法和动态算法两类，静态算法是指任务的优先级在设计时就确定下来，在任务运行的过程中不会再发生改变。通常，静态调度算法中确定任务优先级的主要依据有执行时间、任务周期和任务的紧迫性；动态算法是指任务的优先级在运行的过程中动态确定，并且会不断地发生变化和更新，该类算法能够完全掌握系统中运行的任务和截止时间、运行时间、优先级，以及到达时间等时间约束，可以灵活地处理变化的系统情况。

（5）单处理器调度与多处理器调度算法。单处理器算法仅处理一个处理器的情况，多处理器算法可以处理系统中有多个处理器的情况。多处理器算法又分为同质多处理系统和异质多处理系统两种情况。

（6）在线与离线调度算法。离线式调度算法就是运行中使用的调度信息在系统运行之前就确定了，运行的过程中不再变更，离线调度算法具有确定性，但缺少灵活性，适用于那些能够预先知道运行特性，且不易发生变化的应用类型；在线调度算法是指系统运行的调度信息是运行过程中动态收集获取的，例如，优先级驱动的调度等，该类算法具有最大的灵活性。

当前，大多数内核支持两种普遍的调度算法，即基于优先级的抢占调度和时间轮转调度算法。

（1）基于优先级的抢占调度。优先级可以分为静态优先级和动态优先级。应用程序在执行的过程中诸任务的优先级固定不变，称为静态优先级。在静态优先级系统中，各任务和它们的时间约束在程序编译时是已知的；应用程序在执行的过程中诸任务的优先级可以动态改变，称为动态优先级。基于优先级的抢占调度在任何时候运行的任务都是所有就绪任务中具有最高优先级的任务，任务在创建时被赋予了优先级，任务的优先级可以由内核的系统调用动态更改，这使得嵌入式应用对于外部事件的响应更加灵活，从而建立真正的实时响应系统。

（2）时间轮转调度算法。为每个任务提供确定份额的 CPU 执行时间。该调度算法在设计时，应该考虑的因素主要包括 CPU 的利用率、系统的 I/O 吞吐量、系统响应时间、公平性和截止时限的满足性等。

2. 速率单调调度

对于一个实时系统，如果每个任务都能满足时限的要求，则称该系统是可调度的或该系统满足可调度性，也称该系统为健壮的系统（Robust System）。

速率单调调度（Rate Monotonic Scheduling，RMS）算法是一个静态的固定优先级算法，任务的优先级与周期表现为单调函数关系，执行最频繁的任务优先级最高，即任务的周期越短，优先级就越高。RMS 是静态调度算法中最有效的算法，如果一组任务能够被任何一种静态调度算法所调度，则在 RMS 算法下一定是可调度的。RMS 算法做了如下假设：

(1) 所有的任务都是周期性的。
(2) 任务间不需要同步，没有共享资源，没有任务间的数据交换等问题。
(3) 系统采用抢占式调度，总是优先级最高且就绪的任务被执行。
(4) 任务的时限是其下一周期的开始。
(5) 每个任务具有不随时间变化的定常时间。
(6) 所有的任务具有同等重要的关键性级别。

要使具有 n 个任务的实时系统中的所有任务都满足硬实时条件，必须使下述的 RMS 定理成立：

$$\sum_i \frac{E_i}{T_i} \leqslant n\left(2^{1/n} - 1\right)$$

式中，E_i 是任务 i 的最长执行时间，T_i 是任务 i 的执行周期。也就是说，E_i/T_i 是任务 i 所需的 CPU 时间。基于 RMS 定理，要所有的任务满足硬实时条件，所有具有时间要求的任务总的 CPU 利用时间（或利用率）应当小于 70%。通常，作为实时系统设计的一条原则，CPU 利用率应当在 60%～70%之间。

任务的可调度性通过计算任务的 CPU 利用率，然后将该利用率与一个可调度的 CPU 利用率上限进行比较而得到。对于实时系统，普遍使用的可调度性分析方法是速率单调分析法（Rate Monotonic Analysis，RMA），该分析法是基于 RMS 定理而提出的。例如，表 17-1 是一个采样系统使用 RMA 进行分析的结果。

表 17-1 任务的相关参数

周期性任务	执 行 时 间	周　　期
Task 1	20	100
Task 2	25	150
Task 3	50	300

根据 RMS 定理，处理器利用率的计算如下：

$$\frac{20}{100} + \frac{25}{150} + \frac{50}{300} \leqslant 3(2^{1/3} - 1)$$
$$\Rightarrow 53.33\% \leqslant 77.98\%$$

该问题的利用率是 53.33%，低于理论边界 77.98%，定理的条件满足，因此，系统是可调度的，即每个任务都满足时限的要求。

3. 时间轮转调度

在时间轮转调度方式中，当有两个或两个以上就绪任务具有相同的优先级，且该优先级是就绪任务最高优先级时，调度程序会依次调度每个任务运行一个小的时间片，然后再调度另一个任务。每个任务运行完一个时间片,不管其是否停止或运行尚未结束,都要释放 CPU 让下一个任务运行,即相同优先级的任务会得到平等的执行权利,释放 CPU 的任务被排到同优先级就绪任务队列的尾部,等待下次调度。

采用时间轮转调度算法时,时间片的大小选择至关重要,会影响到系统的性能和效率。如果时间片过大,时间轮转的调度就失去了意义;如果时间片过小,任务切换过于频繁,处理器的开销大,用于任务运行的有效时间将降低。因此,对时间片的灵活调整有助于系统性能和效率的提高,相同优先级的任务可以具有相同的时间片,不同优先级类别的任务可以具有不同的时间片。

通常,纯粹的时间轮转调度无法满足实时系统的要求。取而代之的是基于优先级的抢占式时间轮转调度,对于优先级相同的任务使用时间片获得相等的 CPU 执行时间。如图 17-6 所示,任务 1、任务 2 和任务 3 具有相同的优先级,它们按照各自的时间片运行,任务 2 被更高优先级的任务 4 抢占,当任务 4 执行完毕后恢复任务 2 的执行。

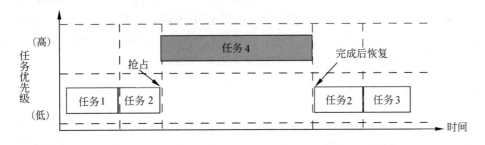

图 17-6　基于优先级的抢占式时间轮转调度

4. 截止时间优先调度

截止时间优先(Earliest Deadline First,EDF)调度算法是指进程的优先级随执行时限变化,即执行时限越靠近,则相对的优先级越高,系统中进程的优先级随时调整。EDF 是一种动态优先级调度算法,根据最大延迟最小化的思想,它基于如下的基本定理:

给定一组 n 个独立的任务和一组任意的到达时间,任务可调度性的充分必要条件是:

$$\sum_i \frac{E_i}{T_i} \leqslant 1$$

EDF 算法要求每个新的就绪任务到达时,都进入就绪任务队列,并根据它们的截止时间排序。如果一个新的已到达任务被插到了队列的头部,则当前执行的任务会被抢占。例如,三个任务的抢占调度的情形如图 17-7 所示。

当任务 1 到达的时候,它是系统中等待运行的唯一任务,因此,立即得到执行。任务 2 在时间 6 到达,由于任务 2 的截止时间(20)早于任务 1 的截止时间(26),因此,任务 2 的优先级比任务 1 的更高,任务 2 抢占任务 1 的 CPU 得到执行。任务 3 在时间 8 到达,由于任务 3 的截止时间晚于任务 2 的截止时间,因此,任务 2 的优先级高于任务

3，任务 2 继续运行，待任务 2 执行结束，任务 3 才能运行。任务 3 执行结束后，任务 1 才能继续运行，在时间 24 执行完毕。

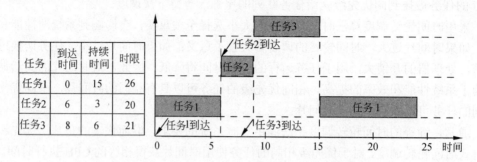

图 17-7 基于截止时间优先调度算法的任务调度图

与静态优先级调度算法相比，EDF 算法的优点是其可调度性上限为 100%，即 CPU 的利用率达到了最高。对于任何一组任务，如果 EDF 不能满足其调度性要求，则没有其他算法可以满足这组任务的调度性要求。但在实时系统中，EDF 的实现难度较大，需要在运行中动态地确定任务优先级，具有较大的调度开销。

17.3.3 优先级反转

优先级反转是指由于资源竞争，低优先级的任务在执行，而高优先级的任务在等待的现象。当具有不同优先级的任务中存在相互依赖关系时，就可能发生优先级反转。例如，如图 17-8 所示，当系统内低优先级的任务 C 占用着高优先级任务 A 要使用的资源时，任务 A 只好等待任务 C 执行完毕，并释放该资源后才能被调度执行。这时，如果有中优先级任务 B 进入就绪，剥夺了任务 C 的 CPU 使用权，使得系统只有先让 B 运行完毕，且任务 C 重新运行结束并释放资源后，任务 A 才能运行。

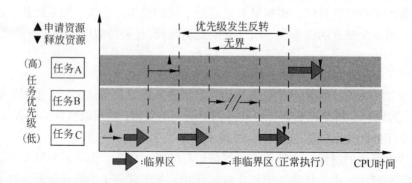

图 17-8 无界优先级反转实例

这样，任务 A 和 B 的优先级发生了颠倒。在这种情况下，高优先级的任务的优先级实际上已经降到了低优先级的水平,从而发生优先级反转现象,在图 17-8 中,中优先级的任务抢占低优先级的任务,时间可能不确定,因此称为无界优先级反转。类似地,有界优先级反转的情况如图 17-9 所示。当一个较高优先级的任务请求一个较低优先级任务占有的资源时,较低优先级的任务却锁住了该资源,即使较高优先级的任务就绪,它也必须等待低优先级的任务释放资源后才能继续运行。在这种情况下,低优先级的任务占用资源的时间是已知的,因此称为有界优先级反转。

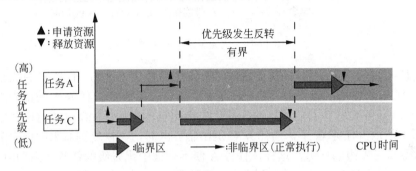

图 17-9　有界优先级反转实例

当优先级发生反转时,某些任务的执行时间减少,同时其他任务的执行时间延长,导致任务错失时限,进而引起时序反常。优先级反转是由不同优先级任务间的资源同步引起的,在实际应用中是不可避免的,但可以使用资源控制协议将其降到最低限度。解决优先级反转问题的常用方法主要有两种:采用优先级继承协议与采用优先级天花板协议。

1. 优先级继承协议

为防止发生优先级的反转,多任务内核应允许动态地改变任务的优先级。如果一个任务占有被高优先级任务所请求的资源,那么,该任务的优先级会暂时提升到与被该任务阻塞的所有任务中优先级最高的任务同样的优先级水平,当该任务退出临界区时,再恢复到最初的优先级,这种方法称为优先级继承。目前,很多商业内核都具有优先级继承的功能。优先级继承协议规则如表 17-2 所示。

表 17-2　优先级继承协议规则

协议规则号	描　述
1	如果资源 R 在使用,则任务 T 被阻塞;如果资源 R 是空闲的,则资源 R 被分配给任务 T
2	当较高优先级的任务 T′ 请求资源 R 时,任务 T 的优先级被提升到 T′ 的优先级等级
3	当任务 T 释放资源 R 后,返回到先前的优先级

优先级继承的例子如图 17-10 所示。

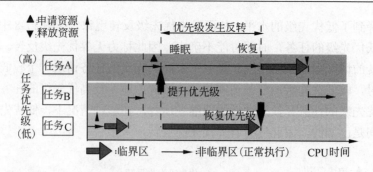

图 17-10 优先级继承的实例

在图 17-10 中，任务 A 是高优先级的，任务 C 是低优先级的。任务 C 首先获得共享资源 S，而任务 A 也请求该资源，优先级继承协议要求任务 C 以任务 A 的优先级执行临界区，这样，任务 C 在执行临界区时，其优先级比它本身的优先级高，这时，中优先级的任务 B 不能抢占任务 C 了，当任务 C 退出临界区时，又恢复到原来的优先级，使任务 A 仍为最高优先级的任务，这样，任务 A 便不会被中优先级的任务无限期阻塞了。

在优先级继承协议中，任务 T 进入临界区而阻塞了更高优先级的任务，则任务 T 将继承被阻塞任务的优先级，直到任务 T 退出临界区。优先级继承协议是动态的，一个不相关的较高优先级任务仍可进行任务抢占，这是基于优先级可抢占调度模式的本性，并且任务优先级在反转期间，被提升优先级的任务的优先级可以继续被提升，即优先级继承具有传递性。虽然在优先级继承协议中，任务的阻塞时间是有界的，但可能出现阻塞链，从而会加长阻塞时间，甚至造成死锁。

2．天花板优先级协议

优先级继承协议具有死锁和阻塞链问题，而天花板优先级（Ceiling Priority）协议可以解决这些问题。如果每个任务的优先级是已知的，对于给定资源（或控制该资源访问的信号量），其优先级天花板是所有可能需要该资源的任务中最高的优先级。例如，资源 R 被三个任务 A，B 和 C 所需要，任务 A 具有优先级 5，任务 B 具有优先级 7，任务 C 具有优先级 10，那么资源 R 的优先级天花板为 10。

当一个任务 T 请求资源 R 时，其遵循的天花板优先级协议如表 17-3 所示。

表 17-3 天花板优先级协议规则

协议规则号	描　述
1	如果资源 R 在使用，则任务 T 被阻塞
2	如果资源 R 是空闲的，则资源 R 被分配给任务 T。如果资源 R 的优先级天花板比任务 T 的优先级高，则任务 T 的优先级被提升到资源 R 的优先级天花板等级。在任意给定时间，任务 T 的执行优先级等于所有它占有的资源中最高优先级天花板
3	当具有最高优先级天花板的资源被释放时，将任务 T 所占有资源的最高优先级天花板分配给它
4	当任务 T 释放所有资源后，恢复到原来分配的优先级

使用天花板优先级协议时,一旦某任务获得该资源或暂无其他较高优先级的任务竞争同样资源时,则此任务便继承该资源的优先级天花板,即使没有其他较高优先级的任务竞争同样的资源,也要继承该资源的优先级天花板。这意味着访问某临界资源的所有任务的临界区具有同样的天花板等级。

3. 优先级天花板协议

优先级天花板是指控制访问临界资源的信号量的优先级天花板(简单的说,就是某个临界资源的优先级天花板),信号量的优先级天花板是所有使用该信号量的任务中具有最高优先级的任务的优先级。在任意时刻,一个运行系统的当前优先级天花板(priority ceiling)是此时所有正在使用的资源中具有最高优先级的优先级天花板。例如,系统中有 3 个资源正在使用,资源 R1 的优先级天花板为 4,资源 R2 的优先级天花板为 6,资源 R3 的优先级天花板为 9,则系统当前的优先级天花板为 9。

在优先级天花板协议下,一个请求任务只可以被一个任务阻塞,不会发生传递阻塞(即产生阻塞链),也不会发生死锁。当一个任务 T 请求资源 R 时,其访问控制协议规则如表 17-4 所示。

表 17-4　优先级天花板协议规则

协议规则号	描　　述
1	如果资源 R 在使用,任务 T 不能获得所申请的资源 R,则任务 T 被阻塞
2	如果资源 R 空闲且任务 T 的优先级比当前优先级天花板的高,即任务 T 的优先级高于所有当前被其他任务所获取的资源的优先级天花板,则资源 R 分配给任务 T(强迫资源访问次序);当任务 T 的优先级低于当前优先级天花板时,即使请求的资源 R 空闲时,任务 T 仍会被阻塞,即优先级天花板阻塞
3	如果当前天花板属于任务 T 当前保持的资源之一,则空闲资源 R 分配给任务 T;反之,任务 T 被阻塞
4	任务 T 将按被分配的优先级执行,除非该任务在临界区执行过程中阻塞了其他高优先级的任务。如果任务 T 阻塞了高优先级的任务,则任务 T 将继承被它阻塞的具有最高优先级任务的优先级,并且按此优先级继续执行,直到它释放每个优先级天花板高于或等于任务 T 的优先级的资源,然后,恢复到原来的优先级

17.4　嵌入式系统开发

嵌入式系统的应用软件是面向特定用户和特定应用的软件系统,是实现嵌入式系统功能的关键,嵌入式系统用途广泛、种类繁多,因此,嵌入式应用软件也多种多样,应用软件的类型和开发难度也千差万别。近年来,随着嵌入式支撑软件的迅速发展,应用软件的开发条件、开发环境和开发效率都得到了极大的改善,同时也使得应用系统的功能不断增强。

17.4.1 开发平台

嵌入式系统的软件开发方法采用的不是通用的开发方法,而是交叉式开发方法,即软件在一个通用的平台上开发,而在另一个嵌入式目标平台上运行。这个用于开发嵌入式软件的通用平台称为宿主机系统,被开发的嵌入式系统称为目标机系统。而当软件执行环境和开发环境一致时的开发过程则称为本地开发。

1. 交叉开发环境

图 17-11 是一个典型的交叉平台开发环境,包含三个高度集成的部分:

(1) 运行在宿主机和目标机上的强有力的交叉开发工具和实用程序。

(2) 运行在目标机上的高性能、可裁剪的实时操作系统。

(3) 连接宿主机和目标机的多种通信方式,例如,以太网、USB、串口、ICE(In-Circuit Emulator,在线仿真器)或 ROM 仿真器等。

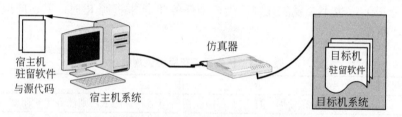

图 17-11 典型交叉平台开发环境

宿主机提供的基本开发工具是交叉编译器、交叉链接器和源代码调试器,作为目标机的嵌入式系统则可能提供动态装载器、链接装载器、监视器和调试代理等。在目标机和宿主机之间有一组连接,通过这组连接,程序代码映像从宿主机下载到目标机,这组连接同时也用来传输宿主机和目标机调试代理之间的信息。

嵌入式系统开发人员需要完全了解目标机系统如何在嵌入式系统上存储程序映像、可执行映像如何下载到内存,以及执行控制如何传递给应用;需要了解运行期间如何和何时装载程序映像,如何进行交叉式的开发和调试应用系统等,这些方面对代码的开发、编译和链接等步骤都有影响。

2. 交叉编译环境

图 17-12 是一个典型的交叉编译环境的示例,显示了如何使用开发工具处理各种输入文件,并产生最终目标文件的过程。

在图 17-12 中,交叉编译器将用户编写的 C/C++/Java 源代码文件根据目标机的 CPU 类型,生成包含二进制代码和程序数据的目标文件。在此过程中,交叉编译器会建立一个符号表,包含所产生的目标文件中指向映像地址的符号名,当建立重定位输出时,编译器为每个相关的符号产生地址。

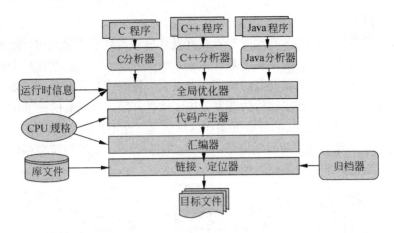

图 17-12　嵌入式系统的交叉编译环境

通常，还可以使用归档器将这些目标文件收集到一起，形成一个库。最后，链接器将这些目标文件作为输入来产生一个可执行的映像。一般来说，用户会首先编辑一个链接脚本文件，用来指示链接器如何组合和重定位各个代码段，以便生成最终文件。此外，链接器还可以将多个目标文件组合成一个更大的重定位目标文件或一个共享目标文件。

在嵌入式系统中，一个目标文件通常包含通用信息（例如，文件尺寸、启动地址、代码段和数据段等具体信息）、机器体系结构特定的二进制指令和数据、符号表和重定位表，以及调试信息等。目前，嵌入式系统中常用的目标文件格式是通用对象文件格式（Common Object File Format，COFF）和可执行链接格式（Executable Linking Format，ELF）。另外，一些系统还需要有一些专门工具，将上述格式转换成二进制代码格式才可使用。

17.4.2　开发流程

嵌入式系统软件的开发过程大体可以分为项目计划、可行性分析、需求分析、概要设计、详细设计、程序建立、下载、调试、固化、测试及运行等几个阶段，各个阶段不断反复，直到最终完成设计目标。与通用系统的开发类似，嵌入式系统的开发过程也可以采用软件工程中常见的开发过程模型，例如，瀑布模型和螺旋模型等。在开发过程中，设计人员可以根据具体应用的特点和设计目标，选用合适的分析与设计方法。

1. 过程模型

在嵌入式系统开发实践中，人们提出了一些专门面向嵌入式系统开发的过程模型，例如，嵌入式系统快速面向对象过程（Rapid Object-Oriented Process for Embedded System，ROOPES）是一个迭代的基于 UML 的过程模型，无线 Internet 服务工程过程（Wireless Internet Services Engineering Process，WISEP）是一个用于无线 Internet 服务的专用领域的过程模型，这些模型能够很好地与特定的开发组织和约束条件（例如，应用领域和技术特点等）相适应。

在众多模型中，ROOPES 在实时嵌入式开发环境中得到了大量应用。ROOPES 模型的核心思想是螺旋式迭代。对于大多数嵌入式系统的开发，完全的瀑布模型和螺旋模型都是不适合的，这是因为系统开发的初期，有很大一段时间是开发和生产硬件，而且生产周期往往比较长，这就要求硬件的开发要先于软件开发，且所有的硬件需求在产品运行之前都必须清楚。完全迭代的解决方案在这种情况下是不可能清楚详细需求的。为此，ROOPES 提出了半螺旋式生命周期模型，如图 17-13 所示，将瀑布模型和螺旋模型结合起来，进行适当裁剪来适应不同的项目。

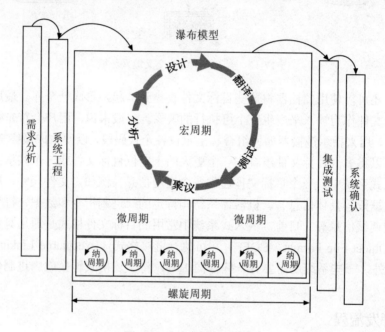

图 17-13　半螺旋过程模型

在半螺旋模型中，需求分析和系统工程两个阶段在迭代之前进行，与瀑布模型的生命周期一样，仅进行一次。但是，比螺旋模型生命周期中的需求定义要完整得多，即系统整体的基本功能已经完成。在系统工程阶段，首先定义完整的高层架构；然后，定义架构的子系统，并进行软件和硬件的划分和功能分配。瀑布模型和半螺旋模型的主要差别在于螺旋部分，半螺旋模型要创建一系列的原型，原型的不同部分由不同的小组进行独立开发，然后在集成和测试阶段汇集到一起。

2．分析与设计方法

分析与设计方法对于嵌入式系统成功开发具有十分重要的意义，这是因为良好的设计方法可以使设计人员清楚地了解他们所做工作的进度，确保不遗漏其中的任何一项工作；允许使用 CASE 工具帮助设计人员进行工作，将整个过程分成几个可控的步骤进行。

而且，良好的设计方法方便设计团队的成员之间相互交流，通过定义全面的设计过程，团队里的每个成员可以很好地理解他们所要做的工作，以及完成分配给他们的任务时所达到的目标。

目前，嵌入式系统常用的分析与设计方法主要有改进的结构化方法、面向对象的方法和基于构件的方法。

（1）改进的结构化方法。早期，实时系统的设计方法主要是结构化设计方法，在传统的结构化设计方法的基础上，人们提出了很多针对实时系统的设计方法，例如，实时结构化分析与设计（Real-Time Structured Analysis and Design，RTSAD）、实时系统设计方法（Design Approach for Real-Time System，DARTS）和并发实时系统设计方法（Concurrent DARTS，CODARTS）等。这些方法本质上是结构化方法和数据流分析方法等传统方法向实时软件开发领域的扩展。采用结构化方法的系统在复用性和可修改性等方面有较大的局限性。

（2）面向对象方法。面向对象的实时系统设计方法在可复用性和可修改性等问题上具有明显的优势。采用 OOA 和 OOD 可以很好地对大型、复杂的实时系统进行分析与设计。目前，已存在不少针对实时系统的面向对象方法，例如，OOD 方法侧重于对象划分和信息隐藏，但在多任务结构方面的处理能力明显不足；实时的面向对象建模（Real-time Object-Oriented Modeling，ROOM）方法主要着重设计和实现阶段，为描述对象的行为定义了一套文本和图形语言；实时系统面向对象技术（Object-Oriented Technology for Real-Time System，OOTRTS）方法以 OMT 和融合方法（Fusion Method）为基础，提出了对实时系统响应时间、时间域和并发的处理方法，并具体提出了对并发、同步、通信、中断处理和硬件界面等方面的处理。OOTRTS 方法将软件开发的主要阶段很好地合并起来，从规格说明到运行模型之间的过渡紧密自然，还支持渐进式开发。

（3）基于构件的方法。构建具有清晰的接口和良好的复用机制，日益成为提高嵌入式开发效率和改善嵌入式软件质量的一种重要手段。在嵌入式系统设计中，实时内核、网络协议栈（TCP/IP）、嵌入式 Web 服务器、嵌入式数据库、嵌入式 CORBA、数据压缩算法和视频处理算法等均可作为构建嵌入式系统的构件。CORBA、EJB、COM/DCOM 等主要的几类构件形式也都会逐步用来构造嵌入式系统。

17.4.3 软硬件协同设计

嵌入式系统设计不同于通用系统的软件设计，通常包含硬件设计和软件设计两个方面，其中前端活动（例如，规格说明和系统架构）需要同时考虑硬件和软件两个方面。

早期的嵌入式系统采用的设计方法是采用硬件优先的原则，首先设计硬件系统，然后，在平台上进行软件设计，即系统在一开始就被划分为软件和硬件两大部分，并且软件和硬件独立进行开发设计。硬件设计过程缺乏对软件架构和实现机制的全面了解，带有一定的盲目性，软硬件之间的交互受到很大限制，软硬件之间的相互性能影响也很难评估,这种方法有可能将硬件子系统的很多设计缺陷遗留到软件设计阶段由软件系统来弥补;同时,一旦系统测试阶段发现严重问题,需要对硬件进行修改时,整个设计流程和设计周期会受到严重影响。该方法的软硬件设计各自的设计空间局限性很大,很难对一个特定的应用进行性能综合优化,也很难以适应大规模、复杂的系统设计任务。

1. 软硬件协同设计方法

随着嵌入式系统功能日益强大、复杂度日益提高,系统设计所涉及的问题越来越多,难度也越来越大。同时,软件和硬件时间的界限也变得十分模糊,不再是截然分开的两个概念,"软件硬化"和"硬件软化"两种趋势同时存在,软件和硬件的相互影响和相互结合日趋紧密。因此,出现了软硬件协同设计的方法,即使用统一的方法和工具对软件和硬件进行描述、综合与验证,如图 17-14 所示。

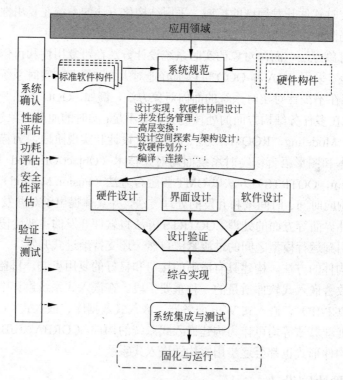

图 17-14 软硬件协同设计方法

协同设计是一种在设计的最初阶段就将软件与硬件两方面结合起来权衡功能的分配,在软件与硬件的并行设计过程中实现软硬件的交互,以满足系统的功能与性能要求的设计方法。它的一个最主要的优点就是,设计时充分考虑到了现有的软硬件资源情况,在软硬件功能的设计和仿真中,软硬件相互支持,在设计开发的早期阶段,软硬件的互相结合可以及早地发现问题和解决问题,避免了开发后期反复修改带来的一系列问题,有利于降低系统成本，缩短开发周期。

在协同设计过程中，对软硬件的划分要从系统的角度将软硬件完成的功能作均衡，以系统目标为设计标准，在系统的复杂度一定时，使软硬件结合达到更高的性能。软硬件划分好以后，软件和硬件的设计一直是保持并行的，在设计过程中两者交织在一起，互相支持，互相提供开发的平台。软硬件协同的方法可以使软件设计人员在硬件完成之前接触到硬件模块，从而更好地设计硬件的驱动、应用程序和操作系统等软件；同时，可以使硬件设计人员尽早接触软件，为软件设计人员提供高性能的硬件平台，减少了设计中的盲目性。

2．协同设计工具

嵌入式系统的协同设计离不开统一的分析与设计工具的支持，目前，嵌入式系统的协同设计工具可以分为两类：协同合成工具和协同模拟工具。主要的协同合成工具有POLIS、COSYMA 和 Chinook 等，协同模拟工具有 PTOLEMY 和 TSS 两种。在整个系统设计完成后，在统一框架下模拟不同种类的成分是必要的，协同模拟不仅进行功能检验，而且为用户提供各系统的性能信息，这有助于在系统的早期提出变更方案，不至于造成重大损失。

（1）POLIS。POLIS 是 UC-Berkeley 开发的交互式嵌入式系统的软硬件协同设计框架，它适用于小型控制系统的设计，系统描述支持基于有限状态机（Finite State Machine，FSM）的语言。由于软硬件均可透明地从同一协同设计有限状态机（Codesign FSM，CFSM）描述中取得，设计空间的灵活性也相应增加，支持使用 PTOLEMY 语言的协同模拟，在描述及实现层均支持形式化验证。POLIS 主要关注高级语言的转换、规则检查和软硬件界面综合等技术，比较适合实时控制领域的嵌入式系统设计。

（2）COSYMA。COSYMA 是由德国 IDA 公司开发的一种探索硬件与软件协同设计综合进程的平台，它面向软件系统，支持自动分割和协同处理器综合，在综合时期可以对设计空间进行探索。系统综合取决于硬件限制，不支持并发模块，即一次只能有一个线程执行；架构同样受限，不支持形式化验证，设计的成功与否取决于分割及开销估计技术。COSYMA 的主要缺点是处理器和协处理器不能并行工作。

（3）Chinook。Chinook 是为控制系统而设计的，整个系统的描述作为一个输入提供给 Chinook，它的内部模式基于类似等级状态的模式，它不对代码进行分割，为整个设计提供单一的模拟环境。Chinook 支持多种系统架构，尤其是多处理器结构；支持定时限制的描述，能合成多种接口，包括系统之间的软硬件接口；能直接从定时图表中合成设备驱动器，可以控制处理器之间的通信。

（4）PTOLEMY。PTOLEMY 的关键思想是混合使用面向对象内核的计算模型，可用于模拟多种系统，在各种应用中被广泛使用，硬件模拟也是它的一项功能，但不适合于系统综合。

（5）TSS。系统模拟工具（Tool for System Simulation，TSS）是模拟复杂硬件的工

具,采用 C 语言编写,单个模块的提取可由用户控制,可以方便地进行添加与删除模块。TSS 不支持分级模块,没有用于同步各处理器存取共享数据结构的机制,模块间的通信通过端口和总线进行。TSS 支持多核系统的模拟。

17.4.4 系统分析与设计

本节以一个多用途通用控制平台为例,对嵌入式系统的开发与设计过程进行描述。该平台是一个面向工业、企事业单位、生活社区和普通家庭用户,集成了移动通信、互联网技术、无线局域网和无线传感器网络等先进的网络技术,以及视频信息采集与处理技术的多用途控制平台。

对于家庭用户来说,可以通过移动通信网络随时随地了解家中状况,可以远程控制家里的电器设备,并且设备出现了故障或紧急情况,该通用控制平台可以主动地通过手机或电话网通知用户或火警等相关部门。特别是出现火灾等极端状况时,控制平台可以启动有关设备进行扑救,同时将相关数据和现场图像或视频资料发送出去,提供给救援人员参考,以便协助救援。对于企业用户,该系统可以设置在仓库、车间和实验室等地点,并且多个平台设备之间可以共享数据和相互协作。

1. 需求分析

嵌入式系统一般都是面向产品开发的,对嵌入式系统进行需求分析是一项复杂而费时的工作。需求分析阶段最重要的成果之一就是系统规格说明书。对于不同的项目,该文档形式可以灵活变化,但基本包含物理尺寸、操作环境、存放环境、指示灯装置、无线电标准、无线电功率和频率、数据传输率、存储器、平均无故障时间、功耗、电源适配器、散热、系统复位、协议等内容。在进行需求分析时,可以采用 UML 进行需求描述。有关这方面的详细知识,请阅读 11.5 节。

2. 系统架构设计

嵌入式系统的架构由硬件架构和软件架构组成,随着嵌入式软件复杂度的日益提高,系统的响应速度和可靠性等重要指标不再仅仅由硬件架构所决定,软件架构的影响也逐步增大。描述系统如何实现规格说明中定义的功能是系统架构设计的主要目的。但是,在设计嵌入式系统的架构时,很难将软件和硬件完全分开。通常的处理方法是先考虑系统的软件架构,然后再考虑其硬件实现。系统架构的描述必须符合功能上和非功能上的需求,不仅要体现所要求的功能,还要满足成本、速度和功耗等非功能约束。

软件架构的选择和设计很大程度上取决于嵌入式系统的架构,主要考虑以下几点因素:

(1)系统的实时性要求。对于硬实时系统,必须进行严格的时序分析。

(2)采用的设计模型。对于简单的中小型嵌入式系统,可以采用"先硬件后软件"的方法;对于复杂、大型嵌入式系统,必须采用软硬件协同设计的方法,还要充分考虑软件和硬件两个方面的互相制约和影响。

(3) 是否需要 EOS。对于复杂的和日后需要继续开发和移植的系统，最好采用 EOS 来增强系统的可扩展性。

在所有满足系统功能和性能要求的方案中，应该优先选用最简单的架构。

3. 硬件子系统设计

嵌入式系统的开发环境由 4 个部分组成，分别是目标硬件平台、EOS、编程语言和开发工具，其中处理器和操作系统的选择应当考虑更多的因素，避免错误的决策影响项目的进度。

嵌入式系统设计的主要挑战是如何使互相竞争的设计指标同时达到最佳化。设计人员必须对各种处理器技术和 IC 技术的优缺点加以取舍。一般而言，处理器技术与 IC 技术无关，也就是说，任何处理器技术都可以使用任何 IC 技术来实现，但是最终器件的性能、一次性工程（Non-Recurring Engineering，NRE）成本、功耗和大小等指标会有很大的差异。通用的可编程技术提供了较大的灵活性，降低了 NRE 成本，建立产品样机与上市的时间较快；定制的技术能够提供较低的功耗、较好的性能、更小的体积和大批量生产时的低成本。根据这些原则，设计人员便可以对采用的处理器技术和处理器做出合理选择。

一般地，全定制商用"通用处理器+软件"是大多数情况下都适用的一个选择。根据用户的需求和项目的需要，选择合适的通用嵌入式处理器，选择时需要考虑处理器的速度、技术指标、开发人员对处理器的熟悉程度、处理器的 I/O 功能是否满足系统的需求、处理器的调试、处理器制造商的支持可信度和封装形式等指标。

在硬件子系统的设计中，首先，将硬件划分为部件（或模块），并绘制部件连接框图；其次，对每个部件进行细化，将系统分成更多个可管理的小块，可以被单独实现。通常，系统的某些功能既可用软件实现也可用硬件实现，没有一个统一的方法指导设计人员决定功能的软硬件分配，但是可以根据系统约束清单，在性能和成本之间进行权衡。

嵌入式系统中接口电路的设计需要考虑的因素主要有电平匹配问题、驱动能力和干扰问题。设计时需要注意 I/O 端口、硬件寄存器、内存映射、硬件中断和存储器空间分配等方面。总之，硬件设计人员应该给软件设计人员更多、更详细的信息，便于进行软件设计和开发。

4. 软件子系统设计

根据需求分析阶段的规格说明文档，确定系统计算模型，然后，对软件部分进行分析与设计。嵌入式系统的软件设计需要根据应用的实时性要求、应用场合、可用资源情况等诸多约束，进行合理的任务划分，这是嵌入式系统应用软件设计的关键所在，直接影响软件设计的质量。在实时系统中，一个应用系统通常由一系列的任务构成，每个任务完成一个独立的功能，这些任务互相协作来共同实现系统的整体功能。

首先，明确系统的实时性指标，究竟是软实时还是硬实时，最坏情况下的实时时限是多少等；然后，确定任务大体的数目。任务划分的力度和数目的合理性直接决定着调度开销和任务之间通信开销,以及系统响应时间的重要决定因素,这需要充分考虑极端情况下的各种因素。实时系统的软件应该尽可能的简化,过于复杂的软件设计会增加系统的复杂性,从而降低可靠性。

接着,进行可调度性分析。对已经划分好的任务根据实现的功能特点进行分类,识别出具有硬实时性要求的所有关键任务,并给所有的任务赋予适当任务优先级,根据每个任务执行的时间估计值在考虑调度开销余量的条件下进行粗略的可调度性分析,从而确保所有关键任务都满足调度时限。根据分析结果再对所有的任务进行适当的分裂与重组。对于周期相同的所有任务的功能进行适当的组合形成一个单独的任务,以降低事件分发机制的开销;对于若干固定顺序执行的任务要合成一个单一任务,避免同步开销;将若干有相同的事件源触发的任务也合并成一个任务,以减小事件分发机制的开销;对于计算密集型或以数据处理为主而不进行 I/O 操作的功能独立出来,由一个优先级的任务来实现;对任务之间的同步与互斥机制进行分析,尽量避免大粒度的互斥锁。

最后,在具体的实现上,根据系统特点确定任务的优先级,任务优先级分配的一般原则如下:

(1)与中断的关联性。凡是与中断服务程序相关联的任务应该安排尽量高的优先级,以保证及时处理异步事件,提高系统的实时响应能力。否则,CPU 可能被其他优先级高的任务长期占用,使得第二次中断发生时,上一次中断还没有处理,从而产生信号丢失,甚至是外部设备失败。

(2)紧迫性。越是紧迫的任务对响应时间的要求就越是严格,对于所有的紧迫任务,根据它们响应时间的先后顺序,安排优先级。

(3)任务的频繁性。对于周期性的任务,执行越频繁,则周期越短,允许耽搁的时间也就越短,故相应的优先级也应该越高,以保证处理的及时性。并且,任务的处理时间越短,优先级也应越高。

(4)传递性。信息处理流程的前驱任务的优先级应该高于后继任务的优先级,例如,数据的采集任务优先级应该高于数据处理任务的优先级。

5. EOS 的选择

在选择 EOS 时,也需要做多方面的考虑:

(1)EOS 的功能。根据项目需要的 EOS 功能来选择 EOS 产品,要考虑系统支持 EOS 的全部功能还是部分功能,是否支持文件系统和人机界面,是实时系统还是分时系统,以及系统是否可裁减等因素。

(2)配套开发工具。有些 RTOS 只支持该系统供应商的开发工具。也就是说,还必须向 EOS 供应商获取编译器和调试器等;有些 EOS 使用广泛,且有第三方工具可用,因此,选择的余地比较大。

(3)EOS 的可移植性。EOS 到硬件的移植是一个重要的问题,是整个系统能否按期完工的关键因素,因此,要选择那些可移植性程度高的 EOS,从而避免 EOS 难以向硬件移植而带来的种种困难,加速系统的开发进度。

(4) EOS 的内存需求。均衡考虑是否需要额外 RAM 或 EEPROM 来迎合 EOS 对内存的较大要求。有些 EOS 对内存的要求是目标相关的,例如,Tornado/VxWorks 等,开发人员能按照应用需求分配所需的资源,而不是为 EOS 分配资源。

(5) EOS 附加软件包。EOS 是否包含所需的软件部件,例如,网络协议栈、文件系统和各种常用外设的驱动等。

(6) EOS 的实时性如何。有些 EOS 只能提供软实时性能,对于需要达到硬实时性能要求的系统就不适用;有些 EOS 即可满足软实时要求,也能满足硬实时要求,例如,MS Windows CE 2.0 等。

(7) EOS 的灵活性。EOS 是否具有可剪裁性,即能否根据实际需要进行系统功能的剪裁。有些 EOS 具有较强的可剪裁性,例如,嵌入式 Linux 和 ECos 等。

6. 编程语言的选择

对于嵌入式系统编程语言的选择,需要考虑通用性、可移植性、执行效率和可维护性等方面。

(1) 通用性。随着微处理器技术的不断发展,其功能越来越专用,种类越来越多,但不同种类的微处理器都有自己专用的汇编语言。这就为系统开发人员设置了一个巨大的障碍,使系统编程更加困难,软件复用无法实现;而高级语言一般和具体机器的硬件结构联系较少,比较流行的高级语言对多数微处理器都有良好的支持,通用性较好。

(2) 可移植性。由于汇编语言和具体的微处理器密切相关,为某个微处理器设计的程序不能直接移植到另一个不同种类的微处理器上使用,因此,可移植性差;高级语言对所有微处理器都是通用的,因此,程序可以在不同的微处理器上运行,可移植性较好。这是实现软件复用的基础。

(3) 执行效率。一般来说,越是高级的语言,其编译器和开销就越大,应用程序也就越大、越慢。但单纯依靠低级语言(例如,汇编语言)来进行应用程序的开发,带来的问题是编程复杂、开发周期长。因此,存在一个开发时间和运行性能之间的权衡。

(4) 可维护性。通常,低级语言程序的可维护性不高。高级语言程序往往是模块化设计,各个模块之间的接口是固定的。因此,当系统出现问题时,可以很快地将问题定位到某个模块内,并尽快得到解决。另外,模块化设计也便于系统功能的扩展和升级。

在嵌入式系统的分析与设计过程中,需要完成一系列的文档,例如,技术文件目录、技术任务书、技术方案报告、产品规格、技术条件、设计说明书、试验报告和总结报告等,这些文档对完成产品设计和维护相当重要,需要按照通用计算机系统开发的文档管理标准进行管理。有关软件文档管理方面的详细知识,将在 20.10 节介绍。

17.4.5 低功耗设计

嵌入式系统通常都是一些移动设备,不能像通用计算机系统那样,长期插接供电电源,因此,在进行嵌入式系统设计时,必须考虑其功耗问题。事实上,低功耗设计是嵌入式系统设计中的难点,是一个系统化的综合问题,必须从软件和硬件两个方面全面考虑,才能真正有效地降低功耗。

1. 基于硬件的低功耗设计

对于常用的典型 CMOS 集成电路,其功耗由静态功耗、静态漏电流功耗、内部短路功耗和动态功耗组成。通常,在 CMOS 器件的整体功耗中,动态功耗大约占 70%~90%,静态功耗与静态漏电流功耗一般不大于 2%,内部短路功耗在 10%~30%之间。从硬件方面降低器件工作时的功耗,主要从降低工作电压方面考虑。对于嵌入式系统设计人员来说,基于硬件的低功耗设计应该从如下几个方面考虑:

(1)板级电路低功耗设计。板级电路的低功耗设计主要围绕处理器的低功耗特性和外围芯片的工作特点,设计处理器的供电电路和外围芯片的电源控制电路,处理器的供电设计允许改变其内核的输入电压,达到降低功耗的目的,外围芯片的电源控制则允许处理器能够根据实际需要对工作空闲的外围芯片的电源开启和关闭,从而降低其功耗。

(2)选择低功耗处理器。处理器是嵌入式系统不可缺少的核心部件,选择处理器时除了参考其功能、性能、接口和指令集等指标外,还应该考虑功耗特性,在满足正常工作的前提下,尽量选择低电压工作的处理器,或者选择可以动态调整电压和工作频率的处理器。对于同样核心的处理器或其他外围电路,应该选用制造工艺更先进的器件。

(3)总线的低功耗设计。对于嵌入式系统来说,总线的宽度越宽,功耗就越大,在可能情况下,应该优先选用低功耗的总线器件,例如,低电压差分信号器件(Low Voltage Differential Signal,LVDS)。LVDS 是一种小振幅差分信号技术,使用非常低的幅度信号通过一对差分信号传输数据,允许单个信道传输速率达到每秒数百兆位,因其特有的恒流源模式驱动,所以产生的噪音极低,功耗很小。随着 LVDS 器件信号速率的进一步提升,品种越来越丰富,在嵌入式系统设计中的应用也会越来越广泛。

(4)接口驱动电路的设计。设计接口驱动电路时,要选用静态电流低的外围芯片,还要考虑上拉/下拉电阻的选取、悬空引脚的处理和缓冲器使用等。电阻大小应该仔细计算或采用模拟工具进行仿真,悬空的引脚应该接地或接电源。接口芯片驱动能力如果能够满足需要,尽量减少使用缓冲器。

(5)分区分时供电技术。嵌入式处理器的工作电压与外围芯片的工作电压通常不一致,可以将它们分别划在不同的供电区域内,并且可以部分关闭空闲分区内的电源,来降低系统功耗。

2. 基于软件的低功耗设计

在嵌入式系统的设计过程中,通过软件的设计优化,可在一定程度上降低系统的功耗,主要的技术措施有如下几种:

(1)编译优化技术。对于实现同样的功能,不同实现算法所消耗的时间不同;使用的指令不同,消耗功率也不同。编译器可以通过特定处理器单条指令的功耗基本开销、连续执行不同指令开销的估算模型进行优化。

（2）软件与硬件的协同设计。可以通过软件与硬件的功能再分配，将用硬件实现的功能由软件实现，从而减少硬件电路的规模，进而达到降低功耗的目的。这需要将基于软件实现某种功能的所需要功耗与硬件电路实现同样功能产生的功耗进行对比，详细分析之后进行综合考虑。

（3）算法优化。对于软件实现的功能，应尽量采用时间复杂度低的算法，例如，快速傅立叶变换和快速排序算法等，来降低算法执行时间，从而将低功耗。

第 18 章　系统安全性分析与设计

随着信息化进程的深入和互联网的快速发展，网络化已经成为企业信息化的发展大趋势，信息资源也得到最大程度的共享。但是，紧随信息化发展而来的网络安全问题日渐突出，已成为信息时代人类共同面临的挑战。目前，危害计算机信息系统安全的事件频繁发生，而且有愈演愈烈之势，甚至会影响国家之间的战争形势，由现有战争方式转变为没有硝烟的网络战争。

如果计算机和网络系统的安全受到危害，将会危及国家安全，引起社会混乱，造成重大损失。系统分析师作为信息系统建设的挑大梁者，必须掌握系统安全知识，在进行系统分析与设计时，足够重视安全性分析，根据系统的环境约束和用户要求，结合当前技术的发展，为信息系统构筑"铜墙铁壁"，确保用户应用和数据的安全。

18.1　信息系统安全体系

对于一个信息系统网络，必须要从总体上进行规划，建立一个科学而全面的信息安全保障体系，从而实现信息系统的整体安全。一个全面的信息系统安全体系包含的内容是多方面的，应该能够解决信息系统存在的大部分安全威胁。目前，信息安全威胁主要有以下几个方面：

（1）系统稳定性和可靠性破坏行为，包括从外部网络针对内部网络的攻击入侵行为和病毒破坏等。

（2）大量信息设备的使用、维护和管理问题，包括违反规定的计算机、打印机和其他信息基础设施滥用，以及信息系统违规使用软件和硬件的行为。

（3）知识产权和内部机密材料等信息存储、使用和传输的保密性、完整性和可靠性存在可能的威胁，其中尤其以信息的保密性存在威胁的可能性最大。

1. 系统安全的分类

信息系统的安全是一个复杂的综合体，涉及系统的方方面面，主要包括实体安全、信息安全、运行安全和人员安全等几个部分。

（1）实体安全。在信息系统中，计算机及相关设备、设施（含网络）统称为系统的实体。实体安全是指保护计算机设备、设施和其他媒体免遭地震、水灾、火灾、有害气体和其他环境事故（例如，电磁辐射等）破坏的措施和过程。实体安全又可分为环境安全、设备安全和媒体安全三个方面。对信息系统实体的破坏，不仅可以造成巨大的经济损失，也会导致系统中的机密信息数据丢失和破坏。

（2）运行安全。运行安全包括系统风险管理、审计跟踪、备份与恢复、应急等4个方面的内容。运行安全是计算机信息系统安全的重要环节，其实质是保证系统的正常运行，不因偶然的或恶意的侵扰而遭到破坏，使系统可靠、连续地运行，服务不受中断。

（3）信息安全。信息安全是指防止系统中的信息被故意或偶然的非法授权访问、更改、破坏或使信息被非法系统识别和控制等。简单地说，信息安全就是确保信息的保密性、完整性、可用性和可控性。针对信息存在的形式和特点，信息安全可分为操作系统安全、数据库安全、网络安全、病毒防护、访问控制、数据加密和认证（鉴别）7个方面。

（4）人员安全。人员安全主要包括计算机使用人员的安全意识、法律意识和安全技能等。

2. 系统安全体系结构

作为全方位的、整体的系统安全防范体系也是分层次的，不同层次反映了不同的安全问题，根据网络的应用现状情况和结构，可以将安全防范体系的层次划分为物理层安全、系统层安全、网络层安全、应用层安全和安全管理。

（1）物理环境的安全性。物理层的安全包括通信线路、物理设备和机房的安全等。物理层的安全主要体现在通信线路的可靠性（线路备份、网管软件和传输介质）、软硬件设备的安全性（替换设备、拆卸设备、增加设备）、设备的备份、防灾害能力、防干扰能力、设备的运行环境（温度、湿度、烟尘）和不间断电源保障等。

（2）操作系统的安全性。系统层的安全问题来自计算机网络内使用的操作系统的安全，例如，Windows Server 和 UNIX 等。主要表现在3个方面，一是由操作系统本身的缺陷带来的不安全因素，主要包括身份认证、访问控制和系统漏洞等；二是对操作系统的安全配置问题；三是病毒对操作系统的威胁。

（3）网络的安全性。网络层的安全问题主要体现在计算机网络方面，包括网络层身份认证、网络资源的访问控制、数据传输的保密与完整性、远程接入的安全、域名系统的安全、路由系统的安全、入侵检测的手段和网络设施防病毒等。

（4）应用的安全性。应用层的安全问题主要由提供服务所采用的应用软件和数据的安全性产生，包括 Web 服务、电子邮件系统和 DNS 等。此外，还包括病毒对系统的威胁。

（5）管理的安全性。安全管理包括安全技术和设备的管理、安全管理制度、部门与人员的组织规则等。管理的制度化极大程度地影响着整个计算机网络的安全，严格的安全管理制度、明确的部门安全职责划分与合理的人员角色配置，都可以在很大程度上降低其他层次的安全漏洞。

3. 安全保护等级

《计算机信息系统安全保护等级划分准则》（GB17859—1999）规定了计算机系统安全保护能力的5个等级，即用户自主保护级、系统审计保护级、安全标记保护级、结构化保护级和访问验证保护级。系统安全保护能力随着安全保护等级的增高，逐渐增强。

（1）用户自主保护级（第一级）。第一级的计算机信息系统可信计算机通过隔离用户与数据来实现，使用户具备自主安全保护的能力。它具有多种形式的控制能力，对用户实施访问控制，即为用户提供可行的手段，保护用户和用户组信息，避免其他用户对数据的非法读写与破坏。第一级适用于普通内联网用户。

（2）系统审计保护级（第二级）。与第一级相比，第二级的计算机信息系统可信计算机实施了粒度更细的自主访问控制，它通过登录规程、审计与安全性相关事件和隔离资源，使用户对自己的行为负责。第二级适用于通过内联网或国际网进行商务活动，需要保密的非重要单位。

（3）安全标记保护级（第三级）。第三级的计算机信息系统可信计算机具有系统审计保护级的所有功能。此外，还提供有关安全策略模型、数据标记，以及主体对客体强制访问控制的非形式化描述；具有准确地标记输出信息的能力；消除通过测试发现的任何错误。第三级适用于地方各级国家机关、金融机构、邮电通信、能源与水源供给部门、交通运输、大型工商与信息技术企业、重点工程建设等单位。

（4）结构化保护级（第四级）。第四级的计算机信息系统可信计算机建立于一个明确定义的形式化安全策略模型之上，它要求将第三级系统中的自主和强制访问控制扩展到所有主体与客体。此外，还要考虑隐蔽通道。本级的计算机信息系统可信计算机必须结构化为关键保护元素和非关键保护元素。计算机信息系统可信计算机的接口也必须明确定义，使其设计与实现能经受更充分的测试和更完整的复审。加强了鉴别机制，支持系统管理员和操作员的职能，提供可信设施管理，增强了配置管理控制。系统具有相当的抗渗透能力。第四级适用于中央级国家机关、广播电视部门、重要物资储备单位、社会应急服务部门、尖端科技企业集团、国家重点科研机构和国防建设等部门。

（5）访问验证保护级（第五级）。第五级的计算机信息系统可信计算机满足访问监控器需求。访问监控器仲裁主体对客体的全部访问。访问监控器本身是抗篡改的，而且必须足够小，能够分析和测试。为了满足访问监控器需求，计算机信息系统可信计算机在其构造时，排除了那些对实施安全策略来说并非必要的代码；在设计和实现时，从系统工程角度将其复杂性降低到最小程度。支持安全管理员职能；扩充审计机制，当发生与安全相关的事件时发出信号；提供系统恢复机制。系统具有很高的抗渗透能力。第五级适用于国防关键部门和依法需要对计算机信息系统实施特殊隔离的单位。

4．系统安全保障系统

针对当前复杂、技术手段各异的系统安全威胁，要建立一个完整的系统安全保障体系，应该包含以下几个方面的内容：

（1）建立统一的身份认证体系。身份认证是信息交换最基础的要素，如果不能确认交换双方的实体身份，那么系统安全就根本无从得到保证。身份认证的含义是广泛的，其泛指一切实体的身份，包括人、计算机、设备和应用程序等，只有确认了所有这些信息在存储、使用和传输过程中可能涉及的实体，系统的安全性才有可能得到基本保证。

（2）建立统一的安全管理体系。建立对所有实体有效的管理体系，能够对计算机网络系统中的所有计算机、输出端口、存储设备、网络、应用程序和其他设备进行有效的集中管理，从而有效管理和控制计算机网络中存在的安全风险。安全管理体系的建立主要集中在技术性系统的建立上，同时，也应该建立相应的管理制度，才能使安全管理系统得到有效实施。

（3）建立规范的安全保密体系。信息的保密性是一个大型信息应用网络不可缺少的需求，所以，必须建立符合规范的信息安全保密体系，这个体系不仅仅应该提供完善的技术解决方案，也应该建立相应的信息保密管理制度。

（4）建立完善的网络边界防护体系。重要的计算机网络一般会与 Internet 进行一定程度的分离，在内部信息网络和 Internet 之间存在一个网络边界。必须建立完善的网络边界防护体系，使得内部网络既能够与外部网络进行信息交流，同时也能防止从外网发起的对内部网络的攻击等安全威胁。

此外，从整个国家角度考虑，要加快信息系统安全立法，建立信息安全法制体系，这样才能做到有法可依，有法必依；建立国家信息安全组织管理体系，加强国家信息安全机构及职能；建立高效能的、职责分工明确的行政管理和业务组织体系；建立信息系统安全标准和评估体系；建立国家信息安全技术保障体系，使用科学技术实施安全的防护保障。

18.2 数据安全与保密

为用户提高安全、可靠的保密通信，是信息系统安全最为重要的内容，尽管系统安全不仅仅局限于保密性，但不能提供保密性的系统肯定是不安全的。系统的保密性机制除了为用户提供保密通信以外，也是其他安全机制的基础。例如，访问控制中登录口令的设计、安全通信协议的设计和数字签名的设计等，都离不开密码机制。

18.2.1 数据加密技术

加密是指对数据进行编码变换，使其看起来毫无意义，但同时却仍可以保持其可恢复的形式的过程。在这个过程中，被变换的数据称为明文，它可以是一段有意义的文字或者数据，变换后的数据称为密文。加密机制有助于保护信息的机密性和完整性，有助于识别信息的来源，它是最广泛使用的安全机制。

传统加密算法主要包括代换加密和置换加密两种。代换加密的方法是，首先构造一个或多个密文字母表，然后用密文字母表中的字母或字母组来代替明文字母或字母组，各字母或字母组的相对位置不变，但其本身改变了；置换加密将明文中的字母重新排列，字母本身不变，但其位置改变了。传统加密算法具有设计简单的特点，曾经得到大量使用。但它们的一个主要弱点是,算法和密钥密切相关。攻击者可以根据字母的统计和语言学知识,相对容易破译密文,尤其是在计算机技术高度发展的今天,可以充分利用计算机进行密文分析。

从 20 世纪 60 年代开始,随着电子技术、计算机技术的迅速发展,以及结构代数、可计算性和计算复杂性理论等学科的研究,密码学又进入了一个新的发展时期。在 20 世纪 70 年代后期,对称加密算法和非对称加密算法的出现,成为了现代密码学发展史中的两个重要里程碑。

1. 对称加密算法

对称加密算法也称为私钥加密算法,是指加密密钥和解密密钥相同,或者虽然不同,但从其中的任意一个可以很容易地推导出另一个。其优点是具有很高的保密强度,但密钥的传输需要经过安全可靠的途径。对称加密算法有两种基本类型,分别是分组密码和序列密码。分组密码是在明文分组和密文分组上进行运算,序列密码是对明文和密文数据流按位或字节进行运算。

常见的对称加密算法包括瑞士的国际数据加密算法(International Data Encryption Algorithm,IDEA)和美国的数据加密标准(Date Encryption Standard,DES)。

DES 是一种迭代的分组密码,明文和密文都是 64 位,使用一个 56 位的密钥以及附加的 8 位奇偶校验位。攻击 DES 的主要技术是穷举法,由于 DES 的密钥长度较短,为了提高安全性,就出现了使用 112 位密钥对数据进行三次加密的算法(3DES),即用两个 56 位的密钥 K1 和 K2,发送方用 K1 加密,K2 解密,再使用 K1 加密;接收方则使用 K1 解密,K2 加密,再使用 K1 解密,其效果相当于将密钥长度加倍。

IDEA 是在 DES 的基础上发展起来的,类似于 3DES。IDEA 的明文和密文都是 64 位,密钥长度为 128 位。

2. 非对称加密算法

非对称加密算法也称为公钥加密算法,是指加密密钥和解密密钥完全不同,其中一个为公钥,另一个为私钥,并且不可能从任何一个推导出另一个。它的优点在于可以适应开放性的使用环境,可以实现数字签名与验证。

最常见的非对称加密算法是 RSA,该算法的名字以发明者的名字命名:Ron Rivest、AdiShamir 和 Leonard Adleman。RSA 算法的密钥长度为 512 位。RSA 算法的保密性取决于数学上将一个数分解为两个素数的问题的难度,根据已有的数学方法,其计算量极大,破解很难。但是加密/解密时要进行大指数模运算,因此加密/解密速度很慢,主要用在数字签名中。

18.2.2 认证技术

信息的完整性一方面是指信息在利用、传输、存储等过程中不被删除、修改、伪造、乱序、重放和插入等,另一方面是指信息处理方法的正确性。不适当的操作(例如,误删除文件等）有可能造成重要文件的丢失。完整性和保密性不同，保密性要求信息不被泄露给未授权的人，而完整性则要求信息不受到各种原因的破坏。

认证（authentication）又称为鉴别或确认，它是证实某事物是否名符其实或是否有效的一个过程。认证和加密的区别在于，加密用于确保数据的保密性，阻止对手的被动攻击，例如，截取和窃听等；而认证用于确保数据发送者和接收者的真实性和报文的完整性，阻止对手的主动攻击，例如，冒充、篡改和重放等。认证往往是许多应用系统中安全保护的第一道设防，因而极为重要。

1. 数字签名

数字签名是附加在数据单元上的一些数据，或是对数据单元所作的密码变换。这种数据或变换允许数据单元的接收者用以确认数据单元的来源和数据单元的完整性并保护数据，防止被人（例如，接收者）进行伪造。基于对称加密算法和非对称加密算法都可以获得数字签名，但目前主要是使用基于非对称加密算法的数字签名，包括普通数字签名和特殊数字签名。普通数字签名算法有 RSA、ElGamal、Fiat-Shamir、Des/DSA、椭圆曲线数字签名算法和有限自动机数字签名算法等，特殊数字签名算法有盲签名、代理签名、群签名、不可否认签名、公平盲签名、门限签名和具有消息恢复功能的签名等，它与具体应用环境密切相关。显然，数字签名的应用涉及法律问题，美国联邦政府基于有限域上的离散对数问题制定了自己的数字签名标准（Digital Signature Standard，DSS）。

数字签名的主要功能是保证信息传输的完整性、发送者的身份认证、防止交易中的抵赖发生。因此，不管使用哪种算法，数字签名必须保证以下三点：

（1）接收者能够核实发送者对数据的签名，这个过程称为鉴别。

（2）发送者事后不能抵赖对数据的签名，这称为不可否认。

（3）接收者不能伪造对数据的签名，这称为数据的完整性。

2. 杂凑算法

杂凑算法是主要的数字签名算法，它是利用散列（Hash）函数（哈希函数、杂凑函数）进行数据的加密。单向 Hash 函数提供了这样一种计算过程：输入一个长度不固定的字符串，返回一串定长的字符串，这个返回的字符串称为消息摘要（Message Digest，MD），也称为 Hash 值或散列值。Hash 函数主要可以解决以下两个问题，首先，在某一特定的时间内，无法查找经 Hash 操作后生成特定 Hash 值的原消息；其次，无法查找两个经 Hash 操作后生成相同 Hash 值的不同消息。这样，在数字签名中就可以解决验证签名、用户身份验证和不可抵赖性的问题。

（1）消息摘要算法。消息摘要算法（Message Digest algorithm 5，MD5）用于确保信息传输完整一致，经 MD2、MD3 和 MD4 发展而来。它的作用是让大容量信息在用数字签名软件签署私人密钥前被"压缩"成一种保密的格式，即将一个任意长度的字节串变换成一个定长的大数。不管是 MD2、MD4 还是 MD5，它们都需要获得一个随机长度的信息并产生一个 128 位的消息摘要。MD5 以 512 位分组来处理输入的信息，且每个分组又被划分为 16 个 32 位子分组,经过一系列的处理后,算法的输出由 4 个 32 位分组组成,将这 4 个 32 位分组级联后,将生成一个 128 位的散列值。

(2) 安全散列算法。安全散列算法(Secure Hash Algorithm,SHA)能计算出一个数字信息所对应的长度固定的字符串(消息摘要),它对长度不超过 264 位的消息产生 160 位的消息摘要。这些算法之所以称作"安全",是基于以下两点,第一,由消息摘要反推原输入信息,从计算理论上来说是很困难的;第二,想要找到两组不同的信息对应到相同的消息摘要,从计算理论上来说也是很困难的;任何对输入信息的变动,都有很高的概率导致其产生的消息摘要不同。

SHA 家族的 5 个算法,分别是 SHA-1、SHA-224、SHA-256、SHA-384 和 SHA-512,由美国国家安全局所设计,并由美国国家标准与技术研究院发布,是美国的政府标准。后四者有时统称为 SHA-2。SHA-1 在许多安全协议中广为使用,包括 TLS(Transport Layer Security,传输层安全协议)和 SSL(Secure Sockets Layer,安全套接字层)、PGP(Pretty Good Privacy)、SSH(Secure Shell,安全外壳)、S/MIME(Secure/Multipurpose Internet Mail Extensions,安全/多功能 Internet 邮件扩展)和 IPSec(Internet Protocol Security,IP 协议安全性)等,曾被视为是 MD5 的后继者。

3. 数字证书

数字证书又称为数字标识,是由认证中心(Certificate Authority,CA)签发的对用户的公钥的认证。数字证书的内容应包括 CA 的信息、用户信息、用户公钥、CA 签发时间和有效期等。目前,国际上对证书的格式和认证方法遵从 X.509 体系标准。

在 X.509 格式中,数字证书通常包括版本号、序列号(CA 下发的每个证书的序列号都是唯一的)、签名算法标识符、发行者名称、有效期、主体名称、主体的公钥信息、发行者唯一识别符、主体唯一识别符、扩充域、发行者签名(就是 CA 用自己的私钥对上述数据进行数字签名的结果,也可以理解为是 CA 中心对用户证书的签名)等信息。

任何一个用户只要得到 CA 的公钥,就可以得到 CA 为该用户签署的数字证书。因为证书是不可伪造的,因此,对于存放证书的目录无须施加特别的保护。如果两个用户使用的是不同 CA 发放的证书,则无法直接使用证书;但如果两个 CA 之间已经安全地交换了公开密钥,则可以使用证书链来完成通信。当数字证书过了有效期、用户私钥已泄露、用户放弃使用原 CA 的服务、CA 私钥泄露等,都需要吊销证书,这时,CA 会维护一个证书吊销列表(Certificate Revocation List,CRL),供用户查询。

4. 身份认证

用户的身份认证是许多应用系统的第一道防线,其目的在于识别用户的合法性,从而阻止非法用户访问系统。身份识别对确保系统和数据的安全保密是极其重要的,目前,计算机网络系统中常用的身份认证方式主要有以下几种:

(1) 口令认证。用户名/密码是最简单也是最常用的身份认证方法,密码是由用户自己设定的,只有用户自己才知道。只要能够正确输入密码,计算机就认为操作者就是合法用户。实际上，由于许多用户为了防止忘记密码，经常采用诸如生日和电话号码等容易被猜测的字符串作为密码，或者将密码抄在纸上，放在一个自认为安全的地方。这样，很容易造成密码泄漏，即使能保证用户密码不被泄漏，由于密码是静态的数据，在验证过程中需要在网络中传输，而每次验证使用的信息都是相同的，很容易被驻留在内存中的木马程序或网络中的监听设备截获。因此，从安全性上讲，用户名/密码方式是一种极不安全的身份认证方式。

（2）动态口令认证。动态口令技术是一种让用户密码按照时间或使用次数不断变化、每个密码只能使用一次的技术。它采用一种称为动态令牌的专用硬件，内置电源、密码生成芯片和显示屏，密码生成芯片运行专门的密码算法，根据当前时间或使用次数生成当前密码并显示在显示屏上。认证服务器采用相同的算法计算当前的有效密码。用户使用时，只需要将动态令牌上显示的当前密码输入计算机，即可实现身份认证。由于每次使用的密码必须由动态令牌来产生，只有合法用户才持有该硬件，所以，只要通过密码验证就可以认为该用户的身份是可靠的。而用户每次使用的密码都不相同，即使黑客截获了一次密码，也无法利用这个密码来仿冒合法用户的身份。

动态口令技术采用一次一密的方法，有效保证了用户身份的安全性。但是，如果客户端与服务器端的时间或次数不能保持良好的同步，就可能发生合法用户无法登录的问题。并且用户每次登录时需要通过键盘输入一长串无规律的密码，一旦输错就要重新操作，使用起来非常不方便。

（3）生物特征识别。生物特征识别是通过可测量的身体或行为等生物特征进行身份认证的一种技术。生物特征分为身体特征和行为特征两类，身体特征包括指纹、掌型、视网膜、虹膜、人体气味、脸型、手的血管和脱氧核糖核酸（Deoxyribonucleic acid，DNA）等；行为特征包括签名、语音和行走步态等。目前，部分学者将视网膜识别、虹膜识别和指纹识别等归为高级生物识别技术，将掌型识别、脸型识别、语音识别和签名识别等归为次级生物识别技术，将血管纹理识别、人体气味识别、DNA 识别等归为深奥的生物识别技术。

18.2.3 密钥管理体制

密钥是加密算法中的可变部分，在采用加密技术保护的信息系统中，其安全性取决于密钥的保护，而不是对算法或硬件保护。密码机制可以公开，密码设备可能丢失，但同一型号的密码机仍可继续使用。然而，密钥一旦丢失或出错，不但合法用户不能提取信息，而且可能为非法用户窃取信息提供了机会。因此，密钥的管理是关键问题。

密钥管理是指处理密钥自产生到销毁的整个过程中的有关问题，包括系统的初始化、密钥的产生、存储、备份/恢复、装入、分配、保护、更新、控制、丢失、吊销和销毁等。当前，主要的密钥管理体制有三种，分别是适用于封闭网、以传统的密钥管理中心为代表的 KMI（Key Management Infrastructure，密钥管理基础设施）机制，适用于开放网的

PKI（Public Key Infrastructure，公钥基础设施）机制和适用于规模化专用网的 SPK（Seeded public-Key，种子化公钥）机制。

1. KMI 机制

KMI 设定一个密钥分配中心（Key Distribution Center，KDC）来负责发放密钥，这种结构经历了从静态分发到动态分发的发展过程，是密钥管理的重要手段。静态分发是预配置技术，动态分发是"请求、分发"机制，即与物理分发相对应的电子分发，一般用于建立实时通信中的会话密钥，在一定意义上缓解了密钥管理规模化的矛盾。无论是静态发放或是动态发放，都基于秘密信道（物理通道）进行，其特点归纳如表 18-1 所示。

表 18-1 KMI 密钥分发机制

分发类型	技 术	特 点
静态分发	点对点分发	可用对称加密或非对称加密实现。对称加密分发是最简单而有效的密钥管理技术，能为鉴别提供可靠的参数，但不能提供不可否认服务。有数字签名要求时，则需要用非对称加密实现。
静态分发	一对多分发	可用对称加密或非对称加密实现，是点对点配置的扩展。KDC 保留所有密钥，而用户端只保留自己的密钥。这是银行清算、军事指挥、数据库系统中的主流技术，也是建立秘密通道的主要方法
静态分发	网格状分发	也称为端端密钥，可用对称加密或非对称加密实现。密钥配置量为 C_n^2，其中 n 为用户端的数量
动态分发	对称加密分发	首先用静态分发方式下的星状密钥配置，在此基础上解决会话密钥的分发。这种密钥分发方式简单易行
动态分发	非对称加密分发	将公私和私钥都当作秘密变量。也可以将公钥和私钥分开，只将私钥当作秘密变量，公钥当作公开变量

2. PKI 机制

PKI 是一种遵循既定标准的密钥管理平台，它能够为所有网络应用提供加密和数字签名等服务，以及所必需的密钥和证书管理体系。PKI 机制解决了分发密钥时依赖秘密信道的问题。

完整的 PKI 系统必须具有 CA、数字证书库、密钥备份及恢复系统、证书作废系统和应用接口等基本构成部分。PKI 与 KMI 的比较如表 18-2 所示。

表 18-2 PKI 与 KMI 的比较

比较项目	PKI	KMI
作用特性	良好的扩展性，适于开放业务	很好的封闭性，适于专用业务
服务功能	只提供数字签名服务	提供数据加密和数字签名功能
信任逻辑	第三方管理模式	集中式的主管方管理模式
负责性	个人负责的技术体系	单位负责制
应用角度	主外	主内

PKI 的基础技术包括加密、数字签名、数据完整性机制、数字信封、双重数字签名等。其中，数字信封是用加密技术来保证只有规定的特定接收人才能阅读通信的内容。在数字信封中，信息发送方采用对称密钥来加密信息内容，然后将此对称密钥用接收方的公钥加密（这部分称为数字信封）之后，将它和加密后的信息一起发送给接收方，接收方先用相应的私钥打开数字信封，得到对称密钥，然后使用对称密钥解开加密信息。这种技术的安全性相当高。

3．SPK 机制

为了更好地解决密钥管理的问题，研究人员又提出了 SPK 体系。SPK 机制可以通过以下两种方法实现：

（1）多重公钥（Lapped Public Key，LPK），用 RSA 算法实现。多重公钥有两个缺点，一是将种子私钥以原码形式分发给署名用户；二是层次越多，运算时间越长。

（2）组合公钥（Conbined Public Key，CPK），用 DLP 或 ECC 实现。CPK 克服了 LPK 的两个缺点，私钥是经组合以后的变量，不暴露种子，公钥的运算几乎不占时间，是一种比较理想的密钥管理解决方案。

18.3 通信与网络安全技术

网络安全是系统安全的核心。计算机网络作为信息的主要收集、存储、分配、传输和应用的载体，其安全对整个系统的安全起着至关重要甚至是决定性的作用。网络安全的基础是需要具有安全的网络体系结构和网络通信协议。但遗憾的是，今天的 Internet 不论是其体系结构还是通信协议，都具有各种各样的安全漏洞，由此而带来的安全事故也层出不穷。

当然，任何一种体系结构和通信协议，都不可能尽善尽美、没有漏洞，利用网络进行的攻击与反攻击、控制与反控制永远不会停止。因此，系统分析师要熟练掌握网络安全技术，针对网络安全需求，采用相应的措施。

18.3.1 防火墙

防火墙（firewall）是一种隔离控制技术，在不同网域之间设置屏障，阻止对信息资源的非法访问，也可以阻止重要信息从内部网络中非法输出。作为 Internet 的安全性保护措施，防火墙已经得到广泛的应用。通常，企业为了维护内部的信息系统安全，在企业网和 Internet 之间设立防火墙。企业信息系统对于来自 Internet 的访问，采取有选择的接收方式。它可以允许或禁止一类具体的 IP 地址访问，也可以接收或拒绝 TCP/IP 上的某一类具体的应用。

防火墙是位于两个或多个网络之间，执行访问控制策略的一个或一组系统，是一类防范措施的总称。防火墙通常放置在外部网络和内部网络的中间，执行网络边界的过滤封锁机制。在某些情况下，防火墙以专门的硬件形式出现，它是安装了防火墙软件，并针对安全防护进行了专门设计的网络设备，本质上还是软件在进行控制。

1．防火墙的功能

如果没有防火墙，整个内部网络的安全性就完全依赖于每台计算机，因此，所有的计算机在安全水平方面都必须达到一致的高度。也就是说，整个网络的安全水平是由安全水平最低的那台计算机决定的，这就是所谓的"木桶原理"。网络越大，对计算机进行管理，使它们达到统一的安全水平级别，就越不容易。

如果采用了防火墙，内部网络中的计算机将不再直接暴露给来自 Internet 的攻击。因此，对整个内部网络的安全管理就变成了防火墙的安全管理，这样，使安全管理变得更为方便和易于控制，也使内部网络更加安全。具体来说，防火墙一般具有以下几个功能：

（1）访问控制功能。这是防火墙最基本也是最重要的功能，通过禁止或允许特定用户访问特定的资源，保护内部网络的资源和数据。需要禁止非授权的访问，防火墙需要识别哪个用户可以访问何种资源，包括服务控制、方向控制、用户控制和行为控制等功能。

（2）内容控制功能。根据数据内容进行控制，例如，防火墙可以从电子邮件中过滤掉垃圾邮件，可以过滤掉内部用户访问外部服务的图片信息，也可以限制外部访问，使它们只能访问本地 Web 服务器中一部分信息。

（3）全面的日志功能。防火墙需要完整地记录网络访问情况，包括内、外网进出的访问，以检查网络访问情况。一旦网络发生了入侵或者遭到了破坏，就可以对日志进行审计和查询。

（4）集中管理功能。在一个安全体系中，防火墙可能不止一台，因此，防火墙应该是易于集中管理的。

（5）自身的安全和可用性。防火墙要保证自身的安全，不被非法侵入，保证正常的工作。如果防火墙被侵入，安全策略被修改，这样，内部网络就变得不安全。同时，防火墙也要保证可用性，否则网络就会中断，网络连接就会失去意义。

另外，防火墙还应带有如下的附加功能：

（1）流量控制。针对不同的用户限制不同的流量，可以合理使用带宽资源。

（2）网络地址转换（Network Address Translation，NAT）。NAT 是通过修改数据包的源地址（端口）或者目的地址（端口）来达到节省 IP 地址资源，隐藏内部 IP 地址功能的一种技术。

（3）VPN（Virtual Private Network，虚拟专用网）。只利用数据封装和加密技术，使本来只能在私有网络上传送的数据能够通过公共网络进行传输，使系统费用大大降低。

2．防火墙的分类

从总体上来说，防火墙技术可分为网络级防火墙和应用级防火墙两类。网络级防火墙用来防止整个网络出现外来非法的入侵。例如，分组过滤和授权服务器就属于这一类。前者检查所有流入本网络的信息，然后拒绝不符合事先制订好的一套准则的数据，而后者则是检查用户的登录是否合法；应用级防火墙是从应用程序来进行接入控制，通常使用应用网关或代理服务器来区分各种应用。例如，可以只允许 WWW 应用，而阻止 FTP 应用。

在实际应用中，可以根据不同的应用，对防火墙进行更加详细的划分，一般可以分为包过滤型防火墙、电路级网关型防火墙、应用网关型防火墙、代理服务型防火墙、状态检测型防火墙和自适应代理型防火墙。

（1）包过滤型防火墙。包过滤型防火墙是在网络层对数据包进行分析、选择，选择的依据是系统内设置的过滤规则（访问控制表）。通过检查每个数据包的源地址、目的地址、端口和协议状态等因素，确定是否允许该数据包通过。包过滤型防火墙的优点是逻辑简单、成本低，易于安装和使用，网络性能和透明性好，通常安装在路由器上。其缺点是很难准确地设置包过滤器，缺乏用户级的授权；包过滤判别的条件位于数据包的头部，由于 IPv4 的不安全性，很可能被假冒或窃取；是基于网络层的安全技术，不能检测通过高层协议而实施的攻击。

（2）电路级网关型防火墙。电路级网关型防火墙起着一定的代理服务作用，监视两台计算机建立连接时的握手信息，判断该会话请求是否合法。一旦会话连接有效后，该网关仅复制和传递数据。电路级网关型防火墙在 IP 层代理各种高层会话，具有隐藏内部网络信息的能力，且透明性高。但由于其对会话建立后所传输的具体内容不再作进一步的分析，因此安全性低。

（3）应用网关型防火墙。应用网关型防火墙是在应用层上实现协议过滤和转发功能，针对特别的网络应用协议制定数据过滤规则。应用网关通常安装在专用工作站系统上，由于它工作于应用层，因此具有高层应用数据或协议的理解能力，可以动态地修改过滤规则，提供记录和统计信息。应用网关型防火墙和包过滤型防火墙有一个共同特点，就是它们仅依靠特定的逻辑来判断是否允许数据包通过，一旦符合条件，则防火墙内外的计算机系统建立直接联系，防火墙外部网络能直接了解内部网络结构和运行状态，这大大增加了实施非法访问攻击的机会。

（4）代理服务型防火墙。代理服务器接收客户请求后，会检查并验证其合法性，如合法，它将作为一台客户机向真正的服务器发出请求并取回所需信息，最后再转发给客户。代理服务型防火墙将内部系统与外界完全隔离开来，从外面只看到代理服务器，而看不到任何内部资源，而且代理服务器只允许被代理的服务通过。代理服务安全性高，还可以过滤协议，通常认为是最安全的防火墙技术。其不足主要是不能完全透明地支持各种服务和应用，而且会消耗大量的 CPU 资源，导致系统的低性能。

（5）状态检测型防火墙。状态检测型防火墙动态记录和维护各个连接的协议状态，并在网络层对通信的各个层次进行分析与检测，以决定是否允许通过防火墙。因此，状态检测型防火墙兼备了较高的效率和安全性，可以支持多种网络协议和应用，且可以方便地扩展实现对各种非标准服务的支持。

（6）自适应代理型防火墙。自适应代理型防火墙可以根据用户定义的安全策略，动态适应传送中的分组流量。如果安全要求较高，则最初的安全检查仍在应用层完成。而一旦代理明确了会话的所有细节，那么其后的数据包就可以直接经过速度快得多的网络层。因此，此类防火墙兼备了代理技术的安全性和状态检测技术的高效率。

3．防火墙的体系结构

从体系结构上看，防火墙可以有多种实现模式，例如，宿主机模式、屏蔽主机模式和屏蔽子网模式等。

（1）双宿/多宿主机模式。双宿/多宿主机模式是一种拥有两个或多个连接到不同网络上的网络接口的防火墙，如图 18-1 所示。通常用一台装有两块或多块网卡的堡垒主机做防火墙，两块或多块网卡各自与内部网和外部网相连，一般采用代理服务的办法，必须禁止网络层的路由功能。

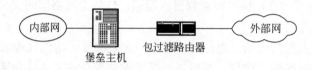

图 18-1　双宿/多宿主机模式

（2）屏蔽主机模式。屏蔽主机模式的防火墙由包过滤路由器和堡垒主机组成，如图 18-2 所示。

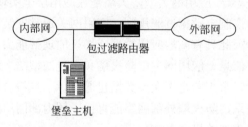

图 18-2　屏蔽主机模式

屏蔽主机模式的主要特点是，在防火墙中堡垒主机安装在内部网络上，通常在路由器上设立过滤规则，并使这个堡垒主机成为从外部网络唯一可直接到达的主机，这确保了内部网络不受未被授权的外部用户的攻击。屏蔽主机防火墙实现了网络层和应用层的安全，因此比单独的包过滤或应用网关代理更安全。在这种模式下，过滤路由器是否配置正确是防火墙安全与否的关键，如果路由表遭到破坏，堡垒主机就可能被越过，使内部网完全暴露。

（3）屏蔽子网模式。屏蔽子网模式采用了两个包过滤路由器和一个堡垒主机，在内外网络之间建立一个被隔离的子网,称为非军事区(De-Militarized Zone,DMZ)或周边网(perimeter network),如图 18-3 所示。

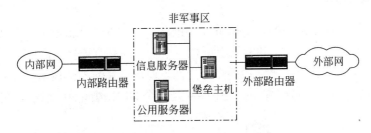

图 18-3 屏蔽子网模式

屏蔽子网模式特点是,网络管理员将堡垒主机、Web 服务器、Mail 服务器等公用服务器放在 DMZ 中。内部网络和外部网络均可访问屏蔽子网,但禁止它们穿过屏蔽子网通信。在这一配置中,即使堡垒主机被入侵者控制,内部网仍能受到内部包过滤路由器的保护。多个堡垒主机运行各种代理服务,可以更有效地提供服务。

当然,防火墙还可能存在着其他的结构模式,例如,一个堡垒主机和一个 DMZ、合并 DMZ 的内部路由器和外部路由器、使用多个堡垒主机、使用多重宿主机与屏蔽子网等。在实际应用中,需要按照网络环境的要求来构造防火墙。

4.防火墙的局限性

防火墙对企业内部网实现集中的安全管理,可以强化网络安全策略,能防止非授权用户进入内部网络,可以方便地监视网络的安全性并报警,可以作为部署 NAT 的地点,利用 NAT 技术,缓解地址空间的短缺,隐藏内部网的结构。同时,由于所有的访问都必须经过防火墙,因此,防火墙是审计和记录网络的访问和使用的最佳措施。然而,防火墙的使用也有一定的局限性,列举如下:

(1)为了提高安全性,限制或关闭一些有用但存在安全缺陷的网络服务,给用户带来了使用上的不便。

(2)目前,防火墙对于来自网络内部的攻击还无能为力。作为一种被动的防护手段,防火墙不能阻止 Internet 不断出现的新的威胁和攻击,不能有效地防范数据驱动式攻击。

(3)防火墙不能防范不经过防火墙的攻击,例如,内部网用户通过串行线路网际协议(Serial Line Internet Protocol,SLIP)或点对点协议(Point to Point Protocol,PPP)直接进入 Internet。

(4)防火墙对用户不完全透明,可能带来传输延迟、瓶颈和单点失效等。

(5)防火墙不能完全防止受病毒感染的文件或软件的传输,由于病毒的种类繁多,如果要在防火墙完成对所有病毒代码的检查,防火墙的效率就会降到不能忍受的程度。

总之,防火墙只是整个网络安全防护的一个部分,它需要与其他防护措施和技术配合使用,例如,密码技术、访问控制、权限管理和病毒防治等,才能解决内部网安全问题，并最终提供一套一体化的解决方案。

18.3.2 虚拟专用网

虚拟专用网（Virtual Private Network，VPN）是企业网在 Internet 等公共网络上的延伸，通过一个私有的通道在公共网络上创建一个安全的私有连接。因此，从本质上说，VPN 是一个虚信道，它可用来连接两个专用网，通过可靠的加密技术保证其安全性，并且是作为公共网络的一部分存在的。图 18-4 是一个 VPN 构成的原理示意图。

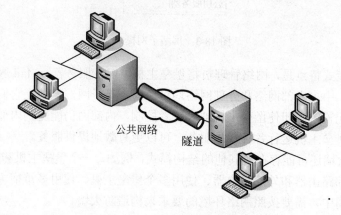

图 18-4　VPN 原理示意图

1．VPN 的关键技术

目前，VPN 主要采用 4 项技术来保证安全，它们分别是隧道技术、加解密技术、密钥管理技术、身份认证技术和访问控制技术。

（1）隧道技术。隧道技术是 VPN 的基本技术，类似于点对点连接技术，它在公用网建立一条数据通道（隧道），让数据包通过这条隧道传输。隧道是由隧道协议形成的，可分为第二层隧道协议和第三层隧道协议。第二层隧道协议是先将各种网络协议封装到 PPP 中，再将整个数据包装入隧道协议中。这种双层封装方法形成的数据包靠第二层（数据链路层）协议进行传输。第二层隧道协议主要有 L2F（Level 2 Forwarding，第二层转发）协议、PPTP（Point to Point Tunneling Protocol，点对点隧道协议）和 L2TP（Layer Two Tunneling Protocol，第二层通道协议）等；第三层隧道协议是将各种网络协议直接装入隧道协议中，形成的数据包依靠第三层（网络层）协议进行传输。第三层隧道协议主要有 VTP（VLAN Trunking Protocol，虚拟局域网干道协议）、IPSec 等。

（2）加解密技术。加解密技术是数据通信中一项较成熟的技术，VPN 可直接利用现有技术。

（3）密钥管理技术。密钥管理技术的主要任务是如何在公用数据网上安全地传递密钥而不被窃取。

(4) 身份认证技术。身份认证技术通常使用名称与密码或卡片式认证等方式。

(5) 访问控制技术。访问控制技术是由 VPN 服务的提供者根据在各种预定义的组中的用户身份标识，来限制用户对网络信息或资源的访问控制的机制。

2．PPP 会话过程

PPP 拨号会话过程可以分成 4 个不同的阶段，分别是创建 PPP 链路、用户验证、PPP 回叫控制和调用网络层协议。在用户验证阶段，客户 PC 会将用户的身份发送给接入服务器（Network Access Server，NAS）。该阶段使用一种安全认证方式，以避免第三方窃取数据或冒充远程客户接管与客户端的连接。大多数的 PPP 方案只提供了有限的认证方式，包括口令字认证协议（Password Authentication Protocol，PAP）和挑战握手认证协议（Challenge Handshake Authentication Protocol，CHAP）。

(1) 口令字认证协议。PAP 是一种简单的明文认证方式。NAS 要求客户端提供用户名和口令，PAP 以明文方式返回用户信息。显然，这种认证方式的安全性较差，第三方可以很容易地获取被传送的用户名和口令，并利用这些信息与 NAS 建立连接，获取 NAS 提供的所有资源。一旦用户密码被第三方窃取，PAP 无法提供避免受到第三方攻击的保障措施。

(2) 挑战握手认证协议。CHAP 是一种加密的认证方式，能够避免建立连接时传送用户的真实密码。NAS 向客户端发送一个挑战（challenge）口令，其中包括会话 ID 和一个任意生成的挑战字串。客户端必须使用 MD5 算法返回用户名和加密的挑战口令、会话 ID 和用户口令，其中用户名以非哈希方式发送。CHAP 为每一次认证任意生成一个挑战字串来防止受到重放攻击。在整个连接过程中，CHAP 将不定时地向客户端重复发送挑战口令，从而避免第三方冒充客户进行攻击。

18.3.3 安全协议

在保证计算机网络系统的安全中，安全协议起到主要核心作用，其中主要包括 IPSec、SSL、PGP 和安全套接字层上的超文本传输协议（Hypertext Transfer Protocol over Secure Socket Layer，HTTPS）等。

1．SSL

SSL 是一个传输层的安全协议，用于在 Internet 上传送机密文件。SSL 协议由握手协议、记录协议和警报协议组成。

SSL 握手协议用来在客户与服务器真正传输应用层数据之前建立安全机制，当客户与服务器第一次通信时，双方通过握手协议在版本号、密钥交换算法、数据加密算法和 Hash 算法上达成一致，然后互相验证对方身份，最后使用协商好的密钥交换算法产生一个只有双方知道的秘密信息，客户和服务器各自根据该秘密信息，产生数据加密算法和 Hash 算法参数；SSL 记录协议根据握手协议协商的参数，对应用层送来的数据进行加密、压缩和计算消息鉴别码，然后经传输层发送给对方；SSL 警报协议用来在客户和服务器之间传递 SSL 出错信息。

SSL 主要提供三个方面的服务,分别是用户和服务器的合法性认证、加密数据以隐藏被传送的数据和保护数据的完整性。SSL 使用 40 位关键字作为 RC4 流加密算法,这对于商业信息的加密是合适的。SSL 是一个保证计算机通信安全的协议,对通信对话过程进行安全保护,其实现过程主要经过如下几个阶段:

(1)接通阶段。客户机通过网络向服务器打招呼,服务器回应。

(2)密码交换阶段。客户机与服务器之间交换双方认可的密码,一般选用 RSA 密码算法,也有的选用 Diffie-Hellmanf 和 Fortezza-KEA 密码算法。

(3)会谈密码阶段。客户机器与服务器间产生彼此交谈的会谈密码。

(4)检验阶段。客户机检验服务器取得的密码。

(5)客户认证阶段。服务器验证客户机的可信度。

(6)结束阶段。客户机与服务器之间相互交换结束的信息。

发送时信息用对称密钥加密,对称密钥用非对称算法加密,再把两个包绑在一起传送过去。接收的过程与发送正好相反,先打开有对称密钥的加密包,再用对称密钥解密。因此,SSL 协议也可用于安全电子邮件。

2. HTTPS

HTTPS 是以安全为目标的 HTTP 通道,简单地说,HTTPS 是 HTTP 的安全版。SSL 极难窃听,对中间人攻击提供一定的合理保护。

HTTPS 是一个统一资源定位符(Universal Resource Identifier,URI)语法体系,句法类同 HTTP 体系,用于安全的 HTTP 数据传输。HTTPS 实际上应用了 SSL 作为 HTTP 应用层的子层,HTTPS 使用端口 443(也可以指定其他 TCP 端口),而不是像 HTTP 那样使用端口 80 来和 TCP/IP 进行通信。HTTPS 和 SSL 支持使用 X.509 数字认证,如果需要的话,用户可以确认发送者是谁。也就是说,它的主要作用可以分为两种,一种是建立一个信息安全通道,来保证数据传输的安全;另一种就是确认网站的真实性。

3. PGP

PGP 是一个基于 RSA 的邮件加密软件,可以用它对邮件保密以防止非授权者阅读,它还能对邮件加上数字签名,从而使收信人可以确信邮件发送者。PGP 的基本原理是,先用对称密钥加密传送的信息,再将该对称加密密钥以接收方的公钥加密,组成数字信封,并将此密钥交给公正的第三方保管;然后,将此数字信封传送给接收方。接收方必须先以自己的私钥将数字信封拆封,以获得对称解密密钥,再以该对称解密密钥解出真正的信息,兼顾了方便与效率。

PGP 还可用于文件存储的加密。PGP 承认两种不同的证书格式,分别是 PGP 证书和 X.509 证书。其中,一份 PGP 证书包括版本号、证书持有者的公钥、证书持有者的信息(例如,姓名、用户 ID、照片等)、证书拥有者的数字签名、证书的有效期和密钥首选的对称加密算法等内容。

4. IPSec

IPSec 是一个工业标准网络安全协议，为 IP 网络通信提供透明的安全服务，保护 TCP/IP 通信免遭窃听和篡改，可以有效抵御网络攻击，同时保持易用性。IPSec 有两个基本目标，分别是保护 IP 数据包安全和为抵御网络攻击提供防护措施。IPSec 结合密码保护服务、安全协议组和动态密钥管理三者来实现上述两个目标。

IPSec 是针对 IPv4 和 IPv6 的，其主要特征是可以支持 IP 级所有流量的加密和/或认证，增强所有分布式应用的安全性。IPSec 在 IP 层提供安全服务，使得系统可以选择所需要的安全协议，确定该服务所用的算法，并提供安全服务所需任何加密密钥。

IPSec 是一种基于端对端的安全模式。这种模式有一个基本前提假设，就是假定数据通信的传输媒介是不安全的，因此，通信数据必须经过加密，而掌握加解密方法的只有数据的发送端和接收端，两者各自负责相应的数据加解密处理，而网络中其他只负责转发数据的路由器或计算机无须支持 IPSec。使用 IPSec 可以显著地减少或防范以下几种网络攻击：

（1）Sniffer。Sniffer 可以读取数据包中的任何信息，对抗 Sniffer 最有效的方法就是对数据进行加密。IPSec 的封装安全有效负载（Encapsulating Security Payload，ESP）协议通过对 IP 包进行加密来保证数据的私密性。

（2）数据篡改。IPSec 用密钥为每个 IP 包生成一个数字检查和，该密钥为且仅为数据的发送方和接收方共享。对数据包的任何篡改，都会改变检查和，从而可以让接收方得知包在传输过程中遭到了修改。

（3）身份欺骗，盗用口令，应用层攻击。IPSec 的身份交换和认证机制不会暴露任何信息，不给攻击者有可乘之机，双向认证在通信双方之间建立信任关系，只有可信赖的系统才能彼此通信。

（4）中间人攻击。IPSec 结合双向认证和共享密钥，足以抵御中间人攻击。

（5）拒绝服务攻击。IPSec 使用 IP 包过滤法，依据 IP 地址范围和协议，甚至特定的协议端口号来决定哪些数据流需要受到保护，哪些数据流可以被允许通过，而哪些需要拦截。

18.3.4 单点登录技术

随着信息化的迅猛发展，用户每天需要登录到许多不同的信息系统，例如，邮件、数据库和各种应用服务器等。每个系统都要求用户遵循一定的安全策略，例如，要求输入用户名和口令等。随着用户需要登录系统的增多，出错的可能性就会增加，受到非法截获和破坏的可能性也会增大，安全性就会相应降低。而一旦用户忘记了口令，就不能执行任务，就需要请求管理员的帮助，在重新获得口令之前只能等待，造成系统和安全管理资源的开销，降低了生产效率。特别是新系统的涌现，在与现有系统的集成或融合

上,特别是针对相同的用户群,会带来以下的问题:

(1) 如果每个系统都开发各自的身份认证系统,则将造成资源浪费,消耗开发成本,并延缓开发进度。

(2) 多个身份认证系统会增加整个系统的管理工作成本。

(3) 用户需要记忆多个账号和口令,使用极为不便。同时,由于用户口令遗忘而导致的支持费用不断上涨。

(4) 无法实现统一的认证和授权,多个身份认证系统使安全策略必须逐个在不同的系统内进行设置,因而造成修改策略的进度可能跟不上策略的变化;无法统一分析用户的应用行为。

因此,对于有多个业务系统应用需求的组织,需要配置一套统一的身份认证系统,以实现集中、统一的身份认证,并减少整个系统的成本。

1. 单点登录系统的概念

单点登录(Single Sign-On,SSO)技术是通过用户的一次性认证登录,即可获得需要访问系统和应用软件的授权,在此条件下,管理员不需要修改或干涉用户登录,就能方便地实现希望得到的安全控制。

单点登录系统采用基于数字证书的加密和数字签名技术,基于统一策略的用户身份认证和授权控制功能,对用户实行集中、统一的管理和身份认证,以区别不同的用户和信息访问者,并作为各应用系统的统一登录入口,同时,为通过身份认证的合法用户签发针对各个应用系统的登录票据(ticket),从而实现"一点登录,多点漫游"。必要时,单点登录系统能够与统一权限管理系统实现无缝结合,签发合法用户的权限票据,从而能够使合法用户进入其权限范围内的各应用系统,并完成符合其权限的操作。

2. SSO系统的特征与功能

单点登录的实施可由Kerberos机制和外壳脚本机制来实现,也可以采用通用的安全服务API和分布式计算环境。一个理想的SSO产品应该具备以下的特征和功能:

(1) 常规特征。支持多种系统、设备和接口。

(2) 终端用户管理灵活性。包括通常的账号创建、口令管理和用户识别。口令管理包括口令维护、历史记录和文法规则等;支持各种类型的令牌设备和生物学设备。

(3) 应用管理灵活性。若多个会话同时与一个公共主体相关,设备场景管理能保证其中一个会话发生改变,其他相关会话自动更新;能监控特定信息的使用;可将各种应用绑定在一起,来保证应用的一致性。

(4) 移动用户管理。保证用户在不同的地点对信息资源进行访问。

(5) 加密和认证。加密保证信息在终端用户和安全服务器之间传输时的安全性;认证保证用户的真实性。

(6) 访问控制。保证只有用户被授权访问的应用可以提供给用户。

（7）可靠性和性能。包括 SSO 和其他访问控制程序之间的接口的可靠性和性能，以及接口的复杂度等。

3．利用 Kerberos 机制

Kerberos 是一种网络身份认证协议，该协议的基础是基于信任第三方，它提供了在开放型网络中进行身份认证的方法，认证实体可以是用户也可以是用户服务。这种认证不依赖宿主机的操作系统或计算机的 IP 地址，不需要保证网络上所有计算机的物理安全性，并且假定数据包在传输中可被随机窃取和篡改。

Kerberos 的安全机制在于首先对发出请求的用户进行身份验证，确认其是否是合法的用户；如是合法的用户，再审核该用户是否有权对他所请求的服务或计算机进行访问。从加密算法上来讲，其验证是建立在对称加密的基础上的，KDC 保存与所有密钥持有者通信的保密密钥，其认证过程颇为复杂。

4．外壳脚本机制

外壳脚本机制通过原始认证进入系统外壳，然后外壳就会激发各种专用平台的脚本，来激活目标平台的账号和资源的访问。这种方式简化了用户的登录，但它没有提供同步的口令字以及其他管理方法。

18.4 病毒防治与防闯入

目前，计算机病毒和黑客攻击是计算机网络遇到的最大威胁。本节将重点介绍病毒防护技术、入侵检测技术、入侵防护技术、网络攻击及预防，以及计算机犯罪与防护方面的知识。

18.4.1 病毒防护技术

计算机病毒是指编制或者在计算机程序中插入的破坏计算机功能或者毁坏数据，影响计算机使用，并能自我复制的一组计算机指令或者程序代码。传统意义上的计算机病毒一般具有破坏性、隐蔽性、潜伏性和传染性，其中，是否具有传染性是判别一个程序是否为计算机病毒的最重要条件。随着计算机软件和网络技术的发展，在今天的网络时代，计算机病毒又有了很多新的特点，例如，主动通过网络和邮件传播，变种多、具有病毒、蠕虫和黑客程序的功能等。

1．反病毒技术

目前，典型的反病毒技术有特征码技术、校验和技术、启发式扫描技术、虚拟机技术、行为监控技术和主动防御技术等。

（1）特征码技术。特征值扫描是目前普遍采用的查毒技术。其核心是从病毒体中提取病毒特征值构成病毒特征库，杀毒软件将用户计算机中的文件或程序等目标，与病毒特征库中的特征值逐一比对,判断该目标是否被病毒感染。特征值检测方法的优点是,检测准确、可识别病毒的名称、误报警率低,并且依据检测结果可做杀毒处理;缺点是开销大、查杀速度慢,不能检查未知病毒和多态性病毒。

(2)校验和技术。计算正常文件的内容和正常的系统扇区的校验和,将该校验和写入数据库中保存。在文件使用/系统启动过程中,检查文件现在内容的校验和与原来保存的校验和是否一致,这样,可以发现文件/引导区是否感染。校验和技术能发现已知病毒和未知病毒,但是,它不能识别病毒种类,不能报出病毒名称,常常误报警。而且,该方法也会影响文件的运行速度,对隐蔽性病毒无效。

(3)启发式扫描技术。启发式扫描主要是分析文件中的指令序列,根据统计知识,判断该文件是否感染病毒,从而有可能找到未知的病毒。因此,启发式扫描技术是一种概率方法。启发式扫描软件以代码反编译技术为实现基础,在内部保存病毒行为代码的跳转表,每个表项存储一类病毒行为的必用代码序列。由于病毒代码千变万化,具体实现启发式病毒扫描技术是相当复杂的。启发式扫描技术有时也会误报。

(4)虚拟机技术。反病毒软件开始运行时,使用特征值检测方法检测病毒。如果发现隐蔽性病毒或多态性病毒,启动软件模拟模块,监视病毒的运行,待病毒自身的加密代码解码后,再运用特征值检测方法来识别病毒的种类。虚拟机是在反病毒系统中设置的一种程序机制,它能在内存中模拟一个小的封闭程序执行环境,所有待查文件都以解释方式在其中被虚拟执行,其效率更高、更准确。

(5)行为监控技术。病毒不论伪装得如何巧妙,它总是存在着一些和正常程序不同的行为。例如,病毒总要不断复制自己,否则它无法传染。行为监控是指通过审查应用程序的操作来判断是否有恶意(病毒)倾向并向用户发出警告。行为监控技术的优点是可发现未知病毒、可相当准确地预报未知的多数病毒,其缺点是可能误报警、不能识别病毒名称和实现时有一定难度。

(6)主动防御技术。主动防御技术以程序行为自主分析判定法为理论基础,采用动态仿真技术,依据专家分析程序行为、判定程序性质的逻辑,模拟专家判定病毒的机理,实现对新病毒提前防御。主动防御是一种阻止恶意程序执行的技术,它可以在病毒发作时进行主动而有效的全面防范,从技术层面上有效应对未知病毒的肆虐。从理论上来看,主动防御技术能够检测所有已知和未知的恶意程序。但实际上,这是不现实的。

2. 病毒攻击的防范

病毒危害固然很大,但是,只要掌握了一些防病毒的常识,就能很好地进行防范。常见的防范措施如下:

(1)用常识进行判断。绝不打开来历不明邮件的附件或并未预期接收到的附件。对看来可疑的邮件附件要自觉不予打开。

(2)安装防病毒产品,并保证更新最新的病毒库。应该在重要的计算机上安装实时病毒监控软件，并且至少每周更新一次病毒库。

（3）不要从任何不可靠的渠道下载软件。最好不要使用重要的计算机去浏览一些个人网站，特别是一些黑客类网站，不要随意在小网站上下载软件。如果非得下载，应该对下载的软件在安装或运行前进行病毒扫描。

（4）使用其他形式的文档。常见的宏病毒使用 Microsoft Office 的程序传播，减少使用这些文件类型的机会，可以降低病毒感染的风险。

（5）使用基于客户端的防火墙或过滤措施。如果计算机需要经常连接在 Internet 上，就非常有必要使用个人防火墙保护文件或个人隐私，并可防止"不速之客"访问系统。

（6）记住一些典型文件的长度。感染病毒的程序，绝大部分都会改变长度。因此，可以记下一些典型文件的长度，并定期进行对比，一旦发现异常，即表明有感染病毒的可能。

（7）重要资料，必须及时备份。必须养成定期备份重要资料的习惯。

目前，Internt 已经成为病毒传播的最大来源，电子邮件和网络信息传递为病毒传播打开了高速的通道。网络化带来了病毒传染的高效率，而病毒传染的高效率也对防病毒产品提出了新的要求。基于网络系统的病毒防护体系主要包括以下策略：

（1）一定要实现全方位、多层次防毒。

（2）网关防毒是整个防毒的首要防线。

（3）没有管理的防毒系统是无效的防毒系统。

（4）服务是整体防毒系统中极为重要的一环。

18.4.2 入侵检测技术

入侵检测是一种主动保护计算机免受攻击的网络安全技术。作为防火墙的合理补充，入侵检测技术能够帮助系统对付网络攻击，扩展了系统管理员的安全能力（包括安全审计、监视、攻击识别和响应），提高了系统安全基础结构的完整性。入侵检测被认为是防火墙之后的第二道安全闸门，在不影响网络性能的情况下能对网络进行检测。

1. 入侵检测系统的基本原理

入侵是指任何试图危害资源的完整性、可信度和可获取性的动作，入侵检测是发现或确定入侵行为存在或出现的动作，也就是发现、跟踪并记录计算机系统或网络中的非授权行为，或发现并调查系统中可能为试图入侵或病毒感染所带来的异常活动，其基本原理如图 18-5 所示。

入侵检测系统（Intrusion-detection system，IDS）是一种可应用于不同网络环境和不同系统的安全策略，IDS 在不同的应用环境中有不同的具体实现。从系统构成上看，IDS 至少包括数据提取、入侵分析和响应处理三大部分，另外，还可以结合安全知识库和数据存储等功能模块，提供更为完善的安全检测技术和数据分析功能。入侵检测系统的模块结构如图 18-6 所示。

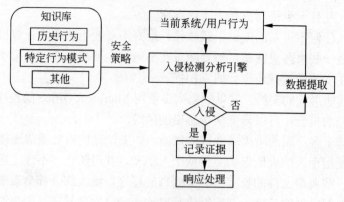

图 18-5 入侵检测原理

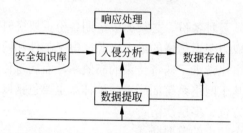

图 18-6 入侵检测系统的模块结构

数据提取模块在入侵检测系统中居于基础地位，负责提取反映系统运行状态的数据，并完成数据的过滤和其他预处理工作，为入侵分析模块和数据存储模块提供原始的安全审计数据，是 IDS 的数据采集器。

入侵分析模块是 IDS 的核心模块，包括对原始数据进行同步、整理、组织、分类、特征提取和各种类型的细致分析，提取其中所包含的系统活动特征或模式，用于正常和异常行为的判断。这种行为的鉴别可以实时进行，也可以是事后的分析。

响应处理模块的工作实际上反映了当发现入侵者的攻击行为之后，该怎么办的问题。可选的相应措施包括主动响应和被动响应，前者以自动的或用户设置的方式阻断攻击过程，后者则只对发生的时间进行报告和记录，由安全管理员负责下一步的行动。

2．入侵检测系统的分类

IDS 一般有两种分类方法，一种是基于数据源的分类，另一种是基于检测方法的分类。

（1）基于数据源的分类。IDS 首先需要解决的问题是数据源，或者说是审计事件发生器。IDS 根据其检测数据来源可分为两类，分别是基于主机的 IDS 和基于网络的 IDS。基于主机的 IDS 必须具备一定的审计功能，并记录相应的安全性日志；基于网络的 IDS 可以放在防火墙或者网关的后面，以网络嗅探器的形式捕获所有的对内和对外的数据包。两种 IDS 的比较如表 18-3 所示。

表 18-3　两种入侵检测系统的比较

系统类型	说　　明	特　　点
基于网络的 IDS	使用原始的网络分组数据包作为进行攻击分析的数据源，一般利用一个网络适配器来实时监视和分析所有通过网络进行传输的通信。一旦检测到攻击，响应处理模块通过通知、报警以及中断连接等方式来对攻击做出反应	成本低，攻击者转移证据很困难；实时检测和应答，一旦发生恶意访问或攻击，可以随时发现它们，能够更快地做出反应；能够检测未成功的攻击企图；操作系统独立
基于主机的 IDS	监视系统文件、事件和安全日志，一旦发现这些文件发生任何变化，IDS 将比较新的日志记录与攻击签名，以发现它们是否匹配。如果匹配，就向管理员发出入侵报警，并且采取相应的行动	非常适用于加密和交换环境；近实时的检测和应答；不需要额外的硬件，但需要特定的操作系统支持

（2）基于检测方法的分类。从检测方法上可以将 IDS 分为异常检测和误用检测两种类型。异常检测也称为基于行为的检测，首先建立用户的正常使用模式（即知识库），标识出不符合正常模式的行为活动；误用检测也称为基于特征的检测，建立已知攻击的知识库，判别当前行为活动是否符合已知的攻击模式。

18.4.3　入侵防护技术

防火墙是实施访问控制策略的系统，对流经的网络流量进行检查，拦截不符合安全策略的数据包。传统的防火墙旨在拒绝那些明显可疑的网络流量，但仍然允许某些流量通过，因此，防火墙对于很多入侵攻击仍然无计可施。IDS 通过监视网络或系统资源，寻找违反安全策略的行为或攻击迹象，并发出报警。目前，随着网络入侵事件的不断增加和黑客攻击技术水平的不断提高，使得传统的防火墙或 IDS 已经无法满足现代网络安全的需要，而入侵防护技术的产生正是适应了这种要求。

入侵防护系统（Intrusion Prevention System，IPS）是一种主动的、积极的入侵防范和阻止系统，它部署在网络的进出口处，当检测到攻击企图后，它会自动地将攻击包丢掉或采取措施将攻击源阻断。IPS 的检测功能类似于 IDS，但 IPS 检测到攻击后会采取行动阻止攻击。

1．IPS 的工作原理

IPS 倾向于提供主动防护，其设计宗旨是预先对入侵活动和攻击性网络流进行拦截，避免其造成损失，而不是简单地在恶意流量传送时或传送后才发出警报。IPS 通过一个网络端口接收来自外部系统的流量，经过检查，确认其中不包含异常活动或可疑内容后，再通过另外一个端口将它传送到内部系统中。这样，有问题的数据包，以及所有来自同一数据流的后续数据包，都能在 IPS 设备中被清除掉。

IPS 拥有数目众多的过滤器，能够防止各种攻击。当发现新的攻击手段后，IPS 就会创建一个新的过滤器。IPS 数据包处理引擎是专业化定制的集成电路，可以深层检查数据包的内容。如果有攻击者利用第二层（数据链路层）～第七层（应用层）的漏洞发起攻击，IPS 能够从数据流中检查出这些攻击并加以阻止。传统的防火墙只能对第三层（网络层）或第四层（传输层）进行检查，不能检测到应用层的内容。防火墙的包过滤技术不会针对每个字节进行检查，也就无法发现攻击活动，而 IPS 可以做到逐个字节地检查数据包。所有流经 IPS 的数据包都被分类，分类的依据是数据包中的报头信息，例如，源 IP 地址和目的 IP 地址、端口号和应用域等。每种过滤器负责分析相对应的数据包。通过检查的数据包可以继续前进，包含恶意内容的数据包就会被丢弃，被怀疑的数据包需要接受进一步的检查。

针对不同的攻击行为，IPS 需要不同的过滤器。每种过滤器都设有相应的过滤规则，为了确保准确性，这些规则的定义非常广泛。在对传输内容进行分类时，过滤引擎还需要参照数据包的信息参数，并将其解析至一个有意义的域中进行上下文分析，以提高过滤准确性。过滤器引擎集合了流水线和大规模并行处理硬件，能够同时执行数千次的数据包过滤检查。并行过滤处理可以确保数据包能够不间断地快速通过系统，不会对速度造成影响。这种硬件加速技术对于 IPS 具有重要意义，因为传统的软件解决方案必须串行进行过滤检查，这会导致系统性能大打折扣。

2．IPS 的技术特征

IPS 的技术特征包括嵌入式运行、深入分析和控制、入侵特征库和高效处理能力。

（1）嵌入式运行。只有以嵌入模式运行的 IPS 设备才能够实现实时的安全防护，实时阻拦所有可疑的数据包，并对该数据流的剩余部分进行拦截。

（2）深入分析和控制。IPS 必须具有深入分析能力，以确定已经拦截了哪些恶意流量，根据攻击类型和策略等来确定应该拦截哪些流量。

（3）入侵特征库。高质量的入侵特征库是 IPS 高效运行的必要条件，IPS 还应该定期升级入侵特征库，并快速应用到所有传感器。

（4）高效处理能力。IPS 必须具有高效处理数据包的能力，对整个网络性能的影响保持在最低水平。

18.4.4 网络攻击及预防

由于 Internet 的开放性，网络可能受到来自任何时间、任何地点的各种各样的攻击，掌握典型攻击方法的概念与原理，以及这些攻击的预防措施，有利于对系统安全性进行分析与保护。

1．常见的网络攻击手段

网络攻击都是针对系统的安全漏洞采取的特定手段，以下按 TCP/IP 协议层逐层分析常见的网络攻击手段。

（1）数据链路层。数据链路层的攻击主要有 MAC 地址欺骗和 ARP 欺骗。MAC 地址欺骗是将计算机的 MAC 地址改成其他信任主机的 MAC 地址；ARP 欺骗是修改 IP 地址和 MAC 地址的映射关系，使发送给目标计算机的数据包发送到另外一台由攻击者控制的计算机。

（2）网络层。网络层的攻击主要有 IP 地址欺骗、泪滴攻击、ICMP 攻击和 RIP 路由欺骗。IP 地址欺骗是指攻击者假冒他人 IP 地址发送数据包，从而达到隐藏自身 IP 地址、伪造源 IP 和目标 IP 地址相同的不正常包、伪装成被目标主机信任的友好主机得到非授权的服务；泪滴攻击是指发送两段或多段数据包，并使偏移量故意出错，造成重叠现象，以使目的主机计算时出现负数值，从而造成系统崩溃；ICMP 攻击是指发送过大的 ICMP 数据包，完成 IP 地址扫描，大量的 ping 命令导致对方带宽或资源耗尽等；RIP 路由欺骗是指声明所控制的路由器 A 可以最快到达某一站点 B，从而导致发给 B 的数据包经 A 中转。由于 A 已被控制，因此，可以在此完成侦听和篡改等操作。

（3）传输层。传输层的攻击主要有 TCP 初始化序号预测、TCP 端口扫描、Land 攻击、TCP 会话劫持、SYN flooding、RST 和 FIN 攻击。TCP 初始化序号预测是通过预测初始序号来伪造 TCP 数据包；TCP 端口扫描通过扫描 TCP 端口来寻找存在安全隐患的应用程序或服务，然后利用应用层手段进行后续攻击。常见的扫描技术包括 TCP connect() 扫描、TCP SYN 扫描、TCP FIN 扫描、IP 包分段扫描、UDP ICMP 端口不能到达扫描和慢速扫描等；Land 攻击向目标主机发送一个特别伪造的 SYN 包，其 IP 源地址和目标地址都被设置成目标主机的 IP 地址，此举将导致目标主机向它自身发送 SYN-ACK 消息，而其自身又发回 ACK 消息，并创建一个空连接，不断产生的空连接最终将使系统资源耗尽；TCP 会话劫持建立在 IP 欺骗和 TCP 序列号攻击的基础上，专门用来攻击基于 TCP 的应用，即接管被欺骗主机和目的主机之间发送的数据报；SYN flooding 利用建立 TCP 连接的第三次握手机制进行攻击，它将阻止三次握手过程的完成，特别是阻止服务器方接收客户方的 TCP 确定标志 ACK；RST 和 FIN 攻击使被欺骗主机和目标主机之间的正常通信突然中断。

（4）应用层。应用层的攻击主要有电子邮件攻击、DNS 欺骗和缓冲区溢出攻击。电子邮件攻击主要分为两种，第一种是用伪造的 IP 地址或电子邮件地址向同一信箱发送大量垃圾邮件，第二种是伪装成系统管理员给用户发送邮件，要求用户修改口令；DNS 欺骗将用户要浏览的目标主机的 DNS 名称指向攻击者的服务器；缓冲区溢出攻击通过往程序的缓冲区写入超出其长度的内容，造成缓冲区溢出，从而破坏程序的堆栈，使程序转而执行其他指令，以达到攻击的目的。

2. 特洛伊木马

特洛伊木马（Trojan horse）是指附着在应用程序中或者单独存在的一些恶意程序，它可以利用网络远程控制安装有服务端程序的计算机。木马程序一般利用 TCP/IP 协议，采用 C/S 架构，分为客户端（也称控制端）和服务器端（也称被控制端）两个部分。木马的两端程序通常运行于网络上不同的两台计算机。服务器端程序运行于被攻击的计算机上，而客户端程序在控制者的计算机上运行。客户端程序可以同时向多个服务端程序发送命令，以同时控制这些计算机。客户端程序一般提供友好的操作界面，以便于用户的操作，其功能比较丰富。

与其他的黑客工具一样，木马程序具有隐蔽性和非授权性。隐蔽性是指木马设计者为了防止木马程序被发现，会尽可能地采用各种隐藏手段，这样即使被发现，也往往因为无法具体定位而无法清除；非授权性是指木马程序的控制端与服务端连接后，具有服务端程序窃取的各种权限，可以由服务端接收客户端计算机发送来的命令，并在服务端计算机上执行，包括修改或删除文件、控制计算机的键盘鼠标、修改注册表、按木马控制者的意愿重启被攻击的计算机、截取服务端的屏幕内容等。

3. 拒绝服务攻击

拒绝服务（Denial of Service，DoS）攻击广义上可以指任何导致服务器不能正常提供服务的攻击。确切地说，DoS 攻击是指故意攻击网络协议实现的缺陷或直接通过各种手段耗尽被攻击对象的资源，目的是让目标计算机或网络无法提供正常的服务，使目标系统停止响应甚至崩溃。这些服务资源包括网络带宽、文件系统空间容量、开放的进程或者允许的连接等。

DoS 攻击的基本原理是使被攻击服务器充斥大量要求回复的信息，消耗网络带宽或系统资源，导致网络或系统不胜负荷，以至于瘫痪而停止提供正常的网络服务。要对服务器实施拒绝服务攻击，其方式有两种，一种是迫使服务器的缓冲区满，不接收新的请求；另一种是使用 IP 欺骗，迫使服务器将合法用户的连接复位，影响合法用户的连接。

DDoS（Distributed Denial of Service，分布式拒绝服务）攻击手段是在传统的 DoS 攻击基础之上产生的一类攻击方式。DDoS 的攻击策略侧重于通过很多"僵尸机"（被攻击者入侵过或可间接利用的计算机）向受害计算机发送大量看似合法的网络包，从而造成网络阻塞或服务器资源耗尽而导致拒绝服务。DDoS 攻击一旦被实施，攻击网络包就会犹如洪水般涌向受害计算机，从而将合法用户的网络包淹没，导致其无法正常访问服务器的网络资源。可以说 DDoS 攻击是由黑客集中控制发动的一组 DoS 攻击的集合。

4. 端口扫描

Internet 上通信的双方不仅需要知道对方的地址，也需要知道通信程序的端口号。在同一时间内，两台计算机之间可能不仅仅只有一种通信类型。为区别通信的程序，在所有的 IP 数据报文中不仅有源地址和目的地址，也有源端口号与目的端口号。而不同的网络服务会监听特定的端口。例如，FTP 服务使用的端口号是 21，而 DNS 服务运行在 53 号端口等。

IPv4 协议支持 16 位的端口，端口号可使用的范围是 0～65 535。在这些端口号中，前 1024（0～1023）个端口称为熟知端口，这些端口被提供给特定的服务使用。第二部分端口号（1024～49 151）叫做注册端口，一般用于客户端连接时随机选择。49 152～

65 535 端口称为动态端口或专用端口,提供给专用应用程序。

入侵者在进行攻击前,通常会先了解目标系统的一些信息,例如,目标计算机运行的是什么操作系统,是否有保护措施,运行什么服务,运行服务的版本,存在的漏洞等。而判断运行服务的方法就是通过端口扫描,因为常用的服务是使用标准的端口,只要扫描到相应的端口,就能知道目标计算机上运行着什么服务。然后,入侵者才能针对这些服务进行相应的攻击。例如,扫描到目标主机开着 23 号端口,就可以利用一些口令攻击程序对 Telnet 服务进行口令的暴力破解。用户可以通过端口扫描,检测系统和网络存在的端口和服务,然后关闭不需要的服务,对开放的服务增加访问限制。

5. 漏洞扫描

入侵者一般利用扫描技术获取系统中的安全漏洞,然后侵入系统;系统管理员也需要通过扫描技术及时了解系统存在的安全问题,并采取相应的措施来提高系统的安全性。漏洞扫描技术是建立在端口扫描技术的基础之上的。从对黑客攻击行为的分析和收集的漏洞来看,绝大多数都是针对某个网络服务,也就是针对某个特定的端口的。

漏洞扫描主要通过两种方法来检查目标计算机是否存在漏洞,第一种方法是在端口扫描后,得知目标计算机开启的端口和端口上的网络服务,将这些相关信息与网络漏洞扫描系统提供的漏洞库进行匹配,查看是否有满足匹配条件的漏洞存在;第二种方法是通过模拟黑客的攻击手法,对目标计算机系统进行攻击性的安全漏洞扫描,例如,测试弱口令等。若模拟攻击成功,则表明目标计算机系统存在安全漏洞。

18.4.5 计算机犯罪与防范

计算机犯罪是指利用信息技术且以计算机为犯罪对象的犯罪行为,具体可以从犯罪工具角度、犯罪关系角度、资产对象角度和信息对象角度等方面定义。首先是利用计算机犯罪,即将计算机作为犯罪工具;从犯罪关系角度,计算机犯罪是指与计算机相关的危害社会并应当处以刑罚的行为;从资产对象角度,计算机犯罪是指以计算机资产作为犯罪对象的行为。例如,公安部计算机管理监察司认为计算机犯罪是"以计算机为工具或以计算机资产作为对象实施的犯罪行为";从信息对象角度,计算机犯罪是以计算机和网络系统内的信息作为对象进行的犯罪,即计算机犯罪的本质特征是信息犯罪。

计算机犯罪与其他类型的犯罪相比,具有隐秘性强、高智能性、破坏性强、无传统犯罪现场、侦查和取证困难等特征。另外,公众对计算机犯罪认识不如传统犯罪清晰,计算机犯罪的诱惑性强,计算机和网络犯罪的技术性强、富于挑战性、犯罪后果不直观、侦察困难等特点对于很多人具备相当程度的诱惑力。计算机犯罪经常是跨国犯罪,由于 Internet 的特性,计算机犯罪还可能涉及多个国家,而国际犯罪的司法管辖和协助本来就比较复杂,因此,计算机和网络跨国犯罪层出不穷。

1. 关于计算机犯罪的刑法规定

我国刑法关于计算机犯罪的规定主要体现在以下三条中:

（1）非法侵入计算机信息系统罪（第二百八十五条）。违反国家规定，侵入国家事务、国防建设、尖端科学技术领域的计算机信息系统的，处 3 年以下有期徒刑或者拘役。

（2）破坏计算机信息系统罪（第二百八十六条）。违反国家规定，对计算机信息系统功能进行删除、修改、增加、干扰，造成计算机信息系统不能正常运行，后果严重的，处 5 年以下有期徒刑或者拘役；后果特别严重的，处 5 年以上有期徒刑；违反国家规定，对计算机信息系统中存储、处理或者传输的数据和应用程序进行删除、修改、增加的操作，后果严重的，处 5 年以下有期徒刑或者拘役；后果特别严重的，处 5 年以上有期徒刑；故意制作、传播计算机病毒等破坏性程序，影响计算机系统正常运行，后果严重的，处 5 年以下有期徒刑或者拘役；后果特别严重的，处 5 年以上有期徒刑。

（3）利用计算机实施的各类犯罪（第二百八十七条）。利用计算机实施金融诈骗、盗窃、贪污、挪用公款、窃取国家秘密或者其他犯罪的，依照刑法有关规定定罪处罚。

此外，在 2005 年颁布的《中华人民共和国治安管理处罚法》中，对未构成犯罪的破坏计算机信息系统的行为也作了处罚规定，可被处 10 日以下拘留。

2. 计算机犯罪的防范

计算机犯罪的防范对策主要包括加强技术性防范、强化法律意识和责任、加强执法队伍建设和加强立法。

（1）加强技术性防范。减少计算机犯罪及所带来的损失，最好的办法就是防范。网络使用部门应不断提高安全技术防范意识，增强防范病毒侵袭和黑客攻击的能力。

（2）强化法律意识和责任。要有效地制止和减少计算机违法犯罪活动，就必须强化广大网民的法制意识，要通过全社会的努力来营造一种健康向上的网络环境。

（3）加强执法队伍建设。对于计算机犯罪的侦查和审判要求相关司法工作人员掌握一定计算机专业知识，所以，对执法人员进行计算机专业知识的培训也就成为当务之急。

（4）加强立法。从根本上对计算机网络犯罪进行防范与干预，还是要依靠法律的威严。通过制定相关法律，充分利用法律的规范性、稳定性、普遍性和强制性，才能增强对计算机犯罪的打击和处罚力度，保障网络的健康发展。

18.5 系统访问控制技术

访问控制技术是系统安全防范和保护的主要核心策略，它的主要任务是保证系统资源不被非法使用和访问。访问控制规定了主体对客体访问的限制，并在身份识别的基础上，根据身份对提出资源访问的请求加以控制。

18.5.1 访问控制概述

访问控制是策略（policy）和机制（mechanism）的集合，它允许对限定资源的授权访问。访问控制技术也可以保护资源，防止那些无权访问资源的用户的恶意访问。访控制是系统安全保障机制的核心内容，是实现数据保密性和完整性机制的主要手段，也是计算机系统中最重要和最基础的安全机制。

1．访问控制的要素

访问控制包括三个要素，分别是主体、客体和控制策略。

（1）主体。主体是可以对其他实体施加动作的主动实体，有时也称为用户或访问者（被授权使用计算机的人员）。主体的含义是广泛的，可以是用户所在的组织、用户本身，也可以是用户使用的计算机终端和手持终端（无线）等，甚至可以是应用服务程序或进程。

（2）客体。客体是接受其他实体访问的被动实体。客体的概念也很广泛，凡是可以被操作的信息、资源和对象都可以认为是客体。在信息社会中，客体可以是信息、文件和记录等的集合体，也可以是网络上的硬件设施和无线通信中的终端等。

（3）控制策略。控制策略是主体对客体的操作行为集合约束条件集（访问规则集），直接定义了主体对客体的作用行为和客体对主体的条件约束。访问策略体现了一种授权行为，也就是客体对主体的权限允许，这种允许不超越规则集。

2．访问控制的策略

访问控制策略包括登录访问控制、操作权限控制、目录安全控制、属性安全控制和服务器安全控制等方面的内容。

（1）登录访问控制策略。登录访问控制为系统访问提供了第一层访问控制，它控制哪些用户能够登录系统并获取资源，控制准许用户登录时间和具体工作站。用户的登录访问控制可分为三个步骤，分别是用户名的识别与验证、用户口令的识别与验证，以及用户账号的默认限制检查。三道关卡中只要任何一关未过，用户便不能登录系统。

（2）操作权限控制策略。操作权限控制是针对可能出现的非法操作而采取的安全保护措施。用户和用户组被赋予一定的操作权限。系统管理员能够通过设置，指定用户和用户组可以访问系统中的哪些服务器和计算机，可以在服务器或计算机上操作哪些程序，访问哪些目录、子目录、文件和其他资源。系统管理员还可以根据访问权限将用户分为特殊用户、普通用户和审计用户，可以设定用户对可以访问的文件、目录和设备能够执行的操作权限。

（3）目录安全控制策略。系统应该允许管理员控制用户对目录、文件和设备的操作。目录安全允许用户在目录一级的操作对目录中的所有文件和子目录都有效。用户还可进一步自行设置对子目录和文件的权限。系统管理员应当为用户设置适当的操作权限，操作权限的有效组合可以让用户有效地完成工作，同时又能有效地控制用户对系统资源的访问。

（4）属性安全控制策略。属性安全控制策略允许将设定的访问属性与服务器的文件、目录和设备联系起来。系统资源都应预先标出一组安全属性，用户对资源的操作权限对应一张访问控制表，属性安全控制级别高于用户操作权限设置级别。

（5）服务器安全控制策略。系统允许在服务器控制台上执行一系列操作。用户通过控制台可以加载和卸载系统模块，可以安装和删除软件。系统应该提供服务器登录限制、非法访问者检测等功能。

18.5.2 访问控制模型

访问控制一般都是基于安全策略和安全模型的。访问控制模型是一种从访问控制的角度出发，描述系统安全，建立安全模型的方法。建立规范的访问控制模型，是实现严格访问控制策略所必需的。

1. Bell-LaPadula 模型

Bell-LaPadula（BLP）模型是第一个正式的安全模型，该模型基于强制访问控制（Mandatory Access Control，MAC）系统，是典型的信息保密性多级安全模型，主要应用于军事系统中。在 BLP 模型中，数据和用户安全等级划分为公开、受限、秘密、机密和高密 5 个安全等级。

BLP 模型允许用户读取安全级别比它低的资源；相反地，写入对象的安全级别只能高于用户级别。BLP 模型基于两种规则来保障数据的机密度与敏感度，分别是上读和下写。上读是指主体不可读安全级别高于它的数据，下写是指主体不可写安全级别低于它的数据。例如，如果一个用户的安全级别为高密，想要访问安全级别为秘密的文件，他将能够成功读取该文件，但不能写入；而安全级别为秘密的用户访问安全级别为高密的文件，则会读取失败，但他能够写入。

目前，不能在原有操作系统中直接进行安全分级。也就是说，在解决其易用性与功能单一性之前，BLP 模型不能直接用于商业系统。

2. Lattice 模型

在 Lattice 模型中，每个资源和用户都服从于一个安全类别。Lattice 模型通过划分安全边界对 BLP 模型进行了扩充，它将用户和资源进行分类，并允许它们之间交换信息，这是多边安全体系的基础。在执行访问控制功能时，Lattice 模型本质上与 BLP 模型是相同的，而 Lattice 模型更注重形成"安全集束"。BLP 模型中的上读和下写原则在此仍然适用，但前提条件必须是各对象位于相同的安全集束中。主体和客体位于不同的安全集束时，不具有可比性，它们之间没有信息可以流通。

Lattice 模型是实现安全分级的系统，这种方案非常适合于需要对信息资源进行明显分类的系统。

3. Biba 模型

Biba 访问控制模型对数据提供了分级别的完整性保证，类似于 BLP 保密性模型，Biba 模型也使用 MAC 系统。BLP 模型只解决了信息的保密问题，它在完整性定义方面仍存在一定缺陷。BLP 模型没有采取有效的措施来制约对信息的非授权修改，因此使非法和越权篡改成为可能。考虑到上述因素，Biba 模型模仿 BLP 模型的信息保密性级别，定义了信息完整性级别，在信息流向的定义方面不允许从级别低的进程到级别高的进程，也就是说，用户只能向比自己安全级别低的客体写入信息，从而防止非法用户创建安全级别高的客体信息，避免越权和篡改等行为的发生。Biba 模型可同时针对有层次的安全级别和无层次的安全种类。

Biba 模型基于两种规则来保障数据的完整性与保密性，分别是下读和上写。下读是指主体不能读取安全级别低于它的数据，上写是指主体不能写入安全级别高于它的数据。从这两个属性来看，Biba 模型与 BLP 模型的两个属性是相反的，BLP 模型提供保密性，而 Biba 模型对于数据的完整性提供保障。

18.5.3 访问控制分类

访问控制最早产生于 20 世纪 60 年代，随后出现了多种重要的访问控制机制。访问控制因实现的基本理念不同，分类也不同。常见的访问控制机制主要有自主访问控制、强制访问控制、基于角色的访问控制、基于任务的访问控制和基于对象的访问控制等。

1. 自主访问控制

自主访问控制（Discretionary Access Control，DAC）是目前计算机系统中实现最多的访问控制机制，它是在确认主体身份以及它们所属组的基础上，对访问进行限定的一种方法。传统的 DAC 最早出现在 20 世纪 70 年代初期的分时系统中，它是多用户环境下最常用的一种访问控制技术，在 UNIX 类操作系统中普遍采用。其基本思想是，允许某个主体显式地指定其他主体对该主体所拥有的资源是否可以访问，以及可执行的访问类型。

目前，我国大多数信息系统的访问控制模块都是借助 DAC 方法中的访问控制表（Access Control List，ACL）。DAC 有一个明显的特点，就是这种控制是自主的，它能够控制主体对客体的直接访问，但不能控制主体对客体的间接访问。虽然这种自主性为用户提供了很大的灵活性，但同时也带来了严重的安全问题。所谓间接访问，就是利用访问的传递性，即 A 可访问 B，B 可访问 C，于是 A 可访问 C。

2. 强制访问控制

MAC 最早出现在 Multics 系统中，在可信计算机系统准则（Trusted Computer System Evaluation Criteria，TCSEC）中被用作 B 级安全系统的主要评价标准之一。MAC 的基本思想是，每个主体都有既定的安全属性，每个客体也都有既定的安全属性，主体对客体是否能执行特定的操作取决于两者安全属性之间的关系。通常，MAC 都要求主体对客体的访问满足 BLP 模型的两个基本特性。

在实现上，MAC 和 DAC 通常为每个用户赋予对客体的访问权限规则集，考虑到管理的方便，在这一过程中，还经常将具有相同职能的用户聚为组，然后再为每个组分配许可权。用户自主地将自己所拥有的客体的访问权限授予其他用户的这种做法，其优点是显而易见的，但是，当企业的组织结构或系统的安全需求处于变化的过程中时，就需要进行大量繁琐的授权变动,系统管理员的工作将变得非常繁重,容易发生错误造成一些意想不到的安全漏洞。考虑到上述因素,必然会产生新的机制加以解决。

3. 基于角色的访问控制

基于角色的访问控制(Role-Based Access Control,RBAC)技术由于其对角色和层次化管理的引进,特别适用于用户数量庞大、系统功能不断扩展的大型系统。在RBAC中,在用户和访问许可权之间引入了角色的概念,用户与特定的一个或多个角色相联系,角色与一个或多个访问许可权相联系。

迄今为止,已发展了4种RBAC模型,其中基本模型(RBAC0)指明了用户、角色、访问权和会话之间的关系;层次模型(RBAC1)是偏序的,上层角色可继承下层角色的访问权;约束模型(RBAC2)除包含RBAC0的所有基本特性外,还增加了对RBAC0的所有元素的约束检查,只有拥有有效值的元素才可被接受;层次约束模型(RBAC3)兼有RBAC1和RBAC2的特点。

与DAC和MAC相比,RBAC具有明显的优越性,RBAC基于策略无关的特性,使它几乎可以描述任何安全策略,甚至DAC和MAC也可以用RBAC来描述。相比较而言,RBAC是实施面向企业的安全策略的一种有效的访问控制方式,具有灵活性、方便性和安全性等特点,目前在大型DBMS的权限管理中得到普遍应用。

4. 基于任务的访问控制

基于任务的访问控制(Task-Based Access Control,TBAC)从应用和企业层角度来解决安全问题。它采用面向任务的观点,从任务的角度来建立安全模型和实现安全机制,在任务处理的过程中提供动态实时的安全管理。在TBAC中,对象的访问权限控制并不是静止不变的,而是随着执行任务的上下文环境发生变化,因此,TBAC是一种动态安全模型。

TBAC模型由工作流、授权结构体、授权步和许可集4个部分组成。一个工作流的业务流程由多个任务构成,而一个任务对应于一个授权结构体,每个授权结构体由特定的授权步组成。授权结构体之间和授权步之间通过依赖关系联系在一起。在TBAC中,一个授权步的处理可以决定后续授权步对处理对象的操作许可。

通过授权步的动态权限管理,TBAC支持最小特权原则和最小泄露原则,在执行任务时只给用户分配所需的权限,未执行任务或任务终止后用户不再拥有所分配的权限;在执行任务过程中,当某一权限不再使用时,授权步自动将该权限回收。TBAC适用于工作流、分布式处理、多点访问控制的信息处理和事务管理系统,最显著的应用是在安全工作流管理系统中。

5. 基于对象的访问控制

控制策略和控制规则是基于对象的访问控制(Object-based Access Control,OBAC)的核心,在OBAC模型中,将ACL与受控对象及其属性相关联,并将访问控制选项设计成为用户、组或角色及其对应权限的集合。同时,允许对策略和规则进行复用、继承和派生操作。这样，不仅可以对受控对象本身进行访问控制，受控对象的属性也可以进行访问控制，而且派生对象可以继承父对象的访问控制设置，这对于信息量巨大、信息内容更新变化频繁的管理信息系统非常有益，可以减轻由于信息资源的派生、演化和重组等带来的分配和设定角色权限等的工作量。

18.6 容灾与业务持续

灾难是指由于人为或自然的原因，造成信息系统严重故障或瘫痪，使信息系统支持的业务功能停顿或服务水平不可接受、达到特定的时间的突发性事件。当应用系统的一个完整环境因灾难性事件遭到破坏时，为了迅速恢复应用系统的数据和环境，使应用系统恢复运行，需要异地灾难备份系统，也称为容灾系统。

灾难备份是指为了灾难恢复而对数据、数据处理系统、网络系统、基础设施、技术支持能力和运行管理能力进行备份的过程。灾难备份与普通的数据备份的不同在于，它不仅备份系统中的数据，还备份系统中安装的应用程序、数据库系统、用户设置、系统参数等信息，以便需要时迅速恢复整个系统。

18.6.1 灾难恢复技术

灾难恢复是指为了将信息系统从灾难造成的故障或瘫痪状态恢复到可正常运行状态，并将其支持的业务功能从灾难造成的不正常状态恢复到可接受状态，而设计的活动和流程。灾难恢复措施在整个备份制度中占有相当重要的地位。因为它关系到系统在经历灾难后能否迅速恢复。

1. 灾难恢复的技术指标

发生灾难时，对于恢复工作所需的时间有一个清楚的认识是至关重要的，同样，了解现在的数据在恢复之后是什么样子的也同等重要。并非所有应用和数据都需要相同级别的可用性，灾难恢复的指标主要与容灾系统的数据恢复能力有关。

灾难恢复的两个关键概念是恢复点目标（Recovery Point Objective，RPO）和恢复时间目标（Recovery Time Objective，RTO）。RPO 是指灾难发生后，容灾系统能将数据恢复到灾难发生前时间点的数据，它是衡量企业在灾难发生后会丢失多少数据的指标；RTO 则是指灾难发生后，从系统宕机导致业务停顿时刻开始，到系统恢复至可以支持业务部门运作，业务恢复运营之时，此两点之间的时间。RPO 可简单描述为企业能容忍的最大数据丢失量，RTO 可简单描述为企业能容忍的恢复时间。

理想状态下，希望 RTO =0，RPO =0，即灾难发生对企业生产毫无影响，既不会导致生产停顿，也不会导致生产数据丢失。但显然这不现实，企业要做的是尽量减少灾难造成的损失。企业在构建容灾备份系统时，首先要找到对企业自身而言比较适合的 RTO 目标，即在该目标定义下，用于灾难备份的投入应不大于对应的业务损失。

2. 灾难恢复等级

在《信息系统灾难恢复规范》(GB/T 20988—2007)中,将灾难恢复划分为 6 个等级。第 1 级为基本支持,第 2 级为备用场地支持,第 3 级为电子传输和部分设备支持,第 4 级为电子传输及完整设备支持,第 5 级为实时数据传输及完整设备支持,第 6 级为数据零丢失和远程集群支持。同时,该规范对灾难恢复能力等级评定原则和灾难备份中心的等级等也作了规范要求。

3. 容灾技术的分类

容灾系统的实现可以采用不同的技术,例如,既可以采用硬件进行远程数据复制,也可以采用软件实现远程的实时数据复制,并且实现远程监控和切换。容灾系统的归类要由其最终达到的效果来决定,从其对系统的保护程度来分,可以将容灾系统分为数据容灾和应用容灾,它们的高可用性级别逐渐提高。

数据容灾的关注点在于数据,即灾难发生后可以确保用户原有的数据不会丢失或遭到破坏。数据容灾较为基础,其中较低级别的数据容灾方案仅需利用磁带库和管理软件就能实现数据异地备份,达到容灾的功效;而较高级的数据容灾方案则是依靠数据复制工具,例如卷复制软件,或者存储系统的硬件控制器,实现数据的远程复制。数据容灾是保障数据可用的最后底线,当数据丢失时能够保证应用系统可以重新得到所有数据。从这种意义上说,数据备份属于数据容灾的范畴。这种方案花费较低,构建简单,但灾难恢复时间较长,仍然存在风险,尽管用户原有数据没有丢失,但是应用会被中断,用户业务也将被迫停止。

对于业务应用繁多,并且系统需要保持 7×24 h 连续运行的企业来说,显然需要高级别的应用容灾来满足需求。应用容灾是在数据容灾的基础上,再将执行应用处理能力复制一份,也就是说,在备份站点同样构建一套应用系统。应用容灾系统能提供不间断的应用服务,让用户应用的服务请求能够透明地继续运行,而感受不到灾难的发生,保证信息系统提供的服务完整、可靠和安全。一般来说,应用容灾系统需要通过更多软件来实现,它可以使企业的多种应用在灾难发生时进行快速切换,确保业务的连续性。

18.6.2 灾难恢复规划

信息系统的灾难恢复工作包括灾难恢复规划和灾难备份中心的日常运行,还包括灾难发生后的应急响应、关键业务功能在灾难备份中心的恢复和重续运行,以及主系统的灾后重建和回退工作。其中,灾难恢复规划是一个周而复始、持续改进的过程,包含灾难恢复需求的确定、灾难恢复策略的制定和实现,以及灾难恢复预案的制定、落实和管理。

1. 灾难恢复需求的确定

在确定灾难恢复需求时,主要进行风险分析、业务影响评估和确定灾难恢复目标三个方面的工作。

（1）风险分析。标识信息系统的资产价值，识别信息系统面临的自然的和人为的威胁；识别信息系统的脆弱性，分析各种威胁发生的可能性，并定量或定性描述可能造成的损失。通过技术和管理手段，防范或控制信息系统的风险。依据防范或控制风险的可行性和残余风险的可接受程度，确定对风险的防范与控制措施。

（2）业务影响分析。首先，分析业务功能和相关资源配置，对企业的各项业务功能及其之间的相关性进行分析，确定支持各种业务功能的相应信息系统资源和其他资源，明确相关信息的保密性、完整性和可用性要求；其次，评估中断影响，采用定量和定性的方法，对各种业务功能的中断造成的影响进行评估。

（3）确定灾难恢复目标。根据风险分析和业务影响分析的结果，确定灾难恢复目标，包括关键业务功能及恢复的优先顺序、灾难恢复时间范围，即 RTO 和 RPO 的范围。

2．灾难恢复策略的制定

支持灾难恢复各个等级所需的资源可分为 7 个要素，分别是数据备份系统、备用数据处理系统、备用网络系统、备用基础设施、技术支持能力、运行维护管理能力和灾难恢复预案。按照灾难恢复资源的成本与风险可能造成的损失之间取得平衡的原则，确定每项关键业务功能的灾难恢复策略，不同的业务功能可采用不同的灾难恢复策略。灾难恢复策略包括灾难恢复资源的获取方式和灾难恢复等级各要素的具体要求。

3．灾难恢复策略的实现

灾难恢复策略的实现包括灾难备份系统技术方案的实现、灾难备份中心的选择和建设、技术支持能力的实现、运行维护管理能力的实现和灾难恢复预案的实现。

（1）灾难备份系统技术方案的实现。根据灾难恢复策略制定相应的灾难备份系统技术方案，包含数据备份系统、备用数据处理系统和备用的网络系统。技术方案中所设计的系统，应获得与主系统相当的安全保护，且具有可扩展性。为确保技术方案满足灾难恢复策略的要求，应由相关部门对技术方案进行确认和验证，并记录和保存验证及确认的结果。按照确认的灾难备份系统技术方案进行开发，实现所要求的系统；按照经过确认的技术方案，灾难恢复规划实施组应制定各阶段的系统安装及测试计划，以及支持不同关键业务功能的系统安装及测试计划，并组织最终用户共同进行测试，确认各项功能可正确实现。

（2）灾难备份中心的选择和建设。选择或建设灾难备份中心时，应根据风险分析的结果，避免灾难备份中心与主中心同时遭受同类风险。灾难备份中心还应具有方便灾难恢复人员或设备到达的交通条件，以及数据备份和灾难恢复所需的通信与电力等资源。灾难备份中心应根据资源共享、平战结合的原则，合理地布局。新建或选用灾难备份中心的基础设施时，计算机机房应符合有关国家标准的要求，工作辅助设施和生活设施应符合灾难恢复目标的要求。

（3）技术支持能力的实现。企业应根据灾难恢复策略的要求，获取对灾难备份系统的技术支持能力。灾难备份中心应建立相应的技术支持组织，定期对技术支持人员进行技能培训。

（4）运行维护管理能力的实现。为了达到灾难恢复目标，灾难备份中心应建立各种操作和管理制度，用以保证数据备份的及时性和有效性；备用数据处理系统和备用网络系统处于正常状态，并与主系统的参数保持一致；有效的应急响应和处理能力。

（5）灾难恢复预案的实现。灾难恢复的每个等级均应按 GB/T 20988—2007 的具体要求制定相应的灾难恢复预案，并进行落实和管理。

4. 灾难恢复预案的制定、落实和管理

灾难恢复预案的制定过程如下：

（1）起草。参照 GB/T 20988—2007 附录 B 的灾难恢复预案框架，按照风险分析和业务影响分析所确定的灾难恢复内容，根据灾难恢复等级的要求，结合企业其他相关的应急预案，撰写出灾难恢复预案的初稿。

（2）评审。企业应对灾难恢复预案初稿的完整性、易用性、明确性、有效性和兼容性进行严格的评审。评审应有相应的流程保证。

（3）测试。应预先制定测试计划，在计划中说明测试的案例。测试应包含基本单元测试、关联测试和整体测试。测试的整个过程应有详细的记录，并形成测试报告。

（4）修订。根据评审和测试结果，对预案进行修订，纠正在初稿评审过程和测试中发现的问题和缺陷，形成预案的报批稿。

（5）审核和批准。由灾难恢复领导小组对报批稿进行审核和批准，确定为预案的执行稿。

为了使相关人员了解信息系统灾难恢复的目标和流程，熟悉灾难恢复的操作规程，企业应组织灾难恢复预案的教育、培训和演练。

18.6.3 业务持续性规划

业务持续性规划（Business Continuity Planning，BCP）是在非计划的业务中断情况下，使业务继续或恢复其关键功能的一系列预定义的过程。BCP 可以帮助企业确认影响业务发展的关键性因素及其可能面临的威胁，由此而拟定的一系列计划与步骤可以确保企业无论处于何种状况下，这些关键因素的作用都能正常而持续地发挥。笼统地说，BCP 的目标就是确定并减少风险可能带来的损失，有效地保障业务的连续性。

1. 实施 BCP 的阶段

每个企业所制定的 BCP 都应该有企业或者所处行业独有的特色，彼此之间不会完全一致。但大致上说来，企业推动 BCP，需要经过 8 个主要阶段，分别为项目启动、风险评估与消减、业务影响分析、业务持续性策略、开发 BCP、人员培训与训练、测试与演练、BCP 的持续维护及变更管理。

（1）项目启动。项目启动阶段的工作目标是为成功实施 BCP 奠定基础，主要工作内容包括得到高层主管的支持与承诺、确定项目负责人、组建工作团队、制定工作计划、确定工作范围、确认经费与基本数据收集工作。其中基本数据收集工作包括现有应急预案、相关政策、企业相关文件、组织架构与职责等。

（2）风险评估与消减。风险评估的目的是针对企业内部与外部潜在风险（例如，火灾、水害、设备故障和数据风险等）进行分析，识别和分析企业面临的潜在威胁，评估风险或灾难发生时对企业可能造成的损失，并且给出相应的风险控制措施和改进方案。与此同时，根据残余风险建立灾难场景。风险分析能使企业充分认识风险和灾难，并且能预先采取切实可行的防范措施，尽量减少各类风险的发生，或者即使风险发生，也能将其危害和损失降低到最小程度。风险分析的成果是风险分析报告，该报告作为业务影响分析和制定 BCP 的基础。

（3）业务影响分析。业务影响分析是以系统化的方法（例如，访谈、调查表、问卷或研讨会等）进行收集、分析企业的关键业务功能和流程，主要内容包括识别和分析关键业务功能和支持关键业务的应用系统；采用定性和定量的方法评估支持关键业务功能的信息系统中断造成的损失和影响；分析各关键业务系统可容许中断的最大时间长度，确认各关键业务的 RTO 需求；分析各关键业务系统数据丢失的可容许程度，确认各关键业务系统的 RPO 需求；确定各关键业务系统的恢复需求等级；确定各关键业务系统的最低恢复要求；确定各关键业务系统的恢复顺序；确定支持各关键业务系统恢复所需的各项资源。

（4）业务持续性策略。BCP 主要是用来处理对企业而言严重性较高的可能发生的灾难情境，以此来降低企业的运作风险。企业基于风险分析和业务影响分析的结果，依据成本风险平衡的原则，结合技术因素以确定企业的短期和中长期业务持续性策略规模，明确业务持续性建设目标和发展蓝图。业务持续性策略规划的目标包括建立消减企业当前业务持续性水平和目标水平之间差距的长期、中期和短期策略；建立业务功能优先级，并确定其处理需求；识别和确定在灾难中需要保存的所有业务、数据或资源的备份；分析各种资源和服务的获取方式；对业务持续性策略的投资进行估算，并据此提出业务持续性策略建议方案。

（5）开发 BCP。依照灾难或突发事件发生后，响应的时间阶段来看，BCP 中应包含三项子计划，分别为应急响应计划（业务恢复规划）、危机管理计划与灾难恢复计划。

（6）人员培训与训练。人员培训与训练的目的在于，不断提升企业内全体人员对于灾难的认知，学习灾难发生后自己的工作职责和所需配合的事项。在执行培训和训练工作前，必须拟定培训或训练目标、方式（例如，计算机教学和课堂互动教学）和授课对象。

（7）测试与演练。测试的目的在于强化与维持 BCP 的有效性，确保所有参与应急响应和灾难恢复的人员均能熟悉运作流程与恢复策略、计划与流程，确认可实现预先制定的灾难恢复目标，并试图发现恢复流程中潜藏或遗漏的问题。测试与演练的方法一般有桌面演练、单元演练、功能演练、有预警的演练和无预警的演练等。

（8）业务持续性计划维护及变更管理。因为企业在不断发展，其人员和运作环境等也在不断变化,为保持 BCP 的持续可用和有效性,企业必须在外部或内部业务环境发生变化时,随时调整 BCP,定期进行审核和测试,并依据测试结果进行必要的修订。

2. BCP 主体框架

BCP 本身也应该看作是一个流程,企业范围内的 BCP 流程主体框架主要由以下 4 个部分组成:

(1)灾难恢复规划(Disaster Recovery Planning,DRP)。DRP 详细描述发生人为破坏或自然灾害时,对各种潜在危害企业的事件所采取的特殊步骤。DRP 的目的是为了规范灾难恢复流程,将灾难恢复的过程流程化和文档化,使得灾难发生后,能够快速地恢复业务处理系统运行和业务运作。同时,可以依据 DRP 对灾难备份中心的恢复能力进行测试和演练。

(2)业务恢复规划(Business Resumption Planning,BRP)。BRP 主要包括紧急事件处理、资源需求、规划开发、规划实施、质量保障和变化管理。在 BCP 中,需建立应急响应计划,处理和应对各种紧急事件和危机事件,例如,炸弹威胁、大规模电力故障等,以协助高级管理层处理及遏止紧急事故继续恶化,防止事故扩大影响企业的整体业务。

(3)危机管理规划(Crisis Management Planning,CMP)。CMP 帮助企业发展一种有效而且高效的紧急事件以及灾难响应能力。CMP 是企业提前做好的内部和外部通信规程的准备工作,包括指定特定人员作为在灾难反应中回答公众问题的唯一发言人,确保只有受到批准的内容能公之于众,以及规范向个人和公众散发状态报告的规程。

(4)持续可用性(Continuous Availability,CA)。CA 将企业的支撑基础设施的正常工作时间维持在 99%甚至更高。

为了衡量 BCP 流程,可以使用 BCP 平衡记分卡,包括价值综述、价值计划、BCP 风险度量标准、执行协议和有效方法。在平衡记分卡中,企业需要确定 BCP 流程的远景目标。远景目标的确定需要与企业管理和 BCP 流程基础设施的发展相协调。一旦确定了远景目标,BCP 流程规划人员就可以勾画出 BCP 流程改进中的关键成功因素,其中包括增长及改革、顾客满意度、员工情况、流程质量和财政情况等。

18.7 安全管理措施

目前,信息已成为人类的重要资产,而由于计算机和网络技术的迅猛发展带来的安全问题正变得日益突出,使得企业在业务运作过程中,面临巨大的信息资产泄露风险,信息基础设施也面临着大量存在于组织内外的各种威胁。因此,对信息系统需要加以严格管理和妥善维护,安全管理也随之产生。

安全管理是保护国家、组织和个人等各个层面上信息安全的重要基础。只有以有效的安全管理体系为基础,完善安全管理结构,综合应用安全管理策略和安全技术产品,才有可能建立起一个真正意义上的安全防护体系。安全管理应当涉及系统安全的各个方面，包括制定安全策略、风险评估、控制目标与方式选择、制定规范的操作流程、对人员进行安全培训等一系列工作。

18.7.1 安全管理的内容

安全管理体系是企业在整体或特定范围内建立的系统安全方针和目标，以及完善这些目标所采用的方法和手段所构成的体系，是安全管理活动的直接结果，可表示为策略、原则、目标、方法、程序和资源等总体集合。

1．密码管理

为了保护计算机和信息系统中的敏感信息，有选择地采取技术上的和相关程序上的安全防护措施，是企业在安全管理体系中的迫切需求。使用基于密码机制的安全系统来保护敏感信息是行之有效的方法。被保护信息的机密性和完整性等安全特性由相应密码模块的功能来实现。因此，将密码模块置于系统中，以及相应的密码管理就显得尤为重要。

2．网络管理

从功能上来看，网络管理一般包括配置管理、性能管理、安全管理、计费管理和故障管理等。由于网络安全对信息系统的性能、管理的关联和影响趋于更复杂、更严重，网络安全管理逐渐成为网络管理中的一个重要分支，正受到业界和用户的日益深切的广泛关注。

目前，在网络应用的深入和技术频繁升级的同时，非法访问、恶意攻击等安全威胁也在不断推陈出新，愈演愈烈。防火墙、VPN、IDS、防病毒、身份认证、数据加密、安全审计等安全防护和管理系统在网络中得到了广泛应用。虽然这些安全产品能够在特定方面发挥一定的作用，但是这些产品大部分功能分散，各自为战，形成了相互没有关联的、隔离的"安全孤岛"；各种安全产品彼此之间没有有效的统一管理调度机制，不能互相支撑、协同工作，从而使安全产品的应用效能无法得到充分的发挥。

比较理想的网络管理需要建立一个整体网络安全管理解决方案，以便总体配置和调控整个网络多层面、分布式的安全系统，实现对各种网络安全资源的集中监控、统一策略管理、智能审计和多种安全功能模块之间的互动，从而有效简化网络安全管理工作，提升网络的安全水平和可控制性、可管理性，降低用户的整体安全管理开销。

3．设备管理

对设备的安全管理是保证信息系统安全的重要条件。设备安全管理包括设备的选型、检测、安装、登记、使用、维护和存储管理等多方面的内容。设备管理的不安全可能带来灾难性的后果。

为了保障信息系统的物理安全，对系统所在环境的安全保护，应遵守相关国家标准，例如，电子计算机机房设计规范、计算站场地技术条件、计算站场地安全要求等，网络设备、设施应配备相应的安全保障措施，包括防盗、防毁和防电磁干扰等，并定期或不定期地进行检查。

4．人员管理

信息系统是由人来开发的，也是为人类服务的。影响信息系统安全的因素，除了少数难以预知和不可抗力的自然因素以外，绝大多数的安全威胁来自于人类自己。例如，对信息系统进行攻击和破坏的黑客和计算机病毒，以及操作失误等。因此，人始终是影响信息系统安全的最大因素，人员管理也就成为信息系统安全管理的关键。全面提高信息系统相关人员的技术水平、道德品质和安全意识等是信息系统安全的重要保证。

制定安全措施、标准、原则和实施过程，仅仅是有效的信息安全计划的开始。如果不能切实保证参与人员都能意识到自己的权利和责任，再强大的安全体系也是徒劳的。许多安全事件都是由内部人员引起的，因此，人员的素质和人员的管理是十分重要的。人员管理的核心是要确保有关业务人员的思想素质、职业道德和业务技能。

18.7.2 安全审计

安全审计是指由专业审计人员根据有关的法律法规、财产所有者的委托和管理当局的授权，对计算机网络环境下的有关活动或行为进行系统的、独立的检查验证，并作出相应评价。安全审计对主体访问和使用客体的情况进行记录和审查，以保证安全规则被正确执行，并帮助分析安全事故产生的原因。

安全审计是落实系统安全策略的重要机制和手段，通过安全审计，识别与防止系统内的攻击行为、追查系统内的泄密行为。它是系统安全保障系统中的一个重要组成部分。显然，安全审计作为一个专门的审计项目，要求审计人员必须具有较强的专业技术知识与技能。

1．安全审计的基本要素

安全审计涉及 4 个基本要素，分别是控制目标、安全漏洞、控制措施和控制测试。

（1）控制目标。控制目标是指企业根据具体的计算机应用，结合单位实际制定出的安全控制要求。

（2）安全漏洞。安全漏洞是指系统的安全薄弱环节，容易被干扰或破坏的地方。

（3）控制措施。控制措施是指企业为实现其安全控制目标所制定的安全控制技术、配置方法及各种规范制度。

（4）控制测试。控制测试是将企业的各种安全控制措施与预定的安全标准进行一致性比较，确定各项控制措施是否存在、是否得到执行、对漏洞的防范是否有效，评价企业安全措施的可依赖程度。

2．CC 标准

由 ISO 提出的 CC（Common Criteria，通用准则）将安全审计功能分为 6 个部分，分别是安全审计自动响应、安全审计数据生成、安全审计分析、安全审计浏览、安全审计事件选择和安全审计事件存储。

(1)安全审计自动响应。定义在被测事件指示出一个潜在的安全攻击时做出的响应,它是管理审计事件的需要,这些需要包括报警或行动。例如,包括实时报警的生成、违例进程的终止、中断服务和用户账号的失效等。根据审计事件的不同,系统将做出不同的响应,其响应的行动可做增加、删除或修改等操作。

(2)安全审计数据生成。记录与安全相关的事件的出现,包括鉴别审计层次、列举可被审计的事件类型,以及鉴别由各种审计记录类型提供的相关审计信息的最小集合。系统可定义可审计事件清单,每个可审计事件对应于某个事件级别。

(3)安全审计分析。定义了分析系统活动和审计数据来寻找可能的或真正的安全违规操作。它可以用于入侵检测或对安全违规的自动响应。当一个审计事件集出现或累计出现一定次数时,可以确定一个违规的发生,并执行审计分析。事件的集合能够由经授权的用户进行增加、修改或删除等操作。审计分析分为潜在攻击分析、基于模板的异常检测、简单攻击试探和复杂攻击试探等几种类型。

(4)安全审计浏览。审计系统能够使授权的用户有效地浏览审计数据,它包括审计浏览、有限审计浏览和可选审计浏览。

(5)安全审计事件选择。系统管理员能够维护、检查或修改审计事件的集合,能够选择对哪些安全属性进行审计。例如,与目标标识、用户标识、主体标识、主机标识或事件类型有关的属性,系统管理员将能够有选择地在个人识别的基础上审计任何一个用户或多个用户的动作。

(6)安全审计事件存储。审计系统将提供控制措施,以防止由于资源的不可用丢失审计数据。能够创造、维护、访问它所保护的对象的审计踪迹,并保护其不被修改、非授权访问或破坏。

18.7.3 私有信息保护

在现实世界中,个人信息随处可见,与生活息息相关。私有信息是个人隐私的一部分,应征得信息的主体同意,才可在限定的目的和范围内使用。目前,由于我国还没有保护私有信息的法律,公民和社会普遍缺乏私有信息保护意识,私有信息一度被不合理地公开甚至滥用。例如,Internet上盛行的"人肉搜索"就是一个典型的例子。

同时,随着国际交流的增加和国际业务的增多,私有信息保护已成为国际业务交流中一项重要的制衡条件。随着经济的高速发展和网络技术的不断进步,私有信息的不当使用、滥用造成的隐患日益严重。

在信息社会,私有信息的收集、处理、利用及传递,在大多数情况下均离不开信息技术。因此,私有信息的保护还应当考虑通过技术措施(例如,加密技术等)得以实现。另外,人们在使用网络时,也需要进行相应的设置,防止私有信息的暴露和被非法使用。在实际应用中,造成个人私有信息泄漏的途径可能有以下几个方面:

(1)利用操作系统和应用软件的漏洞。可以说任何的软件内都有可能包含未被清除的错误。这些错误有些仅仅是计算逻辑上的错误,也有些可以被人别有用心地用来进入系统和攻击系统。解决这些漏洞的途径就是对系统进行修正,及时地对系统进行升级或打上补丁,是防范此类问题的一个重要手段。

(2)网络系统设置。在网络非法入侵事件中,通过共享问题达到入侵目的的案例占到入侵事件中的绝大比例。因此,尽量不要共享自己的磁盘等存储设备,不要安装一些P2P软件和下载工具。

(3)程序的安全性。现在计算机中运行的程序已经不是一般用户可以了解的了,这是个危险的事情。在计算机不清楚自己内部的某个程序是做什么工作的情况下,其中就很可能潜伏着木马程序。

(4)拦截数据包。数据包探测技术可以检查所有落入其范围的数据包,甚至能够通过设置来获取所有的数据包。

(5)假冒正常的商业网站。罪犯给人们发一封好像来自于某站点的电子邮件,并在邮件中提供该网站登录页或者看起来像是登录页的链接。这些窃贼同时建立外观很像此站点的网页,然后在用户链接到该网页登录时,捕获所有的用户名和密码。

(6)用户自身因素。如果说攻击别人是因为别人存在漏洞的话,那么用户自身的问题或许也是网络攻击的一个巨大漏洞。首先是密码泄露问题;其次是在聊天室等公共场所,不要轻易地泄漏自己的信息;再次是观念问题,要从心坎里重视计算机安全问题。

上面介绍的这些方法还只是可能造成私有信息泄漏诸多情况中的一小部分,要保护好自己的个人信息不被他人窃取,除了要靠网络技术的不断发展以外,用户自己的安全观念也起到了相当重要的作用。

第 19 章 系统可靠性分析与设计

可靠性工程是研究产品生命周期中故障的发生、发展规律,达到预防故障,消灭故障,提高产品可用性的工程技术。信息系统的可靠性是指系统在满足一定条件的应用环境中能够正常工作的能力,可以按一般工程系统的可靠性标准进行定性评价,也可以通过平均无故障运行时间等指标来进行定量分析。

系统可靠性是系统分析、设计和实施过程中采用一定的技术措施才能获得的。可靠性分析与设计的重要内容是建立可靠性模型,以及可靠性指标的预计与分配。在系统分析与设计过程中,系统分析师及相关人员要反复地进行可靠性预计与分配,并不断深化,其目的是为了选择合适的方案,预测系统可靠性水平,找出薄弱环节,逐步地将可靠性指标分配到系统各个层次中,这是一个迭代的过程。

19.1 系统可靠性概述

系统可靠性是系统在规定的时间内及规定的环境条件下,完成规定功能的能力,也就是系统无故障运行的概率。根据国家标准《软件工程 产品质量 第 1 部分:质量模型》(GB/T 16260.1—2006)的规定,系统可靠性包括成熟性、容错性、易恢复性和可靠性的依从性 4 个子特性。其中,成熟性是指系统避免因错误的发生而导致失效的能力;容错性是指在系统发生故障或违反指定接口的情况下,系统维持规定的性能级别的能力;易恢复性是指在系统发生失效的情况下,重建规定的性能级别并恢复受直接影响的数据的能力;可靠性的依从性是指系统依附于与可靠性相关的标准、约定或规定的能力。

19.1.1 系统故障模型

系统故障是指由于部件的失效、环境的物理干扰、操作错误或不正确的设计所引起的硬件或软件中的错误(或差错)状态,其中错误是指故障在系统中的具体位置。在信息系统中,故障或错误有如下几种表现形式:

(1)永久性。永久性是指连续稳定的失效、故障或错误。在计算机硬件中,永久性失效反映了不可恢复的物理改变。

(2)间歇性。间歇性是指那些由于不稳定的硬件或软件状态所引起的、仅仅是偶然出现的故障或错误。

(3)瞬时性。瞬时性是指那些由于暂时的环境条件而引起的故障或错误。

一个故障可能由物理器件失效、错误的系统设计、环境条件变化或用户的错误操作所引起。永久性失效会导致永久性故障，间歇性故障可能由不稳定、临界稳定或不正确的设计所引起，环境条件变化会造成瞬时性故障。所有这些故障都可能引起系统错误。不正确的设计和用户失误会直接引起错误。由硬件的物理条件、不正确的软硬件设计，或不稳定但重复出现的环境条件所引起的故障可能是可检测的，并且可以通过替换或重新设计来修复；然而，由于暂时的环境条件所引起的故障是不能修复的，因为其硬件本身实际上并没有损坏。瞬时和间歇故障已经成为系统中的一个主要错误源。

故障的表现形式千差万别，可以利用故障模型对千差万别的故障表现进行抽象。故障模型可以在系统的各个级别上建立。一般来说，故障模型建立的级别越低，进行故障处理的代价也就越低，但故障模型覆盖的故障也就越少。

1．逻辑级的故障

逻辑级的故障是指硬件逻辑上出现的故障，一般是指电路中元器件的输入或输出固定为 0（或 1）。例如，某线接地、电源短路或元件失效等都可能造成逻辑级的故障。逻辑级的故障又可分为短路故障、开路故障和桥接故障。短路故障是指一个元件的输出线的逻辑值恒等于输入线的逻辑值；开路故障是指元件的输出线悬空，逻辑值可根据具体电路来决定；桥接故障是指两条不应相连的线连接在一起而发生的故障。

2．数据结构级的故障

故障在数据结构上的表现称为差错。常见的差错有以下三种：

（1）独立差错。一个故障的影响表现为使一个二进制位发生改变。

（2）算术差错。一个故障的影响表现为使一个数据的值增加或减少 2^i(i=0,1,2,…)。

（3）单向差错。一个故障的影响表现为使一个二进制向量中的某些位朝一个方向（0或 1）改变。

3．软件故障和软件差错

软件故障是指软件设计过程造成的与设计说明的不一致，软件故障在数据结构或程序输出中的表现称为软件差错。与硬件不同，软件不会因为环境应力而疲劳，也不会因为时间的推移而衰老。因此，软件故障只与设计有关。常见的软件差错有以下几种：

（1）非法转移：程序执行了说明中不存在的转移。

（2）误转移：程序执行了尽管说明中存在，但依据当前控制数据不应进行的转移。

（3）死循环：程序执行时间超过了规定界限。

（4）空间溢出：程序使用的空间超过了规定的界限。

（5）数据执行：指令计数器指向数据单元。

（6）无理数据：程序输出的数据不合理。

4．系统级的故障

故障在系统级上的表现为功能错误，即系统输出与系统设计说明的不一致。如果系统输出无故障保护机构，则故障在系统级上的表现就会造成系统失效。

19.1.2 系统可靠性指标

系统可靠性可以通过历史数据和开发数据直接测量和估算出来，与之相关的概念主要有平均无故障时间、平均故障修复时间、平均故障间隔时间和系统可用性等。

1．平均无故障时间

可靠度为 $R(t)$ 的系统的平均无故障时间（Mean Time To Failure，MTTF）定义为从 $t=0$ 时到故障发生时系统的持续运行时间的期望值，计算公式如下：

$$\text{MTTF} = \int_0^\infty R(t)dt$$

如果 $R(t) = e^{-\lambda t}$，则 MTTF$=1/\lambda$。λ 为失效率，是指系统在单位时间内发生失效的预期次数，在此处假设为常数。

例如，假设同一型号的 1000 台计算机，在规定的条件下工作 1000 小时，其中有 10 台出现故障。这种计算机千小时的可靠度 R 为 (1000−10)/1000=0.99，失效率 λ 为 $10/(1000 \times 1000)=1 \times 10^{-5}$，MTTF$=1/(1 \times 10^{-5})=10^5$ 小时。

2．平均故障修复时间

可用度为 $A(t)$ 的系统的平均故障修复时间（Mean Time To Fix，MTTR）可以用类似于求 MTTF 的方法求得。设 $A_1(t)$ 是在风险函数 $Z(t)=0$ 且系统的初始状态为 1 的条件下 $A(t)$ 的特殊情况，则

$$\text{MTTR} = \int_0^\infty A_1(t)dt$$

此处假设修复率 $\mu(t) = \mu$（常数），修复率是指单位时间内可修复系统的平均次数，则：

$$\text{MTTR} = 1/\mu$$

3．平均故障间隔时间

因为两次故障之间必然有修复行为，因此，平均故障间隔时间（Mean Time Between Failure，MTBF）中应包含 MTTR。对于可靠度服从指数分布的系统，从任一时刻 t_0 到达故障的期望时间都是相等的，因此有：

$$\text{MTBF} = \text{MTTR}+\text{MTTF}$$

在实际应用中，一般 MTTR 很小，所以通常认为 MTBF≈MTTF。

4．系统可用性

系统可用性是指在某个给定时间点上系统能够按照需求执行的概率，其定义为：

$$\text{可用性} = \text{MTTF}/(\text{MTTR}+\text{MTTF}) \times 100\% = \text{MTTF}/\text{MTBF} \times 100\%$$

19.1.3 系统可靠性模型

与系统故障模型对应的就是系统可靠性模型，常用的可靠性模型主要有时间模型、故障植入模型和数据模型。

1. 时间模型

时间模型基于这样一个假设：系统中的故障数目在 $t=0$ 时是常数，随着故障被纠正，故障数目逐渐减少。在此假设下，系统经过一段时间的调试后剩余故障的数目可用下列公式来估计：

$$E_r(\tau) = \frac{E_0}{I - E_c(\tau)}$$

其中，τ 为调试时间，$E_r(\tau)$ 为系统在时刻 τ 剩余的故障数，E_0 为 $\tau=0$ 时系统中的故障数，$E_c(\tau)$ 为在 $[0, \tau]$ 内纠正的故障数，I 为系统中的指令数。

由故障数 $E_r(\tau)$ 可以得出系统的风险函数 $Z(t) = C \cdot E_r(\tau)$，其中 C 是比例常数。于是，系统的可靠度为：

$$R(t) = e^{-\int_0^t z(t) dt} = e^{-c(E_0/I - E_c(\tau))}$$

系统的平均无故障时间为：

$$\text{MTBF} = \int_0^\infty R(t) dt = \frac{1}{C(E_0/I - E_c(\tau))} = \frac{I - E_c(\tau)}{CE_0}$$

在时间模型中，需要确定在调试前系统中的故障数目，而这往往是一件很困难的任务。

2. 故障植入模型

故障植入模型是一个面向错误数的数学模型，其目的是以系统中的错误数作为衡量可靠性的标准。故障植入模型的基本假设如下：

（1）系统中的固有错误数是一个未知的常数。
（2）系统中的人为错误数按均匀分布随机植入。
（3）系统中的固有错误数和人为错误被检测到的概率相同。
（4）检测到的错误立即改正。

用 N_0 表示固有错误数，m 表示植入的错误数，n 表示检测到的错误数，其中检测到的植入错误数为 k，用最大似然法求解可得固有错误数 N_0 的点估计值为：

$$\hat{N}_0 = \left\lceil \frac{m \times (n-k)}{k} \right\rceil$$

考虑到实施植入错误时遇到的困难，有关专家又提出了两步查错法。该方法是由两组测试人员独立对系统进行测试，检测到的错误立即改正。用 N_0 表示系统中的固有错误数，m 表示第一组测试人员发现的错误数，n 表示第二组测试人员发现的错误数，如果两组测试人员发现的相同错误数为 k，则系统固有错误数 N_0 的点估计值为：

$$\hat{N}_0 = \left\lceil \frac{m \times n}{k} \right\rceil$$

3. 数据模型

在数据模型下，对于一个预先确定的输入环境，系统的可靠度定义为在 n 次连续运行中系统完成指定任务的概率。其基本方法如下：

设 SRS 所规定的功能为 F，而系统实现的功能为 F'，预先确定的输入集为 $E = \{e_i : i = 1, 2, \cdots, n\}$，令导致系统差错的所有输入的集合为 E_e，即：

$$E_e = \{e_j : e_j \in E \text{ and } F'(e_j) \neq F(e_j)\}$$

则系统运行一次出现差错的概率为：

$$P_1 = \frac{|E_e|}{|E|}$$

也就是说，系统一次运行正常的概率为 $R_1 = 1 - P_1$。

在上述讨论中，假设所有输入出现的概率相等。如果不相等，且 e_i 出现的概率为 $p_i (i = 1, 2, \cdots, n)$，则系统运行一次出现差错的概率为：

$$p_1 = \sum_{i=1}^{n} (Y_i \cdot p_i)$$

其中：

$$Y_i = \begin{cases} 0, & \text{如果 } F'(e_i) = F(e_i) \\ 1, & \text{如果 } F'(e_i) \neq F(e_i) \end{cases}$$

于是，系统的可靠度（n 次运行不出现差错的概率）为：

$$R(n) = R_1^n = (1 - P_1)^n$$

显然，只要知道每次运行的时间，上述数据模型中的 $R(n)$ 就很容易转换成时间模型中的 $R(t)$。

19.2 系统可靠性分析

计算机系统是一个复杂的系统，而且影响其可靠性的因素也非常繁琐，很难直接对其进行可靠性分析。但通过建立适当的数学模型，把大系统分割成若干子系统，可以简化其分析过程。组合模型是分析系统可靠性最常用的方法。一个系统只要满足以下 4 个条件，就可以用组合模型来计算其可靠性：

（1）系统只有两种状态：运行状态和失效状态。

（2）系统可以划分成若干个不重叠的子系统（部件），每个子系统也只有运行和失效两种状态。

（3）子系统的失效是独立的。

（4）系统的状态只依赖于子系统的状态。系统失效当且仅当系统中的剩余资源不满足系统运行的最低资源要求时。

1. 串联系统

假设一个系统由 n 个子系统组成，当且仅当所有的子系统都能正常工作时，系统才能正常工作,这种系统称为串联系统,如图 19-1 所示。

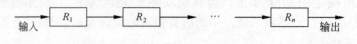

图 19-1 串联系统

如果系统的各个子系统的可靠度分别用 $R_1, R_2, \cdots, R_n$ 表示,则系统的可靠度为:
$$R = R_1 \times R_2 \times \cdots \times R_n$$
如果系统的各个子系统的失效率分别用 $\lambda_1, \lambda_2, \cdots, \lambda_n$ 来表示,则系统的失效率为:
$$\lambda = \lambda_1 + \lambda_2 + \cdots + \lambda_n$$

要注意的是,此处只给出了直接计算结果,省略了计算公式的数学推导过程。另外,失效率的计算公式只是一个近似公式,当各子系统的失效率很低(接近 0)时才是正确的。当已知系统的可靠度为 R 时,则可通过 $\lambda = 1 - R$ 求得系统的失效率。

2. 并联系统

假如一个系统由 n 个子系统组成,只要有一个子系统能够正常工作,系统就能正常工作,这种系统称为并联系统,如图 19-2 所示。

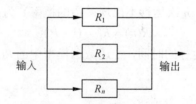

图 19-2 并联系统

如果系统的各个子系统的可靠度分别用 $R_1, R_2, \cdots, R_n$ 表示,则系统的可靠度为:
$$R = 1 - (1 - R_1) \times (1 - R_2) \times \cdots \times (1 - R_n)$$
如果所有子系统的失效率均为 λ,则系统的失效率为:
$$\mu = \frac{1}{\frac{1}{\lambda} \sum_{j=1}^{n} \frac{1}{j}}$$

在并联系统中,只有一个子系统是真正需要的,其余 $n-1$ 个子系统称为冗余子系统,随着冗余子系统数量的增加,系统的平均无故障时间也就增加了。

3. 模冗余系统

m 模冗余系统由 m($m=2n+1$,$n>1$)个相同的子系统和一个表决器组成,经过表决器表决后,m 个子系统中占多数相同结果的输出作为系统的输出,如图 19-3 所示。

在 m 个子系统中,只有 $n+1$ 个或 $n+1$ 个以上子系统能正常工作,系统就能正常工作,输出正确结果。假设表决器是完全可靠的,每个子系统的可靠性为 R_0,则 m 模冗余系统的可靠度为：

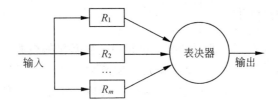

图 19-3　模冗余系统

$$R = \sum_{i=n+1}^{m} C_m^j \times R_0^i (1-R_0)^{m-i}$$

其中，C_m^j 为从 m 个元素中取 j 个元素的组合数。

在实际应用中，信息系统往往是多种结构的混联系统。例如，某高可靠性计算机系统由图 19-4 所示的冗余部件构成。

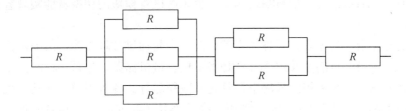

图 19-4　某计算机系统

显然，该系统为一个串并联综合系统，可以先计算出中间 2 个并联系统的可靠度。根据并联公式 $R = 1-(1-R_1) \times (1-R_2) \times \cdots \times (1-R_n)$，可得到 3 个部件并联的可靠度为 $1-(1-R)^3$，2 个部件并联的可靠度为 $1-(1-R)^2$。然后，再根据串联公式 $R = R_1 \times R_2 \times \cdots \times R_n$，可得到整个系统的可靠度为 $R \times (1-(1-R)^3) \times (1-(1-R)^2) \times R$。

19.3　冗余技术

提高系统可靠性的技术可以分为避错（排错）技术和容错技术。避错是通过技术评审、系统测试和正确性证明等技术，在系统正式运行之前避免、发现和改正错误。然而，随着系统规模越来越大，结构越来越复杂，以及避错技术自身存在的复杂性和局限性，避错已远远不能保证系统的可靠性；另一方面，随着信息系统应用进入一些高可靠性要求的领域，对系统可靠性的要求也越来越高，因此，容错成为提高系统可靠性的重要手段。容错是指系统在运行过程中发生一定的硬件故障或软件错误时，仍能保持正常工作而不影响正确结果的一种性能或措施。容错技术主要是采用冗余方法来消除故障的影响。

19.3.1 冗余技术的分类

冗余是指在正常系统运行所需的基础上加上一定数量的资源，包括信息、时间、硬件和软件。冗余是容错技术的基础，通过冗余资源的加入，可以使系统的可靠性得到较大的提高。主要的冗余技术有结构冗余（硬件冗余和软件冗余）、信息冗余、时间冗余和冗余附加4种。

1．结构冗余

结构冗余是常用的冗余技术，按其工作方式，可分为静态冗余、动态冗余和混合冗余三种。

（1）静态冗余。静态冗余又称为屏蔽冗余或被动冗余，常用的有三模冗余和多模冗余。静态冗余通过表决和比较来屏蔽系统中出现的错误。例如，三模冗余是对三个功能相同，但由不同的人采用不同的方法开发出的模块的运行结果进行表决，以多数结果作为系统的最终结果。即如果模块中有一个出错，这个错误能够被其他模块的正确结果"屏蔽"。由于无需对错误进行特别的测试，也不必进行模块的切换就能实现容错，故称为静态容错。

（2）动态冗余。动态冗余又称为主动冗余，它是通过故障检测、故障定位及故障恢复等手段达到容错的目的。其主要方式是多重模块待机储备，当系统检测到某工作模块出现错误时，就用一个备用的模块来顶替它并重新运行。各备用模块在其待机时，可与主模块一样工作，也可不工作。前者叫做热备份系统（双重系统），后者叫做冷备份系统（双工系统、双份系统）。在热备份系统中，两套系统同时、同步运行，当联机子系统检测到错误时，退出服务进行检修，而由热备份子系统接替工作，备用模块在待机过程中其失效率为 0；处于冷备份的子系统平时停机或者运行与联机系统无关的运算，当联机子系统产生故障时，人工或自动进行切换，使冷备份系统成为联机系统。在运行冷备份时，不能保证从系统断点处精确地连续工作，因为备份机不能取得原来的机器上当前运行的全部数据。

（3）混合冗余。混合冗余技术是将静态冗余和动态冗余结合起来，且取二者之长处。它先使用静态冗余中的故障屏蔽技术，使系统免受某些可以被屏蔽的故障的影响。而对那些无法屏蔽的故障则采用主动冗余中的故障检测、故障定位和故障恢复等技术，并且对系统可以作重新配置。因此，混合冗余的效果要大大优于静态冗余和动态冗余。然而，由于混合冗余既要有静态冗余的屏蔽功能，又要有动态冗余的各种检测和定位等功能，它的附加硬件的开销是相当大的，所以混合冗余的成本很高，仅在对可靠性要求极高的场合中采用。

2．信息冗余

信息冗余是在实现正常功能所需要的信息外，再添加一些信息，以保证运行结果正确性的方法。例如，检错码和纠错码就是信息冗余的例子。这种冗余信息的添加方法是按照一组预定的规则进行的。符合添加规则而形成的带有冗余信息的字称为码字，而那些虽带有冗余信息但不符合添加规则的字则称为非码字。当系统出现故障时，可能会将码字变成非码字，于是在译码过程中会将引起非码字的故障检测出来，这就是检错码的基本思想。纠错码则不仅可以将错误检测出来，还能将由故障引起的非码字纠正成正确的码字。

由此可见，信息冗余的主要任务在于研究出一套理想的编码和译码技术来提高信息冗余的效率。编码技术中应用最广泛的是奇偶校验码、海明校验码和循环冗余校验码。

3．时间冗余

时间冗余是以时间（即降低系统运行速度）为代价以减少硬件冗余和信息冗余的开销来达到提高可靠性的目的。在某些实际应用中，硬件冗余和信息冗余的成本、体积、功耗、重量等开销可能过高，而时间并不是太重要的因素时，可以使用时间冗余。时间冗余的基本概念是重复多次进行相同的计算，或称为重复执行（复执），以达到故障检测的目的。

实现时间冗余的方法很多，但是其基本思想不外乎是对相同的计算任务重复执行多次，然后将每次的运行结果存放起来再进行比较。若每次的结果相同，则认为无故障；若存在不同的结果，则说明检测到了故障。不过，这种方法往往只能检测到瞬时性故障而不宜检测永久性的故障。

4．冗余附加

冗余附加是指为实现上述冗余技术所需的资源和技术，包括程序、指令、数据，以及存放和调用它们的空间等。

19.3.2 冗余系统

在实际应用中，各种冗余技术经常是结合起来使用的。将各种冗余技术融合在一个系统中，就称之为冗余系统。一般来说，一个较为完整的冗余系统，在处理运行中出现的故障时，大致有以下10个步骤：

（1）故障检测。故障检测一般可分为两类：联机检测和脱机检测。前者提供了实时检测的能力，这种检测工作与系统的正常工作同时进行；后者在进行检测时，系统必须停止正常工作。

（2）故障屏蔽。这与故障检测正好相反，它不是将故障检测出来，而是将出现的故障屏蔽起来，使系统不受故障的影响。

（3）故障限制。限制故障影响的范围，防止已发生的故障影响到系统的其他部分。

（4）复执。这是一种检测瞬时性故障的有效措施，它可以提高系统抗瞬时性故障干扰的能力。

（5）故障诊断。在故障检测的基础上，对故障进行定位。这对以后的修复、重配置等过程有很重要的意义。

（6）系统重配置。若故障一旦被检出并定位，系统应有能力将发生故障的子系统替换下来，或将故障子系统与其他子系统隔离开来。当故障子系统被替换下来后，系统仍应能保持正常运行，只是系统运行速度下降、功能减弱。这一现象称为系统降级使用。

（7）系统恢复。当检测出故障，必要时在系统重配置后即可消除故障引发的差错。这时，系统应能返回到出现故障断点前的情况继续运行。这个过程称为系统恢复。故障的恢复策略一般有两种，分别是前向恢复和后向恢复。前向恢复是指使当前的计算继续下去，把系统恢复成连贯的正确状态，弥补当前状态的不连贯情况，这需要有错误的详细说明；后向恢复是指系统恢复到前一个正确状态，继续执行。它们的一个不同点在于，后向恢复简单地把变量恢复到检查点的取值，而前向恢复将对一些变量的状态进行修改和处理，且这个恢复过程将由程序设计者设计；另一个不同在于，前向恢复适用于可预见的易定义的错误，而后向恢复可屏蔽不可预见的错误。

（8）系统重新启动。如果系统由于出现过多的故障而造成大量的错误，以至破坏了许多无法恢复的信息时，就不能再使用上述的系统恢复的办法，而必须重新启动。重新启动可分为热启动和冷启动。前者是在部分信息遭到破坏但还有一部分可以利用的情况时使用，而后者则是在几乎所有信息均遭破坏的情况下使用。

（9）修复。凡是已确定有故障的子系统必须进行修复。修复可分为脱机修复和联机修复两种。若要修复的子系统卸下后对系统影响不大，或者修复这些子系统时系统必定会停机，就使用脱机修复。联机修复是指系统能自动启用备份子系统替代有故障的子系统，并保持系统继续运行，然后再修复切换下来的故障子系统。

（10）系统重组合。当上述各步完成后，系统必须重新组合，以便完全恢复正常运行。

19.4 软件容错技术

软件容错的基本思想是从硬件容错中引申而来，利用软件设计的冗余和多样化来达到屏蔽错误的影响，提高系统可靠性的目的。软件容错的主要方法是提供足够的冗余信息和算法程序，使系统在实际运行时能够及时发现程序设计错误，采取补救措施，以提高系统可靠性，保证整个系统的正常运行。

软件容错技术主要有 N 版本程序设计、恢复块方法和防卫式程序设计等。除上述 3 种方法外，提高软件容错能力也可以从计算机平台环境、软件工程和构造异常处理模块等不同方面达到。此外，利用高级程序设计语言本身的容错能力，采取相应的策略，也是可行的办法。例如，C++语言中的 try_except 处理法和 try_finally 中止法等。

19.4.1 N 版本程序设计

N 版本程序设计是一种静态的故障屏蔽技术，采用前向恢复的策略，如图 19-5 所示。

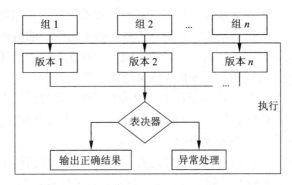

图 19-5 N 版本程序设计

N 版本程序的设计思想是用 N 个具有相同功能的程序同时执行一项计算，结果通过多数表决来选择。其中 N 个版本的程序必须由不同的人（小组）独立设计，使用不同的方法、不同的设计语言、不同的开发环境和工具来实现，目的是减少 N 个版本的程序在表决点上相关错误的概率。

1. 与通常软件开发过程的区别

与通常软件开发过程不同的是，N 版本程序设计增加了三个新的阶段，分别是相异成分规范评审、相异性确认和背对背测试。

（1）相异成分评审。每个版本的工作组均接收到一份相同的 SRS。为了保证相异性，这些工作组之间不允许进行任何形式的交流，有关 SRS 的问题只能在工作组和项目管理人员之间进行交换，这种交换是通过问题单的形式进行的。对于各工作组提出的问题，由项目管理人员组成的 SRS 评审委员会对每个问题单进行研究。若是对 SRS 理解不正确，则向有关工作组进行解释；若是 SRS 本身问题，则修改 SRS，并通知所有工作组。

（2）相异性确认。相异性确认在相异成分详细设计后进行，其目的是对相异性进行评估。

（3）背对背测试。使用同样的测试数据对 N 版本程序进行测试，将 N 个版本程序的运行结果进行比较，用以发现版本中的软件故障。

2. 其他需要注意的问题

与通常的软件开发相比，除了开发过程不同之外，N 版本程序设计还需要注意以下问题：

（1）N 版本程序的同步。由于各种不同版本并行执行，有时甚至在不同的计算机中执行，必须解决彼此之间的同步问题。N 版本程序的同步机制除通常的帧同步之外，还有事件同步机制,以保证输入一致性和交叉检查点的正常工作。在 N 版本程序的同步机制中,需要引入超时处理,以解决失步问题。

(2)N 版本程序之间的通信。由于 N 版本程序设计的独立性,不同版本的数据表示可能是不同的,因此,在 N 个版本程序之间进行数据通信时,必须进行数据变换。可将 N 个版本通信接口处的数据规定为一种独立于各个版本的统一的数据格式,任一版本发送数据时,需将该版本的内部数据表示转换为统一的数据表示;当任一版本接收其他版本的数据时,需将统一的数据表示变换为内部所需的数据表示。

(3)表决算法。在 N 版本程序设计中,通常有三种表决算法:全等表决(主要适用于布尔量的表决)、非精确表决(允许设置一个偏差,主要适用于数值量的表决)和 Cosmetie 表决(适用于字符串的表决)。

(4)一致比较问题。在进行有限精度运算的情况下,计算的结果与所使用的特定算法和计算的顺序有关,在进行计算量比较时(例如,将某计算量与一常量进行比较),虽然这些计算量能满足 SRS 要求,但比较结果可以全然不同,最终导致在 N 版本表决时不能得出正确的结果。对于这个问题,比较好的解决方法是将需要进行比较的计算量进行一次交叉表决,其缺点是降低了 N 版本程序的相异性,并使系统的实时性变差。

(5)数据相异性。软件的故障往往仅在数据空间的个别点发生,当对这些个别点进行修正后,则软件仍可正常工作。这是由于实际情况对数据空间的任一点,往往允许有一定的误差,只要数据点在允许的误差范围内,则可看作是逻辑上等效的。因此,当软件在某个输入数据 x 上存在故障,输出不正确时,可选用适当的数据重新表示算法,计算出与 x 逻辑等效的输入数据 y,然后对 y 进行计算,从而得到正确的输出。

19.4.2 恢复块方法

恢复块方法是一种动态的故障屏蔽技术,采用后向恢复策略,如图 19-6 所示。

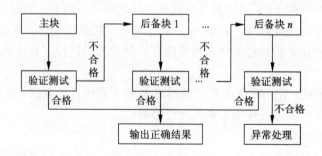

图 19-6 恢复块方法

恢复块方法提供具有相同功能的主块和几个后备块,一个块就是一个执行完整的程序段,主块首先投入运行,结束后进行验证测试,如果没有通过验证测试,系统经现场恢复后由后备块 1 运行。后备块 1 运行结束后也进行验证测试，如果没有通过验证测试，系统经现场恢复后由后备块 2 运行。重复这一过程，可以重复到耗尽所有的后备块，或者某个程序故障行为超出了预料，从而导致不可恢复的后果。

在程序设计时，应保证实现主块和后备块之间的独立性，避免相关错误的产生，使主块和后备块之间的共性错误降到最低程度。

1. 验证测试

恢复块方法依赖于一个裁决者，那就是验证测试（可接受测试），由它来决定同一算法不同实现的计算结果是否正确。带有恢复块的系统被分成故障可恢复的块。整个系统就由这些容错块组成。每一块包含至少一个一级模块、一个二级模块和一个例外处理模块，以及一个验证测试模块。验证测试模块完成故障检测功能，它本身的故障对恢复块方法而言是共性的，因此，必须确保它的正确性。同时，验证测试模块是为了确定模块计算结果的正确性，它必须尽可能的简单。

2. 与 N 版本程序设计的比较

恢复块方法与 N 版本程序设计的比较如表 19-1 所示。

表 19-1　恢复块方法与 N 版本程序设计的比较

	恢复块方法	N 版本程序设计
硬件运行环境	单机	多机
错误检测方法	验证测试程序	表决
恢复策略	后向恢复	前向恢复
实时性	差	好

19.4.3　防卫式程序设计

N 版本程序设计和恢复块方法都是基于设计冗余的思想，这给程序员和处理机都增加了许多工作，而且它们的结构本身又带来了一些问题和困难，例如，多版本程序设计中的相关性错误问题和恢复块方法中的验证测试的设计等。

防卫式程序设计是一种不采用任何传统的容错技术就能实现软件容错的方法，对于程序中存在的错误和不一致性，防卫式程序设计的基本思想是通过在程序中包含错误检查代码和错误恢复代码，使得一旦发生错误，程序就能撤销错误状态，恢复到一个已知的正确状态中去。其实现策略包括错误检测、破坏估计和错误恢复三个方面。

1. 错误检测

在程序中插入状态断言，所谓状态断言，就是包含状态变量的逻辑谓词。这些断言可插入到一些重要的赋值语句之前，使得那些可能导致错误的赋值在变量状态发生变化之前被检测出来。例如，实型变量 Grade 表示一个学生的成绩，C 为一个整型变量，那么，可以在赋值语句"Grade=C"之前插入断言"{C>=0.0 and C<=100.0}"，以保证对

Grade 赋值的正确性。

插入断言法主要适用于抽象数据类型，因为在抽象数据类型中，断言检查代码只需定义一次，就可对该类型变量的操作进行检查。在程序中普遍采用状态断言检查将占用大量空间，折中的办法是在重要操作处进行检查，发现非法状态，再进行破坏估计和错误恢复。

2．破坏估计

插入断言法是试图在变量状态改变之前对可能引起错误的操作予以避免，而破坏估计的任务是在变量可能已经遭到破坏的情况下，判断破坏是否已发生，以及状态空间的哪些部分受到了错误的影响。例如，在抽象数据类型中，可以设置一个破坏指示器，通过询问破坏指示器来估计破坏发生的情况。

3．错误恢复

在防卫式程序设计中，既可使用前向恢复策略，也可使用后向恢复策略，其中后向恢复是一种更易于实现的技术，可以保持一个安全状态的细节，发生错误时再对该状态进行恢复。通常有两种处理办法，一种是数据状态的变换先不写入，等到处理全部完毕而没有出现错误时，才写入变换后的状态，这种处理多用于数据库系统中；另一种是在一定时间间隔的检查点制作安全状态的拷贝，当发生错误时，恢复最近检查点的状态。

防卫式程序设计是一种较易实现的方法，比较灵活，尤其适用于小程序或局部程序的容错。尽管防卫式程序设计不能处理算法中存在的逻辑错误，但对程序运行过程中出现的硬件故障或偶然事件引起的错误能起到屏蔽的作用，并且由于其执行效率高、占用空间小、易于设计和实现，因此，是对恢复块方法和多版本程序设计技术的一个补充。

19.5 双机容错技术

双机容错技术是一种软硬件结合的容错应用方案。该方案是由两台服务器和一个外接共享磁盘阵列及相应的双机软件组成，如图 19-7 所示。其中，共享磁盘阵列是一个可选的部件，可以在两台服务器中分别采取 RAID 卡来取代。有关 RAID 的详细知识，请阅读 6.2.2 节。

1．工作原理

在双机容错系统中，两台服务器一般区分为主系统和从系统（备用系统），两台服务器互为主从关系。每台服务器都有自己的系统盘（本地盘），安装操作系统和应用程序。每台服务器至少安装两块网卡，一块连接到网络上，对外提供服务；另一块与另一台服务器连接，用以侦测对方的工作状况。同时，每台服务器都连接在共享磁盘阵列上，用户数据存放在共享磁盘阵列中，当一台服务器出现故障时，另一台服务器主动替代工作，保证网络服务不间断。整个网络系统的数据通过磁盘阵列集中管理，极大地保护了数据的安全性和保密性。

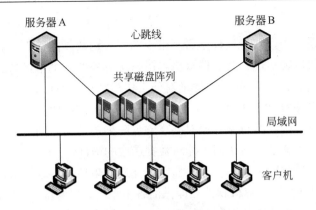

图 19-7　双机容错系统的架构

双机容错系统采用"心跳"方法保证主系统与备用系统的联系。所谓心跳，是指主从系统之间相互按照一定的时间间隔发送通信信号，表明各自系统当前的运行状态。一旦心跳信号表明主机系统发生故障，或者备用系统无法收到主系统的心跳信号，则系统的高可用性管理软件认为主系统发生故障，立即将系统资源转移到备用系统上，备用系统替代主系统工作，以保证系统正常运行和网络服务不间断。

2．工作方式

双机容错系统根据两台服务器的工作方式不同，可以有三种不同的工作模式：双机热备模式、双机互备模式和双机双工模式。

（1）双机热备模式。正常情况下，一台服务器处于工作状态（主系统），另一台服务器处于监控准备状态（备用系统）。如果没有采用共享磁盘阵列，则用户数据同时往两台服务器中写入，以保证数据的即时同步。当主系统出现故障时，通过双机软件将备用系统激活，保证应用在短时间内完全恢复正常使用。当主系统修复后，可重新接入系统要回自己的应用。双机热备模式是目前采用较多的一种模式，典型应用有证券资金服务器或行情服务器等。双机热备模式的主要缺点在于，备用系统长期处于后备的状态，存在一定的计算资源浪费。

（2）双机互备模式。两台服务器均处于工作状态，为前端客户机提供各自不同的应用服务，并互相检测对方的运行情况。也就是说，两台服务器同时运行，但彼此均设为备用系统。当某一台服务器出现故障时，另一台服务器可以在短时间内将故障服务器的应用接管过来，从而保证了应用的持续性。双机互备模式的主要缺点是对服务器的性能要求比较高。

（3）双机双工模式。双机双工模式是集群（cluster）技术的一种形式，两台服务器均处于工作状态，同时为前端客户机提供相同的应用服务，以保证整体系统的性能，实现负载均衡和互为备份。有关集群技术的详细知识，将在 19.6 节中介绍。

3. 双机软件

在双机容错系统中，双机软件是必不可少的。一切故障的诊断、服务的切换和硬件的控制都由双机软件来实现。为了使双机容错系统对外像一个单机系统一样，双机软件还可以为双机系统生成一个虚拟 IP 地址对外工作，客户机通过虚拟 IP 地址访问双机系统，从而避免因服务器 IP 地址改变导致客户机无法访问的问题。

双机软件还可以控制两台服务器对共享磁盘阵列的访问，同一时刻只能有一台服务器可以对其访问，避免了同时访问可能对数据造成的破坏。

双机软件通过侦测网卡或两台服务器之间互连的串口线，进行两台服务器的状态诊断，一旦主系统出现故障，双机软件立即激活备用系统，接管虚拟 IP 和共享磁盘阵列的控制权，并启动备用系统中的服务对外工作，从而保证系统的实时性和可靠性。

19.6 集群技术

随着计算机技术的发展和越来越广泛的应用，人们对计算机的依赖程度也越来越高，计算机的可靠性和可用性也变得越来越重要。尽管单台计算机的性能和可靠性越来越好，但还是有许多现实的要求是单台计算机难以达到的，因此，集群（cluster）技术应运而生。

集群技术就是将多台计算机组织起来进行协同工作，它是提高系统可用性和可靠性的一种技术。在集群系统中，每台计算机均承担部分计算任务和容错任务，当其中一台计算机出现故障时，系统使用集群软件将这台计算机从系统中隔离出去，通过各计算机之间的负载转嫁机制完成新的负载分担，同时向系统管理人员发出警报。集群系统通过功能整合和故障过渡，实现了系统的高可用性和可靠性。

19.6.1 集群技术概述

集群技术是将多台同构或异构的计算机用集群软件连接在一起，组成一个高度透明的大型计算机群，其中单个的计算机系统称为节点（node）。集群系统作为一个整体为用户提供服务，用户并不关心其所使用的应用运行在哪台计算机上，只关心其应用服务是否能连续工作。在大多数情况下，集群系统中所有的计算机拥有一个共同的名称，集群内任一节点上运行的服务可被所有的用户所使用。集群系统可以协调管理各节点出现的错误和故障，并可透明地向集群中加入新的节点。

1. 集群系统的特点

典型的集群系统具有如下特征：

（1）可伸缩性。采用集群技术，当用户需要扩展系统计算能力时，系统能在不降低服务质量的前提下进行扩展。一般只需购买新的计算机，将其加入到集群系统中即可，而不需要将现有的计算机更换为高性能的服务器。

（2）高可用性。集群系统的可靠性与单机系统相比较高，在提高了系统的可靠性的同时，可以大大减小由于故障造成的停运。集群系统在部分硬件和软件发生故障时，整个系统仍高度可用，可以将系统停运的时间减到最小。

（3）可管理性。集群系统能够管理大规模和物理分散的节点。

（4）高性价比。集群系统能够以最少的投资获得最大的性能。在达到同样性能的条件下，采用计算机集群比采用同等运算能力的大型计算机具有更高的性价比。

（5）高透明性。集群系统对用户是透明的，在用户看来，集群是一个系统，而非多个计算机系统。当集群系统的节点发生变化时，上层应用无需修改或尽可能少修改。

2．资源管理与调度

集群系统的主要目标是通过网络互连实现全系统范围内的资源共享，从而提高资源利用率，获得高性能。为了使由独立计算机组成的集群系统工作起来，且形成对用户透明的单一系统，必须为其提供调度和资源管理。

资源管理与调度系统是集群技术中一个非常重要的方面。从系统的角度来看，集群系统的资源使用率是最重要的问题。系统资源率使用越高，说明系统吞吐能力越大，资源共享的效果也越好。集群系统进行任务调度的主要方法是进程迁移技术，有关这方面的详细知识，将在19.6.6节中介绍。

3．集群的分类

采用集群技术的目的是为了提高系统性能、降低系统成本、提高系统扩展性和可靠性等，按照解决问题的不同，一般将集群系统分为高性能计算集群、负载均衡集群和高可用性集群。

（1）高性能计算集群。高性能计算集群以解决复杂的科学计算问题为目的，其处理能力与真正的超级并行机相等，并且具有优良的性价比。高性能计算集群是计算机科学的一个分支，致力于开发超级计算机，研究并行算法和开发相关软件。高性能计算主要研究两类问题，第一类是大规模科学计算问题，例如，天气预报、地形分析和生物制药等；第二类是存储和处理海量数据问题，例如，数据挖掘、图像处理和基因测序等。有关高性能计算集群的详细知识，将在19.6.2节中介绍。

（2）负载均衡集群。负载均衡集群为企业需求提供了更实用的系统，集群中所有的节点都处于活动状态，它们分摊系统的工作负载。例如，Web服务器集群、数据库集群和应用服务器集群都属于这种类型。负载均衡集群使负载可以在计算机集群中尽可能平均地分摊处理，对于运行同一组应用程序的大量用户，每个节点都可以处理一部分负载，并且可以在节点之间动态分配负载，以实现平衡。有关负载均衡集群的详细知识，将在19.6.3节中介绍。

（3）高可用性集群。高可用性集群致力于使计算机系统的运行速度和响应速度尽可能快，它们经常使用在多台计算机上运行的冗余节点和服务，用来相互跟踪。为保证集群系统整体服务的高可用性，需要考虑计算机硬件和软件的容错性。如果高可用性集群中的某个节点发生故障,则将由另外的节点代替它。整个系统环境对于用户是透明的,对于用户而言,集群系统永远不会停机。有关高可用性集群的详细知识,将在 19.6.4 节中介绍。

在实际应用中,这三种基本类型经常会发生混合与交杂。例如,高性能计算集群也需要在其节点之间进行负载均衡,负载均衡集群的主要目的也是为了提高系统的可用性等。从这个意义上来说,上述集群类别的划分是一个相对的概念,而不是绝对的。

19.6.2 高性能计算集群

高性能计算集群是指以提高科学计算能力为目的计算机集群技术,它是一种并行计算集群的实现方法。并行计算是指将一个应用程序分割成多块可以并行执行的部分,并指定到多个处理器上执行的方法。例如,曾经战胜了国际象棋世界冠军卡斯帕罗夫的深蓝(deep blue)计算机就是并行计算集群的一种具体实现,它是一个拥有 32 个节点的 IBM RS6000 SP 型计算机的集群系统。

高性能计算集群系统是利用高速互连网络将一组 PC(或工作站)连接起来,在并行程序设计和集成开发环境支持下,统一调度和协调处理,实现高效并行处理的系统。一个集群包含多台拥有共享数据存储空间的计算机,任何一台计算机运行应用时,数据存储在共享的数据空间内。每台计算机的操作系统和应用程序文件存储在其各自的本地存储空间中。和传统的高性能计算机技术相比,集群技术可以利用各档次的计算机作为节点,系统造价低,可以实现很高的运算速度,完成大运算量的计算。使用集群技术可以最少的投资获得接近于大型主机的性能。

1. 主要特点

高性能计算集群系统之所以能够从技术研究发展到实际应用,主要是它与传统的并行处理系统相比,有以下几个明显的特点:

(1)系统开发周期短。由于高性能计算集群系统大多采用商用工作站和通用局域网络,使节点计算机的管理相对容易,可靠性高。开发的重点在通信和并行编程环境上,既不用重新研制计算节点,又不用重新设计操作系统和编译系统,这就节省了大量的研制时间。

(2)用户投资风险小。用户在购置巨型机或 MPP 系统时很不放心,担心使用效率不高,系统性能发挥不好,从而浪费大量资金。而高性能计算集群系统不仅是一个并行处理系统,它的每个节点同时也是一台独立的计算机,即使整个系统对某些应用问题并行效率不高,它的节点仍然可以作为单个计算机系统使用。

(3)系统价格低。由于生产批量小,巨型机或 MPP 的价格都比较昂贵,而工作站或 PC 是批量生产出来的,因而售价较低。由数十台 PC(或工作站)组成的高性能计算集群系统可以满足相当多数应用的要求,而价格却比较低。

(4)节约系统资源。由于高性能计算集群系统的结构比较灵活,可以将不同体系结构，不同性能的计算机连在一起，这样就可以充分利用现有设备。单从使用效率上来看，高性能计算集群系统的资源利用率也比单机系统要高得多。另一方面，即使用户设备更新，原有的一些性能较低或型号较旧的机器在高性能计算集群系统中仍可发挥作用。

（5）系统扩展性好。从规模上说，高性能计算集群系统大多使用通用网络，系统扩展容易；从性能上说，高性能计算集群系统对大多数中、粗粒度的并行应用都有较高的效率。

（6）用户编程方便。在高性能计算集群系统中，程序的并行化只是在原有的串行程序中，插入相应的通信原语。用户使用的仍然是熟悉的编程环境，不用适应新的环境，这样就可以继承原有软件财富，对串行程序做并不很多的修改。

2．通信技术

通信子系统是高性能计算集群系统的重要组成部分，它完成系统中各节点之间数据传递的功能，其性能的好坏直接影响到并行计算的加速比和效率。这是因为并行计算时间是由各节点计算时间和节点之间数据通信时间两部分组成的，如果通信时间所占的比例过大，则必然使得并行计算的加速比下降，整个系统的效率也不会高。

高性能计算集群系统是一个松耦合的计算机系统，具有可扩展性好、性能/价格比高的特点，但网络带宽通常较低。通信子系统的性能是整个高性能计算集群系统的薄弱环节，影响通信系统性能的主要因素有网络带宽低、传统 TCP/IP 协议的多层次结构带来了很大的处理开销、协议复杂的缓冲管理增加了网络延迟。另外，操作系统的额外开销也不可忽视。要提高通信系统的性能，可以采用新型高速网络，提高网络带宽，或者设计新的通信协议，降低通信延迟。

3．并行程序设计

对于高性能计算集群系统，人们希望要有较高的节点运算速度，系统的加速比性能接近线性增长，并行应用程序的开发要高效、方便。开发并行应用程序要比串行程序困难得多，它要涉及多个处理器之间的数据交换与同步，要解决数据划分、任务分配、程序调试和性能评测等问题，需要相应支持工具，例如，并行调试器、性能评测工具、并行化辅助工具等，它们对程序的开发效率与运行效率都有重要作用。

并行程序设计语言是并行系统应用的基础，已有的高性能计算集群系统大多支持 Fortran、C 和 C++，实现的方法主要是使用原有顺序编译器链接并行函数库，或者加入预编译。

4．负载均衡

在高性能计算集群系统中，一个大的任务往往由多个子任务组成。这些子任务被分配到各个处理节点上并行执行，称之为负载。对于由异构处理节点构成的并行系统而言，由于各节点的处理能力不同，相同的负载在其上运行的时间和资源占有率都不同。因此，准确的负载定义应是绝对的负载量与节点处理能力的比值。当整个系统任务较多时，各节点上的负载可能产生不均衡现象，就会降低整个系统的利用率。这就是负载不平衡问题。负载不平衡问题解决得好坏，直接影响到并行计算的性能。因此，负载均衡成为高性能计算集群系统中的一个重要问题。有关负载均衡的详细知识，将在 19.6.5 节中介绍。

19.6.3 负载均衡集群

在实际应用中，特别是在 Web 应用中，服务器的处理能力和 I/O 已经成为提供应用服务的瓶颈。由于涉及的信息量十分庞大，用户访问的频率也高，许多基于 Web 的大型系统（例如，电子图书馆、BBS、搜索引擎和远程教育等）每秒钟内需要处理上百万个甚至更多的请求，显然，单台服务器有限的性能难以解决这个问题。

1．两种解决方案

为了解决上述问题，采用高性能的主机系统（小型机或大型机）是可行的。但是，除了其价格昂贵、可扩展性差以外，这种主机系统在很多情况下也不能同时处理上百万个并发的请求。因为高速主机系统只是对于复杂单一任务和有限的并发处理显得高性能，而 Internet 中的 Web 应用绝大多数处理是简单任务、高强度并发处理，因此，即便有大量资金投入，采用高性能、高价格的主机系统，也不能满足 Web 应用的需要。

另一种解决方法就是采用集群技术，即利用多台计算机实现负载均衡集群。负载均衡集群在多节点之间按照一定的策略（算法）分发负载。负载均衡建立在现有网络结构之上，它提供了一种廉价有效的方法来扩展服务器带宽，增加吞吐量，提高数据处理能力。负载均衡是一种动态均衡，它通过一些工具实时地分析数据包，掌握网络中的数据流量状况，把任务合理分配出去。例如，Google 采用的就是负载均衡集群。目前，Google 系统由近 2 万台 PC 组成，整个 Google 系统分成 4 个集群，位于两个不同城市。每个集群结构相同，由几千台 PC 组成，内部由交换式以太网互连，并拥有相同的数据集。

2．负载均衡的分类

负载均衡是指处理节点的负载信息通过某代理软件传递给均衡器，由均衡器做出决策并对负载进行动态分配，从而使集群中各处理节点的负载相对趋于平衡。

根据负载均衡的位置不同，可以将负载均衡分为客户端负载均衡和服务器端负载均衡。客户端负载均衡是指客户端的均衡器根据集群的负载情况，主动选择由集群中的哪台计算机为其提供服务；服务器端负载均衡又可根据执行负载均衡的方式不同，分为集中式负载均衡和分布式负载均衡。

在集中式负载均衡方式下，均衡器位于集群中一台计算机上，它根据当前集群的负载状态对负载进行集中式分配；在分布式负载均衡方式下，有多个均衡器位于集群中不同的计算机上，由这些均衡器根据其均衡策略和集群中各计算机的当前负载状态，以分布式协商的机制分配负载。与分布式负载均衡方式相比，集中式负载均衡实现简单，但也存在以下缺点：

（1）系统的可扩展性不强，均衡器需要记录所有计算机的负载信息。

（2）安全性较差，如果均衡器所在的计算机瘫痪，则会导致整个集群系统的瘫痪。

(3) 实现不够灵活,负载均衡器很难根据不同脚手架的特性配置不同的均衡策略。

按照负载均衡所在的层次不同,可以将负载均衡划分为应用层负载均衡、传输层负载均衡、网络层负载均衡和数据链路层负载均衡。在数据链路层上实现负载均衡的原理是根据数据包的目的 MAC 地址选择不同的路径;在网络层上可利用基于 IP 地址的分配方式将数据流疏通到多个节点;而传输层和应用层的交换技术,本身便是一种基于访问流量的控制方式,能够实现负载均衡。

3. 负载均衡与调度

负载均衡和调度的任务是使得任务在集群各节点间得到尽可能合理的分摊处理,从而达到高效利用系统资源的目的。一般将组成集群的计算机分为处理节点和均衡节点两类。处理节点的处理器负载、应用系统负载、用户数量、可用的网络缓冲区、可用的系统内存或其他的系统资源有关的负载状态信息通过节点上的代理软件传递给均衡节点,由均衡节点做出决策。所谓均衡节点,可以是一个单元,也可以是多个单元,可以是并行结构,也可以是树型的层次结构,它使用一种或多种负载分配算法以及静态或动态配置来决定系统负载的分配。这些方法可以是与应用相关的也可以是与应用无关的,或者是完全依赖网络协议和流量的。

负载均衡的一个要点是节点的资源使用状态。由于负载均衡集群系统的最终目的是使系统中各节点的资源使用状态尽可能达到平均,因此,及时、准确地把握节点负载状况,并根据各个节点当前的资源使用状态,动态调整负载均衡的流量分布,是负载均衡与调度考虑的关键问题。

4. 负载指标

在负载均衡集群系统中,首先要解决如何衡量各节点当前的负载状况,即负载评估问题。只有对这一信息进行合理预测,才能为有效的负载均衡策略提供基础。衡量节点当前负载状况的度量方法和准则称为负载指标。理想的体现系统负载状况的指标应满足以下条件:

(1) 测量开销低,这样才可以保证频繁测量以确保信息更新。

(2) 能体现所有竞争资源上的负载。

(3) 各负载指标在测量及控制上彼此独立。

由于系统资源内容的多样性,系统负载可以从多个侧面加以描述。例如,对于 I/O 密集型问题,系统负载的主要表达式通过系统 I/O 资源表示;而对于 CPU 密集型的科学计算,则面向于详细描述 CPU 资源。目前,被广泛采用的负载指标主要有节点中某等待队列的长度、节点的利用率、处理单元(例如,进程或作业)的响应时间和内存利用率等。

19.6.4 高可用性集群

随着全球经济的增长,企业利用计算机系统来提供及时、可靠的信息和服务是必不可少的，尤其是在一些关键的应用领域，其基本业务特点是实时性强、瞬间数据流量大、交易业务不宜停机。如果出现服务器停机或数据丢失，无论是在声誉上或在经济上都会造成巨大损失。因此，必须有适当的措施来确保计算机系统提供不间断的服务，以维护系统的可用性。高可用性集群就是一种以减少服务中断时间为目标的计算机集群技术，可以提供 7×24 小时昼夜不停的可靠保证，确保网络系统、网络服务、共享 RAID、共享文件系统、进程以及数据库能够不停息地运转。

1．原理与应用

在高可用性集群系统中，多台计算机一起工作，各自运行一个或几个服务，各为服务定义一个或多台备用计算机。当某台计算机出现故障时，备用计算机便立即接管该故障计算机的应用，继续为前端的用户提供服务。如果只有两台计算机组成高可用性集群系统，则就相当于 19.5 节中介绍的双机双工方式。

高可用性集群能够很好地保证各种故障情况下应用系统访问的连续性。在高可用性集群中，应用系统的任何一个服务都可以运行在集群系统中的任何一个节点中，当这个节点出现故障时，运行在这个节点上的所有服务都可以在定义好的其他节点中启动运行，而用户感觉不到有任何变化。高可用性集群技术适用于对应用系统有严格高可靠性要求的企业、政府、军队、重要商业网站或数据库应用等用户。

2．硬件组成

高可用性集群系统的组成如图 19-8 所示，主要包括以下几个方面的硬件组成：

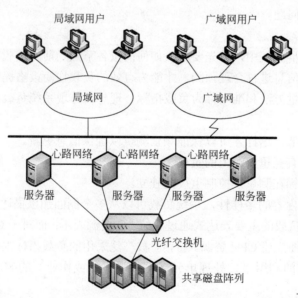

图 19-8　高可用性集群系统示意图

（1）服务器组。在高可用性集群系统中，每个节点的计算机必须有自己的 CPU、内存和磁盘,每台计算机都需要安装操作系统和集群软件程序。

(2) 对外提供服务的网络。高可用性集群系统中的计算机一般采用 TCP/IP 网络协议与客户端相连,每台计算机上都有自己的应用服务,客户端必须通过集群计算机中的网络通路来得到自己的服务。

(3) 心跳信号通路。在高可用性集群系统中,每个节点必须有心跳接口,用于节点之间互相监视和通信,以取得备用计算机的工作状态。常见的心跳信号可通过串行通信线路(RS-232)、TCP/IP 网络和共享磁盘阵列互相传递信息。心跳线路最好使用两条不同的通信线路,达到监视线路冗余的效果。

(4) 数据共享磁盘阵列。在高可用性集群系统中,由于运行的都是关键业务,所以使用的存储服务器都应该是企业级的存储服务器,这些存储服务器应具有先进技术来保证其数据安全。共享磁盘阵列是各节点计算机之间维持数据一致性的桥梁,各节点在集群软件的控制下不会同时访问共享磁盘阵列。

19.6.5 负载均衡技术

负载均衡是集群系统中的一项重要技术,可以提高集群系统的整体处理能力,也提高了系统的可靠性,最终目的是加快集群系统的响应速度,提高客户端访问的成功概率。集群的最大特征是多个节点的并行和共同工作,如何让所有节点承受的负荷平均,不出现局部过大负载或过轻负载的情况,是负载均衡的重要目的。如果出现局部过大负载,必然导致硬件压力比较大,老化和损坏的可能性比较大;如果出现局部过轻负载,设备资源被搁置浪费,不符合成本最低原则。

负载均衡有两方面的含义。首先,大量的并发访问或数据流量分担到多个节点上分别处理,减少用户等待响应的时间;其次,单个重载的运算分担到多个节点上做并行处理,每个节点处理结束后,将结果汇总,返回给用户,系统处理能力得到大幅度提高。

1. 调度算法

目前,人们提出了许多负载均衡的调度算法,用于实现计算机集群系统的负载均衡。这些算法大致可分为静态调度算法和动态调度算法两类。静态调度算法是指调度算法在调度时无需考虑节点当前的负载状态,而是依据不同原则在调度前选择一种均匀调度规则来完成服务请求的调度。该类算法数量众多,典型的有轮转算法、加权轮转算法、最小连接数算法、加权最小连接数算法、源地址哈希散列算法、目标地址哈希散列算法和随机算法等。静态调度算法由于其调度策略事先确定,无法根据当前节点的负载状况进行自适应调整;动态调度算法是指在进行服务请求的调度前,需考虑节点当前的一些动态指标,根据这些动态指标来决定服务请求的调度,典型的有加权百分比算法等。

(1) 轮转算法。轮转算法是一种经典的分配算法,该算法每次轮流将服务请求(任务)调度给不同的节点。该算法的优点是简单,它无需记录当前所有请求的状态,所以是一种无状态调度。轮转算法假定所有节点的处理性能均相同,而且不管节点的当前负载、请求个数和响应速度的差异，不适用于节点处理性能不一样的情况。另外，当各请求响应时间变化比较大时，轮转算法极易导致节点之间的负载不平衡。轮转算法的粒度是基于每个请求连接的，同一用户的不同请求会被调度到不同的节点上。

（2）加权轮转算法。加权轮转算法是轮转算法的一个改进，其思想是首先按照各节点的性能分别指定不同权值，然后按权值来分配给节点相应的请求数量。加权轮转算法是按权值的高低和轮转方式把请求分配到各节点的，权值高的节点比权值低的节点处理更多的请求，相同权值的节点处理相同数目的请求。

（3）最小连接数算法。最小连接数算法是一种根据各节点的负载状况来分配请求的算法，其基本思想是调度程序把每个新请求分配给当前活动请求数量最少的节点。最小连接数算法的优点是，当所有节点具有相同的处理能力时，算法把负载变化大的请求调度到多个节点上，所有处理时间比较长的请求不可能被调度到同一个节点上。但是，当各节点处理能力不同时，该算法并不理想。

（4）加权最小连接数算法。加权最小连接数算法与加权轮转算法类似，只不过它是基于最小连接数来加权计算。各个节点用相应的权值表示其处理性能，在调度新请求时，尽可能使节点处理的请求数量与其权值成比例。

（5）基于局部性的最小连接数算法（Locality-Based Least Connections，LBLC）。LBLC算法针对请求报文的目标IP地址进行负载均衡调度，算法的设计目标是在节点负载基本平衡的情况下，将相同目标IP地址的请求调度到同一个节点上，以提高各个节点的访问局部性和主存命中率，从而提高整个集群系统的处理能力。LBLC算法先根据请求的目标IP地址，找出该目标IP地址最近使用的节点，若该节点是可用的且没有超载，就将请求调度到该节点；若该节点不存在或该节点超载，且有节点处于其一半的工作负载，则用最小连接的原则选出一台可用的节点，将请求发送到该节点。

（6）带复制的基于局部性的最小连接数（Locality-Based Least Connections with Replication，LBLCR）算法。LBLCR算法也是针对目标IP地址进行负载均衡调度，它与LBLC算法的不同之处在于，它要维护从一个目标IP地址到一组节点的映射，而LBLC维护从一个目标IP地址到一个节点的映射。LBLCR算法先根据请求的目标IP地址，找出该目标IP地址对应的节点组，按最小连接的原则从该节点组中选出一个节点，若该节点没有超载，将请求发送到节点；若该节点超载，则按最小连接的原则从整个集群中选出一个节点，将该节点加入到节点组中，将请求发送到该节点。同时，当该节点组有一段时间没有被修改，将最忙的节点从节点组中删除，以降低复制的程度。

（7）目标地址哈希散列算法。目标地址哈希散列算法是一种静态映射算法，通过一个散列函数将目的IP地址映射到一个节点。该算法先以请求的目的IP地址作为散列键，从静态分配的散列表中找出对应的节点，若该节点是可用的且未超载，就将请求发送到该节点；否则，返回空值。

（8）源地址哈希散列算法。源地址哈希散列算法与目标地址哈希散列算法相似，只不过它以请求的源 IP 地址作为散列键。

（9）随机分配算法。对于每个服务请求，通过随机选择的方式选择一个节点为其提供服务。随机分配算法也是一种实现简单、无状态的调度算法。

（10）加权百分比算法。加权百分比算法考虑了节点的利用率、内存利用率、硬盘速率、进程个数、分配的任务数等，使用利用率来表现剩余处理能力，并通过对每个因素选择一个影响系数来表现对节点整体工作性能产生的作用。该算法实现难度在于选择各个因素的系数。系数选择得好，集群系统可以达到较好的负载均衡效果；否则，可能还不如其他算法。

2．技术实现

在实际应用中，比较常用的负载均衡实现技术主要有以下几种：

（1）基于特定软件的负载均衡。很多网络协议都支持重定向功能，例如，在 HTTP 协议中支持 Location 指令，接收到这个指令的浏览器将自动重定向到 Location 指明的另一个 URL 上。由于发送 Location 指令比起执行服务请求，对节点的负载要小得多，因此，可以根据这个功能来设计一种负载均衡的节点。当节点认为自己负载较大的时候，就不再直接给浏览器发送所请求的网页，而是发送一个 Location 指令，让浏览器在计算机集群中的其他节点上获得所需要的网页。

这种方式的具体实现有很多困难，例如，一个节点如何能保证它重定向的节点是比较空闲的，并且不会再次发送 Location 指令等。Location 指令和浏览器都没有这方面的支持能力，这样，很容易形成一种死循环。因此，在实际应用中，这种方式并不多见，使用这种方式实现的计算机集群软件也较少。

（2）基于 DNS 的负载均衡。基于 DNS 的负载均衡是在 DNS 服务器中为同一个主机名配置多个 IP 地址，在应答 DNS 查询时，DNS 服务器对每个查询将以 DNS 文件中主机记录的 IP 地址按顺序返回不同的解析结果，将客户端的访问引导到不同的节点上去，使得不同的客户端访问不同的节点，从而达到负载均衡的目的。

DNS 负载均衡的优点是经济、简单易行，并且节点可以位于 Internet 上任意的位置。但它也存在不少缺点，例如，为了保证 DNS 数据及时更新，一般都要将 DNS 的刷新时间设置得较小，但太小就会造成太大的额外网络流量，并且更改了 DNS 数据之后也不能立即生效；DNS 负载均衡采用的是简单的轮转算法，不能区分节点之间的差异，不能反映节点的当前运行状态，不能做到为性能较好的节点多分配请求，甚至会出现客户请求集中在某一个节点上的情况。另外，要给每个节点分配一个 Internet 上的 IP 地址，这势必会占用过多的 IP 地址。

（3）基于 NAT（Network Address Translation，网络地址转换）的负载均衡。基于 NAT 的负载均衡将一个外部 IP 地址映射为多个内部 IP 地址，对每次连接请求动态地转换为一个内部节点的地址，将外部连接请求引到转换得到地址的那个节点上，从而达到负载均衡的目的。基于 NAT 的负载均衡是一种比较完善的负载均衡技术，起着 NAT 负载均衡功能的设备一般处于内部节点到外部网之间的网关位置，例如，路由器、防火墙、四层交换机、专用负载均衡器等，均衡算法也较灵活，例如，使用随机选择、最小连接数等来分配负载。

基于 NAT 的负载均衡可以通过软硬件方式来实现。通过软件方式来实现 NAT 负载均衡的设备往往受到带宽和系统本身处理能力的限制，由于 NAT 比较接近网络的低层，因此，可以将它集成在硬件设备中，例如，四层交换机和专用负载均衡器等，四层交换机的一项重要功能就是基于 NAT 的负载均衡。

（4）反向代理负载均衡。反向代理负载均衡是将来自 Internet 上的连接请求以反向代理的方式动态地转发给内部网络上的多个节点进行处理，从而达到负载均衡的目的。反向代理负载均衡既能以软件方式实现，也能在高速缓存器和负载均衡器等硬件设备上实现。反向代理负载均衡可以将优化的负载均衡策略和代理服务器的高速缓存技术结合在一起，提升静态网页的访问速度，提高系统性能。另外，由于网络外部用户不能直接访问真实的节点计算机，反向代理负载均衡还具备额外的安全性（同理，基于 NAT 的负载均衡也有此优点）。

反向代理负载均衡的缺点主要表现在两个方面。首先，反向代理处于 OSI 参考模型应用层，因此，必须为每种应用服务专门开发一个反向代理服务器，这样，就限制了反向代理负载均衡技术的应用范围，现在一般都用于对 Web 服务器的负载均衡；其次，针对每一次代理，代理服务器都必须打开两个连接，一个对外，一个对内。在并发连接请求数量非常大的时候，代理服务器的负载也就非常大，代理服务器本身会成为服务的瓶颈。

（5）混合型负载均衡。在有些大型网络中，由于多个计算机集群内硬件设备、各自的规模、提供的服务等的差异，可以考虑给每个集群采用最合适的负载均衡方式，然后又在这多个集群之间再一次进行负载均衡（即将每个集群系统当做新的集群中的一个节点），从而达到最佳的性能。

19.6.6 进程迁移技术

进程迁移是指当进程运行时，在源节点和目标节点之间转移进程的行为。由于在这个过程中转移的是活跃进程，因此又称为抢占式进程迁移。进程迁移的基本过程如图 19-9 所示。

一般地，进程在迁移之前必须停止，并使进程的状态能够被获取并转移到目的节点，在目的节点，进程的执行信息被重建并重新开始执行。

1．进程迁移的作用

进程迁移是支持负载均衡和高容错性的一种非常有效的手段，是实现负载均衡的基础。在集群系统中，利用进程迁移可实现以下功能：

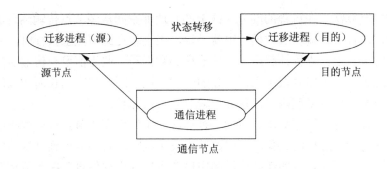

图 19-9　进程迁移机制

（1）负载共享。为了让一个进程使用尽可能多的 CPU 时间，需要将它迁移到能提供大部分指令和 I/O 操作的节点上执行。

（2）提高通信性能。如果一个进程需要与其他进程频繁地进行通信，这时将这些进程放置得近一些，就会减少通信的负担，具体的方法就是将一个进程迁移到其他进程所在的节点上。

（3）可用性。当某个节点失效时，可以将进程迁移到其他节点上继续执行，这样，就保证了系统在遇到灾难时的可用性。当失效的节点修复了错误，重新进入集群系统时，需要将某些该节点上原来运行的进程重新迁移回来。

（4）重新配置。当对集群进行管理时，有时需要将服务从一个节点移到另一个节点，透明的进程迁移可以在不停机的情况下迁移服务。

（5）使用集群中某些节点的特殊能力。如果某个进程能够从集群中的某个特定节点上受益，它就应该在那个节点上执行。例如，进行数值计算的程序能够通过使用数学协处理器或超级计算机中的多个处理器来缩短程序执行时间。

2．进程迁移算法

目前，进程迁移算法主要有贪婪复制算法、惰性复制算法、预复制算法和基于检查点的迁移算法等。

（1）贪婪复制算法。先挂起源节点进程，然后传输进程的全部状态（包括一些打开的文件和执行状态等）到目的节点后，再启动目的节点进程。这种算法比较简单、易于实现，但也有不足之处，例如，延时较长，有些冗余数据传输到目的节点后，实际上并没有用，造成网络负担。

（2）惰性复制算法。先传输进程在目的节点上重新执行所需要的最小相关信息，然后在目的节点上启动进程。与贪婪复制算法相比，它传输的是必需的、最少量的状态集合，这些信息通常是进程的部分（或全部）核心数据（包括打开的文件、执行状态和当前目录等）和一小部分地址空间。当进程在目的节点上的执行需要其余状态信息时，再传输这些信息。该算法的优点是延迟小、网络负担少，缺点是会导致对源节点的剩余依赖性，不能提高系统的可靠性，因此，在集群系统中一般不使用该算法。

(3）预复制算法。在进程的部分（或全部）地址空间从源节点传输到目的节点后，源节点才挂起进程并传输核心数据。也就是说，当进程在源节点上执行时，并行传输地址空间到目的节点上。进程挂起后，再传输核心数据和一些先前已经传输而后被改变的地址空间。这种算法虽然降低了进程挂起的时间，避免因挂起时间长而导致的开销和错误，但是会将某些信息复制两次，总的传输时间反而加长。

（4）基于检查点的迁移算法。前面三种算法都是假设在源节点没有故障的情况下将进程挂起，从而完成进程的迁移。如果源节点发生故障，将不能得到进程的状态信息，导致迁移失败。基于检查点的迁移算法利用检查点保存进程信息，在源节点发生故障的情况下，可以根据检查点信息在目的节点重构进程，使其继续运行。因此，基于检查点的迁移算法可以提高系统的可靠性，减小时间开销，达到实时性。

3．进程迁移的通信管理

进程迁移主要涉及到两个阶段的通信管理，即迁移过程中的通信管理和迁移之后的通信管理。

（1）迁移过程中的通信。当某进程正在迁移时，如果有其他进程与之通信，可能由于无法正确找到接收进程的位置而导致通信失败，为避免这种情况的发生，在集群系统中一般采用三种方法来处理。第一种方法是在进程迁移之前，发送特殊消息，通知其他进程此进程将要迁移，并得到它们的认可，保证在迁移过程中不发送任何消息给迁移进程；第二种方法是在迁移过程中，其他进程仍然发送消息给源节点，源节点缓存所有收到的发给迁移进程的消息，待迁移结束后，再转发这些消息；第三种方法是在迁移过程中，源节点拒绝接收发给迁移进程的消息，并要求发送者稍后将消息重发到目的节点。

（2）迁移之后的通信。进程迁移到目的节点后，如何恢复通信，一般也有三种处理方法。第一种是消息重定位方法，即当进程迁移时，源节点已经获得目的节点的地址，进程迁移后，源节点不通知与所迁移进程通信的进程，消息仍然发送到源节点，再由源节点转发到目的节点；第二种是消息丢失保护方法，即源节点将目的节点的地址通知与所迁移进程通信的进程，消息发送到目的节点，待迁移进程恢复执行时，再从目的节点中取得消息；第三种是消息丢失恢复方法，即在迁移过程中发送的消息都将丢失，待迁移完毕后，重新建立连接并重新发送消息。

另外，因为目前通用的 TCP/IP 网络协议对进程通信支持能力较弱，为减少进程之间通信开销，有些集群系统修改了网络通信协议，使用自己特殊的通信协议和通信原语，在底层协议级更好地支持进程间通信。

由于集群系统的特殊性和进程迁移的具体应用需求，在系统设计时，应考虑到进程迁移的透明性、灵活的伸缩性和实现的高效性，以及兼顾异构性、容错性，避免剩余依赖性等。但是，所有这些性能有可能是互相限制的，例如，透明性有可能依靠产生剩余依赖性来获得。因此，在决定集群系统的设计目标时，应考虑各方面的因素，强调重点，合理取舍。

第 20 章 项目管理

项目是在特定条件下,具有特定目标的一次性任务,是在一定时间内,满足一系列特定目标的多项相关工作的总称。从项目的基本定义出发,人们日常进行的所有活动都可定义或分解为项目。与此同时,工作和生活的项目化分解,也为人们管理自己的日常活动提供了一套有效的系统方法,变不自觉的、随意的处理习惯为目标明确、行为有度的专业作风,减少浪费行为,提高办事效率。

在现代项目实践中,由于项目管理在项目实施过程中的重大作用,已经成为每个项目必不可缺的工作内容。项目管理是保证项目成功的核心手段,成熟的项目管理体系是项目经理的得力工具。因此,作为信息系统项目中的骨干成员,系统分析师必须熟悉项目管理知识,掌握项目管理的主要过程、方法、技术和工具。

20.1 项目开发计划

根据项目的定义,项目是需要"在一定时间内"完成的,也就是说,项目有自己的生命周期。一般来说,项目的生命周期可划分为 4 个基本阶段:概念阶段(定义阶段)、开发阶段、实施阶段和结束阶段(收尾阶段)。项目在不同阶段,其管理的内容也不相同。概念阶段和开发阶段的主要工作是形成项目开发计划,实施阶段和结束阶段的主要工作是根据项目开发计划开展实际工作。

20.1.1 项目开发计划概述

项目开发计划是根据项目目标(包括成果性目标和约束性目标)的规定,对项目实施过程中进行的各项活动做出周密安排,系统地确定项目的任务,安排任务进度,编制完成任务所需的资源、预算等,从而保证项目能够顺利完成。

1. 项目开发计划的目的和作用

项目开发计划作为一个重要的项目阶段,在项目过程中承上启下。项目经理必须按照批准的项目总目标和总任务做出详细的计划,项目开发计划经批准后作为项目的工作指南,必须在项目实施中贯彻执行。

在项目管理实践中,项目开发计划是项目管理的一大职能,是项目实施的基础。它的作用主要体现在以下几个方面:

(1)计划是促使管理者展望未来,预见未来可能发生的问题,制定适当的对策,来减少实现目标过程中的不确定性。通过项目开发计划确定并描述为完成项目目标所需的各项任务范围，落实责任体系，并制订各项任务的时间表，阐明每项任务必需的人力、物力、财力和确定预算。保证项目的顺利实施和目标的实现。

（2）计划是实施的依据和指南。通过科学的组织和安排，可以保证有秩序地实施项目。通过计划能合理、科学地协调各种资源之间的关系，能充分利用时间和空间，提高资源利用率，从而提高项目的整体效益。同时，项目开发计划确定了项目实施工作的规范，经批准后就作为项目实施工作的指导性文件。

（3）确定项目团队各成员、各项工作的责任范围和地位，以及相应的职权，以便按要求去指导和控制项目工作，减少风险。

（4）促进项目团队成员、项目委托人和管理部门之间的交流与沟通，增加项目干系人的满意度，并使项目各工作协调一致。

（5）使项目团队成员明确自己的奋斗目标、实现目标的方法、途径及期限，并确保以时间、成本和其他资源需求的最小化实现项目目标。

2. 项目开发计划的内容

根据项目的规模不同、类型不同，项目开发计划的内容可以不同，详略也可以不一样。就一般的项目而言，开发计划的内容可分为以下10个方面：

（1）工作计划。也称为实施计划，是为保证项目顺利开展，围绕项目目标的最终实现而制订的实施方案。工作计划主要说明采取什么方法组织实施项目，研究如何最佳地利用资源，用尽可能少的资源获取最佳效益。具体包括工作细则、工作检查及相应措施等。工作计划也需要时间、物资、技术资源，必须反映到项目总计划中去。

（2）人员组织计划。表明工作分解结构图中的各项工作任务应该由谁来承担，以及各项工作间的关系如何。其表达形式主要有框图式、职责分工说明式和混合式三种。

（3）设备采购和资源供应计划。在项目管理过程中，多数的项目都会涉及到设备的采购、订货等供应问题。设备采购问题会直接影响到项目的质量和成本。如果是一个大型项目，由于不仅需要设备的及时供应，还有许多项目建设所需的材料、半成品、物件等资源的供应问题。因此，预先安排一个切实可行的资源供应计划，将会直接关系到项目的工期和成本。

（4）配置管理计划。由于信息系统项目的特点，在项目实施过程中，计划与实际不符的情况是经常发生的，因此，配置管理是一项十分重要的工作。配置管理计划通常要涉及到项目对配置管理的要求，实施配置管理的责任人、责任组织及其职责，开展的配置管理活动、方法和工具等。

（5）进度安排计划。根据实际条件和合同要求，以拟开发项目的交付使用时间为目标，按照合理的顺序安排实施日程。其实质是把各活动的时间估计值反映在逻辑关系图上，通过调整，使得整个项目能在工期和预算允许的范围内合理地安排任务。进度安排计划也是资源供应计划编制的依据，如果进度安排计划不合理，将导致人力、物力使用上的不均衡，影响项目的实施。

（6）成本投资计划。包括各层次项目单元计划成本、时间-计划成本曲线和时间-累计计划成本曲线、现金流量（包括支付计划和收入计划）、资金筹集（贷款）计划等。

（7）质量保证计划。包括识别与项目相关的质量标准，以及确定如何满足这些标准。由识别相关的质量标准开始，通过参照或者依据实施项目组织的质量策略、项目的范围说明书、产品说明书等作为质量保证计划的依据，识别出项目相关的所有质量标准而达到或者超过项目的客户和其他项目干系人的期望和要求。一般来说，项目质量保证计划应该包括编制依据、质量宗旨与质量目标、质量责任与人员分工、项目的各个过程及其依据的标准、质量控制的方法与重点、验收标准等内容。

（8）风险管理计划。描述如何为项目处理和执行风险管理活动。在风险管理计划中，需要定义风险管理活动、风险级别、风险类型等内容。

（9）文档编制计划。由一些能保证项目顺利完成的文件管理方案构成，需要阐明文件控制方式、细则，负责建立并维护好项目文件，以供项目组成员在项目实施期间使用。包括文件控制的人力组织和控制所需的人员、资源数量。

（10）支持计划。项目管理有众多的支持手段，主要有软件工具支持、培训支持和行政支持，还有项目考评、文件、批准或签署、系统测试、安装等支持方式。

以上 10 个方面的内容，根据项目规模的大小，既可以写在一个文件中，对相关内容进行裁剪。例如，纯网络工程项目可以没有配置管理计划；也可以分开编写，甚至某一项内容还可以细分。例如，"设备采购和资源供应计划"可以细分为设备采购计划、资源供应计划。

3．项目开发计划的监督和控制

常言道："凡事预则立，不预则废"，项目开发计划就是"预"。但是，仅仅制订一个好的开发计划，项目并不一定不"废"，还要有严格的项目监督与控制机制，在项目表现明显偏离计划时能够采取适当的纠正措施。

项目监督和控制的手段主要是通过在预定的里程碑处（或项目进度表、工作分解结构中的控制级别），将实际的工作产品和任务属性、工作量、成本，以及进度与计划进行对比来确定进展情况。适当的可视性使得项目与计划发生重要的偏差时能够及时采取纠正措施。重要的偏差是指如果不解决就会妨碍项目达成其目的的偏差。

项目控制可采取正规和非正规两种方式。正规控制通过定期的和不定期的进展情况汇报和检查，以及项目进展报告进行。根据项目进展报告，与会者讨论项目遇到的问题，找出和分析问题的原因，研究和确定纠正、预防的措施，决定应当采取的行动。正规控制要利用项目实施组织建立起来的管理系统进行控制，例如，项目管理信息系统、变更控制系统、财务系统、工作核准系统等；非正规则是项目经理频繁地到项目管理现场，与项目团队成员交流，了解情况，及时解决问题。非正规控制要比正规控制频繁。正规控制每次花费的时间一般比非正规控制长，但在总时间上，非正规控制并不比正规控制少，有时反而更多。

根据控制时间的先后,项目控制可分为事前控制、事中控制和事后控制。事前控制是在项目活动(或阶段)开始时进行,可以防止使用不合要求的资源,保证项目的投入满足规定的要求;事中控制也称为过程控制,一般在开发现场进行;事后控制在项目活动(或阶段)结束或临近结束时进行。

根据控制对象的不同,项目控制可分为直接控制和间接控制。这有两个方面的含义,一个方面是指,直接控制着眼于产生偏差的根源,而间接控制着眼于偏差本身。项目的"一次性"特征常常迫使项目经理采取间接控制的方式。另一个方面是指,项目经理直接对项目活动进行控制属于直接控制;不直接对项目活动,而对团队成员进行控制,具体的项目活动由团队成员去控制,属于间接控制。

20.1.2 项目开发计划的编制

项目开发计划是对开发过程中承担各项工作的人员,预计的进度,所需的经费,以及所需计算机软硬件资源等方面的问题做出安排的重要文档,是项目管理与监控的基本依据。但是,在软件开发实践中,项目开发计划的编制却经常流于形式,一旦编制完成便束之高阁,再也不用。究其原因,发现主要是在软件开发过程中,变化极快,往往彻底打破了原计划,导致团队成员根本不相信项目开发计划。如此日久天长,IT 业内便流传着"计划计划,全是鬼话"的戏语。要解释其中的道理,可以借用拿破仑的一句经典名言:"没有一场战役是按计划进行的,但也没有一场没有计划的战役"。其辨证地说明了项目开发计划的两面性,一方面事件的发展是充满变数的,是无法预先获知的;另一方面根据变化动态地制订计划(滚动式计划)是成功的保证。

1. 编写指南

一般来说,项目开发计划应该包括以下几个部分的内容:

(1)引言。包括项目开发计划的编写目的、背景、用到的专门术语的定义和外文首字母组词的原词组,以及参考资料等。

(2)项目概述。对项目进行一个概要性描述,以使团队内每个成员都对项目有一个总体性的了解,通常包括:

- 工作内容:必须完成的各项工作。
- 主要参与人员:项目组成员,以及专业技能情况说明。
- 产品:包括需要交付给客户的程序、各类相关文件以及配套的服务;以及其他一些团队内部留存的源码等其他工件。
- 验收标准:这是本部分中最关键的一节,主要用来帮助开发人员更清晰地了解要求,帮助客户更好地验收产品。
- 完成项目的最迟时间:也就是相应的时间限制。
- 计划的批准者和批准日期。

（3）实施计划。对项目的实施进行详细的安排与计划，其中包括：
- 工作任务的分解与人员分工：按软件生命周期对工作任务进行按阶段的分解，建议采用 WBS（Work Breakdown Structure，工作分解结构）方法。然后针对分解生成的每项任务指定专门的负责人，职责到人。
- 接口人员：与该项目相关的项目干系人，包括用户、本单位的管理部门、外包方代表等。
- 进度：对项目实施的进度进行安排，通常采用甘特图或 PERT 图表示。
- 预算：列出该实施计划所需的经费安排，包括人员工资、办公费、差旅费、机时费、资料费、通信设备和专用设备的租金等。
- 关键问题：列举影响项目成败的关键因素，以及它们的影响和针对性措施。

（4）支持条件。列举项目开发所需要的各种配套的条件和设施，其中主要包括计算机软硬件和专用设备资源、用户所需承担的配合工作、外单位提供的条件等。

（5）专题计划要点。对于项目开发中的配套过程进行计划，通常包括分合同计划、开发人员培训计划、测试计划、安全保密计划、质量保证计划、配置管理计划、用户培训计划、系统安装计划等。其编写的详略程度需要根据项目的规模决定，针对较大的项目可以考虑将其中的一些内容作为专项计划。

2．编制过程

项目开发计划的编制是一个逐渐求精的过程。通常在项目的可行性分析之后，项目开发计划的初稿就应该形成，这时的计划应该是粗略的，只是针对 WBS 中的较高层进行初步的进度估算、资源安排。得出来的各种计划值应该是一个区间估计值，例如，3～5 人月，而不应该是一个精确值。

随着项目的开展，开发计划需要得到逐步细化。每一次迭代，就会将工作任务切出一个小块，然后对这个小块进行相对精确的估算。并且在执行的过程中，根据实际的进度进行动态调整。

在大多数项目中，项目计划是由项目经理一手"编制"的，甚至有可能是来自市场部门、管理层的直接压力，在不可能的最后期限的限制下编造出来。这样的项目计划就会失去意义，因为它是脱离实际的。正确的编制方法应该是，以项目经理为主，与团队成员一起编制，让开发人员参加估算，自下而上，形成一个真正的可操作的项目开发计划。

20.2 范围管理

范围是项目目标的更具体的表达。在信息系统项目实践中，需求蔓延是项目失败最常见的原因之一，往往在项目启动、计划、执行，甚至收尾时还在不断地加入新的功能。无论是客户的要求，还是项目团队成员对新技术的试验，都可能导致项目范围的失控，从而使项目在时间、资源和质量上都受到严重影响。

范围管理就是要确定项目的边界,也就是说,要确定哪些工作是项目应该做的,哪些工作不应该包括在项目中。这个过程用于确保项目干系人对作为项目结果的产品(或服务),以及开发这些产品所确定的过程有一个共同的理解。

20.2.1 范围计划的编制

在信息系统项目中,实际上存在两个相互关联的范围,分别是产品范围和工作范围(项目范围)。产品范围是指产品(或服务)所应该包含的功能,工作范围是指为了能够交付项目所必须要做的工作。显然,产品范围是工作范围的基础,产品范围的定义是信息系统需求的体现,而工作范围的定义是产生项目计划的基础,两种范围在应用上有区别。另外,产品的需求分析侧重于软件技术,而工作范围管理则更偏向于管理。产品范围描述是项目范围说明书的重要组成部分,因此,产品范围变更后,首先受到影响的就是工作范围。在工作范围调整之后,才能调整项目的进度表和质量基线等。

项目范围对项目的影响是决定性的,只有完成了项目范围中的全部工作,项目才能结束。因此一个范围不明确或干系人对范围理解不一致的项目不可能获得成功。范围不明确最可能的后果是项目的范围蔓延,项目永远也做不到头;对范围的理解不一致的结果往往使项目组的工作无法得到其他干系人的认可。要防止这些事件的发生,首要任务就是要编制好范围管理计划。

范围计划编制的成果就是范围管理计划。范围管理计划是对项目的范围进行确定、记载、核实管理和控制的行动指南,与项目范围计划不同,范围计划描述的是项目的边界,而范围管理计划描述的是项目组将如何进行项目的范围管理。具体来说,包括如何进行项目范围定义,如何制订WBS,如何进行项目范围核实和控制等。范围管理计划应该对怎样变化、变化频率如何,以及变化了多少这些项目范围预期的稳定性进行评估。范围管理计划也应该包括对变化范围怎样确定,变化应归为哪一类等问题的清楚描述。事实上,在项目的产品范围还没有确定之前,就需要确定这些问题是非常困难的,但是仍然有必要进行。

项目范围管理计划可能在项目开发计划之中,也可能作为单独的一项。项目范围管理计划可以是正式或非正式的,极为详细或相当概括的,具体视项目的需要而定。一般而言,范围管理计划应包括如下内容:

(1)根据项目初步范围说明书编制详细项目范围说明书的过程。

(2)能够根据详细的项目范围说明书制作WBS,并确定如何维持与批准该WBS的过程。

(3)规定如何正式核实与验收项目已完成可交付成果的过程。

(4)控制详细项目范围说明书变更请求处理方式的过程,该过程与整体变更控制过程有直接联系。

20.2.2 创建工作分解结构

WBS 把项目整体或者主要的可交付成果分解成容易管理、方便控制的若干个子项目，子项目需要继续分解为工作包。持续这个过程，直到整个项目都分解为可管理的工作包，这些工作包的总和就是项目的所有工作范围。

1. 目的和用途

创建 WBS 的目的是详细规定项目的范围，建立范围基准。具体来说，其主要目的和用途如下：

（1）明确和准确说明项目范围，项目组成员能够清楚地理解任务的性质和需要努力的方向。

（2）为各独立单元分派人员，规定这些人员的相应职责，可以确定完成项目所需要的技术和人力资源。

（3）针对各独立单元，进行时间、费用和资源需求量的估算，提高估算的准确性。

（4）为计划、预算、进度安排和费用控制奠定共同基础，确定项目进度测量和控制的基准。

（5）将项目工作与项目的财务账目联系起来。

（6）清楚地定义项目的边界，便于划分和分派责任，自上而下将项目目标落实到具体的工作上，并将这些工作交给项目内外的个人或组织去完成。

（7）确定工作内容和工作顺序。可以使用图形化的方式来查看工作内容，任何人都能够清楚地辨别项目的阶段、工作单元，并根据实际进展情况进行调节和控制。

（8）估计项目整体和全过程的费用。

（9）有助于防止需求蔓延。当用户或其他项目干系人试图为项目增加功能时，在 WBS 中增加相应工作的同时，也就能够很容易地让他们理解，相关费用和进度必须也要做相应的改变。

2. 分层结构

WBS 是面向可交付物的项目元素的层次分解，它组织并定义了整个项目范围。当一个项目的 WBS 分解完成后，项目相关人员对完成的 WBS 应该给予确认，并对此达成共识。然后，才能据此进行时间和成本的估算。最普通的 WBS 如表 20-1 所示。

表 20-1 WBS 的分层结构

层次名称	层次编号	层次描述	层次目的
决策层	1	总项目	工作授权和解除
管理层	2	项目	预算编制
	3	任务	进度计划编制
技术层	4	子任务	内部控制
	5	工作包	
操作层	6	努力水平	

WBS 的上面 3 层通常由客户指定，不应该和具体的某个部门相联系，下面 3 层由项目组内部进行控制。这样分层的特点有：

（1）每层中的所有要素之和是下一层的工作之和。

（2）每个工作要素应该具体指派一个层次，而不应该指派给多个项目。

（3）WBS 需要有投入工作的范围描述，这样，才能使团队所有人员对要完成的工作有全面的了解。

在每个分解单元中，都存在可交付成果和里程碑。里程碑标志着某个可交付成果或者阶段的正式完成。里程碑和可交付成果紧密联系在一起，但并不是一个事物。可交付成果可能包括报告、原型、成果和最终系统。而里程碑则关注于是否完成，例如，正式的用户认可文件。WBS 中的任务有明确的开始时间和结束时间，任务的结果可以和预期的结果相比较。

最底层的工作单元称为工作包，由于它应该便于完整地分派给不同的人或组织，所以要求明确各工作单元直接的界面。工作包应该非常具体，以便承担者能明确自己的任务、努力的目标和承担的责任，工作包是基层任务或工作的指派，同时其具有检测和报告工作的作用。所有工作包的描述必然让成本会计管理者和项目监管人员理解，并能够清楚地区分不同工作包的工作。同时，工作包的大小也是需要考虑的细节，如果工作包太大，则难以达到可管理和可控制的目标；如果工作包太小，则 WBS 就要消耗项目团队成员的大量时间和精力。

努力水平（Level Of Effort，LOE）也称为投入水平，是指测量不容易用明显的成就来衡量的辅助性工作（例如，与供应商或顾客的联系工作）的一种手段。这类工作的特点是在一段时间内以均匀的速度进行。

3．WBS 词汇表

在制作 WBS 的过程中，要给 WBS 的每个部分赋予一个账户编码标志符，它们是费用、进度和资源使用信息汇总的层次结构。需要生成一些配套的文件，这些文件需要和 WBS 配套使用，称为 WBS 词汇表或 WBS 字典，它包括 WBS 组成部分的详细内容、账户编码、工作说明、负责人、进度里程碑清单等，还可能包括合同信息、质量要求、技术文献、计划活动、资源和费用估计等。

要注意的是，很多书籍上都详细讨论了 WBS 的创建方式，事实上，创建 WBS 没有所谓的"正确的"方式，既可以使用白板、草图等，也可以使用专门的项目管理软件，例如，Microsoft Project 等。

20.2.3 范围确认和控制

在对项目范围进行了定义，编制了详细的 WBS 之后，接下来的事情就是要让项目干系人确认范围，以及在项目实施过程中，对范围进行控制，确保项目范围按照既定流程进行变更。

1. 范围确认

在信息系统项目中,范围确认并不是容易的事情,主要体现在与用户的沟通上。项目组倾向于让用户确认范围以尽快开始后面的工作,而用户则可能认为自己什么也没有看到,怎么可以确认呢?因此,项目经理必须有足够的能力与用户沟通,让用户意识到,虽然项目范围确认是正式的,但这并不意味着项目范围就是"铁板一块",不能再修改了。同时,要让用户知道,无论是现在更改范围,还是以后更改范围,都会引起项目进度和费用上的变化。

范围确认主要是确认项目的可交付成果是否满足项目干系人的要求。把项目的可交付成果列表提交给项目干系人,同时,也应该展示项目的进度安排。项目干系人进行范围确认时,要检查:

(1) 可交付成果是否是确定的、可核实的。

(2) 每个交付成果是否有明确的里程碑,里程碑是否有明确的、可辨别的事件,例如,客户的书面认可。

(3) 是否有明确的质量标准,也就是说,可交付成果的交付不但要有明确的标准标志,而且要有是否按照要求完成的标准,可交付成果和其标准之间是否有明确的联系。

(4) 审核和承诺是否有清晰的表达。项目投资人必须正式地同意项目的边界,项目完成的产品(或服务),以及项目相关的可交付成果。项目组必须清楚地了解可交付成果是什么。所有这些表达必须清晰,并取得一致同意。

(5) 项目范围是否覆盖了需要完成的产品(或服务)进行的所有活动,有没有遗漏或者错误。

(6) 项目范围的风险是否太高,管理层是否能够降低可预见的风险发生时对项目的冲击。

每个干系人对项目范围所关注的方面是不同的。例如,管理层关注的是范围对项目的进度、资金和资源的影响,这些因素是否超过了组织承受能力,是否在投入产出上具有合理性;用户主要关心的是产品范围,关心项目的可交付成果是否达到预定的目标;项目管理人员主要关注可交付成果是否足够和必须完成,时间、资金和资源是否足够,主要的潜在风险和预备解决的方法;项目团队成员主要关心项目范围中自己参与的元素和负责元素,通过范围定义中的时间线检查自己的工作时间是否足够,在项目范围中自己是否有多项工作,而这些工作又有冲突的地方。

在范围确认的过程中,如果发现项目范围说明书、WBS 中有遗漏或者错误,需要向项目组明确指出错误的内容,并给出修正的意见,项目组需要根据这些意见修改相关文档。在范围确认的过程中,也可能会出现范围变更请求,如果这些请求得到了批准,那么,也要修改相关文档。

2. 范围控制

在信息系统项目的实施过程中,项目范围难免会因为各种因素而发生变更。例如,项目外部环境发生变化（例如，法律、对手的新产品等）；范围计划不周，有错误或者遗漏；出现了新的技术、手段和方案；项目实施组织发生了变化；客户对项目或者项目产品的要求发生了变化等。所有的这些变化，即使是"好"的变化，对项目管理人员而言，都令人不安。项目范围定义了项目应该做的和不应该做的，那么对于范围变更，就不能随意进行。对于用户不断提出的新要求和建议，项目组应该坚持"决不让步，除非交换"的原则，尽可能减少范围蔓延的可能性，所有的范围变更必须在项目的工期、费用或者质量要求上得到相应的变更。

所有的变更必须记载，范围控制必须能够对造成范围变更的因素施加影响，估算对项目的资金、进度和风险等影响，以保证变化是有利的。同时，需要判断范围变更是否发生，如果已经发生，则就要对变更进行管理。

对范围变更进行控制时，要以 WBS、项目进展报告、变更请求和范围管理计划为依据。对于有合同的项目而言，项目范围变更必须遵守项目合同的相关条款。进行范围变更控制必须经过范围变更控制系统。有关变更控制系统的知识，将在20.6.3节中介绍。

20.3 进度管理

根据项目的定义，项目是"在一定的时间内"完成其目标的一次性任务。因此，能否在给定的时间内交付产品（或服务）是衡量项目是否成功的重要标志。进度管理就是采用科学的方法，确定进度目标，编制进度计划和资源供应计划，进行进度控制，在与质量、成本目标协调的基础上，实现工期目标。具体来说，包括以下过程：

（1）活动定义：确定完成项目各项可交付成果而需要开展的具体活动。

（2）活动排序：识别和记录各项活动之间的先后关系和逻辑关系。

（3）活动资源估算：估算完成各项活动所需要的资源类型和数量。

（4）活动历时估算：估算完成各项活动所需要的具体时间。

（5）进度计划编制：分析活动顺序、活动持续时间、资源要求和进度制约因素，制订项目进度计划。

（6）进度控制：根据进度计划开展项目活动，如果发现偏差，则分析原因或进行调整。

20.3.1 活动排序

在项目中，一个活动的执行可能需要依赖于另外一些活动的完成，也就是说，它的执行必须在某些活动完成之后，这就是活动的先后依赖关系。一般来说，依赖关系的确定应首先分析活动之间本身存在的逻辑关系，在此逻辑关系的基础上再加以充分分析，以确定各活动之间的组织关系，这就是活动排序。

1. 前导图法

前导图法（Precedence Diagramming Method，PDM）也称为单代号网络图法（Active on the Node，AON），它用方格或矩形（节点）表示活动，用箭线表示依赖关系。在 PDM 中，每项活动都有唯一的活动号，注明了预计工期。每个节点的活动有最早开始时间（Early Start，ES）、最迟开始时间（Late Start，LS）、最早结束时间（Early Finish，EF）和最迟结束时间（Late Finish，LF）。PDM 节点的几种表示方法如图 20-1 所示。

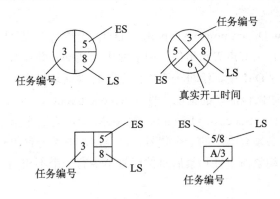

图 20-1　节点表示法

PDM 包括 4 种依赖关系或先后关系：
（1）完成对开始（FS）：后一活动的开始要等到前一活动的完成。
（2）完成对完成（FF）：后一活动的完成要等到前一活动的完成。
（3）开始对开始（SS）：后一活动的开始要等到前一活动的开始。
（4）开始对完成（SF）：后一活动的完成要等到前一活动的开始。
以上 4 种关系的表示如图 20-2 所示。

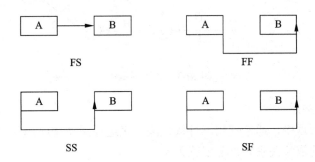

图 20-2　活动依赖关系图

在 PDM 中，FS 是最常用的逻辑关系，而 SF 关系很少用。在绘制 PDM 时，需要遵守下列规则：

（1）必须正确表达项目中活动之间的逻辑关系，图中不能出现回路。

（2）图中不能出现双向箭头或无箭头的连线，不能出现无箭尾节点的箭线或无箭头节点的箭线。

（3）图中只能有一个起始节点和一个终止节点。当图中出现多项无内向箭线的活动或多项无外向箭线的活动时，应在 PDM 的开始或者结束处设置一项虚活动（不占用任何资源，只表示逻辑关系的活动），作为该 PDM 的起始节点或终止节点。

2. 箭线图法

箭线图法（Arrow Diagramming Method，ADM）也称为双代号网络图法（Active On the Arrow，AOA），它用节点表示事件，用箭线表示活动，并在节点处将其连接起来，以表示依赖关系。在 ADM 中，给每个事件而不是每项活动指定一个唯一的号码。活动的开始（箭尾）事件叫做该活动的紧前事件（Precede Event），活动的结束（箭头）事件叫做该活动的紧后事件（Successor Event）。在 ADM 中，有三个基本原则：

（1）每一个事件必须有唯一的一个代号，即 ADM 中不会有相同的代号。

（2）任何两项活动紧前事件和紧后事件代号至少有一个不相同，节点序号沿箭线方向越来越大。

（3）流入（流出）同一事件的活动，均有共同的后继活动（或先行活动）。

ADM 只使用 FS 关系，因此可能要使用虚活动才能正确地定义所有的逻辑关系，用虚箭线表示。在复杂的 ADM 中，为避免多个起点或终点引起的混淆，也可以用虚活动来解决，如图 20-3 所示。

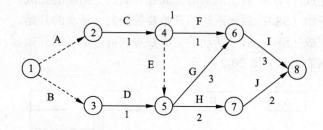

图 20-3　箭线图示例

3. 确定依赖关系

在项目进度管理中，通常使用三种依赖关系来进行活动排序，分别是强制性依赖关系、可自由处理的依赖关系和外部依赖关系。

（1）强制性依赖关系。也称为硬逻辑关系、工艺关系。这是活动固有的依赖关系，这种关系是活动之间本身存在的、无法改变的逻辑关系。

（2）可自由处理的依赖关系。也称为软逻辑关系、组织关系、首选逻辑关系、优先逻辑关系，这是人为确定的一种先后关系。

(3) 外部依赖关系。这种关系涉及项目与非项目活动之间的关系。

逻辑关系的表达可以分为平行、顺序和搭接 3 种形式。

(1) 平行关系。也称为并行关系,两项活动同时开始即为平行关系。例如,在图 20-3 中,活动 A 和 B 是平行关系。

(2) 顺序关系。相邻两项活动先后进行即为顺序关系。如前一活动完成后,后一活动马上开始则为紧连顺序关系。如后一活动在前一活动完成后隔一段时间才开始则为间隔顺序关系。在顺序关系中,当一项活动只有在另一项活动完成以后才能开始,并且中间不插入其他活动,则称另一项活动为该活动的紧前活动;反之,当一项活动只有在完成之后,另一项活动才能开始,并且中间不插入其他活动,则称另一活动为该活动的紧后活动。例如,在图 20-3 中,活动 A 和 C 为紧连顺序关系,A 和 E 是间隔顺序关系,A 是 C 的紧前活动,C 是 A 的紧后活动。

(3) 搭接关系。两项活动只有一段时间是平行进行的则称为搭接关系。

20.3.2 活动资源估算

活动资源估算包括决定需要什么资源(例如,人员、工具、设备等)和资源的数量,以及何时使用资源来有效地执行项目活动。它必须和成本估算(请参考 20.5.1 节)相结合。

进行资源估算时,必须要对资源的可用性进行评价,否则,将只能是纸上谈兵。包括考虑资源地理位置的改变,以及资源数量和级别在项目进行过程中可能会改变。例如,在软件开发的前期,需要一些系统分析师的参与,而在编码阶段,则需要很多程序员的参与。

进行活动资源估算的方法主要有专家判断法、替换方案的确定、公开的估算数据、估算软件和自下而上的估算。

(1) 专家判断法。专家判断法通常是由项目成本管理专家根据以往类似项目的经验和对本项目的判断,经过周密思考,进行合理预测,从而估算出项目资源。进行预测的专家可以是任何具有专门知识或经过特别培训的组织和个人。

(2) 替换方案的确定。资源估算是为了给项目预算明确空间,为早期的资源筹备提供数据,如果某项活动存在替代方案,或提供的资源有替代支持可能,则需要明确声明。

(3) 公开的估算数据。有些公司会定期地公开一些生产率或人工费率数据,其中包括很多国家和地区的劳动力交易、材料和设备信息。这些数据可以作为资源估算的参考。

(4) 估算软件。依靠软件的强大功能,可以定义资源可用性、费率,以及不同的资源日历。

(5) 自下而上的估算。把复杂的活动分解为更小的工作,以便于资源估算。将每项工作所需要的资源估算出来,然后汇总即是整个活动所需要的资源数量。

20.3.3 活动历时估算

活动历时估算直接关系到各项具体活动、各项工作网络时间和完成整个项目所需要总体时间的估算。活动历时估算通常同时要考虑间隔时间。在估算时，要在综合考虑各种资源、人力、物力、财力的情况下，把项目中各工作分别进行时间估计。若活动时间估算太短，则在工作中会出现被动紧张的局面；反之，如果活动时间估算太长，则会使整个项目的完工期限延长，从而造成损失。

1. 软件项目的工作量

软件项目的工作量和工期的估算比较复杂，因为软件本身的复杂性、历史经验的缺乏、估算工具缺乏，以及一些人为错误，导致软件项目的规模估算往往和实际情况相差甚远。因此，估算错误是软件项目失败的主要原因之一。

软件项目通常用代码行（Line Of Code，LOC）来衡量项目规模，LOC 指所有的可执行的源代码行数，包括可交付的工作控制语言语句、数据定义、数据类型声明、等价声明、输入输出格式声明等。项目经理可以根据对历史项目的审计来核算本企业的单行代码价值。例如，假设某公司每一万行 Java 语言源代码形成的源文件约为 250KB，视频点播系统项目的源文件大小为 3.75MB，则可估计该项目源代码大约为 15 万行，该项目累计投入工作量为 240 人月，每人月费用为 10 000 元（包括人均工资、福利、办公费用公摊等），则该项目中 1LOC 的价值为：

$$(240 \times 10\,000)/150\,000 = 16 \text{ 元/LOC}$$

该项目的人月平均代码行数为：

$$150\,000/240 = 625 \text{LOC/人月}$$

2. 软件生产率

对于一个小型软件开发项目，一个人就可以完成需求分析、设计、编码和测试工作。随着项目规模的增大，就需要更多的人共同参与同一项目的工作，因此，要求由多人组成软件开发组。但是，软件产品是逻辑产品而不是物理产品，当几个人共同承担项目中的某一任务时，人与人之间必须通过交流来解决各自承担任务之间的接口问题，即所谓通信问题。通信需花费时间和代价，会引起软件错误增加，降低软件生产率。

如果两个人之间需要通信，则在这两人之间存在一条通信路径。如果一个软件开发组有 n 个人，每两人之间都需要通信，则总的通信路径有 $n \times (n–1)/2$ 条。例如，4 名软件工程师之间的通信路径如图 20-4 所示。也就是说，这 4 名软件工程师之间需要建立 $4 \times (4–1)/2 = 6$ 条通信路径。

假设每条通信路径的开销为 200 LOC/年。如果 4 名软件工程师单独工作，每个人的生产率是 6000 LOC/年，那么，由这 4 名软件工程师组成的项目组的生产率

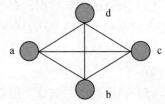

图 20-4 通信路径图

为 4×6000–200×6 = 24 000–1200 = 22 800 LOC/年。如果在这一年期限的最后两个月，又增加了 2 名工程师，新增成员的个人生产率为 3000 LOC/年。这样，通信路径增加 6×(6–1)/2–6=9 条，增加通信开销为(200/12)×2×9 = 300 LOC。而这 2 个人的开发工作量为(3000/12)×2×2 = 1000LOC，因此，全年总计工作量为 22 800+1000–300 = 23 500 LOC。

从理论上来说，一项软件开发任务由一个人单独开发，生产率最高。但是，在实际开发中，这是不现实的。稍大的软件开发，都必须组织一个开发小组。软件开发组的规模不能太大，人数不能太多，一般在 2~8 人左右为宜。

3. 人员和时间的关系

对于一个规模为 100 人月的项目来说，既可以安排 10 个人开发 10 个月，也可以安排 100 个人开发 1 个月。那么，究竟怎么处理人员和时间的关系呢？明确地说，没有特定的规则，在项目实施中，需要根据实际情况（例如，客户要求的交付日期等）来决定。但就一般而言，可以参考 Putnam 模型。

Putnam 模型假定在软件开发的整个生存期中工作量有特定的分布。这种模型是依据在一些大型项目（总工作量达到或超过 30 个人年）中收集到的工作量分布情况而推导出来的，但也可以应用在一些较小的软件项目中。Putnam 模型可以导出一个"软件方程式"，把已交付的源代码行数与工作量和开发时间联系起来，用下面的公式表示：

$$L = C \times K^{\frac{1}{3}} \times t^{\frac{4}{3}}$$

其中，t 是开发持续时间（以年计），K 是软件开发与维护在内的整个生存期所花费的工作量（以人年计），L 是源代码行数（以 LOC 计），C 是技术状态常数，它反映出"妨碍程序员开发的限制"，并因开发环境而异，通常取值在 2000~28 000 之间。

4. 德尔菲法

德尔菲（Delphi）法是当前比较流行的专家评估技术，该方法结合了专家判断法和三点估算法，在没有历史数据的情况下，对项目进行估算。德尔菲法对减少数据中人为的偏见、防止任何人对结果不适当地产生过大的影响尤其有用，其具体实施步骤如下：

（1）组织者发给每位专家一份软件系统的规格说明书（略去名称和单位）和一张记录估算值的表格，请他们进行估算。

（2）专家详细研究软件规格说明书的内容，对该软件提出三个规模的估算值，即：

a_i：该软件可能的最小规模（最少源代码行数）。

m_i：该软件最可能的规模（最可能的源代码行数）。

b_i：该软件可能的最大规模（最多源代码行数）。

无记名地填写表格，并说明做此估算的理由。在填表的过程中，专家互相不进行讨论，但可以向组织者提问。

（3）组织者对专家们填在表格中的数据进行整理，计算各位专家的估算期望值 E_i，并综合各位专家估算值的期望中值 E（这种方法通常也称为三点估算法）。

$$E_i = \frac{a_i + 4m_i + b_i}{6} \qquad E = \frac{1}{n}\sum_{i=1}^{n} E_i$$

（4）将各位专家第一次判断意见汇总，列成图表，进行对比，再分发给各位专家，让专家比较自己与他人的不同意见，修改自己的估算和判断。然后比较两次估算的结果。若差异很大，则要通过查询找出差异的原因。

（5）上述过程可重复多次。最终可获得一个得到多数专家共识的软件规模（源代码行数）。在此过程中不得进行小组讨论。在向专家进行反馈的时候，只给出各种意见，但并不说明发表各种意见的专家的具体姓名。

（6）通过与历史资料进行类比，根据过去完成软件项目的规模和成本等信息，推算出该软件每行源代码所需要的成本。然后再乘以该软件源代码行数的估算值，就可得到该软件的成本估算值。

德尔菲法与常见的召集专家开会，通过集体讨论得出一致预测意见的专家会议法既有联系又有区别。德尔菲法能发挥专家会议法的优点，即：能充分发挥各位专家的作用，集思广益，准确性高；能把各位专家意见的分歧点表达出来，取各家之长，避各家之短。同时，德尔菲法又能避免专家会议法的缺点，即：权威人士的意见影响他人的意见；有些专家碍于情面，不愿意发表与其他人不同的意见；出于自尊心而不愿意修改自己原来不全面的意见。

德尔菲法的主要缺点是过程比较复杂，花费时间较长。另外，人们无法利用其他参加者的估算值来调整自己的估算值。宽带德尔菲法克服了这个缺点。在专家正式将估算值填入表格之前，由组织者召集小组会议，专家们与组织者一起对估算问题进行讨论，然后专家们再无记名填表。组织者对各位专家在表中填写的估算值进行综合和分类后，再召集会议，请专家们对其估算值有很大变动之处进行讨论，请专家们重新无记名填表。这样适当重复几次，得到比较准确的估计值。由于增加了协商的机会，集思广益，使得估算值更趋于合理。

5. 类比估算法

类比估算法适合评估一些与历史项目在应用领域、环境和复杂度等方面相似的项目，通过新项目与历史项目的比较得到规模估计。由于类比估算法估计结果的精确度取决于历史项目数据的完整性和准确度，因此，用好类比估算法的前提条件之一是企业建立起较好的项目后评价与分析机制，对历史项目的数据分析是可信赖的。

类比估算法的基本步骤如下：

（1）整理出项目功能列表和实现每个功能的代码行。

（2）标识出每个功能列表与历史项目的相同点和不同点，特别要注意历史项目做得不够的地方。

（3）通过步骤（1）和（2）得出各个功能的估计值。

（4）产生规模估计。

软件项目中用类比估算法，往往还要解决可复用代码的估算问题。估计可复用代码量的最好办法就是由程序员或系统分析师详细地考查已存在的代码，估算出新项目可复用的代码中需重新设计的代码百分比、需重新编码或修改的代码百分比，以及需重新测试的代码百分比。根据这三个百分比，可用下面的计算公式计算等价新代码行：

等价 LOC = [(重新设计% + 重新编码% + 重新测试%)/3] × 已有 LOC

例如，有 10 000LOC，假定 30%需要重新设计，50%需要重新编码，70%需要重新测试，那么其等价的 LOC 可以计算为：

$$[(30\%+50\%+70\%)/3] \times 10\ 000 = 5000\text{LOC}$$

即复用这 10 000LOC 相当于编写 5000LOC 的工作量。

6．功能点估算法

功能点（Function Point，FP）估算是在需求分析阶段基于系统功能的一种规模估计方法。FP 估算并不是集中于功能上，而是通过研究初始应用需求，确定各种输入、输出、数据文件、查询和外部接口，以及一些复杂度调整值。通常的步骤如下：

（1）计算输入、输出、查询、数据文件与接口的数目。

（2）将这些数据进行加权乘。

（3）根据对复杂度的判断，总数可以用复杂性调节因子进行调整。

统计发现，对一个软件产品的开发，功能点对项目早期的规模估计很有帮助。功能点估算法与程序设计语言无关，但涉及到的主观因素比较多。例如，各种权值函数的取值等。而且，FP 值没有直观的物理意义。

7．COCOMO 模型

COCOMO 模型（COnstructive COst MOdel）是一种结构型估算模型，是一种精确、易于使用的估算方法。在 COCOMO 模型中，考虑开发环境，软件开发项目的总体类型可分为三种：组织型、嵌入型和半独立型。COCOMO 模型按其详细程度分成 3 级：基本 COCOMO 模型、中间 COCOMO 模型和详细 COCOMO 模型。

（1）基本 COCOMO 模型。基本 COCOMO 模型是一个静态单变量模型，它用一个以已估算出来的源代码行数为自变量的（经验）函数来计算软件开发工作量。具体计算公式如表 20-2 所示。其中，KLOC=1000LOC；M 表示开发工作量，单位为人月；T 表示开发进度，单位为月。

表 20-2 基本 COCOMO 模型的工作量和进度公式

总体类型	工作量	进度
组织型	$M = 2.4 \times \text{KLOC}^{1.05}$	$T = 2.5 \times M^{0.38}$
半独立型	$M = 3.0 \times \text{KLOC}^{1.12}$	$T = 2.5 \times M^{0.35}$
嵌入型	$M = 3.6 \times \text{KLOC}^{1.20}$	$T = 2.5 \times M^{0.32}$

（2）中间 COCOMO 模型。中间 COCOMO 模型则在用 LOC 为自变量的函数计算软

件开发工作量（此时称为名义工作量）的基础上，再用涉及产品、硬件、人员、项目等方面属性的影响因素来调整工作量的估算。具体计算公式如表 20-3 所示。其中 EAF 为调整因子，取值范围在 0.9~1.4 之间。

表 20-3 中间 COCOMO 模型的工作量和进度公式

总 体 类 型	工 作 量	进 度
组织型	$M = 3.2 \times \text{KLOC}^{1.05} \times \text{EAF}$	$T = 2.5 \times M^{0.38}$
半独立型	$M = 3.0 \times \text{KLOC}^{1.12} \times \text{EAF}$	$T = 2.5 \times M^{0.35}$
嵌入型	$M = 2.8 \times \text{KLOC}^{1.20} \times \text{EAF}$	$T = 2.5 \times M^{0.32}$

（3）详细 COCOMO 模型。详细 COCOMO 模型包括中间 COCOMO 模型的所有特性，但用各种影响因素调整工作量估算时，还要考虑对软件工程过程中每一步骤（例如，分析、设计等）的影响。详细 COCOMO 模型的名义工作量公式和进度公式与中间 COCOMO 模型相同。但详细 COCOMO 模型分层、分阶段给出工作量因素分级表。针对每一个影响因素，按模块层、子系统层、系统层，有三张不同的工作量因素分级表，供不同层次的估算使用。

20.3.4 进度控制

项目进度控制就是将实际进度与计划进度进行比较并分析结果，以保持项目工期不变，保证项目质量和所耗费用最少为目标，做出有效对策，进行项目进度更新。项目进度更新主要包括两方面工作，即分析进度偏差的影响和进行项目进度计划的调整。这两方面的工作都是以关键路径及相关参数为基础，可能要使用挣值分析的结果。有关关键路径的知识，请阅读 2.11.1 节；有关挣值分析的知识，将在 20.5.3 节中介绍。

1. 分析进度偏差的影响

当出现进度偏差时，需要分析该偏差对后续活动及总工期的影响。主要从以下几方面进行分析：

（1）分析产生进度偏差的活动是否为关键活动。若出现偏差的活动是关键活动，则无论其偏差大小，对后续活动及总工期都会产生影响，必须进行进度计划更新；若出现偏差的活动为非关键活动，则需根据偏差值与总时差和自由时差（本活动总时差–紧后活动总时差的最小值）的大小关系，确定其对后续活动和总工期的影响程度。

（2）分析进度偏差是否大于总时差。如果活动的进度偏差大于总时差，则必将影响后续活动和总工期，应采取相应的调整措施；若活动的进度偏差小于或等于该活动的总时差，表明对总工期无影响；但其对后续活动的影响，需要将其偏差与其自由时差相比较才能做出判断。

（3）分析进度偏差是否大于自由时差。如果活动的进度偏差大于该活动的自由时差，则会对后续活动产生影响，如何调整，应根据后续活动允许影响的程度而定；若活动的进度偏差小于或等于该活动的自由时差，则对后续活动无影响，进度计划可不进行调整更新。

经过上述分析，项目管理人员可以确定应该调整产生进度偏差的活动和调整偏差值的大小，以便确定应采取的调整更新措施，形成新的符合实际进度情况和计划目标的进度计划。

2．项目进度计划的调整

项目进度计划的调整往往是一个持续反复的过程，一般分几种情况：

（1）关键活动的调整。对于关键路径，由于其中任一活动持续时间的缩短或延长都会对整个项目工期产生影响。因此，关键活动的调整是项目进度更新的重点。有以下两种情况：

第一种情况：关键活动的实际进度较计划进度提前时的调整方法。若仅要求按计划工期执行，则可利用该机会降低资源强度及费用。实现的方法是，选择后续关键活动中资源消耗量大或直接费用高的予以适当延长，延长的时间不应超过已完成的关键活动提前的量；若要求缩短工期，则应将计划的未完成部分作为一个新的计划，重新计算与调整，按新的计划执行，并保证新的关键活动按新计算的时间完成。

第二种情况：关键活动的实际进度较计划进度落后时的调整方法。调整的目标就是采取措施将耽误的时间补回来，保证项目按期完成。调整的方法主要是缩短后续关键活动的持续时间。这种方法是指在原计划的基础上，采取组织措施或技术措施缩短后续工作的持续时间以弥补时间损失，确保总工期不延长。

实际上，不得不延长工期的情况非常普遍，在项目总计划的制订中要充分考虑到适当时间冗余。当预计到项目时间要拖延时应该分析原因，第一时间给项目干系人通报，并征求项目业主（建设单位）的意见，这也是项目进度控制的重要工作内容。

（2）非关键活动的调整。当非关键路径上某些工作的持续时间延长，但不超过其时差范围时，则不会影响项目工期，进度计划不必调整。为了更充分地利用资源，降低成本，必要时可对非关键活动的时差做适当调整，但不得超出总时差，且每次调整均需进行时间参数计算，以观察每次调整对计划的影响。

非关键活动的调整方法有三种：在总时差范围内延长非关键活动的持续时间、缩短工作的持续时间、调整工作的开始或完成时间。当非关键路径上某些工作的持续时间延长而超出总时差范围时，则必然影响整个项目工期，关键路径就会转移。这时，其调整方法与"关键活动的调整"方法相同。

（3）增减工作项目。由于编制计划时考虑不周，或因某些原因需要增加或取消某些工作，则需重新调整网络计划，计算网络参数。由于增减工作项目不应影响原计划总的逻辑关系，以便使原计划得以实施。因此，增减工作项目，只能改变局部的逻辑关系。

增加工作项目，只对原遗漏或不具体的逻辑关系进行补充；减少工作项目，只是对提前完成的工作项目或原不应设置的工作项目予以消除。增减工作项目后，应重新计算网络时间参数,以分析此项调整是否对原计划工期产生影响,若有影响,应采取措施使之保持不变。

(4)资源调整。若资源供应发生异常时,应进行资源调整。资源供应发生异常是指因供应满足不了需要,例如,资源强度降低或中断,影响到计划工期的实现。资源调整的前提是保证工期不变或使工期更加合理。资源调整的方法是进行资源优化,提高资源利用率。

在软件项目中,必须处理好进度与质量之间的关系。在软件开发实践中,常常会遇到这样的事情,当任务未能按计划完成时,只好设法加快进度赶上去。但事实告诉我们,在进度压力下赶任务,其成果往往是以牺牲产品的质量为代价的。因此,当某一开发项目的进度有可能拖期时,应该分析拖期原因,加以补救;不应该盲目地投入新的人员或推迟预定完成日期。Brooks 曾指出:为延期的软件项目增加人员将可能使其进度更慢。

20.4 成本管理

项目成本是指为完成项目目标而付出的费用和耗费的资源。影响项目成本的因素非常多,而且变化大。在这些因素中,质量、进度和范围对项目成本的影响不但非常突出,而且关联性很强。价格和管理水平对于项目成本也具有重要的影响。

项目成本管理是在整个项目的实施过程中,为确保项目在批准的预算条件下尽可能保质按期完成,而对所需的各个过程进行管理与控制。项目成本管理包括成本估算、成本预算和成本控制三个过程。成本估算是对完成项目所需成本的估计和计划,是项目计划中的一个重要的、关键的、敏感的部分;成本预算是把估算的总成本分配到项目的各个工作包,建立成本基准计划以衡量项目绩效;成本控制保证各项工作在各自的预算范围内进行。

20.4.1 成本估算

成本估算是对项目投入的各种资源的成本进行估算,并编制费用估算书。要进行项目成本的估算,需要大量的数据资料,这些资料包括资源的类型和数量、每种资源的单价、每项资源占有的时间。因此,成本估算和活动资源估算(请参考20.4.2节)往往是结合在一起的。

成本估算主要靠分解和类推的手段进行,基本估算方法分为三类:自顶向下的估算、自底向上的估算和差别估算法。

1. 自顶向下的估算

自顶向下估算的主要思想是从项目的整体出发,进行类推。即估算人员根据以前已完成项目所消耗的总成本(或总工作量),来推算将要开发的软件的总成本(或总工作量),然后按比例将它分配到各开发任务单元中去。

自顶向下估算的主要优点是，管理层会综合考虑项目中的资源分配，由于管理层的经验，他们能相对准确地把握项目的整体需求，能够把预算控制在有效的范围内，并且避免有些任务有过多的预算，而另外一些被忽视的现象。自顶向下估算工作量小，速度快。

自顶向下估算的主要缺点是，如果下层人员认为所估算的成本不足以完成任务时，由于在公司地位的不同，他们很可能保持沉默，而不是试图和管理层进行有效的沟通，讨论更为合理的估算，默默地等待管理层发现估算中的问题再自行纠正。这样，会使项目的执行出现困难，甚至是失败。自顶向下估算对项目中的特殊困难估计不足，估算出来的成本盲目性大，有时甚至会遗漏系统的某些部分。

2．自底向上的估算

自底向上估算的主要思想是把系统进行细分，直到每一个子任务都已经明确所需要的开发工作量，然后把它们加起来，得到系统开发的总工作量。这是一种常见的估算方法。

自底向上估算的主要优点是，在任务和子任务上的估算更为精确，这是由于项目实施人员更了解每个子任务所需要的资源。这种方法也能够避免开发人员对管理层所估算值的不满和对立；自底向上估算的主要缺点是，缺少各项子任务之间相互联系所需要的工作量，还缺少许多系统级工作量（例如，配置管理、质量管理等）。因此，往往估算值偏低，必须用其他方法进行检验和校正。

要保证自底向上估算的精确性，前提条件就是需要开发人员熟悉所做的子任务。这种方式的估算的关键是要保证所有的项目任务都要涉及到，这一点也相当困难。另外，由于开发人员可能认为管理层会按照比例削减自己所估算的成本，或者出于"安全"的估计，他们会高估自己任务所需要的成本，而这必然导致总体成本的高估。因此，管理层会根据经验，认为需要削减开发人员的估计值，而这种削减恰恰证实了开发人员的估计。这样，项目估算就陷入了一个怪圈。

3．差别估算法

差别估算法综合了自顶向下估算和自底向上估算的优点，其主要思想是把项目与过去已完成的项目进行类比，从其开发的各个子任务中区分出类似的部分和不同的部分。类似的部分按实际量进行计算，不同的部分则采用相应的方法（例如，德尔菲法等）进行估算。这种方法的优点是可以提高估算的准确程度，缺点是不容易明确"类似"的界限。

20.4.2 成本预算

成本预算是进行项目成本控制的基础，是将估算的成本分配到项目的各项具体工作上，以确定项目各项工作和活动的成本定额，制订项目成本的控制标准，规定项目意外成本的划分与使用规则。成本预算的基本步骤如下：

（1）分摊项目总成本到 WBS 的各个工作包中，为每个工作包建立总预算成本。在将所有工作包的预算成本相加时,结果不能超过项目的总预算成本。

(2) 将每个工作包分配得到的成本再二次分配到工作包所包含的各项活动上。

(3) 确定各项成本预算支出的时间计划,以及每个时间点对应的累积预算成本,编制项目成本预算计划。

1. 直接成本与间接成本

在进行成本预算时,除了要考虑项目的直接成本,还要考虑其间接成本和一些对成本有影响的其他因素,可能包括以下一些:

(1) 非直接成本。包括租金、保险和其他管理费用。例如,如果项目中有些任务是项目组成员在项目期限内无法完成的,那么就可能需要进行项目的外包或者聘请专业的顾问;如果项目需要专业的工具或者设备,而又没有必要采购这些设备,那么采用租用的方式就必须付租金。

(2) 隐没成本。隐没成本(沉没成本)是当前项目的以前尝试已经发生过的成本。例如,一个系统的上一次失败的产品花费了 N 元,那么这 N 元就是为同一个系统的下一个项目的隐没成本。考虑到已经投入了许多的成本,人们往往不再愿意继续投入,但是在项目选择时,隐没成本应该被忘记,不应该成为项目选择的理由。

(3) 学习曲线。在信息系统项目中,如果采用了项目组成员未使用过的技术和方法,那么,在使用这些技术和方法的初期,项目组成员有一个学习的过程,许多时间和劳动投入到尝试和试验中。这些尝试和试验会增加项目的成本。同样,对于项目组从未从事的项目要比对原有项目的升级的成本高得多,也是由于项目组必须学习新行业的术语、原理和流程。

(4) 项目完成的时限。一般来说,项目需要完成的时限越短,那么成本就越高,压缩信息系统的交付日期,不仅要支付项目组成员的加班费用,而且如果过于压缩进度,项目组可能在设计和测试上就会减少投入,项目的风险会提高。

(5) 质量要求。显然,成本估算要根据产品质量要求的不同而不同。例如,登月火箭的控制软件和微波炉的控制软件不但完成的功能不同,而且质量要求也大相径庭,其成本估算自然有很大的差异。

(6) 保留。保留是为风险和未预料的情况而准备的预留成本。遗憾的是,有时候管理层和客户会把保留成本进行削减。没有保留,将使项目的抗风险能力降低。

2. 管理储备

管理储备是为范围和成本的潜在变化而预留的预算,它们是未知的,项目经理在使用之前必须得到批准。管理储备不是项目成本基线的一部分,但包含在项目的预算中。它们未被作为预算进行分配,因此,不是挣值分析的一部分。

3. 零基准预算

零基准预算是指在项目预算中,并不以过去的相似的项目成本作为成本预算的基准,然后根据项目之间的规模、性质、质量要求、工期要求等不同,对基准进行调节来对新的项目进行成本预算。而是项目以零作为基准，估计所有的工作任务的成本。

例如，某网站在上一个 Web 查询应用项目中，成本是 2 万元。现在有一个新的 Web 查询应用项目，那么对比两个项目之间的差距，如果新的项目范围估计要扩大 20%，则成本预算可以在 2 万元的基础上增加 20%。而零基准的成本预算却不能在过去的项目基础上进行增加。这种成本预算的方法必须以零作为基准。零基准预算的主要目标是减少浪费，避免一些实际上没有继续存在必要的成本支出，由于预算人员的惰性或者疏忽而继续在新的项目中存在。

20.4.3 成本控制

项目成本控制是按照事先确定的成本基准计划，通过运用多种恰当的方法，对项目实施过程中所消耗费用的使用情况进行管理和控制，以确保项目的实际成本限制在项目成本预算范围内。成本控制必须识别可能引起项目成本基准计划发生变动的因素，并对这些因素施加影响，以保证该变化朝着有利的方向发展。监督费用实施情况，发现实际费用和成本计划的偏差，并找出偏差的原因，阻止不正确、不合理和未经批准的费用变更。

在项目成本控制中，主要采用挣值分析方法。挣值分析是一种进度和成本测量技术，可用来估计和确定变更的程度和范围，因此，也称为偏差分析法。挣值分析通过测量和计算已完成工作的预算费用、已完成工作的实际费用和计划工作的预算费用，得到有关计划实施的进度和费用偏差，而达到判断项目预算和进度计划执行情况的目的。

1．基本参数

（1）计划工作量的预算费用（Budgeted Cost for Work Scheduled，BCWS）：指项目实施过程中某阶段计划要求完成的工作量所需的预算工时（或费用）。计算公式为：

$$BCWS = 计划工作量 \times 预算定额$$

BCWS 主要是反映进度计划应当完成的工作量，而不是反映应消耗的工时（或费用）。BCWS 有时也称为 PV（Planned Value）。

（2）已完成工作量的实际费用（Actual Cost for Work Performed，ACWP）：项目实施过程中某阶段实际完成的工作量所消耗的工时（或费用）。ACWP 主要反映项目执行的实际消耗指标，有时也简称为 AC。

（3）已完成工作量的预算成本（Budgeted Cost for Work Performed，BCWP）：项目实施过程中某阶段实际完成工作量及按预算定额计算出来的工时（或费用），即挣值（Earned Value，EV）。BCWP 的计算公式为：

$$BCWP = 已完成工作量 \times 预算定额$$

（4）剩余工作的成本（Estimate to Completion，ETC）：完成项目剩余工作预计还需要花费的成本。ETC 用于预测项目完工所需要花费的成本，其计算公式为：

$$ETC = BCWS–BCWP = PV–EV \quad 或 \quad ETC = 剩余工作的 PV \times AC/EV$$

2. 评价指标

（1）进度偏差（Schedule Variance，SV）：指检查日期 BCWP 与 BCWS 之间的差异。其计算公式为：

$$SV = BCWP - BCWS = EV - PV$$

当 SV>0 时，表示进度提前；当 SV<0 时，表示进度延误；当 SV=0 时，表示实际进度与计划进度一致。

（2）费用偏差（Cost Variance，CV）：检查期间 BCWP 与 ACWP 之间的差异，计算公式为：

$$CV = BCWP - ACWP = EV - AC$$

当 CV<0 时，表示执行效果不佳，即实际消耗费用超过预算值（超支）；当 CV>0 时，表示实际消耗费用低于预算值（有节余或效率高）；当 CV=0 时，表示实际消耗费用等于预算值。

（3）成本绩效指数（Cost Performance Index，CPI）：预算费用与实际费用值之比（或工时值之比），即：

$$CPI = BCWP/ACWP = EV/AC$$

当 CPI>1 时，表示低于预算，即实际费用低于预算费用；当 CPI<1 时，表示超出预算，即实际费用高于预算费用；当 CPI=1 时，表示实际费用等于预算费用。

（4）进度绩效指数（Schedul Performance Index，SPI）：项目挣值与计划之比，即

$$SPI = BCWP/BCWS = EV/PV$$

当 SPI>1 时，表示进度提前，即实际进度比计划进度快；当 SPI<1 时，表示进度延误，即实际进度比计划进度慢；当 SPI=1 时，表示实际进度等于计划进度。

3. 评价曲线

挣值分析的评价曲线如图 20-5 所示，图的横坐标表示时间，纵坐标则表示费用。图中 BCWS 曲线为计划工作量的预算费用曲线，表示项目投入的费用随时间的推移在不断积累，直至项目结束达到它的最大值。因为曲线呈 S 形状，所以也称为 S 曲线。ACWP 同样是随项目推进而不断增加的，也是呈 S 形的曲线。

利用评价曲线可进行成本和进度评价。例如，图 20-5 所示的项目，CV<0，SV<0，这表示项目执行效果不佳，即费用超支，进度延误，应采取相应的补救措施。

4. 项目完成成本再预测

项目出现成本偏差，意味着原来的成本预算出现了问题，已完成工作的预算成本和实际成本不相符。这必然会对项目的总体实际成本带来影响，这时候，就需要重新估算项目的成本。这个重新估算的成本称为最终估算成本（Estimate at Completion，EAC）或完工估算。有三种再次进行估算的方法。

（1）认为项目日后的工作将和以前的工作效率相同，未完成的工作的实际成本和未完成工作预算的比例与已完成工作的实际成本和预算的比率相同。

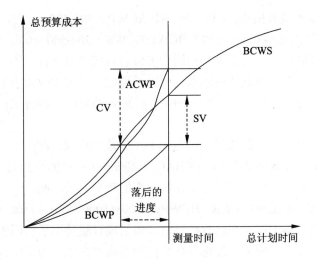

图 20-5 挣值分析评价曲线

EAC = (ACWP/BCWP)×BAC = (AC/EV)×BAC = BAC/CPI = AC+(BAC–EV)/CPI

其中，BAC 为完成工作预算（Budget at Completion），即整个项目的所有阶段的预算的总和，也就是整个项目成本的预算值。

（2）假定未完成工作的效率和已完成工作的效率没有什么关系，对未完成的工作，依然使用原来的预算值，那么，对于最终估算成本就是已完成工作的实际成本加上未完成工作的预算成本：

EAC = ACWP+BAC–BCWP = AC+BAC–EV

（3）重新对未完成的工作进行估算，这需要一定的工作量。当使用这种方法时，实际上是对计划中的成本预算的否定，认为需要进行重新估算。

EAC = ACWP+未完成工作新的成本估算值

为了便于读者理解上述概念，这里举一个非常简单的例子。某网站在线测试项目涉及对 10 个函数代码的编写（假设每个函数代码的编写工作量相等），项目由 2 个程序员进行结对编程，计划在 10 天内完成，总体预算是 1000 元，每个函数的平均成本是 100 元。项目进行到了第 5 天，实际消耗费用是 400 元，完成了 3 个函数代码的编写。根据这些信息，可以计算在第 5 天项目的各种指标数据如下：

计划预算成本：BCWS = 100×5 = 500 元。

已完成工作的实际成本：ACWP = 400 元。

已完成工作的预算成本：BCWP = 3×100 = 300 元。

偏差数据如下：

成本偏差：CV = BCWP–ACWP = 300–400 = –100 元。

进度偏差：SV = BCWP–BCWS = 300–500 = –200 元。

成本绩效指数：CPI = BCWP/ACWP = 300/400 = 0.75。

进度绩效指数：SPI = BCWP/BCWS = 300/500 = 0.6。

从指标数据可以看出，这个项目如同许多信息系统项目一样，不但进度落后，而且成本超支。这时候，为了降低项目成本，可以采用把结对编程改为由单个程序员编写代码，降低程序员工资等措施。对于剩下的工作的成本估算，三种方法得出的结论也各不相同：

（1）如果认为剩下工作的效率和已完成工作的效率相同，则：

EAC = (ACWP/BCWP)×BAC = (400/300)×1000 = 1333 元

（2）如果认为剩下工作的效率和已完成工作的效率无关，则：

EAC = ACWP+(BAC–BCWP) = 400+(1000–300) = 1100 元

（3）如果重新对剩下的工作进行估算时，如果项目组使用了代码生成工具，可以极大地提高效率，减少人工成本，使每个函数代码的成本有望降为 70 元，则新的估算为：

EAC = ACWP+未完成工作新的成本估算值 = 400+7×70 = 890 元

20.5 软件配置管理

配置是在技术文档中明确说明并最终组成软件产品的功能或物理属性，包括即将受控的所有产品特性，其内容及相关文档、软件版本、变更文档、软件运行的支持数据，以及其他一切保证软件一致性的组成要素。软件配置管理（Software Configuration Management，SCM）是指通过执行版本控制、变更控制的规程，以及使用合适的配置管理工具，来保证所有配置项的完整性和可跟踪性。配置管理是对工作成果的一种有效保护。

20.5.1 配置管理概述

根据国家标准《软件工程术语》（GB/T 11457—2006），配置管理是标识和确定系统中配置项的过程，在系统整个生存期内控制这些配置项的投放和更动，记录并报告配置的状态和变动要求，验证配置项的完整性和正确性。并对下列工作进行技术和行动指导与监督的一套规范：

（1）对配置项的功能特性和物理特性进行标识和文件编制工作。

（2）控制这些特性的变动情况。

（3）记录并报告这些变动进行的处理和实现的状态。

配置管理的目的在于运用配置标识、配置控制、配置状态和配置审计，建立和维护工作产品的完整性。CMMI 把配置管理分为九大部分，分别是制订配置管理计划、识别配置项、建立配置管理系统、创建或发行基线、跟踪变更、控制变更、建立配置管理记录、执行配置审核、版本控制。而国家标准《信息技术 软件生存周期过程》（GB/T 8566

—2007）所规定的软件配置管理过程的活动有过程实施（编制配置管理计划）、配置标识、配置控制、配置状态报告、配置评价、发行管理和交付。

1. 配置管理过程

（1）编制软件配置管理计划。在项目启动时，项目经理首先要制订整个项目的开发计划，它是整个软件开发工作的基础。配置管理计划是项目开发计划的一部分。

（2）配置标识。确定哪些内容应该进入配置管理，形成配置项，并确定配置项如何命名，用哪些信息来描述配置项。配置标识是配置管理的基础性工作，是进行配置管理的前提。

（3）变更管理和配置控制。配置管理最重要的任务就是对（配置项的）变更加以控制和管理，其目的是对于复杂而无形的软件，防止在多次变更下失控，出现混乱。

（4）配置状态说明。配置状态说明也称为配置状态报告，其任务是有效地记录、报告管理配置所需要的信息，目的是及时、准确地给出配置项的当前状况，供相关人员了解，以加强配置管理工作。

（5）配置审核。配置审核的任务是验证配置项对配置标识的一致性。软件开发的实践表明，尽管对配置项做了标识，实现了变更控制和版本控制，但如果不做检查或验证，仍然会出现混乱。配置审核的实施是为了确保软件配置管理的有效性，体现配置管理的最根本要求，不允许出现任何混乱现象。

（6）版本控制和发行管理。在配置管理中，版本包括配置项的版本和配置的版本，这两种版本的标识应该各有特点，配置项的版本应该体现出其版本的继承关系，它主要是在开发人员内部进行区分。另外，还需要对重要的版本做一些标识，例如，对纳入基线的配置项版本就应该做一个标识。

2. 配置管理计划

根据 GB/T 8567—2006 的规定，配置管理计划应该包括以下几个部分的内容：

（1）引言。包括配置管理计划的标识、系统概述、文档概述、组织和职责、配置管理活动所需的各种资源等。

（2）引用文件。列出配置管理计划中引用的所有文档的编号、标题、修订版本和日期，还应标识不能通过正常的供货渠道获得的所有文档的来源。

（3）管理。描述在各阶段中负责 SCM 的机构和任务，以及要进行的评审和检查工作，指出各阶段的产品应存放在哪一类配置库中；指出各机构的职责和它们之间的关系，描述相关的接口控制；规定实现 SCM 计划的主要里程碑；指明 SCM 适用的标准和规范，以及这些标准和规范要实现的程度。

（4）SCM 活动。描述配置标识、配置控制、配置状态记录与报告、配置检查与评审等 4 个方面的 SCM 活动。

（5）工具、技术和方法。指明为支持特定项目的 SCM 所使用的软件工具、技术和方法，以及它们的目的，并在开发人员所有权的范围内描述其用法。

（6）对供货单位的控制。规定对供货单位进行控制的规程，从而使从软件销售单位购买的、其他开发单位开发的或从开发单位现存软件库中选用的软件能满足规定的 SCM 需求。

（7）记录的收集、维护和保存。规定要保存的 SCM 文档，以及用于汇总、保护和维护工程文档的方法和设施（其中包括要使用的后备设施），并说明要保存的期限。

（8）配置项和基线。根据企业的有关规范，对不同类型的配置项建立命名规则，列出识别到的所有配置项和所属的配置基线，并明确配置项的标识、作者（或负责人）和配置时间。描述配置项和基线变更、发布的流程，以及相应的批准权限。

（9）备份。说明配置库和配置管理库的备份方式、频率和责任人。

（10）日程表。列出 SCM 活动的日程表，并确保配置管理活动的日程表与项目开发计划、质量管理计划保持一致。

（11）注解。包含有助于理解配置管理计划的一般信息，例如，背景信息、词汇表、原理等。这一部分应包含为理解配置管理计划需要的术语和定义，所有缩略词和它们在配置管理计划中的含义的字母序列表。

（12）附录。提供那些为便于维护配置管理计划而单独编排的信息（例如，图表、分类数据等）。为便于处理，附录可以单独装订成册，按字母顺序编排。

20.5.2 配置标识

软件开发中的文档和软件在其开发、运行、维护的过程中会得到许多阶段性的成果，在开发和运行过程中还需要用到多种工具软件或配置。所有这些信息项都需要得到妥善的管理，决不能出现混乱，以便在提出某些特定的要求时，将它们进行约定的组合来满足使用的目的。这些信息项是配置管理的对象，称为配置项。

每个配置项的主要属性有名称、标识符、状态、版本、作者、日期等。配置项是一个独立存在的信息项，可以把它看成一个元素，单独的一个元素发挥不了什么作用，但随着工作的进展，出于不同的要求，需要将这些元素进行不同的组合，这个组合称为配置。配置是一个信息系统产品在生存期各个阶段的不同形式（记录特定信息的不同媒体）和不同版本的程序、文档及相关数据的集合，或者说是配置项的集合，它具有完整的意义。

1. 确定配置项

软件项目中形成的技术性文档和管理性文档，除一些临时性的文档外一般都应该进行配置管理。一般来讲，判定一个文档是否进行配置管理的标准应该是此文档是否有多个人需要使用，这些文档往往在开发的过程中不断地修正和扩展，要保证每个使用者都使用同一版本的文档，就必须将这些文档纳入配置管理，成为受控的配置项。

（1）识别配置项。可能成为配置项组成部分的主要工作产品有过程描述、需求、设计、测试计划和规程、测试结果、代码/模块、工具、接口描述等。在软件工程方面，Roger

S.Pressman 认为至少以下所列的文档应该成为配置项：系统规格说明书、项目计划、需求规格说明书、用户手册、设计规格说明、源代码、测试规格说明、操作和安装手册、可执行程序、数据库描述、联机用户手册、维护文档、软件工程标准和规程。

（2）配置项命名。确定了配置项后，还需要对配置项进行合理、科学的命名。配置项的命名绝不能随意为之，必须满足唯一性和可追溯性。一个典型的实例是采用层次式的命名规则来反映树状结构，树状结构上节点之间存在着层次的继承关系。

（3）配置项的描述。由于配置项除了名称外还有一些其他属性和与其他配置项的关系，因此，它可以采用描述对象的方式来进行描述。每个配置项用一组特征信息（名字、描述、一组资源、实现）唯一地标识。配置项间的关系有整体和部分的关系及层次关系，也有关联关系。配置项间的关系可以用 MIL（Module Interconnection Language，模块内连接语言）表示，MIL 描述的是配置项间的相互依赖关系，可自动构造系统的任何版本。

2．基线

基线（baseline）是项目生存期各开发阶段末尾的特定点，也称为里程碑（milestone），在这些特定点上，阶段工作已结束，并且已经形成了正式的（通过了正式的技术评审）阶段产品。

建立基线的概念是为了把各开发阶段的工作划分得更加明确，使得本来连续开展的开发工作在这些点上被分割开，从而更加有利于检验和肯定阶段工作的成果，同时有利于进行变更控制。有了基线的规定就可以禁止跨越里程碑去修改另一开发阶段的工作成果，并且认为建立了里程碑，有些完成的阶段成果已被冻结。

如果把软件看做是系统的一个组成部分，以下 3 种基线是最受人们关注的，分别是功能基线、分配基线和产品基线。

（1）功能基线：指在系统分析与软件定义阶段结束时，经过正式评审和批准的系统设计规格说明书中对待开发系统的规格说明；或是指经过项目业主和承建单位双方签字同意的协议书或合同中所规定的对待开发软件系统的规格说明；或是由下级申请经上级同意或直接由上级下达的项目任务书中所规定的对待开发软件系统的规格说明。功能基线是最初批准的功能配置标志。

（2）指派基线（分配基线）：指在软件需求分析阶段结束时，经过正式评审和批准的 SRS。指派基线是最初批准的指派配置标志。

（3）产品基线：指在软件组装与系统测试阶段结束时，经过正式评审和批准的有关所开发的软件产品的全部配置项的规格说明。产品基线是最初批准的产品配置标志。

另外，交付给项目组所在企业的外部客户的基线一般称为发行基线，企业内部使用的基线称为构造基线。释放（release）是指在软件生存周期的各个阶段结束时，由该阶段向下阶段提交该阶段产品的过程。它也指将系统测试阶段结束时所获得的最终产品向用户提交的过程。后面这个过程也称为交付（delivery）。

提出基线的概念本来是为了更好地实现变更控制，但如果把每个基线都当成一个整体来看待会造成麻烦。因为一个变更很可能只涉及到基线的很小部分。例如，假定某个大型软件中的一个模块修改了，如果将这一变更当做整个软件产品基线的变更，就很不方便。

3．建立配置管理系统

在配置管理中，要建立并维护配置管理系统和变更管理系统。建立配置管理系统的主要步骤如下：

（1）建立适用于多控制等级配置管理的管理机制。软件生存周期中不同时间所需的控制等级不同，不同的系统类型所需的控制等级也不同。

（2）存储和检索配置项。

（3）共享和转换配置项。

（4）存储和复原配置项的归档版本。

（5）存储、更新和检索配置管理记录。

（6）创建配置管理报告。

（7）保护配置管理系统的内容。配置管理系统的主要功能有文档的备份与恢复、文档的建档、从配置管理的差错状态下复原。

（8）权限分配。配置管理员为每个项目成员分配对配置库的操作权限。配置管理员的权限最高，一般项目成员可拥有添加、检入/检出（check in/check out）、下载的权限，但是不能有删除的权限。

4．配置库

配置库也称为配置项库，是用来存放配置项的工具。配置库记录与配置相关的所有信息，其中存放受控的配置项是很重要的内容，利用配置库中的信息可评价变更的后果，这对变更控制有着重要的意义。配置库有三类：

（1）开发库。存放开发过程中需要保留的各种信息，供开发人员个人专用。开发库中的信息可能有较为频繁的修改，只要使用者认为有必要，无需对其做任何限制。因为这通常不会影响到项目的其他部分。开发库对应配置管理系统中的动态系统（开发者系统、开发系统、工作空间）。

（2）受控库。在开发的某个阶段工作结束时，将工作产品存入或将有关的信息存入。存入的信息包括计算机可读的和人工可读的文档资料。应该对受控库内的信息的读写和修改加以控制。受控库也称为主库，对应配置管理系统中的主系统（受控系统）。

（3）产品库。在开发的产品完成系统测试之后，作为最终产品存入产品库内，等待交付用户或现场安装。产品库内的信息也应加以控制。产品库也称为备份库，对应配置管理系统中的静态系统。

20.5.3 变更控制

变更是指在项目的实施过程中，由于项目环境或者其他的各种原因对项目的部分或项目的全部功能、性能、体系结构、技术、指标、集成方法和项目进度等方面做出改变。项目变更是正常的、不可避免的。在项目实施过程中,变更越早,损失越小;变更越迟,难度越大,损失也越大。项目在失控的情况下,任何微小变化的积累,最终都会对项目的质量、成本和进度产生较大影响,这是一个从量变到质变的过程。

变更产生的原因主要有以下几个方面:

(1)项目外部环境发生变化,例如,政府政策的变化等。

(2)项目总体设计、需求分析不够周密详细,有一定的错误或遗漏。

(3)新技术的出现,设计人员提出了新的设计方案或新的实现手段。

(4)建设单位由于机构重组等原因造成业务流程的变化。

1. 变更控制系统

变更控制系统是一套事先确定的修改项目文件或改变项目活动时应遵循的程序,其中包括必要的表格或其他书面文件、责任追踪,以及变更审批制度、人员和权限。变更控制系统应当明确规定变更控制委员会的责任和权力,并由所有的项目干系人认可。在审批变更时,要加强对变更风险和变更效果的评估,并选择对项目影响最小的变更方案,尽量防止增加项目投资。变更控制系统可细分为整体、范围、进度、费用和合同变更控制系统。变更控制系统应当与项目管理信息系统一起通盘考虑,形成整体。

2. 变更控制委员会

变更控制委员会(Change Control Board,CCB)也称为配置控制委员会(Configuration Control Board),其任务是对建议的配置项变更做出评价、审批,以及监督已批准变更的实施。CCB的成员通常包括项目经理、用户代表、质量控制人员、配置控制人员。这个组织不必是常设机构,可以根据工作的需要组成,其中的人员可以全职的,也可以是兼职的。

如果CCB不只是控制变更,而是承担更多的配置管理任务,那就应该包括基线的审定、标识的审定,以及产品的审定等工作,并且可能实际的工作需分为项目层、系统层和组织层来组建,使其完成不同层面的配置管理任务。

3. 变更控制的流程

一般来说,变更控制应该遵循以下的基本流程:

(1)变更申请。应记录变更的提出人、日期、申请变更的内容等信息。

(2)变更评估。对变更的影响范围、严重程度、经济和技术可行性进行系统分析。

(3)变更决策。由CCB决定是否实施变更。

(4)变更实施。由管理者指定的工作人员在受控状态下实施变更。

(5)变更验证。由配置管理人员或受到变更影响的人对变更结果进行评价,确定变更结果和预期是否相符、相关内容是否进行了更新、工作产物是否符合版本管理的要求。

(6)沟通存档。将变更后的内容通知可能会受到影响的人员,并将变更记录汇总归档。如提出的变更在决策时被否决,其初始记录也应予以保存。

变更申请需要采用书面的形式提出,主要内容有如下 3 个方面:

(1) 变更描述。包括变更理由、变更的影响、变更的优先级等,就是要描述做什么变更,为什么要做,以及打算怎么做的问题。

(2) 对变更的审批。对变更的必要性、可行性的审批意见,主要是由配置管理员和 CCB 对此项变更把关。

(3) 变更实施的信息。

在变更请求批准后,实施变更需要一段时间,要设置一种管理手段来反映变更所处的状态,这就是变更状态说明,它可供项目经理和 CCB 追踪变更的情况。状态说明的信息可以通过变更请求和故障报告得到,变更状态可分为三种:活动(正在实施变更)、完成状态(已完成变更)和未列入变更状态。

4. 利用配置库实现变更控制

配置项可以有三种状态:工作状态、评审状态和受控状态。开发中的配置项尚未稳定下来,对于其他配置项来说是处于工作状态下(自由状态、草稿状态),此时它并未受到配置管理的控制,开发人员的变更并未受到限制。但当开发人员认为工作已告完成,可供其他配置项使用时,它就开始于稳定。把它交出评审,就开始进入评审状态;若通过评审,可作为基线进入配置库,开始冻结,此时,开发人员不允许对其任意修改,因为它已处于受控状态。通过评审表明它确已达到质量要求;但若未能通过评审,则将其回归到工作状态,重新进行调整。配置项的状态变化过程如图 20-6 所示。

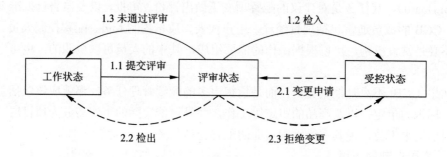

图 20-6 配置项的状态变化过程

处于受控状态下的配置项原则上不允许修改,但这不是绝对的,如果由于多种原因需要变更,就需要提出变更请求。在变更请求得到批准的情况下,允许配置项从库中检出,待变更完成,并经评审后,确认变更无误方可重新入库,使其恢复到受控状态。

20.5.4 版本控制

在配置管理中,所有的配置项都应列入版本控制的范畴。对于软件产品的版本有两个方面的意思,一是为满足不同用户的不同使用要求,如用于不同运行环境的系列产品。

如适合 Linux，Windows，Solaris 用户的软件产品分别称为 Linux 版、Windows 版和 Solaris 版。它们在功能和性能上是相当的，原则上没有差别，或者说，这些是并列的系列产品。对于这类差别很小的不同版本，互相也称为变体（variant）。

另一种版本的含义是在软件产品投入使用后，经过一系列的变更（例如，纠错、增加功能、提高性能的更改等），而形成的一系列的顺序演化的产品，这些产品也称为一个版本，每个版本都可说出它是从哪个版本导出的演化过程。

必须注意到，修正后的新版本往往不能完全代替老版本，尽管新版本有某些优越的特性。因为一些用户仍然使用着老版本，并且不容易立刻做到"以旧换新"，否则，可能会打扰老版本原有的工作环境。显然，多个版本被多个用户同时使用的情况是不可避免的现实。这就要求多个版本共存，这也就是配置管理要解决的一个重要课题。

一般来说，版本控制的流程如下：

（1）创建配置项。
（2）修改处于工作状态的配置项。
（3）技术评审或领导审批。
（4）正式发布。
（5）变更，修改版本号。

版本管理要解决的第一个问题是版本标识，也就是为区分不同的版本，要给它们科学的命名。通常有 2 种版本命名的方法，分别是号码版本标识和符号版本标识。其中号码版本标识以数字表示，如用 1.0，2.0，1.2，2.1.1 等表示版本号；符号版本标识是将重要的版本属性有选择地给出，例如，SQL Server 2008、Jbuilder 2005 等将版本产生的时间给出。为了从版本标识上看到更多信息，可能给出更多的属性，例如，面向的客户群、开发语言、硬件平台、生成日期等。

在配置管理中，版本包括配置项的版本和配置的版本，这两种版本的标识应该各有特点，配置项的版本应该体现出其版本的继承关系，它主要是在开发人员内部进行区分。另外，还需要对重要的版本做一些标记，例如，对纳入基线的配置项版本应该做一个标识。

20.5.5 配置审核

配置审核的任务是验证配置项对配置标识的一致性。软件开发的实践表明，尽管对配置项做了标识，实践了变更控制和版本控制，但如果不做检查或验证仍然会出现混乱。这种验证包括：

（1）对配置项的处理是否有背离初始的规格说明或已批准的变更请求的现象。
（2）配置标识的准则是否得到了遵循。
（3）变更控制规程是否已遵循，变更记录是否可供使用。
（4）在规格说明、软件产品和变更请求之间是否保持了可追溯性。

配置审核工作主要集中在两个方面，一是功能配置审核，即验证配置项的实际功效与软件需求是否一致；二是物理配置审核，即确定配置项符合预期的物理特性。这里所说的物理特性是指定的媒体形式。

1. 配置审核的时机和步骤

配置审核要选择适当的时机，由项目经理决定何时进行配置审核工作。一般来说，应该选择以下几种情况实施配置审核：

（1）产品交付或是产品正式发行前。
（2）开发的阶段工作结束之后。
（3）在维护工作中，定期地进行。

实施配置审核的审核人员可以包括项目组人员及非项目组人员，例如，其他项目的配置管理人员、企业的内部审核员等。配置审核的步骤如下：

（1）由项目经理决定何时进行配置审核工作。
（2）质量保证组或项目组的配置管理组指定该项目的配置审核人员。
（3）项目经理和配置审核员决定审核范围。
（4）配置审核员准备配置审核检查单。
（5）配置审核员审核文档和记录，审核活动可能涉及到项目范围、配置项的检入/检出、评审记录、配置项的变更历史、测试记录、文件的命名、变更请求、版本的编号等。
（6）配置审核员在审核中发现不符合现象，并作记录。
（7）由项目经理负责消除不符合现象。
（8）配置审核员验证所有发现的不符合现象，确保已得到解决。

2. 配置审核与正式技术评审

配置审核的目的就是要证实整个项目生存期中各项产品在技术上和管理上的完整性。同时，还要确保所有文档的内容变动不超出当初确定的软件需求范围。使得配置具有良好的可跟踪性。这是项目变更控制人员掌握配置情况、进行审批的依据，除了进行配置审核外，还可以进行正式技术评审。

正式的技术评审着重检查已完成修改的配置项的技术正确性，评审者评价配置项，决定它与其他配置项的一致性，是否有遗漏或可能引起的副作用。正式技术评审应针对所有的变更进行。有关正式技术评审的知识，请阅读 11.7.1 节。

配置审核作为正式技术评审的补充，评价在评审期间通常没有被考虑的配置项的特性。在某些情形下，配置审核的问题是作为正式技术评审的一部分提出的。但是，当配置管理成为一项正式活动时，配置审核就被分开，而由质量保证小组执行了。

20.5.6 配置状态报告

为了清楚、及时地记载配置的变化，不至于到后期造成贻误，需要对开发的过程作出系统的记录，以反映开发活动的历史情况，这就是配置状态记录。该项活动主要是完成配置状态报告的编制工作。

在配置状态报告中，需要对每一项变更进行详细的记录，包括：发生了什么？为什么会发生？谁做的？什么时候发生的？会有什么影响？整个配置状态报告的信息流如图20-7所示。

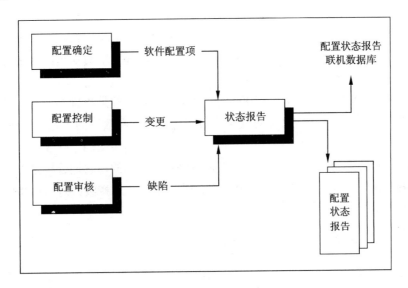

图 20-7　配置状态报告

正如图 20-7 所示，每次新分配一个配置项，或者更新一个已有配置项或配置项标识，或者一项变更申请被变更控制负责人批准，并给出了一个工程变更顺序时，在配置状态报告中就要增加一条变更记录条目；一旦进行了配置审核，其结果也应该写入报告中。配置状态报告可以放在一个联机数据库中，以便开发人员或者维护人员可以对它进行查询或修改。此外，在配置状态报告中，新记录的变更应当及时通知给管理人员和其他项目干系人。

配置状态报告对于大型开发项目的成功起着至关重要的作用。它提高了所有开发人员之间的通信能力，避免了可能出现的不一致和冲突。它通过支持创建和修改记录、管理报告配置项的状态或需求变化并审核变化来实现，它提供用户需要的功能，跟踪任意模式的软件项，提供完整的各种变化的历史版本和汇总信息。配置状态报告的内容一般包括以下各项：

（1）各变更请求概要：变更请求号、日期、申请人、状态、估计工作量、实际工作量、发行版本、变更结束日期。

（2）基线库状态。

（3）发行信息。

（4）备份信息。
（5）配置管理工具状态。
（6）配置管理培训状态。

20.6 质量管理

人们常说："质量就是生命"，这句话说明了质量管理的重要性。国家标准《软件工程 产品质量第1部分：质量模型》（GB/T 16260.1—2006）中对质量的定义为"软件产品特性的总和，表示软件产品满足明确或隐含要求的能力"。

根据 GB/T19000—ISO 9000（2000）的定义，质量管理是指确立质量方针及实施质量方针的全部职能及工作内容，并对其工作效果进行评价和改进的一系列工作。ISO 9000系列标准是现代质量管理的结晶，实际上是由计划、控制和文档工作3个部分组成循环的体系。ISO 9000 标准是以质量管理中的 8 项原则为基础的，它们分析是以顾客为关注焦点、领导作用、全员参与、过程方法、管理的系统方法、持续改进、以事实为基础进行决策、与供方互利的关系。

20.6.1 软件质量模型

软件质量是指软件产品中能满足给定需求的各种特性的综合，在 GB/T16260.1—2006 中，提出了软件生存周期中的质量模型，如图 20-8 所示。

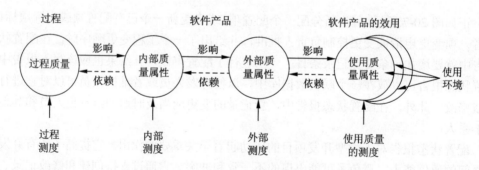

图 20-8 生存周期中的质量

为满足软件质量要求而进行的软件产品评价是软件开发生存周期中的一个过程。软件产品质量可以通过测量内部属性（典型地是对中间产品的静态测度），也可以通过测量外部属性（典型地是通过测量代码执行时的行为），或者通过测量使用质量的属性来评价。目标就是使产品在指定的使用环境下具有所需的效用。过程质量有助于提高产品质量，而产品质量又有助于提高使用质量。

1. 内部和外部质量的质量模型

GB/T16260.1—2006 将软件质量属性划分为 6 个特性：功能性、可靠性、易用性、效率、维护性和可移植性，并进一步细分为 27 个子特性，这些子特性可用内部或者外部质量测量。外部和内部质量的质量模型如图 20-9 所示。

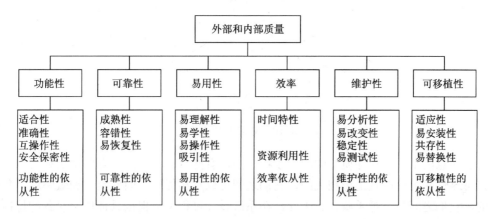

图 20-9　外部和内部质量的质量模型

要注意的是，图 20-9 所示的质量模型与国际通用的软件质量标准 ISO/IEC 9126-1:2001 有些区别，该标准定义了 6 个质量特性和 21 个质量子特性，即图 20-9 中的 6 个"依从性"统一划归到"功能性"中，合并为 1 个子特性。同时，没有"易用性"中的"吸引性"。

2. 使用质量的质量模型

使用质量是指软件产品使指定用户在特定的使用环境下达到满足有效性、生产率、安全性和满意度要求的特定目标的能力。使用质量是基于用户观点的质量，使用质量的获得依赖于取得必需的外部质量，而外部质量的获得则依赖于取得必需的内部质量。

3. McCall 质量模型

McCall 质量模型从软件运行、软件修改和软件转移三个方面来考查软件的质量，其体系如图 20-10 所示。

4. 质量特性度量

软件质量特性度量有两类：预测型和验收型。预测度量是利用定量或定性的方法，估算软件质量的评价值，以得到软件质量的比较精确的估算值。验收度量是在软件开发各阶段的检查点，对软件的要求质量进行确认性检查的具体评价值，它是对开发过程中的预测进行评价。

预测度量有两种。第一种叫做尺度度量，这是一种定量度量。它适用于一些能够直接度量的特性，例如，出错率定义为"错误数/KLOC/单位时间"。第二种叫做二元度量，这是一种定性度量。它适用于一些只能间接度量的特性，例如，可使用性、灵活性等。

图 20-10　McCall 质量模型

要注意的是,在软件质量的所有子特性中,有些是正相关的,有些是负相关的。例如,可靠性和可用性就是正相关的,它们之间可以互相促进;而安全性和效率就是负相关的,它们之间是一对矛盾体。因此,在系统设计过程中应根据具体情况对各种特性去进行折中,以便得到在总体上用户满意的质量标准。

5．相关概念

在这个部分,读者还需要理解与软件质量相关的三个概念。

（1）验证:指在软件开发周期中的一个给定阶段的产品是否达到在上一阶段确立的需求的过程。

（2）确认:指在软件开发过程结束时对软件进行评价以确定它是否和软件需求相一致的过程。

（3）测试:指通过执行程序来有意识地发现程序中的设计错误和编码错误的过程。测试是验证和确认的手段之一。

20.6.2　质量管理计划

现代质量管理的一项基本准则"质量是计划出来的,而不是检查出来的",这是在项目质量管理工作中必须牢牢把握的。编制一份清晰的质量管理计划是实施项目质量管理的第一步,而一个清晰的质量管理计划首先需要明确以下两点:一是明确将采用的质量标准;二是明确质量目标。

在该过程中,质量政策和质量标准往往是编制质量管理计划的约束条件,并来自于项目组织之外。例如,质量政策可能来自于项目执行组织高层的战略规划,质量标准可能来自于强制性的行业标准或国家标准等。并不是说项目团队对于上述两方面无能为力,其实,项目团队本身也可以在一定程度上对它们施加自己的影响。例如,通过功能分析和价值分析来对质量政策和质量标准进行权衡。另外,项目质量管理计划的编制必须结合信息系统项目的具体特征和企业自身的实际情况。

1. 计划的内容

参考国家标准《计算机软件文档编制规范》（GB/T 8567—2006）的规定，软件质量管理计划应大致包括如下内容：

（1）引言。包括质量管理计划的标识、系统概述、文档概述、组织和职责、资源等方面的内容。

（2）引用文件。列出质量管理计划引用的所有文档的编号、标题、修改版本和日期，也应标识不能通过正常的供货渠道获得的所有文档的来源。

（3）管理。描述负责质量管理（质量保证、质量控制）的机构、任务及其有关的职责。

（4）文档。列出在软件的开发、验证与确认，以及使用与维护等阶段中需要编制的文档，并描述对文档进行评审与检查的准则。

（5）标准、规程和约定。列出软件开发过程中要用到的标准、规程和约定，并列出监督和保证执行的措施。

（6）评审和检查。规定所要进行的技术和管理两方面的评审和检查工作，并编制或引用有关的评审和检查规程，以及通过与否的技术准则。至少要进行下列各项评审和检查工作：软件需求规格评审、系统/子系统设计评审、软件设计评审、软件验证与确认计划评审、功能检查、物理检查、综合检查、管理评审。

（7）项目计划阶段的质量管理活动。描述质量管理负责人参与制订项目开发计划和配置管理计划的活动，以及三者之间的关系。

（8）评审和审核。包括过程的评审、工作产品的评审和不符合问题的解决。

（9）软件配置管理。必须编制有关软件配置管理的条款，或单独制订文档。

（10）工具、技术和方法。指明用以支持软件质量管理工作的工具、技术和方法，描述它们的用途。

（11）媒体控制。指出保护计算机程序物理媒体的方法和设施，以免非法存取、意外损坏或自然老化。

（12）对供货单位的控制。规定对供货单位进行控制的规程，从而保证项目承建单位从软件销售单位购买的、其他开发单位（或子开发单位）开发的或从开发单位（或子开发单位）现存软件库中选用的软件能满足规定的需求。

（13）记录的收集、维护和保存。指明需要保存的软件质量管理活动的记录，并指出用于汇总、保护和维护这些记录的方法和设施，并指明要保存的期限。

（14）日程表。列出软件质量管理活动的日程表，并确保质量管理的日程表与项目开发计划、配置管理计划保持一致。

（15）注解。包含有助于理解质量管理计划的一般信息，例如，背景信息、词汇表、原理等。这一部分应包含为理解质量管理计划需要的术语和定义，所有缩略词和它们在质量管理计划中的含义的字母序列表。

（16）附录。提供那些为便于维护质量管理计划而单独编排的信息（例如，图表、分类数据等）。为便于处理，附录可以单独装订成册，按字母顺序编排。

2．PDCA 循环

PDCA 循环又称为戴明环，是美国质量管理专家戴明博士首先提出的，它是全面质量管理所应遵循的科学程序。全面质量管理活动的全部过程，就是质量计划的制订和组织实现的过程，这个过程就是按照 PDCA 循环，不停顿地、周而复始地运转的。

（1）P（Plan）：计划，确定方针和目标，确定活动计划。

（2）D（Do）：执行，实现计划中的内容。

（3）C（Check）：检查，总结执行计划的结果，注意效果，找出问题。

（4）A（Action）：行动，对总结检查的结果进行处理，成功的经验加以肯定并适当推广、标准化；失败的教训加以总结，以免重现，未解决的问题放到下一个 PDCA 循环。

20.6.3 质量保证与质量控制

项目质量管理的主要活动是质量保证与质量控制。质量保证是指定期评估项目总体绩效，建立项目能达到相关质量标准的信心。质量保证对项目的最终结果负责，而且还要对整个项目过程承担质量责任；质量控制是指监测项目的总体结果，判断它们是否符合相关质量标准，并找出如何消除不合格绩效的方法。

1．质量保证

在明确了项目的质量标准和质量目标之后，需要根据项目的具体情况，如用户需求、技术细节、产品特征，严格地实施流程和规范，以此保证项目按照流程和规范达到预先设定的质量标准，并为质量检查、改进和提高提供具体的度量手段，使质量保证和控制有切实可行的依据。所有这些在质量系统内实施的活动都属于质量保证，质量保证的另一个目标是不断地进行质量改进，为持续改进过程提供保证。

质量保证应贯穿于项目的始终。质量保证往往由质量保证部门或项目管理部门提供，但并非必须由此类单位提供。质量保证可以分为内部质量保证和外部质量保证，内部质量保证由项目管理团队，以及企业的管理层实施；外部质量保证由客户和其他未实际参与项目工作的人员实施。

质量保证的工具和技术有质量审计和过程分析等。质量审计是对特定管理活动进行结构化审查，找出教训以改进现在或将来项目的实施。质量审计可以是定期的，也可以是随时的，可由企业质量审计人员或在 IT 领域有专门知识的第三方执行；过程分析遵循过程改进计划的步骤，从一个企业或技术的立场上来识别需要的改进。过程分析是非常有效的质量保证方法，通过采用价值分析、作业成本分析及流程分析等方法，质量保证的作用将大大提高。

软件质量保证（Software Quality Assurance，SQA）是指为保证软件系统或软件产品充分满足用户要求的质量而进行的有计划、有组织的活动，这些活动贯穿于软件生产的各个阶段即整个生命周期。SQA 由各项任务构成，这些任务的参与者有两种人：软件开发人员和质量保证人员。前者负责技术工作，后者负责质量保证的计划、监督、记录、分析及报告工作。软件开发人员通过采用可靠的技术、方法和措施，进行正式的技术评审，执行软件测试来保证软件产品的质量。质量保证人员则辅助软件开发人员得到高质量的最终产品。

美国卡耐基·梅隆大学软件工程研究所推荐了一组有关质量保证的计划、监督、记录、分析及报告的 SQA 活动，这些活动由一个独立的 SQA 小组执行。

（1）制订 SQA 计划。SQA 计划在制订项目计划时制订，由相关部门审定。它规定了软件开发小组和质量保证小组需要执行的质量保证活动。有关该计划的详细内容，请阅读 20.7.2 节。

（2）参与开发该软件项目的软件过程描述。软件开发小组为将要开展的工作选择软件过程，SQA 小组则要评审过程说明，以保证该过程与企业政策、内部的软件标准、外界所制订的标准以及项目开发计划的其他部分相符。

（3）评审。评审各项软件工程活动，核实其是否符合已定义的软件过程。SQA 小组识别、记录和跟踪所有偏离过程的偏差，核实其是否已经改正。

（4）审计。审计指定的软件工作产品，核实其是否符合已定义的软件过程中的相应部分。SQA 小组对选出的产品进行评审、识别、记录和跟踪出现的偏差，核实其是否已经改正，定期向项目负责人报告工作结果。

（5）记录并处理偏差。确保软件工作及工作产品中的偏差已被记录在案，并根据预定规程进行处理。偏差可能出现在项目计划、过程描述、采用的标准或技术工作产品中。

（6）报告。记录所有不符合部分，并向上级管理部门报告。跟踪不符合的部分直到问题得到解决。

除了进行上述活动外，SQA 小组还需要协调变更的控制与管理，并帮助收集和分析软件度量的信息。

2．质量控制

质量控制指监视项目的具体结果，确定其是否符合相关的质量标准，并判断如何能够去除造成不合格结果的根源。质量控制应贯穿于项目的始终。

质量控制通常由机构中的质量控制部或名称相似的部门实施，但实际上并不是非得由此类部门实施。项目管理层应当具备关于质量控制的必要统计知识，尤其是关于抽样与概率的知识，以便评估质量控制的输出。其中，项目管理层尤其应注意明确以下事项之间的区别：

（1）预防（保证过程中不出现错误）与检查（保证错误不落到顾客手中）。

（2）特殊抽样（结果合格或不合格）与变量抽样（按量度合格度的连续尺度衡量所得结果）。

（3）特殊原因（异常事件）与随机原因（正常过程差异）。

(4) 许可的误差（在许可的误差规定范围内的结果可以接受）和控制范围（结果在控制范围之内，则过程处于控制之中）。

项目结果既包括产品结果（例如，可交付成果），也包括项目管理结果（例如，成本与进度绩效）。因此，项目的质量控制主要从项目产品/服务的质量控制和项目管理过程的质量控制两个方面进行的,其中项目管理过程的质量控制是通过项目审计来进行的，项目审计是将管理过程的任务与成功实践的标准进行比较所做的详细检查。

就软件项目而言，进行质量控制的主要活动是软件评审（技术评审）和软件测试等。有关这方面的知识，本书第14章有详细的介绍，在此不再赘述。

3．质量保证与质量控制的关系

质量保证一般是每隔一定时间（例如，每个阶段末）进行的，主要通过系统的质量审计和过程分析来保证项目的质量。质量控制是实时监控项目的具体结果，以判断它们是否符合相关质量标准，制订有效方案，以消除产生质量问题的原因。一定时间内质量控制的结果也是质量保证的质量审计对象。质量保证的成果又可以指导下一阶段的质量工作，包括质量控制和质量改进。

20.7 人力资源管理

人才是企业发展的根本，也是项目成功的基石。一个没有凝聚力的项目团队，无论其项目目标如何美好，最终都将以失败而告终。然而，无论是企业管理还是项目管理，人的工作都是最难做的工作。常言道："人上一百，形形色色"。要把"来自五湖四海"的"形形色色"的人员组合到一个项目中，使之"为了一个共同的目标"而努力工作，需要项目经理具有较强的领导和管理才能。

项目人力资源管理就是指通过不断的获得人力资源，把得到的人力资源整合到项目中并融为一体，保持和激励团队成员对项目的忠诚和积极性，控制团队成员的工作绩效并做出相应的调整，尽量发挥团队成员的潜能，以支持项目目标实现的活动、职能、责任和过程。项目人力资源管理的主要过程包括编制人力资源计划、组建项目团队、项目团队建设和管理项目团队。

20.7.1 人力资源计划编制

人力资源计划涉及决定、记录和分配项目角色、职责及报告关系的过程，描述项目的角色和职责的工具主要有层次结构图、矩阵图和文本格式的角色描述。文本格式用来详细描述团队成员的职责，提供的信息主要有职责、权力、能力和资格。

1．层次结构图

在生成项目组织结构图之前，高层管理者和项目经理必须明白什么类型的人才真正是保证项目的关键人物，他们需要什么样的技能。例如，如果需要找一些优秀的系统分析师,则人力资源计划就需要反映这个需求;如果项目成功的关键是需要一流的项目经理和被人尊敬的团队领导,人力资源计划也要重点描述。

在已经明确项目所需要的重要技能和何种类型的人员的基础上,项目经理应该为项目创建一个项目组织结构图。在许多人参加项目的情况下,清晰定义和项目工作分配是十分必要的。

组织结构图通常描述为一个层次结构。例如,图 20-11 就是一个项目的组织结构图。

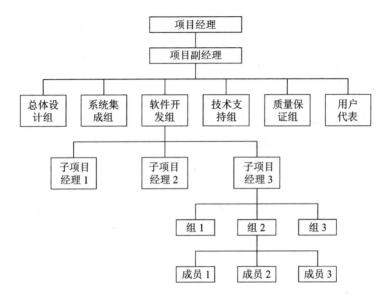

图 20-11 组织结构图示例

2. 分配责任矩阵

项目工作一旦分解成可管理的元素,项目经理就可以给组织单元分配任务了,主要是基于"适合优先"的原则来分配任务,这个过程可以用组织分解结构(Organizational Breakdown Structure,OBS)来进行概念化的描述。OBS 类似于 WBS,是一种用于表示组织单元负责哪些工作内容的特定的组织图形。它可以先借用一个通用的组织图形,然后针对组织或分包商中特定部门的单元进行逐步细分。

在制作完 OBS 之后,就可以开发责任分配矩阵(Responsibility Assignment Matrix,RAM)了。RAM 为项目工作(用 WBS 表示)和负责完成工作的人(用 OBS 表示)建立一个映射关系。除了将 RAM 用于具体的工作任务分配之外,RAM 还可以用于定义角色和职责间的关系。此时,RAM 包括项目干系人,表 20-4 给出一个例子,表明不同类型的项目干系人在项目过程中的责任,是负责人(A)还是参与者(P),是为项目过程提供输入(I),还是评审(R)或签字确认者(S)。这个看似简单的表格为项目经理提供了一种有效地管理项目重要干系人和角色的工具。

表 20-4 体现项目干系人角色的 RAM

	项目干系人				
	A	B	C	D	E
单元测试	S	A	I	I	R
集成测试	S	P	A	I	R
系统测试	S	P	A	I	R
验收测试	S	P	I	A	R

另外一种形式的 RAM 中的符号标记为 RACI，其中 R 代表对任务负责任，A 代表负责执行任务，C 代表提供信息辅助执行任务，I 代表拥有既定特权、应及时得到通知。

20.7.2 组建项目团队

组建项目团队的主要任务是根据项目开发计划，获取完成项目工作所需的人力资源。能否组建一个满足项目需要的团队，是项目能否获得成功的基本条件和关键之所在。项目经理应从各种来源物色团队成员，将符合要求的人员纳入项目团队，将计划编制阶段确定的角色连同责任分配给各个成员，并明确他们之间的配合、汇报和从属关系。

项目团队成员既可来自企业内部，也可来自企业外部。获得项目团队成员的方法大致有以下几种：

1. 内部谈判

多数项目的人员分派需要经过谈判，即与本组织的其他人合作，以便项目能够分配到或得到合适的人员。例如，项目经理需要进行谈判的对象包括：

（1）与职能经理谈判，以保证项目在规定期限内获得足以胜任的工作人员。

（2）与企业中其他项目管理团队谈判，以争取稀缺或特殊人才。

对于企业内部招收的人选，除了满足人力资源计划的要求外，至少还要考虑该人员以前的经验、个人的兴趣、个人性格和爱好等。

2. 事先分派

在某些情况下，人员可能事先被分派到项目上。这种情况往往发生在项目是方案竞争的结果，而且事先已许诺具体人员指派是获胜方案的组成部分。或者是项目为企业内部服务项目，人员分派已在项目章程中就明确规定了。此时，项目经理"别无选择"，只能在已有人员的基础上，加强团队建设和管理，提高项目绩效。

3. 外部招聘

在企业缺乏完成项目所需的内部人才时，就需要动用采购手段（招聘、雇佣、转包等）。通常，企业人力资源部门负责招聘新员工，项目经理必须与人力资源经理通力合作，包括随时解决招聘过程中发生的问题，以保证招聘到项目所需的人员。

4. 虚拟团队

虚拟项目是一种新的研发模式，它借助于计算机网络和通信技术，超越了地理空间的限制，加强了企业内、外部各种研发机构和资源的联系，促进了人力资源、开发设备、软件、硬件、知识等资源的优势互补和互利共享，在更大范围内实现了资源的优化组合，更经济地达到了企业的技术目标和市场目标。

与传统的项目团队相比，虚拟项目团队拓宽了成员的工作空间，能够适应激烈变化的项目外部环境的要求；虚拟项目团队一般都是基于互联网进行通信，这种基于网络进行工作和沟通的项目团队日渐流行，并且使得传统的项目组织形式和管理方式面临新的挑战和变革需求。虚拟项目团队基于互联网和通信技术，它不依赖于某个具体的办公场所，其成员可能来自分布在全国乃至全球的各个地区和企业，这使得项目成员的核心优势互补成为可能，从某种程度上可以加速项目的进程，节约项目成本，提高项目质量。

但是，任何事物都是一分为二的，虚拟项目团队这种新生的组织形式也不例外。虚拟项目团队的主要缺点表现在以下几个方面：缺乏统一的利益诉求，团队结构松散；缺乏有效的沟通模式，团队凝聚力不强；缺乏合适的监控机制，工作绩效难以考核；缺乏有效的冲突解决机制，影响团队士气；缺乏组织资源的支持，危及项目成败。

项目团队的组建是一个动态的过程。即随着项目的进展，对人员的需求是动态变化的。例如，项目前期需要更多的系统分析师的参与，而项目后期却需要更多的程序员的参与。项目经理必须能够监控到这种变化，在人员技能与项目需求不一致的情况下，及时与企业高层、人力资源经理等进行沟通，以保证项目对人员的动态需求。

人力资源计划要求的项目团队成员全部到任，投入工作之后，项目团队才算组建完毕。就 IT 行业而言，符合项目需要的人才紧缺，人员流动性很大，寻找技术专家越来越难。因此，除了人员招募外，如何留住团队现有成员，也是项目团队组建工作中一个极其重要的问题。特别是那些中小型企业和微型企业，想办法留住人才比招聘新的人员更为重要。

20.7.3 项目团队建设

项目团队建设的主要任务是，提高项目团队成员的个人技能，以提高他们完成项目活动的能力，与此同时，降低成本、缩短工期、改进质量并提高绩效；提高项目团队成员之间的信任感和凝聚力，以提高士气，降低冲突，促进团队合作；创建动态的、团结合作的团队文化，以促进个人与团队的生产率、团队精神和团队协作，鼓励团队成员之间交叉培训和切磋，以共享经验和知识。

根据团队规模、团队成员的素质、团队组建时间的长短等方面的不同，可以采取不同的措施来建设项目团队，包括培训、集中办公、团队建设活动、恰当的奖励与表彰措施等。

1. 团队发展过程

项目团队从开始到终止，是一个不断成长和变化的过程，这个发展过程可以描述为 4 个时期：形成期、震荡期、正规期、表现期。几乎所有的项目都经历过大家被召集到一起的形成期，这是一个短暂的时期，很快进入震荡期，这时成员之间互相还不了解，时常感到困惑，有时甚至会产生敌对心理。接下来在强有力的领导下，团队的工作方式在正规期得以统一。随后团队以最大成效开展工作，直至项目结束，项目团队解散。项目团队各阶段示意图如图20-12所示。

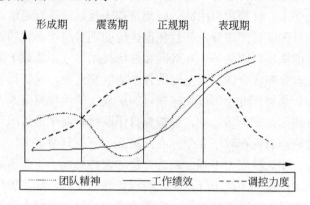

图20-12 项目团队各阶段

（1）形成期。团队成员从原来不同的组织调集在一起，大家开始互相认识，这一时期的特征使团队成员既兴奋又焦虑，而且还有一种主人翁感，他们必须在承担风险前相互熟悉。一方面，团队成员收集有关项目的信息，试图明确项目是干什么的和自己应该做些什么。另一方面，团队成员谨慎地研究和学习适宜的举止行为。他们从项目经理处寻找或相互了解，以期找到属于自己的角色。当团队成员了解并认识到有关项目的基本情况后，就为自己找到了一个有用的角色，并且有了自己作为团队不可缺少的一部分的意识。当团队成员感到他们已属于项目时，就会承担起团队的任务，并确定自己在完成这一任务中的参与程度。当解决了定位问题后，团队成员就不会感到茫然而不知所措，从而有助于其他各种关系的建立。

（2）震荡期。团队形成之后，团队成员已经明确了项目的工作，以及各自的职责，于是开始执行分配到的任务。在实际工作中，各方面的问题逐渐显露出来，这预示着震荡期的来临。震荡期也称为磨合期，由于现实可能与当初的期望发生较大的偏离，因此，团队成员可能会消极地对待项目工作和项目经理。在此阶段，工作气氛趋于紧张，问题逐渐暴露，团队士气较形成期明显下降。冲突和不和谐是这个阶段的一个显著特点。成员之间由于立场、观念、方法、行为等方面的差异而产生各种冲突，人际关系陷入紧张局面，甚至出现敌视、强烈情绪，以及向领导者挑战的情形。

（3）正规期。经受了震荡期的考验，团队成员之间、团队与项目经理之间的关系已经确立好了。绝大部分个人矛盾已得到解决。总的来说，这一阶段的矛盾程度要低于震荡时期。同时，随着个人期望与现实情形，即要做的工作、可用的资源、限制条件、其他参与的人员相统一,团队成员的不满情绪也就减少了。项目团队接受了这个工作环境,项目规程得以改进和规范化。控制及决策权从项目经理移交给了项目团队,凝聚力开始形成,有了团队的感觉,每个人觉得他是团队的一员,他们也接受其他成员作为团队的一部分。每个成员为取得项目目标所做的贡献得到认同和赞赏。在这一阶段,随着成员之间开始相互信任,团队的信任得以发展。大量地交流信息、观点和感情,合作意识增强,团队成员互相交换看法,并感觉到他们可以自由地、建设性地表达他们的情绪及评论意见。团队经过这个社会化的过程后,建立了忠诚和友谊,也有可能建立超出工作范围的友谊。

(4) 表现期。经过前一阶段,团队确立了行为规范和工作方式。项目团队积极工作,急于实现项目目标。这一阶段的工作绩效很高,团队有集体感和荣誉感,信心十足。项目团队能开放、坦诚、及时地进行沟通。在这一阶段,团队根据实际需要,以团队、个人或临时小组的方式进行工作,团队相互依赖度高。他们经常合作,并在自己的工作任务外尽力相互帮助。团队能感觉到高度授权,如果出现问题,就由适当的团队成员组成临时小组,解决问题,并决定如何实施方案。随着工作的进展并得到表扬,团队获得满足感。个体成员会意识到为项目工作的结果使他们正获得职业上的发展。相互的理解、高效的沟通、密切的配合、充分的授权,这些宽松的环境加上团队成员的工作激情使得这一阶段容易取得较大成绩,实现项目的创新。团队精神和集体的合力在这一阶段得到了充分的体现,每位成员在这一阶段的工作和学习中都取得了长足的进步和巨大的发展,这是一个"1+1>2"的阶段。

2. 团队建设理论

管理学家指出,影响人们工作和学习的心理因素包括动机、影响和能力、有效性等方面,团队建设理论也是围绕这些方面来展开的。

(1) 需要层次理论。马斯洛(A.Maslow)首创了需要层次理论,该理论把人的需要分为5个层次,即生理上的需要、安全的需要、社交的需要、尊重的需要和自我实现的需要。生理上的需要是人们最原始、最基本的需要,如果得不到满足,则可能有生命危险。它是最强烈的不可避免的最底层需要,也是推动人们行动的强大动力;安全的需要要求劳动安全、职业安全、生活稳定、希望免于灾难、希望未来有保障等;社交的需要(归属与爱的需要)是指对友情、信任、温暖、爱情的需要,比生理和安全需要更细微、更难捉摸;尊重的需要可分为自尊、他尊和权力欲三类,包括自我尊重、自我评价以及尊重别人。这种需要一旦成为推动力,就将会令人具有持久的干劲;自我实现的需要是最高等级的需要。满足这种需要就要求完成与自己能力相称的工作,最充分地发挥自己的潜在能力,成为所期望的人物。

(2) 激励保健理论。赫兹伯格(Hertz Berg)提出的激励保健理论(也称为双因素理论)认为引起人们工作动机的因素主要有两个,即保健因素和激励因素。只有激励因素才能够给人们带来满意感,而保健因素只能消除人们的不满,但不会带来满意感。保健因素是指造成员工不满的因素。保健因素不能得到满足，则易使员工产生不满情绪、消极怠工，甚至引起罢工等对抗行为；但在保健因素得到一定程度改善以后，无论再怎么努力改善，往往也很难使员工感到满意，因此，也就难以再由此激发员工的工作积极性；激励因素是指能造成员工感到满意的因素。激励因素的改善而使员工感到满意的结果，能够极大地激发员工工作的热情，提高劳动生产效率。

（3）X 理论和 Y 理论。麦格雷戈（McGregor）提出的 X 理论和 Y 理论是管理学中关于人们工作源动力的理论。这是一对基于两种完全相反假设的理论，X 理论认为人们有消极的工作源动力，而 Y 理论则认为人们有积极的工作源动力。持 X 理论的管理者会趋向于设定严格的规章制度（硬措施），以减低员工对工作的消极性。或者采取一种软措施，即给予员工奖励、激励和指导等；持 Y 理论的管理者会趋向于对员工授予更大的权力，让员工有更大的发挥机会，以激发员工对工作的积极性。

20.7.4 管理项目团队

管理项目团队是指跟踪个人和团队的绩效，提供反馈，解决问题和协调变更，以提高项目的绩效。项目经理必须观察团队的行为、管理冲突、解决问题和评估团队成员的绩效。

1. 资源负荷和资源平衡

一旦项目成员被分配到项目中，项目经理有两种方法来最有效地使用项目团队中的成员，即资源负荷和资源平衡。

资源负荷是指在特定的时间内现有的进度计划所需要的各种资源的数量。如果在特定的时间内分配给某项工作的资源超出了项目的可用资源，则称为资源超负荷。资源超负荷本身就是一种资源冲突的现象，为了消除超负荷，项目经理可以修改进度表，尽量使资源得到充分的利用或者充分利用项目活动的时差，这种方法就叫做资源平衡。

资源平衡是一种延迟项目任务来解决资源冲突问题的方法，是一种网络分析法，它将以资源管理因素为主进行项目进度决策。资源平衡的主要目的是更加合理地分配使用的资源，使项目的资源达到最有效的利用，资源平衡的时候，资源的利用也就达到了最佳的状态。

2. 绩效考核

在管理项目团队过程中，项目经理的一项主要工作就是对团队成员进行绩效考核。项目的人力资源绩效考核的流程如下：

（1）项目经理根据人力资源部提供的数据、行情、历史经验、专家评定，确定人员按天计算基准工资、公司管理系数（例如，目前的行业管理系数为 2.8）、物资基准价格、服务的基准价格、劳动生产率基准，以组织制订项目的预算。

（2）人力资源部门制订各岗位考评标准。员工的绩效评价参考人一般为员工所在项目组的项目经理。

（3）根据各项目经理送报的项目出工表确定员工的工作量。一般来说，项目的人力资源绩效考核工作由项目经理组织，评价环节分三个步骤进行：

第一步，绩效评价参考人对照考评标准、预期计划、目标或岗位职责要求，对任务完成的进度、质量、成本及季度工作中的优点和改进点进行评价。

第二步，参考人评价完毕，员工工作量自动汇总到人力资源部门主管那里。人力资源部门主管对员工业绩、改进点进行最后的评价，对与项目经理不一致的意见进行协调和沟通，并按照"比例控制"原则对项目经理给出的考核等级进行调整。

第三步，各大部门的人力资源管理委员会审计各部门考评结果及比例。

接下来，进行分层沟通、反馈和辅导，制订下阶段/季度目标，对需改进的员工签订《绩效限期改进计划表》。

（4）结果应用。绩效考核结果与员工在公司的利益相挂钩，包括与年度绩效考核挂钩、与年终奖金和内部股票的发放挂钩、与技术任职资格和管理任职资格挂钩、为晋升、加薪、辞退等人力资源职能提供有力的证据。

20.7.5 沟通管理

项目沟通管理的目标是及时而适当地创建、收集、发送、储存和处理项目的信息。项目经理大部分时间花在沟通上，包括内部沟通和外部沟通。作为技术骨干的系统分析师，对内需要与项目团队和睦相处，协助项目经理做好技术管理工作；对外需要与用户进行良好的沟通，以便正确而快捷地获取用户需求，做好系统分析与设计工作。

沟通有正式沟通和非正式沟通之分。正式沟通是通过项目组织明文规定的渠道进行信息传递和交流的方式。它的优点是沟通效果好，有较强的约束力，缺点是沟通速度慢；非正式沟通指在正式沟通渠道之外进行的信息传递和交流。这种沟通的优点是沟通方便，沟通速度快，且能提供一些正式沟通中难以获得的信息，缺点是容易失真。

1. 把握项目沟通基本原则

在信息系统项目中，为了提高沟通的效率和效果，需要把握如下一些基本原则：

（1）沟通内外有别。团队同一性和纪律性是对项目团队的基本要求。项目团队作为一个整体，对外意见要一致，一个团队要用一种声音说话。实际工作中，在客户面前出现项目团队成员表现出对项目信心不足、意见不统一、争吵等都是比较忌讳的情况。

（2）非正式的沟通有助于关系的融洽。在需求获取阶段，常常需要采用非正式沟通的方式，以与客户拉近距离。在私下的场合，人们的语言风格往往是非正规和随意的，反而能获得更多的信息。

（3）采用对方能接受的沟通风格。注意肢体语言、语态给对方的感受。沟通中需要传递一种合作和双赢的态度，使双方无论在问题的解决上还是在气氛上都达到"双赢"。

（4）沟通的升级原则。需要合理把握横向沟通和纵向沟通关系，以有利于项目问题的解决。"沟通四步骤"反映了沟通的升级原则：第一步，与对方沟通；第二步，与对方的上级沟通；第三步，与自己的上级沟通；第四步，自己的上级和对方的上级沟通。

（5）扫除沟通的障碍。职责定义不清、目标不明确、文档制度不健全、过多使用行话等都是沟通的障碍。必须进行良好的沟通管理，逐步消除这些障碍。

2．进行良好的冲突管理

所有的项目都存在冲突，在信息系统项目中，冲突可能来源于不同方面，可能来源于项目内部，也有可能来源于企业内的其他项目。常见的冲突包括进度、项目优先级、资源、技术、管理过程、成本和个人冲突等，而产生这些冲突的原因包括项目的高压环境、责任模糊、多个上级的存在、新技术的流行等。良好的沟通技能是解决一切冲突的基础，解决冲突的 5 种基本策略如下：

（1）问题解决：利用问题解决的方法，允许受到影响的各方一起沟通，以消除他们之间的分歧。通过这种方法，团队成员直接正视问题，正视冲突，要求得到一种明确的结局。直接面对冲突是克服分歧、解决冲突的最积极的有效途径，也称为面对模式（Confrontation Mode）。

（2）妥协：项目经理利用妥协的方法解决冲突，他们讨价还价、寻求解决方法，使冲突双方能在一定程度上满意。协商并寻求冲突双方在一定程度上都满意的方法是该策略的实质，其主要特征是寻求一种折中方案。尤其在两个方案势均力敌，均分优劣时，妥协也许是较为恰当的解决方式，但这种方法不一定总是可行。

（3）圆滑："求同存异"是该策略的本质，即尽力在冲突中强调意见一致的方面，最大可能地忽视差异。作为一种缓和或调停冲突的方式，并不利于问题的彻底解决。

（4）强迫：采用"非赢即输"的方法来解决冲突，通过牺牲别人的观点来推行自己的观点。认为在冲突中获胜要比勉强保持人际关系更加重要。这是一种积极解决冲突的方式。当然，有时也可能出现一种极端的情形，例如，用权力进行强制处理，可能会导致团队成员的怨恨，恶化工作的氛围。

（5）撤退：是指卷入冲突的某方从一个实际的或可能的不同意见中撤退或让步。这是最不令人满意的冲突处理模式。

项目经理要提高人力资源管理与沟通技能，来帮助识别和减少项目冲突，这是至关重要的。

3．召开高效的会议

会议是项目沟通的一种重要形式。一个成功的会议能成为鼓励项目团队建立和加强对项目的期望、任务、关系和责任的工具。失败的会议会对一个项目产生负面的影响。下面一些建议有助于使花在会议上的时间更有效。

（1）事先制订一个例会制度。在项目沟通计划里，确定例会的时间，参加人员范围及一般议程等。

(2) 放弃可开可不开的会议。在决定召开一个会议之前，首先要明确会议是否必须举行，还是可以通过其他方式进行沟通。

(3) 明确会议的目的和期望结果。不要召开没有目的的会议，每次会议都必须有一个期望取得的结果（解决方案）。

(4) 发布会议通知。在会议通知中要明确会议目的、时间、地点、参加人员、会议议程和议题。有一种被广泛采用的决策方法是"广泛征求意见，少数人讨论，核心人员决策"。由于许多会议不需要项目团队全体人员参加，因此，需要根据会议的目的来确定参会人员的范围。事先应明确会议议程和讨论的问题，可以让参会人员提前做准备。

(5) 在会议之前将会议资料发到参会人员。对于需要有背景资料支持的会议，应事先将资料发给参会人员，以提前阅读，直接在会上讨论，可以有效地节约会议时间。

(6) 可以借助视频设备。对于有异地成员参加或者需要演示的场合，借用一些必要的视频设备，可以使会议达到更好的效果。

(7) 明确会议规则。指定主持人，明确主持人的职责，主持人要对会议进行有效控制，并营建一个活跃的会议气氛。主持人要事先陈述基本规则，例如，明确每个人的发言时间，每次发言只有一个声音等。主持人根据会议议程的规定控制会议的节奏，保证每一个问题都得到讨论。

(8) 会议后要总结，提炼结论。主持人在会后总结问题的讨论结果，重申有关决议，明确责任人和完成时间。

(9) 会议要有纪要。如果将工作的结果、完成时间、责任人都记录在案，则有利于督促和检查工作的完成情况。

(10) 做好会议的后勤保障。很多会议兼有联络感情的作用，因此，需要选择一个合适的地点，提供餐饮、娱乐和礼品，制订一个有张有弛的会议议程。对于有客户或合作伙伴参加的会议更要如此。

20.8 风险管理

风险是一种不确定的事件或条件，一旦发生，会对项目目标产生某种正面或负面的影响。风险有其成因，同时，如果风险发生，也导致某种后果。当事件、活动或项目有损失或收益与之相联系，涉及到某种或然性或不确定性和涉及到某种选择时，才称为有风险。以上三条，每一个都是风险定义的必要条件，不是充分条件。具有不确定性的事件不一定是风险。

风险管理就是要对项目风险进行认真的分析和科学的管理，这样，是能够避开不利条件、少受损失、取得预期的结果并实现项目目标的，能够争取避免风险的发生或尽量减小风险发生后的影响。但是，完全避开或消除风险，或者只享受权益而不承担风险是不可能的。

20.8.1 风险管理的概念

项目风险管理就是项目管理人员通过风险识别、风险估计和评价,并以此为基础合理地使用多种管理方法、技术和手段,对项目活动涉及的风险实行有效的控制,采取主动行动、创建条件、可靠地实现项目的总体目标。

1. 风险的定义

Robert Charette 在他关于风险分析和驾驭的书中对风险的概念给出定义,他所关心的是三个方面:

(1)关心未来:风险是否会导致项目失败?

(2)关心变化:在用户需求、开发技术、目标机器,以及所有其他与项目及工作和全面完成有关的实体中会发生什么样的变化?

(3)关心选择:应采用什么方法和工具,应配备多少人力,在质量上强调到什么程度才满足要求?

风险表达了一种概率,具有偶发性。对于项目中的风险可以简单地理解为项目中的不确定因素。从广义的角度说,不确定因素一旦确定了,既可能对当前情况产生积极的影响,也可能产生消极的影响。也就是说,风险发生后既可能给项目带来问题,也可能给项目带来机会。

在对于风险的理解上,不要把风险简单地看作是问题。风险并不是一发生就消失了。首先,"历史经常会重演",只要引发风险的因素没有消除,风险依然存在,它很可能在另外某个时候跳出来影响项目进程。例如,不充分的设计是一种常见的风险,这个风险在编码阶段转化为问题。但问题发生了并不意味着设计就充分了,如果没有采取相应的措施,设计的问题还会接二连三地冒出来。其次,对于整个项目来说,发生问题则意味着系统状态发生了变化,这种变化往往带来新的不确定因素,引发新的风险。例如,团队成员不稳定也是 IT 项目中常见的风险,该风险一旦发生,出现人员的流失,即便是补充了新的成员进来,新成员是否能够在预定时间内熟悉问题域也会成为新的风险。

不过,对于项目而言,风险不仅仅意味着问题的隐患,风险与机会并存。常言道:"高风险高回报",高风险的项目往往有着高的收益;相反,没有任何风险的项目(如果存在的话),不会有任何利润可图。作为项目经理,要管理好项目中的风险,避免风险造成的损失,提高项目的收益率。

2. 风险的特点

虽然不能说项目的失败都是由风险造成的,但成功的项目必然是有效地进行了风险管理。任何项目都有风险,由于项目中总是有这样或那样的不确定因素,所以,无论项目进行到什么阶段,无论项目的进展多么顺利,随时都会出现风险,进而产生问题。

风险具有两个基本属性:随机性和相对性。随机性是指风险事件的发生及其后果都具有偶然性;相对性是指风险总是相对项目活动主体而言的,同样的风险对于不同的主

体有不同的影响。人们对于风险的承受能力因活动、人和时间而不同,主要受以下 3 个因素的影响:

(1) 收益的大小。损失的可能性和数额越大,人们希望为弥补损失而得到的收益也越大。反过来,收益越大,人们愿意承担的风险也就越大。

(2) 投入的大小。项目活动投入得越多,人们对成功的希望也越大,愿意冒的风险也就越小。

(3) 项目活动主体的地位和拥有的资源。管理人员中级别高的与级别低的相比,能够承担较大的风险。个人或企业拥有的资源越多,其风险承受能力也越大。

另外,项目风险还具有以下特点:

(1) 风险存在的客观性和普遍性。风险不以人的意志为转移,并超越人们主观意识的客观存在,而且在项目的全生命周期内,风险是无处不在、无时不有的。人们只能在有限的空间和时间内改变风险存在和发生的条件,降低其发生的概率,减少损失程度,而不能也不可能完全消除风险。

(2) 某一具体风险发生的偶然性和大量风险发生的必然性。任一具体风险的发生都是诸多风险因素和其他因素共同作用的结果,是一种随机现象。个别风险事件的发生是偶然的、杂乱无章的,但对大量风险事件资料的观察和统计分析,发现其呈现出明显的运动规律,这就使人们有可能用概率统计方法和其他现代风险分析方法去计算风险发生的概率和损失程度。

(3) 风险的可变性。在项目实施的过程中,各种风险在质和量上是可以变化的。随着项目的进行,有些风险得到控制并消除,有些风险会发生并得到处理,同时在项目的每一阶段都可能产生新的风险。

(4) 风险的多样性和多层次性。大型项目周期长、规模大、涉及范围广、风险因素数量多且种类繁杂,致使其在生命周期内面临的风险多种多样。而且大量风险因素之间的内在关系错综复杂、各风险因素之间与外界交叉影响又使风险显示出多层次性。

20.8.2 风险的主要类型

从不同的角度进行分类,就有不同的分类方法,风险的分类如表 20-5 所示。

表 20-5 风险的分类

分类角度	分 类	说 明
风险后果	纯粹风险	不能带来机会、无获得利益可能。只有 2 种可能后果:造成损失和不造成损失,这种损失是全社会的损失,没有人从中获得好处
	投机风险	既可能带来机会、获得利益,又隐含威胁、造成损失。有 3 种可能后果:造成损失、不造成损失、获得利益
	说明:纯粹风险和投机风险在一定条件下可以相互转化,项目经理必须避免投机风险使其转化为纯粹风险	

续表

分类角度	分类	说明
风险来源	自然风险	由于自然力的作用，造成财产损毁或人员伤亡的风险
	人为风险	由于人的活动而带来的风险，可细分为行为、经济、技术、政治和组织风险
可管理	可管理风险	可以预测，并可采取相应措施加以控制的风险
	不可管理风险	不可预测的风险
影响范围	局部风险	影响的范围小
	总体风险	影响的范围大
	说明：局部风险和总体风险是相对而言的，项目经理要特别注意总体风险	
可预测性	已知风险	能够明确的，后果也可预见的风险。发生的概率高，但后果轻微
	可预测风险	根据经验可以预见其发生，但其后果不可预见。后果有可能相当严重
	不可预测风险	不能预见的风险，也称为未知风险、未识别的风险。一般是外部因素作用的结果

在信息系统项目中，从宏观上来看，风险可以分为项目风险、技术风险和商业风险。

项目风险是指潜在的预算、进度、个人（包括人员和组织）、资源、用户和需求方面的问题，以及它们对项目的影响。项目复杂性、规模和结构的不确定性也构成项目的（估算）风险因素。项目风险威胁到项目计划，一旦项目风险成为现实，可能会拖延项目进度，增加项目的成本。

技术风险是指潜在的设计、实现、接口、测试和维护方面的问题。此外，规格说明的多义性、技术上的不确定性、技术陈旧、最新技术（不成熟）也是风险因素。技术风险威胁到待开发系统的质量和预定的交付时间。如果技术风险成为现实，开发工作可能会变得很困难或根本不可能。

商业风险威胁到待开发系统的生存能力，主要有以下5种不同的商业风险：

（1）市场风险。开发的系统虽然很优秀但不是市场真正所想要的。
（2）策略风险。开发的系统不再符合企业的信息系统战略。
（3）销售风险。开发了销售部门不清楚如何推销的系统。
（4）管理风险。由于重点转移或人员变动而失去上级管理部门的支持。
（5）预算风险。开发过程没有得到预算或人员的保证。

20.8.3 风险管理的过程

项目需要以有限的成本，在有限的时间内达到目标，而风险会影响这一点。风险成本是指风险事件造成的损失或减少的收益，以及为防止发生风险事件采取预防措施而支付的费用。风险成本可以分为有形成本、无形成本，以及预防与控制风险的费用。有形成本包括直接损失和间接损失，直接损失是指财产损毁和人员伤亡的价值，间接损失是指直接损失以外的其他损失；无形成本指由于风险所具有的不确定性而使项目主体在风险事件发生之前或发生之后付出的代价，主要表现在风险损失减少了机会、风险阻碍了生产率的提高、风险造成资源分配不当。

风险管理的目的就是最小化风险对项目目标的负面影响，抓住风险带来的机会，增加项目干系人的收益。项目风险管理的基本过程包括风险管理计划编制、风险识别、风险定性分析、风险定量分析、风险应对计划编制和风险监控。

1．风险管理计划编制

风险管理计划描述的是如何安排与实施项目风险管理，它是项目开发计划的从属计划。风险管理计划主要包括角色与职责、预算、风险类别、风险概率和影响的定义、汇报格式、风险跟踪等内容。

很多项目除了编制风险管理计划之外，还有应急计划和应急储备。应急计划是指当一项可能的风险事件实际发生时项目团队将采取的预先确定的措施。例如，当项目经理根据一个新的软件产品开发的实际进展情况，预计到该软件开发成果将不能及时集成到正在按合同进行的信息系统项目中时，他们就会启动应急计划；应急储备是指根据项目发起人的规定，如果项目范围或者质量发生变更，这一部分资金可以减少成本或进度风险。例如，如果由于团队成员对一些新技术的使用缺乏经验，而导致项目偏离轨迹，那么项目发起人可以从应急储备中拨出一部分资金，雇佣外部的顾问，为项目团队使用新技术提供培训和咨询。

2．风险识别

风险识别就是采用系统化的方法，识别出项目中已知的和可预测到的风险。风险识别是一项反复的过程，项目团队应该参与该过程，以便形成针对风险的应对措施，并保持一种责任感。

风险识别包括确定风险的来源、风险产生的条件，描述风险特征和确定哪些风险事件有可能影响整个项目。风险识别应当在项目的生命周期自始至终定期进行。风险识别可分为三步进行：收集资料、估计项目风险形势、根据直接或间接的症状将潜在的风险识别出来。

3．风险定性分析

风险定性分析是指对已识别风险进行优先级排序，以便采取进一步措施。

（1）风险可能性与影响分析。可能性评估需要根据风险管理计划中的定义，确定每一个风险的发生可能性，并记录下来。除了风险发生的可能性，还应当分析风险对项目的影响。风险影响分析应当全面，需要包括对时间、成本、范围等各方面的影响。其中不仅仅包括对项目的负面影响，还应当分析风险带来的机会。对于同一个风险，由于不同的角色和参与者会有不同的看法，因此一般采用会议的方式进行风险可能性与影响的分析。因为风险分析需要一定的经验和技巧，也需要对风险所在的领域有一定的经验，因此，在分析时最好邀请相关领域的资深人士参加以提高分析结果的准确性。例如，对于技术类风险的分析就可以邀请技术专家参与评估。

（2）确定风险优先级。在确定了风险的可能性和影响后，需要进一步确定风险的优先级。风险优先级是一个综合的指标，优先级的高低反映了风险对项目的综合影响，也就是说，高优先级的风险最可能对项目造成严重的影响。风险优先级的概念与风险可能性和影响既有联系又不完全相同。例如，发生地震可能会造成项目终止，这个风险的影响很严重，直接造成项目失败，但其发生的可能性非常小，因此优先级并不高。又如，坏天气可能造成项目组成员工作效率下降，虽然这种可能性很大，每周都会出现，但造成的影响非常小，几乎可以忽略不计，因此，优先级也不高。一种常用的方法是风险优先级矩阵，当分析出特定风险的可能性和影响后，根据其发生的可能性和影响在矩阵中找到特定的区域，就可以得到风险的优先级。

（3）确定风险类型。在进行风险定性分析的时候需要确定风险的类型，这一过程比较简单。根据风险管理计划中定义的风险类型列表，可以为分析中的风险找到合适的类型。如果经过分析后，发现在现有的风险类型列表中没有合适的定义，则可以修订风险管理计划，加入这个新的风险类型。

4．风险定量分析

在风险定性分析之后，为了进一步了解风险发生的可能性到底有多大，后果到底有多严重，就需要对风险进行定量的评估和分析。风险定量分析的目标是量化分析每一个风险的概率及其对项目目标造成的后果，也分析项目总体风险的程度。

风险定量分析是在不确定的情况下进行决策的一种量化方法，该过程主要采用灵敏度分析、期望货币价值分析、决策树分析、蒙特卡罗模拟等技术。下面，只简单介绍蒙特卡罗模拟，其他的技术请阅读 2.11.3 节。

蒙特卡罗（MonteCarlo）方法作为一种统计模拟方法，在各行业广泛运用。蒙特卡罗方法在定量分析中的运用较为复杂，牵涉到复杂的数理概率模型。它将对一个多元函数的取值范围问题分解为对若干个主要参数的概率问题，然后用统计方法进行处理，得到该多元函数的综合概率，在此基础上分析该多元函数的取值范围可能性。蒙特卡罗方法的关键是找一组随机数作为统计模拟之用，这一方法的精度在于随机数的均匀性与独立性。就运用于风险分析而言，蒙特卡罗方法主要通过分析各种不确定因素，灵活地模拟真实情况下的某个系统中的各主要因素变化对风险结果的影响。由于计算过程极其繁复，蒙特卡罗方法不适合简单（单变量）模型，而对于复杂（有多种不确定性因素）模型则是一种很好的方法。其具体步骤包括选取变量、分析各变量的概率分布、选取各变量的样本、模拟价值结果、分析结果。

5．风险应对计划编制

风险管理的最终的目的是减少项目中风险发生的可能性、降低风险带来的危害、提高风险带来的收益。因此，还必须针对识别出的风险制订相应的措施来防范风险的发生或增加风险收益，这些措施就体现在风险应对计划中。在风险应对计划中，包括应对每一个风险的措施、风险的责任人等内容。项目经理可以将风险应对措施和责任人编排到项目进度表中,并进行跟踪和监控。

制订风险应对计划时有多种不同的策略,对于相同的风险,采用不同的应对策略会有不同的应对方法。通常可以把风险应对策略分为两种类型:防范策略和响应策略。防范策略指的是在风险发生前,项目团队会采取一定的措施对风险进行防范;而响应策略则是在风险发生后采取的相应措施以降低风险带来的损失。

消极的风险(负面风险,威胁)防范策略是最常用的策略,其目的是降低风险发生的概率或减轻风险带来的损失。例如,避免策略、转移策略和减轻策略等;对于正向风险(机会)的应对策略也有三种:开拓、分享和强大(提高)。

风险响应策略与风险防范策略不同,无论风险是否发生,风险防范策略都需要体现在项目计划中,在项目过程中需要有人来执行相应的防范策略;而风险响应策略是事件触发的,直到当风险发生后才会被执行,如果始终没有发生该风险,则始终不会被安排到项目活动中。

6. 风险监控

风险监控是指跟踪已识别的风险,监测残余风险和识别新的风险,保证风险计划的执行,并评价这些计划对减轻风险的有效性。

在风险监控的过程中,如果发生了原来没有识别出来的风险事件,则无法按照风险应对计划来处理。此时,需要一种新的措施来应对,这种措施称为权变措施(workaround plans)。权变措施是为了应对先前没有识别或接受的已经出现的风险,而采取的未经计划的应对行动。权变措施的行动中可能是接受风险,也可能是其他办法。

20.9 信息(文档)管理

软件文档是软件产品的重要组成部分,对于开发人员、管理人员以及用户都是十分重要的辅助工件。定义清晰、维护及时的文档能够帮助开发人员理解需求、顺畅沟通;帮助管理人员了解进度、加强管理;帮助用户更好地使用和维护软件。因此,对于系统分析师而言,必须掌握软件文档编制的技能。

20.9.1 软件文档概述

根据国家标准《软件文档管理指南》(GB/T 16680—1996)的定义,文档是一种数据媒体和其上所记录的数据,它具有永久性并可以由人或机器阅读,通常仅用于描述人工可读的内容。

1. 文档的作用

在软件的生命周期中,清晰、正确、规范的软件文档将起到十分重要的作用,主要体现在以下几个方面:

(1) 管理依据。在软件开发过程中,管理人员必须了解开发进度、存在的问题和预期目标。开发文档规定若干个检查点和进度表,使管理人员可以评定项目的进度。

(2) 任务之间联系的凭证。大多数软件开发项目通常被分成若干项任务,并由不同的小组去完成。这些小组之间的互相联系是通过文档资料的复制、分发和引用而实现的。

(3) 质量保证。SQA人员和评估系统性能的人员需要程序规格说明、测试和评估计划、测试系统用的各种标准,以及关于期望系统完成什么功能和系统怎样实现这些功能的清晰说明;必须制订测试计划和测试规程,并报告测试结果。

(4) 培训与参考。使系统管理员、用户和其他项目干系人了解系统如何工作,以及为了达到他们各自的目的,如何使用系统。

(5) 软件维护支持。维护人员需要系统的详细说明以帮助他们熟悉系统,找出并修正错误,改进系统以适应用户需求的变化或适应系统环境的变化。

(6) 历史档案。软件文档能够为团队建立经验模型和可复用库,作为未来项目的一种资源。

文档虽然重要,但是,也不要过份强调文档,毕竟文档不是"可运行的成果",最有价值的成果还是"可执行系统"。在软件开发过程中,应该充分注重文档的实效,而非形式和数量。

2. 文档计划

文档计划是指一个描述文档编制工作方法的管理用文档。该计划主要描述要编制什么类型的文档,这些文档的内容是什么,何时编写,由谁编写,如何编写,以及什么是影响期望结果的可用资源和外界因素。

文档计划一般包括以下几方面的内容:

(1) 列出应编制文档的目录。

(2) 提示编制文档应参考的标准。

(3) 指定文档管理员。

(4) 提供编制文档所需要的条件,落实文档编写人员、所需经费以及编制工具等。

(5) 明确保证文档质量的方法,为了确保文档内容的正确性、合理性,应采取一定的措施,例如,评审、鉴定等。

(6) 绘制进度表,以图表形式列出在软件生存期各阶段应产生的文档、编制人员、编制日期、完成日期和评审日期等。

此外,文档计划规定每个文档要达到的质量等级,以及为达到期望结果必须考虑哪些外部因素。文档计划还确定该计划和文档的分发,并且明确叙述参与文档工作的所有人员的职责。

3. 文档编制的要求

要有效地发挥文档的作用,必须确保文档的高质量。而高质量的文档包括以下几个主要特点:

（1）针对性。文档编制时需要根据面向的读者选择描述的手段，例如，针对开发人员，就应该尽量使用形式化语言，采用专业的术语和图表；针对用户，则应该尽量使用自然语言，使用用户领域的术语。

（2）无二义性。文档中的描述必须做到无二义性，否则，不同的人阅读相同的文档就会产生不同的理解，将带来很大的麻烦。

（3）易读性。文档应该尽量做到简明，尽量采用图表等直观的形式进行说明，以保证其清晰、易懂。

（4）完整性。每个文档都应该自成体系，不要过多的互相依赖，以免造成要理解一个问题，需要在多个文档中来回翻看的现象。

（5）灵活性。虽然针对每种文档，国家标准或行业经验中有许多可以借鉴的模块，但是在编制的时候不可形而上学地生搬硬套，应该根据项目的规模、复杂程度等因素进行适当和必要的剪裁，灵活处理。

（6）可追溯性。项目各开发阶段之间提供的文档必定存在着可追溯的关系。例如，某一项软件需求，必定在设计说明书、测试计划，甚至用户手册中有所体现。必要时应能做到跟踪追查。

4．文档的控制

在软件开发项目中，需要形成很多种文档，而且，这些文档将随着项目的进展而逐步修改和完善。因此，必须加以周密的控制，以保持文档与软件产品的一致性，保持各种文档之间的一致性和文档的安全性。这种控制表现为：

（1）在项目团队中，应设置一位专职的文档管理员（或者项目秘书兼职管理）；在开发过程中，应该集中保管项目现有全部文档的两套主文档。这两套主文档的内容必须完全一致。其中有一套是可供出借的，另一套是绝对不能出借的，以免发生万一；可出借的主文档在出借时必须办理出借手续，归还时办理注销出借手续。

（2）提交给文档管理员的每份文档都必须具有编写人、审核人和批准人的签字。

（3）项目团队成员根据工作需要，可以持有一些个人文档，包括为完成他承担的任务所需要的文档，以及他在完成任务过程中所编制的文档；但这种个人文档必须是主文档的复制品，必须同主文档完全一致，若要修改，必须首先修改主文档。不同开发人员所拥有的个人文档通常是主文档的各种子集；所谓子集是指把主文档的各个部分根据承担不同任务的人员或部门的工作需要加以复制、组装而成的若干个文档的集合；文档管理员应该列出一份不同子集的分发对象的清单，按照清单及时把文档分发给有关人员或部门。

（4）一份文档如果已经被另一份新的文档所代替，则原文档应该被注销。文档管理员要随时整理主文档，及时反映出文档的变化和增加情况，及时分发文档。

（5）当项目的开发工作临近结束时，文档管理员应逐个收回每个团队成员的个人文档，并检查这些个人文档的内容；经验表明，这些个人文档往往可能比主文档更详细、或者与主文档的内容有所不同，必须认真监督有关人员进行修改，使主文档能真正反映实际的开发结果。

20.9.2 软件文档标准

在软件文档方面，国家制订了一些标准，主要有《软件文档管理指南》（GB/T 16680—1996）和《计算机软件文档编制规范》（GB/T 8567—2006）。

1. GB/T 16680—1996

GB/T 16680—1996 标准为那些对软件或基于软件的产品的开发负有职责的管理人员提供软件文档的管理指南。根据 GB/T 16680—1996，软件文档可归入三种类别，即开发文档、产品文档和管理文档。

（1）开发文档。开发文档是描述软件开发过程（包括软件需求、软件设计、软件测试、软件质量保证）的一类文档，也包括软件的详细技术描述（例如，程序逻辑、程序间相互关系、数据格式和存储等）。开发文档是软件开发过程中包含的所有阶段之间的通信工具，描述开发小组的职责，用作检验点而允许管理人员评定开发进度，形成了维护人员所要求的基本软件文档，记录软件开发的历史。基本的开发文档有可行性研究和项目任务书、需求规格说明、功能规格说明、设计规格说明（包括程序和数据规格说明）、开发计划、软件集成和测试计划、质量保证计划/标准/进度、安全和测试信息。

（2）产品文档。产品文档规定关于软件产品的使用、维护、增强、转换和传输的信息。产品文档为使用和运行软件产品的任何人规定培训和参考信息，使得那些未参加本软件开发的程序员能够维护它，促进软件产品的市场流通或提高可接受性。产品文档主要用于用户、运行人员和维护人员，内容包括用于管理者的指南和资料、宣传资料和一般信息。基本的产品文档有培训手册、参考手册和用户指南、软件支持手册、产品手册和信息广告。

（3）管理文档。管理文档建立在项目信息的基础上，包括开发过程的每个阶段的进度和进度变更的记录、软件变更情况的记录、相对于开发的判定记录、职责定义等。这种文档从管理的角度规定涉及软件生存的信息。GB/T 16680—1996 标准并没有规定具体的管理文档，而只是指明"相关文档的详细规定和编写格式见 GB 8567"。

GB/T 16680—1996 标准还规定了文档的等级。文档等级是指所需文档的一个说明，它指出文档的范围、内容、格式及质量，可以根据项目、费用、预期用途、作用范围或其他因素选择文档等级。每个文档的质量必须在文档计划期间就有明确的规定，文档的质量可以按文档的形式和列出的要求划分为 4 级。

（1）最底限度文档（1 级文档）：适合开发工作量低于一个人月的开发者自用程序。该文档应包含程序清单、开发记录、测试数据和程序简介。

（2）内部文档（2 级文档）：可用于在精心研究后被认为似乎没有与其他用户共享资

源的专用程序。除 1 级文档提供的信息外，2 级文档还包括程序清单内足够的注释以帮助用户安装和使用程序。

（3）工作文档（3级文档）：适合于由同一单位内若干人联合开发的程序，或可被其他单位使用的程序。

（4）正式文档（4级文档）：适合那些要正式发行供普遍使用的软件产品。关键性程序或具有重复管理应用性质的程序需要 4 级文档。4 级文档应遵守 GB 8567 的有关规定。

2．GB/T 8567—2006

GB/T 8567—2006 主要对软件的开发过程和管理过程应编制的主要文档及其编制的内容、格式规定了基本要求。该标准原则上适用于所有类型的软件产品的开发过程和管理过程。

GB/T 8567—2006 规定了文档过程，包括软件标准的类型（含产品标准和过程标准）、源材料的准备、文档计划、文档开发、评审、文档编制要求、文档编制格式。详细给出了 25 种文档编制的格式，包括可行性分析（研究）报告、软件开发计划、软件测试计划、软件安装计划、软件移交计划、运行概念说明、系统/子系统需求规格说明、接口需求规格说明、系统/子系统设计（结构设计）说明、接口设计说明、软件需求规格说明、数据需求说明、软件（结构）设计说明、数据库（顶层）设计说明、软件测试说明、软件测试报告、软件配置管理计划、软件质量保证计划、开发进度月报、项目开发总结报告、软件产品规格说明、软件版本说明、软件用户手册、计算机操作手册、计算机编程手册。这 25 种文档可分别适用于计算机软件的管理人员、开发人员、维护人员和用户。标准给出了 25 种文档的具体内容，使用者可根据实际情况对该标准进行适当剪裁。

GB8567—2006 还规定了面向对象的软件应编制以下文档：总体说明文档、用例图文档、类图文档、顺序图文档、协作图（通信图）文档、状态图文档、活动图文档、构件图文档、部署图文档、包图文档。

GB8567—2006 把软件生存周期划分为 6 个阶段，并规定了每个阶段需要完成的文档，如表 20-6 所示。

表 20-6　软件生存周期各阶段需要完成的文档

阶 段 名 称	需要完成的文档	
可行性分析（研究）与计划阶段	可行性分析报告、项目开发计划	开发进度月报
需求分析阶段	软件需求规格说明、数据要求说明、初步的用户手册	
设计阶段	概要设计说明、详细设计说明、测试计划初稿	
实现阶段	进度日报、进度周报、进度月报、用户手册、操作手册、测试计划	
测试阶段	测试分析报告、项目开发总结报告	
运行与维护阶段	没有具体规定	

20.9.3 数据需求说明

如果项目中有大量的各种数据需要处理，而且这些数据的采集、加工对系统来说有着十分重要的作用，或者是有大量的原始数据需要导入到新的系统，那么就有必要对这些数据要求进行分析，并编制数据需求说明（数据要求规格说明书）。数据需求说明的编制目的是为了向整个开发时期提供关于被处理数据的描述和数据采集要求的技术信息。

根据 GB/T 8567—2006 的规定，数据需求说明应该包括以下几个部分的内容：

（1）引言。包括数据需求说明的标识（包括标识号、标题、缩略词语、版本号、发行号）、系统概述、文档概述等方面的内容。

（2）引用文件。列出数据需求说明引用的所有文档的编号、标题、修改版本和日期，也应标识不能通过正常的供货渠道获得的所有文档的来源。

（3）数据的逻辑描述。根据数据的逻辑属性不同，可以分为动态数据和静态数据。静态数据是指在运行过程中主要作为参考的数据，它们在很长的一段时间内不会发生变化，一般不随运行而改变；动态数据包括所有在运行中要发生变化的数据，以及在运行中要输入、输出的数据。进行描述时，应把各数据元素逻辑地分成若干组，例如，函数、源数据等，或对于其应用更为恰当的逻辑分组。给出每一数据元素的名称（包括缩写和代码）、定义（或物理意义）度量单位、值域、格式和类型等有关信息。具体来说，可以分成静态数据、动态输入数据、动态输出数据、内部生成数据、数据约定 5 个方面进行描述。

（4）数据的采集。这一部分具体展开说明数据如何获取，主要包括要求和范围（根据数据元的逻辑分组来说明数据采集的要求和范围，指明数据的采集方法，说明书籍采集工作的承担者是用户还是开发者，具体内容包括输入数据的来源、数据输入所用的媒体和硬设备、接收者、输出数据的形式和设备、数据值的范围、量纲、更新和处理的频率）；数据输入的承担者（说明预定的数据输入工作的承担者。如果输入数据与某一接口有关，还应说明该接口软件的来源）；预处理（说明数据采集后的一些相应的预处理工作，包括数据格式转换等）；影响（说明这些数据要求对于设备、软件、用户、开发单位所可能产生的影响）。

（5）注解。包含有助于理解数据需求说明的一般信息，例如，背景信息、词汇表、原理等。这一部分应包含为理解数据需求说明需要的术语和定义，所有缩略词和它们在数据需求说明中的含义的字母序列表。

（6）附录。提供那些为便于维护数据需求说明而单独编排的信息（例如，图表、分类数据等）。为便于处理，附录可以单独装订成册，按字母顺序编排。

20.9.4 软件测试计划

由于测试工作繁杂而且细致，因此，要想获得良好的测试，就必须在测试之前编制相应的计划,将每项测试活动的内容(测试用例)、进度安排、设计考虑、测试数据的整理方法以及评价准则制订出来。通常,每个项目只有一个软件测试计划,其内容包括进行测试的环境、测试工作的标识和测试工作的时间安排等。

软件测试计划的作用是,提高测试工作的效率和准确性,让测试工作有条理、有计划地进行,使测试工作与整个开发活动更好地融合;规避风险,使资源和变更事先作为一个可控制的风险;有利于项目经理和测试人员之间的沟通,确保工作顺利进行。

根据 GB/T 8567—2006 的规定,软件测试计划应该包括以下几个部分:

(1) 引言。包括软件测试计划标识、系统概述、文档概述、与其他计划的关系、基线等。

(2) 引用文件。列出软件测试计划中引用的所有文档的编号、标题、修订版本和日期,还应标识不能通过正常的供货渠道获得的所有文档的来源。

(3) 软件测试环境。描述每一项预计的测试现场的软件测试环境,可以引用项目开发计划中所描述的资源。对每一项软件测试环境,需要包括测试现场名称、软件项、硬件及固件项、其他材料;所有权种类、需方权利与许可证;安装、测试与控制;参与组织、人员;定向计划、要执行的测试。

(4) 计划。描述计划测试的总范围并分条标识,并且描述软件测试计划适用的每个测试。包括总体设计(描述测试的策略和原则,包括测试类型和测试方法等信息)、计划执行的测试(分条描述计划测试的总范围,每一条的描述包括被测试项标识符和测试用例)。

(5) 测试进度表。包含或引用指导实施软件测试计划中所标识测试的进度表。包括描述测试被安排的现场或指导测试的时间框架的列表或图表,以及每个测试现场的进度表。

(6) 需求的可追踪性。包括从软件测试计划所标识的每个测试到它所涉及的配置项需求和软件系统需求的可追踪性,以及从软件测试计划所覆盖的每个配置项需求和软件系统需求到针对它的测试的可追踪性。

(7) 评价。包括评价准则、数据处理和结论。

(8) 注解。包含有助于理解软件测试计划的一般信息,例如,背景信息、词汇表、原理等。这一部分应包含为理解软件测试计划需要的术语和定义,所有缩略词和它们在软件测试计划中的含义的字母序列表。

(9) 附录。提供那些为便于维护软件测试计划而单独编排的信息(例如,图表、分类数据等)。为便于处理,附录可以单独装订成册,按字母顺序编排。

在编制软件测试计划时,需要相应的人员与专职的测试人员共同参与。而专职的测试人员应该在测试理论基础、测试实践能力、测试工具的掌握方面有一定能力。

20.9.5 软件测试报告

只有测试计划，没有测试报告（测试分析报告）将是不完整的测试，也无法充分发挥测试的作用。软件测试报告是对软件配置项、软件系统或子系统，或与软件相关项目执行合格性测试的记录。通过软件测试报告，客户能够评估所执行的合格性测试及其测试结果。

根据 GB/T 8567—2006 的规定，软件测试报告应该包括以下几个部分的内容：

（1）引言。包括软件测试报告的标识（包括标识号、标题、缩略词语、版本号、发行号）、系统概述、文档概述等方面的内容。

（2）引用文件。列出软件测试报告引用的所有文档的编号、标题、修改版本和日期，也应标识不能通过正常的供货渠道获得的所有文档的来源。

（3）测试结果概述。包括对被测试软件的总体评估、测试环境的影响和改进建议三个部分。第一个部分根据报告中所展示的测试结果，提供对软件的总体评估。标识在测试中检测到的任何遗留的缺陷、限制或约束；第二个部分对测试环境与操作环境的差异进行评估，并分析这种差异对测试结果的影响；第三个部分对被测试软件的设计、操作或测试提供改进建议，应讨论每个建议及其对软件的影响。

（4）详细的测试结果。提供每个测试的详细结果，就每个结果，可分为以下几条叙述：测试的项目唯一标识符、测试结果小结、遇到的问题、与测试用例/过程的偏差（偏差的说明、偏差的理由、偏差对测试用例有效性的影响）。

（5）测试记录。尽可能以图表或附录形式给出一个软件测试报告所覆盖的测试事件的按年月顺序的记录。测试记录应该包括执行测试的日期、时间和地点；用于每个测试的软硬件配置；执行测试活动的人和见证者的身份。

（6）评价。包括经测试证实的软件能力、缺陷和限制，针对每项缺陷提出改进建议，给软件一个定性的最后结论，即开发是否达到预定目标，是否可以交付使用等。

（7）测试活动总结。总结主要的测试活动和事件。

（8）注解。包含有助于理解软件测试报告的一般信息，例如，背景信息、词汇表、原理等。这一部分应包含为理解软件测试报告需要的术语和定义，所有缩略词和它们在软件测试报告中的含义的字母序列表。

（9）附录。提供那些为便于维护软件测试报告而单独编排的信息（例如，图表、分类数据等）。为便于处理，附录可以单独装订成册，按字母顺序编排。

20.9.6 技术报告

作为项目的主要技术骨干，系统分析师经常需要编制各种体裁和用途的技术报告，这些技术报告本身就是一个总结经验、共享技术研究成果，实现团队知识共享的有效手段，同时也经常成为项目向上级相关主管部门申报成果的有效途径。

编制技术报告的主要目的是将项目开发中技术研究工作做一个总结性的汇报，以文档化的结果将其中的所得保存起来。通常包括以下几个部分：

（1）引言。对技术报告进行概要性的描述，说明技术报告的编写目的、项目背景，并且对其中所使用的专业术语、缩略语建立专门的词汇解释表。

（2）项目解决的技术问题。这一部分主要是针对项目中解决了的技术问题进行一个描述，通常可以分为两部分。第一个部分是项目的重要技术成果，也就是在项目中最重要的技术研究突破。应该对成果进行规范化描述；第二个部分是主要技术指标的说明。对于项目中各项技术指标，例如，稳定性、可靠性、安全性、响应时间等方面，进行详细的说明与解释，并且主要应说明如何达到这些指标。

（3）系统的主要功能描述。概要性地描述软件系统的主要功能。

（4）在项目研发过程中遇到的技术问题和解决方法。这是技术研究报告中最重要的一部分，也是最有价值的一部分。在这一部分中，应该对每个技术问题作为一个单独的小节，在每个小节里充分地描述技术问题的现象、影响、发生环境等，然后进行充分的分析，尽量将导出解决方法的思路写出来。这样才能够为下次遇到相类似问题提供良好的支持。

（5）系统目前达到的水平、现状、存在的问题及解决方案。第（4）部分是对已经解决的问题进行描述，而这一部分则是在前面的基础上进行提升。总结性地评价系统目前达到的水平，对并该系统的现状进行分析，指出还存在的问题，以及预期的解决方案，并说明为什么现有系统未能有效解决的原因与限制。

（6）项目总结。最后，在以上的所有信息的基础上，做出客观、有效、总结性的描述，以便有关人员能够更好地了解项目的总体情况。

（7）注解。包含有助于理解技术报告的一般信息，例如，背景信息、词汇表、原理等。这一部分应包含为理解技术报告需要的术语和定义，所有缩略词和它们在技术报告中的含义的字母序列表。

（8）附录。提供那些为便于维护技术报告而单独编排的信息（例如，图表、分类数据等）。为便于处理，附录可以单独装订成册，按字母顺序编排。

由于技术报告的阅读对象既有管理人员，也有技术人员，这些人员的专业技能情况不尽相同，因此，在技术报告的编制过程中，应该注意做到深入浅出，即一方面需要将问题分析透彻，尽量能够挖掘出比较有价值的内容；另一方面还应该在遣词用句时注意通俗化，用更加直观明了的语言把问题解释得清晰易懂。

由于技术报告的特殊性，对于编制人员的要求还是挺高的。应该具有站在较高的层面上对技术问题有宏观性的了解与把握，需要能够有效地采用现实生活中的类比事物进行讲解，以帮助各个层面的阅读对象更好地理解内容。

另外，由于技术报告在许多方面强调创新性，因此，这也对编制人员的专业技术水平提出了很高的要求。可以这么说，技术报告的编制水平反映了一个开发团队的技术研究、技术创新能力。

20.9.7　项目开发总结报告

项目总结是经常容易被遗忘的一环，因为一切都已经成为过去，谁也不愿意去揭起"伤疤"，希望这一切早日过去。因此，即使进行项目总结，也经常是轻描淡写，表表功劳。但项目总结最有价值的东西就是经验、教训的总结，这样可以使团队在今后的项目中避免出现同样的问题。

项目开发总结报告的编制，是为了总结项目开发工作的经验，说明实际取得的开发结果，以及对整个开发工作各方面的评价。根据 GB/T 8567—2006 的规定，项目开发总结报告应该包括以下几个部分的内容：

（1）引言。包括项目开发总结报告的标识（包括标识号、标题、缩略词语、版本号、发行号）、系统概述、文档概述等方面的内容。

（2）引用文件。列出项目开发总结报告引用的所有文档的编号、标题、修改版本和日期，也应标识不能通过正常的供货渠道获得的所有文档的来源。

（3）实际开发结果。对已经完成的工作进行一个概要性的总结，通常可以包括以下部分：产品（包括程序的名字、版本、文件名称、数据库等）；主要功能和性能（列出软件产品所实际具有的主要功能，以及相关的性能指标。可以对照可行性研究报告、项目开发计划、需求规格说明书和相关内容进行描述，定性地说明开发目标是否达到，或者是未完全达到）；基本流程（用图表的形式说明系统最终的基本处理流程）；进度（列出原计划进度与实际进度的对比，明确说明是提前了，还是延迟了，分析主要原因）；费用（列出原定计划费用与实际支出费用的对比，明确说明，经费是超过了，还是节余了，分析主要原因）。

（4）开发工作评价。针对开发工作的情况进行一个简要性的评价，主要包括以下几个方面：对生产效率的评价（包括程序的平均生产效率和文件的平均生产效率，并与原计划数进行对比）；对产品质量的评价（说明在测试中检查出来的错误发生率，即每千条指令或语句中的错误指令或语句数。另外，还应与质量管理计划或配置管理计划进行比较）；对技术方法使用情况的评价（针对开发中所使用的技术、方法、工具、手段的应用情况进行综合评价）；出错原因分析（对开发中出现的错误的原因进行分析）；风险管理（初期预计的风险、实际发生的风险、风险消除情况）。

（5）缺陷与处理。分别列出在需求评审阶段、设计评审阶段、代码测试阶段、系统测试阶段和验收测试阶段发生的缺陷及处理情况。

（6）经验与教训。这是项目开发总结报告中最有价值的部分，列出从本次开发中获得的主要经验与教训，以及对今后的项目开发工作的建议。

（7）注解。包含有助于理解项目开发总结报告的一般信息，例如，背景信息、词汇表、原理等。这一部分应包含为理解项目开发总结报告需要的术语和定义，所有缩略词和它们在项目开发总结报告中的含义的字母序列表。

（8）附录。提供那些为便于维护项目开发总结报告而单独编排的信息（例如，图表、分类数据等）。为便于处理，附录可以单独装订成册，按字母顺序编排。

参 考 文 献

[1] 张友生，王勇. 系统分析师考试全程指导. 北京：清华大学出版社，2009.

[2] 张友生，王勇. 系统分析师技术指南. 2009 版. 北京：清华大学出版社，2009.

[3] 张友生，王勇. 系统分析师考前辅导：系统分析与设计. 北京：清华大学出版社，2009.

[4] 全国计算机专业技术资格考试办公室. 系统分析师考试大纲与培训指南. 2009 版. 北京：清华大学出版社，2009.

[5] 张友生. 系统分析师之路. 电子工业出版社，2006.

[6] 张友生，王勇. 系统架构设计师教程. 第 2 版. 北京：电子工业出版社，2009.

[7] 张友生. 计算机数学与经济管理基础知识. 北京：电子工业出版社，2005.

[8] 范玉顺，胡耀光. 企业信息化战略规划方法与实践. 北京：电子工业出版社，2007.

[9] 张友生，李雄. 软件体系结构原理、方法与实践. 北京：清华大学出版社，2009.

[10] 叶伟. 互联网时代的软件革命——SaaS 架构设计. 北京：电子工业出版社，2009.

[11] 罗汉，彭国强. 概率论与数理统计. 北京：科学出版社，2007.

[12] 运筹学教材编写组. 运筹学. 第 3 版. 北京：清华大学出版社，2005.

[13] 顾春景. 企业组织结构发展概述. 沿海企业与科技，2006(2)：46-48

[14] 谢希仁. 计算机网络. 第 5 版. 北京：电子工业出版社，2008.

[15] 梅宏. 软件工程：实践者的研究方法. 第 5 版. 北京：机械工业出版社，2002.

[16] 冯博琴，冯岚，薛涛等. 面向对象分析与设计. 第 2 版. 北京：机械工业出版社，2003.

[17] 施游，张友生. 网络规划设计师考试全程指导. 北京：清华大学出版社，2009.

[18] 蒋本珊，蔡开裕. 全国硕士研究生入学统一考试计算机科学与技术学科联考计算机学科专业基础综合教程(下册). 北京：电子工业出版社，2009.

[19] 吴吉义，殷建民，刘现军等. 信息系统管理工程师考试考点分析与真题详解. 北京：电子工业出版社，2009.

[20] 周伯生，廖彬山. 软件项目管理：一个统一的框架. 北京：中信出版社，2002.

[21] 张凯. 信息资源管理. 北京：清华大学出版社，2005.

[22] 张海藩. 软件工程导论. 第 4 版. 北京：清华大学出版社，2003.

[23] 韩柯，杜旭涛. 软件测试. 北京：机械工业出版社，2003.

[24] 牛琦彬，邓玉辉. 21 世纪企业组织结构发展趋势分析. 中国石油大学学报，2006(2)：13-17

[25] 胡克瑾. IT 审计. 第 2 版. 北京：电子工业出版社，2004.

[26] 邓国顺. 电子商务概论. 北京：北方交通大学出版社，2005.

[27] 金蓓弘. 分布式系统：概念与设计. 北京：机械工业出版社，2004.

[28] 黄传河. 网络规划设计师教程. 北京: 清华大学出版社, 2009.

[29] 郑纬民, 汤志忠. 计算机系统结构. 第2版. 北京: 清华大学出版社, 2003.

[30] 中国标准出版社. 计算机软件工程国家标准汇编（软件开发与维护卷）. 北京: 中国标准出版社, 2007.

[31] 中国标准出版社. 计算机软件工程国家标准汇编（软件度量与评价卷）. 北京: 中国标准出版社, 2007.

[32] 罗晓沛, 侯炳辉. 系统分析员教程. 北京: 清华大学出版社, 2003.

[33] 朱群雄, 李芳, 汪晓男等. 系统分析与设计. 第2版. 北京: 电子工业出版社, 2003.

[34] 宛延闿, 定海. 面向对象分析和设计. 北京: 清华大学出版社, 2001.

[35] 胡谋. 计算机容错技术. 北京: 中国铁道出版社, 1996.

[36] 黄锡滋. 软件的可靠性与安全性. 北京: 清华大学出版社, 2001.

[37] 黄小玉. 上市公司财务分析. 大连: 东北财经大学出版社, 2007.

[38] 宁建平、梁超. J2EE 参考大全. 北京: 电子工业出版社, 2003.

[39] 李建忠. Microsoft .NET 框架程序设计（修订版）. 北京: 清华大学出版社, 2003.

[40] 谢杨. J2EE 核心技术. http://www.ccw.com.cn/htm/center/tech/02_6_26_8.asp

[41] 柴晓路. J2EE 与.NET 在 Web Services 上的对抗. http://developer.ccidnet.com

[42] 杨军. 面向 Aspect 编程的研究与应用. 湖北工业大学硕士论文, 2005.

[43] 范国强. 面向方面开发方法的一种改进. 同济大学硕士学位论文, 2006.

[44] 李志纯, 张南平. 面向 Aspect 编程的应用研究. 计算机技术与发展, 2006(5): 217-222

[45] 吴武臣. 复杂 SoC 设计. 北京: 机械工业出版社, 2006.

[46] 马光胜, 冯刚. SoC 设计与 IP 核重用技术. 北京: 国防工业出版社, 2006.

[47] 李宝峰, 富弘毅, 李韬. 多核程序设计技术——通过软件多线程提升性能. 北京: 电子工业出版社, 2007.

[48] 杜娟, 赵春艳. 信息系统分析与设计. 北京: 清华大学出版社, 2008.

[49] 李代平. 系统分析与设计. 北京: 清华大学出版社, 2009.

[50] 邝孔武, 王晓敏. 信息系统分析与设计. 第3版. 北京: 清华大学出版社, 2006.

[51] 张宏, 刘冬梅, 余立功. 系统分析与设计教程. 北京: 清华大学出版社, 2008.

[52] 刘永, 张翠英, 常金玲. 信息系统分析与设计. 第2版. 北京: 科学出版社, 2008.

[53] 吕俊明, 卢苇. 面向服务的建模方法研究. 科技创新导报, 2007(35): 17-18

[54] 刘劲武. ERP 系统开发方法的比较. 广东技术师范学院学报, 2006(4): 65-67

[55] 高复先. 信息资源规划——信息化建设基础工程. 北京: 清华大学出版社, 2002.

[56] 张衡. 国内外电子商务标准演进. 电子商务, 2007(6): 27-30

[57] 张锐昕, 乔立娜. 电子政务建设对我国政府职能转变的影响和需求. 河南理工大学学报(社会科学版), 2005(8): 182-186

[58] 刘秋生, 李红贵. 基于事件驱动 SOA 架构的企业应用集成模式研究. 中国管理信息化,

2009(4): 67-69

[59] 吴丹, 史争印, 唐忆. 软件工程理论与实践. 第 2 版. 北京: 清华大学出版社, 2003.

[60] 李永良. 数据迁移: 在新旧系统中切换. 中国计算机用户, 2003(Z2): 45-46

[61] 姜宁康, 时成阁. 网络存储导论. 北京: 清华大学出版社, 2007.

[62] 刘洪发, 唐宏. 网络存储与灾难恢复技术. 北京: 电子工业出版社, 2008.

[63] 张友生, 田俊国, 殷建民. 信息系统项目管理师辅导教程. 第 2 版. 北京: 电子工业出版社, 2008.

[64] Karl E.Wiegers 著, 刘伟琴, 刘洪涛译. 软件需求. 第 2 版. 北京: 清华大学出版社, 2004.

[65] 徐锋. 软件需求最佳实践: SERU 过程框架原理与应用. 北京: 电子工业出版社, 2008.

[66] 任甲林. 软件需求评审之道. 希赛顾问网. http://se.csai.cn/Requirement/No071.htm

[67] 全国计算机专业技术资格考试办公室. 系统分析师历年试题分析与解答. 北京: 清华大学出版社, 2008.

[68] 网络世界. SOA 治理从基础架构开始. 网络世界, 2006.

[69] 张效祥. 计算机科学技术百科全书. 第 2 版. 北京: 清华大学出版社, 2005.

[70] 谢克嘉. N 版本程序设计的几个问题. 微电子学与计算机, 1995(5): 43-46

[71] 万剑怡, 薛锦云. 使用防卫式程序设计实现软件容错. 计算机科学, 1996(1): 66-68

[72] 张普. 网络计算机服务器集群的设计研究. 中国科学院研究生院硕士学位论文, 2005.

[73] 刘爱洁. 负载均衡技术浅析. 电信工程技术与标准化. 2002(12): 78-83

[74] 中国标准出版社. 计算机软件测试规范（GB/T 15532—2008）. 北京: 中国标准出版社, 2008.

[75] 中国标准出版社. 计算机软件测试文档编制规范（GB/T 9386—2008）. 北京: 中国标准出版社, 2008.

[76] 教育部考试中心. 全国计算机等级考试四级教程——软件测试工程师（2008 年版）. 北京: 高等教育出版社, 2008.

[77] 古乐. 软件测试技术概论. 北京: 清华大学出版社, 2004.

[78] 于秀山, 于洪敏. 软件测试新技术与实践. 北京: 电子工业出版社, 2006.

[79] Abraham Silberschatz, Peter Baer Galvin, Greg Gagne. Operating System Concepts, Seventh Edition. 北京: 高等教育出版社, 2007.

[80] 孙钟秀. 操作系统教程. 北京: 高等教育出版社, 2003.

[81] 汤小丹, 梁红兵, 哲凤屏等. 计算机操作系统. 第 3 版. 陕西: 西安电子科技大学出版社, 2007.

[82] Andrew S. Tanenbaum, Albert S. Woodhull. Operating System: Design and Implementation. 北京: 清华大学出版社, 2008.

[83] William Stallings. Operating System, Intenals and Design Principles, Fifth Edition. 北京: 电子工业出版社, 2006.

[84] 张献忠. 操作系统学习辅导. 北京: 清华大学出版社, 2004.

[85] 桂阳. 网络管理员考试考前串讲. 北京: 电子工业出版社, 2008.

[86] 吴国新,吉逸. 计算机网络. 北京：高等教育出版社,2005.

[87] 施游,胡钊源. 网络管理员考试考点分析与真题详解（最新版）. 北京：电子工业出版社,2009.

[88] 魏大新,李育龙. CISCO网络技术教程. 第2版. 北京：电子工业出版社,2007.

[89] 施游,胡钊源. 网络工程师考试冲刺指南. 新修订版. 北京：电子工业出版社,2009.

[90] 张友生. 基于RUP的软件过程及应用. 计算机工程与应用,2003(30)：32-35

[91] 陈新,罗劲枫. 软件过程改进. 北京：中信出版社,2002.

[92] 齐治昌,谭庆平,宁洪. 软件工程. 第2版. 北京：高等教育出版社,2005.

[93] 冯惠,王宝艾. GB/T 8566—2007 信息技术 软件生存周期过程. 北京：中国标准出版社,2007.

[94] 黄中砥. 组网技术与网络管理. 北京：清华大学出版社,2006.

[95] 张友生. 系统分析师考试信息系统分析与设计案例试题分类精解. 北京：电子工业出版社,2005.

[96] Gamma, Helm, Johnson and Vlissides. 设计模式：可复用面向对象软件的基础. 北京：机械工业出版社,2000.

[97] 莫勇腾. 深入浅出设计模式(C#/Java版). 北京：清华大学出版社,2006.

[98] 阎宏. Java与模式. 北京：电子工业出版社,2002.

[99] 张友生. 系统分析与设计技术. 北京：清华大学出版社,2005.

[100] 郭宁,杨一平. 软件工程实用教程. 北京：人民邮电出版社,2006.

[101] John Satzinger, Robert Jackson, Stephen Burd. 系统分析与设计. 第4版. 北京：机械工业出版社,2009.

[102] Jeffrey L.Whitten, Lonnie D.Bentley, Kevin C.Dittman. 系统分析与设计方法. 第6版. 北京：机械工业出版社,2004.

[103] 张敬,宋广军,赵硕. 软件工程教程. 北京：北京航空航天大学出版社,2003.

[104] 罗蕾. 嵌入式实时操作系统及应用开发. 第2版. 北京：北京航空航天大学出版社,2007.

[105] 李庆诚,刘嘉欣,张金. 嵌入式系统原理. 北京：北京航空航天大学出版社,2007.

[106] 王安生. 嵌入式系统的实时概念. 北京：北京航空航天大学出版社,2004.

[107] 张聚,汪慧英,贾虹. 嵌入式系统软件工程：基础知识、方法和应用. 北京：电子工业出版社,2009.

[108] 杨刚,龙海燕. 嵌入式系统设计与实践. 北京：北京航空航天大学出版社,2009.

[109] 魏洪星 主编 嵌入式系统设计师教程北京：清华大学出版社,2006.

[110] 尹浩琼 欧阳宇. 实时UML：开发嵌入式系统的高效对象. 北京：中国电力出版社,2003.

[111] 张维明. 信息系统工程. 第2版. 北京：电子工业出版社,2009.

[112] 周三多. 管理学. 北京：高等教育出版社,2003.

[113] 何晓明. 业务连续性规划. 信息网络安全,2004(12)：44-46

[114] 张敏波. 网络安全实战详解. 北京：电子工业出版社,2008.

[115] 陈天晴，王绪生. 业务持续性规划管理实务. 中国计算机用户，2006(40)：32
[116] 刘寅虓. 系统分析之路. 北京：电子工业出版社，2005.
[117] 周松林. 数据库技术及应用. 北京：清华大学出版社，2005.
[118] 萨师煊，王珊. 数据库系统概论. 北京：高等教育出版社，2006.
[119] 张维明. 数据仓库原理与应用. 北京：电子工业出版社，2002.
[120] 靳学辉，龙冬云. 数据库原理与应用. 第3版. 北京：电子工业出版社，2004.
[121] 于戈，鲍玉斌，王大玲. 数据仓库设计. 北京：机械工业出版社，2009.
[122] 范明，范宏建. 数据挖掘导论. 北京：人民邮电出版社，2006.
[123] 贾焰，王志英，韩伟红. 分布式数据库技术. 北京：国防工业出版社，2004.